Wolfram Boucsein

Elektrodermale Aktivität

Grundlagen, Methoden und Anwendungen

Mit einem Anhang
zur Hamburger EDA-Auswertung
von Eckart Thom

Mit 54 Abbildungen

Springer-Verlag Berlin Heidelberg GmbH

Professor Dr. Wolfram Boucsein
Universität Wuppertal
Lehrstuhl für Physiologische Psychologie
Max-Horkheimer-Strasse 20
D-5600 Wuppertal

ISBN 978-3-662-06969-1   ISBN 978-3-662-06968-4 (eBook)
DOI 10.1007/978-3-662-06968-4

CIP-Titelaufnahme der Deutschen Bibliothek. Boucsein, Wolfram: Elektrodermale Aktivität : Grundlagen, Methoden u. Anwendungen / Wolfram Boucsein. Mit e. Anh. zur Hamburger EDA-Auswertung von Eckart Thom. –
Berlin ; Heidelberg ; New York ; London ; Paris ; Tokyo : Springer, 1988.

Dieses Werk ist urheberrechtlich geschützt. Die dadurch begründeten Rechte, insbesondere die der Übersetzung, des Nachdrucks, des Vortrags, der Entnahme von Abbildungen und Tabellen, der Funksendung, der Mikroverfilmung oder der Vervielfältigung auf anderen Wegen und der Speicherung in Datenverarbeitungsanlagen, bleiben, auch bei nur auszugsweiser Verwertung, vorbehalten. Eine Vervielfältigung dieses Werkes oder von Teilen dieses Werkes ist auch im Einzelfall nur in den Grenzen der gesetzlichen Bestimmungen des Urheberrechtsgesetzes der Bundesrepublik Deutschland vom 9. September 1965 in der Fassung vom 24. Juni 1985 zulässig. Sie ist grundsätzlich vergütungspflichtig. Zuwiderhandlungen unterliegen den Strafbestimmungen des Urheberrechtsgesetzes.

© Springer-Verlag Berlin Heidelberg 1988
Ursprünglich erschienen bei Springer-Verlag Berlin Heidelberg New York 1988.

Die Wiedergabe von Gebrauchsnamen, Handelsnamen, Warenbezeichnungen usw. in diesem Werk berechtigt auch ohne besondere Kennzeichnung nicht zu der Annahme, daß solche Namen im Sinne der Warenzeichen- und Markenschutz-Gesetzgebung als frei zu betrachten wären und daher von jedermann benutzt werden dürften.

Produkthaftung: Für Angaben über Dosierungsanweisungen und Applikationsformen kann vom Verlag keine Gewähr übernommen werden. Derartige Angaben müssen vom jeweiligen Anwender im Einzelfall anhand anderer Literaturstellen auf ihre Richtigkeit überprüft werden.

Bindearbeiten: J. Schäffer GmbH & Co. KG., D-6718 Grünstadt 1
2126/3130-543210

Meiner Frau

Vorwort

Die Registrierung der elektrodermalen Aktivität (EDA) – früher als hautgalvanische Reaktion (HGR) oder Galvanic skin reaction (GSR) bezeichnet – stellt wohl die am häufigsten verwendete Methode zur Erfassung physiologischer Korrelate psychischer Vorgänge dar. Seit ihrer Entdeckung vor etwa 100 Jahren haben sich zwar mehrere tausend Publikationen mit der EDA beschäftigt, doch können die ihr zugrundeliegenden Vorgänge noch keineswegs als verstanden gelten. Der hierfür notwendigen interdisziplinären Zusammenarbeit von Physiologie, Psychophysiologie und Physik mangelt es nicht nur an einer Tradition, sondern auch an fundierten, gut verständlichen Gesamtdarstellungen, die dem an der EDA Interessierten einen umfassenden Einblick in deren Grundlagen und Anwendungen geben könnten.

Ein Ziel der vorliegenden Monografie ist es daher, diese Lücke zu schließen, und nicht nur solchen Physiologen, Psychologen, Physikern oder Biologen, die unmittelbar an der EDA-Forschung beteiligt sind, sondern auch Anwendern wie Dermatologen und Klinischen sowie Medizinischen Psychologen ein Standardwerk zur Verfügung zu stellen, das alle Aspekte der EDA einschließlich der Möglichkeiten und Probleme ihrer Anwendung berücksichtigt. Andererseits soll sie nicht nur den an der EDA-Forschung Interessierten und praktischen Anwendern, sondern auch Studierenden der Psychologie, der Medizin und der Biologie als umfassende Einführung in die betreffenden Forschungs- und Anwendungsgebiete dienen. Damit dieses Buch auch als Nachschlagewerk verwendet werden und vom jeweiligen Leserkreis – je nach Interessenlage und Stand der Vorkenntnisse – von unterschiedlichen Stellen aus bearbeitet werden kann, wurde der Text mit zahlreichen Querverweisen versehen.

Im ersten Teil des Buches wird nach einleitenden Ausführungen zur Terminologie und zur Geschichte der EDA-Forschung im Kapitel 1.1 eine integrative Zusammenfassung von Beiträgen der einzelnen beteiligten Disziplinen – Anatomie im Kapitel 1.2, Physiologie im Kapitel 1.3 und Physik bzw. Systemtheorie im Kapitel 1.4 – zu den Grundlagen der EDA vorgenommen. Dabei wird besonderes Gewicht auf eine Vermittlung des Verständnisses zentraler und peripherer Mechanismen der EDA einschließlich der entsprechenden Modellvorstellungen gelegt.

Der zweite Teil des Buches befaßt sich mit der EDA-Messung. Meßsysteme, Elektroden, Elektrolyte und Ableitstellen sowie Auswertung und elektronische Datenverarbeitung werden beschrieben, wobei auch die einzelnen Meßtechniken mit ihren Vor- und Nachteilen, z. B. endosomatische gegenüber exosomatischen Messungen, Verwendung von Leitfähigkeit oder Widerstand als Einheiten oder Vorteile und Probleme des Einsatzes von Wechselspannungsmethoden sowie die vielfältigen Möglichkeiten der Parameterbildung dargestellt werden. Ziel dieses zweiten Teils ist es, dem Leser sowohl eine Einführung in die insbesondere in den letzten 15 Jahren geführten Methodendiskussionen als auch praktische Anleitungen zur EDA-Messung zu geben.

Derjenige Leser, der sich zunächst weniger konzeptuell mit der EDA befassen, sondern vor allem die von ihm verwendete EDA-Meßtechnik überprüfen oder eine Laboreinrichtung zur Durchführung entsprechender Messungen schaffen möchte, kann das grundlegend einführende Kapitel 2.1 bis auf den Abschnitt 2.1.4 überspringen. Er wird dann mit dem Studium der Kapitel 2.2 und 2.3 beginnen und ggf. dort auch die sich auf weniger häufig verwendete Techniken beziehenden Abschnitte 2.2.3, 2.2.5 und 2.2.8 auslassen. Da das Buch mit zahlreichen Querverweisen versehen ist, lassen sich bei dieser Vorgehensweise die relevanten grundlegenderen Ausführungen auch im Nachhinein problemlos auffinden. Bei einer Interpretation der mit Hilfe von EDA-Messungen erhaltenen Ergebnisse sollten die entsprechenden Teile des Kapitels 2.5 hinzugezogen werden. Der bereits mit der EDA-Messung vertraute und vor allem an den grundsätzlichen Methodendiskussionen interessierte Leser wird dagegen u. U. mit dem Kapitel 2.6 beginnen und nur bei Bedarf auf die technischen Details der verschiedenen Methoden zurückgreifen.

Der dritte Teil des Buches befaßt sich mit den Problemen und Ergebnissen der Anwendung der EDA in verschiedenen Bereichen von Forschung und Praxis. Schwerpunktmäßig wurden dabei in den Kapiteln 3.1 bis 3.4 die Gebiete der allgemeinen, differentiellen und klinischen Psychophysiologie einschließlich der Psychiatrie behandelt. Im Kapitel 3.5 finden sich Darstellungen arbeitspsychologischer und forensischer Anwendungen sowie solcher in Nachbardisziplinen wie Dermatologie, Neurologie und Innerer Medizin. Wegen der unüberschaubaren Fülle der vorliegenden Originalliteratur konnten hierbei nur die wichtigsten Fragestellungen – und dort häufig auch nur neuere und besonders relevante Arbeiten – berücksichtigt werden. Auch wurde der Darstellung methodologischer Probleme der Vorzug gegenüber einer Sammelreferat-ähnlichen Zusammenfassung der ohnehin meist eher divergierenden Einzelergebnisse gegeben. Damit soll dem Anwender der EDA-Messung in erster Linie das notwendige Methodenbewußtsein vermittelt werden. Daneben finden sich jeweils Hinweise auf zusammenfassende Ergebnisdarstellungen in der Literatur.

Mein Dank für die Mithilfe bei der Bearbeitung der umfangreichen Literatur, für Diskussion der Meßkonzepte und für Ergänzungs- sowie Korrekturvorschläge gilt insbesondere meinen Mitarbeitern Dr. R. Baltissen, Dr. W. Kuhmann, Dr. F. Schaefer und Frau Dipl.- Psych. Annette Valentin sowie Frau cand. psych. Christina Weimann. Insbesonders zu den klinisch orientierten Abschnitten des

Vorwort

Teils 3 hat Frau Valentin ganz entscheidende Beiträge geleistet. Für das Schreiben und Editieren des Manuskripts bin ich Frau Ulrike Hillmann zu besonderem Dank verpflichtet. Bei der technischen Herstellung haben mich zudem Frau Sabine Leenen und Herr P. Hensel unterstützt.

Ferner danke ich für Diskussionsbeiträge und Ergänzungen sowie Korrekturen: Dr. B. Andresen, Dipl.-Phys. Priv.-Doz. Dr. M. Euler, Frau Dipl.-Biol. Dr. Hiltrud Lemke, Dr. med. Dr. phil. F. Muthny, Dipl.-Math. F. Foerster, Dipl.-Ing. W. Müller, Dr. G. Stemmler, Prof. Dr. P. Walschburger sowie Dipl.-Phys. E. Thom, der außerdem mit seinem Anhang eine wertvolle Ergänzung zu diesem Buch beigesteuert hat.

Wuppertal, im August 1987   W. Boucsein

Inhaltsverzeichnis

1. **Grundlagen elektrodermaler Aktivität** 1

   1.1 *Allgemeines zur elektrodermalen Aktivität* 2
   1.1.1 Definitionen und Terminologie 2
   1.1.2 Anfänge der Erforschung elektrodermaler Aktivität 5
   1.1.3 Weiterentwicklung der Grundlagenforschung zur elektrodermalen Aktivität 7

   1.2 *Zur Anatomie der Haut und der Schweißdrüsen* 9
   1.2.1 Vertikale Struktur der Haut 9
   1.2.1.1 Die Epidermis 11
   1.2.1.2 Dermis und Subcutis 14
   1.2.1.3 Gefäßsystem der Haut 15
   1.2.2 Horizontale Struktur der Haut 16
   1.2.3 Vorkommen und Bau der Schweißdrüsen 16
   1.2.4 Weitere effektorische und sensible Organe in der Haut ... 19

   1.3 *Physiologie der Haut, der Schweißdrüsen und der elektrodermalen Aktivität* 20
   1.3.1 Efferente Innervation der Haut 20
   1.3.2 Innervation der Schweißdrüsen 23
   1.3.2.1 Periphere Anteile der Schweißdrüseninnervation 23
   1.3.2.2 Zentrale Anteile der Schweißdrüseninnervation 25
   1.3.2.3 Fragen der Doppelinnervation und Ruheaktivität der Schweißdrüsen 28
   1.3.2.4 Besonderheiten der Schweißdrüseninnervation in verschiedenen Hautregionen 29
   1.3.3 Funktionen der Schweißdrüsenaktivität 31
   1.3.3.1 Mechanismus der Schweißabsonderung und Salzgehalt des Schweißes 31
   1.3.3.2 Thermoregulatorische Funktion des Schwitzens und ihr Zusammenhang mit der Hautdurchblutung 32
   1.3.3.3 Weitere Funktionen und Besonderheiten des Schwitzens 34
   1.3.4 Spezifische der elektrodermalen Aktivität zugrundeliegende physiologische Mechanismen 36
   1.3.4.1 Auslösung elektrodermaler Phänomene im Zentralnervensystem 36

1.3.4.2	Membraneigenschaften der Haut und lokale physiologische Erscheinungen in der Haut bei Schweißdrüsentätigkeit	39
1.3.5	Mögliche biologische Bedeutung der elektrodermalen Aktivität..	42
1.4	*Physikalische und systemtheoretische Grundlagen elektrodermaler Aktivität*.............................	46
1.4.1	Grundlegendes zu Systemen aus Widerständen und Kapazitäten...	47
1.4.1.1	Einige elektrische Grunddimensionen	47
1.4.1.2	Verhalten von RC-Schaltungen beim Anlegen von Gleichspannung...	49
1.4.1.3	Verhalten von RC-Schaltungen beim Anlegen von Wechselspannung..	55
1.4.1.4	Ermittlung von Systemeigenschaften unbekannter RC-Systeme...	61
1.4.2	Elektrophysikalische Eigenschaften der Haut und der Schweißdrüsen..	65
1.4.2.1	Widerstandseigenschaften der Haut und der Schweißdrüsen...	65
1.4.2.2	Kapazitative Eigenschaften der Haut und der Schweißdrüsen...	69
1.4.2.3	Entstehung der verschiedenen Komponenten elektrodermaler Phänomene............................	70
1.4.3	Modelle des elektrodermalen Systems....................	76
1.4.3.1	Modelle auf der Basis von Widerständen................	76
1.4.3.2	Modelle unter Einschluß kapazitativer Eigenschaften.....	78
1.4.3.3	Spezifische Beiträge von Wechselstromuntersuchungen zur Modellbildung......................................	82
2.	**Methoden zur Erfassung der elektrodermalen Aktivität**....	89
2.1	*Grundlegendes zur Technik der Messung elektrodermaler Aktivität*.................................	90
2.1.1	Messungen nach dem Prinzip des Spannungsteilers........	91
2.1.2	Messungen durch Regelschaltungen mittels Operationsverstärkern...................................	94
2.1.3	Schaltungen zur Trennung von elektrodermalen Niveau- und Reaktionswerten...........................	97
2.1.4	Spezifische Probleme bei der Messung elektrodermaler Aktivität im Vergleich zu anderen Biosignalen............	101
2.1.5	Wechselstrommessungen der elektrodermalen Aktivität..	104

2.1.6	Zusammenfassende Stellungnahme zu den Grundprinzipien der EDA-Messung	109
2.2	*Ableitung, Verstärkung und Registrierung elektrodermaler Aktivität*	110
2.2.1	Ableitorte und ihre Behandlung	110
2.2.1.1	Wahl der Ableitorte	111
2.2.1.2	Vorbehandlung der Ableitorte	114
2.2.2	Elektroden und Elektrolyte	115
2.2.2.1	Äußere Form der Elektroden und ihre Befestigung	116
2.2.2.2	Fehlerpotentiale und Elektrodenpolarisation	119
2.2.2.3	Auswahl bzw. Herstellung von Elektroden	120
2.2.2.4	Reinigung und Pflege der Elektroden	122
2.2.2.5	Elektrolyte und Elektrodenpasten	122
2.2.3	Endosomatische Messung	126
2.2.4	Exosomatische Messung mit Gleichstrom	127
2.2.5	Exosomatische Messung mit Wechselstrom	132
2.2.6	Registriermethoden und Auswertungstechniken	137
2.2.6.1	Papieraufzeichnung und Handauswertung	137
2.2.6.2	Off-line-Computeranalyse	139
2.2.6.3	On-line-Steuerung der Datenaufnahme und On-line-Computeranalyse	142
2.2.7	Artefaktquellen und Artefaktvermeidung	143
2.2.7.1	Meßtechnisch vermittelte Artefakte	143
2.2.7.2	Physiologisch vermittelte Artefakte	144
2.2.8	Spezielle Techniken der EDA-Messung bei spezifischen Fragestellungen	147
2.2.8.1	Langzeitmessungen und Messungen während des Schlafs	147
2.2.8.2	Simultane Ableitungen mit unterschiedlichen Methoden	150
2.2.8.3	Messungen mit trockenen Elektroden oder mit flüssigen Elektrolyten	151
2.2.8.4	Weitere spezielle Elektroden und Elektrodenanordnungen	153
2.2.9	Zusammenfassende Stellungnahme zu den Meßverfahren	154
2.3	*Parametrisierung elektrodermaler Aktivität*	155
2.3.1	Parameter phasischer elektrodermaler Aktivität	155
2.3.1.1	Latenzzeiten und Zeitfenster	156
2.3.1.2	Amplitudenmaße	157
2.3.1.2.1	Amplituden endosomatischer Reaktionen	157
2.3.1.2.2	Amplitudenbestimmung bei Gleichstrommessungen	158
2.3.1.2.3	Wahl eines Amplitudenkriteriums	161

2.3.1.2.4	Amplitudenbestimmung bei Wechselstrommessungen	163
2.3.1.3	Formparameter	165
2.3.1.3.1	Anstiegsparameter	165
2.3.1.3.2	Abstiegsparameter	166
2.3.1.4	Flächenmaße	171
2.3.2	Parameter tonischer elektrodermaler Aktivität	173
2.3.2.1	Elektrodermale Niveauwerte	173
2.3.2.2	Aus phasischen Maßen abgeleitete tonische Parameter	174
2.3.3	Transformationen elektrodermaler Parameter	177
2.3.3.1	Berücksichtigung der Elektrodenfläche	177
2.3.3.2	Umrechnung von Widerstands- in Leitfähigkeitseinheiten	178
2.3.3.3	Verbesserung der Verteilungscharakteristika	179
2.3.3.4	Reduktion interindividueller Varianz	181
2.3.3.4.1	Relativierung der EDR auf den EDL	181
2.3.3.4.2	Range-Korrekturen	182
2.3.3.4.3	Standardtransformationen	183
2.3.3.4.4	Bildung von ALS-Werten	184
2.3.4	Behandlung von Artefakten und von fehlenden Daten	186
2.3.4.1	Artefakterkennung bei der EDA-Parametrisierung	186
2.3.4.2	Missing Data-Behandlung und EDR-Magnitude	188
2.3.4.3	Korrektur von EDL-Drift	190
2.3.5	Zusammenfassende Stellungnahme zur Parametrisierung	191
2.4	*Einflüsse der physikalischen Umgebung sowie physiologischer und organismischer Größen*	192
2.4.1	Elektrodermale Aktivität und klimatische Bedingungen	192
2.4.1.1	Elektrodermale Aktivität und Umgebungstemperatur	193
2.4.1.2	Weitere klimatische Bedingungen	196
2.4.2	Elektrodermale Aktivität und andere physiologische Variablen	197
2.4.2.1	Beziehung der elektrodermalen Aktivität zur Hauttemperatur und zur Hautdurchblutung	198
2.4.2.2	Beziehung der elektrodermalen Aktivität zur Schwitzaktivität, zur Hautfeuchtigkeit und zur Wasserdampfabgabe	200
2.4.3	Elektrodermale Aktivität und somatische Unterschiede	202
2.4.3.1	Altersunterschiede in der elektrodermalen Aktivität	202
2.4.3.2	Geschlechtsunterschiede in der elektrodermalen Aktivität	205

2.5	Verteilungscharakteristika, Reliabilitäten und Zusammenhänge der Parameter elektrodermaler Aktivität	207
2.5.1	Charakteristika endosomatischer Messungen	208
2.5.1.1	Reaktionswerte bei Hautpotentialmessungen	208
2.5.1.2	Tonische Hautpotentialmaße	209
2.5.1.3	Zusammenhänge zwischen endosomatischen und exosomatischen Maßen	211
2.5.2	Charakteristika exosomatischer Messungen mit Gleichstrom	212
2.5.2.1	Ergebnisse von Hautleitfähigkeitsmessungen	212
2.5.2.1.1	Reaktionswerte bei Hautleitfähigkeitsmessungen	212
2.5.2.1.2	Tonische Hautleitfähigkeitsmaße	214
2.5.2.2	Charakteristika von Hautwiderstandsmessungen	217
2.5.2.2.1	Reaktionswerte bei Hautwiderstandsmessungen	217
2.5.2.2.2	Tonische Hautwiderstandsmaße	218
2.5.2.3	Latenzzeiten und Anstiegsparameter	220
2.5.2.4	Abstiegszeiten	223
2.5.2.5	Zum Zusammenhang zwischen Zeit- und Amplitudenmaßen	225
2.5.3	Charakteristika exosomatischer Messungen mit Wechselstrom	228
2.5.3.1	Untersuchungen mit sinusförmigem Wechselstrom	228
2.5.3.2	Untersuchungen mit pulsförmig wechselndem Gleichstrom	231
2.5.4	Ausgangswertabhängigkeit	233
2.5.4.1	Abhängigkeit der Reaktionslagenwerte von den Ausgangslagenwerten	234
2.5.4.2	Abhängigkeit der phasischen von der tonischen EDA	237
2.6	Stand der Diskussion um die Verwendung der unterschiedlichen Meßkonzepte	243
2.6.1	Endosomatische oder exosomatische Messung	244
2.6.2	Konstantstrom- oder Konstantspannungsverfahren	246
2.6.3	Gleichstrom- oder Wechselstrommessung	250
2.6.4	Gleichstrom- oder Wechselstromverstärkung	252
2.6.5	Widerstands- oder Leitfähigkeitseinheiten	253

3. Anwendungen der Messung elektrodermaler Aktivität 257

3.1	Die Verwendung phasischer elektrodermaler Aktivität in psychophysiologischen Untersuchungsparadigmen......	258
3.1.1	Paradigmen der Orientierungsreaktion und der Habituation...	259
3.1.1.1	Die elektrodermale Aktivität als Indikator von Orientierungs- und Defensivreaktionen...................	259
3.1.1.2	Die Habituation der elektrodermalen Reaktion...........	267
3.1.1.2.1	Elektrodermale Parameter des Habituationsverlaufs......	270
3.1.1.2.2	Die Ermittlung des Prozeßendes der Habituation anhand der elektrodermalen Aktivität	274
3.1.2	Paradigmen des klassischen und instrumentellen Konditionierens	278
3.1.2.1	Die klassische Konditionierung der elektrodermalen Reaktion	279
3.1.2.2	Die instrumentelle Konditionierung der elektrodermalen Reaktion	287
3.2	Die Messung der elektrodermalen Aktivität im Kontext allgemeiner psychophysiologischer Paradigmen...	290
3.2.1	Die elektrodermale Aktivität als Indikator in Aktivierungszusammenhängen..........................	291
3.2.1.1	Die tonische elektrodermale Aktivität im Kontext neurophysiologischer Aktivierungstheorien	292
3.2.1.1.1	Differentielle Indikatorfunktionen elektrodermaler Parameter in Konzepten allgemeiner Aktiviertheit	292
3.2.1.1.2	Komplexe neurophysiologische Aktivierungsmodelle und mögliche differentielle Indikatorfunktion elektrodermaler Aktivität............................	296
3.2.1.2	Tonische und phasische elektrodermale Aktivität während des Schlafs	303
3.2.1.3	Beiträge elektrodermaler Aktivität zur Differenzierung emotionaler Zustände..........................	310
3.2.1.3.1	Die tonische elektrodermale Aktivität als Indikator in multivariaten psychophysiologischen Emotionsstudien	311
3.2.1.3.2	Die phasische elektrodermale Aktivität als Korrelat des emotionalen Ausdrucks	314
3.2.1.4	Die tonische elektrodermale Aktivität als Indikator des Verlaufs von Streßreaktionen......................	318
3.2.2	Phasische elektrodermale Aktivität als Indikator im Zusammenhang höherer Reizverarbeitungskonzepte	328

3.2.2.1	Die elektrodermale Aktivität als Begleitreaktion kognitiver Prozesse	328
3.2.2.2	Hemisphärenasymmetrie und elektrodermale Lateralisationseffekte	338
3.3	*Die Verwendung elektrodermaler Aktivität als Indikator in der differentiellen Psychophysiologie*	344
3.3.1	Generalisierte Persönlichkeitseigenschaften und tonische elektrodermale Aktivität	345
3.3.1.1	Die elektrodermale Aktivität im Zusammenhang mit Extraversion-Introversion	345
3.3.1.2	Die elektrodermale Aktivität als Indikator emotionaler Labilität	350
3.3.2	Spezifische Persönlichkeitseigenschaften und elektrodermale Aktivität	353
3.3.2.1	Die elektrodermale Aktivität und spezifische Persönlichkeitsmerkmale aus Fragebogendimensionen	353
3.3.2.2	Elektrodermale Labilität als Persönlichkeitsmerkmal	357
3.4	*Die Verwendung verschiedener Parameter elektrodermaler Aktivität in der Psychopathologie*	361
3.4.1	Die elektrodermale Aktivität bei der Diagnostik verschiedener psychischer Störungen	362
3.4.1.1	Elektrodermale Aktivität bei Patienten mit generalisierten Angstzuständen und Phobien	362
3.4.1.2	Amplituden und Zeitverlauf phasischer elektrodermaler Aktivität bei psychopathischen Störungen	369
3.4.1.3	Die elektrodermale Aktivität bei depressiven Störungen	377
3.4.2	Elektrodermale Indikatoren in der Schizophrenieforschung	381
3.4.2.1	Zeitparameter phasischer elektrodermaler Aktivität und Risiko schizophrener Erkrankung	382
3.4.2.2	Das elektrodermale non-Responder-Phänomen bei Schizophrenen	386
3.4.2.3	Elektrodermale Aktivität als Indikator für Hemisphärendominanz bei Schizophrenen	393
3.4.3	Die Verwendung elektrodermaler Aktivität im Rahmen der Therapie von Angst- und Spannungszuständen	396
3.4.3.1	Die elektrodermale Aktivität als Indikator der Angstbeeinflussung durch Psychopharmaka	396
3.4.3.2	Biofeedback elektrodermaler Aktivität im Rahmen therapeutischer Interventionen	409
3.5	*Weitere Anwendungsgebiete der Messung elektrodermaler Aktivität*	413

3.5.1	Die Verwendung der elektrodermalen Aktivität in verschiedenen Anwendungsdisziplinen der Psychologie....	413
3.5.1.1	Die elektrodermale Aktivität als Indikator in der Arbeitspsychologie	414
3.5.1.1.1	Verkehrspsychologische Untersuchungen mit Hilfe der elektrodermalen Aktivität	414
3.5.1.1.2	Die Verwendung der elektrodermalen Aktivität in Beanspruchungsuntersuchungen an Industrie- und Büroarbeitsplätzen	418
3.5.1.2	Die Verwendung phasischer elektrodermaler Parameter in der sogenannten Lügendetektion	422
3.5.2	Die elektrodermale Aktivität in verschiedenen Disziplinen der Medizin	430
3.5.2.1	Gleich- und Wechselspannungsmessungen elektrodermaler Aktivität in der Dermatologie	431
3.5.2.2	Die elektrodermale Aktivität als Indikator neurologischer Störungen	438
3.5.2.3	Die elektrodermale Aktivität in weiteren Disziplinen der Medizin	443
3.6	*Anwendungsgebiete der Messung elektrodermaler Aktivität: Zusammenfassung und Ausblick*	447

Literaturverzeichnis 452

Anhang: Die Hamburger EDA-Auswertung. Von Eckart Thom ... 501

Namenverzeichnis 515

Sachverzeichnis 523

Verzeichnis der Abbildungen und Quellennachweise 544

Verzeichnis der Abkürzungen und Einheiten

A	Ampere (Einheit der Stromstärke)
A	Amplitudenhöhe
a	Achsenabschnitt auf der Ordinate
AC	Wechselstrom (Alternating current)
A/D	analog/digital
Ag	Silber
Ag/AgCl	Silber/Silberchlorid
amp.	Amplitude
ALS	Autonomic lability scores
ANS	autonomes (vegetatives) Nervensystem
B	Suszeptanz (Blindleitwert)
b	Steigungsmaß der Regression
b'	Index der Habituationsrate
BAS	Behavioral activation system
BIS	Behavioral inhibition system
bit	kleinste Informationseinheit
BSPL	Basal skin potential level
C	Coulomb (Einheit der Ladung)
C	Kapazität
Ca	Kalzium
CA1, CA3	Feld 1 und 3 des Hippocampus (Cornu ammonis)
C–Niveau	faktorenanalytisches Niveau 2. Ordnung
CNV	kontingente negative Variation (EEG-Erwartungswelle)
CPI	California Personality Inventory
CR	konditionierte Reaktion
CS	konditionierter Reiz (Stimulus)
Δ	Differenz zwischen 2 Größen
δ–Stoß	Dirac–Impuls
D/A	digital/analog
dB	Dezibel
DC	Gleichstrom (Direct current)
DR	Defensivreaktion
DSM III	Diagnostic and statistical manual, 3rd edition

e	Euler'sche Zahl
EDA	elektrodermale Aktivität
EDL	elektrodermales Niveau (Level)
EDR	elektrodermale Reaktion
EEG	Elektroencephalogramm
EKG	Elektrokardiogramm
EMG	Elektromyogramm
EOG	Elektrooculogramm
EPQ	Eysenck Personality Questionnaire
F	Farad (Einheit der Kapazität)
f	Frequenz
FAR	First-interval anticipatory response
FPI	Freiburger Persönlichkeitsinventar
FR	Formatio reticularis
G	Leitfähigkeit bzw. Konduktanz (Wirkleitwert)
g	Gramm
g	Einheit der Erdbeschleunigung
GABA	γ-Aminobuttersäure
GOhm	Gigaohm (10^9 Ohm)
H	Index der Habituationsrate
Hz	Hertz (Anzahl von Ereignissen pro sec)
I	Stromstärke
ISI	Interstimulus-Intervall
K	Kalium
KCl	Kaliumchlorid
kOhm	Kiloohm
λ	Halbwertszeit
lat.	Latenzzeit
LIV	Law of initial values (Ausgangswertgesetz)
ln	natürlicher Logarithmus (zur Basis e)
log	dekadischer Logarithmus (zur Basis 10)
M	Mol (g der Substanz bezogen auf ihr Molekulargewicht in 1 l Lösung)
μA	Mikroampere (10^{-6} A)

MAO	Monoaminooxidase
MAS	Manifest Anxiety Scale
μm	10^{-6} m
min	Minuten
mkp	Meter · Kilopond (ältere Einheit für die mechanische Arbeit)
ml	Milliliter (cm^3)
MMPI	Minnesota Multiphasic Personality Inventory
MOhm	Megaohm (10^6 Ohm)
msec	Millisekunden
μS	Mikrosiemens (10^{-6} S)
μV	Mikrovolt (10^{-6} V)
N	Stichprobengröße
n	Normalität = Mol · Wertigkeit
NaCl	Natriumchlorid (Kochsalz)
NaOH	Natronlauge (Ätznatron)
nF	Nanofarad (10^{-9} F)
Ni	Nickel
NS.EDR	nichtspezifische elektrodermale Reaktion
Ω	Ohm (Einheit des Widerstandes)
OR	Orientierungsreaktion
Pa	Pascal (Einheit des Druckes)
Pb	Proband
PCM	Puls–Code–Modulation
pF	Picofarad (10^{-12} F)
pH	Wasserstoffionen-Konzentration
φ	Phasenwinkel
π	Verhältnis von Kreisumfang zu Kreisdurchmesser
Q	Ladung
R	Ohm'scher Widerstand (Resistance), d. h. Wirkwiderstand
r	Korrelationskoeffizient
RC	Schaltung aus Widerstand und Kondensator
rec.tc	Abstiegszeit (Recovery) bis 63 % der Amplitude
rec.t/2	halbe Abstiegszeit (bis 50 % der Amplitude)
REM	Rapid eye movement (schnelle Augenbewegung)
ris.t.	Anstiegszeit (Rise time)

S	Siemens (Einheit des Leitwertes)
SAR	Second–interval anticipatory response
SC	Hautleitfähigkeit (Skin conductance)
sec	Sekunden
SI	Internationales System von Einheiten (Système International)
SP	Hautpotential (Skin potential)
SR	Hautwiderstand (Skin resistance)
SSS	Sensation Seeking Scale
SY	Hautadmittanz (Wechselstromleitfähigkeit)
SZ	Hautimpedanz (Wechselstromwiderstand)
T	Standardwerte mit dem Mittelwert 50 und der Streuung 10
t	Zeit
τ	Zeitkonstante
TOR	Third–interval omission response
TUR	Third–interval unconditioned response
U	Spannung
UCR	unkonditionierte Reaktion
UCS	unkonditionierter Reiz (Stimulus)
V	Volt (Einheit der Spannung)
VHF	Visual half field technique
V2A	Edelstahl-Legierung
X	Reaktanz (Blindwiderstand)
X	Summe der durch die jeweiligen Zeitpunkte dividierten Amplituden der beiden letzten spontanen SCRs vor einer reizabhängigen SCR
Y	Admittanz (Scheinleitwert)
Z	Impedanz (Scheinwiderstand)
z	Standardwerte mit dem Mittelwert 0 und der Streuung 1
$Zn/ZnSO_4$	Zink/Zinksulfat
ZNS	Zentralnervensystem

1. Teil:
Grundlagen elektrodermaler Aktivität

Die Registrierung elektrodermaler Aktivität hat in den Biowissenschaften, insbesondere in der Psychologie, eine so weite Verbreitung gefunden, daß man sie wohl mit Recht als die am häufigsten verwendete Methode zur Erfassung physiologischer Korrelate psychischer Zustände bezeichnen kann. Als Ursache dieser Beliebtheit kommt weniger eine gute theoretische Fundierung in Frage als die Tatsache, daß die elektrodermale Aktivität ohne großen apparativen Aufwand gemessen und ohne besondere Anforderungen an die Verstärkung und damit relativ störungsfrei auch außerhalb eines Labors registriert werden kann. Zudem scheinen die beobachteten Veränderungen dieses Biosignals leicht interpretierbar, da sie in den meisten Fällen schon bei visueller Auswertung ein den vermuteten psychischen Ursachen proportionales Frequenz- und Amplitudenverhalten zeigen.

Ungeachtet ihrer Beliebtheit in Forschung und Anwendung können die der elektrodermalen Aktivität zugrundeliegenden psychophysiologischen Mechanismen noch keineswegs als verstanden gelten. Auch in dem neuesten Standardwerk psychophysiologischer Methodik von Martin und Venables, in dem die elektrodermale Aktivität bezeichnenderweise an den Anfang gestellt wurde, geben Venables und Christie (1980) eine wenig ermutigende Zusammenfassung des Forschungsstandes. Dies ist nicht zuletzt eine Folge davon, daß – sieht man einmal von wenigen Arbeiten ab – die Erforschung der zugrundeliegenden Mechanismen erst wieder in den letzten 2 bis 3 Jahrzehnten intensiviert wurde (vgl. Abschnitt 1.1.3). Ein wichtiger Grund für das nur zögernde Vorankommen auf diesem Gebiet ist jedoch auch darin zu suchen, daß die beteiligten Teildisziplinen der Anatomie, der Physiologie, der Physik und der Psychologie kaum auf eine Tradition interdisziplinärer Zusammenarbeit bei der Erforschung elektrodermaler Phänomene zurückgreifen können. Auch fehlt es an fundierten, aber gut verständlichen Gesamtdarstellungen, die dem an der elektrodermalen Aktivität Interessierten einen umfassenden Einblick in dieses Forschungsgebiet geben könnten.

Im ersten Teil dieses Buches sollen daher nach einer allgemeinen Einführung zunächst einmal die Beiträge der nicht-psychologischen Teildisziplinen getrennt, jedoch aufeinander aufbauend dargestellt werden mit dem Ziel, den interessierten Psychologen oder Angehörigen anderer Fächer auch ohne mühsames Studium der einschlägigen Fachliteratur in die Lage zu versetzen, das zum Verständnis der elektrodermalen Phänomene notwendige Grundwissen zu erwerben.

1.1 Allgemeines zur elektrodermalen Aktivität

In diesem Kapitel soll zunächst die grundlegende *Terminologie* vermittelt werden. Danach erfolgt anhand eines *historischen Abrisses* eine Einführung in die Methodik und die Problematik der Messung elektrodermaler Aktivität, an die sich der Versuch einer Bestandsaufnahme der Erforschung und Anwendung dieses Biosignals anschließt.

1.1.1 Definitionen und Terminologie

Elektrodermale Aktivität (von dermis = Haut) ist ein erst von Johnson und Lubin (1966) eingeführter Sammelbegriff für die vorher unter den verschiedensten Bezeichnungen beschriebenen elektrischen Phänomene der Haut. Er umfaßt sowohl *aktive* als auch *passive* elektrische Eigenschaften, die sich auf Strukturen und Funktionen der Haut und der in ihr enthaltenen Organe zurückführen lassen.

Der von einer Nomenklatur–Kommission der Society for Psychophysiological Research verabschiedete *Standardisierungsvorschlag* zur Terminologie (Brown 1967) hat sich weitgehend durchgesetzt. Er orientiert sich an den Anfangsbuchstaben der englischsprachigen Bezeichnungen (vgl. Tabelle 1): S für skin, P für potential, R für resistance und C für conductance[1]. Eine Ausnahme davon bilden Admittanz und Impedanz. Zunächst wurde A für Admittanz (Wechselstromleitfähigkeit), und Z als letzter (d. h. gewissermaßen reziproker) Buchstabe des Alphabets für die dazu reziproke Größe, die Impedanz (Wechselstromwiderstand) vorgeschlagen (Edelberg 1972a). Die Abkürzung Z wurde beibehalten, die Admittanz wird jedoch heute mit dem vorletzten Buchstaben des Alphabets Y abgekürzt. Bei der Beschreibung elektrodermaler Phänomene wird zusätzlich zwischen tonischen Anteilen L (von level) und phasischen Anteilen R (von response) unterschieden (vgl. Kapitel 2.3), so daß sich eine in Tabelle 1 aufgeführte Abkürzungsmatrix aus Maßen und Meßwertklassen ergibt.

---

[1] Bei der Festlegung dieser inzwischen überall anerkannten Nomenklatur wurde unglücklicherweise übersehen, daß die Abkürzung C in der Physik bereits für die Kapazität eines Kondensators (vgl. Abschnitt 1.4.1.2) vergeben ist. Für die Leitfähigkeit wird in der Physik die Abkürzung G verwendet (vgl. Abschnitt 1.4.1.1).

Definitionen und Terminologie 3

Tabelle 1. Methoden zur Erfassung der elektrodermalen Aktivität, Maße und Abkürzungen in den entsprechenden Meßwertklassen.

Meß-methoden	Endo-somatisch	Exosomatisch			
Angelegte Spannung	keine	Gleichspannung		Wechselspannung	
Maße (deutsch)	Haut-potential	Haut-widerstand	Haut-leitfähigkeit	Haut-impedanz	Haut-admittanz
Maße (englisch)	Skin potential	Skin resistance	Skin conductance	Skin impedance	Skin admittance
Abkürzungen:					
allgemein	SP	SR	SC	SZ	SY
tonisch (level)	SPL	SRL	SCL	SZL	SYL
phasisch (response)	SPR	SRR	SCR	SZR	SYR
Ergänzende Abkürzungen:					
nichtspezifische Reaktion	NS.SPR	NS.SRR	NS.SCR	NS.SZR	NS.SYR
Frequenz	SPR freq.	SRR freq.	SCR freq.	SZR freq.	SYR freq.
Amplitude	SPR amp.	SRR amp.	SCR amp.	SZR amp.	SYR amp.
Latenz	SPR lat.	SRR lat.	SCR lat.	SZR lat.	SYR lat.
Anstiegszeit	SPR ris.t.	SRR ris.t.	SCR ris.t.	SZR ris.t.	SYR ris.t.
Abstiegszeit 63 % Recovery 50 % Recovery	SPR rec.tc SPR rec.t/2	SRR rec.tc SRR rec.t/2	SCR rec.tc SCR rec.t/2	SZR rec.tc SZR rec.t/2	SYR rec.tc SYR rec.t/2

Entsprechend werden die *tonischen* Anteile der elektrodermalen Aktivität (EDA) mit EDL (electrodermal level) und die *phasischen* mit EDR (electrodermal response bzw. reaction) abgekürzt. Typische Verläufe von elektrodermalen Reaktionen werden in den Abbildungen 32 und 33 dargestellt. Tonische oder Niveauwerte werden entweder in zeitlich festgelegten reaktionsfreien Intervallen erhoben oder aus der Anzahl nicht–reizbezogener Veränderungen pro Zeiteinheit ermittelt (vgl. Abschnitt 2.3.2).

Meßmethoden, bei denen keine Spannung von außen an die Haut angelegt wird, heißen *endosomatisch* (von endon = innen und soma = Körper), da nur die in der Haut selbst entstehenden elektrischen Potentialdifferenzen (SP) abgeleitet werden. Bei den *exosomatischen* Methoden (von exo = außen) wird entweder eine Gleich- oder eine Wechselspannung an die Haut angelegt. Hält man bei der Verwendung von Gleichspannung die angelegte *Spannung konstant*, wird die EDA unmittelbar in *Hautleitfähigkeitseinheiten* (SC) gemessen (vgl. Abschnitt 2.1.1); bei *konstant* gehaltenem *Stromfluß* erhält man dagegen Ergebnisse in Termini des *Hautwiderstandes* (SR). Entsprechendes gilt für das Anlegen von Wechselspannung, wobei der Wechselstromwiderstand als Hautimpedanz (SZ) und die Wechselstromleitfähigkeit als Hautadmittanz (SY) bezeichnet werden.

Durch die Verwendung des Begriffs "response" (Reaktion) für die phasische EDR wird nahegelegt, daß sie in einer feststellbaren Beziehung zu einem sie verursachenden Reiz steht. Bei EDA–Messungen sind jedoch häufig phasische Anteile des Meßsignals zu beobachten, die sich nicht auf spezifische Reize zurückführen lassen. Solche phasischen Veränderungen werden entweder als "Spontanaktivität", als "spontane EDR" oder als *nichtspezifische EDR* bezeichnet (vgl. Abschnitt 2.3.2.2). Venables und Christie (1980) schlagen vor, die Abkürzung für die entsprechende EDR durch den Vorsatz NS (non–specific) zu ergänzen, z. B. "NS.SCR" für nichtspezifische Hautleitfähigkeitsreaktion.

Im Gegensatz zum EDL, der stets einen bestimmten Niveauwert bezeichnet, können zur Kennzeichnung der phasischen EDR *verschiedene Parameter* verwendet werden, die im Bedarfsfall der jeweiligen Abkürzung in Kleinbuchstaben angehängt werden: die *Frequenz* (SCR freq.) und *Amplitude* (SCR amp.), die *Latenzzeit* vom Reizbeginn bis zum Beginn der EDR (SCR lat.), die darauf folgende *Anstiegszeit* bis zum Maximum der Reaktion (SCR ris.t. = rise time) und die Abstiegszeit, die i. d. R. als *Recovery*–Zeit bezeichnet wird (SCR rec.tc). Die entsprechenden Parameter werden im Abschnitt 2.3.1 näher erläutert.

Einige ältere Bezeichnungen für elektrodermale Phänomene werden insbesondere in der deutschsprachigen und der angewandten Literatur bis in die jüngste Zeit hinein noch verwendet: hautgalvanischer Reflex (HGR) oder galvanische Hautreaktion (GHR), psychogalvanischer Reflex (PGR) und vor allem Galvanic skin reaction (GSR). Gegen einen weiteren Gebrauch dieser Bezeichnungen sprechen mehrere Gründe. Einmal legen sie nahe, daß die Haut als ein galvanisches Element beschrieben werden kann, was der Vielfalt und Komplexität elektrodermaler Erscheinungen nicht entspricht. Auch legen sie z. T. der EDR unzutreffenderweise ein Reflexgeschehen zugrunde. Schließlich bezeichnen sie zwar phasische Anteile der EDA, sie werden jedoch ebenso als Oberbegriff für alle elektrodermalen Phänomene und sogar zur Kennzeichnung tonischer EDA-Anteile verwendet.

1.1.2 Anfänge der Erforschung elektrodermaler Aktivität

Die Erforschung elektrodermaler Aktivität begann vor etwa 100 Jahren. Die ersten Arbeiten über hautelektrische Erscheinungen wurden von Hermann und Luchsinger (1878) im Zusammenhang mit Untersuchungen der Schweißdrüseninnervation an der Katzenpfote und von Vigouroux (1879) im Rahmen von Versuchen zur Elektrotherapie vorgelegt. Die *eigentliche Entdeckung* der EDA wird sowohl dem Neurologen Féré (1888) als auch dem Physiologen Tarchanoff (1899) zugeschrieben, welchem allerdings die Arbeiten von Féré möglicherweise nicht ganz unbekannt gewesen sein dürften (Neumann und Blanton 1970). Beide verwendeten jedoch unterschiedliche Methoden zur Erfassung der EDA: während *Féré* die Abnahme des Widerstandes der Haut gegenüber einem durch sie fließenden externen Gleichstrom als Folge sensorischer oder emotionaler Reizung beim Menschen beobachtete (*exosomatische* Methode), untersuchte *Tarchanoff* unter ähnlichen Reizbedingungen Veränderungen der von der Haut ohne Fremdstromeinfluß abgeleiteten Potentiale (*endosomatische* Methode).

Beide vermuteten auch unterschiedliche Ursachen für die von ihnen gefundenen Veränderungen der elektrischen Eigenschaften der Haut: während Tarchanoff bereits von einer Beteiligung der Schweißdrüsen ausging, über deren Innervation zur damaligen Zeit noch wenig bekannt war, führte Féré die Abnahme des Hautwiderstandes auf eine Vasokonstriktion der peripheren Blutgefäße zurück, wobei der geringere Widerstand der *Interstitialflüssigkeit* (Zwischengewebsflüssigkeit) den hohen Widerstand des Blutes ersetzen sollte. Die zuletzt 1933 von McDowall vertretene Hypothese vaskulärer Ursachen der EDR wurde später fallengelassen, weil sich die EDR als unabhängig von plethysmographischen Veränderungen erwies und die teilweise gefundenen Zusammenhänge zwischen EDA und Hautdurchblutung insgesamt widersprüchlich sind (vgl. Abschnitt 2.4.2.1). Auch konnte die 1902 von Sommer geäußerte Vermutung, bei der EDR handele es sich um eine Folge unwillkürlicher Muskelaktivität, wegen des fehlenden Zusammenhangs zwischen EDR und Fingertremor nicht aufrechterhalten werden (Venables und Christie 1973).

Im Jahre 1904 entdeckte der Elektroingenieur Müller das von Féré zuerst beschriebene Hautwiderstandsphänomen neu und lenkte die Aufmerksamkeit des Neurologen Veraguth darauf. Dieser veröffentlichte 1909 eine Monographie über seine in der Zwischenzeit durchgeführten Forschungen mit dem Titel "Das psychogalvanische Reflexphänomen". Diese Betonung einer möglichen *psychischen* Verursachung der EDA führte dazu, daß sich Psychiater und Psychologen für die betreffenden Phänomene zu interessieren begannen, woraus eine Vielzahl von Arbeiten in entsprechenden Anwendungsbereichen resultierte.

Die Erforschung der Ursachen elektrodermaler Aktivität wurde trotz der damals noch unzureichenden Mittel der Biosignalerfassung und -verstärkung durch die Physiologen vorangetrieben. So fand Ebbecke 1921 eine lokale EDR, die durch Reiben oder Drücken einer Hautstelle sogar noch einige Stunden postmortal ausgelöst werden konnte (Keller 1963), und lenkte damit die Aufmerksamkeit auf die *Polarisationseigenschaften* der Haut (vgl. Abschnitt 1.4.2.3). Gildemeister vermutete 1923 aufgrund der Ergebnisse seiner Untersuchungen mit *Wechselspannungen* hoher Frequenzen, bei denen er geringe bis gar keine EDRs fand, daß es sich beim Widerstand der Haut möglicherweise nur um einen als Folge einer Membranpolarisation (vgl. Abschnitt 1.4.2) auftretenden Scheinwiderstand handeln könne, eine Auffassung, die heute in dieser Form keine Gültigkeit mehr besitzt (Edelberg 1971).

Durch Gildemeister und Rein wurde in den Jahren 1928 bis 1929 die Technik zur Untersuchung der Ursachen endosomatischer EDA entscheidend verbessert: sie begrenzten zum ersten Mal den Ort der Potentialentstehung auf nur eine Hautstelle, indem sie die Haut unter der *indifferenten Bezugselektrode* verletzten und so dort die Entstehung eines weiteren Potentials verhinderten (Keller 1963). Mit der 1929 von Richter aufgestellten Hypothese einer *kombinierten Verursachung* der EDA durch *epidermale* und *Schweißdrüsenmechanismen*, die im wesentlichen heute noch Gültigkeit hat (Edelberg 1972a), kann man diese frühe Phase der Erforschung der EDA als abgeschlossen ansehen. Eine wissenschaftshistorische Darstellung der frühen Arbeiten findet sich bei Neumann und Blanton (1970).

1.1.3 Weiterentwicklung der Grundlagenforschung zur elektrodermalen Aktivität

Erfindungen wie die des Elektronenstrahl-Oszillographen, des Mehrkanal-Polygraphen und der heutigen hochintegrierten Verstärkertechnik haben wesentlich dazu beigetragen, daß in den letzten 20 bis 30 Jahren das Interesse nicht nur an der Anwendung der EDA-Messungen, sondern auch an der Untersuchung der Ursachen elektrodermaler Phänomene wieder gewachsen ist. So konnten Bloch (1952) beim Menschen und Ladpli und Wang (1960) bei der Katze unter Verwendung polygraphischer Methoden gleichzeitig Ableitungen der EDA von verschiedenen Extremitäten durchführen und aus den simultan auftretenden Veränderungen auf eine *zentrale Verursachung* der EDR schließen (Wang 1964). Die Ergebnisse der in der Folgezeit von Wang an den Fußsohlen der Katze durchgeführten Tierversuche sind wegen der Unterschiede insbesondere in der peripheren Physiologie der Katze im Vergleich zum Menschen (vgl. Fußnote 5 im Abschnitt 1.2.3) zwar nicht ohne weiteres auf diesen übertragbar, solche tierexperimentellen Studien können jedoch wesentliche Beiträge zur Frage der Auslösung elektrodermaler Reaktionen leisten, und sie werden bis in die jüngste Zeit hinein fortgesetzt (z. B. Jänig et al. 1983). Untersuchungen zur EDA an Primaten (z. B. Kimble et al. 1965) liegen allerdings kaum vor.

Grundlegende Untersuchungen zur EDA am Menschen, die in den letzten Jahrzehnten durchgeführt wurden, konzentrierten sich vor allem auf die *peripheren Mechanismen* und den Einfluß verschiedener *Meßmethoden* auf die Meßergebnisse. So setzten sich Darrow (1964), dessen Tradition der EDA-Forschung bis in die 20er Jahre zurückreicht, und Lykken und Venables (1971) aufgrund von Modellüberlegungen für die Leitfähigkeit als adäquate Maßeinheit exosomatischer EDA ein (vgl. Abschnitt 2.6.5). Edelberg legte 1971 nach etwa 10jähriger z. T. mit Mikroelektroden durchgeführter Erforschung elektrodermaler Vorgänge ein *elektrisches Modell* der Haut vor, das deren Fähigkeit zum Aufbau von Polarisationskapazitäten berücksichtigt (vgl. Abschnitt 1.4.2.2). Auf diesem Hintergrund befaßte sich Edelberg (1972a) erstmals ausführlich mit dem psychophysiologischen Stellenwert *einzelner Komponenten* der EDA und von neu ins Blickfeld gerückten Parametern wie den bereits im Abschnitt 1.1.1 erwähnten An- und Abstiegszeiten der EDR (vgl. Abschnitt 2.3.1.3). Weitere Grundlagenuntersuchungen befaßten sich mit den Einflüssen peripher wirkender *Pharmaka*, z. B. Anticholinergica wie Atropin, auf die EDA, sowie insbesondere in neuerer Zeit wieder mit den elektrischen Eigenschaften der Haut bei Messungen mit *Wechselstrom* (vgl. Abschnitt 1.4.3.3).

Umfangreiche Gesamtdarstellungen der EDA-Methodik aus psychophysiologischer Sicht finden sich erstmals bei Edelberg (1967) im Methodenbuch von

Brown sowie ausführlicher und stärker mit Forschungsergebnissen versehen bei Edelberg (1972a) im Psychophysiologie-Handbuch von Greenfield und Sternbach. In dem bislang einzigen sich nur mit der EDA befassenden Standardwerk stellten Prokasy und Raskin (1973) ein von Venables und Christie verfaßtes Methodenkapitel und eine Reihe nach psychologischen Fragestellungen gegliederte Artikel in Form eines Readers zusammen. Die neueste bei Drucklegung dieser Monografie vorliegende ausführlichere Darstellung der EDA-Methodik findet sich bei Venables und Christie (1980) in dem von Martin und Venables herausgegebenen Buch zur psychophysiologischen Methodik. Das von Fowles (1986) vorgelegte EDA-Kapitel im Methodenbuch von Coles, Donchin und Porges gibt dagegen nach einer ausführlicheren Einleitung zur Anatomie und Physiologie des ekkrinen Schweißdrüsensystems und der epidermalen Strukturen einen eher kurzgefaßten Überblick zu den EDA-Meßtechniken und geht anschließend nur kurz auf Modellüberlegungen sowie auf die zentrale Verursachung der EDA ein.

Obwohl schon Edelberg (1972a) allein die Zahl der englischsprachigen Publikationen über die elektrodermale Aktivität auf mindestens 1500 geschätzt hatte, steht die geringe Anzahl der grundlegenden Untersuchungen, die auch in den letzten Jahren kaum zugenommen hat, in keinem Verhältnis zur Komplexität der Mechanismen, die der EDA zugrundeliegen. Mit der vorliegenden Monografie wird daher der Versuch unternommen, durch eine umfassende integrative Darstellung anatomischer, physiologischer, physikalischer, meß- und auswertungstechnischer sowie grundlagen- und anwendungsorientierter psychophysiologischer Beiträge die Basis für eine verbesserte interdisziplinäre Zusammenarbeit auf dem Gebiet der Erforschung und Anwendung der EDA zu schaffen.

1.2 Zur Anatomie der Haut und der Schweißdrüsen

Die Haut, mit der der menschliche Körper umgeben ist, hat sowohl *Schutz-* als auch *Kontaktfunktionen* gegenüber der Umwelt, zusätzlich nimmt sie *Stoffwechselaufgaben* für den gesamten Organismus wahr. Sie *schützt* den Körper vor chemischen, mechanischen und thermischen Schäden, vor manchen Strahlen und auch vor zahlreichen Krankheitserregern. Als *Kontaktfläche* für *Sinnesreize* enthält die Haut Mechanoreceptoren, Thermoreceptoren und Nociceptoren (Schmerzreceptoren). Eine weitere wesentliche Funktion der Haut besteht in der *Regulation* der *Wasserabgabe*: einerseits verhindert sie ein Austrocknen des Körpers, andererseits ermöglicht sie unter Zuhilfenahme der *Schweißdrüsen* eine kontrollierte Abgabe von Flüssigkeit.

Die Haut bildet keine strukturelle Einheit, sondern besteht aus verschiedenen, lichtmikroskopisch gut zu unterscheidenden *Schichten*. Eine an den lichtmikroskopischen Befunden orientierte, eher *statische* Betrachtungsweise wird jedoch der Funktion der Haut nur zum Teil gerecht. Die Haut und insbesondere ihre äußere Schicht, die Epidermis, muß vielmehr als ein *dynamisches* Gebilde angesehen werden. Die folgende Beschreibung orientiert sich daher zwar an der klassischen Schichtendarstellung, versucht jedoch an einigen Stellen einer stärker dynamisch orientierten Betrachtungsweise Rechnung zu tragen.

1.2.1 Vertikale Struktur der Haut

Der Aufbau der Haut zeigt an verschiedenen Körperstellen charakteristische Unterschiede. Die in Abbildung 1 und Tabelle 2 aufgeführten Schichten sind daher nicht an allen Stellen in gleicher Weise bzw. Deutlichkeit auszumachen.

Abbildung 1 zeigt einen typischen Querschnitt durch die unbehaarte Haut, wie sie an den für die EDA-Messung besonders wichtigen *Handflächen* (palmar) und *Fußsohlen* (plantar oder volar) vorkommt. An diesen mechanisch stark beanspruchten Stellen hat die Epidermis eine außergewöhnliche Dicke von ca. 1 mm, während sie sonst nur 50–200 μm stark ist.

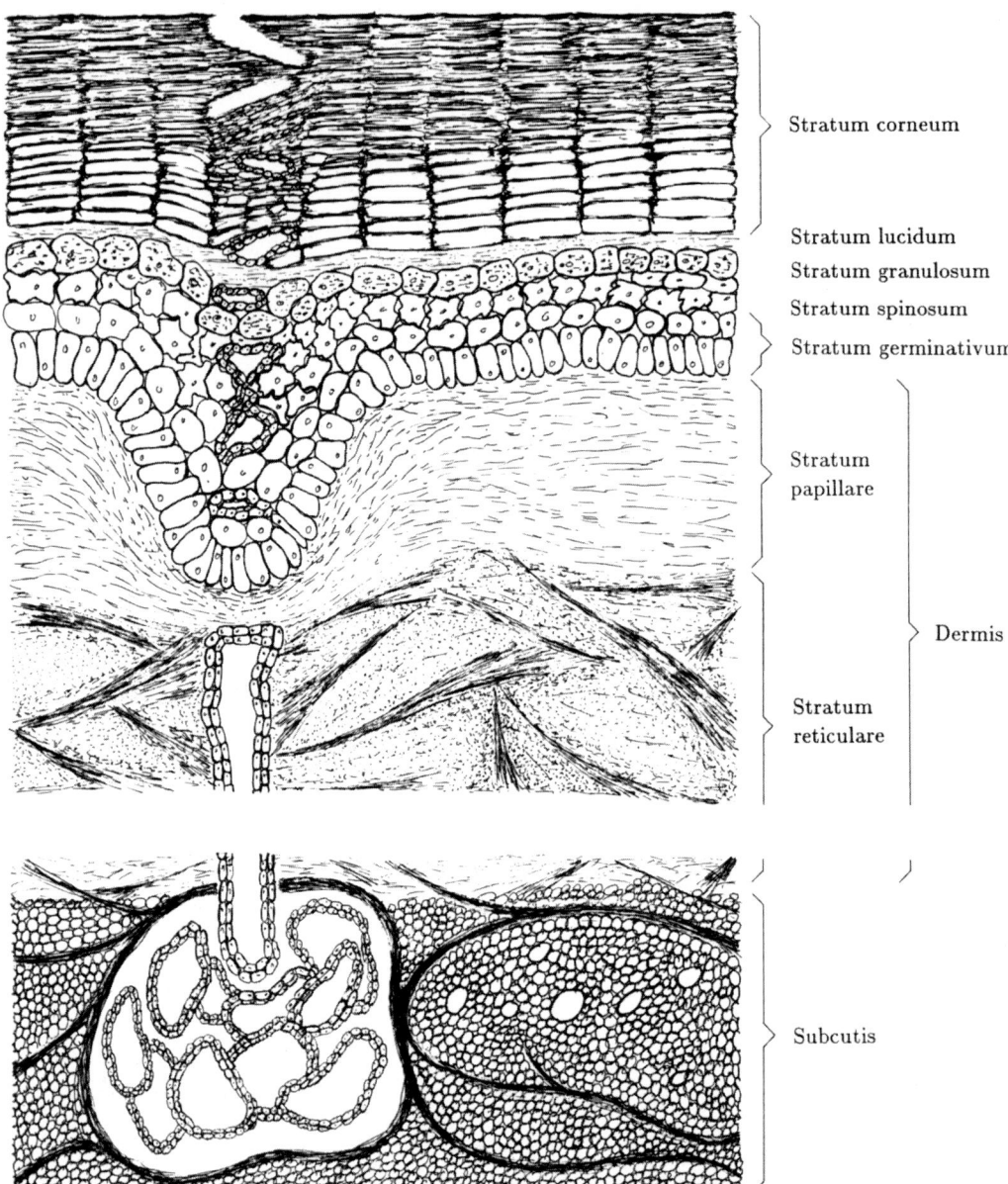

Abbildung 1. Schichtenaufbau der unbehaarten menschlichen Haut. Ein Schweißdrüsenknäuel sowie dessen gerader dermaler und gewundener epidermaler Ductus sind angeschnitten. Ein Teil des Stratum reticulare wurde wegen der Größenverhältnisse ausgespart.

Die Haut (Cutis) besteht aus zwei deutlich voneinander abgrenzbaren Schichten: aus der Oberhaut oder *Epidermis* und der Lederhaut oder *Dermis*. (Die Dermis wird auch Corium = festere Haut genannt, teilweise wird auch der Begriff Cutis für die Lederhaut allein verwendet.) Die Epidermis liegt an der Hautoberfläche und besteht aus Epithelgewebe, das nach außen mehr und mehr verhornt. Die tiefergelegene Lederhaut besteht aus straffem, faserreichen Bindegewebe. Die Epidermis ist im Vergleich zur Dermis relativ dünn.

Bei der *Unterhaut* (Subcutis) handelt es sich um eine lockere Bindegewebsschicht, die den Übergang von der Haut zu den tieferliegenden Geweben bildet. Sie enthält den sekretorischen (glandulären) Teil der Schweißdrüse, Fettgewebe sowie größere zur Körperoberfläche verlaufende Gefäße.

1.2.1.1 Die Epidermis

Früher erfolgte die Beschreibung der epidermalen Zellschichten anhand lichtmikroskopischer Untersuchungen. Im Hinblick auf elektronenmikroskopische Techniken mußte sie teilweise korrigiert werden und unterliegt auch jetzt noch ständigen Korrekturen. Einige Autoren schlagen eine Einteilung in *drei* (Orfanos 1972), einige in *fünf Schichten* (Klaschka 1979) vor (vgl. Abbildung 1). Die folgende Darstellung orientiert sich im wesentlichen an der von Klaschka gegebenen Beschreibung.

Die unterste, der Basalmembran aufliegende Schicht, in der die Epidermiszellen gebildet werden, heißt *Stratum germinativum* (von germinare = keimen), sie wird auch nach der darunterliegenden zur Dermis gerechneten Basalmembran Stratum basale genannt. In ihr entstehen hauptsächlich *Keratinozyten*, das sind Zellen, die Keratin einlagern können und später verhornen, aber auch Melanozyten, die das Hautpigment Melanin bereitstellen, sowie die Langerhans- und Merkel-Zellen. Die Keratinozyten gelangen nach einer ca. 30 Tage dauernden Periode an die Hautoberfläche und werden dort als verhornte Platten abgestoßen. Dabei durchlaufen sie charakteristische Formstadien, die teilweise zur Bezeichnung der entsprechenden Epidermisschichten geführt haben.

Abbildung 1 zeigt die zuerst hochprismatischen, danach runden Basalzellen im Stratum germinativum. Im weiteren Verlauf ihrer Wanderung schrumpfen diese Zellen, wobei sich gleichzeitig die Interzellulärräume vergrößern. Die als Stacheln erscheinenden Zytoplasmafortsätze dieser Zellen haben dazu geführt, daß man teilweise eine eigene Schichtbezeichnung für sie verwendet: *Stratum spinosum* (von spinas = Stachel). Man faßt das Stratum germinativum und das Stratum spinosum auch als *Malpighi-Schicht* (Stratum Malpighii) zusammen (vgl. Tabelle 2).

Tabelle 2. Schichtenaufbau der Haut. Die zonale Schichtung ist nicht in jeder Hautregion deutlich zu sehen. Das Stratum lucidum ist nur an den palmaren und plantaren Hautflächen deutlich zu erkennen.

Cutis (Haut)	Epidermis (Oberhaut)	Stratum corneum	obere Teilzone	
			mittlere Teilzone	
			untere Teilzone	
		Stratum lucidum		Stratum intermedium
		Stratum granulosum		
		Stratum spinosum		Stratum Malpighii
		Stratum germinativum (Stratum basale)		
	Dermis (Corium, Lederhaut)	Stratum papillare		
		Stratum reticulare		
Subcutis (Unterhaut)				

Das darauffolgende Stratum intermedium stellt eine Übergangszone[2] zwischen den nicht verhornten Zellen des Stratum Malpighii und den verhornten Zellen der äußeren Epidermisschicht, dem Stratum corneum, dar (vgl. Tabelle 2). Im unteren Stratum intermedium enthalten die Keratinozyten zunächst Granula (vgl. Abbildung 1), die sog. Keratohyalinkörner, von denen die Bezeichnung *Stratum granulosum* (Körnerschicht) abgeleitet ist. Im weiteren Verlauf können die Zellen von einer öligen Substanz, dem Eleidin, durchtränkt werden. Sie erscheinen dann infolge starker Lichtbrechung homogen, was zur Bezeichnung *Stratum lucidum* (von lux = Licht) geführt hat. Diese Region ist jedoch nur in manchen Körperregionen, insbesondere an Handflächen und Fußsohlen, ausgebildet. Wird sie sichtbar, ist das ein Zeichen für eine erfolgte Abtragung des Stratum corneum (vgl. Abschnitt 2.2.1.2).

---

[2] Diese Übergangszone ist mit einer Gesamtdicke von etwa 1 μm im Vergleich zu der darunterliegenden Malpighi-Schicht und dem darüberliegenden Teil der Epidermis außerordentlich dünn. Orfanos (1972) hat daher vorgeschlagen, diese Schicht nicht zu untergliedern, sondern insgesamt als Stratum intermedium (von inter medium = mitten dazwischen) zu bezeichnen. Teilweise wird aber auch nur das Stratum lucidum als Intermediärzone bezeichnet (Steigleder 1983).

Die äußere Schicht der Epidermis bildet das *Stratum corneum* (von cornu = Horn). In ihr befinden sich Zellen, die vollständig verhornt (keratinisiert) sind[3]. Die Hornschicht läßt sich nach der Form ihrer Zellen und der Größe der Interzellulärräume in eine *untere*, eine *mittlere* und eine *obere Teilzone* unterteilen (vgl. Tabelle 2), was allerdings nicht in jeder Hautregion so gut möglich ist wie an den palmaren und plantaren Hautflächen. Daher unterscheiden manche Autoren auch nur zwischen einer festeren Schicht, dem *Stratum compactum* oder *conjunctum* (von con = mit und iungere = verbinden), nach Tregear (1966) derjenige Teil der Hornschicht, der sich nicht durch sukzessive Klebestreifenabrisse entfernen läßt (Stripping–Technik, vgl. auch Abschnitt 1.4.2.1), und einer lokkeren, an der Oberfläche gelegenen Schicht, dem *Stratum disjunctum* (von dis und iungere = nicht verbunden).

In der Hornschicht wirkt der zur Hornzelle gewordene Keratinozyt eine zeitlang als unmittelbare *Barriere* zwischen Umwelt und Körper. Anschließend löst sich die Hornzelle von der Hautoberfläche ab, indem sie sich wie ein welkendes Blatt vom Rand her aufrollt. Von der Hautoberfläche eines Erwachsenen, die ca. 1.7 m^2 beträgt, gehen täglich etwa 0.5 bis 1 g Hornschichtmaterial ab. Gleichzeitig werden im Stratum germinativum durch Zellteilung (Mitose) der basalen Epidermiszellen nach dem Prinzip einer Dauermauserung eine entsprechende Zahl neuer Keratinozyten zur Verfügung gestellt.

Im Stratum intermedium sind die Zellen reißverschlußähnlich verzahnt. Es kommt gelegentlich zu völliger Membranverschmelzung und einer Verringerung der Interzellularräume. Die entsprechenden Membrankontaktstellen bleiben im Stratum corneum zuweilen als *membranartige Linien* sichtbar. Sie stellen möglicherweise *elektrische Kontaktzonen* zur Übermittlung von Aktionspotentialen von Zelle zu Zelle dar. Die keratinisierten Epidermiszellen werden weiterhin bis zu ihrer Ablösung durch Desmosomen (vgl. Fußnote 3) im Zellverband zusammengehalten.

Wie aus Abbildung 1 ersichtlich ist, machen die *Keratinozyten* während ihrer Wanderung von der Basalschicht zur Hornschicht eine *typische Veränderung* ihrer Form und Lage durch, die wahrscheinlich durch den wachsenden Druck der von innen nachschiebenden Zellen bewirkt wird: von zunächst pyramidenförmig

---

[3] Der Verhornungsprozeß beginnt während der Mitose durch die Bildung von sog. Tonofilamenten, das sind dünne intraplasmatische Faserbündel, die in darauffolgenden Epidermisschichten in dichtere Tonofibrillenbündel übergeführt werden. Diese verbinden sich mit dem im unteren Stratum intermedium entstehenden Keratohyalin zu Komplexen, die im oberen Stratum intermedium von einer Zellage zur anderen durch Veränderungen des Zellmilieus in epidermales Keratin übergeführt werden. Die Tonofilamente sind annähernd parallel zur Zelloberfläche ausgerichtet. Sie stehen jedoch nicht in Verbindung mit dem Plasmalemm oder den Desmosomen, den interzellulären Kontaktzonen der Keratinozyten. In der Stachelzellenschicht, dem Stratum spinosum, nimmt die Zahl der Desmosomen ab und die Interzellularräume werden größer. Hier können die Nicht–Keratinozyten, z. B. die Melanozyten, durch Eigenbewegung ihren Standort verändern.

aufgerichteten Basalzellen über kugelige oder elliptische Zellkörper bis zu scheibchenförmig parallel zur Hautoberfläche liegenden Hornzellen. Im Hornschichtverband stellt dabei jede Zelle eine hexagonale Platte von etwa 30 bis 50 μm Durchmesser dar, deren Ausläufer sich im Reißverschlußprinzip in die Ausläufer einer jeweils darüber- und darunterliegenden Nachbarzelle einfügen. In einer nicht durch Irritationen beeinträchtigten Epidermis lassen sich im Idealfall einzelne *Zellsäulen* isolieren, die von der basalen bis zur oberen Hornschichtzone etagenartig aufgeschichtet erscheinen.

Die Epidermis, deren Schichtung für die EDA von großer Bedeutung ist, stellt also einen von unten nach oben *immer dichter* und *trockener* werdenden, von prall gefüllten Zellen in plattenartige, parallele Strukturen übergehenden wohlgeordneten Zellverband dar. Die vollständig verhornte äußere Schicht, das Stratum corneum, ist an Handflächen und Fußsohlen, den bevorzugten Ableitorten für die EDA (vgl. Abschnitt 2.2.1.1), besonders ausgeprägt. Auf ihre Rolle bei der Veränderung des elektrischen Widerstandes der Haut wird im Abschnitt 1.4.2.1 näher eingegangen.

1.2.1.2 Dermis und Subcutis

Die *Dermis*, auch als Corium (Lederhaut)[4] bezeichnet, ist zwar erheblich dicker als die Epidermis, zeigt jedoch nur eine Gliederung in *zwei Schichten* (vgl. Tabelle 2), die sich nach Dichte und Anordnung ihrer Bindegewebsfasern unterscheiden lassen (vgl. Abbildung 1).

Die der Epidermis am nächsten gelegene Schicht heißt *Stratum papillare*, und zwar nach den Bindegewebspapillen (von papilla = Warze), durch die Dermis und Epidermis miteinander verzahnt sind, wobei Zapfen des Stratum papillare senkrecht in die Vertiefungen der Epidermis hineinragen. Im Stratum papillare enden arterielle und venöse Blutbahnen in einem Netz von Kapillaren. Es enthält Receptororgane, Melanozyten und freie Bindegewebszellen. An der Grenze zur Epidermis liegt die Basalmembranzone, eine Haftschicht zwischen Dermis und Epidermis, in die die Basalzellen der Epidermis mit Fortsätzen, sog. Wurzelfüßchen eingelassen sind (Steigleder 1983). Die innere Schicht der Dermis wird als *Stratum reticulare* (von reticulum = Geflecht) oder auch Geflechtsschicht genannt, teilweise auch Stratum fibrosum (von fibra = Faser). Ihre kräftigen Kollagenfaserbündel geben der Haut eine hohe Zerreißfestigkeit. Sie bildet die Lederhaut im eigentlichen Sinne.

---

[4]Leder ist gegerbtes Corium von Tierhaut

Die *Subcutis* (Unterhaut), auch als Hypodermis bezeichnet, besteht aus lokkerem Bindegewebe, das die Haut mit den Bindegewebshüllen der Muskeln verbindet, jedoch eine große horizontale Verschiebbarkeit erlaubt. Durch ihre Fähigkeit, Fett zu speichern, ist die Subcutis gleichermaßen thermische und mechanische Isolierschicht sowie Fettdepot. In ihr verlaufen die zur Haut ziehenden Nerven und Gefäße, und in ihr liegen Haarwurzeln und Drüsen, wie z. B. der sekretorische Teil der Schweißdrüsen (vgl. Abbildung 1). Nach manchen Autoren liegen die sekretorischen Teile einiger Schweißdrüsen noch in der Dermis (vgl. Millington und Wilkinson 1983), sie sind dann allerdings nicht von Kollagenfaserbündeln, sondern von Fettgewebe umgeben (Steigleder 1983).

1.2.1.3 Gefäßsystem der Haut

In der Subcutis verlaufen die größeren Gefäße zur Körperoberfläche. Aus einem an der Grenze von Dermis und Subcutis gelegenen Arteriennetz steigen Arterienäste zu den Haarwurzeln und den Schweißdrüsen ab und zum Stratum papillare auf (vgl. Abbildung 2). Die aufsteigenden Äste bilden ein weites subpapilläres Arteriennetz, aus dem Arteriolen und Kapillarschlingen in die Bindegewebspapillen ziehen. Auch die Venen bilden Netze unter den Bindegewebspapillen und an der Grenze von Dermis und Subcutis, den sog. cutanen Venenplexus (von plexum = Geflecht). Das Venenblut fließt in weiten Hautvenen ab, die auf großen Strecken subcutan liegen. Die Arteriolen sind mit kleinen adrenerg innervierten Muskeln versehen, mit denen das Ausmaß der Durchblutung reguliert wird. Solche Muskeln finden sich an den arteriovenösen Anastomosen (von anastomos = Erweiterung), die Nebenwege zu den Kapillarnetzen darstellen (Stüttgen und Forssmann 1981), und die an einigen vorstehenden Körperteilen, z. B. an den Fingerspitzen, Glomusorgane (ähnlich den Glomeruli = Gefäßknäuel der Niere) bilden.

Die Lymphgefäße bilden ebenfalls Netze in der Dermis und der Subcutis. Die Lymphe fließt größtenteils über subcutane Lymphbahnen ab. Die Lymphe trägt – wie das Blut und die Interstitialflüssigkeit (vgl. Abschnitt 1.4.2.1) – zu der relativ hohen elektrischen Leitfähigkeit der unteren Hautschichten bei.

1.2.2 Horizontale Struktur der Haut

Neben der vertikalen Schichtung weist die Haut eine regional unterschiedliche charakteristische horizontale Struktur auf. Der wesentlichste Unterschied in der Struktur besteht zwischen Leistenhaut und Felderhaut.

Leistenhaut befindet sich nur an Handflächen und Fußsohlen einschließlich der Beugeseite von Fingern und Zehen, also an den *palmaren* und *plantaren* Flächen. Die Hautoberfläche ist mit Leisten und Furchen bedeckt, deren genetisch fixiertes Muster auf die Form des Stratum papillare (vgl. Abschnitt 1.2.1.2) zurückgeht. Dabei ragen in die Basis jeder Epidermisleiste (Epithelleiste) zwei Reihen hoher Bindegewebspapillen. In die Furchen münden die Ausführungsgänge (Ducti) der Schweißdrüsen (vgl. Abschnitt 1.2.3). Die Leistenhaut ist unbehaart und enthält keine Talg- und keine Duftdrüsen.

Der restliche, weitaus größere Teil der Haut ist *Felderhaut*, die durch feine Rinnen in polygonale Felder unterteilt ist, deren Muster ebenfalls auf die Form des Stratum papillare zurückgeht. Die Anzahl der Felder und die Tiefe der Rinnen ist abhängig von der etwa bei Bewegungen notwendigen Dehnbarkeit der Haut. Stellenweise können die Rinnen ganz verschwinden. Die Ducti von Schweiß- und Duftdrüsen münden nicht in den Rinnen, sondern auf den Erhöhungen der Haut. Haare und Talgdrüsen befinden sich dagegen in den Rinnen der Felderhaut.

1.2.3 Vorkommen und Bau der Schweißdrüsen

Bei den Schweißdrüsen der Haut handelt es sich um *exokrine Drüsen*, da sie ihr Sekret unmittelbar an die Hautoberfläche abgeben. Die Gesamtzahl der Schweißdrüsen beim Menschen beträgt etwa 3 Millionen. Sie kommen in vermehrter Dichte auf den Handflächen und Fußsohlen sowie auf der Stirn vor und fehlen im Lippenrot und im inneren Blatt der Vorhaut des Penis. Millington und Wilkinson (1983) geben für den Erwachsenen folgende Durchschnittswerte pro cm^2 an, wobei allerdings nicht alle vorhandenen Schweißdrüsen auch tatsächlich aktiv sein müssen: an den Handflächen 233, an den Fußsohlen 620, an der Stirn 360, dagegen am Oberschenkel lediglich 120. Diese Werte können bei Kindern noch erheblich höher liegen, da die Zahl der Schweißdrüsen vom fetalen Stadium (3000 pro cm^2 in der 24. Schwangerschaftswoche) bis zum Erwachsenenstadium abnimmt.

Die Mehrzahl der menschlichen Schweißdrüsen wird als *ekkrin* angesehen, d. h. bei der Sekretion tritt kein nennenswerter Verlust von Zytoplasma der

Drüsenzellen auf. Dagegen ist eine Reihe von großen Schweißdrüsen, z. B. in den Achselhöhlen und im Genitalbereich, *apokrin* (Millington und Wilkinson 1983), d. h. der apikale, mit Sekret gefüllte Teil der Zelle wird abgeschnürt, wobei ein Teil des Zytoplasmas verloren geht, das nach der Sekretabgabe wieder regeneriert werden muß (Schiebler 1977)[5]. Apokrine Drüsen spielen allerdings für die Menge des abgegebenen Schweißes praktisch keine Rolle (Herrmann et al. 1973).

Der *sekretorische Teil* der Schweißdrüse liegt in der Subcutis. Er ist zu einem Knäuel von etwa 0.4 mm Durchmesser aufgewickelt (vgl. Abbildung 2). Daran schließt sich ein von ihm optisch kaum zu unterscheidender gewundener Teil des dermalen Ausführungsganges (Ductus) an (Ellis 1968), der in den relativ geraden Teil des *dermalen Ductus* und danach in den korkenzieherartig gewundenen *epidermalen Ductus* übergeht. Allerdings enthält der Ductus im dermalen Teil ebenfalls noch sekretorische Zellen (Odland 1983).

Sowohl der sekretorische Teil der Schweißdrüse als auch der Ductus bestehen aus zwei bis drei Schichten von Zellen (zu deren Beschaffenheit und Funktion vgl. Abschnitt 1.3.3.1), die einen engen Hohlraum (von 5 bis 10 μm Durchmesser), das Lumen, umgeben. Lediglich die Endstrecke in der Epidermis ist ohne eigene Wandzellen. Der Ductus mündet an der Hautoberfläche in einer kleinen Pore. Zwischen dem sekretorischen Teil der Schweißdrüse und dem gewundenen Teil des dermalen Ductus liegt nach Hashimoto (1978) ein Ductusstück, das nur aus einer Zellschicht besteht und nicht von den weiter unten beschriebenen Myoepithelzellen umgeben ist.

Der sekretorische Teil der Schweißdrüse wird von stark verzweigten Nervenendigungen versorgt, die ihrem Ursprung und dem Verlauf nach dem *sympathischen* Teil des autonomen Nervensystems zuzurechnen sind, aber als einzige postganglionäre sympathische Fasern nicht adrenerg, sondern *cholinerg* sind (vgl. Abschnitt 1.3.2). Es gibt Hinweise darauf, daß die Schweißdrüse im sekretorischen und im dermalen Teil des Ductus von glatten Muskeln (Myoepithelien) umgeben ist, die entweder ebenfalls cholinerg, wahrscheinlicher aber adrenerg innerviert werden (vgl. Abschnitt 1.3.3.1), und deren Kontraktion zur Ausstoßung des Sekretes, d. h. des Schweißes führen. Dies trifft jedenfalls mit großer Wahrscheinlichkeit für die apokrinen Drüsen zu (Steigleder 1983).

---

[5] Nach Steigleder (1983) finden sich ekkrine Drüsen außer beim Menschen noch beim höheren Affen. Auch Wang (1964) ist der Auffassung, daß die Katze wahrscheinlich keine ekkrinen, sondern apokrine Schweißdrüsen an den Fußsohlen besitzt, was für die Bewertung von Experimenten mit dieser Spezies zur elektrodermalen Aktivität von Bedeutung sein könnte.

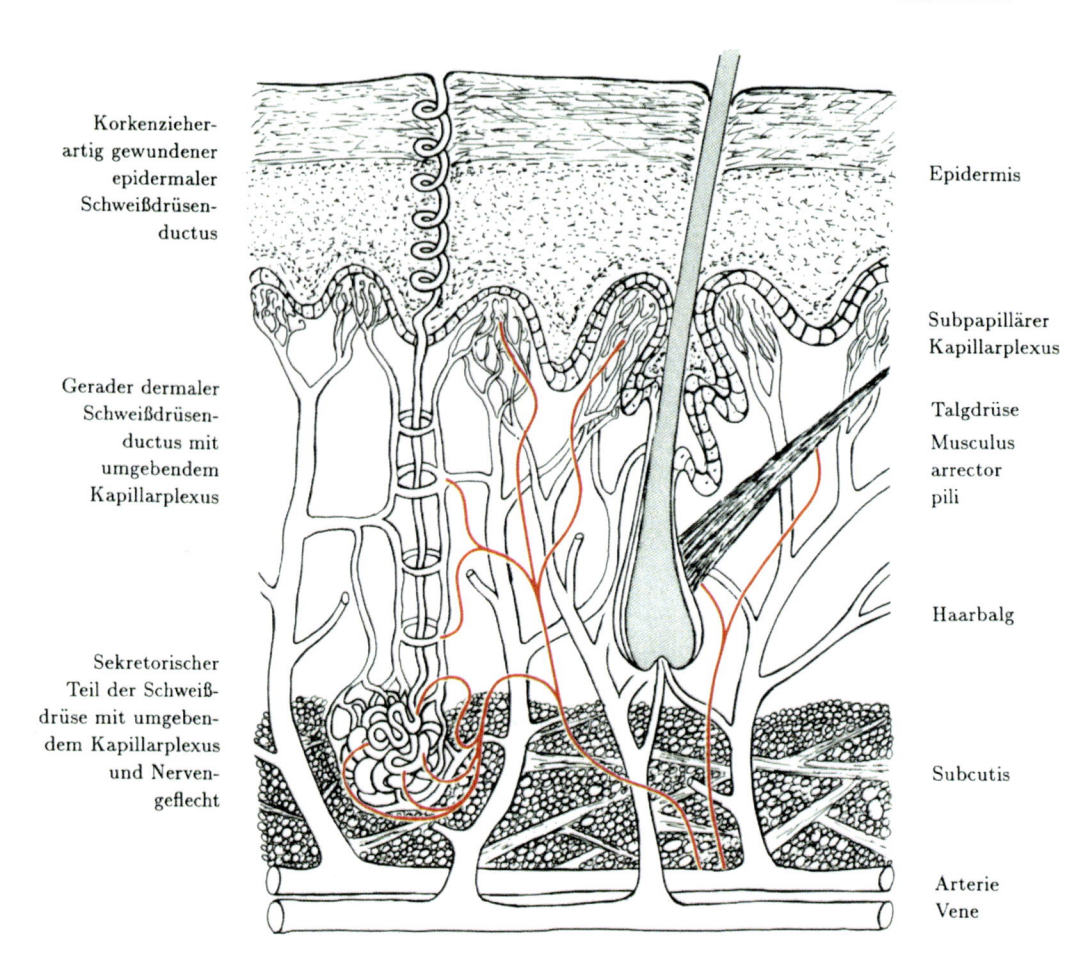

Abbildung 2. Schematischer Querschnitt durch die behaarte Haut mit einer Schweißdrüse (links) und einem Haar sowie einer Talgdrüse (rechts). Neben der Versorgung mit Blutgefäßen wurde die efferente sympathische Innervation (rot) in der Abbildung angedeutet.

1.2.4 Weitere effektorische und sensible Organe in der Haut

Die Dermis enthält neben den Schweißdrüsen weitere Drüsen: die *Duftdrüsen*, die nur an einigen Stellen auftreten (Achselhöhle, Genitalbereich, perianaler Bereich, äußerer Gehörgang), und die *Talgdrüsen*, die – bis auf wenige Ausnahmen – an die Haarbälge gebunden sind (vgl. Abbildung 2), zusätzlich noch die *Brustdrüsen*.

An die *Haare* sind wahrscheinlich sowohl effektorische als auch sensible Funktionen gebunden. Sie wachsen schräg zur Hautoberfläche aus der Wurzelscheide, einer trichterförmigen Einsenkung in der Haut, in die die Talgdrüse mündet. Unterhalb der Mündung der Talgdrüse entspringt auf der Seite, nach der das Haar geneigt ist, ein kleines Bündel glatter Muskelzellen, der Musculus arrector pili (von arrigere = aufrichten und pilus = Haar), der schräg aufwärts bis unter die Epidermis zieht. Der Muskel kann das Haar aufrichten ("Haarsträuben") oder die Haut einziehen ("Gänsehaut"), wobei die zwischen Muskel und Wurzelscheide liegende Talgdrüse komprimiert wird. *Haare* befinden sich lediglich in der *Felderhaut*, nicht jedoch in der bei der Messung elektrodermaler Aktivität bevorzugten palmaren und plantaren Leistenhaut (vgl. Abschnitt 1.2.2).

Die Haarwurzeln reichen bis in die obere Subcutis. Sie sind von einem dichten Nervengeflecht umgeben, das vermutlich im Dienste der Sinneswahrnehmung steht (Steigleder 1983). Weitere Receptoren von *Hautsinnesorganen* kommen in allen Schichten von *Subcutis* und *Cutis* in großer Zahl vor. Die sensiblen Nervenendigungen können frei, d. h. ohne erkennbare spezifische Receptorstrukturen enden. Sie können aber auch in ein von einer Bindegewebskapsel umgebenes Endkörperchen eingebaut sein (z. B. Vater-Pacinisches Lamellenkörperchen). Zum Teil reichen die sensiblen Nerven *bis in die Epidermis*. So wurden im Stratum germinativum Nervenendigungen gefunden, bei denen es sich möglicherweise um taktile Receptoren handelt. Auch gibt es Hinweise auf ein System von Efferenzen, das solche peripheren Receptoren sensibilisiert (Edelberg 1971).

1.3 Physiologie der Haut, der Schweißdrüsen und der elektrodermalen Aktivität

Wie im vorangegangenen Kapitel zur Anatomie sollen auch hier nur diejenigen physiologischen Vorgänge dargestellt werden, die für das Verständnis der elektrodermalen Aktivität erforderlich sind. Eine derartige Abgrenzung ist auf dem Gebiet der Physiologie jedoch weitaus schwerer zu treffen als im anatomischen Bereich. Zum einen ist die Innervation von Haut und Schweißdrüsen in den komplexen, noch wenig erforschten Zusammenhang des vegetativen Nervensystems einzuordnen, zum anderen sind in die Funktionszusammenhänge der Temperaturregulation, bei denen Haut und Schweißdrüsen eine entscheidende Rolle spielen, weitere Funktionssysteme einbezogen, die zwar nicht unmittelbar zur Entstehung elektrodermaler Aktivität beitragen, sie jedoch mittelbar beeinflussen können. Bei solchen Systemen, wie etwa der Hautdurchblutung, wird im folgenden eine Begrenzung auf die peripheren Anteile, die in der Haut selbst lokalisiert sind, vorgenommen.

1.3.1 Efferente Innervation der Haut

Die menschliche Haut wird von zahlreichen efferenten Fasern des vegetativen Nervensystems erreicht. Zusätzlich findet eine reiche Versorgung mit sensiblen Fasern statt, auf die in diesem Zusammenhang lediglich hingewiesen werden soll. Als gesichert kann dabei eine mehrfache, dem *Sympathicus* zuzurechnende Innervation gelten: vasokonstriktorische Efferenzen zu den Hautblutgefäßen, Efferenzen zur Kontraktion der Haarbalgmuskeln und die Innervation des sekretorischen Teils der Schweißdrüse (vgl. Abschnitt 1.3.2.1). Die Gefäß- und Schweißdrüsennerven sind dabei so eng miteinander verflochten, daß sie zumindest lichtmikroskopisch nicht unterschieden werden können (Hagen 1968). Ob es zur Gegenregulierung der Hautdurchblutung – in Analogie zur Regulierung der Durchblutung des Skelettmuskels – parasympathisch innervierte vasodilatierende Fasern in der Haut gibt, oder ob die entsprechenden dilatatorischen Reaktionen auf eine zentrale Hemmung der sympathischen konstriktorischen Fasern zurückgeht, ist noch umstritten (Jänig et al. 1983).

Die postganglionären sympathischen Fasern verlassen die Grenzstrangganglien über die Rami communicantes grisei und ziehen in den sog. *gemischten Spinalnerven* gemeinsam mit allen motorischen und sensiblen Bahnen in die Peripherie (vgl. Abbildung 3), wo sie sich zunächst an die für die Oberflächensensibilität zuständigen Hautafferenzen anlehnen und danach den für vegetative Efferenzen charakteristischen Plexus bilden.

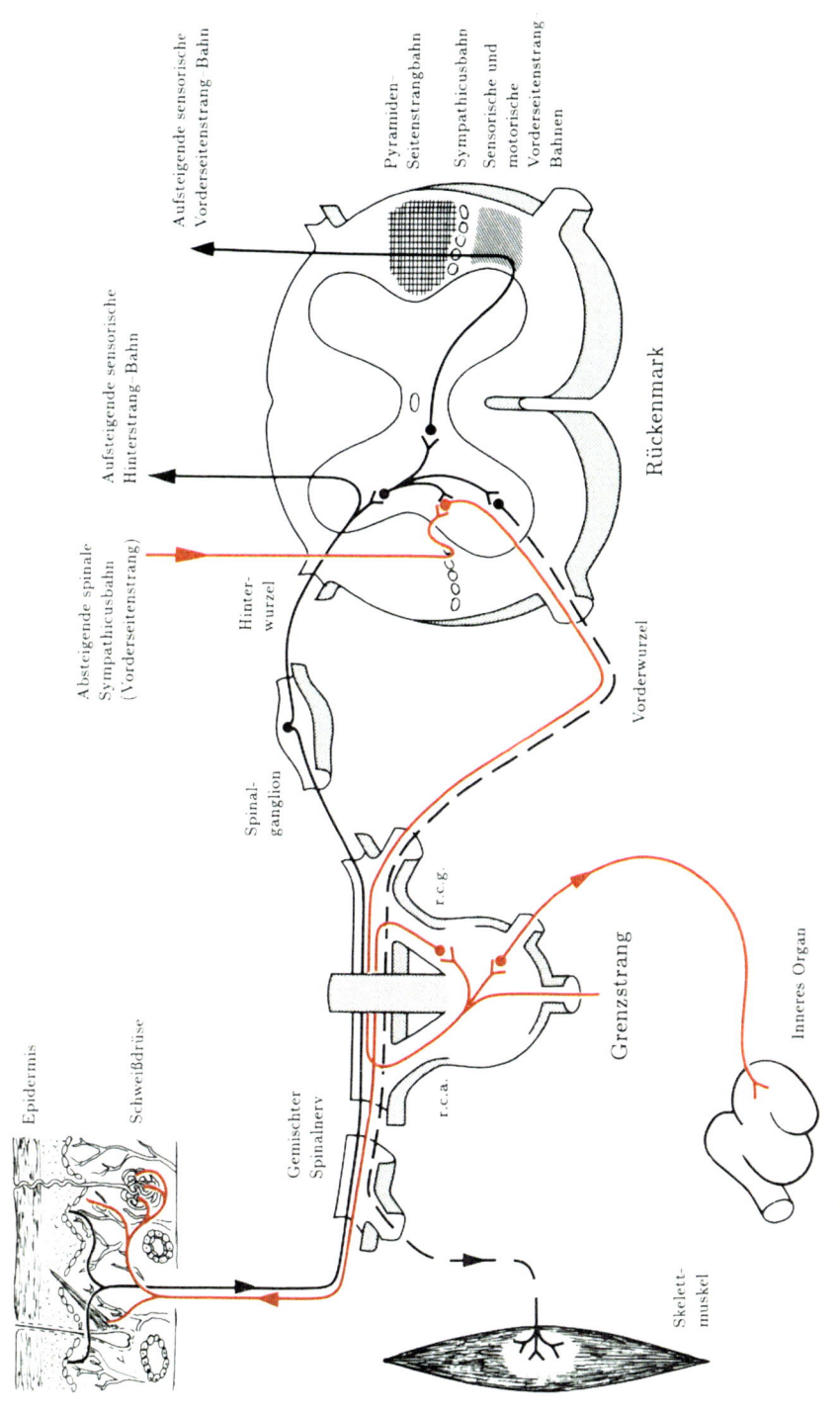

Abbildung 3. Verlauf von Afferenzen und Efferenzen der Haut auf Rückenmarksebene und ihre Verbindungen zu auf- und absteigenden Bahnen. – – – – : motorische Bahn zum Skelettmuskel, ⎯⎯⎯ : vegetative Efferenzen, ⎯⎯⎯ : Afferenzen der Haut. r.c.a. = ramus communicans albus, r.c.g. = ramus communicans griseus.

Während es in der Peripherie des Spinalnerven auch beim Menschen noch möglich ist, vasokonstriktorische und *sudorisekretorische* (d. h. die Schweißsekretion aktivierende) sympathische *Fasern* durch Reiz- und Ableitungsversuche zu unterscheiden (Jänig et al. 1983), können auf der Ebene der Rückenmarksbahnen und der praeganglionären Neurone des Sympathicus sudorisekretorische Fasern und andere vegetative Efferenzen nicht mehr differenziert werden (Schliack und Schiffter 1979). Die im Vorderseitenstrang des Rückenmarks nahe der Pyramidenbahn absteigende spinale Sympathicusbahn zieht nach Umschaltung im lateralen Horn des Rückenmarks, der sympathischen Seitensäule, zusammen mit den motorischen Efferenzen aus der Vorderwurzel und dann über den Ramus communicans albus zum Grenzstrang (vgl. Abbildung 3), wo sich zahlreiche Kollateralen auf die Ganglien des Grenzstranges in verschiedene Ebenen verteilen, so daß von einer einzigen praeganglionären sympathischen Faser etwa 16 postganglionäre Neurone erreicht werden. Die Kollateralen der im oberen Thorakalabschnitt entspringenden Fasern sind dabei vorwiegend nach cranial hin, die im unteren Thorakal- und oberen Lumbalmark entspringenden Fasern vorwiegend nach caudal hin orientiert (Schliack und Schiffter 1979).

Trotz dieser für den Sympathicus – im Gegensatz zum Parasympathicus – charakteristischen weiten Verbreitung ganglionärer Impulse auf viele postganglionäre Neurone läßt sich auch im Sympathicus eine *überwiegend segmentale* Organisation feststellen. So sind segmentale Reflexe in praeganglionären Axonen aufgrund von unmittelbarer elektrischer Stimulation der Hinterwurzeln am deutlichsten, wenn die Hinterwurzel des gleichen Segments gereizt wird (Jänig 1979). Daß Reflexe der Haut sogar ohne Einbeziehung der Rückenmarksebene ausgelöst werden können, zeigt der sog. *Axonreflex*. Die vegetativen Fasern bilden in der Haut von einem in der unteren Hälfte des Coriums liegenden Verzweigungspunkt aus zahlreiche Kollateralen, die ein umschriebenes Gebiet der Haut innervieren. Durch direkte mechanische Reizung eines Ausläufers dieses effektorischen Neurons erfolgt eine Erregungsweiterleitung in umgekehrter Richtung bis zu dem Verzweigungspunkt am ursprünglichen Axon, der sich daraufhin wie ein Ganglion verhält und effektorische "sympathische" Signale in die anderen Kollateralen abgibt, worauf z. B. in dem innervierten Gebiet eine lokale Schweißsekretion auftritt (Schliack und Schiffter 1979). Umgekehrt können Axonreflexe auch durch Reizung nociceptiver Afferenzen entstehen, die in dem durch diese Afferenzen innervierten Hautareal Vasodilatation hervorrufen (Jänig 1980). Auf welchem Wege eine solche Dilatation entsteht, ist noch nicht bekannt.

Die Suche nach Ursachenfaktoren für die vegetative Aktivität der Haut wird dadurch weiter kompliziert, daß die *Überträgerstoffe* (Transmittersubstanzen), insbesondere das bei den sympathischen postganglionären Neuronen i. d. R. als Transmitter dienende Noradrenalin, auch *frei* in der Blutbahn *zirkulieren*. D. h., daß diese Stoffe zwar an anderer Stelle produziert werden, jedoch im Kapillarplexus und damit am Angriffspunkt der vasokonstriktorischen sympathischen Neurone (Jänig 1980) wirksam werden können, etwa infolge einer verstärkten Produktion von Noradrenalin im Nebennierenmark bei bestimmten emotionalen Zuständen (vgl. Abschnitt 3.2.1.3.1).

1.3.2 Innervation der Schweißdrüsen

Von allen vegetativen Efferenzen der Haut ist die Innervation der Schweißdrüsen am eingehendsten untersucht worden. Während die anderen sympathischen Efferenzen charakteristischerweise adrenerge postganglionäre Synapsen aufweisen, d. h. Noradrenalin als Transmittersubstanz dient, sind die entsprechenden postganglionären Synapsen der sudorisekretorischen Neurone *cholinerg*, d. h. *Acetylcholin* dient als Transmittersubstanz. Die Beobachtung der cholinergen Innervation ekkriner Schweißdrüsen hat bis in die neueste Zeit dazu geführt, daß gelegentlich – abweichend von der vorherrschenden Lehrmeinung (z. B. Steigleder 1983, Braun-Falco et al. 1984) – auch die These einer parasympathischen Innervation vertreten wird (Tharp 1983).

Allerdings ziehen auch einige *adrenerge* Fasern des peripheren Hautnerven zur Schweißdrüse. Dabei handelt es sich jedoch mit großer Wahrscheinlichkeit um Efferenzen zu den Myoepithelien, die den dermalen Teil des Schweißdrüsenductus umgeben (vgl. Abschnitt 1.3.3.1). Ein Zusammenhang zwischen der besonderen Reaktivität palmarer und plantarer Schweißdrüsen auf psychische Stimulation und ihrer möglichen adrenergen Innervation wird heute nicht mehr vertreten, da adrenerge Fasern auch in der Nähe anderer ekkriner Schweißdrüsen gefunden wurden (Shields et al. 1987). Auch die insbesondere in den Achselhöhlen, dem Brustwarzenhof und der Analregion vorkommenden apokrinen Schweißdrüsen (vgl. Abschnitt 1.2.3) sind adrenerg innerviert (Millington und Wilkinson 1983). Die folgende Darstellung der Innervation der ekkrinen Schweißdrüsen orientiert sich in ihren wesentlichen Teilen an Schliack und Schifter (1979).

1.3.2.1 Periphere Anteile der Schweißdrüseninnervation

Die praeganglionären sudorisekretorischen Neurone ziehen mit den anderen sympathischen Nervenfasern vom lateralen Horn des Rückenmarks auf derselben Körperseite über den Grenzstrang, wo sie auf die postganglionären Neurone umgeschaltet werden, in die Peripherie. Ihre Leitungsgeschwindigkeit beträgt nach Jänig et al. (1983) 1.2 bis 1.4 m/sec.

Zellkörper der praeganglionären Neurone des Sympathicus befinden sich nicht in allen Rückenmarkssegmenten, sondern lediglich von C 8 (dem 8. und letzten Cervicalsegment) über alle 12 Thorakalsegmente bis L 2 (dem 2. Lumbalsegment). Die *Grenzen* für die *sudorisekretorischen Efferenzen* im Rückenmark müssen sogar noch enger gezogen werden: oberhalb von Th 3 (dem 3. Thorakalsegment) verlassen keine wichtigen sudorisekretorischen Efferenzen mehr das Rückenmark. Entsprechend weichen die von den sudorisekretorischen Neuronen der Rückenmarksegmente innervierten Hautfelder von den als *Dermatome* bezeichneten sensibel innervierten Hautfeldern ab.

Tabelle 3. Zuordnung der aus den vorderen Spinalnervenwurzeln austretenden sudorisekretorischen Fasern zu den sensiblen Dermatomen (C = cervikal, Th = thorakal, L = lumbal, S = sacral). (Nach Klaschka 1979.)

Vordere Spinalnervenwurzel	Dermatome der Haut, auf die die entsprechenden sudorisekretorischen Neurone Einfluß nehmen
Th 3 – 4	Trigeminusgebiet und C 2 – C 4
Th 5 – 7	C 5 – Th 9
Th 8	Th 5 – L 11
Th 9	Th 6 – L 1
Th 10	Th 7 – L 5
Th 11	Th 9 – S 5
Th 12	Th 10 – S 5
L 1	Th 11 – S 5
L 2	Th 12 – S 5

Tabelle 3 gibt eine Zuordnung der aus den vorderen Spinalnervenwurzeln austretenden sudorisekretorischen Fasern zu den bekannten sensiblen Dermatomen. Es ist aus der Tabelle zu ersehen, daß durch die Verteilung der Kollateralen auf die verschiedenen Grenzstrangganglien eine eindeutige Zuordnung der sudorisekretorischen Zellkörper in bestimmten Rückenmarkssegmenten zu bestimmten Hautfeldern nicht möglich ist.

Aber auch die Zuordnungen in Tabelle 3 müssen noch mit Vorsicht betrachtet werden. Sie basieren auf klinischen Beobachtungen vor allem von *Grenzstrangläsionen* (vgl. Abschnitt 3.5.2.2), wobei eng umschriebene Läsionen der sympathischen Nervenbahnen nur äußerst schwierig herzustellen sind, da häufig nicht vollständig degenerierte Nebenwege intakt bleiben. Daneben wird auch die Möglichkeit diskutiert, daß mikroskopisch kleine Einzelzellen und Zellverbände an den vegetativen Nervenfasern, die zwischen Grenzstrang und Peripherie liegen und lange Zeit nicht beachtet wurden, als Umschaltstellen im sympathischen (wie auch im parasympathischen) System dienen und unter Umständen die Funktion von Ganglien übernehmen können, wodurch die z. T. überraschenden

Funktionsreste der Schweißdrüsentätigkeit nach Sympathektomien (Ausschaltungen des Sympathicus) erklärt werden könnten. In neuerer Zeit sind Techniken zur gezielten Ableitung peripherer sympathischer Nervenfasern entwickelt worden. Mit Hilfe dieser sog. *Mikroneurografie* (zusammenfassend: Wallin 1981) konnte ein enger Zusammenhang zwischen der Amplitude der Entladungen im sympathischen Anteil des Nervus medianus (Ramus palmaris), der die Handflächen innerviert, und der SRR amp. beim Menschen festgestellt werden (vgl. Abschnitt 3.5.2.2).

Der sekretorische Teil der Schweißdrüse ist von einem sehr dichten Flechtwerk sympathischer Fasern eingehüllt, wodurch eine starke Ausbreitung der vegetativen Impulse ermöglicht wird. Die Art der *Übertragung der Erregung auf die Schweißdrüsenzellen* wurde noch nicht aufgeklärt: es wurden weder echte Synapsenbildungen noch ein Eindringen der Nervenfasern in das Protoplasma der sezernierenden Zellen beobachtet (Hagen 1968). Ellis (1968) vermutete, daß die sezernierenden Schweißdrüsenzellen durch neurohumorale Substanzen stimuliert werden, die die außerhalb ihrer Zellmembran liegenden Nervenendigungen ausschütten. Edelberg (1967) weist darauf hin, daß die Geschwindigkeit des Acetylcholin-Transports von der Temperatur abhängig ist, und daß die *Latenzzeit* der EDR folglich mit der *Hauttemperatur* variiert (vgl. Abschnitt 2.4.2.1), da 25 bis 50 % der EDR lat. auf diesen Transportmechanismus zurückgehen.

1.3.2.2 Zentrale Anteile der Schweißdrüseninnervation

An den Zellen der praeganglionären sudorisekretorischen Neurone im lateralen Horn des *Rückenmarks* enden die als schmales Bündel zwischen Pyramidenbahn und Vorderseitenstrang eingebetteten sympathischen Bahnen (vgl. Abbildung 3). Darin befinden sich die sudorisekretorischen Fasern in enger Nachbarschaft mit anderen sympathischen Fasern, z. B. für die Vasomotorik und die Pupillomotorik. Es wird vermutet, daß hier *keine kompakte Schweißbahn* vorliegt, sondern daß sich die entsprechenden Fasern diffus mit den umgebenden Fasersystemen vermischen.

Die sudorisekretorischen Fasern verlaufen bereits auf der Ebene des Rückenmarks in *räumlicher Nähe* zu *afferenten* Leitungsbahnen, den im Vorderseitenstrang verlaufenden afferenten Neuronen des unspezifischen (extralemniscalen) somatosensorischen Systems, die als klassische Bahnen für die Schmerz- und Temperaturwahrnehmung gelten, zur affektiven Tönung von Wahrnehmung sowie zur Steuerung der Bewußtseinslage beitragen und an der Auslösung von Orientierungsreaktionen (vgl. Abschnitt 3.1.1.1) beteiligt sind (Zimmermann 1980). Es wäre denkbar, daß diese Afferenzen bereits auf Rückenmarksebene mit vegetativen Efferenzen verknüpft werden, es gibt jedoch bislang keine Hinweise auf spinale Verschaltungen etwa von thermischen Afferenzen auf sudorisekretorische Efferenzen beim Menschen.

Die *cerebrale Repräsentation* des Sympathicus ist sehr ausgedehnt und vielfältig. Allgemein gilt der Hypothalamus im Diencephalon (Zwischenhirn) als Steuerzentrum aller vegetativer Funktionen, also auch der Vasomotorik und

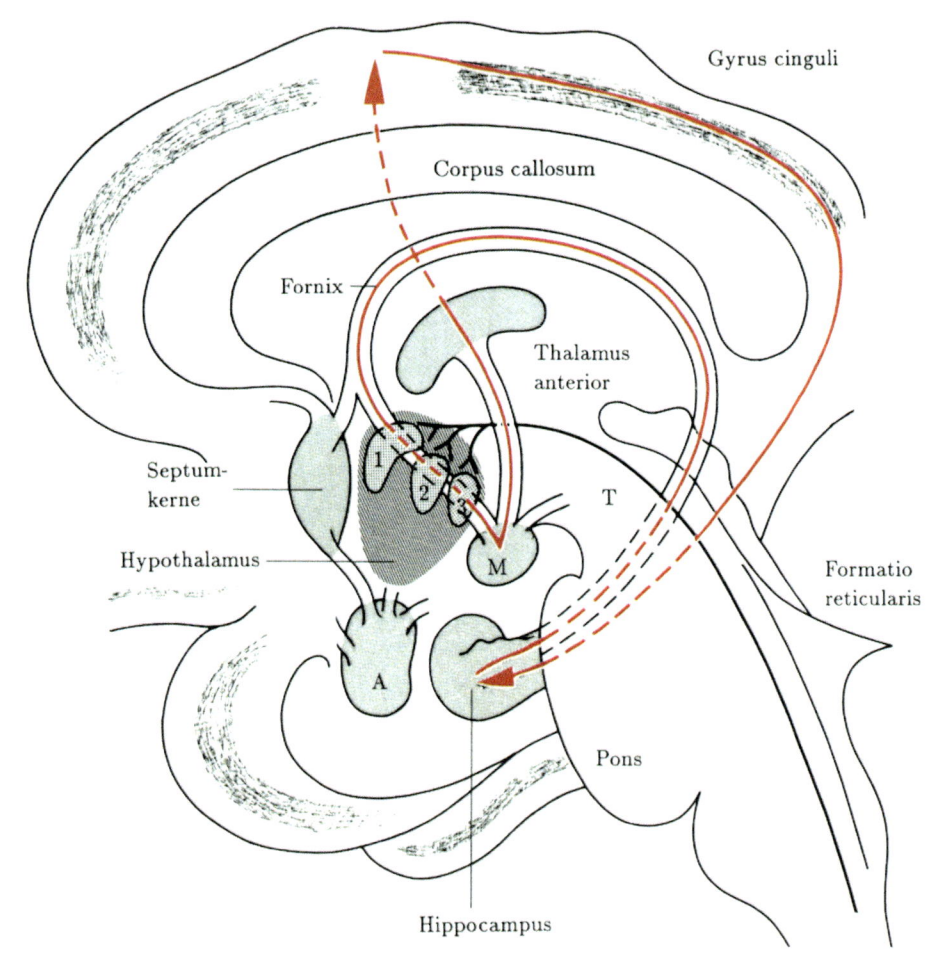

Abbildung 4. Hypothalamus und Limbisches System von medial. Die hypothalamo–reticulo–spinale *sympathische Bahn* (schwarz) entspringt in den Nuclei paraventriculares (1), posteriores (2) und supramammilares (3) (nach Schliack und Schiffter 1979, Abbildung 4d). Der *Papez-Kreis* des *Limbischen Systems* (rot) verläuft vom Hippocampus über den Fornix (wegen seines räumlichen Verlaufs teilweise gestrichelt) zu den Mammillarkörpern (M), dann über den Thalamus anterior zum Gyrus cinguli und wieder zurück zum Hippocampus. T: Tegmentum des Mittelhirns; A: Amygdala (Mandelkern).

der Schweißsekretion. Reizversuche im "sympathischen" Hypothalamusareal, insbesondere den paraventrikulären und posterioren Kerngebieten, führten stets zu vegetativen sympathischen Reaktionen wie z. B. Vasokonstriktion, Piloarrektion (vgl. Abschnitt 1.2.4) und Schweißsekretion. Da die neuronale Organisation des Hypothalamus bis heute noch nicht vollständig aufgeklärt ist, können über die Funktionszusammenhänge der Schweißauslösung in diesem phylogenetisch alten Hirngebiet keine genauen Angaben gemacht werden.

Abbildung 4 zeigt Ursprung und Verlauf der wichtigsten absteigenden sympathischen Bahn vom *Hypothalamus* über die *Formatio reticularis* zum *Rückenmark*. Sie entspringt im ventroposterioren Teil des Hypothalamus und verläuft nach den bisherigen Erkenntnissen über das Tegmentum und den ventrolateralen Teil der *Formatio reticularis* zu den Seitensäulen des *Rückenmarks*. Es war lange Zeit umstritten, ob diese Bahn ipsilateral, d. h. ungekreuzt, oder ganz oder teilweise gekreuzt verläuft. Schliack und Schiffter (1979) sind jedoch der Überzeugung, daß sie zumindest überwiegend einen ipsilateralen Verlauf nimmt (vgl. Abbildung 5 im Abschnitt 1.3.4.1).

Die sympathischen Impulse aus dem Hypothalamus werden von anderen cerebralen Strukturen modifiziert und/oder im Sinne einer übergeordneten Steuerung möglicherweise erst ausgelöst. Es sind zahlreiche Einflüsse vor allem des *Limbischen Systems*, z. B. der Amygdalae (Mandelkerne), des Hippocampus und anderer Bereiche des limbischen Cortex auf die thermoregulatorischen Funktionen des Hypothalamus nachgewiesen (Edelberg 1973). Auch verläuft der sog. *Papez-Kreis* des Limbischen Systems in räumlich enger Nachbarschaft zu den Ursprungskernen der hypothalamo–reticulo–spinalen sympathischen Bahnen (vgl. Abbildung 4). Aber auch andere cerebrale Strukturen wie Gebiete des Thalamus, die extrapyramidal-motorischen Kerne und auch die Großhirnrinde stehen diesbezüglich mit dem Hypothalamus in Wechselbeziehung. Durch Reiz- und Ausschaltungsversuche (zusammenfassend: Schliack und Schiffter 1979) wurden neben dem *Striatum* und dem *Pallidum* der *Thalamus* und die *Area 6 des Temporallappens* (frontal vor der motorischen Praecentralregion) als an der Schweißdrüsenaktivität beteiligte Strukturen ermittelt. Die entsprechenden Bahnen, die ebenfalls zu den sympathischen Seitensäulen des Rückenmarks ziehen, verlaufen jedoch – im Gegensatz zu der o. g. hypothalamo–reticulo–spinalen Sympathicusbahn – gekreuzt (vgl. Abbilung 5 im Abschnitt 1.3.4.1). Alle bisherigen Ergebnisse zur zentralen Verursachung der Schweißdrüsentätigkeit weisen auf die Existenz *mehrerer* z. T. voneinander unabhängiger *Schweißzentren* hin, die sich auf verschiedenen Ebenen des ZNS nachweisen lassen: sympathische Reizeffekte sind vom Großhirn, dem limbischen System, von diencephalen Strukturen wie Thalamus, Hypothalamus oder Basalganglien bzw. von Gebieten des Hirnstammes auslösbar. Entsprechend der Vielzahl dieser Gebiete sind an der Schweißauslösung nicht nur eine Reihe von cerebro-efferenten Bahnen beteiligt, die entweder direkt oder nach Umschaltung in anderen Strukturen zum Rückenmark verlaufen, sondern auch Fasern, über die die einzelnen Gebiete miteinander korrespondieren.

Trotz des Bestehens weiterer cerebro-efferenter Verbindungen zu den Schweißdrüsen gilt der *Hypothalamus* als die *zentrale Region* für die Steuerung der vegetativen Funktionen einschließlich der Körpertemperatur und der Schweißsekretion (Schiffter und Pohl 1972; Schliack und Schiffter 1979). Der Einfluß des Hypothalamus auf die Schweißdrüsenaktivität sollte sich nach einer älteren Auffassung von Kuno (1956) jedoch nur auf das thermoregulatorische Schwitzen (vgl. Abschnitt 1.3.3.2) beschränken, das an der gesamten Körperoberfläche möglicherweise mit Ausnahme der Handflächen und Fußsohlen (vgl. Abschnitt 1.3.2.4) auftritt. Diesem thermischen Schwitzen stellte Kuno das emotionale Schwitzen (vgl. Abschnitt 1.3.3.3) an den Handflächen, den Fußsohlen und in der Achselhöhle gegenüber, das überwiegend unter corticaler Kontrolle stehen sollte. Dieser Versuch einer Zweiteilung berücksichtigt jedoch nicht die von Schliack und Schiffter (1979) postulierte Beeinflussung des Hypothalamus durch limbische Strukturen, die mit großer Wahrscheinlichkeit auch zum emotionalen Schwitzen beitragen. Die Annahme der Existenz mehrerer voneinander unabhängiger cerebraler Einflüsse auf die Schweißdrüsen findet auch in der Diskussion der zentralen Verursachung der EDA (vgl. Abschnitt 1.3.4.1) ihren Niederschlag.

1.3.2.3 Fragen der Doppelinnervation und Ruheaktivität der Schweißdrüsen

Es wird heute überwiegend die Auffassung vertreten, daß die Schweißdrüsen nur vom sympathischen Teil des vegetativen Nervensystems versorgt werden und selbst *ausschließlich erregende Impulse* empfangen, obwohl Reizversuche von Wang (1964) auch zentral ausgelöste inhibitorische Effekte auf die EDA ergeben hatten, die allerdings wahrscheinlich bereits im ZNS verschaltet werden. Früher wurde verschiedentlich vermutet, daß zusätzlich möglicherweise parasympathische Fasern einen schweißhemmenden Einfluß ausüben können (Braus und Elze 1960). Insbesondere wurde angenommen, daß die in den Ausführungsgängen (Ducti) der Schweißdrüsen stattfindende aktive Rückresorption des Sekrets (vgl. Abschnitt 1.3.3.1) einer parasympathischen Steuerung unterliegt, die über die hinteren Spinalnervenwurzeln den peripheren Hautnerven erreicht. Diese Annahme ist jedoch ebenso wenig bewiesen wie die Existenz vasodilatatorischer neuronaler Einflüsse auf die Blutgefäße der Haut (vgl. Abschnitt 1.3.1). Die Annahme einer Existenz schweißhemmender Fasern erscheint auch physiologisch nicht unbedingt notwendig, da die Schweißdrüse nur arbeitet, wenn sie sudorisekretorische Impulse empfängt. Bleiben diese Impulse aus, ist die Schweißdrüse inaktiv und der vorher entstandene Schweiß verdunstet so rasch, daß er auch durch schweißhemmende Impulse nicht rascher beseitigt werden könnte. Allerdings wird auch eine mögliche parasympathisch-cholinerge Versorgung der Ductuswände – alternativ zur Wirkung frei verfügbaren Acetylcholins (vgl. Abschnitt 1.3.4.2) – diskutiert, ebenso wie die Existenz eines adrenerg stimulierten Muskelgewebes an den Ductuswänden (vgl. Abschnitt 1.2.3). Es kann als gesichert gelten, daß auch durch Adrenalin bzw. Noradrenalin eine Schweißsekretion hervorgerufen werden kann, deren Ausmaß jedoch erheblich geringer ist als bei entsprechender Stimulation durch Acetylcholin (Millington und Wilkinson 1983, Sato 1983).

Auch das Problem der *Ruheaktivität* der Schweißdrüsentätigkeit ist noch nicht endgültig geklärt. Während Schliack und Schiffter (1979) das "spontane" Schwitzen als Ausdruck eines solchen "Tonus" ansehen (vgl. Abschnitt 1.3.3.3), konnten Jänig et al. (1983) zumindest bei Umgebungstemperaturen unterhalb der thermoregulatorischen Neutralzone (vgl. Abschnitt 1.3.3.2) keine spontane Schweißdrüsenaktivität feststellen.

1.3.2.4 Besonderheiten der Schweißdrüseninnervation in verschiedenen Hautregionen

So wie es Unterschiede in der morphologischen Beschaffenheit der Haut an verschiedenen Körperstellen gibt (vgl. Abschnitt 1.2.1 und 1.2.2), wurden auch bezüglich der Innervation regionale Besonderheiten gefunden.

Eingehend untersucht wurde die Schweißdrüseninnervation im Bereich des *Gesichts*, in dem allerdings elektrodermale Messungen unüblich sind. Im Bereich der durch den Trigeminus innervierten Hautareale und wahrscheinlich auch in der Mundbodenregion (Bereich des Dermatoms C 3) scheinen insofern besondere Verhältnisse vorzuliegen, als hier die distalen sympathischen Efferenzen – abweichend von denen zu allen anderen Hautregionen – zwei Wege zur Peripherie benutzen können, was man an einer Remission der Schweißdrüsentätigkeit in diesem Bereich nach irreparablen Trigeminusläsionen sehen kann. Da der Trigeminus kein Spinalnerv, sondern ein Hirnnerv ist, müssen die im Grenzstrang des Halsbereichs entspringenden sudorisekretorischen Fasern für die im Trigeminus innervierten Hautflächen (vgl. Abschnitt 1.3.2.1) über eine Brücke zum Trigeminus ziehen. Diese Brücke verläuft entlang der Arteria carotis communis. Der Hauptteil der Schweißfasern zieht mit der Arteria carotis interna zu den Trigeminusästen, ein kleinerer Teil jedoch mit der Arteria carotis externa unmittelbar zu den Schweißdrüsen des Gesichts.

Die Schweißdrüsensekretion im Bereich des Gesichts ist besonders lebhaft auf der Ober- und Unterlippe, dem Nasenrücken, den Nasolabialfalten und auf der Stirn, hier besonders in den sog. Geheimratsecken. Die Schläfen schwitzen etwas geringer. Oberhalb der Nasenwurzel kann in der Mittellinie ein kleiner runder Bezirk ganz anhidrotisch (ohne Schweißsekretion) bleiben. Die Existenz schweißhemmender, vom Grenzstrang unabhängiger vegetativer Fasern im Trigeminus, oder einer zweiten, u. U. parasympathischen, die Schweißsekretion fördernden oder hemmenden "bulbären" Bahn im Nervus facialis, ist viel diskutiert, aber nicht eindeutig belegt worden (vgl. Abschnitt 1.3.2.3).

Von besonderem Interesse für die Untersuchung elektrodermaler Aktivität ist die mit großer Wahrscheinlichkeit von der übrigen Haut abweichende Innervation der Schweißdrüsen an *Handflächen* und *Fußsohlen*, den palmaren und plantaren Hautflächen. Dabei gilt als umstritten, ob die dort vorhandenen Schweißdrüsen überhaupt am thermoregulatorischen Schwitzen teilnehmen. Schliack und Schiffter (1979) weisen in diesem Zusammenhang darauf hin, daß bei thermoregulatorischen Schwitzversuchen Handflächen und Fußsohlen trocken bleiben, während der übrige Körper lebhaft schwitzt, was man beobachten könne, wenn man sich in ein heißes Bad lege und Hände und Füße herausschauen lasse, wobei Handflächen und Fußsohlen trocken blieben. Jänig et al. (1983) sind dagegen der Auffassung, daß die Handflächen und Fußsohlen durchaus am thermoregulatorischen Schwitzen teilhaben, jedoch nur bei relativ hohen Umgebungstemperaturen. Auch Herrmann et al. (1973) weisen auf die Möglichkeit *palmaren* und *plantaren* Wärmeschwitzens hin. Brück (1980) wertet das Auftreten von Schweißdrüsenaktivität an palmaren und plantaren Flächen bei gleichzeitiger Konstriktion der Blutgefäße der betreffenden Hautstellen, etwa bei psychischer Anspannung, als *emotionales* im Gegensatz zum thermischen *Schwitzen*, weil es im Hinblick auf die Thermoregulation paradox ist (vgl. Abschnitt 1.3.3.3). Conklin (1951) konnte allerdings keine unterschiedliche Temperaturabhängigkeit des SCL an palmaren Ableitorten gegenüber Ableitungen am Handgelenk und an der Stirn finden (vgl. Abschnitt 2.4.1.1).

Die Besonderheit der Schweißdrüsentätigkeit an *palmaren* und *plantaren* Flächen und ihrer möglichen Innervation (vgl. Abschnitt 1.3.2.2) hat einerseits zu Spekulationen über deren biologische Bedeutung (vgl. Abschnitt 1.3.5), andererseits zu psychophysiologischen Untersuchungen zum sog. palmar/dorsal-Effekt (vgl. Abschnitte 3.1.1.1 und 3.4.1.1) geführt. Manche Autoren räumen den menschlichen Schweißdrüsen an Hand- und Fußflächen eine *Zwischenstellung* zwischen den apokrinen Drüsen und den phylogenetisch jüngeren *ekkrinen* Drüsen ein. Auf Besonderheiten der Schweißsekretion an Stellen, an denen die Schweißdrüsen wahrscheinlich *apokrin* sind (vgl. Abschnitt 1.2.3) wird in diesem Zusammenhang nicht weiter eingegangen, da sie bislang für die Erfassung der elektrodermalen Aktivität zumindest beim Menschen keine Rolle spielen.

1.3.3 Funktionen der Schweißdrüsenaktivität

Während der vorige Abschnitt die Innervation der Schweißdrüsen behandelte, sollen im folgenden die funktionellen Aspekte der Schweißdrüsenaktivität besprochen werden. Dazu gehören einmal die Sekretbildung selbst, zum anderen die Einbettung der Schwitzaktivität in den Zusammenhang der Thermoregulation sowie in andere funktionelle Zusammenhänge.

1.3.3.1 Mechanismus der Schweißabsonderung und Salzgehalt des Schweißes

Schweiß ist im wesentlichen eine *verdünnte Salzlösung* mit überwiegend NaCl-Ionen, die zusätzlich noch andere Substanzen, z. B. Kohlehydrate und Schleimstoffe (Steigleder 1983) sowie Laktat, Harnstoff und Spuren von Aminosäuren, biogenen Aminen und Vitaminen (Braun-Falco et al. 1984) enthält. Genaue Analysen der Komponenten des Schweißes finden sich bei Herrmann et al. (1973).

Der sekretorische Teil der Schweißdrüse enthält nach Ellis (1968) 3 verschiedene Zellarten: Myoepithelzellen, die selbst kein Sekret herstellen, jedoch durch ihre kontraktilen Eigenschaften die sezernierenden Zellen unterstützen, durchscheinende seröse Zellen, die den wässrigen Teil des Sekrets produzieren, und dunkle mucöse Zellen, die Mucin absondern, das möglicherweise zum Schutz des Lumen dient.

Für die *Sekretbildung* selbst werden verschiedene Mechanismen angenommen. Nach Ellis (1968) wirken die serösen Zellen wie ein Filter, der Wasser und spezifische Ionen vom Plasma in das Lumen übertreten läßt. Aus der Beobachtung, daß der Schweiß im sekretorischen Teil der Schweißdrüse leicht hypertonisch (stärker salzhaltig als das Blut) ist, kann andererseits auf einen die Sekretion begleitenden aktiven Transport von Ionen geschlossen werden, durch den ein osmotischer Gradient zwischen dem Lumen und der umgebenden Interstitialflüssigkeit entsteht, dem die Flüssigkeit dann folgt (Fowles 1974).

Im epidermalen Teil des Ductus ist der Schweiß im Vergleich zum Schweiß im sekretorischen Teil hypotonisch. Das läßt darauf schließen, daß noch im subepidermalen Ductus Natriumchlorid reabsorbiert wird (Schulz et al. 1965), ein Vorgang, der mit der Rückresorption in den Nierentubuli verglichen wird (Herrmann et al. 1973). Möglicherweise findet auch noch in den unteren Schichten der Epidermis eine solche *Rückresorption* statt (vgl. Abschnitt 1.4.2.3, Abbildung 13). Die physiologische Bedeutung dieses Vorganges liegt wahrscheinlich darin, daß bei hohen Umgebungstemperaturen und entsprechend starkem Schwitzen der Verlust größerer Mengen von NaCl verhindert wird (Fowles 1974).

Natriumchlorid hat demnach im Sekret der Schweißdrüse mit großer Wahrscheinlichkeit in erster Linie eine Mediatorfunktion: im sekretorischen Teil wird es zur Erzeugung eines osmotischen Gradienten, dem die Flüssigkeit (im wesentlichen Wasser) in den Ductus folgt, aktiv ins Lumen abgegeben, wenig später jedoch wird es ebenso aktiv wieder reabsorbiert. Für diese Rückresorptionsprozesse sprechen auch Beobachtungen, daß der Schweiß bei starkem Schwitzen hypertonischer ist als bei leichter Schweißdrüsentätigkeit. Dies liegt vermutlich daran, daß im ersten Fall die Reabsorption nicht entsprechend beschleunigt werden kann. Der NaCl-Gehalt des Schweißes an der Hautoberfläche variiert zwischen 0.015 und 0.06 M (Venables und Christie 1980).

Daß der Schweiß nicht kontinuierlich, sondern *pulsartig* (mit 12 bis 21 Hz) durch die Ducti an die Hautoberfläche tritt, konnten Nicolaidis und Sivadjian (1972) mit Hilfe eines schnell bewegten feuchtigkeitsempfindlichen Films zeigen. Als Ursache hierfür werden rhythmische Kontraktionen von adrenerg innervierten Myoepithelien angesehen (vgl. Abschnitt 1.3.2), die den sekretorischen Teil der Schweißdrüse und den dermalen Ductus helixartig umgeben. Ihr Kontakt zu den sie innervierenden adrenergen Fasern ist nicht synaptisch; wahrscheinlich wird der Transmitter aus dem Axon in die unmittelbare Nachbarschaft des Myoepithels ausgeschüttet. Die von Edelberg (1972a, Seite 376) diskutierten Wirkungen von sympathomimetischen bzw. -lytischen Substanzen auf die EDA lassen sich damit hinreichend erklären.

1.3.3.2 Thermoregulatorische Funktion des Schwitzens und ihr Zusammenhang mit der Hautdurchblutung

Die Abgabe von Wasser durch die Haut wird überwiegend im Zusammenhang mit ihrer thermoregulatorischen Funktion betrachtet. Man unterscheidet dabei zwischen der sichtbaren Wasserabgabe durch Schwitzen, der Perspiratio sensibilis, und der unmerklichen Verdunstung von Wasser durch die Haut, der Perspiratio insensibilis.

Die thermoregulatorischen Funktionen der Hautdurchblutung und der Wasserabgabe durch die Haut stehen in enger Beziehung zueinander: während in der sog. thermischen Neutralzone, in der die Wärmeabgabe allein durch vasomotorische Aktivitäten gesteuert werden kann, und bei darunterliegenden Temperaturen die Wasserabgabe auf dem Wege der Perspiratio insensibilis erfolgt, setzt oberhalb der thermischen Neutralzone die evaporative Wärmeabgabe durch Schweißdrüsentätigkeit, die *Perspiratio sensibilis*, ein (Brück 1980), verbunden mit einem deutlichen Wasserverlust durch Schwitzen oberhalb 34 °C (Thiele 1981a). Von anderen Autoren wird eine Beteiligung des sezernierten verdunstenden Schweißes auch an der Perspiratio insensibilis vermutet, da diese nach Atropinisierung, d. h. Blockade der cholinergen Schweißdrüseninnervation, um bis zu 50 % abnimmt (Herrmann et al. 1973)[6].

Über die Steuerung der *Perspiratio insensibilis* bestehen unterschiedliche Ansichten: während sie nach Brück (1980) als extraglanduläre Wasserabgabe nicht vom Zentralnervensystem unmittelbar beeinflußt werden kann, benutzt sie nach Schliack und Schiffter (1979) jedoch auch die Ausführungsorgane der Schweißdrüsen und setzt daher zumindest einen intakten Endapparat vom Grenzstrangganglion bis zur Peripherie voraus, da ansonsten die Schweißdrüsen atrophieren würden.

Die Regulation der *Hautdurchblutung* erfolgt durch zwei unterschiedliche Mechanismen, die regional verschieden ausgeprägt sind. Die weit vom Körperkern entfernten ausgesetzten (distalen acralen) Hautgebiete, nämlich Hände, Füße und Ohren, sind reich an sympathischen adrenergen vasokonstriktorischen Fasern, die bereits unter temperaturindifferenten Ruhebedingungen eine starke tonische Aktivität entfalten. Periphere Vasodilatation ist eine Folge der Hemmung dieser Aktivität. In den näher zum Körperkern gelegenen Abschnitten der Extremitäten und am Rumpf ist die Ruheaktivität der sympathischen adrenergen Fasern dagegen gering, und ihre Zunahme führt zur Vasokonstriktion. Vasodilatation ist in diesen Gebieten eine indirekte Folge der Schweißdrüsenaktivität: im Zusammenhang mit der Erregung der sudorisekretorischen Fasern wird das Gewebshormon Bradykinin freigesetzt, das stark vasodilatatorisch wirkt und die Permeabilität der Kapillargefäße steigert (Witzleb 1980). Aufgrund dieser Zusammenhänge bezeichnet Edelberg (1972a) das Schwitzen sogar als Diener des kardiovaskulären Systems.

Die zentralnervöse Steuerung der *Wärmeabgabe* der Haut schließt auf der efferenten Seite nicht nur den sympathischen Teil des vegetativen Nervensystems, sondern wegen der Beteiligung willkürlicher und unwillkürlicher Muskelaktivität auch das somatosensorische System ein. Auf der afferenten Seite konnten sowohl periphere Thermoreceptoren, vorwiegend Kalt- und Warmreceptoren der Haut, als auch ein anatomisch zum medialen Hypothalamus gehörender Kern-Warmreceptor ermittelt werden. Die entsprechende Informationsverarbeitung und Steuerung erfolgt im Hypothalamus (Brück 1980).

---

[6]Tregear (1966) ist allerdings, abweichend von der klassischen dermatologischen Auffassung, der Ansicht, daß die Schweißdrüsenausgänge – wie auch die Haarfollikel – keine bedeutenden Wege für die Wasserabgabe des Körpers darstellen, da zum einen die palmare Haut des Menschen weniger permeabel für die Flüssigkeit ist als die des restlichen Körpers, obwohl sie eine dreimal so große Schweißdrüsendichte zeigt, zum anderen anhidrotische Patienten, d. h. solche, bei denen die Schweißdrüsen fehlen, eine genauso starke Perspiratio insensibilis zeigen wie normale Personen.

1.3.3.3 Weitere Funktionen und Besonderheiten des Schwitzens

Neben dem im vorigen Abschnitt behandelten thermoregulatorischen Schwitzen und der damit im Zusammenhang stehenden Perspiratio insensibilis unterscheiden Schliack und Schiffter (1979) noch *5 weitere Arten des Schwitzens* nach den sie auslösenden Reizen[7]. Bei allen Arten des Schwitzens ist das postganglionäre sympathische Neuron, das vom Grenzstrang über den peripheren Hautnerven zur Schweißdrüse zieht (vgl. Abschnitt 1.3.2.1), als letzte gemeinsame neuronale Endstrecke beteiligt. Ihre zentralnervöse Auslösung ist jedoch teilweise recht unterschiedlich.

(1) *"Emotionales Schwitzen"*: Dabei handelt es sich um eine vermehrte Schweißdrüsenaktivität als Begleiterscheinung psychischer, insbesondere emotionaler Zustände, z. B. im Aktivierungs- und Streßgeschehen (vgl. Abschnitt 3.2.1). Als auslösend hierfür werden die engen Verbindungen des Limbischen Systems zum Hypothalamus angesehen. Emotionales Schwitzen wird insbesondere an *palmaren* und *plantaren* Flächen (vgl. Abschnitt 1.3.2.4), aber auch in den Achselhöhlen und in der Genitalregion (Millington und Wilkinson 1983) sowie an der Stirn beobachtet (Schliack und Schiffter 1979). Allerdings konnten Allen et al. (1973) auch an anderen Körperregionen eine Zunahme der Schwitzaktivität bei emotionaler Beanspruchung durch das Lösen von Rechenaufgaben feststellen, wobei die Menge des sezernierten Schweißes ungefähr der Anzahl von Schweißdrüsen in der betreffenden Region proportional war, also keine lokalen Besonderheiten des emotionalen Schwitzens auftraten. Shields et al. (1987) weisen ebenfalls darauf hin, daß die besondere Reaktivität palmarer und plantarer Flächen auf psychische Stimulation mit der dort vorhandenen größeren Schweißdrüsendichte zusammenhängen könnte.

(2) *Gustatorisches Schwitzen*: beim Essen besonders saurer, scharfer oder würziger und heißer Speisen kommt es zum sog. *Geschmacksschwitzen* mit interindividuell unterschiedlichen Schwerpunktbildungen, vornehmlich im Gesicht, z. B. an der Stirn, der Oberlippe (Schliack und Schiffter 1979), den Nasenflügeln oder der Nasenspitze (Braun-Falco et al. 1984). Es kann eine störende Intensität erreichen, ohne als pathologisch gewertet werden zu müssen, kann aber auch pathologische Formen annehmen, etwa nach Läsionen bestimmter sympathischer Nervenfasern. Auch kann es nicht nur durch Geschmacksreize ausgelöst werden – es erfordert nicht einmal eine intakte Geschmacksempfindung – sondern auch durch Kaubewegungen, olfaktorische oder psychische Reizung. Es wird wahrschein-

---

[7] Die spezifische Bedeutung dieser Einteilung für die EDA ist – mit Ausnahme des sog. emotionalen Schwitzens – noch nicht erforscht, sie wird daher nur der Vollständigkeit halber und als Hinweis für die zukünftige EDA-Forschung hier wiedergegeben.

lich durch eine Irritation oder partielle Unterbrechung von sudorisekretorischen Fasern des Grenzstrangs oder seiner peripheren Verzweigungen hervorgerufen, wobei es zu einer lokalen Enthemmung eines sonst unterschwelligen physiologischen Reflexes kommt (Schiffter und Schliack 1968).

(3) *Ubiquitäres, spontanes Schwitzen:* dieses an den palmaren und plantaren Hautflächen sogar durch bloße Lupenbeobachtung erkennbare spontane Schwitzen wird als *Ausdruck eines Tonus*, d. h. einer Ruheaktivität angesehen, vergleichbar etwa mit dem Muskeltonus einer motorischen Einheit. Das Vorhandensein eines solchen Ruhetonus ist jedoch umstritten (vgl. Abschnitt 1.3.2.3).

(4) *Reflexschwitzen:* dieser Terminus wird einmal für das Schwitzen in Hautfeldern verwendet, die von Teilen des Rückenmarks unterhalb einer Läsion, z. B. bei Querschnittslähmungen, innerviert werden, zum anderen für das eng begrenzte Schwitzen, das auftritt, wenn man einen umgrenzten Hautbezirk mit Wärmestrahlen, Nadelstichen oder elektrischen Impulsen reizt. Es wird auf sog. *Axonreflexe* (vgl. Abschnitt 1.3.1) zurückgeführt und nicht auf denkbare schmerzafferente-sympathicoefferente Reflexbögen des Rückenmarks.

(5) *Pharmakologisch provoziertes* Schwitzen: eine lokale Sekretion der Schweißdrüsen, die durch das Einbringen von *cholinergisch* wirksamen Pharmaka (z. B. Nikotin, Pilocarpin) in die Haut entweder durch subcutane bzw. intracutane Injektion oder Iontophorese ausgelöst werden kann.

Eine besondere Art des Schwitzens liegt auch dem sog. *kalten Schweiß* zugrunde. Schreckreaktionen, plötzliche Geräusche, starke emotionale Reaktionen, aber auch tiefes Einatmen und Hustenstöße, also alle Reize, die eine *Adrenalinausschüttung* bewirken, führen zu einer Schweißsekretion. Das frei zirkulierende Adrenalin bewirkt eine periphere Vasokonstriktion in den Hautgefäßen, wirkt also thermoregulatorisch wie ein Kältereiz. Gleichzeitig wird jedoch über den Hypothalamus die Schweißdrüsensekretion aktiviert; es kommt also zur *Schweißsekretion* und gleichzeitig zur *peripheren Vasokonstriktion*, dem sog. kalten Schweiß. Das erscheint unter thermoregulatorischen Gesichtspunkten paradox. Ebbecke (1951) war allerdings der Überzeugung, daß es sich dabei nicht um eine sympathisch bedingte Aktivität des sezernierenden Teils der Schweißdrüse, sondern um eine Ausschüttung bereits produzierten Schweißes durch kleine adrenerg stimulierbare Myoepithelien handelt, die um den Ductus herum angeordnet sind (vgl. Abschnitte 1.3.2 und 1.3.3.1). Ob dieser Vorgang ein gesondertes, vom Grenzstrang ausgehendes orthosympathisches, also adrenerges Neuron voraussetzt, oder ob die Stimulation der Myoepithelien auch durch frei zirkulierende Hormone erfolgt, ist beim heutigen Kenntnisstand noch nicht zu entscheiden.

1.3.4 Spezifische der elektrodermalen Aktivität zugrundeliegende physiologische Mechanismen

In den folgenden beiden Abschnitten werden die zentralen (Abschnitt 1.3.4.1) und peripheren (Abschnitt 1.3.4.2) physiologischen Mechanismen der Schweißsekretion auf ihre spezifischen Beiträge zur Entstehung der EDA hin untersucht. Da die entsprechenden physiologischen Vorgänge insbesondere der zentralen Verursachung der Schweißdrüsentätigkeit noch nicht genau bekannt sind (vgl. Abschnitt 1.3.2.2), müssen diesbezügliche Ausführungen teilweise spekulativ bleiben. Auch ist zu beachten, daß die Befunde im allgemeinen in Tierversuchen erhoben wurden, deren Generalisierbarkeit für den Humanbereich nicht ohne weiteres angenommen werden kann (vgl. auch Fußnote 5 im Abschnitt 1.2.3).

1.3.4.1 Auslösung elektrodermaler Phänomene im Zentralnervensystem

Welche der im Abschnitt 1.3.2.2 genannten an der Schweißdrüseninnervation beteiligten zentralen Strukturen als spezifisch für die Verursachung der EDA angesehen werden können, ist heute noch keinesfalls geklärt. Eine wesentliche Rolle kommt dabei wohl dem thermoregulatorischen Kontrollsystem des Hypothalamus zu, da dieses durch Strukturen des Limbischen Systems beeinflußt wird, vor allem durch die Einbeziehung von Teilen des *Hypothalamus* in den sog. Papez-Kreis (vgl. Abbildung 4). Da das *Limbische System* als das wichtigste anatomische Substrat für emotionale und teilweise auch motivationale Phänomene gilt, werden wahrscheinlich auf diesem Weg die vegetativen Begleiterscheinungen emotionaler Zustände vermittelt. Fujimori (1961, zit. nach Wang 1964) vermutet im *Hippocampus* und in den mit ihm durch den Fornix verbundenen *Mammillarkörpern* ein Hemmzentrum für das Schwitzen, was die Bedeutung des Limbischen Systems für die Regulation der Schwitzaktivität und damit für die elektrodermalen Veränderungen noch unterstreicht. Tierexperimentelle Befunde sprechen auch für einen inhibitorischen Effekt des Hippocampus einerseits und exzitatorische Wirkungen der *Amygdalae* (Mandelkerne) andererseits auf die EDA (Yokota et al. 1963, 1964, Wang 1964). Es scheinen aber auch vom Hypothalamus unabhängige cerebrale Einwirkungen auf die EDA möglich zu sein. Wang (1964) fand bei seinen Läsionsversuchen mit nicht-anästhesierten Katzen, daß die Synchronisation der durch Schweißdrüsenaktivität hervorgerufenen spontanen SPRs an den 4 Pfoten nicht im Hypothalamus, sondern im Striatum (Nucleus caudatus und Putamen) oder im Pallidum erfolgen müsse, die zu den *Basalganglien* gerechnet werden. Langworthy und Richter (1930) und Spiegel und Hunsicker (1936) betonten die Rolle der *corticalen praemotorischen Gebiete* (Area 6, vgl. Abbildung 5) für die Entstehung der EDA, indem sie aufgrund von Degenerationsversuchen auf den engen Zusammenhang zwischen den Pyramidenfasern, die die Impulse zur Skelettmuskulatur übertragen, und den sudorisekretorischen Bahnen hinweisen. Hierbei kann es sich nach Darrow (1937a) jedoch nicht um identische Bahnen handeln, da durch Stimulationen der Pyramidenbahn keine Hautreaktionen ausgelöst werden konnten. Er geht davon aus, daß die Impulsübertragung der motorischen Reaktionen in cortico-spinalen, die der Schweißreaktionen in cortico-pontinen Fasern erfolgt. Die anatomische Basis für das Auftreten elektrodermaler Veränderungen im Zusammenhang mit einer Veränderung der Körperhaltung sieht Darrow in dem Einfluß *tegmentaler* oder *pontiner Gebiete*, in denen die praemotorischen Fasern enden, auf die Auslösung der EDA, was mit der inzwischen erkannten Bedeutung auch von Strukturen des Hirnstammes für Bewegungsplanung und -ausführung korrespondiert (Schmidt 1980). In jüngster Zeit konnten Roy et al. (1984) eine Beteiligung des *Pyramidaltrakts* an der zentralnervösen Kontrolle der EDA der Katze nachweisen.

Bei den Untersuchungen zur corticalen Beeinflussung der EDA lassen sich sowohl bei elektrischer Stimulation als auch nach der Entfernung praemotorischer Gebiete z. T. exzessive Schweißabsonderungen beobachten. Dies kann durch die Annahme *exzitatorischer und inhibitorischer* Schweißzentren erklärt werden: Wang und Brown (1956) konnten im Tierversuch den hemmenden Einfluß großer Gebiete im frontalen Cortex nachweisen, die die corticalen exzitatorischen Schweißzentren im sensorimotorischen und anterioren limbischen Cortex überlagern. Exzitatorische und inhibitorische Gebiete für die EDA konnten darüber hinaus in anderen Abschnitten des *Frontalhirns* nachgewiesen werden (Wang und Lu 1930, Langworthy und Richter 1930, Wilcott 1969, Wilcott und Bradley 1970). Die Frage nach der Ipsi- bzw. Kontralateralität inhibitorischer bzw. exzitatorischer Einflüsse auf die EDA ist dabei noch ungeklärt (vgl. Abschnitt 3.2.2.2).

Eine Beteiligung der *Formatio reticularis* an der EDA – nicht nur i. S. einer Durchgangsstation für die wichtigste absteigende sympathische Bahn (vgl. Abschnitt 1.3.3.2) – ist unumstritten. Bloch (1965) sieht in der EDA die Reflexion eines bestimmten Zustands zentraler Aktiviertheit, der durch exzitatorische und inhibitorische Strukturen der Formatio reticularis kontrolliert wird. Die entsprechenden Fasern stehen sowohl miteinander als auch mit absteigenden inhibitorischen Neuronen aus dem Cortex in Wechselwirkung. Da die Formatio reticularis Verbindungen zum Striopallidum und zum Cerebellum aufweist und nachweislich einen starken Einfluß auf den Muskeltonus und die Muskelreaktionen über die Gamma-Efferenzen ausübt, besteht anscheinend auch eine enge Beziehung zwischen der retikulären Modulation der Schweißdrüsentätigkeit und der *Skelettmuskelaktivität*. Dieses System beeinflußt die EDA jedoch auf eine andere Art und Weise als die Fasern der praemotorischen Gebiete, da die elektrodermalen Reaktionen hier weniger als Begleiterscheinungen feinmotorischer Be-

Praemotorischer Cortex (Area 6)

Limbisches System
G = Gyrus cinguli
T = Thalamus anterior
Fo= Fornix
Hi= Hippocampus
Hy= Hypothalamus

Basalganglien
C = Nucleus caudatus
P = Putamen
L = lateraler ⎫ Teil des
M = medialer ⎭ Pallidums

FR = Formatio reticularis

Medulla oblongata

Sympathische Vorderseitenstrangbahn

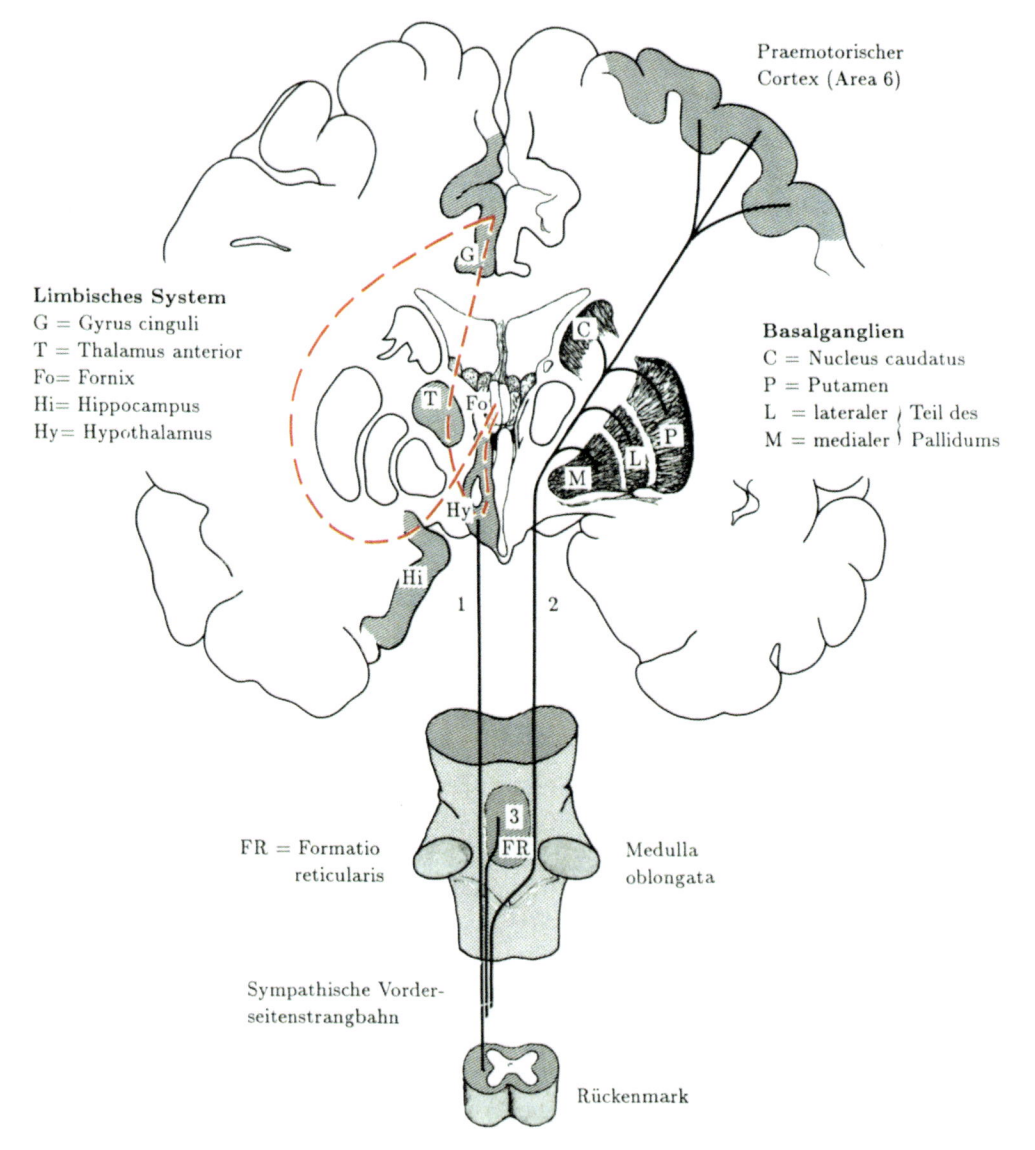

Rückenmark

Abbildung 5. Zentrale Auslösung der EDA, Einflüsse aus: 1. thermoregulatorischen Kontrollzentren, 2. an manipulativen Bewegungen beteiligten Strukturen und 3. an lokomotorischen (Flucht oder Angriff) beteiligten reticulären Gebieten. Rot gestrichelt: Verbindungen innerhalb des Limbischen Systems (vgl. Abbildung 4).

wegungen betrachtet werden können als vielmehr auf eine erhöhte Muskelspannung aufgrund eines erhöhten Aktivierungszustandes zurückzuführen sind (vgl. Abschnitt 3.2.1.1). Elektrodermale Reaktionen, die überwiegend durch die Formatio reticularis vermittelt werden, sind eher mit Veränderungen der Körperstellung und Körperbewegungen *(Lokomotion)* verbunden, wie sie z. B. in einer Notfallsituation auftreten, als mit manipulativen feinmotorischen Abläufen, die eine stärkere Beteiligung von durch corticale Strukturen ausgelösten EDRs erwarten lassen. Ob es sich bei den im Zusammenhang mit kräftigen Atemvorgängen auftretenden elektrodermalen Veränderungen, die im allgemeinen als Artefakte behandelt werden (vgl. Abschnitt 2.2.7.2), um cortical oder reticulär gesteuerte Phänomene handelt, ist noch nicht geklärt.

Die bisherigen experimentellen Befunde zur zentralnervösen Verursachung der EDA weisen also auf die Existenz *mehrerer* spezialisierter *Hirngebiete* hin, die an deren Zustandekommen im Zusammenhang mit *thermoregulatorischer* (Hypothalamus), *feinmotorischer* (Area 6 und Basalganglien) und *lokomotorischer* (Formatio reticularis) Aktivität beteiligt sind. Abbildung 5 gibt eine Übersicht zu den im einzelnen beteiligten Bahnen mit ihren Ursprungsgebieten. Die Spezifität dieser neuronalen Systeme kann allerdings unter Bedingungen aufgehoben werden, unter denen dann eine diffuse Aktivierung der Schweißdrüsen mit generalisierter EDA auftritt. So konnte Wilcott (1963) zeigen, daß in einer Streßsituation auch die nicht-palmaren Gebiete, die dem thermoregulatorischen Schwitzen zugeordnet werden, am emotionalen Schwitzen beteiligt waren.

1.3.4.2 Membraneigenschaften der Haut und lokale physiologische Erscheinungen in der Haut bei Schweißdrüsentätigkeit

Während Dermis und natürlich auch Subcutis stark durchblutetes Gewebe darstellen und mit Interstitialflüssigkeit reichlich versorgt sind, handelt es sich zumindest bei den oberen Schichten der *Epidermis* um relativ trockene, normalerweise nur von wenig Flüssigkeit umgebene verhornte Zellstrukturen. Dies ist insofern für die elektrodermale Aktivität von entscheidender Bedeutung, als die elektrischen Eigenschaften trockener und feuchter Gewebe unterschiedlich sind. Die Haut zeigt eine geringe Permeabilität für Wasser und gelöste Stoffe, wobei die abgelöste Epidermis die gleiche Impermeabilität wie die gesamte Haut aufweist, während die von der Epidermis befreite Haut sehr stark permabel ist (Tregear 1966). Eine *Barriere*, die die Diffusion durch die Haut verlangsamt, muß demnach in der Epidermis liegen. Die exakte Lokalisation dieser Barriere war bislang noch nicht möglich (Thiele 1981b). Es gibt aber Hinweise darauf, daß sie in der unteren Teilzone des Stratum corneum liegen könnte (vgl. Abschnitt 1.4.2.1).

Trotz dieser Barriere findet – unabhängig davon, ob Schweißdrüsen aktiv sind oder nicht – eine ständige Wasserabgabe der Dermis an die Epidermis statt (Perspiratio insensibilis, vgl. Abschnitt 1.3.3.2). Wird der sekretorische Teil der Schweißdrüsen durch sudorisekretorische Impulse zur *Schweißabsonderung* angeregt, füllen sich zunächst die dermalen, danach die epidermalen Anteile der *Ducti* mit dem *Sekret*. Durch die korkenzieherartige Windung der epidermalen Ducti (vgl. Abbildung 2 im Abschnitt 1.2.3) gerät das Sekret in innigen Kontakt mit der Epidermis und wird entweder durch den hohen Druck im Lumen und/oder durch Diffusionsvorgänge an die umgebende Epidermis abgegeben, wobei insbesondere das *Stratum corneum* wie ein Schwamm den *Schweiß aufsaugt*. Bei stärkerem Schwitzen kann das Stratum corneum zusätzlich über den an der Hautoberfläche ausgetretenen Schweiß befeuchtet werden. Da sich im Schweiß ionisierte Lösungen, insbesondere von Natriumchlorid befinden, dürfte die Epidermis beim Schwitzen gut, bei inaktiven Schweißdrüsen kaum elektrisch leitfähig sein (vgl. Abschnitt 1.4.2.1). Adams (1966) konnte an ausgetrockneten Katzenpfoten zeigen, daß nach Stimulation der plantaren Nerven mit einer konstanten Reizfrequenz immer eine bestimmte Zeit verging, bis sichtbarer Schweiß an der Hautoberfläche auftrat. Diese Zeitdauer stand in inverser Beziehung zur Reizfrequenz. Man kann darin eine Bestätigung dafür sehen, daß *zunächst das Stratum corneum hydriert* wird, bevor die Haut Schweiß an die Oberfläche abgibt. Bei durchfeuchteter Epidermis schlägt sich dagegen eine entsprechende Reizung der Nerven unmittelbar im Auftreten sichtbaren Schweißes nieder. Die Durchfeuchtung der Hornschicht hängt auch in hohem Maße von der *Luftfeuchtigkeit* ab (vgl. Abschnitt 2.4.1.2), was sich darin zeigt, daß die Dicke des Stratum corneum etwa um die Hälfte abnimmt, wenn die Feuchtigkeit der Luft auf die Hälfte reduziert wird (Thiele 1981b).

Bei der Erforschung der Ursachen elektrodermaler Aktivität dürfen jedoch nicht nur unterschiedliche Leitfähigkeiten verschieden feuchter Gewebe betrachtet werden, es müssen vielmehr auch die an verschiedenen Stellen der Schweißdrüse einschließlich des sekretorischen Teils stattfindenden *Membranprozesse* berücksichtigt werden (vgl. Abschnitt 1.3.3.1). Durch aktiven Transport von Ionen durch semipermeable Membranen werden zudem Polarisationskapazitäten auf- bzw. abgebaut (vgl. Abschnitt 1.4.2.2).

Es ist unwahrscheinlich, daß solche Membranprozesse auch im Stratum corneum noch eine Rolle spielen, da sich die keratinisierten Zellen elektrophysiologisch wie pflanzliche Zellen verhalten. Möglicherweise stellen die aus den Membranverschmelzungen des Stratum intermedium hervorgegangenen, im Stratum corneum sichtbaren membranartigen Linien (vgl. Abschnitt 1.2.1.1) noch Kontaktzonen zur Übermittlung von Aktionspotentialen von Zelle zu Zelle dar

(Klaschka 1979). In diesem Fall würden sich die Membranen allerdings eher passiv verhalten und nicht wie aktive Zellmembranen, d. h. auch keine Polarisationskapazitäten aufbauen.

Elektrophysiologisch gesehen besteht die Haut also aus einer *innenliegenden feuchten*, gut leitenden und mit *aktiven Membranprozessen* reichlich versehenen Schichtung der Dermis und der noch nicht verhornten Anteile der Epidermis, die durch eine für Wasser und damit auch für Ionen relativ impermeable Barriere von der Hornschicht der Epidermis getrennt ist und damit eine *schlechter leitende äußere Schicht* bildet (Campbell et al. 1977). Je nach vorangegangener Schweißdrüsentätigkeit kann die Hornschicht der Epidermis entweder relativ gut durchfeuchtet oder relativ trocken sein, wobei hier keine aktiven Membranprozesse mehr zu vermuten sind, wohl aber die Weiterleitung elektrischer Potentiale von Zelle zu Zelle. Die Frage, ob die elektrische Leitfähigkeit des Stratum corneum durch die seiner Zellen oder seiner Interzellularräume bedingt ist, läßt sich noch nicht entscheiden (Tregear 1966). Campbell et al. (1977) fanden bei in vitro-Messungen eine eindeutige Beziehung zwischen dem Grad der Hydrierung des plantaren Corneums und seinem elektrischen Widerstand. Für die elektrodermale Aktivität spielen mit Sicherheit auch die *Ducti der Schweißdrüsen* mit ihrer unterschiedlichen Füllung eine bedeutende Rolle. Die Talgdrüsen, die an der behaarten Haut vorkommen, nicht jedoch an den palmaren und plantaren Flächen, dürften als Nebenwege kaum in Betracht kommen, da Lipide als elektrische Isolatoren wirken.

Zu den mehr dynamischen lokalen Vorgängen in der Haut bei Schweißdrüsentätigkeit, wie sie Membranpolarisationen und -depolarisationen darstellen, müssen auch *humorale* Veränderungen gerechnet werden, z. B. die Freisetzung des Gewebshormons Bradykinin, das stark vasodilatatorisch wirkt und besonders für die Durchblutungssteigerung des Rumpfes, aber auch der Stirn eine Rolle spielt (Brück 1980). Wirkungen eines solchen Gewebshormons auf die Polarisation von Membranen sind ebenso zu erwarten wie die von frei in der Blutbahn verfügbaren *Katecholaminen* oder des *Acetylcholins*, das bei der diskutierten parasympathisch-cholinergen Versorgung der Ductuswände frei wird (vgl. Abschnitt 1.3.2.3). Auch die Erregung eines möglicherweise an den Ductuswänden vorhandenen adrenerg stimulierten glatten Muskelgewebes (vgl. Abschnitt 1.2.3) kann zu Polarisationsänderungen in der Haut beitragen. Eine detaillierte Beschreibung der Pharmakologie menschlicher ekkriner Schweißdrüsen in vitro, auf die hier nicht näher eingegangen werden kann, findet sich bei Sato (1983).

1.3.5 Mögliche biologische Bedeutung der elektrodermalen Aktivität

Die Diskussion einer möglichen *adaptiven* Bedeutung der Schweißdrüsenaktivität wird sich zunächst mit der thermoregulatorischen Funktion der EDA befassen. Obgleich Kuno (1956) behauptete, daß die palmaren und plantaren Hautflächen, von denen die EDA meistens abgeleitet wird, nicht dem thermoregulatorischen, sondern dem emotionalen Schwitzen zugeordnet werden, und auch Schliack und Schiffter (1979) von einer relativen Eigenständigkeit bestimmter Arten der Schweißsekretion sprechen, konnte Wilcott (1963) zeigen, daß die Schweißproduktion auf diesen Flächen auch auf thermische Reize hin erfolgt (vgl. Abschnitt 1.3.2.4). Andererseits können auch die Schweißdrüsen an anderen Stellen der Haut, die normalerweise durch thermische Reize aktiviert werden, durch emotionale oder Schreckreize in Tätigkeit versetzt werden.

Über den möglichen *biologischen Nutzen* des thermoregulatorischen Aspekts einer z. B. durch emotionale Reize ausgelösten EDR wurden verschiedene Hypothesen vorgelegt. Eine Vermutung geht dahin, daß die durch einen Reiz hervorgerufene Wärmeabgabe eine Vorbereitung des Individuums in Erwartung einer nachfolgenden Erhöhung der Körperkerntemperatur und erhöhter metabolischer Aktivität darstellt. Bei Schreckreizen nimmt die Hautdurchblutung durch Vasokonstriktion ab und es kommt zu einer Umverteilung des Blutvolumens zugunsten der quergestreiften Muskulatur. Die vermehrte Schwitzaktivität könnte hier als einen gegenregulatorischer Mechanismus angesehen werden, der einer Erhöhung der Körperkerntemperatur als Folge verminderter Hautdurchblutung entgegenwirken soll. In diesem Sinne ließe sich nach Edelberg (1972a) das thermoregulatorische Schwitzen als eine Art *Diener des kardiovaskulären Systems* betrachten (vgl. Abschnitt 1.3.3.2).

Ein anderer Erklärungsansatz zur biologischen Bedeutung der EDA geht davon aus, daß die Schweißsekretion an den Innenflächen der Hände und an den Fußsohlen zu einer *Verbesserung des Greifens* von Objekten unserer Umwelt und zu einer *Erhöhung* der *taktilen Sensitivität* führt (Darrow 1933). Hier stellt sich jedoch die Frage, inwieweit die beobachtete verbesserte taktile Wahrnehmung tatsächlich eine Folge der vermehrten Schweißsekretion ist, oder ob es sich bei der EDA lediglich um eine Nebenerscheinung der Sympathikusaktivität handelt, die zu einer Sensitivierung der peripheren Receptoren führt (vgl. Abschnitt 1.3.4.1). Insofern könnten sowohl die EDA als auch die Verschiebung der Wahrnehmungsschwelle voneinander unabhängige Indikatoren eines zentralen Arousalprozesses darstellen.

Die Ergebnisse einer Studie von Edelberg (1961), in der an 28 Pbn die Beziehung zwischen dem Grad der autonomen Aktivität (SRR und Fingerpulsvolumen) und der taktilen Sensitivität (250 Hz–Vibrationsreize) untersucht wurde, weisen auf den Einfluß eines *zentralen Aktivierungsprozesses* hin, der den größten Teil der hohen Korrelation zwischen der autonomen Aktivität und der Veränderung der Wahrnehmungsschwelle erklären kann. Bei Pbn, die im Ruhezustand viele spontane EDRs aufwiesen, ergab sich oft nur eine geringe Korrelation zwischen größeren elektrodermalen Reaktionen und der Veränderung der taktilen Sensitivität. Diese Korrelation veränderte sich sprunghaft bei den Pbn, die – im zuvor entspannten Zustand – durch ein lautes Geräusch aufgeschreckt wurden. Hier kam es zu einer deutlichen Reduktion der Wahrnehmungsschwelle, die zeitlich synchron mit der zentralen Aktivierung verlief. Aufgrund dieser Beobachtung geht Edelberg (1961) von einem schnell wirksamen Mechanismus aus, der bei einer Veränderung des Arousals sowohl die autonome als auch die sensorische Aktivität beeinflußt.

Zusätzlich wirksame periphere Mechanismen können jedoch nicht ausgeschlossen werden: Arthur und Shelley (1959) und Fitzgerald (1961) konnten *freie Nervenendigungen* in der Epidermis nachweisen, denen sie eine sensorische Funktion zuschrieben. Niebauer (1957) weist aber auch auf die Existenz efferenter autonomer Fasern hin, die möglicherweise an der SP-Genese beteiligt sind. Aufgrund verschiedener Untersuchungsergebnisse wird der Einfluß einer cholinergen Substanz diskutiert, die einen direkten Effekt auf die cutane Sensitivität ausübt: Bing und Skouby (1950) konnten zeigen, daß die Anzahl der reaktiven Kälterezeptoren an der Innenseite des Unterarms nach intracutaner Injektion von Acetylcholin, Mecholyl oder Prostigmin zunahm. Atropininjektionen hatten einen entgegengesetzten Effekt zur Folge.

Die Injektion von Mecholyl in die Haut des Unterarms führte auch in einer Untersuchung von Wilcott (1966) zu einer Veränderung der *Wahrnehmungsschwelle*. Wilcott konnte beobachten, daß die Erniedrigung der Schmerzschwelle auf einen Nadelstich von einer negativen SP-Welle, die Schwellenerhöhung von einer positiven SP-Welle begleitet wurde. In einem weiteren Experiment der gleichen Studie untersuchte Wilcott (1966) den Zusammenhang zwischen den palmaren Hautpotentialen und der Veränderung der Schmerzschwelle auf einen elektrischen Schock und beobachtete eine Schwellenreduktion, die – im Gegensatz zu den vorherigen Ergebnissen – unabhängig von der Polarität und dem Auslösemechanismus (z.B. tiefes Einatmen) der SPs auftraten. Die Hypothese der EDA als Nebenerscheinung einer durch chemische Substanzen ausgelösten Veränderung der Wahrnehmungsschwelle wird durch frühere Befunde von Löwenstein (1956) unterstützt. Löwenstein wies nach, daß die sympathische Innervation der Froschhaut auch zu einer Beeinflussung der cutanen Receptoren führt. Die Stimulation der sympathischen Nervenfasern hatte eine Schwellenerniedrigung der Druckrezeptoren und eine Verzögerung der Adaptation zur Folge.

Pharmakologische Untersuchungen erbrachten jedoch den Hinweis, daß diese Effekte beim Frosch auf den Einfluß adrenerger Substanzen zurückzuführen sind.

Der Zusammenhang zwischen der EDA und einer Verbesserung des *Greifkontaktes* wird durch Verhaltensweisen deutlich, die zu einer Optimierung des Feuchtigkeitsgrades der Handinnenflächen führen. Hierzu gehört beispielsweise das Anfeuchten des Zeigefingers an der Zunge vor dem Umblättern von Papier oder das Abreiben der Innenfläche der Hand vor dem Umfassen eines Baseball-Schlägers. Dabei entspricht die Beziehung zwischen dem Grad der Durchfeuchtung der Haut und dem Kontakt zwischen der Haut und einer angerauhten Kunststoffoberfläche einer umgekehrten U-Funktion (Adams und Hunter 1969), wobei die maximale Reibung bei einer relativ niedrigen Durchfeuchtung der Epidermis erreicht wurde. Dies würde bedeuten, daß unter Bedingungen, bei denen die Schweißdrüsen zum Zwecke der taktilen Adaptation aktiviert werden, ein Kontrollmechanismus existieren muß, der die Haut vor einer extensiven Durchfeuchtung schützt. Edelberg (1973) vermutet hier die Rolle eines Absorptionsreflexes, der mit der positiven Welle der SP in Verbindung steht (vgl. Abschnitt 1.4.2.3).

Eine Untersuchung zur Schweißdrüsenverteilung des Fußes (Edelberg 1967) zeigte, daß die meisten EDRs an den Stellen der *Fußsohle* (Ferse und Fußballen) abgeleitet werden können, die einen direkten Kontakt zum Boden haben. Darüber hinaus treten besonders viele EDRs an der Innenseite des Fußes zwischen Großzeh und Knöchel auf (vgl. Abschnitt 2.2.1.1, Abbildung 27), in einem Gebiet, das besonders beansprucht wird, wenn Primaten auf Bäume klettern, um beispielsweise Früchte oder Kokosnüsse zu ernten. Edelberg (1967) fand auch, daß die negativen SPR-Amplituden der palmaren und dorsalen Oberfläche der Finger nahezu identisch, aber weitaus niedriger als die Amplituden der Reaktionen am Daumenballen (thenar), Kleinfingerballen (hypothenar) oder am Fuß waren. Die Verteilung der positiven SPRs ergab ein anderes Bild: Besonders hohe SP-Amplituden zeigten sich an der Innenseite der Finger und der Hand. Die positiven Hautpotentiale sind demnach besonders gut an den Flächen ableitbar, die der taktilen Manipulation dienen, die Hautpotentiale der an der Fortbewegung beteiligten Hautareale (Füße) hingegen zeigen eher negative SPRs. Inwieweit diese unterschiedlichen Werte auf die relative Dicke des Corneums an den verschiedenen Ableitstellen zurückzuführen sind, bleibt allerdings offen.

Auf die enge topographische Beziehung zwischen den Gebieten, deren Reizung *vegetative Reaktionen* auslösen und den corticalen Kontrollzentren der Skelettmuskulatur wurde bereits im Abschnitt 1.3.4.1 eingegangen. In diesem Zusammenhang sind die Ergebnisse von Studien von Bedeutung, die sich mit der EDA als Begleiterscheinungen der motorischen Aktivität beschäftigen (Pugh et al. 1966, Edelberg und Wright 1964). Die bilaterale Ableitung der EDA auf laute akustische Stimuli erbrachte erkennbare Amplitudenunterschiede zwischen der rechten und der linken Hand, wobei jedoch das Verhältnis von 1.5 : 1 nicht überschritten wurde (Fisher 1958, Obrist 1963). Diese Amplitudendifferenz nahm zugunsten der ipsilateralen Hand zu, wenn der Pb aufgefordert wurde, einen Fuß zu bewegen (Culp und Edelberg 1966).

Neben der thermoregulatorischen Funktion der EDA sowie der Verbesserung der taktilen Manipulation und des Reibungskontaktes bei der Fortbewegung kann die erhöhte Schweißdrüsenaktivität als *Schutzmechanismus* der Haut *vor Verletzungen* angesehen werden. Die Durchfeuchtung der Haut, die sich in der EDA widerspiegelt, führt zu einer Erhöhung des Widerstandes des Corneums gegenüber Verletzungen durch Schneiden oder Reibung (Adams und Hunter 1969, Edelberg 1972a). Wilcott (1966) konnte beobachten, daß die mit Atropin behandelte Haut, in der sich keine Schwitzaktivität mehr nachweisen läßt, weitaus schneller und leichter mit einem Zahnarztbohrer zu verletzen ist als die unbehandelte oder mit destilliertem Wasser durchfeuchtete Haut. Eine solche Adaptation mit defensiver Zielsetzung könnte auch eine Erklärung dafür liefern, daß insbesondere bedrohliche Situationen starke Auslöser für EDRs sind.

Eine etwas gewagte Interpretation des palmar–plantaren "*emotionalen*" Schwitzens bzw. der damit verbundenen EDA findet sich bei Edelberg (1972a): da es sich beim Schweiß nicht nur um eine einfache Salzlösung handelt, sondern ihm vielmehr auch *organische* Bestandteile beigegeben sind (vgl. Abschnitt 1.3.3.1), könnte die Schweißabsonderung an den Fußsohlen bei bestimmten Spezies dem Zweck des *Spurenlegens* dienen. Dabei wäre es sogar denkbar, daß anhand der olfaktorischen Wirkung bestimmter im Schweiß enthaltener Substanzen nicht nur die Identifikation der Mutter möglich ist, vielmehr könnte die Spur den ihr folgenden Jungen etwa eine drohende Gefahr signalisieren. Das würde einen parallel zur Schweißdrüseninnervation wirkenden zentral gesteuerten Mechanismus für die Absonderung emotionsspezifischer organischer Substanzen im Schweiß implizieren, für den es jedoch keine Evidenz gibt.

1.4 Physikalische und systemtheoretische Grundlagen elektrodermaler Aktivität

Nachdem in den vorangegangenen Kapiteln 1.2 und 1.3 sowohl die Haut selbst als auch die in ihr eingebetteten Schweißdrüsen bezüglich ihrer anatomischen Eigenschaften und physiologischen Mechanismen beschrieben wurden, sollen in diesem Kapitel Haut und Schweißdrüsen als elektrodermales System unter physikalischen Gesichtspunkten betrachtet werden.

Den elektrodermalen Phänomenen liegen dabei sowohl spontane als auch provozierte Änderungen eines *komplexen Systems* von Elementen mit unterschiedlichen elektrophysikalischen Eigenschaften zugrunde. Wenn auch die bisher aufgestellten Ersatzschaltbilder der Haut (vgl. Abschnitt 1.4.3) unterschiedliche Systemeigenschaften aufweisen, ist ihnen doch gemeinsam, daß ihre Elemente i. d. R. aus *festen und veränderlichen Widerständen* und *Kondensatoren* bestehen. Einige Ersatzschaltungen enthalten daneben noch in der Haut lokalisierte Spannungsquellen, die polarisierte Membranen repräsentieren sollen und damit physikalisch nichts anderes als aufgeladene Kondensatoren darstellen.

Systemtheoretisch gesehen lassen sich die Methoden zur Erfassung elektrodermaler Aktivität 3 Gruppen zuordnen:

(1) *Endosomatische* Messungen: hier werden nur Systemeigenschaften erfaßt, die aus aktiven Veränderungen des Systems selbst erschlossen werden können (vgl. Abschnitt 2.2.3). Die elektrische Energie wird dabei den o. g. polarisierten Membranen in der Haut entnommen.

(2) *Exosomatische* Messungen mit *Gleichstrom*: hier wird dem System elektrische Energie von außen zugeführt, wobei entweder Spannnung oder Strom konstant gehalten werden (vgl. Abschnitte 2.1.1, 2.1.2 und 2.2.4). Dabei werden passive Systemeigenschaften erfaßt.

(3) *Exosomatische* Messungen mit *Wechselstrom*: bei dieser noch relativ selten angewandten Methode (vgl. Abschnitte 2.1.5 und 2.2.5) werden Systemantworten auf periodisch wechselnde Anregungen untersucht, wobei zusätzlich zu den unter (2) genannten Eigenschaften noch Informationen über das zeitliche Verhalten des Systems bei Einschwingvorgängen erfaßt werden können.

Bevor im Abschnitt 1.4.2 auf die elektrophysikalischen Eigenschaften der Haut und der Schweißdrüsen und im Abschnitt 1.4.3 auf Modellvorstellungen zum elektrodermalen System eingegangen wird, sollen im Abschnitt 1.4.1 einige dazu notwendige allgemeine physikalische und systemtheoretische Grundlagen erörtert werden.

Elektrische Grunddimensionen

1.4.1 Grundlegendes zu Systemen aus Widerständen und Kapazitäten

In diesem Abschnitt werden in einer anschaulichen und für den physikalischen Laien verständlichen Form elektrophysikalische und systemtheoretische Grundlagen dargestellt, die für das Verständnis des Zustandekommens elektrodermaler Phänomene und der entsprechenden Modellvorstellungen notwendig sind. Es mußte dabei in Kauf genommen werden, daß Lesern mit elektrophysikalischen Grundkenntnissen insbesondere der Abschnitt 1.4.1.1 und der Beginn des Abschnitts 1.4.1.2 sehr elementar erscheinen werden, da andererseits bei einer Reihe von Anwendern der EDA-Messung solche Kenntnisse nicht unbedingt vorausgesetzt werden können. Als weiterführende einfache Literatur kann z. B. Neher (1974) empfohlen werden.

1.4.1.1 Einige elektrische Grunddimensionen

Zwischen zwei Körpern mit verschieden großen elektrischen Ladungen Q, z. B. zwischen den beiden Polen einer Batterie, besteht eine Potentialdifferenz, die als elektrische *Spannung* U bezeichnet wird. Sie wird in Volt (V) ausgedrückt. Verbindet man die beiden Körper mit einem Leiter, so fließt solange Ladung durch den Leiter, bis es zu einem Potentialausgleich kommt und die Spannung Null wird. Es fließt ein elektrischer *Strom* I, dessen Stärke in Ampere (A) ausgedrückt wird. 1 A ist definiert als die Stromstärke, bei der eine Ladung von 1 Coulomb (C) pro Sekunde fließt.

Im einfachsten Fall sind *Spannung* und *Strom* proportional, d. h. der Quotient aus Spannung und Strom ist konstant. Man bezeichnet diese Konstante als elektrischen *Widerstand* R, und schreibt die Beziehung zwischen den drei Größen in der folgenden Form:

$$U = R \cdot I \tag{1}$$

Diese Beziehung wird als *Ohm'sches Gesetz* bezeichnet. Elektrische Leiter, für die dieses Gesetz gilt, heißen Ohm'sche Widerstände. Ihre Größe wird in Ohm (Ω) angegeben und ist folgendermaßen definiert: kann bei einer Spannung von 1 V ein Strom von 1 A fließen, so beträgt der Widerstand 1 Ω.

Aus der Gleichung (1) läßt sich einerseits die Proportionalität von angelegter Spannung und fließendem Strom in Abhängigkeit vom Widerstand R ablesen, zum anderen aber auch eine umgekehrte Proportionalität von *Widerstand* und *Stromfluß* bei gleichbleibender Spannung: je größer der Widerstand ist, desto weniger Strom kann fließen.

Diese Abhängigkeit läßt sich auch anders formulieren, indem man das reziproke Maß zum Widerstand, die *Leitfähigkeit G*, einführt:

$$G = \frac{1}{R} \qquad (2a)$$

G (vgl. Fußnote 1 im Abschnitt 1.1.1) wird in Siemens (S) ausgedrückt[8]. Umgekehrt gilt auch:

$$R = \frac{1}{G} \qquad (2b)$$

Setzt man in die Gleichung (1) für R den reziproken Leitwert nach (2b) ein, so ergibt sich:

$$U = \frac{I}{G} \qquad (3)$$

d. h. die Stärke des durch den Widerstand fließenden *Stromes I* ist bei konstanter Spannung U der *Leitfähigkeit G* direkt proportional.

Da die im allgemeinen bei biologischen Vorgängen auftretenden Widerstände im Bereich von mehreren tausend Ohm liegen, verwendet man als Einheit für den Widerstand meist kiloOhm (kΩ). Entsprechend ist es üblich, die Leitfähigkeit in Einheiten von einem Millionstel S, also in μS auszudrücken, woraus sich folgender Umrechnungsmodus von Widerstand in Leitfähigkeit und umgekehrt ergibt:

$$G[\mu S] = \frac{1000}{R[k\Omega]} \qquad (4a)$$

$$R[k\Omega] = \frac{1000}{G[\mu S]} \qquad (4b)$$

Bei der Erfassung elektrodermaler Aktivität werden meist nicht nur Widerstands- und Leitwerte zu einem bestimmten Zeitpunkt, sondern auch und vor allem Widerstands- bzw. Leitwerts*änderungen* (ΔR und ΔG) betrachtet. Für diese gelten allerdings die einfachen Beziehungen der Gleichungen (4a) und (4b) nicht mehr. Es seien $\Delta R = R_2 - R_1$ und $\Delta G = G_2 - G_1$, dann ist nach Gleichung (2a):

$$\Delta G = \frac{1}{R_2} - \frac{1}{R_1} = \frac{R_1}{R_1 \cdot R_2} - \frac{R_2}{R_1 \cdot R_2} = -\frac{\Delta R}{R_1 \cdot R_2} \qquad (5a)$$

---

[8]Im angloamerikanischen Sprachgebrauch wurde bis in jüngster Zeit anstelle von S die Einheit "mho", eine Spiegelung des Wortes "Ohm", verwendet. Inzwischen wurde S als die SI–Einheit für Leitfähigkeit festgelegt (Oberdorfer 1977). Venables und Christie (1980) plädierten zwar noch für die Beibehaltung von mho, in der Zeitschrift "*Psychophysiology*" z. B. setzt sich jedoch in den letzten Jahren ebenfalls S als Leitfähigkeit durch.

Das Minuszeichen macht deutlich, daß eine *Widerstandszunahme* zu einer *Leitfähigkeitsabnahme* führt. Umgekehrt ist auch nach Gleichung (2b) entsprechend:

$$\Delta R = \frac{1}{G_2} - \frac{1}{G_1} = \frac{G_1}{G_1 \cdot G_2} - \frac{G_2}{G_1 \cdot G_2} = -\frac{\Delta G}{G_1 \cdot G_2} \tag{5b}$$

Bei der Umrechnung von Leitfähigkeits- in Widerstandsänderungen und umgekehrt müssen also stets die jeweiligen *Grundleitfähigkeiten* bzw. *Grundwiderstände* berücksichtigt, d. h. also auch mit registriert werden. In der Praxis wird übrigens i. d. R. anstelle des Produktes von R_1 und R_2 im Nenner der Gleichung (5a) R_1^2 verwendet, da der dadurch entstehend Fehler gering ist, wenn ΔR im Vergleich zu R relativ klein ist (vgl. Abschnitt 2.3.3.2). Entsprechendes gilt für Gleichung (5b), wenn ΔG im Verhältnis zu G_1 klein ist.

1.4.1.2 Verhalten von RC-Schaltungen beim Anlegen von Gleichspannung

Unter RC-Schaltungen versteht man elektrische Schaltkreise, bei denen ein Kondensator (C) über einen Widerstand (R) aufgeladen bzw. entladen wird.

Ein Ohm'scher Widerstand, an dem eine Gleichspannung angelegt wird, verbraucht elektrische Energie, indem er sie in Wärme umsetzt. Man sagt, eine Spannung fällt am Widerstand ab. Es gibt zwei grundsätzlich verschiedene Möglichkeiten, mehrere *Widerstände* in einem Stromkreis *zusammenzuschalten*: entweder hintereinander (in Serie bzw. in Reihe) oder parallel[9].

Abbildung 6 zeigt auf der linken Seite zwei *hintereinander* geschaltete Widerstände. Über jedem Widerstand fällt ein Teil der gesamten an der Schaltung anliegenden Spannung U_{ges} ab, wobei die Teilspannungen U_1 und U_2 sich zur Gesamtspannung addieren. Die Stromstärke I_{ges} ist in beiden Widerständen gleich. Hintereinander geschaltete Widerstände verhalten sich demnach *additiv*.

Werden die Widerstände nicht hintereinander, sondern *parallel* geschaltet, so resultiert eine andere Wirkung: während an allen Widerständen unabhängig von ihrer Größe die gleiche Spannung U_{ges} anliegt, da sie ja alle unmittelbar mit der vollen Spannung verbunden sind, teilen sich die elektrischen Ströme entsprechend der Größe der einzelnen Widerstände auf, wobei auf jeden einzelnen Widerstand das Ohm'sche Gesetz angewendet werden muß. Abbildung 6 zeigt auf der rechten Seite eine solche Parallelschaltung. Der gesamte durch die Schaltung fließende Strom I_{ges} setzt sich aus den beiden Teilströmen I_1 und I_2 additiv zusammen.

---
[9] Bei den folgenden Überlegungen soll der Innenwiderstand der Spannungsquelle immer hinreichend klein sein, so daß aus Gründen der Einfachheit auf seine Berücksichtigung verzichtet werden kann.

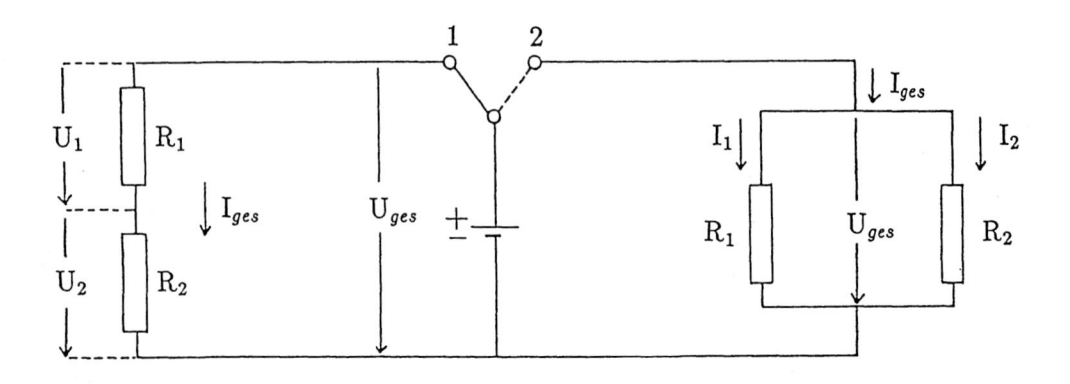

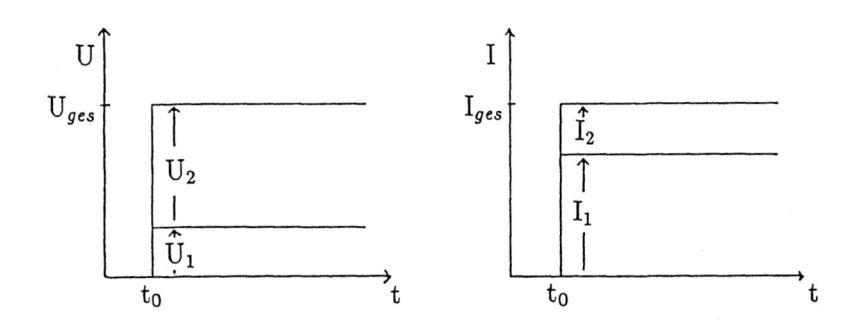

Abbildung 6. In Serie (links, Schalterstellung 1) und parallel (rechts, Schalterstellung 2) geschaltete Widerstände und die dadurch bewirkte Aufteilung der Gesamtspannung U_{ges} bzw. des Gesamtstroms I_{ges}.

Die Größe eines Ersatzwiderstandes R_{ges}, durch den bei gleichbleibender Spannung der gleiche Strom fließen würde wie durch die parallelen Widerstände R_1 und R_2, errechnet sich nach dem Ohm'schen Gesetz (Gleichung (1)):

$$R_{ges} = \frac{U}{I_{ges}} = \frac{U}{I_1 + I_2} \tag{6a}$$

Ebenfalls nach dem Ohm'schen Gesetz ist:

$$I_{ges} = \frac{U}{R_{ges}} \quad \text{und} \quad I_1 = \frac{U}{R_1} \quad \text{und} \quad I_2 = \frac{U}{R_2} \tag{6b}$$

Aus der Division der rechten und linken Seite von Gleichung (6a) durch U, Invertierung derselben und Einsetzen der Werte für I_1 und I_2 aus Gleichung (6b) folgt:

$$\frac{U}{R_{ges}} = \frac{U}{R_1} + \frac{U}{R_2} \tag{6c}$$

RC–Schaltungen bei Gleichstrom

Dividiert man beide Seiten der Gleichung (6c) durch U, so erhält man:

$$\frac{1}{R_{ges}} = \frac{1}{R_1} + \frac{1}{R_2} = \frac{R_1 + R_2}{R_1 \cdot R_2} \qquad (6d)$$

Daraus ergibt sich unmittelbar:

$$R_{ges} = \frac{R_1 \cdot R_2}{R_1 + R_2} \qquad (6e)$$

Aus Gleichung (6e) folgt, wie man sich anhand von Zahlenbeispielen veranschaulichen kann, daß der *Ersatzwiderstand* für eine *Parallelschaltung* stets *kleiner* ist als die *Summe der einzelnen* Widerstände.

Im Gegensatz zum Widerstand, der elektrische Energie verbraucht, wird diese von einem *Kondensator* gespeichert. Technische Kondensatoren bestehen aus zwei parallelen durch ein isolierendes sog. Dielektrikum getrennten elektrisch leitenden Platten. Legt man an diese Platten eine Spannung an, so laden sie sich auf und es bildet sich ein elektrisches Feld. Sind die Platten aufgeladen, fließt kein Ladestrom mehr. Entfernt man die Spannungsquelle, kann man zwischen den Platten so lange die volle Spannung abgreifen, bis man sie, ggf. über einen Verbraucher, kurzschließt. Beim Entladevorgang fließt so lange ein Entladestrom, der dem Ladestrom entgegengerichtet ist, bis die Spannung zwischen den Platten den Wert Null angenommen hat.

Die *Kapazität* bezeichnet die Fähigkeit eines Kondensators, elektrische Ladung zu speichern. Sie ist umso größer, je mehr Ladung bei fester Spannung gespeichert werden kann. Hier gilt eine ähnlich lineare Beziehung wie beim Ohm'schen Gesetz:

$$Q = C \cdot U \qquad (7)$$

wobei Q die Ladung, C die Kapazität und U die Spannung ist.

Die Kapazität eines Kondensators wird in Farad (F) ausgedrückt und ist folgendermaßen definiert: ein Kondensator, bei dem innerhalb einer Sekunde die Spannung um 1 V ansteigt, wenn ein Ladestrom von 1 A fließt, besitzt die Kapazität von 1 F. In der Praxis sind auch hier, wie bei der Leitfähigkeit (vgl. Abschnitt 1.4.1.1), die verwendeten Werte viel kleiner. Man gibt die Kapazität daher ebenfalls in μF, z. T. auch in nF oder pF an.

Abbildung 7 zeigt das zeitliche Verhalten von Stromstärke und Spannung beim *Laden* und beim *Entladen* eines *Kondensators*. In Schalterstellung 1 wird der Kondensator geladen. Dabei nimmt die Spannung U_C, die am Kondensator C abgegriffen werden kann, in Abhängigkeit von dem in Reihe geschalteten

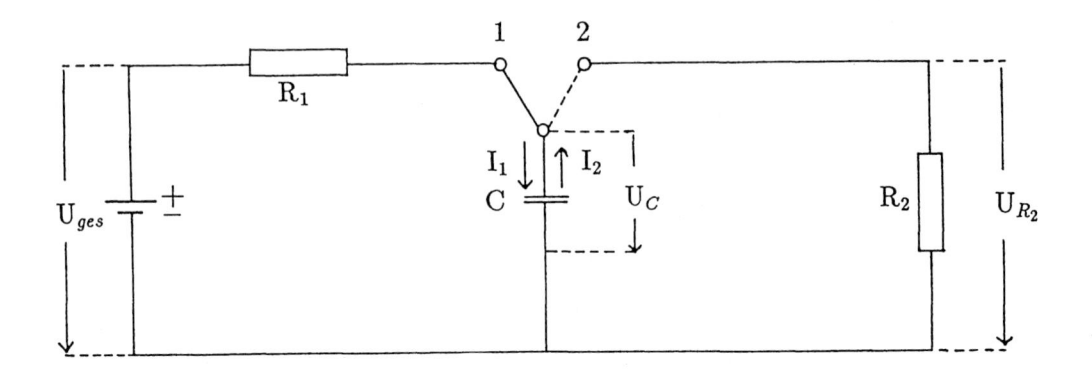

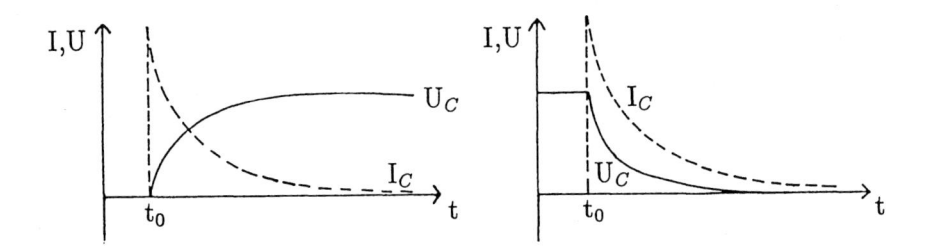

Abbildung 7. Laden (links, Schalterstellung 1) und entladen (rechts, Schalterstellung 2) eines Kondensators in einer RC–Schaltung mit den entsprechenden Strom- und Spannungsverläufen.

Widerstand R_1 und der Kapazität C exponentiell bis zum Erreichen des Wertes U zu, während die Stärke des Ladestroms I_1 exponentiell gegen Null abnimmt.

Legt man bei vollständig geladenem Kondensator den Schalter in Stellung 2 um, so wird der Kondensator über R_2 kurzgeschlossen, d. h. entladen. Dabei gehen sowohl Spannung als auch Strom exponentiell gegen Null, wobei die Stärke des Entladestroms I_2 als zeitliche Änderung der Kondensatorladung definiert ist:

$$I_2 = \frac{dQ}{dt} \qquad (8)$$

Die am Widerstand R_2 des kurzgeschlossenen Systems abfallende Spannung U_{R_2} ist der Spannung U_C entgegengerichtet und zeigt den gleichen zeitlichen Verlauf wie I_2, so daß stets gilt:

$$U_C + U_{R_2} = 0 \qquad (9a)$$

Nach dem Ohm'schen Gesetz ist $U_{R_2} = R_2 \cdot I_2$, während sich durch Umformung der Gleichung (7) für $U_C = Q/C$ ergibt. Also ist:

$$R_2 \cdot I_2 + \frac{Q}{C} = 0 \qquad (9b)$$

Umstellen und Einsetzen von Gleichung (8) ergibt:

$$\frac{dQ}{dt} = -\frac{Q}{C \cdot R_2} \qquad (9c)$$

Wenn die Änderung einer Größe proportional zur Größe selbst ist, bedeutet das stets einen exponentiellen Verlauf der Größe in der Zeit. Genau das besagt die Differentialgleichung (9c) für die Ladung Q des Kondensators. Sie wird, wie man durch Einsetzen zeigen kann, durch den folgenden Ansatz erfüllt:

$$Q = Q_0 \cdot e^{-\frac{t}{RC}} \qquad (10a)$$

wobei Q_0 den Anfangswert der Ladung und Q den Wert der Ladung zum Zeitpunkt t darstellen. Das Produkt aus Widerstand und Kapazität, $R \cdot C$, wird als *Zeitkonstante* τ bezeichnet und gibt an, wie schnell die Exponentialkurve abklingt:

$$\tau = C \cdot R \qquad (10b)$$

Dabei müssen die Kapazität in F und der Widerstand in Ω angegeben werden. Ein Kondensator ist nach τ sec beim Ladevorgang auf 63 % seiner Kapazität geladen bzw. beim Entladevorgang auf 37 % entladen (vgl. Abschnitt 2.3.1.3.2). Eine Erhöhung der Kapazität um das n–fache führt, ebenso wie eine Erhöhung des Widerstandes um das n–fache, zu einer Zeitkonstanten von $n \cdot \tau$.

Schaltet man mehrere Kondensatoren in Serie, so ist im aufgeladenen Zustand die Ladung in jedem Kondensator gleich und entspricht der Gesamtladung Q_{ges} (Ramm und Hahn 1974, Seite 207). Im Falle von 2 *hintereinander geschalteten* Kondensatoren bedeutet dies:

$$Q_1 = Q_2 = Q_{ges} \qquad (11a)$$

Löst man Gleichung (7) für jeden der beiden Kondensatoren nach U auf, ergibt dies unter Berücksichtigung von Gleichung (11a):

$$U_1 = \frac{Q_{ges}}{C_1} \quad \text{und} \quad U_2 = \frac{Q_{ges}}{C_2} \qquad (11b)$$

Da sich die Spannungen U_1 und U_2 wie auf der linken Seite von Abbildung 6 zur Gesamtspannung U_{ges} addieren und für U_{ges} entsprechendes wie für die Einzelspannungen (Gleichungen (11b)) gilt, ist:

$$\frac{Q_{ges}}{C_{ges}} = \frac{Q_{ges}}{C_1} + \frac{Q_{ges}}{C_2} \qquad (11c)$$

Dividiert man beide Seiten von Gleichung (11c) durch Q_{ges}, ergibt dies:

$$\frac{1}{C_{ges}} = \frac{1}{C_1} + \frac{1}{C_2} \qquad (11d)$$

Bei Serienschaltungen von Kondensatoren erhält man also den reziproken Wert der *Ersatz*kapazitäten durch Addition der *reziproken Werte* der Einzelkapazitäten, während sich im Gegensatz dazu hintereinander geschaltete Widerstände addieren.

Werden 2 Kondensatoren *parallel geschaltet*, so liegt an jedem Kondensator die volle Spannung U_{ges} an. Die Ladungen der Kondensatoren ergeben sich nach Gleichung (7) zu:

$$Q_1 = C_1 \cdot U_{ges} \qquad (12a)$$

und
$$Q_2 = C_2 \cdot U_{ges} \qquad (12b)$$

Da die nebeneinanderliegenden Platten der einzelnen Kondensatoren als eine große Kondensatorplatte aufgefaßt werden können, errechnet sich die Gesamtladung zu:

$$Q_{ges} = Q_1 + Q_2 = C_1 \cdot U_{ges} + C_2 \cdot U_{ges} \qquad (13a)$$

Man klammert in Gleichung (13a) U_{ges} aus und dividiert beide Seiten durch U_{ges}:

$$\frac{Q_{ges}}{U_{ges}} = C_1 + C_2 \qquad (13b)$$

Aus einer entsprechenden Umformung der Gleichung (7) ergibt sich, daß die linke Seite von Gleichung (13b) C_{ges} entspricht. Also folgt:

$$C_{ges} = C_1 + C_2 \qquad (13c)$$

Parallelgeschaltete Kapazitäten verhalten sich demnach *additiv*, während im Gegensatz dazu – wie anhand von Abbildung 6 gezeigt wurde – der Ersatzwiderstand für parallele Widerstände kleiner als die Summe der Einzelwiderstände ist.

Neben dem in Abbildung 7 veranschaulichten Fall einer RC–Schaltung, in der Widerstand und Kondensator hintereinander geschaltet wurden, d. h. der Kondensator C sich über den Widerstand R_1 auflädt und über R_2 entlädt, lassen sich auch Netzwerke aus parallel geschalteten Widerständen und Kondensatoren aufbauen. Die Lade- und Entladevorgänge sind dabei den in Abbildung 7 dargestellten ähnlich, allerdings wird der Spannungsanstieg zeitlich verzögert. Ein Rechenbeispiel hierfür gibt Neher (1974, Seite 27f.) unter der Überschrift "Spannungsteiler mit Streukapazität".

1.4.1.3 Verhalten von RC-Schaltungen beim Anlegen von Wechselspannung

Ist der in einer RC–Schaltung befindliche Kondensator nach dem Anlegen einer Gleichspannung vollständig aufgeladen, lassen sich im folgenden nur noch Widerstandseigenschaften dieser Schaltung messen. Sollen auch *kapazitative* Eigenschaften von RC–Schaltungen kontinuierlich bestimmt werden, etwa der Verlauf möglicher Veränderungen von Polarisationskapazitäten während der EDR (vgl. Abschnitte 2.1.5 und 2.2.5), muß entweder die Gleichspannung ständig an- und abgeschaltet werden (*gepulster Gleichstrom*, vgl. Abschnitt 1.4.1.4) oder es muß eine anders geformte, z. B. sinusförmige *Wechselspannung* zur Messung der elektrischen Eigenschaften des Systems verwendet werden.

Wechselspannungen sind dadurch gekennzeichnet, daß sich *Betrag* und *Richtung* in *periodischer* Form *ändern*. Die am häufigsten verwendete Wechselspannung ist *sinusförmig*: bei ihr läßt sich die jeweilige Spannungsamplitude durch den Sinus eines umlaufenden *Winkels* in einem *Kreis* berechnen, dessen Radius die maximale Amplitude ist und der in einer Periode einmal durchlaufen wird:

$$U(t) = U_o \cdot sin(2\pi \cdot f \cdot t) \tag{14}$$

wobei f die Frequenz der Wechselspannung, $U(t)$ die Amplitude zum Zeitpunkt t und U_0 die maximale Auslenkung der Spannung ist.

Sind in einem Wechselstromkreis *lediglich* Ohm'sche *Widerstände* vorhanden, so fällt an ihnen die Spannung ebenso ab wie in einem Gleichstromkreis, auch ist die Wirkung von in Reihe geschalteten Widerständen als Spannungsteiler sowie von parallel geschalteten Widerständen als Stromverteiler in gleicher Weise wie in einem Gleichstromkreis gegeben (vgl. Abbildung 6). Strom und Spannung sind bei Anwesenheit von reinen Ohm'schen Widerständen immer "in Phase".

Dies ist nicht mehr der Fall, sobald sich ein *Kondensator* im Wechselstromkreis befindet. Während bei Gleichstrom nach Abschluß des Ladevorgangs kein Strom mehr im Kondensatorzweig fließt und dann auch stets die volle Spannung über dem Kondensator abgegriffen werden kann (vgl. Abbildung 7), laden sich die elektrisch leitenden Platten im Wechselstromkreis abwechselnd positiv und negativ auf, so daß ein ständig wechselnder Lade- bzw. Entladestrom fließt.

In einem Schaltkreis mit nur einem Kondensator kann man einen Wechselstrom messen, dessen Stärke sich mit dem Anstieg bzw. dem Abfall der Wechselspannung ändert. Mißt man gleichzeitig mit dem Stromfluß die am Kondensator anliegende Spannung, so stellt man eine *Phasenverschiebung* zwischen Strom und Spannung fest: der *Strom* läuft voraus, die *Spannung* "eilt nach". Dies hat folgende Ursache: bevor an den Platten des Kondensators eine Spannung aufgebaut werden kann, muß ein Strom fließen. Dieser hat sein Maximum dann, wenn die Spannung noch bei Null ist, und ist selber wieder Null, wenn die volle Spannung aufgebaut ist (vgl. Abbildung 7 unten links). Dies gilt für die positive wie für die negative Phase, d. h. das Maximum des Stroms wird stets eine Viertelperiode vor dem Maximum der positiven und negativen Spannungsamplitude erreicht. Diese Phasenverschiebung wird durch den *Phasenwinkel* φ ausgedrückt, um den der Strom der Spannung vorausläuft.

Der *Wechselstromwiderstand* eines *Kondensators* ist *frequenzabhängig*. Bei niedriger Frequenz wird der Kondensator innerhalb einer bestimmten Zeit weniger oft geladen und entladen; die durchschnittliche Stärke des Stromflusses ist also geringer als bei hoher Frequenz, bei der der Kondensator öfter pro Zeiteinheit geladen und entladen wird. Der steigende Stromfluß zeigt eine höhere Durchlässigkeit für Wechselstrom an, weshalb der Wechselstromwiderstand des Kondensators mit steigender Frequenz abnimmt.

Dies ergibt sich mathematisch aus den Gleichungen (7), (8) und (14). Die Umformung und Differenzierung der Gleichung (7) nach t ergibt:

$$\frac{dQ}{dt} = C \cdot \frac{dU}{dt} \qquad (15a)$$

Für sinusförmige Wechselspannung ergibt sich bei Differentiation von Gleichung (14) nach t:

$$\frac{dU}{dt} = 2\pi \cdot f \cdot U_o \cdot \cos(2\pi \cdot f \cdot t) \qquad (15b)$$

Setzt man Gleichung (15b) in Gleichung (15a) ein und berücksichtigt, daß nach Gleichung (8) $I = dQ/dt$ ist, folgt:

$$I(t) = C \cdot 2\pi \cdot f \cdot U_o \cdot \cos(2\pi \cdot f \cdot t) \qquad (16a)$$

Das Produkt: $C \cdot 2\pi \cdot f \cdot U_0$ ist eine Konstante und gibt den Maximalwert des Stromes I_0 bei einer bestimmten Frequenz f an:

$$I(t) = I_o \cdot \cos(2\pi \cdot f \cdot t) \qquad (16b)$$

Abbildung 8 veranschaulicht, wie sich aus dem *"Nacheilen"* der *Spannung* gegenüber dem Strom und der daraus resultierenden Phasenverschiebung φ, die im Fall eines nur aus einem Kondensator bestehenden Systems und einem vernachlässigbaren Innenwiderstand der Spannungsquelle 90° beträgt, ein *Zeigerdiagramm* für Spannung und Strom ergibt.

RC–Schaltungen bei Wechselstrom

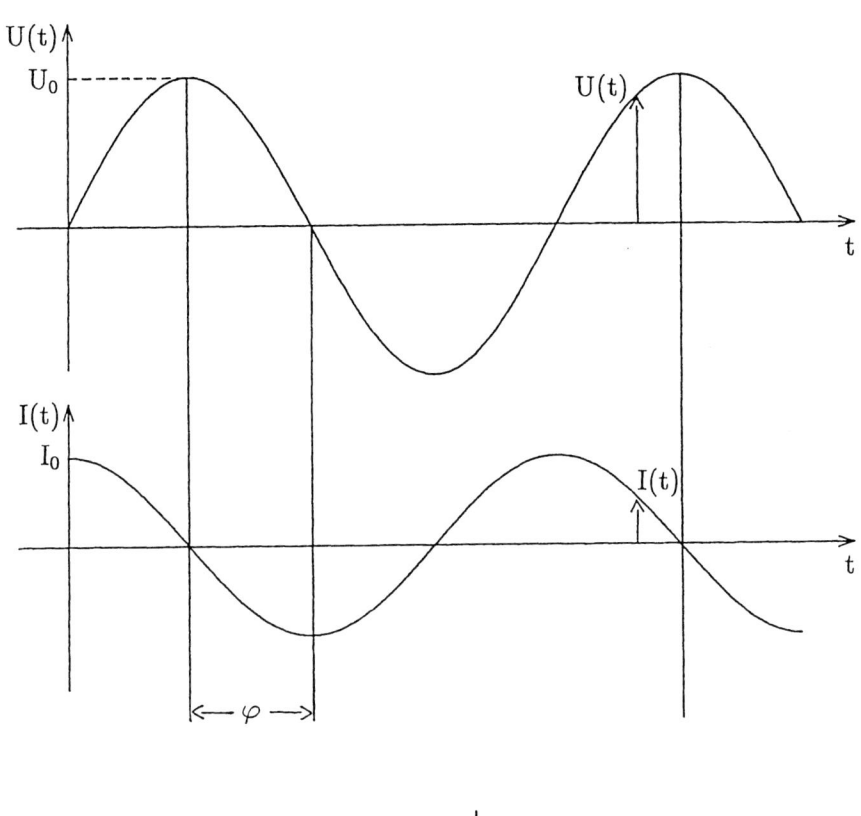

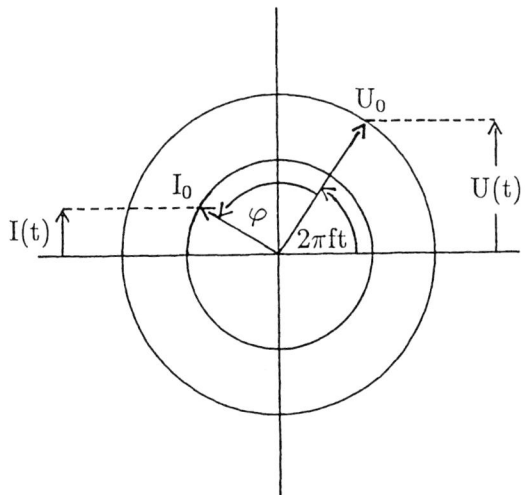

Abbildung 8. Phasenverschiebung von Spannung und Strom beim Anlegen einer Wechselspannung an einen Kondensator (oben) sowie ein entsprechendes Zeigerdiagramm (unten). (Erläuterungen siehe Text.)

Die nach Gleichung (16b) berechnete Stromstärke I hat im Zeigerdiagramm (vgl. Abbildung 8) einen Betrag von:

$$|I| = C \cdot 2\pi \cdot f \cdot U_o \qquad (16c)$$

Der Betrag der *Impedanz* $Z(f)$ für die Frequenz f ergibt sich als Quotient der Beträge von U und I aus den Gleichungen (14) und (16c) zu:

$$|Z(f)| = \frac{|U|}{|I|} = \frac{U_o}{C \cdot 2\pi \cdot f \cdot U_o} = \frac{1}{2\pi \cdot f \cdot C} \qquad (17)$$

Man sieht aus Gleichung (17), daß sich die Impedanz Z bei gleichbleibender Kapazität C reziprok zur Frequenz f verhält, d. h., daß bei *steigender Frequenz* der *Wechselstromwiderstand abnimmt*.

Im Gegensatz zum Ohm'schen Widerstand, der elektrische Energie in Wärme umsetzt (vgl. Abschnitt 1.4.1.2) und deshalb auch als *Wirkwiderstand* bezeichnet wird, setzt ein *Kondensator* in einem Schaltkreis keine elektrische Energie um, sie bleibt vielmehr dort erhalten. Trotzdem *begrenzt* ja der Kondensator den *Stromfluß* in Abhängigkeit von der Frequenz f der angelegten Wechselspannung. Diesen Sachverhalt bezeichnet man als *Blindwiderstand* oder auch als *Reaktanz X* :

$$X(f) = Z(f) \cdot \sin\varphi(f) \qquad (18a)$$

Da, wie oben dargestellt wurde, der Phasenwinkel φ in einem aus *nur einem Kondensator* bestehenden System 90° (allerdings nur theoretisch beim sog. idealen Kondensator) beträgt, ist dort $X(f) = Z(f)$, also die *Reaktanz* gleich der *Impedanz*.

Durch *Hinzunahme* eines *Wirkwiderstandes* (Ohm'schen Widerstandes) in den Schaltkreis einer RC–Schaltung verändert sich der Phasenwinkel φ, und zwar in Abhängigkeit von der Frequenz f der Wechselspannung, zwischen 0° und 90°. Man kann nun aus der *Impedanz Z(f)* und dem *Phasenwinkel $\varphi(f)$*, die *Reaktanz* (den Blindwiderstand) $X(f)$ nach Gleichung (18a) berechnen. Den Ohm'schen Widerstand (den Wirkwiderstand) $R(f)$ berechnet man gemäß Gleichung (18b):

$$R(f) = Z(f) \cdot \cos\varphi(f) \qquad (18b)$$

Trägt man in einem Diagramm mit $R(f)$ als Abszisse und $X(f)$ als Ordinate die Impedanz $Z(f)$ auf, so erhält man eine sog. *Ortskurve* (vgl. Abbildung 9). Diese Ortskurve beschreibt das *Übertragungsverhalten* des RC-Systems vollständig und kann zu dessen Charakterisierung verwendet werden[10].

---

[10]Diese Zusammenhänge lassen sich auch unter Zuhilfenahme *komplexer Darstellung* verdeutlichen. Dabei wird $R(f)$ als *Realteil* und $X(f)$ als *Imaginärteil* einer komplexen Funktion

RC–Schaltungen bei Wechselstrom

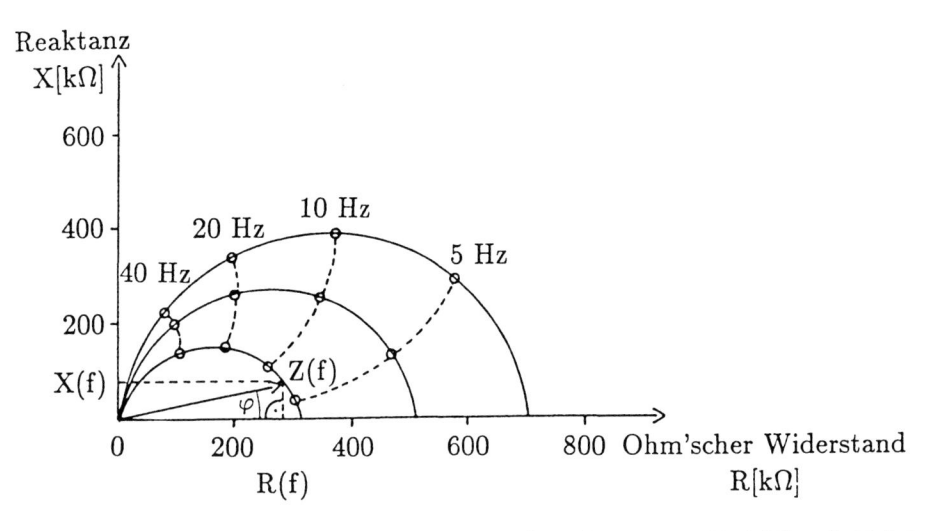

Abbildung 9. Drei verschiedene Ortskurven (durchgezogene Kreisbögen). Bei der inneren Ortskurve ist ein Impedanzvektor $Z(f)$ bei etwa $f = 7$ Hz mit seinen Projektionen $X(f)$ und $R(f)$ auf die entsprechenden Achsen eingezeichnet.

In Abbildung 9 sind 3 unterschiedliche Ortskurven eingezeichnet, durch die *Antworten verschiedener Systeme* auf den angelegten Wechselspannung beschrieben werden können. Die in der Abbildung dargestellten Ortskurven gelten für ein System mit einer *Parallelschaltung* von Widerstand und Kondensator.

Eine solche *Ortskurve* kommt folgendermaßen zustande: würde die Frequenz f der Wechselspannung den Wert 0 annehmen, läge praktisch eine Gleichspannung am System an. In diesem Fall wäre der Widerstand des Kondensators C unendlich (vgl. Abschnitt 1.4.1.2), und die Impedanz Z würde allein durch den Ohm'schen Widerstand bestimmt; es würde demnach $Z(0) = R(0)$ gelten. Der Vektor Z läge also bei $f = 0$ auf der R–Achse. Wird f bei einer angelegten Wechselspannung erhöht, so wird C gewissermaßen stromdurchlässig, d. h. der Z–Vektor wird kürzer, da die Gesamtimpedanz des Systems abnimmt. Mit steigendem f bildet der Vektor Z einen zunehmenden Winkel zur X–Achse, d. h. der Anteil des Blindwiderstandes an der Impedanz nimmt zu. Die Gesamtimpedanz nimmt mit steigender Frequenz immer weiter ab (der Vektor Z wird immer kürzer), bis sie bei $f \to \infty$ gegen 0 strebt, weil dann der Kondensator den Widerstand praktisch kurzschließt.

Aus den Projektionen des Impedanzvektors $Z(f)$ auf die R- und X-Achse läßt sich anschaulich die Beziehung zwischen Z, R und X zeigen, da nach dem Satz des Pythagoras für jede Frequenz und daher unabhängig vom Phasenwinkel gilt:

---

betrachtet. Diese Darstellung wird zwar i. d. R. in der Elektrotechnik und in der Systemtheorie bevorzugt, soll jedoch hier aus Vereinfachungsgründen nicht zusätzlich abgeleitet werden.

$$Z(f) = \sqrt{R^2(f) + X^2(f)} \qquad (19a)$$

Die dem Wechselstrom*widerstand*, d. h. der *Impedanz* $Z(f)$ entsprechende Wechselstrom*leitfähigkeit* heißt *Admittanz* und wird mit Y abgekürzt (vgl. Tabelle 1 im Abschnitt 1.1.1):

$$Y(f) = \frac{1}{Z(f)} \qquad (19b)$$

Sie läßt sich in einen reellen Anteil, die *Konduktanz* $G(f)$, und einen imaginären Anteil, die *Suszeptanz B(f)* aufteilen (vgl. Fußnote 10). Unter Verwendung der Gleichungen (19a) und (19b) ergibt sich für die Berechnung der Suszeptanz B aus der Reaktanz X und dem Ohm'schen Widerstand R:

$$B(f) = \frac{X(f)}{X^2(f) + R^2(f)} \qquad (20a)$$

Die *Konduktanz* G läßt sich wie folgt berechnen:

$$G(f) = \frac{R(f)}{R^2(f) + X^2(f)} \qquad (20b)$$

B und G lassen sich demnach unter Zuhilfenahme der Gleichungen (18a) und (18b) ebenfalls aus der Impedanz Z und dem Phasenwinkel φ ermitteln. Die Ortskurvenbestimmung aus Konduktanz und Suszeptanz erfolgt entsprechend der Abbildung 9, auch gilt das Äquivalent der Gleichung (19a) für die Beziehung zwischen $Y(f)$, $G(f)$ und $B(f)$. Beispiele für Ortskurven in der Konduktanz-Suszeptanz-Ebene werden im Abschnitt 1.4.3.3 gegeben.

Die Vorgänge, die sich beim Anlegen von Wechselspannungen an biologische *Gewebe* mit der Fähigkeit zur *Polarisationskapazität* (vgl. Abschnitt 1.4.2) abspielen, sind denen an technischen Kondensatoren vergleichbar. Sie werden jedoch dadurch kompliziert, daß *Gewebe* elektrophysikalisch gesehen durch Schaltungen *höherer Komplexitätsgrade* als die der hier besprochenen einfachen RC-Schaltungen abgebildet werden müßten, etwa durch Hinzunahme weiterer Serien- und Parallelwiderstände und ggf. auch weiterer Kapazitäten (vgl. Abschnitt 1.4.3.2). Durch derartige zusätzlichen Elemente werden die Strom- und Spannungsverläufe in der Zeit weiter verformt. Prinzipiell lassen sich jedoch Widerstands- und kapazitative Eigenschaften von solchen komplexen Systemen auch an relativ *einfachen Ersatzschaltungen* simulieren (vgl. Abschnitt 1.4.3.3).

Die einzelnen Meßverfahren zur Bestimmung des Phasenwinkels φ und der Impedanz Z bzw. Admittanz Y werden im Abschnitt 2.1.5 beschrieben.

1.4.1.4 Ermittlung von Systemeigenschaften unbekannter RC-Systeme

Die im vorigen Abschnitt beschriebenen Folgen des Anlegens von sinusförmigen Wechselspannungen an Schaltungen, die aus Widerständen und Kondensatoren bestehen, können unter *systemtheoretischer* Betrachtung als *Verformung* eines definierten *Eingangssignals* durch ein System angesehen werden. In der Systemtheorie werden solche Vorgänge benutzt, um die Eigenschaften unbekannter Systeme zu erforschen (vgl. z. B. Lüke 1979).

Eine anschauliche, wenn auch für die quantitative Auswertung nur bedingt geeignete Darstellung von Phasenverschiebung und Amplitudenverhältnissen zwischen Eingangs- und Ausgangssignal mit Hilfe eines Oszilloskops, bei dem sich die Zeitbasis gegen einen Verstärkereinschub austauschen läßt, bieten sog. *Lissajous*–Figuren. Abbildung 10 zeigt, wie aus der Kombination eines *Eingangssignals* mit der maximalen Amplitude E_0 und eines *Ausgangssignals*

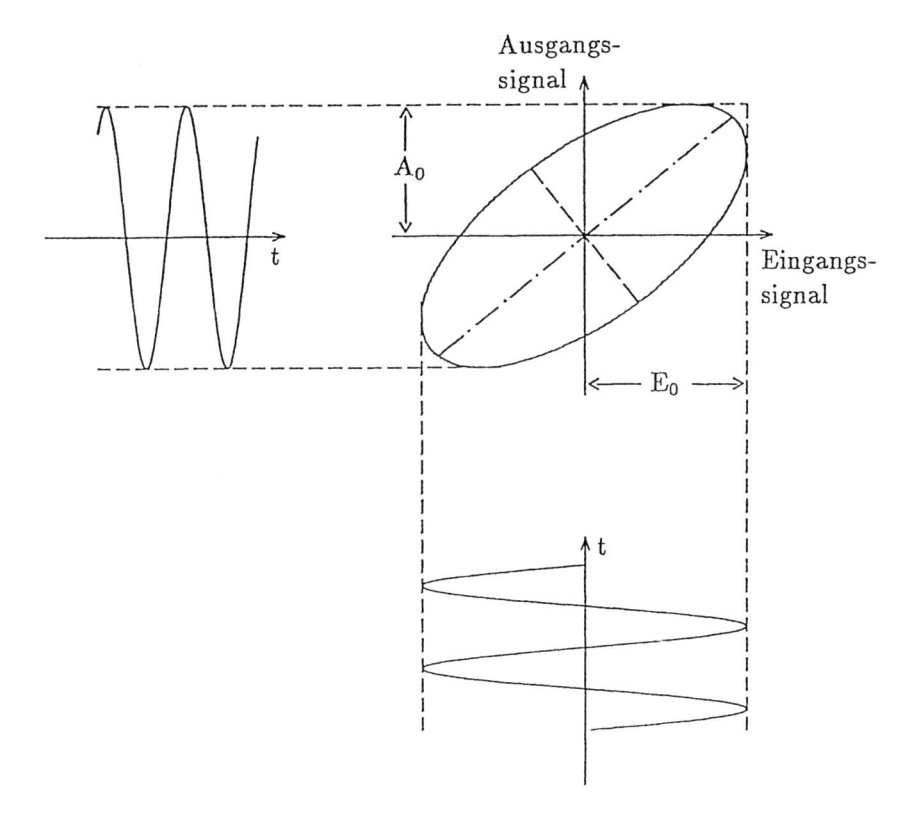

Abbildung 10. Lissajous–Figur. E_0: maximale Amplitude des Eingangssignals, A_0: maximale Ausgangssignal–Amplitude, t: Zeitachsen. Strichpunktiert: Hauptachse, gestrichelt: Nebenachse der Ellipse.

mit der maximalen Amplitude A_0 eine elliptische Figur entsteht, deren Hauptachsenneigung vom Verhältnis A_0/E_0 abhängig ist. Die Länge der *Nebenachse* ist von der *Phasenverschiebung* abhängig: sie erreicht ihr Maximum bei $\varphi = 90°$ und verschwindet bei $\varphi = 0°$.

Die Systemeigenschaften einer RC–Schaltung mit bekannten parallelen bzw. seriellen Widerständen und Kondensatoren, wie sie den Betrachtungen im Abschnitt 1.4.1.3 zugrundegelegt wurde, können durch Anlegen einer *einzigen Wechselspannungsfrequenz* bestimmt werden, da daraus auch auf das Verhalten unter anderen Anregungsfrequenzen geschlossen werden kann. Zur Erforschung *unbekannter Systeme* wie der Haut müßte jedoch die Anregung mit einer *größeren Zahl* von Frequenzen wiederholt werden. Der Nachteil eines solchen Verfahrens ist die lange Meßdauer insbesondere bei der Einbeziehung niedriger Frequenzen: im niederfrequenten Bereich ist das System erst nach etwa 5 vollen Perioden eingeschwungen. Daher wurden Techniken zur sukzessiven Anregung mit verschiedenen Wechselspannungsfrequenzen bislang nur zur Erfassung *tonischer* Anteile der EDA, nicht jedoch für die einer phasischen EDR entwickelt (vgl. Abschnitt 2.1.5).

Theoretisch ist es allerdings auch möglich, ein System wie die Haut gleichzeitig mit allen Frequenzen eines definierten *Frequenzspektrums* anzuregen (in der Fachsprache als "*Rauschen*" bezeichnet). Die Systemantwort wird mittels Fourieranalyse in ihre spektralen Komponenten zerlegt, und man erhält ein *Phasen- und Amplitudenspektrum*, aus dem man die Antworten des Systems auf die verschiedenen Frequenzen des auf seinen Eingang gegebenen Rauschens ablesen kann. Dieses Verfahren erfordert eine sehr hohe zeitliche Auflösung und – wegen der im Vergleich zum möglichen tonischen Wertebereich des EDA–Signals geringen phasischen Veränderungen (vgl. Abschnitt 2.1.3) – nicht nur im zeitlichen, sondern auch im Amplitudenbereich hoch auflösende Analog/Digital–Wandler und Laborrechner, die einen entsprechend schnellen Datentransfer ermöglichen.

Eine weitere Möglichkeit, die Systemantwort auf alle Frequenzen eines Spektrums simultan zu erfassen, bietet die sog. *Pulsspektrum*-Analyse. Systemtheoretisch werden die Antworten auf pulsförmige Signale, die beim Wert Null beginnen, wieder dorthin zurückkehren sowie für die Periode bis zum nächsten Signal auf Null bleiben, als "*Transienten*" bezeichnet. Das unbekannte System wird mit einer periodischen Folge von Gleichstromimpulsen (sog. *gepulster Gleichstrom*) angeregt. Jede Folge von Rechteckimpulsen kann ja als Überlagerung von Sinusschwingungen aufgefaßt und in solche zerlegt werden, was sich relativ anschaulich am umgekehrt zur Fourieranalyse zu deutenden Vorgang der *Synthetisierung* von *Nadelimpulsen* aus einem *Frequenzspektrum* zeigen läßt. Dies soll im folgenden beispielhaft an der Überlagerung und Summation von Sinusfrequenzen, und zwar von ganzzahligen Vielfachen einer Grundfrequenz (den sog. Harmonischen), dargestellt werden.

Systemeigenschaften

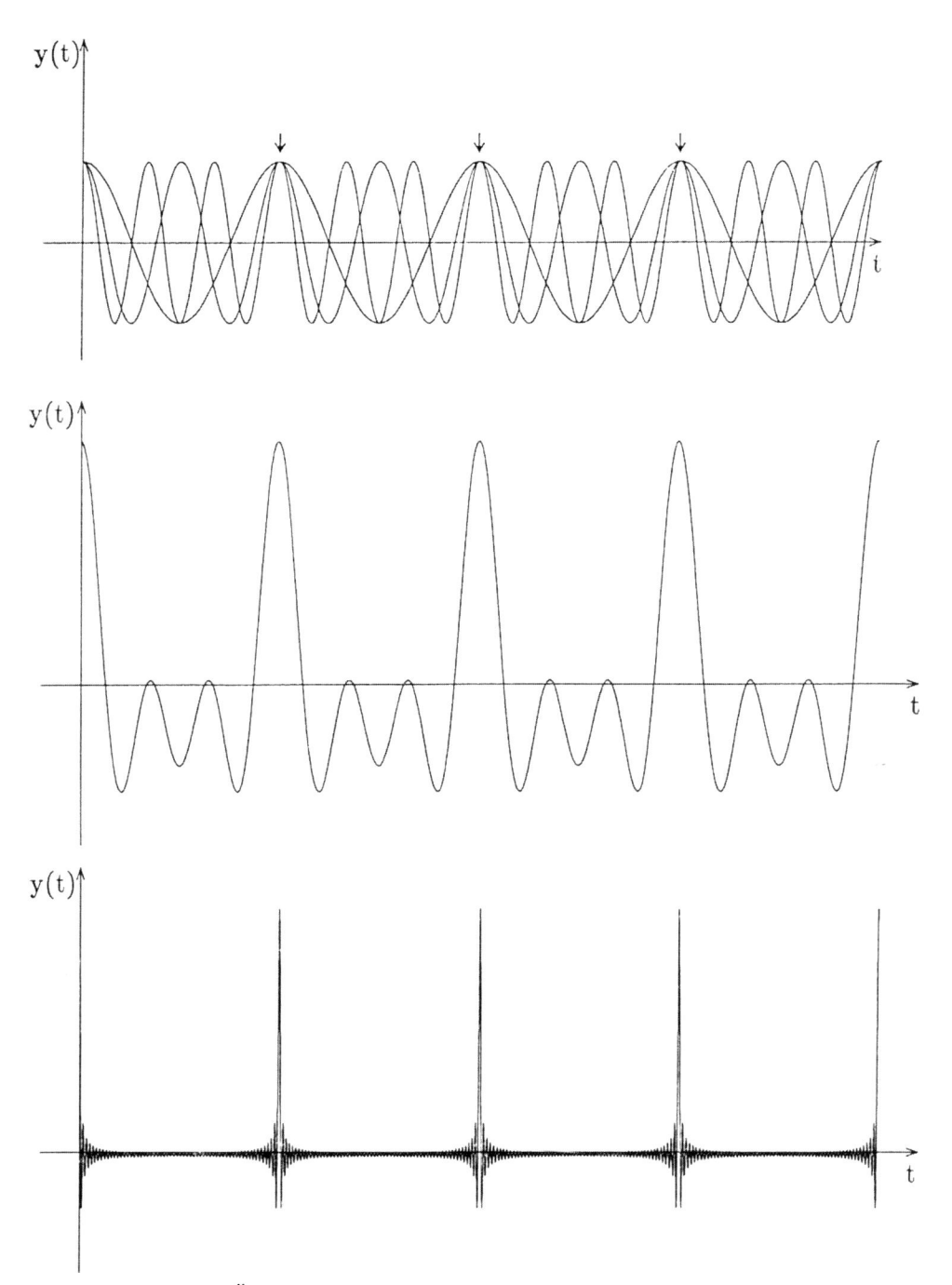

Abbildung 11. Überlagerung von 3 Sinuskurven (oben), deren Summenkurve (Mitte) und eine entsprechende Summenkurve aus 60 zugrundeliegenden Sinusfrequenzen (unten). Die Pfeile zeigen die Zeitpunkte an, in denen alle Kurven in Phase sind.

Gleichung (21) gibt die Summe der Amplituden aus n sich überlagernden Sinuskurven an ($\pi/2$ wurde eingeführt, damit die Kurven bei ihrem Maximum in Phase sind):

$$y(t) = \sum_{i=1}^{n} \sin\left(2\pi \cdot f \cdot i \cdot t + \frac{\pi}{2}\right) \qquad (21)$$

Im oberen Teil der Abbildung 11 sind der Übersichtlichkeit wegen zunächst nur n = 3 sich überlagernde Sinuskurven über zweieinhalb Perioden dargestellt. Man sieht, daß in jeder dieser Perioden zu einem Zeitpunkt (Pfeil) *alle* einzelnen *Sinuskurven in Phase* sind, d. h. daß dann *konstruktive Interferenz* stattfindet. Im mittleren Teil der Abbildung 11 ist die nach Gleichung (21) ermittelte Summenkurve aus den 3 Sinuskurven dargestellt. Man sieht bereits deutlich eine *Amplitudenvergrößerung* zu den Zeitpunkten, in denen die einzelnen Kurven in Phase liegen. Noch deutlicher wird die Entstehung von *schmalen Rechteckimpulsen* aus der Summation von Sinuskurven bei n = 60 Frequenzen, wie sie im unteren Teil der Abbildung 11 dargestellt wird. Hier ist zu den Zeitpunkten konstruktiver Interferenz die Form eines schmalen Impulses in der Summenkurve deutlich zu erkennen.

Wird die Zahl der sich überlagernden Harmonischen sehr groß, entstehen annähernd *nadelförmige* Impulse, sog. *Dirac-Impulse* oder δ–Stöße, die in der Systemtheorie wegen ihrer idealen Eigenschaften (theoretisch unendlich schmal und alle Harmonischen beinhaltend) bevorzugt zur Systemanalyse verwendet werden (Lüke 1979). Sie können – in Abhängigkeit vom Ausschwingverhalten des Systems – in sehr dichter Folge ausgelöst werden und ermöglichen eine *kontinuierliche Erfassung* der Systemeigenschaften, die lediglich durch die Abtastrate und die Repetitionsrate des Impulses eingeschränkt wird. Für die zu einem δ–Stoß gehörige Stoßantwort des Systems, die sich aus den Systemantworten auf alle Anregungsfrequenzen zusammensetzt, läßt sich ein *Phasen- und Amplitudenspektrum* angeben, dessen Berechnung die Durchführung von Fourier-Transformationen und damit ebenfalls eine schnelle Digitalisierung erforderlich macht.

Durch eine solche Spektralanalyse der Antwort auf einen möglichst schmalen Nadelimpuls, im Idealfall auf einen δ–Stoß, lassen sich also die Systemeigenschaften theoretisch ebenso gut ermitteln wie durch die sukzessive Anregung mit zahlreichen Wechselspannungsfrequenzen (vgl. Fußnote 17 im Abschnitt 2.1.5). Allerdings führt die Transientenuntersuchung nur zu einem Ergebnis, wenn ein günstiges *Signal/Rausch-Verhältnis* vorliegt (vgl. Abschnitt 2.1.4), da das Rauschen am Ausgang des EDA-Verstärkers die Antwort des Systems auf die Pulsfolge untrennbar überlagert. Entsprechendes gilt auch für die weiter oben beschriebene Anregung mit Rauschen als Eingangssignal. Auf die meßtechnischen Probleme, die mit Wechselstrom- bzw. Transientenuntersuchungen der EDA verbunden sind, wird im Abschnitt 2.1.5 noch gesondert eingegangen.

1.4.2 Elektrophysikalische Eigenschaften der Haut und der Schweißdrüsen

Biologische Gewebe wie die Haut verhalten sich beim Anlegen von externen Spannungen wie elektrische *Netzwerke*, die aus *Widerständen* und *Kapazitäten* aufgebaut sind (vgl. Abschnitt 1.4.1). Daß – wie im Abschnitt 1.4.3 – elektrische Ersatzschaltbilder für die Haut angegeben werden können, bedeutet nicht, daß die Haut tatsächlich genau diese wenigen diskreten Elemente mit präzisen Widerstands- und kapazitativen Eigenschaften enthält; es lassen sich aber einige elektrophysikalische Eigenschaften der Haut mit solchen Modellen approximieren.

Flüssigkeiten wie das Blut, der Schweiß in den Ducti oder die Interstitialflüssigkeit in der Epidermis weisen in Abhängigkeit von ihrer Ionenkonzentration unterschiedliche Leitfähigkeiten auf, d. h. sie wirken wie *variable Widerstände*. Die an den Grenzflächen der Zellen vorhandenen *Membrane* zeigen dagegen eher Eigenschaften von *Kondensatoren*: wegen ihrer selektiven Permeabilität bilden sie Hindernisse für die Ionen, die den Stromfluß besorgen. Es kommt gewissermaßen zu einem Aufstauen von Ionen an der Grenzfläche und damit zu einer Potentialdifferenz, die der angelegten Spannung entgegengerichtet ist. Durch diese Polarisation der Membran wird, wie in jedem Kondensator, an den man eine Spannung anlegt, elektrische Energie gespeichert. Diese Fähigkeit des Gewebes bezeichnet man als *Polarisationskapazität* (Keidel 1979, vgl. Abschnitt 1.4.1.3). Die der angelegten Spannung entgegengerichtete Spannung wird auch als Gegenspannung oder rückwärtsgerichtete *elektromotorische Kraft* (Back electromotive force = Back e.m.f.) bezeichnet.

Zusätzlich werden noch zur Modellbildung für die Entstehung von Hautpotentialen verschiedene letztlich auch auf Membranpolarisationen beruhende insbesondere in der *Schweißdrüsenmembran* und in der *Epidermis* lokalisierte *Potentialquellen* angenommen (vgl. Abschnitt 1.4.3.2).

1.4.2.1 Widerstandseigenschaften der Haut und der Schweißdrüsen

Die stark durchbluteten und mit Interstitialflüssigkeit reichlich versehenen Strukturen der *Dermis* und der *Subcutis* sind als *gute elektrische Leiter* anzusehen (vgl. Abschnitt 1.2.1.3). Ihre Leitfähigkeit ist wahrscheinlich in Abhängigkeit von der Durchblutung geringfügigen Schwankungen unterworfen. Auch die Zellschicht des Stratum Malpighii und teilweise noch die des Stratum intermedium der Epidermis tragen nur einen geringen Teil zum elektrischen Widerstand der Haut bei. Erst eine noch nicht exakt zu lokalisierende *Barriere* in der *Epidermis* (vgl. Abschnitt 1.3.4.2), möglicherweise die untere Teilzone der Hornschicht, die relativ undurchlässig für Wasser und damit auch für Ionen ist, wird als für den Hauptteil des elektrischen Widerstandes der Haut verantwortlich angesehen (Fowles 1974)[11].

Versuche zur Lokalisation dieser Barriere wurden vor allem mit der sog. *Stripping*-Technik (vgl. Abschnitt 1.2.1.1) unternommen. Dabei werden mit Hilfe sukzessiver *Klebestreifenabrisse* die keratinisierten Zellschichten bis zum Stratum lucidum abgetragen, was je nach Abrißmethodik 4 bis 40 aufeinanderfolgende Abrisse erforderlich macht (Klaschka 1979). Diese Methode entfernt nur die trockenen keratinisierten Hautschichten, da der Klebestreifen auf den darunterliegenden feuchten Schichten z. B. des Stratum intermedium nicht mehr haftet. Es hat sich gezeigt, daß nach vollständiger Abtragung des Corneums nur noch ein geringer Diffusionswiderstand (Tregear 1966) und ein ebenso geringer elektrischer Widerstand der Epidermis bestehen bleiben (Lykken 1968). Allerdings entstehen durch die *Stripping*-Technik Erytheme (durch Hyperämie bedingte entzündliche Rötungen) in der Haut, so daß durch solche Abtragungsversuche nicht mit endgültiger Sicherheit ausgeschlossen werden kann, daß sich in den tieferliegenden Schichten des intakten Corneums noch eine weitere Barriere befindet (Tregear 1966).

Während dem elektrischen Widerstand der o. g. Barriere ein mehr oder weniger fester Wert pro Flächeneinheit zukommt (vgl. Abschnitt 1.4.3.2), verändert das *Stratum corneum* seinen Widerstand mit dem Ausmaß seiner *Hydrierung*. Das Corneum mit seinen keratinisierten Epidermiszellen erhält nicht das für Zellen mit intakter Membran und ihre Umgebung charakteristische Diffusionsgleichgewicht aufrecht, sondern verhält sich wie ein *Schwamm*, der bei Durchfeuchtung von innen und/oder von außen Wasser aufnimmt, das er bei Austrocknung wieder abgibt.

Unter *normalen* physiologischen *Bedingungen* ist die Hornschicht zumindest *teilweise hydriert*, da durch die Perspiratio insensibilis (vgl. Abschnitt 1.3.3.2) auch ohne Schweißdrüsenaktivität ständig Wasser durch die o. g. Barriere hindurch in das Corneum diffundiert. Wenn die Schweißdrüsen aktiv sind, dringt auch aus den *oberen* Teilen der *Schweißdrüsenducti*, die ja keine eigenen Wandzellen besitzen (vgl. Abschnitt 1.2.3), ungehindert Schweiß in das Corneum ein. Bei *starkem Schwitzen* erfolgt eine *weitere Hydrierung* über die *Hautoberfläche*. Daher ist davon auszugehen, daß der Widerstand des Corneums *langsamen phasischen Veränderungen* ausgesetzt ist.

---

[11]Edelberg (1971) vermutete eine zweite Barrieremembran zunächst an der Grenze von Epidermis und Dermis, bevorzugte jedoch (nach Fowles 1974) später die Wand des Schweißdrüsenductus in Höhe des Stratum germinativum als den Ort dieser zweiten Membran.

Die elektrische Leitfähigkeit eines Gewebes hängt jedoch nicht nur von seiner Durchfeuchtung, sondern vor allem von seiner *Permeabilität* für *Ionen* ab. Edelberg (1971) diskutiert die diesbezüglich z. T. widersprüchlichen Ergebnisse und kommt zu dem Schluß, daß die meisten Ionen den größten Teil des Corneums, das relativ reich an Interzellularräumen ist, leicht durchdringen können, zumindest bis zu der o. g. Barriereschicht. Auch hält er es für zwingend, daß die *Permeabilität* des Corneums *für Ionen* der für Wasser entspricht, da ein aktiver Ionentransport in diesem keratinisierten Zellverband sehr unwahrscheinlich ist. Da der Schweiß reich an Ionen ist (vgl. Abschnitt 1.3.3.1), muß die *durchfeuchtete Hornhaut* als *guter elektrischer Leiter* angesehen werden. Ein *ausgetrocknetes* Corneum, wie es aufgrund altersbedingter Veränderungen auftreten kann (vgl. Abschnitt 2.4.3.1), wird dagegen einen *hohen elektrischen Widerstand* besitzen.

Es liegt auf der Hand, daß *die Schweißdrüsenausgänge* Leitpfade durch die Epidermis darstellen. Dies trifft möglicherweise auch für die Haarfollikel zu, die in der Felderhaut, nicht jedoch für die an den bei der Messung elektrodermaler Aktivität bevorzugten palmaren und plantaren Flächen vorkommen (vgl. Abschnitt 1.2.4)[12]. Obwohl die Querschnitte der Schweißdrüsenducti sehr klein sind (5-10 µm) und dadurch auch die Leitfähigkeit des einzelnen Ductus stark begrenzt ist, wird diesen *Leitpfaden* in praktisch allen Theorien eine bedeutende Rolle beim Zustandekommen der phasischen EDA zugestanden. Dies erscheint zumindest für die *palmaren* und *plantaren* Flächen mit ihrer außerordentlich großen Schweißdrüsendichte (vgl. Abschnitt 1.2.3) einleuchtend. Der elektrische *Widerstand* eines einzelnen Schweißdrüsenductus, der ja zu dem relativ hohen Widerstand der in der unteren Hornschicht vermuteten Barriere parallel geschaltet ist (vgl. Abschnitt 1.4.3.1), hängt unmittelbar von der *Füllung* des Ductus *mit Schweiß* ab. Diese ist eine Folge der Schweißdrüsenaktivität, des aktiven *Reabsorptionsmechanismus* (vgl. Abschnitt 1.3.3.1) und der passiven Aufnahme von Schweiß aus dem Ductus in die Epidermis, die wiederum mit deren zunehmender Durchfeuchtung geringer wird.

In der Haut befinden sich also elektrophysikalisch gesehen *mehrere in Serie* und *parallel* geschaltete Widerstände, die sich als verschiedene *Widerstandspfade* darstellen lassen, wie in Abbildung 12 veranschaulicht wird:

(1) *veränderliche* Widerstände des epidermalen *Corneums*,
(2) *feste* Widerstände der *Barriere* zwischen dem Corneum und den darunterliegenden Schichten der Epidermis,
(3) *zu-* und *abschaltbare* Widerstände der *Schweißdrüsenducti*,
(4) *feste* und relativ *niedrige* Widerstände der *unteren Epidermis*, der *Dermis* und ggf. der *Subcutis*.

---

[12] Tregear (1966) bezweifelt allerdings entgegen der klassischen dermatologischen Auffassung, daß Schweißdrüsenducti und Haarfollikel in der Felderhaut wesentlich zur Wasserdiffusion beitragen.

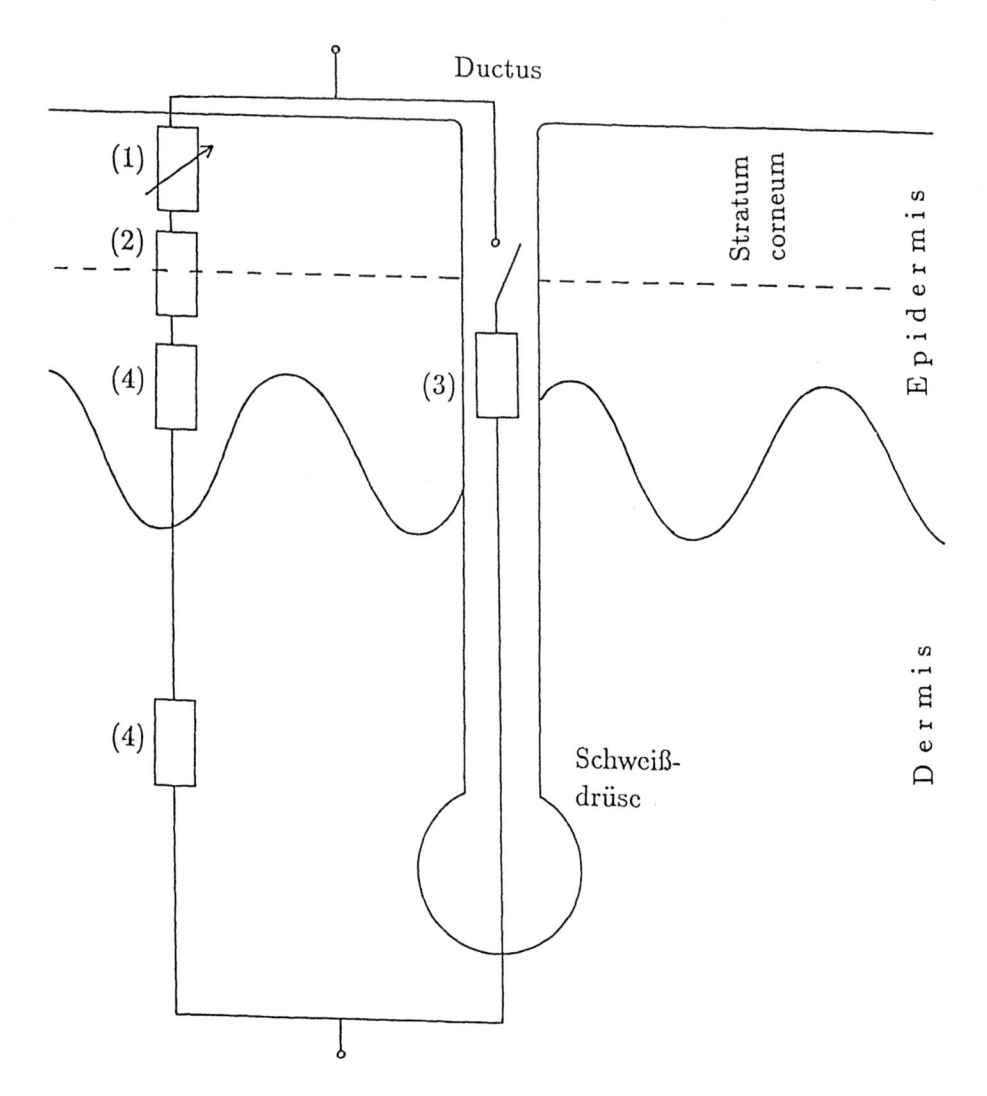

Abbildung 12. Schematische Darstellung der Lokalisation von senkrechten Widerstandspfaden in der Haut. Die Numerierung folgt der Aufzählung im Text auf der vorigen Seite.

Neben diesen senkrecht zur Hautoberfläche angeordneten Widerständen können in praktisch allen Schichten der Haut, insbesondere im unteren Teil der Epidermis und in der Dermis, *Querwiderstände* angenommen werden, deren Größe von der Leitfähigkeit des Gewebes in der betreffenden Schicht abhängt. Diese werden jedoch in der Mehrzahl der Modelle nicht berücksichtigt und spielen möglicherweise eine *untergeordnete Rolle* im elektrodermalen System. Eine Ausnahme bildet dabei das Modell von Fowles (vgl. Abbildung 16 im Abschnitt 1.4.3.2).

1.4.2.2 Kapazitative Eigenschaften der Haut und der Schweißdrüsen

An den *Grenzflächen* der in der Haut vorhandenen *Membranen* bilden sich aufgrund ihrer Polarisationskapazität beim Anlegen externer Spannungen elektrische Ladungen, deren elektrische Eigenschaften denen geladener Kondensatoren entsprechen (vgl. Abschnitt 1.4.1.2). Derartige *kapazitative Effekte* werden vor allem der im vorigen Abschnitt genannten *Barrieremembran*, der Grenzschicht zwischen Dermis und Epidermis sowie dem spiralig gewundenen *epidermalen* Teil des *Schweißdrüsenductus* zugeschrieben. Die selektive Permeabilität für Ionen, die als Ursache der Polarisationskapazität anzusehen ist, kann jedoch nicht nur an einzelnen Membranen, sondern auch in *ganzen Zellverbänden* wie der *Epidermis* auftreten, deren Interzellularräume auch wegen der in sie hineinragenden Zellstrukturen (z. B. im Stratum spinosum, vgl. Abschnitt 1.2.1.1) bis zu einem gewissen Grad selektiv auf Ionen unterschiedlicher Größe wirken können (Edelberg 1971). Die Haut verhält sich also einem externen Strom gegenüber wie ein *Netz* aus *parallel* und *in Serie* geschalteten *RC-Gliedern*.

Neben diesen elektrisch passiven Membran- bzw. Zellverbandsstrukturen kommen in der Haut eine Vielzahl von Membranen mit *aktiven elektrischen* Eigenschaften vor, und zwar an Nerven-, Muskel- und Drüsenzellen. Diese Membranen besitzen im Ruhezustand eine elektrische Ladung, die sich bei Erregung umkehrt. Als hauptsächliche Quellen solcher aktiver elektrodermaler Prozesse sind die *Membranpotentiale* im *sekretorischen* Teil der *Schweißdrüse* anzusehen. Als weitere Quelle kommen Membranpolarisation und -depolarisation in den Muskeln der Blutkapillaren, den Piloarrektoren und im möglicherweise die Ductuswände umgebenden Muskelgewebe (vgl. Abschnitt 1.2.3) infrage. Edelberg (1972a) nimmt eine *aktive epidermale Membran* an, die entweder im Stratum granulosum, an der dermo-epidermalen Grenze oder in der epidermalen Ductuswand lokalisiert sein könnte (vgl. Abschnitt 1.4.2.3). Daneben können auch Polarisationsvorgänge im Zusammenhang mit der *aktiven Rückresorption* von Schweiß in den Ducti eine Rolle spielen (vgl. Abschnitt 1.3.3.1)[13].

Einen möglichen Einfluß der muskulären Innervation auf die an der Hautoberfläche gemessene EDA sieht Edelberg (1971) als gering an, da es im gut leitenden *dermalen* Gewebe sehr viele *Nebenschlußmöglichkeiten* mit einem gegenüber dem der Epidermis geringen Widerstand gibt. Nach seiner Auffassung

---

[13]Edelberg (1971, Seite 517) beschreibt Mikroelektrodenmessungen, die die Existenz einer elektrischen *Barriereschicht* in der Tiefe der *Epidermis* belegen: wird eine Mikroelektrode langsam in die Epidermis eingestochen, so nimmt der gleichzeitig gemessene SRL zunächst stetig ab. Wird der Punkt überschritten, an dem der Pb zum ersten Mal leichten Schmerz berichtet, kommt es zu einer plötzlichen Abnahme des SRL bis zum Widerstandswert der Elektrode selbst. Diese Schicht läßt sich an der Hand in 350 μm und am Unterarm in 50 μm Tiefe lokalisieren.

verhält es sich jedoch anders mit dem Einfluß der *kapazitativen* Eigenschaften der *Schweißdrüse* selbst: da das Lumen des Ductus mit dem gut leitenden Schweiß gefüllt ist, sollen bei gefülltem Ductus Potentialänderungen der Membran des sekretorischen Teils praktisch unverzüglich zur Hautoberfläche weitergeleitet werden können. Auch die im epidermalen Ductus im Bereich des Stratum germinativum möglicherweise noch entstehenden, sich mit der Rückresorption (vgl. Abschnitt 1.3.3.1) verändernden Membranpotentiale könnten einen Einfluß auf die EDA ausüben. Es kann allerdings nicht als sicher gelten, daß diese Potentialänderungen groß genug sind, um an der Hautoberfläche mit relativ groben Methoden noch gemessen werden zu können.

Die kapazitativen Eigenschaften der Haut und der Schweißdrüsen sind weniger erforscht als die Ohm'schen Widerstandseigenschaften dieser Strukturen, da sie Untersuchungen mit *Wechselstrom* erfordern (vgl. Abschnitt 1.4.3.3). Die weitaus meisten Arbeiten zur elektrodermalen Aktivität wurden jedoch mit Gleichspannungs- oder Potentialmessung durchgeführt.

1.4.2.3 Entstehung der verschiedenen Komponenten elektrodermaler Phänomene

Als Ursache der verschiedenen Komponenten der EDR kommen zunächst zwei veränderliche *Widerstandseigenschaften* der Haut in Betracht: der Grad der *Durchfeuchtung* des Stratum *corneum* und die *Füllung* der *Schweißdrüsenducti* (vgl. Abschnitt 1.4.2.1). Diese beiden Vorgänge sind jedoch voneinander abhängig: steigt der Schweiß in den Ducti, nimmt bei trockenem Corneum dessen Durchfeuchtung zu, bevor es zu einer evaporativen Wasserabgabe kommt. Steigt der Schweiß weiter an oder ist das Corneum bereits durchfeuchtet, entsteht ein Feuchtigkeitsfilm auf der Hautoberfläche bei gleichzeitiger Abgabe von Wasserdampf. Lloyd (1961) hatte diese Vorgänge zur Erklärung der Entstehung von bei der Katze gemessenen Hautpotentialen herangezogen: während jede Stimulation des sympathischen Nerven von einem *negativen* SP begleitet war, die von ihm als *vorsekretorisch* bezeichnet wurde, rief eine wiederholte Stimulation ein sehr *langsames positives* SP von mehreren Minuten Dauer hervor, das von ihm als *sekretorisch* bezeichnete SP. Es war seinen Beobachtungen nach mit der Füllung der Ducti verbunden. Waren die Ducti jedoch gefüllt, rief ein erneuter Reiz zwar wieder das negative praesekretorische Potential hervor, das sekretorische (positive) SP wurde jedoch nicht mehr verändert. Ließ er die Haut trocknen, traten die positiven Potentialänderungen wieder auf. Darrow (1964) sowie Darrow und Gullickson (1970) versuchten, die Potential- und Widerstandsunterschiede zwischen Ducti im leeren und im gefüllten Zustand auf die *Polarisierung* der *Dutuswände* zurückzuführen. Sie nahmen an, daß das Lumen des Ductus im Vergleich zu dem ihn umgebenden Gewebe positiv sei. Bei *wenig gefüllten* Ducti bestünde kein Kontakt der Hautoberfläche, von der die EDA abgeleitet wird, zum Inneren des Lumen, woraus ein durch das extraluminale Gewebe verursachtes *negatives* SP resultierte. Legt man eine externe Gleichspannung an, so wird der gemessene *Hautwiderstand* sehr *hoch* sein, da der Strom nicht den Weg über die gut leitende Ductusfüllung nehmen kann, sondern über die relativ trockene Epidermis fließen muß. Bei einer *Füllung* der Ducti sollte jedoch das negative SP in ein *positives* übergehen, da das intraluminale Potential unmittelbar die Hautoberfläche erreiche. Damit *sinke* auch der *Hautwiderstand*, da der Strom nun den Weg durch die gut leitenden Ducti nehmen könne. Darrow nimmt als Ursache für die SRR Permeabilitätsänderungen der Epidermis, insbesondere des Corneums an, die im Fall wenig gefüllter Ducti große Amplituden (vgl. Abschnitt 2.3.1.2) und lange Recovery–Zeiten (vgl. Abschnitt 2.3.1.3.2), bei gefüllten Schweißdrüsengängen geringe Amplituden und kurze Recovery–Zeiten aufweisen. Dieses zunächst einleuchtende Modell geht jedoch von einer falschen Voraussetzung aus: nach Mikroelektroden–Messungen von Schulz et al. (1965) zeigt das *Lumen* der Schweißdrüsenducti ein negatives *Potential* von ca. −40 mV gegenüber dem umgebenden Gewebe und nicht ein positives, wie Darrow annahm.

Edelberg (1968, 1971) geht in seinem Modell (vgl. Abschnitt 1.4.3.2) von einem solchen *negativen intraluminalen Potential* und einer relativ stetigen tonischen Schweißdrüsenaktivität aus, die dazu führt, daß der Schweiß in den Ducti i. d. R. bis zur Malpighi–Schicht steht. Ein *Austreten* des Schweißes an der Hautoberfläche kann entweder auf eine *vermehrte Sekretion* der Schweißdrüse oder auf eine *Kontraktion* des den Ductus *umgebenden Muskelgewebes* zurückgehen. Als Folge dieses Schweißaustrittes entsteht eine von einer negativen SPR begleitete Hautwiderstandsabnahme, die bei einem Stillstand der Sekretion auf ihrem neuen Niveau relativ stabil bleibt. Durch die *Reabsorption* des Schweißes in den Ductuswänden kommt es zu einem langsamen Abfall des negativen SP und zu einer Zunahme des SRL.

Edelberg (1972a) wendet allerdings selbst ein, daß dieses Modell weder die kurze Recovery–Zeit der meisten SPRs und SRRs noch die Beobachtung erklären kann, daß auch bei stark schwitzenden Personen, bei denen ja die Ducti stets vollständig gefüllt sind, EDRs auftreten. Daher vermutet er als Ursache der *schnellen* EDRs eine *aktive epidermale Membran* (vgl. Abschnitt 1.4.2.2). Er nimmt an, daß die entsprechenden Membranvorgänge im Zusammenhang mit der Kontrolle der Wasserabgabe stehen, und zwar entweder mit der Steuerung der Durchfeuchtung der Hornschicht oder mit der Rückresorption von Schweiß in den Ductuswänden. Als Ursache der kurzfristigen Leitfähigkeitserhöhung vermutet er eine kurzdauernde Erhöhung der Permeabilität dieser Membran für Kationen. Bundy und Fitzgerald (1975) bezweifeln jedoch die von Edelberg angenommene Unabhängigkeit einer solche Reabsorptionskomponente, da sie Zusammenhänge zwischen der EDR–Recovery und der vorangegangenen spontanen phasischen EDA beobachtet hatten (vgl. Abschnitt 2.5.2.5).

Edelberg erklärt mit diesem Modell die *bi-* oder *triphasische* SPR (vgl. Abbildung 32 im Abschnitt 2.3.1.2) als aus einer *Membrankomponente* mit *kurzer* Recovery-Zeit und einer negativen Komponente mit langer Recovery-Zeit, die auf das *Ansteigen* des *Schweißes* in den Ducti zurückzuführen ist, zusammengesetzt. Darüberhinaus vermutet er, daß der SCL bzw. der SRL von dem Grad der *Ductusfüllung* abhängig ist, während sich die SCR bzw. die SRR auf die *Membrankomponente* zurückführen lassen. Er sieht diese Annahmen durch Ergebnisse gestützt, nach denen sich der *Grundwiderstand* der Haut wie ein Ohm'scher Widerstand, die Widerstands*änderungen* dagegen eher wie die *Reaktion* eines *RC-Gliedes* verhalten (vgl. Abschnitt 1.4.1.2). Ob zu Beginn der SPR eine positive oder eine negative Welle auftritt, hängt nach Edelberg (1971) ebenfalls mit der Füllung der Ducti zusammen. Da nach seinen Mikroelektrodenmessungen die Flüssigkeit im Ductus ein größeres negatives Potential gegenüber dem Körperinneren aufweist als das Corneum (vgl. Abschnitt 1.4.3.2), wird bei *wenig gefüllten Ducti* eine sekretorische Aktivität, die den Schweiß bis zur Oberfläche steigen läßt, ein *negatives* SP hervorrufen. Sind die Ducti jedoch *bereits gefüllt*, bewirkt eine erneute Schweißsekretion eine stärkere Durchfeuchtung des Corneums und damit eine Verbindung der Hautoberfläche mit dem weniger negativen Inneren der Hornschicht, also eine Verschiebung des SP in *positiver* Richtung.

Fowles und Johnson (1973) sowie Fowles und Rosenberry (1973) konnten zeigen, daß sich die *Amplituden* positiver und negativer SPRs durch die *Hydrierung* des Corneums deutlich *verringern*. Sie nehmen als Ursache einen *mechanischen Verschluß* des *Ductusausgangs* an und sehen darin eine indirekte Bestätigung dafür, daß sowohl positive als auch negative SPRs als Folgen von Schweißdrüsenpotential-Änderungen anzusehen sind.

Daß es neben der Schweißdrüsenmembran noch andere, wahrscheinlich *epidermale Quellen* für *Hautpotentiale* gibt, konnten Burbank und Webster (1978) durch parallele Ableitungen an der Fingerkuppe und am Nagelbett, das keine Schweißdrüsen enthält, zeigen. Sie bestätigten damit ähnliche Messungen, die bereits von Edelberg durchgeführt worden waren.

Abbildung 13 zeigt eine an Muthny (1984) angelehnte schematische Darstellung der Lokalisation von *aktiven Komponenten* der EDA, d. h. ohne Ohm'sche Widerstände (vgl. Abbildung 12 im Abschnitt 1.4.2.1) und rein kapazitative Elemente. Im wesentlichen handelt es sich dabei um die von Fowles (1974) angenommenen *Potentialquellen* (vgl. Abschnitt 1.4.3.2, Abbildung 16): E_1 im dermalen Teil der *Schweißdrüse*, vermutlich hauptsächlich in deren *sekretorischem* Teil, E_2 im *epidermalen Ductus* in Höhe des Stratum germinativum und E_3, das in der unteren Teilzone des Stratum *corneum* lokalisierte *Membranpotential*.

Komponenten der EDA 73

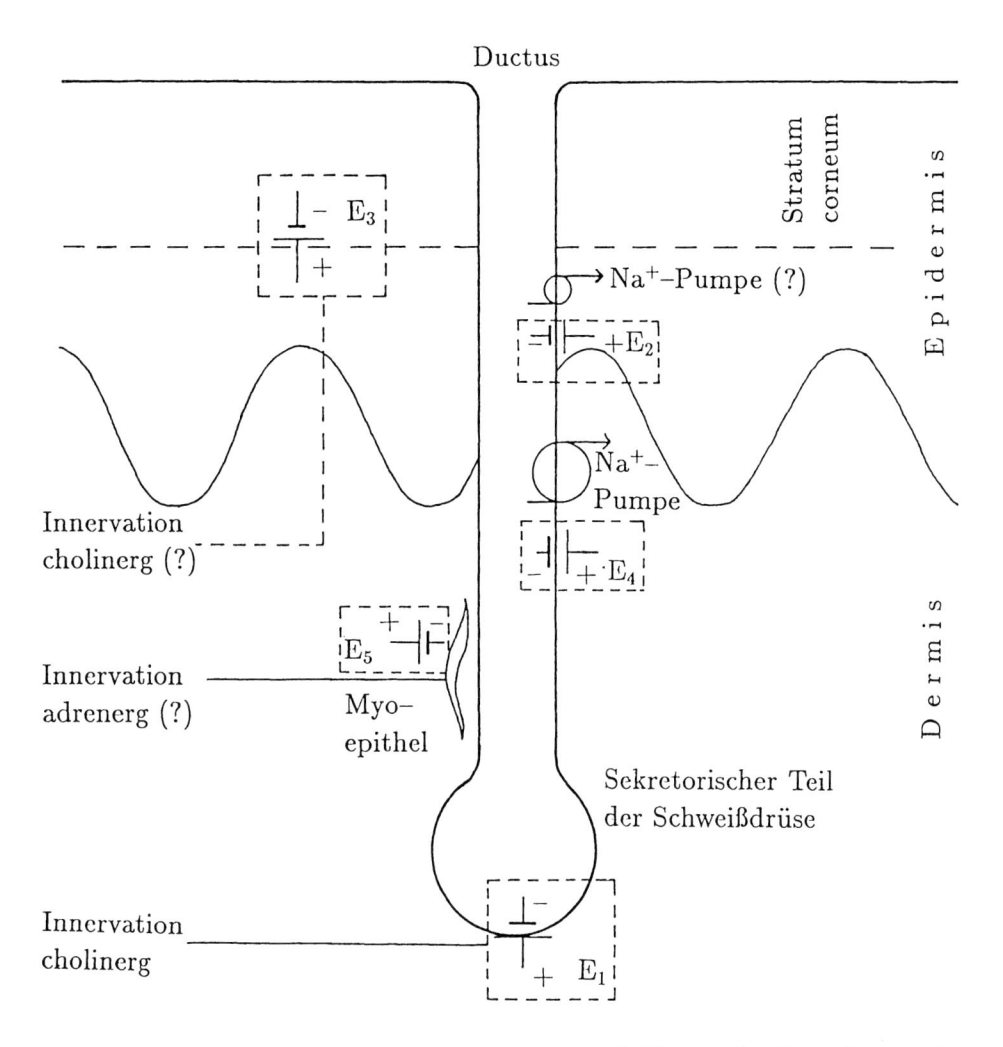

Abbildung 13. Schematische Darstellung der Lokalisation der Entstehungsorte von aktiven Komponenten elektrodermaler Aktivität (nach Muthny 1984, Abbildung 17.4). E_1, E_2 und E_3 siehe Erläuterungen zu Abbildung 16; E_4 und E_5 siehe Text.

E_2, E_4 und E_5 sind die im Abschnitt 1.4.2.2 erwähnten Membranpotentiale, die auf die Na-*Rückresorptionsvorgänge* im dermalen, möglicherweise auch im epidermalen Teil des Ductus (vgl. Abschnitt 1.3.3.1), und auf die den Ductus umgebenden *Myoepithelien* zurückgeführt werden können. Letztere sind vermutlich adrenerg, möglicherweise jedoch ebenfalls cholinerg innerviert (vgl. Abschnitt 1.2.3). Bei der in der Epidermis zu lokalisierenden aktiven Membranpolarisations-Komponente E_3 ist eine Innervation überhaupt fraglich.

Auch die *Leitfähigkeit* für durch die Haut fließende externe Ströme (SCL) bzw. der *Widerstand*, den die Haut diesen Strömen entgegensetzt (SRL), sind Folgen der Interaktion von *Ductusfüllung* und *Durchfeuchtung* der *Hornschicht*. Thomas und Korr (1957) fanden bei der Verwendung von nur jeweils wenige Sekunden lang an die Haut gehaltenen trockenen Elektroden eine vollständig lineare Beziehung zwischen der Zahl der gefüllten Ducti und dem SCL. Unter dieser Bedingung bleibt das Corneum praktisch trocken und trägt kaum etwas zur Gesamtleitfähigkeit bei. Bei durchfeuchtetem Corneum konnte Edelberg mit seinen Mikroelektrodenmessungen zeigen, daß die Schweißdrüsen für weniger als 50 % des SCL verantwortlich sind. Da bei den EDA-Messungen i. d. R. Elektrodenpasten auf der Basis von in Wasser gelösten Salzen verwendet werden (vgl. Abschnitt 2.2.2.5), die von der Hautoberfläche in die Hornschicht eindringen, ist diese normalerweise beim Messen gut durchfeuchtet, so daß die von Thomas und Korr gefundene lineare Beziehung zwischen Ductusfüllung und SCL als ein Sonderfall bei trockenem Corneum anzusehen ist (vgl. Abschnitt 2.6.5).

Für die *phasischen* Hautleitfähigkeitsänderungen (SCR) bzw. für die entsprechenden Widerstandsänderungen (SRR) spielen die Widerstandsänderungen durch die Ductusfüllung und die Hydrierung des Corneums ebenfalls eine Rolle, zumindest für ihre Ohm'sche Komponente. Edelberg (1971) vermutet jedoch aufgrund ihres langsamen Zeitverlaufs, daß sie zur anfänglichen Leitfähigkeitszunahme (Anstiegsparameter, vgl. Abschnitt 2.3.1.3.1) wenig beitragen, hält es dagegen für wahrscheinlich, daß sie die *Recovery*-Zeit beeinflussen. Auch können *Überlagerungen* von SCRs, die als Reaktionen mit mehreren Maxima in Erscheinung treten (vgl. Abschnitt 2.3.1.2.2, Abbildung 34), auf entsprechende Leitfähigkeitszunahmen zurückzuführen sein (Adams 1967, zit. nach Edelberg 1971). Fowles (1974) weist darauf hin, daß die *Ductusfüllung* nur für SCRs mit *langer* Recovery-Zeit verantwortlich sein kann, da die Reabsorption des Schweißes in den Ductuswänden sehr langsam vor sich geht.

Die exosomatische EDR ist also, wie auch die SPR, in ihren *schnellen* Komponenten vermutlich eine Folge von *Membranpolarisationen* und *-depolarisationen*, die als Folge von Innervationsvorgängen der *Schweißdrüse* selbst und/oder anderer Hautorgane mit kapazitativen Eigenschaften (vgl. Abschnitt 1.4.2.2) oder auch vermuteter *efferenter* Impulse zur Veränderung *taktiler* Sensibilität (vgl. Abschnitt 1.2.4) angesehen werden können (Potentiale E_1 und E_3 in Abbildung 13).

Fowles (1974) weist darauf hin, daß andere Autoren, z. B. Lykken (1968), im Gegensatz zu Edelberg die Auffassung vertreten, die vermutete *aktive Membran* liege nicht im Bereich der Epidermis, sondern im sekretorischen Teil der Schweißdrüse, und daß die EDR das Ergebnis einer erhöhten Permeabilität der sekretorischen Zellen bei der Schweißsekretion selbst sein können. Ihre Zellwände haben wie alle aktiven Membranen in Ruhe eine hohe Polarisationskapazität, die bei ihrer Stimulation durch Depolarisationsvorgänge abnimmt. Fowles widerspricht dieser Auffassung insofern, als eindeutig gezeigt werden konnte, daß diese vermutete Membran durch auf die Haut aufgebrachte Lösungen leicht erreicht und in ihren Eigenschaften verändert werden kann. Es wurde bislang angenommen, daß alle EDRs durch Anticholinergica (z. B. Atropin) blockiert werden können und daß diese Membran daher *cholinerg innerviert* sein muß; Muthny (1984) konnte allerdings in seinen im Abschnitt 2.4.2.2 beschriebenen Experimenten weder durch iontophoretische Applikation noch durch intradermale Injektion von Atropin die palmaren EDRs vollständig zum Verschwinden bringen. Diese vermutlich für den Hauptteil der EDR verantwortliche Membran konnte bis heute jedoch *nicht eindeutig lokalisiert* werden (vgl. Abschnitt 1.4.2.2).

Hinweise auf das Vorhandensein von erregbaren Zellstrukturen in der Epidermis ergaben sich auch aus den von Edelberg (1971) im Zuge seiner Untersuchung von *Ebbecke-Wellen* durchgeführten Mikroelektrodenmessungen. Die bereits 1921 von Ebbecke gefundenen lokalen EDRs als Folge einer lokalen Reizung der Haut durch Druck, Hitze oder Wechselstrom (vgl. Abschnitt 1.1.2), die im Gegensatz zu ihm von Edelberg auch an palmaren Hautflächen abgeleitet werden konnten, ließen sich mit Mikroelektroden, die bis in die Dermis eingestochen wurden, nicht mehr nachweisen (Edelberg 1971, Seite 528). Bei der EDA-Messung werden die Ebbecke-Wellen als *Artefakte* behandelt (vgl. Abschnitte 2.2.2.1 und 2.2.7.2); inwieweit die für sie verantwortlichen Membranpolarisationen von wahrscheinlich epidermalen Zellen auch bei der Entstehung der EDR eine Rolle spielen, ist noch ungeklärt.

1.4.3 Modelle des elektrodermalen Systems

Nachdem im vorigen Abschnitt 1.4.2 die elektrischen Eigenschaften einzelner Teile des Haut-Schweißdrüsen-Systems zu den Eigenschaften von Elementen elektrischer Netzwerke in Beziehung gesetzt wurden, soll in diesem Abschnitt ihr mögliches Zusammenwirken anhand von Modellvorstellungen erläutert werden.

Zur Beschreibung der elektrischen Eigenschaften der Haut und der Schweißdrüsen sowie ihres Zusammenwirkens wurden eine Reihe von *Ersatzschaltbildern* des elektrodermalen Systems von unterschiedlicher Komplexität entworfen. Ausführliche Diskussionen solcher Modelle finden sich bei Edelberg (1971), Fowles (1974) sowie Millington und Wilkinson (1983). Da unsere Kenntnisse der elektrischen Eigenschaften der Haut und der Schweißdrüsen noch sehr unvollständig sind, werden alle Versuche, Ersatzschaltungen für die betreffenden Strukturen zu finden, *vorläufigen* Charakter haben (Venables und Christie 1980). Auch muß generell darauf hingewiesen werden, daß selbst dann, wenn die Haut und das elektrophysikalische Modell die gleichen Systemeigenschaften aufweisen, noch keineswegs als bewiesen gelten kann, daß die Haut in gleicher Weise aufgebaut ist wie das Modell (Thom 1977). In den folgenden Abschnitten werden die wichtigsten *Modellvorstellungen* beschrieben. Abschließend werden Perspektiven für die zukünftige Erforschung des elektrodermalen Systems und für die Erweiterung der entsprechenden Modellvorstellungen aufgezeigt, die sich aus der Verwendung der Wechselstromtechnik ergeben.

1.4.3.1 Modelle auf der Basis von Widerständen

Obwohl das elektrodermale System unbestreitbar auch kapazitative Elemente einschließt (vgl. Abschnitt 1.4.2.2), haben Modelle, die lediglich auf Widerstandselementen basieren, zumindest für *Gleichstrommessungen* heuristischen Wert, da dort Kapazitäten nur kurz nach dem Ein- und Ausschalten eine Rolle spielen (vgl. Abschnitt 1.4.1.2). Ein solches Modell wurde von Montagu und Coles (1966) vorgelegt.

Abbildung 14 zeigt auf der linken Seite das *Montagu-Coles*-Modell, das zwar ein zusätzliches kapazitatives Element C andeutet, jedoch nicht weiter diskutiert. Es geht von einem Widerstand R_1 der Dermis und der tiefer liegenden Gewebe aus, der mit den parallelgeschalteten Widerständen R_2 des Stratum corneum und mehrerer Schweißdrüsenducti $r_1, ..., r_n$ in Serie liegt. Die einzelnen Ductuswiderstände können je nach Schweißdrüsenaktivität zu- oder ausgeschaltet sein, wodurch sich der Parallelwiderstand ändert (vgl. Abschnitt 1.4.1.2).

Widerstandsmodelle der EDA

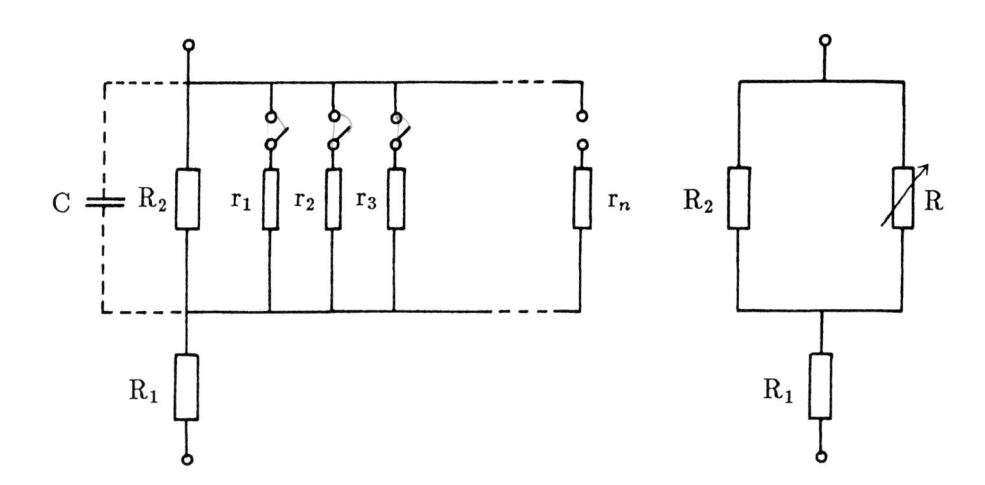

Abbildung 14. Links: Ersatzschaltbild für die Haut nach Montagu und Coles (1966). R_1: Widerstand der Dermis, R_2: Widerstand des Corneums, $r_1, ..., r_n$: zuschaltbare Widerstände der Schweißdrüsenducti, C: kapazitatives Element. Rechts: vereinfachtes Montagu–Coles–Modell. R: variabler Widerstand der Schweißdrüsenducti.

Boucsein et al. (1984a) haben diese *einzelnen Parallelwiderstände* der Schweißdrüsen formal durch *einen veränderlichen* Widerstand R ersetzt und die Kapazität C aus Gründen der Vereinfachung zunächst *unberücksichtigt* gelassen (vgl. rechte Seite der Abbildung 14). Auch die von Montagu und Coles (1966) getroffene Annahme eines konstanten Betrages für den Widerstand des Corneums (R_2) stellt sicher eine solche Vereinfachung dar (vgl. Abschnitt 1.4.2.1). Sie kann jedoch in erster Näherung beibehalten werden, da die Veränderung des Widerstandes der Hornschicht eine erheblich geringere Dynamik besitzt als die Füllung der Schweißdrüsenducti, R_2 also gegenüber R als *relativ konstant* angesehen werden kann. Der Gesamtwiderstand des Ersatzschaltkreises auf der rechten Seite der Abbildung 14 ergibt sich (vgl. Abschnitt 1.4.1.2, Gleichung 6e) wie folgt:

$$R_{ges} = R_1 + \frac{R_2 \cdot R}{R_2 + R} \qquad (22)$$

Änderungen des Gesamtwiderstandes in Abhängigkeit von kleinen Änderungen des Widerstandes R lassen sich nach der folgenden Differentialgleichung berechnen[14]:

---

[14] Unter Berücksichtigung von R_1 = const. und unter Anwendung der Quotientenregel beim Differenzieren. Entsprechende Gleichung für die Leitfähigkeit bei Boucsein et al. (1984a).

$$dR_{ges} = \frac{R_2{}^2}{(R_2 + R)^2} dR \qquad (23)$$

Aus Gleichung (23) ergibt sich unmittelbar, daß im Falle eines nicht als konstant angesehenen Hornschichtwiderstandes R_2 eine Differenzierung nach einer zweiten Variablen notwendig ist, was zu einem erheblich komplizierten Gleichungssystem führen würde. Allerdings ist der Erklärungswert des Montagu-Coles-Modells schon deshalb stark eingeschränkt, weil es als reines Widerstandsmodell *nur passive elektrische Eigenschaften* bei angelegtem Gleichstrom berücksichtigen kann. Da jedoch einerseits die weitaus größte Anzahl der bisherigen Untersuchungen zur EDA unter Verwendung externer Gleichspannungen durchgeführt wurde, andererseits die mathematischen Implikationen von Modellen durch die Einführung kapazitativer Elemente wesentlich komplizierter werden, bleibt ein heuristischer Wert dieses einfachen Modells bestehen.

1.4.3.2 Modelle unter Einschluß kapazitativer Eigenschaften

Während sich das im vorigen Abschnitt dargestellte Modell von Montagu und Coles (1966) im wesentlichen auf die Widerstandseigenschaften der Haut konzentriert, berücksichtigen die folgenden von Edelberg (1971) und Fowles (1974) vorgelegten Modelle zusätzlich *Potentialquellen*, deren aktive elektrische Eigenschaften als Quellen der *endosomatischen* EDA angesehen werden. Im Falle *exosomatischer* EDA-Messung weisen diese Potentialquellen überwiegend *kapazitative* Eigenschaften auf.

Zur Modellbildung für die aktiven elektrischen Vorgänge, die der Entstehung von Hautpotentialen zugrunde liegen müssen, hat Edelberg (1971) das in Abbildung 15 wiedergegebene elektrische Modell *innerer Potentialströme* aufgestellt. Es geht von den mit Hilfe von Mikroelektroden-Messungen erhaltenen Ergebnissen aus, daß sowohl die Epidermis als auch das Lumen des Schweißdrüsenductus negative Potentiale gegenüber dem Körperinneren zeigen, wobei das Lumen-Potential eine größere Negativität aufweist (vgl. Abschnitt 1.4.2.3). Edelberg sieht als Ursache dieser Potentialdifferenz einen Stromfluß in der Haut, der durch *unterschiedlich* starke *Polarisationskapazitäten* in der *Epidermis* und der *Schweißdrüse* bedingt ist (vgl. Abbildung 15): der Strom I fließt vom weniger negativen Pol P_E (Epidermis) zum stärker negativen Pol P_S (Schweißdrüse). Das an der Hautoberfläche mit dem Meßgerät VM gemessene *Potential* ist zusätzlich eine Funktion der Widerstände R_E der Epidermis und R_S des Schweißdrüsenductus.

RC–Modelle der EDA

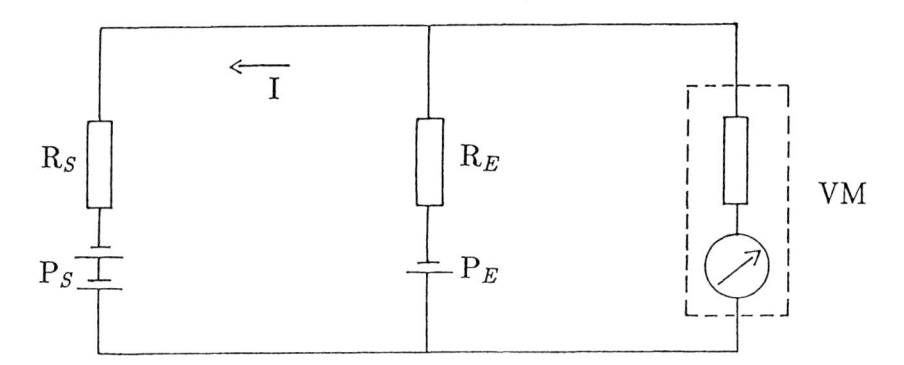

Abbildung 15. Ersatzschaltbild für die Entstehung des inneren Potentialausgleichsstromes I in der Haut (nach Edelberg 1971). R_S: Widerstand der Schweißdrüse und Innenwiderstand des Generators für das Schweißdrüsenpotential P_S. R_E: Widerstand der Epidermis und Innenwiderstand des Generators für das epidermale Potential P_E. VM = Voltmeter mit seinem Innenwiderstand.

Dieses Modell von Edelberg eignet sich jedoch *nicht* für die Abbildung der Vorgänge bei exosomatischen EDA–Messungen mit *Gleichstrom*, da keine durchgehende Widerstandsstrecke zwischen den Elektroden vorgesehen ist und somit nach dem vollständigen Aufladen der kapazitativen Elemente kein Gleichstrom mehr durch das System fließen kann (vgl. Abschnitt 1.4.1.2).

Abbildung 16 zeigt das von Fowles (1974) vorgelegte elektrische Modell der Haut, in dem 3 *Potentialquellen* aus Abbildung 13 (vgl. Abschnitt 1.4.2.3) mit 3 hauptsächlichen *Leitpfaden kombiniert* werden:

(1) Das *innen negative* Potential E_1, das an der *Ductuswand* in der *Dermis* entsteht und hauptsächlich von der Natriumkonzentration im Lumen bestimmt ist, dazu der möglicherweise *variable Widerstand* R_4 der *Ductuswand* und der von der Füllung abhängige variable Widerstand R_2 des *dermalen* Teils des *Ductus*. (E_1^- und R_4 entsprechen etwa P_S und R_S in Abbildung 15).

(2) Das ebenfalls *innen negative* Potential E_2, das an der *epidermalen Ductuswand* in Höhe des Stratum germinativum entsteht und sowohl von der Natrium- als auch von der Chlorionenkonzentration im Lumen abhängig ist. Da die Membran in diesem Teil des Ductus weniger selektiv ist, was sich aus den kapazitativen Eigenschaften der Ductuswand ergibt (vgl. Abschnitt 1.4.2.2), ist E_2 während der Schweißdrüsenaktivität vermut-

lich geringer als E_1. Hinzu kommen die *veränderlichen* Widerstände R_3 der *Ductuswand* und R_1 des *epidermalen Ductus*, wobei letzterer wieder von der Ductusfüllung abhängig ist.

(3) Das nach Fowles' Vermutung in der unteren *Teilzone* des Stratum corneum (vgl. Tabelle 2 im Abschnitt 1.2.1) lokalisierte *Membranpotential* E_3, das eine Funktion der Kaliumionenkonzentration in der Interstitialflüssigkeit sowie des verwendeten Elektrolyten in der Paste ist (vgl. Abschnitt 2.2.2.5), und das so lange negativ ist, wie die äußere Kaliumkonzentration größer ist als die der Interstitialflüssigkeit. Dazu kommt der *feste* Widerstand R_6 der *unteren*, kompakten Hornschicht-*Teilzone* sowie der von ihrer Hydrierung abhängige *variable* Widerstand R_5 der *oberen* Schichten des *Corneums*. (E_3 und R_6 entsprechen etwa P_E und R_E in Abbildung 15).

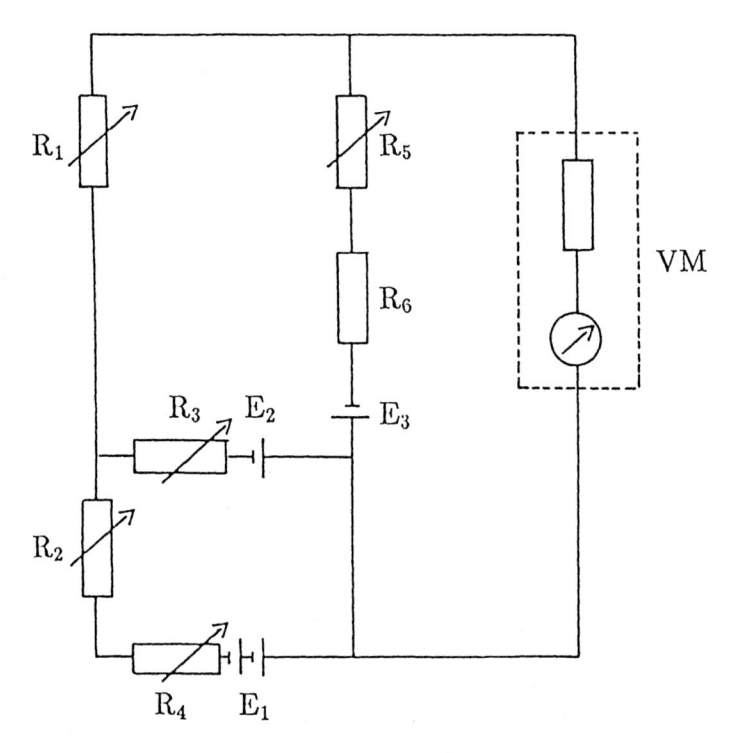

Abbildung 16. Ersatzschaltbild für die Haut (nach Fowles 1974). VM = Voltmeter mit seinem Innenwiderstand. (Weitere Erklärungen siehe Text.)

Fowles hat einen *vierten Weg* des Stromflusses über das Corneum in den epidermalen Ductus und dann über R_1 und R_2 in den unteren Teil des Ductus aus Vereinfachungsgründen nicht in das Modell aufgenommen.

Unter vollständigen *Ruhebedingungen* überwiegt die Reabsorption gegenüber der Sekretion, wobei die Widerstände R_1, R_2 und R_3 hohe Werte haben, während die Potentiale E_1 und E_2 minimal sind. Das Potential E_3 ist dann der wichtigste Faktor für die Potentialmessung in Ruhe und gibt die Kaliumkonzentration in den Interstitialräumen wieder. Eine *geringe* oder mäßige *Schweißsekretion* erniedrigt den Widerstand von R_2 und wahrscheinlich von R_1, wodurch eine SCR mit *langer* Recovery–Zeit entsteht. Gleichzeitig erhöht sich die Natriumkonzentration des Lumen, wodurch E_1 vergrößert wird. Die Erhöhung dieses Potentials zusammen mit der Abnahme des Widerstandes im Ductus führt zu einer *negativen* SPR mit langer Recovery–Zeit. Diese Reaktionen verursachen eine *Erhöhung* sowohl des SCL als auch des SPL. *Stärkere Schweißsekretionen* oder solche Schweißsekretionen, die bei teilweise gefüllten Ducti auftreten, führen zur zusätzlichen *Abnahme* von R_1 und R_2. Wenn das Niveau des hydrostatischen Druckes (vgl. Harten 1980, Seite 54) oder das der Natriumionenkonzentration hoch genug wird, wird eine Reaktion am epidermalen Ductus ausgelöst, wodurch R_3 erniedrigt wird und ein kleines Lumen–negatives Potential bei E_2 entsteht. Diese *Membranreaktion* ist Ursache für eine SCR mit *kurzer* Recovery–Zeit, wobei wegen des Durchschlage–Effekts von E_1 gleichzeitig eine positive SPR auftritt. In den meisten Fällen wird es jedoch zu einer kleinen anfänglich negativen Komponente der SPR kommen, da die negative Welle zeitlich früher einsetzt als die Erhöhung der Permeabilität. Wenn die *Ducti* einmal maximal *gefüllt* sind, werden weitere Schweißdrüsensekretionen *nur Membranreaktionen* hervorrufen.

In dieser Modellvorstellung werden die meisten der vermuteten Ursachen elektrodermaler Phänomene (vgl. Abschnitt 1.4.2.3) berücksichtigt. Edelberg (1971) ging davon aus, daß negative SPRs und SCRs mit langer Recovery–Zeit als Folge der Füllung der Ducti auftreten, während die Membranreaktionen SCRs mit kurzer Recovery-Zeit, positve SPRs und möglicherweise die steile negative SPR, die entweder allein oder als anfänglicher Teil vieler biphasischer SPRs auftritt, hervorrufen. Die Modifikation des Modells von Edelberg durch Fowles (1974) besteht darin, daß die *positive* SPR dem *Durchschlagen* des *dermalen Ductuspotentials* zugeschrieben wird und nicht der Entstehung eines positiven Potentials an der Wand des epidermalen Ductus, und daß angenommen wird, daß die *Membranreaktion* durch den hydrostatischen Druck und/oder durch die Kochsalzkonzentration des Schweißes ausgelöst wird und nicht durch eine cholinergisch übertragene neuronale Reaktion. Edelbergs Modell wurde erweitert, indem die Ductuspotentiale auf den Natriumtransportmechanismus und das nicht schweißdrüsenreaktionsabhängige epidermale Membranpotential auf die Kaliumionenkonzentration in der Interstitialflüssigkeit und im verwendeten Elektrolyten zurückgeführt werden.

Im Gegensatz zu dem im Abschnitt 1.4.3.1 vorgestellten reinen Widerstandsmodell lassen sich mit den hier vorgestellten Modellen auch *aktive elektrische Eigenschaften* der Haut und der Schweißdrüsen beschreiben, die über die Veränderung von Ohm'schen Widerständen hinausgehen. Allerdings gilt strenggenommen auch für das Fowles-Modell die oben für das Edelberg-Modell gemachte Einschränkung, daß sich – wegen der nicht aufgenommenen durchgehenden Widerstandsstrecke zwischen den Elektroden – exosomatische *Gleichstrommessungen* darin *nicht adäquat* abbilden lassen. Auch wurden bislang lediglich Ansätze unternommen, die Verlaufseigenschaften von aus mehreren Teilkomponenten zusammengesetzt gedachten elektrodermalen Veränderungen unter Zugrundelegung elektrischer Modelle mathematisch zu beschreiben; ein bereits im Fall einer einzelnen kurzen Registrierstrecke höchst aufwendiges Verfahren (Schneider 1987). Der heuristische Wert derartig komplizierter Systeme ist allerdings auch deswegen noch fraglich, weil es bisher nicht gelungen ist, die in ihnen postulierten elektrischen Elemente eindeutig bestimmten anatomischen und physiologischen Strukturen der Haut zuzuordnen.

Die japanische Arbeitsgruppe von Yamamoto und Yamamoto (vgl. Abschnitt 1.4.3.3) geht daher auch bei ihren auf Wechselspannungsableitungen basierenden Untersuchungen von einem *einfachen* Modell aus (vgl. Abbildung 17), das eher dem Montagu-Coles-Modell (vgl. Abbildung 14) als dem in Abbildung 16 wiedergegebenen Fowles-Modell entspricht.

1.4.3.3 Spezifische Beiträge von Wechselstromuntersuchungen zur Modellbildung

Die in den beiden vorhergehenden Abschnitten beschriebenen Modelle spiegeln die bei weitem überwiegende Bevorzugung von Gleichstrom- und Potentialmessungen der EDA wieder. Untersuchungen des Systems mit Wechselspannungstechniken oder Transienten wurden zwar auch schon früher vereinzelt vorgelegt (zusammenfassend Edelberg 1971), es fehlen jedoch systematische Untersuchungsreihen, vor allem an der intakten menschlichen Haut (vgl. Abschnitt 2.5.3).

Ergebnisse von *Wechselstrommessungen* an einem derartig komplexen System wie der Haut sind nicht leicht zu interpretieren (Millington und Wilkinson 1983). Daher werden zunächst *einfachere Ersatzschaltbilder* zur Modellbildung bei Wechselstrommessungen verwendet als das im vorigen Abschnitt zuletzt gezeigte Modell (vgl. Abbildung 16). Im einfachsten Fall enthalten sie einen zu einer *festen Polarisationskapazität* parallel geschalteten und einen mit beiden in Serie liegenden Widerstand (z. B. Edelberg 1971). Der *Serienwiderstand* ist zur Beschreibung der Wechselstromeigenschaften der Haut notwendig, da die Impedanz des Systems bei sehr hohen Frequenzen zwar aufgrund der Abnahme der Widerstandseigenschaften der Kapazität zurückgeht (vgl. Abschnitt 1.4.1.3), nicht jedoch völlig verschwindet. Aus dem Wert dieser *Restimpedanz* kann man auf die rein Ohm'sche Komponente des Hautwiderstandes schließen, die nicht mit der Kapazität parallel geschaltet ist (Edelberg 1971).

Das gleiche gilt für das Modell von Montagu und Coles (1966) (vgl. Abbildung 14), bei dem zu dem festen Parallelwiderstand R_2 noch ein variabler Widerstand R (bzw. ersatzweise die Einzelwiderstände $r_1, ..., r_n$) parallel geschaltet wird. Ein solches bei Tregear (1966) bereits in Grundzügen beschriebenes Modell legen Yamamoto et al. (1978) der Interpretation ihrer Ergebnisse mit Wechselstrommessungen zugrunde.

Abbildung 17 zeigt das Ersatzschaltbild in der von Yamamoto et al. (1978) angegebenen Form. Da diese Autoren den Widerstand R_1 als vernachlässigbar gering ansehen, wurden von ihnen lediglich die Werte für R_2, R und C bestimmt (vgl. Abschnitt 2.5.3.1). Das von Lykken (1971) bei seinen gepulsten Gleichstrommessungen zugrundegelegte Modell zieht R und R_2 zu einem *einzigen variablen Widerstand* zusammen und stellt damit die einfachste vorgelegte Verknüpfung von einem *Kondensator* mit *Parallel-* und *Serienwiderständen* dar. Die Kapazität und der Parallelwiderstand werden dabei im Stratum corneum lokalisiert, während der Serienwiderstand den der tieferen dermalen und epidermalen Hautschichten einschließlich des Stratum granulosum repräsentiert.

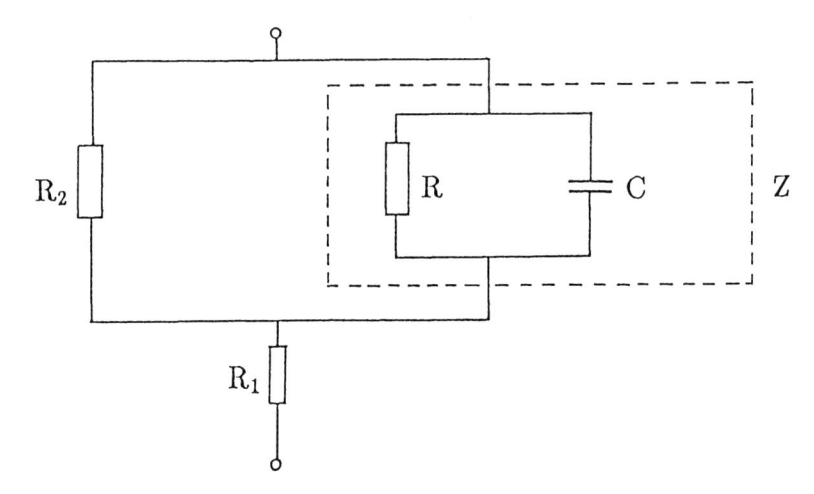

Abbildung 17. Ersatzschaltbild für die Haut nach Yamamoto et. al. (1978). R_1: Widerstand der Dermis, R_2: konstanter Widerstand der Epidermis, Z: veränderliche Impedanz, bestehend aus Ohm'schem Anteil R und kapazitivem Anteil C.

Im folgenden soll anhand der *Ortskurvendarstellung* (vgl. Abschnitt 1.4.1.3) erläutert werden, wie Veränderungen der verschiedenen Elemente dieses einfachen Ersatzschaltbildes mit Hilfe von Wechselspannungsmessungen quantifiziert werden können. In Übereinstimmung mit der heute in der EDA–Forschung weitgehend üblichen *Leitwert*– anstelle von Widerstandsbetrachtung (vgl. Abschnitt 2.6.5) werden dabei Konduktanz (G) und Suszeptanz (B) anstelle von Ohm'schem Widerstand (R) und Reaktanz (X) verwendet. Dabei verhält sich die Anordnung der Meßpunkte für die verschiedenen Wechselspannungsfrequenzen (f) auf der Ortskurve umgekehrt wie in Abbildung 9 (vgl. Abschnitt 1.4.1.3) für Widerstands-/Reaktanzbetrachtung gezeigt wurde, da infolge der Erhöhung von f die Konduktanz zunimmt, während der Widerstand abnimmt. Abbildung 18 zeigt die Veränderung des Admittanzvektors $Y(f)$ in Abhängigkeit von der Frequenz der angelegten Meßspannung in dem in Abbildung 17 dargestellten Ersatzschaltbild, wobei R und R_2 der Einfachheit halber zu einem einzigen Parallelwiderstand R_2 zusammengezogen wurden, da die beiden Schaltungen elektrisch äquivalent sind.

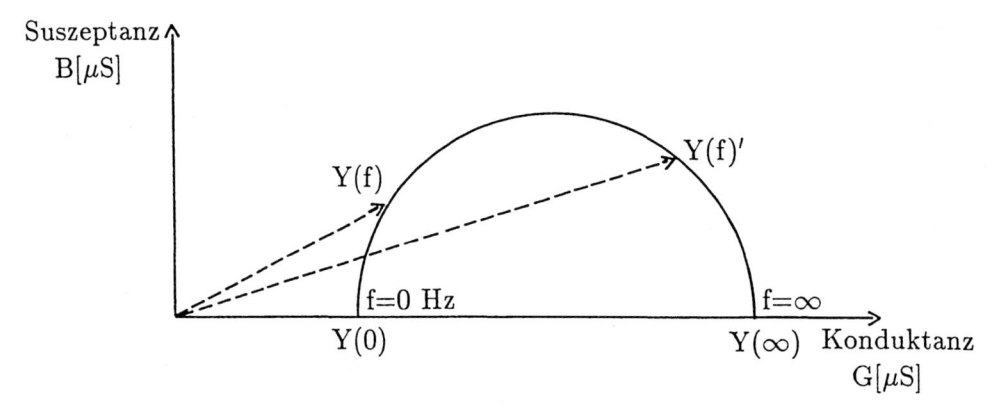

Abbildung 18. Veränderung des Admittanzvektors $Y(f)$ in Abhängigkeit von der Frequenz der angelegten Meßspannung.

Bei $f = 0$ Hz, also bei Gleichspannung, würde die Admittanz alleine von der Leitfähigkeit der Ohm'schen Widerstände R_1 und R_2 bestimmt, da im Zweig des Kondensators C nach dem Aufladen kein Strom mehr fließt (vgl. Abschnitt 1.4.1.2), die Phasenverschiebung ist Null und der Vektor Y liegt auf der reellen Achse (vgl. Fußnote 10 im Abschnitt 1.4.1.3). Die Länge des Vektors $Y(0)$, d. h. die Leitfähigkeit des gesamten Systems bei $f = 0$, entspricht der Gleichstromleitfähigkeit G_{ges} und errechnet sich, ausgehend von Gleichung (2a) zu:

$$Y(0) = G_{ges} = \frac{1}{R_{ges}} = \frac{1}{R_1 + R_2} \qquad (24a)$$

RC-Modelle der EDA

Ersetzt man in Gleichung (24a) gemäß Gleichung (2b) die Werte für R_1 und R_2 durch $1/G_1$ und $1/G_2$, macht im Nenner gleichnamig und erweitert den gesamten Bruch mit dem Nenner des Nenners, so erhält man:

$$Y(0) = \frac{G_1 \cdot G_2}{G_1 + G_2} \quad (24b)$$

Die Admittanz $Y(0)$ beim Anlegen einer beim Gleichspannung an die Abbildung 17 gezeigten Schaltung entspricht demnach dem harmonischen Mittel der beiden Leitfähigkeiten des seriellen (R_1) und des parallelen (R_2, einschließlich R) Widerstandes.

Wird f erhöht, beginnt der Kondensator zu leiten (Scheinleitfähigkeit, vgl. Abschnitt 1.4.1.3) und schließt den Parallelwiderstand R_2 zunehmend kurz, wobei der Admittanzvektor länger wird und in der Konduktanz–Suszeptanz–Ebene einen Kreis beschreibt, die sog. *Ortskurve* (vgl. gestrichelte Vektoren in Abbildung 18). Bei praktisch unendlich hohen Werten von f am Ende der Ortskurve wird diese Scheinleitfähigkeit so hoch, daß schließlich die Admittanz allein durch den Parallelwiderstand R_1 bestimmt wird und nur noch aus der reellen Leitfähigkeitskomponente G_1 besteht, d. h. $Y(\infty) = G_1$.

Der Verlauf einer solchen Ortskurve hängt vom Aufbau des Schaltkreises ab. *Empirische* Ortskurven der Hautadmittanz (Yamamoto und Yamamoto 1976, 1981) zeigen eine gute *Übereinstimmung* mit einem *Halbkreis*, so daß das in Abbildung 17 zugrundegelegte elektrische *Modell* der Haut als *weitgehend adäquat* angesehen werden kann.

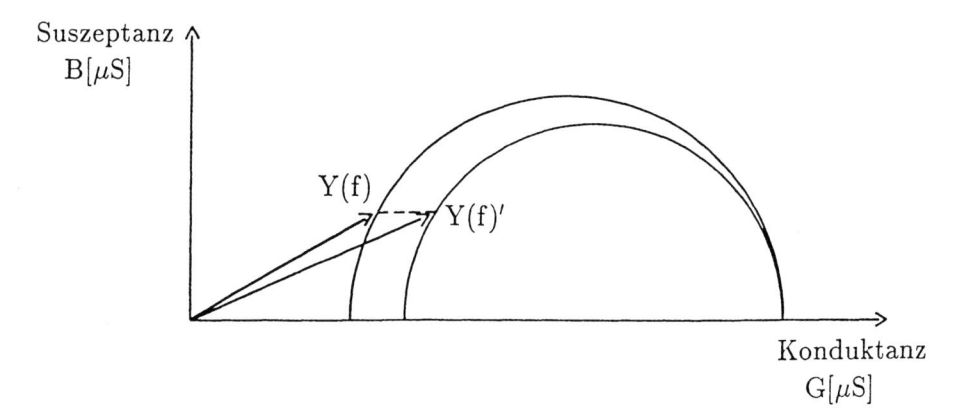

Abbildung 19. Veränderung der Ortskurve und des Admittanzvektors $Y(f)$ bei einer Zunahme des Parallelwiderstandes R_2.

Quantitative Veränderungen der Widerstands- bzw. Leitfähigkeits- und kapazitativen Werte einzelner Elemente dieses Modells lassen sich anhand der Veränderungen der Ortskurve quantitativ beschreiben. Eine Zunahme des *Parallelwiderstandes* R_2 bei sonst gleichen Werten würde, wie in Abbildung 19 gezeigt, den Anfangspunkt der Ortskurve auf der G-Achse nach rechts verschieben, wobei sich deren Radius verkleinert, da der Endpunkt auf der G-Achse gleich bleibt. Für die Admittanz bei einer bestimmten Frequenz f resultiert daraus eine Zunahme lediglich der Konduktanz, nicht jedoch der Suszeptanz (vgl. Verschiebung von $Y(f)$ zu $Y(f)'$ in Abbildung 19).

Erhöht sich dagegen nur der *serielle* Widerstand R_1, so verschiebt sich der Anfangspunkt der Ortskurve nur gering, da in der Haut R_1 gegenüber R_2 sehr klein ist (vgl. Abschnitt 2.5.3.1). Dafür verschiebt sich der Endpunkt des Kreises auf der G-Achse nach rechts, wodurch sich der Radius vergrößert (vgl. Abbildung 20).

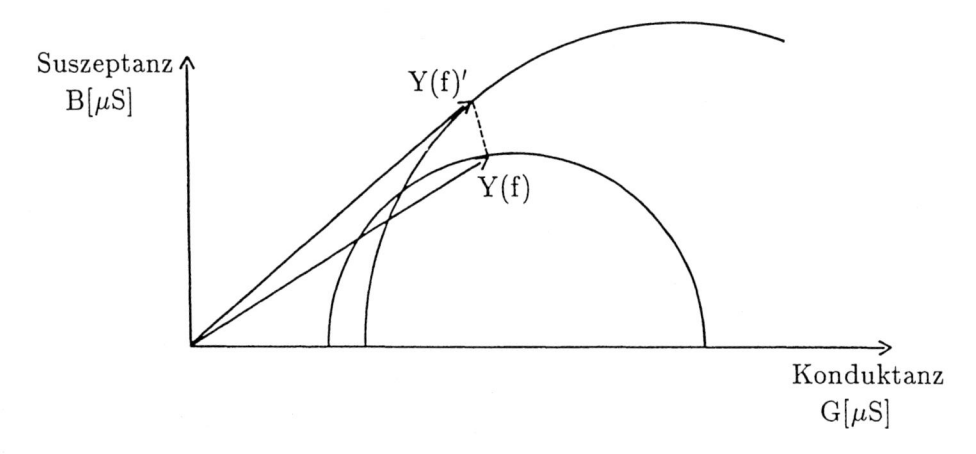

Abbildung 20. Veränderung der Ortskurve und des Admittanzvektors $Y(f)$ bei einer Zunahme des Serienwiderstandes R_1.

Wie sich dies für die Komponenten der Admittanz bei einer bestimmten Frequenz f auswirkt, ist davon abhängig, auf welchen Punkt der Ortskurve man sich befindet; eine Veränderung von R_1 wirkt sich jedoch vor allem auf die Suszeptanz aus (vgl. Verschiebung von $Y(f)$ zu $Y(f)'$ in Abbildung 20).

Eine alleinige Veränderung der *Kapazität* C bei einer bestimmten Frequenz f wird sich in der gleichen Weise auswirken wie eine Frequenzveränderung bei festen Werten von C (und der anderen Elemente): der Admittanzvektor wandert entlang der Ortskurve. Bei geringen und hohen Werten von f wird sich eine Veränderung von C überwiegend in einer Zu- bzw. Abnahme der Suszeptanz, bei mittleren Werten in einer Veränderung der Konduktanz niederschlagen. Es ist daher notwendig, zunächst einmal innerhalb einer Meßanordnung gewissermaßen als Ausgangslage mit einem *möglichst breiten Frequenzspektrum* die Form und Lage der Ortskurve zu bestimmen, um die bei einzelnen Meßfrequenzen erhaltenen Ergebnisse richtig interpretieren zu können.

Ortskurven und Parameter der einzelnen Elemente von Ersatzschaltbildern (vgl. auch Abschnitt 3.5.2.1), wie sie als Ergebnis von Wechselstrommessungen erhalten werden, kann man zwar zur Beschreibung der *frequenzabhängigen Systemeigenschaften* verwenden, es muß jedoch dabei berücksichtigt werden, daß man es *nicht* mit *idealen* RC-Schaltungen, sondern mit realen und *sehr komplexen Systemen* zu tun hat. Wechselstrommessungen an diesen Systemen werden zwar Ergebnisse liefern, die mit den Eigenschaften eines solchen Modells vereinbar sind, sie können aber aufgrund völlig anderer physikalischer Vorgänge zustandegekommen sein (Millington und Wilkinson 1983). Auch sind bislang Abhängigkeiten des Systems von der Stromdichte sowie mögliche *nichtlineare* Elemente nur in ganz wenigen Fällen berücksichtigt worden (z. B. Yamamoto et al. 1978), ebenso die Auswirkungen auf die Systemeigenschaften, die eine veränderliche Kapazität C im Ersatzschaltbild haben würde (z. B. Tregear 1966).

Modelle, die den anatomischen Gegebenheiten der Haut in differenzierterer Weise abzubilden versuchen, lassen sich mit den Methoden der herkömmlichen EDA-Meßtechnik kaum noch testen. So beschreibt Tregear (1966) allein das *Stratum corneum* als ein System aus etwa 12 in Reihe geschalteten *Elementen* aus je einem *Widerstand* und einer dazu parallelen *Kapazität*, ein Modell, dem man sich empirisch nur mit Hilfe der Stripping-Technik (vgl. Abschnitt 1.4.2.1) annähern kann. Yamamoto und Yamamoto (1976) haben mit dieser Technik die Dielektrizitätszahl (vgl. Abschnitt 3.5.2.1) und den Widerstand an 5 Stellen des Corneums bestimmt. Thiele (1981a) trägt in seinen Modellüberlegungen der Tatsache Rechnung, daß das elektrodermale System aus *mehreren* nebeneinanderliegenden und miteinander verbundenen *Einzelsystemen* besteht. Auch Lykken (1971, Figure 6) hatte bereits ein Modell aus mehreren hintereinander und parallel geschalteten RC-Systemen mit zusätzlichen in Serie liegenden Potentialgeneratoren vorgeschlagen. Er bezweifelte zwar aufgrund seiner Messungen mit gepulstem Gleichstrom (vgl. Abschnitt 1.4.1.4), daß es sich bei den kapazitiven Elementen der Haut um *Polarisationskapazitäten* handelt (vgl. Abschnitt 1.4.2), allerdings lassen sich Polarisationskapazitäten genau durch solche RC-Systeme mit je einem zur Kapazität parallelen und in Serie geschalteten Widerstand, wie sie Lykken verwendet, nachbilden (Keidel 1979, Abbildung 14.31). Salter (1979) hat darüberhinaus gezeigt, daß für reale physiologische

Systeme *Polarisationskapazitäten nicht* die *einzigen* Elemente im Ersatzschaltbild sein können, zusätzlich müssen noch *ideale Kapazitäten* in Serie und/oder parallel bei hauptsächlich dielektrisch aufgebautem Material bzw. ideale Widerstände parallel und in Serie bei Material, das aus inhomogenen Leitern und Halbleitern besteht, berücksichtigt werden.

Neben einer solchen weiteren Erhöhung der Komplexität der Modelle wurde auch in Erwägung gezogen, die Wechselstromeigenschaften der Haut unter Einschluß der Schweißdrüsen global durch *nichtlineare* elektronische *Bauteile* zu beschreiben, etwa durch Zener- oder Kapazitätsdioden (Thiele 1981a) bzw. Transistoren (Salter 1981). Ob die Dynamik solcher Systeme, vor allem auch unter Berücksichtigung von Nichtlinearitäten, besser beherrschbar sein wird als die der Modelle aus Widerständen und Kondensatoren, bleibt abzuwarten. Die Erforschung der Wechselstromeigenschaften der Haut und der Schweißdrüsen ist zwar ungleich komplizierter als die ihrer Gleichstromeigenschaften, erscheint aber wegen der kapazitiven Eigenschaften des elektrodermalen Systems zur Modellbildung unerläßlich. Durch systematische Untersuchungen mit Hilfe eines breiten Spektrums von Wechselstromfrequenzen und/oder die Anwendung von Transienten (vgl. Abschnitt 1.4.1.4) sollte es möglich sein, die elektrischen Eigenschaften der einzelnen Bestandteile des elektrodermalen Systems quantitativ zu erfassen, Ersatzschaltungen zu entwerfen und sowohl tonische als auch phasische Komponenten der EDA bezüglich ihrer Entstehung und ihres Zusammenwirkens zu beschreiben.

Insbesondere bezüglich der *phasischen* EDA-Komponenten ist hier noch Pionierarbeit zu leisten, da das zeitliche Verhalten der einzelnen Komponenten von Hautimpedanz bzw. -admittanz (vgl. Abschnitt 1.4.1.3) während elektrodermaler Reaktionen bislang kaum untersucht wurde. Boucsein et al. (1987) haben in einer Pilot-Studie mit Hilfe eines speziell entwickelten Phasen-Voltmeters (vgl. Abschnitt 2.2.5) zeigen können, daß die phasischen Änderungen während der EDR überwiegend in den Parallelwiderständen R und/oder R_2 der in Abbildung 17 bzw. Abbildung 14 dargestellten einfachen Modelle, nicht jedoch oder nur zu einem sehr geringen Teil im Serienwiderstand R_1 bzw. im kapazitiven Anteil C stattfinden (vgl. Abschnitt 2.5.3.1).

Die Verwendung von Wechselstrommessungen leistet also Beiträge zur Erforschung der *Kausalmechanismen* der EDA, die in der Lage sind, die entsprechenden im Abschnitt 1.4.2.3 zusammenfassend dargestellten teilweise eher spekulativen Vorstellungen, die aufgrund von Gleichstrom- bzw. Potentialmessungen entwickelt wurden, zu ergänzen und zu korrigieren. Um die spezifische Problematik der Wechselspannungsmessung der Haut beherrschen zu können, wird es in Zukunft zu einer verstärkten Zusammenarbeit von Physikern, Ingenieuren, Dermatologen und Psychophysiologen mit dem Ziel einer Verbesserung der Meßtechnik kommen müssen.

2. Teil:
Methoden zur Erfassung der elektrodermalen Aktivität

Der zweite Teil des Buches wird sich mit den Methoden zur Messung der elektrodermalen Aktivität befassen. Da, wie bereits in der Einleitung zum ersten Teil erwähnt wurde, die EDA auch mit relativ einfachen Mitteln abgeleitet und registriert werden kann, haben sich im Laufe der Zeit unterschiedliche Meßanordnungen entwickelt.

Auf dem Hintergrund dieser *Methodenvielfalt* wurden in den letzten 15 Jahren mehrfach Versuche unternommen, bezüglich der Meßtechnik zur Erfassung der EDA wenigstens zu einem gewissen Konsens zu gelangen (vgl. Lykken und Venables 1971, Fowles et al. 1981). Bislang scheinen diese Standardisierungsbemühungen allerdings weitgehend erfolglos geblieben zu sein. Dies kann nicht alleine auf eine mögliche Ignoranz der Anwender zurückgeführt werden, da die empirischen und meßtheoretischen Grundlagen solcher Empfehlungen oftmals unzureichend sind und der Anwender vor allen Dingen nicht beurteilen kann, welche Folgen die Verletzung einer der Meßvorschriften für seine Ergebnisse haben wird. Im Rahmen dieses Buches wird daher im Anschluß an die Ableitung und Darstellung der gebräuchlichsten Meß- und Auswertemethoden in Kapitel 2.6 der Stand der Diskussion um die Verwendung unterschiedlicher Meßkonzepte ausführlich wiedergegeben.

Zur Ergänzung der im Abschnitt 1.4.1 aufgenommenen elektrophysikalischen und systemtheoretischen Ausführungen werden in Kapitel 2.1 die wichtigsten *meßtechnischen Grundlagen* dargestellt. Auch für den mit Biosignalen Erfahrenen ergeben sich bei der EDA–Messung spezifische Probleme, die insbesondere in den Abschnitten 2.1.3 und 2.1.4 diskutiert werden.

Der eigentliche meßtechnische Teil findet sich in Kapitel 2.2 zur *Meßmethode*, den Aufzeichnungs- sowie den Verarbeitungsmöglichkeiten und in Kapitel 2.3 zur *Parameterbildung*. Das Kapitel 2.4 behandelt die Einflüsse physikalischer und nicht–elektrodermaler physiologischer Größen sowie des Alters und des Geschlechts auf die EDA, und in Kapitel 2.5 werden die nach den einzelnen Meßmethoden und den extrahierten Parametern geordneten Ergebnisse bezüglich ihrer Verteilungsdaten, der Reliabilitäten und ihrer Zusammenhänge untereinander dargestellt.

Für den Anwender, der sich weniger für die Einzelheiten interessiert, sondern lediglich die wichtigsten Prinzipien der Meß- und Auswertemethodik im Überblick kennenlernen möchte, werden jeweils am Schluß der Kapitel 2.1 bis 2.3 kurze zusammenfassende Stellungnahmen i. S. der Beschreibung einer *Standardmethodik* mit entsprechenden Lesehinweisen gegeben.

2.1 Grundlegendes zur Technik der Messung elektrodermaler Aktivität

Die folgenden Abschnitte ergänzen die Darstellungen im Abschnitt 1.4.1 aus *meßtechnischer* Sicht. Sie sind ebenfalls in einer möglichst anschaulichen und dem physikalischen Laien verständlichen Form gehalten und beschränken sich auf die spezifischen bei der Erfassung der elektrodermalen Aktivität auftretenden schaltungstechnischen Probleme. Ausführlichere und weitergehende Darstellungen von Meß- und Verstärkertechniken bei physiologischen Messungen finden sich z. B. bei Neher (1974) und Irnich (1975). Da für die Messung der endosomatischen EDA außer den üblichen Meßverstärkern keine besonderen Schaltungen benötigt werden (vgl. Abschnitt 2.2.3), bezieht sich die folgende Darstellung hauptsächlich auf die *exosomatischen* Methoden.

Die elektrische Energie, die zur Messung der exosomatischen EDA benötigt wird, kann der Haut entweder in Form eines mit konstanter Stärke in eine Richtung fließenden Stroms (Gleichstrom) oder eines kontinuierlich fließenden, jedoch die Polarität sinusförmig wechselnden Stroms (Wechselstrom), zugeführt werden. Den Abschnitten 2.1.1 bis 2.1.3, die sich mit den Gleichstrommessungen befassen, kann dabei ein einfaches Widerstandsmodell der Haut zugrunde gelegt werden, da die komplexen Systemeigenschaften nur mit Hilfe von *Wechselstrommessungen* erfaßt werden können.

Die Anregung der Haut mit diskontinuierlichen elektrischen Strömen, die pulsförmig entweder stets in eine Richtung oder symmetrisch um den Nullpunkt wechselnd in positiver und negativer Richtung fließen können, findet bei der *Pulsspektren-* oder *Transientenanalyse* (vgl. Abschnitt 1.4.1.4) Anwendung. Da es sich hierbei um einen Sonderfall der Wechselstrommessung handelt, der zudem bislang kaum angewendet wurde, wird die entsprechende Technik im Abschnitt 2.1.5 gemeinsam mit der Messung der EDA mit Hilfe von sinusförmigen Wechselspannungen besprochen.

Der Abschnitt 2.1.4 behandelt für das EDA-Signal spezifische Probleme der *Kopplung*, *Verstärkung* und *Filterung*, die allerdings häufig sowohl bei der Konstruktion als auch bei der Anwendung von EDA-Meßgeräten übersehen werden und ganz erhebliche Meßungenauigkeiten sowie Verfälschungen des Signals zur Folge haben können.

Ziel dieser grundlegenden Ausführungen zur Meßtechnik ist es, den Leser in die Lage zu versetzen, eine kritische Würdigung der vielfältigen angebotenen Meßsysteme vorzunehmen sowie Quellen für mögliche schaltungstechnisch bedingte Meßfehler in seiner eigenen Meßanordnung zur Erfassung der EDA zu lokalisieren und zu eliminieren. Da nicht bei allen Polygraphie- bzw. Meßverstärkersystemen EDA-Koppler angeboten werden, werden in Einzelfällen auch Eigenkonstruktionen notwendig sein. Dabei können selbst einem

Spannungsteiler 91

im Bau von Audio–Verstärkern erfahrenen Elektroingenieur insbesondere die in den Abschnitten 2.1.3 und 2.1.4 beschriebenen Besonderheiten der Dynamik des EDA–Signals Probleme bereiten.

2.1.1 Messungen nach dem Prinzip des Spannungsteilers

Bei dieser Form der exosomatischen Messung werden die zwischen 2 Elektroden liegende *Haut* des Probanden und ein im Meßsystem liegender fester *Referenzwiderstand* in Reihe geschaltet (vgl. Abbildung 21).

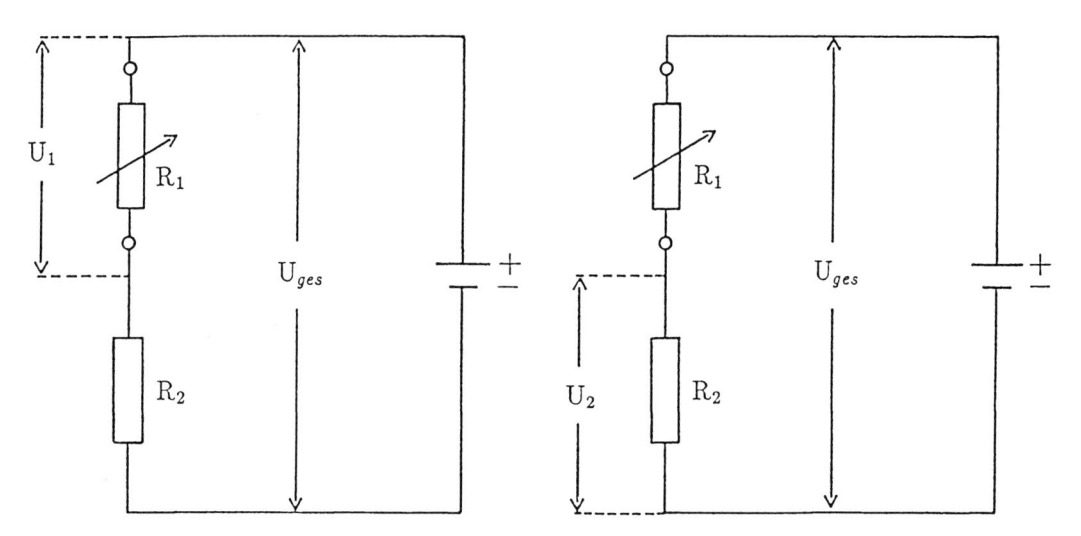

Abbildung 21. Sog. Konstantstrommethode (links) und sog. Konstantspannungsmethode (rechts) bei der exosomatischen EDA–Messung. U_{ges} ist die aus einer Konstantspannungsquelle entnommene an das Meßsystem angelegte Spannung, U_1 bzw. U_2 sind die jeweils abgegriffenen Teilspannungen zur Messung der Veränderung des Widerstandes R_1 der Haut. R_2 ist ein fester Referenzwiderstand.

Man verwendet stets eine Spannungsquelle, die eine *konstante Spannung* U_{ges} liefert. Die Veränderungen im elektrodermalen System lassen sich als Änderungen einer der an dem so entstandenen *Spannungsteiler* abzugreifenden Teilspannungen (vgl. Abschnitt 1.4.1.2) ablesen. Dabei sind 2 verschiedene Meßmethoden möglich:

(1) Die sog. *Konstantstrommethode*. Dabei wird die Spannung über R_1, dem Widerstand der Haut, abgegriffen (linke Seite von Abbildung 21). Die abgegriffene Spannung U_1 verhält sich zur angelegten Gesamtspannung U_{ges} wie R_1 zu R_{ges}, der sich aus $R_1 + R_2$ zusammensetzt:

$$\frac{U_1}{U_{ges}} = \frac{R_1}{R_1 + R_2} \qquad (25a)$$

Multipliziert man beide Seiten mit U_{ges}, so folgt:

$$U_1 = U_{ges} \cdot \frac{R_1}{R_1 + R_2} \qquad (25b)$$

Nach dem Ohm'schen Gesetz ist:

$$I_{ges} = \frac{U_{ges}}{R_{ges}} = \frac{U_{ges}}{R_1 + R_2} \qquad (25c)$$

Richtet man sein Meßsystem so ein, daß der feste Referenzwiderstand R_2 sehr viel größer ist als der veränderliche Widerstand R_1 der Haut, so wird I_{ges} weitgehend durch R_2 bestimmt. Veränderungen des Hautwiderstandes R_1 wirken sich kaum auf die Stärke des fließenden Stromes I_{ges} aus. Man spricht in diesem Fall von einem "Konstantstromsystem".

Ist R_2 sehr viel größer als R_1, kann auch der Nenner der Gleichung (25c) als nahezu konstant angesehen werden. Die über der Haut *abgegriffene Spannung* U_2 ist dann fast vollständig der Veränderung des *Hautwiderstandes* R_1 *proportional*.

(2) Die sog. *Konstantspannungsmethode*. Dabei wird die Spannung über R_2, dem festen Referenzwiderstand, abgegriffen (rechte Seite von Abbildung 21). Die abgegriffene Spannung U_2 verhält sich zur angelegten Gesamtspannung U_{ges} wie R_2 zu R_{ges}, der sich aus $R_1 + R_2$ zusammensetzt:

$$\frac{U_2}{U_{ges}} = \frac{R_2}{R_1 + R_2} \qquad (26a)$$

Multipliziert man beide Seiten mit U_{ges}, so folgt:

$$U_2 = U_{ges} \cdot \frac{R_2}{R_1 + R_2} \qquad (26b)$$

Spannungsteiler

Richtet man sein Meßsystem so ein, daß der feste Referenzwiderstand R_2 sehr viel kleiner ist als der veränderliche Widerstand R_1 der Haut, so ist der durch das System fließende Strom I_{ges} nach Gleichung (25c) nicht mehr konstant: da R_2 im Vergleich zu R_1 kaum ins Gewicht fällt, nimmt der Stromfluß mit abnehmendem Hautwiderstand R_1 zu und umgekehrt. Da andererseits am Referenzwiderstand R_2 im Vergleich zu R_1 nur eine kaum nennenswerte Spannung abfällt, liegt praktisch stets die volle Spannung U_{ges} an der Haut an. Man spricht daher von einem "Konstantspannungssystem". Ist R_1 sehr viel größer als R_2, kann der Zähler der Gleichung (26b) als vernachlässigbar klein gegenüber dem Nenner angesehen werden.

Die über dem Referenzwiderstand abgegriffene *Spannung* U_2 ist dann fast vollständig der Veränderung des zum Hautwiderstand R_1 reziproken *Hautleitwertes proportional*.

Bei der sog. *Konstantspannungs*messung ist eine *höhere Verstärkung* des Meßsignals notwendig als bei der sog. Konstantstrommethode: erniedrigt sich der Hautwiderstand R_1 von 100 kOhm auf 90 kOhm, so verändert sich beim Konstantstromverfahren nach Gleichung (25b) bei einem Referenzwiderstand von $R_2 = 10$ MOhm und einer angelegten Spannung $U_{ges} = 0.5$ V die gemessene Spannung U_1 von 4.950 mV auf 4.459 mV, also um 491 μV. Beim Konstantspannungsverfahren mit ebenfalls $U_{ges} = 0.5$ V und einem Referenzwiderstand von $R_2 = 100$ Ohm beträgt die nach Gleichung (26b) berechnete Änderung der Spannung U_2 von 0.499 mV auf 0.555 mV nur 56 μV, also nur ein Zehntel der Differenz bei der Konstantstrommethode.

Jedes Messen von Spannungen in einem solchen Schaltkreis, ob es nun mit einem Galvanometer, mit einem Oszillografen oder mit einem anderen Verstärkereingang geschieht, verändert allerdings auch die zu messenden Größen in Abhängigkeit von den Eigenschaften des *Meßinstruments*. Eine entscheidene Rolle hierbei spielt der Innenwiderstand des Meßgerätes bzw. der *Eingangswiderstand* des Meßverstärkers. Beim Messen von Spannungen sollte dieser Widerstand bzw. die *Eingangsimpedanz* möglichst hoch sein. Man spricht dann von einem "hochohmigen" Meßgerät bzw. Verstärker.

Die Notwendigkeit, bei der Spannungsmessung ein *hochohmiges Meßgerät* zu verwenden, läßt sich anhand der rechten Seite der Abbildung 6 (vgl. Abschnitt 1.4.1.2) demonstrieren. Wenn man R_2 als Innenwiderstand des Meßgerätes betrachtet, mit dem die an R_1 abfallende Spannung gemessen werden soll, dann errechnet sich der Gesamtwiderstand dieser Parallelschaltung nach Gleichung (6e), d. h. der Gesamtwiderstand des Systems Schaltkreis–Meßinstrument ist kleiner als der Widerstand des Schaltkreises für sich genommen, der in Abbildung 6 durch den Widerstand R_1 repräsentiert wird. Daraus folgt, daß die über dem gesamten System abfallende und vom Meßinstrument angezeigte Spannung geringer ist als die Spannung, die über R_1 allein abfallen würde. Wie man sich anhand der Gleichung (6e) verdeutlichen kann, wird dieser verfälschende Einfluß auf das Meßergebnis umso geringer, je größer der Wert von R_2, d. h. der Innenwiderstand des Meßgerätes, gegenüber R_1 wird. Aber auch bei einem sehr hohen Eingangswiderstand von z. B. $R_2 = 10$ MOhm bleibt noch ein deutlich *wahrnehmbarer Meßfehler* bestehen: nimmt man einmal an, der Hautwiderstand R_1 habe sich um 10 kOhm von 100 kOhm auf 90 kOhm erniedrigt, so ergibt das Einsetzen von 100 kOhm für R_1 in Gleichung (6e) einen gemessenen R_{ges} von 99.0 kOhm, das Einsetzen von 90 kOhm für R_1 ergibt 89.2 kOhm. Die gemessene Differenz beträgt 9.8 kOhm, was gegenüber der tatsächlichen Veränderung von 10 kOhm einen Meßfehler von 2 % bedeutet.

2.1.2 Messungen durch Regelschaltungen mittels Operationsverstärkern

Die im Abschnitt 2.1.1 beschriebenen Meßanordnungen auf der Basis von *Spannungsteilern* können genauer besehen *nur* als *quasi*-Konstantstrom- bzw. *quasi*-Konstantspannungsverfahren bezeichnet werden. So ist z. B. bei der Konstantspannungsmethode die an der Haut anliegende Spannung U_1 (im rechten Teil der Abbildung 21 aus Gründen der Übersichtlichkeit nicht eingezeichnet) nicht völlig konstant, sondern ergibt sich aus der Differenz zwischen der von der Spannungsquelle gelieferten Gesamtspannung U_{ges} und der Meßspannung U_2, variiert also auch mit dieser. Je größer die auftretenden Änderungen der EDA sind, desto stärker schwankt die an den Hautelektroden anliegende Spannung. Auch ist der jeweilige Meßfehler bei beiden Verfahren entscheidend vom Verhältnis der Widerstandswerte R_1 und R_2 zueinander abhängig.

Zur Vermeidung der durch die auf dem Spannungsteilerprinzip basierenden Schaltungen möglicherweise verursachten Meßfehler hat bereits Lowry (1977) einen sog. *aktiven Schaltkreis* für die EDA-Messung (im Gegensatz zur Messung mit Hilfe eines passiven Spannungsteilers) auf der Basis eines Operationsverstärkers vorgeschlagen (vgl. Abbildung 22).

Der *Verstärkungsfaktor k* eines *Operationsverstärkers* wird durch das Verhältnis seines Eingangswiderstandes R_e zu seinem zur Stabilisierung benötigten Rückkopplungswiderstand R_r bestimmt:

$$k = \frac{R_r}{R_e} \tag{27}$$

Die Ausgangsspannung U_a ergibt sich aus dem Produkt der an R_e anliegenden Spannung U_{ges} und der Verstärkung k, wobei U_a gegenüber U_{ges} invertiert ist (negatives Vorzeichen):

$$U_a = -k \cdot U_{ges} = -\frac{R_r}{R_e} \cdot U_{ges} \qquad (28)$$

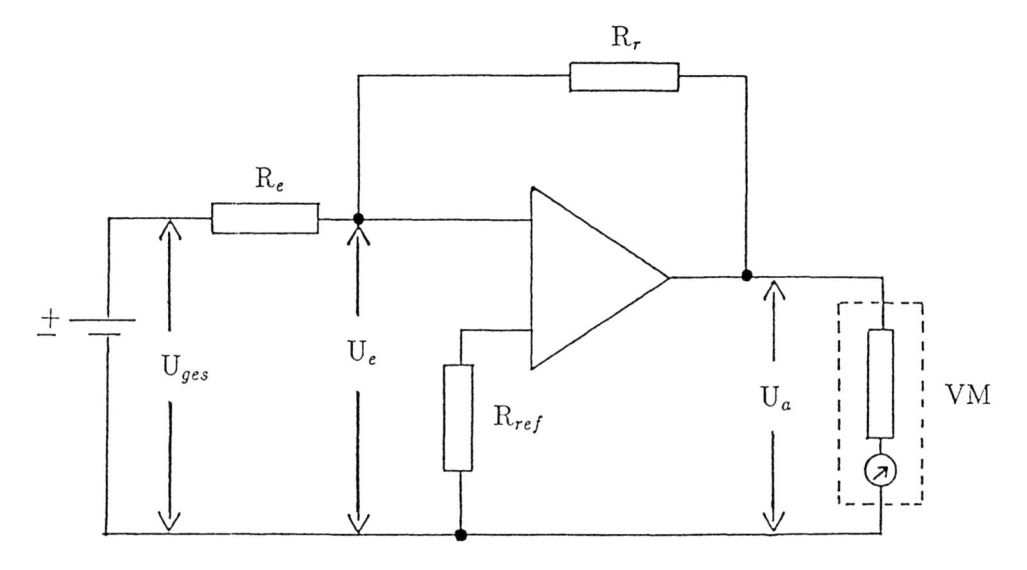

Abbildung 22. Operationsverstärker zur Messung der elektrodermalen Aktivität. U_e: Eingangsspannung, U_a: Ausgangsspannung, R_e: Eingangswiderstand, R_r: Rückkopplungswiderstand, R_{ref}: Referenzwiderstand, VM: Voltmeter mit seinem Innenwiderstand.

Da die Innenwiderstände von Operationsverstärkern heute bereits im GOhm-Bereich liegen, wird die am aktiven Eingang des Operationsverstärkers anliegende Spannung U_e praktisch nur durch das im Spannungsteiler aus R_e und R_r gebildete *Verhältnis* dieser *beiden Widerstände* bestimmt. Da der Stromfluß I in beiden Widerständen gleich ist, gilt:

$$U_{ges} - U_e = R_e \cdot I \qquad (29a)$$

und

$$U_e - U_a = R_r \cdot I \qquad (29b)$$

Durch Auflösung der Gleichungen (29a) und (29b) nach I und Gleichsetzen erhält man:

$$\frac{U_{ges} - U_e}{R_e} = \frac{U_e - U_a}{R_r} \qquad (30a)$$

Durch Ausmultiplizieren von Gleichung (30a) erhält man:

$$R_r \cdot U_{ges} - R_r \cdot U_e = R_e \cdot U_e - R_e \cdot U_a \qquad (30b)$$

Ersetzt man U_a gemäß Gleichung (28) und löst nach U_e auf, ergibt sich:

$$U_e = \frac{R_r \cdot U_{ges} - R_r \cdot U_{ges}}{R_r + R_e} = \frac{0}{R_r + R_e} = 0 \qquad (31)$$

Die am aktiven Eingang des Operationsverstärkers anliegende Spannung U_e wird also durch den Verstärker stets zu Null geregelt. Diese Tatsache läßt sich zur Herstellung einer *echten Strom-* bzw. *Spannungskonstanz* nutzen. U_{ges} wird dabei einer Konstantspannungsquelle entnommen (stabilisiertes Netzgerät). Bei dieser Schaltung sind wieder 2 verschiedene Meßmethoden möglich:

(1) Die *Konstantstrommethode*: Die Haut wird als Rückkopplungswiderstand R_r in das System eingefügt. Der Strom, der durch R_e und durch die Haut fließt, ergibt sich nach dem Ohm'schen Gesetz als Quotient aus der über beide Widerstände abfallenden Spannung $U_{ges} - U_a$ und der Summe der beiden Widerstände:

$$I = \frac{U_{ges} - U_a}{R_e + R_r} \qquad (32a)$$

Man ersetzt U_a nach Gleichung (28) und erhält:

$$I = \frac{U_{ges} + U_{ges} \cdot \left(\frac{R_r}{R_e}\right)}{R_e + R_r} \qquad (32b)$$

Im Zähler wird U_{ges} ausgeklammert und es wird gleichnamig gemacht, danach kann $R_e + R_r$ gekürzt werden:

$$I = \frac{U_{ges} \cdot \left(\frac{R_e + R_r}{R_e}\right)}{R_e + R_r} = \frac{U_{ges}}{R_e} \qquad (32c)$$

Da R_e einen festen Wert besitzt und U_{ges} stabilisiert ist, ist der durch die Haut fließende Strom I also konstant. Der Stromfluß läßt sich durch eine geeignete Auswahl von U_{ges} und R_e bestimmen.

Die am Ausgang des Operationsverstärkers abgreifbare Spannung U_a ist nach Gleichung (28) dem *Hautwiderstand* R_r proportional, allerdings in der Richtung invertiert.

(2) Die *Konstantspannungsmethode*: Hierbei wird die Haut des Pb als Eingangswiderstand R_e in das System eingefügt. Die an den Hautelektroden anliegende Spannung ergibt sich nach Abbildung 22 als Differenz zwischen U_{ges} und U_e. Die Eingangsspannung U_e wird aber nach Gleichung (31) stets zu Null geregelt, so daß an der Haut immer die konstante, weil stabilisierte Spannung U_{ges} anliegt. Die am Ausgang des Operationsverstärkers abgreifbare Spannung U_a ist nach Gleichung (28) dem reziproken Hautwiderstand R_e, also der *Hautleitfähigkeit* proportional, allerdings ebenfalls in der Richtung invertiert.

Die Meßspannung kann am Ausgang des Operationsverstärkers *relativ niederohmig* abgegriffen werden, da die beim Einfügen eines Meßgerätes in einen Spannungsteiler auftretenden Probleme, die sich aus der Parallelschaltung des Meßgeräte-Innenwiderstandes mit einem Widerstand des Systems selbst ergeben und zu Meßfehlern führen (vgl. Abschnitt 2.1.1), hier nicht entstehen. Der bei der Regelschaltung mittels Operationsverstärker durch den Referenzwiderstand R_{ges} (vgl. Abbildung 22) auftretende *Meßfehler* ist *konstant* und *additiv* und läßt sich durch geeignete Auswahl von Widerstandswerten auf ein Minimum herabsetzen.

Verstärker in physiologischen Meßgeräten arbeiten heute im allgemeinen als *Differenzverstärker*. Dieser arbeitet wie der in Abbildung 22 gezeigte Operationsverstärker, jedoch werden nicht die Potentialänderungen des einen Signaleingangs gegenüber der gemeinsamen Masse von Ausgang und Eingang verstärkt, sondern die Differenz zwischen 2 an jeweils einem Eingang des Operationsverstärkers anliegenden Eingangsspannungen (vgl. z. B. Neher 1974, Seite 98). Diese Spannungsdifferenz ist unabhängig von einem Referenzpunkt, daher spielt auch die noch von Edelberg (1967, Seite 27 f.) problematisierte *endosomatische Kontamination* exosomatischer Meßwerte heute i. d. R. *keine Rolle* mehr.

2.1.3 Schaltungen zur Trennung von elektrodermalen Niveau- und Reaktionswerten

Elektrodermale *Reaktionen* stellen normalerweise – bezogen auf die Gesamtbreite des Meßbereichs, d. h. auf den möglichen tonischen Wertebereich – *geringe Veränderungen* dar. Wird das Meßsystem so ausgelegt, daß Niveauänderungen in ihrer vollen möglichen Breite ohne Wechsel der Verstärkung registriert werden können, lassen sich die elektrodermalen Reaktionen auf einzelne Reize bzw. die Spontanfluktuation nur mit einer sehr geringen Auflösung registrieren und sind somit mit einem hohen Meßfehler behaftet (vgl. Abschnitt 2.1.4).

Eine einfache Möglichkeit zur elektrischen *Kompensation* des *Niveauanteils* der EDA bietet die Wheatstone–Brückenschaltung (vgl. Abbildung 23).

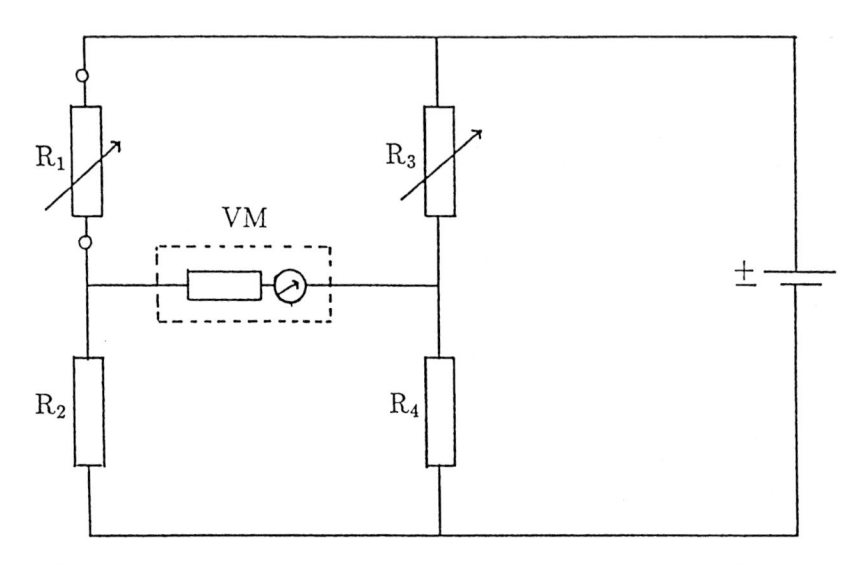

Abbildung 23. Wheatstone–Brückenschaltung. R_1: Widerstand der Haut, R_3: variabler Widerstand zum Abgleich des Niveauwerts, R_2 und R_4: feste Referenzwiderstände, VM: Voltmeter mit seinem Innenwiderstand.

Die Wheatstone–Brücke besteht aus 2 parallel geschalteten Spannungsteilern, wobei die *Potentialunterschiede* zwischen deren beiden *Mittenpunkten* gemessen werden. Dies kann, wie in Abbildung 23 gezeigt, durch ein Spannungsmeßgerät oder auch über die beiden Eingänge eines Operationsverstärkers geschehen. Der eine der beiden Spannungsteiler besteht wie in Abbildung 21 aus dem Widerstand R_1 der Haut des Probanden und einem festen Widerstand R_2, der andere Spannungsteiler aus einem veränderlichen Widerstand (Potentiometer) R_3 und dem festen Widerstand R_4. Zu Beginn der Messungen wird *"die Brücke abgeglichen"*, d. h., anstelle des unbekannten Widerstandes R_1 der Haut muß ein definierter Ersatzwiderstand in den Meßkreis eingeschaltet werden. R_3 wird dann so eingestellt, daß die zwischen beiden Spannungsteilern gemessene Potentialdifferenz Null wird. Tritt eine EDR auf, wird dieses Gleichgewicht gestört, und das Meßgerät zeigt einen Ausschlag. Da die entsprechende Veränderung klein gegenüber dem möglichen Range der Niveauwerte ist, können ein gegenüber den Niveaumessungen empfindlicheres Meßgerät bzw. eine erheblich größere Verstärkung eingesetzt werden, was eine höhere Auflösung der EDR zur Folge hat. Da der EDL im Verlauf einer Messung jedoch i. d. R. *driftet*, wird es notwendig, R_3 von Zeit zu Zeit *nachzujustieren*, da sonst die registrierte Potentialdifferenz aus dem Meßbereich läuft.

Eine weitere Möglichkeit, den Niveauanteil der EDA bei der Registrierung zu unterdrücken, besteht in der Verwendung eines *Wechselstrom-Verstärkers* (AC-gekoppelter Verstärker). Dazu wird in die Schaltung des Operationsverstärkers (vgl. Abbildung 22) vor dem Eingangswiderstand R_e ein Kondensator eingefügt. Die Spannungs-Zeit-Kurven am Ausgang des Operationsverstärkers verlaufen dann ähnlich wie die in Abbildung 7, d. h. das Meßsignal gibt nur Spannungsänderungen wieder. Der Verstärker *reagiert* auf eine *Änderung* der Eingangsspannung, die durch eine EDR hervorgerufen wird, mit einer Veränderung des Ausgangssignals, überträgt jedoch nicht den neuen Niveauwert, sondern fällt nach einer bestimmten Zeit auf Null zurück. Die Übertragungseigenschaften des Verstärkers sind durch seine Zeitkonstante charakterisiert (siehe Gleichung 10b). Auch hierbei ist der zu registrierende Meßbereich klein gegenüber dem möglichen Range der Niveauwerte, wodurch eine größere Verstärkung und damit eine höhere Auflösung der EDR ermöglicht wird. Die dadurch entstehenden speziellen Verstärkungsprobleme werden im Abschnitt 2.1.4 besprochen; auch ist dabei zu beachten, daß sich die *Amplitude* und die *Verlaufsform* des über einen AC-gekoppelten Verstärker registrierten EDR-Signals von den entsprechenden Parametern der ursprünglichen EDR *unterscheiden*.

Elektrophysikalisch kann die EDR als Wechselspannungsanteil, der EDL als Gleichspannungsanteil des EDA-Signals betrachtet werden. Da, wie in Abschnitt 1.4.1.3 dargelegt wurde, der Wechselstromwiderstand eines Kondensators frequenzabhängig ist, wird das EDR-Signal am Ausgang des AC-Verstärkers *verformt*. Weil dies jedoch nur bei einer Annäherung der Phasendauer des EDR-Signals an die Zeitkonstante τ des Verstärkers kritisch wird, kann der Meßfehler durch geeignete Wahl von τ minimalisiert werden. Vor allem für die Auswertung der *Anstiegs-* und *Abstiegszeiten* der EDR (vgl. Abschnitt 2.3.1.3) spielt die *Zeitkonstante* des AC-Verstärkers eine wesentliche Rolle. Sie sollte bei exosomatischen Messungen mindestens 3 sec, besser jedoch 10 sec betragen; Fowles et al. (1981) empfehlen Zeitkonstanten über 6 sec zur Vermeidung von Verfälschungen der EDR amp. Nach Edelberg (1967) sollten für endosomatische Messungen Zeitkonstanten von 15 sec und mehr gewählt werden.

Auch wird durch sog. "*backing-off*"-Schaltungen, eine Eliminierung des Niveauanteils der EDA ermöglicht. Dabei wird eine *aktive Unterdrückung* des Gleichspannungsanteils vorgenommen, ähnlich wie bei der Regelung der Eingangsspannung U_e auf Null durch den Operationsverstärker (vgl. Abbildung 22), allerdings nicht beim Eingangsverstärker, sondern zu einem späteren Zeitpunkt. Venables und Christie (1980, Figure 1.13) geben eine solche Schaltung an. Bei diesem wie auch bei dem von Simon und Homoth (1978) beschriebenen System ist es notwendig, daß der Versuchsleiter die Registrierkurven beobachtet und die "backing-off"-Spannung verändert, bevor die Kurven aus dem Meßbereich laufen, was zu Datenverlusten führen kann. Mit Hilfe der interaktiven Computersteuerung ist es jedoch möglich, auch diesen Teil der Registrierung zu automatisieren und damit zu optimieren (vgl. Abschnitt 2.2.6.3).

Sowohl bei der Verwendung eines AC-gekoppelten Verstärkers als auch einer backing-off-Schaltung treten besondere *Verstärkerprobleme* auf, die im Abschnitt 2.1.4 besprochen werden. Bei der Anwendung aller in diesem Abschnitt genannten Auskopplungsmethoden für elektrodermale Reaktionswerte muß zudem beachtet werden, daß das registrierte EDA-Signal dadurch sein *Skalenniveau* verändert[15]. Die AC-Kopplung führt bei genügend großen Zeitkonstanten meist nur zu einer leichten Verformung der EDR; trotzdem wird von einigen Autoren empfohlen, diese Verformung durch Umrechnung auf eine sehr große Zeitkonstante bei der Auswertung rückgängig zu machen, was allerdings eine Computeranalyse erfordert (vgl. Abschnitt 2.2.6.2 und Thom im Anhang).

Wenn etwa beabsichtigt wird, nicht schon bei der Datenaufnahme, sondern erst zu einem späteren Zeitpunkt Widerstandswerte in Leitwerte oder umgekehrt zu *transformieren* (vgl. Abschnitt 2.3.3.2), ist dies ohne Niveauwerte nicht möglich, da solche Transformationen mit Veränderungswerten allein ohne Kenntnis der Niveauwerte nicht durchführbar sind (siehe Gleichungen (5a) und (5b) im Abschnitt 1.4.1.1).

Es wird daher manchmal empfohlen, neben der EDR auf einem weiteren Kanal den EDL mit entsprechend geringer Verstärkung parallel zu registrieren. (Das Ablesen und manuelle Registrieren der Stellung des Potentiometers R_3 in Abbildung 23 scheidet wegen zu großer Fehlermöglichkeiten i. d. R. aus.) Da bei polygraphischen Messungen meist nur eine sehr begrenzte Zahl von Kanälen zur Verfügung steht, wurden spezielle Meßanordnungen zur *gleichzeitigen Erfassung* des EDL und der hoch aufgelösten EDR auf *einem* Kanal entwickelt. Die EDA-Koppler einiger polygraphischer Systeme ermöglichen das *Einblenden* des EDL als eine Folge von *Stoßimpulsen*, die das AC-Signal der EDR überlagern und deren Abstand dem EDL proportional ist (vgl. den Ausgang SCR 2 des Verstärkers im Abschnitt 2.2.4). Diese Impulse müssen allerdings bei einer automatisierten Weiterverarbeitung der EDR wieder herausgerechnet werden (vgl. Abschnitt 2.2.6.2).

---

[15] Obwohl der jeweilige EDL auf physikalische Einheiten mit Verhältnisskalenniveau abgebildet wird, kann auch für das EDL-Signal diskutiert werden, ob es nicht – wie die meisten psychophysiologischen Variablen – lediglich *Intervallskalenniveau* besitzt (Levey 1980, Stemmler 1984), was sich natürlich auch auf die Durchführung von Transformationen auswirken würde (vgl. Abschnitt 2.3.3). Mit EDR-Amplituden aus AC-Messungen kann jedoch keinesfalls mehr wie mit Verhältnisskalen-Daten gerechnet werden.

2.1.4 Spezifische Probleme bei der Messung elektrodermaler Aktivität im Vergleich zu anderen Biosignalen

Obwohl mit der heute zur Verfügung stehenden Technik auch eine hohe Verstärkung von als Spannungen im μV- bis mV-Bereich liegenden Biosignalen relativ störungsfrei erreicht werden kann, sollen im folgenden einige Probleme aufgezeigt werden, die bei der *Kopplung*, der *Verstärkung* und der *Filterung* des EDA-Signals auftreten können.

Abweichend von den Kopplerschaltungen für andere Biosginale, bei denen die Eingangsverstärker untereinander über die galvanische Masse verbunden sind, muß der *Eingangsteil* eines EDA-Kopplers für exosomatische Messungen von *allen anderen* Meßverstärkereingängen *galvanisch völlig getrennt* werden. Nur so kann vermieden werden, daß beim Anbringen einer Masseelektrode für andere Biosignale (z. B. EKG, EEG usw.) die an die Haut angelegte EDA-Meßspannung kurzgeschlossen und damit das EDA-Signal erheblich reduziert oder fast ganz auf Null gezogen wird, wenn der Übergangswiderstand der Masseelektrode im Vergleich zu dem der EDA-Elektroden sehr gering ist. Bei gleichzeitigem Einsatz mehrerer EDA-Koppler an einem Pb müssen auch die Eingangsteile der verschiedenen EDA-Koppler galvanisch völlig voneinander getrennt werden, da sonst *Kreuzströme* auftreten.

Probleme für die *Verstärkung* des EDA-Signals können sich vor allem aus dessen *Dynamik* ergeben: durch die großen möglichen inter- und intraindividuellen Unterschiede in den EDLs ergibt sich ein *weiter Registrierbereich*. Im Vergleich dazu sind die als EDRs auftretenden *Veränderungen* relativ *gering*. Wird z. B. eine SC-Meßanordnung für den Bereich von 0 bis 100 μS ausgelegt und sollen Veränderungen mit Amplituden von 0.05 μS noch als SCRs gewertet werden (Amplitudenkriterium, vgl. Abschnitt 2.3.1.2.3), muß bei der Auswertung die Auflösung besser als 0.05 % sein. Dies ist jedoch bei *Papierauswertung* (vgl. Abschnitt 2.2.6.1) nicht zu erreichen: selbst wenn 25 cm Schreibbreite für den EDA-Kanal zur Verfügung stehen würden, müßten – die gesamten 100 μS Bandbreite zugrundegelegt – noch SCR-Amplituden von 0.125 mm als solche erkannt werden können, was auch mit einer Meßlupe nicht mehr sicher möglich wäre. Bei einer *Computerauswertung* (vgl. Abschnitt 2.2.6.2) nach A/D- (analog/digital-) Wandlung mit 12 bit Genauigkeit würde eine solche Auflösung nur gerade eben noch erreicht werden: die dabei möglichen 4096 digitalen Werte würden zu einer Auflösung von 0.025 μS/bit führen, und die minimale Amplitude von 0.05 μS würde in 2 bit gewandelt.

Um eine *genügend hohe Auflösung* bei den SCRs zu erreichen, ist es daher bei den meisten EDA-Meßsystemen möglich, den EDR-Anteil des Signals aus dem gemessenen EDL auszukoppeln und gesondert zu verstärken (vgl.

Abschnitt 2.1.3). Erfolgt diese Entkopplung bereits bei der Meßwertaufnahme durch elektrische *Kompensation* des *Niveauanteils*, etwa über eine Wheatstone-Brücke (vgl. Abbildung 23), so läßt sich zwar der gesamte Verstärkerbereich für die EDR ausnutzen, der SCL geht jedoch für die fortlaufende Registrierung verloren, weil durch die manuelle Einstellung des Abgleichswiderstandes der *Nullpunkt* der Messung ständig *verschoben* wird.

Wenn man zusätzlich noch den EDL mitregistrieren möchte, muß man zunächst in einem 1. Verstärkungsvorgang den gesamten EDL-Bereich abbilden und den EDR-Anteil in einem 2. Verstärkungsvorgang mit Hilfe eines AC-Verstärkers (vgl. Abschnitt 2.1.3) auskoppeln. Dies führt zu einem *Verstärkungsproblem*, das bei den meisten anderen Biosignalen nicht auftritt: im Gegensatz etwa zum EEG, wo die interessierenden Komponenten in der Größenordnung des gesamten aufgenommenen und verstärkten Signals sind, ist bei der AC-*Auskopplung* der EDR aus dem EDL nur ein *sehr geringer Teil* des gesamten aufgenommenen EDL interessant und wird entsprechend *verstärkt*. Im obigen Beispiel macht die minimale SCR von 0.05 µS bei einer Auslegung des 1. Verstärkers für den SCL auf einen Arbeitsbereich bis 100 µS nur 0.05 % des gesamten Verstärkungsbereichs aus, was zu unmittelbaren Konsequenzen für das *Signal/Rausch-Verhältnis* führt. Jeder Verstärker produziert ein Eigenrauschen, das bei guten Verstärkern sehr klein gegenüber dem jeweiligen Arbeitsbereich ist, z. B. im Mittel 0.01 %. Das entspricht einem Störspannungsabstand von 80 dB[16]. Wenn jedoch, wie im obigen Beispiel, das Signal selbst u. U. nur 0.05 % des Arbeitsbereiches einnimmt, so kann ein Signal/Rausch-Verhältnis von nur 5:1 entstehen, was einem Störspannungsabstand von 20 log 5 dB $\approx$ 14 dB entspricht. Der effektiv zur Verfügung stehende Störspannungsabstand eines 80 dB-Verstärkers könnte somit in diesem Fall auf 14 dB absinken. Die o. g. 0.01 % Eigenrauschen des Verstärkers beziehen sich auf die mittlere Rauschamplitude; zu einzelnen Zeitpunkten können diese zufällig variierenden Spannungsschwankungen jedoch höhere Amplitudenwerte erreichen, so daß vereinzelt *Rauschanteile* in die *Größenordnung* des *EDR-Signals* kommen können. Durch die normalerweise vorgenommene Tiefpaßfilterung (siehe unten) werden zwar die hochfrequenten Rauschanteile eliminiert, im Frequenzbereich des EDA-Signals bleiben die Rauschanteile jedoch erhalten und können somit EDRs vortäuschen. Es ist daher notwendig, für die DC-Vorverstärkung des EDA-Signals *Verstärker* mit *Störspannungsabständen* zu verwenden, die *möglichst über* 80 dB liegen.

Auch auf die bei *Filterungsvorgängen* im Zuge der Verstärkung des EDA-Signals möglicherweise auftretenden Probleme soll im folgenden kurz eingegangen werden. Wie im Abschnitt 2.1.1 an einem Rechenbeispiel gezeigt wurde, kann die Amplitude des EDR-Nutzsignals bei exosomatischer Messung im µV-

---

[16]Das Signal/Rausch-Verhältnis wird durch den *Störspannungsabstand* = 20 log (Signalspannung/Rauschspannung) in dB (Dezibel) ausgedrückt. 0.01 % entsprechen daher einem Störspannungsabstand von 20 log (100/0.01)dB = 20 log 10 000 dB = 80 dB.

Bereich liegen. Sie befindet sich damit im gleichen Bereich wie die Störsignale, die die Haut, die Elektroden und die Elektrodenkabel wie Antennen einfangen, z. B. den *Netzbrumm* (vgl. Abschnitt 2.2.7.1). Im allgemeinen lassen sich solche Störeinflüsse bei der Signalaufnahme nicht ganz ausschließen, daher werden i. d. R. mit den Verstärkungsprozessen gleichzeitig Filterungsvorgänge verbunden. Da es sich bei den EDR- und erst recht bei den EDL-Signalen um langsame Änderungen handelt, werden bei den EDA-Verstärkern Tiefpaßfilter eingesetzt (vgl. Abschnitt 2.2.4 und Abbildung 30).

Die Wirkung eines *Tiefpaßfilters* läßt sich anhand von Abbildung 22 im Abschnitt 2.1.2 erläutern: schaltet man zum Rückkopplungswiderstand R_r des Operationsverstärkers einen Kondensator C parallel und ersetzt die Gleichspannungs- durch eine Wechselspannungsquelle mit variabler Frequenz f, ändert sich der nach Gleichung (27) berechnete Verstärkungsfaktor in Abhängigkeit von f. Dies hat seinen Grund darin, daß der Wechselstromwiderstand des Kondensators C bei steigender Frequenz f abnimmt (vgl. Abschnitt 1.4.1.3). Da der Ersatzwiderstand dieser Parallelschaltung mit der Abnahme des Widerstandes von C geringer wird (vgl. Abschnitt 1.4.1.2) nimmt der Rückkopplungswiderstand des Operationsverstärkers mit zunehmender Frequenz f ab. Bei gleichbleibendem Eingangswiderstand R_e ist nach Gleichung (27) der Verstärkungsfaktor dem Wert des Rückkopplungswiderstandes direkt proportional, d. h. er wird geringer, wenn dieser abnimmt.

Durch geeignete Wahl der Werte für R_r und C lassen sich Tiefpaßfilter mit unterschiedlicher *Grenzfrequenz* f_g nach der Beziehung $f_g = 1/(2\pi \cdot R_r \cdot C)$ herstellen, die je nach Aufbau des Filters die darüberliegenden Frequenzen mehr oder minder steil abschneiden (unterschiedliche Flankensteilheit). Oft wird auch anstelle der Grenzfrequenz die *Zeitkonstante* $\tau = R_r \cdot C$ (vgl. Abschnitt 1.4.1.2) angegeben. Die Zeitkonstanten von 0.25, 0.5, 1 und 2 sec in dem im Abschnitt 2.2.4 beschriebenen Verstärker (vgl. Abbildung 30) entsprechen demnach Grenzfrequenzen von 0.64, 0.32, 0.16 und 0.08 Hz. Solche Tiefpaßfilter eliminieren einen großen Teil der bei der EDA-Messung möglicherweise mit erfaßten Störspannungen, können jedoch auch EDRs mit kleinen Zeitkonstanten im An- und Abstieg (vgl. Abschnitt 2.3.1.3) sowohl in ihrer Amplitude als auch in ihrer Form verändern.

Zwar ist diese Filterproblematik bei exosomatischen Gleichstrommessungen leichter zu kontrollieren als bei Wechselstrommessungen, worauf am Ende des Abschnitts 2.1.5 noch einzugehen sein wird; allerdings können auch bei der scheinbar so einfachen EDA-Messung mittels Gleichspannung durch Nichtbeachtung der o. g. EDA-spezifischen Probleme erhebliche *Meßfehler* auftreten, die normalerweise vom Anwender nicht bemerkt werden, da er i. d. R. auch bei der Verwendung unzureichender Meßeinrichtungen ein charakteristisches EDA-Signal erhalten wird. Daher ist bei der Beschaffung von EDA-Meßgeräten besonders auf die in diesem Abschnitt beschriebenen Anforderungen zu achten.

2.1.5 Wechselstrommessungen der elektrodermalen Aktivität

Anordnungen zur Messung der Hautimpedanz bzw. -admittanz (vgl. Abschnitt 1.4.1.3) unterscheiden sich im *einfachsten Fall* lediglich dadurch von Gleichstrom–Meßeinrichtungen, daß anstelle der Gleichspannungs- eine *Wechselspannungsquelle* verwendet wird. Dies kann sowohl in einer nach dem Prinzip des Spannungsteilers (vgl. Abschnitt 2.1.1 und Abbildung 21) als auch in einer mittels eines Operationsverstärkers (vgl. Abschnitt 2.1.2 und Abbildung 22) aufgebauten Meßanordnung geschehen. Die abgegriffene Meßspannung wird gleichgerichtet und verstärkt (vgl. Abschnitt 2.2.4 und Abbildung 30); sie kann auch zur Trennung von EDR- und EDL-Anteilen mit einer "backing-off"-Schaltung (vgl. Abschnitt 2.1.3) versehen werden (Edelberg 1967). Eine solche exosomatische Wechselspannungsmessung liefert zwar Meßwerte für die *Beträge* der *Impedanz* bzw. *Admittanz*, nicht jedoch Informationen über den *Phasenwinkel* φ, aus denen auf die kapazitativen Eigenschaften der Haut geschlossen werden könnte.

Der wesentliche Informationsgewinn durch die Verwendung von Wechselstrom bei der EDA-Messung besteht allerdings darin, daß die Impedanz in den Blindwiderstand (Reaktanz) und den Wirkwiderstand (Ohm'scher Anteil des Widerstandes) *aufgespalten* werden kann, indem man *zusätzlich* zur Impedanz den *Phasenwinkel* ermittelt und parallel registriert; aus diesen Größen kann man die *Reaktanz X* und den *Ohm'schen Widerstand R* errechnen (vgl. Abschnitt 1.4.1.3). Im folgenden wird – wie auch bereits im Abschnitt 1.4.1.3 und später im Abschnitt 2.2.5 – vom Prinzip der *Impedanzmessung* ausgegangen, da Hautadmittanzmessungen bislang praktisch nicht durchgeführt wurden, auch wird von Salter (1979) dem *Konstantstromverfahren* und damit der Impedanzmessung bei medizinischen Anwendungen von Wechselstrommessungen der Vorzug gegenüber dem Konstantspannungsverfahren gegeben, da im letzteren Fall unkontrollierte Änderungen der Stromdichte (vgl. Abschnitt 2.6.2) zu Nichtlinearitäten im Übertragungsverhalten führen können. Die äquivalenten *Admittanzwerte* lassen sich durch entsprechende Transformation nachträglich gewinnen (vgl. Abschnitte 1.4.1.3, 1.4.3.3 und 2.3.1.2.4).

Eine von Tregear (1966) angegebene Methode zur *simultanen* Bestimmung von X und R wird in Abbildung 24 dargestellt. Es handelt sich dabei um eine Abwandlung des in Abbildung 21 auf der linken Seite gezeigten Meßprinzips: die Gleichspannungsquelle wurde durch eine Wechselspannungsquelle ersetzt, der Widerstand R_1 durch den Kondensator C_1 ergänzt und anstelle von R_2 wurden ein *Drehkondensator* (veränderliche Kapazität) und ein *Potentiometer* (veränderlicher Widerstand) eingesetzt. Der zeitliche Verlauf der Eingangsspannung U_{ges} und der abgegriffenen Spannung U_1 werden gemeinsam auf einem Oszilloskop dargestellt. Dann werden die Werte des variablen Widerstandes R_2

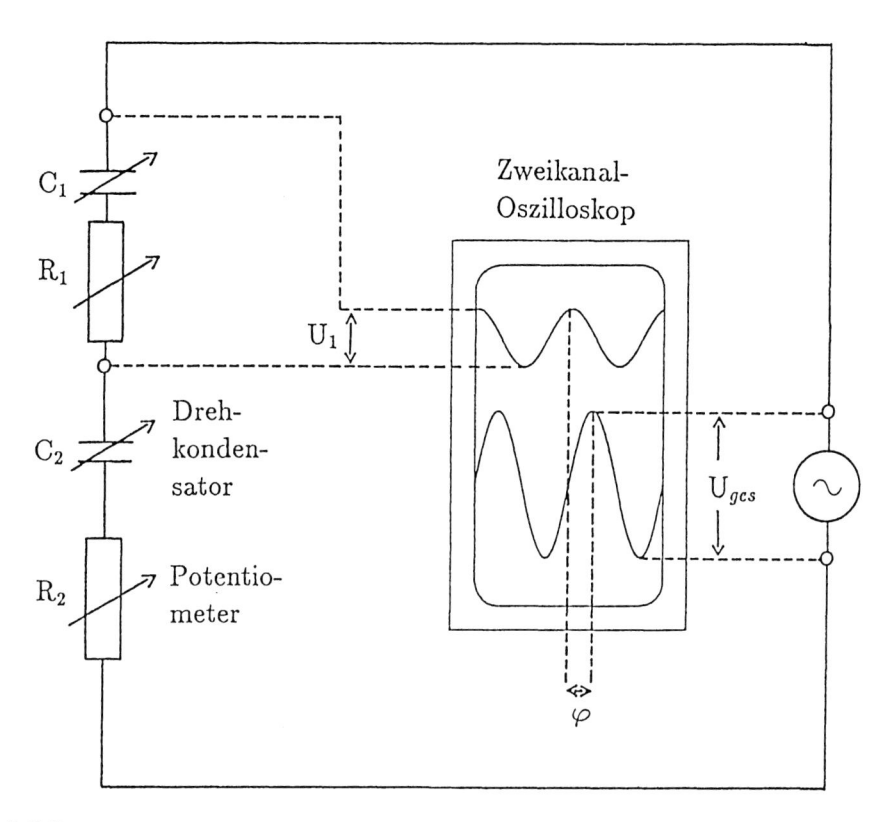

Abbildung 24. Meßanordnung zur Wechselstrommessung der EDA. C_1 und R_1 dienen als vereinfachtes Ersatzschaltbild für die Haut C_2 und R_2 sind veränderliche Komponenten der Meßschaltung. φ ist der Winkel für die Phasenverschiebung zwischen U_{ges} und U_1.

und des dazu in Reihe geschalteten Kondensators so lange verändert, bis der Spannungsverlauf von U_2 gleichphasig mit U_{ges} ist und die halbe Amplitude aufweist. Dann sind nicht nur die *Impedanzen* des Hautsystems und der äquivalenten RC–Schaltungen insgesamt *gleich*, sondern sind auch *in gleicher Weise* aus dem Ohm'schen Widerstand und der Reaktanz *zusammengesetzt*. Der Ohm'sche Anteil R läßt sich unmittelbar an der Einstellung des Potentiometers ablesen, die Reaktanz X läßt sich aus der am Drehkondensator eingestellten Kapazität und der Frequenz des Wechselstroms wie folgt berechnen:

$$X(f) = \frac{1}{2\pi \cdot f \cdot C} \qquad (33)$$

Eine derartige Meßanordnung eignet sich allerdings nur bedingt zur fortlaufenden Registrierung der EDA: jede *Nachregulierung* des Abgleichs benötigt eine gewisse Zeit, da sich Widerstands- und Kapazitätsänderungen im Wechselstromkreis gegenseitig beeinflussen (vgl. Abschnitt 1.4.1.3), so daß *Verläufe* kurzzeitiger Änderungen von Impedanz und Phasenwinkel bzw. solcher der Reaktanz und des Ohm'schen Anteils des Widerstandes mit dieser Methode *nicht zuverlässig erfaßt werden* können. Legt man außerdem kompliziertere elektrische Hautmodelle zugrunde (vgl. Abschnitt 1.4.3.2), wird eine Hinzunahme weiterer veränderlicher Widerstände und/oder Kondensatoren in den abzugleichenden Zweig des Spannungsteilers erforderlich, wodurch die Nachregulierungszeit erheblich verlängert wird. Im übrigen ist die Genauigkeit aller dieser Methoden von der des manuellen Abgleichs abhängig (Edelberg 1967).

In neuerer Zeit werden daher zur kontinuierlichen Registrierung der EDA mittels Wechselstrom Meßanordnungen verwendet, die *Komponenten* von *Analogrechnern* enthalten. Dabei können Reaktanz und Ohm'scher Widerstand bei gegebener Frequenz unmittelbar aus dem Vergleich einer an die Haut angelegten Wechselspannung und der Ausgangsspannung des EDA–Meßsystems errechnet und fortlaufend registriert werden.

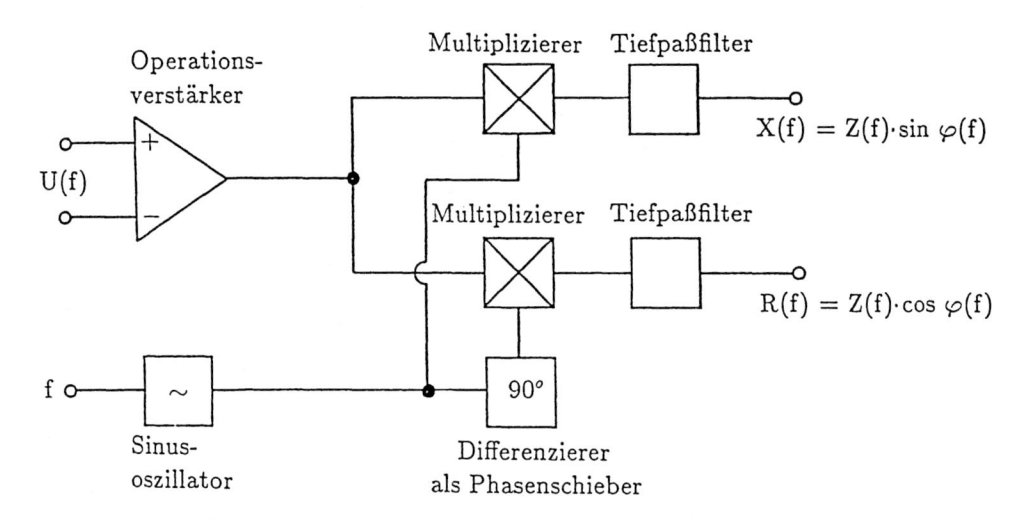

Abbildung 25. Schaltung zur fortlaufenden Registrierung der Reaktanz $X(f)$ und des Ohm'schen Widerstandes $R(f)$. $U(f)$ entspricht der Ausgangsspannung U_a einer gemäß Abbildung 22 durchgeführten EDA–Messung, bei der anstelle der Gleichspannungs- eine Wechselspannungsquelle mit der Frequenz f verwendet wurde.

Abbildung 25 zeigt das Prinzip einer solchen Schaltung, wie sie auch bei Yamamoto und Yamamoto (1979, Figure 2) beschrieben wird: auf der Eingangsseite wird ein Operationsverstärker mit der Ausgangsspannung $U(f)$ einer nach Abbildung 22 durchgeführten EDA–Messung gespeist, die anstelle einer Gleichspannungsquelle eine mit der Frequenz f oszillierende Wechselspannungsquelle enthält. Der Ausgang eines Sinusoszillators, der mit der Frequenz f in der gleichen Phase schwingt, wird einmal unmittelbar, einmal über einen Differenzierer, der die Phase um 90° verschiebt, d. h. $\cos 2\pi \cdot f$ erzeugt, mit dem Ausgangssignal des Operationsverstärkers multipliziert. Am ersten Ausgang kann $X(f) = Z(f) \cdot \sin \varphi(f)$, am zweiten Ausgang $R(f) = Z(f) \cdot \cos \varphi(f)$ abgegriffen werden. Mit diesen beiden Größen lassen sich die Wechselstromeigenschaften von RC–Systemen bei einer *einzigen* vorgegebenen *Frequenz f* beschreiben (vgl. Abschnitt 1.4.1.3).

Gegenüber der von Yokota und Fujimori (1962, Figure 5) verwendeten fotografischen Registrierung von Lissajous–Figuren (vgl. Abschnitt 1.4.1.4) in Abständen von 0.8 sec weist eine solche fortlaufende Registrierung von $X(f)$ und $R(f)$ die Vorteile einer besseren Quantifizierbarkeit und des unmittelbaren Zugangs zu den Parametern des elektrodermalen Systems auf. Nach dem in Abbildung 25 gezeigten Prinzip arbeitet das im Abschnitt 2.2.5 beschriebene Phasen–Voltmeter für die EDA–Messung. Durch geeignete Transformationen (vgl. Abschnitt 1.4.1.3) lassen sich auch anstelle von Reaktanz und Wirkwiderstand die Suszeptanz $B(f)$ und die Konduktanz $G(f)$ während einer EDR kontinuierlich bestimmen.

Zur sukzessiven Anregung der Haut mit verschiedenen Wechselspannungsfrequenzen (vgl. Abschnitt 1.4.1.4) ist das *Durchfahren* eines bestimmten *Frequenzbereichs* der Eingangsspannung $U(f)$ erforderlich, etwa über einen spannungsabhängigen Oszillator, dessen Steuerspannung mit registriert und verrechnet wird. Hierfür eignen sich prinzipiell sog. "*lock-in-Verstärker*", bei denen die einzelnen Frequenzen eines Bereichs nacheinander sehr schmalbandig auf das zu messende System gegeben und dessen Antworten hochselektiv verstärkt werden (Neher 1974, Seite 74). Mit derartigen Methoden ließen sich allerdings EDR–Verläufe nur dann erfassen, wenn die Messung mit allen infrage stehenden Frequenzen *mehrmals während* einer *EDR* durchgeführt werden kann, was beim Einschluß niedriger Frequenzen wegen des Einschwingverhaltens sowohl des elektrodermalen Systems selbst (vgl. Abschnitt 1.4.1.4) als auch der verwendeten Tiefpaßfilter kaum realisierbar sein dürfte.

Eine weitere Möglichkeit, das Antwortverhalten der Haut auf die Anregung mit mehreren Wechselspannungsfrequenzen fortlaufend zu untersuchen, bietet die Anwendung *spektralanalytischer* Methoden. Dabei könnte man im Prinzip die in Abbildung 22 gezeigte Gleichspannungsschaltung (vgl. Abschnitt 2.1.2) zugrundelegen, wobei nach Faber (1980) der *Konstantspannungsmethode* wegen der schnelleren Ausregelbarkeit der Vorzug gegeben werden sollte. Anstelle des kontinuierlich fließenden Gleichstroms würde dann ein Testsignal, das aus einer Grundfrequenz und ihren Harmonischen zusammengesetzt ist (vgl. Abschnitt 1.4.1.4), d. h. ein *Rechteckpuls* bzw. eine Folge von *Dirac-Impulsen*[17] auf die Haut gegeben. Prinzipiell könnte auch *Rauschen*, das alle Frequenzen enthält, verwendet werden. Amplituden und Phasenwinkel können dann aus

---

[17]Dirac–Impulse lassen sich allerdings nur theoretisch erzeugen, in der Praxis wird es sich stets um einen sehr schmalen Rechteckimpuls mit hoher Amplitude handeln (ggf. Gefahr von Schmerzen und Verbrennungen!).

dem Ausgangssignal mittels *Fourier-Analyse* für das gesamte Spektrum ermittelt werden. Hierbei entfällt zwar das bei der lock-in-Technik entstehende Problem der für die einzelne Messung benötigten Zeit, da die zeitliche Auflösung lediglich durch die niedrigste im Spektrum enthaltene Frequenzkomponente begrenzt wird. Allerdings wird eine sehr *hohe zeitliche Auflösung* des Ausgangssignals bei der Digitalisierung notwendig. Erfahrungen mit derartigen EDA-Analysemethoden fehlen bislang noch.

Besondere technische Schwierigkeiten bei der Erfassung von EDRs mittels Wechselstromtechnik entstehen auch aus der wegen der *Dynamik* des Signals notwendigen *hochselektiven Verstärkung* der *EDR* (vgl. Abschnitt 2.1.4). Zur Trennung von elektrodermalen Niveau- und Reaktionswerten können bei einer einzigen Frequenz in analoger Weise Wheatstone-Brückenschaltungen (vgl. Abschnitt 2.1.3) verwendet werden: entweder die von Edelberg (1967, Seite 33) angegebene, in der in einer Abbildung 23 entsprechenden Schaltung zu dem variablen Widerstand R_3 ein Drehkondensator parallel eingefügt wird, oder eine von Schwan (1963, Seite 367) beschriebene Brücke, in der die Widerstände R_2 und R_4 durch parallele Kondensatoren ergänzt werden. Ist die Brücke durch geeignete Einstellung der veränderlichen Widerstände und Kondensatoren einmal abgeglichen, lassen sich Veränderungen von X und R als Abweichungen von den jeweiligen Niveauwerten in höherer Auflösung darstellen.

Wenn bei der Wechselstrommessung zur Trennung von Reaktions- und Niveauwerten sog. *backing-off*-Schaltungen eingesetzt werden, müssen sowohl die *Widerstands-* als auch die *kapazitativen* Niveauanteile des Signals aktiv *unterdrückt* werden (vgl. Abschnitt 2.2.5). Eine technische Lösung für die möglicherweise entstehende Notwendigkeit einer kontinuierlichen Anpassung des backing-off während der EDR wurde allerdings bislang noch nicht vorgelegt.

Ein grundsätzliches Problem für die Wechselspannungsmessung der EDA ergibt sich im Zuge der Verstärkung des Signals durch die üblicherweise zur Verminderung des Störspannungsabstandes angewandte *Filtertechnik* (vgl. Abschnitt 2.1.4): da die Antwort des Systems Haut auf die angelegte Wechselspannung bzw. die Stoßimpulse auch im Bereich der Frequenzen von Störspannungen liegen kann, führt eine einfache *Filterung* des EDA-Signals auch zur *Unterdrückung* von *relevanten Anteilen* des Ausgangssignals. Man wird daher besondere Sorgfalt darauf verwenden müssen, Einstreuungen aus signalfremden Wechselspannungsquellen (z. B. Netzbrumm) weitgehend zu vermeiden (vgl. Abschnitt 2.2.7.1), um mit einer möglichst *sparsamen Filterung* auszukommen.

Insgesamt befindet sich die Entwicklung der Methodik zur Erfassung *phasischer* elektrodermaler Phänomene mittels Wechselstrommessungen noch in den Anfängen (Boucsein et al. 1987). Wechselstrommessungen *tonischer* EDA können dagegen in einigen Anwendungsbereichen wie der Dermatologie (vgl. Abschnitt 3.5.2.1) inzwischen zum Standard gerechnet werden und lassen sich ohne allzu großen meßtechnischen Aufwand realisieren (vgl. Abschnitt 2.2.5).

2.1.6 Zusammenfassende Stellungnahme zu den Grundprinzipien der EDA-Messung

Die EDA kann entweder mit Hilfe der *endosomatischen* Methode, bei der keine Fremdspannung an die Haut angelegt wird, oder mit *exosomatischen* Techniken unter Verwendung von *Gleich-* oder *Wechselstrom* gemessen werden. Die bei weitem am häufigsten verwendete Methode ist die exosomatische Gleichstrommessung.

Wird dabei der zugeführte *Strom konstant* gehalten, entspricht das Meßergebnis unmittelbar dem *Hautwiderstand*, bei *Konstantspannung* dagegen der *Hautleitfähigkeit*. Entsprechendes gilt im Falle der Verwendung von Wechselspannung: bei konstantem Effektivstrom wird unmittelbar die *Impedanz*, bei konstanter Effektivspannung die *Admittanz* gemessen. Vor- und Nachteile von Konstantstrom- und Konstantstromverfahren werden im Abschnitt 2.6.2 zusammenfassend diskutiert.

Ältere Meßprinzipien auf der Basis des *Spannungsteilers* (vgl. Abschnitt 2.1.1) werden heute zunehmend durch solche auf der Basis von *Operations-* bzw. *Differenzverstärkern* (vgl. Abschnitt 2.1.2) ersetzt, die nicht nur durch eine echte Konstanthaltung von Meßstrom bzw. Meßspannung gewährleisten, sondern auch wegen des Wegfalls der Problematik des Meßgeräte-Innenwiderstandes eine Minimisierung von Meßfehlern ermöglichen.

Ein im Vergleich zu anderen Biosignalen bei der EDA-Messung besonders stark in Erscheinung tretendes Problem ist die im Verhältnis zur Gesamtbreite des Meßbereichs normalerweise *geringe Änderung* des Signals während einer EDR. Elektrodermale Reaktionswerte werden daher oft vom EDL mit Hilfe von *Brücken-* oder sog. *backing-off*-Schaltungen bzw. *AC-Kopplung* abgetrennt, um die Dynamik des EDA-Signale besser erfassen zu können (vgl. Abschnitt 2.1.3).

Die im Zusammenhang mit der besonderen Dynamik des Signals stehenden *Verstärkerprobleme*, die an das Signal/Rauschverhältnis der Meßverstärker zu stellenden Anforderungen sowie die sich aus den *Filtervorgängen* bei der Verstärkung ergebenden Gefahren einer möglichen Verfälschung des Signals wurden im Abschnitt 2.1.4 besprochen. Auch ist auf eine völlige *galvanische Trennung* der EDA-Koppler von allen anderen Meßverstärkereingängen zu achten.

Insgesamt können unter Berücksichtigung der genannten Prinzipien vermittels der heute verfügbaren ausgereiften Meß- und Verstärkertechnik adäquate und störungsfreie EDA-Meßsysteme aufgebaut werden. Wesentliche neue Entwicklungen sind allerdings noch auf dem Gebiet der *Wechselstrommessungen* (vgl. Abschnitt 2.1.5) und dort insbesondere im Bereich *phasischer* Veränderungen zu leisten. In den Abschnitten 2.2.3 – 2.2.5 werden dann konkrete Meßanordnungen für endosomatische sowie exosomatische EDA-Messungen mit Gleich- und Wechselstrom angegeben.

2.2 Ableitung, Verstärkung und Registrierung elektrodermaler Aktivität

Nachdem bereits im Kapitel 2.1 die verschiedenen zur Messung der elektrodermalen Aktivität verwendeten Schaltungen vom Prinzip her beschrieben wurden, sollen in den folgenden Abschnitten konkrete Anleitungen zur EDA-Messung gegeben werden.

Dabei konnte in weiten Teilen auf zwei neuere Publikationen zurückgegriffen werden, die auf sorgfältigen Analysen der bisherigen Untersuchungsergebnisse zur EDA-Methodik bzw. den Konsens einer Reihe von mit der EDA-Messung befaßten Arbeitsgruppen basieren: auf das Methodenkapitel von Venables und Christie (1980) sowie auf die im Auftrag der *Society for Psychophysiological Research* verabschiedeten Empfehlungen einer Expertenkommission (Fowles et al. 1981).

Beide Publikationen versuchen allerdings, die Möglichkeiten der EDA-Messung insofern einzugrenzen, als sie davon ausgehen, daß die exosomatische EDA nur noch mit der *Konstantspannungsmethode* gemessen werden sollte. Dies hat sich jedoch in der Praxis nicht durchgesetzt und wird sich auch wohl kaum durchsetzen, wie an vielen auch neueren im Teil 3 dieses Buches beschriebenen Arbeiten, die mit *Konstantstromtechnik* durchgeführt wurden, zu sehen ist. Auch besitzen beide exosomatischen Techniken *Vor-* und *Nachteile* (vgl. Abschnitt 2.6.2), so daß die Konstantstromtechnik als alternative Meßmethode in die folgende Darstellung mit einbezogen wird.

2.2.1 Ableitorte und ihre Behandlung

Zur Messung der *exosomatischen* EDA (vgl. Abschnitte 2.2.4 und 2.2.5), verwendet man *zwei aktive* Ableitorte (bipolare Ableitung), während man bei der *endosomatischen* EDA-Messung einen *aktiven* und einen *passiven* Ableitort benötigt (vgl. Abschnitt 2.2.3). Bezüglich der Auswahl und einer möglichen *Vorbehandlung* der betreffenden Hautareale wurden zwar verschiedentlich Empfehlungen i. S. von Standardisierungsvorschlägen ausgesprochen, ein diesbezüglicher Standard hat sich jedoch bis heute noch nicht allgemein durchsetzen können.

2.2.1.1 Wahl der Ableitorte

Als *aktive Ableitorte* wurden in der überwiegenden Zahl der vorliegenden Untersuchungen die *palmaren Flächen* verwendet, d. h. die Innenseiten der Hände bzw. der Finger. Venables und Christie (1980) geben hierfür vier Gründe an:

(1) die *Elektroden* sind relativ *leicht anzubringen* und vor Ablösung durch Bewegungen zu schützen,
(2) die verfügbare *Fläche* ist ausreichend *groß*,
(3) die Wahrscheinlichkeit von *Schrammen* auf der Haut ist dort *gering*,
(4) die *elektrodermale Aktivität* ist an den palmaren Flächen relativ *stark*.

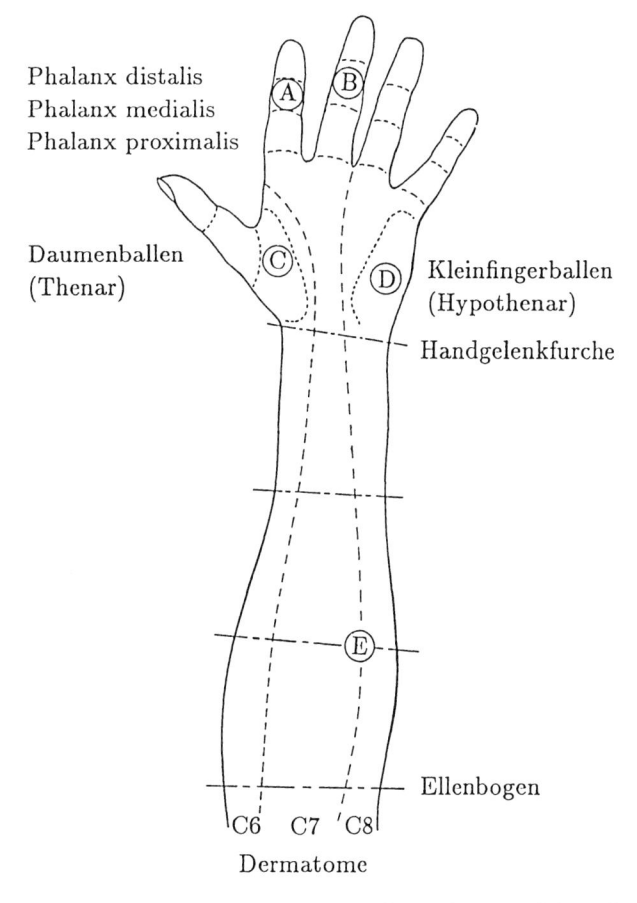

Abbildung 26. Bevorzugte Ableitorte für die palmare elektrodermale Aktivität (A bis D) und empfohlene Position der inaktiven Elektrode für die endosomatische Messung (E). C6 bis C8: Dermatome. (Leicht modifiziert nach Venables und Christie, 1980, Figure 1.7.)

Abbildung 26 zeigt die bevorzugten palmaren Ableitorte für die Messung der EDA, wobei im allgemeinen die *nicht-dominante Hand* verwendet wird, da dort die Schwielenbildung geringer ist und die dominante Hand zum Schreiben oder für andere manuelle Tätigkeiten freibleiben kann. Auch ist die Wahrscheinlichkeit des Auftretens von *Bewegungsartefakten* (vgl. Abschnitt 2.2.7.2) bei der Ableitung von der nicht-dominanten Hand *geringer*. Bei einer Ableitung an den Fingern werden von Venables und Christie (1980) die Elektrodenplazierungen A und B an den *mittleren Phalangen* (Gliedern) des *Zeige-* und des *Mittelfingers* empfohlen, da diese gegenüber den Fingerspitzen weniger verletzungsgefährdet sind. Anstelle der medialen können ebenso gut die *proximalen* Fingerglieder als Ableitorte dienen. Auch sind entsprechende Ableitungen von den beiden anderen Fingern möglich.

Insbesondere bei schmalen Fingern und/oder großflächigen Elektroden können jedoch an diesen Ableitorten Schwierigkeiten mit der Fixierung der Elektroden und der Begrenzung der Kontaktflächen (vgl. Abschnitt 2.2.2.1) auftreten, so daß einige Autoren den Elektrodenplazierungen C und D auf der Mitte des *Daumenballens* (Thenar) und des *Kleinfingerballens* (Hypothenar) den Vorzug geben. Nach Edelberg (1967) sind SCL und SCR dort sogar geringfügig höher als an den Fingergliedern. Daß die damit verbundene Lage der Ableitorte auf verschiedenen Dermatomen (vgl. Abbildung 26) zur Asynchronie führen kann, wie Venables und Christie (1980) vermuten, ist wegen der nicht geklärten Zuordnung der sudorisekretorischen Zellkörper in bestimmten Rückenmarkssegmenten zu entsprechenden Hautfeldern (vgl. Abschnitt 1.3.2.1) nicht sehr wahrscheinlich. Man kann auch beide Elektroden entweder auf dem Daumen- oder auf dem Kleinfingerballen fixieren, muß jedoch darauf achten, daß kein unmittelbarer elektrischer Kontakt zwischen ihnen durch die Elektrodenpaste entsteht.

Systematische Untersuchungen zum Vergleich des SCL an verschiedenen Körperstellen haben zwar ergeben, daß die Kopfhaut, vermutlich wegen der reichlich vorhandenen Haarfollikel (vgl. Abschnitt 1.4.2.1), die fast viereinhalbfache Leitfähigkeit der Fingerinnenseiten besitzt (Edelberg 1967), entsprechende Vergleiche von SRRs (Rickels und Day 1968) ergaben jedoch, daß alle *nichtpalmaren Ableitorte* außer den Füßen *lange Perioden* elektrodermaler *Inaktivität* zeigten, während zur gleichen Zeit palmar spontane und evozierte EDRs abgeleitet werden konnten. Die besondere Eignung palmarer und plantarer Hautflächen zur Ableitung der EDA wird schon durch die wahrscheinlich von der übrigen Haut *abweichende Innervation* der dort vorhandenen Schweißdrüsen und ihre besondere Rolle beim "*emotionalen*" *Schwitzen* nahegelegt (vgl. Abschnitt 1.3.2.4).

Für den Fall, daß beide Hände zur Ausführung von Tätigkeiten während der Messungen gebraucht werden, bieten sich zunächst die *plantaren Flächen*, d. h. die Fußsohlen, als aktive Ableitorte an. Edelberg (1967) empfiehlt stattdessen einen Ableitort an der *Fußinnenseite* über dem Musculus abductor hallucis (Strecker der Großzehe im Grundgelenk), und zwar medial angrenzend an die Fußsohle, etwa in der Mitte zwischen der proximalen Phalanx der Großzehe und einem Punkt unterhalb des Knöchels (vgl. Abbildung 27).

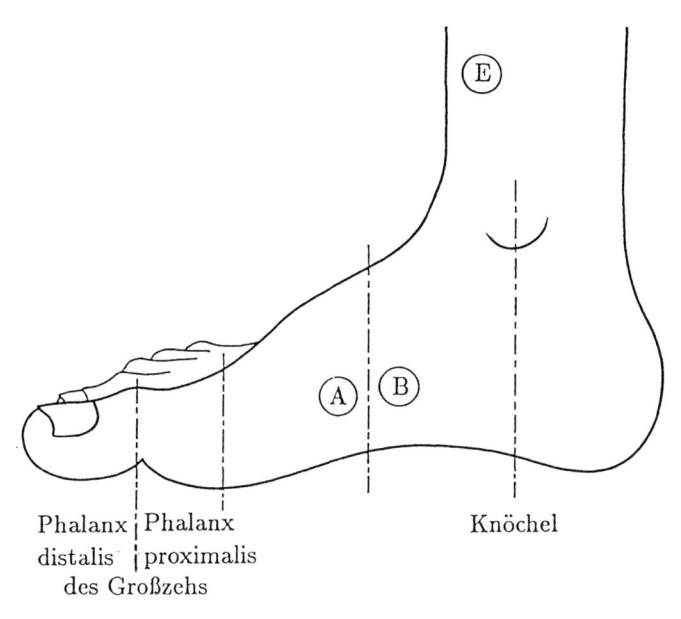

Abbildung 27. Medialansicht des rechten Fußes mit den empfohlenen Ableitorten A und B für die elektrodermale Aktivität und der Position E der inaktiven Elektrode für die endosomatische Messung.

Diese Stelle weist nach Messungen von Edelberg (1967) die größte SCR im Bereich des Fußes und einen fast ebenso großen SCL wie die Fußsohle auf. Auch Rickels und Day (1968) fanden, daß die unterhalb des Fußknöchels abgeleiteten evozierten SRRs parallel zu denen an den plantaren Ableitorten auftraten. Die in Abbildung 27 eingezeichnete Elektrodenposition hat gegenüber der Befestigung an den Fußsohlen den Vorteil, daß sowohl *Stehen* als auch *Gehen* mit den angelegten Elektroden *möglich* ist, ohne daß man eine spezielle Anpassung der Fußbekleidung vornehmen muß. Allerdings können dabei die Messungen durch Muskelspannungs- und Druckartefakte (sog. Ebbecke-Wellen, vgl. Abschnitt 1.4.2.3) beeinträchtigt werden. Bei *sitzenden* Pbn tritt dieses Problem nicht auf, auch müssen die Socken zum Befestigen der Elektroden nicht vollständig ausgezogen, sondern lediglich zurückgestreift werden.

Die für die *endosomatische* Messung benötigte *inaktive Elektrode* (vgl. Abschnitt 2.2.3) sollte an einer Ableitstelle mit möglichst geringen Potentialdifferenzen der Hautoberfläche zum Körperinneren und geringer SPR-Aktivität plaziert werden. Edelberg (1967) hielt zunächst aufgrund der von ihm durchgeführten Vergleichsmessungen die Innenseite des Ohrläppchens als die am besten geeignete Stelle; wegen der Gefahr von EKG-Einstreuungen ist sie allerdings für SP-Ableitungen an Händen oder Füßen als Referenzpunkt nicht allgemein zu empfehlen. Werden jedoch außer Hautpotentialen *noch weitere* physiologische *Variablen* registriert, wird man i. d. R. den Pb nur an einer Stelle erden können, wobei die Erdelektrode möglichst nahe an die Ableitstelle für das schwächste Biosignal gebracht werden sollte. Man wird also nicht umhin können, die Erdelektrode im Kopfbereich anzubringen, wenn man z. B. EEG und SP zusammen ableitet. In diesem Fall wird für die SP-Messung ein von der gemeinsamen Erde *entkoppelter Verstärker* benötigt (Venables und Christie 1980), da sonst EKG-Einstreuungen im SP auftreten (vgl. Abschnitt 2.2.3).

Bei *palmaren* SP-Messungen sollte nach Venables und Christie (1980) die inaktive Elektrode auf einem mit Schmirgelpapier *vorbehandelten Ableitort* (vgl. Abschnitt 2.2.1.2) an der *Innenseite* des *Unterarms* (Punkt E in Abbildung 26) in der Höhe von 2/3 der Strecke Handgelenk – Ellenbogen plaziert werden, da diese mit größerer Sicherheit elektrisch inaktiver sei als die von Edelberg (1967) angegebene Stelle auf der Elle ca. 4 cm unterhalb des Ellenbogengelenks. Für SP-Messungen am *Fuß* eignet sich nach Edelberg (1967) ein Ableitort auf dem *Schienbein*, ca. 3 cm oberhalb des Fußgelenks (Punkt E in Abbildung 27), der ebenfalls entsprechend vorbehandelt werden sollte.

2.2.1.2 Vorbehandlung der Ableitorte

Bezüglich einer möglichen Vorbehandlung der *aktiven Ableitorte* werden unterschiedliche Empfehlungen gegeben. Zweifellos beeinflussen sowohl der Grad der Hydrierung als auch die Elektrolytkonzentration der Hautoberfläche die EDA; läßt man jedoch die *Elektrodencreme* nach dem Anlegen der Elektroden *längere Zeit* auf die Haut *einwirken* (vgl. Abschnitt 2.2.2.5), kann man davon ausgehen, daß Effekte wie die Abnahme der NaCl-Konzentration auf der Hautoberfläche durch Waschen mit Seife, wie es Venables und Christie (1980) zur Standardisierung empfehlen, wieder aufgehoben werden. Schandry (1981) rät zudem davon ab, die Haut mit Seife zu waschen, da dies zu einem Aufquellen der Epidermis und damit zu einer Erniedrigung des SCL führen könne. Bei sehr *fettiger Haut* kann es jedoch notwendig werden, die Ableitstellen kurz mit *Alkohol* abzureiben, damit die Elektroden-Kleberinge besser haften (vgl. Abschnitt 2.2.2.1). Walschburger (1976) empfiehlt Waschen mit lauwarmem Wasser ohne Seife und anschließende Reinigung mit 70 %igem Alkohol. Insgesamt erscheint eine Vorbehandlung der Ableitorte für exosomatische Messungen im Normalfall nicht notwendig.

Elektroden

Der Ableitort für die bei der *endosomatischen* Messung notwendige *inaktive Elektrode* (vgl. Abschnitt 2.2.3) *muß* dagegen eine Vorbehandlung erfahren, bei der das *Stratum corneum* zur Verringerung der Potentialdifferenz zwischen Ableitstelle und Körperinnerem unter der inaktiven SP–Elektrode *entfernt* wird. Dies kann durch leichtes *Anschleifen* mit feinem *Schmirgelpapier* (Körnung 220 oder 360) geschehen, und zwar so lange, bis eine glänzende Vertiefung zu sehen ist, das Stratum lucidum (vgl. Abschnitt 1.2.1.1). Dabei muß ein Austritt von Blut in jedem Fall vermieden werden, da sonst ein Wundpotential entstehen könnte (Venables und Christie 1980). Diese Technik erfordert *große Vorsicht* und einige Übung, man sollte zunächst einmal an der eigenen Haut versuchen, solche Ableitungen durchzuführen. Durch den Kontakt der Elektrodenpaste mit der angeschmirgelten Stelle können Schmerzen auftreten, auch sind nach dem Entfernen der Elektrode ein *Erythem* (Hautrötung) und eine *leichte Schwellung* zu erwarten. Es ist daher stets abzuwägen, inwieweit man die Haut schonen und dabei geringere SPLs und vor allem niedrige SPR amp. in Kauf nehmen sollte, oder ob man dem Pbn die o. g. Unannehmlichkeiten zumuten kann, um bessere Meßergebnisse zu erreichen[18].

Von einigen Autoren wird die Verwendung einer Art von *Zahnarztbohrer* zur Entfernung des Corneums empfohlen (z. B. Shackel 1959). Pasquali und Roveri (1971) beschreiben ein von Zipp (1983) automatisiertes Verfahren, mit dessen Hilfe während der Durchführung dieses sog. *Skin–drilling* die Hautwiderstandsabnahme gemessen und damit eine unnötig tiefe Abtragung des Corneums vermieden werden kann. Burbank und Webster (1978) verwenden anstelle einer flächigen Abtragung eine *Mikropunktionstechnik* zur Verminderung des Widerstandes des Stratum corneum. Auch die sog. *Stripping*-Technik (vgl. Abschnitt 1.4.2.1) eignet sich prinzipiell zur Abtragung des Corneums.

2.2.2 Elektroden und Elektrolyte

Im Vergleich zur Lokalisation und Vorbehandlung der Ableitorte (vgl. Abschnitt 2.2.1) läßt sich bei der Wahl der Elektroden und des Elektrolyten zur EDA–Messung bereits eine *Tendenz* zur *Standardisierung* erkennen. Probleme mit der beschriebenen Meßanordnung können jedoch bei Messungen entstehen, die länger als einige Stunden dauern. Darauf wird im Abschnitt 2.2.8.1 gesondert eingegangen. Elektroden und Elektrolyte für weitere spezielle Anwendungen werden in den Abschnitten 2.2.8.3 und 2.2.8.4 beschrieben.

---

[18] Nach Venables und Christie (1980) bestehen bei Kindern noch keine Potentialdifferenzen zwischen geschmirgelten und unvorbehandelten Ableitstellen am Unterarm, so daß bei ihnen auf diese Vorbehandlung verzichtet werden kann.

2.2.2.1 Äußere Form der Elektroden und ihre Befestigung

Die heute gebräuchlichen EDA-Elektroden gehören zur Gruppe der sog. *Napfelektroden*, bei denen sich die eigentliche Elektrodenfläche auf dem Grunde eines zylindrischen Plastiknapfes befindet, der mit der *Elektrodenpaste*, die den Elektrolyten enthält (vgl. Abschnitt 2.2.2.5), gefüllt wird. Abbildung 28 zeigt eine solche Elektrode, die aus einer runden *Silberplatte* von ca. 6 mm Durchmesser besteht, auf die eine gesinterte *Silber/Silberchlorid*-Schicht aufgebracht wurde (vgl. Abschnitt 2.2.2.3).

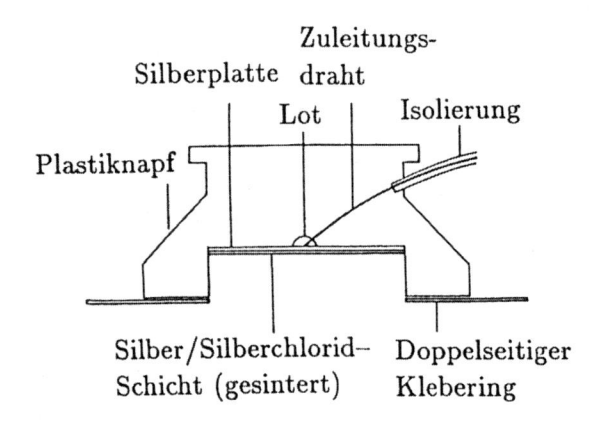

Abbildung 28. Silber/Silberchlorid-Elektrode. Die Elektrodenfläche besteht aus einer Silberplatte, die mit einer Schicht aus gesintertem Ag/AgCl bedeckt ist. Sie ist in einen Plastiknapf mit zylindrischer Aussparung eingebettet, deren Grundfläche die Elektrodenfläche bildet, und mit einem isolierten Zuleitungsdraht verlötet.

Die Elektroden werden i. d. R. mittels eines *doppelseitigen Kleberings*, dessen Ausschnitt genau dem Durchmesser des Napfes entspricht, auf der Haut angebracht. Dazu wird zunächst die eine Klebefläche des Rings paßgenau auf dem Elektrodenrand befestigt, danach wird der nach oben gehaltene Napf mit der Elektrodenpaste ohne Luftblasenbildung gefüllt, die überflüssige Paste wird mit einem Spatel oder einem Metallstab (Stricknadel) in der Ebene des noch mit der zweiten Schutzschicht versehenen Kleberings abgestreift, diese wird entfernt und die Elektrode mit der ihr abgewandten Klebefläche auf der Haut befestigt. Dieses Verfahren gewährleistet eine z. B. für die Konstantstrommethode wich-

Elektroden 117

tige exakt *definierte Kontaktfläche* zwischen der Haut und dem Elektrolyten (vgl. Abschnitt 2.2.4), allerdings nur, wenn sorgfältig darauf geachtet wird, daß keine Elektrodenpaste zwischen Klebering und Haut austritt, was insbesondere beim Anbringen auf den Fingergliedern leicht geschehen kann.

Als *Alternative* wird von Walschburger (1975) sowie von Venables und Christie (1980) für die Befestigung der Elektroden empfohlen, zunächst den Klebering auf der Haut anzubringen und danach die mit der Elektrodenpaste gefüllte Elektrode auf den Ring zu kleben. Der Rand der Elektrode darf hierbei nicht mit der Paste in Berührung kommen, da dies eine spätere Ablösung der Elektrode zur Folge haben würde. Daher erfordert dieses Verfahren einige Übung. Man kann allerdings einen Kontakt des Elektrodenrandes mit der Paste unter Opferung eines zweiten Kleberinges vermeiden, indem man die Elektrode wie zu Beginn dieses Absatzes beschrieben vorbereitet, nach dem Abstreifen der überschüssigen Elektrodenpaste jedoch den gesamten Klebering abzieht und die *gefüllte Elektrode auf den* als Maske auf der Haut angebrachten anderen *Klebering leicht andrückt*. Bei dieser Befestigungstechnik kann es geschehen, daß der Elektrodennapf-Ausschnitt nicht vollständig mit der Maske zur Deckung kommt. Da allerdings sowohl die *Kontaktfläche* Haut/Elektrolyt als auch die Kontaktfläche Elektrolyt/Elektrode dabei *konstant* bleiben, wie Abbildung 29 zeigt, ist eine Verfälschung des Meßergebnisses dadurch nicht zu erwarten. Das Gleiche gilt für nicht allzu große *Hohlräume*, die bei nicht vollständig gefülltem Napf entstehen können: die Leitfähigkeit der Elektroden-

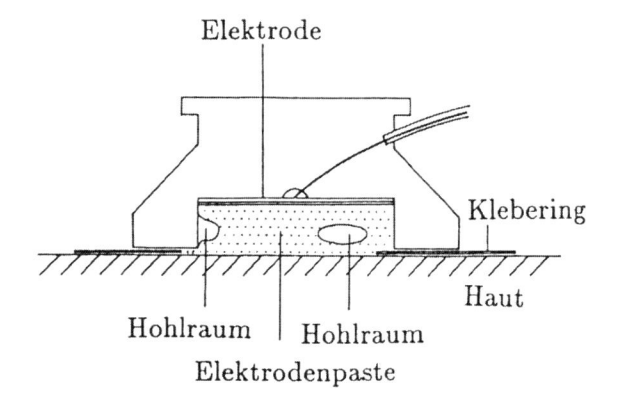

Abbildung 29. Wirkung der Verschiebung des Elektrodennapfes gegenüber einem vorher auf der Haut befestigten Klebering und von Hohlräumen in der Elektrodenpaste. (Erläuterungen siehe Text.)

paste in der verbleibenden Brücke ist so groß, daß ihr gegenüber der Gesamtfläche etwas verminderter Querschnitt nicht in Gewicht fällt (vgl. Abbildung 29).

Bei *stark schwitzenden Personen* kann sich der Klebering und damit die Elektrode durch die Feuchtigkeitseinwirkung bereits nach kurzer Zeit von der Haut *lösen*. Ein zusätzliches *Umwickeln* des Fingers und der Elektrode *mit Klebeband*, wie es z. B. von Venables und Christie (1980) bei zu erwartenden Bewegungen der Hand des Pb empfohlen wird, bringt die Gefahr von mechanischer Beanspruchung der Haut mit sich. Dadurch können Ebbecke-Wellen (vgl. Abschnitt 1.4.2.3) und damit *Artefakte* ausgelöst werden (vgl. Abschnitt 2.2.7.2). Auch können durch den Druck auf die Elektrode Veränderungen in der lokalen Blutzirkulation und damit verbundene Abschwächungen der EDR, insbesondere des positiven Anteils der SPR, auftreten, weshalb der *Andruck* der Elektrode *so gering wie möglich* gehalten werden sollte (Edelberg 1967). Hier bietet sich die Möglichkeit an, die Elektroden mittels *Histoacrylkleber*[19] zu befestigen, der später mit Aceton entfernt werden kann. Auch bei dieser Klebetechnik ist es problematisch, die Elektrode bereits vor dem Ankleben mit Elektrodenpaste zu füllen, weil dabei der Rand der Elektrode mit der Paste in Kontakt kommen kann und der Kleber dort nicht mehr haftet. Man sollte daher die Elektrode zunächst wie üblich mit einem doppelseitigem Klebering versehen, diesen nach Einfüllen und Abstreifen der Paste wieder entfernen und anschließend den freigewordenen Elektrodenrand mit dem Kleber bestreichen. Eine andere Technik besteht darin, nach der Fixierung der trockenen Elektrode mit Histoacrylkleber die Elektrodenpaste mittels einer *abgesägten Spritze* durch ein seitlich in den Plastiknapf gebohrtes Loch von 1 bis 1.5 mm Durchmesser einzufüllen, wobei ein zweites Loch auf der Gegenseite zum Entweichen der Luft vorgesehen werden muß (Andresen 1987). Bei Langzeituntersuchungen (vgl. Abschnitt 2.2.8.1) wurde auch bereits eine Befestigung der Elektroden mit *Kollodium* erfolgreich eingesetzt (Turpin et al. 1983).

Zur *Zugentlastung* sollte das Elektrodenanschlußkabel in 2 bis 3 cm Entfernung von der Elektrode mit Klebeband auf der Haut befestigt werden. In jedem Fall ist auf *selbsthaftenden, dauerhaften Sitz* der Elektrode bei *möglichst konstanter Kontaktfläche* zwischen der Haut und dem Elektrolyten zu achten. Die *Hand* mit den Elektroden sollte bequem in einer leicht gekrümmten physiologischen *Ruhestellung* entweder mit den Handflächen nach oben oder nach unten gelagert werden, wobei im letzteren Fall eine weiche, keinen Wärmestau verursachende Unterlage verwendet werden sollte (Walschburger 1975).

---

[19]Hersteller: Braun AG, Melsungen. Der Kleber wird in Ampullen geliefert und muß im Kühlschrank gelagert werden. Vorsicht: es besteht bei unvorsichtigem Gebrauch die Gefahr von Augenverletzungen! Auch löst das Aceton die Ränder des Plastiknapfes der Elektroden an, wodurch diese rauh und ggf. später an den Seiten undicht werden können.

2.2.2.2 Fehlerpotentiale und Elektrodenpolarisation

Edelberg (1967) und Fowles et al. (1981) nennen folgende *Anforderungen*, die an EDA–Elektroden zu stellen sind:

(1) sie sollten möglichst *geringe Fehlerpotentiale* aufweisen,
(2) sie sollten eine *geringe Polarisationsneigung* zeigen, d. h. auch große Stromdichten sollten keine nennenswerten Polarisationseffekte hervorrufen.

Als *Fehlerpotentiale* (bias–Potentiale) bezeichnet man *Potentialdifferenzen*, die zwischen zwei Elektroden entstehen, die *ohne* Anlegen einer *Fremdspannung* in den gleichen Elektrolyten eingebracht werden. *Bias-Potentiale* werden häufig fälschlicherweise als Polarisation bezeichnet (Edelberg 1967). Man kann Fehlerpotentiale messen, indem man zwei Elektroden, deren Näpfe mit dem Elektrolyten gefüllt werden, so zusammenbringt, daß ein vollflächiger Kontakt besteht. Für die endosomatische EDA–Messung sollte das Fehlerpotential kleiner als 1 mV sein (Venables und Christie 1980, Fowles et al. 1981). Normalerweise zeigt sich, daß Elektroden mit *niedrigem Fehlerpotential* auch eine geringere Drift über die Zeit hinweg aufweisen (vgl. Abschnitt 2.3.4.3). Fowles et al. (1981) empfehlen, alle 2–3 Tage eine Bestimmung der Fehlerpotentiale durchzuführen. Man benötigt hierfür ein Verstärkersystem, das Potentialdifferenzen zwischen 0.1 und 10 mV zuverlässig erfaßt.

Fehlerpotentiale beeinflussen sowohl die exosomatische als auch die *endosomatische* EDA–Messung, spielen jedoch bei der letzteren eine erheblich *größere Rolle*, da sie leicht zu Verschiebungen der Größenordnung von 100 % im SPL führen können (Edelberg 1967). Elektroden, die zur endosomatischen Messung verwendet werden, sollten alle 3 Tage *kontrolliert* und bei einem Überschreiten eines Fehlerpotentialwertes von 3 mV ersetzt werden (Fowles et al. 1981). Für die *exosomatische* Messung können Fehlerpotentiale zwischen 3 und 5 mV toleriert werden.

Polarisationsspannungen entstehen beim Anlegen einer *Fremdspannung*, und zwar nicht nur an den *biologischen Membranen* (vgl. Abschnitt 1.4.2), sondern treten auch an der *Grenze* zwischen *Elektrode und Elektrolyt* entweder als Folge der durch die Oxidations–Reduktionsvorgänge entstehenden Energiebarriere an der Elektrodenfläche auf oder sind darauf zurückzuführen, daß der Ionentransport über diese Grenze durch die Diffusionsrate der Ionen begrenzt wird (Venables und Christie 1980). Polarisationsspannungen beeinflussen die *exosomatische* EDA–Messung, indem sie der angelegten Spannung entgegenwirken. Nach den Ergebnissen einer Untersuchung von Barry (1981) beeinflußte die Verwendung polarisierbarer Elektroden die SRR kaum, ein möglicher Einfluß auf den SRL konnte jedoch nicht ausgeschlossen werden.

Man kann Polarisationseffekte sowohl in vitro als auch in vivo messen. Eine Methode zur *Messung der Polarisierbarkeit* von Elektroden beschreibt Edelberg (1967): bringt man zwei Elektroden von jeweils 1 cm² Fläche mit 1 cm Abstand in eine 0.1 n–NaCl–Lösung[20], deren spezifischer Widerstand etwa 100 Ohm · cm ist, dürfte die zwischen ihnen auftretende Spannung lediglich 1 mV betragen. Höhere Potentialdifferenzen sind auf Polarisationseffekte zurückzuführen. Fowles et al.(1981) empfehlen eine Methode, die auch während der EDA–Messung mit Gleichstrom angewendet werden kann: man polt die beiden Elektroden um und beobachtet, wie lange es dauert, bis der ursprüngliche SCL oder SRL wieder erreicht ist. Man kann nach einiger Übung aus der Form der entsprechenden Sprungantwort erkennen, inwieweit es sich dabei um einen Effekt der Umpolarisierung der Elektroden oder der Membran in der Haut darstellt. Quantifizierbare Ergebnisse sind jedoch damit nicht zu erreichen, so daß die *Umpolung* eher eine Methode zur *Abschätzung* von Polarisationseffekten beim täglichen Gebrauch darstellt.

Ein systematischer *Wechsel der Polarität* während der Messungen gewährleistet zusätzlich eine bessere Vergleichbarkeit der Elektroden über einen längeren Zeitraum hinweg: beim Anlegen von Gleichstrom und bei der Verwendung eines Chlorionen–haltigen Elektrolyten wird mit der Zeit die eine Elektrode chloriert, die andere dechloriert. Zwar erfolgt auch durch die zufällige Positionierung der Elektroden bei verschiedenen aufeinanderfolgenden Messungen mit großer Wahrscheinlichkeit ein entsprechender Ausgleich, dieser kann jedoch durch die o. g. Umpolung während der Messungen selbst auf jeden Fall gesichert werden.

2.2.2.3 Auswahl bzw. Herstellung von Elektroden

Als Standard–EDA–Elektroden haben sich heute *gesinterte Silber/Silberchlorid* (Ag/AgCl)–*Napfelektroden* praktisch vollständig durchgesetzt, sog. reversible Elektroden, die aus einem Metall in Verbindung mit seinen eigenen Ionen bestehen (Fowles et al. 1981). Derartige Elektroden weisen die geringsten Fehlerpotentiale auf und sind *praktisch unpolarisierbar* (vgl. Abschnitt 2.2.2.2)[21]. Auch haben sie nach Edelberg (1967) gegenüber den früher ebenfalls häufig verwendeten Zink/Zinkchlorid bzw. Zink/Zinksulfat–Elektroden zusätzlich den Vorteil, daß kein anderer Elektrolyt als eine hautverträgliche NaCl–Lösung notwendig ist (vgl. Abschnitt 2.2.2.5). Fowles et al. (1981, Fußnote 3) geben an, daß $Zn/ZnSO_4$–Elektroden ebenfalls unpolarisierbar sind. Sie werden

---

[20] Entspricht bei dem monovalenten NaCl einer 0.1 M–Lösung, also 0.58 g NaCl in 100 ml Wasser gelöst.

[21] Die Beckman–Biopotential–Elektroden (vgl. Fußnote 22) zeigen bias–Potentiale von weniger als 250 μV und Polarisations–Potentiale von weniger als 5 μV (Venables und Christie 1980).

zwar nicht im Handel angeboten, sollen jedoch leicht selbst herzustellen sein. Allerdings wird die richtige Zusammensetzung der adäquaten Elektrodenpaste als strittig angesehen, so daß diese Elektroden von der Expertenkommission nicht empfohlen werden.

Man kann auch – allerdings ungesinterte – Ag/AgCl-Elektroden selbst herstellen (Venables und Christie 1973, Seite 107) und erzielt damit angeblich gute Ergebnisse, allerdings ist das Verfahren sehr aufwendig und man benötigt reines Silber (99.99 %). I. d. R. wird daher die Verwendung der im Handel befindlichen gesinterten Ag/AgCl-Elektroden vorgezogen.

Die *Kontaktfläche* des Elektrolyten mit der Haut, d. h. die Fläche der Öffnung des zylindrischen Napfes der Elektrode (vgl. Abbildung 28) sollte nach Fowles et al. (1981) 1 cm^2 betragen, sofern die Ableitstelle dies erlaubt, da mit abnehmendem Elektrodendurchmesser der prozentuale Fehler durch mögliches seitliches Austreten von Elektrodenpaste zunimmt und beim Konstantstromverfahren Linearitätsprobleme auftreten können (vgl. Abschnitt 2.6.2). Die im Handel befindlichen Standard-Elektroden[22] weisen jedoch lediglich eine Fläche von ca. 0.6 cm^2 auf. Die Auswirkung einer Veränderung der Kontaktfläche ist allerdings umstritten: Mitchell und Venables (1980) kommen aufgrund systematischer Untersuchungen des Zusammenhangs zwischen Elektrodenflächen von 0.017 bis 0.786 cm^2 und SCL sowie SCR amp. zum Ergebnis, daß die Kontaktfläche Elektrode/Haut zumindest in diesem Bereich relativ unkritisch ist. Sie empfehlen aus Praktikabilitätserwägungen für Ableitungen an den Fingergliedern Elektrodenflächen von 0.8 cm Durchmesser (ca. 0.503 cm^2), halten allerdings den *Einfluß* der *Fläche* auf die Messung für so *gering*, daß auch Elektroden anderer Größen verwendet werden könnten (vgl. Abschnitt 2.2.4). Neuere Befunde von Mahon und Iacono (1987) sprechen jedoch wieder für eine deutliche lineare Abhängigkeit des SCL und der SCR amp. von der Kontaktfläche Elektrolyt/Haut (vgl. Abschnitt 2.3.3.1), so daß eine Standardisierung von Elektrodenflächen wünschenswert erscheint. Bei der *endosomatischen* EDA-Messung spielt die Elektrodengröße allerdings eine *untergeordnete* Rolle (vgl. Abschnitt 2.2.3).

---

[22]International am gebräuchlichsten sind die Standard-Biopotential-Elektroden von *Beckman* Instruments, deutsche Niederlassung in München. Preisgünstiger, aber in Deutschland z. Zt. schwer erhältlich, sind In-Vivo-Metric-Systems-Elektroden, die auch mit Steckverbindungen zwischen Elektrode und Anschlußkabel geliefert werden. Bei den letztgenannten Elektroden ist der Plastiknapf außen wie innen zylindrisch geformt.

2.2.2.4 Reinigung und Pflege der Elektroden

Bei der Reinigung der Elektroden von Elektrodenpaste muß äußerst sorgfältig vorgegangen werden, damit die Ag/AgCl–Schicht nicht beschädigt wird. EDA–Elektroden dürfen *niemals* unter Zuhilfenahme irgendwelcher Gegenstände *mechanisch* gereinigt bzw. getrocknet werden. Die Elektrodenpaste muß bald nach dem Gebrauch der Elektrode unter *fließendem Wasser* vollständig ausgespült werden, wozu auch ein Dental–Sprühgerät verwendet werden kann. Zur Vermeidung von Kalkablagerungen empfiehlt sich das *Nachspülen* mit *destilliertem* Wasser. Die Trocknung erfolgt an der Luft, ggf. mit Hilfe eines Föns.

Werden die Elektroden nicht laufend verwendet, sollten sie *trocken aufbewahrt* und über die Elektrodenkabel *kurzgeschlossen* werden, damit ein Potentialausgleich erfolgen kann. Venables und Christie (1980) empfehlen, sie vor der EDA–Messung mindestens 24 Stunden lang in einer der Zusammensetzung der Elektrodenpaste entsprechenden Lösung des Elektrolyten aufzubewahren und dabei die Elektroden–Anschlußkabel ebenfalls miteinander zu verbinden, damit die Ionen des Elektrolyten bereits in die poröse Oberfläche des Ag/AgCl–Schicht eindringen und die dort ggf. stattfindenden lokalen Reaktionen schon vor Beginn der Messung ablaufen können.

Nach einiger Zeit kann trotz sorgfältigster Pflege auf der grauen Ag/AgCl–Schicht eine *schwarze Ablagerung* von AgCl erscheinen, die als Folge der Chlorierung auftritt (vgl. Abschnitt 2.2.2.2). Solange dadurch Fehlerpotentiale und Polarisationsneigung nicht in unzulässiger Weise zunehmen, ist die Funktion der Elektrode nicht beeinträchtigt. Auf keinen Fall darf der Versuch unternommen werden, die Ablagerung mechanisch zu entfernen. Erscheint dagegen eine Schicht *blanken Silbers*, kann die Elektrode ggf. neu chloriert werden (vgl. Abschnitt 2.2.2.3); es handelt sich dann allerdings nicht mehr um eine gesinterte Ag/AgCl–Schicht.

2.2.2.5 Elektrolyte und Elektrodenpasten

Für die EDA–Messung sind *Elektrodenpasten*, die bei der Ableitung *anderer Biosignale* wie Elektrokardiogramm (EKG), Elektroencephalogramm (EEG) oder Elektromyogramm (EMG) verwendet werden, *nicht geeignet*. Da es bei diesen Meßverfahren darauf ankommt, Potentiale, die unterhalb der Haut im Körper entstehen, mit möglichst geringen Spannungsverlusten an die Elektrode zu bringen, weisen die entsprechenden Elektrodenpasten eine *hohe Leitfähigkeit* auf. Demgegenüber kommt es bei der EDA–Messung darauf an, daß das *System Haut* durch den Elektrolyten *möglichst wenig gestört* wird, da eine Interaktion zwischen Haut und Elektrolyt die EDA entscheidend verändern kann. Barry (1981, Fußnote 1) konnte zeigen, daß eine zusätzliche Verringerung des Hautwiderstandes durch hypertonische Elektrodenpasten die Umrechnung von Widerstands- in Leitfähigkeitsreaktionen (vgl. Abschnitt 2.3.3.2) invalidiert. Auch fanden Edelberg et al. (1960), daß die in vielen Pasten enthaltenen multivalenten Ionen wie Kalzium-, Zink- oder Aluminiumionen die Hautleitfähigkeit potenzieren und das Hautpotential verringern. Da im Stratum corneum sowohl NaCl als auch KCl als Salze mit monovalenten Ionen vorkommen, eignen sich *prinzipiell beide Elektrolyten* zur EDA-Messung. Allerdings überwiegen im Schweiß bei weitem NaCl-Ionen, weshalb bei der Verwendung eines *NaCl-haltigen* Elektrolyten die *geringste Störung* des *elektrodermalen Systems* zu erwarten ist.

Da die NaCl-Konzentration des Schweißes in Abhängigkeit von der Stärke des Schwitzens Schwankungen zwischen 0.015 und 0.06 M unterworfen ist (vgl. Abschnitt 1.3.3.1) läßt sich die *Elektrolytkonzentration* nicht genau festlegen. Fowles et al. (1981) vertreten die Auffassung, daß es bei Konzentrationen zwischen 0.05 und 0.075 M unwahrscheinlich ist, daß NaCl, das aus dem Schweiß in die Paste diffundiert, deren Elektrolytkonzentration wesentlich verändert. Edelberg (1967) empfiehlt eine 0.05 M NaCl-Konzentration, die man herstellen kann, indem man 0.29 g reines Kochsalz in 100 ml destilliertem Wasser löst. Hygge und Hugdahl (1985) fanden bei einem Vergleich von 4 Elektrodenpasten mit Konzentrationen zwischen 0.017 und 0.117 M NaCl keine Unterschiede in der Größe der SCRs, so daß auch *geringe Abweichungen* von den empfohlenen NaCl-Konzentrationen *toleriert* werden können.

Einige Autoren verwenden anstelle von NaCl das ebenfalls monovalente KCl (Fowles und Schneider 1978). Venables und Christie (1980) empfehlen aufgrund ihrer eigenen Laborerfahrungen 0.05 M *NaCl* für *exosomatische* und 0.067 M *KCl* für *endosomatische* EDA-Messungen. Schneider und Fowles (1978) schlagen ebenfalls KCl als Elektrolyten für SP-Messungen vor (siehe auch Schluß dieses Abschnitts). Fowles et al. (1981) verweisen darauf, daß die Verwendung von KCl vor allem bei SPL-Messungen zu empfehlen ist, damit die Ergebnisse mit denen der Literatur, insbesondere mit denen der der Gruppe um Venables, vergleichbar sind. Für die SPR-Messungen kann ebensogut NaCl verwendet werden. Da die Zusammensetzung der im Handel erhältlichen, auch der sog. isotonischen Pasten, nicht publiziert ist[23], sollte man der dringenden Emp-

---

[23] Auch für die von Beckman Instruments (vgl. Fußnote 22) hergestellte und häufig für EDA-Messungen verwendete Elektodenpaste "Synapse" trifft dies zu. Eine Analyse dieser und anderer Pasten findet sich bei Zipp et al. (1980). Danach enthält die "Synapse" neben Na- auch bedeutsame Mengen von K- und Cl-Ionen. Grey und Smith (1984) geben für die Beckman-Paste eine NaCl-Konzentration von 4.1 M und als Ingredienzen Glycerin, Tragacanthharz und 0.5 % Benzylalkokol (gegen Keimbildung) an. Die isotonische Paste von Hellige, Freiburg (vgl. Fußnote 1 in Boucsein und Hoffmann 1979) wird nicht mehr produziert.

fehlung von Fowles et al. (1981) folgen, seine *Elektrodenpaste selbst herzustellen*. Als *Salbengrundlage* zur Aufnahme des Elektrolyten eignen sich prinzipiell eine Reihe von *hydrophilen* und weitgehend *ionenfreien* Substanzen (Edelberg 1967), z. B. Agar-Agar (ein gelatineartiger, aus Algen gewonnener Nährboden), Speisestärke oder Methylzellulose (Grundlage für Tapetenkleister, aber auch im Lebensmittelbereich verwendet). Abgesehen davon, daß die Herstellung solcher Elektrodenpasten schwierig ist, da ganz bestimmte Temperaturen eingehalten werden müssen, zeigen sich bei ihrer Anwendung und/oder Lagerung u. U. Probleme. So kann bei der Verwendung von Agar-Agar-Paste nach einiger Zeit eine Abnahme des SCL und der SCR auftreten, die möglicherweise auf eine Hydrierung des Corneums als Folge des Verschlusses der Ausgänge der Schweißdrüsenducti durch Agar-Agar zurückzuführen ist (Fowles und Schneider 1974). Auch haben sich derartige Elektrodenpasten als sehr *keimanfällig* erwiesen: Deffner und Ahrens (1977) berichten, daß EDA-Paste auf Methylzellulose-Basis aufgrund des Keimbefalls innerhalb weniger Tage ihre Konsistenz verliert. Glycol, das von Edelberg verwendet wurde, hat den Nachteil, daß es durch die Kleberinge dringt (Venables und Christie 1980) und dadurch auf der Hautoberfläche Leitungsbrücken bilden kann.

In den USA wurde inzwischen eine EDA-Elektrodenpaste auf der Grundlage von *Unibase* zum Standard erhoben (Fowles et al. 1981). Unibase ist ein hochmolekulares Polyäthylen, dem wegen seiner hydrophoben Eigenschaft ein Emulgator zugesetzt wurde. Die so entstandene weiße, geschmeidige Salbengrundlage kann 30 % ihres eigenen Gewichts an Wasser aufnehmen. Fowles et al. (1981) geben an, daß man zur *Herstellung* von EDA-Elektrodencreme 1 pound (d. h. 453.6 g) Unibase mit 230 ml physiologischer Kochsalzlösung mischen soll. Diese Kochsalzlösung (0.15 M bzw. 0.9 %) ist fertig im Handel erhältlich, kann aber auch in der benötigten Menge durch Auflösen von 2.0 g chemisch reinem NaCl in 230 ml destilliertem Wasser selbst hergestellt werden. Unibase und Kochsalzlösung sollen möglichst mit Hilfe eines elektrischen Mixers gut verrührt werden, danach läßt man die Mischung 24 Stunden stehen, damit sich entstandene Klumpen absetzen können. Die fertige Elektrodenpaste sollte dann eine Konzentration von annähernd 0.05 M NaCl besitzen.

Nach diesen Anweisungen kann die Elektrodenpaste von jedem Apotheker hergestellt werden[24]. Auf jeden Fall sollte die Paste bis auf die kurzzeitig zu ver-

---

[24] Kleinere Mengen fertiger EDA-Elektrodenpaste können vom Verfasser über seine Universität bezogen werden. Unibase wird in USA von Parke-Davis Pharmaceuticals, Morris Plain, N.J. hergestellt, und kann in Deutschland von jedem Apotheker über eine internationale Apotheke bestellt werden. Grey und Smith (1984) geben folgende Ingredienzen für Unibase an: Cetyl- und Stearyl-Alkohole, Weichparaffin, Glycerin und als Mittel gegen Keimbefall Propylparaben (0.0015 %), Natriumcitrat sowie Natriumlaurylsulfonat. Die quantitative Zusammensetzung ist nicht in Erfahrung zu bringen. Unibase enthält nach Grey und Smith 0.028 M Na-Ionen. Versuche, äquivalente Salbengrundlagen auf der Basis von in Deutschland erhältlicher Plastibase (Fiedler 1971) unter Zusatz eines Emulgators herzustellen, scheiterten bislang an deren Keimanfälligkeit.

wendende Menge *im Kühlschrank gelagert* werden, da sie sonst dünnflüssig wird und die Tube auslaufen kann. Der Verfasser hat die nach dieser Rezeptur hergestellte EDA-Elektrodenpaste chemisch analysieren lassen. Dabei ergab sich für Natrium und Chlorid eine etwas unterschiedliche Molarität: 0.07 M Na und 0.045 M Cl, die auf einen erhöhten Na-Anteil der Unibase selbst (vgl. Fußnote 24) zurückzuführen ist. Die Elektrodenpaste ist frei von K- und Ca-Ionen (weniger als 0.01 g/kg) und ist mit einem pH-Wert von 6.5 nahezu neutral[25].

Trotz aller Anpassung des Elektrolyten an die Elektrolytkonzentrationen der Haut und aller Vorkehrungen bezüglich der Konsistenz der Elektrodenpaste kann es zu Einwirkungen des Elektrolyten auf die Haut kommen, die sich im Laufe der Zeit verändern. Bei allen EDA-Messungen sollte daher die Zeit seit Anlegen der Elektroden als mögliche Fehlervarianzquelle berücksichtigt werden. Da *destabilisierende Effekte* i. S. des Auftretens einer *Drift* insbesondere *zu Beginn* zu erwarten sind, sollen die Elektroden mindestens 10 min, besser jedoch 15 bis 20 min vor der ersten Messung angelegt werden, damit sich die Grenze Haut/Elektrolyt stabilisieren kann. Nach Ergebnissen von Campbell et al. (1977), die allerdings mit einer von der üblichen Technik abweichenden Mikroelektrodenmessung (vgl. Abschnitt 2.2.8.4) und in vitro erhalten wurden, hat sich nach etwa 16 min die Wasserkonzentration im Stratum corneum der des Elektrolyten angenähert und auch stabilisiert.

Bei *Langzeitmessungen*, d. h. Messungen, bei denen die Elektroden länger als 1 Stunde auf der Haut bleiben müssen, treten jedoch wieder neue Probleme auf, die im Abschnitt 2.2.8.1 diskutiert werden. Hier scheinen Elektrodenpasten auf der Basis von Polyäthylen-Glycol wegen der durch sie verursachten geringeren Hydration der Epidermis Vorteile gegenüber den Standard-Salbengrundlagen zu haben. Schneider und Fowles (1978) empfehlen auch für die SP-Messungen eine Beimischung von 100 ml Polyäthylen-Glycol zu 100 g Unibase; dieser Salbengrundlage sollen dann 0.76 g KCl zugesetzt werden.

---

[25]Die Analysen wurden freundlicherweise von Priv.-Doz. Dr. B. Neidhart am Institut für Arbeitsphysiologie an der Universität Dortmund durchgeführt.

2.2.3 Endosomatische Messung

Bei der endosomatischen EDA-Messung wird – im Gegensatz zur exosomatischen Messung – *keine Fremdspannung* an die Haut angelegt; es werden lediglich die zwischen zwei Ableitorten vorhandenen Potentialdifferenzen gemessen. Da sich zwischen zwei Ableitorten, an denen relativ zum Körperinneren ein vergleichbar hohes elektrisches Potential besteht, weder nennenswerte Potentialdifferenzen (SPLs) zeigen werden, noch sich mit einer solchen Anordnung phasische SPRs, die ja an beiden Ableitorten parallel auftreten, erfassen lassen, ist es notwendig, zur Hautpotentialmessung neben einer aktiven eine *inaktive Ableitstelle* zu verwenden, die eine möglichst geringe Potentialdifferenz gegenüber dem Körperinneren aufweist (vgl. Abschnitt 2.2.1.1). Auch bei der Einbeziehung einer solchen weitgehend inaktiven Ableitstelle (Elektrode E in Abbildung 26 und 27) sind die SP-Messungen interindividuell und intraindividuell über verschiedene Situationen hinweg nur dann vergleichbar, wenn das *Stratum corneum* mit Hilfe des sog. Skin-drilling weitgehend *abgetragen* wird (Edelberg 1967). Oft ist ohne eine solche Vorbehandlung (vgl. Abschnitt 2.2.1.2) eine sinnvolle SP-Messung gar nicht möglich.

Die endosomatische EDA-Messung erfordert einen *hochohmigen Verstärker* (mindestens 1 MOhm; Venables und Sayer, 1963, empfehlen 5 MOhm), jedoch aus anderen Gründen als die exosomatische Messung (vgl. Abschnitt 2.1.1), was sich anhand der linken Seite der Abbildung 6 (vgl. Abschnitt 1.4.1.2) demonstrieren läßt: wenn man die Haut als eine Spannungsquelle mit dem Innenwiderstand R_2 betrachtet und R_1 als den Eingangswiderstand des Verstärkers, über dem die von der Haut erzeugten Spannungsänderungen abgegriffen werden, dann sollte in diesem Spannungsteiler R_1 gegenüber R_2 möglichst groß sein, damit der größte Teil der Spannung über R_1 abfällt und so für den Verstärkungs- und Meßvorgang zur Verfügung steht. Da die meisten im Handel befindlichen Verstärker für Biosignale diese Anforderungen erfüllen, erübrigt sich an dieser Stelle die Angabe einer eigenen Schaltung für die Hautpotentialmessung. Aus den im Abschnitt 2.2.1.1 genannten Gründen wird bei gleichzeitiger Registrierung von Biopotentialen mit geringen Spannungen (z. B. EEG) ein *von der gemeinsamen Erde entkoppelter* SP-Verstärker benötigt. Falls der Pb nicht ohnehin für die Aufnahme eines anderen Biosignals, z. B. EKG oder EEG, geerdet ist, muß eine solche *Erdung* für die SP-Messung vorgenommen werden, da sonst Einstreuungen von sog. Netzbrumm auftreten (vgl. Abschnitt 2.1.4 und 2.2.7.1).

Es empfiehlt sich allerdings, wegen der im Vergleich zur Gesamtbreite des Meßbereichs geringen Änderung durch SPRs, eine Trennung von SPL und SPR vorzunehmen (vgl. Abschnitt 2.1.3). Brückenschaltungen kommen hierfür nicht infrage, da keine Fremdspannung angelegt wird. Kann man auf die Information aus dem SPL verzichten, genügt es, einen AC-Verstärker mit einer *großen*

Zeitkonstanten (größer als 30 sec) zu verwenden. Venables und Martin (1967a) empfehlen die Verwendung einer *backing-off*-Schaltung, die eine Kompensation und gleichzeitige Registrierung des SPL erlaubt. Durch das damit verbundene Anlegen einer Gegenspannung zum abgeleiteten Hautpotential im Verstärker wird zudem der Meßfehleranteil weiter reduziert. Da bei der SP-Messung keine Fremdspannung angelegt wird, treten auch *keine Polarisationseffekte* an der Grenzfläche von Elektrode und Elektrolyt auf. Das Signal ist jedoch wegen seiner geringen Bandbreite von etwa 0–3 Hz untrennbar von einer möglichen *Elektrodendrift* überlagert, daher muß auf die Verwendung von *Fehlerpotential-freien* Elektroden geachtet werden (vgl. Abschnitt 2.2.2.2). Die Größe der Elektroden und die Begrenzung der Kontaktfläche zwischen Haut und Elektrolyt spielen eine untergeordnete Rolle. Allerdings können Fehlerpotentiale in der Größenordnung von 2 mV durch *Hauttemperaturdifferenzen* zwischen den Ableitorten entstehen (Venables und Christie 1980), einmal, weil diese relativ weit auseinanderliegen (z. B. Hand – Unterarm), zum anderen, weil ein Einfluß der Temperatur auf die Größe von Hautpotentialen (vgl. Abschnitt 2.4.2.1) nur unter der aktiven, nicht jedoch unter der inaktiven Elektrode wirksam werden kann (Venables und Sayer 1973). Auch eine unterschiedliche *Erwärmung* der *Elektroden* kann zu Fehlerpotentialen in der Größenordnung von 450 $\mu V/°C$ führen. Venables und Sayer (1973) geben eine Schaltung zur Kompensation entsprechender Temperatureffekte an.

Nicht nur bei der Auswahl, sondern auch bei der Pflege von Elektroden für die endosomatische Messung ist ganz besonders auf die *Kontrolle* von *Fehlerpotentialen* zu achten (vgl. Abschnitt 2.2.2.2). Auf mögliche Vorteile der Verwendung von KCl–Paste anstelle von NaCl–Paste, insbesondere für die SPL–Messung, wurde bereits im Abschnitt 2.2.2.5 hingewiesen.

2.2.4 Exosomatische Messung mit Gleichstrom

Die physikalischen Grundlagen sowie die Vor- und Nachteile der verschiedenen Techniken exosomatischer Gleichstrommessung wurden in Kapitel 2.1 bereits ausführlich beschrieben. Prinzipschaltbilder und teilweise auch Schaltpläne für den Bau entsprechender EDA–Verstärker finden sich vielfach in der Literatur, z. B. geben Venables und Christie (1980, Figure 1.13) ein solches Schaltbild für den Bau eines SC–Kopplers auf der Basis von Operationsverstärkern an, bei dem allerdings die gesamte *Filterproblematik* (vgl. Abschnitt 2.1.4) ausgeklammert wird. Bei der Einrichtung psychophysiologischer Labors zeigt sich auch immer wieder, daß die von den Firmen angebotenen Lösungen keineswegs dem gewünschten Standard entsprechen. Es erscheint zwar mit den heutigen elektronischen Bauteilen im Prinzip unproblematisch, Geräte mit Konstantspannungs- oder Konstantstromquellen und anschließender Verstärkung des Meßsignals herzustellen, jedoch fehlen i. d. R. die bei der *Dynamik* des EDA-Signals notwendigen Einrichtungen zur gleichzeitigen Beherrschung von Niveau- und Reaktionswerten und eine dem jeweiligen Meßbereich angepaßte *Auflösung* der EDR. Auch werden die daraus resultierenden Probleme mit dem Signal/Rausch-Verhältnis (vgl. Abschnitt 2.1.4) meist nicht genügend berücksichtigt.

Der Verfasser, der viele Jahre mit unzureichenden fertig angebotenen Lösungen Erfahrungen sammeln mußte, hat daher eine dem derzeitigen Stand der Methodik und der Technik entsprechende Entwicklung bei einer deutschen Firma in Auftrag gegeben und erprobt[26]. Dieser in Abbildung 30 als Prinzipschaltbild gezeigte EDA-Meßverstärker besitzt eine Eingangsimpedanz von 10 MOhm und ist für das *Konstantspannungs*verfahren ausgelegt, kann jedoch auch bei Bedarf in einen Konstantstrom-Meßverstärker umgewandelt werden[27]. Der Verstärker ist außer für *Gleichstrom-* auch für *gepulste* Gleichstrommessungen (vgl. Abschnitt 2.2.5) ausgelegt. Dazu wurde neben der Gleichspannung von entweder +0.5 V oder −0.5 V ein Rechtecksignal von ±0.5 *V* mit $f = 5$ Hz intern verfügbar gemacht. Alternativ kann über den Experimentaleingang eine *beliebige Meßspannung*, z. B. eine Wechselspannung, eingespeist werden, etwa von einem Frequenzgenerator. Die Umschaltung zwischen den verschiedenen Meßspannungen kann auch während der Messung über ein Rechnerinterface oder über Mikrotasten mit LED-Anzeige auf der Frontplatte erfolgen. Diese Meßspannung wird über einen linearen Optokoppler an den elektrisch isolierten Meßteil des Meßverstärkers übergeben und über einen Spannungskonstanthalter an die eine aktive Elektrode des Pb weitergeleitet. Da dadurch der EDA-Koppler von anderen Eingangskopplern (z. B. EKG, EEG usw.) *galvanisch getrennt* wird, können Masseelektroden, die zur Aufnahme anderer Biosignale gelegt werden, die EDA-Meßspannung nicht kurzschließen (vgl. Abschnitt 2.1.4). Von der zweiten aktiven Elektrode wird der Strom über einen Shunt (Nebenschluß) abgegriffen und mit Hilfe eines Strommessers in eine Spannung umgewandelt. Diese wird über einen *linearen Optokoppler* an den Verstärkerteil des Meßverstärkers übertragen. Die Trennung von Pb und Verstärker durch Optokoppler bewirkt nicht nur eine *elektrische Sicherheit* der Schutzklasse II,

---

[26]Hersteller: med-NATIC (Medizinisch-Naturwissenschaftlich-Technische Instrumente und Komponenten) GmbH, München.

[27]Soll das in Abbildung 30 gezeigte Konstantspannungs- durch ein *Konstantstromverfahren* ersetzt werden, wird die Konstantspannungsquelle durch eine Kombination aus Spannungs/Strom-Wandler und einer Konstantstromquelle ersetzt. Der Pb wird über die beiden Elektroden zwischen diese und den Shunt geschaltet, und vor den Strommesser wird ein zusätzlicher Operationsverstärker eingefügt. Die Verarbeitungsschritte und -verfahren sind die gleichen wie bei der Konstantspannungsmessung, lediglich die Kalibrierung ändert sich: 1 V Ausgangsspannung entsprechen 200 kOhm, die Digitalanzeige stellt 20 kOhm pro Digit dar, das Leuchtband 2 kOhm pro LED.

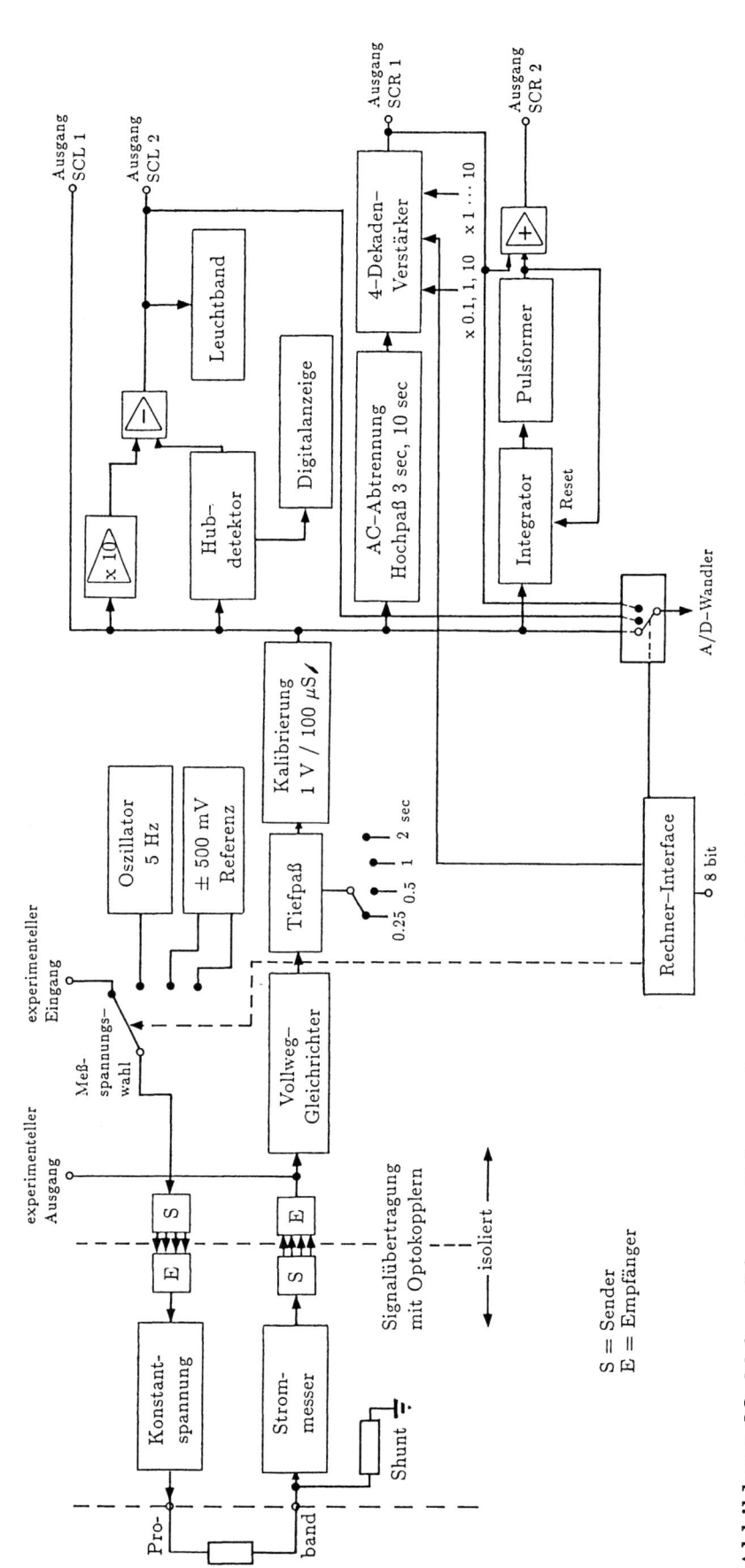

Abbildung 30. Meßverstärker zur Erfassung der exosomatischen elektrodermalen Aktivität. (Erläuterungen siehe Text.)

sondern auch eine größere Störungsfreiheit des Signals. Diese noch unbearbeitete Spannung, die dem *Hautleitwert* proportional ist (vgl. Abschnitt 2.1.1), kann z. B. für Phasenbestimmungen im Falle von Wechselstrommessungen unter Verwendung des Experimentaleingangs am Experimentalausgang abgenommen werden.

Wegen der unterschiedlichen Polaritäten der Meßspannungen wird das Meßsignal anschließend mit Hilfe eines aktiven Vollweggleichrichters *gleichgerichtet*. Ein nachfolgender Tiefpaß, der zur Artefaktbereinigung und Signalglättung dient, kann intern auf die Zeitkonstanten 0.25, 0.5, 1 und 2 sec umgeschaltet werden (vgl. Abschnitt 2.1.4). Zusätzlich werden mögliche Netzeinstreuungen durch ein schmalbandiges 50 Hz–Bandsperrfilter eliminiert (vgl. Abschnitt 2.2.7.1). Das Signal durchläuft eine *Kalibrierstufe*, in der eine Signalempfindlichkeit von 100 μS/1 V eingestellt wird. Das so gewonnene Signal liegt am Ausgang SCL 1 an. Dieses Signal kann nun auf drei verschiedene Arten verarbeitet werden:

(1) SCL mit *größerer Auflösung* (SCL 2): der SCL 1 wird um den Faktor 10 verstärkt, d. h. von 100 μS/1 V auf 10 μS/1 V. Die dadurch entstehenden 10 Bereiche mit jeweils 10 μS Spannweite werden digital durch die Ziffern 0 bis 9 codiert angezeigt. Dies wird durch einen Hubdetektor bewirkt, der beim Erreichen von jeweils 1 V dem Signal eine im Moment gleich große konstante negative Spannung aufaddiert, dieses also auf Null setzt. Die Impulse des Hubdetektors steuern die o. g. Ziffernanzeige. Das Ausgangssignal SCL 2 wird an einer 10stelligen Leuchtbandanzeige dargestellt, also 1 μS pro LED.

(2) *AC-gekoppeltes* EDR-Signal (SCR 1): um eine höhere Verstärkung des Signals und damit eine bessere SCR-Erkennung zu ermöglichen, wird aus dem Signal SCL 1 mittels einer nach dem Prinzip des *Wechselstromverstärkers* arbeitenden Schaltung der phasische Anteil der EDA ausgekoppelt (vgl. Abschnitt 2.1.3). Dies geschieht mittels eines Hochpasses, der intern auf die Zeitkonstanten 3 sec bzw. 10 sec eingestellt werden kann, wobei die Einstellung 10 sec empfohlen wird. Die 30 Stufen des anschließenden Spannungsverstärkers sind *vom Rechnerinterface* aus *digital einstellbar* und reichen von der Verstärkung 0.1 bis 100 (in Einerstufen von 1 bis 10 mit den Multiplikatoren 0.1, 1 und 10). Durch diesen weiten Einstellungsbereich wird eine gute *Anpassung* an die *Dynamik* der jeweiligen Meßsignale erreicht. Diese Umschaltmöglichkeiten sind für die Verbindung mit einem Rechner zur gleichzeitigen Versuchssteuerung und Datenaufnahme ausgelegt (vgl. Abschnitt 2.2.6.3 und Thom im Anhang), wobei die jeweiligen Verstärkungsfaktoren einschließlich der Umschaltzeitpunkte mit registriert werden können. Die Verstärkungsfaktoren lassen sich jedoch auch über Mikrotasten mit LED-Anzeige an der Frontplatte einstellen. Die durch das Grundrauschen des Verstärkers be-

dingten Spontanschwankungen des Ausgangssignals SCR 1 liegen unter 0.003 µS. Das entspricht bei einem Amplitudenkriterium von 0.1 µS (vgl. Abschnitt 2.3.1.2.3) einem Signal/Rausch-Verhältnis von ca. 30 dB (vgl. Fußnote 16 im Abschnitt 2.1.4).

(3) AC-gekoppeltes EDR-Signal mit *überlagertem SCL* (SCR 2): für die Aufzeichnung der gesamten EDA-Information auf einem Kanal (vgl. Abschnitt 2.1.3) werden dem SCR 1 *Pulse* aufaddiert, deren zeitliche Abstände zur Größe des momentanen SCL 1 *umgekehrt proportional* sind. Dazu wird der SCL 1 mit konstanter Geschwindigkeit integriert. Beim Erreichen einer kritischen Schwelle wird der Integrator zurückgesetzt, und gleichzeitig wird der Ausgang SCR 2 mittels eines Pulsformers kurzzeitig auf ein definiertes Potential gelegt. Dieses Umschalten stellt sich im SCR 2 als kurzer Impuls dar. Die Abstände zwischen den Impulsen können später anhand der Aufzeichnungen in den jeweiligen SCL zurückgerechnet werden.

Die 4 verschiedenen Ausgangssignale (SCL 1, SCL 2, SCR 1 und SCR 2) lassen sich intern oder über das Rechnerinterface auf einen gesonderten BNC-Ausgang legen, der für die Verbindung zum analog/digital-Wandler des Rechners vorgesehen ist.

Die Verwendung einer konstanten Spannung von 0.5 V geht auf eine Empfehlung von Edelberg (1967, Seite 19) zurück. Er hatte beobachtet, daß unterhalb einer an einer Ableitstelle angelegten Spannung von 0.8 V die Spannungs/Strom-Kurven linear blieben. Für die bei exosomatischer Gleichstrommessung üblichen *bipolaren Ableitungen* (vgl. Abschnitt 2.2.1) wird die angelegte Gesamtspannung nach dem Prinzip des Spannungsteilers halbiert, und über jeder der beiden aktiven Ableitstellen fällt nur die *halbe Spannung* ab, da ihre Widerstände i. d. R. etwa gleich sein dürften. Dessen ungeachtet wurden 0.5 V Gesamtspannung als Standard eingeführt (Lykken und Venables 1971; Fowles et al. 1981). Venables und Christie (1980) machen zwar darauf aufmerksam, daß damit die von Edelberg (1967) angegebene untere *Linearitätsgrenze* von 0.4 V pro Ableitstelle *unterschritten* wird, die von ihnen empfohlene *Verdoppelung* der Meßspannung fand jedoch bislang keine Anwendung. Fowles et al. (1981) stellen lediglich fest, daß bei gleichem SRL an beiden Ableitstellen 0.25 V Potentialdifferenz anliegen, wenn mit 0.5 V Konstantspannung gearbeitet wird. Walschburger (1976, Seite 249) entschied sich aus Gründen der zu erwartenden geringeren Polarisationseffekte für die Beibehaltung von 0.5 V Gesamtspannung.

Wird anstelle der Konstantspannungs- die Konstantstrommethode verwendet (vgl. Fußnote 27), so sollte nach Edelberg et al. (1960) und Edelberg (1967) die *Stromdichte* höchstens 10 µA/cm² betragen, da oberhalb dieses Wertes sowohl SRR als auch SRL deutlich abnehmen, und höhere Stromdichten zu beträchtlichen Veränderungen in Amplituden und Zeitmaßen der EDR sowie im Extremfall zur Schädigung und zum Ausfall einzelner Schweißdrüsen führen können (vgl. hierzu auch Abschnitt 2.6.2). Venables und Martin (1967a) und Edelberg (1972a) empfehlen, mit einer Stromdichte von 8 $\mu A/cm^2$ zu arbeiten. Aus dem Durchmesser der kreisförmigen Kontaktfläche zwischen Elektrode und Haut läßt sich die *notwendige Stromstärke* unter Anwendung der Formel für die Fläche eines Kreises wie folgt berechnen: bei 8 $\mu A/cm^2$ ergibt sich für die anzulegende Stromstärke I bei gegebenem Durchmesser d ein Wert von $I = 2\pi \cdot d^2$ (Venables und Martin 1967a). Da die im Handel befindlichen Standard–Elektroden eine Fläche von 0.6 cm^2 aufweisen (vgl. Abschnitt 2.2.2.3), sollte die Stärke des angelegten Stroms zwischen 4.8 μA (bei 8 $\mu A/cm^2$) und 6 μA (bei 10 $\mu A/cm^2$) betragen. Bei der Verwendung des *Konstantstromverfahrens* muß – im Gegensatz zum Konstantspannungsverfahren – auch auf die *exakte Begrenzung* der *Kontaktfläche* zwischen Elektrolyt und Haut geachtet werden (vgl. Abschnitt 2.2.2.1), wenn der Wert für die Stromdichte eingehalten werden soll. Die Elektrodenfläche sollte jedenfalls bei der *Veröffentlichung* von Ergebnissen aus EDA-Messungen auf Konstantstrombasis mit *angegeben* werden, da mit Hilfe dieser Angabe der spezifische Widerstand in kOhm · cm^2 zu Vergleichszwecken auch nachträglich berechnet werden kann (vgl. Abschnitt 2.3.3.1). Es wurde allerdings bereits im Abschnitt 2.2.2.3 darauf hingewiesen, daß etwa Mitchell und Venables (1980) entgegen dieser älteren Lehrmeinung den Einfluß der Kontaktfläche für vernachlässigbar gering halten.

2.2.5 Exosomatische Messung mit Wechselstrom

Beabsichtigt man *lediglich*, statt mit dem üblichen Gleichstrom die EDA mit *Wechselstrom abzuleiten*, etwa um mögliche Einflüsse von Polarisationseffekten in der Epidermis zu umgehen (vgl. Abschnitt 1.4.2.2), ohne an der Registrierung der Phasenwinkeländerungen interessiert zu sein, ist es *ausreichend*, dem im Abschnitt 2.2.4 beschriebenen EDA–Verstärker als Meßspannung eine externe Wechselspannung über den Experimentaleingang einzugeben. Alternativ kann dieser Verstärker einen pulsförmigen wechselnden Gleichstrom zur Verfügung stellen (vgl. Abbildung 30). Der Meßteil dieses Verstärkers enthält allerdings seinerseits Zeitkonstanten, die den Übertragungsbereich nach oben begrenzen und schon dadurch eine Phasenverschiebung des Ausgangssignals gegenüber der Meßspannung bewirken, wenn deren Frequenz 100 Hz überschreitet. Auch arbeitet dieser Verstärker nach dem Konstantspannungsprinzip und liefert daher in Abweichung von der bei der Wechselstrommessung bislang üblichen Technik Admittanzwerte anstelle von Impedanzwerten (vgl. Abschnitt 2.1.5).

Da die Literatur zur Wechselstrommessung der EDA uneinheitlich bezüglich der verwendeten Meßmethoden und unsystematisch bezüglich der verwendeten Frequenzen erscheint, können zur Zeit *noch keine* begründeten *Empfehlungen* für eine *optimale Frequenz* der Meßspannung gegeben werden. Die für den im Abschnitt 2.2.4 beschriebenen Meßverstärker gewählten 5 Hz gehen auf eine Untersuchung von Montagu und Coles (1968) zurück, in der die verwendeten Bleielektroden bei dieser Frequenz die geringste Polarisationsneigung zeigten. Faber (1980), der an 3 Pbn bei unterschiedlichen Tätigkeiten die Wechselstromfrequenz von 5 Hz bis 1 kHz kontinuierlich variierte, konnte bei den niedrigen Frequenzen die größten Unterschiede zwischen seinen Pbn in den gemessenen Ortskurven feststellen. Da auch Edelberg (1967) die Auffassung vertritt, daß EDRs bei Wechselstrommessungen mit *hohen Frequenzen* nicht mehr zuverlässig beobachtet werden können, da dann die *Polarisationskapazitäten* der Haut *zu gering* werden (vgl. Abschnitt 1.4.3.3), erscheint es beim derzeitigen Stand der Forschung angebracht, mit Frequenzen im Bereich von 5 bis 100 Hz zu arbeiten. Obere Grenzen für die Wechselspannungsfrequenz ergeben sich nach Brown (1972) dadurch, daß zwischen 5 und 10 kHz die Fähigkeit der biologischen Membrane zur Änderung der Polarisation verloren geht, und daß über 20 kHz die kapazitative Eigenschaft dieser Membran vernachlässigbar gering wird.

Meßanordnungen, die neben der Bestimmung des Betrags der *Impedanz* auch noch die Registrierung des *Phasenwinkels* erlauben bzw. Reaktanz und Wirkwiderstand gleichzeitig erfassen, wurden bereits im Abschnitt 2.1.5 beschrieben. *Ortskurvenmeßgeräte* und *Phasenmeßzusätze* werden zwar für EDA-Messungen nicht serienmäßig angeboten; entsprechende phasensensitive Impedanzmeßgeräte, die z. B. nach dem Prinzip des "lock-in-Verstärkers" arbeiten, sind jedoch in der *Medizintechnik* bereits im Einsatz, etwa bei der Herzchirurgie. Wegen der auftretenden Filterprobleme und der bei der Erfassung phasischer EDA-Verläufe empfehlenswerten *Trennung* von *Niveau-* und *Reaktionswerten* sind jedoch *Spezialentwicklungen* für die EDA-Messung notwendig (vgl. Abschnitt 2.1.5).

Der Verfasser hat auf der Basis der von Thiele (1981a, Seite 90) verwendeten Meßanordnung ein *spezielles Phasen-Voltmeter* für EDA-Messungen entwickeln lassen[28] und erprobt, das die Anforderungen sowohl für die Registrierung tonischer als auch phasischer elektrodermaler Parameter erfüllt.

---

[28] Hersteller: Dipl.-Ing. H. Neijenhuisen, Abteilung Physik, Naturwissenschaftliche Fakultät der Universität Nijmegen, Niederlande. Der Verfasser vermittelt ggf. einen Kontakt mit dem Hersteller. Bislang wurden allerdings nur Prototypen ausgeliefert, so daß einerseits mit einer längeren Lieferzeit zu rechnen ist, andererseits jedoch auf individuelle Wünsche des jeweiligen Anwenders eingegangen werden kann.

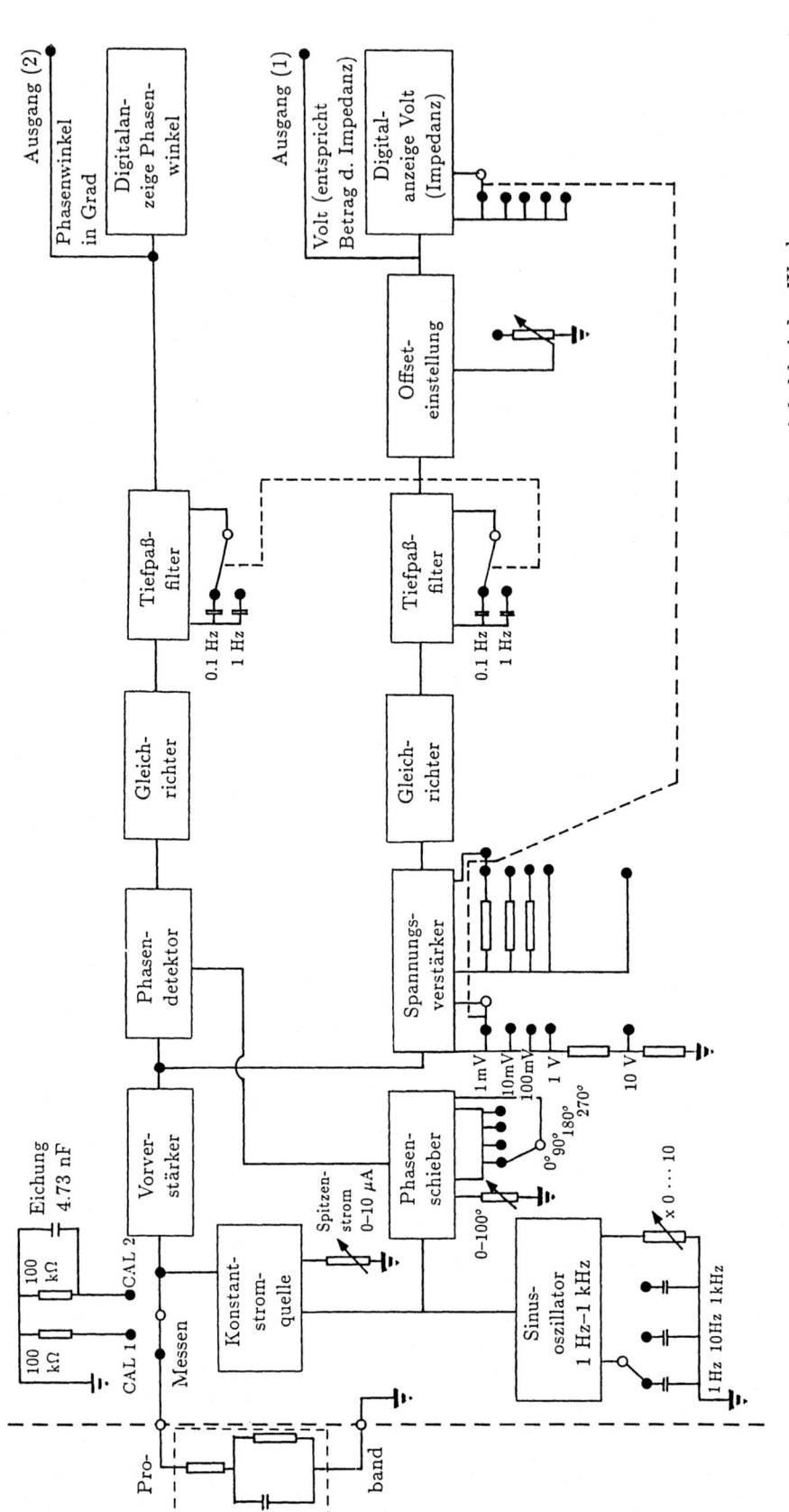

Abbildung 31. Phasen-Voltmeter zur gleichzeitigen Erfassung von Impedanz und Phasenwinkel bei der Wechselstrommessung der elektrodermalen Aktivität. (Erläuterungen siehe Text.)

Abbildung 31 zeigt das Prinzipschaltbild dieses von Boucsein et al. (1987) verwendeten EDA-Phasen-Voltmeters. Es besitzt eine Eingangsimpedanz von 10 MOhm und entspricht durch eine vollständige elektrische Trennung von Meß- und Verstärkerteil der Schutzklasse II. Die Frequenz des in seiner Stromstärke von 0 bis 10 μA effektiv regelbaren *Konstantstroms*, mit dem die EDA des Pb gemessen wird, kann über ein feststellbares Potentiometer und einen 3-Bereiche-Schalter am *Sinusoszillator* zwischen 1 Hz und 1 kHz kontinuierlich eingestellt werden. Das vorverstärkte Meßsignal wird auf zwei Wegen weiterverarbeitet:

(1) Zur Ermittlung des *Impedanzanteils* wird das Signal einem Spannungs-Verstärker zugeführt, dessen Ausgangssignal-Bereich zwischen 1 mV und 10 V in dekadischen Stufen umgeschaltet werden kann. Das Ausgangssignal wird gleichgerichtet und entweder mit 0.1 Hz oder mit 1 Hz tiefpaßgefiltert. Es liegt am Ausgang (1) an und wird nach einer manuellen offset-Anpassung digital in Termini von Spannungsäquivalenten der Impedanz angezeigt.

(2) Zur Ermittlung des *Phasenwinkels* wird das Vorverstärker-Signal in einem Phasen-Detektor mit dem phasenverschobenen Signal aus dem Oszillator multiplikativ verknüpft, wobei die Phasenverschiebung über ein feststellbares Potentiometer und einen 4-Bereiche-Schalter zwischen $0°$ und $360°$ kontinuierlich verändert werden kann. Das Phasensignal wird gleichgerichtet und mit der gleichen Grenzfrequenz tiefpaßgefiltert wie der Impedanzanteil. Es wird ebenfalls digital angezeigt und liegt am Ausgang (2) an.

Dieses Phasen-Voltmeter erlaubt eine *kontinuierliche Aufzeichnung* der Impedanz und des Phasenwinkels und *regelt so schnell nach*, daß auch EDRs praktisch verzerrungsfrei in Impedanz und Phasenwinkel abgebildet werden. Der Registrierbereich beider Signale kann mit Hilfe der eingebauten *backing-off*-Schaltungen (vgl. Abschnitt 2.1.3) so verändert werden, daß eine *optimale Auflösung* der EDR erreicht wird. Dies erfolgt für den Impedanzanteil mit Hilfe einer offset-Einstellung nach der Tiefpaßfilterung, für den Phasenwinkel durch Umschaltung des Bereichs am Phasenschieber. Auf der Stellung CAL 1 ist die Eichung der Impedanz, auf der Stellung CAL 2 die der Phasenverschiebung möglich. Das *Signal/Rausch-Verhältnis* (vgl. Fußnote 16 im Abschnitt 2.1.4) ist sowohl für die Impedanz als auch für den Phasenwinkel besser als 98 dB.

Zur Berechnung von Reaktanz und Ohm'schem Anteil des Widerstandes, die zur Ermittlung der *Ortskurven* notwendig sind (vgl. Abschnitt 1.4.1.3, Abbildung 9) müssen diese Signale noch entsprechend den Gleichungen (18a) und (18b) in X- und R-Anteile weiter verrechnet werden, was am zweckmäßigsten nach ihrer Digitalisierung entweder on-line oder off-line im Laborrechner geschieht. Durch entsprechende *Transformationen* lassen sich zusätzlich B und

G nach den Gleichungen (20a) und (20b) fortlaufend ermitteln (entsprechende Ortskurven vgl. Abbildungen 19 und 20 im Abschnitt 1.4.3.3; EDR-Verläufe siehe Abbildung 36 im Abschnitt 2.3.1.4.2).

Almasi und Schmitt (1974) entwickelten eine rechnerunterstützte on-line-Meßanordnung für die Reaktanz und den Ohm'schen Anteil der Impedanz, die zur Signalkontrolle Lissajous-Figuren (vgl. Abschnitt 1.4.1.4) verwendet. Die Autoren gehen davon aus, daß nur 3 Perioden der angelegten Wechselspannung für eine Messung ausreichen, so daß selbst bei niedrigen Frequenzen mehrere Meßergebnisse innerhalb relativ kurzer Meßperioden erzielt werden können (z. B. bei $f = 1$ Hz alle 3 sec). Trotzdem braucht nach ihren Angaben ein geübter Experimentator noch ca. eine Minute, um die Ortskurve aus 3 diskreten Frequenzen zwischen 500 Hz bis 1 kHz zu bestimmen.

Eine *Weiterentwicklung* der Wechselstrom-EDA-Meßtechnik auf der Basis eines schnellen 16-bit-Prozessors beschreibt Salter (1979). Dabei wird die zur Messung verwendete sinusförmige Wechselspannung von der Zentraleinheit des Rechners erzeugt und über einen digital/analog-Wandler dem Analogteil zugeführt. Die Besonderheit einer solchen Meßanordnung liegt darin, daß die *gesamte Verrechnung digital* durchgeführt wird und nur der Verstärkerteil analog aufgebaut ist. Dadurch können praktisch alle manuellen Einstellungen während der Messungen, z. B. Veränderungen der Frequenz, entfallen, da sie durch die Software gesteuert werden können.

Andere im Abschnitt 2.1.5 erwähnte mögliche Meßverfahren zur Erfassung der Wechselstrom-EDA können z. Zt. noch nicht konkret beschrieben werden, da eine Erprobung entsprechender Meßkonzepte noch aussteht. Erwähnt sei an dieser Stelle noch, daß z. B. Lykken (1971) anstelle des sinusförmigen Wechselstroms *gepulsten Gleichstrom* auch zur EDR-Erfassung verwendete, jedoch nur beispielhaft in einem Einzelfall (vgl. Abschnitt 2.5.3.2). Faber (1980) fand bei allerdings nur einem Pb eine Korrelation von r = 0.93 zwischen SCL-Messungen mit 10 Hz-Sinus-Meßstrom und solchen mit einem monopolaren Pulsstrom von 10 ms Puls- und 250 ms Pausendauer.

2.2.6 Registriermethoden und Auswertungstechniken

Die Möglichkeiten der Registrierung und weiteren Verarbeitung des am Verstärkerausgang anliegenden EDA-Signals bzw. mehrerer solcher Signale, z. B. EDL und EDR, werden weitgehend durch die Ausstattung des jeweiligen Meßplatzes für Biosignale bestimmt. Je nach Ausbaustand des Labors bzw. entsprechender Registriersysteme für den Einsatz bei Felduntersuchungen werden daher eine Registrierung auf Papierstreifen (vgl. Abschnitt 2.2.6.1), eine Speicherung auf Datenträgern eines Rechners (vgl. Abschnitt 2.2.6.2) oder eine on-line-Steuerung bzw. Verarbeitung (vgl. Abschnitt 2.2.6.3) infrage kommen.

2.2.6.1 Papieraufzeichnung und Handauswertung

Die elektrodermale Aktivität wird heute noch überwiegend mittels herkömmlicher Polygraphensysteme auf *Papierstreifen* registriert und *von Hand ausgewertet*, da die automatisierte Auswertung von digitalisierten und elektronisch gespeicherten Meßergebnissen z. T. noch auf erhebliche Schwierigkeiten stößt (vgl. Abschnitt 2.2.6.2) und nur in sehr gut ausgestatteten psychophysiologischen Labors realisiert werden kann. Wie im Abschnitt 2.1.3 bereits ausgeführt wurde, registriert man häufig wegen der im Vergleich zur Gesamtbreite des Meßbereichs vergleichsweise geringe Änderung des Signals bei den einzelnen EDRs Niveau- und Reaktionswerte getrennt, wobei entweder zwei Polygraphenkanäle benötigt werden oder das AC-gekoppelte Signal der EDR auf dem gleichen Kanal durch den EDL in Form einer Folge von Stoßimpulsen überlagert wird. Die *geringe Schreibbreite* der Polygraphenkanäle (40 bis 50 mm) führt jedoch auch bei AC-Kopplung der EDR zu Registrier- und Auswertungsproblemen: einerseits sollte die Verstärkung nicht zu hoch gewählt werden, damit mögliche unerwartete große EDRs nicht die Grenzen des Registrierbereichs überschreiten (vgl. auch Abbildung 42 im Abschnitt 2.3.4.1), zum anderen lassen sich hier bei geringer Verstärkung kleine EDRs nicht erkennen oder zumindest nicht mehr verläßlich ausmessen. Es empfiehlt sich daher, die EDA auf einem *Kompensationsschreiber* mit 20 oder 25 cm Schreibbreite zu registrieren (vgl. auch Tabelle 4 im Abschnitt 2.3.1.2.3).

Für die Auswertung der EDA ist die Aufzeichnung mit einer Papiergeschwindigkeit von 5 bis 10 mm/sec ausreichend. Allerdings wird die Auswertung von *Latenzzeiten* (vgl. Abschnitt 2.3.1.1) und *Formparametern* (vgl. Abschnitt 2.3.1.3) bei Papiergeschwindigkeiten unter 10 mm/sec sehr unreliabel. Auch kommt es bei *kurvilinearer* Schreibweise, wie sie einige Polygraphen verwenden, zu *Verzerrungen* der *An-* und *Abstiegsparameter*. Die durch die *Schreibsysteme* selbst bedingte technische *Dämpfung* des Signals spielt dagegen bei den relativ langsamen elektrodermalen Veränderungen praktisch keine Rolle. Zur späteren Quantifizierung des EDL und der EDR amp. müssen mindestens zu Beginn der Messung und nach jedem Wechsel des Verstärkungsfaktors *Eichmarken* gesetzt werden[29]. Dies sollte wegen einer möglicherweise auftretenden Drift auch öfter während des Meßvorgangs selbst geschehen, wobei darauf geachtet werden soll, daß die Eichung in einer Phase *relativer* elektrodermaler *Ruhe* erfolgt, da bei der Superposition von EDR und Eichzacke sowohl die Eichung ungenau werden, als auch Eigenschaften der EDR überdeckt werden können (vgl. Abschnitt 2.3.4.1).

Keinesfalls darf der Versuchsleiter versäumen, die *Papiergeschwindigkeit* sowie die Verstärkungsfaktoren zu *notieren* und ggf. vorhandene *Reize* auf einem zusätzlichen Markierungskanal mitzuregistrieren. Bezüglich der Polung der Aufzeichnung empfehlen Venables und Christie (1980), für das SP die in der Neurophysiologie bestehende Tradition "*negativ oben*" zu verwenden; da eine Negativierung des SP einem erhöhten Arousal entspricht (vgl. Abschnitt 3.2.1.1.1), sollte dementsprechend eine SC-Zunahme (und eine SR-Abnahme) ebenfalls einem Ausschlag nach oben auf dem Registrierstreifen entsprechen. Obwohl es bei Aufzeichnungen der exosomatischen EDRs wegen deren uniphasischen Verlaufs praktisch nicht zu Verwechslungen kommen kann, hat sich diese Aufzeichnungskonvention i. S. einer nach oben gerichteten EDR allgemein durchgesetzt.

Beim eigentlichen Auswertevorgang werden zunächst die einzelnen *Zeitabschnitte*, auf die sich z. B. die Frequenz der NS.EDR beziehen soll (vgl. Abschnitt 2.3.2.2), bzw. die zu den einzelnen applizierten Reizen gehörenden *Zeitfenster* (vgl. Abschnitt 2.3.1.1) eingezeichnet. Danach werden unter Zugrundelegung eines Amplitudenkriteriums (vgl. Abschnitt 2.3.1.2.3) die Änderungen der EDA-Kurve ermittelt, die als EDRs interpretiert werden sollen. Hierzu müssen bereits *Umrechnungen* von mm Schreibausschlag in Einheiten von Leitfähigkeit (bei SC), Widerstand (bei SR) oder Potentialdifferenz (bei SP) vorliegen, die man anhand der Eichmarken ermittelt und am besten tabellarisch auflistet.

Die *Parameter* der einzelnen EDRs (vgl. Abschnitt 2.3.1) werden unter Zuhilfenahme eines *Lineals* und ggf. einer *Meßlupe* ermittelt, wobei – wenn man auf Reliabilitätsprüfungen durch mehrere Auswerter verzichten will und daher das vom Auswerter unbeeinflußte Rohsignal nicht mehr benötigt – die gedachte Grundlinie und die maximale Auslenkung (vgl. Abschnitt 2.3.1.2) sowie ggf. die 50 % – oder 63 % – Recovery-Linie (vgl. Abschnitt 2.3.1.3.2) wie in Abbildung 33 zu jeder EDR mit einem spitzen Bleistift eingezeichnet werden kann. Die ermittelten Parameter werden tabellarisch erfaßt und anschließend der weiteren statistischen Verarbeitung zugeführt.

---

[29] Der im Abschnitt 2.2.4 beschriebene EDA-Verstärker für die exosomatische Messung mit Gleichstrom ist absolut geeicht, so daß das Setzen von Eichmarken entfällt. Bei der Papieraufzeichnung ist es jedoch notwendig, die jeweiligen Verstärkungsfaktoren und ggf. den jeweiligen Bereich für den SCL 2 zu notieren.

2.2.6.2 Off-line-Computeranalyse

Da bereits in vielen psychophysiologischen Labors Einrichtungen zur A/D-(analog/digital-)Wandlung und zur automatisierten Weiterverarbeitung der digitalisierten Biosignale vorhanden sind, bietet sich eine entsprechende Analyse auch für die EDA an. Allerdings sollte auch bei der Anwendung bereits veröffentlichter SC-Analyseprogramme in FORTRAN für größere Laborrechner (Foerster 1984) und in BASIC für Microcomputer (Spinks et al. 1983) bzw. bei der Erstellung eines eigenen Auswerteprogramms (s. dazu verbale Beschreibung bei Prokasy 1974 bzw. Flußdiagramm in Venables und Christie 1980, Figure 1.16) auf die Möglichkeit einer *nachträglichen visuellen Inspektion* des Originalsignals vor allem zur Artefaktkontrolle (vgl. Abschnitt 2.3.4.1) nicht verzichtet werden. Dabei stehen verschiedene Möglichkeiten zur Verfügung:

(1) eine *parallele Papieraufzeichnung* (vgl. Abschnitt 2.2.6.1), wobei zusätzlich eine zeitliche Synchronisation des Computers mit dem Schreiber hergestellt werden muß,

(2) eine *Analogaufzeichnung* des frequenzmodulierten Signals auf einem entsprechenden *Magnetbandgerät* mit und/oder ohne PCM-(Puls-Code-Modulations-)Technik und späterer Betrachtung auf einem Speicheroszilloskop und/oder Ausschreiben der interessierenden Aufnahmepassagen auf einem Schreiber,

(3) eine *digitale Abspeicherung* des A/D-gewandelten *Originalsignals* auf einen Datenträger des Auswertecomputers (Digitalband, Platte, Floppy disk oder Kassette). Dabei genügt eine *Abtastrate* von 16 Hz für die zeitliche Auflösung des EDA-Signals (vgl. die Konfigurationsbeschreibung von Thom im Anhang). Falls ein D/A-(digital/analog-)Wandler vorhanden ist, kann die rückgewandelte EDA-Kurve auf dem Oszilloskop oder auf einem Schreiber wiedergegeben werden.

Foerster (1984) gibt für die Digitalisierung des EDA-Signals ebenfalls eine *Abtastrate* von 16 Hz an, Venables und Christie (1980) dagegen eine Wandlungsrate von 20 Hz; der Unterschied ist Computersystem-bedingt und unerheblich. Ein gegenüber der Papieraufzeichnung völlig neues Problem ergibt sich aus der *hohen Amplitudenauflösung* der gemessenen EDA, die mit der entsprechenden Auflösung des A/D-Wandlers ansteigt: eine Auflösung von 12 bit ergibt bereits eine Darstellungsmöglichkeit von 4096 Stufen (vgl. Abschnitt 2.1.4). Das bedeutet z. B. für den mit dem in Abschnitt 2.2.4 beschriebenen EDA-Verstärker gemessenen SCL 2, bei dem die volle Ausgangsspannung von 1 V einer SCL-Änderung von 10 μS entspricht, daß Veränderungen von 0.01 μS noch 4 Stufen der im Computer weiterzuverarbeitenden digitalen Größe entsprechen. Diese vom Rechner problemlos zu differenzierende Veränderung liegt *weit unter* dem üblicherweise für SCRs angenommenen *Amplitudenkriterium* von 0.05 µS (vgl. Abschnitt 2.3.1.2.3), woraus sich Schwierigkeiten bei der Vergleichbarkeit mit der herkömmlichen Auswertungstechnik ergeben können. Andererseits kann eine absolute Grenze für die Interpretation einer Veränderung im EDL als EDR heute noch nicht festgelegt werden, da mit der hochauflösenden Computerauswertung nicht genügend Erfahrungen vorliegen. Man wird also zunächst neben der EDR-Amplitudenhöhe noch die *Form* der Auslenkung *als Kriterium* für die Identifikation einer EDR hinzuziehen müssen. Sowohl Foerster (1984) als auch Thom (s. Anhang) arbeiten daher mit einem Kriterium der *Minimalsteigung* von 0.08 µS/sec für die SCR-Erkennung zusätzlich zu einem Amplitudenkriterium von 0.01 µS. Die betreffenden Computerprogramme bestimmen die wichtigsten EDR-Parameter (vgl. Abschnitt 2.3.1) und den mittleren EDL von jeweils 0.5 sec dauernden Zeitabschnitten (vgl. Abschnitt 2.3.2.1).

Obwohl die gegenüber der Papieraufzeichnung wesentlich höhere Auflösung des digitalisiert gespeicherten EDA-Signals eine *Trennung* von *Niveau-* und *Reaktions*werten (vgl. Abschnitt 2.1.3) bei der Registrierung u. U. *überflüssig* macht, wird – aus Gründen der optischen Kontrolle des Signals bei der Aufnahme selbst – häufig die Registrierung des AC-ausgekoppelten EDR-Signals gegenüber einer alleinigen Registrierung des EDL bevorzugt. Eine *spätere Rückrechnung* dieser AC-Kurve in das ursprüngliche, dem EDL entsprechende Signal würde die folgenden 2 Schritte erfordern:

(1) Aus der mit einer Zeitkonstanten von z. B. 10 sec aufgenommenen AC-Kurve wird durch *Herausrechnen* dieser *Zeitkonstanten* – genauer gesagt, durch die Umrechnung auf eine Zeitkonstante von 100 sec (vgl. das Programm für die SCR-Auswertung von Thom im Anhang) – die durch die AC-Kopplung bedingte Verformung im Rechner wieder rückgängig gemacht (Foerster 1984, Andresen 1987),

(2) *Mitregistrierung* des EDL als Folge von *Impulsen*, die die AC-Kurve überlagern, und spätere Rückrechnung der EDL-Kurve (Walschburger 1975, 1976, Foerster 1984). Da die im Abschnitt 2.1.3 beschriebenen Stoßimpulse zur Codierung des EDL zu schmal sind, um noch bei 16 Hz-Abtastraten zuverlässig erfaßt werden zu können, muß die ursprüngliche Kurve daher zunächst mit 250 Hz digitalisiert werden. Dann wird die EDL-Kurve aus den Abständen der Stoßimpulsen rekonstruiert, und die AC-Kurve wird zu der rückgerechneten EDL-Kurve addiert.

Eine nach (1) vorgenommene Herausrechnung der Zeitkonstanten aus dem AC-Signal ist zwar Voraussetzung für eine verzerrungsfreie Ermittlung der EDR amp.; Walschburger (1976) weist jedoch darauf hin, daß der *Genauigkeitsverlust* bei einer Auswertung anhand der mit 10 sec Zeitkonstante aufgenommenen AC-Kurve *gering* ist. Foerster (1984) nimmt daher die Vermessung der EDRs nicht an der rückgerechneten EDL-Kurve, sondern am AC-Signal selbst vor. Eine Wiederherstellung der EDL-Kurve im Rechner ist dann erforderlich, wenn später Transformationen durchgeführt werden sollen, bei denen die Niveauwerte benötigt werden (vgl. Abschnitt 2.3.3.2).

Für die *Artefaktkontrolle* (vgl. Abschnitt 2.3.4.1) ist es von Vorteil, wenn das System des Auswertecomputers ein *interaktives* Arbeiten erlaubt derart, daß der Rechner zunächst mögliche EDRs erkennt, diese während der Darbietung der EDA-Kurve auf einem hochauflösenden Graphik-Bildschirm kennzeichnet und es in kritischen Fällen dem Auswerter überläßt, zu entscheiden, ob die fragliche Veränderung der EDA als EDR gewertet werden soll oder nicht (Venables und Christie 1980). Ein entsprechendes interaktives Computerprogramm wird von Thom im Anhang beschrieben. Die für die einzelnen EDRs vom Computer berechneten *Parameter* werden auf einem *Datenträger* des Rechners zusammen mit den Informationen über Echtzeit- und ggf. Reizbezogenheit gespeichert und der weiteren Verarbeitung zugeführt.

Für psychophysiologische *Felduntersuchungen* werden inzwischen tragbare Hardware-Speicher zur Langzeiterfassung mehrerer Biosignale, darunter auch der EDA, angeboten. Die *Speicherung* des digitalisierten Rohsignals erfolgt hier Mikrocomputer-gesteuert, und die Auswertung wird später mit Hilfe eines stationären Rechners vorgenommen. Diese Aufzeichnungsart entspricht der unter (3) zu Beginn dieses Abschnitts beschriebenen digitalen Abspeicherung. Allerdings ist die Auflösung meist nicht so hoch, da heute noch in den meisten tragbaren Geräten 8 bit-A/D-Wandler verwendet werden.

Auch läßt sich die im EDA-Rohsignal enthaltene *Information* vor der digitalen Abspeicherung *nicht verdichten*, wie dies etwa bei EKG-Daten aufgrund der automatischen R-Zacken-Erkennung in Form von interbeat-Intervallen möglich ist, da eine *vollautomatische* Vorverarbeitung i. S. einer *Erkennung* und *Parametrisierung* von EDRs wegen fehlender zuverlässiger und erprobter Alogrithmen (vgl. Abschnitt 2.2.6.3) und im allgemeinen geringer Rechenkapazität des Datenaufnahme-Computers *nicht geleistet* werden kann. Vermutlich wird jedoch die Entwicklung von Speicherchips mit deutlich erhöhter Kapazität dazu beitragen, daß das EDA-Rohsignal bei Abtastraten von 16 Hz in Zukunft auch über längere Zeitstrecken in Felduntersuchungen kontinuierlich abgespeichert werden kann.

2.2.6.3 On-line-Steuerung der Datenaufnahme und On-line-Computeranalyse

In psychophysiologischen Labors, die mit Prozeßrechnern ausgestattet sind, läßt sich die EDA-Signal-Aufnahme rechnergesteuert durchführen. Neben der im vorigen Abschnitt beschriebenen Abspeicherung des digitalisierten Originalsignals besteht dabei noch die Möglichkeit eines *interaktiven* Computereinsatzes bei der EDA-Messung in der *Ansteuerung* des EDA-Verstärkers durch den Rechner. Diese erleichtert vor allem die Kontrolle der "backing-off"-Schaltungen, wie sie zur Trennung von elektrodermalen Niveau- und Reaktionswerten sowohl bei der endosomatischen Messung als auch bei der exosomatischen Messung verwendet werden können (vgl. Abschnitt 2.1.3). Dazu ist eine on-line-Kontrolle des EDA-Signals i. S. einer *ständigen Abfrage* der Ausgangsspannung des Verstärkers *durch* das *Programm* notwendig. Droht das Meßsignal aus dem Registrierbereich zu laufen, so kann ein automatisches *Umschalten* auf einen anderen *Verstärkungsbereich* erfolgen. Hierzu ist eine digitale Ansteuerung der Bereichsumschalter des EDA-Verstärkers vorzusehen, wie sie bei dem im Abschnitt 2.2.4 beschriebenen Verstärker für das AC-gekoppelte Signal SCR 1 gegeben ist. Ebenso lassen sich dort vom Computer aus die 4 möglichen Ausgangssignale (SCL 1, SCL 2, SCR 1 und SCR 2) sowie die verschiedenen Meßspannungen wählen.

Eine *interaktive Auswertung*, wie sie im Abschnitt 2.2.6.2 angesprochen wurde und im Anhang von Thom genauer beschrieben wird, läßt sich bei der on-line-Analyse jedoch kaum durchführen, da sie unter anderem einen zweiten Versuchsleiter erforderlich machen würde. Sie bietet jedoch auch – außer bei einem Bedarf nach unmittelbarer Ergebnisrückmeldung – keinen Vorteil gegenüber einer späteren off-line-Analyse. Bei einer möglichen on-line-Analyse von EDRs müßte allerdings zum Zwecke der *Mustererkennung* (z. B. Fußpunkt, Anstieg, Maximum und Recovery der EDR, vgl. Abbildung 33 im Abschnitt 2.3.1.2.1) eine längere Aufnahmestrecke in einem Datenpuffer präsent gehalten werden, so daß etwa Rückmeldungen i. S. von Biofeedback elektrodermaler Reaktionen (vgl. Abschnitt 3.4.3.2) nur mit größerer Zeitverzögerung als bei anderen Biosignalen erfolgen könnten. Zudem lassen sich noch keine sicheren Algorithmen für eine automatische Trennung von EDRs und möglichen Artefakten angeben, weshalb z. Zt. bei der Parametrisierung noch nicht auf die Mitwirkung eines geschulten Beobachters verzichtet werden kann.

On-line-EDA-Analysesysteme liefern daher, sofern sie überhaupt angeboten werden, bislang noch wenig verläßliche Daten über EDRs und ihre Parameter. Ihr Einsatz wird zunächst eine sorgfältige *Validierung* anhand von am gleichen Datenmaterial durchgeführten herkömmlichen Papierauswertungen und/oder off-line-Computerauswertungen *erforderlich* machen. Ein Verfahren für die on-line-Analyse der Hautimpedanz, das auch bei sehr niedrigen Wechselstromfrequenzen eingesetzt werden kann (vgl. Abschnitt 2.2.5), beschreiben Almasi und Schmitt (1974). Fried (1982) verwendete eine von Lathrop (1964) vorgeschlagene Zeitreihenstatistik zur on-line-Analyse und konnte zeigen, daß der so gewonnene Parameter eine sehr gute Übereinstimmung mit der EDR amp. aufweist. Bei der Weiterentwicklung derartiger Analysesysteme werden jedenfalls Überlegungen zur *Verlaufsgestalt* der EDR, wie sie im Abschnitt 2.3.1.3.2 zur Modellierung des Abstiegsverlaufs zu finden sind, und ihre Algorithmisierung eine wesentliche Rolle spielen müssen.

2.2.7 Artefaktquellen und Artefaktvermeidung

Obwohl in den vorangegangenen Abschnitten bereits an einzelnen Stellen auf die Gefahr der Entstehung von Artefakten und auf Möglichkeiten zu ihrer Vermeidung hingewiesen wurde, soll im folgenden die Artefaktproblematik bei der EDA-Messung noch einmal im Zusammenhang besprochen werden.

Artefakte sind solche *Veränderungen* im gemessenen Biosignal, die nicht von der zu untersuchenden, sondern von *fremden Signalquellen* herrühren. Neben meßtechnisch bedingten Artefaktquellen (Abschnitt 2.2.7.1.) können bei der EDA-Messung auch solche Artefakte auftreten, die vom Organismus des Pb selbst über physiologische Vorgänge ausgelöst werden (Abschnitt 2.2.7.2).

2.2.7.1 Meßtechnisch vermittelte Artefakte

Wie bei allen elektrisch registrierten Biosignalen besteht bei der EDA eine wesentliche Artefaktquelle in der *Einstreuung* von 50 Hz-Signalen des *Stromnetzes*, dem sog. Netzbrumm. Solche Netzeinstreuungen lassen sich durch Abschirmungs- und ggf. Erdungsmaßnahmen im allgemeinen erheblich reduzieren. Manchmal wird auch ein Verdrillen der Elektrodenkabel empfohlen. Zusätzlich besteht die Möglichkeit der *Tiefpaßfilterung* vor der Verstärkung. Der im Abschnitt 2.2.4 beschriebene Verstärker für die exosomatische EDA-Messung mit Gleichstrom besitzt ein Tiefpaßfilter, dessen Zeitkonstante in 4 Stufen zwischen 0.25 bis 2 sec umschaltbar ist (das entspricht Grenzfrequenzen zwischen 0.64 und 0.08 Hz, vgl. Abschnitt 2.1.4), zusätzlich noch ein *schmalbandiges* 50 Hz-*Bandsperrfilter* (wird auch als "Notch"-Filter bezeichnet), so daß brummfreie *exosomatische* EDA-Signale auch unter ungünstigen Umgebungsbedingungen registriert werden können. Da die Amplitude der 50 Hz-Einstreuungen mit der Erhöhung der Verstärkung zunimmt, ist bei der *Konstantstromtechnik* die Gefahr des Netzbrumms *geringer* als im Falle der Konstantspannungstechnik, bei der eine höhere Verstärkung benötigt wird (vgl. Abschnitt 2.1.1). Die Ausgangssignale des im Abschnitt 2.2.5 beschriebenen Phasen–Voltmeters für die Wechselstrommessung werden mit Grenzfrequenzen von 0.1 Hz bzw. 1 Hz tiefpaßgefiltert.

Bei der *endosomatischen* EDA–Messung (vgl. Abschnitt 2.2.3) können zusätzlich Quellen für Netzbrumm durch *unzureichende Erdung* und/oder zu hohe *Übergangswiderstände* zwischen Haut und inaktiver Elektrode (vgl. Abschnitt 2.2.1.2) auftreten. Abhilfe kann hier durch eine Nachbehandlung der Ableitstellen und Neukleben der Elektroden geschaffen werden. Die gleichen Schwierigkeiten treten beim *Ablösen* der *Elektroden* von der Haut oder bei *Störungen* des elektrischen Kontaktes in den *Elektrodenkabeln* auf.

Eine weitere Artefaktquelle, die sich insbesondere bei der endosomatischen EDA–Messung störend bemerkbar machen kann, ist eine durch *Elektrodenfehlerpotentiale* (vgl. Abschnitt 2.2.2.2) verursachte *Drift*, die das SP-Signal untrennbar überlagern kann (vgl. Abschnitt 2.2.3). Gegen die Entwicklung von *Elektrodenpolarisation* kann eine *Umpolung* der Elektroden während der Messung vorgenommen werden (vgl. Abschnitt 2.2.2.2). Zur Drift, die bei exosomatischen *Langzeitmessungen* auftreten kann, wird im Abschnitt 2.2.8.1 Stellung genommen.

2.2.7.2 Physiologisch vermittelte Artefakte

Als wichtigste physiologische Artefaktquelle bei EDA–Messungen können *Bewegungen* des Pb angesehen werden. Dabei kann es sich sowohl um Bewegungen, die die Ableitflächen selbst einschließen, als auch um muskuläre Aktivitäten von nicht an der Messung beteiligten Körperteilen handeln.

Vermutlich infolge der Beteiligung praemotorischer corticaler Gebiete sowie der Basalganglien an der Auslösung der EDA (vgl. Abschnitt 1.3.4.1) führt *motorische Aktivität* in vielen Fällen zu einer deutlichen Erhöhung der Frequenz *nichtspezifischer* EDRs. Dies trifft insbesondere für die *Sprechaktivität* zu. Auch läßt sich i. d. R. eine EDR mit großer Amplitude durch *tiefes Einatmen* mit anschließendem *Atemanhalten* provozieren (vgl. z. B. Hygge und Hugdahl 1985). Bei den zentralen Ursachen dieser elektrodermalen Veränderungen handelt es sich jedoch i. d. R. nicht um die eigentlichen Zielgrößen der Untersuchung, und die entsprechenden EDA-Signale müssen im Sinne der Untersuchung als Artefakte bezeichnet werden.

Was letztlich von diesen mit motorischer Aktivität korrelierten EDA-Signalen wirklich Artefakte sind, ist allerdings auch vom Untersuchungsziel abhängig: so könnten ein tiefer Seufzer und die dadurch ausgelöste EDR als Indikatoren emotionaler Veränderungen angesehen werden, und die betreffende EDR müßte in die Auswertung einbezogen werden; meist wird man jedoch die Pbn anweisen, normal zu atmen, um solche tiefen Atemzüge als Artefaktquellen zu vermeiden (vgl. Abbildung 43 im Abschnitt 2.3.4.1). Im Falle von Orientierungs- oder Defensivreaktionen (vgl. Abschnitt 3.1.1.1) können EDR und Atmung jedoch durchaus als *kovariierende Indikatoren* betrachtet werden (vgl. Abschnitt 2.3.4.1). Auf jeden Fall sollte zur späteren Artefakterkennung die *Atmungskurve* mit *registriert* werden. Wird während der EDA-Messung gesprochen, was möglichst zu vermeiden ist, sollten Zeiten der *Sprechaktivität* ebenfalls *protokolliert* werden. Stern und Anschel (1968) ließen 20 Pbn verschiedene Arten besonders tiefer und/oder schneller Atemzüge durchführen und registrierten unter anderem die SRR amp. Je stärker das Atemmuster vom normalen Atemvorgang abwich, desto größer waren die Abweichungen der kardiovaskulären und elektrodermalen Veränderungen.

Auch bei *groben Körperbewegungen* sind motorisch vermittelte EDA-Artefakte zu erwarten. Daher sollte der Pb die Instruktionen erhalten, sich möglichst *ruhig* und *entspannt* hinzusetzen und sich während der Messungen *möglichst nicht zu bewegen*, in keinem Fall jedoch die Extremitäten, an der die EDA-Elektroden befestigt sind, da ein unmittelbarer Einfluß auf die EDA-Messung von Bewegungen ausgeht, bei denen die Ableitflächen selbst betroffen sind. Dies kann durch Druck auf die Elektrode und damit auf die Ableitstelle, durch Zug am *Elektrodenkabel* und durch Beuge- oder Streckbewegungen der betreffenden Extremität geschehen, wodurch die *Spannung* und ggf. die *Durchblutung* der Haut verändert wird. Edelberg (1967) nennt 4 mögliche Auswirkungen solcher Bewegungen:

(1) Veränderung der *Elektrolyt-Konzentration* an der Grenze zwischen Elektrodenfläche und Elektrolyt,
(2) Veränderung der *Kontaktfläche* zwischen Elektrolyt und Haut,
(3) das Auftreten von *Ebbecke-Wellen* (vgl. Abschnitt 1.4.2.3),
(4) Bewegung der Extremität durch ein *elektromagnetisches Feld*.

Werden die Elektroden wie im Abschnitt 2.2.2 beschrieben angebracht und Bewegungen der betreffenden Extremität verhindert, kann das Auftreten der entsprechenden Artefakte weitgehend vermieden werden.

Burbank und Webster (1978) untersuchten bei 5 Pbn quantitative Beziehungen zwischen unterschiedlich starkem mechanischem Zug an der Haut der Innenseite des menschlichen Unterarms und dem dadurch hervorgerufenen SP-Artefakt. Bei einer Zunahme des Zugs erreichte die Spannung der Haut ein

Plateau, während die Zunahme des SP etwa der Änderung des Zuggewichts folgte. Die Hautimpedanz, die gleichzeitig mit 10 Hz-Wechselstrom gemessen wurde, zeigte keine Veränderung durch die mechanische Beanspruchung der Haut. Mit einer ähnlichen Meßanordnung untersuchte Ödman (1981) bei einem Pb die unmittelbare Wirkung der Entspannung nach der Zugbelastung auf SP und SZ und fand ebenfalls unterschiedliche Verläufe der beiden elektrodermalen Größen, die insbesondere auf eine Beeinflussung des Hautpotentals durch mechanische Veränderungen der Hautoberfläche hinweisen. Bei endosomatischen EDA-Messungen muß daher besondere Sorgfalt auf die Vermeidung entsprechender Artefakte verwendet werden.

Als weitere Artefakte, die ihre Ursache innerhalb des Pb haben, können die Einflüsse der *Temperatur* auf die EDA (vg. Abschnitt 2.4.2.1) sowie mögliche EKG-*Einstreuungen* bei zu weit auseinanderliegenden SP-Elektroden (vgl. Abschnitt 2.2.1.1) angesehen werden.

2.2.8 Spezielle Techniken der EDA-Messung bei spezifischen Fragestellungen

Die Darstellung der EDA–Meßmethodik in den Abschnitten 2.2.1 bis 2.2.5 mußte sich auf die heute gebräuchlichen Standardmethoden beschränken. Eine vollständige Aufzählung der auf diesem Gebiet bisher angewandten Ableitungs- und Meßtechniken hätte den Rahmen dieses Buches gesprengt und überdies eine Reihe von Methoden eingeschlossen, die heute nicht mehr verwendet werden sollten. Dennoch gibt es einige relativ selten bearbeitete Fragestellungen, bei denen *besondere EDA–Meßtechniken* erforderlich sind. Im folgenden sollen die wichtigsten dieser Techniken kurz dargestellt werden.

2.2.8.1 Langzeitmessungen und Messungen während des Schlafs

Untersuchungen der psychophysiologischen Wirkungen langanhaltender sensorischer Restriktion und Isolation, aber auch bereits solche zur circadianen Biorhythmik einschließlich des Schlafs (vgl. Abschnitt 3.2.1.2) sowie im Bereich der Nacht- und Schichtarbeit (vgl. Abschnitt 3.5.1.1.2) machen es erforderlich, die EDA–Elektroden über einen *langen Zeitraum* hinweg an *derselben Ableitstelle* zu belassen. Edelberg (1967) macht auf die folgenden Probleme aufmerksam, die dabei entstehen können:

(1) bei *abgeschlossenen* Elektroden–Elektrolyt–*Systemen*, wie sie im Abschnitt 2.2.2 beschrieben werden, entsteht bei der Verwendung von hypertonischen Elektrodenpasten allmählich ein *osmotischer Druck* im Elektrodennapf, während dagegen bei *offenen Systemen* die Gefahr des *Austrocknens* besteht,

(2) durch die wäßrigen Anteile der Elektrodenpaste kann es zur *Aufweichung* (Hydrierung) der *Epidermis* an der Kontaktfläche kommen,

(3) nach langem Tragen können sich insbesondere am Elektrodenrand *Entzündungen* der Haut *bilden*. Versuche, die Elektroden durch zusätzliche Klebe- oder Gummibänder in Position zu halten, was allerdings auch aus anderen Gründen vermieden werden sollte (vgl. Abschnitt 2.2.2.1), können infolge von *Druck* oder *Stau* unangenehme Nebenwirkungen hervorrufen,

(4) bei fortlaufender exosomatischer Messung mit Gleichstrom kommt es zu einer fortschreitenden *Deanodisierung* der Kathoden–Elektrode und zu einer progressiven Abnahme des Hautwiderstands.

Edelberg (1967, Seite 40) beschreibt eine Ableitungsmethode, bei der die Elektroden mehr als 10 Tage an der gleichen Stelle bleiben können, ohne daß die unter (1) und (3) genannten Probleme auftreten, wobei er ein *nicht völlig abgeschlossenes System* mit einer *nicht austrocknenden Elektrodenpaste* verwendet. Die Metallelektrode – Edelberg verwendet eine Silberelektrode – wird zusammen mit einem Stück Stoff, das mit dem Elektrolyten getränkt ist, auf eine – ggf. wegen der Flächenbegrenzung maskierte – Hautstelle aufgelegt und mit einem nichtklebenden elastischen Band fixiert. Als Basis für den Elektrolyten verwendet Edelberg entweder Glycerin oder Polyäthylen-Glycol mit lediglich 0.6 % NaCl (d. h. 0.1 M). Da die Leitfähigkeit dieses Elektrolyten nur 4 % derjenigen einer entsprechenden Kochsalzlösung auf der Basis von Wasser entspricht, muß die damit getränkte Stoffschicht einerseits relativ dünn sein, andererseits spielt auch die Gefahr der Bildung einer Leitungsbrücke an der Hautoberfläche zwischen den Elektroden durch seitliches Austreten des Elektrolyten kaum eine Rolle.

Edelberg (1967) hat an einigen Pbn EDA-Messungen mit dieser Ableittechnik über 12 bis 14 Tage hinweg sowohl mit als auch ohne Nachfüllen des Elektrolyten durchgeführt und nur bei 2 von 16 Ableitungen Entzündungsprobleme festgestellt. Allerdings reduzierten sich im Laufe dieser Zeit der relative SCL auf 26 %, die relative SCR amp. auf 14 % und die relative SPR-Gesamtaktivität auf 69 % der mit frisch angebrachten Elektroden ermittelten Werte. Dabei ergab sich für den Fall, daß der Elektrolyt nicht mindestens alle 48 Stunden nachgefüllt werden konnte, eine *Überlegenheit* des *Konstantstrom-* gegenüber dem Konstantspannungssystem (vgl. Abschnitte 2.2.4 und 2.6.2).

Einen Zusammenhang zwischen dem NaCl-Gehalt der Elektrodenpaste und *Hautirritationen* fanden Zipp et al. (1980) bei ihren Langzeituntersuchungen mit Wechselstromtechnik am Rücken von 12 Pbn. Die normalerweise über viele Stunden andauernde monotone Abnahme der Hautimpedanz war zwar bei Elektrodenpasten mit hohem NaCl-Gehalt beschleunigt, so daß die Messung bereits nach 30 min stabilisiert werden konnte, gleichzeitig führten diese Elektrodenpasten jedoch zu einer größeren Hautirritation.

Die unter (2) angesprochene *Aufweichung* der *Epidermis* stellt nach Erfahrungen von Venables und Christie (1973, Seite 84) eher ein Problem bei *endosomatischen* als bei exosomatischen Messungen dar, da im letzteren Fall verschiedene Effekte der Hydrierung des Stratum corneum sich möglicherweise gegenseitig aufheben: dem durch die größere Durchfeuchtung gestiegenen SCL wirkt eine Verringerung des SCL durch einen mechanischen Verschluß der Schweißdrüsenducti entgegen. Bei SP-Messungen mit 5 %iger KCl-Paste zeigte sich bei 10 Pbn bereits nach Ableitungen von weniger als einer Stunde eine deutliche Amplitudenreduktion im Vergleich zu frisch geklebten Elektroden, wobei große individuelle Differenzen auftraten (Venables und Christie 1973, Seite 58). Der

BSPL (vgl. Abschnitt 2.3.2.1) blieb jedoch von der Hydrierung relativ unbeeinflußt. Schneider und Fowles (1978) empfehlen deshalb auch eine weniger hydrierende Mischung aus *Unibase* und *Glycol* für SP-Messungen (vgl. Abschnitt 2.2.2.5) und Unibase ohne Beimischung von Glycol als Salbengrundlage für die Ableitung exosomatischer EDR; entsprechend eignet sich Unibase/Glycol wahrscheinlich auch besser für Langzeitmessungen.

Turpin et al. (1983) führten bei 12 Pbn während einer 7-stündigen Dauerregistrierung 3 mal je 10 min unter Ruhebedingungen und während Reaktionszeitaufgaben SC-Messungen durch, wobei sie eine nichthydrierende Elektrodenpaste auf Polyäthylen-Glycolbasis mit einer hydrierenden Methylzellulosepaste in permutierten Meßwiederholungen im Abstand von einer Woche miteinander verglichen. Zur Kontrolle wurden an 2 nicht für die Langzeitmessung benutzten Finger derselben Hand jeweils frische Elektroden geklebt. Bei Verwendung der Methylzellulose-Paste traten gegenüber der Glycol-Paste signifikante Verringerungen der NS.SCR freq. (vgl. Abschnitt 2.3.2.2) und der SCR amp. auf, wenn die Tageszeiteffekte durch Differenzenbildung zu den Meßwerten von den jeweils frisch geklebten Elektroden eliminiert wurden.

Die Bedeutsamkeit der unter (4) genannten Problematik einer fortschreitenden *Polarisation* bei Langzeitmessungen mittels exosomatischer Gleichspannungstechnik ist davon abhängig, ob während der *gesamten Dauer* des Anliegens der EDA-Elektroden oder nur punktuell gemessen werden soll. Dauermessungen, wie sie z. B. bei Schlafuntersuchungen erforderlich sein können, sollten daher entweder mit Hilfe von *Wechselspannungstechniken* (vgl. Abschnitt 2.2.5) durchgeführt werden, oder die Gleichspannung sollte in regelmäßigen Abständen *umgepolt* werden (vgl. Abschnitt 2.2.2.2). Auch ist damit zu rechnen, daß während des Schlafs ein deutlich erhöhter Hautwiderstand auftritt (vgl. Abschnitt 3.2.1.2), was wiederum im Fall der Verwendung von *Konstantstromtechnik problematisch* werden kann, da dann zur Aufrechterhaltung der Stromdichte höhere, möglicherweise sogar gewebsschädigende Spannungen zwischen den Elektroden angewendet werden müssen (vgl. Abschnitt 2.6.2).

Edelberg (1967) beschreibt für Dauermessungen eine Methode, mit der das *Hautpotential* selbst *zur Ermittlung* des *Hautwiderstands* verwendet werden kann. Dabei wird die beim Kurzschließen von 2 SP-Elektroden über einen Widerstand auftretende Systemantwort, d. h. die SP-Änderung, gemessen, und daraus wird unter Zuhilfenahme des Wertes des externen Widerstandes der Hautwiderstand berechnet. Da es bei diesem Kurzschließen zu Artefakten bei der Registrierung anderer physiologischer Variablen, z. B. dem EEG, kommen kann, beschreibt Edelberg noch eine weitere Alternative, bei der *Hautpotential-* und *Wechselspannungsmessungen* miteinander gekoppelt werden. Auf diese Technik wird im Abschnitt 2.2.8.2 näher eingegangen.

Für die bei Langzeitmessungen auftretenden *Driften* stehen Korrekturverfahren zur Verfügung, die allerdings nur dann angewendet werden können, wenn bereits bei der Datenaufnahme Kontrollwerte mitregistriert wurden (vgl. Abschnitt 2.3.4.3).

2.2.8.2 Simultane Ableitungen mit unterschiedlichen Methoden

Für einige Fragestellungen, z. B. für den unmittelbaren Vergleich verschiedener Meßtechniken (vgl. Abschnitte 2.6.1 bis 2.6.3), ist es u. U. notwendig, unterschiedliche Meßmethoden an einem Pb simultan anzuwenden. Zur Vermeidung von *Kreuzströmen* zwischen verschiedenen EDA-Ableitungen müssen dabei die Eingänge der einzelnen Verstärker mit galvanisch getrennt werden (vgl. Abschnitt 2.1.4).

Edelberg (1967, Seite 42) beschreibt die *gleichzeitige* Anwendung von *Hautpotential-* und *Wechselspannungsmessungen*: zwischen einer der beiden SP-Elektroden und dem Verstärker wird eine Wechselspannungsquelle mit geringer Impedanz, geringer Spannung und niedriger Frequenz (z. B. 10 mV und 20 Hz) geschaltet. Die Wechselspannung wird nach dem Prinzip des Spannungsteilers (vgl. Abschnitt 2.1.1) zwischen dem Verstärker und der Haut des Pb entsprechend des Verhältnisses von deren Impedanzen aufgeteilt. Wird ein AC-gekoppelter Verstärker (vgl. Abschnitt 2.1.3) mit einer Zeitkonstanten von 0.05 sec verwendet und dessen Ausgangssignal gleichgerichtet, so wird der SPL-Anteil am Signal eliminiert, und der SCL-Anteil kann nach Gleichung (34) berechnet werden:

$$SCL = \frac{Y_s}{Y_t - Y_s} \cdot C_v \qquad (34)$$

wobei C_v die Leitfähigkeit des Verstärkereingangs, Y_t die Admittanz kurzgeschlossener Elektroden und Y_s die Admittanz ohne Überbrückung der Elektroden bedeuten.

Simultane Ableitungen mit exosomatischen *Wechselspannungs-* und *Gleichspannungsmethoden* sind nach den Erfahrungen des Autors nicht ohne weiteres zu realisieren, da die über ein Elektrodenpaar auf die Haut gebrachte Wechselspannung das am anderen Elektrodenpaar gemessene Gleichspannungssignal überlagert. Für parallele Untersuchungen bietet sich hier ein *Umschalten* zwischen beiden Methoden an, wobei dann auch die gleichen Ableitstellen für Gleich- und Wechselspannung verwendet werden können.

Bei jeder simultanen EDA-Messung mit unterschiedlichen Techniken muß zunächst sichergestellt werden, daß die Messungen sich nicht gegenseitig beeinflussen. Ein erster Schritt sollte dabei die *Erprobung* der Meßanordnung an einer aus veränderlichen und festen Widerständen bestehenden *Ersatzschaltung* sein. Probleme, die etwa durch unterschiedliche Bezugspotentiale der verschiedenen Verstärker entstehen, können dabei bereits erkannt werden. Z. B. hatten Boucsein und Hoffmann (1979) an einer Ersatzschaltung überprüft, daß sich die mit einem Beckman–Polygraphen R 411 und mehreren Kopplern des Typs 9842 parallel an verschiedenen Ableitstellen durchgeführten Konstantstrom- und Konstantspannungsmessungen nicht gegenseitig beeinflußten, bevor sie an den Pbn selbst Ableitungen durchführten.

2.2.8.3 Messungen mit trockenen Elektroden oder mit flüssigen Elektrolyten

Die im Abschnitt 2.2.2 beschriebene heute gebräuchliche Standardtechnik unter Verwendung *feuchter Elektroden* verursacht einige Probleme, die Muthny (1984) zusammenstellt:

(1) die durch den Elektrolyten verursachte Durchfeuchtung der Haut läßt den EDL über längere Zeit hinweg *driften* und führt außerdem zu einer *Verminderung* der *Empfindlichkeit* des Systems für SCRs,

(2) die *Polarisationen*, die an den Grenzschichten des Elektroden–Haut–Systems auftreten, lassen sich durch die Wahl geeigneter Elektroden und Elektrolyte zwar reduzieren, *nicht* aber *ganz verhindern*, und sie können ein über Stunden andauerndes *Einschwingverhalten* des Elektroden–Haut–Systems zur Folge haben,

(3) *Wechselwirkungen* zwischen Elektroden, Elektrolyt und Haut, die allerdings noch nicht genauer untersucht sind, können den Meßvorgang in unkontrollierter Weise beeinflussen.

Als Ursache für die unter (1) genannten Veränderungen wird von Fowles (1974) das durch die *Hydrierung* aufquellende *Stratum corneum* angesehen, wodurch einerseits der SCL erhöht wird, andererseits aber die Ausgänge der Schweißdrüsenducti verschlossen werden können, so daß die direkte Verbindung zur vermutlichen Quelle der EDR unterbrochen wird (vgl. Abschnitt 1.4.2.3) und folglich die EDR amp. abnimmt. Diese Überlegungen zur sog. *Rückwirkung* der feuchten Elektroden auf die Haut haben Zipp und Faber (1979) zur Entwicklung einer rückwirkungsärmeren *trockenen Elektrode* aus Platin/Platin-Mohr veranlaßt, die eine ähnlich geringe Polarisationsneigung wie die Ag/AgCl-Elektrode besitzt. Die Elektrode wird in einem belüfteten Gehäuse mit einem konstanten Druck von 0.5 kPa auf die Haut gepreßt. Das bei einem Pb mit Hilfe der Wechselspannungsableitung gefundene Einschwingverhalten der Hautadmittanz (SYL) unterschied sich allerdings erst nach 5 Stunden deutlich von dem einer feuchten Ag/AgCl-Elektrode, und dem von den Autoren durchgeführten Vergleich der EDRs mangelt es an Stringenz, so daß die behaupteten Vorteile der trockenen Elektrode eher zweifelhaft bleiben. Auch weist Muthny (1984) darauf hin, daß bei diesen sog. trockenen Elektroden der *Schweiß* selbst als *Elektrolyt* in Erscheinung tritt, wodurch möglicherweise unkontrollierte Ableitungsbedingungen entstehen. Thomas und Korr (1957) trockneten die Haut daher bei solchen Messungen durch Hitzeeinwirkung künstlich aus. Millington und Wilkinson (1983) machen allerdings darauf aufmerksam, daß im *trockenen* Corneum *andere Mechanismen* für den Transport elektrischer Ladungen wirksam werden können als in der feuchten Hornhaut. Trockene Elektroden müssen jedoch dann benutzt werden, wenn die *Hautwasserabgabe* nicht behindert werden darf. So verwendeten Rutenfranz und Wenzel (1958) für ihre Untersuchungen der Temperaturabhängigkeit von Hautimpedanz und Wasserabgabe trockene Elektroden aus V2A-Stahlnetzen, die allerdings polarisierbar sind.

Den praktisch umgekehrten Sonderfall der EDA-Ableitung stellt die Messung mittels *flüssiger Elektrolyte* dar, wie sie etwa bei der Untersuchung des Einflusses von pharmakologischen Substanzen bzw. Kosmetika auf den peripheren Mechanismus der EDA verwendet wird (vgl. Abschnitt 3.5.2.1). Eine entsprechende Technik beschreibt Edelberg (1967, Seite 12): die geplante Ableitstelle am Finger wird mit selbstklebendem Material abgeklebt, der Rest des Fingers einschließlich des Nagels wird mit einer Gummi-Papier-Zementmasse abgedeckt, nach deren Trocknen wird der Schutz von der Ableitstelle entfernt. Nun können zwei *Finger*, die so präpariert sind, jeweils in ein eigenes *Gefäß* mit einem flüssigen Elektrolyten *getaucht* werden. Diese sind über eine Salzbrücke (z. B. KCl in Agar-Agar, vgl. Abschnitt 2.2.2.5) mit jeweils einer Kammer verbunden, in der sich die Ag/AgCl-Elektroden in 1 M KCl-Lösung befinden.

Eine andere Möglichkeit der Messung mit flüssigen Elektrolyten besteht im Aufbringen eines oben und unten *offenen Plastikrohrs* auf die Hautstelle, wenn etwa am Unterarm abgeleitet werden soll (vgl. z. B. Yamamoto et al. 1978, Figure 5). Wegen der nachteiligen Wirkungen auf die Blutzirkulation ist dabei das Ankleben des Rohrs mit Histoacrylkleber der Befestigung mittels eines Gummibandes vorzuziehen (vgl. Abschnitt 2.2.2.1). Das mit der Öffnung nach oben gerichtete Rohr wird dann mit dem Elektrolyten gefüllt, in den die Elektrode eingetaucht wird. Yamamoto et al. (1978) verwendeten dazu Ag/AgCl-Elektroden und einen Elektrolyten aus 91.6 % Polyäthylen-Glycol, 0.9 % NaCl und 7.5 % Wasser (Prozentangaben nach Gewicht).

2.2.8.4 Weitere spezielle Elektroden und Elektrodenanordnungen

In diesem Abschnitt sollen Hinweise auf weitere wenig gebräuchliche *Elektrodenformen* sowie auf Anordnungen mit *mehr als 2 Elektroden* gegeben werden. So beschreiben Venables und Martin (1967a) zusätzlich zur Ag/AgCl-Napfelektrode noch die Herstellung von *Schwammelektroden*, die geringe Anfälligkeit für Fehlerpotentiale (vgl. Abschnitt 2.2.2.2) und Drift (vgl. Abschnitt 2.2.7.1) aufweisen sollen. Ihre Verwendung ist daher eher bei der SP-Messung, weniger bei SR- und SC-Messungen angezeigt (Grings 1974).

Lykken (1959) verwendete eine 2-Element-Elektrode, die aus gegeneinander isolierten *konzentrisch* angeordneten kreisförmigem und ringförmigem Metallplatten (in diesem Fall Zink) bestanden. Über die Ringe der beiden Elektroden wird der erforderliche Strom zugeführt, während über die innenliegenden kreisförmigen Metallflächen die Meßspannung abgegriffen wird. Dadurch, daß der an den beiden inneren Meßelektroden anliegende Strom äußerst gering gehalten werden kann, wird eine *Polarisation* der Ableitungselektroden *vermieden*. Montagu und Coles (1968), Edelberg (1967) und Grings (1974) vertraten die Ansicht, daß sich das Meßprinzip der 2-Element-Elektrode nicht auf Konstantspannungsmessungen übertragen läßt. Thom (1977) konnte jedoch zeigen, daß dies bei der Verwendung einer Komparator-Schaltung durchaus möglich ist.

Einem ähnlichen Meßprinzip folgt die von Campbell et al. (1977) entwickelte 4-Punkt-*Mikroelektroden*-Anordnung mit 0.11 mm Gesamtbreite: die beiden äußeren Elektroden werden mit der Stromquelle verbunden, während die Meßspannung über die beiden inneren Elektroden abgegriffen wird.

Auch für Wechselstrommessungen der EDA mit *höheren Frequenzen* wurden Anordnungen mit mehreren Elektroden verwendet, z. B. eine 3-Elektroden-Technik (Edelberg 1971, Yamamoto et al. 1978) oder eine 4-Elektroden-Technik (Salter 1979, Thiele 1981a). Ausführliche Diskussionen entsprechender meßtechnischer Implikationen finden sich bei Schwan (1963) sowie bei Salter (1979, Seite 36 ff.).

2.2.9 Zusammenfassende Stellungnahme zu den Meßverfahren

Die EDA-Messung wird i. d. R. an den *Handinnenflächen* (palmar) vorgenommen, wobei im Falle der *endosomatischen* Messung eine *inaktive* Referenzelektrode an der Innenseite des *Unterarms* angebracht wird (vgl. Abschnitt 2.2.1.1 und Abbildung 26). Während an dieser inaktiven Ableitstelle der Übergangswiderstand durch mechanische Manipulationen verringert werden muß, ist eine *Vorbehandlung* der aktiven Ableitorte nicht notwendig, wird jedoch von einigen Autoren vorgenommen (vgl. Abschnitt 2.2.1.2).

Zur Ableitung werden heute fast nur noch *gesinterte* Ag/AgCl–*Napfelektroden* mit 0.5 bis 1 cm^2 Elektrodenfläche verwendet (vgl. Abschnitt 2.2.2.3), die mit einer *isotonischen* NaCl–Paste auf der Basis einer neutralen Salbengrundlage wie *Unibase* (vgl. Abschnitt 2.2.2.5) gefüllt und mit doppelseitigen Kleberingen befestigt werden (vgl. Abschnitt 2.2.2.1). Nach dem Gebrauch spült man die Elektroden aus, ohne die Ag/AgCl–Schicht zu verletzen; bei längerer trockener Lagerung sollten sie kurzgeschlossen und vor dem Gebrauch eine Zeitlang in eine NaCl–Lösung gelegt werden (vgl. Abschnitt 2.2.2.4).

Für die gebräuchlichen EDA-Messungen werden heute zwar eine Reihe von Meßsystemen kommerziell angeboten; bei deren Installation und Anwendung müssen jedoch i. S. einer reliablen und artefaktfreien Messung die bereits im Kapitel 2.1 ausführlich diskutierten *Besonderheiten dieses Biosignals* berücksichtigt werden. Vor der Entscheidung für den Kauf eines bestimmten *Meßsystems* sollte daher geprüft werden, ob dieses den in den jeweiligen Abschnitten 2.2.3, 2.2.4 bzw. 2.2.5 beschriebenen Anforderungen entspricht.

Auch die *Aufzeichnung*, die entweder auf Registrierpapier oder mit Hilfe von elektronischen Speichern erfolgen kann, muß der besonderen *Dynamik* des EDA-Signals angepaßt werden (vgl. Abschnitt 2.2.6): vorteilhaft sind eine möglichst hoch auflösende Registrierung des Originalsignals und eine *interaktive Computerauswertung*, auch im Hinblick auf eine Artefakterkennung und -eliminierung (vgl. Abschnitt 2.2.6.1).

Während bei der am häufigsten angewandten exosomatischen Gleichspannungsmessung *elektrische Einstreuungen* durch die 50 Hz des Stromnetzes (Netzbrumm) eine geringere Rolle als bei vielen anderen Biosignalen spielen, stellen *Bewegungs-* und *Atemvorgänge* die häufigsten *Artefaktquellen* für die EDA-Messung dar (vgl. Abschnitt 2.2.7).

2.3 Parametrisierung elektrodermaler Aktivität

Während sich das Kapitel 2.2 mit der Durchführung der verschiedenen Formen von EDA-Messungen, den dazu notwendigen meßtechnischen Einrichtungen, den Ableittechniken, den Registriermethoden und der Artefaktvermeidung beschäftigte, werden im folgenden Kapitel die verschiedenen *Parameter* beschrieben, die aus dem registrierten EDA-Signal extrahiert werden können.

Die Darstellung muß sich dabei auf grundlegende Signalauswertungen beschränken; zur Bildung möglicher abgeleiteter Kennwerte kann z. B. auf Walschburger (1976) und Fahrenberg et al. (1979) verwiesen werden. Zunächst wird zwischen der Bildung von Parametern elektrodermaler *Reaktionen* (Abschnitt 2.3.1) und *Niveauwerten* der EDA (Abschnitt 2.3.2) unterschieden, wobei unter der jeweiligen Parameterklasse die Bildung der entsprechenden Maße aus den verschiedenen endo- und exosomatischen Techniken erhaltenen EDA-Signalen gemeinsam besprochen wird. Die *statistischen Eigenschaften* dieser Parameter wie Mittelwerte, Standardabweichungen, Verteilungscharakteristika und Reliabilitäten werden dann später im Kapitel 2.5 zusammengestellt. Ein gesonderter Abschnitt (2.3.3) wird den verschiedenen *Transformationen* insbesondere der Parameter elektrodermaler Reaktionen gewidmet. Die Darstellung der Parametrisierung der EDA-Signale wird durch den Abschnitt 2.3.4 zur Behandlung von *Artefakten* und *fehlenden Daten* abgeschlossen.

2.3.1 Parameter phasischer elektrodermaler Aktivität

Phasische Anteile der EDA werden im allgemeinen als elektrodermale *Reaktionen* (EDRs) bezeichnet, obwohl eindeutige Beziehungen zu *auslösenden Reizen* nicht in allen Untersuchungsanordnungen hergestellt werden können (vgl. Abschnitt 1.1.1). Andererseits zeigen EDRs im allgemeinen einen *charakteristischen Verlauf* (vgl. Abbildungen 32 bis 34), so daß das Vorhandensein der einer typischen EDR-Gestalt als Kriterium für die Abgrenzung einer phasischen elektrodermalen Veränderung gegenüber Artefakten angesehen werden kann (vgl. Abschnitt 2.3.4.1). Trotzdem stellt die EDR-*Gestalterkennung* etwa für die automatische EDA-Biosignalanalyse noch ein erhebliches Problem dar (vgl. Abschnitt 2.2.6.2), weshalb auch bei einer computerunterstützten Auswertung ein *interaktives* Verfahren unter Einbeziehung eines geschulten Beobachters empfohlen wird. Für eine detaillierte Beschreibung einer solchen *rechnergestützten* EDA-Parametrisierung kann auf den *Anhang* von Thom verwiesen werden.

2.3.1.1 Latenzzeiten und Zeitfenster

Elektrodermale Reaktionen zeigen eine *relativ große Latenz* (EDR lat., vgl. Abbildung 33), die im Normalfall 1 bis 2 sec beträgt, sich jedoch etwa bei *Abkühlung* der Haut bis zu 5 sec *verlängern* kann (Edelberg 1967). Edelberg (1972a) gibt Latenzzeiten zwischen 1.2 und 4 sec an, wobei er 1.8 sec als einen typischen Wert für eine palmare EDR bei komfortabler Raumtemperatur ansieht. Venables und Christie (1980) halten Latenzzeiten über 3 sec für zu hoch und bezeichnen ein *Zeitfenster* zwischen 1 und 3 sec nach Reizbeginn als zwar eher konservativ, aber für die meisten Anwendungen als angemessen (vgl. Abbildung 41 im Abschnitt 2.3.2.2). Eine Zusammenstellung der in den Veröffentlichungen der Zeitschrift "*Psychophysiology*" zwischen 1977 und 1982 genannten Zeitfenster findet sich bei Levinson und Edelberg (1985, Tabelle 4). Danach wurden Fenster zwischen 1 und 4 bzw. 1 und 5 sec am häufigsten verwendet. Die Latenz der anfänglichen negativen *SPR*–Komponente ist ungefähr 300 msec *kürzer* als die SCR–Latenz (Venables und Christie 1980).

Levinson und Edelberg (1985) empfehlen aufgrund sorgfältiger Vergleichsstudien die Ermittlung eines *eigenen Zeitfensters* für jedes Experiment, und zwar aus dem Range der EDR lat. aller Pbn auf den ersten reliablen Stimulus. In ihrem eigenen Labor ergaben sich daraus Zeitfenster zwischen 1.0 und 2.4 sec. Stern und Walrath (1977) schlagen eine *individuelle Standardisierung* des Zeitfensters über die Ermittlung der modalen Latenzzeit und der Begrenzung des Fensters auf ± 0.5 sec dieses Modalwertes vor; Venables und Christie (1980) halten ein solches Vorgehen insbesondere in Fällen mit *atypischer* EDA, etwa bei Altersveränderungen (vgl. Abschnitt 2.4.3.1) oder pathologischen Zuständen, für angemessen.

Bei einigen Pbn ist es schwierig, überhaupt *reizabhängige* EDRs zu *identifizieren*, da diese *von* ständig auftretenden *nichtspezifischen* phasischen Veränderungen *überlagert* sind, die sich nicht von EDRs unterscheiden lassen und als NS.EDRs bezeichnet werden (vgl. Abschnitt 2.3.2.2). Levinson und Edelberg (1985) vermuten, daß wegen fehlender oder inadäquater Anwendung von Kriterien für die Zeitfenster der EDR lat. häufig NS.EDRs als spezifische EDRs ausgewertet wurden.

Für die Festellung des *Reaktionsbeginns* kann die Bildung der 1. Ableitung hilfreich sein (vgl. Abschnitt 2.3.1.3.1). Bei der Handauswertung anhand von Papieraufzeichnungen (vgl. Abschnitt 2.2.6.1) ist eine ausreichend hohe Papiergeschwindigkeit Voraussetzung für eine reliable Bestimmung der Latenzzeit. Auch ist eine Kontrolle der *Hauttemperatur* (vgl. Abschnitt 2.4.2.1) für die Vergleichbarkeit von Latenzzeiten wichtig (vgl. Abschnitt 2.5.2.3), da die EDR lat. zu 25–50 % von der Geschwindigkeit des Acetylcholintransports in der Peripherie abhängt (vgl. Abschnitt 1.3.2.1).

2.3.1.2 Amplitudenmaße

Die Amplitude stellt den am *häufigsten verwendeten* EDR–Parameter dar. Im Zusammenhang mit der Amplitudenbestimmung bei exosomatischen EDA–Messungen dürfen vor allem die Probleme einander *überlagernder* EDRs (vgl. Abbildung 34 im Abschnitt 2.3.1.2.2) sowie die der Wahl von Minimalkriterien für EDR–Amplituden (vgl. Abschnitt 2.3.1.2.3) nicht übersehen werden.

Von einigen Autoren wird der Begriff "EDR–*Magnitude*" anstelle des Amplitudenbegriffs verwendet; da die Bezeichnung "EDR–*Magnitude*" jedoch vielfach als *Kurzform* für die "*mittlere* EDR-Magnitude" gebraucht wird, sollte aus Gründen der Eindeutigkeit zwischen dem *Amplituden-* und dem *Magnituden-*Begriff unterschieden werden. Da bei der Berechnung der "Magnitude" eine Art formale *Missing Data-Behandlung* im Zusammenhang mit wohldefinierten Reizanordnungen vorgenommen wird, erfolgt eine Darstellung der entsprechenden Kennwertbildung im Abschnitt 2.3.4.2. Unglücklicherweise findet sich in der englischsprachigen EDA–Literatur trotz entsprechender Standardisierungsvorschläge (z. B. Venables und Christie 1980) immer wieder der Magnituden- anstelle des Amplituden–Begriffs.

2.3.1.2.1 Amplituden endosomatischer Reaktionen

Während die exosomatische EDR stets monophasisch verläuft (vgl. Abschnitt 2.3.1.2.2), kann die endosomatische EDR mono-, bi- oder triphasisch sein. Dies hat seinen Grund darin, daß die SPR das Ergebnis des Zusammenwirkens von *zwei* einander *entgegengesetzten* Potentialänderungen darstellt (vgl. Abschnitt 1.4.2.3).

Abbildung 32 zeigt Beispiele für die *verschiedenen Arten* der SPR. Nach Forbes (1964) wird die *erste negative* Auslenkung als a–Welle, die *positive* Auslenkung als b- und die *zweite negative* Auslenkung als c- oder γ–Welle bezeichnet. Da selbst bei der monophasischen SPR davon ausgegangen werden muß, daß sie aus zwei Potentialreaktionen unbekannter Größe zusammengesetzt ist, ist eine Auswertung der SPR amp. stets problematisch (Venables und Christie 1980; zur Diskussion im einzelnen vgl. Edelberg 1967, Seite 48). Von manchen Autoren wird bei *biphasischen* Reaktionen eine Amplitudenbestimmung vom negativen zum positiven Maximum vorgenommen; es gibt allerdings zu wenig Evidenz dafür, daß es sich dabei um eine sinnvolle Parameterbildung handelt (Venables und Christie 1973). Die SPR amp. werden in mV gemessen. Ergebnisse einiger Untersuchungen, bei denen SPR amp.-Auswertungen vorgenommen wurden, finden sich im Abschnitt 2.5.1.1.

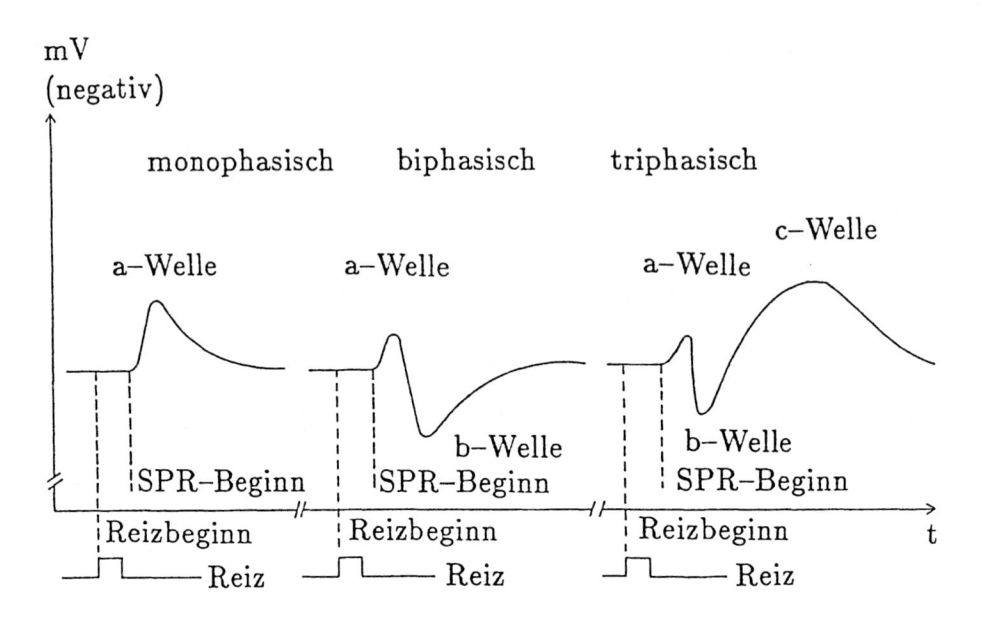

Abbildung 32. Verschiedene Verlaufstypen der Hautpotentialreaktion (SPR). Höhere Ordinatenwerte bedeuten größere Negativität der aktiven gegenüber der passiven Ableitstelle.

2.3.1.2.2 Amplitudenbestimmung bei Gleichstrommessungen

Eine mit der exosomatischen Gleichspannungsmethode erhaltene EDR zeigt im Idealfall die in Abbildung 33 wiedergegebene Verlaufsgestalt.

Nach der *Latenzzeit* (EDR lat.) steigt die EDA-Registrierkurve von Reaktionsbeginn innerhalb der *Anstiegszeit* (EDR ris.t.) relativ steil bis zum Reaktions*maximum* an, um dann etwas flacher auf das ursprüngliche Niveau abzufallen. Da durch das langsame Auslaufen der EDR das Reaktionsende kaum eindeutig festgestellt werden kann und auch wegen zwischenzeitlich verändertem EDL das Ursprungsniveau oft nicht erreicht wird, mißt man anstelle der Abstiegszeit die *Erholungszeit* (Recovery–Zeit), d. h. die Zeit, die vergeht, bis ein bestimmter Prozentsatz der Auslenkung, d. h. der Amplitude (EDR amp.), wieder rückgängig gemacht wurde (vgl. Abschnitt 2.3.1.3.2). Die SCR amp. wird in μS, die SRR amp. in kOhm gemessen.

Amplitudenbestimmung

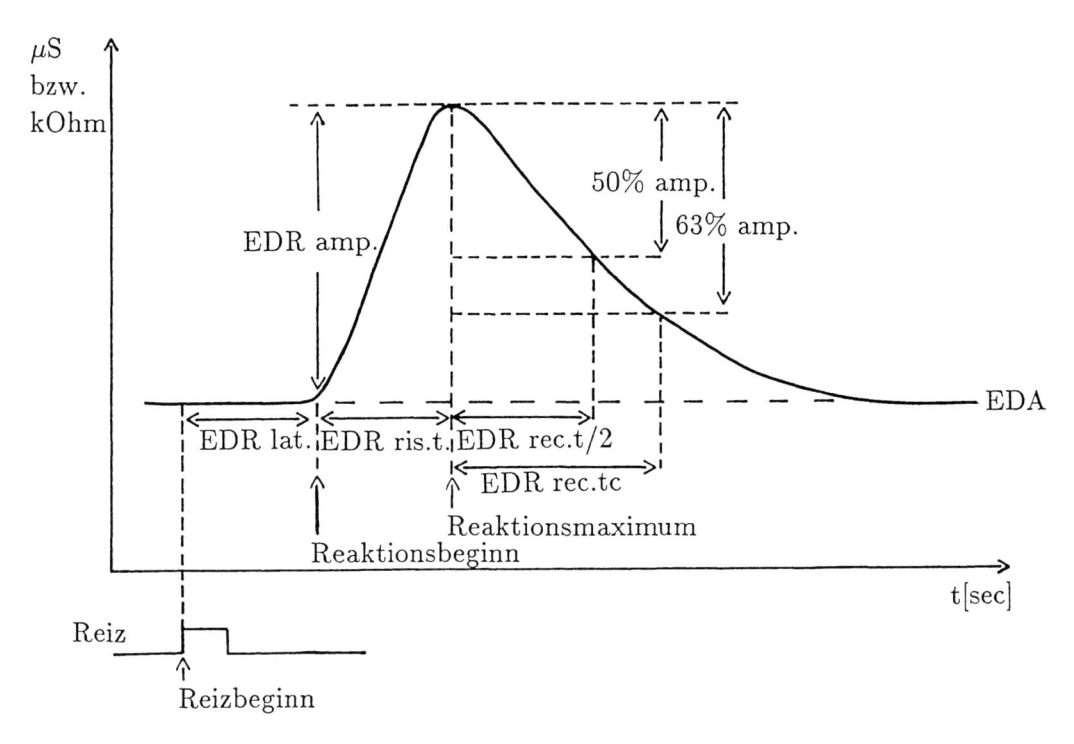

Abbildung 33. Idealfall einer mit der Gleichspannungstechnik abgeleiteten elektrodermalen Reaktion. (Erläuterungen siehe Text.)

Problematisch wird die Amplitudenbestimmung, wenn – etwa im Zustand hoher Aktiviertheit (vgl. Abschnitt 3.2.1.1.1) oder bei Personen mit großer elektrodermaler Labilität (vgl. Abschnitt 3.3.2.2) sowie bei der Konditionierung (vgl. Abschnitt 3.1.2.1) – einander *überlagernde* EDRs auftreten. Abbildung 34 zeigt zwei Beispiele für zusammengesetzte Reaktionen. Sie werden im folgenden zur Unterscheidung vom Idealfall (Typ 1, vgl. Abbildung 33) als Typ 2 und Typ 3 bezeichnet. Da davon auszugehen ist, daß in solchen Fällen die folgende EDR beginnt, bevor die vorhergehende EDR–Recovery beendet ist, wäre es denkbar, den Recovery–Verlauf der vorhergehenden Kurve zu *extrapolieren* und die Amplitude der folgenden EDR als das Lot auf diese extrapolierte Kurve zu definieren (Auswertemöglichkeit A in Abbildung 34), wie dies von Hagfors (1964) vorgeschlagen wurde.

Edelberg (1967) konnte jedoch mittels Reizung des von zentralen Einflüssen abgetrennten plantaren Nerven der Katze in definierten zeitlichen Abständen zeigen, daß die leichter durchzuführende Auswertemöglichkeit B (vgl. Abbildung 34) hinreichend genaue Ergebnisse liefert. Es wird daher allgemein als Standard akzeptiert, die EDR amp. der folgenden Reaktion gemäß Auswertemöglichkeit B vom EDL ihres Reaktionsbeginns aus zu berechnen.

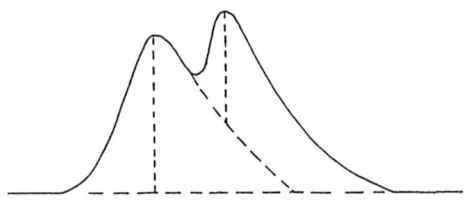

EDR Typ 2, Auswertemöglichkeit A

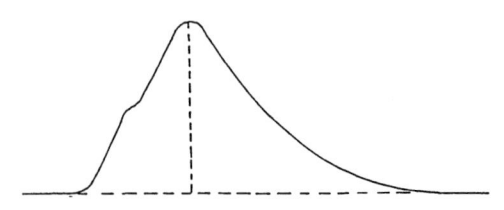

EDR Typ 3, Auswertemöglichkeit C

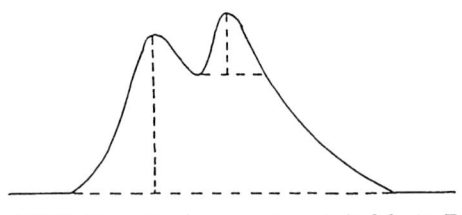

EDR Typ 2, Auswertemöglichkeit B

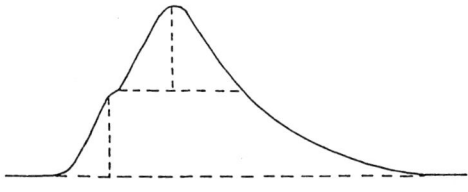

EDR Typ 3, Auswertemöglichkeit B

Abbildung 34. Beispiele für einander überlagernde exosomatische elektrodermale Reaktionen vom Typ 2 und 3 und Möglichkeiten ihrer Auswertung. (Erläuterung siehe Text.)

Während man bei dem als Typ 2 bezeichneten Verlauf deutlich *zwei* getrennte EDRs erkennen kann, ist dies beim Typ 3 *nicht* immer *eindeutig* feststellbar, da nach dem ersten Hochpunkt der Kurve keine Umkehr, sondern ein erneuter Anstieg folgt. Zur Vermeidung eines Auswerterbias muß *vor Beginn* der Auswertung *festgelegt* werden, ob ein solcher EDA-Verlauf als eine einzige EDR (Auswertemöglichkeit C in Abbildung 34) oder in jedem Fall als zwei sich überlagernde EDRs (Auswertemöglichkeit B), wie Edelberg (1967) es empfiehlt, angesehen werden soll. Für Forschungszwecke können jedoch auch die verschiedenen Typen 1, 2 und 3 getrennt erfaßt werden (vgl. Anhang von Thom).

Foerster (1985) verwendet zur Identifikation einer Typ 3-EDR, d. h. zur Trennung einer in der Anstiegsflanke auftretenden überlagerten EDR von einem auf andere Weise zustandegekommenen Hubbel in der Anstiegsflanke, ein *Abstandskriterium* zur Sekante nach dem Vorbild eines Amplitudenkriteriums für die EDR (vgl. Abschnitt 2.3.1.2.3).

2.3.1.2.3 Wahl eines Amplitudenkriteriums

Ebenfalls vor dem Beginn der Auswertung muß ein sog. Amplitudenkriterium festgelegt werden, d. h. diejenige *Auslenkung* in µS bzw. kOhm, die *mindestens erreicht werden muß*, damit sie als EDR gewertet werden kann. Dieser Minimalwert ist *von der Verstärkung* und damit von der *Auflösung* des Signals, die auch innerhalb einer Untersuchung inter- und intraindividuell unterschiedlich sein kann, *nicht unabhängig*. Tabelle 4 zeigt diese Abhängigkeit an einigen Beispielen: geht man davon aus, daß Auslenkungen von 1 mm die untere Grenze der noch wahrnehmbaren Veränderung bilden, könnte bei einer normalen Polygraphenschreibbreite von 40 mm und einer Verstärkung, mit der die SC zwischen 10 und 30 µS registriert werden kann, das Amplitudenkriterium 0.5 µS nicht unterschritten werden. Ist die Reaktivität so gering, daß ein Registrierbereich zwischen 10 und 20 µS nicht zur Folge hat, daß das EDR-Signal den Registrierbereich verläßt (vgl. Abschnitt 2.2.6.1), könnte die *Verstärkung* entsprechend *erhöht* und das *Amplitudenkriterium* auf 0.25 µS *erniedrigt* werden. Wird das Signal durch die Registrierung auf einem Kompensationsschreiber mit 20 cm Schreibbreite höher aufgelöst, so könnte das Amplitudenkriterium im ersteren Fall auf 0.1 µS, im zweiten Fall mit höherer Verstärkung sogar auf 0.05 µS heruntergesetzt werden. Ein entsprechendes Beispiel für die SR-Messung wird ebenfalls in Tabelle 4 gegeben. Die Auflösung kann nach einer Digitalisierung des Signals noch höher werden (vgl. Abschnitt 2.2.6.2), so daß eine Vergleichbarkeit der Ergebnisse einer Computerauswertung mit solchen aus herkömmlicher Papierauswertung nicht mehr gegeben ist, wenn man nicht das gleiche Amplitudenkriterium gewählt hat, d. h. man erhält bei einer Computerauswertung u. U. Veränderungen, die man als EDRs interpretieren würde, obwohl man sie bei herkömmlicher Auswertung nicht gesehen hätte.

Tabelle 4. Abhängigkeit des minimalen Amplitudenkriteriums von der Verstärkung (Registrierbereich) und der Auflösung (Schreibbreite).

Methode	Registrierbereich		Auflösung	
	Obere und untere Grenze	Range	1 mm entspricht bei einer Schreibbreite von	
			40 mm	200 mm
SC	10 - 30 µS	20 µS	0.5 µS	0.1 µS
	10 - 20 µS	10 µS	0.25 µS	0.05 µS
SR	100 - 500 kΩ	400 kΩ	10 kΩ	2 kΩ
	20 - 100 kΩ	80 kΩ	2 kΩ	0.4 kΩ

Versuche, das Amplitudenkriterium *allgemeinverbindlich* zu *definieren*, wurden insbesondere im Rahmen der Schizophrenieforschung zum Zwecke der Definition von *Nichtreaktivität* (vgl. Abschnitt 3.4.2.2) unternommen. Die dort angegebenen Werte von z. B. 0.05 μS (Gruzelier und Venables 1972) oder 0.4 kOhm (Zahn 1976) erfordern eine relativ große Verstärkung oder hohe Auflösung, wie man aus Tabelle 4 ersehen kann, und werden daher nicht mit allen Meßanordnungen erreicht.

Ob ein angenommenes Amplitudenkriterium in einem speziellen Anwendungsfall *überhaupt sinnvoll* ist, kann nur beurteilt werden, wenn das *Signal/ Rauschverhältnis* des Meßverstärkersystems bekannt ist. Diese z. B. im Phonobereich selbstverständliche Angabe fehlt teilweise schon in den Beschreibungen der Meßverstärker und wird in Veröffentlichungen i. d. R. überhaupt nicht erwähnt. Wie im Abschnitt 2.1.4 gezeigt wurde, können durch eine Auskopplung des EDR aus dem EDL, wie sie vielfach vorgenommen wird, effektive Störspannungsabstände von weniger als 20 dB resultieren. Geht man – wie in Zeile 1 der Tabelle 4 – von einem Range von 20 μS aus und nimmt einen Störspannungsabstand von 20 dB an, so errechnet sich nach Umwandlung der Gleichung in Fußnote 16 (vgl. Abschnitt 2.1.4) die maximale Veränderung, die durch Rauschen entstanden sein könnte, zu 2 μS. In einem solchen Falle wäre es unsinnig, das Amplitudenkriterium niedriger anzusetzen.

Wegen der möglichen *Niveauabhängigkeit* der EDR (vgl. Abschnitt 2.5.4.2) wurde von Edelberg (1972a) für die Auszählung von SRRs vorgeschlagen, ein relatives Amplitudenkriterium von 0.1 % des Ausgangs-SRL zu wählen und dieses erneut zu bestimmen, wenn der SRL eine Veränderung von 10 % erfahren hat. Üblicherweise wird allerdings ein über den gesamten Meßbereich konstantes Amplitudenkriterium vorgezogen, wie es Edelberg (1972a) mit 0.1 μS auch für die SCR empfiehlt. Häufig verwendet wurden die o. g. Amplitudenkriterien von 0.05 μS bei SCRs und 0.4 kOhm bei SRRs (Venables und Christie 1980).

Während die SCR unabhängig von der *Kontaktfläche* zwischen Haut und Elektrode ist, spielt bei der SRR diese Fläche wegen der Stromdichte eine große Rolle (vgl. Abschnitt 2.2.4). Manche Auswerter beziehen die SR-Ergebnisse auf die Elektrodenfläche und geben die SRR-Werte folglich in kOhm $\cdot$ cm^2 an (*spezifischer Widerstand*, vgl. Abschnitt 2.3.3.1).

Eine bei nicht eindeutig definierbaren Einzelreaktionen anwendbare Methode zur Erfassung der EDR auf einen Reiz gibt Edelberg (1972a) an: man bildet die Differenz zwischen einem EDL vor und einem EDL nach dem Reiz. Diese EDLs werden entweder als Mittelwerte oder als Minima bzw. Maxima einer Periode (z. B. 15 sec) vor und nach dem Reiz ermittelt.

2.3.1.2.4 Amplitudenbestimmung bei Wechselstrommessungen

Eine mit Hilfe einer angelegten Wechselspannung gemessene EDR kann – da das Ausgangssignal gleichgerichtet wurde (vgl. Abschnitt 2.2.5) – entweder als Änderung der Impedanz (SZR in kOhm) oder der Admittanz (SYR in µS) in der *gleichen Weise parametrisiert* werden wie die SRR bzw. SCR (vgl. Abschnitt 2.3.1.2.2 und Abbildung 33).

Wird zusätzlich zur Impedanz bzw. Admittanz der *Phasenwinkel* φ fortlaufend registriert, lassen sich neben Z bzw. Y auch der Phasenwinkel sowie die daraus berechneten Größen R und X bzw. B und G als Funktion der Zeit parallel darstellen.

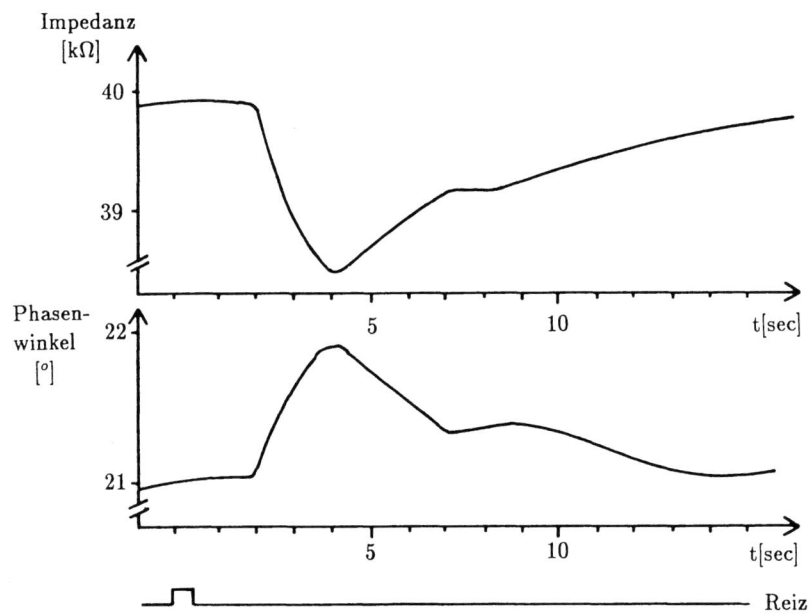

Abbildung 35. Verläufe von Impedanz (Z) und Phasenwinkel (φ) während einer EDR.

Abbildung 35 zeigt eine Registrierstrecke aus der Untersuchung von Boucsein et al. (1987) mit einer EDR für die Hautimpedanz in der oberen und für den Phasenwinkel in der unteren Hälfte, die an den beiden Ausgängen des in Abbildung 31 im Abschnitt 2.2.5 gezeigten Phasen-Voltmeters gleichzeitig abgegriffen wurden. Man sieht, daß die Verläufe nicht völlig spiegelbildlich sind. In Abbildung 36 werden die entsprechenden Aufnahmestrecken nach Umrechnung in R und X bzw. G und B (vgl. Abschnitt 1.4.1.3) dargestellt. Abbildung 36 zeigt beispielhaft die Amplitudenänderungen, die sich als Folge dieser Transformationen ergeben können: so läßt sich trotz größtmöglicher Auflösung im Verlauf der Suszeptanz keine EDR mehr erkennen.

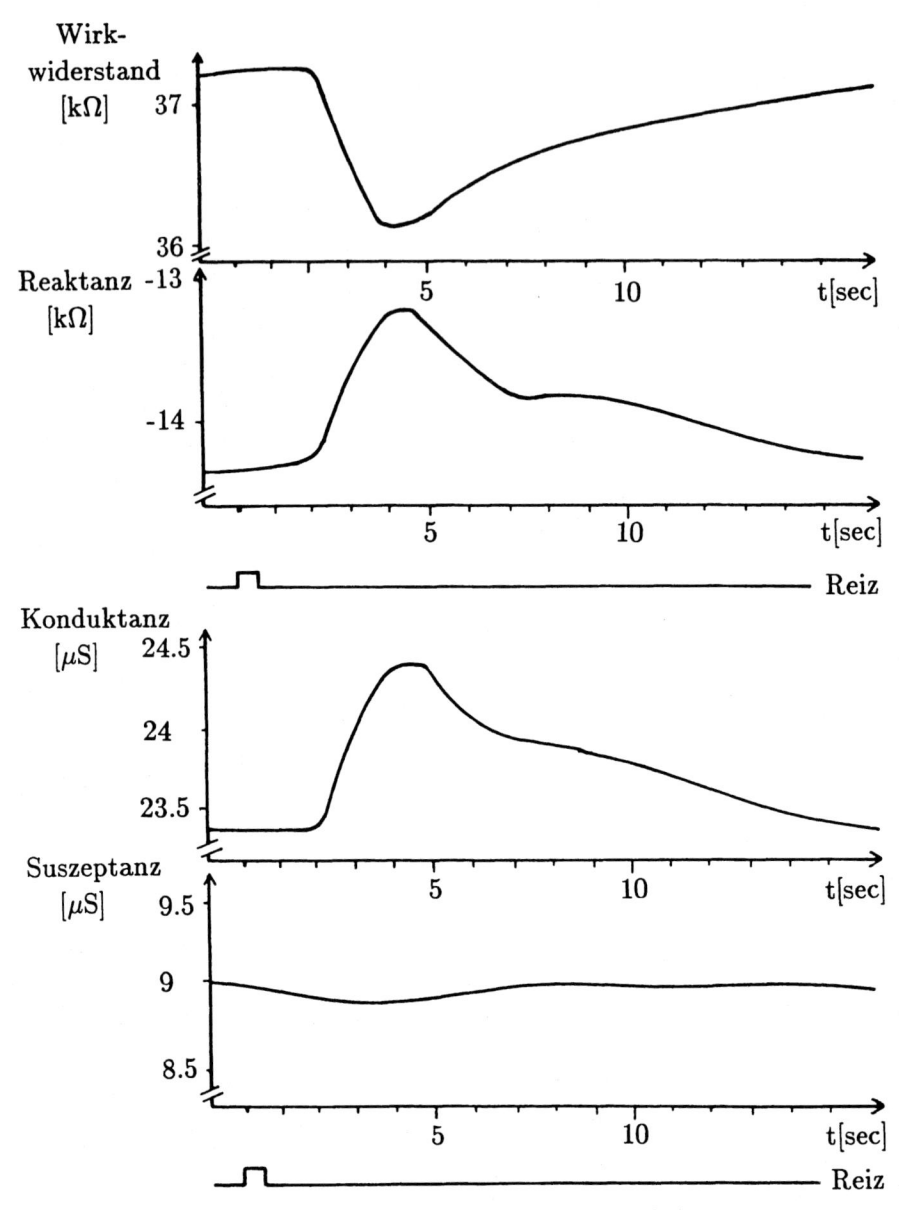

Abbildung 36. Verläufe des Ohm'schen Widerstandes (R) und der Reaktanz (X) sowie der Konduktanz (G) und der Suszeptanz (B) während einer EDR.

Sollte die im Abschnitt 2.1.5 angesprochene fortlaufende Registrierung des Antwortverhaltens der Haut auf eine Anregung mit *mehreren Wechselspannungsfrequenzen* dargestellt werden, könnte die Abbildung der EDR über eine dreidimensionale Erweiterung der Ortskurvendarstellung (vgl. Abschnitte 1.4.1.3 und 1.4.3.3) erfolgen.

2.3.1.3 Formparameter

Die wesentlichen Formparameter der EDR, wurden bereits im Abschnitt 2.3.1.2.2 in Abbildung 33 dargestellt. Im folgenden werden spezifische Kriterien für die Auswertung und Beurteilung dieser und weiterer Parameter des Anstiegs (Abschnitt 2.3.1.3.1) und des Abstiegs (Abschnitt 2.3.1.3.2) angegeben.

2.3.1.3.1 Anstiegsparameter

Die Ermittlung der Anstiegszeit setzt zunächst eine eindeutige Definition des *Reaktionsbeginns* und des *Reaktionsmaximums* voraus[30], die im Falle einer weniger ideal geformten EDR problematisch werden kann. Edelberg (1967) empfiehlt hierzu die Berechnung der 1. Ableitung, da diese bei Hoch- und Tiefpunkten der Kurve Nulldurchgänge aufweist. Allerdings führt die *1. Ableitung* lediglich zu einer sicheren Bestimmung des *Maximums*, da am Fußpunkt der EDR nicht notwendigerweise ein Minimum bezogen auf den vorherigen Kurvenverlauf vorliegt. Foerster (1984) geht in seinem Computer–Auswerteprogramm vom *Wendepunkt* der Anstiegskurve aus und bestimmt rückwärts den Reaktionsbeginn als den Ort, an dem die *Steigung* unter 1 % der Maximalsteigung absinkt[31]. Bei der noch vielfach üblichen Papierauswertung wird man die entsprechenden Punkte durch graphische Methoden ermitteln, vorausgesetzt, die Papiergeschwindigkeit und die Bandbreite der Registrierung sind ausreichend hoch (vgl. Abschnitt 2.2.6.1). Auch hierbei läßt sich der Zeitpunkt des Maximums genauer bestimmen als der des Fußpunktes, insbesondere, wenn die EDR-Kurve flach ansteigt.

Foerster (1984) und Thom (s. Anhang) berechnen in ihren Computer–Auswertungsprogrammen (vgl. Abschnitt 2.2.6.2) neben der SCR ris.t. zusätzlich die *maximale Anstiegssteilheit* als weiteren Anstiegsparameter.

Abbildung 37 zeigt *hypothetische Anstiegsformen* von EDRs mit verschiedenen Anstiegszeiten, kombiniert mit unterschiedlichen maximalen Steilheiten bei geringen und großen Amplituden. Daraus wird ersichtlich, daß der zusätzliche Parameter *Anstiegssteilheit* geeignet ist, die *Form* des Anstiegs *zu beschreiben*: je größer die maximale Steilheit ist, desto stärker S-förmig verläuft der EDR-Anstieg. Die Abbildung zeigt auch, daß bei *gleichen Amplituden* eine *negative* Korrelation zwischen *Anstiegszeit* und *maximaler Steilheit* des Anstiegs zu erwarten ist.

---

[30]Zur Umgehung dieser Problematik wird die Anstiegszeit in der Elektrotechnik als die Zeit aufgefaßt, die zwischen dem Passieren der 10 %- und der 90 %-Werte des Gesamtbetrags vergeht (Neher 1974).

[31]Thom (s. Anhang) verwendet stattdessen ein 10 %-Kriterium, da sich bei unruhigem EDL-Verlauf Schwierigkeiten mit der Anwendung des 1 %-Kriteriums ergeben haben.

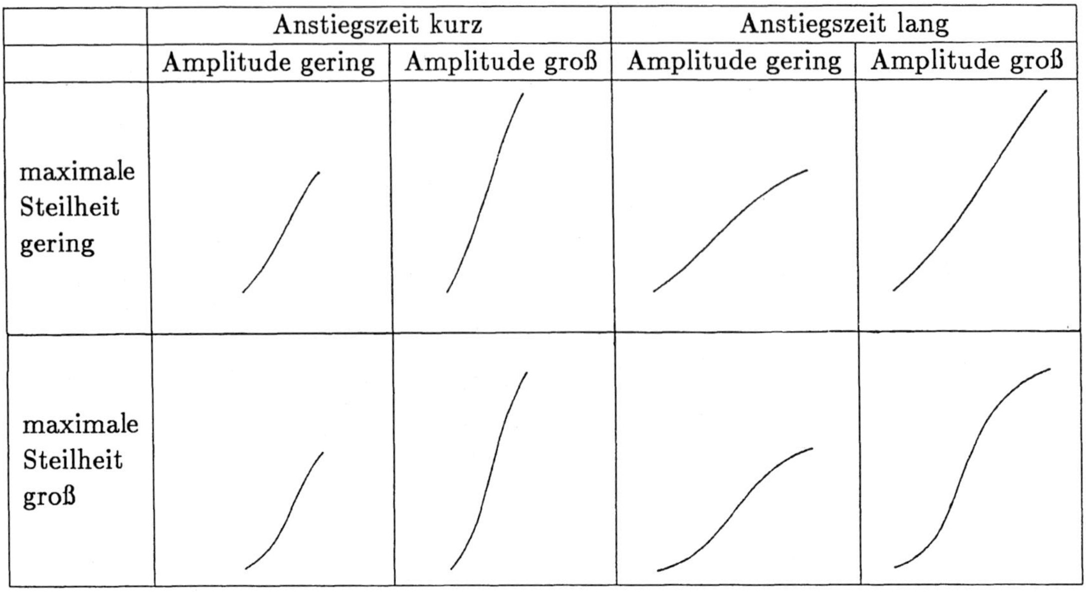

	Anstiegszeit kurz		Anstiegszeit lang	
	Amplitude gering	Amplitude groß	Amplitude gering	Amplitude groß
maximale Steilheit gering	/	/	/	/
maximale Steilheit groß	/	/	S	S

Abbildung 37. Beispiele für verschiedene EDR–Anstiegsformen mit unterschiedlichen Anstiegszeiten und Steilheiten des Anstiegs bei geringer und großer EDR–amp.

2.3.1.3.2 Abstiegsparameter

Eine genaue Bestimmung des *Zeitpunktes*, zu dem die EDR *beendet* ist, kann praktisch *nicht durchgeführt* werden, da einerseits wegen möglicher EDL–Verschiebungen das Ausgangsniveau oftmals nicht mehr erreicht wird und andererseits die EDR in ihrem charakteristischen Verlauf *asymptotisch abklingt*, ihr Ende also nicht genau zu erfassen ist (Traxel 1957). Um den Zeitverlauf der Recovery zu erfassen, nimmt man daher nach einem Vorschlag von Darrow (1937b) die insbesondere aus dem Bereich strahlender Substanzen bekannte *Halbwertszeit* zu Hilfe. Nach der Halbwertszeit sind solche Substanzen auf die Hälfte zerfallen, nach einer weiteren Halbwertszeit ist der verbliebene Rest wieder auf die Hälfte reduziert usw. Dies läßt sich sinngemäß auf die EDR übertragen: nach der Halbwertszeit ist die EDA–Kurve *wieder bis zur Hälfte* der EDR–Amplitude *abgefallen*. Bezeichnet man die Größe dieser Amplitude mit A (bei SP in mV, bei SC in μS und bei SR in kOhm gemessen), so kann man die Rückbildungsgeschwindigkeit der EDR (entsprechend der Zerfallsgeschwindigkeit von strahlenden Substanzen) durch Differenzierung nach dt, d. h. nach dem Zeitverlauf, wie folgt berechnen:

$$\frac{dA}{dt} = -\tau A \tag{35a}$$

wobei τ die Zeitkonstante ist und das Minuszeichen zum Ausdruck bringt, daß die EDR zurückgebildet wird. Ist die Änderung einer Größe proportional zur Größe selbst, wie es bei der Größe A in Gleichung (35a) der Fall ist, bedeutet dies stets einen *exponentiellen Verlauf* der Größe in der Zeit (vgl. Abschnitt 1.4.1.2). Ein solcher Verlauf läßt sich elektrophysikalisch als Entladung eines Kondensators in einer RC-Schaltung darstellen (vgl. Gleichung 10a):

$$A = A_o \cdot e^{-\frac{t}{\tau}} \tag{35b}$$

A_0 ist der Anfangswert von A, also die EDA zum Zeitpunkt des Reaktionsmaximums, was man leicht erkennt, wenn man $t = 0$ setzt, da $e^0 = 1$ ist.

Um die *Zeitkonstante* τ in sec ermitteln zu können, muß man in Gleichung (35b) $t = \tau$ setzen. Dadurch wird der Exponent $= -1$, und es ergibt sich, da $e^{-1} = 1/e$ ist:

$$A = \frac{A_o}{e} = \frac{A_o}{2.7182...} = 0.3678... \cdot A_o \tag{35c}$$

Die Zeit, die der Zeitkonstanten τ entspricht, ist also zum Zeitpunkt t in sec erreicht, bei dem die Amplitude der EDR auf ca. 0.37 ihres Maximalwertes A_0 abgefallen ist, d. h. die EDR sich um ca. 63 % zurückgebildet hat. Die Berechnung der EDR rec.tc führt also unmittelbar zur Ermittlung der Zeitkonstanten für den Abfall der EDR (vgl. Abschnitt 1.4.1.2).

Die *Halbwertszeit* λ (Traxel 1957) errechnet sich aus Gleichung (35b) durch Einsetzen von $t = \lambda$ und Ersetzen von A durch $A_0/2$, d. h. die Hälfte der maximalen Amplitude A_0:

$$\frac{A_o}{2} = A_o \cdot e^{-\frac{\lambda}{\tau}} \tag{35d}$$

Dividiert man beide Seiten der Gleichung (35d) durch A_0 und bildet die Kehrwerte, so ergibt sich:

$$e^{\frac{\lambda}{\tau}} = 2 \tag{36}$$

Auf beiden Seiten von Gleichung (36) wird der natürliche Logarithmus gebildet:

$$\frac{\lambda}{\tau} = \ln 2 \tag{37}$$

Daraus ergibt sich durch Multiplikation beider Seiten mit τ:

$$\lambda = \ln 2 \cdot \tau = 0.6931.... \cdot \tau \tag{38}$$

Venables und Christie (1973, Seite 96) geben als daher Näherung für die Berechnung der Halbwertszeit λ aus der Zeitkonstanten τ den aufgerundeten Wert $\lambda = 0.7 \cdot \tau$ an.

Die *Form* des Abstiegs einer EDR-Kurve, wie sie in Abbildung 33 wiedergegeben ist, läßt sich allerdings *nicht* durch *eine einfache* e-Funktion wie in Gleichung (35b) approximieren. Hierzu ist die gewichtete *Superposition mehrerer* e-Funktionen mit unterschiedlichen Zeitkonstanten notwendig, wie sie in Abbildung 38 beispielhaft vorgenommen wurde[32]:

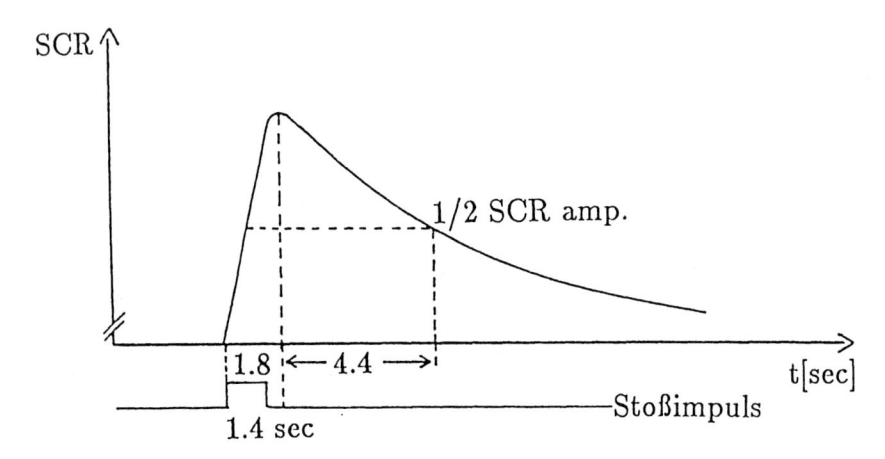

Abbildung 38. Simulierte SCR-Kurve, die aus der Summation von drei e-Funktionen entstanden ist. (Erläuterung siehe Text.)

Die Bestimmung der *Zeitkonstanten* für die der Abbildung 38 zugrundeliegenden drei e-Funktionen erfolgte empirisch anhand mehrerer SC- und SP-Kurven eines Pb. Die dargestellte Kurve stellt die Antwort auf einen 1.4 sec dauernden Stoßimpuls (vgl. Abschnitt 1.4.1.4) dar, wobei für den Anstieg eine e-Funktion mit $\tau = 0.1$ sec und für den Abstieg eine Kombination von zwei e-Funktionen mit den Zeitkonstanten 0.2 und 6.0 sec verwendet wurden. Daraus ergab sich die simulierte SCR-Kurve in Abbildung 38 mit einer SCR ris.t. von 1.8 sec und einer SCR rec.t/2 von 4.4 sec., die eine recht gute Approximation an den in Abbildung 33 wiedergegebene typischen EDR-Verlauf darstellt.

Auch Stephens (1963) kam bei einem Vergleich von empirisch ermittelten SRR-Abstiegskurven mit theoretischen Verläufen zu dem Schluß, daß insbesondere bei hohen Anfangswerten keine auch nur annähernde Übereinstimmung der SRR-Abstiegskurven mit einer einfachen exponentiellen Kurve besteht.

---

[32] Die Kurve wurde freundlicherweise von Dipl.-Math. F.Foerster, Freiburg, zur Verfügung gestellt.

Die *unvollständige Approximation* der EDR–Abstiegskurve durch eine einzige e–Funktion mit negativem Exponenten *stellt den Wert* der Annäherung an die nicht exakt zu ermittelnde *Abstiegszeit* durch die Parameter EDR rec.tc und vor allem den Bezug zwischen der so berechneten Abstiegszeit und der EDR rec.t/2 *in Frage*, da die hierfür notwendigen Voraussetzungen nur in grober Annäherung gegeben sind. Diese Problematik wird auch bei der von Edelberg (1970) unter der Bezeichnung "*Curve matching*" alternativ zur EDR rec.tc–Berechnung vorgeschlagenen *graphischen Anpassungsmethode* deutlich. Dabei wird durch Einfügen unterschiedlicher Widerstände in eine einfache RC–Schaltung eine Schar von Vergleichskurven erzeugt, mit der die gemessene EDR–Abstiegskurve an ihrer steilsten Stelle verglichen werden soll. Die *Zeitkonstante* der RC–Schaltung, durch die die am besten passende Vergleichskurve erzeugt wurde, soll dann als *Schätzung* für die EDR rec.tc dienen. Dadurch soll auch die Ermittlung eines Abstiegs–Formparameters in den Fällen möglich sein, in denen die gemessene EDA–Kurve nur 20–30 % Recovery erreicht. Edelberg (1971) gibt für die Zeitkonstanten der EDR–Abstiegskurve einen Range von 1 bis 15 sec an mit typischen Werten zwischen 4 und 6 sec. (Weitere Ergebnisse zu empirisch ermittelten Abstiegszeiten vgl. Abschnitt 2.5.2.4).

Es ist allerdings für die Berechnung von *Abstiegsparametern* der EDA wie der EDR rec.t/2 *nicht Voraussetzung*, daß dem Abfall ein Rückbildungsprozeß zugrundeliegt, der sich mit einer oder mehreren e–Funktionen beschreiben läßt. Derartige Abstiegskennwerte lassen sich *theorienfrei* für *jede stetig abfallende Kurve* bilden, vorausgesetzt, sie fällt überhaupt wieder weit genug ab. Eine gute Annäherung an die SCR–Kurve läßt sich z. B. auch durch *Interpolation* zwischen Fußpunkt, Maximum, halbem Abstiegspunkt und extrapoliertem ganzem Abstiegspunkt mit Hilfe sog. *kubischer Splines* erreichen (Böhm et al. 1977). Problematisch ist hierbei lediglich die Definition des Fußpunktes, da sich ein so rascher Anstieg von diesem Punkt aus, wie er bei den empirisch erhaltenen EDR–Kurven auftritt, durch diese Interpolationsmethode nicht ohne einen vorhergehenden Unterschwung realisieren läßt. Dieser wurde für die in Abbildung 39 dargestellte Kurve zwar berechnet, jedoch nicht mit abgebildet.

Der simulierten SCR–Kurve in Abbildung 39 liegen mit Hilfe der Computeranalyse (vgl. Abschnitt 2.2.6.2 und Thom im Anhang) ermittelte *empirische Werte* eines Pb für die SCR. amp. = 0.303 μS sowie für die vom Fußpunkt an gerechneten Zeitpunkte des Maximums = 2.125 sec und der SCR rec.t/2 = 3.602 sec zugrunde. Der Zeitpunkt für das theoretische Ende der SCR wurde durch annähernde Verdreifachung der SCR rec.t/2 definiert. Die in Abbildung 39 gezeigte Kurve stellt bezüglich des Abstiegs eine *theorienfreie empirische Interpolation* mittels einer Funktionenschar 3. Grades dar.

Solange systematische Vergleiche der verschiedenen Methoden zur Ermittlung der EDR–Abstiegsparameter und genauere Anpassungen mathematischer Funktionen an die beobachteten EDR–Abstiegsformen fehlen, kann man sich daher bei der Auswertung auf *Praktikabilitätserwägungen* stützen, z. B. daß bei der Papierauswertung die Bestimmung der EDR rec.t/2 einfacher durchzuführen ist als die der EDR rec.tc und daß der halbe Abstiegspunkt häufiger erreicht wird als die 63 %-Recovery.

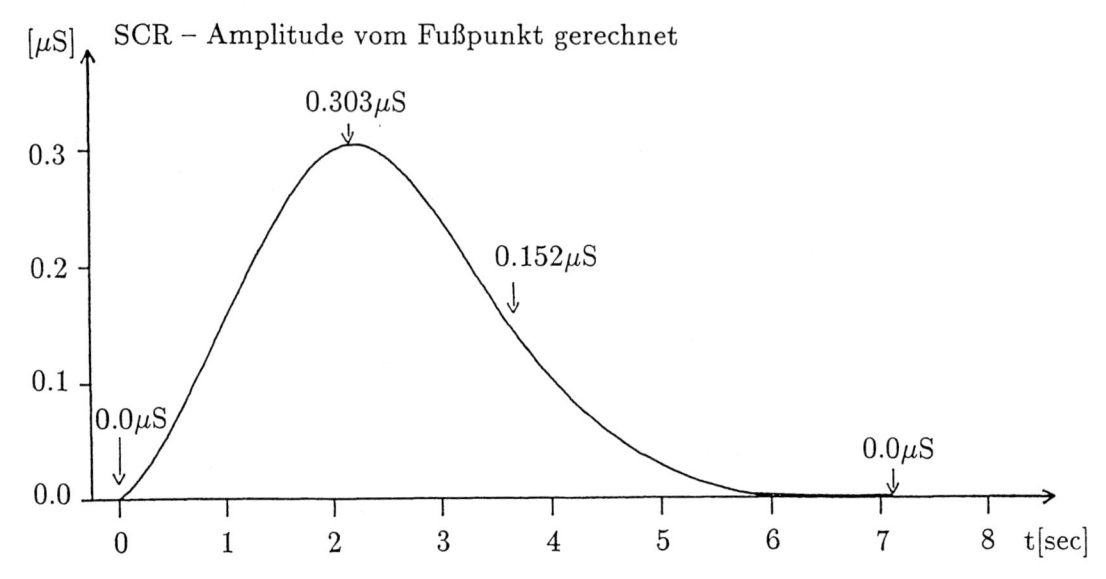

Abbildung 39. Simulierte SCR–Kurve, die aus der Interpolation zwischen vier empirisch ermittelten Punkten einer SCR mit Hilfe sog. kubischer Splines erhalten wurde. (Erläuterung siehe Text.)

Unter Umständen lohnt sich die Anfertigung von *transparenten Schablonen*, wie sie bei Schandry (1981, Seite 176) beschrieben wird. Im Falle *kurvilinearer* Schreibweise, wie sie einige Polygraphensysteme verwenden, muß jedoch beachtet werden, daß durch die Aufzeichnung selbst eine *Verzerrung* der *Formparameter* auftritt, die dann besonders ins Gewicht fällt, wenn die Aufzeichnung über das mittlere Drittel des Schreibkanals hinausgeht (Edelberg 1970).

Die Unvollständigkeit der Anpassung von negativ beschleunigten e–Funktionen an die tatsächlich beobachteten EDR–Abstiegskurven führt zu Implikationen bezüglich verschiedener Diskussionen in späteren Abschnitten. So ist teilweise die Unabhängigkeit der Zeitkonstante τ vom Anfangswert eines solchen Zerfallprozesses zur Grundlage für die Annahme der Unabhängigkeit von EDR rec.tc und EDR amp. gemacht worden (vgl. Abschnitt 2.5.2.5). Auch die von Sagberg (1980) für die unterschiedliche Recovery von SC- und SR–Werten angeführten Argumente (vgl. Abschnitt 2.6.2) basieren auf der zunächst hypothetischen Annahme, daß sich die Abstiegsformen von SCR und SRR durch eine einzige e–Funktion hinreichend genau approximieren lassen.

Häufig können weder EDR rec.tc noch EDR rec.t/2 ermittelt werden, da *vor dem Erreichen* des entsprechenden Recovery–Punktes bereits *eine neue* EDR *einsetzt* (vgl. Abbildung 34 im Abschnitt 2.3.1.2.2, EDR–Typ 2). Fletcher et al. (1982) empfehlen, in diesem Fall die EDR rec.t/4 zu berechnen. Sie erhielten an Stichproben von über 1000 Pbn Korrelationen um r = 0.90 zwischen den aus den log SCR rec.t/4 geschätzten und den tatsächlich gemessenen log SCR rec.t/2–Daten, und konnten die Zahl der SCRs, für die sich überhaupt Abstiegsparameter berechnen ließen, um 23 % steigern. Waid (1974) verwendete SRR rec.t/3 und konnte ebenfalls die Zahl der SRRs, für die sich Recovery–Werte berechnen ließen, erheblich steigern. Foerster (1984) bestimmt dann, wenn die EDR rec.t/2 im Abstieg nicht erreicht wird, die *Tangente* im *Wendepunkt* des *Abstiegs* der Kurve. Der Schnittpunkt dieser Tangente mit der Parallelen zur Zeitachse im Abstand der halben Amplitude führt zu extrapolierten Abstiegszeiten für den Wendepunkt, die jedoch getrennt von den anderen Recovery–Zeiten ausgewertet werden.

Es muß allerdings bezweifelt werden, daß die Auswertung der Recovery bei relativ rasch aufeinanderfolgenden EDRs noch homogene, reliable und valide Information liefert. Man sollte zumindest versuchen, sicherzustellen, daß für jede der so ausgewerteten EDRs eine relativ gute *Übereinstimmung* ihrer Form mit der einer *individuellen Norm*–EDR besteht, die in einem Auswertungsabschnitt ohne solche Überlagerungen erhoben wurde. Da An- und Abstiegszeiten einen deutlichen korrelativen Zusammenhang zeigen (vgl. Abschnitt 2.5.2.4), bietet sich nach Venables und Christie (1980) notfalls ein Ersatz der EDR–Recovery durch die EDR ris.t. als geeigneteren Formparameter an.

2.3.1.4 Flächenmaße

Traxel (1957) hat vorgeschlagen, auf der Basis von Halbwertszeiten (EDR rec.t/2) weitere Kennwerte der EDR zu bilden. Ausgehend davon, daß nicht nur die EDR amp., die zum Zeitpunkt der maximalen Auslenkung gemessen wird, sondern die EDA zu jeder Zeit *während des Verlaufs* einer EDR ein Maß für die "*Affektstärke*" (vgl. Abschnitt 3.2.1.3.2) darstellt, wird die Bildung des bestimmten Integrals, das der *Fläche unter der Kurve* vom Anfangs- bis zum Endpunkt der EDR entspricht, als Maß für die "Menge des Affektes" (Traxel 1957, Seite 289) befürwortet:

$$F = \int_{t_o}^{t_n} A(t) \cdot dt \qquad (39)$$

wobei F die Fläche unter der Kurve von t_0 (Anfangspunkt) bis t_n (Endpunkt) der EDR und $A(t)$ die EDR amp. zum Zeitpunkt t darstellen (vgl. Abbildung 40).

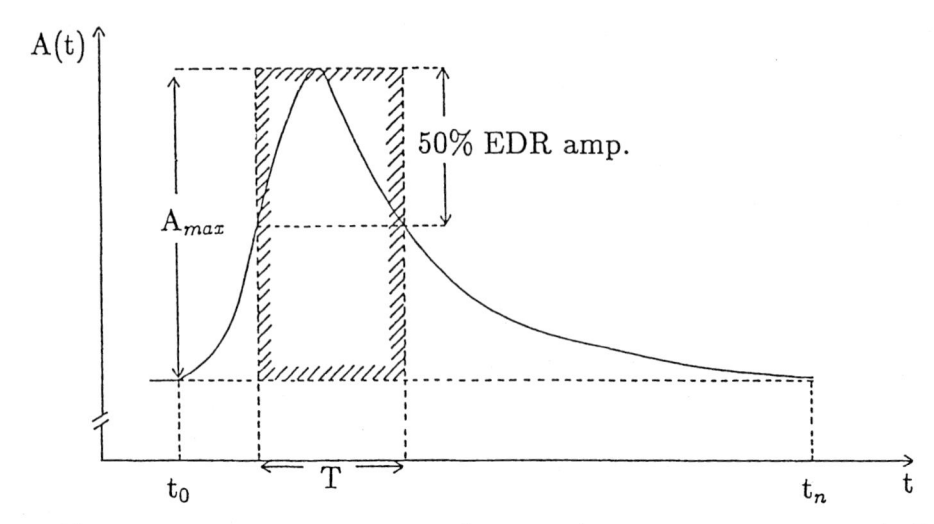

Abbildung 40. Approximierte Fläche (schraffiert) unter der EDR–Kurve. (Erläuterung siehe Text.)

Da sich einer genauen Berechnung von F die praktische Unmöglichkeit, t_n exakt zu bestimmen, entgegenstellt (vgl. Abschnitt 2.3.1.3.2), wurde als Näherung von Traxel (1957) die Berechnung der *Fläche eines Rechtecks* aus EDR amp. und der Zeit T vorgeschlagen, die die EDR–Kurve im An- und Abstieg *über der halben EDR amp.* verbleibt (vgl. schaffiertes Rechteck in Abbildung 40):

$$\hat{F} = A_{max} \cdot T \qquad (40)$$

wobei $\hat{F}$ die approximierte Fläche und A_{max} die EDR amp. bedeuten. Die Korrelation zwischen dieser Näherung und der mit einem Planimeter ausgemessenen Fläche ergab nach Traxel (1957) für 50 SRR-Werte $r = 0.91$. Schönpflug et al. (1966) empfehlen allerdings, wegen der *Abhängigkeit* von Amplituden- und Zeitmaßen der EDR (vgl. Abschnitt 2.5.2.5), auf die Bildung eines kombinierten Maßes zu verzichten. Lüer und Neufeldt (1967, 1968) zeigten dagegen, daß eine mäßige Korrelation zwischen EDR amp. und der Halbwertszeit[33] nicht zu einer Verminderung der Validität des aus beiden gebildeten Flächenmaßes führt; letzteres erwies sich sogar als besonders valide. In die angloamerikanische EDA–Literatur haben derartige abgeleitete Maße allerdings bislang praktisch keinen Eingang gefunden.

---

[33] Die *Halbwertszeit* wird von diesen Autoren – abweichend von der im Abschnitt 2.3.1.3.2 gebrauchten Nomenklatur – als Zeit definiert, die die *Kurve über der halben Amplitude* verbleibt. Sie umfaßt also auch noch Zeitcharakteristika des Anstiegs.

2.3.2 Parameter tonischer elektrodermaler Aktivität

Die *tonischen* EDA-Maße werden hier aus zwei Gründen erst *nach den phasischen* Parametern besprochen: zum einen werden die im Abschnitt 2.3.2.2 behandelten tonischen Maße aus phasischen Maßen *abgeleitet*, es muß also die Bildung phasischer Parameter als bekannt vorausgesetzt werden, zum anderen sind die im Abschnitt 2.3.2.1 beschriebenen *Level-Werte* zumindest bei der am weitesten verbreiteten exosomatischen EDA-Messung von geringerer praktischer Bedeutung als die spezifischen und nichtspezifischen EDRs, da sie sich gegenüber Variationen experimenteller Bedingungen meist als *weniger reaktiv* erweisen. Daher wird auch in vielen Untersuchungen auf eine gesonderte Erhebung des EDL verzichtet.

2.3.2.1 Elektrodermale Niveauwerte

Die Ermittlung echter elektrodermaler Niveauwerte ist nicht so unproblematisch, wie es zunächst erscheinen mag: zwar läßt sich zu jedem beliebigen Meßzeitpunkt ein EDL-Wert registrieren; daß es sich dabei um einen *wirklichen Niveauwert* handelt, kann jedoch nur dann angenommen werden, wenn er sich *nicht im Bereich einer EDR* befindet. Während die üblichen Zeitkonstanten für den Anstieg der EDR bei etwa 0.5 sec und für Abstieg der EDR bei 4 bis 6 sec (vgl. Abschnitt 2.3.1.3.2) liegen, kann man bei elektrodermalen Niveauverschiebungen mit *Zeitkonstanten* von 10 bis 30 sec rechnen. Befindet sich daher der gewählte *Auswertungszeitpunkt* gerade im Bereich einer EDR, so kann dieser Zeitpunkt ohne wesentliche Beeinträchtigung der Reliabilität *verschoben* werden. Läßt sich eine solche Verschiebung bei der Auswertung von *Papier*aufzeichnungen (vgl. Abschnitt 2.2.6.1) leicht nach dem Augenschein vornehmen, bleibt man dagegen bei der *Computeranalyse*, sofern sie nicht ein interaktives Arbeiten am Bildschirm einschließt (vgl. Abschnitt 2.2.6.2), auf *Mittelungstechniken* angewiesen. Der mittlere EDL aller artefaktfreien Abtastpunkte eines nicht zu kleinen *Intervalls* (z. B. 10 sec) bildet dabei ein brauchbares Niveaumaß, im hoch aktivierten Zustand wird wegen der größeren Anzahl von EDRs das Niveau dabei jedoch stärker überschätzt als im niedrig aktivierten Zustand (vgl. Abschnitt 3.2.1.1.1). Das Gleiche gilt für die Mittelung der EDL-Werte, die aus den die ausgekoppelte AC-Kurve überlagernden Stoßimpulsen zurückgerechnet werden (vgl. Abschnitt 2.1.3).

Die Verwendung des EDL-*Minimums* während eines bestimmten Zeitintervalls als Niveauwert im Zuge einer automatischen, nicht optisch kontrollierten Computeranalyse ist *nicht empfehlenswert*, da bei einem solchen Verfahren insbesondere durch Bewegungsartefakte (vgl. Abschnitt 2.2.7.2) erzeugte unechte Minima in die Auswertung eingehen können.

Genauere Werte liefert die Mittelung *aller* jeweils *zum Reaktionsbeginn* einer EDR gemessenen EDL–Werte, die ja für die Berechnung der EDR amp. notwendig sind (vgl. Abschnitt 2.3.1.2.2 und Abbildung 33); Fußpunkte überlagernder EDRs (vgl. Abbildung 34) müssen hierbei jedoch ausgeschlossen werden. Hinreichend reliable Werte können bei einem solchen Verfahren allerdings nur erwartet werden, wenn genügend EDRs pro Zeiteinheit vorhanden sind.

Bei der *endosomatischen* EDA–Auswertung läßt sich ggf. noch ein weiteres Niveaumaß gewinnen, der BSPL (low *Basal skin potential level*) nach Christie und Venables (1971). Bereits Lykken et al. (1966) hatten bei *völlig entspannten* Pbn noch interindividuelle Unterschiede im minimalen SPL gefunden, und Venables und Christie (1980) vermuten aufgrund von Modellüberlegungen und Untersuchungen der eigenen Arbeitsgruppe, daß der BSPL dem *Membranpotential* E_3 im Fowles–Modell entspricht (vgl. Abbildung 16 im Abschnitt 1.4.3.2). Dieser nach längerer Ruheperiode bei vollständig habituierten Pbn kurzzeitig erreichbare BSPL kann als *individueller Minimalwert* des SPL angesehen und zur Festlegung des Zeitpunktes zur Messung des minimalen SCL zum Zwecke der Range–Korrektur herangezogen werden (vgl. Abschnitt 2.3.3.4.2).

2.3.2.2 Aus phasischen Maßen abgeleitete tonische Parameter

Wie bereits im Abschnitt 1.1.1 erwähnt wurde, lassen sich bei EDA–Messungen *phasische Veränderungen* beobachten, die *nicht auf spezifische Reize* zurückgeführt werden können und deshalb als "elektrodermale *Spontanfluktuationen*" oder "*nichtspezifische* EDRs" bezeichen werden. Diese i. S. einer allgemeinen Aktivierungstheorie (vgl. Abschnitt 3.2.1.1.1) als Indikatoren unspezifischer phasischer Aktivierungsvorgänge zu interpretierenden Änderungen in der EDA sind ihrer *Verlaufsgestalt* nach zwar zu den *EDRs* zu rechnen und müssen auch zunächst dementsprechend parametrisiert werden (vgl. Abschnitt 2.3.1.2); da über die sie möglicherweise verursachende interne oder externe Stimulation jedoch nichts bekannt ist, finden sie Eingang in ein *tonisches Maß*: die *Frequenz* der *nichtspezifischen EDRs* (NS.EDR freq.), bezogen auf ein bestimmtes Zeitintervall, meist auf 1 min.

Es ist davon auszugehen, daß es sich beim EDL (vgl. Abschnitt 2.3.2.1) und der NS.EDR freq. um *eigenständige Parameter* tonischer EDA handelt. Venables und Christie (1980) fassen die bisherigen Untersuchungen zum Vergleich von SRL und NS.SCR freq. dahingehend zusammen, daß diese beiden tonischen Maße zwar korreliert sind, jedoch *differentielle Validität* besitzen können. Auf diesen Aspekt wird im Abschnitt 3.2.1.1.1 noch ausführlich eingegangen.

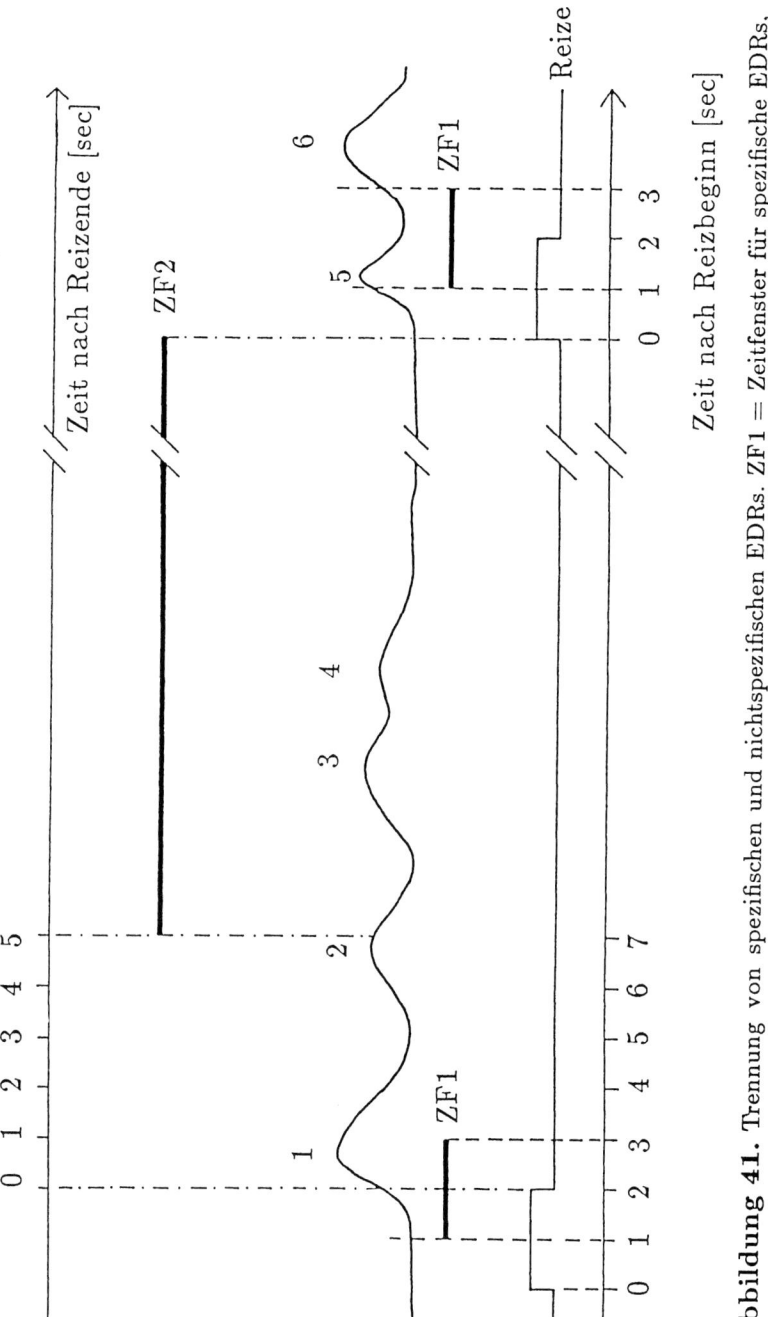

Abbildung 41. Trennung von spezifischen und nichtspezifischen EDRs. ZF1 = Zeitfenster für spezifische EDRs, ZF2 = Zeitfenster für die NS.EDRs. 1 und 6 sind spezifische EDRs auf die vorangegangenen Reize, 3 und 4 sind NS.EDRs im Intervall zwischen beiden Reizen, 2 und 5 können weder als spezifische noch als unspezifische EDRs gewertet werden.

Sollen NS.EDRs in einer Meßphase ermittelt werden, in der *auch definierte Stimuli auftreten*, so ist darauf zu achten, daß solche EDRs, die auf spezifische Reize zurückzuführen sind, *unberücksichtigt bleiben*. Als konservative Regel kann dabei gelten, daß EDRs, deren Beginn in einem *Zeitfenster* vom Beginn eines beabsichtigten oder unbeabsichtigten Reizes bis 5 sec danach (maximale Latenzzeit, vgl. Abschnitt 2.3.1.1) liegen, nicht als NS.EDRs betrachtet werden. Da nicht nur der *Beginn*, sondern auch das *Ende* eines Reizes *als Auslöser* für eine spezifische EDR angesehen werden kann, sollte man zur Sicherheit nur solche EDRs als unspezifisch werten, die später als 5 sec nach Beendigung eines Reizes beginnen (vgl. Abbildung 41).

Eine andere Methode der Ermittlung von NS.EDR-Maßen, die von spezifischen EDRs und Artefakten befreit sind, beschreiben O'Gorman und Horneman (1979): die EDA-Meßstrecken werden in 10 sec-Abschnitte eingeteilt, danach werden zunächst alle Abschnitte, in denen Instruktionen bzw. Stimuli dargeboten oder Bewegungs- und Atmungsartefakte registriert wurden, sowie die jeweils unmittelbar darauffolgenden Abschnitte als *artefaktbehaftet* klassifiziert und von der weiteren Auswertung *ausgeschlossen*. Die verbleibenden artefaktfreien 10 sec-Abschnitte werden in solche eingeteilt, in denen "*große*" NS.EDRs (Amplituden größer als 1 % des EDL) und "*kleine*" NS.EDRs (Amplituden kleiner als 1 % des EDL) auftreten; die Anzahl beider Arten von Abschnitten wird auf die *Gesamtzahl* der artefaktfreien Intervalle *relativiert*. Die Möglichkeit der Entdeckung von "kleinen" NS.EDRs ist dabei allerdings in hohem Maße von der Verstärkung abhängig (vgl. Abschnitt 2.3.1.2.3).

Bei der Ermittlung der NS.SPR freq. können Probleme wegen möglicher *bi-* und *triphasischer* SPRs entstehen (vgl. Abschnitt 2.3.1.2.1), da sich dadurch die bei hoher Aktiviertheit rasch aufeinanderfolgenden SPRs nicht sicher voneinander trennen lassen (Venables und Christie 1980).

Neben diesem Frequenzmaß lassen sich aus den NS.EDRs auch *Mittelwerte* und *Streuungen* der NS.EDR amp. als Korrelate tonischer EDA berechnen. Ein eigenes Maß bildet hier die sog. EDA-*Magnitude*, die wegen der Einbeziehung von Nullreaktionen im Abschnitt 2.3.4.2 zusammen mit der Missing Data-Behandlung besprochen wird. Der Vorschlag von Edelberg (1967), die Häufigkeit des elektrodermalen Niveauwechsels innerhalb einer bestimmten Zeitspanne anstelle der NS.EDR freq. als Aktivierungsindikator zu verwenden, wurde bislang unseres Wissens nicht aufgegriffen.

2.3.3 Transformationen elektrodermaler Parameter

Die *Zweckmäßigkeit* der Transformation von Daten wird in der Methodenliteratur *kontrovers* diskutiert. Die ideale Grundlage für die Anwendung von Transformationen wäre die *Ableitung* ihrer Notwendigkeit aus bekannten oder vermuteten *Eigenschaften* des untersuchten *Systems* (Levey 1980). Den im Bereich der EDA relativ häufig angewandten Transformationen liegen allerdings selten physiologische und/oder systemtheoretische Überlegungen zugrunde; i. d. R. sind es *statistische* Überlegungen, die zur Transformationen von EDA-Rohdaten führen (z. B. Edelberg 1972a; Venables und Christie 1980). Eine ausführliche Diskussion des Gebrauchs von Transformationen in der Psychophysiologie findet sich bei Levey (1980).

Letztlich werden alle Transformationsprozeduren danach beurteilt werden müssen, ob die abgeleiteten Maße zu einer *Verbesserung* der *Validität* der EDA-Maße in Bezug auf die Abbildung der infragestehenden psychophysiologischen Prozesse führen. Da entsprechende Generalisierungen über die jeweiligen spezifischen experimentellen Kontexte hinaus bislang nicht möglich waren (Levey 1980), läßt sich die Frage, ob man die statistische Analyse mit transformierten Daten oder Rohwerten durchführen sollte, noch *nicht* allgemeingültig *beantworten*.

2.3.3.1 Berücksichtigung der Elektrodenfläche

Eine insbesondere bei der Verwendung der Konstantstromtechnik sinnvolle Transformation besteht in der Berechnung *spezifischer* EDA-Werte (vgl. Abschnitt 2.2.4). Dabei handelt es sich um auf die *Elektrodenfläche* relativierte Werte, wobei wegen der reziproken Beziehung zwischen Widerstand und Leitfähigkeit (vgl. Abschnitt 1.4.1.1) der spezifische Widerstand in kOhm · cm^2 und die spezifische Leitfähigkeit in μS/cm^2 angegeben werden (Edelberg 1967, Seite 4). Entsprechend können auch Impedanz- und Admittanzwerte auf die Fläche bezogen werden. Bei der endosomatischen Messung ist eine solche Transformation nicht üblich. Daß die Berechnung *spezifischer Widerstände* von *größerer Bedeutung* ist als die spezifischer Leitwerte hat seinen Grund in den unterschiedlichen zugrundeliegenden *Meßprinzipien* (vgl. Abschnitt 2.1.1): geht man von einem Modell paralleler Widerstände bzw. Leitpfade aus (vgl. Abschnitt 1.4.3.1), so verteilt sich bei der Konstantstrommethode der Strom bei zunehmender Elektrodenfläche auf mehr Leitpfade. Da der *Strom* aber insgesamt *begrenzt* ist, nimmt der Stromfluß pro Leitpfad ab, d. h. die Wirkung des angelegten Konstantstroms ist von der *Stromdichte* und somit von der *Elek-*

trodenfläche abhängig. Bei der Konstantspannungsmethode spielt dagegen die Elektrodenfläche keine Rolle, da bei einer Zunahme der Zahl paralleler Leitpfade die am einzelnen Leitpfad anliegende Spannung konstant bleibt (vgl. dazu auch Abschnitt 2.6.2). Trotzdem hatten Lykken und Venables (1971) zunächst gefordert, auch die SC-Werte als *spezifische Leitfähigkeiten* anzugeben, da sie von einer empirisch gefundenen linearen Beziehung zwischen Elektrodenfläche und der SC ausgingen. Venables und Christie (1980) kommen aufgrund von Daten aus systematischen Untersuchungen allerdings zu dem Schluß, daß keine solche lineare, sondern eine *nicht-monotone* Beziehung zwischen SCL oder SCR amp. einerseits und der Elektrodenfläche andererseits besteht, wobei sich beim Überschreiten einer Elektrodenfläche von 0.8 cm^2 die Hautleitfähigkeit nicht zu erhöhen scheint. Sie halten daher eine Relativierung der SC-Werte auf die Elektrodenfläche für *wenig sinnvoll*; zu Vergleichszwecken sollte nicht die spezifische Leitfähigkeit sondern vielmehr die *Elektrodengröße angegeben* werden. Diese Auffassung vertreten auch Mitchell und Venables (1980), da sich in den von ihnen durchgeführten Untersuchungen eine nicht-monotone Beziehung zwischen der Kontaktfläche Elektrode/Haut und SCL bzw. SCR amp. gezeigt hatte; Mahon und Iacono (1987) fanden dagegen wiederum lineare Beziehungen der zwischen 0.131 cm^2 und 0.786 cm^2 in 6 Stufen variierten Kontaktfläche Elektrolyt/Haut und dem SCL sowie der SCR amp. bei der Darbietung lauter Töne, und sprechen sich wiederum *für* die Angabe *spezifischer Leitfähigkeit* aus (vgl. Abschnitt 2.2.2.3). Für eine Abhängigkeit von Formparametern der EDA (vgl. Abschnitt 2.3.1.3) von der Elektrodenfläche gibt es in allen o. g. Untersuchungen keine Hinweise.

2.3.3.2 Umrechnung von Widerstands- in Leitfähigkeitseinheiten

Nachdem sich Lykken und Venables (1971) nachdrücklich für die Verwendung der *Konstantspannungstechnik* zur Messung der exosomatischen EDA ausgesprochen hatten (vgl. Abschnitt 2.6.2), haben es sich viele Autoren, die weiterhin die *Konstantstromtechnik verwenden*, zur Regel gemacht, ihre Daten vor der statistischen Weiterverarbeitung von SR- in SC-Einheiten zu *transformieren*. Besteht die Möglichkeit einer automatisierten EDA-Auswertung (vgl. Abschnitte 2.2.6.2 und 2.2.6.3), kann dies durch Transformation des SRL in den SCL *für jeden Abtastpunkt* nach der Gleichung (4a) im Abschnitt 1.4.1.1 vorgenommen werden. Foerster (1984) liefert hierfür ein FORTRAN-Programm, das mit einer Abtastrate von 12.5 Hz arbeitet.

Wurden bereits Parametrisierungen anhand der SR-Registrierkurve vorgenommen, gestaltet sich die Transformation in Leitfähigkeitswerte komplizierter.

Für eine Umrechnung der SRR amp. in SCR amp. muß nach Gleichung (5a) im Abschnitt 1.4.1.1 der zum jeweiligen Reaktionsbeginn vorhandene SRL-Wert bekannt sein (vgl. auch Abschnitt 2.1.3). Zur Vereinfachung wird im allgemeinen als Nenner nicht das Produkt aus den SRL-Werten zum Reaktionsbeginn und beim Reaktionsmaximum verwendet, sondern das *Quadrat* des SRL-Wertes zum *Reaktionsbeginn*. Die Umrechnung folgt dann der Gleichung (42a) im Abschnitt 2.3.3.4.1. Dies ist möglich, da i. d. R. die Differenz zwischen beiden SRL-Werten im Vergleich zu den SRL-Werten selbst relativ klein ist. Hagfors (1964) weist darauf hin, daß sich durch die Transformation von SRR amp. in SCR amp. *Veränderungen* in der *Rangreihe* der Amplitudengrößen ergeben können, wenn die entsprechenden EDRs von unterschiedlichen EDLs ausgehen. Die Umrechnung von SR- in SC-Einheiten kann also u. U. *zu anderen Ergebnissen* bezüglich der EDR amp. führen. Boucsein et al. (1984a) konnten jedoch in einer Methodenvergleichsstudie an 60 Pbn zeigen, daß im Rahmen der üblicherweise in psychophysiologischen Experimenten verwendeten Stimulationsbedingungen (Reize mit Intensitäten zwischen 60 und 110 dB) SCR amp., die aus mittels Konstantstromtechnik gemessenen SRR amp. errechnet wurden, zu *vergleichbaren Ergebnissen* führen wie unmittelbar aus parallel vorgenommenen Konstantspannungsmessungen erhaltene SCR amp.

Auf die Problematik der Vergleichbarkeit von *Recovery*-Zeiten für SCR und SRR wurde bereits im Abschnitt 2.3.1.3.2 hingewiesen: Sagberg (1980) hatte gezeigt, daß die SCR rec.tc kürzer sind als die entsprechenden SRR rec.tc, wobei er allerdings von der Voraussetzung ausging, daß sich die EDR-Abstiegskurve durch eine einzige e-Funktion hinreichend genau approximieren läßt.

2.3.3.3 Verbesserung der Verteilungscharakteristika

Zur Verbesserung der Verteilungscharakteristika von EDA-Daten, insbesondere zur *Beseitigung der Schiefe* ihrer Verteilung, wurden in erster Linie *logarithmische* Transformationen durchgeführt. Während Edelberg (1972a) und Venables und Christie (1973) aufgrund des ihnen vorliegenden relativ normal verteilten Datenmaterials noch die Auffassung vertraten, logarithmische Transformationen von SC-Werten seien unnötig, nehmen Venables und Christie (1980) hierzu anhand umfangreicher Datenerhebungen an 3 großen Stichproben differenzierter Stellung. Sie fanden deutliche *Verbesserungen* in Schiefe und Steilheit durch die log-Transformation bei den SCL-Werten und auch bei den Amplituden der SCRs, dort allerdings nur, wenn sie *nach* der Amplitudenbestimmung logarithmierten (log SCR amp.) und *nicht*, wenn sie die Amplituden anhand bereits *logarithmisch transformierter Rohwerte* bildeten, d. h. die Differenz zwischen log SCL am Gipfel der SCR und log SCL am Fußpunkt der Reaktionen.

Venables und Christie (1980) untersuchten auch die eher unübliche log–Transformation von *Latenz-* sowie *An-* und *Abstiegsmaßen* der SCR. Sie fanden für SCR lat. und SCR ris.t. keine, für die SCR rec.t/2 jedoch deutliche Verbesserungen der Verteilungscharakteristika durch diese Transformation. Warum gerade eine logarithmische Transformation zur Normalisierung der EDA–Daten führt, läßt sich statistisch nicht ableiten (Levey 1980).

Zwei *mathematische* Anmerkungen sind noch zum Problem der logarithmischen Transformation zu machen:

(1) Wenn man die EDA *reizabhängig* auswertet und, etwa bei Habituationsexperimenten (vgl. Abschnitt 3.1.1.2), *Nullreaktionen* zu erwarten sind, ist in diesen Fällen die log SCR amp. mathematisch *nicht definiert*. Venables und Christie (1980) schlagen für diesen Fall vor, zu allen SCR amp.–Werten zunächst 1 zu addieren und danach die log–Transformation durchzuführen.

(2) Sollen *bereits logarithmierte* SR–Werte in SC–Werte *transformiert* werden, so sind folgende Transformationen anzuwenden (Edelberg 1967): aus $G = 1/R$ folgt: $\log G = -\log R$. Da aber G in μS und R in kOhm ausgedrückt werden (vgl. Abschnitt 1.4.1.1) und $\log 1000 = 3$ ist, ergibt sich aus Gleichung (4a) beim Logarithmieren:

$$\log G[\mu S] = 3 - \log R[kOhm] \qquad (41)$$

Eine andere weit verbreitete Transformation zum Zwecke der Verbesserung der Verteilungscharakteristika ist die *Wurzeltransformation* (Grings 1974), die in der Praxis meist nur auf SCR amp.–Werte angewandt wurde. Diese Transformation ist geeignet, eine *Poisson–Verteilung* für seltene Ereignisse, wie sie bei vielen physiologischen Prozessen beobachtet wird, zu *normalisieren* (Levey 1980).

Sowohl Wurzel- als auch logarithmische Transformationen werden teilweise zusätzlich zu anderen Transformationen angewandt, etwa zu einer Relativierung auf die Elektrodenfläche (vgl. Abschnitt 2.3.3.1). Eine Normalisierung der Verteilung von EDR amp. kann auch durch eine *Standardisierung* nach z–Werten erreicht werden (vgl. Abschnitt 2.3.3.4.3).

Die EDR–Abstiegszeiten werden von einigen Autoren einer *reziproken* Transformation unterzogen in der Absicht, ein der Abstiegsgeschwindigkeit direkt proportionales Maß zu erhalten. Diese sog. "Recovery-rate" führt allerdings zu einer gegenüber der Recovery stärkeren Abweichung von der Normalverteilung, so daß eine reziproke Transformation der Abstiegszeiten unter dem Verteilungsgesichtspunkt nicht empfohlen werden kann (vgl. Abschnitt 2.5.2.4).

2.3.3.4 Reduktion interindividueller Varianz

Eine Reihe von Transformationen, die vor der gemeinsamen statistischen Weiterverarbeitung von EDR–Daten verschiedener Pbn durchgeführt werden können, führen letztlich zu einer *Reduktion interindividueller Varianz*. Die Gründe für ihre Anwendung reichen von der *vermuteten Ausgangswertabhängigkeit* der EDR–Daten (vgl. Abschnitt 2.5.4.2) über die Absicht, die jeweilige EDR in Termini der *individuellen Reaktionsbreite* auszudrücken bis zur *Angleichung* der *Verteilungen* der EDRs verschiedener Pbn aneinander zur Schaffung besserer Voraussetzungen für eine gruppenstatistische Analyse.

Die methodischen und statistischen Implikationen dieser Transformationen werden an dieser Stelle nur insoweit diskutiert, wie sie als EDA–spezifisch angesehen werden können; für die allgemeine Diskussion wird auf die einschlägige Literatur verwiesen.

2.3.3.4.1 Relativierung der EDR auf den EDL

Eine einfache Möglichkeit zur Bildung transformierter EDR–Werte, bei denen das *jeweilige Ausgangsniveau* berücksichtigt wird, ist die Bildung eines *Quotienten* aus der EDR amp. und dem unmittelbar vor Beginn der EDR vorhandenen EDL. Dieser Quotient kann auch als *Prozentzahl* ausgedrückt werden: EDR amp./EDL · 100 % (Traxel 1957). Edelberg (1967, Seite 47) vertritt die Auffassung, daß eine solche Transformation im Falle der SC-Messung unnötig sei, da nach Gleichung (5a) im Abschnitt 1.4.1.1 ΔG, d. h. die SCR amp., bereits den Grundwiderstand im Nenner berücksichtige. Diese einseitig formulierte Aussage gilt allerdings nur unter der Grundannahme von SC als adäquater Maßeinheit (vgl. Abschnitt 2.6.5), da – wie aus Gleichung (5b) zu ersehen ist – entsprechend für ΔR gilt, daß bereits die Grundleitfähigkeit im Nenner berücksichtigt ist. Eine weitere Beziehung läßt sich jedoch nach Edelberg (1967) aus Gleichung (5a) ableiten: man kann, da der Unterschied zwischen R_1 und R_2 im Vergleich zu R_1 oder R_2 relativ klein ist, das Produkt aus beiden Größen im Nenner der Gleichung (5a) *näherungsweise* durch R_2 ersetzen (vgl. Abschnitt 2.3.3.2). Dann ist, wenn man statt R_2 vereinfachend R schreibt:

$$\Delta G = -\frac{\Delta R}{R^2} \qquad (42a)$$

Man multipliziert beide Seiten der Gleichung (42a) mit R und ersetzt auf der linken Seite R durch $1/G$ nach Gleichung (2b):

$$\frac{\Delta G}{G} = -\frac{\Delta R}{R} \qquad (42b)$$

Gleichung (42b) zeigt, daß die *relativen Änderungen* der *Leitfähigkeit* und des *Widerstandes* in ihren Absolutbeträgen numerisch *annähernd gleich* sind. Die entsprechenden Transformationen führen also zu den gleichen Daten, unabhängig davon, ob die Rohwerte als SC- oder SR-Werte vorliegen.

2.3.3.4.2 Range-Korrekturen

Als Range-Korrektur-Verfahren werden Transformationen bezeichnet, mit denen die *interindividuelle Varianz* dadurch *reduziert* wird, daß jeder einzelne Wert *zum intraindividuellen Range* in Beziehung gesetzt wird. Die Bezeichnung Korrektur wird durch die Annahme begründet, daß damit ein Anteil von interindividuellen physiologischen Differenzen eliminiert wird, der nicht in unmittelbarer Beziehung zu den untersuchten psychophysiologischen Vorgängen steht (Levey 1980). Voraussetzung für dieses Verfahren ist die Bestimmung des intraindividuellen Range i. S. einer *maximalen Reaktivität*. Paintal (1951) ermittelte die maximal mögliche EDR amp. durch Applikation eines starken elektrischen Reizes und dividierte jede EDR amp. durch diesen Wert (*Paintal-Index*, vgl. Edelberg 1972a). Lykken und Venables (1971) empfehlen, einen Luftballon bis zum Platzen aufblasen zu lassen, um den maximalen SCL zu ermitteln. Ob diese beiden Techniken dem Ideal nahekommen, eine von psychologischen Einflüssen weitgehend bereinigte physiologische Kapazität zu erfassen, erscheint zumindest fraglich.

Für die Range-Korrektur des SCL geben Lykken et al. (1966) folgende Formel an:

$$SCL_i{'} = \frac{SCL_i - SCL_{min}}{SCL_{max} - SCL_{min}} \qquad (43a)$$

wobei SCL_i der unkorrigierte und $SCL_i{'}$ der Range-korrigierte *Niveauwert* zum Zeitpunkt i sowie SCL_{max} das höchste und SCL_{min} das niedrigste mögliche Niveau des betreffenden Individuums darstellen. Die Ermittlung des minimalen SCL stellt dabei ein noch größerers Problem als die des maximalen SCL dar. Venables und Christie (1973) schlagen vor, hierfür den SCL zu verwenden, der während des Erreichens des – simultan mit endosomatischer Technik zu messenden – BSPL (vgl. Abschnitt 2.3.2.1) beobachtet wird. Die Ermittlung eines

Minimalwertes erscheint für die EDR amp. zumindest theoretisch nicht problematisch, da die *minimale* EDR als *nicht vorhandene* EDR betrachtet werden kann. Demgemäß leiten auch Lykken und Venables (1971) die Range–Korrektur für die SCR amp. aus Gleichung (43a) ab, indem sie $SCR_{min} = 0$ setzen:

$$SCR_i' = \frac{SCR_i}{SCR_{max}} \qquad (43b)$$

In Gleichung (43b) bedeuten sinngemäß SCR_i' die korrigierte und SCR_i die unkorrigierte *Hautleitfähigkeitsreaktion* sowie SCR_{max} die *maximal mögliche* SCR amp. Diese kann nach Venables und Christie (1973) *während des Experiments* durch Einspielen eines lauten Tones, Applikation eines elektrischen Reizes oder durch tiefes Einatmen erzeugt werden. Auch die Orientierungsreaktion auf den 1. Reiz in einem Habituationsparadigma (vgl. Abschnitt 3.1.1.2) wird i. d. R. die maximale EDR amp. des Experiments zeigen.

Für die Anwendung der sog. Range–Korrektur werden noch weitere Probleme gesehen: Grings (1974) weist darauf hin, daß der Range insbesondere bei der Untersuchung *kleiner Stichproben* üblicherweise eine *unreliable* Größe darstellt, die zudem stark von den *situativen Bedingungen* des jeweiligen Experiments *abhängt*. Sagberg (1980) weist darauf hin, daß die Range–Korrektur *nicht invariant* gegenüber *Transformationen* von SR- in SC-Werte und umgekehrt ist. Ben-Shakhar (1985) gibt zu bedenken, daß die stark verlängerten Ruheperioden, die zur Bestimmung des minimalen EDL nötig sind, und *zusätzliche Manipulationen* zur Ermittlung der maximalen EDR amp. bzw. des höchsten EDL die Experimente invalidieren können.

2.3.3.4.3 Standardtransformationen

Die im Zuge der im vorigen Abschnitt beschriebenen Range–Korrekturen auftretenden Probleme bei der Bestimmung individueller Maxima der EDR können umgangen werden, wenn man der Standardisierung *anstelle des* individuellen *Range* die *individuellen Mittelwerte* und *Streuungen* der EDRs zugrundelegt. Die Rohwerte lassen sich dann nach dem Standardtransformationsverfahren in *Standardwerte* überführen.

Für eine Transformation der EDR amp. in z–Werte, wie sie Ben-Shakhar et al. (1975) vornehmen, werden zunächst für jeden Pb Mittelwerte und Streuungen der Amplituden aller an ihm erhobenen EDRs gebildet. Danach wird für jede EDR amp. ein Standardwert errechnet nach der Formel:

$$z_{ik} = \frac{X_{ik} - \bar{x}_i}{s_i} \qquad (44a)$$

wobei X_{ik} der Rohwert und z_{ik} der Standardwert des Pb i für die EDR k sowie $\bar{x}$ und s_i Mittelwert und Streuung aller EDRs des Pb i darstellen.

Die z-Werte sind mit einem Mittelwert von 0 und einer Standardabweichung von 1 *normalverteilt*. Es ist vielfach üblich, z-Werte in T-Werte umzuwandeln:

$$T_{ik} = 50 + 10 z_{ik} \tag{44b}$$

Die T-Werte sind um den Mittelwert von 50 mit einer Streuung von 10 normalverteilt; negative Vorzeichen entfallen dabei.

Ben-Shakhar (1985) führte an insgesamt 147 Pbn systematische Vergleiche zwischen aus SRRs errechneten SCRs in Form von Rohwerten einerseits und Range-korrigierten sowie z-transformierten elektrodermale Reaktionswerten andererseits durch. Er fand, daß die durch Standardtransformationen erhaltenen Reaktionswerte am deutlichsten zwischen bedeutsamen und neutralen Reizbedingungen differenzierten, was er darauf zurückführt, daß die in die z-Transformation eingehende mittlere individuelle Reaktivität repräsentativer sei als die eher unreliable maximale individuelle EDR, die zur Bildung der Range-korrigierten Scores verwendet wird. Stemmler (1987) konnte allerdings an einem artifiziellen Datensatz zeigen, daß durch das Zusammentreffen des von Ben-Shakar verwendeten Designs, der z-Wert-Bildung und der Prüfstatistiken zur Ermittlung der Bedingungsunterschiede ein positiver Bias für die Standardtransformation aufgetreten war, so daß zumindest die Generalisierbarkeit der Argumentation von Ben-Shakhar fraglich bleibt.

2.3.3.4.4 Bildung von ALS-Werten

Von Lacey (1956) wurde eine Standardisierungsmethode für psychophysiologische Reaktionswerte vorgeschlagen, die sowohl das jeweilige *Ausgangsniveau* (vgl. Abschnitt 2.3.3.4.1) berücksichtigt, als auch eine *Standardtransformation* (vgl. Abschnitt 2.3.3.4.3) vornimmt. Bei diesen sog. ALS-Werten (Autonomic lability scores) handelt es sich um Reaktionswerte, die *um den Anteil bereinigt sind*, der *mittels linearer Regression* aus dem Niveauwert *vorhersagbar ist*, und damit im Prinzip um eine *kovarianzanalytische Anpassung* einer beobachteten Veränderung (Grings 1974).

Zur Bildung der ALS-Werte werden wie bei der im vorigen Abschnitt beschriebenen Standardtransformation zunächst alle n EDRs eines Pb i zu einer Meßwertreihe k = 1, ..., n zusammengefaßt, anstelle der EDR amp. werden jedoch für jede EDR als X_{ik} der EDL zum *Reaktionsbeginn* und als Y_{ik} der EDL beim *Reaktionsmaximum* ermittelt, d. h.: $Y_{ik} - X_{ik} = EDR\,amp._{ik}$. Die Wertereihe X_{ik} bildet die Ausgangswerte, die Reihe Y_{ik} die Reaktionswerte im Sinne von Lacey. Zwischen beiden Wertereihen wird für jeden Pb i die Korrelation $(r_{xy})_i$ gebildet. Die Werte X_{ik} und Y_{ik} werden anhand ihres jeweiligen Mittelwertes $\bar{x}_i$ und $\bar{y}_i$ sowie ihrer Streuungen $(s_x)_i$ und $(s_y)_i$ nach Gleichung (44a) in Standardwerte $(z_x)_{ik}$ und $(z_y)_{ik}$ transformiert. Danach wird für jede EDR k des Pb i ein ALS-Wert berechnet:

$$ALS_{ik} = 50 + 10 \cdot \frac{(z_y)_{ik} - (r_{xy})_i \cdot (z_x)_{ik}}{\sqrt{1 - (r_{xy})_i^2}} \qquad (45)$$

Diese ALS-Werte sind wie die T-Werte in Gleichung (44b) um den Mittelwert von 50 mit einer Streuung von 10 *normalverteilt* und sind zumindest *linear unabhängig* von den *Ausgangswerten* des jeweiligen Pb.

Die Berechnung von ALS-Werten setzt eine *genügend große Zahl* von EDRs pro Pb voraus, da für jeden Pb eine Korrelation zwischen Ausgangs- und Reaktionswerten ermittelt werden muß[34]. Ferner weisen Johnson und Lubin (1972) darauf hin, daß ALS-Werte *nur dann Vorteile* bezüglich Reliabilität und Validität gegenüber den Rohwerten haben, wenn das sog. *Ausgangswertgesetz gilt* (zur Diskussion hierzu vgl. Abschnitt 2.5.4.1). Die Stellungnahme von Levey (1980, Seite 621) zur Anwendung von ALS-Werten auf SCRs mag als Beispiel für die Problematik der Transformationen insgesamt (vgl. Eingangsbemerkungen zum Abschnitt 2.3.3) und für die der ALS-Transformationen speziell dienen: nachdem er die Ergebnisse einer an nur 12 Pbn durchgeführten Untersuchung von Germana (1968) dahingehend interpretiert, daß ALS- und log EDR amp.-Transformationen sich etwa in gleicher Weise von den EDR amp.-Rohwerten unterscheiden, argumentiert er gegen die ALS-Korrektur, da sie nur Ausgangslageneffekte korrigiere, und spricht sich für die logarithmische Transformation aus, da sie sich aus theoretischen Erwägungen bzw. Modellvorstellungen ableiten lasse.

---

[34] ALS-Werte können nicht nur intraindividuell über die verschiedenen EDRs, sondern *auch interindividuell* für jeweils eine Reaktion über alle Pbn standardisiert werden. In diesem Fall werden die beiden Meßwertreihen X und Y anhand der EDRs aller Pbn auf den gleichen Reiz gebildet. Dieses Verfahren führt allerdings nicht zur Reduktion interindividueller Varianz.

2.3.4 Behandlung von Artefakten und von fehlenden Daten

Trotz exakter Kontrolle der Meßtechnik, des Verhaltens des Pb sowie von Umgebungsbedingungen während der EDA-Messung können *Artefakte* auftreten (vgl. Abschnitt 2.2.7), die vor der weiteren statistischen Verarbeitung der EDA-Daten *eliminiert* werden müssen. Daher kommt zunächst der im Abschnitt 2.3.4.1 beschriebenen *Artefakterkennung* im Zuge der Parametrisierung des EDA-Signals eine wesentliche Rolle zu, wobei der Auswerter sich zwischen einer Korrektur und dem Verzicht auf die weitere Auswertung der artefaktbehafteten Datenstrecke entscheiden muß.

Die durch den Wegfall einer Registrierstrecke – etwa auch infolge der Ablösung von Elektroden (vgl. Abschnitte 2.2.2.1 und 2.2.7.1) – entstehenden *Lücken* in der Auswertung werden als *Missing Data* (fehlende Daten) bezeichnet und bedürfen einer entsprechenden Behandlung (vgl. Abschnitt 2.3.4.2). Daneben kann bei der EDA-Auswertung auch dann eine formale Missing Data-Behandlung erforderlich sein, wenn die betreffende Registrierstrecke nicht eliminiert werden mußte: wenn zu erwartende EDRs durch *echte Nullreaktionen* ausbleiben, etwa bei im Verlauf der fortgeschrittener Habituation (vgl. Abschnitt 3.1.1.2), bei der Extinktion (vgl. Abschnitt 3.1.2.1) oder bei non-Respondern (vgl. Abschnitt 3.4.2.2).

2.3.4.1 Artefakterkennung bei der EDA-Parametrisierung

Eine Erkennung von Artefakten im EDA-Signal erfordert auch bei der automatischen Parametrisierung mit Hilfe von Laborcomputern noch eine *optische Inspektion* der Registrierstrecke *durch* den *Auswerter* (vgl. Abschnitt 2.2.6.2). Zunächst sollten alle durch Wechsel der Verstärkungsfaktoren und/oder Setzung von Eichmarken entstandenen *Artefakte* als solche *gekennzeichnet* werden, was anhand von parallelen Aufzeichnungen auf dem Registrierstreifen oder mit Hilfe eines Versuchsprotokolls geschehen kann. Das gleiche gilt für Bewegungsartefakte, sofern sie erfaßt wurden.

Abbildung 42 zeigt einige *typische Artefakte* in einer EDA-Registrierstrecke. Ein *Wechsel des Verstärkungsfaktors* verursacht zunächst einen *Sprung*, der von einer auf Anpassungsvorgänge im Verstärker zurückzuführenden exponentiell verlaufenden Annäherung an eine neue Grundlinie gefolgt wird (gestrichelte Linie in Abbildung 42). Sprünge in der EDA-Kurve können auch als Folge von *Bewegungen der Ableitflächen* und/oder der *Elektroden* (vgl. Abschnitt 2.2.7.2), auftreten (Artefaktsprung in Abbildung 42); dieser wird jedoch i. d. R. nicht von einem exponentiellen Anpassungsvorgang gefolgt, weshalb sich die EDR_2 in

Abbildung 42 im Gegensatz zur EDR_1 eindeutig auswerten läßt. Es gibt bereits Computer-Auswertungsprogramme, die solche Sprünge erkennen und automatisch korrigieren (Foerster 1984) bzw. im interaktiven Verfahren am Graphik-Bildschirm zur Korrektur anbieten (Thom, s. Anhang). Andresen (1987) berichtet, daß die *interaktive Artefaktkorrektur* zwar *zeitaufwendig* ist, jedoch in allen Einzelfällen zu befriedigenden Ergebnissen führt. *Eichmarken* beeinflussen die Auswertbarkeit vor allem dann wesentlich, wenn sie während der

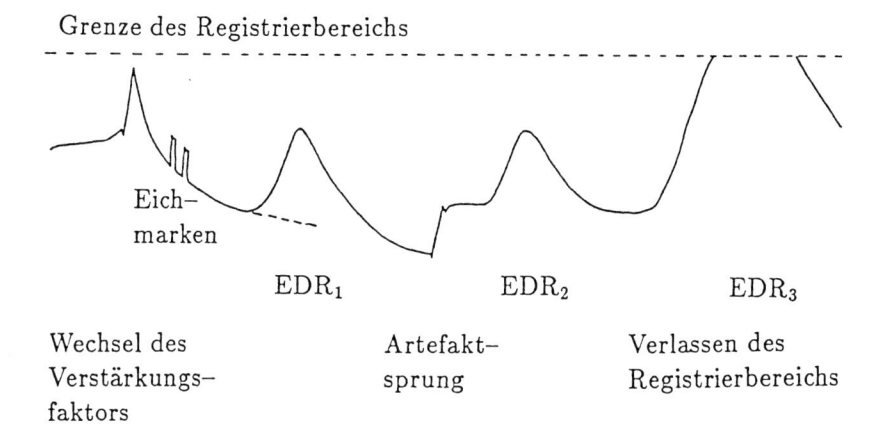

Abbildung 42. Beispiele für Artefakte in einer EDA-Registrierstrecke.

Anstiegszeit oder des Reaktionsmaximums einer EDR ausgelöst werden; für eine automatische Auswertung müssen sie jedoch in jedem Fall eliminiert werden.

EDRs, die den *Registrierbereich verlassen* wie die EDR_3 in Abbildung 42 sind nicht auswertbar. Sie können z. B. als Teil einer Orientierungsreaktion auf einen unerwarteten starken Reiz auftreten (vgl. Abschnitt 3.1.1.1). Obwohl es sich in diesem Fall i. S. des Untersuchungsziels *nicht* um ein Artefakt handelt (vgl. Abschnitt 2.2.7.2), muß die fragliche Registrierstrecke von der Parametrisierung *ausgeschlossen werden*. Solche EDRs treten auch infolge heftiger Atemtätigkeit (z. B. Seufzen) oder grober Bewegungen auf. Das Verlassen des Registrierbereichs durch die EDR kann entweder durch die Wahl einer genügend großen Bandbreite, z. B. durch geringere Verstärkung, oder durch die Einführung *automatischer Reset*-Prozeduren (z. B. Andresen 1987, vgl. Thom im Anhang) vermieden werden.

Für die EDA-Artefakterkennung unter Zuhilfenahme der *Atemkurve* (vgl. Abbildung 43) wird man zunächst eine visuelle Inspektion beider Kurven vornehmen. Während bei der EDR_1 in Abbildung 43 kein Zusammenhang mit dem Einatemvorgang gesehen werden muß, ist die EDR_2, die nach einer im normalen

Zeitfenster liegenden Latenzzeit (vgl. Abschnitt 2.3.1.1) auf einen übermäßig tiefen Atemzug folgt, mit großer Wahrscheinlichkeit als *Atemartefakt* zu werten (vgl. Abschnitt 2.2.7.2). Interpretationsprobleme ergeben sich, wenn sowohl der Einatmungsvorgang als auch die im entsprechenden Zeitfenster liegende

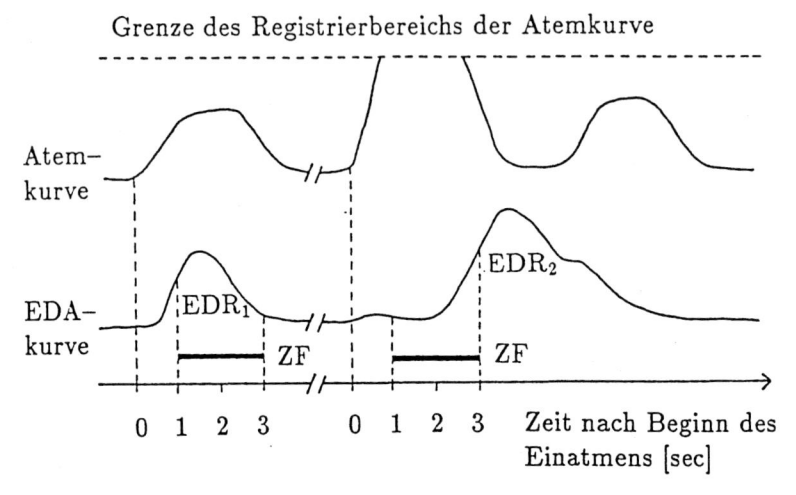

Abbildung 43. EDA-Artefakterkennung mit Hilfe der Atemkurve. ZF = Zeitfenster für ein Atemartefakt: 1 bis 3 sec nach dem Beginn des Einatmens. Da die EDR_1 nicht im ZF beginnt, ist sie nicht auf ein Atemartefakt zurückzuführen, die EDR_2 ist dagegen als Atemartefakt zusehen.

EDR als *kovariierende Indikatoren* einer Orientierungs- oder Defensivreaktion angesehen werden können (vgl. Abschnitt 3.1.1.1): in einem solchen Fall ist die EDR *kein reines Atemartefakt*, aber *auch nicht* von der Atmung *unabhängig*. In ähnlicher Weise lassen sich Artefake aufgrund von *Sprechaktivität* des Pb abschätzen, sofern diese mit registriert wurde. Allerdings sind die Beziehungen zu einzelnen EDRs hier weniger deutlich zu erkennen.

2.3.4.2 Missing Data-Behandlung und EDR-Magnitude

Die bei der EDA–Parametrisierung entstehenden *Datenlücken* (Missing Data) können in entsprechender Weise behandelt werden wie bei anderen Biosignalen. Da *viele Statistikprogramme* Missing Data–Prozeduren *nicht vorsehen*, sollten notwendige *Ergänzungen* der Datensätze unmittelbar im Anschluß an die Parametrisierung vorgenommen werden (Stemmler 1984).

Dazu muß zunächst einmal ein *Zeitraster* über die Daten gelegt werden, das als *kleinste Einheit* für die statistische *Auswertung* angesehen wird. Dieses kann, je nach Fragestellung, im Falle der EDA z. B. zwischen 5 sec und 1 min liegen. Im Falle der NS.EDR freq. wird man die *Häufigkeiten* von EDRs in dem betreffenden Intervall ermitteln (vgl. Abschnitt 2.3.2.2), bei den übrigen Parametern können *Mittelwerts-* und *Variabilitätsmaße* gebildet werden. Treten in einem Zeitintervall *keine EDRs* auf, wird es sich normalerweise nicht um Missing Data, sondern um *Nullreaktionen* handeln. Ist nur ein Teil der Auswertungsstrecke so artefaktbehaftet, daß seine Parametrisierung nicht möglich ist, bietet sich die Bildung von *gewichteten Mittelwerten* unter Berücksichtigung des Verhältnisses von auswertbarem Zeitabschnitt zu dem gesamten Zeitintervall an. Ist der überwiegende Teil des Zeitabschnitts nicht auswertbar, kann – wenn keine eindeutige Änderung der situativen Bedingung dazwischen liegt – der entsprechende Wert des *nachfolgenden* oder *vorhergehenden Zeitabschnitts* eingesetzt werden.

Während derartige Korrekturen im Falle fehlender EDL-Werte i. d. R. sinnvoll durchgeführt werden können, bleiben sie bei der Anwendung auf fehlende NS.EDRs fragwürdig, da es sich bei den EDRs um sehr unregelmäßig auftretende Ereignisse handelt. Es kann also *nicht von* einer auch nur annähernden *Gleichverteilung* der *EDRs* in benachbarten gleich langen Zeitabschnitten *ausgegangen* werden. Bei mit vielen Missing Data behafteten Aufzeichnungen ist es daher ggf. sinnvoller, auf die *Einbeziehung* des betreffenden Pb in die statistische Auswertung *ganz zu verzichten*. Missing Data–Korrekturen für reizabhängige EDRs können wegen des möglichen Auftretens einer Habituation (vgl. Abschnitt 3.1.1.2) weder intraindividuell noch – wegen der großen interindividuellen Differenzen – gruppenstatistisch durchgeführt werden.

Allerdings wird gerade im Zusammenhang der Beschreibung elektrodermaler Habituationsverläufe häufig ein Parameter gebildet, der ggf. zu erwartende, aber nicht beobachtete reizabhängige EDRs berücksichtigt, die sog. EDR–*Magnitude* (vgl. Abschnitt 3.1.1.2.1). Rechnerisch handelt es sich daher um eine Art Missing Data–Berücksichtigung, da nicht aufgetretene bzw. unterhalb eines Amplitudenkriteriums (vgl. Abschnitt 2.3.1.2.3) gebliebene EDRs in die Auswertung einbezogen werden: die EDR–Magnitude (eigentlich *mittlere* EDR–*Magnitude*) wird berechnet, indem die Summe der auswertbaren EDR amp. durch die Zahl der Zeitpunkte, zu denen eine EDR *hätte erwartet werden können*, dividiert. Die Einbeziehung solcher "*Nullreaktionen*" setzt allerdings voraus, daß aus der experimentellen Anordnung eindeutig hervorgeht, wann eine EDR zu erwarten gewesen wäre, was nur bei genau definierten und registrierten Reizen möglich ist (Venables und Christie 1980). So wird diese Größe z. B. als globales individuelles Habituationsmaß verwendet (vgl. Abschnitt 3.1.1.2.1). Ob die EDR–Magnitude ein adäquateres Maß für die mittlere Stärke der EDR ist als die mittlere Amplitude, ist umstritten. Prokasy und Kumpfer (1973), die dieses Maß vorgeschlagen haben, weisen bereits darauf hin, daß bei der Bildung der EDR–Magnitude *Frequenz* und *Stärke* der Reaktion, die nicht unbedingt kovariieren, *konfundiert* werden. Die EDR–Magnitude kann nicht nur als intraindividueller, sondern auch als interindividueller Mittelwert berechnet werden, z. B. bei der Ermittlung der durchschnittlichen Reaktionsgröße auf einen bestimmten Reiz innerhalb einer Habituationsserie.

Es sei nochmals darauf hingewiesen, daß der Begriff "EDR–Magnitude" von einigen Autoren auch *anstelle* des Begriffs "EDR–Amplitude" verwendet wird (vgl. Abschnitt 2.3.1.2), so daß in entsprechenden Veröffentlichungen die jeweilige Auswertungsmethode sorgfältig geprüft werden sollte.

2.3.4.3 Korrektur von EDL-Drift

Die nachträgliche Korrektur einer Drift im EDA–Signal ist nur dann möglich, wenn bereits während der Datenaufnahme *Kontrollwerte mitregistriert* wurden. Dies ist beispielsweise über die regelmäßige Setzung von *Eichmarken* möglich (vgl. Abschnitt 2.2.6.1): ändern sich die Auslenkungen durch gleiche Eichwiderstände bei gleichbleibender Verstärkung, so ist dies ein Zeichen für aufgetretene Drift.

Drift aufgrund von *Elektrodenpolarisation* bei exosomatischer Gleichspannungsmessung kann durch *Änderung der Polarisation* während längerdauernder Meßphasen kontrolliert werden. Bei der endosomatischen Messung ist eine Driftkorrektur nicht möglich (vgl. Abschnitt 2.2.7.1).

Auch die *Körper-* bzw. ggf. die *Raumtemperatur* kann zur Korrektur der EDL–Drift dienen. Man kann hierbei die von Grings (1974) genannten Erfahrungswerte von ca. 3 % SRR–Zunahme pro °C Temperaturabnahme verwenden. Sofern die Temperaturdrift auf apparative Quellen zurückzuführen ist, kann man die Verstärker über einen der Meßzeit vergleichbaren Zeitraum hinweg leer laufen lassen und das registrierte SCL–"Signal" zur späteren Drift-Korrektur bei den erhobenen Daten anwenden.

Alle Drift–Korrekturen erfordern einen großen *rechnerischen Aufwand* und sind mit hoher *Unsicherheit* behaftet. Im Falle von *Langzeitmessungen* (vgl. Abschnitt 2.2.8.1) sind solche Korrekturen jedoch i. d. R. *unumgänglich*.

Eine pragmatische Reduzierung von Driften beliebigen Ursprungs kann durch die *Trendbereinigungsmethoden* von Stemmler (1984) erfolgen. Hierbei werden EDL–Differenzen gegenüber Bezugsphasen identischer Struktur (z. B. Phasen einfacher Ruhe) errechnet, die zeitlich eng der eigentlichen Experimentalbedingung vorausgehen bzw. nachfolgen. Bei der Differenzbildung wird eine lineare Interpolation in Echtzeit vorgenommen.

2.3.5 Zusammenfassende Stellungnahme zur Parametrisierung

Aus dem registrierten EDA-Signal können – je nach Fragestellung – unterschiedliche Parameter sowohl *phasischer* als auch *tonischer* elektrodermaler Aktivität extrahiert werden.

Das am *häufigsten* verwendete *phasische Maß* ist die EDR–*Amplitude* (vgl. Abschnitt 2.3.1.2), wobei insbesondere wegen möglicher individueller Unterschiede in den Verstärkungsfaktoren zunächst *Amplitudenkriterien* definiert werden müssen (vgl. Abschnitt 2.3.1.2.3). Vielfach werden zusätzlich noch Formparameter des Abstiegs (vgl. Abschnitt 2.3.1.3.2) wie die *halbe Abstiegszeit*, weniger solche des *Anstiegs* (vgl. Abschnitt 2.3.1.3.1) extrahiert. Folgen die EDRs auf definierte Reize, können bei genügend hoher zeitlicher Auflösung *Latenzzeiten* bestimmt werden (vgl. Abschnitt 2.3.1.1). Als *tonisches Maß* wird neben dem EDL (vgl. Abschnitt 2.3.2.1) die *Frequenz* der *nicht-reizspezifischen* EDRs verwendet (vgl. Abschnitt 2.3.2.2), wobei die Trennung nichtspezifischer von spezifischen EDRs eine Festlegung entsprechender *Zeitfenster* erforderlich macht (vgl. Abbildung 41).

Von den möglichen *Transformationen* werden überwiegend – einem Standardisierungsvorschlag von Fowles et al. (1981) folgend – die *Umrechnung* von Widerstands- in *Leitfähigkeitseinheiten* (vgl. Abschnitt 2.3.3.2), sowie zur Reduktion interindividueller Varianz die von Lykken und Venables (1971) empfohlene *Range-Korrektur* angewandt (vgl. Abschnitt 2.3.3.4.2). Allerdings sollte sorgfältig abgewogen werden, ob die beabsichtigten Transformationen unter den Gesichtspunkten einer möglichen Verbesserung von Realiabilität und Validität wirklich notwendig und sinnvoll sind.

Große Sorgfalt sollte bei der Auswertung auch auf die *Erkennung* und *Eliminierung* von *Artefakten* und *Driften* verwendet werden, wo auch parallele Aufzeichnungen anderer Biosignale herangezogen werden können (vgl. Abschnitte 2.3.4.1 und 2.3.4.3). Beim Vorhandensein von *Missing Data* bzw. echten *Nullreaktionen* kann anstelle der mittleren Amplitude die EDR–*Magnitude* (vgl. Abschnitt 2.3.4.2) gebildet werden. Dieser Begriff wird allerdings bedauerlicherweise auch von einigen Autoren anstatt des Amplitudenbegriffs gebraucht.

Insgesamt läßt sich eine Vielfalt von EDA–Parametern extrahieren, deren Zahl durch mögliche Transformationen noch erheblich vergrößert wird. Anhaltspunkte für die Auswahl von der *jeweiligen Fragestellung* angemessenen Parametern ergeben sich aus Kapitel 2.5 und aus den entsprechenden Kapiteln des Teils 3. Meist wird man sich bei der *Anwendung* der EDA–Messung *auf einige wenige Parameter beschränken*, während eine größere Parametervielfalt lediglich bei Forschungsfragestellungen angebracht sein dürfte.

2.4 Einflüsse der physikalischen Umgebung sowie physiologischer und organismischer Größen

In diesem Kapitel werden Ergebnisse aus dem Bereich der EDA–Forschung zusammengefaßt, die sich mit Zusammenhängen zwischen der EDA und *Umgebungsbedingungen* (Abschnitt 2.4.1) sowie mit unmittelbaren Einflüssen *anderer physiologischer Größen* befaßt (Abschnitt 2.4.2). Die Zusammenfassung dieser so verschiedenen Varianzquellen erfolgt unter dem Gesichtspunkt der sie verbindenden Notwendigkeit einer *Kontrolle* ihrer *Einflüsse* auf die EDA–Messung.

Auch die *Alters-* und *Geschlechtsunterschiede* in der elektrodermalen Aktivität werden im Abschnitt 2.4.3 als möglicherweise ergebnismodifizierende und daher zu kontrollierende Variablen im Rahmen dieses Kapitels besprochen.

2.4.1 Elektrodermale Aktivität und klimatische Bedingungen

Die vier physikalischen Umweltfaktoren, von denen die Wirkung des Klimas auf den Menschen abhängt, sind *Lufttemperatur*, Wasserdampfdruck der Luft (allgemein als *Luftfeuchtigkeit* bezeichnet), Strahlungstemperatur von Umgebungsflächen und *Windgeschwindigkeit* (Brück 1980). Thermisch behaglich fühlt sich der Mensch in der sog. thermischen Neutralzone, in der weder Kältezittern noch evaporative Wärmeabgabe durch Schweißsekretion stattfinden (vgl. Abschnitt 1.3.2.2). Bis zu einem gewissen Grad können die verschiedenen Klimafaktoren *kompensatorisch* wirken: so kann eine durch niedrige Lufttemperatur hervorgerufene Kälteempfindung durch erhöhte Strahlungstemperaturen verhindert werden; Schwüleempfindungen werden sowohl durch Abnahme der Lufttemperatur als auch der Luftfeuchtigkeit reduziert. Für den sitzenden, leicht bekleideten Menschen beträgt die *Behaglichkeitstemperatur* 25 bis 26°C, wenn die Wand- und Lufttemperatur gleich sind und die relative Luftfeuchtigkeit 50 % beträgt, bei leichter Bürotätigkeit liegt sie bei 22°C (Brück 1980). Venables und Christie (1973) halten Labortemperaturen zwischen 20 und 30°C für vertretbar, da in diesem Bereich die vasomotorische Körpertemperaturkontrolle voll funktioniert, empfehlen allerdings auch, die *Temperatur nicht zu niedrig* zu wählen, da die Pbn meist inaktiv sind und eher auskühlen als der aktive Versuchsleiter. Dadurch kann die elektrodermale Reaktivität vermindert werden (vgl. Abschnitt 2.4.1.1). Sie raten sogar dazu, auch im Sommer eine leichte Decke über den Körper des Pb zu legen. Dies wird verständlich, wenn man berücksichtigt, daß Venables und Christie (1980) als Richtwert für die Raumtemperatur europäischer Labors 21°C angeben, was nach den Erfahrungen des Autors, der seine *Labortemperatur* bei 23°C konstant hält, etwas zu niedrig sein dürfte.

Untersuchungen, die sich mit dem Einfluß klimatischer Faktoren auf die EDA befassen, beziehen sich fast ausschließlich auf den Zusammenhang zwischen EDA und Raumtemperatur; Meßwerte für relative Luftfeuchtigkeit oder gar Windgeschwindigkeit und Strahlungstemperatur werden im Zusammenhang mit EDA-Messungen kaum berichtet.

2.4.1.1 Elektrodermale Aktivität und Umgebungstemperatur

Die Untersuchungen zur Abhängigkeit der EDA von der Lufttemperatur lassen sich zwei Gruppen zuordnen: solche, die sich auf die im Untersuchungsraum gemessene Temperatur und andere, die sich auf die Außentemperatur beziehen. Daß die *Außentemperatur* auch unter klimatisierten Laborbedingungen einen deutlichen Einfluß auf die EDA hat, konnten Venables und Christie (1980) in ihrer auf Mauritius durchgeführten Erhebung an 640 Pbn zwischen 5 und 25 Jahren feststellen. Während bei den 5-jährigen und auch bei den gleichzeitig untersuchten 1800 dreijährigen Kindern keine Zusammenhänge zwischen Außentemperatur und der SC auftraten, zeigten sich bei den älteren Pbn positive Korrelationen ($r = 0.20$ bis 0.40) zwischen Temperatur und SCL sowie negative Korrelationen in der gleichen Größenordnung zwischen Temperatur einerseits und SCR amp., SCR lat. und SCR rec.t/2 andererseits. Die Autoren weisen jedoch darauf hin, daß sie die Daten bei für normale psychophysiologische Untersuchungen ungewöhnlichen Temperaturen von 30°C im Labor erheben mußten, da die Mauritianer bei niedrigerer Raumtemperatur kaum EDRs zeigten.

Einige ältere Untersuchungen zur EDA und Außentemperatur fassen Rutenfranz und Wenzel (1958) sowie Venables und Christie (1973) zusammen. Danach scheint gesichert, daß mit deutlichen *Unterschieden* zwischen der EDA in den *Sommer-* und *Winter*monaten gerechnet werden muß. Venables und Christie vermuten als Ursache dieser jahreszeitlichen Schwankung eine hormonelle Umstellung als Reaktion auf die Hitzeeinwirkung, da bei den Hypophysen-Nebennierenrinden-Hormonen ebenfalls eine jahreszeitliche Schwankung beobachtet wurde. Diese *Hormone* können sowohl Einfluß auf die ekkrine Schweißabsonderung als auch auf die Elektrolytzusammensetzung des epidermalen Gewebes nehmen.

Auf eine Interaktion zwischen den Auswirkungen von Jahreszeit und Raumtemperatur auf die EDA weisen die Ergebnisse von Neumann (1968) hin. In 3 Experimenten mit insgesamt 11 Erwachsenen und 26 Kindern (6 bis 11 Jahre) und unter Verwendung von jeweils 10 aktiven Ableitstellen an der Hand und am Unterarm untersuchte sie den Zusammenhang zwischen dem log SRL und Änderungen der *Raumtemperaturen* von 18.3 bis 40°C zu verschiedenen Jahreszeiten. Sie fand unterschiedliche SRL-Muster über die Ableitstellen hinweg für Winter und Sommer sowie für eine Hitzeperiode, wobei die Kinder eine weniger große Differenzierung zeigten als die Erwachsenen. Erhitzung bzw. Abkühlung führten nur teilweise zu den zu erwartenden Effekten der Abnahme bzw. Zunahme des SRL, und zwar je nach Ableitstelle und Jahreszeit in unterschiedlicher Weise. Allerdings erreichte der SRL bei einer Temperaturerhöhung auf im Mittel 35°C unabhängig von den übrigen Bedingungen stets den niedrigsten Wert.

Conklin (1951) untersuchte in einem Meßwiederholungsplan an 7 Pbn die Beziehung zwischen 3 unterschiedlichen Raumtemperaturen (21.9, 26.9 und 29.5°C) und dem an 3 verschiedenen *Ableitorten* (Handgelenk, Stirn und palmar) – allerdings mit angepreßten Elektroden – gemessenen SCL. Er fand, daß der SCL mit sinkender Temperatur abnahm, wobei die Unterschiede zwischen den Ableitorten nicht signifikant waren.

Auch Rutenfranz und Wenzel (1958) berichten über einen in mehreren Untersuchungen gefundenen deutlichen Zusammenhang zwischen Temperatur und SRL-Abnahme und umgekehrt. Sie selbst untersuchten 5 Pbn mehrere Wochen lang beim Gehen auf einem Laufband in einer *Klimakammer*, in der die relative Luftfeuchtigkeit bei 60–65 % und die Windgeschwindigkeit bei 0.5 m/sec konstant gehalten wurden, während die *Lufttemperatur* und die *Strahlungstemperatur* der Wände gleichzeitig zwischen 15 und 36°C variierten. Bei den von ihnen durchgeführten Wechselstromuntersuchungen der EDA fanden sie, daß der Betrag der Impedanz (SZL) mit sinkender Temperatur zunahm, während die Kapazität der Haut abnahm, wobei bei niedrigen Temperaturen *interindividuelle Unterschiede* stärker ausgeprägt waren als bei hohen Temperaturen.

Venables (1955) fand dagegen nur bei den von ihm untersuchten 52 neurotischen Patienten, nicht jedoch bei 210 gesunden Pbn, signifikante Korrelationen zwischen dem mit trockenen Elektroden gemessenen SCL und der *Raum-Effektivtemperatur* allerdings nur bei Temperaturen über 20°C. Auch waren die Richtungen der Korrelationen je nach Situation unterschiedlich: von $r = -0.48$ in der Übungsphase einer motorischen Aufgabe bis $r = 0.51$ in einer Ruhephase während des Experiments.

Wenger und Cullen (1962) berichten zusammenfassend aus 3 Untersuchungen Korrelationskoeffizienten zwischen dem palmar gemessen log SCL und der Raumtemperatur von $r = -0.09$ und -0.15 für männliche und von $r = 0.22$ für weibliche Pbn, was von ihnen als Hinweis auf *geschlechtsspezifische* Temperatureffekte gewertet wird (vgl. Abschnitt 2.4.3.2). Entsprechende Ableitungen am Unterarm ergaben jedoch für männliche und weibliche Pbn gleichermaßen positive Korrelationen zwischen Hautleitfähigkeit und Temperatur.

Wilcott (1963) fand eine Abnahme des SRL bei 21 Pbn, die er einer Raumtemperatur von 65.5°C aussetzte. Er beobachtete zusätzlich Veränderungen der SRRs in Amplitude und Form, allerdings waren seine Reizbedingungen unter den verschiedenen Temperaturen nicht vergleichbar, so daß die Ergebnisse wenig aussagekräftig sind.

Grings (1974) berichtet eine Abnahme des SRL um 3 % pro °C, was sich aber sehr wahrscheinlich auf die Haut- und nicht auf die Raumtemperatur bezieht, da auch Edelberg (1972a) für die Hauttemperatur den gleichen Wert angibt (vgl. Abschnitt 2.4.2.1). Während die SRR amp. bei einer Abnahme der Temperatur zunächst ansteigen kann, nimmt sie deutlich ab, wenn längere Zeit niedrigere Temperaturen herrschen (z. B. 20°C). Die Wirkung der Temperatur auf den SPL sind je nach Elektrodentyp und Elektrolytkonzentration verschieden. Auch werden *positive* und *negative* Komponenten der *SPR* in unterschiedlicher Weise durch die Raumtemperatur beeinflußt: während die positive SPR mit der Temperatur abnimmt, kann die negative SPR-Komponente deutlicher hervortreten.

Fisher und Winkel (1979) fanden in einem Habituationsexperiment (vgl. Abschnitt 3.1.1.2) an 96 Pbn zwar signifikante Korrelationen zwischen der Außentemperatur und der SCR amp. sowie der NS.SCR freq., verzichteten jedoch wegen des von ihnen als gering bewerteten Einflusses auf eine entsprechende Korrektur ihrer Daten. Auch Waters et al. (1979), die sich stärker für mittel- und längerfristige Zusammenhänge zwischen EDA und *metereologischen Variablen* interessierten, konnten bei 336 Pbn lediglich zwischen Temperatur und SCL, nicht jedoch zu phasischen EDA-Maßen, und auch nur bei längerfristiger Betrachtung (1 Woche bzw. 1 Monat) signifikante Zusammenhänge feststellen. Turpin et al. (1983) registrierten bei 12 Pbn in ihrer im Abschnitt 2.2.8.1 beschriebenen Studie während ihres etwa 7-stündigen Arbeitstages SC und Raumtemperatur und ermittelten für Meßzeitpunkte in stündlichen Abständen sowohl Korrelationen über die Pbn als auch solche innerhalb der Pbn. Sie fanden eine signifikante Korrelation von r = 0.61 zwischen *Raumtemperatur* und SCR freq. und eine fast ebenso hohe Korrelation von r = 0.53 zwischen Temperatur und SCL, allerdings nur bei Korrelation über die Pbn. Die entsprechenden Korrelationen innerhalb der Pbn reichten von r = 0.81 bis −0.50 und waren im Mittel nicht signifikant. Die Autoren führen dies auf die unterschiedlichen klimatischen Bedingungen an den einzelnen Versuchstagen zurück, da die Pbn an verschiedenen Tagen untersucht worden waren.

Wegen der insgesamt deutlichen Abhängigkeit der EDA von der *Raumtemperatur* und der jahreszeitlich bedingten *Außentemperatur* sollten zumindest diese Variablen *mit registriert* werden, wobei die *Raumtemperatur möglichst* bei Werten um 23°C *konstant* gehalten werden sollte. Auch ist die *Einhaltung* enger *jahreszeitlicher Grenzen* bei der Durchführung von EDA-Untersuchungen unbedingt zu empfehlen.

2.4.1.2 Weitere klimatische Bedingungen

Venables und Martin (1967a) sowie Grings (1974) berichteten zusammenfassend über gering negative Korrelationen zwischen SCL und SCR einerseits und *relativer Luftfeuchtigkeit* andererseits. In seiner im vorigen Abschnitt erwähnten Studie fand Venables (1955) zwischen 54 % und 66 % relativer Luftfeuchtigkeit negative, bei geringerer und höherer relativer Feuchte positive Korrelationen zwischen Luftfeuchtigkeit und SCL. Er verwendete allerdings trockene Elektroden, was möglicherweise zu dieser Inkonsistenz beigetragen hat.

Wenger und Cullen (1962) erhielten, wie bereits bei der Temperatur (vgl. Abschnitt 2.4.1.1), Hinweise auf *geschlechtsspezifische* Unterschiede in den Korrelationen zwischen Luftfeuchtigkeit und SCL, die allerdings - wie auch die Korrelationen selbst - gering waren ($r = -0.11$ für männliche, $r = -0.23$ für weibliche Pbn).

Während Fisher und Winkel (1979) keine statistisch bedeutsamen Zusammenhänge zwischen EDA und Luftfeuchtigkeit feststellen konnten, erhielten Waters et al. (1979) in ihrer im vorigen Abschnitt zitierten Studie signifikante Zusammenhänge zwischen Luftfeuchte und EDA-Parametern, und zwar bei kurz- und mittelfristiger Betrachtung zum SCL und bei mittel- und langfristiger Betrachtung zur Wurzel aus der SCR amp. sowie zu einem Habituationsindex (vgl. Abschnitt 3.1.1.2).

Venables und Christie (1980) ermittelten in ihrer Mauritiusstudie (vgl. Abschnitt 2.4.1.1) bei den 5- bis 20-Jährigen einige positive Korrelationen von $r = 0.20$ bis 0.40 zwischen *relativer Feuchte* im *Außenklima* und ihren SC-Variablen, während bei den Erwachsenen keine solchen Zusammenhänge mehr auftraten. Diese Korrelationen fanden sich in den verschiedenen Altersgruppen allerdings bei verschiedenen Maßen (SCL, SCR amp., SCR lat., SCR rec.t/2), so daß aus diesen Daten kaum eindeutige Vorhersagen getroffen werden können. Das gleiche gilt für die in dieser Studie gefundenen Zusammenhänge zwischen *Luftdruck* und Hautleitfähigkeitsparametern (vgl. Venables und Christie 1980, Table 1.7). Auch nach den anderen vorliegenden Ergebnissen scheint der Luftdruck keine wesentlichen Einflüsse auf die EDA zu nehmen: lediglich Wenger und Cullen (1962) erhielten bei ihren männlichen Pbn signifikante Korrelationen von $r = 0.27$ zwischen Luftdruck und SCL, und Waters et al. (1979) fanden einen entsprechenden Zusammenhang bei langfristiger Betrachtung. Fisher und Winkel (1979) konnten Zusammenhänge zwischen EDA und Luftdruck nicht bestätigen.

Waters et al. (1979) kamen aufgrund von multiplen Korrelationen zwischen ihren EDA–Parametern und den 3 metereologischen Variablen *Außentemperatur*, *Luftfeuchtigkeit* und *Luftdruck* zu dem Ergebnis, daß die EDA sowohl kurz- als auch mittel- und langfristig von metereologischen Größen beeinflußt werden kann. Sie errechneten anhand der Daten der Hälfte ihrer 169 Pbn aus den metereologischen Daten Prädiktorwerte für die EDA-Variablen; diese korrelierten bei der anderen Hälfte ihrer Pbn bei mittel- und langfristiger Betrachtungsweise durchweg positiv mit den gemessenen SCL- und den wurzeltransformierten SCR amp.–Werten. Der Prozentsatz der dadurch aufgeklärten Varianz betrug allerdings nur 6 bis 9 %.

Insgesamt läßt sich der Einfluß metereologischer Größen nur schwer nachweisen, da sich diese nicht experimentell manipulieren lassen. Falls im Laufe einer Untersuchung deutliche klimatische Veränderungen zu erwarten sind, sollten die entsprechenden Größen als *Kontrollvariablen* mit *registriert* werden.

2.4.2 Elektrodermale Aktivität und andere physiologische Variablen

In den folgenden Abschnitten wird auf Zusammenhänge zwischen der EDA und solchen physiologischen Variablen eingegangen, von denen bekannt ist oder aufgrund experimenteller Studien vermutet werden kann, daß sie einen Einfluß auf die EDA ausüben. Es sind dies an erster Stelle physiologische Größen, die mit der *Thermoregulation* in Verbindung stehen. Auf die Beiträge der einzelnen physiologischen Systeme zur Entstehung der EDA wurde bereits in Kapitel 1.3 eingegangen. An dieser Stelle soll darauf hingewiesen werden, daß die tonische EDA wie alle vegetativ gesteuerten Größen einer ausgeprägten *circadianen Periodik* unterliegt (Rutenfranz 1955), die bei der Betrachtung entsprechender Zusammenhänge nicht außer acht gelassen werden sollte.

Erwähnt werden sollte hier auch ein bislang singulär gebliebenes Ergebnis von Christie und Venables (1971), die einen korrelativen Zusammenhang zwischen dem BSPL (vgl. Abschnitt 2.3.2.1) und der Amplitude der T-Welle im EKG fanden, und zwar sowohl bei 21 männlichen Pbn im Liegen ($r = -0.70$) als auch bei 15 Pbn im Sitzen ($r = -0.61$). Die Autoren vermuten die extrazelluläre Kalium–Ionenkonzentration als gemeinsame Ursache für die T-Amplitude und die Negativität des BSPL.

2.4.2.1 Beziehung der elektrodermalen Aktivität zur Hauttemperatur und zur Hautdurchblutung

Die Beziehung zwischen Hauttemperatur und EDA erscheint gesichert: Venables und Christie (1980) fassen ältere und neuere Ergebnisse dahingehend zusammen, daß bei einer *Abnahme* der *Hauttemperatur* alle *Zeitparameter* der EDA, also die EDR lat., die EDR ris.t. und die EDR rec.t/2 *zunehmen*, d. h. daß der gesamte Vorgang der *EDR längere Zeit* in Anspruch nimmt. Auf die Verbindung zwischen der Temperaturabhängigkeit des Acetylcholin-Transports und der EDR lat. wurde bereits im Abschnitt 1.3.2.1 hingewiesen. Die von den beiden o. g. Autoren an 260 elfjährigen Kindern erhobenen Korrelationen zwischen den entsprechenden SCR-Parametern und der Hauttemperatur lagen allerdings lediglich zwischen $r = -0.19$ und -0.30.

Im Vergleich zu den Zeitparametern der EDR ließen sich Beziehungen zwischen Hauttemperatur und SRL sowie SRR amp. gut quantifizieren. Maulsby und Edelberg (1960) fanden infolge von Variationen der Fingertemperatur bei 7 Pbn eine *Zunahme* des *SRL* um 3 % pro °C *Temperaturabnahme* zwischen 40 und 20°C, (vgl. Edelberg 1972a sowie Abschnitt 2.4.1.1), wobei die Beziehung zwischen log SRL und Hauttemperatur linear war. Bei weiteren 7 Pbn fanden sie als Folge abrupter Temperaturänderungen von 5–10°C inverse Beziehungen zwischen SRR amp. und Hauttemperatur in der Größenordnung von durchschnittlich 5 % pro °C, die allerdings nur 2–8 min nach dem Temperaturwechsel anhielten und danach bei einigen Pbn sogar einen entgegengesetzten Trend zeigten. Die o. g. inversen Beziehungen zwischen Temperatur einerseits und SRR lat. (vgl. Abschnitt 2.5.2.3) sowie SRR ris.t. wurden von ihnen ebenfalls gefunden. Aufgrund dieser Ergebnisse befürworten Maulsby und Edelberg (1960) zwar eine *Korrektur* des *SRL* anhand der Hauttemperatur, raten jedoch von einer entsprechenden Korrektur der SRR wegen der uneinheitlichen und instabilen Effekte ab.

Die Auswirkungen von weniger großen, dafür den *ganzen Körper* einschließenden Hauttemperaturänderungen auf Parameter der SCR wurden von Lobstein und Cort (1978) bei 14 Pbn untersucht. Sie hüllten den auf einer Pritsche liegenden Pb bis auf die Hand, von der die EDA abgeleitet wurde, in eine Plastikfolie ein und erwärmten die darin befindliche Luft so lange, bis die mittlere an 6 Stellen gemessene Hauttemperatur von 26.0 auf 37.1°C angestiegen war. Unter jeder Temperaturbedingung wurden die Amplituden der SCRs auf 3 Töne mit Signalcharakter gemessen und gemittelt. Sie fanden eine signifikante Zunahme der SCR amp. sowie eine signifikante Abnahme der SCR lat. durch die Erwärmung, jedoch keinen Einfluß auf die SCR rec.t/2. Aus diesen Ergebnissen, die unter erheblich besser kontrollierten Bedingungen als die von Maulsby und Edelberg (1960) erhalten wurden, läßt sich die Notwendigkeit einer *Korrektur* der *EDR amp.* bezogen auf die Hauttemperatur auch bei geringen Temperaturänderungen begründen.

Wenn auch bislang nur wenige systematische Studien zur Beziehung zwischen EDA und Hauttemperatur vorliegen, muß zumindest mit einer deutlichen Zunahme des *Hautwiderstandsniveaus* und der *Latenzzeit* sowie der anderen *Zeitparamter* der EDR bei einer *Abnahme* der *Hauttemperatur* gerechnet werden.

Venables und Christie (1973) weisen auf die bislang noch wenig aufgeklärten Beziehungen zwischen SC und Körpertemperatur im Zusammenhang mit der *Tagesrhythmik* beider Größen hin: die Tagesgänge von SC und Körperkerntemperatur verlaufen zwar ähnlich, der circadiane Rhythmus der Fingertemperatur verläuft mit seinem Tiefpunkt am Nachmittag jedoch spiegelbildlich zu dem der Kerntemperatur. Rutenfranz (1958) fand bei 2 Pbn sowohl mit Gleichspannungs- als auch mit Wechselspannungsmessungen über 24 bzw. 29 Tage nicht nur *ein* Minimum, sondern 2 *Minima* der *Hautleitfähigkeit*, und zwar jeweils um 10 Uhr und um 19 Uhr.

Die mögliche Bedeutung der Hauttemperatur für die *Hautpotential*messungen wird von Venables und Sayer (1963) betont: wenn – was wegen der Entfernung der Ableitstellen (vgl. Abschnitt 2.2.1.1) leicht vorkommen kann – die betreffenden *Hautareale unterschiedliche Temperaturen* aufweisen, kann es theoretisch zu Abweichungen von 1 mV/5°C im Bereich zwischen 20 und 35°C kommen. Die Autoren konnten jedoch einen solchen Zusammenhang in einer nicht näher beschriebenen empirischen Studie nicht statistisch sichern.

Zum Einfluß der *Hautdurchblutung* auf die EDA liegen nur sehr wenige und meist ältere Untersuchungen vor. Muthny (1984) faßt die entsprechenden Ergebnisse dahingehend zusammen, daß zwar in Einzelfällen Einflüsse von *Blutstau* und *Blutleere* sowohl auf die endosomatische als auch auf die exosomatische EDA, in anderen Untersuchungen jedoch keine Abhängigkeit der EDA von der Hautdurchblutung gefunden wurden, so daß nicht zuletzt aufgrund dieser unaufgeklärten Widersprüchlichkeiten die Vasomotorik heute nicht mehr als bedeutsamer Einflußfaktor für die EDA diskutiert wird (vgl. Abschnitt 1.1.2). Zu einer ähnlichen Einschätzung gelangte auch Rutenfranz (1958). Auf eine Darstellung der einzelnen Untersuchungen kann daher an dieser Stelle verzichtet werden. Vermutlich lassen sich die z. T. beobachteten Zusammenhänge zwischen der Hautdurchblutung und der EDA auf die Beteiligung sowohl der Vasomotorik als auch der Schweißdrüsenaktivität an der Thermoregulation zurückzuführen (vgl. Abschnitte 1.3.3.2 und 1.3.5).

Obwohl die Zusammenhänge zwischen Hautdurchblutung und elektrodermalen Phänomenen eher unsystematisch zu sein scheinen, sollten bei der EDA-Messung *Störungen* der *Durchblutung*, wie sie etwa bei einer Umwicklung der Elektrode und des Fingers mit Klebeband zum Zwecke der sicheren Befestigung entstehen können (vgl. Abschnitt 2.2.2.1), auf jeden Fall *vermieden* werden.

2.4.2.2 Beziehung der elektrodermalen Aktivität zur Schwitzaktivität, zur Hautfeuchtigkeit und zur Wasserdampfabgabe

Obwohl als gesichert gilt, daß die Aktivität der Schweißdrüsen einen der wesentlichsten Faktoren bei der Entstehung der EDA darstellt (vgl. Abschnitt 1.4.2.3), besteht jedoch keineswegs ein vollständiger Zusammenhang zwischen beiden Größen, so daß EDA und *Schwitzaktivität* als zwei gesonderte Biosignale betrachtet werden können und müssen.

Muthny (1984) konnte in 3 an insgesamt 70 Pbn durchgeführten sorgfältigen Methodenstudien nur *mäßige Kovariationen* von einander entsprechenden Parametern der EDA und der Schwitzaktivität feststellen. Er blies einen konstanten trockenen Luftstrom von ca. 2 ml/sec über eine 5 cm^2 große palmare Fläche und bestimmte die *Wasserdampfabgabe* der Haut mit Hilfe eines Evaporimeters. Gleichzeitig wurden von den benachbarten Hautarealen SP bzw. SC abgeleitet sowie eine Reihe anderer Aktivierungsindikatoren erhoben. Neben den Wirkungen verschiedener Habituationsserien (vgl. Abschnitt 3.1.1.2) sowie Streßparadigmen (z. B. freie Rede, Blutentnahme, Cold–pressor–Test, Kopfrechnen unter Lärm; vgl. Abschnitt 3.2.1.4) wurden die unmittelbaren Auswirkungen von lokal appliziertem (injiziertem bzw. iontophoretisch eingebrachtem) Atropin (Anticholinergicum/Parasympatholyticum) und Neostigmin (Parasympathomimeticum) auf EDA und Schwitzaktivität untersucht.

Es zeigte sich, daß die *Latenz* der phasischen *Schwitzaktivitäts*komponente im Mittel 1.1 sec *länger* als die der SCR war, wodurch auch bestätigt wird, daß für die Entstehung der SCR kein Austritt von Schweiß aus den Schweißporen erforderlich ist (vgl. Abschnitt 1.4.2.3). Die Beziehungen zwischen den übrigen Parametern beider Biosignale werden von Muthny (1984, Seite 176) in seiner Tabelle 17.1 gemeinsam mit denen der von Edelberg (1972a, Seite 381) in dessen Tabelle 9.2 aufgeführten Untersuchungen zusammengestellt, wobei aus den in der letztgenannten Tabelle enthaltenen Arbeiten mit Sweat gland counts[35] nur die häufig zitierte Arbeit von Thomas und Korr (1957) aufgenommen wurde. Insgesamt zeigten sich zwar in den einzelnen Untersuchungen, mit Ausnahme von Edelberg (1964), der bei 12 Pbn keine Zusammenhänge zwischen der SRR und der parallel gemessenen Schweißabgabe fand, sehr *hohe intraindividuelle* Korrelationen von i. d. R. über r = 0.85, die *interindividuellen Korrelationen* lagen jedoch erheblich *niedriger* (unter r = 0.50), was Muthny (1984) auf eine ausgeprägte interindividuelle Varianz beider Biosignale zurückführt.

---

[35]Sweat gland counts sind Auszählmethoden der aktiven Schweißdrüsen pro Hautareal, die entweder über eine direkte Lupenbeobachtung oder durch Fixierungstechniken, z. B. colorimetrische "Fingerprints" (Malmo 1965), erfolgen. Die Quantifizierung ist dabei höchst ungenau, so daß die so ermittelten Beziehungen zur EDA unreliabel bleiben müssen.

Nicht nur Edelberg (1964), sondern auch Wilcott (1964) hatte aufgrund seiner Ergebnisse mit Parallelmessungen auf den unvollständigen Zusammenhang zwischen EDA und Schwitzaktivität hingewiesen. Er registrierte in 3 Experimenten bei insgesamt 26 Pbn alternierend SP, SR und mit Hilfe einer elektrolytischen Bestimmung den Wasserdampfgehalt eines über die Haut geleiteten trockenen Stickstoffstroms während mentaler Belastung; bei 5 Pbn auch mit zusätzlicher iontophoretischer Applikation von Atropin. Insbesondere aus dem unterschiedlichen Recovery-Verhalten der Wasserdampfabgabe und der mit endosomatischen sowie exosomatischen Methoden gemessenen EDA schloß er auf das Vorhandensein zumindest teilweise *unterschiedlicher* der EDA und der Schwitzaktivität zugrundeliegender *Mechanismen.*

Ältere Untersuchungen verwenden zur Bestimmung der Hautfeuchte Methoden, deren Reliabilität zweifelhaft erscheinen muß: colorimetrische Verfahren wie die sog. *Fingerprints* (Malmo 1965) oder Meßmethoden, bei denen Maße für die Hautfeuchte durch Auflegen von feuchtigkeitsempfindlichen Meßstreifen erhoben werden (sog. *gravimetrische* Verfahren). Sie sollen an dieser Stelle nicht im einzelnen dargestellt werden, da diese Meßmethodik für eine Quantifizierung der Zusammenhänge zwischen EDA und Schweißdrüsentätigkeit zu ungenaue Ergebnisse liefert. Diese und weitere Methoden zur Messung der Schwitzaktivität und die damit gefundenen Zusammenhänge zur EDA werden bei Muthny (1984) zusammenfassend beschrieben. Eine *photometrische* Auswertung *colorimetrischer* Schweißmessung, die von Rutenfranz et al. (1962) entwickelt wurde, ergab jedoch stabile Meßergebnisse. Die Autoren untersuchten die Wirkung der Hautbefeuchtung mit 0.3 %iger NaCl-Lösung auf die Wechselstrom-EDA bei 4 weiblichen Pbn. Die Kapazität der Haut stieg dabei linear mit zunehmender Hautfeuchte an, während der Widerstand sich geometrisch progressiv einem Grenzwert näherte.

Der *meßmethodische* Aufwand für eine reliable Messung insbesondere der phasischen Anteile der *Schwitzaktivität* muß heute noch außerordentlich hoch veranschlagt werden, so daß parallele Messungen zur EDA in den seltensten Fällen realisiert werden können, etwa bei grundlegenden Untersuchungen zum Kausalmechanismus von EDA und Schwitzaktivität unter hoch kontrollierten Bedingungen. Für die praktische Anwendung stehen quantivative Methoden zur Messung der phasischen Schwitzaktivität jedoch noch nicht zur Verfügung.

2.4.3 Elektrodermale Aktivität und somatische Unterschiede

Unter den somatisch bedingten interindividuellen Differenzen, die zu unterschiedlichen Verhalten des elektrodermalen Systems beitragen können, sind die in den folgenden Abschnitten besprochenen *Alters-* und *Geschlechtsunterschiede* am sorgfältigsten untersucht worden.

Mögliche *Rassen*unterschiede spielen in der EDA-Literatur kaum eine Rolle: trotz der unterschiedlichen Zahl aktiver Schweißdrüsen bei dunkel- und hellhäutigen Pbn (Millington und Wilkinson 1983, Table 3), die vermutlich auf ein *Ansteigen* der *Schweißdrüsendichte* entlang eines *geographischen Temperaturgradienten* zurückzuführen ist (Muthny 1984), werden von Venables und Christie (1980) bedenkenlos EDA-Normwerte mitgeteilt, die an Pbn auf Mauritius erhoben wurden (vgl. Abschnitt 2.5.2.1). Auch bezüglich einer möglichen *genetischen* Determiniertheit der EDA wurden bislang nur wenige Daten vorgelegt. Lobstein und Cort (1978, Table 4) teilen an kleinen Stichproben ein- und zweieiiger Zwillinge erhobenen Korrelationen zwischen dem Rating der genetischen Fitness und verschiedenen EDA-Parameter mit. Raine und Venables (1984) berichten zusammenfassend, daß in der Mehrzahl der vorliegenden Untersuchungen kein genetischer Einfluß auf die SCR amp. der Orientierungsreaktion (vgl. Abschnitt 3.1.1.1) gezeigt werden konnte.

2.4.3.1 Altersunterschiede in der elektrodermalen Aktivität

Erste deutliche *Altersveränderungen* der Haut treten beim erwachsenen Menschen zwischen dem 30. und 40. Lebensjahr auf. Dabei ist die Beziehung zu lang einwirkenden *exogenen* Faktoren wie Witterungs- und Klimabedingungen (z. B. Sonneneinstrahlung) deutlicher als zu allgemeinen körperlichen Alterungsvorgängen (Braun-Falco et al. 1984). Im 4. Lebensjahrzehnt kommt es zunächst zu einer relativ plötzlichen Abnahme der *Hautdicke* und der *Hautelastizität*, während erst ab dem 60. Lebensjahr vermutlich infolge abnehmender Hautdurchblutung die *Perspiratio insensibilis* (vgl. Abschnitt 1.3.3.2) deutlich abnimmt (Leveque et al. 1984). Während beim jungen Menschen Epidermis und Dermis noch fest verzahnt sind (vgl. Abschnitt 1.2.1.2), läßt diese Verbindung im Alter nach, die Epidermis wird flacher und die *Barrierefunktion* der Epidermis kann abnehmen; die Zahl der *aktiven* ekkrinen Schweißdrüsen und die pro Schweißdrüse abgegebene *Schweißmenge* sowie der *Salzgehalt* des Schweißes nehmen ab (Pollack 1985). Die Epithelleisten der an palmaren und plantaren Flächen befindlichen Leistenhaut (vgl. Abschnitt 1.2.2) gehen teilweise verloren, wodurch die Basisfläche für die epidermalen Mitosen im Verhältnis zur Hornzellenschicht–Fläche abnimmt (vgl. Abschnitt 1.2.1.1) und mehr Mitosen pro cm^2 notwendig sind, um den Verlust an Hornzellen auszugleichen (Steigleder 1983). Als ein allgemein bestätigtes Ergebnis gilt die *Abnahme* des *SCL* bzw. die Zunahme des SRL *im Alter* (Edelberg 1971, Baltissen 1983). Die Ursachen hierfür sind jedoch nicht eindeutig zu bestimmen: Edelberg (1971) hält die epidermalen Veränderungen der Altershaut für zu gering, um die beobachtete Widerstandszunahme zu erklären, und Catania et al. (1980) fanden zwar bei 12 jungen Pbn beiderlei Geschlechts (mittleres Alter: 25.3 Jahre) eine hohe Korrelation von $r = 0.74$ zwischen der Anzahl der mit Fingerprints (vgl. Abschnitt 2.4.2.2) bestimmten aktiven Schweißdrüsen; bei der Gruppe von 12 älteren Pbn (im Mittel 69.5 Jahre) betrug diese Korrelation jedoch nur noch $r = 0.22$.

Garwood et al. (1979) verwendeten KCl–Elektrolyten mit unterschiedlichem Feuchtigkeitsgehalt bei SC- und SP–Messungen an jeweils 12 jungen und alten männlichen Pbn (im Mittel 30.8 und 75.5 Jahre) und stellten fest, daß die dadurch bewirkten Veränderungen der Hydrierung des Corneums auf den SCL bei Jungen und Alten nicht unterschiedlich waren, wohl aber deren Einflüsse auf den SPL: während bei den *jungen* Pbn eine monotone Beziehung zwischen SPL und Hydrierung derart bestand, daß das am *stärksten negative* SP bei der *geringsten Hydrierung* auftrat, zeigte sich bei den alten Pbn im Gegensatz dazu eine *Zunahme* der *Negativierung* des SP mit dem *Anstieg der Hydrierung*. Die Autoren interpretieren dieses Ergebnis als Folge einer Zunahme der Anteile epidermaler Potentiale und einer Abnahme der Schweißdrüsenpotentiale im Alter als Folge eines *Zerfalls* der Schweißdrüsen*ducti*. In einer weiteren Untersuchung von Garwood et al. (1981) an 25 jungen und 37 alten männlichen Pbn konnten diese Befunde bestätigt werden.

Zu teilweise sehr unterschiedlichen Ergebnissen kamen Untersuchungen zu Veränderungen *phasischer* EDA im Alter. Auch sind die Befunde zu einer veränderten EDR im Alter schwerer zu interpretieren als die Änderungen des EDL, da hier möglicherweise *zusätzliche* Unterschiede in der *zentralen Auslösung* vegetativer Reaktionen in unbekannter Weise mit peripher–physiologischen Unterschieden zwischen alten und jungen Pbn interagieren (Edelberg 1971). Während Furchtgott und Busemeyer (1979) keine Unterschiede in der Veränderung der Hautleitfähigkeit bei Rechenaufgaben und bei der Durchführung eines Gedächtnistests bei insgesamt 67 am Median in Junge und Alte geteilten männlichen Pbn sowie Eisdorfer (1978) ebenfalls keine SRR amp.-Differenzen zwischen jungen und alten Pbn während serieller Lernaufgaben fanden, hatten Botwinick und Kornetzky (1960) sowie Shmavonian et al. (1965, 1968) eine *Abnahme* der elektrodermalen *Reaktiviät* während des klassischen Konditionierens (vgl. Abschnitt 3.1.2.1) bei alten Pbn gefunden. Auch Zelinski et al. (1978) beobachteten eine Abnahme der SCR amp. bei einer Gruppe von sehr alten Pbn gegenüber älteren und jüngeren Pbn während eines Gedächtnistests.

Catania et al. (1980) fanden dagegen in ihrer oben beschriebenen Studie *keine Unterschiede* im Habituationsverlauf der SCR amp. (vgl. Abschnitt 3.1.1.2) während der Darbietung von 10 Tönen – wobei allerdings nur auf die ersten beiden Töne hin überhaupt eine Reaktion erfolgte – und der SCR amp. auf den ersten Ton, d. h. in der elektrodermalen Orientierungsreaktion (vgl. Abschnitt 3.1.1.1). Auch Garwood et al. (1979) hatten in der o. g. Untersuchung keinen Alterseinfluß auf die SCR bei verschiedenen Reaktionsaufgaben gefunden.

Es ist allerdings zu vermuten, daß das Auftreten von Reaktivitätsunterschieden bei alten und jungen Pbn vom *situativen Kontext* bzw. von Reizcharakteristika wie deren *emotionalem Bedeutungsgehalt* abhängig ist. So konnten Silverman et al. (1958) und Shmavonian und Busse (1963) zeigen, daß alte Pbn auf spezifisch für sie emotional bedeutsame Wörter im Vergleich zu neutralem Reizmaterial mit einer deutlichen Erhöhung der EDR amp. reagierten. Baltissen (1983) konnte allerdings auch bei nicht-altersspezifischen emotionsinduzierenden Bedingungen feststellen, daß die von ihm untersuchten 20 männlichen Pbn im Alter von 65–75 Jahren verglichen mit den 20 jungen Kontrollprobanden (25–35 Jahre) *keine geringere* elektrodermale *Reaktiviät* aufwiesen, vielmehr zeigten sich bei den alten Pbn sogar höhere SRR amp. sowie eine größere NS.SPR freq. während der Darbietung von Kinderbildern verschiedener emotionaler Qualität und Intensität.

Auch bezüglich der EDA bei *Säuglingen* und *Kindern* sind die Ergebniss eher widersprüchlich, wenn auch meist ein *erhöhtes Hautwiderstandsniveau* gefunden wurde (Edelberg 1972a), so auch in der im Abschnitt 2.5.2.2.2 beschriebenen Untersuchung von Corah und Stern (1963). Kaye (1964) fand bei 112 Neugeborenen einen deutlichen Anstieg des SCL an palmaren und plantaren Hautflächen während der ersten 4 Tage, den er vor allem auf die zunehmende Schweißdrüsentätigkeit zurückführte. Auch spontane und evozierte EDRs wurden bereits bei wenigen Tagen alten Säuglingen beobachtet (zusammenfassend: Edelberg 1972a).

Curzi-Dascalova et al. (1973) untersuchten das Auftreten von spontanen SPRs während des Schlafs bei 29 normalen Kindern, sowohl *Frühgeburten* als auch ausgetragene, deren "Alter" vom Zeitpunkt der vermutlichen Empfängnis gerechnet zwischen 23 und 41 Wochen betrug. SPRs traten im prämaturen Zustand erst ab der 28. Lebenswoche auf. Von diesem Zeitpunkt an scheint der Mechanismus zur Auslösung phasischer elektrodermaler Aktiviät jedoch voll funktionsfähig zu sein. Die Autoren fanden ein vermehrtes Auftreten von SPRs während des sog. REM-Schlafs, während im Gegensatz dazu bei Erwachsenen die NS.EDR freq. während der Tiefschlafphasen höher als im REM-Schlaf ist (vgl. Abschnitt 3.2.1.2), auch war die Häufigkeit nichtspezifischer EDRs im Schlaf insgesamt geringer als bei Erwachsenen.

2.4.3.2 Geschlechtsunterschiede in der elektrodermalen Aktivität

Unterschiede zwischen Männern und Frauen wurden sowohl bezüglich der Schwitzaktivität als auch in der EDA festgestellt. *Frauen* besitzen eine *größere Schweißdrüsendichte* als Männer (Edelberg 1971), zeigen jedoch eine *verzögerte* und insgesamt *geringere Schweißabsonderung* (Herrmann et al. 1973, Muthny 1984).

Ein Teil der beobachteten Geschlechtsunterschiede sowohl in der Schwitzaktivität als auch in der EDA läßt sich vermutlich auf *endokrine Einflüsse* (Venables und Christie 1973), wahrscheinlich auch auf solche des weiblichen *Menstruationszyklus* zurückzuführen (Edelberg 1972a). Zu Geschlechtsunterschieden in der elektrodermalen Aktivität bzw. Reaktivität liegen eine Reihe von Einzelbefunden vor. Kimmel und Kimmel (1965) fanden signifikant größere mittlere SRR amp. bei 8 männlichen im Vergleich zu 8 weiblichen Pbn auf die Darbietung einfacher optischer Reize. Purohit (1966) konnten zeigen, daß die SRR amp. bei 64 männlichen Pbn sowohl während einer Acquisitions- als auch in der Extinktionsphase einer Licht/Ton–Konditionierung (vgl. Abschnitt 3.1.2.1) signifikant höher waren als bei 64 weiblichen Pbn.

Bei *bedrohlichen* Reizen wurde dagegen i. d. R. eine höhere elektrodermale Aktivität bei *weiblichen* Pbn ermittelt. So fanden Kopacz und Smith (1971) in einer durch Antizipation elektrischer Reize induzierten Streßsituation (vgl. Abschnitt 3.2.1.4) bei den von ihnen untersuchten 30 weiblichen im Vergleich zu 30 männlichen Pbn einen erniedrigten SRL und eine erhöhte NS.SRR freq., wobei insbesondere in der ersten von mehreren Antizipationsphasen ein rascher Anstieg der NS.SRR freq. bei den weiblichen Pbn beobachtet werden konnte.

Ketterer und Smith (1977) untersuchten 32 weibliche und 27 männliche Pbn unter verschiedenen experimentellen Bedingungen und fanden eine signifikante Interaktion zwischen Geschlecht und Bedingung, wobei die NS.SCR freq. bei den weiblichen Pbn unter verbaler Stimulation und unter Ruhebedingungen, die der männlichen Pbn dagegen bei einer Musikdarbietung am höchsten war. Hare et al. (1971) hatten dagegen bei jeweils 25 männlichen und weiblichen Pbn sowohl eine erhöhte tonische EDA als auch eine größere elektrodermale Reaktivität bei den männlichen Versuchsteilnehmern gefunden. In der anfänglichen 10minütigen Ruhephase zeigten die männlichen Pbn einen signifikant höheren SCL und nach der Ankündigung der Reizdarbietungen eine statistisch bedeutsam größere Zahl von NS.SCRs pro Minute als die weiblichen Pbn. Auf die anschließend dargebotenen 30 Dias mit neutralen, sexuellen und gerichtsmedizinischen Darstellungen zeigten die Männer zu Beginn eine signifikant höhere SCR amp. und bei den sexuellen Inhalten insgesamt eine langsamere SCR-Recovery als die Frauen. Auch die von Neufeld und Davidson (1974) während der Betrachtung von Unfalldias bei jeweils 30 Pbn beiderlei Geschlechts ermittelten SCL–Maxima lagen für die männlichen Pbn signifikant höher als für die weiblichen Pbn, allerdings ebenfalls während der Betrachtung von Kontrolldias.

Eine *größere* elektrodermale *Reaktivität männlicher* im Vergleich zu weiblichen Pbn stellten auch Maltzman et al. (1979a) in 2 von ihren an insgesamt 440 Pbn beiderlei Geschlechts durchgeführten Experimenten zur anfänglichen Habituation (vgl. Abschnitt 3.1.1.2) sowie zur klassischen Konditionierung und Extinktion (vgl. Abschnitt 3.1.2.1) verbaler Stimuli fest. Insbesondere bei den Pbn mit geringer anfänglicher Orientierungsreaktion (vgl. Abschnitt 3.1.1.1) sowie gegen Ende der Konditionierungs- und in der Extinktionsphase lagen die SRR amp. der Männer deutlich über denen der Frauen.

Eisdorfer et al. (1980) beobachteten dagegen beim sog. Valsalva–Versuch (Druckerhöhung im Brustkorb durch Pressen und Schlucken nach tiefer Einatmung) bei 20 jüngeren *Frauen* (20–29 Jahre) eine signifikant *höhere* spezifische *SCR* als bei gleich alten Männern, während in den Altersgruppen 40–49 und 65–75 Jahre keine Reaktivitätsunterschiede auftraten. Die SCLs vor dem Versuch lagen allerdings bei den *männlichen* Pbn aller Altergruppen *höher* als die der weiblichen Pbn.

Auch bezüglich der *Hautpotentialreaktionen* wurden verschiedentlich Geschlechtsunterschiede beobachtet. So berichtete Edelberg (1972a) von in seinem Labor aufgetretenen gegensätzlichen SP–Veränderungen bei männlichen und weiblichen Pbn.

Gaviria et al. (1969) fanden bei 20 männlichen und 20 weiblichen Pbn deutliche Geschlechtsunterschiede in den *Korrelationen* zwischen SPL– und SRL–Werten (vgl. Abschnitt 2.6.1) unmittelbar vor der Darbietung akustischer, insbesondere verbaler Reize, wobei die tonische *endosomatische* und *exosomatische* EDA bei den Männern nicht, bei den Frauen jedoch signifikant zwischen r = −0.48 und −0.59 korrelierten. Entsprechende Geschlechtsunterschiede traten bei den Korrelationen zwischen den phasischen Maßen allerdings nicht mehr auf. Möglicherweise stehen die Unterschiede in den Korrelationen auch im Zusammenhang mit den *größeren Varianzen* der SPL– und SRL–Werte bei den *weiblichen* im Vergleich zu den männlichen Pbn.

Zusammenfassend läßt sich feststellen, daß weibliche Pbn in vielen Fällen eine *höhere tonische* EDA zeigen, während die *männlichen* Pbn im allgemeinen zu einer *erhöhten* elektrodermalen *Reaktivität* unter Stimulationsbedingungen neigen. Dies kann nicht ohne weiteres auf klinische Anwendungen generalisiert werden: Ward et al. (1983, 1986) fanden in ihren im Abschnitt 3.4.1.3 beschriebenen Studien signifikant niedrigere SCLs bei weiblichen im Vergleich zu männlichen *depressiven Patienten* und wendeten daher für Pbn unterschiedlichen Geschlechts verschiedene diagnostische Kriterien an. Auch wurden bei Frauen insgesamt weniger elektrodermale *Lateralisationseffekte* (vgl. Abschnitt 3.2.2.2) beobachtet als bei Männern.

2.5 Verteilungscharakteristika, Reliabilitäten und Zusammenhänge der Parameter elektrodermaler Aktivität

Wie bereits in der Einleitung zum Kapitel 2.3, in dem die Bildung der einzelnen Parameter behandelt wurde, angekündigt, sollen in diesem Kapitel die *Meßwertstatistiken* der aus dem EDA-Signal gebildeten Parameter zusammenfassend besprochen werden. Die Gliederung folgt dabei der in Kapitel 1.4 eingeführten *Dreiteilung* nach systemtheoretischen Gesichtspunkten in *endosomatische* Messungen (Abschnitt 2.5.1), *exosomatische* Messungen mit *Gleichstrom* (Abschnitt 2.5.2), wobei *Leitfähigkeits-* und *Widerstandsmaße* gesondert behandelt werden, und *exosomatische* Messungen mit *Wechselstrom* (Abschnitt 2.5.3). In den einzelnen Abschnitten werden *Verteilungscharakteristika* der entsprechenden Reaktions- und Niveauwerte, ihre *Reliabilitäten* und ihre Zusammenhänge mit Ergebnissen anderer EDA-Messungen dargestellt. Im Abschnitt 2.5.4 wird zusammenfassend zur *Ausgangswertabhängigkeit* der verschiedenen EDA-Parameter Stellung genommen.

Bei der Vielzahl der zur EDA vorliegenden Untersuchungen (vgl. Abschnitt 1.1.3) mußte der Überschaubarkeit wegen für die Aufnahme in dieses Kapitel eine *Auswahl* getroffen werden. Es wurden daher überwiegend Ergebnisse aus *methodisch* orientierten und auf die Gewinnung von *Normdaten* ausgerichteten Studien in diesem Kapitel aufgenommen, um den Anwendern der einzelnen Meßtechniken die Möglichkeit zu geben, ihre eigenen Resultate mit Standardergebnissen aus der Literatur zu vergleichen. Nur an den Stellen, wo solche Studien nicht vorhanden waren und auch nicht auf Sammelreferate zurückgegriffen werden konnte, wurden auch andere Ergebnisse hinzugezogen. Eine globale Zusammenstellung der *Reliabilitäten* verschiedener EDA-Parameter aus einer größeren Zahl von Untersuchungen findet sich bei Freixa i Baqué (1982). Bezüglich der *Validitätsaspekte* der einzelnen EDA-Parameter wird auf den Teil 3 dieses Buches verwiesen.

Ein Problem für die Ergebnisdarstellung sowohl in diesem Kapitel als auch im gesamten 3. Teil des Buches bilden die teilweise bedeutsamen *Unterschiede* in der verwendeten EDA- *Meßmethodik*. Um zumindest nicht in jedem einzelnen Fall detaillierte Beschreibungen der Ableittechniken geben zu müssen, wurde der Terminus "*Standardmethodik*" für solche EDA-Messungen verwendet, bei denen auf unvorbereiteter oder mit Wasser und Seife gereinigter Haut mit doppelseitigen Kleberingen gesinterte Ag/AgCl-Elektroden mit 0.5 bis 1 cm² Kontaktfläche befestigt wurden, die mit isotonischer NaCl-Paste auf der Basis von Unibase oder einer ähnlichen neutralen Salbengrundlage gefüllt waren (vgl. die Zusammenfassung im Abschnitt 2.2.9). Auf geringere Abweichungen von der Standardmethodik wird i. d. R. im Text, auf größere Unterschiede in der Meßtechnik stets in Fußnoten hingewiesen.

2.5.1 Charakteristika endosomatischer Messungen

Die *Hautpotentialmessung* stellt den Anwender sowohl bei der Meß- als auch bei der Auswertetechnik vor einige Schwierigkeiten (vgl. Abschnitt 2.6.1), die dazu geführt haben, daß nur eine *kleinere Zahl* von *Untersuchungen* endosomatische Methoden verwendet hat. Dies gilt insbesondere für die *phasischen* Parameter (Abschnitt 2.5.1.1). In einer Reihe von Arbeiten wurden Zusammenhänge zwischen endo- und exosomatischen EDA-Parametern untersucht, worüber im Abschnitt 2.5.1.3 berichtet wird.

2.5.1.1 Reaktionswerte bei Hautpotentialmessungen

Auf die Problematik der Auswertung endosomatischer Reaktionen wurde bereits im Abschnitt 2.3.1.2.1 hingewiesen: da die SPR nicht nur mono-, sondern auch bi- und triphasisch sein kann, lassen sich Maße für eine *Gesamtamplitude* nur unter Vorbehalt bilden. Die beobachteten SPRs liegen im Bereich von 0.1 bis −20 mV, betragen jedoch i. d. R. nur einige mV (Venables und Christie 1980). Beziehungen zwischen *Reizstärke* und Größe der SPR lassen sich kaum vorhersagen, da selbst eine eindeutig uniphasische Reaktion durch eine *verborgene Polarität*, die dieser Reaktion entgegengerichtet ist, verändert und damit abgeschwächt worden sein kann. Trotzdem verwendeten z. B. Gaviria et al. (1969) in ihrer Korrelationsstudie (vgl. Abschnitt 2.5.1.3) das umstrittene Gesamtamplitudenmaß der Differenz zwischen dem negativen und dem positiven Maximum der SPR (vgl. Abschnitt 2.3.1.2.1).

Auch die getrennte Auswertung von *einzelnen Komponenten* der SPR stellt eine nicht unproblematische Art der Parametrisierung dar: Thetford et al. (1968) ermittelten sowohl die *negative Amplitude*, gemessen vom prestimulus-Level bis zum negativen Maximum, als auch eine *positive Amplitude*, wobei sie die letztere im Falle einer nur positiven SPR vom prestimulus-Level aus, im Falle einer biphasischen SPR vom vorhergehenden negativen Maximum aus bestimmten. Zusätzlich bestimmten sie die *Anzahl* der *biphasischen* Reaktionen. Sie erhielten erwartungsgemäß uninterpretierbare Ergebnisse: während sich bei den positiven SPRs eine deutliche Habituation zeigte (vgl. Abschnitt 3.1.1.2), traten bei den negativen SPRs eher inkonsistente Verläufe über die 20 Trials auf.

Knezevic und Bajada (1985) ermittelten bei 30 Pbn die mittlere Amplitude vom jeweils negativen bis zum positiven Maximum der biphasischen SPR infolge elektrischer Reizungen des Nervus medianus am Handgelenk[36]. Die *palmar* gemessenen SPR amp. betrugen im Mittel 479 µV mit einer Streuung von 105 µV; der Mittelwert betrug bei der *plantaren* Ableitung 101 µV mit einer Streuung von 40 µV. Die Latenzzeiten betrugen palmar im Mittel 1.52 sec mit einer Streuung von 0.13 sec. und plantar 2.07 sec. mit einer Streuung von 0.16 sec. An dieser Stelle soll nochmals darauf hingewiesen werden, daß zu erwarten ist, daß die *Latenzzeiten* der ersten SPR–Welle im Durchschnitt 300 msec kürzer sind als die SCR–Latenzen (vgl. Abschnitt 2.3.1.1).

Die durch zunehmende *Hydrierung* der Ableitorte zu erwartenden Reduktionen sowohl der negativen als auch der positiven SPR amp. wurden von Fowles und Rosenberry (1973) anhand der Daten von jeweils 12 Pbn mit unterschiedlichen Ableitungen quantifiziert: die negative SPR amp. war an der hydrierten Stelle zu Beginn um ca. 14 mV geringer als an der nicht–hydrierten; der Unterschied ging nach 20 min auf ca. 8 mV zurück. Die positive SPR amp. verschwand an der hydrierten Stelle praktisch völlig.

Insgesamt handelt es sich bei den Maßen der phasischen Hautpotentiale um Parameter, deren Verteilungen von *mehreren Randbedingungen abhängig* sind, und die daher nicht losgelöst von diesen angegeben werden können. Auch die Reliabilitäten der SPR–Parameter müssen unter jeder Versuchs- und Ableitbedingung neu ermittelt werden, so daß auf entsprechende Angaben an dieser Stelle verzichtet werden kann.

2.5.1.2 Tonische Hautpotentialmaße

Der SPL kann Werte zwischen +10 mV und −70 mV annehmen (Venables und Christie 1980), wobei die *Hautoberfläche* normalerweise im Vergleich zur Innenseite des Körpers ein *negatives* Potential aufweist, das an *palmaren* und *plantaren* Hautflächen am *größten* ist: das mittlere transkutane Potential an der Handfläche beträgt −39.9 mV, der entsprechende Wert für den Unterarm nur −15.2 mV (Edelberg 1971). Allerdings scheint die *Streuung* im Bereich der Hand erheblich größer zu sein als im Bereich des Arms. Auch wurde an der *rechten Hand* durchgehend ein um etwa 5 bis 7 mV stärker negatives Potential als an der linken Hand gefunden, und zwar sowohl bei Rechts- als auch bei Linkshändern (vgl. Abschnitt 3.2.2.2). Edelberg (1971) vermutet einen Zusammenhang dieses Unterschiedes mit der höheren Leitfähigkeit der rechten Hand. *Positive* SPL-Werte stellen eher eine *Ausnahme* dar (Venables und Christie 1980). Auf die Methode der Bestimmung des BSPL wurde bereits im Abschnitt 2.3.2.1 eingegangen.

---

[36]Sie verwendeten Zinn–Elektroden von 0.72 cm^2 Fläche, wahrscheinlich ohne Elektrolyten.

Auch der SPL ist vom Grad der *Hydrierung* abhängig: Fowles und Rosenberry (1973) fanden in ihrer im vorigen Abschnitt beschriebenen Studie eine Abnahme des SPL um ca. 25 bis 30 mV durch Hydrierung der Ableitstelle.

Shapiro und Leiderman (1964) untersuchten Zusammenhänge und *Verteilungscharakteristika* verschiedener SP-Maße, die sie aus in Abständen von je 1 min durchgeführten Hautpotentialmessungen für 2 Ruhesituationen und eine einfache Reaktionstätigkeit bei 53 Krankenschwesternschülerinnen berechneten. Sie fanden, daß der mittlere SPL mit Werten zwischen 0 und -55 mV annähernd normalverteilt war, während die Varianz und die mittleren quadratischen sukzessiven Differenzen (eine Zeitreihenstatistik) linksschiefe Verteilungen aufwiesen. Der mittlere SPL korrelierte mit den beiden anderen Maßen zu $r = 0.32$, die Varianz und die Zeitreihenstatistik korrelierten zu $r = 0.78$ miteinander. Die Rangkorrelationen zwischen den beiden Ruhesituationen deuteten auf eine unterschiedliche *Reliabilität* der verwendeten Maße hin, sie betrugen für den mittleren SPL $r = 0.71$, für die SPL-Varianz $r = 0.47$ und für die Zeitreihenstatistik $r = 0.63$.

Foulds und Barker (1983) bestimmten bei 17 Pbn beiderlei Geschlechts den SPL an zahlreichen Stellen des ganzen Körpers gegenüber einer Referenzelektrode, die in elektrischem Kontakt zur Dermis des Unterarms stand[37], und fanden einen mittleren SPL von -23 mV mit einer Streuung von 9 mV. Dabei traten deutlich höhere negative Werte an Handflächen und Fußsohlen auf; Beziehungen zu Dermatomen (vgl. Tabelle 3 im Abschnitt 1.3.2.1) zeigten sich dagegen nicht.

Eine Verwendung der NS.SPR freq. als *tonischen Parameter* (vgl. Abschnitt 2.3.2.2) kann wegen der *Mehrphasigkeit* der SPRs u. U. zu uneindeutigen Ergebnissen führen (vgl. Abschnitt 2.5.1.1). Fowles et al. (1981) vertreten allerdings die Ansicht, es handle sich dabei um einen besonders sensitiven Parameter (vgl. Abschnitt 2.6.1). Crider und Lunn (1971) fanden in ihrer im Abschnitt 3.3.2.2 beschriebenen Untersuchung für die NS.SPR freq. während 4 min weißem Rauschen von 72 dB einen Mittelwert von 6.36 und eine Streuung von 5.42 sowie eine Reliabilität beim Abstand von 7 Tagen von $r = 0.70$.

Zusammenfassend läßt sich für die tonischen – wie auch für die im vorigen Abschnitt beschriebenen phasischen – Hautpotentialmaße festhalten, daß sie in erheblichem Ausmaß von Ableit- und sonstigen *Randbedingungen* abhängig sind. Auch weisen sowohl der SPL als auch die Spontanfrequenz nur relativ *geringe Reliabilitäten* auf.

---

[37]Sie verwendeten flüssige Elektrolyten (KCl/Agar) und Kalomel-Elektroden (eine Quecksilber-Chlor-Verbindung).

2.5.1.3 Zusammenhänge zwischen endosomatischen und exosomatischen Maßen

Burstein et al. (1965), die an 10 männlichen und 10 weiblichen Studenten simultane SR- und SP-Messungen während eines Wort-Assoziationstests durchführten, fanden, daß die Korrelationen zwischen der Amplitude der c-Welle des SP (vgl. Abbildung 32 im Abschnitt 2.3.1.2.1) und der SRR mit steigender *Reizintensität* von $r = 0.63$ bis $r = 0.79$ zunahmen. Die Amplitude der a-Welle zeigte lediglich bei Reizen mit hoher emotionaler Bedeutung eine signifikante Korrelation von $r = 0.62$ zur SRR.

Lykken et al. (1968) führten bei 19 Pbn während einer Streßperiode und einer anschließenden Ruhephase simultane SC- und SP-Messungen mit unterschiedlichen Kombinationen von jeweils 2 aktiven und 2 durch Skin-drilling inaktivierten palmaren Ableitstellen der Finger-Phalangen durch. Die mittleren *intraindividuellen* Korrelationen von SCR amp. und SPR amp. lagen zwischen $r = -0.18$ und 0.96 mit einem Mittelwert von $r = 0.69$. Die größten Zusammenhänge traten bei *niedrigen* SCLs auf, was die Autoren damit erklären, daß die beobachtete SPR als Ergebnis der Superposition einer a- und einer b-Welle angesehen werden kann, wobei die *positive* b-Welle, die die SPR reduziert, erst bei *hohem Arousal* (vgl. Abschnitt 3.2.1.1.1), also bei hohem SCL auftritt.

Wilcott (1958) fand bei 25 Pbn während eines Wortassoziationstests und Rechenaufgaben Korrelationen zwischen SPR- und SRR-Amplituden, die er beide *abwechselnd* mit den gleichen Ableitstellen palmar gegen Unterarm registrierte. Dabei waren die interindividuellen Korrelationen für *monophasische* negative sowie positive SPRs *höher* ($r = 0.75$ bis 0.97, im Mittel bei $r = 0.90$) als für biphasische SPRs ($r = 0.51$ bis 0.95, zum Mittel $r = 0.62$).

Gaviria et al. (1969), die an 20 männlichen und 20 weiblichen Pbn simultan SP- und SR-Messungen während 2 Sitzungen im Abstand von 2 bis 9 Tagen bei 5 verschiedenen akustischen Stimuli durchführten, fanden fast durchweg sehr *hohe* intraindividuelle *Korrelationen* zwischen den *Amplituden* der SRR und der SPR[38], wobei letztere als Differenz zwischen den maximalen Ausschlägen in positiver und negativer Richtung berechnet wurde; eine Auswertung, die zumindest als umstritten anzusehen ist (vgl. Abschnitt 2.5.1.1).

Venables und Sayer (1963) berichteten Ergebnisse aus 2 Studien mit insgesamt 93 Schizophrenen (vgl. Abschnitt 3.4.2), bei denen sie SP und SR parallel ableiteten. Dabei zeigten sich *kurvilineare* Beziehungen zwischen *SPL* und *SRL*. Wurden die SRL-Werte in *SCL*-Werte transformiert, so ergaben sich *lineare* Beziehungen dieser transformierten Werte zu den SPL-Werten sowie Korrelationen zwischen beiden Maßen von $r = 0.60$ bzw. $r = 0.51$.

---

[38] Sie verwendeten bei der SP- Messung das Ohrläppchen als inaktive Stelle und bei der SR- Messung trockene Silberelektroden mit 3.8 cm^2 Fläche.

2.5.2 Charakteristika exosomatischer Messungen mit Gleichstrom

Exosomatische Gleichspannungsmessungen werden entweder mit *Konstantspannungs-* oder *Konstantstromtechniken* durchgeführt (vgl. Abschnitt 2.2.4), was zunächst zu unterschiedlichen Maßeinheiten, d. h. *Leitfähigkeits-* oder *Widerstandseinheiten* führt. Da von vielen Autoren die Widerstandswerte vor der statistischen Verarbeitung in Leitfähigkeitseinheiten *umgerechnet* werden (vgl. Abschnitt 2.3.3.2), liegt die überwiegende Anzahl von Ergebnissen exosomatischer Gleichspannungsmessung in Termini von *Leitfähigkeit* vor. Da die aus Widerstandswerten, die mittels Konstantstromtechnik gemessen wurden, errechneten Leitfähigkeitswerte den mit der Konstantspannungstechnik erhaltenen Leitfähigkeitswerten äquivalent sind (vgl. Abschnitt 2.6.2), werden im folgenden Abschnitt 2.5.2.1 auch solche Ergebnisse zur Hautleitfähigkeit aufgenommen, die mit Konstantstromtechnik abgeleitet wurden, also auch die durch *Transformation* aus Widerstandsmaßen erhaltenen SC-Ergebnisse. Im Abschnitt 2.5.2.2 folgen dann die Ergebnisse der Hautwiderstandsmessungen selbst.

Die Ergebnisse zu den *Formparametern* werden dann für Leitfähigkeits- und Widerstandsmessungen *gemeinsam* dargestellt, und zwar bezüglich der *Latenzzeiten* sowie der *Anstiegsparameter* im Abschnitt 2.5.2.3 und der *Abstiegszeiten* im Abschnitt 2.5.2.4. Im Abschnitt 2.5.2.5 folgt dann die Diskussion um die *Unabhängigkeit* von elektrodermaler *Recovery* und *Amplitude*.

2.5.2.1 Ergebnisse von Hautleitfähigkeitsmessungen

Bei der Darstellung der Verteilungscharakteristika von Hautleitfähigkeitswerten kann im wesentlichen auf die *Zusammenfassung* von Venables und Christie (1980) zurückgegriffen werden. Die Autoren machen jedoch darauf aufmerksam, daß sowohl der SCL als auch die SCR amp. mit der *Elektrodengröße* und Art sowie Konzentration des *Elektrolyten* variieren können.

2.5.2.1.1 Reaktionswerte bei Hautleitfähigkeitsmessungen

Venables und Christie (1980) geben für die Verwendung der im Abschnitt 2.2.9 zusammengefaßten Standard-Ableitungsmethode an, daß die *Maxima* der SCR amp. 2 bis 3 μS betragen. Logarithmiert man diese Werte, so ergeben sich maximale Reaktionen von 0.30 bis 0.47 log μS. Entsprechende Werte für *Minima* können natürlich nicht angegeben werden, da sie sowohl vom *Verstärkungsfaktor* als auch von der Definition des *Amplitudenkriteriums* (vgl. Abschnitt 2.3.1.2.3) abhängig sind.

Venables und Christie (1980, Table 1.1) stellen die Verteilungsdaten aus einer auf Mauritius untersuchten Stichprobe von 539 Pbn insgesamt und nach 5 Altersklassen (5 bis 25 Jahre) getrennt dar[39]. Danach liegt der *Mittelwert* der SCR amp. bei 0.518 µS, wobei mit zunehmendem Alter die entsprechenden Werte von 0.430 bis 0.668 µS ansteigen. Die *Streuung* beträgt 0.576 µS und nimmt ebenfalls mit dem Alter von 0.475 bis 0.734 µS zu. Die *Verteilungen* der Amplituden sind sehr signifikant linksschief und steiler als die Normalverteilung. Durch *Logarithmierung* der SCR amp. lassen sich diese Abweichungen von der Normalverteilung praktisch völlig beseitigen. Der Gesamtmittelwert beträgt danach −0.496 log µS, die Varianz 0.200 log µS. Die Logarithmierung wurde dabei mit den SCR amp.-Werten selbst durchgeführt, es wurden also keine Differenzen zwischen logarithmierten SCL-Werten zugrundegelegt. Entsprechende Verbesserungen der Verteilungscharakteristika durch logarithmische Transformation ergaben sich auch bei einer Stichprobe von 1761 dreijährigen Kindern (Venables und Christie 1980, Table 1.3). Bei einer weiteren Stichprobe von 65 Pbn zwischen 18 und 75 Jahren war die Verteilung der Rohwerte der SCR amp. ähnlich linksschief, aber erheblich weniger steil, wenn auch Steilheit und Schiefe signifikant von der Normalverteilung abwichen. Dies kann möglicherweise damit zusammenhängen, daß die bei den entsprechenden Messungen verwendeten Reize nur 75 dB-Töne waren, während es sich bei den vorher berichteten Ergebnissen um Reize von 90 dB gehandelt hatte (Venables und Christie 1980, Table 1.4). Fahrenberg et al. (1984) untersuchten bei 58 Pbn mit Standardmethodik Hautleitfähigkeitsreaktionen während aktivierenden Bedingungen und unter Ruhebedingungen im Labor. Sie fanden mittlere SCR amp. zwischen 0.46 und 0.89 µS mit Streuungen zwischen 0.30 und 0.70 µS. Die Werte waren, mit Ausnahme während einem der Kopfrechen-Termine, hochsignifikant linksschief und für eine Normalverteilung zu steil. Die Kurzzeit*reliabilitäten* waren nur unter *Aktivierungsbedingungen* befriedigend (r = 0.72), unter Ruhebedingungen traten dagegen lediglich Werte unter r = 0.20 auf.

Wesentlich höhere mittlere Hautleitfähigkeitsreaktionen ergaben sich bei der Auswertung von Datenmaterial aus einer eigenen Untersuchung des Autors an 60 Pbn (Boucsein und Hoffmann 1979), in der mit Standardmethodik an den mittleren Phalangen der Finger der linken Hand SC und SR parallel gemessen wurden, und zwar während der Vorgabe von 30 Reizen, die aus 2 sec weißem Rauschen zwischen 60 und 110 dBA bestanden. Bei einer Auswertung über alle Pbn und Reize betrug die mittlere SCR amp. 1.152 µS mit einer Streuung von 1.021 µS. Die Verteilung war im Vergleich zur Normalverteilung hochsignifikant linksschief und steil. Nach einer logarithmischen Transformation, die die Linksschiefe beseitigte, ergaben sich mittlere SCR amp. von 1.033 log µS mit einer

---

[39] Von der Gruppe um Venables wurden Elektrodenpasten auf KCl-Basis verwendet. Obwohl der Schweiß bei weitem mehr NaCl als KCl enthält, wird diesem Unterschied in der Methodik in der Literatur allgemein wenig Bedeutung beigemessen (vgl. Abschnitt 2.2.2.5).

Streuung von 0.535 log µS. Die nach Hoyt (1941) geschätzte *Reliabilität* betrug für die Rohdaten r = 0.971.

Insgesamt sind also bei den SCR amp. deutlich *linksschiefe* und gegenüber der Normalverteilung *steile Verteilungen* zu erwarten, so daß *logarithmische Transformationen* empfohlen werden können. Die *Reliabilitäten* sind unter *Aktivierungsbedingungen hoch*, unter *Ruhebedingungen* jedoch *gering*.

2.5.2.1.2 Tonische Hautleitfähigkeitsmaße

Als tonische Maße lassen sich neben den eigentlichen SCL–Werten noch die *Frequenzen nichtspezifischer* EDRs verwenden (vgl. Abschnitt 2.3.2.2). Aufgrund von Zusammenstellungen verschiedener Literaturergebnisse kommen Venables und Christie (1980) zu dem Schluß, daß diese Maße *nicht einfach* als *austauschbare* Parameter der tonischen EDA angesehen werden können: Silverman et al. (1959) konnten in ihrer im Abschnitt 3.2.1.1.1 beschriebenen Studie zeigen, daß bei einer Abnahme des SRL die Anzahl der NS.SCRs durchaus zunehmen kann. Kimmel und Hill (1961) fanden, daß sich zwar der SCL als Streßindikator eignete, während dies jedoch für die NS.SCR freq. nicht zutraf (vgl. auch Abschnitt 3.2.1.4). Auch Katkin (1965) sowie Miller und Shmavonian (1965) fanden, daß beide Maße als Indikatoren tonischen Arousals divergierten. Martin und Rust (1976) erhielten nur geringe Korrelationen zwischen beiden tonischen Maßen: r = 0.27 bei interindividuellen und r = 0.15 bei gepoolten intraindividuellen Korrelationen. Fahrenberg und Foerster (1982) ermittelten jedoch in ihrer weiter unten beschriebenen Untersuchung deutlich höhere Koeffizienten: r = 0.55 für interindividuelle und r = 0.50 für gepoolte intraindividuelle Korrelationen zwischen SCL und NS.SCR freq.

Minima und Maxima für den *SCL* lassen sich kaum angeben, da dieser von der *Elektrodengröße* abhängig ist. Venables und Christie (1980) sprechen sich gegen eine Relativierung des SCL auf die Elektrodenfläche aus (vgl. Abschnitt 2.3.3.1), da sie eine *nichtlineare* Beziehung zwischen Leitfähigkeit und Elektrodenfläche gefunden hatten. Sie geben für Meßanordnungen mit 2 aktiven Elektroden einen SCL–Range von 1 bis 40 µS bzw. 0 bis 1.6 log µS an.

In den bereits im Abschnitt 2.5.2.1.1 zitierten Tabellen von Venables und Christie (1980) werden auch die entsprechenden Statistiken für die SCLs und die log SCLs angegeben[40]. Danach beträgt der anhand der Mauritius-Stichprobe gefundene mittlere SCL 3.040 µS, wobei der Altersverlauf nicht linear ist: die

---

[40] Da die SCL-Werte auch von der Art und Konzentration des Elektrolyten abhängig sind, lassen sich die Verteilungsdaten aus den Untersuchungen der Arbeitsgruppe um Venables nicht ohne weiteres generalisieren, da sie mit einer KCl-Paste ermittelt wurden, die heute bei SC-Messungen praktisch nicht mehr verwendet wird (vgl. Abschnitt 2.2.2.5).

5-Jährigen zeigen einen *Mittelwert* von 3.597 µS, während die Werte von den 10-Jährigen bis zu den 25-Jährigen von 2.613 bis 3.223 µS ansteigen. Entsprechende Unterschiede finden sich auch bei den *Streuungen*: 2.467 µS bei den 5-Jährigen, danach von 1.901 bis 2.539 µS ansteigend, mit einer mittleren Streuung von 2.238 µS. Die *Verteilungen* der SCL-Werte sind leicht, jedoch nicht signifikant linksschief, weichen allerdings signifikant in Richtung Steilheit von der Normalverteilung ab, wenn auch bei weitem nicht so stark wie die SCR amp.-Werte. Auch hier vermag die *logarithmische* Transformation die Abweichung von der Normalverteilung weitgehend zu beseitigen. Den Ergebnissen lagen Messungen an 635 Pbn zugrunde. Der bei den 3-jährigen Kindern (N = 1145) gefundene SCL-Mittelwert lag mit 2.383 µS deutlich unter dem der 5-Jährigen aus der Mauritius-Stichprobe, die Streuung betrug 1.564 µS. Bezüglich Schiefe und Steilheit der Verteilung gilt etwa das gleiche wie bei der Mauritius-Stichprobe, wobei allerdings eine logarithmische Transformation die signifikante Abweichung in Richtung steiler Verteilung nicht völlig zu beseitigen vermochte. In der 3. Stichprobe aus 18- bis 75-jährigen Erwachsenen (N = 45) betrugen der mittlere SCL 3.612 µS und die Streuung 2.470 µS, die Verteilung war nicht signifikant linksschief, wich jedoch statistisch bedeutsam in ihrer Steilheit von der Normalverteilung ab, was allerdings durch logarithmische Transformation beseitigt werden konnte.

In ihrer im Abschnitt 2.5.2.1.1 erwähnten Studie an 58 Pbn erhielten Fahrenberg et al. (1984) mittlere SCLs zwischen 9.1 und 16.58 µS, wobei die Streuungen zwischen 8.88 und 13.60 µS lagen. Die Verteilungen wichen bezüglich Linksschiefe und Steilheit signifikant von der Normalverteilung ab.

Die von Walschburger (1976) an 67 Pbn mit Standardmethodik ermittelten *Reliabilitätskoeffizienten* des SCL über verschiedene Ruhephasen eines Laborexperiments hinweg lagen zwischen $r = 0.95$ und 0.98, wobei diese extreme Stabilität auf die im Vergleich zur interindividuellen Varianz sehr geringen intraindividuellen Veränderungen im Versuchsverlauf zurückgeführt werden können. So geben auch Fahrenberg und Foerster (1982) für den bei 125 Pbn mit Standardmethodik erhaltenen SCL Kurzzeitstabilitäten (während Rechenaufgaben mit 20 min Abstand gemessen) von $r = 0.96$ an.

Jones und Ayres (1966) ermittelten bei 15 ehemaligen Süchtigen den SCL über 5 Wochen während therapeutischer Sitzungen, die jeweils 25 min dauerten, mit einer Placebo-Injektion begannen und innerhalb deren 12 bis 15 elektrische Reize zufällig eingestreut wurden. Die Reliabilitäten lagen in den ersten 3 Wochen zwischen $r = 0.81$ und 0.94, sie nahmen jedoch mit längerem Abstand (1. bis 5. Woche) teilweise bis zu $r = 0.60$ ab.

Der einer im Abschnitt 2.5.2.1.1 beschriebenen Untersuchung von Boucsein und Hoffmann (1979) zu entnehmende Mittelwert des Hautleitfähigkeitsniveaus jeweils vor Applikation der Reize betrug 8.263 µS, die Streuung 4.646 µS, die Verteilung war wie bei den SCRs signifikant linksschief und steil. Nach der logarithmischen Transformation, die die Linksschiefe beseitigte, ergab sich ein mittlerer SCL von 2.139 log μS mit einer Streuung von 0.214 log μS. Die nach Hoyt (1941) geschätzte Reliabilität der Rohdaten betrug r = 0.998.

Für die *NS.SCR freq.* wurden bislang kaum Normdaten vorgelegt. Fahrenberg et al. (1984) fanden in der o. g. Studie bei 58 Pbn unter *Ruhe*bedingungen mittlere Werte zwischen 3 und 3.5 SCRs pro min mit Streuungen zwischen 4.0 und 5.0 SCRs pro min und unter *Aktivierungs*bedingungen Mittelwerte von 13 und 13.5 SCRs pro min mit Streuungen zwischen 5.0 und 5.5 SCRs pro min. Unter Ruhebedingungen waren die Verteilungen signifikant linksschief und steil, während unter Aktivierungsbedingungen die Normalverteilungshypothese beibehalten werden konnte. Walschburger (1976) gibt *Stabilitäts*koeffizienten von r = 0.80 bis 0.90 für die in verschiedenen Ruhephasen seines o. g. mit 67 Pbn durchgeführten Experiments ermittelte NS.SCR freq. an. Fahrenberg und Foerster (1982) ermittelten eine Kurzzeitstabilität von r = 0.81.

Die Anzahl der beobachteten nichtspezifischen EDRs ist – wie auch die der spezifischen – vom *Verstärkungsfaktor* und den verwendeten *Amplitudenkriterien* abhängig (vgl. Abschnitt 2.5.1.1). Sie dürfte nach den Erfahrungen des Autors im Zustand relativer *Ruhe* zwischen 0 und 10 SCRs pro Minute liegen, im *aktivierten* Zustand sind Werte um 20 SCRs pro Minute keine Seltenheit. Hierbei kommt es jedoch häufig zu *Überlagerungen* aufeinanderfolgender Reaktionen (vgl. Abbildung 34 im Abschnitt 2.3.1.2.2). In solchen Fällen ist dann die Anzahl der SCRs noch von Zusatzkriterien der Auswertung abhängig.

Zusammenfassend läßt sich festhalten, daß die SCL-Werte sich im allgemeinen im Vergleich mit der Normalverteilung eher *linksschief* und *steiler* verteilen, was durch *logarithmische Transformationen* beseitigt werden kann. Die *Reliabilität* ist *sehr hoch*, nimmt jedoch beim Abstand von mehreren Wochen zwischen den Messungen deutlich ab. Für die NS.SCR freq.-Werte können noch keine gesicherten Aussagen getroffen werden, da hierzu nicht gegügend Untersuchungsdaten vorliegen. Die *Interkorrelationen* der beiden tonischen SC-Parameter sind mittelhoch bis niedrig.

2.5.2.2 Charakteristika von Hautwiderstandsmessungen

Da heute überwiegend Hautleitfähigkeitsmessungen durchgeführt werden und zudem viele Autoren, die mit der Konstantstrommethode messen, ihre Ergebnisse nachträglich in Leitfähigkeitseinheiten transformieren, liegen für Widerstandswerte insgesamt *relativ wenig Daten* vor. Bei einem Vergleich der Ergebnisse verschiedener Untersuchungen ist zu beachten, daß sowohl der SRL als auch die SRR amp. mit der *Elektrodengröße* variieren können (vgl. Abschnitt 2.2.4).

2.5.2.2.1 Reaktionswerte bei Hautwiderstandsmessungen

Venables und Christie (1980) geben, da sie sich generell für die Verwendung von Hautleitfähigkeit als Maß entschieden haben, keine Statistiken für SRR-Daten an, sondern berichten in ihrer Tabelle 1.5 lediglich einen *typischen Range* für die SRR amp. von 0.10 bis 16.60 kOhm, ausgehend von einem SRL von 100 kOhm, und einen Range von 0.02 bis 4.54 kOhm bei einem Grundwiderstand von 50 kOhm.

Kaelbling et al. (1960) registrierten bei 12 Pbn SRR amp.-Werte als Reaktionen auf akustische, elektrische und verbale Reize und erhielten *Medianwerte* zwischen 3.0 und 16.3 kOhm mit *Spannweiten* bis zu 76.9 kOhm. Die *Reliabilität* betrug bei einem Abstand von 2 Tagen r = 0.76.

Bull und Gale (1973) geben in ihrer Tabelle 1 ebenfalls bei 12 Pbn ermittelte Werte für die SRR amp. auf 1000 Hz-Töne von 90 dB zu 4 Gelegenheiten im Abstand von 3, 6 und 3 Wochen an, die zwischen 1.5 und 33.5 kOhm beim ersten und zwischen 0 und 11.5 kOhm beim 4. Mal lagen. Die mittels Intraclass-Korrelation berechnete Reliabilität war allerdings mit r = 0.42 nicht signifikant. Auch die Interkorrelationen mit anderen EDA-Parametern waren niedriger als für die durch Transformation erhaltenen SCR amp.

Nach den in der im Abschnitt 2.5.2.1.1 beschriebenen und mit Standardmethodik durchgeführten Untersuchung von Boucsein und Hoffmann (1979) ermittelten Normwerten von 60 Pbn betrug die mittlere SRR amp. 21.01 kOhm mit einer Streuung von 24.30 kOhm; die *Verteilung* wich bezüglich Linksschiefe und Steilheit hochsignifikant von der Normalverteilung ab. Nach einer logarithmischen *Transformation* ergaben sich ein Mittelwert von 1.057 log kOhm und eine Streuung von 0.522 log kOhm; die Verteilung war nicht mehr linksschief, lediglich noch leicht steil. Die nach Hoyt (1941) geschätzte *Reliabilität* der Rohdaten betrug r = 0.975.

Wie bei den SCR amp. (vgl. Abschnitt 2.5.2.1.1) sind auch bei SRR amp. *linksschiefe* und *steile Verteilungen* zu erwarten, wobei eine *logarithmische Transformation* Verbesserungen zumindest bezüglich der *Schiefe* herbeiführen kann. Die *Reliabilitäten* sind bei *kurzen* Zeitintervallen *hoch*, nehmen jedoch bei Abständen in der Größenordnung von Wochen deutlich ab.

2.5.2.2.2 Tonische Hautwiderstandsmaße

Ebenso wie bei den phasischen Werten (vgl. Abschnitt 2.5.2.2.1) geben Venables und Christie (1980, Table 1.5) lediglich einen *typischen Range* für tonische SR-Werte von 25 bis 1000 kOhm an. Edelberg (1967) nennt für den *spezifischen Widerstand* (vgl. Abschnitt 2.3.3.1) Werte von 10 bis 500 kOhm $\cdot$ cm^2.

Wieland und Mefferd (1970), die bei 3 Pbn im Längsschnitt 120 Tage lang den SRL während zweier Ruheintervalle einer Reizserie erfaßten, fanden hohe Konsistenzen der intraindividuellen Unterschiede, deren *Reliabilität* sie mit r = 0.95 bis 0.97 errechneten.

Eine Auswertung der SCLs aus dem Datenmaterial der im Abschnitt 2.5.2.1.1 beschriebenen Untersuchung von Boucsein und Hoffmann (1979) mit Standardmethodik an 60 Pbn ergab *mittlere* SRLs von 167.20 kOhm mit einer *Streuung* von 74.88 kOhm. Nach einer logarithmischen Transformation betrugen der Mittelwert 2.174 log kOhm und die Streuung 0.205 log kOhm. Sowohl Rohwerte als auch *transformierte* Werte wichen zwar signifikant bezüglich ihrer Steilheit, nicht jedoch bezüglich der Schiefe von der Normalverteilung ab. Die nach Hoyt (1941) geschätzte *Reliabilität* betrug für die Rohdaten r = 0.997.

Arena et al. (1983) berichten *Reliabilitäten* aus einer Untersuchung an 15 Pbn, bei denen sie unter verschiedenen Ruhe- und Streßbedingungen mit palmar und dorsal an der Hand befestigten Elektroden den SRL gemessen hatten. Die Messungen wurden zu 4 Terminen (1., 2., 8. und 28. Tag) durchgeführt, wobei nur die Korrelationen zwischen dem 8. und 28. Tag mit r = 0.72 für das Mittel aus den Ruhebedingungen und r = 0.453 bis 0.556 für die Streßbedingungen durchweg signifikant von Null verschieden waren, zusätzlich noch die Korrelation zwischen den Ruhebedingungen am 2. und 8. Tag mit r = 0.482. Alle anderen Reliabilitätskoeffizienten waren insignifikant, was die Autoren zu der Diskussionsbemerkung veranlaßte, der SRL sei ein vollständig *unreliables* Maß.

Die *Frequenzen nichtspezifischer* SRRs, die sich ebenfalls als tonisches Maß eignen (vgl. Abschnitt 2.3.2.2), könnten im Mittel deshalb *höher* ausfallen als die der NS.SCRs, weil bei der *Konstantstrommethode* eine *geringere Verstärkung* notwendig ist als bei der Konstantspannungsmethode (vgl. Abschnitt 2.1.1), EDRs also leichter zu entdecken sind bzw. das *Amplitudenkriterium* entsprechend relativ *niedriger* angesetzt werden kann (vgl. Abschnitt 2.3.1.2.3).

O'Gorman und Horneman (1979) untersuchten die Stabilität ihrer im Abschnitt 2.3.2.2 beschriebenen Maße für *"kleine"* und *"große"* NS.EDRs bei 48 Pbn, deren Anzahl sie mit 2 Wochen Abstand jeweils unter 3 experimentellen Bedingungen ermittelten. Sie verwendeten Standardmethodik mit Elektroden von 12 mm Durchmesser, *transformierten* allerdings die SR-Werte vor dem Auszählen in SC-Einheiten. Die "großen" NS.EDRs nahmen bei der Wiederholung nach 14 Tagen signifikant ab; bei den "kleinen" NS.EDRs war dementsprechend eher eine Zunahme zu beobachten. Reliabilitätskoeffizienten werden ebenfalls nicht mitgeteilt.

Docter und Friedman (1966) untersuchten bei 23 Pbn die *Reliabilität* der unter 80 dB weißem Rauschen, allerdings mit hohen Stromstärken (70 μA) gemessenen NS.SRRs. Die aus mehreren Einzelkoeffizienten errechneten mittleren Zuverlässigkeiten betrugen innerhalb von 5 Tagen r = 0.54 und bei 30 Tagen Abstand r = 0.30. Die *Interkorrelation* der *beiden tonischen* Maße NS.SRRs und SRL lag mit r = −0.34 zwar in der erwarteten Richtung, war jedoch nicht signifikant. Die *Mediane* der NS.SRRs lagen an den verschiedenen Tagen zwischen 10 und 15 während der 15 min dauernden Meßperiode, die *Spannweiten* reichten von 0 bis 90.

Corah und Stern (1963) ermittelten bei mehreren Gruppen von insgesamt 24 7- bis 8-jährigen Kindern während 2 min Ruhe *mittlere SRL-*Werte zwischen 194.1 und 275.3 kOhm und *Streuungen* zwischen 74.8 und 97.4 kOhm, sowie *NS.SRRs* pro min von im *Mittel* 7.3 bis 13.8 mit *Streuungen* zwischen 5.0 und 7.3. Die *Interkorrelationen* beider tonischer Maße lagen zwischen r = −0.33 und −0.64. Die mittlere *Reliabilität* für Messungen mit einem Tag Abstand betrug beim SRL r = 0.86 und bei der NS.SRR freq. r = 0.61.

Johnson (1963) fand bei 48 Piloten eine Reliabilität der im Abstand von einem Tag gemessenen NS.SRR freq. von r= 0.69. Galbrecht et al. (1965) erhielten bei 20 Pbn Konkordanzkoeffizienten von 0.67 für die mit einem Tag Abstand gemessenen SRLs bei Stimulation mit 60 dB-Tönen.

Hustmyer und Burdick (1965) ermittelten für die Reliabilität der in einer 15minütigen Ruhephase bei 14 Pbn in 2 bis 4 Monaten Abstand gemessenen NS.SRR freq. einen Wert von r = 0.75.

Bull und Gale (1973) berichten in der im Abschnitt 2.5.2.2.1 erwähnten Untersuchung eine Intraclass-Reliabilität der zu 4 Gelegenheiten mit 3 Wochen Abstand zwischen der 1. und 2. sowie der 3. und 4. und 6 Wochen zwischen der 2. und 3. Messung ermittelten NS.SRR freq. von r = 0.91; die Reliabilität der *mittleren Amplitude* der NS.SRRs betrug r = 0.75.

Zusammenfassend kann festgehalten werden, daß sich die *SCL-*Werte im Vergleich zur Normalverteilung stärker *linksschief* und *steiler* verteilen, wobei *logarithmisch Transformationen* Verbesserungen zumindest bezüglich der *Schiefe* bewirken können. Die *Reliabilitäten* sind für *kurze* Zeiträume *sehr hoch*, werden jedoch erwartungsgemäß bei Intervallen von Wochen geringer. Anders als bei den NS.SCR freq. liegen für die *NS.SRR freq.* genügend Daten bezüglich deren *Reliabilität* vor, sie scheint jedoch bei *kurzen* Zeitabständen eher etwas *niedriger* zu liegen als die der SRL-Werte, dagegen ist sie bei längeren Intervallen von Wochen bis Monaten noch *vergleichsweise hoch*. Die *Interkorrelationen* der *beiden tonischen* SR-Maße sind zwar auch *relativ niedrig*, jedoch etwas höher als die der tonischen SC-Maße (vgl. Abschnitt 2.5.2.1.2).

2.5.2.3 Latenzzeiten und Anstiegsparameter

Ein *Range* für die *Latenzzeiten* kann nicht angegeben werden, da dieser durch das jeweils zugrundegelegte *Zeitfenster* a priori *begrenzt* wird (vgl. Abschnitt 2.3.1.1). Maulsby und Edelberg (1960) hatten bei 7 Pbn einen Anstieg der Latenzzeit einer durch Schnüffeln hervorgerufenen SRR von im Mittel 1.5 sec bei 30°C Körpertemperatur auf 4 sec bei 10°C gefunden. Edelberg (1972a, Seite 370) weist darauf hin, daß die Latenz sowohl von der *Temperatur* (vgl. Abschnitt 2.4.2.1) als auch von der Ableitstelle abhängig ist.

Venables und Christie (1980, Table 1.2) geben Verteilungsdaten der Latenzzeiten von SCRs auf 4 Sekunden dauerndes *Rauschen* von 90 dB bei insgesamt 559 Pbn ihrer Mauritius-Stichprobe an: der *Gesamtmittelwert* der Latenzen liegt bei 1.702 sec mit einer *Streuung* von 0.417 sec. Den niedrigsten Mittelwert hatten dabei die 5-Jährigen mit 1.472 sec, den höchsten die 15-Jährigen mit 1.822 sec. Die niedrigsten Streuungen traten mit 0.373 sec bei den 5-Jährigen auf, die größten bei den 10-Jährigen mit 0.418 sec. Die Abweichungen von der *Normalverteilung* sind im Vergleich zu denen der SCL-Werte und der SCR-Amplitude unerheblich, entsprechend geringer ist auch die durch eine *logarithmische Transformation* verbesserte Normalisierung der Verteilungen.

Venables und Christie (1980) bilden zusätzlich, wie auch bei den anderen Zeitmaßen der EDR, *reziproke Werte* für die Latenzzeiten, da diese ihrer Auffassung nach den Vorteil haben, der *Reaktionsgeschwindigkeit proportional* zu sein. Dadurch ergeben sich auch, ebenso wie durch die Logarithmierung, leichte Verbesserungen der Verteilungsformen in Richtung Normalität (vgl. Abschnitt 2.3.3.3).

Die Latenzzeiten, die Venables und Christie (1980) für 1161 *dreijährige* Kinder mit den gleichen Reizen wie in der o. g. Mauritius-Untersuchung fanden, lagen im Mittel bei 1.488 sec mit einer Streuung von 0.714 sec und einer signifikant linksschiefen und steilen Verteilung, die durch logarithmische oder reziproke Transformationen normalisiert werden konnte. Die Latenzen der SCRs auf 75dB-Töne von 1000 Hz und 1 sec Dauer lagen bei 45 *Erwachsenen* zwischen 18 und 75 Jahren im Mittel bei 1.896 sec mit einer Streuung von 0.349 sec sowie nicht signifikant von der Normalverteilung abweichenden Verteilungscharakteristika.

Rachman (1960) erhielt bei 18 Pbn mittlere Latenzzeiten von 2.94 sec mit einer Streuung von 0.71 sec von EDRs auf 35 laute *Summertöne* von 2 sec Dauer. Die Retest-*Reliabilität* über 6 bis 8 Wochen betrug r = 0.96. Lockhart (1972) fand in einer aus 5 Experimenten zusammengesetzten Stichprobe von 129 Studenten eine *mittlere* Latenzzeit von 2.11 sec mit einer *Streuung* von 0.56 sec[41].

---

[41]Er verwendete Zinkelektroden von 0.32 cm² Fläche, Zinksulfat als Elektrolyten und eine Kon-

Levinson und Edelberg (1985, Table 5) geben Mittelwerte und Streuungen für die SCR lat. auf *verschieden starke akustische Reize* für die ersten und die folgenden Reizdarbietungen aus Habituationsexperimenten an, die sie mit verschiedenen Gruppen von Schizophrenen und Kontrollprobanden durchgeführt hatten. Es ergaben sich keine Unterschiede zwischen den ersten und folgenden Reizdarbietungen; in einem Datensatz war die SCR lat. auf als unkonditionierten Reiz verwendetes weißes Rauschen (vermutlich über 100 dB) jedoch kürzer (1.44 sec) als auf Töne von 78 dB (1.92 sec).

Surwillo (1967) fand bei 42 Pbn hochsignifikante Unterschiede in der *SPR* lat. zwischen Bedingungen mit *einfachen* und *disjunktiven* akustischen *Reizen*: im ersteren Fall betrug die SPR lat. im *Mittel* 1.73 sec mit einer *Streuung* von 0.2 sec, im letzteren Fall 1.65 sec mit einer Streuung von 0.224 sec.

Bei der EDR–*Anstiegszeit* handelt es sich um eine *relativ selten untersuchte* Variable. Ihre *Größenordnung* gibt Grings (1974) mit 0.5−5 sec an. Venables und Christie (1980) ermittelten die SCR ris.t.–Werte nur für die 65 Pbn der Stichprobe der 18- bis 75–Jährigen. Sie lagen im *Mittel* bei 2.184 sec mit einer *Streuung* von 0.643 sec, ihre *Verteilung* war leicht linksschief und flach, jedoch weit von einer signifikanten Abweichung von der Normalverteilung entfernt. Lockhart (1972) erhielt in seiner oben zitierten Studie für die SCR ris.t. einen Mittelwert von 2.80 sec und eine Streuung von 1.54 sec.

Venables und Christie (1980) geben in den Tabellen 1.9 bis 1.11 interindividuelle und intraindividuelle *Korrelationen* zwischen SCR lat., SCR ris.t. und anderen *Zeit-*, *Niveau-* und *Amplitudenmaßen* der Hautleitfähigkeit aus den verschiedenen eigenen Untersuchungen und denen anderer Autoren an. Daraus ergibt sich die *relative Unabhängigkeit* der *Latenzzeit* von den anderen Zeitmaßen sowie von den SCR amp. und dem SCL, wobei die Korrelationen meist negativ und die Zusammenhänge geringer als $r = -0.21$ sind. Die Korrelationen zu den logarithmierten SCL- und SCR amp.–Werten sind dagegen numerisch höher, wobei sich ein deutlicher Zusammenhang zwischen SCR lat. und den logarithmierten Amplituden zeigt ($r = -0.31$ bis -0.58). D. h., *logarithmiert* man die SCR–Amplituden, so besteht ein Zusammenhang derart, daß nach *kürzeren Latenzzeiten größere Amplituden* auftreten. Die Korrelationen zwischen SCR lat. und SCR ris.t. liegen zwischen $r = 0.17$ und $r = 0.30$, das bedeutet, daß auf *größere Latenzzeiten* auch eher *kürzere Anstiegszeiten* folgen.

Auch die von Bull und Gale (1971) bei 13 Pbn ermittelten Zusammenhänge zwischen *geringen SRR amp.* einerseits und *langen Latenzzeiten* sowie *kurzen Anstiegszeiten* andererseits traten zwar in den meisten Fällen bei intraindividuellen Korrelationen auf, erreichten jedoch kaum das Signifikanzniveau. In einer weiteren Untersuchung an 12 Pbn ermittelten Bull und Gale (1973, Ta-

---

stantstrommethode (3.0 μA), transformierte in Leitwerteinheiten und unterzog die SCR amp. noch einer Wurzeltransformation (vgl. Abschnitt 2.3.3.3).

ble 3) signifikante interindividuelle Rangkorrelationen zwischen der SRR lat. und einer Reihe anderer EDA-Parameter in der Größenordnung zwischen r = −0.44 und −0.64. Die als Intraclass-Korrelationen berechneten *Reliabilitäten* über 4 Meßreihen mit einem Abstand von 3 Wochen zwischen der 1. und 2. sowie der 3. und 4 sowie von 6 Wochen zwischen der 2. und 3. Messung betrugen für die SRR lat. r = 0.84, für die SRR ris.t. r = 0.67.

Venables et al. (1980) fanden bei 65 Pbn beiderlei Geschlechts einen größeren Zusammenhang zwischen der *SCR ris.t.* und den aus dem EKG abgeleiteten Maßen für aufmerksame *Umweltzuwendung* als zwischen der SCR rec.t/2 und den betreffenden EKG-Maßen.

Für den Parameter *"maximale Anstiegssteilheit der EDR"* liegen bislang kaum Ergebnisse vor. Fahrenberg et al. (1979) berechneten den jeweiligen Mittelwert der maximalen Anstiegssteilheit der NS.SCRs während 2 min Ruhephase und 2 min Kopfrechnen unter *Lärm*einwirkung bei 125 Pbn. Die in Einheiten von 0.01 µS/sec gemessenen Werte zeigten unter *Ruhe* einen Mittelwert von 103.5 mit einer Streuung von 60.69 sowie unter *Kopfrechnen* einen Mittelwert von 133.6 und eine Streuung von 67.25; die *Verteilungen* waren unter beiden Bedingungen signifikant linksschief und flach. Die maximale Anstiegssteilheit war mit der SCR ris.t. praktisch nicht (r = 0.03) und mit der SCR rec.t/2 leicht negativ korreliert (r = −0.29), zur SCR amp. bestand dagegen ein positiver korrelativer Zusammenhang (r = 0.66) und ein geringerer mit der NS.SCR freq. (r = 0.25). Während des *Rechnens* wurden die Amplituden der SCRs im Vergleich zur Ruhephase insgesamt höher, waren von kürzerer Dauer und zeigten eine größere maximale Anstiegssteilheit.

Insgesamt liegen zu den in diesem Abschnitt behandelten Parametern nur wenige Verteilungsdaten vor. *Latenz-* und *Anstiegszeiten* scheinen dabei – außer bei Kindern – recht gut den *Normalverteilungs*-Kriterien zu genügen, während die *maximale Anstiegssteilheit* eine eher *linksschiefe* und *flache* Verteilung zeigt. Die *Reliabilität* der Latenzzeit ist wohl etwas *höher* als die der Anstiegszeit. Die *Latenzzeit* erscheint zwar als ein von den anderen Zeitmaßen relativ *unabhängiger Parameter*, kann jedoch sowohl Zusammenhänge mit der Anstiegszeit als auch mit der EDR amp. aufweisen. Die maximale Anstiegssteilheit wurde bislang kaum verwendet, scheint jedoch ebenfalls ein *eigenständiger Parameter* zu sein, der allerdings durchaus positiv mit der EDR amp. korreliert sein kann.

2.5.2.4 Abstiegszeiten

Venables und Christie (1980) geben für die von ihnen untersuchten Stichproben Recovery–Werte als SCR rec.t/2 an. Diese liegen bei 220 Pbn aus der Mauritius–Stichprobe im *Mittel* bei 4.144 sec (3.252 sec bei den 5–Jährigen und 4.851 sec bei den 25–Jährigen), die *Streuung* beträgt 2.466 sec (2.197 sec bei den 5–Jährigen und 2.725 sec bei den 25–Jährigen), die *Verteilungen* weichen statistisch unbedeutend in Richtung Linksschiefe und größerer Steilheit von der Normalverteilung ab. Diese *Abweichungen nehmen* erheblich *zu*, wenn *reziproke Werte* der Recovery gebildet werden, und auch eine *logarithmische Transformation* bringt lediglich eine Versteilung der Verteilungsform. Bei 678 dreijährigen Kindern betrug die Halbwertszeit im Mittel 4.113 sec mit einer Streuung von 3.217 sec. Die bei der Schiefe statistisch nicht bedeutsame Abweichung von der Normalverteilung wurde bei der reziproken Transformation für beide Verteilungscharakteristika hoch signifikant, bei der logarithmischen Transformation nahm sie ab. Bei 42 Pbn der Erwachsenen–Stichprobe von 18 bis 75 Jahren betrug die SCR rec.t/2 im Mittel 3.971 sec mit einer Streuung von 5.012 sec. Durch die beiden vorgenommenen Transformationen konnte zwar die signifikante Linksschiefe bis unterhalb des Signifikanzniveaus reduziert werden, nicht jedoch die statistisch bedeutsam gegenüber der Normalverteilung erhöhte Steilheit. Venables und Christie empfehlen daher, auf jeden Fall bei dem Halbwertszeitmaß auf die *reziproke Transformation* zu *verzichten* und weisen darauf hin, daß auch durch eine logarithmische Transformation keine konsistente Verbesserung der Verteilung zu erreichen ist.

Levander et al. (1980) fanden in ihrer im Abschnitt 3.4.1.2 beschriebenen Untersuchung an 25 männlichen Delinquenten von 18 bis 30 Jahren eine hochsignifikant rechtsschiefe *Verteilung* der SCR rec.t/2 in einem Habituationsparadigma. Durch eine logarithmische Transformation konnte die Verteilung der SCR rec.t/2 normalisiert werden. Hinton et al. (1979) erhielten in einem an 71 hospitalisierten männlichen Patienten an 2 aufeinanderfolgenden Tagen durchgeführten Habituationsexperiment eine SRR rec.t/2–*Reliabilität* von r = 0.63[42].

Bull und Gale (1973) fanden bei 12 Pbn ebenso wie für die Anstiegszeit (vgl. Abschnitt 2.5.2.3) keinen signifikanten Reliabilitätskoeffizienten (r = 0.18) für die Recovery (in % der 2 sec nach Reaktionsmaximum erreichten Amplitude).

Auch für die SRC rec.t/2 wurden die *Korrelationen* zu *anderen* SC–*Maßen* von Venables und Christie (1980) in den Tabellen 1.9 bis 1.11 aus verschiedenen Untersuchungen zusammengestellt. Die Daten zeigen eine hohe Konsistenz über die unterschiedlichen Stimulusbedingungen, Geschlechter und klini-

---

[42] Ableitung mit Konstantstrom über konzentrische Elektroden mit 5 mm Innen- und 0.6 bis 1 cm Außendurchmesser unter Verwendung von 0.05 M KCl-Paste auf Agar-Basis am Zeige- und Mittelfinger der linken Hand.

sche Gruppen hinweg. Die Korrelationen der Halbwertszeiten mit den anderen SC-Parametern waren durchweg niedrig, obwohl auch Werte um r = 0.40 auftraten; *mit Ausnahme* der Korrelationen zur *Anstiegszeit*, die zwischen r = 0.54 und r = 0.80 lagen. Die *Halbwertszeit* scheint also relativ *unabhängig* von den anderen Komponenten der SCR zu sein, allerdings besteht eine deutliche *Beziehung zur Anstiegszeit*. Venables und Christie schließen daraus, daß es u. U. möglich ist, *anstelle* der Halbwertszeit die leichter bzw. häufig eindeutiger zu ermittelnde Anstiegszeit als Formparameter zu verwenden.

Eine positive Korrelation zwischen der Anstiegszeit und der SCR rec.t/2 von r = 0.62 fand auch Lockhart (1972) bei seiner aus 5 Experimenten zusammengestellten Stichprobe von 129 Studenten (vgl. Abschnitt 2.5.2.3). Die von ihm gefundenen Zusammenhänge zwischen der Amplitude und den 3 Zeitmaßen Latenz, Anstiegszeit und Recovery waren sehr gering und insignifikant (r = −0.11, −0.04 und −0.06). Diese Zusammenhänge wurden allerdings für die *Anstiegszeit* und die *Recovery* etwas höher (r = 0.39 und 0.44), wenn das unerwartete Auftreten des UCS (vgl. Abschnitt 3.1.2.1), eines elektrischen Reizes, gesondert ausgewertet wurde. Diese bedingungsabhängige Interkorrelation zwischen EDR amp. und EDR rec.t/2 wird von Lockhart auf das Einsetzen eines Homöostasemechanismus unter bestimmten Bedingungen zurückgeführt, während unter den meisten anderen Bedingungen die beiden Maße unabhängig voneinander bleiben. Die von ihm gemessene SCR rec.t/2 betrug im Mittel 4.8 sec mit einer Streuung von 2.92 sec.

Becker-Carus und Schwarz (1981) führten mit männlichen Soldaten eine Serie von Kurzzeitgedächtnis-Aufgaben durch und korrelierten die mit Standardmethodik unter Verwendung von Beckman-Paste gemessene SRR amp. mit der "Halbwertszeit" nach Lüer und Neufeldt (1968), die sowohl Anstiegs- als auch Abstiegscharakteristika enthält (vgl. Fußnote 33 im Abschnitt 2.3.1.4). Die Korrelation waren positiv und zum größten Teil signifikant (r = 0.19 bis 0.63). Levander et al. (1980) erhielten in ihrer o. g. Studie signifikante negative Korrelationen der mittleren SCR rec.t/2 in einer Habituationsserie zum mittleren SCL (r = −0.55) und zur mittleren NS.SCR freq. (r = −0.65), dagegen insignifikante Korrelationen zur mittleren SCR amp. (r = −0.14).

Insgesamt handelt es sich bei den in einigen Anwendungszusammenhängen gerne verwendeten EDR-*Abstiegsparametern* (vgl. auch Abschnitt 2.5.2.5) um Maße mit *eher fraglicher Reliabilität*, die zudem häufig nicht objektiv auswertbar sind (vgl. Abschnitt 2.3.1.3.2). Auch ist ihre *mögliche Abhängigkeit* von den *anderen EDR-Parametern* teilweise ungeklärt (vgl. Abschnitt 2.5.2.5). Auf *Transformationen* der Abstiegszeiten sollte *verzichtet werden*, da sich deren Verteilungscharakteristika dadurch eher verschlechtern.

2.5.2.5 Zum Zusammenhang zwischen Zeit- und Amplitudenmaßen

Während dem Zusammenhang zwischen EDR amp. und Anstiegszeit geringe Beachtung geschenkt wurde und folglich dazu auch nur wenige Daten vorliegen (vgl. Abschnitt 2.5.2.3), war die mögliche *Eigenständigkeit* der *Recovery* Gegenstand einer Reihe von Untersuchungen und teilweise *kontroverser* Diskussionen. Ausgangspunkt hierfür war die von Edelberg (1972a) aufgestellte Hypothese, nach der die Schwitzaktivität und die Schweißreabsorption separater nervöser Kontrolle unterliegen sollen, wobei die SCR rec.t/2 am besten geeignet sei, *Reabsorptionsprozesse* zu messen (vgl. Abschnitt 1.4.2.3). Für eine eigenständige Indikatorfunktion der Recovery–Zeit sprachen die Ergebnisse der im Abschnitt 3.2.2.1 beschriebenen Studie von Edelberg (1972b), in der die EDR rec.tc im Gegensatz zu den anderen EDA–Parametern zwischen Ruhe- und *Streß*bedingungen sowie *Aufgaben* unterschiedlicher *Komplexität* differenzieren konnte. Auch in einigen *Risiko*-Studien für *schizophrene* Erkrankungen hatte sich die EDR-Recovery als besonders geeigneter Prädiktor erwiesen (vgl. Abschnitt 3.4.2.1). Unterstützt wurde die Hypothese einer Eigenständigkeit der Recovery–Zeit durch die Argumentation von Venables und Christie (1973), daß – geht man von einem exponentiellen Abfall der EDA aus – die Zeitkonstante per se *mathematisch unabhängig* von der Amplitude sein müsse, wobei allerdings im Abschnitt 2.3.1.3.2 gezeigt wurde, daß die Exponentialfunktion nur eine mögliche Beschreibung des Recovery–Verlaufs der EDR darstellt.

Ein entscheidender *empirischer Einwand* gegen die Eigenständigkeit der Recovery kam jedoch von Bundy und Fitzgerald(1975), die fanden, daß die *Abstiegszeit* von der *Anzahl* und *Intensität* vorheriger *SCRs* abhängig war. Sie bildeten dazu ein Maß "X", indem sie die Amplituden der einer reizabhängigen SCR vorangegangenen beiden letzten spontanen SCRs durch deren zeitliche Abstände (t_1 und t_2) zu der reizabhängigen SCR gemäß Gleichung (46) dividierten und diese Quotienten addierten. Dieses Maß "X" wies mit der Halbwertszeit der reizabhängigen SCR bei 5 Pbn intraindividuelle Korrelationen zwischen r = -0.51 und -0.91 auf.

$$\text{"X"} = \frac{SCR\,amp._1}{t_1} + \frac{SCR\,amp._2}{t_2} \qquad (46)$$

Dieses Maß wurde auch von Venables und Fletcher (1981) verwendet, die die Abhängigkeit der SCR rec.t/2 von den SCR amp. vorangegangener EDRs bei 65 Pbn beiderlei Geschlechts mit der gleichen EDA–Meßtechnik wie in der Mauritius–Studie an den 3–jährigen Kindern untersuchten (vgl. Abschnitt 2.5.2.1.1). Die Pbn erhielten 20 Reize von 75 dB und 1000 Hz, wobei der 6. Reiz mit einer abweichenden Frequenz von 1311 Hz dargeboten wurde. In die Berechnung intraindividueller Korrelationen wurden nur die Daten der 10 Pbn einbezogen, bei denen in mindestens 5 von 20 möglichen Fällen 2 spontane SCRs vor der reizabhängigen SCR aufgetreten waren. Bis auf zwei (r= 0.47 und 0.84) waren alle *Korrelationen* zwischen der *SCR rec.t/2* und dem Maß "X" zwar – wie nach Bundy und Fitzgerald (1975) zu erwarten – *negativ* (von r = −0.15 bis −0.79); die Koeffizienten waren jedoch nur in 2 Fällen signifikant, was allerdings bei der geringen Zahl von Wertepaaren pro Pb (zwischen 5 und 12) nicht verwundert. Die Autoren nahmen zusätzlich entsprechende Analysen am Material der Mauritius-Studie vor, fanden jedoch unter den fast 1800 untersuchten Kindern nur 11, bei denen im CS-UCS-Intervall eines Konditionierungsparadigmas zwei antizipatorische SCRs (FAR und SAR, vgl. Abschnitt 3.1.2.1), bei mehr als der Hälfte der Trials aufgetreten waren. Die intraindividuellen Korrelationen zwischen der SCR amp. auf den UCS und dem Maß "X" wiesen die *gesamte Bandbreite* möglicher *positiver* und *negativer* Werte auf (vgl. Venables und Fletcher 1981, Table 3). Diese Untersuchung zeigt aber auch eindrucksvoll, daß die *Datenbasis* sowohl *für* als auch *gegen* die von Bundy und Fitzgerald (1975) gefundende Abhängigkeit der SCR-Recovery von der vorhergehenden elektrodermalen Aktivität *zu schmal* ist, da sich entsprechende Daten stets nur von einem geringen Teil der untersuchten Stichproben gewinnen lassen.

Große individuelle Unterschiede bezüglich des Zusammenhangs zwischen Recovery und den Amplituden vorheriger EDRs fanden auch Edelberg und Muller (1981). In einem Experiment an insgesamt 20 Pbn korrelierten die Autoren die mit Standardmethodik unter Verwendung von K-Y-Gel gemessene SCR rec.t/2 mit dem "X"-Wert bei Wortassoziations- bzw. Reaktionszeitaufgaben. Die "X"-Werte konnten insgesamt nur 14 % der Recovery-Varianz vorhersagen; die individuellen Werte lagen jedoch zwischen 0 und 70 %. Eine *Reanalyse* der Daten von Edelberg (1972b) mit "X" als Kovariable ergab zwar keine wesentliche Veränderung der differenzierenden Indikatorfunktion der Recovery-Zeit; wurde jedoch die *Zahl* der in den letzten 15 sec vor der SCR, deren Recovery ausgewertet worden war, aufgetretenen *NS.SCRs* als *Kovariable* eingeführt, waren die zu Anfang dieses Abschnitts beschriebenen ursprünglich gefundenen Unterschiede in der SCR-Recovery nicht mehr signifikant.

Janes et al. (1985) konnten dagegen in einem an 55 Pbn unterschiedlicher Rasse und beiderlei Geschlechts durchgeführten Experiment mit differentiellen motorischen Reaktionen auf unterschiedliche akustische Reize zeigen, daß die mit Standardmethodik und KCl-Paste gemessene *SCR rec.t/2* sowohl vom "X"-Wert nach Bundy und Fitzgerald (1975) als auch von der nach Edelberg und Muller (1981) ermittelten *NS.SCR freq.* vor der spezifische SCR *unabhängig* waren (r = 0.04). Allerdings traten auch hier in 16 Fällen signifikante intraindividuelle Korrelationen mit einer mittleren Größe von r = 0.61 auf.

Die Frage einer *möglichen Eigenständigkeit* von Recovery-Maßen der EDR läßt sich anhand der vorliegenden Untersuchungsergebnisse *nicht generell entscheiden*; es spricht jedoch einiges dafür, daß mit einer möglichen Abhängigkeit der Recovery-Zeit von der vorhergehenden elektrodermalen Spontanaktivität *gerechnet werden sollte*. Hierbei handelt es sich allerdings eigentlich um eine *Ausgangswertproblematik* i. S. einer Abhängigkeit der *phasischen* von der *tonischen* EDA, die jedoch meist im Hinblick auf Zusammenhänge zwischen der EDR amp. und den unmittelbar vorhergehenden EDL diskutiert wird (vgl. Abschnitt 2.5.4.2). Daraus ergeben sich allerdings nicht notwendigerweise Folgerungen bezüglich einer Abhängigkeit von Recovery und Amplitude der infrage stehenden EDR selbst, so daß die im vorigen Abschnitt aufgrund der niedrigen Interkorrelationen gefolgerte *relative Eigenständigkeit* der Abstiegszeitparameter *ihren Stellenwert behält*. Für eine relative Unabhängigkeit von Zeit- und Amplitudenmaßen der EDR spricht andererseits auch, daß die Zeitmaße nicht wie die Amplitudenmaße von der Elektrodengröße und von der Art des Elektrolyten abhängig sind (Venables und Christie 1980). Cort et al. (1978), die intraindividuelle Korrelationen zwischen SCR amp. und SCR rec.t/2 aus 5 verschiedenen Untersuchungen mit insgesamt 140 Pbn zusammenstellten, fanden allerdings unterschiedliche Abhängigkeiten beider Maße: in den Experimenten zur Habituation einfacher Orientierungsreaktionen (vgl. Abschnitt 3.1.1.2) traten bei fast allen Pbn signifikante Zusammenhänge zwischen Amplitude und Recovery auf, während die Hinzunahme motivationaler und emotionaler situativer Komponenten die Zahl der signifikanten Korrelationen auf unter 50 % verringerte.

2.5.3 Charakteristika exosomatischer Messungen mit Wechselstrom

Da EDA–Messungen mit Wechselstrom bislang überwiegend zur *Erforschung von Systemeigenschaften* der Haut eingesetzt wurden (vgl. Abschnitt 1.4.3.3), handelt es sich bei den vorliegenden Untersuchungen zum Teil um Methodenentwicklungsstudien mit Daten von nur wenigen Pbn, die zudem wegen der *unterschiedlichen Meßkonzepte* kaum untereinander vergleichbar sind. Dennoch sollen in den beiden folgenden Abschnitten für sinusförmigen Wechselstrom und gepulsten Gleichstrom getrennt Zusammenstellungen der Ergebnisse neuerer Arbeiten versucht werden, wobei eine Trennung in Niveau- und Reaktionswerte entfallen kann, da *fast ausschließlich tonische Maße* erhoben wurden. Bezüglich der Ergebnisse älterer Arbeiten zur Wechselstrommessung wird auf die Zusammenfassungen von Tregear (1966) und Edelberg (1971) verwiesen.

2.5.3.1 Untersuchungen mit sinusförmigem Wechselstrom

Lawler et al. (1960) verwendeten eine *Brückenschaltung*, wie sie im Abschnitt 2.1.5 beschrieben wird, wobei sie zum Abgleich parallel zu dem veränderlichen Widerstand 2 Drehkondensatoren schalteten und einen Oszillografen als Anzeigeinstrument benutzten. Sie befestigten Elektroden von 2 cm Durchmesser aus rostfreiem Stahl in 2 cm Abstand volar in der Mitte des Unterarms mit Gummibändern auf mit NaCl–Lösung getränktem Filterpapier und verwendeten Wechselspannungen von 2 V und 0.1 mA mit den *Frequenzen* 1, 4, 10 und 20 kHz. Bei 104 Pbn wurden die für ein Ausbalancieren der Brücke notwendigen Werte von R und C bestimmt und daraus Phasenwinkel sowie Impedanz berechnet. Erwartungsgemäß nahm die *Impedanz* mit steigender Frequenz ab, und zwar von im Mittel 6.487 kOhm (Streuung = 1.733 kOhm) bei 1 kHz bis im Mittel 0.507 kOhm (Streuung = 0.111 kOhm) bei 20 kHz. Lawler et al. entschieden sich dann, 4 kHz als Frequenz für ihre weiteren Messungen zu verwenden (mittlere Impedanz = 1.882 kOhm, Streuung = 0.468 kOhm bei annähernd normalverteilten Meßwerten). Der *Phasenwinkel* nahm von 1 kHz bis 20 kHz von im Mittel 75° (Streuung = 5.0°) auf 57° (Streuung = 5.9°) ab. Über die an palmaren Stellen gemessenen Parameter wurden keine quantitativen Angaben gemacht; dort wurden allerdings eine höhere Impedanz und eine niedrigere Kapazität beobachtet. Zusätzlich entfernten die Autoren bei 23 Pbn durch *Skin-stripping* das Stratum corneum und das Stratum intermedium (vgl. Abschnitt 1.2.1.1), worauf im Gegensatz zur intakten Haut die Impedanz mit steigender Frequenz ab- und der Phasenwinkel zunahm.

Plutchik und Hirsch (1963) führten bei 2 Pbn Wechselstrommessungen mit 1, 10, 50, 100 und 1000 Hz und *Stromstärken* von 14 bis 61 µA durch. Sie befestigten trockene Silberelektroden von 1 cm Durchmesser an den palmaren Seiten der Finger. Mit steigender Frequenz nahmen die *Impedanz* von 130 bis 30 kOhm ab und der *Phasenwinkel* von $-2°$ bis $-58°$ zu. Beide Größen zeigten sich *gegenüber* den angewendeten *Stromdichten invariant*. Die interindividuellen Unterschiede waren beim Phasenwinkel geringer als bei der Impedanz.

Faber (1977) teilt – allerdings ohne nähere Angaben über die Anzahl der Pbn und Einzelheiten über die Meßtechnik – bei Frequenzen zwischen 10 Hz und 1 kHz eine Abnahme der *Impedanz* von 152.6 kOhm auf 14.6 kOhm mit, was die Werte von Plutchik und Hirsch (1963) in etwa bestätigt.

Burton et al. (1974) untersuchten an 6 Pbn mit Hilfe einer für passive elektrische Systeme geeigneten *Frequenzanalyse* die Antwort der palmaren Haut auf Wechselstrom mit 0.1 bis 0.3 V Effektivspannung und 13 bzw. 3 verschiedenen Frequenzen zwischen 10 Hz und 100 kHz. Sie verwendeten Ag/AgCl–Elektroden mit 2 cm^2 Fläche und eine isotonische Paste. Die Ergebnisse werden in ihrer Tabelle 1 sehr differenziert dargestellt; sie bestätigen im wesentlichen die Abnahme der *Impedanz* und die Zunahme des *Phasenwinkels* mit steigender Frequenz. Für die einzelnen Parameter des Montagu–Coles–Modells (vgl. Abbildung 14 im Abschnitt 1.4.3.1, linke Seite) wurden für jeden Pb die Mittelwerte über alle Frequenzen ermittelt. Sie betrugen, bezogen auf 1 cm^2 Haut, für den *Serienwiderstand* R_1 zwischen 470 Ohm und 2.0 kOhm, für den *Parallelwiderstand* R_2 zwischen 159 und 212 kOhm und für das *kapazitative* Element C zwischen 0.0075 und 0.013 µF. Es wurden *Phasenwinkel* zwischen $-8°$ und $-63°$ gemessen. Yamamoto et al. (1978) bestimmten ebenfalls die einzelnen Parameter ihres Ersatzschaltbildes für die Haut (vgl. Abbildung 17 im Abschnitt 1.4.3.3), wobei sie jedoch den Widerstand R_1 der tieferen Schichten *vernachlässigten*, da sie in einer früheren Untersuchung (Yamamoto und Yamamoto 1976) mit Hilfe der Stripping–Technik festgestellt hatten, daß die *Impedanz* der Haut *hauptsächlich* auf die Widerstandseigenschaften der keratinisierten Schichten in der *Epidermis* zurückzuführen ist, während die tieferen Schichten einschließlich des Stratum granulosum nur zu einem verschwindend geringen Widerstandsanteil von weniger als 500 Ohm pro cm^2 Haut beitragen. Sie leiteten an beiden Unterarmen ab, und zwar mit Ag/AgCl–Elektroden und einem flüssigen Elektrolyten (vgl. Beschreibung im Abschnitt 2.2.8.3), 3.14 cm^2 Kontaktfläche zur Haut und 10 µA Konstantstrom mit Frequenzen von 10 Hz bis 1 kHz, wobei sie 3 Messungen innerhalb von 6 Stunden durchführten. Die Werte für den dem Widerstand R_2 entsprechenden Leitfähigkeitsanteil lagen zwischen 1.84 und 4.17 µS, die dem Widerstand R entsprechenden Leitfähigkeitsanteile zwischen 0.029 und 0.793 µS, die für C zwischen 0.143 und 0.155 µF. Die Varianzen waren insgesamt gering, die *Verteilungen* annähernd normal, wie aus der Publikation von Yamamoto und Yamamoto (1978), die sich auf denselben Datensatz bezieht, hervorgeht.

An 263 Pbn untersuchte deJongh (1981) die *Hautimpedanz* bei einer angelegten Wechselspannung von 25 Hz und 32 μA Stromstärke. Er verwendete Platinelektroden von 1 cm^2 Fläche und ebenfalls einen flüssigen Elektrolyten (0.015 M NaCl) mit einer Kontaktfläche von 6.2 cm^2, wobei er die mittlere Impedanz von 3 äquidistanten Stellen an der volaren Seite des rechten Unterarms ermittelte. Sie betrug im Mittel über alle Pbn 51.211 kOhm (Streuung = 13.234 kOhm), die entsprechenden *logarithmierten* Werte betragen im Mittel 1.692 log kOhm (Streuung = 0.117 log kOhm). Sowohl Rohwerte als auch logarithmierte Werte waren normalverteilt.

Zipp et al. (1980) fanden bei 12 Pbn bei Ableitungen auf dem Rücken mit Frequenzen zwischen 7 Hz und 1 kHz eine deutlich stärkere Impedanzabnahme nach 30 min bei niedrigen im Vergleich zu hohen Frequenzen.

Wie bereits im Abschnitt 1.4.3.3 erwähnt, liegen zum Verhalten der einzelnen Komponenten von Hautimpedanz bzw. -admittanz *während der EDR* bislang *kaum Ergebnisse* vor. McClendon und Hemingway (1930) fanden zwar parallel zu einer Veränderung der Reaktanz auch eine deutliche kapazitative Änderung während der EDR bei einem Pb. Allerdings wurde von ihnen weder das zugrundegelegte Hautmodell noch die verwendete Methode zur Berechnung von C spezifiziert; auch weisen die zeitlichen *Verläufe eher* auf *tonische* als auf phasische Veränderungen hin. Forbes und Landis (1935) fanden ebenfalls kapazitative Veränderungen während der EDR, die allerdings nur etwa 0.5 bis 1 % des tonischen Wertes ausmachten. Die in diesen Untersuchungen gefundenen kapazitativen Anteile von EDRs konnten von Boucsein et al. (1987) mit an 3 Pbn bei 100 Hz Wechselspannung mit Hilfe erheblich verbesserter Technik (vgl. Abschnitt 2.2.5) gewonnenen Daten nicht bestätigt werden: die *EDR* schien sich *praktisch nur* auf im *Parallelwiderstand* stattfindende Veränderungen zurückführen zu lassen (vgl. Abschnitt 1.4.3.3 und Abbildung 36 im Abschnitt 2.3.1.2.4). Grimnes (1982) erhielt allerdings mit einer auf einem Lock–in Verstärker aufgebauten ähnlichen Meßanordnung deutliche *kapazitative Veränderungen* während durch Bewegungen mit Atemanhalten provozierter EDRs bei 20, 90, 500 und 1000 Hz. Er verwendete jedoch trockene mit AgCl beschichtete Elektroden; auch zeigten seine EDRs *ungewöhnlich lange Anstiegs-* und *Abstiegszeiten*, so daß vermutet werden kann, daß es sich eher um Wirkungen des Aufbaus von Polarisationskapazitäten in der Epidermis als um die von ihm angenommenen Effekte der Befeuchtung von Schweißdrüsenductus–Wänden infolge des Anstiegs der Schweißsäule während der EDR gehandelt haben wird. Dafür spricht auch die von ihm gefundene um 2 sec oder mehr *verlängerte Latenzzeit* der *Suszeptanz* gegenüber der *Konduktanz*.

Die Schlußfolgerung von Edelberg (1971) es sei wahrscheinlich, daß – aufgrund der höchstens im Bereich von 0.5 bis 1 % liegenden kapazitativen Änderungen – die elektrischen Vorgänge während der *EDR* völlig auf *Widerstands-änderungen* im *Parallelzweig* des Hautmodells zurückgeführt werden könnten, kann insgesamt bis heute noch *nicht* schlüssig *widerlegt* werden. Die Ergebnisse entsprechender Untersuchungen scheinen in allerdings weit stärkerem Ausmaß als solche von Gleichspannungsmessungen von *Randbedingungen* wie Elektrodenart, Verwendung von Elektrolyten etc., und zusätzlich noch von der *Frequenz* der angelegten Wechselspannung abhängig zu sein, so daß zur Klärung der Frage einer Beteiligung kapazitativer Strukturen an der EDR noch eine große Zahl systematischer Untersuchungen durchgeführt werden muß.

2.5.3.2 Untersuchungen mit pulsförmig wechselndem Gleichstrom

Yokota und Fujimori (1962) untersuchten an 7 Pbn die Veränderungen der Systemeigenschafen der Haut während der EDR mit Hilfe von *Rechteckpulsen* von 50 msec Dauer, 10 μsec Anstiegsflanke, einer Spannung von 20 bis 100 mV und einer Wiederholfrequenz von 3 bis 5 Hz. Sie verwendeten eine unipolare Ableitung mit einer aktiven palmaren Ag/AgCl–Elektrode und physiologischer NaCl–Lösung als Elektrolyten gegenüber einer inaktiven Elektrode am Unterarm. Entsprechend dem in Abbildung 17 (vgl. Abschnitt 1.4.3.3) dargestellten Modell wurden sowohl der *Serienwiderstand* R_1 als auch der *Parallelwiderstand* R_2 (einschließlich R) und die *Kapazität* C bestimmt, und zwar jeweils vor einer EDR und während des Maximums der betreffenden EDR. Die Veränderungen infolge der EDR waren im *Serienwiderstand* R_1 kleiner als 0.1 kOhm und in der *Kapazität* kleiner als 0.001 μF, dagegen gingen die *Impedanzänderungen während der EDR* voll zu Lasten des *Parallelwiderstandes* R_2, der zwischen 15 % und 49 % abnahm. Die *Ruhewerte* für R_1 lagen zwischen 300 und 800 Ohm, die für R_2 zwischen 34 und 168 kOhm und die für C zwischen 0.12 und 0.29 μF.

Kryspin (1965) verwendete Pulse von 4 sec Dauer mit Stromdichten zwischen 0.1 und 90 μA/cm^2. Er bestimmte mit Hilfe von Ag/AgCl–Elektroden bei 14 Pbn sowohl palmar als auch dorsal an der Hand und dorsal am Fuß die Impedanzen, wobei die mittlere palmare *Impedanz* von 5 Pbn 406 kOhm betrug.

Lykken (1971) führte seine Messungen mit gepulstem Gleichstrom mittels einer unipolaren Ableitung – eine *aktive palmare* Elektrode mit 10 cm^2 Fläche gegenüber einer mit *Skin–drilling* behandelten Unterarm–*Referenzelektrode* – durch. Die *Pulsfolge* war bipolar mit jeweils 50 msec positiver aktiver Elektrode, 50 msec Pause und 50 msec negativer aktiver Elektrode. Er verwendete Spannungen zwischen 0.2 V und 10 V. Die von 6 Pbn erhaltenen Meßwerte wurden nicht im einzelnen mitgeteilt, lediglich, daß der *Serienwiderstand* R_1 recht *konstant* war, was auch für den *Parallelwiderstand* R_2 bis 2 V zutraf; dieser nahm jedoch bei 5 V Spannung um 24 % und bei 10 V um 35 % ab. Wurde die *aktive Ableitstelle* ebenfalls einem *Skin-drilling* unterzogen, so veränderte sich das Lade- und Entladeverhalten der Haut dahingehend, daß aus der in Reihe mit einem sehr kleinen Vorwiderstand anzunehmenden Parallelschaltung eines Widerstands- und eines kapazitativen Elementes eine *reine Kapazitätsschaltung* mit einem *geringen Reihenwiderstand* entstand.

Stephens (1963) benutzte gepulsten Gleichstrom von 3 bis 300 msec Dauer und Erholungszeiten von 1 min sowie eine *unipolare Ableitung* mit einer 7 cm²-Flüssigkeitselektrode am Unterarm, um die Linearität von Strom-Spannungs-Kurven an der Haut bei Stromstärken zwischen 60 μA und 1 mA zu untersuchen. Er fand (bei vermutlich nur einer Messung) lineares Verhalten zwischen -1 und $+1$ V und eine *Hautimpedanz* von 13 kOhm; diese nahm jedoch bei einer Stromstärke von 400 μA auf 4 kOhm ab. Die Zunahme der in der Haut aufgebauten Spannung in den ersten 4 msec entsprach bis 300 μA annähernd einer e-Funktion; bei höheren Stromstärken wich sie erheblich von einer solchen Funktion ab (vgl. Abschnitt 2.3.1.3.2). Die Spannungsabnahme war beim Abschalten von Spannungen um 0.6 V annähernd *exponentiell*, bei Spannungen von 1.4 bzw. 4 V war der Abfall jedoch wesentlich *steiler*. Er schließt aus diesen Meßergebnissen auf ein Verhalten der Haut, das durch einen *nichtlinearen Widerstand* und eine dazu *parallel* geschaltete *kapazitative Größe* modelliert werden kann. Van Boxtel (1977) führte an 4 Pbn Messungen mit Gleichstrompulsen von 1 msec Dauer und verschiedenen Frequenzen sowie Stromstärken von 1 bis 10 mA durch. Er verwendete sowohl Konstantstrom- als auch Konstantspannungsquellen, bipolare Ableitungen am Wadenbein, Ni/Ag-Elektroden mit 3.53 cm² Fläche sowie eine isotonische NaCl-Paste. Der *Parallelwiderstand* R_2 wies eine deutliche *Abhängigkeit* von der *Stromstärke* auf und zeigte auch Veränderungen mit der Zeit und aufgrund von vorangegangenen Stimulationen. R_1 veränderte sich dahingegen nur geringfügig. Damit und auch bezüglich der Wirkung des Skin-drilling konnte er die Ergebnisse von Lykken (1971) gut bestätigen.

Zur Erfassung der *EDR* wurde gepulster Gleichstrom bislang kaum eingesetzt. Lykken (1971) konnte mit dieser Methode zwar in einem Einzelfall *Veränderungen* während einer EDR am Oszillografen zeigen, die auf *kapazitative* Einflüsse zurückgeführt werden könnten, wendet jedoch ein, daß sich ein ähnliches Bild *auch durch* geeignete Veränderungen des *Parallelwiderstandes* R_2 erzeugen ließe. Auch hier liegen wie bei den am Ende des vorigen Abschnitts beschriebenen Messungen mit sinusförmigem Wechselstrom noch zu wenige Ergebnisse vor, um gesicherte Aussagen über die Veränderung einzelner elektrischer Komponenten eines zugrundegelegten Hautmodells während der EDR treffen zu können.

2.5.4 Ausgangswertabhängigkeit

Die Diskussion einer möglichen Ausgangswertabhängigkeit psychophysiologischer Reaktionswerte findet zumeist auf dem Hintergrund der Frage nach der Gültigkeit des von Wilder (1931) formulierten sog. *Ausgangswertgesetzes* (Law of initial values = LIV) statt. Dieses besagt, daß die Höhe von *Reaktionswerten* in vom autonomen Nervensystem gesteuerten physiologischen Systemen *umgekehrt proportional* zu den jeweiligen *Ausgangswerten* sein sollte, wobei bei extrem hohen Ausgangswerten u. U. paradoxe Reaktionen auftreten können. Den Hintergrund für die entsprechenden Überlegungen bildete die heute nicht mehr gültige Auffassung eines strikten Antagonismus des *Sympathikus* und *Parasympathikus*, der im Falle des Überwiegens eines dieser beiden Innervationsformen des autonomen Nervensystems i. S. eines *Homöostase*mechanismus einer weiteren Ausbreitung in der gleichen Richtung entgegenwirkt.

Daß die EDA im Kanon der physiologischen Variablen diesbezüglich eine *Sonderstellung* einnehmen muß, ergibt sich bereits aus der nach bisherigen Erkenntnissen *rein sympathischen Innervation* der an ihrer Enstehung entscheidend beteiligten Schweißdrüsentätigkeit (vgl. Abschnitt 1.3.2.3). Hord et al. (1964, Seite 86) rechnen sie daher auch zu den "Slow equilibrium variables", für die das LIV wegen der fehlenden parasympathischen Gegenregulation *nicht gelten soll*. Daß sich dennoch eine größere Zahl von Untersuchungen mit der Frage nach der Gültigkeit des LIV im Bereich elektrodermaler Aktivität befaßt haben, entspringt wohl eher einem *Mißverständnis*: während für die meisten *anderen* physiologischen Variablen die notwendigen Ausgangs*niveau*werte wegen der ständigen Funktionsfluktuationen nur über spezifische sampling–Methoden ermittelt werden können (vgl. z. B. Malmstrom 1968), bieten sich solche *Niveauwerte bei der EDA* scheinbar sogar für jede einzelne EDR in Form des unmittelbar vorher gemessenen EDL an.

Die Untersuchung der *Gültigkeit des LIV* bei der EDA einerseits und die der *Abhängigkeit* der *EDR* vom momentan vorhandenen *EDL* andererseits sollten jedoch aus der Sicht psychophysiologischer Konzepte *voneinander getrennt* werden. Dies ergibt sich schon daraus, daß mit großer Wahrscheinlichkeit unterschiedliche physiologische Mechanismen für das Zustandekommen von EDR und EDL verantwortlich sind (vgl. Abschnitt 1.4.2.3), während bei der Untersuchung der Ausgangswertabhängigkeit i. S. des LIV den Ausgangs- und Reaktionswerten die gleichen Parameter zugrunde liegen. Eine solche Unterscheidung folgt auch dem Vorschlag von Levey (1980), die folgenden beiden tonischen EDA-Werte voneinander zu trennen:

(1) das *Ruheniveau* vor Beginn jeder *Stimulation* bzw. vor Einführung der experimentellen Bedingungen. Dieses würde dem zur Untersuchung der Gültigkeit des LIV notwendigen *Ausgangslagen–Niveauwert* entsprechen,

(2) den *EDL* in den *Intervallen* zwischen einzelnen EDRs *während* der *Stimulation* selbst, z. B. in den Interstimulusintervallen während eines Habituationsexperiments. Dieser tonische Wert wäre der zur Untersuchung *tonisch–phasischer Abhängigkeiten* notwendige jeweilige EDL.

In den beiden folgenden Abschnitten werden daher die mögliche Abhängigkeit der EDR vom Ruheniveau (Abschnitt 2.5.4.1) und die mögliche Beziehung der EDR zur unmittelbar vorangegangenen EDL (Abschnitt 2.5.4.2) gesondert behandelt.

2.5.4.1 Abhängigkeit der Reaktionslagenwerte von den Ausgangslagenwerten

Die Problematik der *Ausgangswertabhängigkeit* von *Reaktions-* bzw. *Verlaufswerten* bei den verschiedenen psychophysiologischen Größen wurde in den 50er Jahren in einer Reihe von Veröffentlichungen diskutiert, allerdings meist auf unzureichender empirischer Datenbasis und ohne sorgfältige Trennung von *physiologischen* und *statistischen* Konzepten. Eine ausführliche Darstellung sowohl der theoretischen Grundlagen als auch einer empirischen Überprüfung des LIV an unfangreichem Datenmaterial findet sich bei Myrtek et al. (1977), die vor allem systematisch den Anteil des statistisch bedingten sog. a · (a−b)-*Effekts*[43] an der Ausgangswertabhängigkeit untersuchten. Wurde dieser Effekt *mathematisch kontrolliert*, so zeigten sich bei einer intraindividuellen Überprüfung des LIV an 20 Pbn über 16 Termine hinweg sowie bei zwei interindividuellen Untersuchungen der Ausgangswertabhängigkeit an 107 und 67 Pbn *nur noch wenige* mit dem LIV *konforme* negative Korrelationen zwischen Ausgangs- und Reaktionsgrößen, dagegen in etwa *doppelt so vielen* Fällen sogar dem LIV *entgegengesetzte* positive Korrelationen. Insgesamt kann das LIV aufgrund der wenig überzeugenden Versuche, es empirisch zu bestätigen, *nicht den Rang eines allgemeingültigen Gesetzes* einnehmen, den ihm Wilder (1931) und auch in den späteren Veröffentlichungen immer wieder zu geben versucht hat; es muß vielmehr eher als eine *seltene Ausnahme* angesehen werden (Myrtek und Foerster 1986).

Zur Ausgangswertabhängigkeit elektrodermaler Reaktivität liegen nur wenige Untersuchungen vor, die nicht ausschließlich die Abhängigkeit der EDR vom unmittelbar vorher gemessenen EDL zum Gegenstand haben (vgl. Abschnitt

---

[43]Sind eine Ausgangsgröße a und eine Verlaufsgröße b unkorreliert, muß die Korrelation der Reaktionsgröße (a−b) mit der Ausgangsgröße a ungleich Null werden. Bei physiologischen Variablen sind a und b jedoch i. d. R. nicht ganz unabhängig voneinander, was zu unterschiedlich hohen Korrelationen zwischen a und b und damit zu einem verschieden großen a · (a−b)-Effekt führt.

2.5.4.2). Daneben wurde z. T. die Frage der Ausgangswertabhängigkeit der EDA
– wie auch die im nächsten Abschnitt behandelte Levelabhängigkeit – vorschnell
mit der Problematik der Wahl von SC bzw. SR als adäquater Maßeinheit (vgl.
Abschnitt 2.6.5) verknüpft, und es wurde auch die Notwendigkeit, den sog.
a · (a−b)-Effekt zu kontrollieren, meist nicht erkannt.

Im Zuge der Überprüfung der Gültigkeit des LIV für die verschiedenen psychophysiologischen Variablen bestimmten Hord et al. (1964) bei insgesamt 105 Pbn den SRL vor einem 500–Hz–Ton von 73 dB und den niedrigsten SRL[44] in den 5 sec nach diesem Ton. Sie transformierten die Widerstands- in Leitwerte und fanden teilweise hohe *positive* Korrelationen (r = 0.35 bis 0.77) zwischen dem SCL vor und dem Anstieg des SCL nach dem Reiz und damit *keine Gültigkeit* des LIV. Die Autoren vermuteten jedoch, daß aufgrund der reziproken Beziehungen zwischen Leitfähigkeit und Widerstand das LIV für *Widerstands*einheiten *gelten müsse*. Benjamin (1967) zeigte daraufhin jedoch in einer sog. Monte–Carlo–Studie anhand einer großen Zahl von Zufallszahlen–Korrelationen, daß eine reziproke Transformation zwar das Vorzeichen der Korrelation von Prestimulus- zu Differenzwerten ändern kann, dies jedoch nicht zwangsläufig der Fall ist, und kam zu dem Schluß, daß die o. g. Überlegungen von Hord et al. (1964) zur Gültigkeit des LIV bei SR- im Gegensatz zu SC–Daten *auf falschen Voraussetzungen* beruhten.

Myrtek et al. (1977) bestimmten bei 67 Pbn sowohl in der Ausgangslage als auch während Kopfrechnens unter Lärmbelastung mit Standardmethodik den SCL als Mittelwert aus den jeweils 5 min dauernden Meßphasen. Sie fanden eine *nicht signifikante* Korrelation von r = −0.19 zwischen der *Ausgangslage* und dem SCL–Anstieg während des *Kopfrechnens*; auch war der von ihnen gebildete Zusammenhangskoeffizient zur Ermittlung der "echten" Ausgangswertabhängigkeit unter Umgehung des a · (a−b)-Effekts nicht signifikant.

Shapiro und Leiderman (1964) konnten bei *Hautpotential*messungen an 53 Krankenschwesternschülerinnen (vgl. Abschnitt 2.5.1.2) die Gültigkeit des LIV *nicht bestätigen*. Sie fanden lediglich eine Korrelation von r = −0.09 zwischen dem mittleren SPL in der Ausgangslage und dessen Zunahme während einer leichten Reaktionstätigkeit. Gaviria et al. (1969) untersuchten bei 20 männlichen und 20 weiblichen Pbn (Ehepaaren) mit gleichzeitigen SP- und SR–Ableitungen die Ausgangswertabhängigkeit *endosomatischer* und *exosomatischer* EDA (zur Methodik vgl. Abschnitt 2.5.1.3). Die Korrelationen zwischen den Ausgangslagenwerten und den Veränderungen des EDL während 5 verschiedener akustischer Darbietungen lagen zwischen r = 0.47 und r = −0.47 und wurden nur beim Hautwiderstand für männliche und weibliche Pbn in je einem Fall signifikant. In den meisten Fällen waren also *keine Zusammenhänge* i. S. des LIV nachzuweisen.

---

[44]Palmare Ableitungen mit Zinksulfatpaste und 40 µA Stromstärke.

Wie Venables und Christie (1980) auch angesichts der *überwiegend negativen* Ergebnisse feststellen, besteht insgesamt noch *kein Konsens* bezüglich einer *Gültigkeit des LIV* bei der EDA, und es ist auch zu bezweifeln, ob diese Frage in einer solch allgemeinen Formulierung überhaupt beantwortet werden kann. Andererseits kann auch in Zukunft auf eine *Überprüfung* möglicher Ausgangswertabhängigkeiten *dann nicht verzichtet werden*, wenn Reaktionsgrößen in Form von *Differenzen* zwischen *Verlaufswerten* und *Ausgangswerten* gebildet werden sollen. Wenn das LIV in einem solchen Fall gilt, enthalten Beurteilungen der individuellen Reaktivität anhand der Differenzen zur Ausgangslage einen systematischen Fehler, da sie vom jeweiligen Ausgangswert signifikant mitbedingt werden (Fahrenberg 1967); das gleiche gilt bei statistisch bedeutsamen positiven Korrelationen zwischen Reaktions- und Ausgangslagenwerten, die dem LIV widersprechen.

In der Absicht, die *Ausgangswertproblematik* durch die Berechnung entsprechender *biasfreier Reaktivitätswerte* zu *umgehen*, verwenden viele Autoren die von Lacey (1956) vorgeschlagenen ALS-Werte (vgl. Abschnitt 2.3.3.4.4). Diese nehmen praktisch eine *kovarianzanalytische Korrektur* der Verlaufswerte vor und liefern damit Reaktionswerte, die definitionsgemäß von Ausgangswerteinflüssen unabhängig sind. Allerdings werden dabei *Voraussetzungen* wie die Linearität der Regression der Reaktions- auf die Ausgangswerte bzw. bivariate Normalverteilung oder gar Homoskedastizität i. d. R. *nicht überprüft* und sind auch häufig *nicht gegeben* (Fahrenberg und Myrtek 1967, Lykken und Venables 1971). Daneben findet so gut wie keine Beachtung, daß die *Stichproben* im allgemeinen für die bei der Berechnung von ALS-Werten notwendige Standardisierung *zu klein* sind.

Eine systematische empirische Analyse *verschiedener Ausgangswert-Korrekturmethoden* von einfachen Differenzwertbildungen über ALS-Werte bis hin zu anhand von Hauptkomponentenanalysen gebildeten Reaktionsmaßen führten Fahrenberg et al. (1979) an einem umfangreichen Datenmaterial durch. Sie kamen zu dem Schluß, daß *keine generelle Empfehlung* für eine bestimmte Korrekturmethode gegeben werden kann; in jedem einzelnen Fall sollten vielmehr die eventuell vorhandenen Ausgangswertabhängigkeiten anhand *bivariater Verteilungen* von *Ruhe-* und *Reaktionswerten* sowie anhand der *Korrelation* von Ruhe- und Verlaufswerten geprüft und danach die Entscheidung für oder gegen eine Korrektur der Reaktions- bzw. Verlaufswerte getroffen werden. Die *Grundfrage*, ob statistische Korrekturen von Reaktionswerten aufgrund von Ausgangswerten *psychophysiologisch sinnvoll* sind, oder ob die Ausgangswertabhängigkeit als systemspezifische Reaktionskomponente lediglich durch besondere Parameter erfaßt und zusätzlich mitgeteilt werden sollte, läßt sich jedenfalls zum gegenwärtigen Zeitpunkt nicht entscheiden.

Bei der EDA kann eine Form von Ausgangswertabhängigkeit in tonischen *Extrembereichen* durch sog. *Decken-* bzw. *Bodeneffekte* auftreten. Ist z. B. der SCL in der Ruhephase zu Versuchsbeginn bereits sehr hoch, so kann er schon aus *physiologischen Gründen* durch die Einführung aktivierender Versuchsbedingungen im Vergleich zu einem mittleren SCL-Ausgangsniveau nur noch begrenzt zunehmen (Deckeneffekt), umgekehrt kann ein sehr niedriger SCL durch desaktivierende Bedingungen nur noch wenig abnehmen (Bodeneffekt). Diese Ausgangswertabhängigkeit kann zwar eine *Gültigkeit* des *LIV vortäuschen*, entspricht jedoch nicht dessen ursprünglichem Konzept, da es sich hierbei *nicht* um eine Folge *homöostatischer Regelung* handelt (Lykken und Venables 1971). Ähnliches gilt bei einem Vergleich von Gruppen, die möglicherweise einen habituell unterschiedlichen EDL aufweisen, wie z. B. Ängstliche und Nichtängstliche (Edelberg 1972a, vgl. auch Abschnitt 3.3.1.2). Daher empfiehlt sich bei der Beurteilung elektrodermaler Reaktivität stets eine ggf. auf *individueller Basis* vorzunehmende Betrachtung der Ausgangslagewerte.

2.5.4.2 Abhängigkeit der phasischen von der tonischen EDA

Im vorigen Abschnitt wurde bereits darauf hingewiesen, daß sich die Mehrzahl der Untersuchungen zur Ausgangswertabhängigkeit elektrodermaler Reaktionen mit der Abhängigkeit der EDR vom unmittelbar vorangehenden EDL befassen. Es erscheint jedoch wenig lohnend, die in der Literatur berichteten phasisch/tonischen Korrelationen im einzelnen zu referieren, da die *Ergebnisse* der Untersuchungen *zur Levelabhängigkeit* außerordentlich *inkonsistent* sind, was vor allem auf die unterschiedlichen Versuchsanordnungen zurückzuführen sein dürfte. Einmal spielen generelle *Situationscharakteristika* eine Rolle: so könnte als Folge von aktivierend *wirkenden* situativen Bedingungen, z. B. in experimentellen Streßsituationen (vgl. Abschnitt 3.2.1.4), der SCL über die gesamte Registrierstrecke hinweg zunehmen, während er in einer *desaktivierenden* Situation, z. B. der im gleichen Experiment verwendeten Kontrollbedingung, abnimmt. Für die auf Einzelreize folgenden SCRs würde unter beiden Bedingungen aufgrund der zu erwartenden Habituation (vgl. Abschnitt 3.1.1.2) eine Abnahme der Amplituden über die Zeit hinweg vorherzusagen sein, so daß sich einmal in der aktivierenden Situation ein *negativer*, unter der desaktivierenden Bedingung ein *positiver Zusammenhang* zwischen SCL und SCR amp. zeigen würde.

Zum anderen ergeben sich i. d. R. unterschiedliche Levelabhängigkeiten, je nachdem, ob *interindividuelle* oder *intraindividuelle Korrelationen* berechnet werden. So fanden Martin und Rust (1976) in einem Habituationsexperiment mit 21 Tönen von 1000 Hz und 95 dB an 84 Zwillingen, daß die Zusammenhänge zwischen SCR amp. und SCL von der verwendeten Korrelationstechnik abhängig waren: während die interindividuelle Korrelation der mittleren Werte über alle Reize hinweg r = 0.619 betrug, ließ sich bei der gepoolten intraindividuellen Korrelation kein Zusammenhang mehr feststellen (r = 0.081). Venables und Christie (1980) berichten eine gute Übereinstimmung der o. g. intraindividuellen Korrelation mit einer von ihnen an 123 Pbn gefundenen Korrelation von r = 0.62 zwischen der SCR amp. auf einen einzigen akustischen Reiz und dem vorhergehenden SCL.

Auch Boucsein et al. (1984a) fanden bei 60 Pbn durchweg *positive* mittlere *interindividuelle* Korrelationen zwischen mit Standardmethodik ermittelten SCR amp. und SCL; die Zusammenhänge wurden allerdings mit *zunehmender Intensität* des applizierten weißen Rauschens *geringer* (von r = 0.613 bei 60 dBA bis r = 0.315 bei 110 dBA). Die über alle 30 Reize, d. h. auch über die unterschiedlichen Intensitäten hinweg, berechneten entsprechenden *intraindividuellen* Korrelationen lagen im Mittel bei r = 0.06 und wiesen einen großen Range auf.

Bereits Block und Bridger (1962) hatten bei 18 Pbn, denen 32 elektrische Reize 4 unterschiedlicher Stärken verabreicht wurden, gefunden, daß sich die Form der *interindividuell* bestimmten *Regression* der SRR amp. auf den vorhergehenden SRL *nicht* aus den *Regressionen innerhalb* der einzelnen Pbn über die Reize hinweg vorhersagen ließ. Zusätzlich zu der Betrachtung von auf der Basis von Gruppenstatistiken gewonnenen Levelabhängigkeiten sollten demnach möglichst *auch intraindividuelle Zusammenhänge* zwischen EDR und EDL berechnet und in die Interpretation einbezogen werden.

Mit dem Ziel einer *Eliminierung* von *Abhängigkeiten* der phasischen von der tonischen EDA werden vielfach *Korrekturen* der EDR anhand des EDL vorgenommen. Wie bei der Ausgangslagenproblematik (vgl. Abschnitt 2.5.4.1) muß auch bei der Levelabhängigkeit *von der generellen* Verwendung von Ausgangswert*korrekturen* wie z. B. von ALS-Werten (vgl. Abschnitt 2.3.3.4.4) *abgeraten* werden, da ohne eine sorgfältige Prüfung der individuellen Datenstrukturen nicht auszuschließen ist, daß dabei wesentliche Parametereigenschaften verlorengehen und Fehlinterpretationen der Reaktivität des elektrodermalen Systems auftreten können. Nach Grings (1974) sollten bezüglich einer möglichen Anpassung der EDR aufgrund des EDL grundsätzlich *zwei Fälle* unterschieden werden:

(1) Beide Größen können als *korrelierende Indikatoren* des zu untersuchenden Phänomens angesehen werden, die jeweils *spezifische Varianzanteile* aufklären. In diesem Fall würde man *keine Ausgangswertkorrektur* vornehmen, sondern versuchen, die *Information* beider Größen zu *kombinieren*. Ein Beispiel hierfür wären kanonische Korrelationen zwischen "elektrodermalem Verhalten" einerseits und Persönlichkeitsdimensionen (vgl. Kapitel 3.3) andererseits.

(2) Die Fragestellung verlangt ausdrücklich eine Bewertung der EDRs, wobei die durch *unterschiedliche EDLs* hervorgerufene Varianz als *störend* angesehen wird und daher *eliminiert werden* sollte. Beispiele hierfür wäre die Verwendung der EDR als Indikator für *Orientierungsreaktionen* (vgl. Abschnitt 3.1.1.1) oder *konditionierte Reaktionen* (vgl. Abschnitt 3.1.2). In diesem Fall können bei unterschiedlichen EDLs entsprechende Korrekturen angebracht sein (vgl. Abschnitt 2.3.3.4). Dabei sollte jedoch sorgfältig geprüft werden, ob das *unterschiedliche elektrodermale Niveau nicht bereits* eine *Folge* der experimentellen Manipulation ist.

Eine ausführliche Diskussion derartiger *Korrekturen*, die ja entweder auf der Anwendung von *Transformationen* oder auf *Regressionstechniken* basieren, findet sich bei Levey (1980, Seite 619 ff.). Edelberg (1972a) weist – wie auch Grings (1974) – darauf hin, daß Korrekturen der EDR aufgrund des EDL insbesondere dann problematisch sind, wenn Unterschiede im EDL ebenso eine Folge der miteinander zu vergleichenden experimentellen Bedingungen sind wie Unterschiede in den einzelnen Reaktionen.

Ein in diesem Zusammenhang sowohl theoretisch als auch praktisch bedeutsamer Gesichtspunkt ist, daß die *Niveauabhängigkeit* der EDR *gegenüber* einer *Transformation* von *SR-* in *SC-Daten* und umgekehrt (vgl. Abschnitt 2.3.3.2) *nicht invariant* ist (Johnson und Lubin 1972). So konnten Boucsein et al. (1984a) in ihrer o. g. Studie zeigen, daß die *Korrelationen* zwischen *SRR* und *SRL* mit *Zunahme der Reizintensität größer* wurden, während sich die Korrelationen zwischen den simultan gemessenen SCR und SCL umgekehrt verhielten. Daneben waren die über die unterschiedlichen Reizintensitäten hinweg ermittelten intraindividuellen *tonisch–phasischen Korrelationen* für die *SR* signifikant *höher* als für die *SC*, wobei eine hohe Streuung der Korrelationen auf *große interindividuelle Unterschiede* in der Niveauabhängigkeit der EDR hinweist.

Eine mögliche Erklärung dieser *differentiellen Niveauabhängigkeit* bei SC und SR kann anhand des vereinfachten Montagu–Coles–Modells (vgl. rechte Seite der Abbildung 14 im Abschnitt 1.4.3.1) gegeben werden: betrachtet man R_1 und R_2, die Widerstände der Dermis und des Stratum corneum, als im wesentlichen für den *EDL*, einen auf die Schweißdrüsenaktivität zurückführbaren *variablen* Widerstand x dagegen als für die *EDR* verantwortlich, so setzt sich der *Gesamtwiderstand R* nach der Additionsregel für die Bildung des Gesamtwiderstandes aus zwei hintereinander geschalteten Widerständen (vgl. Gleichung (6e) im Abschnitt 1.4.1.2) folgendermaßen aus R_1 und dem Ersatzwiderstand für R_2 und R zusammen (zur Vermeidung von Verwechslungen wird im folgenden anstelle von R in Gleichung (22) im Abschnitt 1.4.3.1 der Parameter x verwendet):

$$R = R_1 + \frac{R_2 \cdot x}{R_2 + x} \qquad (47)$$

Für die entsprechenden *Leitwerte* G (entsprechend R), G_1 (entsprechend R_1), G_2 (entsprechend R_2) und y (entsprechend x) ergibt sich gemäß Gleichung (2a) im Abschnitt 1.4.1.1 zunächst:

$$\frac{1}{G} = \frac{1}{G_1} + \frac{\frac{1}{G_2} \cdot \frac{1}{y}}{\frac{1}{G_2} + \frac{1}{y}} \qquad (48a)$$

Macht man die Summanden im Nenner des rechten Bruches in Gleichung (48a) gleichnamig, kann man dort $1/G_2 \cdot y$ kürzen und erhält:

$$\frac{1}{G} = \frac{1}{G_1} + \frac{1}{G_2 + y} \qquad (48b)$$

Gleichnamig machen und Ausführung der Addition in Gleichung (48b) ergibt:

$$\frac{1}{G} = \frac{G_1 + G_2 + y}{G_1(G_2 + y)} \qquad (48c)$$

Invertiert man Gleichung (48c), so ergibt sich die zur Gleichung (47) äquivalente Beziehung für den *Gesamtleitwert*:

$$G = \frac{G_1(G_2 + y)}{G_1 + G_2 + y} \qquad (48d)$$

Zur Berechnung der Variation dR des Gesamtwiderstandes in Abhängigkeit von kleinen Veränderungen dx wird die Gleichung (47) differenziert, wobei R_1 wegfällt, da er *konstant* ist:

$$dR = d\frac{R_2 \cdot x}{R_2 + x} \qquad (49a)$$

Da auch R_2 als bei der SRR *konstant* angesehen wird, ist nach den Regeln für das Differenzieren von Konstanten: $d(R_2 \cdot x) = R_2 \cdot dx$ und $d(R_2 + x) = dx$; nach der Quotientenregel ergibt sich aus Gleichung (49a) demnach:

$$dR = \frac{(R_2 + x)R_2 \cdot dx - R_2 \cdot x \cdot dx}{(R_2 + x)^2} \qquad (49b)$$

woraus sich durch Ausmultiplizieren ergibt:

$$dR = \frac{R_2^2}{(R_2 + x)^2} dx \qquad (49c)$$

Entsprechend läßt sich durch Differenzieren von dG nach dy aus Gleichung (48d) unter der *Konstanz*annahme für G_1 und G_2 ableiten:

$$dG = d\frac{G_1(G_2 + y)}{G_1 + G_2 + y} \qquad (50a)$$

Ausmultiplizieren des Zählers in Gleichung (50a) ergibt: $G_1(G_2 + y) = G_1 \cdot G_2 + G_1 \cdot y$. Differenziert man diese Gleichung, erhält man, da $G_1 \cdot G_2 =$ konstant ist: $d(G_1 \cdot G_2 + G_1 \cdot y) = G_1 \cdot dy$. Differenziert man den Nenner in Gleichung (50a), erhält man: $d(G_1 + G_2 + y) = dy$. Nach der Quotientenregel ergibt sich demnach:

$$dG = \frac{(G_1 + G_2 + y)G_1 \cdot dy - (G_1 \cdot G_2 + G_1 \cdot y)dy}{(G_1 + G_2 + y)^2} \quad (50b)$$

Daraus erhält man durch Ausmultiplizieren:

$$dG = \frac{G_1{}^2}{(G_1 + G_2 + y)^2} dy \quad (50c)$$

Aus den äquivalenten Gleichungen (49c) und (50c) kann mann ersehen, daß *SRR* und *SCR* nicht nur von den "wahren" Widerstands- bzw. Leitwertsänderungen X bzw. Y abhängig sind, sondern in *unterschiedlicher Weise* durch die *verschiedenen Zweige* der im Modell enthaltenen *Grundwiderstände* bzw. *-leitwerte* beeinflußt werden[45].

Die in vielen Untersuchungen gefundenen *Abhängigkeiten* der *phasischen* von der *tonischen* EDA lassen sich also auch theoretisch am *Modell* zeigen, gleichzeitig wird jedoch eine *differentielle Niveauabhängigkeit* deutlich, die – neben den eingangs erwähnten situativen und individuellen Einflüssen – zu *unterschiedlichen* und teilweise gegensätzlichen *Ergebnissen* führen kann.

Ähnlich wie im Bereich der im vorigen Abschnitt besprochenen Ausgangswertabhängigkeit haben auch bei der Betrachtung der Levelabhängigkeit nicht völlig durchdachte Überlegungen zur *Reziprozität* von SC und SR zu *voreiligen Schlüssen bezüglich* der zu wählenden *Maßeinheit* geführt (vgl. Abschnitt 2.6.5). Lykken und Venables (1971) zeigen auf Seite 669 anhand eines fiktiven Zahlenbeispiels, daß *unkorrelierte* tonische und phasische SC-Werte *nach einer Transformation* in SR-Einheiten praktisch einen vollständigen *positiven Zusammenhang* aufweisen. Das Zahlenbeispiel ist in Tabelle 5 wiedergegeben; zusätzlich wurden jedoch *in gleicher Weise* unkorrelierte *SRL-* und *SRR-Werte* erzeugt und in SC-Einheiten *transformiert*, die zwangsläufig wegen der beiderseitigen reziproken Beziehung ebenfalls einen fast vollständigen *positiven Zusammenhang* zeigen. Die Schlußfolgerung von Lykken und Venables, *SC-Einheiten* seien wegen der nicht vorhandenen Abhängigkeit der EDR vom EDL den SR-Einheiten *vorzuziehen*, beruht demnach auf *falschen Voraussetzungen*.

---

[45] Werden der Widerstand R_2 bzw. die Leitfähigkeit G_2 der Epidermis ebenfalls als veränderlich angenommen, werden die Gleichungen (49c) bzw. (50c) zwar komplizierter, da nach einer 2. Variablen differenziert werden muß; unterschiedliche Levelabhängigkeiten treten jedoch auch in diesem Falle auf.

Tabelle 5: Fiktive Beispiele für die Entstehung von korrelativen Abhängigkeiten zwischen vorher unabhängigen EDRs und EDLs nach einer Transformation von SC in SR und umgekehrt. Beispiel A: aus Lykken und Venables (1971, Seite 669), Beispiel B: Gegenbeispiel, von SR ausgehend. Zur Transformation wurden die Gleichungen (5a) und (5b) verwendet (vgl. Abschnitt 1.4.1.1).

Beispiel A:					Beispiel B:				
Trial	SCL	SCR	SRL	SRR	Trial	SRL	SRR	SCL	SCR
	µS	µS	kΩ	kΩ		kΩ	kΩ	µS	µS
1	10	1	100	9.09	1	100	10	10	0.11
2	11	1	91	7.57	2	90	10	11	0.13
3	12	1	83	6.41	3	80	10	13	0.18
4	13	1	77	5.49	4	70	10	14	0.24
5	14	1	71	4.76	5	60	10	17	0.33
6	15	1	67	4.17	6	50	10	20	0.50
7	16	1	62	3.68	7	40	10	25	0.83
Korrelation EDR/EDL	0.0		0.998			0.0		0.985	

Zu einem ähnlichen Fehlschluß kommen Bull und Gale (1974) anhand eines von ihnen erhobenen Datensatzes. Ihre Erwartung, durch die Registrierung der EDRs auf nur jeweils einen Reiz pro Sitzung an 10 verschiedenen Tagen mit jeweils mehrtägigen Abständen Habituationseffekte vermeiden zu können, erfüllte sich nur bei 7 von 15 Pbn. Hier zeigten sich bei der mit Standard-*Konstantstromtechnik* (allerdings ohne die notwendige Adaptationszeit für das Elektroden–Haut–System) gemessenen *SRR* eine deutlich *inverse Beziehung* zum unmittelbar vorher aufgetretenen *SRL*, was von den Autoren i. S. der Gültigkeit des LIV interpretiert wurde, während sich bei den daraus durch *Transformation* erhaltenen *SC*–Werten *kein* derartiger *Zusammenhang*, ja eher ein Trend zum Gegenteil zeigte. Dies läßt sich aufgrund der vorgenommenen Transformation leicht einsehen und kann wegen der schmalen Datenbasis *nicht als generelles Argument für SC* als adäquate Maßeinheit gewertet werden.

Zusammenfassend kann festgehalten werden, daß eine *empirische Aufklärung* der Beziehungen zwischen *tonischer* und *phasischer* EDA *noch aussteht*, daß die Anwendung von *Ausgangswertkorrekturen* der EDR unter Verwendung des EDL *problematisch* ist und daß die *Verknüpfung* von Fragen der *Levelabhängigkeit* mit solchen nach der *adäquaten Maßeinheit* für die exosomatische EDA aufgrund der vorliegenden Untersuchungsergebnisse *nicht gerechtfertigt* ist.

2.6 Stand der Diskussion um die Verwendung der unterschiedlichen Meßkonzepte

Die Meßkonzepte zur Erfassung der elektrodermalen Aktivität lassen sich – wie in der Einleitung zum Kapitel 1.4 dargelegt wurde – nach ihrem systemtheoretischen Zugang in 3 Gruppen einteilen: (1) *endosomatische* Messungen, (2) *exosomatische* Messungen mit Gleichstrom und (3) *exosomatische* Messungen mit *Wechselstrom*. Die entsprechenden *Meßtechniken* wurden in den Abschnitten 2.2.3 bis 2.2.5, die elektrophysikalischen *Grundlagen* dazu im Kapitel 2.1 beschrieben. In den einzelnen Abschnitten des vorliegenden Kapitels soll versucht werden, die Vor- und Nachteile der einzelnen Meßverfahren zusammenfassend darzustellen.

Von den 3 grundsätzlich zu unterscheidenden Zugängen zur EDA wurde in der überwiegenden Zahl von Untersuchungen die *exosomatische Gleichstrommessung* angewandt. Obwohl *endosomatische* Messungen unbestreitbar Vorteile durch das Fehlen eines angelegten Meßstroms aufweisen, sind sie *ableittechnisch* und *interpretativ schwerer* zu beherrschen als exosomatische Methoden, worauf im Abschnitt 2.6.1 näher eingegangen wird. *Die Wechselstrommessung* ist ebenfalls meß- und auswertungstechnisch *komplizierter*, aber auch *aufschlußreicher* als die Gleichstrommessung, und wurde bislang nur von wenigen Arbeitsgruppen angewandt; eine Gegenüberstellung erfolgt im Abschnitt 2.6.3.

Zusätzlich wird im Abschnitt 2.6.2 auf die für den Bereich der exosomatischen Gleichstrommessung teilweise heftig geführte *Kontroverse* zum Problem *Konstantstrom-* vs. *Konstantspannungsverfahren* eingegangen. Wenn auch bereits von Lykken und Venables (1971) eine eindeutige Empfehlung für die Verwendung des Konstantspannungsverfahrens gegeben wurde, finden *beide Meßverfahren* – nach des Verfassers Meinung durchaus zu Recht – heute noch *gleichberechtigt* Anwendung.

Der Abschnitt 2.6.4 greift noch einmal die Frage nach den Vor- und Nachteilen der im Abschnitt 2.1.3 beschriebenen *AC-Auskopplungen* der EDR aus dem EDA-Signal auf. Auf ein anderes, weniger zentral erscheinendes Problem bei der Methodenwahl, die Verwendung von trockenen oder feuchten Elektroden, wurde bereits im Abschnitt 2.2.8.3 eingegangen.

Die in diesem Kapitel enthaltenen *Gegenüberstellungen* der verschiedenen elektrodermalen *Meßkonzepte* sollen die umfangreiche Darstellung der diversivizierten im Teil 2 besprochenen Meß- und Auswertungsmethoden *abrunden* und damit dem Anwender die Möglichkeit geben, das für seine Fragestellung *optimale Konzept* der EDA-Messung *zu planen*. Die in den folgenden Abschnitten zu führenden Diskussionen werden jedoch auch zeigen, daß die *unterschiedlichen Zugänge* zur Erfassung der EDA trotz der verschiedenen Standardisierungsbemühungen voraussichtlich weiterhin ihren *Stellenwert behalten* werden.

2.6.1 Endosomatische oder exosomatische Messung

Die Frage, ob es günstiger sei, die elektrodermale Aktivität *mit* oder *ohne* Anlegen eines *Fremdstroms* zu messen, wurde in der Literatur ausführlich diskutiert (entsprechende Literaturhinweise z. B. bei Grings 1974, Seite 277). Die bei weitem *überwiegende Zahl* von Untersuchungen zur EDA wurde allerdings mit der *exosomatischen Methode* durchgeführt. Ein Hauptgrund hierfür liegt vermutlich in der Problematik, die SPR-Amplitude zu parametrisieren (vgl. Abschnitte 2.3.1.2.1 und 2.5.1.1) und dementsprechend auch zu interpretieren. So greifen Fowles et al. (1981) die bereits von Lykken und Venables (1971) gegebene Empfehlung wieder auf, die *Hautleitfähigkeits-* der Hautpotentialmessung vorzuziehen, es sei denn, man habe ein definitives Interesse an der endosomatischen EDA und möchte seine Ergebnisse mit denen der entsprechenden Literatur vergleichen. Im folgenden sollen dennoch die *Vorteile* der *beiden Methoden* – und damit die Nachteile der jeweils anderen Methode – noch einmal zusammenfassend dargestellt werden. Die *exosomatische* EDA-Messung besitzt gegenüber der endosomatischen Messung einige überwiegend technische *Vorteile* (Edelberg 1967):

(1) sie benötigt *keine inaktive* Referenzelektrode (vgl. Abschnitt 2.2.3),
(2) sie ist *weniger anfällig* gegenüber *Elektroden-Artefakten*, da bei der endosomatischen Messung die Elektrodendrift untrennbar mit dem Signal verbunden ist; auch spielen *Fehlerpotentiale* eine *geringere* Rolle (vgl. Abschnitt 2.2.2.2),
(3) sie ist *weniger anfällig* gegenüber *Bewegungsartefakten*,
(4) zumindest bei Anwendung der *Konstantstrommethode* ist eine *weniger hohe Verstärkung erforderlich* und daher eine geringere Artefaktanfälligkeit gegeben (vgl. Abschnitt 2.2.7.1) als bei der endosomatischen Messung.

Fowles et al. (1981) nennen 4 *weitere Vorteile* der *exosomatischen* Messung:

(5) es treten *geringere Hydrationseffekte* auf,
(6) die Interpretation der Ergebnisse exosomatischer Messungen wird dadurch erleichtert, daß *die Veränderungen stets monophasisch* sind und nicht, wie bei der endosomatischen Messung, mehrphasisch sein können (vgl. Abschnitt 2.3.1.2.1),
(7) auch ist wesentlich *mehr über physiologische Korrelate* der exosomatischen EDA-Messungen *bekannt*, da der weitaus größte Teil der Untersuchungen zur elektrodermalen Aktivität mit exosomatischen Methoden durchgeführt wurde,
(8) bei der exosomatischen EDA-Messung *treten keine Schmerzen auf*, wie sie ggf. unter der inaktiven Elektrode bei der SP-Messung entstehen können (vgl. Abschnitt 2.2.1.2).

Auf der anderen Seite hat die *endosomatische* Methode gegenüber der exosomatischen ebenfalls einige *Vorteile*:

(1) bei der endosomatischen Methode gibt es *keine Polarisationsprobleme* an den *Elektroden*, da kein externer Strom fließt,
(2) die *Meßmethode* wird *als "physiologischer"* angesehen, da das System Haut nicht durch das Anlegen eines Fremdstroms verändert wird. Dies dürfte sich insbesondere bei Langzeitmessungen als Vorteil erweisen (vgl. Abschnitt 2.2.8.1),
(3) es werden *keine gesonderten Schaltungen* benötigt, da die endosomatische EDA–Messung mit jedem genügend empfindlichen hochohmigen Meßverstärker durchgeführt werden kann, es sei denn, man möchte eine Trennung von Niveau- und Reaktionswerten vornehmen (vgl. Abschnitt 2.1.3). Man wird also bei einem guten Bioverstärkersystem *keinen zusätzlichen EDA–Koppler* anschaffen müssen.

Fowles et al. (1981) nennen noch einen *weiteren Vorteil* der *endosomatischen* Methode:

(4) wenn man *lediglich* die *Anzahl* der NS.EDRs (vgl. Abschnitt 2.3.2.2) ermitteln möchte, kann nach Beobachtungen, die Edelberg den o. g. Autoren mitgeteilt hat, die *Hautpotentialmessung sensitiver* als die Hautleitfähigkeitsmessung sein.

Systematische *Methodenvergleichsstudien* an größeren Stichproben mit simultan erhobenen endosomatischen und exosomatischen EDA-Messungen, z. B. mit verschiedenen Ableitorten, wurden allerdings bislang kaum durchgeführt. Burstein et al. (1965) fanden bei 20 Pbn eine *weitgehende Entsprechung* des Auftretens von *SRR* und *SPR* auf emotional bedeutsame Reize hin (vgl. Abschnitt 2.5.1.3). Lykken et al. (1968) versuchten, anhand von Parallelmessungen an 19 Pbn eine Methode zu entwickeln, nach der *Hautleitwertparameter* aus *Hautpotentialwerten geschätzt* werden können. Montagu (1958) verglich bei 24 Pbn Hautpotential- mit Haut*impedanz*messungen und fand eine für beide Maße *unterschiedliche Ausgangswertabhängigkeit*. Gaviria et al. (1969) fanden bei 20 männlichen und 20 weiblichen Pbn, bei denen sie gleichzeitig SP und SR ableiteten, große interindividuelle sowie *Geschlechtsunterschiede* in den Korrelationen der Rohwerte beider Maße (vgl. Abschnitt 2.4.3.2), jedoch durchweg hohe Korrelationen zwischen Veränderungswerte von SP und SR. Venables und Martin (1967b) untersuchten die Wirkungen von *Denervierung* und *pharmakologischer Blockierung* der Schweißdrüsen auf SP und SC, allerdings nur bei sehr wenigen Pbn. Die von Wilcott (1958) bei 25 Pbn ermittelten differenzierten Zusammenhänge zwischen SPR- und SRR-Amplituden wurden bereits im Abschnitt 2.5.1.3 berichtet.

Auf die besondere Bedeutung des SPL für die Ermittlung des *individuellen Minimalwertes* der Aktivierung (BSPL) wurde im Abschnitt 2.3.2.1 bereits eingegangen. Auf jeden Fall bleibt die *endosomatische EDA–Messung* für *Forschungsfragestellungen* von grundsätzlichem Interesse: wenn auch einerseits die Interpretation der einzelnen *positiven* und *negativen Komponenten* der etwa auf einen Reiz hin auftretenden exosomatischen EDR zusätzliche Fragen bei der Interpretation aufwerfen, ist andererseits denkbar, daß ihnen eine *unterschiedliche psychologische Bedeutung* zukommt (Edelberg 1967).

2.6.2 Konstantstrom- oder Konstantspannungsverfahren

Die Qualität der *Diskussion* um die Vor- und Nachteile von Konstantstrom- bzw. Konstantspannungsverfahren *leidet darunter*, daß lange Zeit *keine saubere Trennung* zwischen den Diskussionen um die *Meßmethoden* und die *Maßeinheit* durchgeführt wurde (Sagberg 1980, Boucsein et al. 1984a). Wie bereits im Abschnitt 2.1.1 abgeleitet wurde, ist das *Meßergebnis* der *Konstantstrom*methode zunächst einmal dem *Hautwiderstand*, das der *Konstantspannungs*methode der *Hautleitfähigkeit* proportional. Nun lassen sich – sofern die entsprechenden elektrodermalen Niveauwerte mit erfaßt wurden (vgl. Abschnitt 2.1.3) – *Widerstands-* und *Leitfähigkeitswerte* ohne weiteres *ineinander umrechnen* (vgl. Abschnitt 2.3.3.2). Auch können die solcherart transformierten Ergebnisse, die bei Messungen mit konstantem Gleichstrom oder konstanter Gleichspannung erhalten wurden, als *äquivalent angesehen* werden (Boucsein und Hoffmann 1979, Sagberg 1980), da sich die auftretenden *Unterschiede* auf die *Maßeinheit* (Leitfähigkeit vs. Widerstand) und *nicht* auf die *Meßmethode* (Konstantspannungs- vs. Konstantstrommethode) zurückführen lassen (Boucsein et al. 1984a). Die in diesem Zusammenhang vorgebrachte *Argumentation*, die *Leitfähigkeit* sei den *physiologischen Modellen* der Haut *angemessener* (z. B. Lykken und Venables 1971), muß daher als *irreführend* angesehen werden. Die diesbezüglichen *Argumente* beziehen sich auf die *Meßmethode* und *nicht* auf die *Maßeinheit*; unter diesem Gesichtspunkt werden sie auch im folgenden diskutiert. Die Diskussion um die richtige Maßeinheit wird im Abschnitt 2.6.5 aufgegriffen.

Die erste ausführliche Gegenüberstellung der Probleme beim *Konstantstrom- und Konstantspannungssystem* findet sich bei Edelberg (1967). Danach ist bei der Verwendung von *Konstantstrom* mit folgenden *Schwierigkeiten* zu rechnen:

Praktisch alle Modelle der EDA gehen davon aus, daß die *Schweißdrüsenducti* elektrische *Leitpfade* durch die Epidermis *darstellen*, die je nach dem Grad ihrer Füllung mit Schweiß ihren Leitwert bzw. Widerstand ändern, wobei die Leitfähigkeit einzelner Pfade auch praktisch gegen Null gehen kann (vgl. Abschnitt 1.4.2.1). Wenn der *Widerstand* der Epidermis *ansteigt*, müssen diese Leitpfade bei insgesamt *konstantem* Strom *größere Stromstärken* verkraften. Da die *Elektrodenfläche* exakt *begrenzt* ist (vgl. Abschnitt 2.2.2.3), die *Stromdichte* also *gleich* bleibt, ist die *Stärke* des über den *einzelnen Ductus* fließenden *Stroms* der *Zahl* der *gefüllten Schweißdrüsenducti* umgekehrt proportional. Edelberg nimmt nun den *Grenzfall* an, daß die meisten Ducti für die elektrische Leitfähigkeit ausfallen, so daß sich der *gesamte Strom* auf *wenige Ducti* verteilt. Dadurch kann es zu *Nichtlinearitäten* in der Strom–Spannungs–Kurve kommen. Solche in Abhängigkeit vom EDL auftretenden Nichtlinearitäten wurden von Edelberg (1967) bei der Anwendung der Konstantstrommethode auch wirklich beobachtet: Pbn mit geringen Hautwiderständen konnten Stromdichten bis 75 $\mu A/cm^2$ tolerieren, ohne daß die Strom–Spannungs–Kurve nichtlinear verlief, bei Pbn mit hohen SRLs dagegen zeigt sich schon bei Stromdichten von 4 $\mu A/cm^2$ eine Nichtlinearität. Aus diesen und ähnlichen Beobachtungen wurde die Empfehlung abgeleitet, bei Konstantstrommessungen die *Stromdichte* auf 10 $\mu A/cm^2$ zu *begrenzen* (vgl. Abschnitt 2.2.4) und mit möglichst *großen Elektrodenflächen* zu arbeiten (vgl. Abschnitt 2.2.2.1).

Die für den Extremfall vermutete Überlastung des einzelnen Schweißdrüsenductus, die ggf. zur Schädigung bzw. zum Ausfall der betreffenden Schweißdrüse führt, kann bei der Verwendung des *Konstantspannungsverfahrens* nicht auftreten, da die *an jedem Ductus* anliegende *Spannung gleich groß* ist und sich der Stromfluß daher nach dem Ohm'schen Gesetz nach dem Ductus–Widerstand richtet. Allerdings ist – was Edelberg nicht diskutiert – bei dieser Meßmethode die *Stärke* des *gesamten* fließenden *Stroms* von der *Zahl* der "eingeschalteten" *Ducti* abhängig, so daß im o. g. *Extremfall* eines hohen Epidermiswiderstandes und nur weniger gefüllter Ducti nur ein *sehr geringer Strom* durch das gesamte System fließt. Je mehr sich dadurch der Widerstand der Haut der Größenordnung des Innenwiderstandes des Meßgerätes nähert, desto *größer* kann der *Meßfehler* werden (vgl. Abschnitt 2.1.1).

Auch das *Konstantspannungsverfahren* weist nach Edelberg (1967) spezifische Probleme auf: die gängigen EDA–Modelle nehmen einen zu den veränderlichen Widerständen der Epidermis und der Ducti in Serie geschalteten Widerstand an (vgl. Abschnitt 1.4.3.1). Ist das Stratum corneum der *Epidermis* relativ *trocken*, wovon allerdings bei der Verwendung von Elektrodenpasten (vgl. Abschnitt 2.2.2.5) kaum in nennenswertem Umfang auszugehen sein wird, und kann die *EDR* im wesentlichen auf die *Membrankomponente* der Schweißdrüsenaktivität zurückgeführt werden (vgl. Abschnitt 1.4.3.2), bilden die *Ohm'schen* bzw. Impedanzanteile (vgl. Abschnitt 2.1.4) der *Epidermis* und der *dermalen* Strukturen einen *Spannungsteiler*, bei dem praktisch die *gesamte Spannung über* der *Epidermis* abfällt. Änderungen der *Membrankomponente* werden sich in einem solchen Fall beim *Konstantspannungs*verfahren eher im Bereich des *Meß-*

fehlers bewegen als bei der Anwendung des Konstantstromverfahrens, bei dem die absoluten Fluktuationen des Widerstandes in Abhängigkeit von der Membrankomponente unabhängig von der Größe des in Serie zugeschalteten epidermalen Widerstandes erhalten bleiben (Edelberg 1967, Seite 24). Auch können bei *niedrigen Hautwiderständen*, selbst wenn so geringe Spannungen wie 0.5 V angelegt werden, *sehr hohe Ströme* (bis 100 $\mu A/cm^2$) fließen.

Die von Edelberg (1967, Seite 25 f.) geführte Diskussion zur schaltungstechnischen Beherrschung der Stromdichte beim Konstantspannungssystem wird hier nicht aufgegriffen, da sie in den heutigen Schaltungen berücksichtigt wird (vgl. Abschnitt 2.2.4).

Edelberg (1967) stellt die Vorteile beider Meßmethoden einander gegenüber. Die *Konstantstromtechnik* hat folgende *Vorteile*:

(1) sie *benötigt eine* um etwa den Faktor 10 *geringere Verstärkung* als die Konstantspannungsmethode (vgl. Abschnitt 2.1.1 und 2.2.4),

(2) sie *begrenzt* unabhängig vom Widerstand der Haut die *Dichte* des durch die Elektrode fließenden *Stroms* und *vermindert* so die Gefahr der *Elektrodenpolarisation* (vgl. Abschnitt 2.2.2.2),

(3) bei sehr *trockenem* Stratum corneum wird zwar der SRL, *nicht* jedoch *die SRR beeinflußt*.

Die *Konstantspannungstechnik* weist dagegen folgende Vorteile gegenüber der Konstantstrommethode auf:

(1) *hohe Spannungen* an einzelnen Schweißdrüsen als Folge der Konzentration des Stromflusses auf wenige Ducti werden *vermieden*, dadurch wird die Gefahr der *Schädigung* von Schweißdrüsen *ausgeschlossen*,

(2) das System ist in gewissem Sinne *selbstkorrigierend* in bezug auf den peripheren *Einfluß des EDL* auf die EDR amp.,

(3) der *Referenzwiderstand*, über dem die Spannung vom Verstärker abgegriffen wird, ist *niedrig* und *konstant* (vgl. Abschnitt 2.1.1 und Abbildung 21), was zu einem günstigen und konstanten Verhältnis von System- und Eingangsimpedanz des Verstärkers führt,

(4) der *Stromfluß* durch beide *Elektroden* ist *unabhängig* voneinander,

(5) wenn man, was an und für sich nicht üblich ist, Elektroden *unterschiedlicher* Größe verwendet, muß *keine Anpassung* der *Stromdichte* bezüglich der Elektrodenfläche vorgenommen werden.

Als *weiteren Vorteil* der *Konstantspannungs*technik nennt Edelberg (1967), daß das Ergebnis der EDA-Messung *unmittelbar in Leitfähigkeitseinheiten* vorliegt und nicht erst in diese üblicherweise bevorzugte Einheit transformiert werden muß. Letzteres kann tatsächlich zu Problemen führen, insbesondere, wenn man bereits SRR-Amplituden ausgemessen oder gar SRR rec.tc-Werte ermittelt hat, bevor man diese Transformation vornimmt (vgl. Abschnitt 2.3.3.2).

Entscheidend für die zur Empfehlung erhobene Bevorzugung der Konstantspannungstechnik (Lykken und Venables 1971, Venables und Christie 1980, Fowles et al. 1981), war jedoch das o. g. Argument der *Nichtlinearität* von Edelberg (1967), das allerdings nur durch einige Meßreihen mit wenigen Pbn belegt wurde. Die diesen Überlegungen zugrundeliegenden Extremfälle der *Konzentration* des Stromflusses *auf nur wenige Leitpfade*, die dann überbeansprucht werden könnten, erscheinen zwar zunächst sinnvoll, dürften aber bei Elektrodenflächen von 0.6 cm^2 (vgl. Abschnitt 2.2.2.1) und einer Schweißdrüsenzahl von über 200 Schweißdrüsen pro cm^2 (vgl. Abschnitt 1.2.3) *im normalen Anwendungsfall kaum zutreffen*. Die o. g. Empfehlungen sind daher zwar i. S. einer Standardisierung zu begrüßen; meßtechnisch zwingend sind sie jedoch nicht.

Auch wird heute in der *Elektronik* die *Konstantstromtechnik bevorzugt*, da sich mit den zur Verfügung stehenden Bauteilen Konstantstromquellen *leichter stabilisieren* lassen und erheblich *geringere Toleranzen* aufweisen als Konstantspannungsquellen. Man wird daher je nach optimaler technischer Realisierbarkeit die eine oder die andere Meßmethode anwenden, jedoch im allgemeinen der *Konstantspannungstechnik* aus *Standardisierungsgründen* den Vorzug geben. Eine Ausnahme bildet hier z. B. die Verwendung der EDA-Messung im Bereich der sog. *Lügendetektion* (vgl. Abschnitt 3.5.1.2): hier findet wegen der robusten Meßtechnik bis in jüngster Zeit *überwiegend* die *Konstantstromtechnik* Anwendung.

Unmittelbare *empirische Vergleiche* von EDA-Messungen mit Konstantstrom- und Konstantspannungsverfahren wurden kaum vorgelegt. Wilcott und Hammond (1965) führten an 66 Pbn *alternierend* jeweils 1 min lang Messungen mit konstantem Strom und konstanter Spannung durch, wobei sie die angelegte Spannung variierten. Sie verwendeten Zinkelektroden von 21 mm Durchmesser und Zinksulfat-Elektrodenpaste. Aus den Ergebnissen beider Meßmethoden wurden SRL-Werte berechnet, die bei niedriger Meßspannung gut *übereinstimmten*, sich bei *Erhöhung* der *Spannung* jedoch immer stärker *unterschieden*. Wilcott und Hammond schlossen daraus, daß – zumindest bei mittleren SRL–Werten – beide Methoden als äquivalent anzusehen sind. Sie empfahlen jedoch bei *hohen SRL-Werten* die Verwendung von *Konstantspannungsverfahren*.

Einen *direkten Vergleich* von mit beiden Methoden erhaltenen elektrodermalen Reaktionswerten führten Boucsein und Hoffmann (1979) bei 60 Pbn durch. Sie leiteten die EDA von jeder Hand *simultan* mit Konstantstrom und Konstantspannungsverfahren ab, wobei Standardmethodik verwendet wurde[46]. Die

---

[46] Mit 0.6 cm^2 Beckman-Ag/AgCl-Elektroden, isotonischer Hellige-Elektrodenpaste (vgl. Fußnote 23 im Abschnitt 2.2.2.5) und 0.5 V Konstantspannung bzw. 10 μA/cm^2 Konstantstrom abgeleitet.

Pbn erhielten 30 akustische Reize mit Intensitäten zwischen 60 und 110 dB. Die Daten dieser Untersuchung wurden von Boucsein et al. (1984a) reanalysiert, wobei die mit Konstantstrom–Messungen erhaltenen EDR–Werte auch in SCRs und die Ergebnisse der Konstantspannungs–Messungen in SRRs transformiert wurden (vgl. Abschnitt 2.6.5). Es zeigte sich, daß die Reaktionen auf Reize mit sehr *hohen Intensitäten* über 90 dB für SR und SC *unterschiedlich* waren, und zwar unabhängig davon, mit welcher Meßmethode (Konstantstrom oder Konstantspannung) diese gemessen wurden.

Daß solche Unterschiede bei akustischen wie optischen Reizen *niedriger Intensität nicht* auftreten, konnte auch Barry (1981) an 20 Pbn zeigen, die jeweils 10 Töne von 50 dB und weiße Vierecke dargeboten erhielten. Der Autor verwendete bei der Konstantstrommethode zusätzlich polarisierbare Elektroden und nicht–isotonische Paste, während die Konstantspannungsmessungen unter Anwendung von Standardmethodik durchgeführt wurden. Die Ergebnisse der EDA–Messung erwiesen sich dabei im Kontext von Orientierungsreaktion und ihrer Habituation (vgl. Abschnitt 3.1.1) als *äußerst robust* gegenüber der angewandten *Meßmethode*.

2.6.3 Gleichstrom- oder Wechselstrommessung

Wie bereits zu Beginn des Kapitels 2.6 erwähnt, wurde die *exosomatische* EDA–Messung *überwiegend* unter Verwendung von *Gleichstrom* durchgeführt. Auch die einfachere Anwendungsmöglichkeit der Wechselstrommessung, bei der man auf die Information aus dem Phasenwinkel verzichtet und lediglich die Hautimpedanz bzw. -admittanz fortlaufend registriert (vgl. Abschnitt 2.1.5), wurde bisher nur in relativ wenigen Fällen realisiert.

Bei der *Wechselstrommessung* können sich gegenüber der Gleichstrommessung sowohl Vor- als auch Nachteile ergeben. Für eine Messung mit Wechselspannung könnte sprechen, daß *Elektrodenpolarisation* oder Elektroden-*Fehlerpotentiale* (vgl. Abschnitt 2.2.2.2) *ausgeschlossen* sind, was bei der heute üblichen Verwendung von sog. unipolarisierbaren Elektroden (vgl. Abschnitt 2.2.2.3) jedoch eine *untergeordnete Rolle* spielen dürfte. Schwierigkeiten können dagegen bei der Wechselstrommessung vor allen Dingen durch *Verstärkung* und *Filterung* entstehen (vgl. Abschnitte 2.1.4 und 2.1.5): enthält das EDA–Signal selbst höherfrequente Wechselspannungsanteile, so wird die Eliminierung möglicher beim Meß- und beim Verstärkungsvorgang einstreuender Störspannungen komplizierter, da diese im gleichen Frequenzbereich wie das Signal liegen können.

Es wurde bereits mehrfach darauf hingewiesen, daß sich die zumindest für die Theorienbildung interessanteren Untersuchungen der elektrischen Eigenschaften der Haut unter Einschluß des *Phasenwinkels* noch in den Anfängen befinden (vgl. Abschnitte 2.1.5 und 2.2.5). Neuere systematische Untersuchungen hierzu wurden in größerem Umfange nur von der Arbeitsgruppe um Yamamoto und Yamamoto (z. B. 1976, 1977, 1981) durchführt, wobei mittels mathematischer Ableitungen *Schätzwerte* für die einzelnen Widerstands- und Kapazitätsgrößen in einem *einfachen Hautmodell* (vgl. Abschnitt 1.4.3.3) ermittelt wurden. Auf die entsprechenden Ergebnisse wurde bereits in Abbschnitt 2.5.3.1 eingegangen. (Siehe hierzu auch Abschnitt 3.5.2.1, sowie Millington und Wilkinson 1983, Seite 135 f.). Die Untersuchungen von Salter (1979), Faber (1980) und Thiele (1981a) sind im Vergleich dazu eher als paradigmatische Methodenstudien aufzufassen. Eine Reihe älterer Ergebnisse werden bei Tregear (1966) zusammengefaßt. Zusätzlich wurden im deutschsprachigen Raum von Rutenfranz (1955) sowie Rutenfranz und Wenzel (1958) Studien auf dem Gebiet der *Arbeitsphysiologie* vorgelegt, bei denen sowohl Impedanz als auch Kapazität der Haut bei Frequenzen von 500 Hz bis 10 kHz gemessen wurden.

Allen diesen Untersuchungen ist gemeinsam, daß sie insofern *nicht unmittelbar* mit den *Gleichstrommessungen verglichen* werden können, als sie eine *andere* als die dort gebräuchliche *Ableitmethodik* verwenden. So messen Yamamoto et al. (1978) nicht an palmaren oder plantaren Flächen, sondern an der *Felderhaut* des *Unterarms* mit Elektroden von 3.14 cm^2 Fläche und 10 µA effektiver Stromstärke. Diese Meßtechnik hat vermutlich ihren Grund in dem Anwendungsgebiet dieser Autoren, der Prüfung von Hautimpedanzänderungen bei der Einwirkung von Kosmetika (vgl. Abschnitt 3.5.2.1). Ob sich aus den durch die Erfassung der Phasenverschiebung gewonnen Informationen valide Parameter für die Anwendung der EDA-Messung im psychophysiologischen Bereich gewinnen lassen, ist daher heute noch offen und bedarf systematischer Untersuchungen. Da die entsprechende *Meß-* und *Auswertetechnik* sehr *aufwendig* ist (vgl. Abschnitt 2.1.5), wird sie zunächst dem Bereich *wissenschaftlicher Grundlagenuntersuchungen* vorbehalten bleiben.

Die Messung der EDA unter Zuhilfenahme von Wechselspannung stellt heute demnach zwar ein theoretisch sehr interessantes und auch vielversprechendes, in der praktischen Anwendung jedoch noch nicht genügend erprobtes Meßkonzept dar. Insbesondere *fehlen systematische Vergleiche* von Wechselstrom- und Gleichstrommessungen, wie sie innerhalb der Gleichstrommethoden für Konstantstrom vs. Konstantspannung durchgeführt wurden (vgl. Abschnitt 2.6.2). Auch wurden noch keine systematischen Untersuchungen zur theoretisch sehr interessanten Frequenzabhängigkeit der *phasischen Anteile* der EDA, also der SZR und SYR, vorgelegt. Beispiele für die Verläufe der einzelnen aus *Impedanz* und *Phasenwinkel* errechneten Werte für R und X bzw. G und B während einer Meßfrequenz von 100 Hz, die aus Boucsein et al. (1987) entnommen sind, wurden in der Abbildung 36 im Abschnitt 2.3.1.2.4 gegeben.

2.6.4 Gleichstrom- oder Wechselstromverstärkung

An dieser Stelle soll noch einmal kurz auf die bereits im Abschnitt 2.1.3 angesprochene *AC-Verstärkung* von EDA–Signalen eingegangen werden mit dem Ziel, ihre *Vor-* und *Nachteile* einander gegenüberzustellen. Durch die AC–Verstärkung wird ja der *EDL* aus dem EDA–Signal *ausgekoppelt*, weshalb der gesamte Verstärkungs- und Registrierbereich für die EDR selbst zur Verfügung steht. Dies kann in vergleichbarer Weise auch mit Hilfe einer *Wheatstone*–Brücke oder einer "*backing-off*"-Schaltung erreicht werden (vgl. Abschnitt 2.1.3).

Bei der Verwendung eines AC–gekoppelten Verstärkers muß man sich darüber im klaren sein, daß man praktisch eine *Differenzierung* vornimmt, d. h. das registrierte EDA–Signal entspricht umso mehr der 1. Ableitung des Ursprungssignals, je kleinere Werte die Zeitkonstante annimmt (Edelberg 1967). Im *Extremfall* könnte daher aus einer uniphasischen eine *biphasische* EDR werden.

Die *Verformung* der EDR macht sich insbesondere bei *Anstiegs-* und *Abstiegszeiten* bemerkbar (vgl. Abschnitt 2.3.1.3), aber auch in einer Verringerung der *Amplitudenhöhe*. Edelberg (1967) zeigt allerdings in seiner Figure 1.13, daß selbst bei $\tau = 0.05$ sec noch eine *lineare Beziehung* zwischen den *ursprünglichen EDR–Amplituden* und denen der AC–verstärkten EDR besteht.

Die AC-Verstärkung weist die folgenden *Vorteile* auf:

(1) zur *EDR-Erkennung* wird keine so hohe Auflösung benötigt wie bei der DC-Verstärkung, dadurch bedingt sind

(2) die erforderlichen *Verstärkungsfaktoren* und/oder *Registrierbreiten geringer* (vgl. Tabelle 4 im Abschnitt 2.3.1.2.3),

(3) wegen der sich selbstregulierenden, allerdings *künstlichen Nullinie* muß *nicht ständig* vom Versuchsleiter *nachreguliert* werden, wie etwa auch bei der Wheatstone–Brückenschaltung. Dies ist insbesondere bei Langzeituntersuchungen von Vorteil.

Dem stehen folgende *Nachteile* der AC–Verstärkung gegenüber:

(1) die Daten haben lediglich *Intervallskalenniveau* (vgl. Abschnitt 2.1.3),

(2) die *Formparameter* (vgl. Abschnitt 2.3.1.3) sind nur mit Hilfe spezieller *Rückrechnungsmethoden* auswertbar (vgl. Thom im Anhang),

(3) wenn der EDL nicht mit registriert wird, läßt sich nachträglich keine *Transformation* von SR- in SC-Einheiten und umgekehrt durchführen (vgl. Abschnitt 2.3.3.2 und 2.6.5),

(4) durch die hohe Verstärkung eines kleinen Bereichs des Ursprungssignals können *spezielle Verstärkungsprobleme* auftreten (vgl. Abschnitt 2.1.4).

Barry (1981) weist darauf hin, daß bislang noch keine systematischen Untersuchungen zum Einfluß der AC–Kopplung bei unterschiedlicher Verstärkung auf Reiz–Reaktions–Beziehungen vorgelegt wurden.

2.6.5 Widerstands- oder Leitfähigkeitseinheiten

Die Kontroverse über die *adäquate Maßeinheit* für die exosomatische EDA reicht in die 50er Jahre zurück und dauert noch an. Im Abschnitt 2.6.2 wurde darauf hingewiesen, daß diese *Diskussion* unglücklicherweise *häufig nicht getrennt* von der um die *zu wählende Meßmethode* (Konstantstrom oder Konstantspannung) geführt wurde.

Grings (1974) sieht hauptsächlich 3 Gründe dafür, sich mit der Frage der Maßeinheit für die EDA zu befassen:

(1) der Versuch, aus *theoretischen* Erwägungen, insbesondere aus Vorstellungen über die *elektrischen Modelle* der Haut heraus das elektrische Maß zu finden, das die EDR am *adäquatesten* beschreibt,

(2) die *statistisch* begründete Wahl von Einheiten, deren *Verteilungseigenschaften* für die weitere Behandlung der Meßdaten wünschenswert erscheinen (z. B. Normalverteilung, Unabhängigkeit von Mittelwerten und Varianzen),

(3) die Suche nach relativ *ausgangswertunabhängigen* EDR–Einheiten, d. h. solchen Einheiten, bei denen die EDR als Veränderungsmaß nicht vom unmittelbar vorher vorhandenen EDL abhängig ist.

Es leuchtet ein, daß die Frage nach der adäquaten Maßeinheit zunächst einmal nicht unabhängig von den zugrundeliegenden *Modellvorstellungen* diskutiert werden kann. Die in diesem Zusammenhang bislang geführten Diskussionen gehen von einfachen Widerstandsmodellen wie dem in Abbildung 14 dargestellten Montagu-Coles-Modell *paralleler Widerstände, die in Serie mit einem weiteren Widerstand* geschaltet sind (vgl. Abschnitt 1.4.3.1). Die Parallelwiderstände stellen dabei im wesentlichen Ersatzschaltbilder für die einzelnen Schweißdrüsenducti dar, die je nach Aktivität der Schweißdrüsen zu- oder abgeschaltet werden (z. B. Venables und Christie 1980). Wird an solche parallel geschalteten Widerstände eine Spannung angelegt, so läßt sich der *Gesamtwiderstand nicht* einfach durch *Addition* der *Einzelwiderstände* berechnen (siehe Gleichung (6e)). Die Reziprokwerte der Einzelwiderstände, also die *Leitfähigkeiten*, addieren sich nach Gleichung (6d) jedoch zum *Reziprokwert* des *Gesamtwiderstandes* (vgl. Abschnitt 1.4.1.2); die *Gesamtleitfähigkeit* würde sich daher einfach als *Summe der Leitfähigkeit der einzelnen Elemente* errechnen lassen. Die

Veränderung der Gesamtleitfähigkeit bei einer EDR wäre also in diesem Fall der *Summe* der *Leitfähigkeiten* der hinzuaddierten Elemente *proportional*, was für die *Widerstandsänderung nicht* gelten würde.

Als Beleg für die lineare Beziehung zwischen der Hautleitfähigkeit und der Zahl der aktiven Schweißdrüsen werden häufig die Ergebnisse von Thomas und Korr (1957) angeführt (vgl. Abschnitt 1.4.2.3). Die betreffenden Experimente wurden jedoch mit *trockenen* Elektroden und *angewärmter Haut* durchgeführt, so daß die oberen Schichten des Corneums ausgetrocknet waren und kein Kontakt von nicht vollständig gefüllten Schweißdrüsenducti zur Elektrode bestand. Diese Ergebnisse lassen sich daher *nicht ohne weiteres* auf den Fall der üblichen EDA-Messung *übertragen*, bei denen die Haut nicht künstlich getrocknet, sondern über eine feuchte Elektrodenpaste mit der Elektrode verbunden wird. Blank und Finesinger (1946) konnten bereits zeigen, daß die Schweißdrüse auf neuronale Impulse unterschiedlicher Frequenz abgestufte Reaktionen zeigt. Geht man davon aus, daß im Normalfall die Hautoberfläche und damit ebenfalls die Elektrode auch zu den weniger gefüllten Schweißdrüsenducti elektrischen Kontakt bekommt, etwa durch das durchfeuchtete Corneum, so trifft die *einfache Annahme* von nach dem *Alles- oder Nichts*-Prinzip zugeschalteten *Parallelwiderständen nicht* mehr zu; der Widerstand, der auf die Schweißdrüsenaktivität zurückzuführen ist, hängt vielmehr vom *Grad der Füllung* der Ducti ab. Da in diesem Fall die Beziehung zwischen der Abnahme des Widerstandes und der Höhe der Ductus-Füllung linear wäre, würde *Widerstand* und nicht Leitfähigkeit das *adäquate Maß* darstellen.

Nun wurde bereits im Abschnitt 1.4.2.3 diskutiert, daß die *Sekretionsvorgänge* der *Schweißdrüse* selbst viel *zu langsam* sind, um als *einzige Ursache* der relativ schnell ablaufenden EDR gelten zu können. Daher ging Edelberg (1971) davon aus, daß nur die *langsamen Veränderungen* der EDA auf die *Ductus-Füllung* zurückzuführen sind, während die EDRs mit *kurzer Recovery-Zeit* auf *Permeabilitätsänderungen* der *Schweißdrüsenmembran* selbst beruhen (vgl. Abschnitt 1.4.2.3). Die o. g. Widerstandsdiskussion wäre demnach für die EDR nicht von grundlegender Bedeutung. Für *parallel geschaltete Membranen*, die sich elektrischen Spannungen gegenüber ähnlich wie Kondensatoren verhalten, gilt allerdings wieder die einfache Addition der Einzelkapazitäten (vgl. Abschnitt 1.4.1.2), und *Leitfähigkeit* wäre für die EDR das *adäquate Maß*. Für die *langsamen* und *schnellen Komponenten* von EDRs ergäben sich demnach *gegensätzliche Forderungen* bezüglich der zu wählenden *Maßeinheit*. Zusätzlich muß beim Vergleich von SCR und SRR die *differentielle Abhängigkeit* vom jeweiligen *EDL* beachtet werden (vgl. Abschnitt 2.5.4.1).

Beim derzeitigen Stand der Modellierung elektrodermaler Phänomene läßt sich die Frage nach der adäquaten Maßeinheit *nicht theoretisch beantworten*. Läßt man die häufig für die Leitfähigkeit angeführten "physiologischen" Argumente, die sich ja auf die Meßmethode beziehen (vgl. Abschnitt 2.6.2) unberücksichtigt, kann diese Frage *nur empirisch* entschieden werden. Kriterien dürften dabei die o. g. *Verteilungscharateristika* sowie die *Ausgangswertabhängigkeiten* sein, zusätzlich wird man noch die *Validität* der mit den verschiedenen Einheiten gewonnenen Parameter berücksichtigen.

Obwohl eine *Umrechnung* von *Widerstands-* in *Leitfähigkeitseinheiten* und *umgekehrt* bei vorhandenen EDL-Werten leicht durchführbar ist (vgl. Abschnitt 2.3.3.2), wurden bislang nur wenige empirische Studien unter dem Aspekt des Vergleichs verschiedener Maßeinheiten der EDA durchgeführt. Lader (1970) blockierte die Schweißdrüsen an den Fingern durch iontophoretische Applikation von *Atropin* und registrierte unmittelbar danach die SRRs auf eine Serie von Reizen. Dabei zeigte sich, daß es bis zu 40 min dauerte, bis die Atropinwirkung so vollständig war, daß keine SRRs mehr beobachtet werden konnten. Wurden die SRRs in SCRs *transformiert*, so zeigte sich während dieser Zeit eine *exponentielle Abnahme* der Amplituden. Dagegen hatte die zunehmende Atropinisierung einen *irregulären Einfluß* auf die *nicht-transformierten* SRR amp. Diese Untersuchung wird häufig als empirische Bestätigung für die Überlegenheit von Leitfähigkeits- über Widerstandseinheiten zitiert.

Hölzl et al. (1975) konnten anhand der Daten von 28 Pbn, bei denen sie SC gemessen hatten, zeigen, daß eine *Transformation* der SCR- und der SCL-Ergebnisse in *Widerstandseinheiten*, also in SRR bzw. SRL zu einer *besseren Anpassung* an die *Normalverteilung* führten als diese ursprünglich bei den SC-Daten gegeben war. Danach wären u. U. Transformationen, die ggf. bei Leitfähigkeitswerten zur Normalisierung vorgenommen werden sollten (vgl. Abschnitt 2.3.3.3), bei Widerstandsdaten nicht notwendig.

Einen *systematischen Vergleich* von SCR- und SRR-Amplituden, die an 60 Pbn durch *parallele Konstantspannungs-* und *Konstantstrommessungen* mit Standardmethodik erhalten und unter Berücksichtigung der dazugehörigen EDLs *zusätzlich* ineinander *transformiert* wurden, führten Boucsein et al. (1984a) durch. Sie fanden, daß sich bei *hohen Reizintensitäten* (mehr als 90 dB weißes Rauschen) SRR- und SCR-Amplituden in ihrem *Habituationsverhalten* deutlich *voneinander unterschieden*, wobei die Richtung des Ergebnisses (Habituation oder Sensibilisierung, vgl. Abschnitt 3.1.1.2) von der jeweiligen *Maßeinheit*, *nicht* jedoch von der ursprünglich angewendeten *Meßmethode* abhängig war. Durch geeignete *Transformation* der Amplituden beider Einheiten unter Verwendung der mittleren Niveauänderung über das Experiment hinweg konnten die *unterschiedlichen Verläufe* zur Deckung gebracht werden. Die *Äquivalenz* der beiden *Meßmethoden* konnte demnach zwar gezeigt werden, eine Empfehlung für eine der beiden Maßeinheiten ergab sich jedoch wegen eines fehlenden Validitätskriteriums nicht.

Eine ähnliche wie die von Boucsein et al. (1984a) gefundene *differentielle Niveauabhängigkeit* von SRR- und SCR–Amplituden wurde auch bereits von Bitterman und Holtzman (1952) berichtet, die die EDA an 40 Pbn mit Konstantstromtechnik erfaßten und sowohl als SR–Werte als auch als in SC–Werte transformierte Daten auf Ausgangswertabhängigkeit untersuchten. Sie fanden beim 1. Reiz der Extinktionsphase (vgl. Abschnitt 3.1.2.1) für *Leitfähigkeitseinheiten* eine signifikant negative Korrelation mit dem SCL, während eine entsprechende *Niveauabhängigkeit* für Widerstandseinheiten nicht auftrat. Die Autoren entschieden sich daraufhin für die Darstellung ihrer Ergebnisse in *Widerstandseinheiten*.

Die Frage, ob *Widerstands-* oder *Leitfähigkeitseinheiten* für die exosomatische EDA zu wählen sind, erscheint *weitgehend akademisch*: einerseits haben sich i. S. einer *Standardisierung* die *Leitfähigkeitseinheiten* durchgesetzt, auf der anderen Seite fehlen genügend empirische Belege für eine Entscheidungsgrundlage anhand aller 3 eingangs genannten von Grings (1974) aufgestellten Kriterien. Obwohl die Frage mit Ausnahme der Anwendungen in Felduntersuchungen, z. B. im Rahmen der sog. Lügendetektion (vgl. Abschnitt 3.5.1.2) i. d. R. *pragmatisch* zugunsten der *Leitfähigkeitseinheiten* entschieden werden wird, bleibt sie doch zum gegenwärtigen Zeitpunkt offen und wird sich letztlich auch in Zukunft nur anhand von empirischen Daten zur Validität der mit den verschiedenen Einheiten gewonnenen Parameter beantworten lassen.

3. Teil:
Anwendungen der Messung elektrodermaler Aktivität

Im dritten Teil dieses Buches sollen eine Reihe von Anwendungsmöglichkeiten für die Erfassung elektrodermaler Aktivität beispielhaft dargestellt werden. Hierbei wird das Hauptgewicht auf Anwendungen innerhalb der *Psychologie* liegen, da, wie bereits in der Einleitung zum ersten Teil erwähnt, die EDA-Messung als die am häufigsten verwendete Methode zur Erfassung physiologischer Korrelate psychischer Zustände bezeichnet werden kann.

Aufgabe des Anwendungsteils dieses Buches kann es – schon allein aus Gründen des begrenzten Raumes – nicht sein, zu allen Anwendungsgebieten der EDA-Messung die meist umfangreiche Literatur i. S. von Sammelreferaten aufzuführen und zu kommentieren. Vielmehr sollen *typische Beispiele* für die Anwendung der EDA aus den verschiedensten Gebieten gegeben, *Methodenprobleme* erörtert und an einigen Stellen besonders für die EDA relevante *theoretische Ansätze* diskutiert werden. Dabei sollen die spezifischen methodischen Implikationen, die sich aus der Verwendung der EDA-Messung als *Forschungsmethode* innerhalb der in den einzelnen Abschnitten behandelten Problemkreise ergeben, im Mittelpunkt der Darstellung stehen. In diesem Zusammenhang werden meist *paradigmatisch* einzelne Untersuchungen dargestellt, deren Methodik detailliert beschrieben wird, um dem Anwender konkrete Anregungen für die Planung eigener Forschungsarbeiten zu geben.

Dies gilt auch für die im Kapitel 3.5 mitberücksichtigten Anwendungsgebiete *außerhalb der Psychologie*, wo es bislang z. T. lediglich Ansätze zur Verwendung der EDA gibt. Daher konnten auch bei der Auswahl der in den 2. Teil dieses Kapitels aufgenommenen Arbeiten nicht die gleichen Maßstäbe bezüglich Versuchsplanung (z. B. Zahl der Pbn, Verwendung von Kontrollgruppen etc.) bzw. der EDA-Meßmethodik angelegt werden wie in den anderen Kapiteln. Der Autor verbindet jedoch mit seinen Hinweisen auf die jeweils verwendeten Meßtechniken die Hoffnung, daß die in diesem Buch beschriebenen *methodischen Standards* auch außerhalb der Psychologie sowie in ihren unmittelbaren Anwendungsgebieten zukünftig größere *Beachtung finden* und zu reliableren und valideren Ergebnissen beitragen werden.

Da ausführliche Zusammenfassungen der *älteren Ergebnisse* zu einer größeren Zahl von Anwendungsbereichen *innerhalb der Psychologie* bereits von Prokasy und Raskin (1973) und teilweise auch von Edelberg (1972a) vorgelegt wurden, konnten für die Darstellung innerhalb der vorliegenden Mongrafie schwerpunktmäßig solche Gebiete ausgewählt werden, in denen sich *seitdem* bezüglich der Anwendung von EDA-Messungen *wesentliche Entwicklungen* vollzogen haben. Auf ggf. vorhandene neuere Sammelreferate zu den einzelnen Themen wird in den jeweiligen Kapiteln verwiesen. Wie bereits in den Kapiteln 2.5 und 2.6 wird auch im gesamten dritten Teil des Buches der Terminus "Standardmethodik" für die EDA-Messungen verwendet, wenn diese den in der Einleitung zu Kapitel 2.5 beschriebenen Kriterien genügen. Größere Abweichungen werden jeweils in Fußnoten erwähnt.

3.1 Die Verwendung phasischer elektrodermaler Aktivität in psychophysiologischen Untersuchungsparadigmen

Die Auswahl der in den ersten beiden Kapiteln dieses Anwendungsteils behandelten Fragestellungen und Untersuchungsansätzen aus dem Bereich der allgemeinen Psychophysiologie orientiert sich an der Bedeutung, die die Erfassung der elektrodermalen Aktivität in den jeweiligen Zusammenhängen erlangt hat. Die *Psychophysiologie* als "die Lehre von jenen psychischen Prozessen des Menschen, welche eine markante bzw. leicht zugängliche physiologische Seite haben und deswegen eine explizite Beschreibung und Bedingungsanalyse in zwei einander ergänzenden, komplementären Bezugssystemen nahelegen" (Fahrenberg 1979, Seite 92) läßt sich *leichter* über eigene *methodische Zugänge* als über ihre noch nicht sehr ausgeprägten *theoretischen Konzepte* kennzeichnen; daher werden auch im Kapitel 3.1 zunächst solche psychophysiologische *Untersuchungsparadigmen* vorgestellt, bei denen sich innerhalb *relativ standardisierter* experimenteller Vorgehensweisen eindeutige, ereignisbezogene psychophysiologische Beziehungen überprüfen lassen. Dementsprechend stehen auch *phasische* Parameter der EDA im Mittelpunkt der Betrachtungen dieses Kapitels.

Es handelt sich dabei um die Paradigmen der *Orientierungsreaktion* und der *Habituation* (Abschnitt 3.1.1) sowie der *Konditionierung* (Abschnitt 3.1.2), wobei die zahlreichen auf diesen Gebieten unter Verwendung der EDA erhaltenen Ergebnisse in verschiedenen Sammelbänden mehrfach ausführlich referiert und gemeinsam mit entsprechenden Ergebnissen anderer psychophysiologischer Variablen diskutiert wurden (z. B. Prokasy und Raskin 1973, Kimmel et al. 1979, Siddle 1983, Gale und Edwards 1983). Die Darstellungen in diesem Kapitel können sich dabei auf die *Bildung* und die *Verwendbarkeit elektrodermaler Parameter* innerhalb der einzelnen Paradigmen konzentrieren, wobei Einzeluntersuchungen im wesentlichen als exemplarische Beiträge zur EDA-Parametrisierung in den entsprechenden Zusammenhängen aufgenommen wurden.

3.1.1 Paradigmen der Orientierungsreaktion und der Habituation

Die Konzepte der *Orientierungsreaktion* und ihrer *Habituation* sowie die Unterscheidung von *Orientierungs-* und *Defensivreaktionen* nehmen heute in der psychophysiologischen Forschung einen breiten Raum ein. Während ihnen 1973 im EDA-Reader von Prokasy und Raskin noch kein eigenes Kapitel eingeräumt wurde, sondern lediglich im Aktivierungskapitel von Raskin (1973) gewissermaßen beiläufig auf die Orientierungsreaktion und auf einige Arbeiten zur Habituation eingegangen wurde, werden diese Konzepte derzeit als *grundlegend* sowohl für die *allgemeine* als auch für die *klinische Psychophysiologie* angesehen. Dementsprechend kann auch heute auf eine Reihe von Standardwerken zu dieser Thematik zurückgegriffen werden, z. B. auf die von Kimmel et al. (1979) und von Siddle (1983) herausgegebenen Sammelbände.

Eine ausführliche Darstellung der unterschiedlichen zur Orientierungsreaktion und ihrer Habituation vorgelegten *theoretischen Konzepte* wie der Theorie des "neuronalen Modells" von Sokolov (1963), der 2-Prozeß-Theorie von Groves und Thompson (1970), der sog. "priming"-Theorie von Wagner (1976) und des von Öhman (1979) vorgelegten Informationsverarbeitungs-Modells der Habituation kann an dieser Stelle aus Raumgründen nicht erfolgen; der Leser findet eine leicht verständliche Einführung in die beiden erstgenannten Theorien z. B. bei Schandry (1981), einen kurzen Überblick über alle 4 genannten theoretischen Konzepte bei Stephenson und Siddle (1983) sowie ausführlichere Darstellungen in den o. g. Standardwerken.

Im folgenden sollen im Abschnitt 3.1.1.1 zunächst die Verwendung von EDA-Parametern zur Erfassung der Charakteristika von *Orientierungsreaktionen* und deren *Abgrenzung* von *Defensivreaktionen* und anschließend im Abschnitt 3.1.1.2 die Möglichkeiten zur *Quantifizierung* der *Habituation* bzw. der Beschreibung des *Habituationsverlaufs* mit Hilfe von aus der EDA genommenen Parametern besprochen werden.

3.1.1.1 Die elektrodermale Aktivität als Indikator von Orientierungs- und Defensivreaktionen

Das Konzept der Orientierungsreaktion (OR) geht auf Pavlov (1927) zurück, der die OR als "Erkundungs-" oder "was-ist-das-"Reflex bezeichnete. Pavlovs Beobachtungen zufolge wurde dieser Reflex durch eine Veränderung in der unmittelbaren Umgebung ausgelöst und bestand in einer *Hinwendung* des Organismus *zum* auslösenden *Reiz*. Von den *Erkundungsreflexen* unterschied Pavlov die sogenannten *Defensivreflexe*, zu denen er eine Reihe von *protektiven* Reaktionen wie Rückzug oder Totstellen zählte. Weitere Taxonomien von Reflexantworten auf externe Reize wurden von Konorski (1948) und von Sokolov (1963) vorgelegt. Letzterer formulierte die auch heute noch überwiegend verwendete Unterscheidung in *Orientierungs-, Adaptiv-* und *Defensivreflexe* (vgl. Siddle et al. 1983a). Während dem Adaptivreflex als rein homöostatischer, reizgebundener Reaktion wenig Interesse entgegengebracht wurde, bleiben Orientierungs- und Defensivreflexe bzw. -reaktionen bis in jüngste Zeit Gegenstand zahlreicher Untersuchungen (zusammenfassend: Turpin 1983). Dykman et al. (1959) unterschieden zusätzlich noch eine *Schreckreaktion* ("startle"–Reflex), die sich von der OR dadurch abheben soll, daß sie von *ungerichteten,* die OR dagegen von gerichteten *Körperbewegungen* begleitet wird. Hierauf wird am Ende dieses Abschnitts nochmals eingegangen.

Die OR ist durch einen Komplex sensorischer, somatischer, elektroencephalographischer (EEG) und autonomer (vegetativer) Änderungen auf *neuartige Reize* von geringer bis *mittlerer Intensität* gekennzeichnet. Diese umfassen eine Erniedrigung der sensorischen Wahrnehmungsschwellen, EEG–Desynchronisation (alpha–Blockade), elektrodermale Reaktion, Pupillendilatation und Augenbewegungen, Herzfrequenzreaktion, periphere Vasodilatation (am Finger) und cephale Vasokonstriktion (an der Stirn). Die OR ist *unspezifisch*, d. h. sie kann durch Reize jeder Modalität ausgelöst werden und tritt unabhängig von der Richtung der Reizveränderung sowohl bei Intensitätszunahme als *auch bei Intensitätsabnahme* auf; dementsprechend ist das *Reizende* ebenso wie der *Reizbeginn* adäquater Auslöser für eine OR. Bei *Reizwiederholung* zeigt sich eine *Abnahme* in der Intensität der Reaktion (vgl. Abschnitt 3.1.1.2), die aber durch jede erkennbare *Veränderung* in einem oder in mehreren Aspekten des dargebotenen Reizes *wieder aufgehoben* werden kann. Man kann *verschiedene Formen* der OR unterscheiden:

(1) *Generalisierte vs. lokalisierte* OR (Sokolov 1960, Lynn 1966): Die generalisierte OR besteht in einer *allgemeinen Aktivierung* des sensorischen Cortex sowie einer Erhöhung der Sensitivität einer *Vielzahl* von sensorischen *Systemen*. Die lokalisierte OR ist demgegenüber auf die Stimulation eines *spezifischen Systems* beschränkt und erfüllt damit nicht das Kriterium der Unspezifität im Hinblick auf die Generalität der Reizwirkung. Dennoch betrachtet Sokolov die lokalisierte Reaktion als OR, da sie zumindest in bezug auf die *Richtung* der Veränderung *unspezifisch* ist. Generalisierte und lokalisierte ORs sollen sich auch in der *Geschwindigkeit* der *Habituation* unterscheiden (vgl. Abschnitt 3.1.1.2): die generalisierte OR soll typischerweise innerhalb von 2–5 Reizdarbietungen habituieren, während die lokalisierte 20 und mehr Reizdarbietungen bis zur Habituation benötigt. Als Beispiele für *lokalisierte* ORs werden *lang dauernde EDRs* auf taktile Reize und die occipitale alpha–Blockade auf visuelle Reize angesehen (Lynn 1966, Sokolov 1963).

(2) *Phasische vs. "tonische" OR* (Sokolov 1963, 1966): Als phasisch bezeichnet Sokolov eine Orientierungsreaktion, die auf eine *vorübergehende* (transiente) *Zunahme* der *Sensitivität* verschiedener Rezeptorsysteme zurückgeführt werden kann. Der Begriff Rezeptorsysteme wird hier i. S. der sogenannten "Analysers" nach Sokolov (1963) verwendet. Es handelt sich dabei um ein integrales System peripherer und zentraler Mechanismen, die für die Weiterleitung und Verarbeitung von Reizeigenschaften grundlegend sind. Als *Indikator* der phasischen OR ist die *reizabhängige* EDR anzusehen (vgl. Abschnitt 2.3.1). Die "tonische" OR stellt demgegenüber eher eine Art *Niveauverschiebung* in der "Hintergrundsensitivität" der Rezeptorsysteme dar, die über eine Habituationsserie hinaus andauern kann. Ob eher die phasische oder eher eine "tonische" OR auftritt, soll vom Niveau der *kortikalen Hintergrundaktivität* (vgl. Guttmann 1982) abhängen. Bei einem schläfrigen Pb kann ein neuartiger Reiz eine tonische OR hervorrufen, die bis zu einer Stunde andauern kann, wohingegen der gleiche Reiz bei einem wachen Pb zu einer phasischen OR führen soll. Ein Beispiel für die "tonische" OR als Indikator erhöhter Hintergrundaktivität ist nach Sokolov die *generelle Zunahme elektrodermaler Aktivität* bei Stimulation. Ob hier die NS.EDR freq. oder der EDL als Indikatoren der tonischen OR verwendet werden sollten (vgl. Abschnitt 2.3.2), bleibt offen.

Reizdimensionen, deren Veränderungen nach Sokolov (1960) zum Auftreten bzw. *Wiederauftreten* der OR nach erfolgter Habituation ("OR–reinstatement") führen sollten, sind *Intensität, Modalität, Dauer, Frequenz, Sequenz* (Dauer und Variabilität des Interstimulusintervalls), *Komplexität, Informationsgehalt* und *"objektive"*, d. h. durch klassische Konditionierung (vgl. Abschnitt 3.1.2.1) erworbene *Reizbedeutung*.

Das *Wiederauftreten* der OR findet sich sowohl bei der sog. *below–zero–Habituation* als auch bei der sog. *"Dishabituation"*. Die *below–zero–Habituation* besteht in einer über das Erreichen eines individuellen Kriteriums (z. B. zwei aufeinanderfolgende "Nullreaktionen") hinausgehende Fortsetzung der Habituationsreize (vgl. Abschnitt 3.1.1.2). Als *Dishabituation* bezeichnet man eine Zunahme der Reaktionsintensität, also der EDR amp., auf einen innerhalb einer Habituationsserie dargebotenen Reiz, dem ein *neuartiger*, nicht zu der Habituationsserie gehörender Stimulus vorausging. Nach Thompson und Spencer (1966) sollte es sich bei diesem neuartigen Reiz um einen Stimulus von *hoher Intensität* handeln. Verschiedene Untersuchungen zeigen jedoch, daß dies *keine* notwendige *Bedingung* ist. Außer durch Intensitätsänderungen läßt sich Dishabituation auch durch *Frequenzänderungen* bei akustischen Stimuli, *Reizmodalitätsänderungen* und *Reizauslassungen* auslösen (Magliero et al. 1981, McCubbin und Katkin 1971, Edwards und Siddle 1976, Martin und Rust 1976, Siddle et al. 1983c).

Das Ausmaß an Veränderung, das zur Auslösung der Dishabituation der EDR erforderlich ist, ist Gegenstand einiger neuerer Untersuchungen (z. B. Siddle 1985, Siddle und Hirschhorn 1986).

Berlyne (1961) erweiterte die o.g. Reizdimensionen zur Auslösung der OR noch um die Kategorie der *Konfliktreize*, bei denen eine Wahl zwischen mehreren Reaktionen möglich ist. Welche Rolle daneben noch einer *subjektive Reizbedeutung* ("stimulus significance") zukommt, die von Persönlichkeitsmerkmalen, individuellen Erfahrungen, Stimmungen, Motivationen, dem Aktiviertheitszustand und verschiedenen Kontextbedingungen abhängig ist, war in den 70er Jahren Gegenstand einer Kontroverse zwischen Bernstein (1979) und Maltzman (1979) einerseits und O'Gorman (1979) andererseits (vgl. Abschnitt 3.2.2.1). Während insbesondere Bernstein eine *kortikale Bewertung* des sensorischen Inputs unter Einbeziehung der o. g. subjektiven Faktoren für unterschiedliche ORs verantwortlich machte, vertrat O'Gorman die Auffassung, daß kognitiv mediierte psychische Vorgänge zur Erklärung individueller Unterschiede im Auftreten der OR nicht notwendig sind, da diese individuellen Differenzen auf verschieden ausgeprägte *Reaktionsbereitschaften* der physiologischen Systeme selbst zurückgeführt werden könnten, wobei er als Beispiel die Abhängigkeit der elektrodermalen OR von der elektrodermalen Spontanaktivität anführte (vgl. Abschnitt 2.5.4.2). Die Frage, ob hier eine Eigenschaft des physiologischen Systems selbst zum Tragen kommt, oder ob von einer möglichen *Motivationsspezifität* der OR i. S. von Fahrenberg (1979) ausgegangen werden sollte, muß heute noch als weitgehend offen angesehen werden.

Die *phasische* EDA eignet sich unter den psychophysiologischen Indikatoren in besonderer Weise zur quantitativen Abbildung der Beziehung zwischen der *Reizintensität* und der *Stärke der OR*. Uno und Grings (1965) fanden bei 12 Pbn, denen sie in einem ausbalancierten Versuchsdesign jeweils 5 mal 2 sec dauernde Reize von 60 bis 100 dB weißem Rauschen (in Stufen von 10 dB) darboten, daß die SCR amp.[47] ab 70 dB i. S. eines positiven Zusammenhanges linear mit der Reizintensität zunahm. Jackson (1974, Experiment 3) konnte durch systematische Variationen der Intensität eines 1000 Hz-Tones bis 80 dB Intensität (in Abstufungen von 20 dB) an 20 Pbn pro Gruppe zeigen, daß sowohl die über die ersten 4 als auch über alle 10 Trials gemittelten SCR amp.[48] auch im unteren Intensitätsbereich mit steigender Reizintensität monoton anstiegen, während die entsprechenden Reizantworten in der Herzfrequenz zunächst anstiegen, dann abfielen und schließlich wieder anstiegen. Barry (1975) fand bei Variationen der Intensitäten eines 1000 Hz-Tones von 20–50 dB in 10 dB-Stufen, die 24 Pbn

---

[47]Als SR mit 50 μA Konstantstrom mit ca. 2 cm² Ag-Elektroden von 2 Fingern der rechten Hand abgeleitet und in SC transformiert.

[48]Mit Standardmethodik, allerdings unipolar thenar gegen eine vorbehandelte Stelle am Unterarm unter Verwendung von K–Y-Gel abgeleitet.

in permutierter Reihenfolge vorgegeben wurden, ebenfalls eine annähernd lineare positive Beziehung der Reizintensität zu den SRR amp.[49], während in der gleichen Anordnung die Reduktion der alpha-Anteile im EEG bis zu einer Intensität von 40 dB etwa gleich blieb und erst bei 50 dB deutlich anstieg (Barry 1976). Auch Turpin und Siddle (1979) sowie Boucsein und Hoffmann (1979) konnten in ihren weiter unten bzw. im Abschnitt 2.5.2.1.1 beschriebenen Studien einen positiven *linearen Zusammenhang* zwischen der *Stimulusintensität* und der *EDR amp.* zeigen.

Die OR nimmt vermutlich eine wichtige *Überlebensfunktion* wahr, da sie den Organismus auf Reizveränderungen seiner Umgebung hin in *Handlungsbereitschaft* versetzt, damit er z. B. auf eine möglicherweise drohende Gefahr adäquat reagieren kann. Ist ein neuartiger Reiz nicht bedrohlich oder erweist sich als für den Organismus ohne Bedeutung, so wäre es im Sinne einer effizienten Anpassung unökonomisch, wenn der Organismus auf denselben wiederkehrenden Reiz jedesmal mit einer Mobilisierung seiner Ressourcen reagierte. Daher setzt in diesem Fall ein *Anpassungsprozeß* in Form einer *Abnahme* der *Reaktionsstärke* ein. Im Falle eines bedrohlichen oder gar noxischen Charakters von Umweltreizen muß der Organismus jedoch über entsprechende Reaktionen verfügen, deren Stärke und damit Effizienz jedoch nicht mit der Reizwiederholung abnimmt.

Eine solche Reaktion ist die *Defensivreaktion* (DR). Sie ist wie die OR eine *unspezifische* Reizantwort des Organismus, die sich jedoch von der OR dadurch unterscheidet, daß sie nur durch *Reize* von *sehr hoher Intensität* bzw. *aversive* Stimuli hervorgerufen wird und die *Wirkung* dieser Reize auf den Organismus *begrenzen soll*. Daher wird auch von vielen Autoren als entscheidendes Merkmal der DR ihre *fehlende Habituation* angesehen, d. h., sie soll im Unterschied zur OR keine Reaktionsabnahme bei wiederholter Reizdarbietung zeigen. Auch tritt sie im Gegensatz zur OR *nicht bei* der *Beendigung* eines *Reizes* auf. Nach Sokolov (1963) kann die DR von der OR anhand des *vasomotorischen* Reaktionsmusters unterschieden werden: vasokonstriktorische Reaktionen am Finger und an der Stirn werden als charakteristisch für eine DR angesehen, während – wie oben beschrieben – bei der OR peripher eine Vasokonstriktion und cephal eine Vasodilatation auftreten sollte. Zusätzlich hat Lacey (1967) auf einen unterschiedlichen phasischen *Verlauf der Herzfrequenz* hingewiesen: während eine biphasische Herzfrequenzreaktion mit anfänglicher Dezeleration (Abnahme) und späterer Akzeleration (Zunahme) für die OR charakteristisch sein soll, kommt es im Falle der DR zu einer unmittelbaren Akzeleration und damit zu einem monophasischen Verlauf der Herzfrequenzreaktion (Graham 1979).

---

[49] AC-gekoppelt (vgl. Abschnitt 2.1.3) mit einer Zeitkonstanten von 5 sec volar von den Fingern der linken Hand abgeleitet; keine Angaben zu Elektroden, Paste und Stromstärke.

Auch die Zahl der *biphasischen* SPRs (vgl. Abschnitt 2.3.1.2.1) nimmt mit steigender Stimulusintensität und einer damit erhöhten Auftretenswahrscheinlichkeit für DRs zu, wie Uno und Grings (1965) in ihrer o. g. Studie bei einer Stimulation mit weißem Rauschen von 60 bis 100 dB zeigen konnten[50]. Auch nahmen sowohl die *Amplituden* als auch die *Anstiegszeiten* für die SPRs und die parallel gemessenen SCRs mit *steigender Reizintensität* zu. Raskin et al. (1969), die eine größere Spanne von Reizintensitäten (40 bis 120 dB in 20 dB–Stufen) – allerdings an unabhängigen Gruppen zu je 25 Pbn – untersuchten, konnten nur geringe Unterschiede in den Amplituden der SPRs und SCRs[51] auf die Reize unterschiedlicher Intensität feststellen, sie fanden jedoch ein deutliches Ansteigen der *positiven SPR–Komponente* mit der Reizintensität und interpretierten diese als Indikator für die *DR*, während sie die *negative Komponente* der SPR als Indikator für die OR betrachteten. Diese Interpretation wurde allerdings von Edelberg (1970) in Zweifel gezogen, da er einen Zusammenhang zwischen der *positiven* SPR und einer *schnellen EDR–Recovery* gefunden hatte und aufgrund seiner später veröffentlichten Daten (Edelberg 1972b) eine *verlängerte SCR rec.t/2* als eine Folge *aversiver* Stimulation ansah (vgl. Abschnitt 3.2.2.1).

Ein mit den Überlegungen zur Recovery zusammenhängender, etwas spekulativ gebliebender Versuch der Differenzierung zwischen OR und DR bedient sich des Unterschiedes zwischen der *palmar* (an der Handinnenseite) und der *dorsal* (am Handrücken) gemessenen EDA. Ältere Untersuchungen von Darrow (1933) und vor allem der Gruppe um Edelberg (zusammenfassend: Edelberg 1972a) hatten Hinweise auf eine *differentielle Reagibilität* dieser beiden Ableitflächen erbracht, wobei sich die *dorsale* EDA als Indikator für *ORs* und zielgerichtetem Verhalten, die *palmare* EDA dagegen eher als Indikator für *DRs* bzw. Angstreaktionen zu eignen schien. Als mögliche Ursachen für dieses als "palmar/dorsal–Effekt" apostrophierte Phänomen wurden sowohl die Besonderheiten der *Schweißdrüsentätigkeit* an palmaren und plantaren Flächen (vgl. Abschnit 1.3.2.4) als auch die größere *Schweißdrüsendichte* an der palmaren Leistenhaut im Vergleich zur dorsalen Felderhaut (vgl. Abschnitte 1.2.2 und 1.2.3) angenommen. Edelberg (1973) vermutete unter Zugrundelegung seines 2–Komponenten–Modells der Entstehung der EDA (vgl. Abschnitt 1.4.2.3), daß das Überwiegen der Schweißdrüsenkomponente sowohl für die unter aversiven Stimulationsbedingungen größere SCR amp. als auch für die gleichzeitig auftretende längere SCR rec.t/2 an palmaren gegenüber dorsalen Ableitstellen verant-

---

[50]Das SP wurde unipolar palmar gegenüber dem Handgelenk mit Ag-Elektroden von 2.6 cm Durchmesser abgeleitet.

[51]Die endosomatische EDA wurde an der linken Hand thenar gegen den vorbehandelten Unterarm, die exosomatische EDA als Hautwiderstandsmessung palmar gegen dorsal an der rechten Hand mit 40 µA abgeleitet; in beiden Fällen wurden Beckman-Ag/AgCl-Elektroden und eine NaCl-haltige Elektrodenpaste verwendet.

wortlich sei; da bei der phasischen EDA am *Handrücken* lediglich die *Membrankomponente* mit ihrer wegen der schnellen Reabsorption *kurzen Recovery*–Zeit eine Rolle spiele (vgl. Abschnitt 1.4.3.2).

Die Untersuchung des sog. *palmar/dorsal-Effekts* bei der Darbietung *phobischer* Reize führte zwar bislang zu *keiner* eindeutigen *Bestätigung* der o. g. Hypothesen (vgl. Abschnitt 3.4.1.1); Hinweise zumindest auf eine *größere Komplexität* der *palmaren* im Vergleich zur dorsalen EDA ergaben sich jedoch in einer von Sorgatz (1978) an 80 Pbn durchgeführten Studie, in denen die Pbn eine motorische Aufgabe mit relativ geringen muskulären Anforderungen durchführten. Für die sowohl palmar als auch dorsal abgeleiteten und als Gesamtreaktionen auf jedes der 24 Trials ermittelten SZRs[52] wurde die Kreuzprodukt–Matrix faktorenanalysiert. 80 % der Varianz konnten bei der *dorsalen* SZR durch *eine Komponente* erklärt werden, während dazu bei der *palmaren* SZR *zwei Komponenten* notwendig waren. Sorgatz und Pufe (1978) leiteten mit der gleichen Meßtechnik die palmare und dorsale SZR bei 36 Pbn während aversiver (elektrische Reize und Hautkrankheiten–Dias) und "neutraler" Kontrollstimuli (Lichtblitze und Karrikaturen) in permutierter Reihenfolge mit ISIs von 10 bzw. 20 sec ab. Sie fanden bei den aversiven elektrischen Reizen größere antizipatorische palmare SZR amp., dagegen größere dorsale SZR amp. nach der Reizapplikation im Vergleich zu den Lichtblitzen, während sich die palmar/dorsal-Relationen bei den Dias umkehrten. Diese Ergebnisse weisen zwar auf *mögliche Unterschiede* in den *elektrodermalen Systemen* beider Ableitflächen hin, lassen jedoch keine eindeutigen Aussagen bezüglich einer *Unterscheidbarkeit* von ORs und DRs anhand des sog. palmar/dorsal-Effekts zu.

Auch die differentielle Indikatorfunktion einer *verlängerten* SCR–*Recovery* für DRs im Vergleich zu ORs, die sich aufgrund der Überlegungen von Edelberg (1973) auch für die EDA–Messungen an ein und derselben Ableitstelle hypostasieren läßt, konnte bislang noch *nicht schlüssig* nachgewiesen werden. Turpin und Siddle (1979) hatten jeweils 15 Pbn 1000 Hz–Töne 5 verschiedener Intensitäten von 45–105 dB (in 15 dB–Stufen) mit 30 msec Anstiegszeiten und 2 sec Dauer dargeboten. Die mit Standardmethodik, jedoch K–Y–Gel gemessenen Hautleitfähigkeitsreaktionen zeigten zwar den bereits oben beschriebenen positiv–linearen Anstieg der SCR amp. mit der Reizintensität; zwischen dem Kehrwert der SCR rec.t/2 auf den jeweils 1. Reiz und der Stimulusintensität konnte jedoch keine eindeutige Beziehung festgestellt werden, lediglich im 7. bis 9. Trial der anschließenden Habitutationsserie lag die Recovery–Zeit für die 105 dB–Reize deutlich über denen der anderen Stimulusintensitäten (Turpin und Siddle 1979, Figure 1). Auch zwischen Reizintensität und SCR ris.t. konnten

---

[52]Mit 32 Hz und 8 μA über 1 cm^2 Ag–Elektroden (Flächenbegrenzung über Klebering) und mit 0.5 % NaCl getränktem Papier als Elektrolyten vom 1. und 3. Finger der nicht–dominanten Hand dorsal und vom 2. und 4. Finger palmar abgeleitet.

keine systematischen Zusammenhänge gefunden werden. Es ist jedoch möglich, daß sich die *fehlende Differenzierung* von Zeitparametern der EDA zwischen OR und DR auf die von diesen Autoren verwendeten *langen Anstiegszeiten* der *Reize* zurückführen läßt. Hare (1978a) hatte in seiner im Abschnitt 3.4.1.2 beschriebenen Untersuchung *nur* bei den *kurzen* (10 μsec), nicht jedoch bei den längeren (25 μsec) *Anstiegszeiten* der dargebotenen 1000 Hz–Töne zwischen 80 und 120 dB (in Stufen von 10 dB) verlängerte SCR rec.t/2 bei einer Erhöhung der Reizintensität, insbesondere bei den Intensitäten ab 100 dB und dort vor allem an der linken Hand gefunden, was zudem die Frage nach einer *möglichen Lateralisierung* bei der Funktion von Zeitparametern als Indikatoren der DR aufwirft (vgl. Abschnitt 3.2.2.2). Auch Boucsein und Hoffmann (1979) hatten in ihrer im Abschnitt 2.5.2.1.1 beschriebenen Studie signifikante Haupteffekte der Reizintensität bei den logarithmierten SCR rec.t/2 und SRR rec.t/2 mit einem deutlichen *Anstieg* der *Recovery-Zeiten* vor allem bei den Intensitäten von 100 und 110 dB erhalten, wobei die Stimuli aus 2 sec weißem Rauschen mit nicht quantitativ erfaßtem, aber unmittelbarem Anstieg bestanden. Auf eine auch in dieser Untersuchung gefundene mögliche Unterscheidung von OR und DR anhand des Habituationsverlaufs wird im Abschnitt 3.1.1.2 noch weiter eingegangen.

Eine teilweise nur unscharf gegen die DR abgegrenzte *frühe* Komponente der Abwehr insbesondere bei Reizen mit rascher Anstiegszeit stellt die Schreckreaktion ("startle") dar. Die *"startle"*-Reaktion soll im Gegensatz zur DR *rasch habituieren* (Graham 1979). Neben den zu Beginn dieses Abschnitts genannten motorischen Komponenten eignet sich als psychophysiologische Größe für eine Abgrenzung der "startle"-Reaktion von der OR nach Dykman et al. (1959) die *Latenzzeit*, die bei der Schreckreaktion *verkürzt* sein sollte. Der hier angegebene Schwellenwert von 0.5 sec läßt sich allerdings im Zusammenhang mit der EDR systembedingt nicht unterschreiten (vgl. Abschnitt 2.3.1.1), so daß die EDA für eine anhand von Latenzzeiten zu differenzierende "startle"-Reaktion als Indikator nicht geeignet erscheint.

Eine zusammenfassende kritische Analyse der autonomen Komponenten zur Differenzierung von OR, DR und "startle"-Reaktion wurde von Turpin (1986) vorgelegt. Aufgrund eigener Untersuchungen (Turpin 1979, 1983, Turpin und Siddle 1978, 1983) kommt Turpin zu dem Ergebnis, daß zum einen die *Richtung* der Veränderung autonomer – im wesentlichen kardiovaskulärer – Maße, zum anderen die Identifikation von Reaktions*komponenten*, die sich hinsichtlich ihrer *Latenz* unterscheiden und schließlich die Abgrenzung gegenüber der *"startle"*-Reaktion die entscheidenden Merkmale zur Trennung von OR und DR darstellen. Als Indikatoren der *Informationsverarbeitung* (vgl. Abschnitt 3.2.2.1) sind autonome Variablen allein jedoch nicht ausreichend. Hier fordert Turpin (1986) zusätzlich eine Einbeziehung von Verhaltens- und subjektiven Maßen.

3.1.1.2 Die Habituation der elektrodermalen Reaktion

Nach der "klassischen" Auffassung von Humphrey (1933) und Harris (1943) wird die Abnahme der Intensität einer Reaktion bei wiederholter Reizvorgabe als Habituation bezeichnet. Siddle et al. (1983b) plädieren für eine strikte konzeptuelle Trennung einer solchen lediglich an der *beobachtbaren Abnahme der Reaktivität* orientierten Definition einerseits und der Auffassung von Habituation als einem hypostasierten Prozeß andererseits, der nach Ansicht einer Reihe von Autoren (z. B. Thorpe 1969, Petrinovich 1973) als die *elementarste Form* des *Lernens* anzusehen ist, und der sich in den verschiedenen Variablen und/oder Parametern durchaus in unterschiedlicher Weise abbilden kann. Allerdings muß – da das Auftreten der OR (vgl. Abschnitt 3.1.1.1) *nicht* das Ergebnis eines Lernvorganges ist (Sokolov 1963) – die Habituation zumindest konzeptionell von der Extinktion unterschieden werden (vgl. Abschnitt 3.1.2.1).

Unter den psychophysiologischen Indikatoren der Habituation stellt die EDR die in Humanuntersuchungen am *häufigsten verwendete Variable* dar. So sind z. B. die für die Entwicklung der Theorie des "neuronalen Modells" bedeutsamen Arbeiten von Sokolov (z. B. 1963) mit dieser Variablen durchgeführt worden. Die Beliebtheit der EDR als die Indikatorvariable der Habituation ist vermutlich darauf zurückzuführen, daß die *Identifikation* einer reizbezogenen Reaktion im allgemeinen *leicht* möglich und die *Abnahme* der *Amplitude* der EDR über die Reizdurchgänge hinweg schon bei einer ersten Inspektion der aufgezeichneten Daten *gut* zu *erkennen* ist.

Scheinbar ebenso einfach kann festgestellt werden, ab wann auf die Reizdarbietung *keine Reaktion* mehr erfolgt, d. h. die EDR *vollständig habituiert* ist. Wie jedoch bereits im Abschnitt 2.3.1.2.3 ausführlich dargelegt wurde, ist die Festlegung einer "nicht–Reaktion" von Eigenschaften der *Meßapparatur* selbst (wie z. B. dem Signal/Rauschverhältnis des Verstärkers, vgl. Abschnitt 2.1.4) sowie der durch den Registrierbereich vorgegebenen *Auflösung* abhängig, so daß das "Nullreaktions"–Kriterium i. S. eines minimalen *Amplitudenkriteriums* bei der Auswertung *nicht beliebig* festgesetzt werden kann. Auch für die Untersuchung der sog. "below–zero"–Habituation (Thompson und Spencer 1966), der Fortsetzung des Verlaufs der Habituation über das Erreichen der "Nullreaktion" hinaus, ist die Festlegung eines solchen Kriteriums unter Berücksichtigung sowohl der Reaktivität des betreffenden physiologischen Systems als auch der Empfindlichkeit des Meßsystems von grundlegender Bedeutung (Stephenson und Siddle 1976). Allerdings erbrachten Humanuntersuchungen insgesamt nur schwache Evidenzen für einen möglichen Einfluß der Dauer der "below–zero"–Habituation auf das spontane Wiederauftreten der OR ("OR–reinstatement") nach erfolgter Habituation (Siddle et al. 1983b).

Wie bereits im Abschnitt 3.1.1.1 erwähnt wurde, sollte bei wiederholter Darbietung von Reizen, die eine *DR* hervorrufen, *keine Habituation* erfolgen. Dieser Prozeß der verzögerten bzw. *fehlenden* Reaktions*abnahme* oder gar das Auftreten einer Reaktions*intensivierung* bei der Reizwiederholung wird auf Vorschlag von Groves und Thompson (1970) als *Sensibilisierung* ("sensitization") bezeichnet, wobei der *beobachtete Reaktionsverlauf* über die Trials in der Theorie dieser Autoren auch im Falle einer beobachtbaren Habituation *stets* als Resultante eines *Zusammenwirkens sensibilisierender* und *habituierender* Prozesse aufgefaßt wird. Für ein solches von der 2-Prozeß-Theorie gefordertes Interagieren zweier entgegengesetzter Prozesse während der wiederholten Darbietung der gleichen Reize auch im *Humanbereich* liegen bislang nur *wenige Daten* vor. In der von bereits im Abschnitt 2.6.5 erwähnten Studie von Hölzl et al. (1975) ließen sich bei den untersuchten 28 Pbn 3 Typen von SCR-Verläufen über 30 Reizdarbietungen beobachten: am häufigsten ein exponentiell abnehmender Habituationsverlauf, in einer geringeren Zahl von Fällen ein zunächst ansteigender und danach stark abfallender Verlauf bei Pbn, die von den Autoren als "anfängliche Sensibilisierer" bezeichnet wurden, und ganz selten ein leichter Anstieg der SCR amp. über die Trials bei den sog. Sensibilisierern (vgl. Hölzl et al. 1975, Figure 12).

Siddle et al. (1983b) bevorzugen allerdings anstelle der Bezeichnung "Sensibilisierung" den Terminus *"Dishabituation"*, da dieser das beobachtete Phänomen beschreibt, *ohne Annahmen* bezüglich eines möglichen noch weitgehend ungeklärten *neuronalen Prozesses* zu machen, der i. S. von Groves und Thompson (1970) dem der Habituation entgegengerichtet sein müßte. Nach der Auffassung dieser Autoren liegen zwar einige empirische Evidenzen für das Auftreten von Dishabituation auch im Humanbereich vor; die das entsprechende Phänomen bedingenden bzw. beeinflussenden Faktoren sind jedoch bislang noch nicht hinreichend untersucht (Siddle und Hirschhorn 1986).

So gilt es *nicht* einmal *als unbestritten*, daß die elektrodermale Komponente der *Defensivreaktion* tatsächlich *keine Habituation* zeigt. Zwar konnten Boucsein et al. (1984a) bei einer Reanalyse der Daten aus der im Abschnitt 2.5.2.1.1 beschriebenen Studie von Boucsein und Hoffmann (1979) eine deutliche *Sensibilisierung* in den transformierten SRR amp. und SCR amp. bei weißem Rauschen von 110 dB Intensität zeigen[53], wobei in den Rohdaten lediglich bei den SCR amp., nicht jedoch bei den SRR amp. eine Sensibilisierung beobachtbar war (vgl. Figure 1 in Boucsein et al. 1984a), was die bislang ungelöste Frage nach der adäquaten Maßeinheit in diesem Zusammenhang aufwirft (vgl. Abschnitt 2.6.5). Auch in der in Abschnitt 3.1.2.1 näher beschriebenen Untersuchung von Baltissen und Boucsein (1986), in der zwei Gruppen wiederholt ein aversiver Reiz (2 sec weißes Rauschen von 110 dB) mit oder ohne Warnreiz dargeboten

---

[53]Die Reize unterschiedlicher Intensität wurden allerdings – im Gegensatz zu den meisten klassischen Habituationsuntersuchungen – in einer einzigen Reizserie permutiert dargeboten.

wurde, zeigte sich bei den SCR amp. in der Gruppe ohne Warnreiz eine deutliche Tendenz zur Sensibilisierung. Turpin und Siddle (1979) hatten dagegen in ihrer im Abschnitt 3.1.1.1 beschriebenen Studie bei einer Gruppe von 15 Pbn auch bei hohen Stimulusintensitäten (weißem Rauschen von 105 dB) zwar eine *verzögerte Habituation* beobachtet; dennoch war insgesamt eine *Abnahme* der SCR amp. über die Trials aufgetreten. Walrath und Stern (1980) halten daher auch eine *quantitative Differenzierung* zwischen der Habituation von OR und DR für angemessener als die vielfach behauptete qualitative Unterscheidung in habituierende vs. nicht-habituierende Reaktionen.

Die Quantifizierung der Habituation der EDR ist weniger eindeutig als dies die einfache Reaktionsdefinition vermuten läßt, insofern, als die Bildung verschiedener Habituationsmaße nicht zu übereinstimmenden Resultaten führt (vgl. Abbildung 44). In den folgenden Abschnitten soll daher eine ausführliche Darstellung der Kennwerte der EDA erfolgen, die zur Quantifizierung der Habituation entwickelt wurden. Dabei kann die Diskussion um die Frage der *adäquaten Kennwertbildung* elektrodermaler Reaktionen zur Abbildung des hypothetischen Prozesses der Habituation heute noch keineswegs als abgeschlossen gelten.

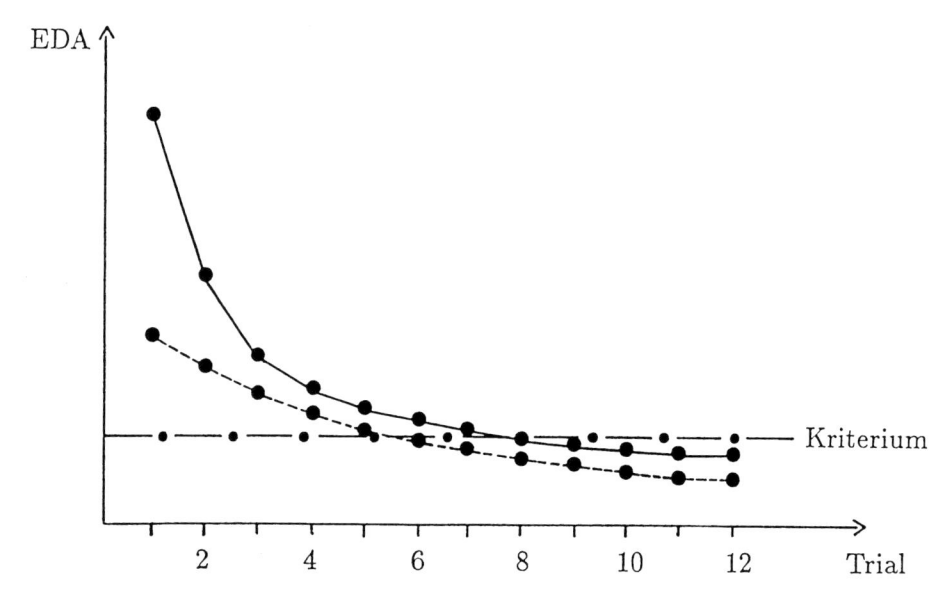

Abbildung 44. Auswirkung der Bildung verschiedener Habituationskennwerte: Die Maße des *Prozeßverlaufs* würden für die durchgezogene Kurve eine schnelle, für die gestrichelte Kurve jedoch eine langsame Habituation angeben, während Kennwerte für das *Prozeßende*, die anhand des Kriteriums "Unterschreiten einer minimalen EDR amp." gewonnen werden, zum gegenteiligen Ergebnis führen würden (nach Schandry 1978, Abbildung 3).

Die zu Beginn dieses Abschnitts genannten zwei konzeptionell *verschiedenen Auffassungen* von Habituation implizieren auch *verschiedene* Arten ihrer *Quantifizierung* (Schandry 1978):

(1) versteht man unter Habituation die Veränderung, d. h. die *Abnahme der Reaktion* in der Zeit, so ist man an einem *Prozeßverlauf* interessiert und versucht, die Verlaufskurve der Reaktionen zu quantifizieren, indem man z. B. die Steilheit ihres Abfalls bestimmt,

(2) versteht man dagegen unter Habituation das "*Lernen, nicht zu reagieren*", so ist man am *Prozeßende* interessiert und mißt die Zeit, die benötigt wird, bis keine Reaktionen mehr erfolgen.

Abbildung 44 veranschaulicht diese beiden Arten der Quantifizierung des Habituationsverlaufs und die sich daraus ergebenden u. U. *gegensätzlichen* Aussagen bezüglich der Habituationsgeschwindigkeit.

Im folgenden Abschnitt 3.1.1.2.1 wird auf die Bildung der am häufigsten verwendeten elektrodermalen *Parameter* des *Verlaufs* und im Abschnitt 3.1.1.2.2 auf die entsprechenden Parameter für die Ermittlung des *Prozeßendes* der Habituation näher eingegangen. Weitere Habituationsmaße finden sich z. B. bei Ben-Shakhar (1980) sowie Hiroshige und Iwahara (1978).

3.1.1.2.1 Elektrodermale Parameter des Habituationsverlaufs

Als Habituationskennwerte, die nicht nur das Erreichen eines Zustandes wiedergeben, sondern den im vorigen Abschnitt unter (1) genannten *Prozeß* der Habituation anhand ihres Verlaufs *beschreiben*, dienen Regressions-, Amplituden- und Differenzindizes:

(1) *Regressionsmaße* verwenden den *Steigungswert* von an die empirischen Ergebnisse *angepaßten Kurven* – wie z. B. einer Geraden oder einer Exponentialfunktion – und sind damit "echte" *Habituationsraten*maße. Das bekannteste individuelle Maß ist der von Lader und Wing (1966) entwickelte H-Wert (siehe Gleichung (51)).

(2) *Amplitudenmaße* gehen von den an der jeweiligen Stelle im Habituationsverlauf beobachteten EDR amp. aus und analysieren diese meist innerhalb eines *varianzanalytischen* Designs (Siddle et al. 1983b). Zu den Amplitudenmaßen werden jedoch auch die *mittleren Amplituden* bzw. die EDR-*Magnituden* (vgl. Abschnitt 2.3.4.2) der gesamten Habituationsserie gerechnet (O'Gorman 1977).

(3) Als *Differenzmaße* bezeichnet man Indizes, denen die Differenzen zwischen den EDR amp. an 2 oder *mehreren Punkten* einer *Habituationsserie* zugrundeliegen, z. B. die Differenz zwischen den mittleren EDR

amp. des ersten und des letzten Trial–Blocks[54] (Koriat et al. 1973). Vielfach werden jedoch auch solche Differenzmaße über varianzanalytische *Interaktionsterme* gebildet (O'Gorman 1977).

Da der Habituationsverlauf normalerweise einer *negativen Exponentialfunktion* in Abhängigkeit von der Zahl der Reizdarbietungen folgt (Thompson und Spencer 1966), wird vor der Berechnung der unter (1) genannten Regressionsmaße zunächst eine dekadische log–*Transformation* der Reizskala auf der Abszissenachse vorgenommen, um die Beziehung zwischen EDR amp. und Anzahl der Reizdarbietungen zu *linearisieren*. Ab dem 2. Reiz wird dann eine *Regression* der EDR amp. auf den *Logarithmus* der *Reizanzahl* berechnet. Aus der resultierenden Regressionsgleichung werden *zwei Indizes* gewonnen (Montagu 1963): die *Steigung* der Regressionsgeraden b und der *Achsenabschnitt* a, d. h. der Punkt, an dem die Regressionsgerade die Ordinatenachse schneidet. Der Achsenabschnitt a enthält keine Information über den Verlauf der Reaktionen, typischerweise ergeben sich aber *hohe negative Korrelationen* zwischen den beiden Indizes. Demnach ist die Steigung umso negativer, je größer der Achsenabschnitt ist. Pbn, die zu *Beginn* einer Reizserie *größere* EDRs aufweisen, haben auch einen entsprechend *höheren Absolutbetrag* in dem *Steigungsmaß* b, das als Index der Habituation verwendet wird.

Um aber einen *Index* der Habituationsrate zu erhalten, der *unabhängig* von der Größe der *initialen EDR* ist, müssen die *Steigungswerte* b um den Betrag der zugehörigen Werte für den Ordinatenachsen–Abschnitt a korrigiert werden. Dies erfolgt wiederum mit Hilfe der Regressionsrechnung nach Gleichung (51):

$$H = b - c(a - \bar{a}) \qquad (51)$$

wobei b die *individuelle Steigung* der Regression der Reaktionsstärke auf die Reizanzahl, a den individuellen Wert für den Achsenabschnitt, $\bar{a}$ den *Mittelwert* des *Achsenabschnitts* über alle Pbn und c die *Regression* der Steigungskoeffizienten b auf die Werte für den Achsenabschnitt a darstellen. Dieser von Lader und Wing (1966) als H–Wert und von Montagu (1963) als b'–Wert bezeichnete Index ist ein Maß für die *geschätzte absolute Habituationsrate* unter der Annahme, daß der Achsenabschnitt eine Konstante – wie z. B. den Mittelwert der Stichprobe – darstellt. Diese Vorgehensweise entspricht damit der Anwendung *kovarianzanalytischer* Verfahrenstechniken.

Koriat et al. (1973) vertreten die Ansicht, daß die Berechnung von b' nur unter der Voraussetzung gerechtfertigt ist, daß den a- und b-Werten *verschiedene Prozesse* zugrundeliegen und demnach der Zusammenhang zwischen diesen Werten als artifiziell betrachtet werden kann. Problematisch erscheint dieses

---

[54] Eine große Zahl von Autoren zieht für die Darstellung von Habituationsverläufen die Trials zu Blocks von 2 oder mehr Trials zusammen.

Verfahren auch in der Anwendung auf verschiedene *experimentelle Gruppen*, die sich bereits *a priori* – z. B. aufgrund der Aufteilung anhand organismischer Variablen wie Alter oder Geschlecht (vgl. Abschnitt 2.4.3) – hinsichtlich des *Ausprägungsgrades* der Kovariaten, d. h. des *Achsenabschnitts*, signifikant *unterscheiden*. Overall und Woodward (1977) schließen in einem solchen Fall die Anwendung der Kovarianzanalyse aufgrund einer zu erwartenden signifikanten Korrelation von experimenteller Bedingung (z. B. Alter) und Kovariate (Ordinatenachsen-Abschnitt) aus. Die Bedeutung für die Bestimmung von b' soll am Beispiel der Untersuchung der Habituationsgeschwindigkeit in zwei Altersgruppen erläutert werden. Nehmen wir an, daß in der höheren Altersgruppe signifikant geringere *a*–Werte und geringere *b*–Werte beobachtet wurden und daß der Effekt des Alters auf den Achsenabschnitt *a* unabhängig ist von dem Effekt auf die Steigung *b* und auch unabhängig von dem Zusammenhang zwischen *a* und *b*. In diesem Falle führt die Korrektur der Steigungskoeffizienten *b* anhand der Achsenabschnitte *a* zu einer Reduzierung des "unabhängigen" Effekts des Alters auf die Steigung. Allgemein dürfte es schwierig sein, den relativen Einfluß der "Bedingungseffekte" auf die *a*- und *b*–Werte zu ermitteln, so daß dann, wenn die *experimentelle Bedingung* einen signifikanten *Einfluß* auf die *a*-Werte hat, b'- oder H-Werte nicht berechnet werden sollten.

Wie bereits erwähnt, wird für die unter (2) genannte Beschreibung des Habituationsverlaufs mit Hilfe von *Amplitudenmaßen* meist eine *Varianzanalyse* der EDR amp. *über die Trials* durchgeführt. Unterschiede in der Habituationsgeschwindigkeit oder in der Habituationsrate werden dann anhand der *Interaktion* von experimenteller *Bedingung* und *Reizwiederholung* ermittelt. Diese Vorgehensweise erlaubt es *nicht*, *individuelle Maße* der elektrodermalen Habituationsgeschwindigkeit zu extrahieren, ermöglicht aber die *vergleichende Untersuchung* verschiedener experimenteller Behandlungen auf die Verläufe der EDR amp. über die Reizwiederholungen hinweg. Die Ermittlung von Bedingungseffekten ist allerdings dann relativ *eingeschränkt*, wenn die *Anzahl* der *Reizwiederholungen* sehr *hoch* ist, so daß in allen Gruppen stabile, niedrige EDR amp. erreicht werden. Man kann sich in einem solchen Fall möglicherweise auf die Analyse der *ersten* Trials beschränken und damit das Problem der Insensitivität dieser Technik umgehen. Allerdings verlangt dies *a priori* die Formulierung von Gründen für die Auswahl spezifischer Trials.

Ein auf das *jeweilige Individuum* bezogenes *Amplitudenmaß*, das gelegentlich zur Quantifizierung des Ausmaßes der Habituation verwendet wird, ist die *mittlere EDR amp.* bzw. – wenn die "Nullreaktionen" eingeschlossen werden – die mittlere EDR-*Magnitude* (vgl. Abschnitt 2.3.4.2) *aller Reizdarbietungen* einer *Serie* (Siddle und Heron 1976, Vossel und Roßmann 1982). Ein solches Maß enthält keinerlei spezifische Information über die Veränderung der EDR amp. in der Zeit; es wird lediglich angenommen, daß *Reaktionen* mit *geringe-*

rer *EDR amp.* oder *"Nullreaktionen"* am Ende der *Serie* zu einer *insgesamt geringeren mittleren Amplitude* bzw. *Magnitude* führen werden. Zu bedenken ist dabei aber, daß diese Mittelwerte auch bei solchen Pbn einen niedrigeren Wert annehmen werden, bei denen bereits *zu Beginn* der Reizserie *geringe* EDR amp. auftreten, die dann über den Verlauf der Reizserie hinweg *beibehalten* werden bzw. sogar *leichte Zunahmen* in den Amplituden aufweisen. Beide Reaktionsmuster sind *mit der Definition* von Habituation *als Reaktionsabnahme* bei wiederholter Reizdarbietung *unvereinbar*, weshalb die Verwendbarkeit der mittleren Amplitude bzw. EDR-Magnitude als globales individuelles Habituationsmaß fraglich erscheint. Auch Siddle et al. (1983b) weisen darauf hin, daß das mittlere Magnituden-Maß *individuelle Unterschiede* in *Amplituden* und *Habituationsverläufen konfundiert*.

Von Siddle und Heron (1976) wurden für die mittlere EDR-Amplitude bei Intervallen von 3–5 Monaten *Stabilitätskoeffizienten* von r = 0.26 und 0.66 berichtet. Die *Korrelationen* zu einem *Kriterienmaß* der Habituation (vgl. Abschnitt 3.1.1.2.2) lagen nur bei r = −0.06 und −0.23 sowie zum H-Wert zwischen r = 0.08 und 0.47[55] Hohe positive Korrelationen zwischen r = 0.63 und 0.76 ergaben sich demgegenüber zum *Achsenabschnitt* der Regressionsgeraden. Vossel und Roßmann (1982) berichteten eine Korrelation von r = 0.86 zwischen dem Achsenabschnitt der Regressionsgeraden und der mittleren EDR-Magnitude. Im Gegensatz zu Siddle und Heron fanden sie eine positive Korrelation zum Kriterienmaß (r = 0.32), allerdings eine vergleichbare Korrelation von r = 0.46 zum H-Wert. Die relativ hohen Korrelationen zwischen der mittleren *EDR-Magnitude* der Reizserie und der EDR amp. auf den 1. Reiz weisen darauf hin, daß dieser Wert zu einem beträchtlichen Teil durch die *Amplitude* der *Initialreaktion* bestimmt wird. Als zusätzlicher Index der Initialreaktion ist dieses Maß allerdings überflüssig. Da es auch zur Beschreibung des Habituationsprozesses ungeeignet ist, kann seine Verwendung *nicht empfohlen* werden.

Wie unter (3) bereits erwähnt, liegen der Kennzeichnung des Habituationsprozesses mittels *Differenzindizes* Differenzen zwischen den EDR amp. an verschiedenen Stellen der Habituationsserie zugrunde. Gehen die Amplituden der *ersten* und *letzten* Reaktion in die Differenzwertbildung ein, ist dieses Maß natürlich ebenfalls sehr *anfällig* bezüglich *interindividueller Unterschiede* in der EDR amp. auf den 1. Reiz. Pbn bzw. Gruppen mit *hoher Initialreaktion* würden demzufolge – bei sonst identischen Reaktionen – eine *schnellere Habituationsrate* aufweisen als solche mit niedrigerer Anfangsreaktion.

Nach O'Gorman (1977) werden *Differenzindizes* hauptsächlich zum *Vergleich* der Habituation verschiedener *Gruppen* herangezogen. In diesem Sinne

---

[55]SCR mit Standardmethodik während der Darbietung von 70 dB bzw. 90 dB-Tönen von 1000 Hz abgeleitet. Die Vorzeichen der Korrelationen aus Table 2 (Siddle und Heron 1976) wurden invertiert, um die Richtung der Korrelationen vergleichbar werden zu lassen.

entspricht der unter (2) bei den Amplitudenmaßen beschriebene *Interaktionsterm* in der *Varianzanalyse* mit wiederholten Messungen dem Interaktionsterm in einer einfachen Varianzanalyse für die Differenzwerte zwischen dem ersten und letzten Trial jeder Gruppe (Huck und McLean 1975).

Differenzindizes können auch als auf das jeweilige Individuum bezogene Parameter gebildet werden. Als *individuelles Habituationsmaß* wurden *Differenzwerte* der EDR amp. von Koriat et al. (1973), Lader (1964) und Vossel und Roßmann (1982) verwendet. Zwischen dem unter (1) beschriebenen H–Wert und dem individuellen Differenzwert werden negative Korrelationen im Bereich von $r = -0.21$ bis -0.51 berichtet. Die hohen Korrelationen, die sowohl zwischen dem Steigungskoeffizienten b und dem Differenzwert ($r = -0.90$ bis -0.94) als auch zwischen dem Achsenabschnitt und dem Differenzwert ($r = 0.80$ bis 0.90) bestehen, zeigen, daß die Bildung von *Differenzindizes* zwischen der anfänglichen und der abschließenden EDR amp. innerhalb einer Reizserie keine wesentliche über das unter (1) genannte Regressionsmaß hinausgehende Information vermittelt und damit einerseits als *redundant*, andererseits aber auch als eine *Alternative* zu diesem angesehen werden kann.

Einen *speziellen individuellen Differenzindex* bildete Gruzelier (1973): er verwendete dazu nur den 1. Abschnitt der Habituationsserie, in dem die Reaktionsabnahme annähernd exponentiell verläuft, und nicht den restlichen Teil, in dem die Habituationskurve bei visueller Inspektion der individuellen Werte einen zufälligen Verlauf zu nehmen scheint. Diesen 1. Abschnitt teilte er in 2 Hälften, berechnete die mittlere EDR amp. jeder Hälfte und bildete daraus durch Subtraktion einen individuellen Differenzindex. Gruzelier (1973) sowie Gruzelier und Venables (1972) verwendeten diesen Index zur Beschreibung differentiellen Habituationsverhaltens von Schizophrenen und Normalprobanden (vgl. Abschnitt 3.4.2.2) sowie bei Lateralisationsuntersuchungen (vgl. Abschnitt 3.2.2.2).

3.1.1.2.2 Die Ermittlung des Prozeßendes der Habituation anhand der elektrodermalen Aktivität

Erheblich weiter verbreitet als die im vorigen Abschnitt beschriebenen Indizes des Prozeßverlaufs sind solche Habituationskennwerte, die die zu Beginn des Abschnitts 3.1.1.2 unter (2) genannte Quantifizierung des *Prozeßendes* wiedergeben. Sie lassen sich in *Kriterien-* und *Häufigkeitsmaße* einteilen:

(1) Nach O'Gorman (1977) basieren *Kriterienmaße* auf der *Anzahl* der Reizdarbietungen oder der *Zeit* bis zum *Unterschreiten* einer definierten minimalen Reaktionsstärke ("Nullreaktions"–Kriterium, vgl. Abschnitt

3.1.1.2), die bei identischen Reizdarbietungsbedingungen für alle Pbn mit der Anzahl der Versuchsdurchgänge korreliert. Das Kriterienmaß ist der am häufigsten verwendete am jeweiligen Individuum orientierte Kennwert der Habituation. Dieses Maß ist insbesondere für solche Reaktionssysteme geeignet, bei denen ein *völliges Ausbleiben* der Reaktion im Verlaufe der Habituation beobachtet werden kann, wie dies bei der EDR der Fall ist. Das *üblicherweise* verwendete *Kriterium* ist das Ausbleiben einer Reaktion ("Nullreaktion") bei 2 oder 3 aufeinanderfolgenden Reizdarbietungen (Siddle et al. 1983b).

(2) Das zweite Maß zur Quantifizierung des Prozeßendes ist der *Häufigkeitsindex*. Er beruht auf der *Anzahl* der das Kriterium erreichenden Reaktionen innerhalb einer Habituationsserie. Während Thompson et al. (1973) die Auffassung vertraten, daß Häufigkeitsmaße den zugrundeliegenden Prozeß der Habituation besser abbilden als z. B. Maße, die auf Änderungen der Amplitude im Reaktionsverlauf basieren, hatte Cook (1970, zitiert nach O'Gorman 1977) jedoch dagegen eingewendet, daß Häufigkeitsmaße *in keiner Weise* den der Habituation zugrundeliegenden kontinuierlichen Prozeß der *Reaktionsabnahme* wiedergeben.

Daß Häufigkeits- und Kriterienmaße den *gleichen Aspekt* der Habituation, nämlich das *Prozeßende* erfassen, läßt sich aus den hohen *positiven Interkorrelationen* dieser Maße schließen. Coles et al. (1971) ermittelten bei 60 Pbn, denen sie 20 Reize (1000 Hz, 65 dB, 5 sec Dauer) darboten, für Hautleitfähigkeitsreaktionen[56] eine Korrelation von r = 0.92 zwischen dem Kriteriums- und dem Häufigkeitsindex. Eine vergleichbar hohe Korrelation von r = 0.94 wird von Vossel und Roßmann (1982) ebenfalls unter Zugrundelegung von Hautleitfähigkeitsreaktionen berichtet. Allerdings können u. U. Kriterien- und Häufigkeitsmaße zu verschiedenen Ergebnissen bezüglich der Habituation führen, wie Zahn et al. (1981a) bei Schizophrenen gezeigt haben (vgl. Abschnitt 3.4.2.2).

Auf die Kriterien- und Häufigkeitsmaße wirken sich insbesondere *individuelle Unterschiede* in *tonischen* Hautleitfähigkeitsindizes, z. B. der NS.SCR freq. (vgl. Abschnitt 2.3.2.2), aus. Signifikante positive Korrelationen zwischen der *elektrodermalen Spontanaktivität* und dem *Kriteriums-* bzw. dem *Häufigkeitsindex* von r = 0.44 bis 0.75 werden übereinstimmend aus mehreren Untersuchungen berichtet (z. B. Coles et al. 1971, Crider und Lunn 1971, Siddle und Heron 1976, Martin und Rust 1976, Vossel und Roßman 1982). Daher befürworten Crider und Lunn (1971) die *Gleichsetzung* von Habituationsgeschwindigkeit – ermittelt als Kriterien- oder Häufigkeitsindex – und elektrodermaler Spontanfluktuation. Die vorliegenden Ergebnisse scheinen eine solche Gleichsetzung jedoch *nicht*

---

[56] Als SR mit 1 cm² Ag/AgCl-Elektroden, NaCl-Paste und 11 μA abgeleitet und in log SC transformiert.

zu *rechtfertigen*, denn der Prozentsatz gemeinsamer Varianz liegt im Mittel aller Untersuchungen bei etwa 36 %. Zweifellos aber besteht ein ausgeprägter Zusammenhang zwischen *elektrodermaler Labilität* (vgl. Abschnitt 3.3.2.2) und *Habituation*, dessen theoretische Bedeutung z. B. im Sinne einer möglichen Kausalbeziehung (vgl. Lader und Wing 1966) allerdings noch offen ist.

Darüber hinaus scheint das *Kriterienmaß* auch von der *Amplitude* der *initialen Reaktion* in der Habituationsserie abhängig zu sein. So berichtet z. B. Nebylitsyn (1973) für die EDR eine Korrelation von $r = 0.68$ zwischen der Amplitude der ersten Reaktion und der Anzahl der Versuchsdurchgänge bis zum Erreichen des Kriteriums. Das ist insofern plausibel, als das Kriterienmaß impliziert, daß Habituation ein zu erreichender *Zustand* des "*nicht-Reagierens*" darstellt, und daß zum Erreichen dieses Zustandes *umso mehr* Durchgänge erforderlich sind, je *stärker* die *anfängliche Auslenkung* des Systems war. Coles et al. (1971) fanden zudem in ihrer oben beschriebenen Studie Korrelationen zwischen der *Latenzzeit* der SCR auf den 1. Reiz der Serie und dem Häufigkeitsindex von $r = -0.67$ sowie dem Kriterienindex von $r = -0.58$.

Als Argument für die Brauchbarkeit von Kriterienindizes wurden neben Korrelationen zu anderen Parametern auch verschiedentlich *Reliabilitäten* dieser Kennwerte herangezogen. O'Gorman (1974) stellte aus einer Reihe von Studien für den Kriterienindex bei der EDR Stabilitäten von einer Woche bis zu 3 Monaten im Bereich von $r = 0.55$ bis 0.75 zusammen. Ähnliche Stabilitätskoeffizienten wurden von Siddle und Heron (1976) berichtet: über Intervalle von 3–5 Monaten ergaben sich für die bei insgesamt 37 Pbn aus mit Standardmethodik ermittelten SCR-Daten erhaltenen Kriterienindizes (3 aufeinanderfolgende SCRs unter $0.02\ \mu S$) Retest-Reliabilitätskoeffizienten von $r = 0.47$ und 0.56. Damit liegen diese Koeffizienten allerdings *niedriger* als *Reliabilitäten*, die typischerweise bei psychometrischen *Tests* erhalten werden.

Daß Habituationsmaße des *Prozeßverlaufs* (vgl. Abschnitt 3.1.1.2.1) einerseits und solche des *Prozeßendes* andererseits *relativ unabhängig* voneinander sind und möglicherweise *unterschiedliche Aspekte* der Habituation *erfassen*, konnte Spinks (1977, zitiert nach Siddle et al. 1983b) in einer mit 45 Pbn durchgeführten faktorenanalytischen Studie zeigen, bei der diese Maße in *verschiedenen Faktoren* ihre höchsten Ladungen aufwiesen. Die Entscheidung für einen oder mehrere der in den beiden letzten Abschnitten beschriebenen Habituationsindizes sollte daher *möglichst theoriengeleitet* erfolgen, wenn auch die Feststellung von Koriat et al. (1973), daß dafür eigentlich präzisere Vorhersagen aus den entsprechenden Theorien ableitbar sein müßten, auch heute noch Gültigkeit besitzt. Da sich insbesondere die *Abhängigkeit* der Habituationsmaße von der *EDR amp.* auf den *initialen Reiz der Serie* aus keiner der vorliegenden theoretischen Konzepte schlüssig ableiten läßt (Siddle et al. 1983b), sollten zumindest diesbezüglich Korrekturen elektrodermaler Parameter der Habituation, etwa

Range-Korrekturen (vgl. Abschnitt 2.3.3.4.2) vorgenommen werden. Darüberhinaus haben Levinson und Edelberg (1985) zeigen können, daß *ausgedehnte Zeitfenster* zur Auswertung der EDR dazu führen, daß *spontane* EDRs als *reizspezifische* Reaktionen *fehlklassifiziert* werden und damit zu Verfälschung von Habituationsmaßen führen. Die Autoren schlagen daher die Verwendung von relativ *kleinen* Zeitfenstern (1.0–2.4 sec nach dem Stimulus) vor, deren Obergrenze ggf. anhand der Latenzen der EDRs aller Pbn auf den 1. Reiz hin festgesetzt werden könnte. Ferner sprechen sie sich aufgrund ihrer Ergebnisse für die Verwendung eines *Kriterienmaßes* aus, dem *nicht mehr als 2 aufeinanderfolgende* "Nullreaktionen" zugrunde liegen.

Von besonderer Bedeutung für die Beurteilung der Habituation anhand von Parametern des elektrodermalen Systems sind die vielfach gefundenen signifikanten *Korrelationen* der einzelnen *Habituationsindizes* zur *NS.SCR freq.*: die Korrelationen zum *Kriterien-* und *Häufigkeitsmaß* liegen im Bereich von $r = 0.67$ bis 0.52 (Martin und Rust 1976, Siddle und Heron 1976, Vossel und Roßmann 1982), positive Korrelationen ($r = 0.41$ bis 0.56) finden sich auch zwischen der NS.SCR freq. und dem Index der *mittleren Amplitude* (Bull und Gale 1973, Martin und Rust 1976) zwischen der NS.SCR freq. und dem *H-Wert* im Bereich von $r = 0.47$ bis 0.77 (Lader 1964, Lader und Wing 1966, Siddle und Heron 1976) und – wenn auch niedriger – zwischen der NS.SCR freq. und dem *Steigungskoeffizienten b* im Bereich von $r = 0.19$ bis 0.32 (Martin und Rust 1976, Siddle und Heron 1976). Demgegenüber sind *Achsenabschnitt* und *Spontanfrequenz unkorreliert* (Siddle und Heron 1976).

Wegen des bereits früher beobachteten relativ hohen Zusammenhangs zwischen der elektrodermalen *Spontanfrequenz* und verschiedenen Habituationsmassen vermuteten Crider und Lunn (1971), daß die NS.SCR freq. und die anhand des Kriterienmaßes ermittelte Habituationsgeschwindigkeit als *Indikatoren* einer *zugrundeliegenden Dimension* der "*elektrodermalen Labilität*" (vgl. Abschnitt 3.2.2.2) angesehen werden können. Diese Verbindung zwischen elektrodermaler Spontanfrequenz und Habituationsgeschwindigkeit ist allerdings *nicht unumstritten*, da der gemeinsame Varianzanteil i. d. R. nur um etwa 55 % liegt (vgl. Vossel und Roßmann 1982). Auf die mögliche Existenz eines Faktors der "*generellen Reaktivität*" hatten jedoch auch Martin und Rust (1976) in ihrer faktorenanalytischen Studie unter Zugrundelegung einer großen Zahl von EDA-Parametern, darunter auch verschiedene Habituationsindizes, hingewiesen.

Ungeklärt ist bei der Anwendung von Konzepten wie der "generellen Reaktivität" und der "elektrodermalen Labilität" die Frage, inwieweit ihnen Unterschiede in strukturellen, physiologischen und biochemischen Faktoren zugrundeliegen, die für psychophysiologische Fragestellungen der Habituation Relevanz besitzen. Das Problem von interindividuellen Unterschieden in der Reaktivität, die durch solche möglicherweise lediglich *peripher-physiologische* Faktoren bedingt sind, wurde bereits bei Lykken et al. (1966) sowie Lykken und Venables (1971), die eine Range–Korrektur befürworten (vgl. Abschnitt 2.3.3.4.2), ausführlich erörtert. Vor- und Nachteile der Anwendung von Range–Korrektur-Verfahren bei Habituationsuntersuchungen werden von Siddle et al. (1980) diskutiert. Auch hier *fehlen* bislang entsprechende Formulierungen innerhalb der theoretischen Konzepte zur Habituation, aus denen sich EDA–*systemspezifische Hypothesen* ableiten ließen. Ansätze finden sich bei den im Abschnitt 3.2.2.1 angesprochenen Überlegungen zur "kognitiven Modellierung" der OR und ihrer Habituation, zu denen allerdings bislang nur wenige empirische Evidenzen vorliegen.

3.1.2 Paradigmen des klassischen und instrumentellen Konditionierens

Von den in den Biowissenschaften vorgelegten *Lernparadigmen* sind vor allem die des sog. klassischen und des instrumentellen Konditionierens Gegenstand psychophysiologischer Untersuchungen geworden. Es handelt sich dabei um verschiedene Formen des *Assoziationslernens*, wobei die zu Beginn dieses Jahrhunderts von Pavlov (zusammenfassend: 1927) entdeckte Methode zur assoziativen Verknüpfung zweier Reize als "*klassisch* " bezeichnet wird, während das Lernen der Assoziation zwischen einer Reaktion und der darauf folgenden Darbietung oder Wegnahme eines angenehmen bzw. aversiven Reizes als kontingente Folge dieser Reaktion mit entsprechender Auswirkung auf deren zukünftige Auftretenswahrscheinlichkeit deshalb *instrumentell* genannt wird, weil die Reaktion als Instrument zur Erlangung bzw. Vermeidung des folgenden Reizes angesehen werden kann. Das hauptsächlich mit Skinner in Verbindung gebrachte "*operante* " Lernen unterscheidet sich in dieser Hinsicht nicht wesentlich vom instrumentellen Konditionieren; es wird lediglich die Spontaneität des operanten Verhaltens betont und der Terminus "Reaktion" dafür strikt abgelehnt.

Die Unterscheidung zwischen *klassischem* und *instrumentellem* Konditionieren ist zwar theoretisch sinnvoll, da im ersteren Fall ein Reiz (der konditionierte Stimulus), im zweiten Fall das instrumentelle oder operante Verhalten die Zielgröße der intendierten Veränderung ist; allerdings sind in den meisten Lernsituationen Elemente *beider* Formen des Assoziationslernens enthalten. So können auch instrumentelle Verstärker als klassische unkonditionierte Reize und die diskriminativen Stimuli vor der Darbietung des Verstärkers als konditionierte Reize aufgefaßt werden. Dennoch werden im folgenden die klassischen (Abschnitt 3.1.2.1) und instrumentellen bzw. operanten Formen der EDR-Konditionierung (Abschnitt 3.1.2.2) getrennt besprochen.

Als physiologische Indikatoren der eindeutig reizbezogenen *Reaktionen* auf *unkonditionierte* und *konditionierte* Reize werden dabei *reizspezifische EDRs* und deren Parameter angesehen (Abschnitt 2.3.1), während *operantes* Verhalten bzw. antizipatorische Reaktionen von *NS.EDRs* begleitet werden, deren *zeitliche Trennung* von reizspezifischen EDRs wegen der Latenzzeiten und möglicher Überlagerungen *nicht unproblematisch* erscheint (Abschnitt 2.3.2.2 und Abbildung 41). Die Darstellung in den folgenden Abschnitten wird sich daher auch mit entsprechenden versuchsplanerischen Fragen und Vorschlägen zur Trennung der verschiedenen EDRs befassen.

3.1.2.1 Die klassische Konditionierung der elektrodermalen Reaktion

Die Thematik der klassischen EDR–Konditionierung wurde bereits im Sammelband von Prokasy und Raskin durch Prokasy und Kumpfer (1973) sowie Grings und Dawson (1973) ausführlich dargestellt, so daß – im Gegensatz zur im Abschnitt 3.1.1 besprochenen Orientierungsreaktion und ihrer Habituation – an dieser Stelle auf *ältere* speziell zur EDA vorliegenden *Sammelreferate* verwiesen werden kann. Im folgenden werden daher nur die *Bildung* der *wichtigsten EDR-Parameter* im Paradigma des klassischen Konditionierens sowie einige *neuere Ansätze* zu diesem Bereich behandelt.

Wie bei der OR und ihrer Habituation (vgl. Abschnitt 3.1.1) stellt die *EDR* bei der klassischen Konditionierung autonomer Reaktionen die am *häufigsten verwendete* psychophysiologische Variable dar. Da im klassischen Paradigma gefordert wird, daß der *ursprünglich "neutrale"* konditionierte *Reiz* (CS) *keine* der auf den unkonditionierten Reiz (UCS) folgenden unkonditionierten Reaktion (UCR) vergleichbare *Reaktion auslöst*, muß vor einer Konditionierung der EDR sichergestellt werden, daß nicht bereits zu Beginn auf den "neutralen" Reiz hin eine EDR erfolgt. Dies wird i. d. R. dadurch erreicht, daß *vor* dem eigentlichen *Konditionierungsexperiment* in einer *Habituationsserie* der spätere CS so oft dargeboten wird, bis die EDR auf ihn vollständig habituiert ist[57]. Diese CS-Präexposition ist allerdings die adäquate Bedingung zur Induktion *latenter Hemmung* (Inhibition). Ein *vor* der Konditionierung mehrfach *dargebotener* CS soll demzufolge in der "Stiftung" der CS–UCS-Assoziation *weniger wirksam* sein als ein *völlig neuer* Reiz. Während eine latente Inhibition in tierexperimentellen Untersuchungen wiederholt demonstriert werden konnte, gilt sie in *Humanuntersuchungen* zum klassischen Konditionieren bisher *nicht* als *eindeutig bestätigt* (zusammenfassend: Siddle und Remington 1987).

---

[57]Zur Parametrisierung der EDR-Habituation vgl. Abschnitt 3.1.1.2.

Zum Nachweis dafür, daß die *konditionierte Reaktion* auf den CS auch wirklich auf die CS–UCS–*Kopplung* zurückzuführen ist, werden *zwei Ansätze* verfolgt: Das *"between subject"-Design* geht von zwei Pbn–Gruppen aus, die entweder CS und UCS gepaart oder in zufälliger Reihenfolge erhalten. Im *"within subject"-Design* übernimmt jeder Pb gleichzeitig seine eigene Kontrollfunktion, indem die Reaktionen auf einen CS, dem der UCS folgt, mit denen auf einen CS ohne kontingente Darbietung des UCS verglichen werden. Nur wenn die Reaktionen auf den mit dem UCS gekoppelten CS stärker sind als die auf den CS ohne UCS, kann von einer konditionierten Reaktion gesprochen werden[58].

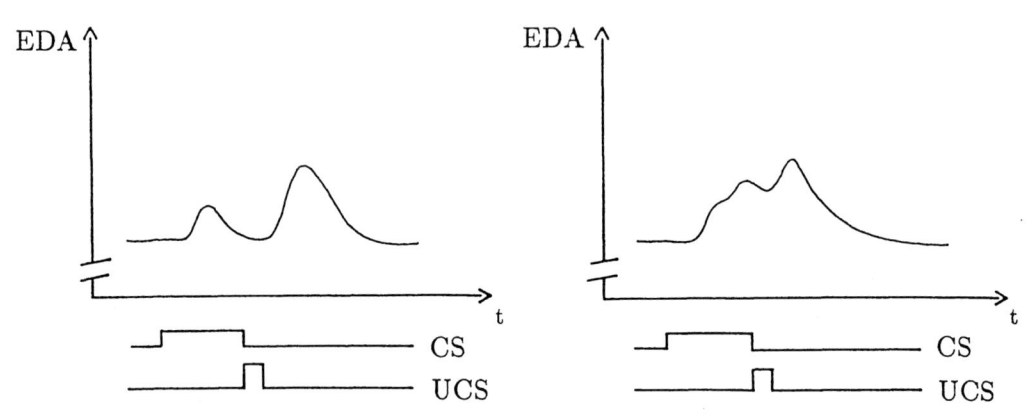

Abbildung 45. Typischer Verlauf der SCR bei erstmaliger (links) und nach mehrmaliger (rechts) Paarung von CS und UCS (nach Grings 1969).

Abbildung 45 zeigt einen typischen *Verlauf* der EDA im *ersten Trial*, d. h. bei erstmaliger CS–UCS–Darbietung (links), und nach *mehrmaliger Paarung* von CS und UCS (rechts). Zur Identifikation eindeutig unterschiedlicher EDRs muß das *Interstimulusintervall* (ISI) zwischen CS–Beginn und dem Einsetzen des UCS *mindestens* 4 sec betragen (Bitterman und Holtzman 1952, Rodnick 1937). Trotzdem haben CR–UCR–Verläufe meist die Form *überlagerter* EDRs (Grings 1969), wie auf der Abbildung 45 rechts zu erkennen ist.

Für die Auswertung und Interpretation solcher EDRs stellt sich die Frage, inwieweit diese multiplen Reaktionen in *Einzelkomponenten zerlegbar* sind (vgl. Abschnitt 2.3.1.2.2) und wie sich ihre Komponenten mit den experimentellen Bedingungen verändern. Hinzu kommen noch mögliche *antizipatorische* Reaktionen auf den *erwarteten* UCS, insbesondere bei *längerem* ISI. Zur Trennung der verschiedenen Reaktionskomponenten führten Prokasy und Ebel (1967) in einem Konditionierungsexperiment an 121 Pbn mit 1000 Hz–Tönen von 8 sec

---

[58]Zur Problematik dieses Designs vgl. Grings et al. (1979), Rescorla (1967) bzw. Seligman (1969).

Dauer und Intensitäten von 75 bzw. 100 dB als CS und einem 0.2 sec dauernden elektrischen Reiz als UCS *drei Arten* von EDRs[59] aufgrund ihrer Latenzen ein:

(1) eine *first-interval anticipatory response* (FAR), die innerhalb eines Zeitfensters von 1.35 bis 4.95 sec nach CS-Beginn einsetzte,
(2) eine *second-interval anticipatory response* (SAR) mit Latenzen zwischen 4.95 und 9.53 sec,
(3) eine *third-interval unconditioned response* (TUR), die eindeutig auf den UCS zurückzuführen sein sollte, mit Latenzen zwischen 9.53 und 14.55 sec nach CS-Beginn.

Die Autoren fanden keinen *statistischen Zusammenhang* zwischen *FAR* und *SAR* und folgerten daraus, daß es sich nicht um zwei Komponenten einer einzigen EDR, sondern um *voneinander unabhängige Reaktionen* handeln müsse.

Prokasy und Kumpfer (1973) führten zusätzlich noch eine eigene Bezeichnung für EDRs ein, die beim *Wegfall (omission) des UCS* in dem Zeitfenster auftreten, in der die UCR zu erwarten gewesen wäre:

(4) eine *third-interval omission response* (TOR).

Daß sich die *FAR* im Zeitfenster für die EDR auf den CS befindet (vgl. Abschnitt 2.3.1.1), liegt die Vermutung nahe, daß sie als *OR* (vgl. Abschnitt 3.1.1.1) *auf den* i. S. des Konditionierungsparadigmas "neutralen" Reiz angesehen werden kann. Dies wird dadurch gestützt, daß der *Verlauf* der FAR-Amplitude über die Trials hinweg einen *exponentiellen Abfall* zeigt, wie er für die *Habituation* der OR typisch ist (Graham 1973; vgl. Abschnitt 3.1.1.2.1). In einigen Fällen kann es jedoch auch zu einem *Anstieg* der FAR während der *ersten Trials* kommen, der nach Zeiner (1970) auf die zu Beginn des Experimentes meist zu Habituationszwecken vorgenommene mehrfache alleinige Darbietung des CS zurückzuführen ist. Dabei erreicht die FAR ihr *Maximum* zu dem Zeitpunkt, an dem der Pb die CS–UCS–*Kontingenz* erkennt. Im typischen klassischen Konditionierungsparadigma werden nur ein oder zwei Reize, die als CS dienen könnten, verwendet, so daß die CS–UCS–Paarung schnell erkannt wird. Dies erklärt den raschen Abfall der FAR-Amplitude bereits während der ersten Trials. Gehen der Konditionierung jedoch *Habituationstrials* mit alleiniger CS-Darbietung voraus, *verzögert sich das Erkennen der Kontingenz*, und es kommt aufgrund der veränderten Erwartung ("CS alleine" vs. "CS–UCS–Sequenz") zu einer *anfänglichen* FAR-*Amplitudenerhöhung* (Maltzman et al. 1979b).

Öhman (1971) konnte nachweisen, daß die FAR auch ein *weiteres* charakteristisches *Merkmal* der *OR* erfüllt: in einem an 40 Pbn durchgeführten Experiment

---

[59]Zur EDA-Messung wird lediglich angegeben, daß vom linken Zeigefinger und der rechten Handfläche abgeleitet und mit einem Fels-Dermohmeter verstärkt wurde.

zur aversiven Konditionierung erhielten die Pbn der Konditionierungs- und der Kontrollgruppe (ohne CS–UCS–Paarung) in der Trainingsphase 3000 Hz–Töne von 70 dB. Im Anschluß daran wurden in der Testperiode 200, 500 und 1200 Hz–Töne dargeboten. Die Ableitung der SCR erfolgte mit Standardmethodik unter Verwendung von Beckman–Elektrodenpaste. In beiden Gruppen zeigte sich ein direkter Zusammenhang zwischen der Erholung der FAR auf den neuen Reiz hin einerseits und der Frequenz–Differenz zwischen Trainings- und Testreiz andererseits.

Die SARs, d. h. EDRs, die in der *zweiten Hälfte* des *ISI* vor dem UCS auftreten, zeigen zu Beginn der Konditionierungsphase nur eine *geringe Amplitude* (Dengerink und Taylor 1971). Im Gegensatz zur FAR wird das Erscheinungsbild der SARs *nicht* durch *Merkmale* des *CS* (Orlebeke und van Olst 1968) oder durch eine Reihe von Trainingstrials vor der Konditionierungsphase (Surwit und Poser 1974) beeinflußt, sondern sie sind primär von der *Auftretenswahrscheinlichkeit* und der *Qualität* des *UCS* abhängig. Viele Ergebnisse weisen darauf hin, daß eine Konditionierung der SAR häufiger erfolgt, wenn anstelle von akustischen *elektrische* Reize als UCS verwendet werden (Dengerink und Taylor 1971). Es scheint, daß die SARs weniger i.S. einer OR auf den CS interpretiert werden können als vielmehr Anzeichen einer *präparatorischen Reaktion* darstellen, mit der sich der Organismus auf ein kommendes Ereignis vorbereitet.

Das Auftreten der TOR anstelle einer TUR beim *Wegfall* des UCS nach mehrmaliger CS–UCS–Kopplung kann als *OR* auf den damit verbundenen deutlichen *Stimuluswechsel* aufgefaßt werden (Öhman 1983). In Termini der Kognitionspsychologie läßt sich die TOR auf eine *Diskrepanz* zwischen *erwarteter* und *tatsächlicher* Reizsituation zurückführen: nachdem die Pbn gelernt haben, einen bestimmten UCS zu erwarten, werden Veränderungen des UCS deutliche EDRs zur Folge haben. Diese "*Perceptual disparity responses*" (Grings 1960) setzen die gelernte Erwartung des UCS nach Darbietung des CS voraus, d.h. das *Assoziationslernen* einer CS–UCS–Verbindung wird als notwendige *Voraussetzung* für das *Auftreten* einer *TOR* angesehen. Gerade die Beteiligung assoziativer Prozesse wird von den Autoren bestritten, die in der TOR lediglich ein Wiedereinsetzen der OR ("*OR–reinstatement*"; vgl. Abschnitt 3.1.1.1) sehen (Furedy und Poulos 1977). Dabei variiert die TOR–Amplitude proportional mit dem Ausmaß der Veränderung des UCS (Kimmel 1960).

Eine theoretische Interpretation der Entstehung der verschiedenen Komponenten der EDR im CS–UCS–Paradigma wird in Abbildung 46 auf der Basis des *informationsverarbeitenden* OR–*Modells* von Öhman (1979) vorgenommen. Er geht in seinem "Expectancy loop"-Modell davon aus, daß aufgrund der vorherigen Erfahrung der UCS *erwartet* wird, nachdem der CS dargeboten wurde.

Klassische Konditionierung

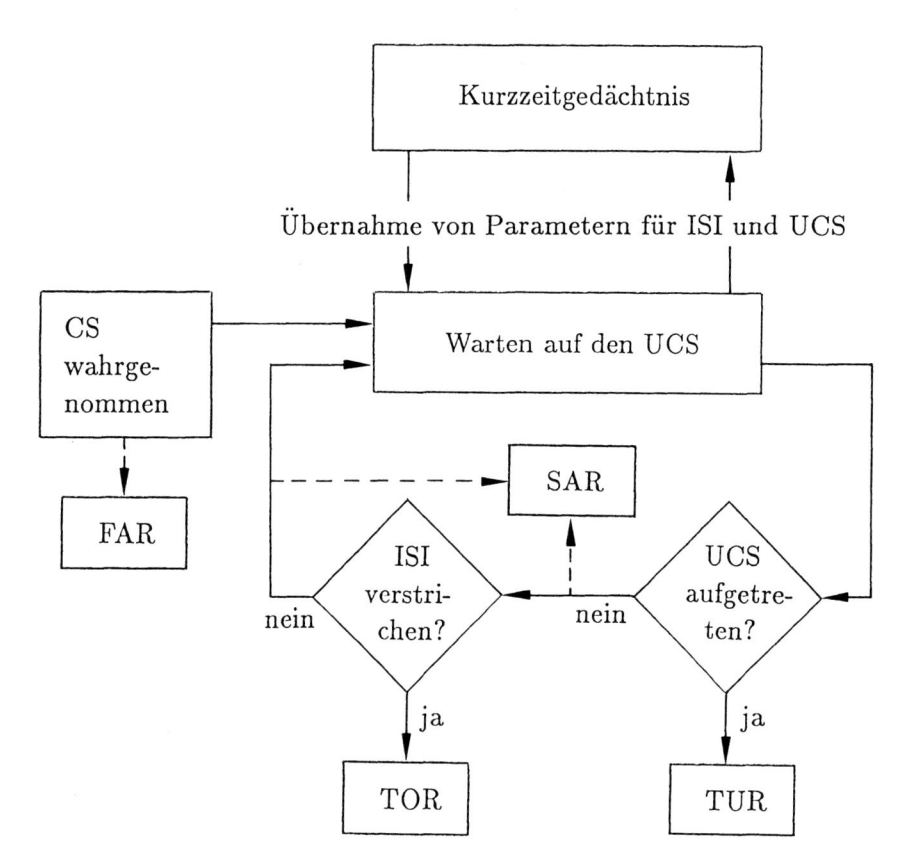

Abbildung 46. Entstehung der verschiedenen Komponenten der EDR im CS–UCS–Paradigma, dargestellt anhand des "Expectancy loop"–Modells von Öhman (1979).

Diese im *Kurzzeitgedächtnis* gespeicherte Erfahrung beinhaltet sowohl Informationen über *qualitative* und *quantitative Merkmale* des UCS als auch über die zeitliche Beziehung des UCS zum CS, also über die *Dauer* und ggf. *Variabilität* des *ISI*. Unter Berücksichtigung des ISI wird das Auftreten des UCS kontinuierlich überprüft. Das Durchlaufen dieser *Erwartungsschleife* spiegelt sich in der *SAR* wider. Beim UCS–*Entzug* tritt eine *TOR* auf, wenn das gelernte CS–UCS–Intervall und eine psychophysisch bedingte Unterschiedsschwellen–Zeit verstrichen sind, ohne daß der UCS erfolgte, daß die im Gedächtnis gespeicherte Information mit der Stimuluskonfiguration im Experiment nicht mehr übereinstimmt. Beim *Auftreten* des UCS erfolgt eine *TUR* als UCR; die *FAR* kann als *OR auf den CS* angesehen werden.

Daß möglicherweise kognitive Prozesse i. S. einer *bewußten Verarbeitung* der *Stimuluskontingenz* im klassischen Konditionierungsparadigma beteiligt sind, konnten Dawson et al. (1979) in einem Experiment an 64 Pbn zeigen, denen verschiedene Licht- und Tonreize simultan dargeboten wurden, wobei jeweils eine bestimmte Reizkombination als CS für den darauf folgenden Schock-UCS diente. Während die eine Hälfte der Pbn über eine mögliche Licht-Schock-Kontingenz aufgeklärt wurde, erhielten die restlichen Pbn zusätzlich Informationen über die Ton-Schock-Kontingenz. Die Ableitung der SRR erfolgte mit Standardmethodik, jedoch mit Elektroden von 1 cm Durchmesser und K-Y-Gel. Im Gegensatz zur vollständig informierten Gruppe zeigten die Pbn, die nur über die Licht-Schock-Kontingenz unterrichtet worden waren, weder konditionierte Reaktionen auf die Töne alleine noch auf die verschiedenen Licht-Ton-Kombinationen. Die Autoren betrachteten dieses Ergebnis als Hinweis dafür, daß die *klassische Konditionierung* einen komplexen *informationsverarbeitenden Prozeß* darstellt, der durch verschiedene Abläufe gekennzeichnet ist, wie das *Wahrnehmen* und *Erkennen* des CS, das *Erinnern* an das Auftreten des UCS als *Konsequenz* des CS, die *Antizipation* und Vorbereitung auf den UCS und schließlich am Ende jedes Trials die *Enkodierung* und *Abspeicherung* der Trial-Informationen im *Gedächtnis*. Die *autonomen Reaktionen*, die im klassischen Konditionierungsparadigma beobachtet werden, könnten dabei als *Korrelate* dieser zentralen *kognitiven Prozesse* angesehen werden.

Ein weiteres insbesondere bei der EDR beobachtetes Phänomen ist die *Abschwächung* der UCR ("*UCR-diminution*") bei *wiederholter* CS-UCS-Paarung. Während einige Autoren (z. B. Kimmel 1966) als deren Ursache den Aufbau einer *konditionierten Hemmung* ansehen, wobei der CS inhibitorische Eigenschaften erwirbt, formulierte Lykken (1968) aufgrund entsprechender Beobachtungen seine sog. "*Preception*"-Hypothese, derzufolge die *zeitliche Vorhersagbarkeit* eines aversiven UCS dessen *Aversivität* zu *reduzieren* vermag (vgl. Abschnitt 3.2.1.4), indem sie die auf ihn folgende Arousal-Reaktion durch einen *phasischen* und selektiven *Inhibitionsprozeß* abschwächt, der durch die *Warnsignal*-Qualität des CS *kognitiv mediiert* wird. Diese Interpretation ist allerdings bis heute insofern fraglich geblieben, als zwar die *physiologischen* und insbesondere die elektrodermalen Reaktionen auf den solcherart mit einem CS als Warnsignal gepaarten UCS im Verlauf der Reizserie *schwächer* werden (z. B. Grings 1960, Lykken et al. 1972, Furedy 1970, 1975), in den meisten Untersuchungen jedoch *keine* entsprechende *Reaktionsabnahme* über die Trials hinweg in Maßen der *subjektiven* Beeinträchtigung durch den UCS gefunden wurden (zusammenfassend: Baltissen und Boucsein 1986).

Daher wurden als weitere *alternative Hypothesen* zur Erklärung der UCR-Abschwächung sowohl Konzepte der *OR* und ihrer *Habituation* (vgl. Abschnitt 3.1.1) als auch Deutungen i. S. von *Reaktions-Interferenz* herangezogen. Grings (1969) und später auch Furedy und Klajner (1974) hielten das Auftreten größerer EDR amp. bei *unvorhersagbaren* elektrischen *Reizen* im Vergleich zu solchen mit vorhergehendem Warnsignal für eine Folge des "OR–*reinstatement*" (vgl. Abschnitt 3.1.1.2), da der unvorhersagbare oder weniger vorhersagbare aversive Reiz größeren *Neuheitswert* besitzt bzw. *unerwarteter* auftritt und somit gegenüber dem angekündigten Reiz eine wesentliche Bedingung für die Auslösung einer *stärkeren* OR erfüllt (vgl. Abschnitt 3.1.1.1). Lykken und Tellegen (1974) postulierten daraufhin ein 1. Signal–System für die Habituation, das ohne Mitwirkung der Aufmerksamkeit oder bewußter Prozesse zu einer Reaktionsabnahme führt, und ein 2. Signal–System unter Beteiligung kognitiver Prozesse, wobei die Funktion des "Preception"–Mechanismus darin bestehen soll, den eher schwerfälligen Habituationsprozeß "*kurzzuschließen*"und die OR bereits während der ersten Trials abzuschwächen, noch *bevor* der *normale Habituationsvorgang* zu einer entsprechenden Reaktionsabnahme führen kann. Diese Hypothese, die eine interessante *Verbindung* zwischen den *Paradigmen* der OR und ihrer *Habituation* einerseits sowie der *klassischen Konditionierung* andererseits darstellen könnte, wird jedoch durch die dazu vorliegenden empirischen Daten allerdings bislang nur unzureichend gestützt (Baltissen und Boucsein 1986).

Eine andere mögliche Erklärung für die UCR–Abschwächung im CS–UCS–Paradigma ergibt sich aus Daten von Grings und Schell (1969), die zeigen konnten, daß sich die bei 27 Pbn in einer Meßwiederholungsanordnung ermittelte SCR amp.[60] auf einen UCS mit gleichbleibender Intensität (2 sec weißes Rauschen von 100 dB) *reziprok* zur *Intensität* eines *vorangehenden CS* (80, 90 und 98 dB weißes Rauschen) und *proportional* zur *Dauer* des CS (von 2 bis 10 sec in 2 sec–Stufen) änderte. Danach ließe sich die Abnahme der UCR bei vorangegangenem CS auch als mögliche Folge einer *Interferenz* zwischen CR und UCR interpretieren. Gegen diese Interferenzhypothese sprechen jedoch Ergebnisse, die zeigen, daß es *auch* zu einer *UCR–Abschwächung* durch einen als Warnsignal interpretierbaren CS kommen kann, wenn *Interferenzeffekte kontrolliert* werden. So hatten Peeke und Grings (1968) bei jeweils 20 Pbn auch dann geringere SCR amp.[61] auf elektrische UCS, denen ein CS mit konstantem ISI von 5 sec vorangegangen war, im Vergleich zu UCS mit variablen ISIs zwischen 0.6 und 11 sec gefunden, wenn sie nur die Trials mit gleich langen ISIs beider Bedingungen miteinander verglichen.

Die Interpretation der von Katz (1984) an insgesamt 80 weiblichen Pbn erhobenen Daten, der eine *Abnahme* der elektrodermalen UCR[62] durch einen

---

[60] Als SR mit 2 cm^2 Ag–Elektroden, NaCl–Paste und 45 µA von den Fingern abgeleitet, in SC umgerechnet und wurzeltransformiert.

[61] Als SR mit 2.5 cm^2 Ag–Elektroden, "Kontaktpaste"sowie 45 µA von den Fingern abgeleitet, in SC umgewandelt und wurzeltransformiert.

[62] Mit Standardmethodik unter Verwendung von Johnson–Paste als SR von den mittleren Phalangen abgeleitet. Die SRRs, die größer als 0.05 kOhm waren, wurden ausgewertet, in SCRs umgerechnet und wurzeltransformiert.

Warnreiz auch bei *kontrollierten Interferenzeffekten* fand, wenn der UCS – auch subjektiv – nur *genügend* aversiv war, i. S. einer Gültigkeit der "Preception"-Hypothese ist jedoch nicht ohne weiteres möglich, da er *kein* klassisches Konditionierungs-Paradigma verwendete, sondern durch verschiedene Lichtanzeigen im CS-UCS-Intervall die *Zeitschätzung begünstigte*, die nach Furedy (1975) als ein kritischer Faktor in diesem Zusammenhang anzusehen ist.

Baltissen und Boucsein (1986) verglichen die Verläufe von mit Standardmethodik gemessenen SCR amp. in einer Serie von 30 aversiven UCS (2 sec weißes Rauschen von 110 dB) bei jeweils 20 Pbn *mit* und *ohne Warnreiz* (CS) mit einer Serie von 70 dB-Kontrollstimuli ohne Warnreiz bei weiteren 20 Pbn. Der Warnreiz bestand darin, daß das Licht im Versuchsraum jeweils 5 sec vor dem UCS etwas dunkler wurde; die Intertrial-Intervalle variierten zwischen 60 und 90 sec. Die SCR amp. auf die UCS, die den CS folgten, habituierten innerhalb von 6–8 Trials, jedoch nicht bis zu einer vergleichbar geringen Amplitude wie die 70 dB-Kontrollreize. Die UCRs auf die UCS ohne Warnsignal zeigten dagegen eine deutliche Tendenz zur *Sensibilisierung* (vgl. Abschnitt 3.1.1.2). Die 110 dB-Bedingungen *mit* und *ohne Warnreiz* unterschieden sich jedoch *nicht* bezüglich der nach jeder UCS-Darbietung mit Hilfe einer 7-stufigen Mikrotastenskala erhobenen *subjektiven Aversivität*, die unter allen Bedingungen leicht abnahm und bei den Reizen von 70 dB Intensität deutlich niedriger lag als bei 110 dB. Diese Ergebnisse sprachen eher für eine Gültigkeit der "OR-reinstatement"-Hypothese als für die der o. g. anderen bezüglich der UCR-Abschwächung im CS-UCS-Paradigma aufgestellten Hypothesen.

In einer weiteren von Baltissen und Weimann (1986) zur Frage der Gültigkeit der "Preception"-Hypothese durchgeführten Studie wurden Aversivität (60 vs. 100 dB weißes Rauschen) und Vorhersagbarkeit (ISIs 6 sec konstant vs. 2–12 sec variabel) in einem faktoriellen Plan mit unabhängigen Gruppen zu je 15 Pbn kombiniert. Von den 30 Trials gingen nur die 11 in die Auswertung ein, bei denen das ISI in allen Bedingungen 6 sec betrug. Eine signifikante Interaktion zwischen Aversivität und Vorhersagbarkeit, die für eine Gültigkeit der "Preception"-Hypothese gesprochen hätte, zeigte sich lediglich als Tendenz bei den mit Standardmethodik gemessenen SCR-Magnituden, nicht jedoch bei der Einstufung subjektiver Aversivität. Mögliche *Reaktionsinterferenzen* zwischen FAR und/oder SAR einerseits und TUR andererseits, insbesondere im Hinblick auf das *Recovery*-Verhalten des *elektrodermalen Systems*, können hier allerdings nicht als *alternative Erklärung* für mögliche Unterschiede in der EDR amp. in Betracht gezogen werden, da in den Bedingungen mit unterschiedlicher Vorhersagbarkeit Trials mit gleichen ISIs verglichen wurden. Zur Kontrolle möglicher Reaktionsinterferenz-Effekte ist daher die Realisierung einer genügend großen Zahl gleicher ISIs unter den verschiedenen Bedingungen notwendig.

3.1.2.2 Die instrumentelle Konditionierung der elektrodermalen Reaktion

Miller und Konorski (1928) gingen noch davon aus, daß das *autonome* Nervensystem ausschließlich durch *klassisches* Konditionieren beeinflußbar sei, *willkürliche* motorische Reaktionen dagegen nur *instrumentell* konditioniert werden könnten. In neuerer Zeit ließen sich jedoch durch instrumentelle Techniken auch interne, organische Reaktionen modifizieren, und neben zahlreichen anderen Reaktionen konnte auch die EDR beim Menschen instrumentell konditioniert werden (Kimmel 1967).

Während beim klassischen Konditionieren der EDA die Unterscheidbarkeit der einzelnen Komponenten elektrodermaler Reaktivität und ihre Zuordnung zu den verschiedenen Reaktionstypen das Hauptproblem bilden, spielt beim *instrumentellen* Konditionieren die *Auslösung* der "instrumentellen" EDR eine entscheidende Rolle. Die folgende aus mehreren Experimenten bestehende Studie von Martin und Dean (1970) soll dies beispielhaft verdeutlichen. Im ersten Experiment wurde 33 weiblichen Pbn ein Licht als diskriminativer Stimulus dargeboten. Bei rotem Licht führte eine EDR[63] zur Beendigung des Lichtreizes und zur Darbietung eines 1 sec langen elektrischen Schocks, bei blauem Licht dagegen zur Vermeidung dieses aversiven Stimulus. Fehlende EDRs wurden durch eine 5 sec lange Darbietung des diskriminativen Stimulus signalisiert, der – je nach Farbe – den elektrischen Schock zur Folge hatte oder nicht. Die Pbn der instrumentellen Gruppe wurden zunächst über den Ablauf des Versuchs und über die EDR–kontingente Darbietung bzw. Vermeidung des Schocks in Anwesenheit eines der beiden diskriminativen Stimuli informiert. Darüber hinaus wurden sie darauf hingewiesen, daß die EDRs ausschließlich durch interne emotionale Prozesse und nicht durch Körperbewegungen oder Veränderungen des Atemrhythmus ausgelöst werden sollten. Die Pbn der zweiten Gruppe erhielten als Joch–Kontrollgruppe die gleichen Instruktionen wie die der instrumentellen Gruppe, der Schock wurde ihnen jedoch nicht reaktionskontingent, sondern in den gleichen Trials wie ihren entsprechenden Partnern der ersten Gruppe dargeboten. Auch die dritte Gruppe diente als Joch–Kontrollgruppe zur ersten Gruppe, den Pbn dieser Gruppe wurde jedoch lediglich mitgeteilt, daß den beiden Lichtreizen unregelmäßig ein elektrischer Schock folge. Die EDA wurde mit Hilfe der Konstantspannungstechnik an den palmaren Phalangen der linken Hand abgeleitet.

Als Ergebnis des ersten Experiments zeigten sich in der nicht–instruierten Kontrollgruppe im Vergleich zu den anderen beiden Gruppen geringere EDRs auf den diskriminativen Reiz, der den durch die Reaktion vermeidbaren Schock ankündigte. Die EDR amp. dieser Kontrollgruppe war im Vergleich zu den ande-

---

[63] Angaben zur Messung : vom 1. und 2. Finger der linken Hand mit Konstantstrom abgeleitet.

ren beiden Gruppen höher, wenn der diskriminative Stimulus dargeboten wurde, der eine Vermeidung des Schocks beim *Ausbleiben* einer EDR signalisierte. Dieses Ergebnis weist deutlich auf einen *Einfluß* der *Instruktion* bei der instrumentellen Modifikation der elektrodermalen Aktivität hin. Im zweiten Experiment konnten Martin und Dean (1970) zeigen, daß die reaktionskontingente Schockdarbietung alleine, d.h. ohne vorherige Instruktion der Pbn, nicht zu instrumentellen Effekten führte. Es scheint, daß die unterschiedlichen Reaktionen auf die diskriminativen Reize im ersten Experiment kognitiv vermittelt wurden, wobei diesen *kognitiven Prozessen* u.U. sogar eine größere Bedeutung beigemessen werden muß als der *reaktionsabhängigen Reizdarbietung*, daß auch bei nichtkontingenter Schockapplikation wie in der zweiten Gruppe des ersten Versuchs unterschiedlich große EDRs auf die beiden diskriminativen Stimuli auftraten.

Aufgrund der Ergebnisse solcher Untersuchungen zur instrumentellen Konditionierung autonomer Reaktionen kann allerdings nicht entschieden werden, inwieweit es sich bei den positiven Befunden um *unkontrollierte klassisch konditionierte* Reaktionen oder um Reaktionen aufgrund *kognitiver Prozesse* (vgl. Abschnitt 3.2.2.1) bzw. sogar infolge instruktionswidriger willkürlicher Muskelbewegungen handelt, wobei das Auftreten einer EDR als Artefakt anzusehen wäre (vgl. Abschnitt 2.2.7.2). Katkin und Murray (1968) schlugen daher die Verwendung von Curare vor, das zu einer Lähmung der Skelettmuskulatur führt, die Funktion des Gehirns und der inneren Organe hingegen nicht beeinflußt, um die Möglichkeit auszuschließen, daß der instrumentelle Verstärker eine nicht registrierte Muskelbewegung hervorruft, die die autonomen Funktionen reflexhaft verändert. Bereits Birk et al. (1966) hatten einen entsprechenden Humanversuch durchgeführt, allerdings nur an einem Pb. Es zeigte sich, daß zwar die EDR-Rate bei Curare-Applikation abnahm, aber dennoch tendenziell ein Konditionierungseffekt deutlich wurde. Demgegenüber konnten Roberts et al. (1974) in einer Studie zur instrumentellen Konditionierung spontaner SPRs bei curarisierten Ratten keine Konditionierung feststellen. Als Verstärker diente ein Elektroschock, der bei Auftreten von Reaktionen, die entweder 10 %, 35 %, 60 % oder 75 % der größten Reaktion während der Baseline überschritten, appliziert wurde. Im Vergleich zu einer "gejochten" Kontrollgruppe bestanden keine Unterschiede in der Häufigkeit der SPRs. Auch Variationen der Schockintensitäten sowie der Dosierungen von Curare zeigten keine Effekte.

Van Twyer und Kimmel (1966) versuchten bei ihrer Untersuchung an 42 Pbn, *Muskelartefakte* ohne Verabreichung von Curare oder Muskelrelaxantien zu *kontrollieren*, indem sie zusätzlich zur EDA sowohl Atmung als auch Muskelpotentiale (EMG) registrierten[64]. Als Verstärker diente ein Lichtreiz, der immer dann dargeboten wurde, wenn die EDRs um 1% oder mehr vom EDL abwichen.

---

[64]Die EDR wurde mit 2 cm^2 Zinkelektroden, gefüllt mit einer NaCl-Elektrodencreme, palmar gegen dorsal abgeleitet und logarithmisch transformiert.

Die Auswertung der EMG-Aufzeichnungen und der Atmung ergaben keine signifikanten Unterschiede zwischen den Pbn der kontingent verstärkten gegenüber der nicht-kontingent verstärkten Gruppe. Für die weitere Analyse wurden nur die EDRs verwendet, die nicht von Muskelpotentialen oder Veränderungen des Atemrhythmus begleitet wurden. Dabei zeigte sich, daß die Häufigkeit der EDRs in der kontingent verstärkten Gruppe im Vergleich zu den Pbn der nicht-kontingent verstärkten Gruppe während der Acquisition signifikant zu- und während der Extinktionsphase abnahm.

Aufgrund einer zusammenfassende Bewertung einer Reihe von Studien zu den verschiedenen Formen des instrumentellen Konditionierens der EDR, vor allem zur Belohnungs-, Bestrafungs- und Vermeidens-Konditionierung, kam Kimmel (1973, Seite 276) zu dem Schluß, daß zwar genügend Hinweise auf die *Möglichkeit* entsprechender *EDR-Konditionierungen* vorhanden seien, eine Hauptschwierigkeit jedoch im *Fehlen* einer *allgemein akzeptierten theoretischen Systematisierung* bestünde. Diese Bewertung besitzt heute noch die gleiche Aktualität, zumal die Paradigmen, die zur *experimentellen Trennung* operant *konditionierter* und *kognitiv mediierter* autonomer Reaktionen vorgeschlagen wurden, zumindest bezüglich der EDR *nicht zu eindeutigen Ergebnissen* geführt haben. Auch ist eine *konzeptuelle Trennung* von instrumenteller EDR-Konditionierung einerseits und EDR-*Biofeedback* andererseits insofern problematisch, als eine Reihe von Experimenten zur instrumentellen Konditionierung, wie z. B. die oben beschriebene Studie von van Twyer und Kimmel (1966), faktisch mit EDR-Rückmeldung arbeiten. So wurden auch die Ansätze zur instrumentellen Konditionierung autonomer Reaktionen in der Folgezeit weitgehend in die Biofeedback-Forschung integriert (vgl. Obrist et al. 1974, Beatty und Legewie 1977, Birbaumer und Kimmel 1979). Da jedoch auch die zum EDR-Biofeedback vorgelegten Untersuchungen bislang insgesamt wenig überzeugende Resultate erbracht haben (vgl. Abschnitt 3.4.3.2), muß die Frage nach einer *instrumentellen Konditionierbarkeit* der EDR heute noch als *weitgehend ungelöst* angesehen werden.

3.2 Die Messung der elektrodermalen Aktivität im Kontext allgemeiner psychophysiologischer Paradigmen

Nachdem im Kapitel 3.1 die Verwendung phasischer EDA-Parameter zur Erforschung ereignisbezogener psychophysiologischer Zusammenhänge in einigen grundlegenden Untersuchungsparadigmen besprochen wurde, befaßt sich das Kapitel 3.2 mit weiteren psychophysiologischen Paradigmen, innerhalb derer die EDA-Messung eine besondere Bedeutung erlangt hat, die jedoch im Unterschied zu den relativ standardisierten Paradigmen des vorigen Kapitels eher *generalisierte Themenbereiche* psychophysiologischer Forschung mit *vielfältigen Untersuchungsansätzen* betreffen.

Dabei wird die Anwendung der EDA-Messung nicht mehr – wie im Kapitel 3.1 – auf die Erhebung phasischer Parameter begrenzt; vielmehr werden zunächst im Abschnitt 3.2.1 unter Zugrundelegung eines stark verallgemeinertern Aktivierungsbegriffs in erster Linie auf *tonische* EDA ausgerichtete Konzepte behandelt, während sich die im Abschnitt 3.2.2 besprochene Indikatorfunktion der EDA als Begleitreaktion kognitiver Prozesse wiederum primär auf an *phasische* EDA gebundene Konzepte bezieht.

Wie bereits in der Einleitung zum Teil 3 ausgeführt wurde, liegt bei der Behandlung der einzelnen Themenkreise der Schwerpunkt weniger auf umfassenden, gewissermaßen enzyklopädischen Darstellungen der jeweiligen EDA-Literatur; vielmehr wird das Hauptgewicht auf die Darstellung beispielhafter *parameterbezogener Anwendungsmöglichkeiten* der EDA-Messung gelegt.

Andererseits wurde an solchen Stellen eine *ausführlichere* bzw. vollständigere Beschreibung von Untersuchungsergebnissen vorgenommen, für die nach Auffassung und Kenntnis des Autors in der einschlägigen Literatur *bislang* eine *zusammenfassende Darstellung fehlt*, wie für die neurophysiologisch-psychophysiologischen Ansätze im Bereich mehrdimensionaler Aktivierungskonzepte (Abschnitt 3.2.1.1.2) sowie für die Rolle der EDA in der Schlafforschung (Abschnitt 3.2.1.2) und bei der Erfassung von Streßverlaufscharakteristika (Abschnitt 3.2.1.4).

Bezüglich der älteren Ergebnisse zum Thema EDA und Aktivierung kann auf das Kapitel 2 in Prokasy und Raskin (1973) verwiesen werden; allgemeine und neuere Darstellungen der Psychophysiologie von Aktivierungs-, Aufmerksamkeits- und Kognitionsphänomenen finden sich im 2. Band von Gale und Edwards (1983), und eine methodisch orientierte, stark zusammengefaßte und integrative Darstellung der psychophysiologischen Paradigmen gibt Fahrenberg (1979).

3.2.1 Die elektrodermale Aktivität als Indikator in Aktivierungszusammenhängen

Die Zusammenfassung der in den folgenden Abschnitten behandelten psychophysiologischen Konzepte unter einer generalisierten Aktivierungsthematik erfolgt sowohl unter dem Eindruck der *allgemeinen Unschärfe des Aktivierungsbegriffs* (Fahrenberg 1979) als auch i. S. einer *verallgemeinerten Aktivierungsauffassung*, die Bewußtseinslage, Emotion und Motivation als Hauptdimensionen des Verhaltens- und Erlebenshintergrundes psychischer Vorgänge einschließt (Guttmann 1982). Dabei hat die *tonische* EDA als Aktiviertheitsmaß vor allem in Zusammenhängen mit Veränderungen der Bewußtseinslage durch das *allgemeine Aktivationsniveau* (Abschnitt 3.2.1.1) Bedeutung erlangt; allerdings wurde der Schlaf als unterer Bereich des hypothetischen Aktiviertheitskontinuums bezüglich der EDA-Messung in der Forschung eher vernachlässigt (Abschnitt 3.2.1.2). Erhebliche tonische elektrodermale Veränderungen treten jedoch auch in Kontexten *emotionaler* und möglicherweise auch motivationaler Phänomene auf. Obwohl einer Trennung zwischen psychophysiologischen *Emotionskonzepten* einerseits (Abschnitt 3.2.1.3) und *Streßkonzepten* andererseits allenfalls ein heuristischer Wert zukommt, da kurzfristige peripher-physiologische Veränderungen wie die der elektrodermalen Aktivität auch in Streßzusammenhängen als Indikatoren *negativer Emotionen* wie Angst oder Ärger aufgefaßt werden können (Fahrenberg 1979), wird unter der *Streß*thematik in einem eigenen Abschnitt 3.2.1.4 die Bedeutung von *Verlaufscharakteristika* tonischer elektrodermaler Aktivität gesondert behandelt.

Anders als in der Emotionsforschung wurden im Rahmen einer von der allgemeinen Emotionsthematik abgrenzbaren *Motivations*psychologie bislang kaum Forschungsansätze unter Einbeziehung psychophysiologischer Konzepte vorgelegt. Zwar hat sich die tierexperimentelle Forschung intensiv mit möglichen neurophysiologischen Substraten sog. primärer Motivationen wie Hunger, Durst und Sexualität befaßt; *vegetativ-physiologische* Parameter fanden dabei jedoch auch im Humanbereich lediglich als periphere Indikatoren der Tätigkeit des primär betroffenen Systems Beachtung, wie etwa Magenbewegungen beim Auftreten von Hunger (zusammenfassend: McFarland 1981, Stellar und Stellar 1985).

So finden sich auch bezeichnenderweise in Gesamtdarstellungen psychophysiologischer Forschungsergebnisse wie den 3 Bänden von Gale und Edwards (1983) keine spezifischen Hinweise auf motivationale Zustände. Ansätze zu peripher-physiologisch gestützten qualitativen Differenzierungen *motivationaler* Zustände fehlen bislang, und eine Erfassung der Motivationsstärke mit Hilfe psychophysiologischer Indikatoren wurde lediglich auf *indirektem* Weg über sog. antriebsbezogene Emotionen versucht (Ehrhardt 1975). Hier eröffnet sich möglicherweise ein noch wenig bearbeitetes Anwendungsgebiet für die EDA-Messung, wobei eine psychophysiologische Unterscheidung emotionaler und motivationaler Zustände vermutlich ähnliche Probleme aufwerfen wird wie die o. g. Differenzierung zwischen Emotions- und Streßkonzepten. Einem interessanten Vorschlag von Pribram (1980) folgend, der *Emotion* mit Verhaltens*hemmung* und *Motivation* mit Verhaltens*aktivierung* verbindet, könnten in diesem Zusammenhang die im Abschnitt 3.2.1.1.2 beschriebenen neurophysiologischen Konzepte mit ihren möglichen Implikationen für eine differentielle Validität von EDA und Herzfrequenz weiter verfolgt werden.

3.2.1.1 Die tonische elektrodermale Aktivität im Kontext neurophysiologischer Aktivierungstheorien

Obwohl die in den 50er Jahren vorherrschenden *eindimensionalen* Arousal-Konzepte inzwischen durch *differenziertere* neurophysiologische Betrachtungsweisen von Aktivierungsprozessen ergänzt bzw. ersetzt wurden, erfolgt die Verwendung von insbesondere *tonischen* EDA Parametern in Aktivierungszusammenhängen auch heute noch überwiegend i. S. von Indikatoren einer *generellen Aktivierung*. Allerdings konnte eine an komplexeren neurophysiologischen Modellvorstellungen orientierte psychophysiologische Aktivierungsforschung noch keine ausreichenden Belege für die differentielle Validität bestimmter physiologischer Systeme oder Parameter als Indikatoren einzelner Aktivierungskomponenten bzw. -richtungen erbringen, so daß in diesem Zusammenhang der praktische Anwendungsaspekt der EDA gegenüber der theoretischen Formulierung zunächst in den Hintergrund treten mußte. Es sollen daher – nach einer Erörterung der Indikatorfunktion tonischer EDA im Kontext allgemeiner Aktivierungs- bzw. Arousalkonzepte (Abschnitt 3.2.1.1.1) – im Abschnitt 3.2.1.1.2 die sehr *differenzierten* und teilweise noch spekulativen jüngeren *neurophysiologischen* Modellvorstellungen mit ihren möglichen Implikationen für die EDA ausführlich dargestellt werden, um zukünftige Forschungen auf diesem Gebiet anzuregen.

3.2.1.1.1 Differentielle Indikatorfunktionen elektrodermaler Parameter in Konzepten allgemeiner Aktiviertheit

Eindimensionale aktivierungstheoretische Vorstellungen, wie sie im wesentlichen durch zwischen 1950 und 1960 durchgeführten Arbeiten (z. B. Lindsley et al. 1960) geprägt wurden, gingen von der *Formatio reticularis* (FR) einschließlich ihrer sensorischen Zuflüsse und ihrer Projektionen zum Cortex, zum Hypothalamus und zum Thalamus als *neuroanatomischem Substrat* unspezifischer Aktivierung aus, das sie als *aufsteigendes reticuläres Aktivierungssystem* bezeichneten. Reizungen dieses Systems über sensorischen Einstrom oder auch durch unmittelbare elektrische Stimulation der FR führen sowohl im Wach- als auch im Schlafzustand zu einem Arousal mit deutlich sichtbaren EEG-Veränderungen, und so wird auch bis heute das *EEG* als *klassischer Aktivierungsindikator* i. S. einer Markiervariablen angesehen. Eng verknüpft mit dieser Aktivierungsauffassung ist die Hypothese einer sog. "Yerkes–Dodson-Beziehung" (umgekehrt U–förmige Funktion) zwischen Aktiviertheit und Leistung bzw. Befinden (Malmo 1959), wobei eine Reihe von Befunden für jeweils ein tätigkeitsspezifisches *optimales* mittleres *Aktivierungsniveau* sprechen.

Aktivierung als organismische Gesamterregung i. S. von Duffy (1972) läßt sich jedoch nicht nur anhand von zentralnervösen Indikatoren, sondern auch anhand solcher des *vegetativen Nervensystems* und des *endokrinen* Systems quantifizieren, wobei allerdings die EEG–Aktivität stets eine mehr oder minder explizit formulierte Bezugsgröße darstellt, an der die Validität peripherphysiologischer Indikatoren wie beispielsweise der Herzfrequenz, der EDA oder der Katecholaminausscheidung gemessen wird. Dabei lassen sich nach Haider (1969) verschiedene Aktivierungsindikatoren bezüglich des *Allgemeinheitsgrades* der durch sie indizierten Aktivierungszustände unterscheiden. In diesem sog. hierarchischen Aktivierungsmodell werden *elektrodermale Reaktionen* zu Indikatoren *lokalisierter phasischer* Aktivierung gerechnet, während sich *elektrodermale Niveauwerte* (Haider nennt als Beispiel langsame Hautpotentialänderungen) als Maße einer *generellen tonischen* Aktivierung eignen sollen. Anhand dieses für die psychophysiologische Aktivierungsforschung insgesamt wenig ergiebigen Klassifikationsversuchs läßt sich jedoch der Stellenwert der Erschließung *tonischer* EDA–Parameter *aus phasischen* elektrodermalen Veränderungen (vgl. Abschnitt 2.3.2.2) für die Aktivierungsdiagnostik zeigen: ein vermehrtes Auftreten von EDRs weist auf das Vorliegen zahlreicher phasischer Aktivierungsvorgänge hin, die eine erhöhte generelle tonische Aktiviertheit voraussetzen. In diesem Zusammenhang wurden auch Überlegungen zu einer differenzierten Betrachtung der Rolle der FR bei der *Verursachung* der EDA in Aktivierungszusammenhängen angestellt, die – falls sich die entsprechenden Befunde bestätigen ließen – die im Abschnitt 1.3.4.1 beschriebenen neurophysiologischen Ursachenkonzepte ergänzen könnten: Sharpless und Jasper (1956) rechnen die *caudal* (tiefer) gelegenen Strukturen zu den neurophysiologischen Korrelaten *tonischer* EDA, die *rostral* (höher) liegenden Anteile der FR dagegen zu den Strukturen, die an *phasischen* EDA–Phänomenen beteiligt sind, welche Aufmerksamkeitsprozesse i. S. einer OR (vgl. Abschnitt 3.1.1.1) widerspiegeln. Unterschiedliche dynamische Eigenschaften der Indikator–Kennlinien von SCL und NS.SCR freq. hatte Walschburger (1976, Abbildung 35) gefunden: während der SCL insgesamt eine geringe und lediglich im mittleren Bereich deutliche Zunahme als Folge von Aktivierungsvorgängen mit starker Tendenz zu Deckeneffekten (vgl. Abschnitt

2.5.4.1) zeigte, ließ sich bei der NS.SCR freq. von Ruhewerten um praktisch Null beginnend über weite Bereiche des Aktivierungskontinuums ein deutlicher Anstieg beobachten.

Daß in bestimmten Bereichen eines angenommenen Aktivierungskontinuums *tonische* und *phasische* EDA-Parameter unterschiedliche *differentielle Indikatorfunktionen* aufweisen können, wurde von Silverman et al. (1959) in mehreren Experimenten zur Wirkung der physikalischen Belastung durch Rotation auf physiologische und Leistungsvariablen gezeigt. Die EDA wurde dabei als Hautwiderstand an der Fußsohle abgeleitet[65]. In einem Gravitationsexperiment wurden 5 Pbn einer Beschleunigung von jeweils 2.5 g und 4 g absolut sowie 0.4 g vor dem Eintreten der Bewußtlosigkeit ausgesetzt. Die mittleren EDA-Veränderungen weisen auf eine zunehmende Aktivierung bei höherer Beschleunigung hin: die Stimulation der Pbn mit der 2.5fachen Erdbeschleunigung führte sowohl zu einer Erhöhung der SRR-Amplituden als auch zu einer Zunahme der NS.SRR freq. Bei einer Gravitationskraft von 4 g *nahmen* die *SRR amp.* langsam *ab*, die *NS.SRR freq.* stieg weiter *an*. Dieser Verlauf wurde bei einer Rotationswirkung von 0.4 g vor dem Eintreten der Bewußtlosigkeit des Pbn noch deutlicher: die SRR amp. nahmen stark ab, während die NS.SRR freq. noch weiter zunahm. In einem weiteren Experiment wurden 15 Pbn aufgefordert, während der Rotation mit 2 g und 4 g eine Tracking-Aufgabe durchzuführen. Gemäß der o.g. Hypothese einer Yerkes-Dodson-Beziehung zwischen Aktiviertheit und Leistung zeigte sich im Zustand mittlerer Aktiviertheit, der anhand der EDA-Parameter definiert wurde, eine Verbesserung der psychomotorischen Leistung, wohingegen eine Hyperaktivierung eine Leistungsverschlechterung zur Folge hatte.

Die Ergebnisse von Silverman et al. (1959) konnten durch eine häufig zitierte Untersuchung von Burch und Greiner (1960) bestätigt werden. In dieser Studie mit allerdings nur einem Pb, in der mit Hilfe *pharmakologischer* Substanzen der Aktiviertheitszustand systematisch variiert wurde, zeigte sich eine S-förmige Beziehung zwischen der *Frequenz* der unspezifischen SRRs[66] und der Höhe der *Aktiviertheit*, wohingegen die Amplitudenwerte der SRRs auf einen elektrischen Reiz einer umgekehrten U-Funktion folgten. Parallel zur Messung des Hautwiderstandes wurde bipolar das parieto-okzipitale EEG registriert. Die Verabreichung von *Sedativa* (vgl. Abschnitt 3.4.3.1) führte in Abhängigkeit von der Dosierung zu einer Abnahme der NS.SRR freq. und zu einer Amplitudenverringerung der reizabhängigen SRRs. Zur gleichen Zeit konnte eine Reduktion der schnellen EEG-Anteile beobachtet werden. Die zunehmende Aktivierung der Pbn nach Injektion eines *Stimulans* führte sowohl zu einer Zunahme

---

[65]Mit 2 x 4 cm Bleielektroden und K-Y-Gel an der vorher mit Aceton gereinigten Fußsohle.

[66]Mit Bleielektroden ohne Verwendung einer Elektrodencreme an der Fingerinnenseite gegen den Unterarm abgeleitet.

der NS.SRR freq. als auch zu einer Amplitudenerhöhung der reizabhängigen SRRs. Eine Steigerung der Dosis bzw. die *längerfristige Verabreichung* des Stimulans hatte eine Abweichung der beiden Kurvenverläufe zur Folge: während die *NS.SRR freq.* weiter *anstieg, fielen* die *Amplitudenwerte* der *spezifischen SRRs* wieder *ab.* Im Zustand höchster Erregung zeigten die Pbn kaum noch Reaktionen auf den Standardstimulus.

Wie Silverman et al. (1959) interpretieren auch Burch und Greiner (1960) ihre Ergebnisse dahingehend, daß die *Anzahl* der *NS.EDRs* in einer annähernd *linearen* Beziehung zum *Aktiviertheitszustand* des ZNS stehen, wohingegen die beobachtete *glockenförmige Kurve* der *SRR–Amplituden* eher der *umgekehrten U-Funktion* der Aktivierungs–Leistungskurve entspricht. Die Verringerung der EDR amp. im Zustand höchster Erregung reflektiert nach Ansicht der Autoren einen Zusammenbruch des angemessenen, zielorientierten Verhaltens als Folge mangelnder selektiver Verarbeitung der Umweltreize. Als Indikator für das Erreichen des anderen Extrems des Aktivierungskontinuums, des Zustandes minimaler Aktivierung, wurde von Christie und Venables (1971) der nach längerer Ruhe erreichte SPL, der sog. BSPL vorgeschlagen (vgl. Abschnitt 2.3.2.1). Die *verschiedenen Parameter der EDA* lassen sich demnach durchaus in noch *differenzierterer Weise* als Aktivierungsindikatoren verwenden, als dies von Haider (1969) gesehen wurde. Die neurophysiologischen Modelle für derartig differenzierte Indikatorfunktionen tonisch/phasischer Beziehungen innerhalb der EDA haben jedoch bislang noch nicht wesentlich zur Weiterentwicklung aktivierungstheoretischer Vorstellungen beigetragen.

Die sich aus der Grundannahme eines eindimensionalen Aktivierungskonzeptes entwickelnde *psychophysiologische Forschung* hat sich – unter dem Eindruck der aufgetretenen vielfältigen *Methodenprobleme* wie der Spezifitäts- und Kovariationsproblematik peripher–physiologischer (und auch subjektiver) Aktiviertheitsindikatoren – der Erforschung von *Randbedingungen* bestimmter Aktiviertheitszustände und -änderungen sowie in diesem Zusammenhang auftretender individueller Differenzen zugewandt (zusammenfassend: Fahrenberg 1979, 1987a). Trotz der z. B. von der Fahrenberg-Gruppe mit hohem Aufwand betriebenen *multivariaten* Aktivierungsforschung (vgl. Fahrenberg et al. 1979) können noch keine befriedigenden Aussagen bezüglich der Abhängigkeit der differentiellen Aktivierungsstärke und -richtung von möglichen Prädiktoren wie stabilen interindividuellen Differenzen getroffen werden, so daß anstelle globaler Aktivierungskonzepte die Entwicklung *psychophysiologischer Mikrotheorien* von Aktivierungsvorgängen angestrebt werden sollte (Fahrenberg et al. 1983).

Als relativ gut gesichert kann die Existenz *unterschiedlicher Gültigkeitsbereiche* bzw. von Bereichen differentieller Sensitivität *elektrodermaler* und *kardiovaskulärer* Variablen *innerhalb* des *Aktivierungsgeschehens* gelten. So wird die *EDA* als sensibler und valider Indikator im *unteren* Aktivierungsbereich und bei kleinen, meist kognitiv bedingten Aktiviertheitsänderungen angesehen, während insbesondere die *Herzfrequenz* eher als Indikator im Bereich *höherer* Aktiviertheit und bei deutlichen, oft *somatisch mitbedingten* Aktivierungsvorgängen geeignet ist (Epstein et al. 1975, Miezejeski 1978, Walschburger 1986). Die möglichen differentiellen Validitätsbereiche der verschiedenen Systeme müssen allerdings nicht unbedingt auf Unterschiede in deren *zentraler Steuerung* zurückzuführen sein; auch das unterschiedliche *Einschwing-* und *Regulationsverhalten* der Systeme selbst könnte eine Rolle spielen. So ist es denkbar, daß die geringere Sensitivität tonischer elektrodermaler Parameter im oberen Aktivierungsbereich durch die zunehmende *Durchfeuchtung* des *Stratum corneum* infolge häufiger EDRs mitbedingt wird (vgl. Abschnitt 1.4.2.3), wofür auch die von Silverman et al. (1959) gefundene Abnahme der SRR amp. sprechen würde, während die *Herzfrequenz* auch bei *hoher Aktiviertheit* und motorischen Tätigkeiten noch rasche Aktivierungs- und Desaktivierungsvorgänge abbilden kann. Umgekehrt könnte die Herzfrequenz bei *niedriger* allgemeiner *Aktiviertheit* leicht durch systemimmanente kompensatorische Regelungsvorgänge insensibel werden, während das *elektrodermale* System auf jede auch noch so geringe psychische *Veränderung* mit einer deutlichen EDR antwortet.

Hinweise auf grundsätzlich *verschiedene* neuronale *Auslösemechanismen* kardiovaskulärer und elektrodermaler Reaktionen wurden auch in den Rattenexperimenten von Roberts und Young (zusammenfassend: Roberts 1974) gefunden: in einer Reihe von Untersuchungen zur Wirkung von aversiven Reizen auf Annäherungsreaktionen wurden konsistente Zusammenhänge zwischen der *Herzfrequenz* und *Körperbewegungen* der Tiere festgestellt, die beide über die Trials hinweg abnahmen, während sowohl die *Hautleitfähigkeit* als auch die Negativität der Hautpotentiale im Laufe der *Trials* einen *ansteigenden Verlauf* zeigten. Roberts (1974) konnte alle Möglichkeiten einer somatischen Kopplung der EDA, etwa über allgemeine Muskelspannungen oder Atemmanöver, ausschließen und vermutete daher motivationale bzw. Aufmerksamkeits-Vorgänge (vgl. Abschnitt 3.2.2.1) als Ursachenfaktoren der Zunahme elektrodermaler Aktivität.

3.2.1.1.2 Komplexe neurophysiologische Aktivierungsmodelle und mögliche differentielle Indikatorfunktion elektrodermaler Aktivität

In den letzten beiden Jahrzehnten wurde – vorwiegend unter dem Eindruck von Ergebnissen aus der *tierexperimentell* orientierten Physiologischen Psychologie – die Vorstellung einer eindimensionalen Aktivierung mit dem Hauptgewicht auf der FR als aktivierungssteuernder Struktur (vgl. Abschnitt 3.2.1.1.1) zugunsten komplexerer Systeme von Aktivierungsvorgängen aufgegeben. So formulierte Routtenberg (1968, 1971) eine *2-Arousal-Hypothese*, in der neben dem *reticulären* System noch ein zweites, den von Olds und Mitarbeitern (z. B. Olds und Olds 1965) gefundenen *Belohnungsstrukturen* des *Limbischen* Systems entsprechendes Aktivierungssystem postuliert wurde. Nach Routtenberg (1968) dient die *FR* primär dazu, das *Antriebsniveau* zu beeinflussen, während die Strukturen des *Limbischen* Systems zusammen mit reizabhängigen positiven und negativen Verstärkungseffekten für die Aufrechterhaltung elementarer vegetativer Mechanismen und für *Belohnungs-motiviertes Verhalten* zuständig sind[67]. Beide Systeme stehen zueinander in *reziproker* Beziehung (vgl. Abbildung 47) und gewährleisten damit eine selektive und adaptive Informationsverarbeitung sowie eine adäquate somatische Regulation. Psychophysiologisch war jedoch diese Hypothese wenig ergiebig, da lediglich auf EEG-Korrelate in Form von corticaler Desynchronisation als Folge der Aktivität beider Systeme und von sog. Hippocampus-theta-Wellen als Indikatoren einer Hemmung des reticulären durch das Limbische System Bezug genommen wurde.

Neben diesem auf Belohnung und Verhaltensaktivierung hin ausgerichteten weiteren Arousal-System, als dessen neuroanatomische Substrate später im wesentlichen laterale Anteile des Hypothalamus und vor allem das *mediale Vorderhirnbündel* angesehen wurden (vgl. Abbildung 47), legten zunächst Gray und Smith (1969) und später Gray (1973, 1982) ein *Verhaltenshemmung* induzierendes System vor, das von Gray als "*Behavioral inhibition system*"(BIS) oder auch als *septo-hippocampales Stop-System* bezeichnet wurde. Während Gray (1973, Figure 6) zunächst diese Hemmung als Begleitphänomen des auch von Routtenberg (1968) beschriebenen hemmenden Einflusses des medialen Septums über die Hippocampus-Formation auf das reticuläre Aktivierungssystem ansah, legte er 1982 aufgrund umfangreicher Analysen tierexperimenteller Studien dem BIS ein hochkomplexes System zugrunde, als dessen Input die *noradrenergen* und *serotoninergen Systeme* des *Mittelhirns* einerseits und *corticale sensorische Informationen* sowie *motorische Pläne* andererseits angesehen werden.

Abbildung 47 vereinigt eine leicht vereinfachte Darstellung des BIS und der mit ihm verbundenen neurophysiologischen Strukturen nach Gray (1982, Figure 10.8), das von Routtenberg (1968, Figure 2) beschriebene 2-Arousal-System und die weiter unten erläuterte 3-Arousal-Hypothese von Fowles (1980) sowie seine Folgerungen in bezug auf peripher-physiologische Indikatoren. Das ursprünglich auf Annäherungs- bzw. Vermeidungsverhalten ausgerichtete Modell von Gray und Smith (1969) geht von einem vermutlich im medialen Hypothalamus zu lokalisierenden *Entscheidungsmechanismus* mit einem "positiven", Annäherungsverhalten fördernden sowie einem "negativen", Vermeidungsverhalten begünstigenden Eingang aus, denen jeweils ein *Belohnungs-* bzw. *Bestra-*

---

[67]In der Revision von 1971 übt Routtenberg größere Vorsicht bei der Identifikation der seinen Systemen I und II zugrundeliegenden neurophysiologischen Substrate als in der ursprünglichen Darstellung und bezieht sich bezüglich des Antriebssystems stärker auf motorische Komponenten.

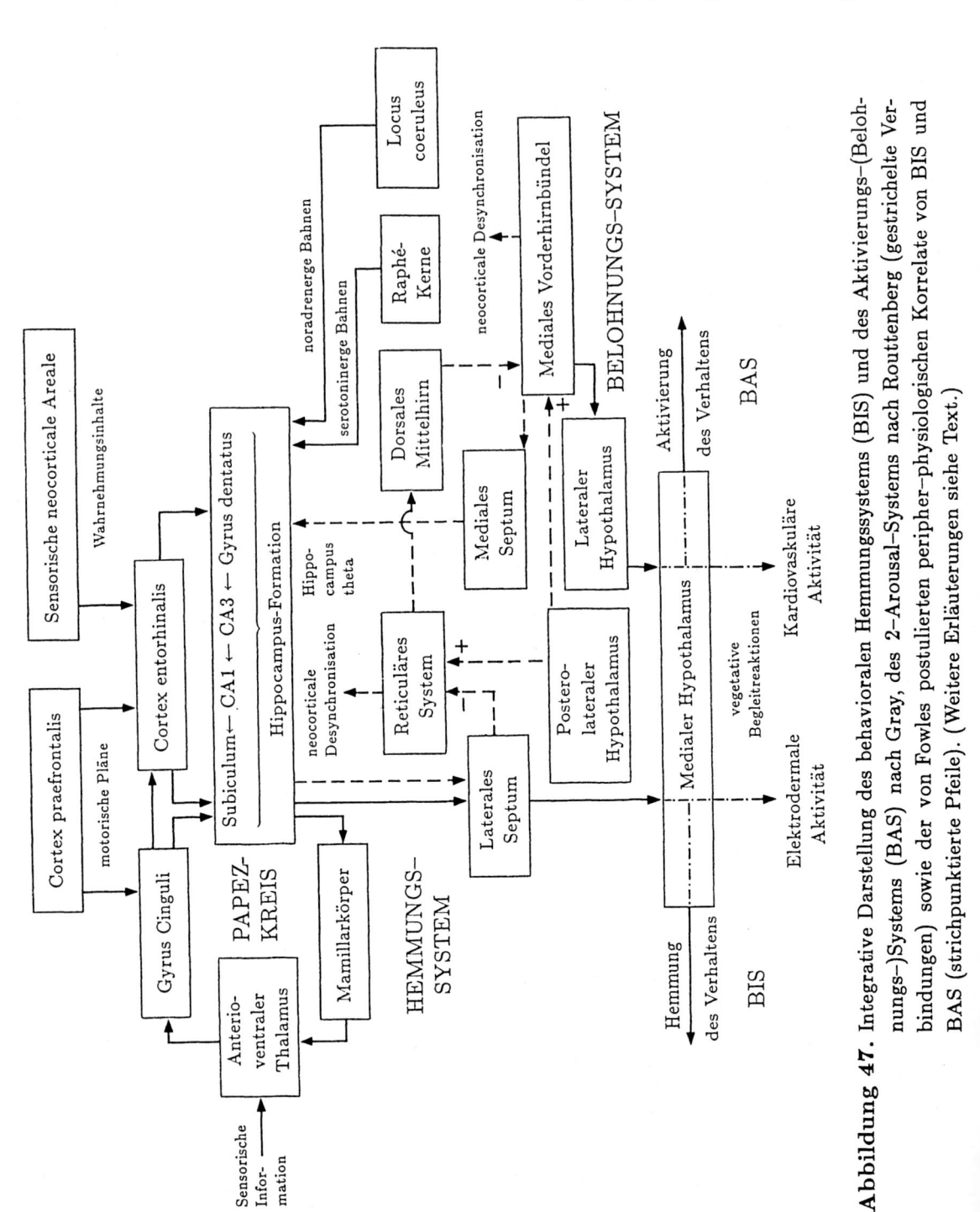

Abbildung 47. Integrative Darstellung des behavioralen Hemmungssystems (BIS) und des Aktivierungs-(Belohnungs-)Systems (BAS) nach Gray, des 2-Arousal-Systems nach Routtenberg (gestrichelte Verbindungen) sowie der von Fowles postulierten peripher-physiologischen Korrelate von BIS und BAS (strichpunktierte Pfeile). (Weitere Erläuterungen siehe Text.)

Komplexe Aktivierungsmodelle

fungssystem vorgeschaltet sind, die sich *gegenseitig hemmen* und *beide* einen die allgemeine *Aktiviertheit fördernden* Einfluß ausüben sollen. Während das von Gray (1970) als "*Behavioral activation system*" (BAS) bezeichnete Belohnungssystem von ihm 1973 dann im wesentlichen mit den von Olds und Olds (1965) beschriebenen Strukturen identifiziert und nicht weiter verfolgt wurde, baute Gray (1982) das *Bestrafungssystem* zu einem neurophysiologischen *Modell* für *generalisierte Angst* aus, als deren Auslöser er sowohl die noradrenergen Bahnen des Locus coeruleus als auch die serotoninergen Bahnen der Raphé-Kerne ansah[68].

Gray postuliert nun ein differenziertes *hippocampales System*, das die ihm über den benachbarten *entorhinalen Cortex* zugängliche Information bezüglich der *Wahrnehmungsinhalte* einschließlich der Wahrnehmung eigener Motorik sowie der *motorischen Pläne* einer fortlaufenden *Prüfung* unterzieht, wobei das Subiculum unter Zuhilfenahme des Neuronenkreises von Papez (vgl. Abbildung 4 im Abschnitt 1.3.2.2) eine *Komparatorfunktion* ausübt. Gray unterscheidet 2 mögliche Ergebnisse dieser Analyse:

(1) Das System *vermag korrekt vorherzusagen*, was als nächstes geschehen wird. In diesem Fall übt es *keine Verhaltenskontrolle* aus.

(2) Eine solche *korrekte Vorhersage* ist *nicht möglich*. In diesem Fall erfolgt eine *Verhaltenshemmung* entweder über den Gyrus cinguli (dieser Weg ist in Abbildung 47 aus Gründen der Übersichtlichkeit nicht eingezeichnet) oder über das laterale Septum und den Hypothalamus; gleichzeitig werden Impulse zum entorhinalen Cortex gegeben, die diesen zu einer vermehrten Informationsaufnahme veranlassen.

Evidenzen für eine *Verhaltenshemmung* mit gleichzeitiger vermehrter *Bereitschaft* zur *Aufnahme* von *Informationen* bei einer Aktivität des septo-hippocampalen Stop-Systems ergeben sich aus Verhaltensbeobachtungen bei Tieren, wobei eine noradrenerge bzw. serotoninerge Stimulation des Hippocampus die Wahrscheinlichkeit der Aktivierung des BIS über eine Verringerung des Signal/Rausch-Verhältnisses innerhalb des *Informationsflusses* in der Hippocampus-Formation (Gyrus dentatus-CA3-CA1-Subiculum) erhöht. Gleichzeitig stimulieren noradrenerge Bahnen aus dem Locus coeruleus die hypothalamischen Entscheidungszentren (dieser Weg ist in Abbildung 47 ebenfalls der Übersichtlichkeit wegen nicht eingezeichnet).

---

[68] In diesem Modell versucht Gray (1982) die anxiolytischen Wirkungen sowohl von Tranquilizern als auch von Hypnotika zu erklären: beide Substanzklassen verstärken die hemmende Wirkung von GABA auf noradrenerge bzw. serotoninerge Synapsen; Tranquilizer vom Benzodiazepin-Typ direkt über einen spezifischen postsynaptischen Rezeptor und Hypnotika wie Barbiturate oder Alkohol indirekt über die Blockade von Rezeptoren für Picrotoxin und damit dessen hemmender Wirkung auf GABA (vgl. Abschnitt 3.4.3.1).

Als unmittelbarer *Input des BIS* galten zunächst nur negative Verstärkungs- (Bestrafungs- und Nichtbelohnungs-) Signale im lerntheoretischen Sinne, während UCS wie Schmerzreize von Gray auf ein behaviorales Annäherungs–Vermeidungssystem verlagert wurden (Gray und Smith 1969), das später die Struktur eines primären Bestrafungsmechanismus (Schmerz, unkonditionierte Flucht- und defensive Aggressionsreaktionen) annahm (Gray 1973). Allerdings nannte Gray (1982) zusätzlich noch Neuheits–Reize und angeborene Furchtreize als unmittelbaren Input des BIS. Auch die ursprünglich auf passive Vermeidung und Löschung von Annäherungsverhalten begrenzte *Funktion des BIS* wurde von Gray (1982, Seite 12/13) erweitert. Danach leistet das BIS:

(1) eine *Hemmung* jeglichen Verhaltens, sowohl des instrumentell als auch des klassisch konditionierten sowie des angeborenen,
(2) die *Durchführung* einer möglichst umfangreichen bzw. genauen *Analyse von Umgebungsreizen*, insbesondere von solchen mit Neuheitscharakter.

Konsequenterweise sollte die Aktivität des BIS zu *vermehrten Orientierungsreaktionen* führen, was sich auch aus der Parallele zur reticulär–hippocampalen Interaktion in der Habituationstheorie von Sokolov ergibt (vgl. Abschnitt 3.1.1). Ferner brachte Gray (1982) eine *erhöhte Aufmerksamkeit* sowie ein *erhöhtes Arousal* mit der Tätigkeit des BIS in Verbindung, wobei das hier verwendete Arousal–Konzept aus der tierpsychologischen Forschung entlehnt wurde und die allgemeine *Bereitschaft* bezeichnet, *nachfolgendes Verhalten* mit besonderer *Intensität* ablaufen zu lassen.

Bezüglich möglicher *Operationalisierungen* der Wirkungen seiner aufgrund tierexperimenteller Studien postulierten und im Humanbereich als spekulativ anzusehenden Systeme BIS und BAS im peripher–physiologischen Bereich beim Menschen hat sich Gray selbst eher *zurückhaltend* geäußert. Jedoch wurden von Fowles (1980) die ursprünglichen von Gray und Smith (1969) beschriebenen Wirkungen von *Belohnung* und *Bestrafung* auf *Verhalten* und *allgemeine Aktivierung* sowie einige der von Gray später dazu vorgelegten neurophysiologischen Überlegungen in seinem *3–Arousal–Modell*, das in Grundzügen bereits bei Gray und Smith (1969) formuliert wurde, bezüglich seiner möglichen *psychophysiologischen* Implikationen *ergänzt*. Fowles (1980) faßte die antagonistisch wirkenden Systeme *BIS* und *BAS* als *eigenständige* Aktivierungssysteme auf und unterschied sie von einem *allgemeinem* Arousal–System, als dessen neurophysiologisches Substrat im wesentlichen das *reticuläre Aktivationssystem* anzusehen sei. Während Fowles für dieses dritte Arousalsystem keine spezifische Indikatoren angab, kam er nach einer ausführlichen Analyse einer großen Zahl von überwiegend human–psychophysiologischen sowie behavioralen Befunden zu der Auffassung, daß als *primäres peripher–physiologisches Korrelat des BAS* die *kardiovaskuläre* Aktivität, insbesondere die *Herzfrequenz*, als solches des *BIS* dagegen die *EDA* angesehen werden könne (vgl. Abbildung 47).

Die von Fowles (1980) postulierte *spezifische Indikatorfunktion* der EDA für das BIS beruht auf Arbeiten aus der *Konditionierungs-* sowie der *Streßforschung* und betrifft überwiegend die *reizspezifischen* EDRs sowie das Auftreten von *NS.EDRs*. Der *EDL* eignet sich nach Fowles (1980) *nicht* als Indikator für das BIS, da er im allgemeinen stärker von peripher-physiologischen Gegebenheiten wie der Hydrierung des Corneums abhängig sei als von der Wirkung furchtauslösender Reize und eher noch Beziehungen zu kognitiven Aktivitäten aufweise. Wesentliche Evidenzen für die Kopplung von BIS und EDA ergeben sich für Fowles daraus, daß die *EDA* eine wahrscheinlich *cortical bedingte Aktivierung* unabhängig vom motorischen Output *widerspiegelt*, die insbesondere bei *fehlender motorischer Aktivität* im Falle einer Verhaltenshemmung infolge passiver Vermeidung bzw. der Antizipation unangenehmer Reize ohne Vorliegen von Fluchtmöglichkeiten auftritt, während *motorische Aktivitäten* von *Herzfrequenzerhöhungen* begleitet sind. Diese eher *indirekten* Evidenzen auf dem Umweg über eine Abgrenzung der vermuteten EDA-BIS-Kopplung von der *besser* belegten Herzfrequenz-BAS-Kopplung werden bislang lediglich durch *eine* direkte Untersuchung der Fowles'schen Hypothesen ergänzt, da sich die Fowles-Gruppe selbst stärker mit der Rolle der Herzfrequenz und dem BAS befaßt hat (Fowles et al. 1982, Tranel et al. 1982): lediglich Tranel (1983) verwendete neben der Herzfrequenz die mit Standardmethodik abgeleitete SCR als abhängige Variable in einem an jeweils 48 männlichen und weiblichen Pbn durchgeführten Experiment zur Untersuchung der Hypothesen von Fowles (1980). Die Pbn führten während 6 Trials von je 2 min Wahlreaktionszeit-Aufgaben durch. Die vier Experimentalgruppen bekamen unterschiedlich hohe Belohnungen (2 vs. 8 Cent) jeweils nach dem Erreichen verschiedener Anzahlen richtiger Reaktionen (5 vs. 20) als unterschiedliche Anreizeffekte i. S. eines hypostasierten BAS-Input über akustische Rückmeldungen angekündigt. In den letzten beiden von 5 Trial-Blocks wurden diese Rückmeldungen weggelassen, wobei jeweils die Hälfte der Pbn in jeder Gruppe vorher über das Ausbleiben der Belohnung informiert worden war, während die andere Hälfte davon überrascht wurde. Tatsächlich zeigte sich nur bei den uninformierten Pbn ein Anstieg der NS.SCR freq. während dieser letzten beiden Trial-Blocks, was der Autor als Folge der Aktivierung des BIS durch ein frustierendes Ausbleiben der Belohnung interpretiert. Die informierten Pbn zeigten dagegen eine weitere Abnahme der NS.SCR freq.; die entsprechende Interaktion war hochsignifikant. Die Herzfrequenz wurde durch diese Bedingungsvariation nicht beeinflußt. Es erscheint allerdings fraglich, ob dieses experimentelle Paradigma tatsächlich geeignet ist, eine "Verhaltenshemmung" i. S. des postulierten BIS zu erzeugen. Als *Alternativerklärung* könnte eine Verunsicherung der Pbn ohne Vorankündigung und infolgedessen ein Auftreten *vermehrter* elektrodermaler *ORs* herangezogen werden.

In einer kürzlich durchgeführten Studie konnten auch Walschburger und Jarchow (1987) bei 48 weiblichen Pbn, die sie anhand eines von Kuhl (1983) vorgelegten Fragebogens in "Lage-" vs. "Handlungsorientierte" eingeteilt hatten, die von Fowles postulierte Indizierung von "*Verhaltenshemmung*" durch die *NS.EDR freq.* – im Gegensatz zur Herzfrequenz – in dieser Form *nicht bestätigen*. Die während der Bearbeitung von 4-stelligen Anagrammen, deren Ergebnis nach einem von Kuhmann (1979) entwickelten Algorithmus auf 40 % (Mißerfolg) bzw. 80 % (Erfolg) richtige Lösungen individuell standardisiert werden konnte, mit Standardmethodik gemessene NS.SCR freq. war bei den Lageorientierten unter Erfolg doppelt so hoch, unter Mißerfolg jedoch nur halb so hoch wie die der Handlungsorientierten. Die Herzfrequenz zeigte keine gegenläufigen, sondern in der Tendenz eher gleichartigen Ausprägungen und sprach im wesentlichen auf eine erhöhte Aufgabendichte an. Walschburger und Jarchow (1987) halten daher eine spezifische Indikatorfunktion der elektrodermalen *Spontanaktivität* i. S. einer *Bereitschaft* zur *Informationsaufnahme* und *-verarbeitung* entsprechend der oben unter (2) genannten Funktion des BIS für wahrscheinlicher als die von Fowles (1980) angenommenen Indikatorfunktionen für die unter (1) genannte Verhaltenshemmung.

Grundsätzlich eröffnet zwar das von Fowles (1980) auf dem Hintergrund der behavioral orientierten Gray'schen neurophysiologischen Überlegungen entworfene psychophysiologische Modell interessante Perspektiven für eine differenzierte und selektive Indikatorfunktion verschiedener peripher-physiologischer Systeme in bezug auf *Intensitäts-* und *Valenzkomponenten* der *Aktivierheit*; die bislang in diesem Zusammenhang vorgelegten experimentellen Arbeiten konnten jedoch *noch keine* ansprechenden *Belege* erbringen. Auch dürfte nach dem heutigen Erkenntnisstand einer multivariat orientierten psychophysiologischen Aktivierungsdiagnostik (Fahrenberg et al. 1979, 1984, Andresen 1987) die Suche nach jeweils einem *optimalen* peripher-physiologischen Indikator für ein bestimmtes neurophysiologisches System kaum zu reliablen und validen Ergebnissen führen. Es kann eher vermutet werden, daß es bestimmte Konstellationen *kovariierender Aktivierungsparameter* im Kontext behavioraler und neurophysiologischer Aktivierungsvorgänge geben sollte, die i. S. von individual- oder stimulusspezifischen Mustern identifiziert werden können. Die diskutierten neurophysiologisch-psychophysiologischen Befunde lassen jedoch schon beim derzeitigen Forschungsstand erkennen, daß die *tonische* EDA als *Aktivierungsindikator* im Kanon möglicher Indikatorvariablen einen *zentralen Stellenwert* einnimmt.

3.2.1.2 Tonische und phasische elektrodermale Aktivität während des Schlafs

Im Zuge der detaillierten psychophysiologischen Untersuchungen des Schlafs und seiner verschiedenen *Stadien*, insbesondere auch der sog. REM-Phasen (von Rapid eye movements; Schlafphasen mit wach-ähnlichem EEG, in denen meist von Träumen berichtet wird, wenn die Pbn geweckt werden), wurden in den 60er Jahren auch Analysen der EDA während des Schlafs vorgenommen. Während man bis dahin allgemein annahm, daß insbesondere in den *tiefsten Schlafstadien* 3 und 4 die spontane EDA völlig zum Erliegen käme (Kleitman 1963), untersuchten Johnson und Lubin (1966) auf dem Hintergrund einiger gegenteiliger Befunde die endosomatische und exosomatische EDA[69] während 3 aufeinanderfolgenden Nächten bei jeweils 6 männlichen und weiblichen Epileptikern und 17 männlichen Kontrollprobanden, die sie wegen nicht feststellbarer Unterschiede in EDA-Parametern gemeinsam analysierten. Dabei zeigten sich während der mit Hilfe des EEGs ermittelten Schlafsstadien 3 und 4 die *meisten* NS.EDRs, und zwar im Mittel 2.2 NS.SRRs und 7.2 NS.SPRs pro Minute, während im Stadium 1 sowie während der REM-Phasen durchschnittlich weniger als 1 nichtspezifische exosomatische bzw. 2 endosomatische EDRs auftraten. Zwischen den Nächten wurden zwar intraindividuelle Unterschiede beobachtet, innerhalb einer Nacht war jedoch das EDA-Muster während der wiederkehrenden Schlafstadien konsistent.

Die von Johnson und Lubin (1966) beobachtete *Zeitverschiebung* zwischen der stets früher auftretenden *endosomatischen* und der *exosomatischen* EDR hielt Edelberg (1972a) im Gegensatz zu diesen Autoren noch nicht für eine Bestätigung einer Dissoziation von SPR und SRR während des Schlafs, da *lokale Unterschiede* an den Ableitorten als Ursache nicht auszuschließen waren. Dafür sprechen auch die Ergebnisse von Broughton et al. (1965), die einerseits bezüglich der nichtspezifischen EDA in den Schlafstadien die Ergebnisse von Johnson und Lubin (1966) bestätigen, zusätzlich jedoch bei ihren 7 Pbn an 6 bis 8 Ableitorten Hautpotentialmessungen durchführten und fanden, daß die *Latenzzeiten* (SPR lat.) nach *caudal* (unten) und entlang der Extremitäten nach *distal* (außen) *zunahmen*.

Das Auftreten von *Maxima* elektrodermaler Aktivität vor allem während des *Tiefschlafstadiums* 4 und eine *Abnahme* der nichtspezifischen EDRs während der *REM-Phasen* gilt als ein sehr gut bestätigtes Ergebnis der Schlafforschung, wie Freixa i Baqué et al. (1983, Table 1) anhand einer Zusammenstellung der Ergebnisse von 12 zwischen 1962 und 1976 publizierten Studien zeigen. Die

---

[69]Mit Ag/AgCl-Schwammelektroden für SR von den Fingern der rechten Hand mit neutralem Elektrolyten und 21 $\mu A/cm^2$ sowie für SP vom Fingerglied gegen den Unterarm mit Redux-Paste abgeleitet. Amplitudenkriterium: 50 Ohm bzw. 100 μV positiv oder negativ.

Autoren beschreiben zusätzlich die Ergebnisse einer eigenen Untersuchung an 8 männlichen Pbn, die eine Gewöhnungs- und 3 weitere Nächte im Labor schliefen, wobei EEG, EOG (Electrooculogramm, wegen der Augenbewegung zur Identifikation von REM–Phasen) und Hautpotentiale abgeleitet wurden[70]. Über die einzelnen Nächte hinweg zeigten sich in konsistenter Weise Unterschiede in der NS.SPR freq. zwischen dem ersten und den 3 weiteren Schlafzyklen: während die elektrodermale Gesamtaktivität (unabhängig von den Schlafstadien) und die EDA während des Stadiums 2 im ersten Zyklus signifikant geringer waren als in den folgenden, war die NS.SPR freq. während der REM–Phasen im letzten Schlafzyklus signifikant höher als in den ersten 3 Zyklen[71].

Die aufgrund der beobachteten EDA–Unterschiede während verschiedener Schlafphasen unternommenen Versuche, mit Hilfe der leichter zu messenden und auszuwertenden NS.EDR freq. anstelle von EEG–Analysen eine *Identifikation* der einzelnen *Schlafstadien* vorzunehmen, sind bis heute *unbefriedigend* geblieben. Koumans et al. (1968) registrierten bei 9 männlichen Pbn während zweier Nächte neben EEG und EOG bilateral SP und SR[72]. Während sich SPL und SRL in den einzelnen Schlafstadien nicht unterschieden und nur bei SPL ein signifikanter Unterschied im Sinne einer Abnahme der Negativität vom Wachen zum Schlafen auftrat, zeigten sich in beiden Variablen in den Stadien 3 und 4 signifikant höhere und im REM–Schlaf niedrigere NS.EDR freq. als im Wachzustand. Trotzdem äußerten sich die Autoren bezüglich einer möglichen Schlafstadien–Identifikation anhand dieser EDA–Parameter zurückhaltend, allerdings hielten sie die *Feststellung* des *Beginns* der *REM–Phasen* anhand der *NS.EDR freq.* etwa zu Zwecken der Induktion von REM–Deprivation für möglich, da sie in konsistenter Weise *6 min vor Einsetzen* der REM–Phase eine deutliche *Abnahme* der elektrodermalen *Spontanaktivität* festgestellt hatten.

Auch Johns et al. (1969), die in einer eher kasuistisch ausgewerteten Studie Hautwiderstandsmessungen bei 12 Studenten und 19 postoperativen Patienten beiderlei Geschlechts parallel zu EEG– und EOG–Aufzeichnungen verwendeten, äußerten sich nicht explizit zu den auch von ihnen zwischen den einzelnen Schlafstadien gefundenen, mit den oben beschriebenen Ergebnissen übereinstimmenden Unterschieden in der NS.SRR freq., halten jedoch eine *grobe Abschätzung* des *Anteils* der Phasen *tieferen Schlafs* (sog. Slow wave–sleep) am Gesamtschlaf sowie des *Schlafbeginns*, etwaiger Schlaf*störungen* und des

---

[70] Ableitung mit Beckman–Elektroden, Zeitkonstante: 0.6 sec, Tiefpaßfilterung mit 15 Hz, Amplitudenkriterium: 200 μV, logarithmische Transformation der Daten.

[71] Die Autoren lassen den Leser allerdings im Unklaren darüber, ob sie die in der Literatur gefundenen Unterschiede in den NS.EDR freq. zwischen den einzelnen Schlafstadien anhand ihrer Daten bestätigen konnten.

[72] SP und SR von jeweils gleichen unipolaren Ableitstellen (thenar gegen Unterarm) rechts und links mit Ag/AgCl–Schwammelektroden und Grass–Vorverstärkern abgeleitet, ohne weitere Angaben zur Meßtechnik; Amplitudenkriterien: 200 μV bzw. 100 Ohm.

Schlaf*endes* mit Hilfe des *SRL* für möglich. Hori (1982) konnte in einer an 20 männlichen Pbn durchgeführten Schlafstudie zeigen, daß sich die Registrierung von *palmaren*, jedoch nicht von dorsalen Hautpotentialen[73] als *Indikator* für das *Einschlafen* eignet, da lediglich die *Negativität* des palmaren *SPL* von 3.5 min vor bis 1.5 min nach dem Beginn des Schlafstadiums 1 deutlich *abnahm*. Auch zeigte sich eine *Parallele* im Auftreten *langsamer Augenbewegungen* und von *SPRs* vor dem Einschlafen, aufgrund derer die Autoren eine gemeinsame neuronale Ursache vermuteten. Insgesamt konnte sich jedoch die Verwendung der *EDA* in der *Schlafpolygraphie* bislang noch nicht durchsetzen und wird auch dort *nicht* zu den *Standardvariablen* gerechnet (vgl. z. B. Schulz 1984).

Einige Untersuchungsergebnisse deuten darauf hin, daß sich die *tonische* EDA als spezifischer Indikator für *Veränderungen* des *Schlafs* aufgrund vorangegangener *Streßinduktion* (vgl. Abschnitt 3.2.1.4) eignet. So untersuchten Lester et al. (1967) bei 5 männlichen Studenten den Einfluß von Examensstreß auf EEG- und Hautwiderstandsmaße[74] während des Schlafs in insgesamt 10 bis 14 Nächten. Nach den ersten beiden Gewöhnungsnächten wurden jeweils 3 Nächte ohne, mit und wiederum ohne die Durchführung eines Ton-Vermeidungsparadigmas vor dem Einschlafen aufgezeichnet, um die Wirkung einer leichten Streßbedingung zu Vergleichszwecken zu erfassen. Zusätzlich wurden weitere 3 Nächte im Zusammenhang mit einem *Examen* als starker Streßbedingung und zur Kontrolle noch 2 Nächte nach Semesterende erfaßt. Es zeigte sich, daß die *NS.SRR freq.*, die während der ersten Nächte kontinuierlich abgenommen hatte, nach den Tagen mit *leichtem Streß* wieder *anstieg*, in den Nächten im Zuge des Examens ihr *Maximum* erreichte und danach wieder deutlich abnahm, wobei die Rangkorrelationen der nicht-spezifischen EDA über die Stadien 2 bis 4 und die REM-Phasen hochsignifikant waren (zwischen $r = 0.55$ und 0.77). Der Anteil des Stadiums 4 an der Schlafdauer nahm mit der Stärke des tagsüber erlebten Stresses statistisch bedeutsam ab, während der REM-Anteil nicht beeinflußt wurde. Allerdings traten in Nächten *nach* ernsthaften persönlichen Problemen, die zu *Panik-ähnlichen* Zuständen geführt hatten, deutliche *Verminderungen* der EDA auf, wobei ein Bezug zu den Schlafstadien nicht herzustellen war, da die Stadien 3 und 4 anhand des EEGs nicht identifiziert werden konnten.

In 3 Schlafuntersuchungen gingen McDonald et al. (1976) der Frage nach, durch welche *zusätzlichen Einflußgrößen* die EDA während des Schlafs verändert werden könnte. In allen 3 Studien wurden EEG, EOG, Herzfrequenz, Fingerplethysmogramm, Atemaktivität sowie *exosomatische* und *endosomatische*

---

[73] Ableitung thenar sowie dorsal an der linken Hand gegen eine mit Skin-drilling behandelte Unterarmstelle mit Ag/AgCl-Elektroden und 0.05 M NaCl-Agar-Agar-Paste, Amplitudenkriterium: 250 μV.

[74] Ableitung vom linken Mittelfinger mit Ag/AgCl-Elektroden und NaCl-Paste sowie 10 μA/cm^2 Konstantstrom. Amplitudenkriterium für NS.SRRs: 50 Ohm.

EDA abgeleitet[75]. In der 1. Untersuchung an 46 Pbn fanden sie signifikante Korrelationen zwischen der *EDA* in der Zeit *vor* dem *Einschlafen* und derjenigen *im Stadium* 4 ($r = 0.41$ für NS.SRR freq. und $r = 0.37$ für NS.SPR freq.). 21 Pbn erhielten die Instruktion, möglichst lange wach zu bleiben, während 20 Pbn dem Wunsch nach dem Einschlafen entsprechen sollten. Die Gruppe, die sich wach hielt, zeigte in der anschließenden Nacht eine hochsignifikant größere EDA im Stadium 4 als die Vergleichsgruppe. In der 2. Studie schliefen 21 männliche Pbn 2 Nächte im Labor. Von der 1. zur 2. Nacht nahm die EDA während des Tiefschlafs ab, was als Folge des Gewöhnungseffekts an die Laborsituation interpretiert wurde; es zeigten sich jedoch praktisch keine Zusammenhänge mit der subjektiven Schlafqualität. Wurden die Pbn anhand des Kriteriums mehr bzw. weniger als 1 NS.SPR/min im *Stadium* 4 dichotomisiert, zeigten die *elektrodermal Aktiven* signifikant *höhere* Werte in "*Ängstlichkeits*"- und niedrigere Werte in "Ich–Stärke"-Skalen des MMPI (Hathaway und McKinley 1940) im Vergleich zu den Inaktiven. Im 3. Experiment wurden 23 männliche Pbn 3–7mal pro Nacht geweckt und nach ihren Träumen befragt. Es zeigte sich der bekannte Befund, daß über *Träume* zwar häufiger in den REM–Phasen (87.5 %), jedoch auch in den sog. Slow wave–sleep–Phasen (34.7 %) berichtet wurde. Eine Aufteilung der Schlafstadien nach dem Ausmaß der in ihnen beobachteten EDA ergab jedoch zusätzlich, daß in *Phasen* mit *erhöhter EDA* signifikant *mehr geträumt* worden war als in den Tiefschlafphasen mit geringer EDA (54 % gegenüber 15.4 %). Unterschiede in den Trauminhalten zwischen Phasen mit unterschiedlicher EDA zeigten sich allerdings nicht. Herzfrequenz und Fingerpuls differenzierten lediglich zwischen den REM– und anderen Schlafphasen und zeigten auch keine Beziehungen zu den o. g. Variablen, wie sie im Falle der EDA beobachtet werden konnten.

McDonald et al. (1976) interpretierten ihre Ergebnisse wie auch die oben beschriebenen von Lester et al. (1967) dahingehend, daß das *Auftreten vermehrter tonischer EDA* während der *Tiefschlafstadien* 3 und 4 mit großer Wahrscheinlichkeit nicht einfach eine physiologische Begleiterscheinung des Tiefschlafs sei, sondern vermutlich in *Beziehung* zu einer Reihe von Ereignissen und/oder *Aktivitäten vor* dem *Schlaf* stünde. Sie fügten die neurophysiologische Spekulation an, daß – da EDRs während des Wachens als Korrelate eines zentralen Speichervorgangs (i. S. von Gedächtnisspeicherung; vgl. Abschnitt 3.2.2.1) auftreten können – möglicherweise diese *gespeicherte Information* während des *Tiefschlafs* – wiederum *begleitet* von entsprechenden *EDRs* – *abgerufen* werde. Dadurch würde gleichzeitig der *Tiefschlaf gestört* und *verkürzt*, was sich in der gefundenen negativen Korrelation zwischen der Dauer des Stadiums 4 und der EDA

---

[75]Mit Beckman–Ag/AgCl–Elektroden wurden SR von den Fingern der rechten Hand mit 40 µA (keine Angaben zum Elektrolyten) und SP zwischen linkem Zeigefinger und Unterarm mit 0.24 sec Zeitkonstante abgeleitet; SPR amp. als die der gesamten biphasischen SPR zwischen 1 und 3 sec nach Reizbeginn, SRR im gleichen Zeitfenster transformiert in log SCR.

während des Schlafs widerspiegele. Eine etwas vorsichtigere Interpretation der stärkeren EDA während des sog. Slow wave–sleeps als *Fortsetzung* der *elektrodermalen Aktivität* im Wachzustand hatten bereits Lester et al. (1967) gegeben, wobei sie allerdings von einem *Wegfall* einer *corticalen Hemmung* im *Tiefschlaf* als möglichem Grund für das vermehrte Auftreten der EDA ausgegangen waren.

Im Rahmen einer *arbeitspsychologischen* Studie registrierten Ottmann et al. (1987) 5 Tage und Nächte bei jeweils 12 männlichen Pbn, die unter Tag- bzw. Nachtschicht–Bedingungen während 8 Stunden Überwachungstätigkeiten mit Kurzzeitgedächtnis–Belastung ausführten, wobei die Hälfte der Pbn über Kopfhörer weißes Rauschen von 80 dB erhielt, mit Standardmethodik in etwa 2–stündigen Abständen für eine Dauer von jeweils 10 min die Hautleitfähigkeit. Eine Schlafstadienanalyse war wegen fehlender EEG–Registrierung nicht möglich; es zeigte sich jedoch eine deutliche *Zunahme* der Gesamt–*NS.SCR freq. während* des *Schlafs* bei den Tagschicht–Pbn *unter Lärm* gegenüber den Pbn ohne Lärm. Die Beobachtung einer Vermehrung der tonischen EDA während des Schlafs zumindest nach leichtem bis mittlerem Streß während des Tages wirft die für die Schlafforschung interessante Problematik möglicher *spezifischer* peripher–physiologischer *Korrelate* der *Verarbeitung* emotional bedeutsamer Erfahrungen des Tages auf. Dabei könnte die EDA auch wegen der *Dissoziation* der Aktivitätsverteilungen *elektrodermaler* und *anderer* peripherphysiologischer Parameter zwischen dem sog. Slow wave–sleep und dem REM–Schlaf von besonderem Interesse sein: der gut replizierten minimalen EDA während der REM–Phasen stehen deutliche Aktivitäten z. B. der Herzfrequenz in diesen Phasen des "paradoxen" Schlafs gegenüber (Jovanović 1971).

Neben den oben beschriebenen Anwendungen der EDA–Registrierungen während des Schlafs in Kontexten der Streßforschung und der Arbeitspsychologie lassen sich auch ihre Anhaltspunkte für Verwendbarkeit in *klinischen* Zusammenhängen aufzeigen (vgl. Kapitel 3.4). Wyatt et al. (1970) fanden bei 8 akut *Schizophrenen*, die sie mit 6 Kontrollprobanden verglichen, eine *Umkehr* des oben beschriebenen Verhältnisses der NS.SPR freq. zwischen REM und den Stadien 3 und 4. Bei jedem Pb wurden während mindestens 5 Nächten unter kontrollierten Bedingungen EEG, EOG, EMG und SP[76] registriert. In der Anzahl der NS.SPRs pro Minute zeigte sich eine statistisch bedeutsame Interaktion im o. g. Sinne zwischen den Schlafstadien und der gesund/krank–Dichotomie, wobei auch als ein Haupteffekt die Erhöhung der NS.SPR freq. insgesamt bei den Schizophrenen gegenüber den Kontrollprobanden signifikant wurde. Allerdings konnte nicht ausgeschlossen werden, daß *Medikationseffekte* hierbei eine Rolle gespielt hatten (vgl. Abschnitt 3.4.3.1). Auch wirkt die Interpretation des Befundes eines fehlenden Unterschieds zwischen der elektrodermalen Spontanaktivität

---

[76] AgCl–Schwammelektrode mit unbekanntem Elektrolyten thenar gegen den Unterarm abgeleitet, 100 μV Amplitudenkriterium.

während des Wachens und der REM–Phasen bei den Schizophrenen im Gegensatz zu Normalprobanden dahingehend, daß beim Psychotiker eine Verwischung der Grenzen zwischen REM–Schlaf und Wachen als Folge gemeinsamer Ursachenfaktoren für REM einerseits und psychotisches Verhalten im Wachzustand andererseits aufgefaßt werden könne, trotz der biochemischen Argumentation unter Einbeziehung des Serotonin–Antagonisten Parachlorphenylalanin eher etwas spekulativ.

Mögliche im weitesten Sinne mit Aktivierung zusammenhängende peripherphysiologische Vorgänge im Schlaf wurden jedoch nicht nur mit Hilfe der aus phasischen Maßen abgeleiteten tonischen EDA–Parameter (vgl. Abschnitt 2.3.2.2), sondern in einzelnen Fällen auch unter Hinzuziehung *reizbezogener* EDRs untersucht. Eine Reihe solcher Studien befaßte sich mit der *Habituation* der EDR (vgl. Abschnitt 3.1.1.2) während des Schlafs. Johnson und Lubin (1967) berichteten von entsprechenden Daten, die an 12 der Kontrollprobanden innerhalb der oben beschriebenen Studie von Johnson und Lubin (1966) erhoben worden waren. Die Pbn erhielten zusätzlich vor dem Einschlafen und während der Nacht Serien von 20 Tönen (1000 Hz, 30 dB über der Hörschwelle, 3 sec Dauer, ISIs 30–45 sec) dargeboten. Es zeigte sich, daß die vorher *habituierte Orientierungsreaktion* nach dem Einschlafen mit geringerer Amplitude *wieder auftrat* und *während* des *Schlafs* praktisch *nicht habituierte*. Die Autoren hypostasierten eine nicht–Habituierbarkeit autonomer Reaktionen an beiden Extremen des Aktiviertheitskontinuums (vgl. Abschnitt 3.2.1.1.1) als Begründung für ihre Befunde während des Schlafs.

Firth (1973) führte allerdings das *Fehlen* von *Habituation* vegetativer und zentraler physiologischer Parameter bei Schlafuntersuchungen auf zu lange, *unregelmäßige ISIs* sowie auf *Mittelungen* über längere Zeiträume zurück, und unterzog 3 Pbn in einer Meßwiederholungsanordnung 3 verschiedenen regulären (10, 20 und 30 sec) sowie 3 irregulären (8–12, 16–24 und 24–36 sec) ISI–Bedingungen in den Schlafstadien 2 und 4, im REM–Schlaf und während des Tages, wobei er als Stimulus einen 1 sec dauernden 1000 Hz Ton mit 70 dB verwendete. Neben verschiedenen EEG- und EOG–Kanälen wurden eine EMG- und eine Hautpotentialableitung[77] registriert. Die *SPR* zeigte *in allen Stadien* und unter allen Bedingungen eine signifikante *Habituation*, allerdings *auch bei* langen und *unregelmäßigen* ISIs, was die o. g. Kritik des Autors an früheren Untersuchungen wieder relativiert.

Johnson et al. (1975), in der Absicht, die von ihrer Arbeitsgruppe früher gefundene fehlende Habituation während des Schlafs zu bestätigen, gelang es nicht, bei den 9 männlichen Pbn mit vollständigen SRR–Daten (aus ihrer Stichprobe von 46 Pbn) deutliche stimulusbezogene SRRs im Stadium 2 und während

---

[77] Ableitung thenar gegen eine geschmirgelte Unterarmstelle, 0.3 sec Zeitkonstante, keine weiteren Angaben zur Meßtechnik, Zeitfenster für die SPR: 1.0–3.5 sec nach Reizbeginn.

des REM-Schlafs zu identifizieren: im Schlafstadium 2 zeigten die Pbn entweder gar keine EDA oder aber zu viele nichtspezifische EDRs, während in der REM-Phase generell fast gar keine EDRs beobachtet werden konnten. Unter diesen Bedingungen war es natürlich auch nicht möglich, Aussagen zu Unterschieden in der Habituation der EDR zu treffen. McDonald und Carpenter (1975) fanden ebenfalls bei ihrer Gesamtgruppe von 46 Pbn (die identisch war mit der in der oben beschriebenen 1. Studie von McDonald et al. 1976) *keine Habituation* der exosomatischen und endosomatischen EDR[78] auf Serien von 33 Tönen (Standardton: 500 Hz, 40 dB, ISIs zufällig 10, 15 oder 20 sec, nach 10 Standardtönen jeweils ein Ton mit anderer Frequenz), wohingegen die *Herzfrequenz* und das *Fingerplethysmogramm* deutlich *habituierten* und auch Dishabituation zeigten (vgl. Abschnitt 3.1.1.2), und zwar sowohl im Schlafstadium 4 als auch während der REM-Phasen. Eine nachträgliche Aufteilung der Pbn nach ihren SPR-Habituationsverläufen ergab jedoch, daß ca. 1/3 der Pbn durchaus eine Habituation zeigte, während weitere 20 % eine Sensibilisierung und der größte Teil der restlichen Pbn keine Veränderung der SPR amp. in eine bestimmte Richtung aufwiesen. Bislang noch nicht aufgeklärte *individuelle Unterschiede* scheinen demnach – neben möglichen Wirkungen der Reizbedingungen – die Habituation der EDR im Schlaf entscheidend zu beeinflussen.

Insgesamt kann – trotz der geringen Zahl der insbesondere im letzten Jahrzehnt zu dieser Thematik vorgelegten Studien – davon ausgegangen werden, daß die *Registrierung der EDA* im Zuge von Schlafuntersuchungen als ein wesentliches *Desiderat* für die psychophysiologische *Schlafforschung* anzusehen ist. Wenn sich auch die Hoffnung auf einen leichter zu analysierenden Indikator für die Identifikation von Schlafstadien als *Ersatz* für das EEG vermutlich so wenig erfüllen wird wie bei der Herzfrequenz (Rockstroh et al. 1985), ergeben sich jedoch im Zusammenhang mit der spezifischen Schlafstadien-bezogenen elektrodermalen Aktivität sowie mit deren Veränderung durch Belastungen während des Tages zusätzliche interessante Forschungsfragestellungen. Allerdings müssen gerade bei *Dauerregistrierungen* während der Nacht bestimmte Probleme der Meßtechnik berücksichtigt werden, auf die bereits im Abschnitt 2.2.8.1 eingegangen wurde. Zu berücksichtigen ist bei Schlafuntersuchungen außerdem, daß die tonische EDA wie alle peripher-physiologischen Größen eine ausgeprägte *circadiane Periodik* aufweist, wobei allerdings mehrere Minima und Maxima der Hautleitfähigkeit auftreten können (vgl. Abschnitt 2.4.2.1) und große inter- und intraindividuelle Unterschiede zu erwarten sind (Rutenfranz 1958).

---

[78]Methode wie bei McDonald et al. (1976).

3.2.1.3 Beiträge elektrodermaler Aktivität zur Differenzierung emotionaler Zustände

Peripher-physiologische Indikatoren emotionaler Zustände haben seit der Vorlage der Theorien zur Emotionsentstehung von James und Lange gegen Ende des vorigen Jahrhunderts bis heute stets eine besondere Beachtung erfahren. Bezüglich der zahlreichen psychophysiologischen *Emotionstheorien* kann auf neuere zusammenfassende Darstellungen bei Plutchik (1980) sowie Stemmler (1984) verwiesen werden. Ein Ansatz soll jedoch wegen seiner möglichen spezifischen Implikationen für die EDA einleitend kurz aufgegriffen werden: die neurophysiologisch orientierte Theorie von Papez und ihre Erweiterung durch Gray.

Papez (1937) ging davon aus, daß die gesamte *sensorische Information* im *Thalamus* verfügbar ist, und daß im sog. *Papez-Kreis des Limbischen Systems* (vgl. Abschnitt 1.3.2.2) die *emotionale Erregung* mit ihren *peripher-physiologischen Korrelaten* verschaltet wird. Diese Vorstellungen sind in jüngster Zeit wieder von Gray (1982) in die auf tierexperimentellen Untersuchungen basierenden Modellüberlegungen zur *Neurophysiologie* der *Angst* einbezogen worden, deren Hauptbausteine die *Septum-Region*, das *hippocampale* System und der *Papez-Kreis* bilden (vgl. Abschnitt 3.2.1.1.2 und Abbildung 47). In diesem für den Humanbereich noch als spekulativ anzusehenden Modell wird das zur Hippocampus-Formation gehörenden *Subiculum* als Ursprung des Papez-Kreises einerseits und als *Informationsverarbeitungssystem* ("comparator") andererseits angesehen, dem *sensorische* Informationen, *gelernte* Verhaltensweisen und *Gedächtnisinhalte*, corticale *Entwürfe* ("plans") und *antizipatorische Kognitionen* ("predictions") zur Verfügung stehen. Es soll selbst wieder über Verbindungen zum Gyrus cinguli die *Steuerung* der *Motorik* durch die Basalganglien, und über das laterale Septum die *Ausführung* hypothalamischer *vegetativer Programme* i. S. des von Gray postulierten BIS (Behavioral inhibition system) *hemmend* beeinflussen können. Gray (1982) *erweitert* die von Papez postulierten Funktionen des nach ihm benannten Neuronenkreises (Hippocampus – Mamillarkörper – anteriorer Thalamus – Gyrus cinguli – Hippocampus, vgl. Abbildung 4 im Abschnitt 1.3.2.2) insofern, als der *Papez-Kreis* in das *Informationsverarbeitungssystem* des *Subiculum eingebunden* wird und mit zur *Entscheidung beiträgt*, ob Verhalten *normal ablaufen* kann oder – wegen der Unvorhersehbarkeit seiner Konsequenzen – unter Einschaltung des BIS *gehemmt* werden sollte. Die *Aktivität* des BIS, das Gray auch als *septo-hippocampales Stop-System* bezeichnet, sollte nach Fowles (1980) in Weiterführung des Gray'schen Ansatzes zu einer *erhöhten elektrodermalen Aktivität* führen (vgl. Abschnitt 3.2.1.1.2). Daraus ließe sich zwar die Hypothese einer *differentiellen Indikatorfunktion* der *EDA* für die Emotion *Angst* im Rahmen des von Gray vorgelegten Angstkonzepts ableiten; *empirische Belege* für derart spezifische Validitäten einzelner physiologischer Systeme in bezug auf bestimmte emotionale Zustände *fehlen jedoch* bislang zumindest im Humanbereich.

3.2.1.3.1 Die tonische elektrodermale Aktivität als Indikator in multivariaten psychophysiologischen Emotionsstudien

Heute besteht zumindest theoretisch weitgehend Übereinstimmung darin, daß auf das Vorliegen von *Emotionen* beim Menschen möglichst anhand von entsprechenden Indikatoren auf 3 *parallelen Beobachtungs-* bzw. *Meßebenen* geschlossen werden sollte:

(1) *Subjektive Komponente*: introspektiv erfaßbare qualitativ und quantitativ unterschiedene emotionale *Befindlichkeiten*, häufig mit typischen Kognitionen verbunden (Beispiel: Gefühl starker Angst verbunden mit der Wahrnehmung einer äußeren Bedrohung).

(2) *Verhaltenskomponente*: äußerlich beobachtbare und teilweise auch meßbare (Lokomotion, Elektromyogramm) Veränderungen *grobmotorischer* Aktivität (z. B. Flucht oder Angriff) bzw. der *Mimik* oder *Gestik* (beispielsweise bestimmte Ausdruckserscheinungen bei Angst oder Wut).

(3) *Neuro-endokrine Komponente*: somatische Veränderungen, deren Ursachen in emotionsbegleitenden *neuronalen* und *humoralen* Vorgängen zu suchen sind (Beispiel: erhöhte tonische EDA und Adrenalin- bzw. Noradrenalin-Ausschüttung bei einer Reihe von Emotionen).

Obwohl es unbestrittene Lehrmeinung ist, daß bei einer Beschreibung von emotionalen Zuständen oder Veränderungen *alle* 3 Komponenten bzw. Ebenen berücksichtigt werden sollten, liegen bislang nur *wenige Untersuchungen* mit parallelen Datenerhebungen auf den 3 Ebenen vor. Auch Versuche, zu *Taxonomien* von Emotionen zu gelangen, bedienten sich meist nur *einer* dieser Ebenen. So ließen sich auf der *subjektiven Ebene* die verschiedenen emotionalen Zustände i. d. R. in ein Schema von 2 bis 3 unabhängigen *Dimensionen* i. S. faktorenanalytischer Hyperebenen einordnen (Wundt 1896, Traxel 1960):

(1) Grad der *Aktivierung* (Erregung vs. Beruhigung),
(2) *Valenz* (Angenehmheit vs. Unangenehmheit bzw. Lust vs. Unlust),
(3) *Dominanz* vs. *Submission* oder Spannung vs. Lösung.

Auch die in der Psychophysiologie eher vernachlässigte *Verhaltens-* bzw. *Ausdrucksebene* wurde verschiedentlich zur Klassifikation von Emotionen herangezogen. So konnten Ekman et al. (1974) mit Hilfe des von ihnen erstellten

"Facial action coding system" die Emotionen Furcht, Ärger, Glück, Trauer, Ekel und Überraschung anhand des *Gesichtsausdrucks* unterscheiden, und Frey (1984) hat ein auf dem Rating von *Körperbewegungen* aufgebautes quantitatives Bewertungssystem von Emotionen vorgelegt.

Bestrebungen, die *peripher-physiologische Meßebene* in die Differenzierung von emotionalen Zuständen einzubeziehen, haben sich von der gegen Ende des vorigen Jahrhunderts vorgelegten sog. *James-Lange-Theorie* über psychosomatische *Spezifitätslehren* (Alexander 1950) bis in neuere *komplementär-psychophysiologische* Betrachtungsweisen (Fahrenberg 1979) fortgesetzt. Erleben bzw. Bewußtsein einerseits und Verhalten bzw. neuro-endokrine Reaktionen andererseits können dabei als *aufeinander bezogene* und einander *ergänzende Bezugssysteme* angesehen werden, wobei emotionale Zustände im Idealfall anschauliche Beispiele *psychophysischer Einheit* bilden, z. B. ein Auftreten zorniger Gebärden und verzerrten Gesichtsausdrucks bei erlebter Wut mit gleichzeitigen sympathisch-adrenergen Bereitstellungsreaktionen (Fahrenberg 1979). Allerdings waren Versuche, emotionsspezifische physiologische Indikatoren oder *Reaktionsmuster* zu erstellen, bislang noch wenig erfolgreich. Ein erster *multivariater* Ansatz wurde von Wenger (1957) vorgelegt, die die Auffassung vertrat, daß Emotionen die Aktivitätsmuster des autonomen Nervensystems darstellen, und für 8 Emotionen solche vermutete sympathisch-parasympathische Aktivitätsmuster angab. Subjektive Emotionsäußerungen sollten in der Emotionsdefinition keine Rolle spielen, da nur so auch bei Kleinkindern und Tieren vergleichende Emotionsuntersuchungen durchgeführt werden könnten. Stemmler (1984, Tabelle 1.2.1) stellt die Ergebnisse von 8 multivariaten Untersuchungen zusammen, in denen mittels *experimenteller Induktion* versucht wurde, die Emotionen *Angst* und *Ärger* von einander und/oder gegenüber einer Ruhebedingung mit Hilfe verschiedener peripher-physiologischer Parameter zu differenzieren. Sowohl Angst als auch Ärger unterschieden sich danach von Kontroll- bzw. Ruhebedingungen insbesondere durch erhöhte kardiovaskuläre Aktivität (Herzfrequenz und Blutdruck). Die NS.EDR freq. war in jeweils einer Untersuchung bei Angst und Ärger erhöht und entsprach in einer weiteren der unter Ruhebedingungen. In den 4 Studien mit einem unmittelbaren Vergleich von Angst und Ärger zeigten sich Hinweise auf erhöhte Herzfrequenz, verringerten diastolischen Blutdruck, geringere tonische Muskelaktivität und *erhöhtes Hautleitfähigkeitsniveau* (in 3 Untersuchungen) bei *Angst*, während bezüglich der Zahl der *elektrodermalen Spontanfrequenzen inkonsistente* Ergebnisse auftraten. Die von Ax (1953) gefundenen und immer wieder tradierten sog. Adrenalin-Noradrenalin-Muster bei *Ärger* mit u. a. *vermehrten EDRs* und sog. Adrenalin-Muster bei *Angst* mit u. a. einem *Anstieg der tonischen Hautleitfähigkeit* ließen sich anhand der Zusammenstellung dieser 8 Untersuchungen – wobei die von Ax (1953) eingeschlossen war – *nur partiell* bestätigen.

Ohnehin geriet in der Mitte der 60er Jahre unter dem Einfluß *kognitiv* orientierter Emotions- und Streßauffassungen (z. B. Schachter und Singer 1962, Lazarus 1966) die Annahme emotionsspezifischer physiologischer Muster zugunsten der Auffassung in den Hintergrund, daß *Emotionen vergleichbarer Intensität* nicht anhand der physiologischen Aktivierung unterschieden werden könnten, sondern vielmehr kognitiv mediierte *Interpretationen* situativer und intrapsychischer Gegebenheiten die Grundlage für die *Spezifitäten* emotionaler Zustände abgeben sollten. Das Interesse der psychophysiologischen Forschung richtete sich stattdessen auf die durch Beobachtungen von Lacey und Lacey (1970) ins Blickfeld gerückte Indikatorfunktion der *Herzfrequenz* im Zusammenhang mit *Reizaufnahme* und *Reizabwehr*: ein Absinken der Herzfrequenz wurde und wird i. S. einer tonischen Veränderung mit erhöhter Aufnahmebereitschaft und in phasischen Zusammenhängen mit ORs verbunden, während eine Herzfrequenzzunahme auf eine generelle Abwehr bzw. auf DRs hinweisen sollte (vgl. Abschnitt 3.1.1.1). Zwar wurden i. d. R. als Auslöser der beobachteten Herzfrequenzsteigerungen häufig negative Emotionen wie Angst oder Furcht angesehen; man kann jedoch auch in der Psychophysiologie eine "*Vernachlässigung der Emotion*" (Scherer 1981) konstatieren, die erst in letzter Zeit wieder einem erneuten Interesse an multivariaten emotions–psychophysiologischen Fragestellungen zu weichen beginnt.

So setzte Stemmler (1984) mit seinem Vergleich von psychophysiologischen Effekten der im Meßwiederholungsplan induzierten Emotionen Angst, Ärger und Freude bei 42 weiblichen Pbn die von Ax (1953) begonnene empirische *Affektmuster-Forschung* auf dem konzeptuellen und methodischen Niveau der heutigen *multivariaten* Aktivierungs- und Emotions-Psychophysiologie fort. Die *Angstinduktion* bestand aus einer durch unangekündigte Interventionen wie Löschen des Lichts begleiteten akustischen Darbietung einer entsprechenden Kurzgeschichte, *Ärger* sollte durch die von Boucsein und Frye (1974) verwendete Aufgabenstellung mit teilweise unlösbaren Anagrammen induziert werden, und *Freude* am Ende des Versuchs über positive Rückmeldungen und die Ankündigung einer Erhöhung des Versuchshonorars. Während der Emotionsinduktionen und der sie jeweils umgebenden Ruhephasen wurden eine Vielzahl physiologischer Parameter kontinuierlich registriert, darunter auch die mit Standardmethodik abgeleitete Hautleitfähigkeit[79]. Zusätzlich wurden verschiedene freie Befragungen und standardisierte Affekteinschätzungen vorgenommen. Dabei zeigte sich, daß die jeweiligen Affektbegriffe zwar in der entsprechenden emotionsinduzierenden Situation signifikant die stärksten Ausprägungen aufwiesen, die *Spezifität* in den *Angst*- und *Ärger*bedingungen jedoch *nicht so deutlich*

---

[79] Außer von den mittleren Phalangen der linken Hand wurde die SC wegen des umgangssprachlichen "Angstschweißes auf der Stirn" zusätzlich von dort abgeleitet. Die Elektroden wurden mit Histoacryl aufgeklebt (vgl. Abschnitt 2.2.2.1). Zur Auswertemethodik vgl. Andresen (1987) bzw. Abschnitt 2.2.6.2 und Thom im Anhang.

ausfiel wie in der *Freude*-Bedingung. Von den ursprünglich 34 physiologischen Parametern wurden die 14, die zwischen Emotions-Referenzphasen signifikant zu trennen vermochten, in eine multivariate Diskriminanzanalyse einbezogen. Diese ergab einen hochsignifikanten Prüfwert gegen die Nullhypothese paralleler Profile unter den 3 Emotionsbedingungen. Im multivariaten Vergleich war *Angst* vor allem durch eine geringe Muskelspannung gekennzeichnet, daneben traten an der *Hand* Vasokonstriktion, eine geringere Temperatur und ein *erniedrigter SCL* auf, während an der *Stirn* die *Hautleitfähigkeit erhöht* war. Unter *Ärger* waren die Muskelspannung am Unterarm sowie die Vasodilatation an Hand sowie Stirn erhöht und es trat ebenfalls eine *SCL-Erhöhung* an der *Stirn* auf. Die NS.SCR freq. befand sich nicht unter den trennscharfen physiologischen Variablen. Die Ergebnisse stehen bezüglich des verringerten SCL an der Hand im Widerspruch zu denen von Ax (1953), und auch die Hautleitfähigkeit an der Stirn konnte *nicht zwischen Angst und Ärger differenzieren*. Die zuletzt eingeführte *Freude*-Bedingung, die möglicherweise eher ein entspanntes und leicht erschöpftes Wohlbefinden am Ende eines erfolgreich abgeschlossenen Experiments induziert hatte, führte zu einer Temperaturerhöhung an den Händen und einem *verringerten SCL* an der *Stirn*. Gerade die aufgrund der fehlenden Permutation naheliegende vermutliche Konfundierung der Freude-Induktion mit einer allgemeinen Entspannung zum Versuchsende macht die Abhängigkeit der Untersuchung klassischer Fragestellungen zur Emotionsspezifität von situativen Randbedingungen deutlich. Auch blieb bislang die Problematik einer *quantitativen Parallelisierung* qualitativ *verschiedener Emotionen ungelöst*.

3.2.1.3.2 Die phasische elektrodermale Aktivität als Korrelat des emotionalen Ausdrucks

Neben den im vorigen Abschnitt behandelten multivariaten psychophysiologischen Ansätzen werden auch bis in neuere Zeit in bestimmten Bereichen der Emotionsforschung auch weiterhin Bemühungen um *spezifische Validitätsaspekte* einzelner physiologischer Parameter verfolgt. So befaßt sich eine Reihe von Untersuchungen im Rahmen einer experimentell orientierten *Sozialpsychologie* mit Zusammenhängen zwischen *emotionsspezifischen Gesichtsausdrucks*-Mustern und vegetativen Begleiterscheinungen induzierter emotionaler Zustände, wobei der EDA eine *zentrale Rolle* zukommt. Den Hintergrund liefern dazu Hypothesen aus dem ethologischen Bereich, die – wie bereits einleitend im Abschnitt 3.2.1 erwähnt – heute etwa von Pribram (1980) mit neurophysiologisch-psychophysiologischen Überlegungen verknüpft werden. Pribram selbst ist jedoch *nicht* auf eine mögliche Verwendung der EDA als spezifischen Indikator von Emotionen eingegangen.

Ausgehend von der letztlich auf Charles Darwin's Beobachtungen des emotionalen Ausdrucks basierenden und von Gellhorn (1964) und Izard (1971) wieder aufgegriffenen Hypothese einer unmittelbaren Verbindung zwischen spezifischen *Gesichtsausdrucks–Mustern* und dazugehörigen *emotionalen Befindlichkeiten* ("Facial feedback"–model) sowie deren *vegetativen Begleiterscheinungen* untersuchten Lanzetta et al. (1976) in 3 Experimenten den Einfluß von Instruktionen zur Manipulation der mimischen Aktivität auf psychophysiologische Reaktionen bei der Antizipation und Applikation elektrischer Reize unterschiedlicher Intensität. In der dritten, am sorgfältigsten kontrollierten Studie erhielten je 10 Pbn beiderlei Geschlechts jeweils 5 elektrische Reize von 33 %, 66 % und 99 % einer zu Beginn bestimmten individuellen Toleranzstärke, die 8 sec vorher über Dias mit den Zahlen 1, 2 oder 3 angekündigt wurden. Die Schmerzhaftigkeit jedes Reizes wurde von den Pbn selbst nach der Applikation und von 6 Beobachtern anhand von Videoaufzeichnungen des Gesichtsausdrucks eingestuft, zusätzlich wurden die antizipatorischen EDRs sowie die EDRs auf die Reize selbst ermittelt[80]. Sowohl die *antizipatorische EDR* als auch die *EDR auf den* elektrischen *Reiz* selbst sowie die selbst- und fremdbeurteilte *Schmerzhaftigkeit* der Reize *stiegen monoton* mit der *Reizintensität* an. Bei weiteren 26 permutierten Darbietungen der elektrischen Reize unterschiedlicher Intensität erhielten die Pbn über verschiedene den Dias unterlegte Farben entweder die Instruktion, vor einem Beobachter die Schmerzhaftigkeit der antizipierten und der erhaltenen Reize mittels ihrer Mimik zu verbergen, oder die Instruktion, diese überzubetonen. Den Pbn gelang es mit den entsprechenden *Manipulationen* ihrer *Gesichtsmuskelatur* nicht nur, die Beobachter in der vorgesehenen Richtung zu beeinflussen; die EDRs bei "unbeteiligtem" Gesichtsausdruck waren insbesondere auf den elektrischen Reiz selbst signifikant niedriger als bei expressiver Schmerzmimik. Die monotonen Zusammenhänge zwischen dem Grad des mimischen Ausdruckes von Schmerz und der Stärke der EDR, die in weiteren Experimenten dieser Arbeitsgruppe im wesentlichen repliziert werden konnten (Kleck et al. 1976, Colby et al. 1977), werden von der Gruppe um Lanzetta als Bestätigung einer sog. *"Facial feedback"–Theorie* der Emotionen (Vaughan und Lanzetta 1981) interpretiert, die in Abwandlung der sog. James–Lange–Theorie die Reafferenz der Gesichtsmuskelaktivität als notwendige Bedingung zur Entstehung emotionaler Empfindungen ansieht.

Daß entsprechende Beziehungen zwischen der Stärke der *EDR* und der Intensität *mimischer Veränderungen* auch *ohne* das Vorliegen *emotionaler Zustände*

---

[80]Wie aus einer anderen Veröffentlichung der Lanzetta-Gruppe hervorgeht, wurden vermutlich 3.14 cm^2 Zink-Elektroden mit einem Zink–Sulfat-Elektrolyten und ein Fels-Dermohmeter mit 70 μA Konstantstrom verwendet. Die SRL-Werte wurden in SCL-Werte transformiert. Die antizipatorische EDR wurde als Differenz zwischen den SCLs der 2 sec nach und der 2 sec vor der Diadarbietung, die EDR auf den elektrischen Reiz als Differenz zwischen der 4. und 6. sec nach dessen Applikation und den ersten beiden sec des Antizipationsintervalls berechnet.

beim untersuchten Pb beobachtet werden können, wurde von Vaughan und Lanzetta (1981) gezeigt, die jeweils 20 Pbn unter 3 verschiedenen Instruktionsbedingungen ein Videoband mit Mimikaufnahmen eines Pb vorspielten, der angeblich intermittierende elektrische Reize verabreicht bekommen hatte. Die Pbn, die die Instruktion erhalten hatten, *selbst* mit *schmerzverzerrtem Gesicht* auf den entsprechenden Ausdruck des Modell–Pb zu *reagieren*, zeigten deutlich *stärkere* SCR amp.[81], aber auch höhere Herzfrequenzen als Pbn, die einen eigenen emotionalen Gesichtsausdruck *verhindern sollten* oder gar keine entsprechende Instruktion erhielten. Es sieht daher nach den Ergebnissen der Lanzetta–Gruppe so aus, als *könnte* die *EDA*, die als vegetative Begleitreaktion von Emotionen aufgefaßt wird, *durch* entsprechende *Rückmeldungen* von der *Gesichtsmuskulatur ausgelöst* werden. Es ist allerdings anhand der vorliegenden Daten schwer zu entscheiden, ob die EDA in diesen Untersuchungen tatsächlich als Emotionsindikator interpretiert werden kann oder vielmehr *lediglich* ein *autonomes Korrelat* verstärkter Gesichtsmuskel–Aktivität darstellt.

Eine andere Arbeitsgruppe um Buck fand im Gegensatz zur Lanzetta–Gruppe in mehreren Experimenten *inverse Beziehungen* zwischen der *EDA* und der Deutlichkeit *mimischer Reaktionen* von Pbn auf emotionsinduzierende Dias (Buck et al. 1972, Buck und Miller 1974, Buck 1977). So ließen Buck und Miller (1974) 32 "Sender"–Beobachter–Paare jeweils die auf Videoband aufgezeichnete Mimik des anderen nach Betrachten von je 5 in permutierter Reihenfolge dargebotenen Dias der 5 Kategorien: sexuelle Stimuli, neutrale Landschaftsaufnahmen, angenehme Bilder von Menschen, unangenehme Bilder schwerverletzter Personen sowie ungewöhnliche Darstellungen beurteilen. Die EDA[82] der "Sender" stand in signifikant negativer korrelativer Beziehung zur Treffsicherheit, mit der der emotionale Gehalt des Dias anhand des Gesichtsausdrucks vom Beobachter bestimmt werden konnte, allerdings nur bei männlichen "Sendern" ($r = -0.74$). Die entsprechende Korrelation zur Herzfrequenz war – wie auch in den vorangegangenen Studien – erheblich niedriger und nicht signifikant ($r = -0.27$). Allerdings reagierten die Pbn bei der anschließenden verbalen Beschreibung der Dia–Inhalte deutlich mit der Herzfrequenz und nicht mehr mit der EDA. Buck und Miller (1974) sowie Buck (1980) interpretieren diese Ergebnisse dahingehend, daß die *EDA* als *Indikator* einer Art *innerlichen*, alternativ zur äußerlich gezeigten *emotionalen Beteiligung* angesehen werden kann und sich auch in ihrer Indikatorfunktion von der mit offener, einschließlich der verbalen Reaktion verbundenen Herzfrequenzänderung unterscheidet.

Auch Winton et al. (1984) untersuchten die Wirkung von potentiell emo-

---

[81]Gemessen als Hautwiderstand mit palmaren Ag/AgCl–Elektroden, Transformation in SC–Werte und Berechnung intraindividueller Standardwerte.

[82]Mit Zink–Elektroden und Zinksulfatpaste unipolar (palmar gegen Unterarm) unter Verwendung einer "niedrigen" Konstantstromspannung abgeleitet und in SC–Werte transformiert.

tionsinduzierenden Dias auf Gesichtsausdruck, subjektives Erleben und EDA sowie Herzfrequenz bei 24 männlichen Pbn, denen sie 25 Dias der Art dargeboten, wie sie von Buck et al. (1974) benutzt worden waren. Die Hautleitfähigkeit wurde mit Standardmethodik unter Verwendung von K-Y-Gel abgeleitet. Während die Herzfrequenz mit zunehmender subjektiver Einschätzung der Dias von "unangenehm" zu "angenehm" anstieg, zeigte die im Zeitfenster von 1 bis 5 sec nach Reizbeginn ermittelte *SCR amp.* einen U-förmigen Verlauf, d. h., sie war sowohl bei Stimuli, die als unangenehm, als auch bei solchen, die als *angenehm* eingestuft wurden, *höher als bei* relativ emotional *neutralen* Reizen. Die von den Autoren vorgenommene Interpretation emotionsspezifischer psychophysiologischer Muster im Bezugsrahmen der James-Lange-Thoerie und verwandter Konzepte erscheint allerdings etwas gewagt, zumal auch hier die *Parallelität* der *Intensitäten* möglicherweise induzierter *emotionaler Zustände* keineswegs gewährleistet ist. Hinweise auf *differentielle Indikatorfunktionen* von *Herzfrequenz* und EDA ergaben sich jedoch auch aus den Zusammenhängen mit dem durch Beobachter eingestuften Gesichtsausdruck der Pbn; während die Herzfrequenz etwa linear mit der eingestuften *Angenehmheit* des Ausdrucks anstieg, nahm die *SCR amp.* mit der eingestuften *Intensität* des emotionalen Ausdrucks zu.

Die gegensätzlich erscheinenden von der Lanzetta-Gruppe mit elektrischen Reizen erhaltenen und insbesondere von Buck und Mitarbeitern unter Verwendung von emotionsinduzierenden optischen Stimuli gefundenen Zusammenhänge zwischen Emotionsausdruck und EDA machen die *Problematik* einer *univariat* orientierten psychophysiologischen Emotionsforschung deutlich. Auch die Hinzunahme der Herzfrequenz erhellt nur einen weiteren Aspekt des emotionalen somato-psychischen Geschehens, so daß trotz der damit verbundenen methodischen Komplexität nicht nur *Mehrebenenanalysen*, sondern auch *multivariate Ansätze* für die Emotionsforschung zu fordern sind.

Inwieweit sich dabei *unterschiedliche EDA-Parameter* in reliabler und valider Weise als *differentielle Emotionsindikatoren* verwenden lassen, ist noch wenig erforscht. In einer mehr explorativen Studie an 6 Pbn, bei denen während 10 wöchentlich durchgeführten Interviews von je 50 min Dauer Hautpotentiale abgeleitet wurden[83], fand Seligman (1975) Beziehungen zwischen mit Hilfe einer Eigenschaftswörterliste vom Pb eingestuften *angenehmen* emotionalen Zuständen und *negativen SPRs* einerseits sowie *unangenehmen* emotionalen Zuständen und *positiven* bzw. "neutralen" *SPRs* andererseits. Edelberg (1972a) wies jedoch bereits darauf hin, daß derartige Ergebnisse zur emotionalen Bedeutung der unterschiedlichen SP-Wellenform insgesamt uneinheitlich sind. In *multiva-*

---

[83] Ableitung mit Ag/AgCl-Elektroden von hypothenar (aktiv) nach ulnar (inaktive Ableitstelle in Ellenbogennähe) unter Verwendung von Beckman-Paste; vorherige Reinigung mit Isopropylalkohol. Bias-Potential in 45 min im Mittel 0.665 mV (vgl. Abschnitt 2.2.2.2).

riaten Untersuchungen wie der von Stemmler (1984) und der von Fahrenberg et al. (1979), in denen mehrere EDA–Parameter verrechnet wurden, zeigten sich zwar *unterschiedliche Gewichtungen* etwa für verschiedene *tonische* Maße bzw. *phasische Zeit-* und *Amplitudenmaße* bei der Aufklärung von Varianz in unterschiedlich emotional getönten situativen Kontexten; allerdings wurden noch keine entsprechenden theoretischen Vorstellungen über deren mögliche differentielle Indikatorfunktion entwickelt. Hier bietet sich jedoch ein Ansatz für eine vertiefende inhaltlich orientierte EDA–Forschung, der in Zukunft intensiv verfolgt werden sollte.

3.2.1.4 Die tonische elektrodermale Aktivität als Indikator des Verlaufs von Streßreaktionen

Der Begriff "*Streß*" hat zwar eine *große Popularität* in den Humanwissenschaften erlangt und zu einer unüberschaubaren Fülle von Publikationen geführt, gleichzeitig wurde der ursprünglich aus der Physik entlehnte und dort eine deformierend von außen auf ein Objekt einwirkende Kraft bezeichnende Streßbegriff immer *unschärfer*. Einmal wird mit Streß nahezu *alles* bezeichnet, was als *belästigend* und *unangenehm* erlebt wird, zum anderen wird der Begriff i. S. eines Homöostasekonzepts für jede psycho–physische *Auslenkung* aus einer "*Normallage*" verwendet (Janke 1969), wozu auch positiv erlebter sog. *Eustress* (im Gegensatz zum negativ erlebten *Distress*) zu rechnen ist. Insbesondere bestand lange Zeit Uneinigkeit darüber, ob Streß zur Kennzeichnung von *Stimulusbedingungen* bzw. situativen Gegebenheiten oder von Erlebens- bzw. *Reaktionsformen* verwendet werden soll. Die 1981 durch einen DIN–Ausschuß vorgeschlagene terminologische Klärung, die dem ursprünglichen Gebrauch in der Physik entspricht, wonach Streß i. S. von *Situationscharakteristika* als "*Belastung*" (*stress*) und die *Streßreaktion* als "*Beanspruchung*" (*strain*) bezeichnet werden sollten, hat sich außerhalb der Arbeitswissenschaften (Rohmert und Rutenfranz 1983) noch kaum durchgesetzt.

Trotz der in der Streßforschung herrschenden Vielfalt und Verwirrung läßt sich in der entsprechenden Literatur eine Art *Minimalkonsens* bezüglich der Grundelemente von Belastungs- bzw. Streßprozessen feststellen (vgl. Greif 1983):

(1) Subjektive und/oder objektive Anforderungen, die für einen angebbaren Zeitraum bestimmte Schwierigkeiten und/oder Intensitäten überschreiten, können als *Belastungen* bzw. *Stressoren* bezeichnet werden.

(2) Solche Belastungen führen zu emotionsunspezifischen Adaptations- oder Verarbeitungsprozessen, die *Beanspruchungen* bzw. *Streßreaktionen* genannt werden und dazu führen sollen, daß die vorherige "Normallage" wieder erreicht wird.

(3) Eine längerdauernde Einwirkung solcher Belastungs- bzw. Streßbedingungen kann zu *langfristigen* somatischen und/oder psychischen *Auswirkungen* auf die Person und ihr Verhalten führen.

Dieser Grundkonsens enthält die *Abgrenzung* eines eigenständigen Streßkonzepts sowohl von *aktivierungstheoretischen* Zugängen (vgl. Abschnitt 3.2.1.1) mit Hilfe der *energetischen* Dimension (1) als auch von *emotionspsychologischen* Konzepten (vgl. Abschnitt 3.2.1.3) über die postulierte diesbezügliche *Unspezifität* (2); als entscheidendes Kennzeichen für Streß werden jedoch übereinstimmend dessen *längerfristige Konsequenzen* (3) angesehen, die auf allen 3 *Meßebenen* (Verhalten, subjektive Streßreaktionen und neuro-endokrine Veränderungen) beobachtbar sein sollten.

Als *Markiervariablen* für psychophysiologische Streßreaktionen dienen daher dauerhafte Umstellungen im *vegetativen* und insbesondere im *humoralen* Bereich (Selye 1976) und *nicht kurzfristige* peripher-physiologische Veränderungen, wie sie etwa mit Hilfe der EDA während der Durchführungen von Streßexperimenten erfaßt werden. Auf der anderen Seite kann dabei – wie auch im Kontext der Entstehung sog. psychophysiologischer ("psychosomatischer") Störungen – i. S. eines psychophysiologischen Streßmodells zugrundegelegt werden, daß *längerfristige* neuro-humorale Veränderungen als *Folge kumulierter kurzfristiger* Auslenkungen entstehen. In diesem Sinne können auch Laborstreß-Untersuchungen zur Aufklärung von Belastungs-Beanspruchungs-Zusammenhängen eingesetzt werden: zwar lassen sich die geforderten langfristigen Veränderungen im *Labor* nicht unmittelbar untersuchen, jedoch können unter kontrollierten Bedingungen *modellartig* die bei Streßzuständen auftretenden Verläufe psychophysiologischer Prozesse aufgezeigt werden.

Wie aus dem Teil (2) der o. g. Minimaldefinition hervorgeht, nimmt die Beobachtung von *Prozeßverläufen* in der *Streßforschung* eine zentrale Stellung ein (vgl. auch McGrath 1982, Seite 36). Insofern sollten sich auch Laborstreß-Paradigmen wesentlich von solchen der *Emotions-* bzw. *Aktivierungs*forschung unterscheiden, bei denen überwiegend *Zustands*betrachtungen oder unidirektionale Veränderungen i. S. eines sog. "*Aktivierungshubs*" im Mittelpunkt psychophysiologischer Betrachtungen stehen, d. h. nicht in erster Linie Mittelwertsunterschiede zwischen Streß- und Kontrollgruppe, sondern unterschiedliche *Verlaufscharakteristika* möglichst *kontinuierlich* erhobener *Streßindikatoren* als Folge experimenteller Bedingungsvariationen. So stehen ja auch im Zentrum der Vorstellungen zur Genese von Streß seit Selye nicht einfache Zustandsverschiebungen, sondern Gesamtverläufe *kumulativer* Wirkungen von – u. U. für sich betrachtet kleinen – phasischen Auslenkungen, die sich erst durch *Summationen* ihrer Intensitäts- und/oder Zeitcharakteristika zur typischen Streßreaktion addieren.

Da eine kontinuierliche Erfassung von *Verhaltensparametern* wegen des damit verbundenen Registrier- und Auswertungsaufwandes bislang kaum zum Einsatz kommt (vgl. Abschnitt 3.2.1.3.1), die unblutige Bestimmung *endokriner Variablen* aus dem Urin nur in größeren zeitlichen Abständen möglich ist und die Erfassung *subjektiver Streßindikatoren* — bis auf die weiter unten beschriebene kontinuierliche subjektive Skalierung jeweils nur einer einzigen Dimension — den *Streßverlauf* in einschneidender Weise *unterbricht* und damit verändert, bieten sich zur Verlaufsbeobachtung vor allem *kontinuierlich* registrierbare *physiologische* Maße wie die Herzfrequenz und die tonische EDA an. Mit der folgenden Darstellung von Methoden und Ergebnissen der verlaufsorientierten Laborstreßforschung wird beabsichtigt, die *Sensitivität* und *Validität* der verschiedenen *tonischen EDA*-Maße (EDL und NS.EDR freq.) als Indikatoren von streßtypischen *Adaptations-* und *Verarbeitungsprozessen* aufzuzeigen.

In den meist unter Verwendung von *Streßfilmen* durchgeführten frühen Experimenten der Lazarus-Gruppe (zusammenfassend: Lazarus 1966, Lazarus und Opton 1966) zeigte der *SCL* — wie auch die Herzfrequenz — einen deutlichen *Anstieg* während grausamer oder ekelerregender Filmszenen, der durch Unterlegen Streßverarbeitungs-induzierender Kommentare verringert werden konnte. Im folgenden rückten dann die während der *Antizipation aversiver Ereignisse* beobachtbaren psychophysiologischen Streßreaktionen ins Blickfeld der *kognitiv* orientierten *Laborstreßforschung* dieser Gruppe. Nomikos et al. (1968) führten jeweils 26 Pbn beiderlei Geschlechts eine von 2 Versionen eines Films mit Unfall-Verstümmelungen vor. Die Pbn, bei denen die Unfälle 20 bis 30 sec vorher durch entsprechende Hinweisreize angekündigt worden waren, zeigten einen stärkeren Anstieg des SCL[84] als Pbn, für die die Verstümmelungen überraschend auftraten. Die *Erwartung* eines aversiven Ereignisses vermochte demnach bereits eine *vergleichbare elektrodermale Aktivität* auszulösen wie das *Ereignis selbst*.

Während die Lazarus-Gruppe selbst die weitere Erforschung des bedrohlichen Aspektes der *Streßantizipation* und seiner *Bewältigung* in Untersuchungskonzepte eines nur schwer empirisch überprüfbaren, in sich zirkulären sog. *transaktionalen Streßmodells*[85] einmünden ließ (Lazarus und Launier 1978), das sich als psychophysiologisch eher wenig ergiebig erwies, regte die Frage nach möglichen *Randbedingungen*, durch die antizipatorische Streßreaktionen verstärkt bzw. abgeschwächt werden können, eine größere Zahl von Untersuchungen anderer Autoren an, auch solcher mit weniger starker Bindung an kognitive Streßkonzepte. Untersucht wurden vor allem die Wirkung der *Dauer* des *Antizipationsintervalls* einerseits, die der *zeitlichen Ungewißheit* bzw. *Ereignisungewißheit* (Wahrscheinlichkeit des Eintretens des aversiven Ereignisses)

---

[84]Fels-Dermohmeter, 70 μA Stromstärke, Zink-Zinksulfat-Elektroden, keine Angaben zur Elektrodenpaste, Transformation in SC-Einheiten.

[85]Von Transaktionen zwischen Person und Umwelt (vgl. Laux 1981).

mit und ohne Zeitrückmeldung sowie streßreduzierende Effekte von *Kontrollierbarkeit* und *Vorhersagbarkeit*. Bei der Mehrzahl der betreffenden Experimente wurden EDA-Parameter als Streßindikatoren verwendet, und zwar *überwiegend tonische* Maße wie EDL und NS.EDR freq.

Folkins (1970) applizierte in einer sorgfältig kontrollierten Untersuchung zur psychophysiologischen Wirkung der *Dauer* von *Antizipationsintervallen* jeweils 10 männlichen Pbn elektrische Reize mit 5 sec, 30 sec, 1 min, 3 min, 5 min oder 20 min Vorbereitungszeit, deren Verlauf durch eine Uhr angezeigt wurde. In einem zweiten Durchgang, der Kontrollbedingung, in der das Aufleuchten eines Lämpchens antizipiert werden sollte, wurden die Pbn wieder zufällig auf die verschiedenen Zeitintervalle verteilt, allerdings erhielten die Pbn aus Gründen der Zumutbarkeit nicht 2mal die 20 min-Bedingung. Jeweils 10 weitere Pbn erhielten Ankündigungen von elektrischen Reizen nach 1 min bzw. 20 min mit Abbruch nach 30 sec oder 20 min mit Abbruch nach 3 min. Herzfrequenz und EDA[86] wurden während der Antizipationszeiten alle 10 sec registriert (bei den 5 sec Vorbereitungszeit nur 1mal) und verschiedene subjektive Angst- und Anspannungsskalen vorgegeben sowie nach den Reizapplikationen bzw. den Abbrüchen Interviews durchgeführt. Die *SCL-*Werte wie auch die Herzfrequenzwerte zeigten unmittelbar *zu Beginn* der *Ankündigungen* der elektrischen Reize einen *steilen Anstieg*, der sich bei den Antizipationsintervallen bis zu 1 min *kontinuierlich* fortsetzte. Bei den 3 min- und 5 min-Intervallen trat im SCL ein *Plateau* und im 20 min-Intervall nach 2 min ein *Abstieg* mit *erneutem Anstieg* ab der 16 min auf. Die SCLs unter den Kontrollbedingungen blieben dagegen nahezu auf gleichem Niveau. In den subjektiven Maßen deutete sich ebenfalls an, daß die größte Streßwirkung von dem 1-minütigen Antizipationsintervall hervorgerufen wurde. Wie insbesondere aus den nach den Abbrüchen durchgeführten Interviews hervorging, setzten nach 1 min *Verarbeitungsstrategien* ein, die als mögliche Erklärungen für die beobachtete Verringerung der EDA herangezogen wurden. Die *Herzfrequenzen* zeigten in den längeren Intervallen über 1 min einen wesentlich *inkonsistenteren Verlauf* und vermochten auch nicht mehr zwischen Experimental- und Kontrollbedingungen zu differenzieren.

Eine relativ gute *Übereinstimmung* zwischen Herzfrequenz-, EDA- und subjektiven Daten fanden Monat et al. (1972) in 2 Experimenten zur Wirkung von *zeitlicher Ungewißheit* bei 3-minütiger Antizipation elektrischer Reize. Sowohl im 1. Experiment mit 80 männlichen Pbn und unabhängigen Gruppen als auch im 2. Experiment mit 40 Pbn, die die experimentellen Bedingungen in permutierter Reihenfolge erhielten, zeigte sich in der Bedingung mit *Ungewißheit* bezüglich des Zeitpunkts der Applikation eines 100 % wahrscheinlichen elektri-

---

[86]Bilaterale thenare Ableitung mit Beckman-Elektroden von 1 cm Durchmesser und 10 μA Konstantstrom, anschließend in SCL-Werte transformiert.

schen Reizes eine *stetige Abnahme* der NS.EDR freq.[87], während unter den Bedingungen mit *zeitlicher Gewißheit* und *Zeitrückmeldung* bei den verschiedenen Ereigniswahrscheinlichkeiten (100 %, 50 % und 5 %) stets *zunächst* eine *Abnahme* der Frequenz spontaner EDRs und während der letzten 30 sec *wieder eine* deutliche *Zunahme* der NS.EDR freq. erfolgte. Die Verläufe der Herzfrequenz und der zu 3 Zeitpunkten ermittelten subjektiven Anspannung erwiesen sich im Vergleich zur EDA als anfälliger gegenüber der Meßwiederholungsanordnung, in der vermutlich Lerneffekte zu einer Verringerung des Unterschiedes zwischen der zeitlichen Gewißheit und Ungewißheit in kardiovaskulären und subjektiven Maßen am Ende des Antizipationsintervalls geführt hatten.

Unterschiedliche zeitliche Verläufe für Herzfrequenz und SCL[88] in Abhängigkeit vom Vorhandensein *zeitlicher Rückmeldung* vermittels einer *Uhr* fanden Gaebelein et al. (1974) bei insgesamt 20 männlichen Pbn während einer 6-minütigen Antizipation elektrischer Reize: während die Herzfrequenz in der Gruppe mit Zeitrückmeldung einen zunächst leicht abfallenden und gegen Ende steil ansteigenden sowie in der Gruppe ohne Rückmeldung einen insgesamt eher abfallenden Verlauf zeigte, nahm der *SCL* in der Gruppe *ohne zeitliche Kontrolle* nach der Instruktion stark zu und verblieb auf diesem Niveau, während der mittels Trendtest statistisch abgesicherte Verlauf des SCL bei *zeitlicher Kontrolle* nach *anfänglichem Ansteigen* zunächst wieder *abfiel* und erst in der *letzten Minute* nochmals *anstieg*. Die Autoren führen den steilen Anstieg der Herzfrequenz während der Antizipationsphase auf eine zunehmende Muskelspannung als Begleitreaktion der Vorbereitung auf den elektrischen Reiz zurück und sehen ihre Ergebnisse als Bestätigung dafür an, daß sich mit der *Herzfrequenz* eher *somatische*, in der *EDA* dagegen differenzierte *psychische Verlaufskomponenten* der Streßreaktion abbilden lassen; eine Interpreation, zu deren Erhärtung allerdings EMG-Registrierungen wünschenswert gewesen wären.

Bankart und Elliot (1974) führten 3 Experimente zur Wirkung unterschiedlicher *Ereigniswahrscheinlichkeiten* für elektrische Reize auf die tonische EDA durch. Im 1. Experiment, in dem die Wahrscheinlichkeit mit der Anzahl von Trials konfundiert war, erhielten alle Pbn 8 elektrische Reize, und zwar jeweils 10 Pbn innerhalb von 8, 11, 16 bzw. 32 Trials (25, 50, 73 und 100 % Wahrscheinlichkeit). Die Intertrial-Intervalle betrugen 30 sec und waren mit einem verbalen *Countdown* von 10 bis 0 unterlegt. Unter allen Bedingungen und in den Antizipationsphasen zeigte sich ein *kontinuierlicher Anstieg* des SCL[89], der

---

[87] Mit 10 μA Konstantstrom thenar/hypothenar, Ag/AgCl-Elektroden von 1 cm Durchmesser und K-Y-Gel abgeleitet, Amplitudenkriterium 80 Ohm, transformiert in log SC-Einheiten.

[88] Mit Ag/AgCl-Schwammelektroden abgeleitet, sonst keine Angaben zur Meßtechnik; Widerstandswerte für jeweils 10 sec gemittelt und in SC-Werte transformiert.

[89] Als SR mit trockenen 2 cm^2 Elektroden von den vorher mit Aceton gereinigten Fingern abgeleitet und in μS/cm^2 transformiert.

umso steiler war, je höher die Ereigniswahrscheinlichkeit wurde. Auch im 2. Experiment mit dem gleichen Aufbau, aber einer Konfundierung der Ereigniswahrscheinlichkeit mit der Anzahl von Schocks, die während der 20 Trials verabreicht wurden, trat in allen Gruppen über die Trials und in der *Antizipationszeit* in gleicher Weise ein *Anstieg* des SCL auf, wobei sich die Gruppen nicht signifikant voneinander unterschieden. Da auch keine Habituation der EDA auf die elektrischen Reize erfolgt war, führten die Autoren noch ein 3. Experiment mit dem 25 %- und 100 %-Wahrscheinlichkeitsbedingungen des 2. Experiments, aber wesentlich geringeren Reizstärken durch. Es zeigte sich eine leichte Habituation, Gruppenunterschiede traten jedoch wiederum nicht auf. Die Autoren schließen daraus, daß Variationen der *Ereignisungewißheit keinen Einfluß* auf den *SCL* in der *Antizipationsphase* haben, räumen jedoch ein, daß sich andere Parameter wie nichtspezifische EDRs als Indikatoren hierfür besser eignen könnten.

Hinweise auf mögliche *differentielle Indikatorfunktionen* verschiedener *tonischer EDA-Maße* fand Katkin (1965) anhand von Vergleichen des Verlaufs von SRL und NS.SRR freq.[90] während der *Antizipation* elektrischer Reize bzw. einer entsprechenden Kontrollbedingung, denen jeweils 26 Pbn ausgesetzt waren, und einem anschließenden Interview: während die *Experimentalgruppe* eine signifikante *Steigerung* der *NS.SRR freq.* gegenüber der Kontrollgruppe aufwies, reagierten *beide Gruppen* vorwiegend i. S. einer *Abnahme* des *SRL* während des Interviews. Katkin vermutete, daß der *SRL* – wie möglicherweise auch in den Untersuchungen der Lazarus-Gruppe – eher *kognitive Verarbeitungskomponenten* im Streßgeschehen reflektiert habe, während die *NS.EDR freq.* als Indikator für *emotionale Streßreaktions*-Komponenten anzusehen gewesen sei. Katkin (1975) sieht die Eignung der NS.EDR freq. bei Verwendung eines Amplitudenkriteriums von 100 Ohm (vgl. Abschnitt 2.3.1.2.3) als effektiven Streßindikator in mehreren Untersuchungen seiner Arbeitsgruppe in konsistenter Weise bestätigt. Auch Kilpatrick (1972) fand bei 32 Pbn, daß der SCL[91] im Gegensatz zur NS.SRR freq. nur wenig auf durch Instruktionen induzierten Streß reagierte, dagegen bei kognitiven Anforderungen während eines Leistungstests deutlich anstieg.

Boucsein und Wendt-Suhl (1976) konnten dagegen in einem an 30 männlichen Pbn pro Gruppe durchgeführten Experiment mit 2 verschiedenen Streß- und einer Kontrollbedingung eine hochsignifikante *Steigerung* der mit Standardmethodik unter Verwendung von Beckman–Synapse–Elektrodenpaste ermittelten *NS.SRR freq.* infolge der *Ankündigung* elektrischer Reize in den *letzten* 2 min

---

[90]Unipolar von Mittelfinger gegen Unterarm mit 0.32 cm² bzw. 77.5 cm² Elektroden (ohne Angaben zum Metall), 0.5 M NaCl in Starch-Paste und 20 μA Konstantstrom abgeleitet.

[91]Unipolar thenar gegen Unterarm mit 5 cm² bzw. 58 cm² Ag/AgCl-Elektroden mit 0.5 M NaCl (wahrscheinlich flüssiger Elektrolyt) und 10 μA/cm² abgeleitet, in SC-Werte transformiert. Amplitudenkrierium für NS.SRRs: 100 Ohm.

eines 20-minütigen Antizipationsintervalls beobachten, die *parallel zu* einer mittels kontinuierlicher *Skalierung* der *subjektiven* emotionalen *Erregung* verlief. Beide Maße vermochten jedoch nicht zwischen den in den beiden Streßgruppen unterschiedlichen Ankündigungen eines doppelt und eines 5mal so starken Reizes bezogen auf die subjektive Toleranzschwelle zu differenzieren. In der *Herzfrequenz* zeigte sich *keine Parallelität* zu den Streßverläufen bei der EDA: lediglich in der Gruppe mit der Ankündigung einer 5fachen Reizstärke trat zu Beginn der letzten Minute des Antizipationsintervalls eine signifikante Herzfrequenzsteigerung gegenüber der Kontrollgruppe auf.

Hinweise auf ein *Ansteigen* des *SCL* infolge *erhöhter kognitiver*, auf *Vermeidung* aversiver Ereignisse *gerichteter Aktivität* können auch den Ergebnissen von Gatchel et al. (1977) entnommen werden: in einer für die Vorbereitungsphase in sog. "Learned-helplessness"-Studien typischen Untersuchung wurden 12 Pbn beiderlei Geschlechts, die einen lauten Ton (1000 Hz, 95 dB) vermeiden konnten, mit 12 Pbn ohne Kontrollmöglichkeit gejocht, wobei in der Gruppe, die *Kontrolle ausüben* konnte, ein signifikant *höherer SCL*[92] beobachtet wurde. Auch die SCRs auf die Töne habituierten bei den Pbn mit der Kontrollmöglichkeit langsamer als in der Gruppe ohne Kontrolle. Da die Ausübung von Kontrolle mit *motorischen Reaktionen konfundiert* war, bleibt die Funktion des EDL als Indikator kognitiver Aktivität anhand dieser Ergebnisse fraglich, zumal Geer und Davison (1970) bei *konstant* gehaltener *motorischer Aktivität* eine beim Einsatz kognitiver Streßkontrollmechanismen *verminderte tonische EDA* gefunden hatten: 20 männliche Pbn, die glaubten, durch einen Tastendruck einen 6 sec dauernden elektrischen Reiz abkürzen zu können, zeigten eine signifikant niedrigere mit Standardmethodik, jedoch unter Verwendung von Beckman-Paste, ermittelte NS.SCR freq. als 20 Kontrollprobanden sowie einen steilen Abfall der SCR amp. auf die Reize innerhalb von 5 Trials, während die SCR amp. der Kontrollprobanden etwa gleich blieben.

In Experimenten zur Wirkung von Randbedingungen der Antizipation aversiver Ereignisse wurden häufig Aspekte der *Kontrollierbarkeit* mit solchen der *Vorhersagbarkeit konfundiert*. Eine Ausnahme bildete die Studie von Geer und Maisel (1972), in der jeweils 20 Pbn einer der 3 Bedingungen: Kontrollierbarkeit, Vorhersagbarkeit und keine Kontrolle der Dauer von Dia-Darbietungen verstümmelter Leichen zugeordnet wurden. Unter der *Kontrollierbarkeits*bedingung konnten die Pbn jederzeit die Darbietung durch Knopfdruck beenden; die Pbn der *Vorhersagbarkeits*bedingungen wurden insofern mit dieser Gruppe *gejocht*, als ihnen die aus den von der 1. Gruppe gewählten mittleren Darbie-

---

[92]Mit 10 μA Konstantstrom, Beckman-Ag/AgCl-Elektroden von 1 cm Durchmesser, K-Y-Gel palmar gegen dorsal abgeleitet. Amplitudenkriterium 500 Ohm; Transformation in SCL-Werte. SCRs wurden als Differenzen der logarithmierten SCLs vor und innerhalb von 6 sec nach dem Reiz berechnet.

tungszeiten vorher mitgeteilt wurden. Beiden Gruppen wurden die Dias jeweils 10 sec vorher durch einen Ton angekündigt; die Gruppe ohne jegliche Kontrolle erhielt zufällig dargebotene Töne und Diadarbietungen der gleichen Länge wie die Vorhersagbarkeitsgruppe. Die *SCR amp.*[93] auf die *Warnreize* war unter der *Vorhersagbarkeits*bedingung signifikant *erhöht*, wenn auch innerhalb der 9 Trials eine deutliche Habituation stattfand. Die SCR amp. auf die *aversiven Dias* selbst war sowohl in der *Vorhersagbarkeits*gruppe als auch unter der Bedingung *ohne Kontrollmöglichkeiten* signifikant *höher* als in der Gruppe, die Kontrolle über die Reizdauer ausüben konnte. Diese Ergebnisse sprechen für eine *relative Unabhängigkeit* der Wirkung von *Kontrollierbarkeit* und *Vorhersagbarkeit* aversiver Ereignisse auf Streßreaktionen im autonomen System, was auch Overmier (1985) in Tierexperimenten zeigen konnte, allerdings unter völlig verschiedenen experimentellen Bedingungen und mit Plasma–Cortisolmengen als Streßindikator.

Die *Frequenz* der *NS.SCRs* zwischen den Trials war dagegen in der Studie von Geer und Maisel (1972) sowohl unter der *Kontrollierbarkeits–* als auch in der *Vorhersagbarkeits*bedingung statistisch bedeutsam *höher* als unter der Bedingung ohne Kontrollmöglichkeit. Während dieses *tonische Maß* also wie bei Kilpatrick (1972) i. S. eines Indikators für eine erhöhte *kognitive Aktivität* im Verlauf strukturierter *Streßantizipation* interpretiert werden konnte, zeigten sich *spezifische Wirkungen* von *Kontrollierbarkeit* und *Vorhersagbarkeit* ausschließlich in *phasischen Maßen* der EDA: während lediglich die Möglichkeit, *Kontrolle* auszuüben, die *EDR* auf Reize *verringern* konnte – was in diesem Experiment allerdings möglicherweise auch mit der Antizipation einer motorischen Reaktion konfundiert war – führte die *Vorhersagbarkeit* des Grades der Aversivität (in diesem Fall der Reizdauer) zu einer *Erhöhung* der *EDR amp.* auf den Warnreiz.

Zu den in der Tradition der Erforschung kognitiver Einflüsse auf die psychophysiologische Streßreaktion stehenden Untersuchungen zur *Vorhersagbarkeit* bzw. *Kontrollierbarkeit* aversiver Ereignisse können auch die im Abschnitt 3.1.2.1 besprochenen Arbeiten zur sog. "Preception"-Hypothese gerechnet werden. So untersuchten Katz und Wykes (1985) in einer zusätzlichen Auswertung der von Katz (1984) durchgeführten Untersuchung (vgl. Abschnitt 3.1.2.1) an 80 weiblichen Pbn die Wirkung *zeitlicher Gewißheit* bei der Antizipation elektrischer Reize in einer Meßwiederholungsanordnung mit jeweils 6 vorhersagbaren und unvorhersagbaren Reizen in permutierter Reihenfolge. Während der 9, 12 oder 15 sec dauernden Antizipationsintervalle war die mit Standardmetho-

---

[93]Messung als Hautwiderstand zwischen Handfläche und Unterarm mit Beckman-Kopplern, -Elektroden und -Paste, Umwandlung in SC-Werte mit anschließender Wurzeltransformation, Zeitfenster für SCRs: 0.5 bis 3 sec nach Reizbeginn, Amplitudenkriterium für NS.SCR freq.: 200 Ohm.

dik gemessene NS.SRR freq. (Amplitudenkriterium: 50 Ohm) bei zeitlicher Ungewißheit signifikant höher als bei Kenntnis des des Zeitpunktes der Reizapplikation, ebenso wie die nachträglich eingeschätzte subjektive Aversivität der Antizipationsintervalle. Die *zeitliche Gewißheit* zeigte also einen *streßreduzierenden Effekt* in der EDA, *auch ohne* die Möglichkeit der Ausübung von *Kontrolle*. Über die Trials hinweg fand zusätzlich eine Habituation der subjektiven und objektiven Streßreaktionen statt.

Einen Zusammenhang zwischen der EDA und der *Beachtung* streßankündigender *Warnsignale* fanden Phillips et al. (1986) in einem Experiment mit 24 Pbn beiderlei Geschlechts. Sie variierten die *Vorhersagbarkeit* über die *Auftretenswahrscheinlichkeit* (5 %, 20 % oder 50 %) von Warnreizen und ebenfalls die *Kontrollierbarkeit* elektrischer Reize (0 %, 50 % oder 100 %), wobei sie den Pbn die Möglichkeit gaben, durch Tastendruck ständig zwischen optischen *Warnreizen* und *ablenkenden* optisch dargebotenen *Informationen* zu *wählen*. Während der SCL[94] lediglich während des Experiments kontinuierlich zunahm, wurden bei größerer Wahrscheinlichkeit des Auftretens von Warnreizen signifikant höhere NS.SCR freq. beobachtet, und die Korrelation zwischen der NS.SCR freq. und dem Anteil der Zeit, in der die Warnsignale beachtet wurden, war ebenfalls signifikant (r = 0.37). Die *nichtspezifischen EDRs* erwiesen sich also wiederum als geeigneter Indikator für *antizipatorische Streßreaktionen*.

Mit den hier ausgewählten Fragestellungen und Arbeiten wird zwar nicht das gesamte Spektrum der Verwendung von EDA-Messungen innerhalb der psychophysiologischen Streßforschung abgedeckt; es konnte jedoch anhand von experimentellen Arbeiten i. S. von Modelluntersuchungen zum Streßgeschehen gezeigt werden, daß sich die Parameter der *tonischen EDA* in besonderer Weise als sensible und valide *Indikatoren von Streßverläufen* eignen, innerhalb derer mit anderen kontinuierlich registrierten psychophysiologischen Größen wie der Herzfrequenz kein vergleichbarer Differenzierungsgrad erreicht werden kann. Darüber hinaus fand die EDA auch in *nicht* Reaktions*verlauf*-orientierten Experimenten zum Vergleich der Wirkung von *verschiedenen Klassen* bzw. *Intensitätsabstufungen* von Stimulusbedingungen Anwendung, die ebenfalls unter dem Sammelbegriff "Streß" publiziert wurden (z. B. Scherer et al. 1985). Bei Laboruntersuchungen dieser Art wird jedoch die Behauptung einer *Eigenständigkeit* gegenüber *Aktivierungs*- bzw. *Emotionsuntersuchungen* erheblich problematischer als bei Fragestellungen, in deren Zentrum Verlaufscharakteristika der Streßreaktion selbst stehen: einmal wurden sog. Streßzustände häufig über die Induktion negativ getönter *emotionaler* Zustände *operationalisiert* (Erdmann et al. 1984), zum anderen wurden praktisch nur durch die verschiedenen experimentellen Bedingungen hervorgerufene unterschiedliche *Akti-*

---

[94]Palmar mit Ag/AgCl-Elektroden und 10 μA Konstantstrom gemessen und in SC-Werte transformiert. Angaben über Elektrodengröße und Amplitudenkrierium für NS.SCRs fehlen.

vierungszustände miteinander *verglichen,* wobei das zu Beginn dieses Abschnitts genannte energetische Kriterium (1) der Minimaldefinition von Streß nicht sicher als erfüllt angesehen werden konnte, da dem Bemühen, in diesem Sinne tatsächlich experimentell *Streß* zu *erzeugen,* enge *ethische Grenzen* gesetzt sind. So werden auch Untersuchungen mit vergleichbaren Anordnungen durchaus unter einer allgemeinen Aktivierungsthematik publiziert (z. B. Fahrenberg et al. 1983).

Beim heutigen Stand der Laborstreßforschung kann am ehesten noch die *Antizipation* einer *freien Rede* vor einem (vermeintlichen) sachkundigen Publikum als *Modellfall* einer *Belastungssituation* in bezug auf Richtung, Intensität, Dauer und Breite der erzeugten psychophysiologischen Wirkungen angesehen werden (Boucsein und Wendt-Suhl 1980, Erdmann 1983, Erdmann et al. 1984). Auch scheint diese Bedingung die Forderung nach *Emotionsunspezifität* des Kriteriums (2) der o. g. Minimaldefinition noch am ehesten zu erfüllen. So fanden Erdmann et al. (1984) bei 24 weiblichen Pbn, die sie in permutierter Reihenfolge 4 verschiedenen experimentellen Situationen von 10minütiger Dauer aussetzten, eine deutliche Überlegenheit der Freien-Rede-Bedingung über die Antizipation schmerzhafter elektrischer Reize, die Applikation von 95 dB weißem Rauschen und einer "Eustress"-Bedingung, der Vorführung eines lustigen Films, bezüglich der Intensität der gegenüber einer Ruhebedingung hervorgerufenen psychischen und physiologischen Veränderungen: unter der Freien-Rede-Bedingung traten gegenüber allen anderen Bedingungen hochsignifikante Erregungssteigerung, Herzfrequenz- und Blutdruckzunahme sowie Erhöhungen der mit Standardmethodik gemessenen NS.SRR freq. (Amplitudenkriterium: 300 Ohm) auf.

Anwendungen der tonischen EDA als Streßindikator in Untersuchungen *außerhalb* des *Labors* liegen u. a. für den Bereich der Entwicklung von psychophysiologischen Beziehungen im Verlauf des Erlernens des *Fallschirmspringens* (zusammenfassend: Epstein 1972) und in Zusammenhängen *arbeitspsychologischer* Fragestellungen vor (vgl. Abschnitt 3.5.1.1). Wenn auch solche Felduntersuchungen durch ihre Lebensnähe und die damit verbundene höhere Streßintensität unbestreitbar eindeutigere Abgrenzungen gegenüber Aktivierungs- und Emotionskonzepten implizieren, kann auf *Streßverlaufsbeobachtungen* i. S. von Modelluntersuchungen *im Labor* aus Gründen der Kontrollierbarkeit und der isolierenden Bedingungsvariation *nicht verzichtet* werden. Die Anwendung von *kombinierten* Labor-Feld-Untersuchungsstrategien ist dabei als *besonders effektive Strategie* zur Analyse von streßspezifischen Adaptations- und Verarbeitungsprozessen anzusehen (vgl. Schönpflug 1979, Boucsein et al. 1984b). Entscheidend wird jedoch auch bei solchen Ansätzen sein, daß die relativ kurzzeitigen psychophysiologischen Veränderungen prädiktive Validität für *längerfristige* Auswirkungen von Streß i. S. des o. g. Kriteriums (3) aufweisen.

3.2.2 Phasische elektrodermale Aktivität als Indikator im Zusammenhang höherer Reizverarbeitungskonzepte

Neben den im Abschnitt 3.2.1 beschriebenen Konzepten, die überwiegend Parameter tonischer EDA als Indikatoren generalisierter Aktivierungszustände verwenden, wird die *phasische* elektrodermale Aktivität – meist in Erweiterung einfacher Habituations- bzw. Konditionierungsparadigmen (vgl. Kapitel 3.1) – als *Indikator* für bestimmte zentralnervöse Prozesse im Zuge der *Reizaufnahme* und *-weiterverarbeitung* eingesetzt. Ein Anwendungsfeld bildet dabei die Untersuchung von kognitiven, d. h. *Aufmerksamkeits-, Wahrnehmungs-, Entscheidungs-* und *Speicherungsvorgängen* (Abschnitt 3.2.2.1). Im Zusammenhang mit der Reizverarbeitung wurde auch auf dem bereits teilweise zur Neuropsychologie rechnenden Gebiet der Untersuchung von *Hemisphärenspezialisierungen* die phasische EDA als Indikator von *Lateralisationsvorgängen* verwendet (Abschnitt 3.2.2.2).

Bezüglich des relativ gut gesicherten Befundes einer *verbesserten Leistung* z.B. in Vigilanz- und Reaktionszeitaufgaben bei *höherer tonischer EDA* kann auf einschlägige Sammelreferate verwiesen werden (Raskin 1973, Spinks und Siddle 1983). Hierbei handelt es sich vermutlich um Auswirkungen einer *erhöhten* allgemeinen *Aktiviertheit* (vgl. Abschnitt 3.2.1.1.1) sowohl auf die *Aufmerksamkeit* bzw. auf die motorische *Leistungsbereitschaft* einerseits als auch auf die *tonische EDA* andererseits.

3.2.2.1 Die elektrodermale Aktivität als Begleitreaktion kognitiver Prozesse

Die Suche nach psychophysiologischen Indikatoren kognitiver Vorgänge konzentrierte sich naturgemäß stärker auf *corticale* als auf peripher-physiologische Parameter (z. B. Rösler 1982). Während einzelne negative und positive Komponenten gemittelter Reizantworten aus dem spontan-EEG (sog. *evozierte Potentiale*) in konsistenter Weise als unmittelbare Abbilder bestimmter im Kognitionsprozeß ablaufender Funktionen identifiziert werden konnten (Lutzenberger et al. 1985), liegen bezüglich *vegetativer Begleitreaktionen* kognitiver Vorgänge zwar einige interessante theoretische Vorstellungen und empirische Befunde vor, die sich jedoch zum gegenwärtigen Zeitpunkt noch *nicht* zu einem *integrativen Gesamtbild* zusammenfügen. Interessant ist allerdings, daß gerade *solche subcorticalen Strukturen* als neurophysiologische Korrelate verschiedener Phasen bzw. Arten kognitiver Verarbeitung diskutiert werden, die auch potentiell als *Auslöser* für *elektrodermale* Phänomene in Frage kommen.

So unterscheiden Pribram und McGuinness (1975) aufgrund einer integrativen Betrachtung zahlreicher tier- und humanexperimenteller Befunde 3 in *Wechselbeziehung* stehende *neurophysiologische Systeme* zur *Kontrolle* der *Aufmerksamkeit*, die als weitgehend mit der von Posner (1975) vorgelegten Taxonomie der Bedeutungen von Aufmerksamkeit: (1) "selective attention", d. h. Selektion spezifischer Informationen aus einer Reizkonstellation, (2) "alertness", d. h. generelle Bereitschaft zur Informationsaufnahme, und (3) "effort", d. h. dem Bewußtheitsgrad, zur Deckung gebracht werden können:

(1) ein sog. *affect-arousal-System* mit Steuerung durch die Amygdalae (Mandelkerne) für die *Fokussierung* der Aufmerksamkeit, das *phasische* physiologische *Begleitreaktionen* zum sensorischen Input hervorruft,

(2) ein sog. *preparatory-activation-System* mit Kontrolle durch die Basalganglien, das *tonische* physiologische Veränderungen als *Begleitreaktionen* einer erhöhten *Reaktionsbereitschaft* bzw. von Erwartungen auslöst,

(3) ein sog. *effort-System* in den Hippocampi für die Richtung der Aufmerksamkeit, das die *beiden* o. g. *Systeme* zu *entkoppeln* und *tonische* und *phasische* Komponenten der entsprechenden *Begleitreaktionen* zu *koordinieren* vermag.

Von allen 3 genannten zentralnervösen Strukturen ist bekannt, daß sie Einfluß auf die *Auslösung der EDA* nehmen können (vgl. Abschnitt 1.3.4.1): *exzitatorische* Wirkungen der *Amygdalae* (vgl. Abbildung 4 im Abschnitt 1.3.2.2) auf die EDA lassen sich aus Experimenten an Primaten ableiten, die nach der Entfernung der Amygdalae trotz sonst "normaler" Reaktionen auf elektrische Reize weniger NS.EDRs zeigten (Pribram und McGuinness 1976); die *Basalganglien* werden zu den Strukturen gerechnet, die an elektrodermalen *Begleitreaktionen lokomotorischer Aktivität* beteiligt sind, und die *Hippocampus*-Formation ist als Teil des Limbischen Systems ebenfalls in die *Auslösung* der EDA mit *einbezogen*, kann aber auch, wie Tierversuche zeigen, einen *hemmenden* Einfluß auf die EDA ausüben (Pribram und McGuinness 1976). Die Annahme einer über *hippocampale* Strukturen vermittelten elektrodermalen *Begleitreaktion* von *Informationsverarbeitungs*-Vorgängen ließe sich auch aus der psychophysiologischen Erweiterung des Modells von Gray (1973, 1982) durch Fowles (1980) ableiten (vgl. Abschnitt 3.2.1.1.2), da das Gray-Modell als Ausgänge des sog. BIS (Behavioral inhibition system) außer einer *Verhaltenshemmung* mit gleichzeitiger Arousal-Steigerung noch eine *Erhöhung* der *selektiven Aufmerksamkeit* postuliert (Gray 1982). Ein integratives neurophysiologisch-psychophysiologisches Modell, das sowohl kognitiv mediierte als auch motivational/emotional bzw. in komplexen Aktivierungszusammenhängen ausgelöste elektrodermale Aktivität vorhersagen könnte, wurde allerdings bislang noch nicht vorgelegt.

Im Zusammenhang mit möglichen elektrodermalen Begleitreaktionen der *Reizaufnahme* werden von Venables (1975) human- und tierexperimentelle sowie klinisch-neurophysiologische Befunde dahingehend integriert, daß die EDR-Recovery-Zeit (vgl. Abschnitt 2.3.1.3.2) als Indikator für die *Aufmerksamkeitsbreite* angesehen werden kann. Ausgangspunkt dieser Überlegungen sind Versuche von Bagshaw et al. (1965) an Primaten, die Hinweise darauf lieferten, daß eine *kürzere* EDR rec.tc mit einer *langsameren Ausbildung* eines *"neuronalen Modells"* i. S. von Sokolov (vgl. Abschnitt 3.1.1) und einer *verzögerten Habituation* (vgl. Abschnitt 3.1.1.2) verbunden war. Diesen Befund bringt Venables (1975) mit einer etwas eigenwilligen Reinterpretation der Ergebnisse von Edelberg (1972b) in Verbindung, der bei 16 Pbn während einer Ruhe-, einer Streßbedingung (Cold-pressor-Test) und 4 verschiedenen Tätigkeiten unterschiedlicher Komplexität (vorwärts und rückwärts zählen, laut lesen und Spiegelzeichnen) die EDA[95] registriert und gefunden hatte, daß die *EDR rec.tc in Ruhe und unter Streß am längsten war und mit steigender Aufgabenkomplexität abnahm*. Die Verlängerung der EDR rec.tc unter aversiven Bedingungen wurde an weiteren 14 Pbn bestätigt, die eine Reaktionszeitaufgabe unter Androhung elektrischer Reize ausführen mußten. Während Edelberg diese Ergebnisse i. S. einer *Abnahme* der *Recovery*-Zeit mit *zunehmender Zielorientierung* interpretierte und eine *Zunahme* der Recovery-Zeit bei insgesamt hoher EDA als Indikator für das Vorliegen von *Defensivreaktionen* ansah (vgl. Abschnitt 3.1.1.1), sprechen diese Resultate nach der Auffassung von Venables für unterschiedliche EDR-Recovery-Verläufe in Abhängigkeit von der Bereitschaft zur Informationsaufnahme: *lange* Recovery-Zeiten sollen unter *"closed gate"*-Bedingungen wie *Streßzuständen* und *Ruhebedingungen*, *kurze* Recovery-Zeiten dagegen in *"open gate"*-Zuständen, etwa während *komplexer kognitiver Tätigkeiten* auftreten. Für eine infolge von zunehmendem antzipatorischen Streß verlängerte EDR rec.t/2 sprechen auch die Ergebnisse von Furedy (1972), der in einem Ton-Schock-Konditionierungsparadigma bei 28 Pbn signifikant erhöhte Recovery-Zeiten bei der FAR fand, wenn der CS einen UCS höherer Intensität ankündigte. Zusammen mit der Beobachtung sowohl kurzer EDR rec.t/2 als auch der Unfähigkeit zur Fokussierung der Aufmerksamkeit bei *Schizophrenen* (vgl. Abschnitt 3.4.2.1) sieht Venables (1975) genügend Hinweise für eine *spezifische Indikatorfunktion* der EDR-*Recovery* in *Aufmerksamkeits*zusammenhängen. Tabelle 6 gibt eine Übersicht zu den aufgrund dieser Befunde vermuteten *Indikatorfunktionen* der *Recovery*-Zeit unter Einbeziehung der o. g. neurophysiologischen Hypothesen von Pribram und McGuinness (1975) und der Beobachtung einer verlängerten EDR-Recovery bei *Psychopathen* (vgl. Abschnitt 3.4.1.2):

---

[95] Als SR unipolar zwischen dem Mittelfinger mit einer 2 cm^2-Elektrode und einer 75 cm^2-Elektrode am Oberarm, Starch-Paste und 8 μA/cm^2 Konstantstrom abgeleitet und in SC-Werte transformiert.

EDA und kognitive Prozesse

Tabelle 6. Mögliche Zusammenhänge zwischen subcorticaler Stimulierung, EDR-Recovery, Habituationsgeschwindigkeit, Aufmerksamkeitsvorgängen und psychopathologischen Gruppen.

	Bei Überwiegen der subcorticalen Impulse aus	
	Amygdala	Hippocampus
EDR Recovery-Zeit	lang	kurz
Bildung eines "neuronalen Modells"	schnell	langsam
Habituation der EDR	schnell	langsam
Aufmerksamkeit	fokussiert	verteilt
Bereitschaft zur Informationsaufnahme	gering "closed gate"	groß "open gate"
Störungstyp	Psychopathie	Schizophrenie

Die in Tabelle 6 postulierten *Zusammenhänge* zwischen *EDR-Recovery* und *kognitiven Prozessen* sind allerdings – bis auf den Bereich der Schizophrenieforschung – bislang *kaum empirisch belegt*. Überdies war der Stellenwert der Recovery als von der EDR amp. unabhängiger Parameter mehrfach Gegenstand kontroverser Diskussionen (vgl. Abschnitt 2.5.2.5), so daß bei der Auswertung entsprechender Untersuchungen mögliche *Abhängigkeiten* von *Zeit-* und *Amplitudenwerten* der EDR in Betracht gezogen werden sollten. Ferner müssen die in der Tabelle 6 den Schizophrenen zugeordneten Besonderheiten in der EDA zunächst auch als hypothetisch angesehen werden, da in der entsprechenden Literatur durchaus z. T. gegensätzliche Ergebnisse berichtet werden, z. B. bezüglich der Habituationsgeschwindigkeit (vgl. Abschnitt 3.4.2.2).

Aber auch bezüglich der Interpretation der *EDR amp.* als Indikator kognitiver Prozesse findet sich ein eher verwirrendes Bild unterschiedlichster theoretischer Bezüge und experimenteller Anordnungen. Eine Zusammenfassung derjenigen Befunde auf diesem Gebiet, die sich dem Konzept der OR zuordnen lassen, nehmen Spinks und Siddle (1983) unter Bezugnahme auf die o.g. Hypothesen von Pribram und McGuinness (1975), die Aufmerksamkeitstheorie von Kahneman (1973) sowie das Informationsverarbeitungsmodell von Öhman (1979) vor. Das im Hinblick auf die in ihm postulierten elektrodermalen Komponenten im CS-UCS-Paradigma bereits im Abschnitt 3.1.2.1 dargestellten Öhman-Modell (vgl. Abbildung 46 im Abschnitt 3.1.2.1) sieht die OR als durch *"praeattentive"* Mechanismen i. S. von Neisser (1967) ausgelöste Begleitreaktion einer Anforderung von *Reizverarbeitungs-Kapazität* in einem *zentralen Kanal* mit infolge sukzessiver Verarbeitung begrenzten Kapazität an, während Kahneman (1973) eine *erste phasische Komponente* der OR als Index der *Neuheit* bzw. Bedeutungshaltigkeit des jeweiligen Reizes interpretiert, die eine *Umverteilung* der Verarbeitungskapazität im System bewirkt. Wenn sich auch dadurch – gemeinsam mit der von Pribram und McGuinness (1975) vertretenen Auffassung der OR als *Indikator* für *Registrierungsvorgänge* – eine Erweiterung der ursprünglich von Sokolov (1963) vertretenen Sichtweise einer "automatischen" Auslösung der OR ergibt, lassen sich die Einzelbefunde zur EDA wie zu anderen peripherphysiologischen Variablen bislang nur ansatzweise mit den hypostasierten kognitiven Prozessen in Einklang bringen.

Dies gilt auch für die vor allem in den 70er Jahren durchgeführten zahlreichen Arbeiten zum Einfluß der *Reizbedeutung* ("significance" oder "salience") auf die Stärke bzw. den Habituationsverlauf der elektrodermalen OR: obwohl es insgesamt als ein gut bestätigtes Ergebnis dieser Arbeiten gilt, daß die OR auf einen bestimmten Reiz bzw. eine Stimulusklasse durch Instruktionen, die ihm eine Signalbedeutung für eine motorische oder gedankliche Reaktion verleihen, vergrößert werden kann (Maltzman und Langdon 1982, Spinks und Siddle 1983), herrscht gerade auf diesem Gebiet Uneinigkeit bezüglich der adäquaten Forschungsparadigmen sowie möglicher Interpretationen. So setzten sich O'Gorman, Bernstein und Maltzman 1979 in der Zeitschrift *"Psychophysiology"* in 3 aufeinanderfolgenden theoretischen Artikeln kontrovers mit der Frage auseinander, ob – wie ursprünglich von Sokolov behauptet – eine *Stimulusänderung*, d.h. der Neuheitscharakter von Reizen, *oder* deren o.g. *Bedeutungshaltigkeit* als notwendige Bedingung für die Auslösung einer elektrodermalen OR angesehen werden sollten (vgl. Abschnitt 3.1.1.1). Die später zur Entscheidung dieser Frage vorgelegten empirischen Arbeiten lassen allerdings eine hinreichende Stringenz vermissen, wie anhand der beiden folgenden Studien gezeigt wird.

In einem an 112 Pbn beiderlei Geschlechts durchgeführten Experiment versuchten Maltzman und Langdon (1982), die Auswirkungen von *Neuheit* und der *Signalbedeutung* von Reizen auf die EDR unabhängig voneinander zu testen. Die Pbn erhielten 1000 Hz-Töne mit 70 dB Intensität dargeboten, wobei nach einer anfänglichen Trainingsphase mit 16 Reizen und ISIs von 12 sec die ISIs weiterhin intraindividuell konstant waren, interindividuell dagegen in 7 logarhithmischen Stufen von 5.5 bis 26 sec variierten. Die Hälfte der Pbn mußte als Experimentalgruppe nach jedem Reiz so schnell wie möglich ein Fußpedal loslassen, wodurch die Reize eine Signalbedeutung erhielten. In der Experimentalgruppe zeigten sich signifikant größere EDR amp.[96] und ein deutlich beschleunigter Habituationsverlauf in der Kontrollgruppe. Auf den Wechsel der ISIs reagierte die Kontrollgruppe nur bei Einführung des 26 sec-Intervalls mit einer signifikan-

---

[96] Als SRR palmar ohne Angaben zur Meßtechnik im Zeitfenster 0.5–5 sec nach Reizbeginn gemessen, in SCR umgewandelt und wurzeltransformiert.

ten Erhöhung der EDR amp. gegenüber der Trainingsphase, während bei der Experimentalgruppe lediglich durch den Wechsel zur 5.5 sec–Bedingung eine Tendenz zur Erhöhung der EDR amp. auftrat. Die Autoren schlossen aus ihren Ergebnissen, daß die *Signalbedeutung* von Reizen *keine notwendige Bedingung* für das Auftreten einer elektrodermalen OR ist, daß sie jedoch die *Reaktion* auf Neuheit – hier über den ISI–Wechsel operationalisiert – in gewisser Weise *vorbahnen* kann, wobei Verkürzung vs. Verlängerung des ISI und Reizbedeutung zu interagieren scheinen. Ohne sich auf dezidierte Modellvorstellungen zu berufen, bieten die Autoren globale Konzepte wie "dominante Fokussierung" oder "corticale Sets" zur Interpretation ihrer Befunde an, aus denen sich jedoch keine konkreten Vorhersagen bezüglich der Effekte von Neuheit und Bedeutungshaltigkeit von Reizen ergeben.

Zur Bearbeitung der gleichen Fragestellung legte Barry (1982) zwei Experimente vor, bei denen die *Signalbedeutung* der Reize nicht über eine geforderte motorische Reaktion, sondern allein über *kognitive Anforderungen* operationalisiert wurde. Im 1. Experiment erhielten jeweils 10 Pbn beiderlei Geschlechts die gleiche Serie von 7 Reizen mit je 14 Großbuchstaben (A und B) projiziert und sollten dabei entweder die B's (Reizbedeutung) oder die Buchstaben insgesamt (Kontrollgruppe) zählen. Die mittlere SCR amp.[97] war in der Gruppe mit Reizbedeutung signifikant höher als in der Kontrollgruppe. In der 2. Studie erhielten wieder jeweils 10 Pbn 7 Trials der gleichen Art wie im 1. Experiment mit und ohne Signalbedeutung. Darauf folgten weitere 7 Trials mit unterschiedlichen Anzahlen von B's (Neuheit), und zwar für die Reizbedeutungs- und Kontrollgruppe verschieden, was zu einer Konfundierung zwischen Neuheit und Aufgaben–Schwierigkeit führte. Wenn dabei auch die Interpretation des signifikanten Anstiegs der SRR amp. im 8.Trial als Wirkung der Reizneuheit zweifelhaft bleibt, scheinen insgesamt sowohl *Reizcharakteristika* als auch *kognitive Prozesse* die EDR amp. zu beeinflussen.

Daß die elektrodermale *OR* und ihre *Habituation* durch *kognitive* Modellierung *verändert* werden kann, geht aus den Ergebnissen einer Reihe anderer von Spinks und Siddle (1983, Seite 272 f.) referierter Arbeiten hervor. So konnten Grings et al. (1980) zeigen, daß die Erwartungen lauterer Töne die SCR amp. vergrößern und die leiserer Töne die Amplitude verringern konnte. Yaremko et al. (1972) sowie Yaremko und Butler (1975) fanden keine Unterschiede in den Habituationsverläufen der SCR amp. zwischen Gruppen, die vorher einen Ton oder einen elektrischen Schlag probeweise erhalten hatten und den jeweiligen Kontrollgruppen, die sich diese Reize lediglich vorstellen sollten. Die Darstellung einer Reihe weiterer Arbeiten zu diesem Bereich findet sich bei Lang (1979). Zusätzlich zu den durch äußere Reize ausgelösten elektrodermalen ORs kann es

---

[97] Mit rostfreien 2x3 cm–Stahlelektroden und Biogel von den Fingern der rechten Hand abgeleitet; Zeitfenster 1–5 sec nach Reizbeginn.

also auch durch Vorstellungen, Erwartungen und Gedanken zu EDRs kommen, die Maltzman (1979) als *"freiwillige"* (voluntary) ORs bezeichnet. Diese EDRs sind eine mögliche Quelle der sog. elektrodermalen *Spontanaktivität*, die über die Zahl der NS.EDRs als Maß der tonischen EDA registriert wird (vgl. Abschnitt 2.3.2.2).

Daneben wurde die EDR auch als Indikator einer automatischen *Verarbeitung* bedeutungshaltiger, aber instruktionsgemäß *nicht zu beachtender* Reize in Untersuchungen zur *selektiven Aufmerksamkeit* verwendet. Theoretische Grundlagen für derartige Experimente bilden vielfältige *Kanalkapazitäts-* und *Filtertheorien*, auf die hier nicht näher eingegangen werden kann (zusammenfassend: Massaro 1975). Meist werden dabei *konkurrierende* Informationen dargeboten, wobei die *Aufmerksamkeit* über entsprechende Instruktionen auf eine von mehreren Informationsquellen (Signalquellen, Reizmodalitäten etc.) gerichtet wird und die andere Information i.S. einer Rauschquelle *"maskierend" (shadowing)* bzw. störend *(distracting)* wirken, aber bezüglich ihres Inhaltes nicht wahrgenommen werden soll. Ein häufig verwendetes Paradigma ist das des *"Dichotic shadowing"*, wobei dem einem Ohr durch entsprechende Instruktion als *relevant* bezeichnete, dem anderem Ohr *irrelevante* Reize zum Zwecke der Maskierung dargeboten werden.

Corteen und Wood (1972) und Corteen und Dunn (1974) hatten zeigen können, daß ihre Pbn auf *Wörter* einer bestimmten semantischen Kategorie, die vorher durch eine Assoziation mit elektrischen Reizen *"Bedeutung"* erlangt hatten, mit *elektrodermalen ORs* antworteten, wenn diese in die dem *nichtbeachteten* Ohr dargebotene Information eingestreut wurden, was mit Wörtern anderer Kategorien nicht gelang. Diese mehrfach gut replizierten Ergebnisse (zusammenfassend: Dawson und Schell 1982) wurden als Beleg dafür verwendet, daß auch *"unbemerkte"* Information zumindest bis zu einem Stadium kognitiver Verarbeitung gebracht wird, in dem eine *semantische Analyse* vorgenommen werden kann (Davies 1983).

Dawson und Schell (1982) konnten diese Ergebnisse in ihrer Untersuchung an insgesamt 60 Pbn zwar ebenfalls generell bestätigen, sie fanden jedoch Abhängigkeiten sowohl vom Wechsel der *Aufmerksamkeitsrichtung* als auch *Lateralisationseffekte* derart, daß "bedeutungsvolle" Reize innerhalb des "irrelevanten" Materials nur dann mit einer EDR beantwortet wurden, wenn sie auf dem *linken* Ohr dargeboten wurden (vgl. Abschnitt 3.2.2.2). Alle Pbn wurden in einer 1. Phase auf bestimmte Tiernamen mit elektrischen Reizen konditioniert, während semantisch ähnliche anatomische Kontrollwörter nicht mit elektrischen Reizen gepaart wurden. Danach wurden alle diese Wörter ohne elektrische Reizdarbietung 20 Pbn innerhalb der relevanten und 40 Pbn innerhalb der irrelevanten Information dargeboten, wobei die Hälfte der letzteren Pbn eine Taste drücken sollte, wenn sie eines der konditionierten Wörter wahrgenommen hatten. Die "bedeutungsvolle" Liste bestand aus von einer männlichen, die "irrelevante" Liste aus von einer weiblichen Stimme gesprochenen Liste mit kurzen, alle 750 msec dargebotenen Wörtern, wobei die rechte und linke Seite jeweils über die Pbn permutiert wurden. Während die Gruppe um Corteen das Auftreten einer SRR von mindestens 1 kOhm innerhalb von 13 sec nach den kritischen Reizen als dichotomes Kriterium verwendete, quantifizierten Dawson und Schell (1982) die EDR[98] in diesem Zeitfenster. Eine Aufteilung nach Trials mit und ohne Wechsel der Aufmerksamkeit zum "irrelevanten" Ohr ergab, daß nur beim Vorliegen eines solchen Wechsels, der durch Maskierungsfehler, Nachbefragungen und Tastendrücke in der 3. Experimentalgruppe verifiziert wurde, größere EDRs auf die konditionierten Wörter innerhalb des "irrelevanten" Materials erfolgten als auf die Kontrollwörter. *Voraussetzung* für ein durch die vegetative Begleitreaktion indiziertes *Entdecken* des "bedeutungsvollen" Materials war demnach ein *kurzzeitiger Wechsel* der *Aufmerksamkeit*, was die frühere Interpretation einer kognitiven Verarbeitung unbemerkten sensorischen Inputs (vgl. Davies 1983) in Frage stellt.

Spinks und Siddle (1983, Seite 259) fanden aufgrund älterer Untersuchungen der Siddle-Gruppe ebenfalls bestätigt, daß *elektrodermale ORs* auf einzelne Reize im *maskierenden* Kanal von einer *kurzzeitigen Verlagerung* der *Aufmerksamkeit* vom zu beachtenden auf den instruktionsgemäß irrelevanten Kanal *begleitet* ist. Die *Größe der EDR amp.* sollte ihrer Auffassung nach ein Indikator für das *Ausmaß* der *Umverteilung* der Aufmerksamkeit sein, während eine *schnelle Habituation* der OR auf bedeutungsvolle Reize im Maskierungs-Kanal auf eine *rasche* Ausbildung von *Hemmungsprozessen* im Zuge der kognitiven Analysen dieser Reize hinweisen sollte.

Frith und Allen (1983) vertraten dagegen aufgrund ihrer Ergebnisse die Auffassung, daß die EDR amp. auf irrelevante Reize eher das *Aufmerksamkeitsniveau* als die Aufmerksamkeitsrichtung widerspiegelt. In einem 1. Experiment führten 41 Pbn verschiedene Tätigkeiten an einem Bildschirm aus (Reaktionszeit-, Vigilanz- und Rechenaufgaben), wobei ihnen sowohl in den Zeiträumen der Ankündigung von Aufgabendarbietungen als auch in den Pausen 1000 Hz-Töne von 75 dB dargeboten wurden. Die SCR amp.[99] auf die irrelevanten Reize waren während der Tätigkeiten signifikant größer als in den Pausen. Im 2. Experiment erhielten 16 ambulant behandelte Neurotiker die Störreize bei der Reaktionszeitaufgabe, während 23 Patienten die Töne ohne Aufgabe dargeboten bekamen. Es zeigte sich eine signifikant raschere Habitua-

---

[98] Als Hautwiderstand mit Beckman-Ag/AgCl-Elektroden und K-Y-Gel abgeleitet; keine Angaben zur Stromdichte, in SCR-Werte umgewandelt und wurzeltransformiert.

[99] Mit 1 cm^2 Ag/AgCl-Elektroden und K-Y-Gel von den Fingern der linken Hand abgeleitet, Zeitfenster: 1–4 sec nach Reizbeginn, Habituationskriterium: 2 aufeinanderfolgende Intervalle mit EDRs unter 0.02 μS.

tion bei den Pbn, die die Reize während der Tätigkeit erhalten hatten. Die Autoren vermuteten ein *höheres Aufmerksamkeitsniveau* während der *Aufgabenbearbeitung* als Ursachenfaktor für die *größere OR* auf die irrelevante Information einerseits und deren *schnellere Habituation* andererseits.

Zur möglichen Indikatorfunktion der elektrodermalen Reaktion im Zusammenhang mit *Gedächtnisspeicher* und *-abrufvorgängen* liegen zwar eine Reihe von Untersuchungen vor; die Ergebnisse sind jedoch bislang noch wenig eindeutig. Die bei Raskin (1973) beschriebenen älteren Arbeiten lieferten Hinweise darauf, daß *Stimulusmaterial*, dessen *Darbietung* von *erhöhten* EDR amp. begleitet wird, mit größerer Wahrscheinlichkeit in den *Langzeitspeicher* des Gedächtnisses *überführt* wird, während sich ein entsprechender Effekt für die *Kurzzeitspeicherung* nicht nachweisen läßt. Dies konnte auch Corteen (1969) in einer Untersuchung mit insgesamt 60 Pbn beiderlei Geschlechts zeigen, die er in 3 Gruppen einteilte: Gruppe 1 mußte die zu lernenden 21 bzw. 15 Wörter sofort, Gruppe 2 nach 20 Minuten und Gruppe 3 nach 2 Wochen erinnern. Die punktbiseriale Korrelation zwischen der log SCR amp. auf die in der Lernphase mit einem am Erreichen der EDA-Grundlinie orientierten Abstand dargebotenen Wörter und dem Reproduktionskriterium betrug in der 1. Gruppe r = 0.13, in der 2. Gruppe r = 0.23 und in der 3. Gruppe r = 0.40. Corteen interpretierte diese Ergebnisse als Folge einer besonders *erfolgreichen Verfestigung* von *Gedächtnisspuren* im *Langzeitspeicher* bei *Reizmaterial*, das ein hohes Maß an *Aktivierung* hervorruft, wobei allerdings im *Kurzzeitgedächtnis* noch alle Reize etwa *gleichberechtigt* abgerufen werden können.

Auch aus dem von Öhman (1979) vorgelegten Modell, das eine *integrative Verbindung* zwischen den Konzepten der *OR*, des *Lernens* und der *Aufmerksamkeit* herzustellen versucht, läßt sich eine spezifische Indikatorfunktion der EDR für *Kurz-* und *Langzeitgedächtnis*vorgänge ableiten: wie bereits in Abschnitt 3.1.2.1 erwähnt wurde, lassen sich die einzelnen bei der *klassischen Konditionierung* beobachtbaren EDRs im Öhman-Modell als *Korrelate zentraler kognitiver Prozesse* beschreiben. Ein neues und *unerwartetes* Ereignis ohne Repräsentation im Kurzzeitgedächtnis wird eine *OR* und gleichzeitig einen *Reizanalyse-* und *Verarbeitungsvorgang* hervorrufen, der unter anderem eine *Suche* und schließlich eine *Abspeicherung* der Information im *Langzeitgedächtnis* einschließt, wobei mit dem Speichervorgang "cognitive effort" i.S. von Kahneman (1973) verbunden ist. Stelmack et al. (1983a) folgern daraus, daß die Wiedererkennungs-Quote ungewöhlicher Reize eine Folge der erhöhten Energie beim Abspeichern dieser Reize während des Lernvorgangs ist, die wegen der mit ihrer Darbietung verbundenen starken OR verfügbar war.

Stelmack et al. (1983a) untersuchten aufgrund ihrer o.g. Hypothese in 3 Experimenten den Zusammenhang zwischen *elektrodermalen ORs* und der *Wiedererkennung* bei 3 sec lang auf Dias dargebotenen figuralen und verbalen Stimuli, die sie in Vorversuchen bezüglich ihrer Wiedererkennungs-Häufigkeit dichotomisierten. Im 1. Experiment erhielten jeweils 15 Pbn beiderlei Geschlechts 10 Trials mit Darbietungen einer dieser 4 Stimulusarten und danach ein Trial mit einem Reiz der jeweils anderen Modalität. Die mit Standardmethodik abgeleitete SCR amp.[100] war zu Beginn des Versuchs bei den leicht wiedererkannten Bildern signifikant höher als unter den anderen Bedingungen, so daß die Hypothese eines Zusammenhangs zwischen der elektrodermalen OR mit der Wiedererkennungs-Quote *nur für figurale* Reize bestätigt werden konnte.

In den beiden weiteren Experimenten von Stelmack et al. (1983a) erhielten jeweils 56 bzw. 40 Pbn nach einer Woche nochmals das Reizmaterial dargeboten. Dabei zeigten sich in der 2. Woche allerdings deutlich größere SCR amp. bei Reizen, die beim 1. Durchgang nicht erkannt worden waren. Zur Interpretation dieses Ergebnisses hypostasieren die Autoren einen sog. *priming-Mechanismus* aufgrund des Wiedererkennens im 1. Durchgang, der die Feststellung von Übereinstimmung von Reiz und Speicherinhalt im 2. Durchgang begünstigt, während die Nichtübereinstimmung bei den im 1. Durchgang nicht wiedererkannten Reizen die Ausbildung der OR im 2. Durchgang begünstigt. Die von den Autoren konstatierte teilweise Widersprüchlichkeit der Interpretationen zu den verschiedenen Experimenten zeigt die *Problematik* der *experimentellen Überprüfung* derartig komplexer Modelle kognitiver Abläufe; dennoch können gerade in diesem Bereich von einer Integration der anfänglich beschriebenen neurophysiologischen Modellen mit solchen des Informationsverarbeitungs-Verlaufs wie dem von Öhman (1979) unter Einschluß psychophysiologischer Indikatoren wie der EDA entscheidende Schritte zur Objektivierung hypostasierter kognitiver Prozesse erwartet werden.

---

[100] Unter Verwendung von Beckman-Miniaturelektroden und K-Y-Gel gemessen; Zeitfenster für die SCR: 1–5 sec vom Reizbeginn, Amplitudenkriterium für die SCR: 0.025 μS, anschließend Wurzeltransformation.

3.2.2.2 Hemisphärenasymmetrie und elektrodermale Lateralisationseffekte

Der Annahme einer *symmetrischen Verteilung* der *elektrodermalen Aktivität* auf beide Körperhälften unter der Kontrolle eines *diffusen* und *unspezifischen retikulären Aktivierungssystems* widersprechen sowohl neuronale Befunde (vgl. Abschnitt 3.2.1.1) als auch die Ergebnisse psychophysiologischer Studien, die *bilaterale* elektrodermale *Ableitungen* verwendeten (zusammenfassend: Freixa i Baqué et al. 1984). Die Fragestellungen solcher Untersuchungen reichen von einfachen Beobachtungen elektrodermaler Aktivitäts*unterschiede* zwischen *rechter* und *linker Hand* (Fisher 1958, Obrist 1963) über die EDA-Messung während typischer *Hemisphären-spezifischer* Aufgaben im *intakten* Gehirn (Gross und Stern 1980, Hugdahl et al. 1983, Lacroix und Comper 1979, O'Gorman und Siddle 1981) oder nach *unilateralen Hirnläsionen* (vgl. Abschnitt 3.5.2.2) bis hin zu *bilateralen* EDA-Ableitungen bei Schizophrenen (vgl. Abschnitt 3.4.2.3) oder Patienten mit affektiven Störungen. Eine ausführliche Literaturübersicht findet sich bei Hugdahl (1984); die mit den Untersuchungen zur Lateralisation elektrodermaler Phänomene verbundenen Probleme werden von Miossec et al. (1985) zusammenfassend diskutiert.

Die Untersuchung der Wirkung corticaler Lateralisationseffekte auf die EDA beruht auf der Annahme einer *kognitiven Spezialisierung* der beiden *Hemisphären*, wobei aufgrund von klinischen Beobachtungen die *linke* Hirnhälfte als neuronales Substrat für *sprachliche* Funktionen angesehen werden kann, während die Leistungen der *rechten* Hemisphäre vorwiegend *Gedächtnisfunktionen*, *visuelle* und *taktile Formerkennung* sowie *Abstraktionsvermögen* beinhalten (Bradshaw und Nettleton 1981, Dimond und Beaumont 1974). Aufgaben, die die Verarbeitung verbaler Inhalte verlangen, sollten demnach zu einer Aktivierung der linken Hirnhälfte, die Darbietung visuell-räumlicher Reize zu einer Aktivierung der rechten Hemisphäre führen.

Lacroix und Comper (1979) verwendeten die Methode der Hemisphären-spezifischen Manipulation in drei Experimenten zur bilateralen Verteilung der SCR amp. während der Bearbeitung *verbaler* (z. B. Sprichwörter erklären) und *räumlicher* Aufgaben (z. B. Vorstellen räumlicher Beziehungen) bei insgesamt 40 weiblichen Links- und Rechtshändern. Die SCRs wurden zwischen den distalen Phalangen des Mittel- und Ringfingers beider Hände mit Standardmethodik abgeleitet. In allen 3 Experimenten zeigten sich *Lateralisationseffekte* in der *EDA*: die verschiedenen Aufgaben führten bei den *Rechtshändern* zu *unterschiedlichen SCR amp.* der beiden Hände, während ein solcher Effekt weder bei Linkshändern noch bei solchen Aufgaben nachgewiesen werden konnte, die zu einer Aktivierung beider Hemisphären führte (z. B. Rechen- oder Musikaufgaben). Aufgrund der bei den Rechtshändern beobachteten niedrigeren SCR amp.

an der kontralateral zur aktivierten Hemisphäre befindlichen Hand nehmen die Autoren an, daß die *neurophysiologischen Mechanismen*, die für die *bilaterale Amplitudendifferenz* verantwortlich sind, *hemmender* Natur sind, wobei die zunehmende Aktivierung einer Hemisphäre einen *inhibitorischen corticalen Prozeß* in Gang setzen soll, der sich auf die *kontralaterale* Körperhälfte auswirkt.

Diese Hypothese wird durch die Ergebnisse älterer *Ablationsexperimente* (Darrow 1937a, Holloway und Parsons 1969) und *Reizversuche* (Wilcott 1969, Wilcott und Bradley 1970) *gestützt*. Auch spätere Untersuchungen von Boyd und Maltzman (1983), Ketterer und Smith (1982) und Smith et al. (1981) berichten von bilateralen EDR-Unterschieden bei der Bearbeitung Hemisphärenspezifischer Aufgaben. Allerdings zeigten sich auch unterschiedliche Effekte einer solchen Lateralisation bei *tonischen* und *phasischen* EDA-Parametern: Smith et al. (1981), die bei 64 männlichen und weiblichen Rechts- und Linkshändern an den mittleren Phalangen des Mittel- und Zeigefingers beider Hände mit Standardmethodik den Hautwiderstand registrierten, zeigten ihren Pbn zweimal 31 Dias mit den gleichen Objekten, einmal räumlich dargestellt und einmal verbal benannt. Da sich Rechts- und Linkshänder in einem Fragebogen signifikant bezüglich ihres Interesses an den Aufgaben überhaupt sowie speziell der Aufmerksamkeitszuwendung gegenüber räumlichen vs. verbalen Stimuli unterschieden, wurden diese beiden Fragebogenvariablen als Kovariablen in die Analyse einbezogen. Die SRR-Werte wurden in SCR-Werte umgerechnet und wurzeltransformiert (vgl. Abschnitt 2.3.3.3). Im Gegensatz zu Lacroix und Comper (1979) werteten Smith et al. (1981) *reizabhängige* und *nichtspezifische* EDRs *getrennt* aus. Während sich bezüglich der innerhalb eines Zeitfensters von 1-4 sec nach Reizbeginn ermittelten *SCR amp. keine Lateralitätseffekte* zeigten, traten auf den an der zur jeweils aktivierten Hemisphäre *kontralateralen Hand* signifikant *niedrigere NS.SCR amp.* außerhalb des o. g. Zeitfensters auf. Möglicherweise wirkt die *kontralaterale Hemmung* der EDA i. S. einer *Kontrastierung*: auf dem *Hintergrund reduzierter tonischer* Aktivität könnten – auch i. S. der Erzeugung einer echten physiologischen Ausgangswertabhängigkeit (vgl. Abschnitt 2.5.4) – die *phasischen* EDRs, die u. U. als Begleitphänomene motorischer Aktivität angesehen werden können (vgl. Abschnitt 1.3.4.1), *deutlicher hervortreten*. Derartige Überlegungen müssen jedoch bis zur Auffindung genügender empirischer Evidenzen als eher spekulativ angesehen werden.

Auch Gruzelier et al. (1981a) diskutieren ihre in 3 Experimenten bei insgesamt 109 operierten Patienten, Medizinstudenten sowie Hospitalangehörigen gefundenen Abhängigkeiten der EDR amp.- Lateralisation von der Habituationsgeschwindigkeit und der elektrodermalen Spontanfrequenz als Folge eines *kontralateralen inhibitorischen* Einflusses auf die EDA. Bei der mit Standardmethodik unter Verwendung von KCl-Paste während der Habituation auf 1000 Hz-Reize von 70 bzw. 100 dB Intensität mit unterschiedlichen ISIs abgeleiteten Hautleitfähigkeit hatte sich gezeigt, daß größere SCR amp. an der *linken Hand* mit *beschleunigter Habituation* und *geringerer Spontanaktivität* verbunden waren, während eine *verlangsamte Habituation* und eine *höhere NS.SCR freq.* zusammen mit größeren SCR amp. an der *rechten Hand* auftraten. *Inhibitorische Einflüsse* aus der *linken* Hemisphäre könnten sowohl die elektrodermale *Spontanaktivität* verringert als auch die *Habituationsgeschwindigkeit* erhöht und gleichzeitig die *SCR amp.* an der rechten Hand reduziert haben, während beim Wegfall dieser Inhibition nicht nur die elektrodermale Aktivität insgesamt, sondern auch die SCR amp. an der rechten Hand erhöht worden sein könnten.

Neben dem vielfach postulierten kontralateralen Inhibitionsmechanismus wurde bereits von Myslobodsky und Rattok (1977) auf dem Hintergrund ihrer Ergebnisse, die im Gegensatz zu denen von Lacroix und Comper (1979) stehen, zusätzlich die Möglichkeit einer *ipsilateralen exzitatorischen* Beeinflussung der elektrodermalen Aktivität als neurophysiologische Grundlage insbesondere *phasischer EDA–Lateralisationseffekte* diskutiert. Diese Autoren hatten bilateral sowohl *tonische* als auch *phasische* EDRs[101] bei visuell–imaginativen (Anschauen von Dias meist sexuellen Inhalts mit anschließender Vergegenwärtigung) und verbal–analytischen Tätigkeiten (Zahlwörter aus projiziertem verbalem Material heraussuchen und verarbeiten) bei 12 männlichen Rechts- und 2 Linkshändern registriert. Sie bildeten eine Art Range–korrigierten (vgl. Abschnitt 2.3.3.4.2) *Asymmetrie–Index*, der in Gleichung (52) wiedergegeben ist, und der zwischen den Reaktionen auf *visuelle* und *verbale Reize* bzw. Tätigkeiten signifikant *differenzierte*:

$$EDR\text{-}Asymmetrie = \frac{EDR_{rechts} - EDR_{links}}{EDR_{max}} \quad (52)$$

Die SCR amp. waren allerdings an der kontralateral zur aktivierten Hemisphäre befindlichen Hand deutlich höher als an der ipsilateralen. Myslobodsky und Rattok (1977) diskutieren dieses Ergebnis *nicht* – wie man hätte annehmen können – als Auswirkung einer *kontralateralen exzitatorischen* Kontrolle der EDA, sondern auf dem Hintergrund eines *ipsilateralen Kontrollmechanismus* der EDA, indem sie auf die enge Verbindung zwischen der EDR und dem Konzept der OR (vgl. Abschnitt 3.1.1.1) hinweisen: die mit der jeweiligen Reizart "unvertraute" Hemisphäre soll auf deren *Neuheitscharakter* mit einer größeren EDR amp. reagieren als die "aufgabenspezifische" Hemisphäre, so daß z. B. die Darbietung *verbaler* Aufgaben, die vorwiegend in der linken Hemisphäre verarbeitet werden, zu *ORs* auf der *rechten Seite* führt und dadurch eine höhere EDA zustande kommt. Wenn es auch für eine solche Hypothese weniger Evidenzen

---

[101]Sie registrierten SR mit Standardmethodik, allerdings mit Stromdichten von 20 $\mu A/cm^2$, vom Zeige- und Ringfinger jeder Hand und transformierten in SC–Werte. Die im Ergebnisteil berichteten EDA–Werte bleiben jedoch bezüglich Einheit und Größe unklar.

gibt als für die mögliche kontralaterale Inhibition der EDA, lassen die z. Zt. verfügbaren Ergebnisse noch keine eindeutigen Aussagen über die den z. T. gegensätzlichen Befunden zugrundeliegenden neurophysiologischen Mechanismen zu.

Alternativ zur beidseitigen Präsentation Hemisphären-spezifischer kognitiver Aufgaben wurden in einigen Untersuchungen die Reize von Anfang an *nur einer Hemisphäre* dargeboten. Dies geschieht mit Hilfe des dichotischen Hörens oder der "*Visual half field technique*" (VHF, Kimura 1973, Springer 1977, Beaumont 1982). Grundlage der VHF bildet der anatomische Verlauf der zentralen *Sehbahn*, deren Neurone im Chiasma opticum *teilweise zur Gegenseite kreuzen*, wodurch der nasale Anteil des Gesichtsfelds kontralateral und der temporale Anteil ipsilateral auf den visuellen Cortex projiziert wird, so daß die *Information* des *linken Gesichtsfeldes* in der *rechten Hemisphäre* verarbeitet wird und umgekehrt.

Hugdahl et al. (1983) verwendeten das Verfahren der VHF, um die Beziehung zwischen der *Hemisphären-Asymmetrie* und dem *Orientierungsverhalten* der EDA zu untersuchen. An ihrer Studie nahmen 40 Pbn teil, denen verbale und räumliche Stimuli im linken oder rechten Gesichtsfeld dargeboten wurden. SCR und SCL wurden entsprechend der Standardmethodik am mittleren Phalangen des Zeige- und Mittelfingers jeder Hand abgeleitet. Die Ergebnisse dieser Studie zeigen, daß die Amplituden der elektrodermalen OR im Habituationsparadigma sowohl von der *Art* des *Reizes* (verbal vs. räumlich) als auch von der stimulierten *Hemisphäre* abhängig ist. Größere SCR amp. an beiden Händen und eine langsamere Habituation traten nach Präsentation verbaler Reize im rechten Gesichtsfeld bzw. räumlicher Stimuli im linken Gesichtsfeld auf. Demnach existiert zwar eine *funktionale Beziehung* zwischen der Hemisphären-Asymmetrie und dem elektrodermalen OR-System; diese führte jedoch zu keinen bilateralen EDR-Unterschieden.

Trotz einer großen Zahl positiver und teilweise auch replizierter Befunde in der Literatur sind eindeutige Schlußfolgerungen i.S. einer *Rückführung* der *bilateralen elektrodermalen* Phänomene auf neurophysiologische Wirkungen einer *Hemisphären-Asymmetrie* noch nicht möglich (Hugdahl 1984). Ein Grund dafür ist sicher in der Vielfalt der verwendeten Untersuchungsmethoden zu sehen. Neben den bereits erwähnten Unterschieden in der Lateralisierung bei verschiedenen EDA-Parametern und der uni- vs. bilateralen Darbietung des Reizmaterials können folgende *Faktoren* einen Einfluß auf die Ergebnisse von EDA-Lateralisationsuntersuchungen nehmen:

(1) *Komplexität der Reize*: in den meisten Studien werden *räumliche* oder *verbale* Stimuli verwendet, wobei jedoch die unterschiedliche Komplexität der Reize kaum Berücksichtigung findet. Je mehr Informationen ein Stimulus enthält, desto höher ist die Wahrscheinlichkeit, daß er in

beiden Hemisphären *verarbeitet* wird. Aus diesem Grunde schlagen Prior et al. (1984) die Verwendung abstrakter und inhaltlich wenig konkreter verbaler Reize vor. Räumliche Stimuli sollten auf geometrische Elemente reduziert werden.

(2) *Emotionale Bedeutung der Reize*: es scheint, daß die *rechte* Hemisphäre eine besondere Rolle bei der Vermittlung *emotionaler Prozesse* spielt (zusammenfassend: Gainotti 1979). Terzian und Cecotto (1959) und Dimond et al. (1976) hingegen stellten die Hypothese auf, daß die *linke* Hemisphäre eher an *positiven Emotionen* wie Freude oder Glück, die *rechte* Hemisphäre an *negativen Emotionen* wie Trauer oder Angst beteiligt ist. Nach Tucker (1981) übt die *linke* Hemisphäre einen *inhibitorischen* oder *regulatorischen* Einfluß auf die primär an der Entstehung der Emotionen beteiligten rechten Hemisphäre aus. Solange das Konzept der Emotionsspezifität der Hemisphären so viele Unklarheiten beinhaltet und die in den Studien verwendeten Reize hinsichtlich ihrer Bedeutung und Intensität nicht weiter spezifiziert werden, bleiben Vergleiche zwischen den in einzelnen Untersuchungen verwendeten Reizbedingungen problematisch.

(3) *Darbietungsdauer der Reize*: geht man davon aus, daß die Transferzeit zwischen den Hemisphären unter 1 sec liegt (zusammenfassend: McKeever und Gill 1972), so ist es erstaunlich, daß die Reizdarbietungsdauer in einigen Untersuchungen von 6 sec (Williams et al. 1981), 10 sec (Myslobodsky und Rattok 1977), 15–25 sec (Smith et al. 1981) bis hin zu 1 min (Smith et al. 1979) oder gar 5 min (Ketterer und Smith 1977) reicht.

(4) *Auswahl der Pbn*, insbesondere *geschlechtsspezifische* Unterschiede und *Händigkeit* der Pbn: Kimmel und Kimmel (1965), Ketterer und Smith (1982) sowie Boyd und Maltzman (1983) beobachteten bei *Frauen weniger Lateralisationseffekte* als bei männlichen Pbn. Auch Bryden (1979), Kimura (1969) und Rizzolatti und Buchtel (1977) erhielten geringere VHF-Effekte bei Frauen, speziell bei Darbietung nicht-verbaler Reize. Diese Ergebnisse führten zu der Annahme unterschiedlicher geschlechtsspezifischer kognitiver Verarbeitungsmechanismen, wobei *weibliche* Pbn eher dazu neigen, auch bei *räumlichen* Aufgaben *verbale Strategien* zu verwenden. Hinweise auf den Einfluß der *Händigkeit* bei der Untersuchung bilateraler elektrodermaler Unterschiede ergaben sich aufgrund der Studien von Bryden (1965), Springer und Deutsch (1981) und Annett (1982). Zusammenfassend läßt sich sagen, daß *Linkshänder* im Vergleich zu Rechtshändern bei Hemisphären-spezifischen Aufgaben entweder ein *umgekehrtes* Lateralisationsverhalten oder *keinen* rechts-links-Unterschied zeigen. Hecaen und Sauget (1971) weisen darauf hin, daß sich im Lateralisationsexperiment nur die Linkshänder mit einer familiären Linkshändigkeit von den Rechtshändern unterscheiden. Entsprechende

Effekte familiärer Händigkeit konnten auch Smith et al. (1981) in ihrer oben beschriebenen Untersuchung zeigen.

(5) *Lateralisierung von Hautdicke* und *Schwitzaktivität*: die Haut der dominanten Hand wird mehr beansprucht als die der nicht-dominanten, daher ist das *Stratum corneum* der dominanten Hand i.d.R. *dicker* und damit der SCL niedriger. Dies hat möglicherweise Folgen für eine differentielle *Ausgangswertabhängigkeit* auf beiden Seiten (vgl. Abschnitt 2.5.4.2). Auch ist bei Rechtshändern die *Schwitzaktivität* am rechten Arm größer als am linken, möglicherweise eher als *Begleiterscheinung* einer vermehrten *Muskelaktivität* (vgl. Abschnitt 1.3.4.1) als infolge einer Hemisphärendominanz (Ogawa 1984). Daß eine solche Dominanz der Schweißdrüsenaktivität auf der präferierten Seite bei Linkshändern nicht gefunden wurde, könnte zur Erklärung der geringen Zusammenhänge zwischen Händigkeit und elektrodermaler Lateralität beitragen (Miossec et al. 1985).

Auf Lateralitätsuntersuchungen der EDA im Zusammenhang mit einer möglichen *Hemisphären-Dysfunktion* bei *Schizophrenen* wird im Abschnitt 3.4.2.3 näher eingegangen. Auch bei anderen Störungen spielen elektrodermale Lateralisationserscheinungen möglicherweise eine Rolle. So gibt es Hinweise darauf, daß endogen *Depressive* (vgl. Abschnitt 3.4.1.3) ein gegenüber Normalprobanden inverses EDA-Lateralisationsmuster zeigen, was möglicherweise auf eine *Hyperaktivität* ihrer *rechten Hemisphäre* zurückzuführen ist (Freixa i Baqué et al. 1984). Auch bei *Psychopathen* (vgl. Abschnitt 3.4.1.2) und selbst bei Patienten mit *kardiovaskulären Störungen* (vgl. Abschnitt 3.5.2.3) wurden elektrodermale Lateralisationseffekte gefunden Die Fortführung von Untersuchungen zur Lateralisation der EDA unter den o.g. methodischen Implikationen stellt demnach nicht nur ein wichtiges Paradigma zur Erforschung der *Hemisphärenspezialisierung* bei *Gesunden* dar; sie eröffnet auch Möglichkeiten der Überprüfung neuropsychologischer Hypothesen in der *Psychopathologie*.

3.3 Die Verwendung elektrodermaler Aktivität als Indikator in der differentiellen Psychophysiologie

Aus dem seit Anfang dieses Jahrhunderts stetig gewachsenen Interesse an relativ überdauernden interindividuellen Unterschieden i. S. von habituellen Persönlichkeitseigenschaften, die überwiegend mit Hilfe von Fragebogendaten erfaßt werden, entwickelte sich seit den 60er Jahren eine *biologisch orientierte Persönlichkeitsforschung*, innerhalb derer auf vielfältige Weise nach objektiven Korrelaten von Persönlichkeitsdimensionen gesucht wurde. Bezüglich möglicher neurophysiologischer Korrelate wurde in den Anfängen dieser Forschung im allgemeinen ein *implizites Arousalmodell* zugrunde gelegt (Edelberg 1972a). Daher fand die EDA als einer der am häufigsten verwendeten Aktivierungsindiaktoren (vgl. Abschnitt 3.2.1.1) auch eine breite Anwendung im Kontext einer differentiellen Psychophysiologie.

Versuche, die Vielzahl der gefundenen Persönlichkeitsmerkmale aufgrund ihrer quantitativen Beziehungen untereinander in ein Ordnungsschema einzufügen, wurden vor allem im Rahmen der *faktorenanalytisch* orientierten Theorien von Eysenck, Guilford und Cattell vorgenommen. Dabei zeigen sich auf dem Niveau der Faktoren 2. Ordnung, dem sog. *C-Niveau* mit breiter Merkmalsaggregation, weitgehende Übereinstimmungen bezüglich zweier dieser generalisierten Persönlichkeitseigenschaften: der *Extraversion/Introversion* und der *emotionalen Labilität/Stabilität* bzw. Emotionalität (Pawlik 1968). Diesen in Abschnitt 3.3.1 bezüglich ihrer EDA-Korrelate besprochenen *Grunddimensionen* und deren Modifikationen folgen im Abschnitt 3.3.2 weitere *spezifische Persönlichkeitsmerkmale* mit Bezügen zur EDA, unter denen eine auf der Basis der EDA-Messung selbst entwickelte Persönlichkeitsdimension, die sog. *elektrodermale Labilität*, eine besondere Stellung einnimmt (Abschnitt 3.3.2.2).

Auf individuelle Unterschiede der EDA im Zusammenhang mit sog. *organismischen Dimensionen*, denen überwiegend morphologische Differenzierungen wie Geschlecht und Alter zugrundeliegen, wurde bereits im Abschnitt 2.4.3 eingegangen.

3.3.1 Generalisierte Persönlichkeitseigenschaften und tonische elektrodermale Aktivität

Psychophysiologische Korrelate von generalisierten, d.h. auf dem faktorenanalytisch definierten sog. C-Niveau befindlichen Persönlichkeitsdimensionen, wurden am sorgfältigsten für die Merkmale "Emotionale Labilität/Stabilität" und "Extraversion/Introversion" untersucht (vgl. Stelmack 1981, Boucsein und Andresen 1987).

3.3.1.1 Die elektrodermale Aktivität im Zusammenhang mit Extraversion – Introversion

Introvertierte sollten sich nach Eysenck (1967) durch eine *leichtere Konditionierbarkeit* von den Extravertierten unterscheiden, da die durch das reticuläre Aktivierungssystem (vgl. Abschnitt 3.2.1.1.1) vermittelte *höhere corticale* Erregung bei Introvertierten maßgeblich zur Konsolidierung des Gelernten beitrage. Gleichzeitig sollen Introvertierte *schneller corticale Hemmungen* i. S. einer Schutzhemmung bei starker Reizung ausbilden, was die Extravertierten andererseits in die Nähe der "Sensation seeker" (vgl. Abschnitt 3.3.2.1) rückt (Eysenck und Zuckerman 1978). Daraus folgert Eysenck, daß bei objektiv gleicher physikalischer Reizung im *mittleren* Intensitätsbereich *Introvertierte erregter* sein müssen als Extravertierte, während Introvertierte bei stärkerer Reizung durch die o. g. Hemmung *weniger erregt* sein sollen als Extravertierte.

Eine *größere Reagibilität* der *Introvertierten* auf Reize *mittlerer Intensität* konnte insbesondere in den Untersuchungen der Eysenck-Gruppe wiederholt gezeigt werden, wobei von allen physiologischen Systemen die *EDA* die *konsistentesten Ergebnisse* aufwies (Eysenck und Eysenck 1985). Bei der Untersuchung entsprechender Zusammenhänge lassen sich 3 *verschiedene Zugänge* i. S. von Design-strategischen Vorgehensweisen unterscheiden, die sich sinngemäß auch bei anderen Persönlichkeitsmerkmalen anwenden lassen:

(1) *ein korrelativer Zugang*, bei dem die mit Fragebögen erhobenen Ausprägungsgrade der betreffenden Persönlichkeitsmerkmale mit EDA-Niveaubzw. Reaktionswerten unter *Ruhe-* und *Erregungsbedingungen* korreliert werden,

(2) ein *varianzanalytischer Zugang*, bei dem ein sog. *organismischer Faktor* mittels Medianhalbierung, besser noch durch Extremgruppenbildung anhand der Ausprägung in dem betreffenden Persönlichkeitsmerkmal eingeführt wird, damit bezüglich der gemessenen EDA sowohl *Haupteffekte* der infrage stehenden *Persönlichkeitsdimension* als auch deren *Interaktion* mit ggf. weiteren *experimentellen Bedingungen* statistisch untersucht werden können,

(3) ein insbesondere von Eysenck (1967) favorisierter Zugang durch *pharmakopsychologisch* induzierte Verschiebung der corticalen Erregung/Hemmung und damit eine *experimentelle Manipulation* des Grades der Introvertiertheit/Extravertiertheit.

Im folgenden soll zu jedem der o. g. Zugänge paradigmatisch eine Untersuchung zur Frage elektrodermaler Korrelate der Eysenck'schen Persönlichkeitsdimension Extraversion/Introversion besprochen werden.

Rajamanickam und Gnanaguru (1981) untersuchten an 23 männlichen Pbn in einer dem Zugang (1) entsprechenden Studie den Zusammenhang zwischen Extraversion/Introversion und emotionaler Labilität einerseits und der Veränderung des vor und nach der Applikation eines elektrischen Reizes gemessenen SRL[102] andererseits. Sie fanden eine signifikante Korrelation des SRL zur Extraversion von r = −0.62 und zur emotionalen Labilität von r = 0.52, woraus sie auf eine *erhöhte autonome Reaktivität* bei *Introvertierten* und bei *emotional Labilen* schlossen.

Zu einer differenzierteren Analyse bezüglich der Extraversion kommen Fowles et al. (1977), die eine dem varianzanalytisch Zugang (2) folgende Serie von 4 Experimenten mit den Faktoren Extraversion/Introversion, "Neurotizismus" (entspricht im Eysenck'schen System der emotionalen Labilität, vgl. Abschnitt 3.3.1.2), verschiedenen Intensitäten von 20 Tönen (1000 Hz) und durch lösbare bzw. unlösbare vorher zu bearbeitende Aufgaben manipuliertes Arousalniveau durchführten. Bezüglich der Persönlichkeitsmerkmale wurden Extremgruppen – allerdings nicht anhand der Eysenck–Skalen – aus den Dritteln der Häufigkeitsverteilungen gebildet. Gemessen wurde jeweils der SCL[103].

Im 1. Experiment an 40 extravertierten und 40 introvertierten männlichen Studenten und in dem 2., einer Replikationsstudie an jeweils 20 Pbn mit der gleichen Gruppenzugehörigkeit, zeigte sich übereinstimmend, daß der *SCL* der *Extravertierten* bei *hohen Tonintensitäten* (103 dB) *höher* war als unter der Kontrollbedingung (83 dB), unabhängig davon, ob das durch die vorherigen Aufgabenschwierigkeiten manipulierte Arousalniveau hoch oder niedrig war. Dieser Unterschied im SCL trat bei den *Introvertierten* jedoch *nur dann* auf, wenn die vorherigen *Aufgaben leicht* lösbar gewesen waren, andernfalls war im 2. Experiment der SCL bei Tönen hoher Intensität sogar *niedriger*, was die Annahme der o. g. *Schutzhemmung* bei *Introvertierten* stützt. Dies zeigte sich noch deutlicher im 3. Experiment mit je 40 weiblichen Extra- und Introvertierten sowie im 4. Experiment mit jeweils 10 weiblichen Pbn in den 4 aus Extra- vs. Introversion und emotionaler Stabilität vs. Labilität gebildeten Gruppen, die beide ohne vorherige Manipulation des Arousalniveaus mittels Aufgabenschwierigkeit

---

[102]Zur Ableitung wurden Zinkelektroden von 25 mm Durchmesser, 1 %-ige Zinksulfatpaste und eine unbekannte Stromdichte verwendet.

[103]2 cm^2 Ag/AgCl-Elektroden, 0.5 % KCl-Unibase-Paste und 1.0 V Konstantspannung.

durchgeführt wurden und demnach insgesamt auf *niedrigerem* Aktivierungsniveau ansetzten: hier kam es bei den *Introvertierten* zu einer deutlichen *Abnahme* des *SCL* mit der Zunahme der *Stimulusintensität*, bei den *Extravertierten* dagegen zu einer *Zunahme* des SCL bzw. zu *keiner* Veränderung. Für die Pbn mit unterschiedlichem Grad der emotionalen Stabilität wurden keine Unterschiede in den SCLs gefunden.

Dem Zugang (3) entspricht die von Smith et al. (1983) vorgelegte Untersuchung an 48 Extravertierten und 48 Introvertierten, jeweils zur Hälfte männlich und weiblich, die nach der Extremgruppenmethode aus einer größeren Stichprobe selegiert wurden. Die Gruppen wurden nach Zufall auf 3 verschiedene *Koffeindosen* (1.5, 3.0 und 4.5 mg/kg Körpergewicht) und eine Placebobedingung aufgeteilt, mit denen die *corticale Aktiviertheit* beeinflußt werden sollte. Nach 45 min erhielten die Pbn in randomisierter Folge zwei Serien von je 6 Tönen (1500 Hz) mit Intensitäten zwischen 60 und 110 dB, einmal mit und einmal ohne Vorwarnsignal. Der *SCL* [104] von *Introvertierten* war insgesamt höher als der der Extravertierten. Weiter zeigte sich eine signifikante Interaktion zwischen Reizintensität und Persönlichkeitsmerkmal: auf Töne *niedriger Intensitäten* (bis 80 dB) reagierten die *Introvertierten* mit *größerer SCR amp.* als die Extravertierten, während bei den Tönen mit *hoher Intensität keine Unterschiede* mehr auftraten. Die Interaktion 2. Ordnung zwischen Persönlichkeit, Koffeindosis und Vorhandensein eines Warnsignals wurde ebenfalls signifikant: die *SCR amp.* nahm bei den *Extravertierten* mit *steigender Koffeindosis* unabhängig vom Auftreten eines Vorwarnsignals *stetig zu*, bei *Introvertierten* nahm sie *stetig ab*, wenn kein Vorwarnsignal auftrat, in der Signalisierungsbedingung nahm sie jedoch von der Placebo- zur niedrigsten Koffeindosis-Bedingung ab und danach wieder zu.

Diese Untersuchung zeigt zunächst einmal das in der Theorie für *niedrige Reizintensitäten* geforderte *höhere Aktiviertheitsniveau* der Introvertierten als generellen Effekt über alle Versuchbedingungen. Auch der nach dem aufgrund entsprechender empirischer Befunde insgesamt eher infrage zu stellenden (Legewie 1968) sog. *Drogen-Postulat* von Eysenck (1957) zu fordernde "Introversion-induzierende" Effekt des *Stimulans* Koffein konnte für die extravertierte Gruppe durch die Steigerung ihres Arousals mit zunehmender Dosis belegt werden. Die bei den *Introvertierten* beobachtete Abnahme der SCR amp. bei steigender Koffeindosis ist mit der Hypothese einer *erregungsmindernden Schutzhemmung* dieser Gruppe bei steigender Aktivierung vereinbar. Unter der Vorsignal-Bedingung könnten dagegen die Effekte der stärkeren Reize durch *antizipato-*

---

[104] Ag/AgCl-Elektroden von 1 cm Durchmesser, 0.05 M NaCl-Paste und 9.66 $\mu A/cm^2$ Stromdichte. Die gemessenen SR-Werte wurden in SC-Werte transformiert und die SCRs Quadratwurzel-transformiert (vgl. Abschnitt 2.3.3.3) und Range-korrigiert (vgl. Abschnitt 2.3.3.4.2).

rische Prozesse abgemildert und so das corticale Erregungsniveau unter die Schwelle für die Auslösung der Schutzhemmung gebracht worden sein. Dies deutet auf die Rolle der *Aufmerksamkeit* als *Moderatorvariable* im postulierten Erregungs–Hemmungs–Gleichgewicht hin; tatsächlich wurden auch bei *Introvertierten bessere Vigilanzleistungen* (vgl. Abschnitt 3.2.2) gefunden als bei Extravertierten (Krupski et al. 1971).

Wegen der eher *widersprüchlichen* empirischen *Befunde* zu den Vorhersagen bezüglich der *Aktivierung* von *Extravertierten* bzw. Introvertierten hat Gray (1970, 1973) eine Modifikation der ursprünglichen Theorie von Eysenck vorgeschlagen, die von der bei Tieren relativ gut belegten, beim Menschen jedoch bislang lediglich hypostasierten Existenz *relativ unabhängiger Belohnungs-* und *Bestrafungssysteme* im Gehirn ausgeht (vgl. Abschnitt 3.2.1.1.2). Danach sollen *Extravertierte* nicht generell schwerer konditionierbar, sondern *unempfindlicher* gegenüber *negativer* und aufgeschlossener für *positive Bekräftigung* sein. Auch wird die Dimension *Extraversion/Introversion nicht* mehr als *unabhängig* von der *emotionalen Labilität* angesehen, da mit zunehmendem Labilitätsgrad die Sensitivität gegenüber Strafreizen ansteigen soll. Dies entspricht auch den im Fragebogenbereich immer wieder gefundenen *negativen Korrelationen* zwischen Extraversion und Labilität (Boucsein 1973, vgl. auch die strichpunktierte Achse in Abbildung 48). Gray (1981) setzt später die *Empfänglichkeit* für *positive* Bekräftigung mit der Persönlichkeitsdimension "*Impulsivität*" gleich und identifiziert die *Empfänglichkeit* für *negative* Bekräftigung mit der über die Manifest anxiety scale (MAS) von Taylor (1953) operationalisierten *Ängstlichkeit*, die beide als *orthogonal* zueinander aufgefaßt werden.

Die Eysenck'sche Extraversions/Introversions–Dimension wird von Gray in der *Winkelhalbierenden* von *Impulsivität* und *Ängstlichkeit* lokalisiert. Abbildung 48 zeigt die von Gray vorgenommene "*Achsen–Rotation*" im Eysenck'schen dimensionalen System. Ziel dieser Rotation auf der C–Faktoren–Ebene war die Herstellung einer *Eins–zu–Eins–Entsprechung* und damit einer *konzeptionellen Verknüpfung* von *Persönlichkeitsdimensionen* und vermuteten *zentralnervösen Steuerungssystemen* (Andresen 1987): ansteigende Werte auf dem Gray'schen Faktor "Ängstlichkeit" repräsentieren zunehmende Sensitivität gegenüber Bestrafungsreizen sowie Signalen des nicht–Belohntwerdens und Neuheits–Signalen; ansteigende Werte auf dem Faktor "Impulsivität" sollen dagegen zunehmende Empfänglichkeit gegenüber Belohnungsreizen und Signalen des nicht–Bestraftwerdens repräsentieren. Gray (1982) postuliert als *neurophysiologische Grundlage* für die *Impulsivität* ein vorwiegend im *medialen Vorderhirnbündel* des sog. Limbischen Systems lokalisiertes "Behavioral activation–system" (BAS), während ein *septo–hippocampales* "Behavioral inhibition–system" (BIS) unter Beteiligung frontaler Cortexareale die zentralnervöse Grundlage für die Dimension *Ängstlichkeit* darstellen soll (vgl. Abschnitt 3.2.1.1.2).

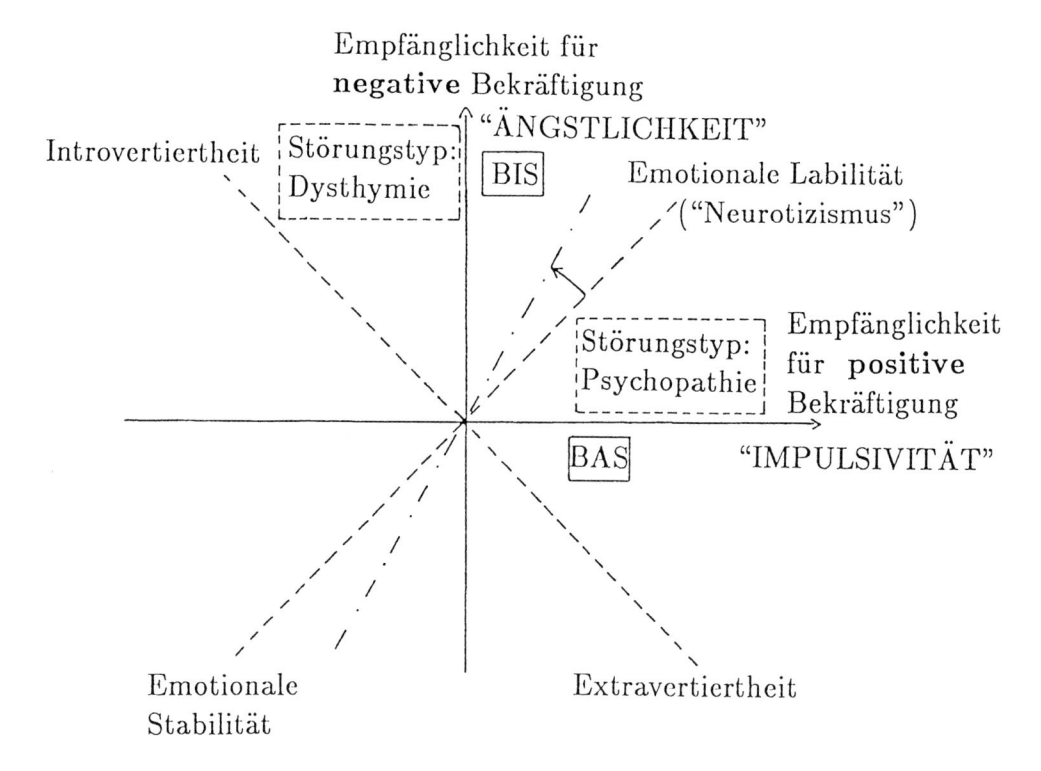

Extraversion/Introversion 349

Abbildung 48. Die von Eysenck postulierten Persönlichkeitsdimensionen auf dem C-Niveau (- - -) : Extravertiertheit/Introvertiertheit und Emotionale Labilität/Stabilität (Neurotizismus sensu Eysenck) als Winkelhalbierende im Schema von Gray (———) aus Impulsivität und Ängstlichkeit mit deren behavioralen Grundlagen (Belohnungs- bzw. Bestrafungssensitivität) sowie den vermuteten zentralnervösen Steuerungssystemen (BAS = Behavioral activation system bzw. BIS = Behavioral inhibition system) und den korrespondierenden psychopathologischen Störungstypen. Die im Fragebogenbereich gefundene korrelative Abhängigkeit der Eysenck'schen Dimensionen wurde durch die Einführung einer zusätzlichen Achse (- · - · -) angedeutet, die gegenüber der ursprünglichen Labilität/Stabilitätsachse etwas gedreht ist (siehe Pfeil).

Die von Fowles (1980) postulierte Eignung der *Herzfrequenz* als spezifischer *Indikator* für die Aktivität des *BAS* einerseits sowie der *EDA* als ein *Korrelat* der Tätigkeit des *BIS* andererseits konnte allerdings bislang weder im allgemeinpsychologischen Kontexten (vgl. Abschnitt 3.2.1.1.2) noch in differentialpsychologischen Zusammenhängen genügend belegt werden. Eine *verringerte elektrodermale Reaktivität*, wie sie teilweise beim psychopathologischen Störungstyp der *Psychopathen* beobachtet wird (vgl. Abbildung 48), läßt sich mit der spezifischen Indikatorfunktion der EDA für das BIS auch nur auf dem *Umweg* über eine *Hemmung* des *BIS* über das bei Psychopathen möglicherweise *vermehrt aktive BAS* in Übereinstimmung bringen (vgl. Abschnitt 3.4.1.2). Der Nachweis einer wechselseitigen Hemmung dieser neurophysiologischen Systeme beim Menschen müßte jedoch noch geführt werden. Andresen (1987, Seite 144) faßt die bisher vorliegenden Untersuchungen zu den postulierten Zusammenhängen zwischen EDA und BIS allerdings dahingehend zusammen, daß eine *selektive korrelative Beziehung* der *EDA* zu einer *negativ valenten Aktivierung* i. S. einer Bestrafungserwartung bzw. Vermeidungstendenz *nicht zu erkennen* sei. Andresen (1987) fand in einer an 66 weiblichen Pbn durchgeführten multivariaten Studie, daß die mittels Standardmethodik abgeleitete und mit einem Amplitudenkriterium von 0.01 μS ermittelte *NS.SCR freq.* eher als *Indikator* für *ängstliche Aktivierung* als für Verhaltenshemmung geeignet sei, wobei eine *zusätzliche* Verbindung zur eingeschränkten Reizsuche (*"Sensation refusing"*, vgl. Abschnitt 3.3.2.1) zu erkennen war.

3.3.1.2 Die elektrodermale Aktivität als Indikator emotionaler Labilität

Nach der von Eysenck (1967) vorgelegten Theorie einer neurophysiologischen Grundlage seiner Persönlichkeitsdimensionen sollten *emotional Labile* im Vergleich zu Stabilen sowohl *höhere Ruhewerte* als auch systematisch *höhere Reaktionswerte* insbesondere bei Streßreizen zeigen, was sich in dieser Form empirisch überwiegend *nicht bestätigen* ließ (Fahrenberg 1979).

Während für die von Fowles (1980) hypostasierte Verbindung von BIS und EDA (vgl. Abschnitt 3.3.1.1.2) noch zu wenige und zu schwache empirische Evidenzen vorliegen, wurde eine *hohe Korrelation* zwischen der *EDA* und dem Persönlichkeitsmerkmal *emotionale Labilität/Stabilität* bzw. *Emotionalität* lange Zeit als eines der konsistentesten Ergebnisse psychophysiologischer Persönlichkeitsforschung angesehen (Stern und Janes 1973). Dies muß allerdings aufgrund neuerer empirischer Ergebnisse *bezweifelt* werden (Katkin 1975, Fahrenberg 1979). Konzeptuelle Schwierigkeiten bereitet die *Abgrenzung* dieses ebenfalls als "Ängstlichkeit" i. S. der "Trait–anxiety" sensu Spielberger (1966) bezeichneten Merkmals (Amelang und Bartussek 1981) *gegenüber* der als psychopathologisch anzusehenden "neurotischen" Angst (vgl. Abschnitt 3.4.1.1), zumal Eysenck (1967) die emotionale Labilität mit der Neurotizismusdimension gleichsetzt. Aber auch die Zusammenhänge zwischen dem Neurotizismus sensu Eysenck und der psychophysiologischen Reaktivität sind insgesamt eher inkonsistent (Stelmack 1981). Dem Vorschlag von Gray (1981), die Dimension Ängstlichkeit im Winkel von 45° zwischen den Eysenck'schen Merkmalen Introversion und Neurotizismus und damit orthogonal zu seiner eigenen Dimension "Impulsivität" zu lokalisieren (vgl. Abbildung 48), hält Eysenck (1982) die höheren Korrelationen zwischen seiner Neurotizismus-Dimension und der mit der MAS (Taylor 1953) gemessenen Trait-anxiety (r = 0.70) im Vergleich zu deren Korrelation mit der Introversion (r = 0.30) entgegen. Eine *Lokalisation* der verschiedenen Konzepte zur *Emotionalität* im *Testraum* kann daher *nicht eindeutig* vorgenommen werden; auch Abbildung 48 stellt hierzu nur einen von mehreren denkbaren Lösungsvorschlägen dar.

Von den im Abschnitt 3.3.1.1 unterschiedenen 3 Zugängen wurde zur Untersuchung des Zusammenhangs zwischen Emotionalität und EDA zumeist der *varianzanalytische* Ansatz (2) verwendet. Als Beispiel hierfür sei die Untersuchung von Rappaport und Katkin (1972) angeführt: sie bildeten anhand der Kurzform der MAS aus einer größeren Stichprobe von männlichen Studenten aus den oberen 20 % eine Gruppe von 24 Hochängstlichen und aus dem unteren 20 % eine Gruppe von 24 Niedrigängstlichen. 16 Pbn aus jeder Gruppe sollten nach einer Ruheperiode die bei sich selbst wahrgenommene emotionale Reaktion durch einen leichten Druck auf ein Fußpedal anzeigen, wodurch – wie im Vorversuch gefunden wurde – keine EDR-Artefakte (vgl. Abschnitt 2.2.7.2) auftraten. Den Pbn wurde gesagt, man könne ihre Angaben durch die EDA-Messungen objektiv überprüfen. Jeweils 8 Hoch- und Niedrigängstliche dienten als Kontrollgruppe mit einer weiteren Ruheperiode. Während sich Hoch- und Niedrigängstliche unter Ruhebedingungen in der NS.SRR freq.[105] nicht signifikant unterschieden, reagierten die Hochängstlichen auf die Selbstbeobachtungssituation mit einer deutlich stärkeren Zunahme und in der Kontrollbedingung mit einer geringeren Abnahme der NS.SRR freq. als die Niedrigängstlichen. Da keine Gruppenunterschiede bezüglich der Selbstwahrnehmung emotionaler Veränderungen auftraten, konnte eine Rückführung der differentiellen elektrodermalen Reaktivität auf kognitive Prozesse ausgeschlossen werden. Andererseits erschien das Auftreten von EDA-Unterschieden zwischen Hoch- und Niedrigängstlichen an bestimmte Stimulusbedingungen wie die verwendete Situation mit leichtem Streßcharakter und Ich-Beteiligung gebunden, worauf auch Katkin (1975) hinweist, der in Experimenten seiner Arbeitsgruppe mit starken Stressoren wie elektrischen Schlägen keine Unterschiede in der elektrodermalen Reaktivität zwischen Ängstlichen und Nichtängstlichen finden konnte. Tatsächlich wurden *überwiegend keine Zusammenhänge* zwischen *Ängstlichkeit* und *tonischen EDA-Maßen* unter *Ruhebedingungen* gefunden (Stern und Janes 1973).

Die dem Zugang (3) bei der Extraversion/Introversion entsprechende *pharmakologische Beeinflussung* der Ängstlichkeit durch Tranquilizer, denen eine

---

[105] Mit Standard-Beckman Ag/AgCl-Elektroden und Beckman-Paste wurde palmar an der linken Hand mit 20 $\mu A/cm^2$ die SR gemessen und die Zahl der 100 Ohm übersteigenden NS.SRRs bestimmt.

spezifische *anxiolytische* Wirkung zugeschrieben wird (vgl. Abschnitt 3.4.3.1), wurde bezüglich ihrer Auswirkungen auf die EDA kaum untersucht. Boucsein und Wendt-Suhl (1982), die an jeweils 14 nach dem FPI (Fahrenberg und Selg 1970) klassifizierten emotional stabilen und 10 labilen männlichen Studenten unter verschiedenen Streß- und entsprechenden Kontrollbedingungen die Wirkungen von 5 mg Diazepam gegenüber Placebo testeten, fanden zwar eine Reihe von Streßhaupteffekten in den mit der von Boucsein und Hoffmann (1979) verwendeten Methode (vgl. Abschnitt 2.5.2.1.1) ermittelten SRR amp.-Mittelwerten (vgl. Abschnitt 2.3.2.2), jedoch *keine* signifikanten *Interaktionen* zwischen der *Persönlichkeitsvariablen* und den *Pharmakonwirkungen*, weder unter Streß- noch unter Nichtstreß-Bedingungen.

Versucht man, die Rolle der *EDA* als Indikator genereller, *hoch integrierender Persönlichkeitsdimensionen* synoptisch zu beurteilen, so erhält man ein unscharfes Bild: während die *Indikatorfunktion* der EDA im kompliziert formulierten cortical-subcorticalen *Erregungs-/Hemmungsgleichgewicht* des dimensionalen Systems von Eysenck sowohl bezüglich der Extraversion/Introversion als auch bezüglich der Neurotizismus-Dimension *widersprüchlich* geblieben ist, stellt die von Gray und Fowles vorgelegte *konzeptuelle Verknüpfung* von *Ängstlichkeit, BIS* und *EDA* zwar eine sparsamere Erklärung der Beziehungen zwischen Persönlichkeitsmerkmalen und elektrodermalen Phänomenen dar als die von Eysenck postulierte, sie kann jedoch nach dem heutigen Stand lediglich als eine interessante *Forschungshypothese* für zukünftige Untersuchungen zum Zusammenhang zwischen Persönlichkeitsmerkmalen und EDA angesehen werden. Allerdings werden Forschungsstrategien zur Untersuchung von Beziehungen *einzelner* physiologischer *Parameter* zu bestimmten Persönlichkeitsvariablen von Fahrenberg (1987b) zusammenfassend als wenig erfolgversprechend angesehen. Fahrenberg schlägt stattdessen vor, zunächst auf *multivariater Basis* psychophysiologische *Reaktionsmuster* zu ermitteln und dann diese zu den bekannten Persönlichkeitsdimensionen in Beziehung zu bringen, wobei sich möglicherweise *Subfaktoren* der sog. *C-Dimensionen* als geeignetere Korrelate psychophysiologischer Reaktivität erweisen könnten als die C-Faktoren selbst. Dabei dürfte auch der im Abschnitt 3.3.1.1 unter (1) genannte *korrelative Zugang* wegen der nicht gegebenen transsituationalen Invarianz der Beziehungen für derartige Untersuchungen von *geringerem Wert* als der unter (2) aufgeführte *varianzanalytische Zugang*, bei dem die Effekte von situativen Bedingungen sowie deren *Interaktionen* mit den infragestehenden Persönlichkeitsmerkmalen mit beurteilt werden können. Der *pharmakologische* Zugang (3) erlaubt zwar einen relativ "harten" Test der postulierten neurophysiologischen zentral-peripheren Beziehungen im System von Gray, erfordert jedoch *hochspezifische* und *selektive Psychopharmakon-Wirkungen*, die mit den im Humanbereich zur Verfügung stehenden Methoden bislang kaum zu erzielen sind (vgl. Abschnitt 3.4.3.1).

3.3.2 Spezifische Persönlichkeitseigenschaften und elektrodermale Aktivität

In den folgenden Abschnitten werden solche Persönlichkeitsmerkmale mit ihren Bezügen zur EDA behandelt, die nach der vorherrschenden Auffassung in hierarchischen, fakatorenanalytisch begründeten Modellen *unterhalb* des sog. *C-Niveaus* eingeordnet werden (Abschnitt 3.3.2.1). Auf die Sonderstellung, die dabei das Merkmal *elektrodermale Labilität* (Abschnitt 3.3.2.2) einnimmt, wurde bereits in der Einleitung zum Kapitel 3.3 hingewiesen.

3.3.2.1 Die elektrodermale Aktivität und spezifische Persönlichkeitsmerkmale aus Fragebogendimensionen

Eine Reihe von mit Fragebogen erfaßten, nach ihrer faktorenanalytischen Klassifizierbarkeit weniger generellen Persönlichkeitsmerkmalen sollen ebenfalls Beziehungen zur Reaktivität des autonomen Nervensystems, mithin also auch zur EDA aufweisen.

Für die von Byrne (1961) zur Erfassung unterschiedlicher Streßverarbeitungsstile vorgeschlagene Dimension "*Repression/Sensitization*" wurde aufgrund einer von Weinstein et al. (1968) vorgenommenen Reanalyse einer Reihe von Untersuchungen mit Streßfilmen hypostatisiert, daß "Represser" und "Sensitizer" unter Streß *in gleicher Weise autonom erregt* sein sollen, "*Represser*" dies jedoch in der *Selbstbeobachtung nicht* zugeben würden. Boucsein und Frye (1974) untersuchten jeweils 9 bis 10 männliche Pbn, die zum oberen bzw. unteren Drittel der Verteilung in der Byrne–Skala gehörten, unter einer Mißerfolgsstreß- bzw. einer Kontrollbedingung, wobei die SR mittels Standardmethodik unter Verwendung von Beckman–Paste abgeleitet wurde. Zur Prüfung der geforderten *Diskrepanz* zwischen *subjektiven* und *physiologischen* Reaktionen auf den Stressor wurden Differenzen zwischen den ALS–Werten (vgl. Abschnitt 2.3.3.4.4) der mittleren NS.SRR amp. (vgl. Abschnitt 2.3.2.2) gebildet. Dabei zeigte sich entgegen der Vorhersage, daß "*Represser*" unter Streß *stärker subjektiv* als mit der EDA reagierten, "Sensitizer" jedoch eher in umgekehrter Weise. Da die "Sensitizer" auch unter Streß eine höhere NS.SRR freq. aufwiesen und die *Byrne–Skala* in der Höhe ihrer eigenen Zuverlässigkeit mit der durch die MAS bestimmte *Ängstlichkeit* (vgl. Abschnitt 3.3.1.1) zu r = 0.83 *korrelierte*, lassen sich aus dem Repression/Sensitization–Konzept alleine keine wesentlich über die aus dem generelleren Merkmal Emotionalität ableitbaren Hypothesen hinausgehende Vorhersagen treffen.

Weinberger et al. (1979), die bei ihren 40 männlichen Studenten ebenfalls eine sehr hohe Korrelation von r = 0.94 zwischen der Byrne–Skala und der MAS fanden, schlagen eine *Trennung* der "*Represser*" von den *Niedrig-Ängstlichen* mit Hilfe der *MAS* und des Persönlichkeitsmerkmals *Defensivität* vor: beide Gruppen sollen eine habituell geringe Ängstlichkeit, die *"Represser"* jedoch zusätzlich eine *hohe* und die Niedrig–Ängstlichen eine geringe *Defensivität* angeben. Sie führten mit 15 Niedrig-, 11 Hoch–Ängstlichen und 14 "Repressern" einen Assoziationstest durch. Die "Represser" zeigten eine signifikant höhere NS.SRR freq.[106] als die beiden anderen Gruppen während der Assoziationtests, nicht jedoch unter Ruhebedingungen. Da sie aber gleichzeitig verlängerte Reaktionszeiten beim Assoziieren aufwiesen, kann nicht ausgeschlossen werden, daß die Unterschiede in der EDA mittelbar über eine länger aufrecht erhaltene innere Spannung entstanden sind.

Ein weiteres dem nicht–pathologischen Persönlichkeitsbereich zuzurechnendes Merkmal mit psychophysiologischem Bezug ist der *Syndromtypus A vs. B*. Der durch exzessive Aktivität, Konkurrenzhaltung, Aggressivität, Feindseligkeit, Ungeduld und Anfälligkeit für Zeitdruck und durch höheres Koronarrisiko gekennzeichnete sog. *Typ A* (Rosenman et al. 1966) soll unter *Herausforderungs–Bedingungen* mit *höheren psychophysiologischem* vom *Sympathicus* gesteuerten *Arousal* reagieren (Dembroski et al. 1977) als ein gegensätzlicher sog. Typ B. Obwohl der EDA als rein sympathisch innervierter physiologischer Größe hierbei paradigmatischer Wert zukommt, konnte diese Hypothese *bezüglich* der *EDA* überwiegend *nicht bestätigt* werden (Krantz et al. 1974, Dembroski et al. 1977, 1978, Price und Clarke 1978, Steptoe und Ross 1981, Myrtek 1983, Holmes et al. 1984, Steptoe et al. 1984).

Lediglich Lovallo und Pishkin (1980) fanden zwischen je 40 männlichen Studenten des Typs A und B während verschiedener Leistungsaufgaben sowohl unter Mißerfolgs- und Neutralbedingungen signifikante Unterschiede in den mit Standardmethodik erhobenen tonischen SC–Maßen: im Gegensatz zur Ruhebedingungen wurden unter allen 3 Aufgabenbedingungen bei den Pbn des *Typs A höhere SCLs* und *höhere Frequenzen* der 0.1 μS übersteigenden *NS.SCRs* beobachtet, während sich bei den SCR amp. keine Unterschiede fanden. Lawler et al. (1981) untersuchten bei 41 elf- und zwölfjährigen Kindern die Beziehung zwischen den im Zeitfenster von 1 bis 4 sec gemessenen SCRs[107] auf Reaktionszeitaufgaben und der Zugehörigkeit der Pbn zum Typ A oder B. Typ A–Kinder zeigten signifikant höhere SCR amp. als die des Typs B; die SCR lat. und die während einer Art Anagrammtest gemessene NS.SCR freq. unterschieden sich dagegen nicht nicht in den beiden Gruppen.

Langosch et al. (1983), die 144 männliche Infarktpatienten in einer multivariaten Studie untersuchten, kamen zu dem Schluß, daß die EDA–Parameter für die Vorhersage des Typ A/B–Verhaltens von geringerer Bedeutung war als die

---

[106] Die SR wurde mit 16 mm Ag/AgCl–Elektroden und 0.05 M NaCl–Unibase Elektrodenpaste palmar gemessen und die Frequenz der 100 Ohm übersteigenden NS.SRRs ermittelt.

[107] Beckman-Miniaturelektroden, K-Y-Gel und 0.5 V Konstantspannung.

Fragebogendimensionen

anderen von ihnen erhobenen physiologischen Messungen. Insgesamt erscheint demnach die *EDA nicht geeignet*, die geforderte unterschiedliche *psychophysiologische Reaktivität* von Pbn, die den Typen A bzw. B zuzurechnen sind, abzubilden, die allerdings ohnehin nach den sorgfältigen Literaturrecherchen von Myrtek (1983, 1985) in Zweifel gezogen werden muß.

Nicht zuletzt infolge konsequenter Programmforschung der Gruppe um Zuckerman während der letzten 20 Jahre wurde das Persönlichkeitskonstrukt "*Reizsuche*" (*Sensation seeking*) mit seinen möglichen Subfaktoren ins zentrale Blickfeld psychophysiologischer Persönlichkeitsforschung gerückt. Es handelt sich um ein von Zuckerman et al. (1964) entwickeltes Fragebogenkonzept (SSS = Sensation seeking scale) auf dem Hintergrund der Annahme eines interindividuell unterschiedlichen *optimalen Aktivierungs-* bzw. *Stimulationsniveaus* (vgl. Abschnitt 3.2.1.1.1). Es zeigten sich korrelative Beziehungen zwischen der mit der SSS ermittelten Reizsuche–Tendenzen einerseits und Verhaltensweisen wie variierende sexuelle Präferenzen, Genuß- und Rauschmittelkonsum, Vorlieben für gefährliche Sportarten und komplexere Tätigkeiten andererseits (Zuckerman 1983). Beobachtungen auf der psychophysiologischen Ebene rücken das Sensation seeking–Konzept in die Nähe der sog. ersten Grundeigenschaft der "höheren Nerventätigkeit" in der von Teplov und Nebylitsyn (1971) ausgebauten Persönlichkeitsauffassung von Pawlow, der "Stärke des Nervensystems", deren Operationalisierung in einer *Schwellenerhöhung* für *Reize* bzw. einer insgesamt *verringerten Reaktivität* besteht (Feij 1984). So fanden Ridgeway und Hare (1981), daß "Reizsucher" auf akustische Reize (60 dB–Töne von 1000 Hz) mit Herzfrequenz–Mustern reagierten, die einer OR entsprachen, bei Pbn mit niedrigen SSS–Werten dagegen eher Defensivreaktions–Muster auftraten (vgl. Abschnitt 3.1.1.1).

Andererseits wurden bei Pbn mit hohen Werten in der SSS *stärkere elektrodermale ORs* auf neue akustische und visuelle *Reize* beobachtet. Neary und Zuckerman (1976) führten 2 entsprechende Experimente mit anhand der SSS gebildeten Extremgruppen durch (vgl. Zugang (2), Abschnitt 3.3.1.1). Im 1. Experiment wurde bei jeweils 14 Pbn mit Werten aus den oberen und den unteren 15 % der SSS–Verteilung die elektrodermale OR[108] auf 10 weiße Rechtecke und 10 komplexe farbige Dias gemessen. Auf den 1. Reiz beider Serien zeigten die "Reizsucher" signifikant höhere EDRs als die Pbn mit niedrigen SSS–Werten, während sich die anschließenden Habituationsverläufe nicht unterschieden. Im 2. Experiment bildeten die Autoren anhand der SSS Extremgruppen mit je 20 Pbn, von denen jeweils die Hälfte nach der Taylor–MAS (vgl. Abschnitt 3.3.1.1) als hoch- und niedrigängstlich klassifiziert worden war. Die Pbn erhielten 10 Rechtecke und anschließend ein farbiges Dia sowie 10 gleiche

---

[108]SR-Messungen unüblicherweise mit aktiver palmarer und inaktiver geschmirgelter Ableitstelle am Unterarm, Beckman–Standardelektroden und Beckman–Paste, 20 μA Konstantstrom. Die SR-Werte wurden in SC-Werte umgerechnet und die SCR amp. wurzeltransformiert.

Töne (1000 Hz, 70 dB) und einen 200 Hz–Ton dargeboten. Das im 1. Experiment erhaltene Ergebnis, daß Pbn mit hohen und niedrigen SSS–Werten nur bei neuen Reizen signifikant unterschiedliche EDR amp. zeigten, konnte lediglich für die akustischen Stimuli bestätigt werden, wobei auch auf den veränderten 11. Reiz keine unterschiedlichen Reaktionen erfolgten. Bei den visuellen Reizen zeigten sich insgesamt statistisch bedeutsam höhere EDR amp.-Werte bei den "Reizsuchern". Bezüglich des Faktors Trait–Angst der MAS traten keine signifikanten Effekte auf. Obwohl diese eher inkonsistenten Ergebnisse durch die Gruppe um Feij teilweise repliziert werden konnten, scheinen sich die *unterschiedlichen ORs* in Abhängigkeit von SSS–Werten *eher in der Herzfrequenz* und in *evozierten Potentialen* des EEG als in der EDA zu zeigen (Zuckerman 1983, Feij 1984). Auch Ridgeway und Hare (1981) hatten keine entsprechenden Unterschiede in der EDA gefunden.

Stelmack et al. (1983b) fanden ebenfalls nur *geringe Zusammenhänge* zwischen den SSS–Werten und der *elektrodermalen OR*. Da die *SSS* mit der C–Dimension *Extraversion positiv korreliert* ist, bezüglich der *elektrodermalen Reaktivität* von "Reizsuchern" und Extravertierten jedoch *gegensätzliche Hypothesen* bestehen (vgl. Abschnitt 3.3.1.1), ließen sie Teile ihrer Gesamtstichprobe von 91 männlichen und 93 weiblichen Pbn den SSS und den EPQ (Eysenck und Eysenck 1975) ausfüllen und fanden zunächst eine Korrelation von $r = 0.60$ zwischen dem SSS–Gesamtwert und der Extraversionsskala, die deutlich über dem im allgemeinen gefundenen korrelativen Zusammenhang von $r = 0.40$ (Andresen 1987) lag. 118 Pbn erhielten danach jeweils 10 Darbietungen einer geometrischen Zeichnung, 66 stattdessen verbale Stimuli. Als 11. Reiz wurde jeweils ein neuer Stimulus dargeboten. Die Hautleitfähigkeit wurde mit Standardmethodik unter Verwendung von K–Y–Gel abgeleitet. Zu Beginn der Serie mit den verbalen Reizen zeigten die Introvertierten höhere SCR amp., während sich zwar nicht im Gesamtwert, aber doch in 2 der 4 SSS–Subskalen größere SCR amp. bei den Pbn mit hohen Werten auf den Reizsuche–Dimensionen zeigten. Bei den visuellen Stimuli traten keine entsprechenden Effekte auf. Neben dieser *Abhängigkeit* von der Art des *Stimulationsmaterials* diskutieren die Autoren noch mögliche Effekte der bereits in der *Ausgangslage* vorhandenen Aktivierungsunterschiede.

Insgesamt machen diese Ergebnisse jedoch deutlich, daß die *psychophysiologischen Konstruktvaliditäten* der auf Fragebogenvariablen basierenden Persönlichkeitsdimensionen bisher *nicht überzeugend bestätigt* werden konnten. In Anbetracht der Fülle positiver Einzelbefunde – insbesondere im Feld der Extraversion und der "Reizsuche" – wäre das Fazit einer grunsätzlichen "Nicht-Validierbarkeit" von Fragebogendimensionen allerdings verfrüht. Möglicherweise muß man sich auf *komplexere Konstruktvalidierungsansätze* unter Berücksichtigung vieler situativer Faktoren und Randbedingungen einlassen (Rösler 1983, Andresen 1987). Soviel kann jedoch mit einiger Sicherheit gesagt werden: sowohl auf der Ebene *generalisierter Dimensionen* als auch bei *eng umschriebenen* Persönlichkeitsvariablen erscheinen Versuche derzeit *wenig erfolgversprechend*, *physiologische Variablen* wie EDA-Parameter mit *eindeutiger* und *universeller Indikatorfunktion* für Persönlichkeitsdimensionen zu finden. Gerade die differentielle Psychophysiologie bedarf der konsequenten Anwendung *multivariater* Techniken, um dem Dilemma der *Mangelkorrelationen* und nicht überschaubarer *Spezifitäten* zu entkommen. Darüber hinaus muß nach solchen Persönlichkeitskonstrukten gesucht werden, die aufgrund ihrer größeren Nähe zu neurophysiologischen Funktionssystemen psychophysiologische Konstruktvalidität versprechen. Wie schwer und frustrierend diese Suche allerdings sein kann, zeigt das Persönlichkeitskonstrukt "Häufigkeit *körperlicher Beschwerden*" (Fahrenberg et al. 1979): die *Konstruktnähe* gegenüber peripherphysiologischen Aktivierungsvariablen ist hier zwar durchaus *gegeben*; die Mangelkorrelationen sind trotzdem gerade in diesem Bereich besonders gut belegt.

3.3.2.2 Elektrodermale Labilität als Persönlichkeitsmerkmal

Die EDA wurde nicht nur als objektives Korrelat von mit Fragebogentechniken erfaßten Persönlichkeitsdimensionen verwendet; es wurde auch versucht, *anstelle* von *Fragebogenmerkmalen* eine *habituelle psychophysiologische Eigenschaft* anhand der EDA selbst zu konzeptualisieren. Katkin und McCubbin (1969), die planten, differentielle Verläufe der EDR-Habituation (vgl. Abschnitt 3.1.1.2.1) von ängstlichen und nicht-ängstlichen Pbn auf 1000 Hz-Töne mittlerer Intensität zu untersuchen, klassifizierten ihre Pbn zusätzlich aufgrund der in der anfänglichen 10-minütigen Ruhephase ermittelten NS.EDR freq. am Median in *elektrodermal "Labile"* und *"Stabile"*, eine bereits 1958 von Lacey und Lacey in einem Forschungsbericht vorgeschlagenen Einteilung. Während die Aufteilung der Pbn anhand der mit der MAS ermittelten Ängstlichkeit (vgl. Abschnitt 3.3.1.1) keine signifikant unterschiedlichen Habituationsverläufe der log SCR[109] bei Ängstlichen und Nichtängstlichen brachte, zeigte sich bei den 15 elektrodermal *Stabilen* ein statistisch bedeutsam *steilerer Habituationsverlauf* als bei den 11 elektrodermal Labilen. Die Stabilen zeigten zwar eine *höhere Initialamplitude* als die Labilen, die entsprechende Differenz war jedoch nicht statistisch signifikant, und so führten die Autoren den *unterschiedlichen Habituationsverlauf* nicht darauf, sondern auf die *Unterschiede* in der *NS.SCR freq.* unter Ruhebedingungen zurück (vgl. Abschnitt 3.1.1.2.2). Da die elektrodermal *Labilen* einen fast horizontalen Verlauf der Habituationskurve zeigten, gingen

---

[109] Beckman Ag/AgCl-Elektroden, Beckman NaCl-Paste, unipolare Ableitung palmar gegen Unterarm und 20 $\mu A/cm^2$. Die gemessene SR wurde in SC-Werte transformiert und logarithmiert. Das Amplitudenkriterium für die die NS.EDRs betrug 100 Ohm.

Katkin und McCubin (1969) davon aus, daß bei ihnen die Töne *mittlerer Intensität* bereits eine DR hervorriefen, während die elektrodermal *Stabilen* eine OR zeigten (vgl. Abschnitt 3.1.1.1).

Ähnliche Zusammenhänge zwischen *spontaner elektrodermaler Aktivität* unter *Ruhebedingungen* und der Stärke bzw. des Habituationsverlaufs *elektrodermaler Reaktionen* hatten bereits Wilson und Dykman (1960), Johnson (1963) sowie Koepke und Pribram (1966) gefunden. Crider und Lunn (1971) untersuchten daraufhin die Frage, ob es sich bei dem Zusammenhang zwischen hoher NS.EDR freq. und der verlangsamten oder fehlenden Habituation auf normalerweise nicht–aversive Reize um eine *stabile psychophysiologische Eigenschaft* i. S. eines Persönlichkeitsmerkmals handelt. Sie ermittelten bei 22 männlichen Studenten in 2 gleichen Sitzungen mit 7 Tagen Abstand die NS.SPR freq.[110] während einer 4–minütigen Periode mit weißem Rauschen von 72 dB sowie den Habituationsverlauf der SPR während einer Serie von 1 300 Hz–Tönen der Intensität 90 dB. Die *Reliabilitäten* betrugen für die NS.SPR freq. $r = 0.54$ und für die Habituationsgeschwindigkeit, d. h. die Zahl von Trials bis zum Unterschreiten des Kriteriums (vgl. Abschnitt 3.1.1.2.2) von 0.1 mV für die SPR innerhalb von 3 sec nach Reizende, $r = 0.70$. Die Interkorrelation beider Maße betrug in der 1. Sitzung $r = 0.51$, in der 2. Sitzung $r = 0.73$. Beide korrelierten nicht mit der mit dem MMPI gemessenen Ängstlichkeit; mit der Extraversion und verschiedenen Subfaktoren der Impulsivität korrelierte die Spontanaktivität des SP zwischen $r = -0.24$ und -0.46 und die Habituationsgeschwindigkeit zwischen $r = -0.40$ und $r = -0.57$. *Reliabilität* und *Validität* sprachen nach Ansicht von Crider und Lunn (1971) für eine leichte *Überlegenheit* der Verringerung der *Habituationsgeschwindigkeit* gegenüber der NS.EDR freq. *als Maß* für die *elektrodermale Labilität*.

Der Ansatz, die elektrodermale Labilität anstelle der mit Hilfe von Fragebogendaten erfaßten Ängstlichkeit als *Prädiktor* für unterschiedliche *Streßreagibilität* insbesondere im Bereich *mittlerer Streßintensitäten* zu verwenden, wurde von der Arbeitsgruppe um Katkin weiter verfolgt. Katkin (1975) entwickelte aufgrund von Reanalysen einer Reihe früherer Experimente die Hypothese, daß eine *hohe Spontanfluktuationsrate* der EDA möglicherweise nicht nur für eine defensive bzw. ängstliche Hyperreaktivität auf Umweltreize spreche, sondern einen zuverlässigen *Indikator* für *state–Angst* darstelle, wobei die durch vermehrte EDA angezeigte Aufmerksamkeitszuwendung eine Mediatorfunktion übernehmen könne (vgl. Abschnitt 3.2.2.1). Andererseits wurde die von Crider und Lunn (1971) gefundene *Nähe* der *elektrodermal Labilen* zu den *Introvertierten* von Mangan und O'Gorman (1969), von Nielsen und Petersen (1976)

---

[110]Das SP wurde mit Ag/AgCl–Schwammelektroden palmar gegenüber dem mit Alkohol abgeriebenen Unterarm AC–gekoppelt (vgl. Abschnitt 2.1.3) mit 0.45 sec Zeitkonstante und einer Auflösung von 0.2 mV/cm gemessen; das Amplitudenkriterium für die NS.SPRs lag bei 0.1 mV, wobei mehrere während 6 sec auftretende Veränderungen als *eine* SPR angesehen wurden.

sowie von Coles et al. (1971) in ihrer in Abschnitt 3.1.1.2 beschriebenen Untersuchung bestätigt, wofür auch die besseren Vigilanzleistungen sowohl der Introvertierten (Krupski et al. 1971) einerseits als auch der elektrodermal Labilen andererseits (Siddle 1972, Crider und Augenbraun 1975, Katkin 1975, Sostek 1978) sprechen. Sostek (1978) fand allerdings bei 66 männlichen Studenten lediglich *insignifikante Korrelationen* zwischen der sowohl anhand des Habituationsverlaufs auf Töne von 75 dB als auch durch die NS.SRR freq.[111] ermittelten *elektrodermalen Labilität* und den Eysenck'schen Fragebogendimensionen *Extraversion/Introversion* und *emotionale Labilität* sowie der *SSS* (vgl. Abschnitt 3.3.2.1). Das Habituationskriterium vermochte insgesamt die Vigilanzleistungen besser vorherzusagen als die elektrodermale Spontanaktivität; für beide Maße der elektrodermalen Labilität ergaben sich Interaktionen mit der Vigilanz unter verschiedenen Risikoinstruktionen, was Sostek (1978) auf die möglicherweise *erhöhte Sensitivität* der *Labilen* gegenüber *Umwelt-Kontingenzen* bzw. eine höhere *Aufmerksamkeitskapazität* zurückführt, wofür auch die Ergebnisse von Hastrup (1979) sprechen. Da andererseits auch Hastrup und Katkin (1976) bei 120 männlichen Studenten keine replizierbaren Zusammenhänge zwischen der mit Standardmethodik, aber Beckman–Paste und unter Kontrolle von Atmungsartefakten (vgl. Abschnitt 2.2.7.2) mit einem Amplitudenkriterium von 100 Ohm ermittelten NS.SRR freq. und der Habituationsgeschwindigkeit auf 440 Hz–Töne von 93 dB einerseits und einen Pool von 478 aus verschiedenen Persönlichkeitsfragebögen entnommenen Items andererseits finden konnten, wurde die *elektrodermale Labilität* von der Arbeitsgruppe um Katkin als *eigenständige Persönlichkeitseigenschaft* betrachtet.

Zur weiteren Überprüfung der Hypothese einer *prädiktiven Validität* der elektrodermalen Labilität als Indikator für eine Art *kognitive Sensitivität* bzw. *Aufnahmebereitschaft* wurde von Solanto und Katkin (1979) eine Untersuchung der differentiellen klassischen *Konditionierbarkeit* (vgl. Abschnitt 3.1.2.1) der EDR auf elektrische Reize durchgeführt. Die wie bei Hastrup und Katkin (1976) gemessene SR wurde in log SC transformiert. Die Einteilung der ursprünglich 63 männlichen Studenten in Labile und Stabile erfolgte anhand eines kombinierten Kriteriums aus der NS.SCR freq. während der Ruhephase und der Zahl der Trials, die zum Erreichen des Habituationskriteriums von drei aufeinander folgenden SRRs unter 1 kOhm in einer Serie von 60 dB–Tönen notwendig waren, wobei die 20 Labilen in beiden Maßen oberhalb, die 21 Stabilen unterhalb des Medians lagen. Die *elektrodermal Labilen* zeigten zwar eine insgesamt größere *SCR-Magnitude* (vgl. Abschnitt 2.3.4.2) in den SARs (vgl. Abschnitt 3.1.2.1); der aufgrund der Ergebnisse von Öhman und Bohlin (1973) vermutete *Unterschied* in der *Konditionierbarkeit* der elektrodermal Stabilen und Labilen konnte

---

[111]Die SR wurde palmar gegenüber dem Unterarm mit 2 cm² Ag/AgCl-Elektroden, Beckman-Paste und 10 µ A/cm² Konstantstrom abgeleitet; das Amplitudenkriterium für die NS.SRRs betrug 100 Ohm.

jedoch *nicht nachgewiesen* werden. Auch die hypostasierte größere Effizienz eines Herzfrequenz-Biofeedback-Trainings bei elektrodermal Labilen konnte von Katkin und Shapiro (1979) bei jeweils 8 Labilen und Stabilen nicht bestätigt werden: bei ursprünglich gleichen Ausgangswerten waren die elektodermal Stabilen deutlich besser in der Lage, ihre Herzfrequenz willentlich zu erhöhen als die Labilen.

Siddle et al. (1979) untersuchten aufgrund ähnlicher Überlegungen *Unterschiede* in der *OR* von elektrodermal Labilen und Stabilen: wenn die Wahrnehmung der "Bedeutsamkeit" eines *Stimuluswechsels* für die Größe der OR entscheidend sein sollte, müßten elektrodermal Labile in diesem Fall stärkere OR zeigen als Stabile. Die Autoren selegierten aus 230 männlichen Studenten aufgrund ihrer mit Standardmethodik gemessen und 0.02 µS übersteigenden NS.SCRs während einer 5-minütigen Ruhephase jeweils 28 elektrodermal Labile und Stabile für ein 1. Experiment, in dem nach 12 Tönen von 1000 Hz ein Stimuluswechsel in Form eines 500 Hz-Tones folgte. In einem 2. Experiment wurden weiteren jeweils 20 Labilen und Stabilen 12 Dias mit weiblichen Vornamen und anschließend entweder ein Dia mit ihrem eigenen oder einem anderen männlichen Vornamen dargeboten. In beiden Experimenten zeigten sich deutlich *größere EDRs* der *elektrodermal Labilen* auf die *Stimuluswechsel* im Vergleich zu den Stabilen, insbesondere bei der Darbietung des eigenen Namens. Vergleichbare Unterschiede in der EDR auf Bedeutungscharakteristika von Reizen fanden auch Waid und Orne (1980) in 2 Experimenten zur Lügendetektion (vgl. Abschnitt 3.5.1.2): elektrodermal Labile unterschieden sich deutlicher in ihren Reaktionen auf die emotional bedeutsamen Reize gegenüber den neutralen Reizen als elektrodermal Stabile.

Ob die *relative Unabhängigkeit* des Merkmals emotionale Labilität/Stabilität von den klassischen mit Fragebogenvariablen erfaßten Persönlichkeitsdimensionen auf eine *eigenständige Dimension* hinweist oder auf die insgesamt *geringen psychophysiologischen Kovariationen* (Fahrenberg 1979) zurückzuführen ist, läßt sich beim gegenwärtigen Stand der psychophysiologischen Persönlichkeitsforschung kaum beurteilen. Einleuchtend bleibt jedoch der Ansatz, die in stimulusreichen Situationen von Orientierungsreaktions- über Konditionierungsbis hin zu Aktivierungs-, Emotions- und Streßparadigmen beobachtbare *elektrodermale Reaktivität* aufgrund der *nichtspezifischen elektrodermalen Aktivität* in *reizarmen* Situationen bzw. unter relativ *neutralen* Habituationsbedingungen vorherzusagen (vgl. dazu die Bemerkungen am Ende des Abschnitts 3.1.1.2.2). Dieser zunächst innerhalb des elektrodermalen Systems selbst validierbare Ansatz bedarf *nicht notwendigerweise* einer *Einbettung* in Systeme von *Persönlichkeitsdimensionen*, die mittels *Fragebogenvariablen* erstellt wurden, obwohl die Aufklärung solcher Beziehungen letztlich in der Intention einer differentiellen Psychophysiologie liegen muß.

3.4 Die Verwendung verschiedener Parameter elektrodermaler Aktivität in der Psychopathologie

Die Anwendung psychophysiologischer Methoden im Bereich der Psychopathologie hat zum gegenwärtigen Zeitpunkt – zumindest unter quantitaiven Aspekten – bereits eine dem im Kapitel 3.2 beschriebenen Anwendungsbereich der allgemeinen Psychophysiologie entsprechende Bedeutung erlangt. So wurden im Rahmen der sog. *klinischen Psychophysiologie* auch eine große Zahl von Untersuchungen zur Verwendung der EDA bei der *Diagnose* verschiedener psychopathologischer Zustandsbilder, aber auch zu Anwendungen im Zuge von *Interventionen* und *Therapieevaluationen* vorgelegt.

Bei der Durchsicht neuerer Übersichtsarbeiten (z. B. Lader 1983) fällt jedoch auf, daß vielfach die älteren Hypothesen und Befunde der 50er und 60er Jahre referiert und nur vereinzelt durch neue Aspekte angereichert werden, so daß insbesondere bezüglich der peripher–physiologischen Indikatoren psychischer Störungen ein Abflachen der Forschungsaktivitäten konstatiert werden könnte. Da die älteren Arbeiten bereits von Stern und Janes (1973) zusammenfassend dargestellt wurden und zu einigen Themen entsprechende Ergänzungen im 3. Band von Gale und Edwards (1983) zu finden sind, werden in diesem Kapitel lediglich *solche Anwendungsmöglichkeiten* der EDA aus verschiedenen Bereichen der klinischen Psychophysiologie beschrieben, bei denen die Erfassung der EDA in besonderem Maße *hypothesengeleitet* ist bzw. sich spezifische Perspektiven im Hinblick auf *differentielle Validitäten* einzelner EDA–Parameter eröffnen. Es sind dies EDA–Messungen bei verschiedenen psychischen Störungen wie *Angststörungen*, *Psychopathien* und *depressiven Störungen* (Abschnitt 3.4.1), bei den zum psychotischen Formenkreis zu rechnenden *Schizophrenien* (Abschnitt 3.4.2) und im Rahmen *somatisch* orientierter klinischer *Interventionsmethoden* (Abschnitt 3.4.3).

So erfolgte auch die ausführliche Darstellung der *Schizophrenie* als Beispiel für die Anwendung der EDA zur Diagnose und Prognose psychotischer Störungen unter dem Gesichtspunkt der Vielfalt differentiell verwendbarer elektrodermaler Parameter. Bei dem anderen großen psychotischen Formenkreis der *depressiven* Erkrankungen wurde die EDA zwar ebenfalls als Indikator verwendet; es liegen jedoch insgesamt weit weniger Untersuchungen zu diesem Bereich vor, wobei die Mehrzahl durch inhomogenes Patientengut, geringe Stichprobengrößen sowie inkonsistente Ergebnisse gekennzeichnet sind (Lader 1983). Die EDA bei depressiven Störungen wird daher unter der im Abschnitt 3.4.1 besprochenen Gruppe verschiedener psychopathologischer Erscheinungen mit behandelt.

3.4.1 Die elektrodermale Aktivität bei der Diagnostik verschiedener psychischer Störungen

Im folgenden sollen Beispiele für die Verwendung der EDA als Indikator bei einigen klinischen Gruppen wie *Angstpatienten* (Abschnitt 3.4.1.1), *Psychopathen* (Abschnitt 3.4.1.2) und *Depressiven* (Abschnitt 3.4.1.3) gegeben werden. Dabei nimmt die Psychopathie den größten Raum ein, da hier ein relativ breites Untersuchungsmaterial mit konsistenten und theoretisch interessanten Ergebnissen vorliegt.

3.4.1.1 Elektrodermale Aktivität bei Patienten mit generalisierten Angstzuständen und Phobien

Angst kann als ein Symptomkomplex betrachtet werden, der in mehr oder weniger starkem Ausmaß bei *fast allen psychiatrischen Erkrankungen* zu finden ist. So sind beispielsweise die meisten *neurotischen Störungen* von Angstsymptomen beherrscht, die sich keiner realen Gefahr zuschreiben lassen und entweder als *Angstanfälle* oder als *Dauerzustand* auftreten können. Nach dem DSM III (American Psychiatric Association 1980) manifestiert sich die *generalisierte* persistierende *Angst* durch Symptome, die unter den Begriffen motorische Gespanntheit, vegetative Überfunktionen, ängstliche Erwartungshaltung und übersteigerte Aufmerksamkeit zusammengefaßt werden können.

Auch bei *psychotischen Störungen* lassen sich vielfach Angstsymptome beobachten. So tritt insbesondere im *Anfangsstadium* der *Schizophrenie* (vgl. Abschnitt 3.4.2) Angst vor dem Unbekannten und Unheimlichen der erlebten psychotischen Persönlichkeitsveränderung auf. Später wird die Angst des Schizophrenen vielfach vom Wahnerleben determiniert. Daneben werden auch solche Störungen in die Gruppe der psychopathologischen Angstreaktionen einbezogen, bei denen die Angst *Teil* einer *depressiven Reaktion* ist (vgl. Abschnitt 3.4.1.3), wobei ängstliche und depressive Verstimmungen sowohl phänomenologisch als auch bezüglich der therapeutischen Ansprechbarkeit häufig kaum voneinander abgegrenzt werden können (Foulds und Bedford 1976). So sind die unterschiedlichen psychopharmakologischen Klassen angehörenden *Antidepressiva* und *Anxiolytika* (vgl. Abschnitt 3.4.3.1) sowohl bei vorwiegend *depressiven* als auch bei primär *ängstlichen* Patienten wirksam (Derogatis et al. 1972). Einen zusammenfassenden Überblick über die verschiedenen Aspekte der Angst gibt Strian (1983).

Neben subjektiven Variablen, die auch zur Diagnose der sog. *emotionalen Labilität* verwendet werden (vgl. Abschnitt 3.3.1.2), wie der Manifest Anxiety Scale von Taylor (1953) bzw. dem State–Trait–Anxiety Inventory von Spielger et al.(1970), oder der im Hinblick auf psychopathologische Angst konstruierten Hamilton Anxiety Scale (Hamilton 1967) werden eine Reihe *psychophysiologischer* Parameter in die *Angstdiagnostik* einbezogen. Dabei können mit Hilfe der verschiedenen Meßgrößen (wie z.B. kardiovaskuläre Parameter, Fingerplethysmogramm, EDA oder EMG) *Reaktionsmuster* beschrieben werden, die Aufschlüsse über die *somatischen Begleitphänomene* der Angst liefern. Alle bisher durchgeführten Untersuchungen haben jedoch gezeigt, daß die auf den *drei Beobachtungsebenen* emotionalen Geschehens, der subjektiven, physiologischen und Verhaltensebene (vgl. Abschnitt 3.2.1.3.1), erhobenen *Indikatoren* der *Angst* nur sehr *gering* miteinander *korrelieren* (Lang 1970, Hodges 1976).

Zu den bekanntesten Studien zur Differenzierung von *ängstlichen* Patienten und *Gesunden* mit Hilfe der *EDA* gehören die Arbeiten von Lader und Wing (1964, 1966), die von der Arbeitsgruppe von Chattopadhyay et al. (1975, 1980, 1981, 1983) fortgeführt wurden. Mit Hilfe eines relativ einfachen Reizparadigmas sollten in der Untersuchung von Lader und Wing (1966) Unterschiede zwischen 20 hochängstliche Patienten und 20 gesunde Kontrollprobanden hinsichtlich verschiedener psychophysiologischer Variablen einschließlich der EDA[112] ermittelt werden. Die Beobachtung eines signifikant *erhöhten SCL* und der *vermehrten Anzahl* von *NS.SCRs* bei den *Angstpatienten* im Vergleich zu den gesunden Kontrollprobanden wurde durch spätere Arbeiten von Raskin (1975) und Chattopadhyay und Biswas (1983) bestätigt und unterstützt die Annahme eines chronisch *erhöhten physiologischen Erregungsniveaus* bei Angstpatienten, das schon von Malmo (1957) postuliert wurde.

Die Patienten unterschieden sich bei Lader und Wing (1966) von den Gesunden jedoch nicht nur hinsichtlich der Höhe und des Verlaufs des SCL während der Ruhephase, sondern auch bezüglich des *Habituationsverlaufs* (vgl. Abschnitt 3.1.1.2.1) bei Darbietung von 20 Tönen (1000 Hz, 100 dB, 1 sec Dauer, ISIs: 45–80 sec). Abweichend von den Gesunden, deren SCL sowohl während der Ruhephase als auch nach Darbietung der ersten Reize kontinuierlich abnahm, stieg der SCL der Angstpatienten, wenn z.T. auch nur geringfügig, unter beiden Bedingungen an. Im Gegensatz dazu zeigte sich in beiden Gruppen ein paralleler Verlauf in der NS.SCR freq.: die Anzahl der spontanen Fluktuationen nahm sowohl bei den Angstpatienten als auch bei den Kontrollprobanden unter der Ruhebedingung ab, stieg während der Darbietung der ersten akustischen Reize an und zeigte danach wieder eine Abnahme. Der *entgegengesetzte Verlauf* des *SCL* und der *NS.SCR freq.* bei den *Angstpatienten* deutet nach Ansicht der Autoren darauf hin, daß mit diesen beiden *tonischen Variablen* unterschiedliche Aspekte der *Vigilanz* erfaßt werden (vgl. Abschnitt 3.2.2), die *nur bei* den *Patienten*, nicht aber bei den Gesunden divergent verlaufen.

---

[112] Mittels der Konstant–Spannungs–Methode mit Bleielektroden, gefüllt mit einer 0.05 M NaCl–Paste, abgeleitet, wobei eine aktive Elektrode am distalen Phalangen des rechten Daumens und eine inaktive Elektrode an der Innenseite des Oberarms plaziert wurden.

Eine Analyse der *reizabhängigen* EDRs während der Stimulationsperiode ergab signifikant *niedrigere SCR amp.* auf die *ersten* Stimuli der Reizserie bei den *ängstlichen* Patienten im Vergleich zu den Gesunden. Die geringere Reaktivität der Patienten kann nach Lader und Wing (1966) und Lader (1975) aufgrund des hohen SCL-Niveaus als Folge des sog. *Ausgangwertgesetzes* bzw. eines *Deckeneffekts* (vgl. Abschnitt 2.5.4.1) betrachtet werden: die Darbietung von Stimuli führt bei Patienten mit anfänglich hoher autonomer Erregung zu geringeren Reaktionen als bei gesunden Pbn mit niedrigerem Ruheniveau. Die Ergebnisse aus einer Reihe von Untersuchungen zeigen in konsistenter Weise eine *verzögerte*, z.T. sogar fehlende *Habituation* der SCRs von *Angstpatienten* bei repetitiver Stimulation mit den gleichen Reizen (Lader und Wing 1964, 1966, Lader 1967, Lader 1975); ein Effekt der in anderen Untersuchungen auch für weitere physiologische Variablen, z.B. für EEG-Parameter (Ellingson 1954, Bond et al. 1974), für kardiovaskuläre Maße (Malmo und Smith 1951, McGuinness 1973) oder für das EMG (Davis et al. 1954) nachgewiesen werden konnte.

Die Beobachtung einer verlangsamten EDR-Habituation bei den Angstpatienten in der Untersuchung von Lader und Wing (1966) wird von Hart (1974) unter dem Aspekt der psychophysiologischen Theorien zur *Orientierungs-* und *Defensivreaktion* (vgl. Abschnitt 3.1.1.1) diskutiert. Hart (1974) schließt die Möglichkeit nicht aus, daß es sich bei den Reaktionen auf die bei Lader und Wing verwendeten 100 dB Reize eher um eine nicht-habituierende DR als um eine OR handelt, wobei die *Angstpatienten* durch eine *niedrigere Reizschwelle* charakterisiert sein könnten. In seiner eigenen Studie versuchte er, bei 18 Angstpatienten und 18 gesunden Kontrollprobanden zwischen der OR und der DR unter einer Signal- und einer nicht-Signal-Bedingung zu differenzieren. Entsprechend einem Vorschlag von Graham und Clifton (1966) verwendete er den Abfall der Herzfrequenz als objektives Maß für die OR und die Herzfrequenz-Beschleunigung als Hinweis auf eine DR. Die EDA-Parameter log SCL, SCR amp. und NS.SCR freq. wurden mittels Standardmethodik als Hautwiderstandsmaße erhoben und anschließend in SC-Werte transformiert. Die Reize der Signalbedingung bestanden aus 12 jeweils 2 sec dauernden Tonpaaren, von denen der erste Reiz in der Intensität und der zweite Stimulus in der Frequenz variiert wurde; die ISIs betrugen 35-65 sec. Die Aufgabe der Pbn bestand darin, Tonpaare mit identischen Reizen herauszufinden. Unter der nicht-Signal-Bedingung wurden dreißig Töne konstanter Frequenz als Triaden mit 50 bis 70 dB in unterschiedlicher Reihenfolge bei einem der Signal-Bedingung entsprechendem ISI dargeboten.

Im Gegensatz zu den Befunden von Lader und Wing (1966) zeigten sich bei Hart (1974) *keine signifikanten* SCR amp.−*Unterschiede* zwischen den ängstlichen und den nicht-ängstlichen Pbn auf die *ersten Stimuli*; auch der *SCL* konnte *nicht* zur *Differenzierung* zwischen den beiden Gruppen beitragen. Die Ergebnisse der Herzfrequenz-Analyse widersprachen zudem der Hypothese, daß die OR ängstlicher Patienten langsamer habituiert als die gesunder Pbn. Es scheint, daß die Angstpatienten im Vergleich zu den Gesunden sogar auf die Reize niedriger Intensität anstelle der OR mit einer DR antworteten. Die EDA-Daten gaben wenig Aufschluß über die Art der Verarbeitung der Stimuli bei den Angstpatienten. Im Gegensatz zu Lader und Wing (1966) zeigte sich in dieser Untersuchung *kein* signifikanter *Unterschied* in der *Habituationsrate* der Ängstlichen und Gesunden. Hart (1974) führt dies auf die relativ *hohe Anzahl* von *nicht-Habituierern* in der Kontrollgruppe mit *gesunden Pbn* zurück: während nur 50 % der gesunden Pbn eine deutliche Habituation auf die 100 dB Töne aufwiesen, berichteten Lader und Wing (1966) von einem Abfall der SCR amp. bei allen Kontrollprobanden. Die Anzahl der Habituierer in der Gruppe der Angstpatienten war in beiden Studien vergleichbar.

Die Ursache für die widersprüchlichen Befunde der beiden o.g. Studien zur Habituation der SCR liegt vermutlich einerseits in den *unterschiedlichen Paradigmen* (Signal-Bedingung vs. nicht-Signal-Bedingung), andererseits aber auch in der weniger monotonen *Reizabfolge* in der Untersuchung von Hart (1974), in der ja *Stimuli verschiedener Intensität* dargeboten wurden. Weiterhin wird möglicherweise durch die Verwendung leicht *unterschiedlicher Amplitudenkriterien* zur Bestimmung der NS.SCR freq.[113] ein Vergleich der Angstpatienten mit den gesunden Kontrollprobanden hinsichtlich ihres tonischen Aktivierungsniveaus erschwert. So zeigten die Patienten von Hart nur annähernd doppelt soviele NS.SCRs, die von Lader jedoch mehr als die dreifache Anzahl spontaner EDRs im Vergleich zu den jeweiligen Kontrollprobanden.

Auch die Kriterien für die *Auswahl* der *Patienten* können die Ergebnisse entscheidend mitbeeinflussen. So berichteten beispielsweise Neary und Zuckerman (1976) von einer negativen Korrelation zwischen der SCR amp. der OR auf 70 dB-Töne und den mit Hilfe der State-anxiety-scale der Multiple Affect Adjective Checklist (Zuckerman und Lubin 1965) erhobenen Angstwerten: Patienten mit den niedrigeren Werten auf dieser State-anxiety-Skala zeigten signifikant größere SCR amp. auf die ersten Stimuli der Reizserie als hochängstliche Patienten. Entsprechend einer zunächst von den Autoren vorgenommenen Interpretation kann die *reduzierte Reaktivität* der *hochängstlichen* Patienten als Folge einer *generalisierten Ansprechbarkeit* bzw. einer *fehlenden Diskriminationsfähigkeit* betrachtet werden, die *selektive Reaktionen* auf spezifische Stimuli *erschweren*. Nach einer erneuten Einteilung der Pbn in Ängstliche und nicht-Ängstliche aufgrund der Trait-anxiety-Skala der MAS (Taylor 1953) trat jedoch kein Zusammenhang zwischen der Ängstlichkeit einerseits und der EDA andererseits auf.

---

[113]Die Unterschiede sind allerdings minimal: 0.002 log μS in der Studie von Hart (1974) und 0.003 log μS in der Untersuchung von Lader und Wing (1966).

Insgesamt sind die Ergebnisse bezüglich einer möglichen Differenzierung von Angstpatienten und gesunden Kontrollprobanden mit Hilfe der EDA wenig konsistent, wenn auch eine *generell erhöhte tonische elektrodermale Aktivität* bei den *Patienten* angenommen werden kann. Es scheint jedoch, daß die Bestimmung der *Trait-anxiety*, gemessen anhand der Neurotizismus–Skala sensu Eysenck oder der Taylor–Skala (vgl. Abschnitt 3.3.1.2) *weniger* zur Vorhersage der SCR amp.-Unterschiede bei Gesunden und Angstpatienten beiträgt als die Erfassung der *State-anxiety* (Sartory 1983).

Von den Patienten mit generalisierter Angst abzugrenzen sind die *Phobiker*, deren Ängste sich auf neutrale oder potentiell bedrohliche Bedingungen der Umwelt oder des eigenen Organismus beziehen und aufgrund der Überschätzung von deren Bedrohlichkeit einen irrationalen Charakter erhalten. Im Gegensatz zu den chronisch Ängstlichen treten die *Angstsymptome* bei phobischen Patienten *nur in Gegenwart* der spezifischen *furchtauslösenden Reize* oder Situationen auf.

Zu den bekanntesten Theorien zum Erwerb und Aufrechterhaltung der phobischen Angst gehört die Zwei–Stufen–Theorie von Miller (1948) und Mowrer (1947). Danach kann die phobische Angst als Folge eines *zweistufigen Konditionierungsprozesses* betrachtet werden: im ersten Schritt einer *klassischen* Konditionierung (vgl. Abschnitt 3.1.2.1) erhält ein ursprünglich neutraler Reiz durch die Kopplung mit einem aversiven Stimulus, der zu einem als unangenehm erlebten Aktivierungsanstieg führt, den Charakter eines konditionierten Stimulus für die Angstreaktion. Führt das betroffene Individuum eine erfolgreiche *Vermeidungsreaktion* aus, die das Ausbleiben des aversiven Reizes und der autonomen Erregung zur Folge hat, wird damit das Vermeidungsverhalten zu einer (positiv) verstärkten Reaktion i.S. der *operanten* Konditionierung (vgl. Abschnitt 3.1.2.2).

Eine neuere Theorie dagegen sieht die angstauslösende Eigenschaft phobischer Objekte in der *phylogenetischen Entwicklung* des Menschen begründet. Einzelne Reize sind demnach *potentiell an* die Emotion *Angst* gebunden und können unter bestimmten Bedingungen zur Entwicklung manifester phobischer Reaktionen führen. Dabei spielt nach Seligman (1971) die "Vorbereitetheit" (*preparedness*) hinsichtlich phylogenetisch bedeutsamer Stimulusklassen eine besondere Rolle.

Die Überprüfung dieser "*preparedness*"-Hypothese von Seligman (1971) war Gegenstand einer an 64 Pbn durchgeführten Studie von Öhman et al. (1975) zur Untersuchung der Hautleitfähigkeitsreaktionen auf potentiell phobische und neutrale Stimuli, die zusammen mit einem elektrischen Reiz als UCS dargeboten wurden. Geht man davon aus, daß die Entstehung einer *phobischen Angstreaktion* von der *Art des Reizes* mitbestimmt wird, kann erwartet werden, daß die konditionierte autonome Reaktion auf die Reize mit "phobischem" Inhalt im Vergleich zu den neutralen Stimuli eine schnellere Acquisition und eine langsa-

Angst und Phobie

mere Extinktion aufweisen. Zusätzlich zur Frage der Konditionierbarkeit autonomer Reaktionen sollte untersucht werden, inwieweit die SCRs während der *Extinktionsphase* durch die *Information* der Probanden hinsichtlich des Wegfalls des elektrischen Reizes *modifiziert* werden können.

Die EDA wurde mittels Standardmethodik am Daumen und Zeigefinger der linken Hand abgeleitet, die Elektroden für die elektrischen Reize wurden an der rechten Hand befestigt. Das Stimulusmaterial bestand aus 10 farbigen Dias (Schlangen, Häuser und menschliche Gesichter), die in zufälliger Reihenfolge während der Acquisitions- und Extinktionsphase dargeboten wurden, wobei der UCS bei der Hälfte der Pbn mit den *Schlangenphotos*, bei der anderen Hälfte der Pbn mit einem der beiden *neutralen Reize* gekoppelt wurde. Das ISI variierte zwischen 20 und 40 sec. Die Analyse der logarithmierten SCR amp. zeigte eine signifikant *verzögerte Extinktion* der konditionierten Reaktion auf die *phobischen* im Vergleich zu den neutralen Stimuli. Neben der hohen Löschungsresistenz phobischer Reaktionen zeigten sich signifikante Effekte bezüglich der kognitiven Verarbeitung des konditionierten Stimulus nach Information der Pbn hinsichtlich des Wegfalls des aversiven Reizes: die Ergebnisse weisen auf eine *geringere Extinktionsrate* bei den *informierten* im Vergleich zu den nicht-informierten Pbn der "phobischen" Gruppe auf, d.h., obwohl die Pbn über den Wegfall des elektrischen Reizes unterrichtet wurden, reagierten sie weiter auf die phobischen Stimuli. Dieses Verhalten konnte bei den Pbn bei denen vorher der UCS mit einem der beiden *neutralen Stimuli* gekoppelt wurde, *nicht beobachtet* werden. Sowohl die informierten als auch die nicht-informierten Teilnehmer dieser Gruppe zeigten während der Extinktionsphase eine fast vollständige Abnahme der log SCR amp. Nach Öhman et al. (1975) liefern diese Ergebnisse Hinweise auf die Möglichkeit der *experimentellen Induktion phobischen Verhaltens* durch die aversive Konditionierung gesunder Pbn auf furchtrelevante Reize und unterstützen die Annahmen der "preparedness"-Hypothese von Seligman (1971).

Ausgehend von den Überlegungen von Edelberg (1973), der *größere SCR amp.* und *längere EDR-Recovery-*Zeiten bei einer *palmaren* im Vergleich zu einer *dorsalen* Ableitung als Hinweis auf eine DR betrachtete (vgl. Abschnitt 3.1.1.1), sollten in der Untersuchung von Frederikson (1981) die palmar und dorsal mit Standardmethodik gemessenen SCRs bei 24 Phobikern und 24 auf furchtrelevante Reize konditionierten unauffälligen Pbn verglichen werden. Als zusätzliche abhängige Variable wurde die Herzfrequenz registriert. In der ersten Sitzung der Konditionierungs-Gruppe wurden jeweils 12 Dias von Schlangen und Spinnen dargeboten, wobei immer einer der beiden Stimuli mit einem elektrischen Reiz (UCS) gepaart wurde. Als neutrale Reize dienten Photos von Blumen und Pilzen. Die phobischen Patienten erhielten das gleiche Stimulusmaterial, die elektrischen Reize wurden jedoch unabhängig von der Art der neutralen Reize appliziert. In der zweiten Sitzung, der Extinktionsphase, erhielt jeweils die Hälfte der Teilnehmer jeder Gruppe die furchtrelevanten bzw. die neutralen Stimuli.

Die Analyse der mit Standardmethodik an den mittleren Phalangen der linken Hand abgeleiteten und Range-korrigierten SCRs (vgl. Abschnitt 2.3.3.4.2) weist auf reliable Effekte während der Acquisitionsphase bei den konditionierten Pbn hin: auf die Darbietung der *Reize*, denen der *UCS folgte*, zeigten sich in der *palmaren* Ableitung *größere SCRs* als bei der dorsalen Messung. Das *umgekehrte* galt für die Reaktionen auf die CS *ohne elektrischen Reiz*. Dieser palmar/dorsale SCR-Unterschied verschwand während der Extinktionsphase. Die Betrachtung der Herzfrequenz während des gesamten Acquisitionsverlaufs ergab keine Hinweise auf eine mögliche Differenzierung zwischen der OR und DR. Erst die zeitliche Aufspaltung der Werte in zwei Blöcke weist auf einen Wechsel des Herzfrequenzverlaufs von einer Deceleration in Richtung einer Acceleration. Dies galt jedoch nur für die Reaktionen auf den mit einem elektrischen Reiz gepaarten CS. Während der Extinktion zeigte sich sowohl auf den CS mit als auch auf den ohne elektrische Reize eine Verlangsamung der Herzfrequenz. In der Gruppe der *phobischen Patienten* konnten nur nach Darbietung der *furchtauslösenden Reize* signifikante *Unterschiede* zwischen den *palmar* und *dorsal* abgeleiteten SCRs beobachtet werden. Die Analyse der Herzfrequenz weist auf eine Beschleunigung bei Präsentation der phobischen und eine Verlangsamung bei Darbietung der neutralen Stimuli hin.

Die Ergebnisse dieser Studie ermöglichen einen Vergleich autonomer Reaktionen von nicht-ängstlichen Pbn, die auf furchtrelevante Stimuli konditioniert wurden, mit denen phobischer Patienten. Zusammenfassend läßt sich sagen, daß *Phobiker* bei einer Konfrontation mit furchtauslösenden Reizen mit einer Herzfrequenz-Beschleunigung und einem *palmar/dorsalen SCR amp.-Unterschied* i.S. einer *DR* reagieren. Die Beschleunigung der Herzfrequenz kann als Hinweis auf einen aktiven Furcht-Bewältigungsmechanismus, wie er von Obrist (1976) postuliert wurde, betrachtet werden und steht im Einklang mit den Überlegungen von Fowles (1980), der auf einen möglichen Zusammenhang zwischen der Herzfrequenz und dem BAS (vgl. Abschnitt 3.2.1.1.2) hinweist. Ähnliche Reaktionsweisen wie bei den Phobikern lassen sich bei den *konditionierten Gesunden* in der *Acquisitionsphase* bei Darbietung des *CS mit elektrischem Reiz* beobachten, wohingegen beide Effektorsysteme (EDA und Herzfrequenz) während der *Extinktion* sowohl bei Präsentation des CS *mit* als auch des CS *ohne* elektrischen Reiz auf eine *OR* hinweisen. Die Darbietung neutraler Stimuli führte daher sowohl bei den konditionierten Pbn als auch bei den Phobikern zu Orientierungsreaktionen.

Inwieweit das Verhältnis von palmarer zu dorsaler EDR i.S. von Edelberg (1973) neben der *Herzfrequenz*, die sich als besonders sensibler und *valider Indikator* bei der Untersuchung *phobischer Angstreaktionen* erwiesen hat (zusammenfassend: Sartory 1983), spezifische DRs bei Phobikern zu identifizieren vermag, erscheint aufgrund der wenigen vorliegenden Befunde noch fraglich. Als gesichert kann jedenfalls gelten, daß die *Phobiker* im Gegensatz zu den Patienten mit generalisierter Angst *keine allgemein erhöhte EDA* zeigen, sondern *selektiv* mit vergrößerten EDRs auf die Darbietung *spezifisch* phobischer *Reize* reagieren.

3.4.1.2 Amplituden und Zeitverlauf phasischer elektrodermaler Aktivität bei psychopathischen Störungen

Mit dem Begriff "psychopathisch" werden *nicht-psychotische* abnorme Persönlichkeiten bezeichnet, bei denen habituelle Merkmale zu erheblichen *Störungen* der *Affektivität* und der Beziehungen zur Umwelt beitragen. Trotz der Vielfalt dieser Störungen kann vor allem das *häufige* Auftreten *sozialer Konflikte* als ein gemeinsames Merkmal angesehen werden (vgl. Checkliste von Hare 1975, Seite 326), deren Häufung bei Psychopathen Eysenck (1967) mit deren *mangelnder Konditionierbarkeit* in Verbindung brachte. Entsprechend fanden sich die von Eysenck untersuchten Psychopathen im *extravertiert-neurotischen* Quadranten seines dimensionalen Persönlichkeitssystems (vgl. Abschnitt 3.3.1.1). Daneben wurden bei dieser Personengruppe auch *spezifische Lerndefizite*, insbesondere bezüglich des *Vermeidungsverhaltens*, gefunden (Trasler 1973) und innerhalb der Theorie des passiven Vermeidungslernens (Mowrer 1960) diskutiert: z. B. wird wegen verminderter autonomer Reaktionsbereitschaft die Kontingenz eines normalerweise bestrafend wirkenden negativen Verstärkers (vgl. Abschnitt 3.1.2) und eines sozial unerwünschten Verhaltens nicht gelernt, so daß es nicht zur Unterdrückung dieses Verhaltens kommt.

Eine insgesamt *geringere tonische EDA* bei Psychopathen im Vergleich zu Kontrollprobanden wurde in einigen älteren Untersuchungen vor allem der Gruppe um Hare gefunden (Hare 1978b), wobei unter Ruhebedingungen die entsprechenden Unterschiede im EDL und insbesondere in der NS.EDR freq. meist nicht signifikant waren. Unter Bedingungen der *Über-* bzw. *Unterstimulation* wurden diese Unterschiede jedoch prägnanter: Psychopathen zeigten eine Abnahme des SCL sowie der NS.SCR freq., während bei Kontrollprobanden gleichbleibende oder steigende Tendenzen auftraten. Auch Siddle (1977) kommt zu dem Schluß, daß die Unterschiede zwischen Psychopathen und Normalen unter Stimulationsbedingungen konsistenter sind als in Ruhe.

Bei den Untersuchungen zur *elektrodermalen Hyporeaktivität* von Psychopathen auf definierte, meist aversive Stimuli sollte zwischen Stimulusbedingungen *mit* und *ohne Vorankündigung* der kritischen Reize *unterschieden* werden. Borkovec (1970) prüfte die Hypothese, daß bei Psychopathen eine geringere Reaktionsbereitschaft auf und/oder eine schnellere Adaptation an sensorische

Reize stattfindet, bei 19 anhand einer Checkliste als psychopathisch klassifizierten sowie 21 neurotischen und 26 unauffälligen Jugendlichen. Vor und während der Darbietung von 21 Tönen (1000 Hz und "mäßiger" Lautstärke) wurde die Hautleitfähigkeit mit Standardmethodik gemessen. Zwar waren die *SCR amp.* der Psychopathen auf den *ersten Reiz* deutlich *niedriger* als die der anderen Gruppen; die Unterschiede verschwanden jedoch bereits beim 2. Reiz, und es zeigten sich *vergleichbare Habituationsverläufe*.

Doch selbst die von Borkovec (1970) beim ersten Stimulus einer Habituationsserie gefundende *Hyporeaktivität* der Psychopathen konnte in 9 von 10 späteren Studien *nicht* mehr *bestätigt* werden (Raine und Venables 1984). Allerdings gibt es Hinweise darauf, daß derartige Ergebnisse gegenüber der Art der Parameterbildung nicht invariant sind: so fand Hare (1975) bei der Reanalyse einer von ihm durchgeführten Untersuchung mit insignifikantem Ergebnis nach Anwendung einer Range–Korrektur zur Reduktion interindividueller Varianz (vgl. Abschnitt 2.3.3.4.2) statistisch bedeutsam niedrigere SCR–Magnituden (vgl. Abschnitt 2.3.4.2) bei Psychopathen im Vergleich zu Kontrollprobanden auf den 1. Ton einer Serie von 15 Tönen mit 80 dB und auf einen 16. Ton von geringerer Frequenz und Intensität.

In einer anderen Untersuchung an 64 Delinquenten, die anhand einer Rating–Skala in Psychopathen vs. Nicht–Psychopathen klassifiziert wurden, konnte Hare (1978a) zeigen, daß eine *Hyporeaktivität* von Psychopathen *nur bei* Reizen hoher Intensität, d. h. bei aversiver Reizung, auftritt. Die Pbn–Gruppen, die noch zusätzlich nach der Sozialisations–Skala des CPI (Gough 1969) in jeweils besser und schlechter Sozialisierbare aufgeteilt worden waren, erhielten jeweils 6 Reize (1000 Hz, 1 sec Dauer) von 80, 90, 100, 110 und 120 dB in permutierter Reihenfolge, wobei die Hautleitfähigkeit bilateral mit Standardmethodik, jedoch mit hypertonischer Paste (5 % NaCl) abgeleitet wurde. Während sich die mittleren SCR amp. der Gruppen bei den Intensitäten bis 100 dB nur wenig voneinander unterschieden, blieb die *mittlere SCR amp.* der *Psychopathen* mit den *niedrigen* Werten in der *Sozialisationsskala* insbesondere bei 120 dB deutlich *unter* derjenigen der anderen Gruppen, und zwar sowohl bei den Rohdaten als auch bei Range–korrigierten Werten.

Untersuchungen mit aversiven elektrischen Reizen scheinen diese Ergebnisse zu bestätigen. Allerdings wies Hare (1975) darauf hin, daß die bis dahin durchgeführten Studien stets Konditionierungsparadigmen verwendeten, bei denen mögliche *Interferenzen* zwischen CR und UCR nicht kontrolliert wurden. Da die *klassische Konditionierung* mit *elektrischen Reizen* als UCS bei *Psychopathen* gegenüber Kontrollprobanden i.d.R. *verzögert* ist (Hare 1978b, Blackburn 1983), können in beiden Gruppen *unterschiedliche Reaktionsinterferenzen* zwischen der elektrodermalen FAR und/oder SAR einerseits und der TUR andererseits auftreten (vgl. Abschnitt 3.1.2.1) und so die Vergleichbarkeit der UCRs beeinträchtigen.

Die Frage, ob es sich bei der mangelnden Konditionierbarkeit der EDR mit Hilfe aversiver Reize bei Psychopathen, die ja meist unter Heranziehung bereits straffällig gewordener Pbn gezeigt wurde, um ein zum sozial abweichenden Verhalten bzw. zur Delinquenz *prädisponierendes Merkmal* oder lediglich um ein in der *Folge* einer *kriminellen Sozialisation* auftretendes Phänomen handelt, wurde von Loeb und Mednick (1977) in einer prospektiven Studie an 104 Jugendlichen (60 männlich, 44 weiblich) untersucht. Als UCS wurde ein "irritierendes" Geräusch von 96 dB 4.5 sec lang dargeboten, und zwar 0.5 sec nach Beginn des CS, einem 1000 Hz-Ton von 54 dB. Nach einer Habituationsphase mit 8 CS-Präsentationen wurden nach einem partiellen Reinforcement-Schema 9 CS-UCS-Paare mit 5 CS-Darbietungen vermischt. Danach wurde mittels zweier Töne unterschiedlicher Frequenzen der Generalisierungseffekt geprüft[114]. 10 Jahre später waren 7 der männlichen Pbn straffällig geworden. Sie wurden mit 7 nicht straffälligen Männern aus der ursprünglichen Stichprobe parallelisiert, die dann als Kontrollgruppe dienten; das Alter der Pbn betrug zu diesem Zeitpunkt 18 bis 26 Jahre. Bei den *Delinquenten* waren in allen Phasen des vor 10 Jahren durchgeführten Versuchs im Vergleich zur Kontrollgruppe signifikant *niedrigere SCR amp.* aufgetreten. Die SCR amp. auf den UCS war bei den Delinquenten bereits zu Beginn erheblich niedriger und nahm auch – im Gegensatz zu der in der Kontrollgruppe aufgetretenen – während der Konditionierung kaum ab. Auch zeigte nur *ein einziger* Pb der Delinquenten-Gruppe eine *Reizgeneralisierung*. Die Ergebnisse sprechen also für eine bereits *vor* der Straffälligkeit vorhandene, mit Hilfe der EDR nachweisbare *verringerte aversive Konditionierbarkeit* bei Psychopathen.

Die von Raine und Venables (1981) an 101 fünfzehnjährigen männlichen Schulkindern erhobenen Daten weisen darauf hin, daß das Auftreten einer geringeren Konditionierbarkeit der EDR vom *sozialen Milieu* abhängig sein könnte. Für jeden Schüler wurden sowohl die Psychopathie-Werte eines Lehrer-Ratings als auch Fragebogendaten wie die Sozialisationsskala des CPI, die Psychotizismus-Skala des EPQ und die Disinhibition-Skala der SSS (vgl. Abschnitt 3.3.2.1) erhoben. In einem klassischen Konditionierungsparadigma mit partieller Verstärkung wurden 15 CS (65 dB-Töne, 1000 Hz, 10 sec) mit 10 UCS (105 dB-Töne, 1000 Hz, 1 sec) gepaart und dabei die Hautleitfähigkeit[115] gemessen. Für alle Darbietungen des CS ohne UCS wurden die mittleren Magnituden von FAR, SAR und TOR gebildet und mit dem Lehrer-Rating sowie mit einem aus den Persönlichkeitsdaten mittels Faktorenanalyse extrahierten Sozialisations-

---

[114] Die Hautleitfähigkeit wurde mittels Zinkelektroden von 7 mm Durchmesser, einem Zinksulfat-Elektrolyten und einer Wheatstone-Brückenschaltung (vgl. Abschnitt 2.1.3) mit 1.5 V Spannung gemessen, deren Polarität alle 1.2 sec wechselte.

[115] Bilaterale Ableitungen der SC mit Ag/AgCl-Elektroden 4.5 mm Durchmesser, 0.5 % KCl-Agar-Agar-Elektrodenpaste und 0.5 V Konstantspannung. Als Amplitudenkriterium für die SCR wurden 0.05 μS verwendet.

Score korreliert. Die Interkorrelationen waren generell niedrig, wobei sich Zusammenhänge zwischen *Psychopathie* und *geringerer Konditionierbarkeit* lediglich bei Schülern der sog. *sozialen Oberschicht* zeigten, während sich bei den *Unterschicht*-Pbn eher eine *umgekehrter* Zusammenhang andeutete. Die höchste Korrelation betrug allerdings r = -0.27 (zwischen TOR und dem Sozialisations-Score), weshalb die von den Autoren geführte Diskussion bezüglich einer differentiellen Bedeutung der einzelnen EDR-Komponenten spekulativ bleiben muß.

Alternativ zu der eingangs erwähnten neurophysiologischen Hypothese einer möglicherweise *geringeren autonomen Reaktionsbereitschaft* bzw. einer verminderten Aktivität des sog. BIS lassen sich auch im motivationalen Bereich liegende Gründe für eine verschlechterte Konditionierbarkeit bei Psychpoathen anführen. Hare (1978b) weist auf die bereits im Abschnitt 3.1.2.1 diskutierte mögliche Beteiligung *kognitiver Prozesse* an der Ausbildung von *Stimuluskontingenzen* beim klassischen Konditionieren hin und wirft die Frage auf, ob Psychopathen vielleicht nur weniger *motiviert* sind, der Intention des Lernexperiments zu folgen, und daher schlechtere Konditionierungsergebnisse aufweisen. Tatsächlich zeigen Psychopathen *besondere Defizite* in Paradigmen zur *differentiellen* elektrodermalen *Konditionierung*, d. h., wenn gelernt werden muß, auf den CS, dem ein UCS folgt, mit größeren EDR amp. zu reagieren als auf einen CS, dem kein UCS folgt . Möglicherweise spielt auch eine generelle Unteraktivierung der Psychopathen eine Rolle: diese Pbn neigen dazu , eine geringere kardiovaskuläre OR mit verminderter Habituationsrate und typische EEG-Merkmale (theta-Aktivität) zu zeigen, wie sie normalerweise in Zuständen von Schläfrigkeit beobachtet werden; auch konnte ihre *Konditionierbarkeit* durch *Erhöhung* unspezifischer *Stimulation verbessert* werden (Hare 1978b).

Insgesamt gibt es genügend Hinweise darauf, daß sowohl die *Motivation* als auch der *Aktivierungszustand* das Auftreten von EDRs bei Psychopathen beeinflussen. *Geringe EDR amp.* im Vergleich zu Kontrollprobanden werden sowohl in eher Monotonie hervorrufenden als auch in durch aversive Reize bedrohlich wirkenden Situationen, also in Zuständen von *Unter-* und *Überaktivierung* beobachtet, während sich Psychopathen in als interessant oder aufregend erlebten situativen Bedingungen i. d. R. bezüglich ihrer EDA nicht von anderen Pbn unterscheiden (Hare 1978b). Darauf weisen auch die Ergebnisse von Jutai und Hare (1983) hin, die bei der Durchführung von Videospielen keine Unterschiede in dem mit Standardmethodik abgeleiteten SCL zwischen 11 mittels Rating als psychopathisch und 10 als nicht psychopathisch klassifizierten Pbn fanden. *Psychopathen* neigen möglicherweise in *langweiligen* Situationen stärker zur *Schläfrigkeit* und damit zu einer *elektrodermalen Hypoaktivität* und *Hyporeaktivität*, sind allerdings unter motivierten Bedingungen mit optimaler Aktivierung (vgl. Abschnitt 3.2.1.1.1) unauffällig und zeigen erst wieder in hoch-aktivierenden Situationen mit Bedrohungscharakter geringere EDRs auf aversive Reize als Kontrollprobanden. Die elektrodermale Hyporeaktivität der

Psychopathie

Psychopathen bei aversiver Reizung könnte auch als Folge einer *"sensory rejection"* i.S. von Lacey und Lacey (1974) mit corticaler Desaktivierung im Gefolge einer Herzfrequenzsteigerung interpretiert werden, wenn von einer *wechselseitigen Hemmung* des *kardiovaskulär* wirksamen sog. BAS und des elektrodermal erregenden sog. BIS (vgl. Abschnitt 3.3.1.1.2) ausgegangen werden kann. Tatsächlich zeigt sich auch bei Psychopathen eine deutlich erhöhte kardiovaskuläre Aktivität bei der Antizipation aversiver Stimuli, verbunden mit einer geringeren antizipatorischen EDR auf diese Reize (Hare 1978a, Blackburn 1983).

Während sich eine gegenüber Normalprobanden verkürzte EDR rec.t/2 als möglicher prognostischer Indikator für Schizophrenien erwiesen hat (vgl. Abschnitt 3.4.2.1), wurden in vielen Untersuchungen bei Psychopathen *verlängerte* EDR–*Recovery–Zeiten* beobachtet (Siddle 1977, Hare 1978b). Auch in der oben beschriebenen prospektiven Studie von Loeb und Mednick (1977) hatten die später straffällig gewordenen Probanden im Vergleich zur Kontrollgruppe signifikant längere Recovery–Zeiten gezeigt. Hare (1978a) fand allerdings in seiner bereits geschilderten Untersuchung mit Reizen zwischen 80 und 120 dB eine verringerte SCR rec.t/2 bei den Psychopathen *nur für* die *intensivsten Stimuli*, und dort auch nur für Töne mit *kurzen* (10 μsec), nicht jedoch für solche mit langen *Anstiegszeiten* (25 μsec), also bei aversiven Reizen, deren Auftreten normalerweise mit einem Erschrecken ("startle") verbunden ist (vgl. Abschnitt 3.1.1.1).

Hare (1978b) sieht zwei Erklärungsansätze für das Zustandekommen der *verzögerten* EDA–*Recovery* bei Psychopathen:

(1) Ein *"Abschalten"* der Psychopathen *gegenüber hoch–aversiven Reizen*: Nach Edelberg (1970, 1972b) soll eine *langsame Recovery* u.a. ein Hinweis auf das Vorliegen einer *Defensivreaktion* sein (vgl. Abschnitt 3.1.1.1). Venables (1975) hypostasierte lange SCR rec.t/2 als Indikatoren einer *Verminderung* der *neuronalen Bahnung* für die Informationsaufnahme unter dem Einfluß der Amygdala (Mandelkern) und des Bestehens eines sensorischen *"closed gate"*–Zustandes (vgl. Tabelle 6, Abschnitt 3.2.2.1).

(2) Die *verlängerte Recovery*–Zeit der EDR als Ausdruck einer Verzögerung des *passiven Vermeidungslernens* bei Psychopathen: gemäß der 2–Prozeß-Theorie des Lernens passiver Vermeidung von Mowrer (1960) sollte nach Mednick (1974) ein Abbau antizipatorischer Furcht als *Verstärker* für die *Hemmung antisozialen Verhaltens* wirken, wobei ein schneller Abbau dieser Furcht effektives Vermeidungslernen zur Folge hat. Lange SCR rec.t/2 könnten ein Indikator für einen *langsamen Abbau antizipatorischer Furchtreaktionen* und damit für ein weniger erfolgreiches Lernen des Vermeidens antisozialen Verhaltens sein.

Hare (1978b) sieht die unter (2) aufgeführte Mednick–Hypothese zwar insofern bestätigt, als die *verzögerte Recovery* nur bei *wirklich aversiven*, d. h.

möglicherweise furchtauslösenden Stimuli auftrat, andererseits konnte noch nicht gezeigt werden, daß die EDR rec.t/2 auf einfache Laborreize als Prädiktor für die Recovery-Zeit bei wirklichen Furchtstimuli in natürlichen Lernsituationen geeignet ist.

Da die Psychopathen auch geringere EDR amp.-Werte nach aversiven Reizen zeigen, die auf in Konditionierungsparadigmen u. U. aufgetretene *Interferenzeffekte* mit vorangegangenen SCRs zurückzuführen sein könnten (vgl. Abschnitt 3.1.2.1), müssen auch die in einigen Fällen aufgetretenen von Bundy und Fitzgerald (1975) beschriebenen *Zusammenhänge* zwischen der *Amplitude vorangegangener* EDRs und der *EDR rec.t/2* beachtet werden (vgl. Abschnitt 2.5.2.5). Hinweise auf entsprechende Korrelationen bei Psychopathen ergaben sich in der von Levander et al. (1980) an 24 inhaftierten Delinquenten durchgeführten Untersuchung der EDR-Habituation auf 21 Töne (1000 Hz, 93 dB)[116] Die Autoren bildeten zunächst aufgrund signifikanter Unterschiede zwischen der SCR rec.t/2 nach dem ersten Reiz und den Recovery-Zeiten der folgenden Reize einen individuellen Mittelwert für die letzteren und berechneten für diesen und für die Recovery auf den ersten Reiz gesonderte Korrelationen zu den Psychopathie-Werten der Sozialisations-Skala des CPI. Diese war lediglich für die mittlere Recovery der SCRs auf dem 2. und die folgenden Reize signifikant (r= 0.47). Da diese *Recovery* hochsignifikant *negativ* mit den *mittleren NS.SCR amp.* korreliert war (r = -0.65), diskutierten die Autoren diese Abhängigkeit alternativ zum Vorliegen von möglichen Defensivreaktionen gemäß der obigen unter (1) aufgeführten Hypothese. Die vorgelegten Daten erlaubten jedoch keine Entscheidung für eine der Alternativen. Andererseits erwiesen sich die *SCR rec.t/2* als unabhängig von den *jeweils dazugehörigen SCR amp.*, was wiederum eher für eine Eigenständigkeit dieses Zeitparameters spricht.

Allerdings fanden auch Hinton et al. (1979) bei 20 institutionalisierten, anhand von Verhaltenskriterien (z. B. Aggressivität) als Psychopathen klassifizierten Patienten eine signifikant negative Korrelation von r = -0.69 zwischen der NS.SRR freq. [117] und der SRR rec.t/2 , auf 5 Töne von 1000 Hz und 83 dB, gegenüber einer Korrelation von nur r = -0.34 in der nicht-psychopathischen Kontrollgruppe aus dem gleichen Patientenkollektiv. Eine verkürzte SRR rec.t/2 konnte bei den Psychopathen dagegen nur in der ersten von 2 durchgeführten

---

[116] Die EDA wurde von Zeige- und Ringfinger der linken Hand mit Ag/AgCl-Elektroden von 9 mm Durchmesser und 0.9 %-iger NaCl-Elektrodenpaste abgeleitet, wobei ein kombiniertes Strom-Spannungsbegrenzungssystem (max. 9 $\mu A/cm^2$ bzw. 2.7 V) verwendet wurde. Die Haut wurde vorher mit einer Alkohol(75 %)/Aceton(25 %)-Lösung gereinigt. Die SCR rect.t/2 wurden, wenn notwendig, gemäß dem von Edelberg (1970) vorgeschlagenen "curve matching" extrapoliert (vgl. Abschnitt 2.3.1.3.2).

[117] Die SR wurde mit Konstantstrom über konzentrische Elektroden mit 5 mm Innen- und 0.6 bis 1 cm Außendurchmesser unter Verwendung von 0.05 M KCl-Paste auf Agar-Basis am Zeige- und Mittefinger der linken Hand abgeleitet. Das Amplitudenkriterium betrug 0.25 kOhm.

Sitzungen und auch nur bei Logarithmierung der Daten gefunden werden. Diese Ergebnisse sprechen wiederum dafür, daß eine *verzögerte EDR–Recovery* bei Psychopathen *nicht generell*, sondern nur unter bestimmten Bedingungen auftritt, wobei die Aversivität der Reize bei nur 83 dB nicht im Vordergrund gestanden haben kann; das Auftreten langer EDR rec.t/2 scheint bei Psychopathen vielmehr an eine vorherige *geringe elektrodermale Spontanaktivität* gekoppelt zu sein. Ob die auch bei Hinton et al. (1979) gefundene signifikant niedrigere NS.SRR freq. bei Psychopathen als Ausdruck einer *allgemeinen Unteraktivierung* über periphere Mechanismen zu einer *Verzögerung der SRR rec.t/2* bei einem spezifischen Reiz führt (vgl. Abschnitt 1.4.2.3), oder ob es sich sowohl bei der *verringerten Spontanaktivität* als auch bei der *langsamen Recovery* um Auswirkungen *eines zugrundeliegenden zentralen Prozesses* handelt, muß derzeit noch offen bleiben.

Läsionen im Limbischen System, wie sie als mögliche Ursachen der verkürzten EDR rec.t/2 bei Schizophrenen für möglich gehalten werden (vgl. Abschnitt 3.4.2.1), werden bei Psychopathen weniger diskutiert als ein möglicher *Wegfall kortikaler Einflüsse* infolge *verminderter kognitiver Tätigkeiten*: Psychopathen machen sich u. U. über die Konsequenzen ihres Verhaltens weniger Gedanken bzw. können sich die Folgen der Überschreitung sozialer Normen weniger vorstellen als nicht–psychopathische Pbn, und *verminderte Spontanaktivität* sowie *verzögerte Recovery* könnten ebenso *Ausdruck kognitiver* wie *emotionaler Defizite* sein, wie es von Mednick vermutet wurde. Allerdings gibt es auch in der Mednick–Gruppe Spekulationen dahingehend, daß eine durch Schwangerschafts- oder *Geburtstraumata* und/oder *erbliche* Faktoren verursachte *Hippocampus-Läsion* für die verminderte elektrodermale Reaktivität von Bedeutung sein könnte (Mednick und Schulsinger 1973). Dies würde mit einer – allerdings auch zunächst noch nicht belegten – Verbindung einer *Unterfunktion* des sog. BIS (siehe weiter unten) und *verringerter elektrodermaler Aktivität* in Übereinstimmung stehen (vgl. Abschnitt 3.2.1.1.2 und Abbildung 47).

Auch bei den Psychopathen wurden – wie bei den Schizophrenen (vgl. Abschnitt 3.4.2.3) – *Lateralitätsunterschiede* in der EDA beobachtet. Hare (1978a) fand in seiner oben beschriebenen Untersuchung die *verlängerte SCR rec.t/2* bei Psychopathen *nur an der linken*, nicht jedoch an der rechten Hand, und brachte diesen Befund in Verbindung mit der Vermutung einer *Dysfunktion* der *linken*, sprachdominanten *Hemisphäre*. Dies würde allerdings eine vorwiegend *ipsilaterale Kontrolle* der EDR voraussetzen (Hare 1978b), für die es jedoch insgesamt *weniger Belege* gibt *als für* eine überwiegend hemmende *kontralaterale Steuerung* (vgl. Abschnitt 3.2.2.2).

Für die *neurophysiologische* Begründung der elektrodermalen *Hyporeaktivität* von *Psychopathen* bietet sich auch eine Bezugnahme auf das von Gray (1982) postulierte BIS an (Blackburn 1983), als dessen peripher–physiologisches

Korrelat die EDA hypostasiert wird (vgl. Abschnitte 3.2.1.1.2 und 3.3.1.1). Psychopathen als *Extravertierte* im Eysenck'schen Sinne würden nicht nur eine *geringe* selektive *Konditionierungsneigung* gegenüber bedrohlichen bzw. *aversiven Reizen* aufweisen, sondern auch eine generell *niedrigere Aktivität* des sog. *BIS*. Dieses soll nach Gray (1982) nicht nur einen hemmenden Einfluß auf die motorische Aktivität, sondern gleichzeitig einen cortical aktivierenden Effekt i. S. einer *erhöhten Aufnahmebereitschaft* für sensorischen *Informationen* ausüben. Denkbar ist hier ein circulus vitiosus *mangelnder cortical-subcorticaler Kontrolle*: eine geringe kognitive Auseinandersetzung mit möglichen Konsequenzen antisozialen Verhaltens könnte sowohl *Ursache* als auch wiederum *Folge* der *Unterfunktion des BIS* sein. Komplementär dazu wäre eine vermehrte Aktivität des BAS bei Psychopathen zu fordern, als deren peripher-physiologischer Indikator die Herzfrequenz gilt (vgl. Abschnitt 3.2.1.1.2). Hypothesenkonform wurden auch bei *Psychopathen* bei *unvermeidbarer aversiver Stimulation* neben *elektrodermaler Hyporeaktivität* deutliche *Steigerungen* der *Herzfrequenz* beobachtet, während nicht-psychopathische Pbn eher mit vermehrter EDA und geringen Herzfrequenzänderungen reagierten (Hare 1978b). Auch Fowles (1980) zieht im Rahmen der von ihm vorgenommenen Evaluation der EDA als spezifisches peripher-physiologisches Korrelat des BIS Untersuchungen mit Psychopathen heran, bezieht sich aber im wesentlichen auf die Literaturzusammenfassung von Hare (1978b).

Trotz dieser neurophysiologisch interessanten und für die EDA-Forschung möglicherweise noch sehr ergiebigen Befundlage muß bei einem Vergleich von Ergebnissen der Psychopathieforschung untereinander mit einer Reihe von *Problemen* gerechnet werden, die sich vor allem aus der *Diagnostisk* dieser Gruppe ergeben (Siddle 1977, Hare 1978b): während in den meisten Untersuchungen *Fragebogen-* und Rating-Skalen zur Diagnose verwendet wurden, wird von manchen Autoren vor allem das Auftreten delinquenten und/oder sozial aggressiven *Verhaltens* als Indikator für Psychopathie angesehen. Zusätzlich wird nur in einigen Arbeiten zwischen sog. *primären* und *sekundären* Psychopathen, bei denen Anzeichen neurotischer Angst oder emotionaler Reaktionen i. S. von Schuldgefühlen oder Scham vorhanden sind, unterschieden (Blackburn 1983). Aussagen über die Validität psychophysiologischer Indikatoren bzw. Prädiktoren sind jedoch umso schwerer zu treffen, je uneindeutiger die Befundlage ist.

3.4.1.3 Die elektrodermale Aktivität bei depressiven Störungen

Das klinische Bild der *Depression* umfaßt neben *psychischen* und *psychomotorischen* Symptomen wie depressive Verstimmung, Angst, innere Unruhe oder Apathie, psychomotorischer Hemmung oder Agitiertheit insbesondere *vegetative* Störungen, die durch Herzrhythmusstörungen, Mundtrockenheit, Atembeschwerden oder Schlafstörungen gekennzeichnet sind (DSM III, American Psychiatric Association 1980). Die *ältere Literatur* zur Verwendung der EDA als Mittel der psychophysiologischen Diagnostik depressiver Störungen, wie sie bei Stern und Janes (1973) zusammengefaßt wurde, erbrachte vor allem wegen nicht vergleichbarer Diagnosekriterien und der fehlenden Standardisierung elektrodermaler Messungen *uneinheitliche Ergebnisse*.

Eine Reihe von *neueren Studien*, die den sowohl bezüglich der Diagnostik als auch der EDA-Messung eingeführten Standardtechniken genügen, legen jedoch den Schluß nahe, daß sich *depressive* Patienten anhand ihrer *elektrodermalen Hypoaktivität* und *Hyporeaktivität* von gesunden Kontrollprobanden unterscheiden lassen (Carney et al. 1981, Donat und McCullough 1983, Lenhart 1985, Williams et al. 1985). Nach Iacono et al. (1983, 1984) können die Reduktion des SCL, der SCR amp. und der NS.SCR freq. als reliable Kennzeichen depressiver Erkrankungen angesehen werden, da die z.T. erheblichen Unterschiede in der elektrodermalen Aktivität zwischen Depressiven und Gesunden *auch nach* therapeutischer Intervention, z.B. nach elektrokonvulsiver Therapie (Dawson et al. 1977) oder Gabe von Psychopharmaka *bestehen bleiben*, selbst wenn Veränderungswerte psychiatrischer Ratingskalen wie des Fragebogens von Beck (Beck et al. 1961) bzw. der Hamilton-Skala (Hamilton 1960) deutliche Hinweise für eine *subjektive Verbesserung* der depressiven Erkrankung liefern (Storrie et al. 1981).

Die diagnostische Bedeutung des *SCL* als *sensitiver* und *spezifischer Test* für *depressive* Störungen wurde systematisch in zwei Studien von Ward et al. (1983) und Ward und Doerr (1986) untersucht. Unter Einbeziehung der *vielfältigen Klassifikationsansätze* depressiver Symptome (endogen vs. nicht-endogen, reaktiv vs. nicht-reaktiv, primär vs. sekundär, Dexamethason-Suppression vs. keine Dexamethason-Suppression) wurden 21 bzw. 15 männliche und 12 bzw. 22 weibliche Patienten untersucht, deren Symptomatik den Kriterien einer unipolaren affektiven Störung gemäß den Diagnosekriterien nach Spitzer et al. (1977), dem DSM III und den Kriterien von Feighner et al. (1972) entsprach. Die Kontrollgruppe in der Untersuchung von 1983 bestand aus 38 männlichen und 33 weiblichen Pbn, an der Studie von 1986 nahmen insgesamt 201 männliche und 204 weibliche gesunde Pbn als Kontrollpersonen teil. Der SCL wurde mittels Standardmethodik an den mittleren Phalangen des Zeige- und Mittelfingers beider Hände abgeleitet und auf die Elektrodenfläche relativiert (vgl. Abschnitt 2.3.3.1). Ein Vergleich der mittleren SCL–Werte der 15.–16. Versuchsminute ergab keine statistisch signifikanten Abweichungen zwischen der linken und der rechten Hand, so daß in die Datenanalyse nur die Werte der nicht–dominanten Hand eingingen.

Wie zu erwarten, zeigten die *depressiven Patienten* in beiden Untersuchungen signifikant *niedrigere SCL*–Werte, wobei sich deutliche Haupteffekte für das *Geschlecht* der Pbn ergaben (vgl. Abschnitt 2.4.3.2): Frauen zeigten signifikant geringere SCLs als Männer, in der 1986er Untersuchung allerdings nur bei den Patienten, weshalb Ward und Doerr (1986) geschlechtsspezifische *Cutoff–Diagnose-Kriterien* für den SCL einführten: 3.0 $\mu S/cm^2$ für die Frauen und 4.8 $\mu S/cm^2$ für die Männer. Unter Zugrundelegung dieser Kriterien konnten jeweils etwa 90 % der Patienten und der Gesunden richtig klassifiziert werden. Ein Problem stellt die in der Studie von 1983 aufgetretene *Konfundierung* der *gesund/krank*-Dichotomie mit dem *Alter* dar; deshalb wurde in der 1986er Arbeit eine zusätzliche bezüglich des Alters parallelisierte Kontrollgruppe einbezogen, wobei sich zeigte, daß es sich bei dem *erniedrigten SCL* der Patienten *nicht* um einen *Alterseffekt* handelte (vgl. Abschnitt 2.4.3.1). Darüber hinaus konnten in der Studie von 1983 bei den Patienten mit wiederholt auftretenden depressiven Phasen niedrigere SCLs beobachtet werden als bei den Patienten, die zum ersten Mal psychiatrisch auffällig wurden. Dieser Unterschied muß aber durch eine ungleiche Geschlechtsverteilung in den beiden Gruppen in Frage gestellt werden. Entsprechend früherer Befunde ergaben sich weder signifikante SCL–Unterschiede zwischen den Patienten mit und ohne *Medikation*, noch zeigte sich ein Zusammenhang zwischen den SCL–Werten und den Patienten der *verschiedenen* depressiven *Symptomkategorien* (vgl. Ward und Doerr 1986, Table 2).

Die Uniformität der Subgruppen depressiver Patienten bei Ward und Doerr (1986) bezüglich des SCL läßt sich jedoch – wie die Autoren selbst einräumen – möglicherweise auf die verwendete enge Definition von Depression zurückzuführen. So berichteten bereits Lader und Wing (1969) von deutlichen EDA–Unterschieden bei den von ihnen untersuchten 17 *agitierten* und 13 *retardierten* depressiven Patienten und den 35 normalen Kontrollprobanden auf akustische Reize, wobei die agitierten im Vergleich zu den retardierten Patienten und den 35 normalen Kontrollprobanden durch einen *höheren SCL*, eine *vermehrte NS.SCR freq.* und durch eine *fehlende Habituation* auf die applizierten 1000 Hz–Stimuli gekennzeichnet waren. Nach Lader und Wing (1966) handelt es sich bei der psychomotorischen Retardierung und der Agitiertheit bei Depressiven um voneinander unabhängige Phänomene, die einander jedoch nicht unbedingt ausschließen.

Ähnliche Ergebnisse werden auch in einer neueren Studie von Williams et al. (1985) berichtet. Sie untersuchten 36 Patienten, die anhand der Kriterien von Spitzer et al. (1977) und des DSM III hinsichtlich der Dimension *unipolare* vs. *bipolare* Depression und des psychomotorischen Status beurteilt wurden. Die Hautleitfähigkeit wurde bilateral von den medialen Phalangen des Zeige- und Mittelfingers unter Verwendung von Standardmethodik abgeleitet. Die Stimuli bestanden in der Nicht-Signal-Bedingung aus zehn 85 dB Tönen, in der Signalbedingung wurden zwölf Reize mit 105 dB dargeboten. Für beide Bedingungen wurde eine Reizfrequenz von 1000 Hz gewählt, die Dauer der Reize betrug 1 sec bei einem ISI von 20–40 sec. Während die Datenanalyse der tonischen und phasischen EDA-Parameter[118] keine signifikanten Effekte bezüglich der Differenzierung von unipolarer vs. bipolarer Depression erbrachte, zeigten *psychomotorisch unauffällige* gegenüber den *retardierten* Patienten statistisch bedeutsame *Unterschiede* im *SCL* während beider Reizserien.

In systematischen Untersuchungen zur elektrodermalen OR, ihrer Habituation und der Konditionierbarkeit der EDR versuchte Heimann (1969, 1973, 1979a, 1979b, 1980) bei depressiven, neurotischen und gesunden Pbn verschiedene *EDA-Reaktionstypen* zu bestimmen. Grundlage der Klassifikation von Heimann (1973) bildete ein von Claridge (1967) formuliertes Aktivierungskonzept, das von einem *tonischen Aktivierungssystem*, als dessen Indikator der EDL angesehen wird, und einem *Modulationssystem*, das durch die *Anzahl* und *Amplituden* der *EDRs* gekennzeichnet ist, ausgeht (vgl. auch Abschnitt 3.2.1.1.1).

Der Versuch einer entsprechenden *Klassifikation* der Patienten mit depressiver Symptomatik führte zu Gruppen, die sich hinsichtlich der *Stabilität* des *tonischen Aktivierungssystems* und der *elektrodermalen Ansprechbarkeit* auf externe Stimuli unterscheiden sollten. Nach Heimann (1973) ist beim *agitiert Depressiven* ein *hohes Aktivierungsniveau* mit *herabgesetztem SRL*, *vermehrten Spontanfluktuationen*, regelmäßiger *Ansprechbarkeit* auf Außenreize, *verzögerter Habituation* und *rascher Konditionierbarkeit* zu erwarten. Dies entspricht den o. g. Ergebnissen von Lader und Wing (1969) sowie denen von Kelly und Walter (1969). Die *gehemmt Depressiven* sollten sich zu den agitiert Depressiven *komplementär* verhalten. Die Befunde sprechen jedoch einerseits für eine *verminderte tonische Aktivierung*, als dessen Indikator ein erhöhter SRL angesehen wird, andererseits für eine *Herabsetzung der Reaktivität im Modulationssystem* i. S. einer *verminderten elektrodermalen Reaktivität* auf Außenreize, *beschleunigter Habituation* und *geringer* bis fehlender *Konditionierbarkeit* (Heimann 1973, 1979b). Bezüglich einer Differenzierung von gehemmt und agitiert Depressiven konnte Heimann (1969) an 100 Patienten zeigen, daß *gehemmte* und *agitierte* Syndrome *nicht unabhängig* voneinander auftreten: Patienten, die der agitierten Gruppe zugeordnet worden waren, wiesen auch die für die gehemmte Gruppe charakteristischen Symptome auf. Heimann (1979a, Seite 31) geht davon aus, "daß die vom Patienten geäußerten Angstgefühle, innere Unruhe oder die an

---

[118]Zeitfenster 1–3 sec nach Reizbeginn, Amplitudenkriterium 0.05 μS.

ihm zu beobachtende psychomotorische Erregung nicht primär zum depressiven Syndrom gehören, sondern eine Reaktion auf die depressive Grundsymptomatik bilden".

Es bleibt jedoch fraglich, inwieweit sich diese psychophysiologische *Reaktionsmuster* tatsächlich zur *Differentialdiagnose* depressiver Störungen verwenden lassen, da ähnliche psychophysiologische Befunde auch bei den verschiedenen Untergruppen *schizophrener* Erkrankungen zu finden sind (vgl. Abschnitt 3.4.2.2). Nach Heimann (1980, Seite 85) kommt es jedoch weniger darauf an, ein "Spezifikum der depressiven Reaktivität" zu beschreiben als vielmehr die Frage zu klären, wie bestimmte "Reaktionstypen" in verschiedenen pathogenetischen Zusammenhängen mit Umweltinformationen umgehen. So kann die bei schizophrenen non–Respondern und depressiven Patienten festgestellte *Inhibition der* psychophysiologischen *Reaktivität* als ein *aktiver Vorgang* betrachtet werden, der sich nicht nur in einer Hemmung der vegetativen Merkmale einer OR nachweisen läßt, sondern auch in Kontexten der *Informationsaufnahme* (vgl. Abschnitt 3.2.2.1), was durch eine Reduktion der Amplitude akustisch evozierter Potentiale oder der Erwartungswelle (CNV) im EEG zum Ausdruck kommt (Giedke et al. 1980). Die *mangelnde Ansprechbarkeit* auf Umweltreize, die sich psychophysiologisch in einer *verminderten* oder sogar fehlenden *elektrodermalen OR* bzw. einer *beschleunigten Habituation* der EDR zeigt, kann als Ausdruck der *Kernsymptomatik Depressiver* betrachtet werden und nach Akiskal und McKinney (1975) neurophysiologisch auf einen *Defekt* im sog. *"Belohnungssystem"* oder auf ein *Ungleichgewicht* zwischen dem "Belohnungs-" und "Bestrafungssytem" *zugunsten* des "Bestrafungssystems" zurückgeführt werden (vgl. Abschnitt 3.2.1.1.2), wohingegen es sich bei den *schizophrenen* Syndromen eher um eine sekundäre Anpassung des Organismus an die psychotische *Reizüberflutung* handeln könnte (Heimann 1979b). Empirische Belege für diese hypostasierten Zusammenhänge liegen zwar noch nicht vor; hier ergeben sich jedoch interessante Perspektiven für die klinisch–psychophysiologische EDA–Forschung.

3.4.2 Elektrodermale Indikatoren in der Schizophrenieforschung

Bei den Schizophrenien handelt es sich um eine Gruppe *heterogener psychotischer Störungen*, die jedoch mit hoher Interrater-Reliabilität zu *derselben Diagnose* führen (Cohen und Plaum 1981). Sie zeigen sich sowohl in *akuten* Verlaufsformen als auch in Form von *chronischen* Zuständen und sind durch Antriebs-, Affekt- und Kognitionsstörungen bis hin zum Aufbau von Wahnvorstellungen gekennzeichnet (DSM III, American Psychiatric Association 1980). Die Anwendung der EDA in der Schizophrenieforschung reicht bis zum Beginn des Jahrhunderts zurück; dennoch kamen Stern und Janes (1973) in ihrem Beitrag zum Reader von Prokasy und Raskin anhand einer Literaturübersicht zu der Schlußfolgerung, die diesbezüglichen Ergebnisse seien insgesamt inkonsistent und wenig schlüssig.

Seitdem konnte allerdings in *neueren Arbeiten* durch die Verbesserung und *Vereinheitlichung* der EDA-Meßmethodik einerseits und durch die Einbeziehung *differentialdiagnostischer* Gesichtspunkte wie die Aufteilung der Schizophrenen in elektrodermale Responder und non-Responder andererseits (vgl. Abschnitt 3.4.2.2) eindeutigere Aussagen bezüglich der EDA bei Schizophrenien getroffen werden. Die entsprechende Literatur wird von Öhman (1981) zusammenfassend in einem ausführlichen Sammelreferat kommentiert. Im Rahmen ihres Sammelreferates zu den psychophysiologischen Aspekten der Schizophrenen geben auch Spohn und Patterson (1979) einen Abriß der betreffenden EDA-Forschung. Eine Diskussion der *methodischen Probleme* dieser Forschungsrichtung findet sich bei Venables (1983).

Zur Begründung der insgesamt gut replizierten *psychophysiologischen Abnormität* bei Schizphorenen wurden sowohl eher *globale* als auch auf *spezifische* neurophysiologische Strukturen bezogene *Hypothesen* vorgelegt. So gingen Epstein und Coleman (1970) davon aus, daß ein Grundproblem der schizophrenen Erkrankung in einem *inadäquat modulierten Hemmsystem* liege, weshalb der Patient *stets über-* bzw. *unterreagiere* (vgl. Abschnitt 3.4.2.2). *Spezifisch* auf die *EDA* als psychophysiologischen Indikator im Zusammenhang mit schizophrenen Erkrankungen *bezogene Hypothesen* schließen sowohl *neurophysiologische* als auch *psychologische* Begründungen ein:

(1) Es gibt Hinweise auf *Störungen* in *limbischen Strukturen* (z. B. in der Amygdala und im Hippocampus) bzw. Bahnensystemen (dopaminerge und cholinerge Bahnen) bei Schizophrenen (Venables 1983). Diese Strukturen sind eng mit der *zentralen Verursachung der EDA* verknüpft (vgl. Abschnitt 1.3.4.1).

(2) *Die EDA ist als Indikator* von *Kognitions-* und *Aufmerksamkeitsprozessen* (vgl. Abschnitt 3.2.2.1) in besonderer Weise sensibel für entsprechende Störungen, die sich vor allem in Veränderungen der elektrodermalen OR (vgl. Abschnitt 3.1.1.1) niederschlagen (Venables 1975).

Eine mögliche *Neuorientierung* der Schizophrenieforschung auf dem Hintergrund allgemeinpsychologischer *Informationsverarbeitungs-Modelle* und der in diesen Zusammenhängen diskutierten *neurophysiologischen* und *neurochemischen* Korrelate befindet sich noch im Anfangsstadium, dennoch haben Untersuchungen zu *psychophysiologischen Begleitreaktionen* experimentell isolierter Verarbeitungsschritte bei Schizophrenen bereits recht konsistente Ergebnisse erbracht (Cohen und Plaum 1981). Auch andere psychophysiologisch orientierte Hypothesen wie die einer *erhöhten Vulnerabilität* Schizophrener *gegenüber Streß* als Ergebnis einer Interaktion von *genetischer Disposition* und individueller *Lebensgeschichte*, gehen davon aus, daß sich die *EDA* in besonderer Weise als Indikator der *autonomen Erregbarkeit* dieser Patientenpopulation eignet (Zubin und Spring 1977). In den folgenden Abschnitten werden einige typische Fragestellungen der Schizophrenieforschung, bei denen die EDA Anwendung findet, unter überwiegend methodischen Gesichtspunkten behandelt. Über eine Untersuchung der EDA im Schlaf bei Schizophrenen wurde bereits im Abschnitt 3.2.1.2 berichtet.

3.4.2.1 Zeitparameter phasischer elektrodermaler Aktivität und Risiko schizophrener Erkrankung

Psychophysiologische Untersuchungen werden bei einer Reihe von klinischen Populationen durch die z. T. infolge *längerer Hospitalisierung* aufgetretenen sozialen, *intellektuellen* und *affektiven* Defizite, insbesondere jedoch durch die *Dauermedikation*, erheblich erschwert. Dies gilt insbesondere für Schizophrene mit *agitiertem* oder *stuporösem* Verhalten, weshalb Mednick und McNeil (1968) im Hinblick auf die Schizophrenie-Forschung vorschlugen, *anstelle* der üblicherweise durchgeführten *Patienten-* vs. *Kontrollgruppen*-Designs größeres Gewicht auf prospektive Studien bei Risikogruppen (sog. "*high-risk*-groups") zu legen. In einer entsprechend konzipierten Untersuchung fanden Mednick und Schulsinger (1968), daß die *SCR rec.t/2* besser als alle anderen Variablen *als Prädiktor* für eine *spätere Erkrankung* der untersuchten 207 im Durchschnitt 15–jährigen Kinder schizophrener Mütter geeignet war. Neben *kürzeren* SCR rec.t/2 zeigten die 20 innerhalb von 5 Jahren psychiatrisch Erkrankten signifikant *kürzere SCR lat.* als die nicht Erkrankten dieser Gruppe (Mednick 1967) und als normale

Kontrollprobanden ohne genetisches Risiko, auch waren die *SCR amp.* auf den *UCS* in der Risikogruppe größer als die von 20 parallelisierten Pbn aus den insgesamt 104 Pbn der Kontrollgruppe. Diese Effekte ließen sich jedoch *nur* für die *männlichen Pbn* statistisch sichern.

Venables (1983) weist auf einige kritische Punkte in den Untersuchungen der Mednick-Gruppe hin, u. a. darauf, daß die *ISIs* in dem verwendeten klassischen Konditionierungspardigma *zu kurz waren*, um die *verschiedenen Arten von EDRs* mit unterschiedlichen Latenzzeiten differenziert *auswerten* zu können (vgl. Abschnitt 3.1.2.1), und daß die Latenzzeitunterschiede mit den bei Schizophrenen beobachteten *unterschiedlichen absoluten Hörschwellen* in verschiedenen Frequenzbereichen konfundiert waren. Auch scheiterten zwei Versuche, die Ergebnisse der Mednick-Gruppe zu replizieren: Erlenmeyer-Kimling (1975) verglich die EDA einer Gruppe von 7- bis 12jährigen Kindern, bei denen mindestens ein Elternteil schizophren war, mit der EDA einer Vergleichsgruppe, deren Eltern an anderen psychiatrischen Störungen erkrankt waren, und mit der einer weiteren Kontrollgruppe mit gesunden Eltern. Erlenmeyer-Kimling et al. (1979) berichteten anhand dieses Datenmaterials, daß die *Schizophrenie-Risikogruppe längere SCR lat.* zeigte als die Kontrollgruppe. Obwohl hierbei keine Vergleiche zwischen später Erkrankten und nicht Erkrankten vorlagen, stehen diese Ergebnisse doch im Widerspruch zu denen von Mednick (1974). Übereinstimmung fand sich bezüglich der *kürzeren SCR rec.t/2* bei den Kindern *schizophrener Mütter*, während die Kinder *schizophrener Väter längere* SCR rec.t/2 zeigten. Es könnten aber noch andere Unterschiede zwischen beiden Untersuchungen, etwa in der Diagnose, der Intaktheit der jeweiligen Familien, im Alter der Pbn und in den motivationalen Begleitumständen der Versuchsteilnahme, zur nicht-Replizierbarkeit der Ergebnisse beigetragen haben (Venables 1983).

Auch Salzman und Klein (1978), die sich eng an die von der Mednick-Gruppe verwendeten Paradigmen anlehnten, konnten deren wesentliche Ergebnisse *nicht bestätigen*: sie fanden weder in der *Latenz* noch in der *Recovery-Zeit* Unterschiede zwischen den 12 zehnjährigen Kindern ihrer Risikogruppe und den 30 Kindern der Kontrollgruppe; allerdings waren auch hier wie bei Mednick (1967) die SCR amp. auf den UCS in der Risikogruppe größer als die in der Kontrollgruppe. So muß auch die Interpretation der Ergebnisse einer von Mednick und Schulsinger (1974) anhand des von dieser Arbeitsgruppe erhobenen Datenmaterials durchgeführten Analyse i. S. einer unterschiedlichen *genetischen* Determiniertheit verschiedener EDA-Parameter zumindest als replikationsbedürftig angesehen werden: während große Amplituden und kurze Latenzen sowohl vermehrt beim Vorliegen eines genetischen Risikos als auch bei früher Trennung von den Eltern beobachtet wurden, trat eine *Verkürzung* der *Recovery-Zeit* nur in Abhängigkeit vom *genetischen* Risiko auf. Diese Ergebnisse werden zudem durch vielfältige Zusammenhänge zwischen EDA-Parametern, u. a. auch der Recovery, und Komplikationen während Schwangerschaft und Geburt relativiert (Öhman 1981). Auch konnten van Dyke et al. (1974) in ihrer mit der Versuchsanordnung von Mednick und Schulsinger (1968) durchgeführten *Adoptionsstudie keine Unterschiede* in der *Recovery* zwischen 47 Pbn von durchschnittlich 33 Jahren, deren leibliche Eltern schizophren waren, und 45 Kontrollprobanden feststellen. Die adoptierten Nachkommen Schizophrener zeigten allerdings größere SCR amp. auf den CS und häufigere Reaktionen vor und auf den UCS sowie eine geringere Habituation auf diesen.

Insgesamt kann über die prädiktive Validität der EDA-Parameter bezüglich des Auftretens schizophrener Erkrankungen noch keine eindeutige Aussage getroffen werden, da lediglich aus der Mednick-Gruppe Vergleiche zwischen später erkrankten und nicht erkrankten Pbn der Risiko-Gruppe mit schizophrenen Eltern vorliegen, wobei es sich auch nicht in allen Fällen um Erkrankungen des schizophrenen Formenkreises handelte. Als *mögliche spezifischen Indikatoren* für spätere Schizophrenien werden *vor allem Zeitparameter* und hier insbesondere die *Recovery-Zeit* genannt, obwohl die entsprechenden Ergebnisse bislang nicht eindeutig repliziert werden konnten[119].

Daß insbesondere Zeitparameter der EDR prognotischen Wert für schizophrene Erkrankungen haben könnten, wird durch eine aus Untersuchungen an *Primaten* abgeleitete, etwas spekulative Hypothese von Bagshaw et al. (1965) nahegelegt, die die *Dauer* der *SCR* als *Indikator* für die zur *Ausbildung* des *neuronalen Modells* i. S. von Sokolov (vgl. Abschnitt 3.1.1) zur Verfügung stehende Zeit interpretiert. Eine *kurze* EDR rec.t/2 wäre also ein möglicher Hinweis auf eine *langsame Modellbildung* und damit auf eine *Bereitschaft* zur *ständigen Neuorientierung*. Eine ständige Neuorientierung auf eine große Zahl als irrelevant bzw. neuartig erlebter Reize ("*open-gate*"-Zustand, vgl. Abschnitt 3.2.2.1) wird nicht nur zu *kürzeren EDR rec.t/2*, sondern auch zu einer *erhöhten NS.EDR freq.* führen, wie sie ja mehrfach bei Schizophrenen beobachtet wurde (Depue und Fowles 1973). Möglicherweise zeichnen sich deshalb *Kinder* mit *erhöhtem Risiko* für spätere Schizophrenien auch durch eine insgesamt *erhöhte tonische elektrodermale Aktivität* aus (Öhman 1981).

Ob dabei *genetische* Aspekte eine Rolle spielen, ist ebenfalls noch ungeklärt. Denkbar sind auch Auswirkungen spezifischer *Hirntraumata* (z. B. Anoxien) bei der Geburt sowohl auf die Entstehung von Schizophrenien als auch auf die Ausbildung der EDA. Hinweise darauf ergeben sich aus der Verbindung von Beobachtungen durch Mednick (1970), der in seiner Studie bei 70 % der an Schizophrenie erkrankten Kindern *Komplikationen während* der *Geburt* festgestellt hatte, mit *tierexperimentellen* Befunden, die einen *inhibitorischen* Effekt

---

[119]Zur Diskussion der Abhängigkeit bzw. Unabhängigkeit der EDR-Recovery von anderen EDA-Maßen vgl. Abschnitt 2.5.2.2.

des *Hippocampus* und einen *exzitatorischen* Effekt der *Amygdala* auf die EDA nahelegen (vgl. Abschnitt 1.3.4.1). Bereits Douglas und Pribram (1966) und später Pribram und McGuinness (1975) waren von einer Beteiligung dieser limbischen Strukturen an *Aufmerksamkeitsprozessen* ausgegangen, wobei die *Amygdala* stärker an der *Fokussierung*, der *Hippocampus* dagegen eher an der *Richtung* der Aufmerksamkeit beteiligt sein sollten (vgl. Abschnitt 3.2.2.1). Die vielfach beobachteten *Aufmerksamkeitsstörungen Schizophrener* einerseits und der abnorme *Verlauf* der *EDR* bei Pbn mit *erhöhtem Risiko* für eine schizophrene Erkrankung andererseits könnten ihre *gemeinsame Ursache* in entsprechenden *Läsionen* haben. Inwieweit und auf welche Weise dabei allerdings eine spezifische Beeinflussung von Zeitparametern der EDR durch mögliche hirntraumatische Vorgänge erfolgt, muß beim derzeitigen Stand der Forschung offen bleiben.

Einige neuere Untersuchungsergebnisse weisen allerdings auch darauf hin, daß die *verkürzte EDR rec.t/2* bei Schizophrenen möglicherweise eine *Folge* der *Medikation* sein könnte. Bereits Maricq und Edelberg (1975) hatten bei Schizophrenen, deren *Medikation* abgesetzt worden war, sowohl unter Ruhe- als auch unter tätigkeitsorientierten und aversiven Bedingungen wie dem Cold–pressor–Test (Eintauchen von Hand oder Fuß in Eiswasser) *ähnliche Recovery–Zeiten* wie bei *Normalprobanden* gefunden. Gruzelier und Hammond (1978) fanden ebenfalls, daß die Recovery–Zeit bei EDRs auf einen 10 sec dauernden Lärmreiz kürzer war, wenn die Patienten unter Chlorpromazin–Medikation standen, verglichen mit Zeiten ohne Medikamenteinnahme. *Chlorpromazin* (Megaphen^R), ein häufig verwendetes Neuroleptikum aus der Gruppe der Phenothiazine (vgl. Abschnitt 3.4.3.1), besitzt einerseits ausgeprägte *vegetative*, insbesondere alpha–Rezeptoren–gebundene *sympathicolytische* Wirkungen (Forth et al. 1980), weshalb eine unmittelbare Einflußnahme auf die *peripheren* phasischen elektrodermalen Vorgänge wegen der an der Schweißexpulsion beteiligten *adrenerg innervierten Myoepithelien* nicht auszuschließen ist (vgl. Abschnitte 1.3.3.1 und 3.4.3.1), andererseits erzielt es vermutlich wie die meisten Neuroleptika seine *antipsychotische Wirkung* über die Beeinflussung *monoaminerger* Bahnen im *Limbischen System* (Gruzelier und Connolly 1979) und kann damit in den Prozeß der *zentralen Verursachung* der *EDA* eingreifen. Da Kugler und Gruzelier (1980) auch bei gesunden Pbn zeigen konnten, daß Chlorpromazin gegenüber einer Placebo–Bedingung die SCR rec.t/2 verringerte, ist ein Zusammenhang zwischen *Pharmakonwirkungen* und *Zeitparametern der EDA* als Erklärungsmöglichkeit für die Verkürzung der SCR rec.t/2 zumindest bei einem Teil der entsprechenden Untersuchungen an Schizophrenen nicht auszuschließen.

3.4.2.2 Das elektrodermale non-Responder-Phänomen bei Schizophrenen

Für die bereits zu Beginn des Abschnitts 3.4.2 erwähnte Einteilung in Responder vs. non-Responder und für die *Dichotomisierung* schizophrener Patienten in Gruppen mit elektrodermaler *Hyper-* vs. *Hypoaktivität* wurden sowohl das Auftreten von *Orientierungsreaktionen* und das Erreichen bzw. Verfehlen von *Habituationskriterien* bei Reizserien (vgl. Abschnitt 3.1.1) als auch *tonische EDA-Maße* (EDL und NS.EDR freq.) herangezogen. Dabei bestehen erhebliche Überschneidungen zwischen den so gewonnenen Einteilungen: Öhman (1981) faßt die Ergebnisse einer Reihe diesbezüglicher Studien dahingehend zusammen, daß die sog. *Responder* auch insgesamt *eher elektrodermal hyperaktiv* sind, wobei ihre NS.EDR freq. trotz bestehender Medikation die von Normalprobanden übersteigt, während die *non-Responder* auch *weniger NS.EDRs zeigen*. Zahn et al. (1981a) fanden zwar ebenfalls eine größere NS.EDR freq. bei ihren 46 akut Schizophrenen ohne Medikation im Vergleich zu den 118 Kontrollprobanden (zur Methodik vgl. Fußnote 120), jedoch niedrigere SCL-Werte bei den Patienten. Dies deutet darauf hin, daß die Zusammenhänge zwischen elektrodermaler *Hyperaktivität* und *Hyperreaktivität* bei Schizophrenen *mit* den verwendeten tonischen *Maßen* der EDA (vgl. Abschnitt 2.3.2) und ihren Beziehungen zu phasischen EDRs (vgl. Abschnitt 2.5.4.2) *variieren können*.

Da an den betreffenden Untersuchungen i. d. R. bereits an Schizophrenie Erkrankte teilnahmen, müssen beim Vergleich der Ergebnisse verschiedener Studien eine große Zahl von Randbedingungen beachtet werden: die *Dauer* und *Schwere* der Erkrankung, damit häufig konfundiert das *Alter* der Patienten, die *Art* und *Dosierung* der *Medikation*, die vom Krankheitszustand und der Art der schizophrenen Erkrankung abhängige *Kooperationsbereitschaft* des Patienten und sein *Instruktionsverständnis*, die *Intensität* und *Frequenzcharakteristika* der verwendeten *Reize*, die durch entsprechende Instruktionen induzierte oder verhinderte *Aufmerksamkeit* in Richtung der Reize, die ggf. wieder über subjektive Reaktionen kontrolliert werden kann (Venables 1983), sowie mögliche *Interaktionen* zwischen allen diesen Faktoren.

Während man bis zum Beginn der 70er Jahre von einer *generellen Hyporeaktivität* von Schizophrenen auf *Reize* ausging, die *normalerweise* eine OR hervorrufen (Bernstein et al. 1982), konnten Gruzelier und Venables (1972) beobachten, daß *Untergruppen* einer unausgelesenen Stichprobe von Schizophrenen *völlig gegensätzlich* auf eine Serie von 1000 Hz-Töne mit 85 dB *reagierten*: 43 ihrer Patienten zeigten keinerlei mit Standardmethodik unter Verwendung von KCl-Paste beobachtbare SCRs auf die 15 dargebotenen Reize, während von den restlichen 37 nur 3 das Habituationskriterium von drei aufeinanderfolgenden SCRs unterhalb des Amplitudenkriteriums von 0.05 μS (vgl. Abschnitt 3.1.1.2.2) erreichten. Zwei Kontrollgruppen mit Gesunden und mit nichtpsychotischen Patienten zeigten normale Reaktivität und Habituation. Dieses Ergebnis konnte später von den gleichen Autoren repliziert werden, und es folgte eine große Zahl von Untersuchungen zum sog. *Responder- vs. non-Responder-Phänomen* bei Schizophrenen.

Öhman (1981, Table 1) stellt die diesbezüglichen Ergebnisse aus über 30 unabhängigen Stichproben mit insgesamt fast 1000 Schizophrenen unterschiedlicher Diagnosen und in verschiedenen Stadien der Erkrankung, wobei auch Phasen der Remission eingeschlossen waren, zusammen. Danach reicht der *Anteil* der *non-Responder* bei Schizophrenen von 0 bis 68 % mit einem Median bei 40 %. Dem stehen allerdings auch die üblicherweise 5 bis 10 % *non-Responder* in *normalen* und *nicht-schizophrenen* psychiatrischen *Stichproben* gegenüber. Das Auftreten des non-Responder-Phänomens scheint *von verschiedenen Faktoren* der Untersuchungsanordnung *abhängig* zu sein; wobei keiner dieser Faktoren für sich genommen eine ausreichende Erklärung liefert:

(1) *Reizintensität und -qualität*: mit *höherer Intensität* geht die Zahl der *non-Responder stark zurück*; das gleiche gilt bei der Verwendung von Frequenzen unterhalb 1000 Hz, wo die *absoluten Hörschwellen* der Schizophrenen deutlich niedriger liegen als die von Normalprobanden (Gruzelier und Hammond 1976). In einer von Bernstein (1981) durchgeführten Studie wird deutlich, daß neben der *Reizstärke* die *Anstiegssteilheit* des Reizes das Habituationsverhalten entscheidend beeinflußt: Im Vergleich zu einem unmittelbaren Anstieg wurde durch die Darbietung von 90 dB-Tönen mit einer Anstiegszeit von 25 msec die Anzahl der Nichthabituierer über 15 Trials von 32 % auf 0 % bei den Schizophrenen und von 72 % auf 10 % bei den Gesunden reduziert. Dieses Ergebnis weist darauf hin, daß Schizophrene zwar auf Stimuli, die eine OR auslösen, eher hyporeaktiv antworten, die "*Schutzreflexe*" (Öhman 1979) wie "startle"- oder Defensivreaktionen (vgl. Abschnitt 3.1.1.1) jedoch *erhalten bleiben* (vgl. Dimitriev 1968).

(2) *Bedeutung des Reizes*: das non-Responder-Phänomen ist weitgehend an Reize ohne Signalbedeutung gekoppelt, wobei wegen der besonderen kognitiven Struktur der Schizophrenen offen bleiben muß, ob ein Aspekt der *Instruktion* und wenn ja, welcher eine solche *Bedeutung* zu *induzieren* vermag. So vermutete Venables (1975), daß Schizophrene möglicherweise eine *extreme Aufnahmebereitschaft* für *irrelevante Reize* zeigen, während die beobachtete *kurze Recovery-Zeit* bei *relevanten* Reizen (vgl. Abschnitt 3.4.2.1) auf eine verlangsamte Ausbildung eines neuronalen Modells i. S.

von Sokolov (vgl. Abschnitt 3.2.2.1, Tabelle 6) im Falle bedeutungshaltiger Stimuli hinweist. Versuche, die Reizbedeutung in Experimenten mit Schizophrenen gezielt zu variieren, wurden von Bernstein et al. (1980) durchgeführt.

(3) *Meß- und Auswertungsmethode*: die bereits im Abschnitt 2.3.1.2.3 diskutierte mögliche *Abhängigkeit* der Entdeckung elektrodermaler Reaktionen von der Verstärkung könnte dazu geführt haben, daß die mit *Konstantstrom* durchgeführten Untersuchungen *weniger non-Responder* aufweisen als solche, in denen die EDA mit Konstantspannungstechniken gemessen wurde, da die mit *Konstantspannungstechnik* abgeleiteten EDRs erst bei einer etwa *10 mal* so hohen *Verstärkung* sichtbar werden wie vergleichbare EDRs, die mit der Konstantstrommethode erhalten wurden (vgl. Abschnitt 2.6.2). Zudem ist die Diagnose elektrodermaler Reaktivität von der *Größe* des *Zeitfensters* abhängig (vgl. Abschnitt 2.3.1.1). Daher ist die Wahrscheinlichkeit, daß in dem von Gruzelier und Venables (1972) gewählten Zeitfenster von 1 bis 5 sec nach Reizbeginn eine eigentlich nichtspezifische EDR als reizbezogen angesehen wird, größer als bei der Verwendung des von Levinson und Edelberg (1985) angegebenen Fensters zwischen 1 und 2.4 sec.

(4) *Medikation*: unter *medikationsfreien* Schizophrenen trat das *non-Responder*-Phänomen i. d. R. *seltener* auf, allerdings waren die beobachteten *intraindividuellen* Unterschiede zwischen Phasen *mit* und *ohne Medikation* meist zu *gering*, um unterschiedliche Ergebnisse von Untersuchungen allein auf Medikationsunterschiede zurückführen zu können. Es scheint, daß die Behandlung mit *Neuroleptika* zu einer *Reduktion* der *elektrodermalen Niveauwerte* und der *NS.SCR freq.* führt (zusammenfassend: Venables 1975; vgl. auch Abschnitt 3.4.3.1). Die Befunde bezüglich der *phasischen EDA* sind *weniger einheitlich*: während Spohn et al. (1971) keine Wirkung von Phenothiazinen auf die SCR amp. nachweisen konnten, beobachtete Magaro (1973) niedrigere SCR amp. bei paranoid Schizophrenen und bei Patienten mit einem schlecht angepaßten praemorbiden Verhalten unter Phenothiazin-Medikation. Patienten, die aufgrund ihrer praemorbiden Persönlichkeitsstruktur eine gute Prognose bezüglich des Krankheitsverlaufs hatten, zeigten erhöhte SCR amp. bei entsprechender Medikation. Die Frage, inwieweit die *medikamentöse Beeinflussung* der *EDA*-Parameter bei *Schizophrenen* als *Indikator* des *Therapieerfolges* betrachtet werden kann, oder ob die Veränderung der EDA durch die Medikation als ein neurochemisches Artefakt anzusehen ist, läßt sich erst nach einer besseren Aufklärung des zentralnervösen Wirkungsmechanismus von Neuroleptika bei schizophrenen Störungen stringent beantworten.

Da insbesondere sowohl die *meßtechnischen Probleme* als auch die *pharmakologischen Aspekte* – wegen ihres möglichen unmittelbaren Einflusses auf die zentralen und peripheren Entstehungsmechanismen der EDA (vgl. Abschnitt 3.4.3.1) – für die Beurteilung der Validität elektrodermaler Indikatoren in Zusammenhängen der non–Responder–Problematik von besonderer Bedeutung sind, wird im folgenden auf die beiden unter (3) und (4) genannten Faktoren noch weiter eingegangen.

Im Hinblick auf die *Meß-* und *Auswertungsmethode* führte O'Gorman (1978) die Unterschiede zwischen den von *England* ausgehenden Studien der Venables–Gruppe und den von Zahn (1976) in den *USA* durchgeführten Untersuchungen[120], bei denen *keine elektrodermale Nichtreaktivität* bei Schizophrenen auf 300– bzw. 500 Hz–Töne gefunden worden waren, auf die Verwendung von *Konstantstrom*technik in den USA und *Konstantspannungs*methoden in England zurück. Zahn (1978) konnte jedoch anhand einer Reanalyse seiner Daten mit dem von der Venables–Gruppe verwendeten *Amplitudenkriterium* von 0.05 μS anstelle der ursprünglichen 0.4 kOhm (vgl. Abschnitt 2.3.1.2.3) zeigen, daß die Zahl der non–Responder nur unwesentlich anstieg, und zwar von etwa 13 auf 15 % bei den Schizophrenen und von 0 auf 5 % bei den Normalprobanden[121]. Zahn (1978) vermutet daher als *Hauptquelle* für die Diskrepanzen zwischen seinen Ergebnissen und denen der Venables–Gruppe *Medikationsunterschiede*, da er im Gegensatz zu englischen Autoren mit *akut eingelieferten*, nicht unter Medikation stehenden Patienten gearbeitet hatte.

Zusätzliche Abhängigkeiten entsprechender Ergebnisse von Meß- und Auswertungstechniken der EDA ergaben sich auch aus Untersuchungen der Gruppe um Frith an akut Schizophrenen *vor Beginn der Medikation*: während Frith et al. (1979) zeigen konnten, daß die *Prognose* einer Behandlung mit *antipsychotisch* wirkenden *Substanzen* bei Patienten *besser* war, deren mit Standardmethodik gemessene SCR auf 1000 Hz–Töne von 85 dB das *Habituationskriterium* von 3 aufeinanderfolgenden Reaktionen unter 0.02 μS erreichte, als bei den sog. nicht–Habituierern, ermittelten Frith et al. (1982) zwar zunächst unter ihren 37 Schizophrenen nur 49 % Habituierer gegenüber 65 % bei einer Kontrollgruppe von 34 ängstlichen Depressiven; wurde jedoch das *Amplitudenkriterium* für die Habituation auf die *mittlere Amplitude* der NS.SCRs festgelegt, traten bei den Schizophrenen mehr Habituierer als bei den Depressiven auf (73 % gegenüber 67 %).

---

[120] Er verwendete Zink/Zinksulfatelektroden mit 7.75 cm^2 bzw. 0.79 cm^2 Fläche an palmaren Ableitstellen. Angaben über den Elektrolyten fehlen.

[121] In diesem Zusammenhang sei nochmals darauf hingewiesen, daß zur Umrechnung von Widerstands- in Leitfähigkeitseinheiten und umgekehrt die EDL–Werte vorhanden sein müssen (vgl. Abschnitt 2.3.3.2).

Die Abhängigkeit des Auftretens *verlangsamter Habituation* bei Schizophrenen vom *gewählten Zeitfenster* für die EDR konnten Levinson et al. (1984) anhand der Ergebnisse von 14 mit verschiedenen Patientengruppen durchgeführten Habituationsstudien zeigen: sog. *nicht-Habituierer* wurden nur beobachtet, wenn das *Zeitfenster* bis 4 oder 5 sec nach Stimulusbeginn *ausgedehnt* wurde. Da hier i.d.R. bereits mit NS.EDRs gerechnet werden muß (vgl. Abbildung 41, Abschnitt 2.3.2.2), könnten diese teilweise zu entsprechenden Ergebnissen beigetragen haben, zumal von den Arbeiten der Gruzelier-Gruppe berichtet wird, daß bei den Schizophrenen *große intraindividuelle Unterschiede* in der *EDR lat.* auftraten, während normalerweis die Latenzen der EDRs auf benachbarte Reize sehr ähnlich sind. Levinson et al. (1984) ermittelten bei 36 hospitalisierten chronisch Schizophrenen und 11 Kontrollprobanden mit Standardmethodik unter Verwendung von KCl-Paste die Habituation der SCR in 2 Serien von 1000 Hz-Reizen (13 Töne zu 70 dB und 12 Töne zu 90 dB). Bei einem Zeitfenster von 0.8 bis 5 sec erschienen 56 % der Patienten als non-Responder und 19 % zeigten eine verlangsamte Habituation; wurde das *Zeitfenster* auf 1.0 bis 2.4 sec *begrenzt, erhöhte* sich der *Anteil* der *non-Responder* unter den Schizophrenen auf 75 %, die verbleibenden Responder zeigten jedoch eine gegenüber den Kontrollprobanden beschleunigte Habituation.

Einen Versuch, die *Robustheit* des *non-Responder-Phänomens* bei Schizophrenen *gegenüber* unterschiedlichen *Meß-* und *Untersuchungstechniken* zu testen, unternahmen Bernstein et al. (1982) in einer *interkulturellen Vergleichsstudie*. Dabei werteten sie insgesamt 14 Untersuchungen, die in USA, England und Deutschland durchgeführt worden waren, nach einheitlichen Kriterien aus. Als Patienten hatten sowohl akut als auch chronisch schizophrene Männer und Frauen mit und ohne Medikation und als Kontrollprobanden Gesunde und Neurotiker teilgenommen. Ziel der Studie war es, auf dem Hintergrund *heterogenen Patientengutes* und *verschiedener Versuchsanordnungen* (optische und akustische Reize mit unterschiedlichen Intensitäten, Anstiegszeiten etc.) sowie *Laboratorien* zu einer generalisierten Aussage über mögliche Defizite der elektrodermalen Reaktivität Schizophrener zu gelangen. Die EDA war dabei stets der Handinnenfläche bzw. an den distalen oder medialen Phalangen der Finger entweder mit Zink/Zink-Sulfat- oder mit Ag/AgCl-Elektroden abgeleitet worden. Das *Amplitudenkriterium* betrug – je nach Meßprinzip – 400 bis 700 Ohm bzw. 0.05 bis 1 μS, wobei die *Zeitfenster* für die ORs von 1 bis 3, 1 bis 4 bzw. 0.8 bis 5 sec nach Reizbeginn reichten. Aufgrund der Datenanalyse, die in jeder Stichprobe zum einen die *Anzahl* der *non-Responder*, und zum anderen die Anzahl der Versuchsdurchgänge bis zum Erreichen des *Habituationskriteriums* von 3 aufeinanderfolgenden Trials ohne Auftreten einer das Amplitudenkriterium erreichenden EDR berücksichtigte, wurden die folgenden *drei Gruppen* gebildet:

(1) die Gruppe der *non–Responder*, in der die Patienten aufgenommen wurden, die in den *ersten 3 Trials keine* EDRs zeigten,

(2) die Gruppe der *langsamen Habituierer*, bei denen bis zum 10. Versuchsdurchgang *keine Habituation* auftrat, und

(3) der *Prozentanteil* der Gruppen (1) und (2) *in jeder Stichprobe*, anhand dessen die Hypothese einer *bimodalen Verteilung* von EDRs Schizophrener an den *beiden Extrempunkten* der Skala "Versuchsdurchgänge bis zur Habituation" getestet werden konnte.

Die Ergebnisse der vorgenommenen *Verteilungsprüfungen* zeigten insgesamt, daß die *elektrodermale Hyporeaktivität* i.S. einer verringerten *EDR amp.* und einer *beschleunigten Habituation* auf wiederholte Reize als ein *universelles pathologisches Merkmal Schizophrener* in Betracht gezogen werden kann, unabhängig davon, ob es sich um akute oder chronische Verläufe handelt. Durchschnittlich zeigten beinahe 50 % der Patienten keine EDRs auf Reize, die normalerweise eine OR hervorrufen. In der Mehrzahl der Studien wurde bei den Respondern eine beschleunigte elektrodermale Habituation gefunden. Allerdings hätten sich aus dem gleichen Datenmaterial teilweise *gegenteilige Ergebnisse* ableiten lassen, wenn ein anderes als das von Bernstein et al. (1982) verwendetes *Habituationskriterium* zugrundegelegt worden wäre, das die Höhe der EDR amp. auf den ersten Reiz einer Serie unberücksichtigt ließ (vgl.Abschnitt 3.1.1.2.2). So bildeten etwa Zahn et al. (1968, 1981a) ihren Habituationsindex anhand der Abnahme der EDR amp. unter Berücksichtigung des Versuchsdurchgangs, in dem die *größte Reaktionsamplitude* aufgetreten war, und konnten eine *langsamere Habituation bei* chronisch *Schizophrenen* im Vergleich zu Gesunden beobachten. Wurden nur die *Versuchsdurchgänge* bis zum *Habituationskriterium* gezählt, zeigte sich tendenziell eine *schnellere Habituation* bei den *Schizophrenen*.

Bezüglich einer *Bimodalität* der elektrodermalen OR Schizophrener i.S. einer *Hypo-* vs. *Hyperreaktivität*, wie sie von Gruzelier und Venables (1973) oder von Rubens und Lapidus (1978) vertreten wird, konnten anhand des von Bernstein et al. (1982) ausgewerteten Datenmaterials *keine* konkreten *Aussagen* getroffen werden. Es scheint allerdings, daß das non–Responder–Phänomen einen engen Zusammenhang zur *Krankheitssymptomatik* aufweist (Horvath und Meares 1979, Straube 1979, Bernstein et al. 1981, Gruzelier 1976). Straube (1979) berichtet von signifikant *stärker ausgeprägten Störungen* in der Gruppe der akut schizophrenen *non–Responder*, die deutlich höhere Werte auf der psychiatrischen Ratingskala von Overall und Gorham (1962) in den Subskalen "emotionaler Rückzug", "motorische Retardierung", "Depression" und "somatische Störungen" aufwiesen. Nach seiner Beobachtung konnten *emotional* und *kognitiv* stark *gestörte* Patienten eher der Gruppe der *non–Responder* zugeordnet werden, wohingegen die *Patienten*, die auf die einfachen Reize *häufiger reagierten*, *weniger* krankheitsbedingte *Symptome* aufwiesen. Der Zusammenhang zwischen dem Grad der affektiven und kognitiven Störung und der Ausbildung einer OR wird durch die Ergebnisse der Untersuchungen von Bernstein et al. (1981), Fenz und Steffy (1968) und Lorr et al. (1960) bestätigt.

Im Hinblick auf die zu Beginn dieses Abschnitts unter (4) andiskutierte Möglichkeit, daß es sich bei der Beobachtung einer elektrodermalen Hypoaktivität bzw. Hyporeaktivität primär um einen *Medikationseffekt* handeln könnte, liegt die Vermutung nahe, daß die *anticholinergen Wirkungen* einiger *Neuroleptika* wie des häufig verwendeten Chlorpromazins (Megaphen^R) einen *unmittelbaren Einfluß* auf die zentrale und/oder periphere *Verursachung der EDA* ausüben könnten(vgl. auch Abschnitt 3.4.2.1) . Einen – allerdings im Vergleich zu dem stark anticholinergisch wirkenden Scopolamin relativ geringen – *blockierenden Effekt* von *Chlorpromazin* auf die *elektrodermale OR* hatten ja auch Patterson und Venables (1981) in ihrer im Abschnitt 3.4.3.1 beschriebenen Untersuchung an *Normalprobanden* gefunden.

Die Gruppe um Gruzelier konnte jedoch in einer Reihe von Studien zeigen, daß die *Responder/non-Responder-Dichotomie* bei den Schizophrenen *relativ unabhängig* von *Medikationseffekten* auftritt (Gruzelier und Venables 1972, Gruzelier und Hammond 1978, Gruzelier et al. 1981b). Auch Straube (1979) fand keinen Unterschied in der elektrodermalen Reaktivität zwischen 29 Schizophrenen mit Phenothiazin- bzw. Butyrophenon-Medikation und 21 Schizophrenen ohne Präparateinnahme. Öhman (1981) kommt daher in seinem Übersichtsreferat zu dem Schluß, daß das elektrodermale non-Responder-Phänomen *wahrscheinlich nicht in erster Linie* auf *Medikationseffekte* zurückzuführen ist, wenn auch die fehlenden Unterschiede zwischen Schizophrenen mit und ohne Medikation hierfür noch keine wirkliche Bestätigung liefern. Auch Cohen und Plaum (1981) vertreten die Auffassung, daß die *elektrodermale Hyporeaktivität nicht* auf die Wirkung von *Neuroleptika* zurückgeführt werden kann, da sie mit einer großen Zahl anderer psychophysiologischer und verhaltensmäßiger *Kennwerte korreliert*, bei denen *nicht* von einem unmittelbaren *anticholinergen Effekt* ausgegangen werden kann.

Die *elektrodermale Reaktivität* könnte andererseits sogar einen *prognostischen Wert* für das Ansprechen Schizophrener auf die *Behandlung* mit *Neuroleptika* besitzen, wie Schneider (1982) in einer allerdings nicht gut kontrollierten Studie zeigen konnte: die in einer medikationsfreien wash-out-Phase ermittelten elektrodermalen *Responder* unter den untersuchten 24 Schizophrenen zeigten gegenüber den non-Respondern eine *deutliche Verbesserung* ihres Krankheitszustandes nach 6monatiger Behandlung mit Neuroleptika.

Auf die *prognostische* Bedeutung des Verlaufs der EDR–*Habituation* bei akut Schizophrenen wird auch durch Frith et al. (1979) sowie Zahn et al. (1981b) hingewiesen. Frith et al. (1979) konnten zeigen, daß *akut Schizophrene eine bessere* klinische *Prognose* hatten, wenn die elektrodermale OR auf die dargebotenen Reize habituierte. Dabei spielte jedoch die *Intensität* und *Anstiegssteilheit* des *Reizes* sowie die *Stimulusbedeutung* eine entscheidende Rolle. Aufgrund der Ergebnisse ihrer Untersuchung mit akut Schizophrenen kommen Zahn et al. (1981b) zu der Schlußfolgerung, daß anhand der *unterschiedlichen Reaktivität* auf *neutrale* und *bedeutungsvolle* Reize Aussagen bezüglich des weiteren Krankheitsverlaufs zulässig sind. Nur die Patienten, bei denen auf neutrale Reize keine EDRs beobachtbar waren, die jedoch auf die Stimuli einer Reaktionszeitaufgabe EDRs zeigten, die denen von Gesunden vergleichbar waren, zeigten später eine deutliche Verbesserung ihres Krankheitszustandes.

Insgesamt scheint das *Auftreten* des *non-Responder-Phänomens* bei *Untergruppen* von *Schizophrenen besser gesichert* als die *Verzögerung der EDR–Habituation* (Bernstein et al. 1982, Levinson et al. 1984), wobei allerdings der Bezug zu diagnostischen oder prognostischen Kategorien der Schizophrenen noch weiter aufgeklärt werden muß. Auch erscheint die Literatur bezüglich der Verwendbarkeit elektrodermaler Parameter bei Erkrankungen in der Schizophrenieforschung noch mit verschiedenen *Methodenproblemen* behaftet; die diesbezüglichen Ergebnisse sind jedoch ermutigend, insbesondere, wenn man eine strikte Dichotomisierung der Patienten zugunsten *quantitativ abgestufter Indizes* aufgibt, etwa durch Bildung des *Verhältnisses* der *Amplituden spontaner* zu denen *evozierter* EDRs (Zahn et al. 1981a) oder *faktorenanalytisch* ermittelter *Kombinationswerte* wie Level/Amplitude, Habituation/Adaptation oder Zeitcharakteristika der EDRs (Öhman 1981).

3.4.2.3 Elektrodermale Aktivität als Indikator für Hemisphärendominanz bei Schizophrenen

Der Zusammenhang elektrodermaler *Lateralisationseffekte* mit der Hemisphärenspezialisierung wurde bereits in Abschnitt 3.2.2.2 ausführlich diskutiert. Entsprechende Untersuchungen an Schizophrenen gehen von neurologischen und psychologischen Hinweisen auf eine *mögliche Dysfunktion* der *linken*, sprachdominanten *Hemisphäre* aus (Öhman 1981). Während der von verschiedenen Autoren gefundene *höhere SCL* der *rechten Hand* nicht eindeutig zu replizieren war und auch bei Normalprobanden mindestens ebenso stark ausgeprägt sein kann, scheint eine *Dominanz* der an der *rechten* gegenüber der an der linken *Seite* gemessenen *EDR amp.* bei Schizophrenen *gesichert* (Gruzelier 1979, Öhman 1981, Venables 1983). Wegen der überwiegend *kontralateralen Innervation* der EDR liegt als Erklärung dieser Beobachtung das Versagen möglicher *kontralateral* organisierter *Hemmungsprozesse* nahe (vgl. Abschnitt 1.3.4.1), die bei *phasischer*, nicht jedoch bei tonischer EDA wirksam sind (Gruzelier 1979). Allerdings lassen sich die Wirkungen solcher Hemmprozesse mit den zur Verfügung stehenden Methoden *nicht von* denen möglicher *ipsilateraler Bahnungsvorgänge unterscheiden* (Venables 1983). Daß ein Unterschied in der Lateralisation bei Schizophrenen zwischen tonischen und phasischen EDA-Parametern wahrscheinlich ist, legen die Ergebnisse einer Untersuchung von Bartfai et al. (1984) nahe. Sie registrierten die Hautleitfähigkeit[122] an beiden Händen in einem *Habituationsexperiment* mit 21 Tönen von 1000 Hz und 85 dB. Die untersuchten 13 akut Schizophrenen, die nicht unter Medikation standen, zeigten sowohl unter Ruhe- als auch unter Stimulationsbedingungen eine größere NS.SCR freq. und höhere SCR amp. auf die Reize als die 12 Kontrollprobanden. Die Autoren fanden zwar während der Habituationsserie nur eine Tendenz zur erwarteten Amplitudenvergrößerung in den SCRs auf der rechten Seite, jedoch *entgegen* der ursprünglichen *Erwartung* eine größere Zahl von NS.SCRs, d. h. eine *Erhöhung* der *tonischen EDA* an der *linken Hand.*

Versuche, bestimmte *Untergruppen* von Schizophrenen mit unterschiedlich deutlichen elektrodermalen Lateralisationseffekten zu identifizieren, haben bislang noch zu wenig konsistenten Ergebnissen geführt. So konnten weder Zusammenhänge mit der Institutionalisierung noch eindeutige Beziehungen zum non-Responder-Phänomen (vgl. Abschnitt 3.4.2.2) gefunden werden (Öhman 1981); es wurde sogar in *einzelnen Fällen* beobachtet, daß Schizophrene als *non-Responder* an der *linken* Hand und *nicht-Habituierer* an der *rechten* Hand erschienen (Gruzelier und Hammond 1977). Allerdings gibt es Hinweise darauf, daß die *rechts-Dominanz* der *EDR* bei Patienten mit *schlechterer Prognose* stärker ausgeprägt ist (Gruzelier 1979).

Auch bei Schizophrenen in der *Remissionsphase*, d. h. im nicht-psychotischen Zustand, konnte von Iacono (1982) *keine bilaterale Asymmetrie* mehr festgestellt werden. Er untersuchte 24 ehemalige Patienten und 22 Kontrollprobanden in einem Habituationsexperiment mit 17 Tönen von 1000 Hz und 86 dB, wobei der 16. ein 500 Hz-Ton war und 2 sec lang dargeboten wurde. Die mit Standardmethodik gemessenen EDA-Parameter (NS.SCR freq., SCL, Anzahl der SCRs auf die Töne, SCR amp. auf den 1. Ton und den 16. Ton) zeigten weder bei den Patienten noch bei den Kontrollprobanden statistisch bedeutsame Unterschiede zwischen der rechten und der linken Hand.

Da die o. g. differentiellen tonisch/phasischen *Lateralisationseffekte nicht nur* bei *Schizophrenien* beobachtbar und auch *nicht invariant* etwa gegenüber *Pharmakon*-Effekten und *Versuchsbedingungen* sind, ergab sich aus einer von

---

[122]Standardmethodik, jedoch hypertonische (0.58 M) NaCl-Paste.

Gruzelier und Venables (1974) durchgeführten Studie, die mit der von Gruzelier und Venables (1972) verwendeten Methodik (vgl. Abschnitt 3.4.2.2) die Hautleitfähigkeit in einem Habituationsexperiment mit 15 Tönen (1000 Hz, 75 dB), einer Diskrimination zwischen 1000 und 2000 Hz–Tönen und einer nochmaligen Darbietung von 24 Tönen registrierten. Die untersuchten 47 chronisch Schizophrenen, die mit Phenotiazinen behandelt wurden, zeigten *höhere SCL-Werte* an der *rechten* Hand, wobei die Lateralitätsunterschiede während der Diskriminationsaufgabe, d. h. bei *erhöhtem Arousal, deutlicher* wurden. Bei den als Kontrollgruppe untersuchten 10 unipolar Depressiven (vgl. Abschnitt 3.4.1.3) traten dagegen auf der *linken Seite höhere SCL-Werte auf*, während weitere 10 Patienten, vorwiegend *Psychopathen* (vgl. Abschnitt 3.4.1.2), *ähnliche Lateralisationseffekte wie die Schizophrenen* zeigten. Auch bezüglich der SCR amp. traten bei allen Gruppen die gleichen Seitendifferenzen auf wie beim SCL. Eine *Verringerung der Lateralisation der EDR amp.* unter *Chlorpromazin*, einem Phenothiazinderivat (vgl. Abschnitt 3.4.3.1), gegenüber Placebo wurde auch von Gruzelier und Hammond (1977) bei den 9 schizophrener Patienten gefunden, die als elektrodermale Responder klassifiziert worden waren. Da sich ein entsprechender Effekt auch auf die Lateralisation in anderen erhobenen Variablen wie z. B. der Hörschwelle zeigte, vermuteten die Autoren einen spezifischen *therapeutischen Effekt* des Neuroleptikums in bezug auf die schizophrene Störung, für den die *Veränderung der EDR-Lateralisation* als *Indikator* dienen könnte.

Zwar hat sich die Verwendbarkeit solcher Lateralitätsunterschiede für *differentialdiagnostische* Zwecke bzw. zur *Therapieevaluation* noch nicht als durchgehend brauchbar erwiesen (Öhman 1981), dennoch sollte nach Venables (1983) als Arbeitshypothese weiter verfolgt werden, daß die "klassischen" Schizophrenen mit überwiegend sozialen, affektiven, motivationalen und Denkstörungen eine *deutlichere Rechts-Dominanz* der EDR zeigen als etwa Patienten mit schizoaffektiven oder *anderen psychotischen Zuständen*, und auch die medikationsabhängigen Lateralitätsänderungen eröffnen nicht nur Möglichkeiten zur Therapiekontrolle, sondern auch zur weiteren *neurophysiologischen* und *neurochemischen Ursachenforschung* im Bereich schizophrener Störungen.

3.4.3 Die Verwendung elektrodermaler Aktivität im Rahmen der Therapie von Angst- und Spannungszuständen

Unter den vielfältigen möglichen Anwendungen der EDA-Messung in Zusammenhängen therapeutischer Interventionen sollen im folgenden gewissermassen paradigmatisch zwei *somatische Interventionsmethoden* zur Beeinflussung von Angst- und Spannungszuständen besprochen werden, in deren Rahmen die EDA-Messung eine konzeptuelle Bedeutung aufweist bzw. als Meßtechnik im Mittelpunkt steht: die Angstreduktion durch *Psychopharmaka* (Abschnitt 3.4.3.1) und die Beeinflussung von Angst über die durch EDA-*Biofeedback* induzierte allgemeine Entspannung (Abschnitt 3.4.3.2). Die Auswahl der *Angst* als Zielsymptomatik erfolgte dabei auch auf dem Hintergrund der von Gray (1982) anhand von tierexperimentellen Ergebnisse auch für den Humanbereich postulierten spezifischen *anxiolytischen Effekten bestimmter* Klassen von *Pharmaka* und der von Fowles (1980) vermuteten *Kopplung* der *EDA* an das sog. "*Behavioral inhibition system*", das als ein neurophysiologisches Substrat von Angst und Vermeidung infrage kommt (vgl. Abschnitt 3.2.1.1.2).

In bezug auf die Verwendbarkeit der EDA als Indikatorvariable im Rahmen der *Therapieevaluation* einer systematischen *Desensibilisierung*, insbesondere bei Patienten mit phobischen Ängsten (vgl. Abschnitt 3.4.1.1.1), kann auf ein älteres Sammelreferat von Katkin und Deitz (1973) verwiesen werden, da die neuere Literatur hierzu wenig ergiebig ist. Neben diesen spezifischen Anwendungen im Bereich der Angststörungen wurde die EDA auch in einer Reihe weiterer therapeutischer Zusammenhänge als Indikator des Therapieerfolgs verwendet, u. a. bei der Behandlung *psychotischer* Störungen wie der *Schizophrenien* (vgl. Abschnitt 3.4.2.1) und *depressiver* Erkrankungen (vgl. Abschnitt 3.4.1.3).

3.4.3.1 Die elektrodermale Aktivität als Indikator der Angstbeeinflussung durch Psychopharmaka

Die Erforschung der Beeinflußbarkeit von *akut* auftretenden bzw. *chronischen Angstzuständen* durch Psychopharmaka nimmt sowohl in der pharmakopsychiatrischen und pharmakopsychologischen als auch in der verhaltenspharmakologischen und neuropharmakologischen Forschung einen bedeutenden Raum ein. Dabei scheint heute zum einen die *medizinische* und *psychologische Grundlagenforschung* im Humanbereich zu stagnieren, "nachdem sich die zu Beginn der 50er Jahre aufgetretene Hoffnung, durch Pharmaka selektiv Angst beeinflussen zu können, nicht erfüllt hat" (Janke und Netter 1986, Seite 45); andererseits erhielt die neurochemische Forschung auf diesem Gebiet durch die Entdeckung von möglicherweise *angstspezifischen Neurotransmittersystemen* und der Erstellung pharmakologisch überprüfbarer *Tiermodelle* der *Angst* in den letzten Jahren einen neuen Aufschwung. Daß sich hier – ausgehend von der von Gray (1973, 1982) anhand tierexperimenteller Befunde formulierten Hypothese eines *behavioralen Hemmsystems* (BIS) – *besondere Beziehungen* zur *EDA* als möglichen spezifischen Angstindikator ergeben (vgl. Abschnitt 3.2.1.1.2), wird im folgenden zunächst auf die derzeitigen neurophysiologischen Vorstellungen zur pharmakologisch bedingten Angstreduktion eingegangen.

Grundsätzlich lassen sich auf der *neurophysiologischen* Ebene 2 Arten der pharmakologischen *Beeinflussung* von *Angst* unterscheiden:

(1) Eine *primäre Angstbeeinflussung* über *diencephale* und *limbische* Strukturen, wobei von Gray (1982) insbesondere das *Septum* und der *Hippocampus* als Angriffspunkte *anxiolytischer Substanzen* der Sedativa/Hypnotika- bzw. der Benzodiazepinklasse angesehen werden. Beide Substanzklassen sollen vergleichbare angstreduzierende Wirkungen auf *unterschiedliche Weise* hervorrufen: während die *Benzodiazepine* über *spezifische*, den GABA-(γ-Aminobuttersäure-)Receptoren benachbarten *Receptororgane* die hemmende Wirkung von GABA auf die vom Locus coeruleus zum septo-hippocampalen System aufsteigenden noradrenergen und die von den Raphé-Kernen zu diesem System aszendierenden serotoninergen Bahnsysteme (vgl. Abbildung 47 und Fußnote 68 im Abschnitt 3.2.1.1.2) unmittelbar verstärken sollen, schreibt Gray den *Sedativa/Hypnotika* (und hier speziell dem *Alkohol*) eine indirekte Verstärkung der hemmenden Wirkung von GABA über die *Blockade* von *Receptoren* für Picrotoxin, einem GABA-Antagonisten, zu.

(2) Eine *sekundäre Angstbeeinflussung* über *corticale* und *reticuläre* Strukturen, wobei die durch Psychopharmaka induzierten Wirkungen nicht primär angstbezogen sind, sondern anxiolytische Wirkungen über eine *allgemeine Desaktivierung* hervorrufen können (vgl. Abschnitt 3.2.1.1.1).

Eine mögliche *Schlüsselrolle* der sowohl in vivo als auch in vitro nachgewiesenen *Benzodiazepin-Receptoren* für die pharmakopsychologische Angstbeeinflussung wird jedoch von Janke und Netter (1986) in Frage gestellt, da diese zum einen auch *in zahlreichen Systemen*, die nicht unmittelbar mit Angst zu tun haben (z. B. im Rückenmark und in anderen motorischen Systemen) gehäuft *vorkommen*, was eher auf ihre *antikonvulsiven* (krampflösenden) Wirkungen hinweist, zum anderen bislang noch *keine endogen* produzierten Stoffe nachgewiesen werden konnten, die bei Angst freigesetzt wurden (ähnlich den körpereigenen Opiaten bei Schmerz), und bezüglich derer ein *Defizit* bei chronischer Angst auftreten sollte. Auch hat die Entwicklung und der Einsatz "*experimenteller*" Benzodiazepin-*Antagonisten* wie der Beta-Carboline noch keine systematischen Ergebnisse bezüglich einer möglichen Angstauslösung erbracht (Rommelspacher 1981). Auch GABA, dessen hemmende Wirkung im ZNS durch die topographisch benachbarten Benzodiazepin–Receptoren verstärkt wird, kann nicht als der sog. *"antianxiety-Transmitter"* angesehen werden, da die Applikation von GABA in Tierexperimenten keine anxiolytischen Wirkungen zeigte (zusammenfassend: Koella 1986). In diesem Zusammenhang ist allerdings auch zu fragen, ob die anhand von *Tierexperimenten* entwickelten Reaktionsmerkmale – wie die von Gray (1982) genannte *Verhaltenshemmung*, verbunden mit einer Erhöhung der allgemeinen *Aktivierung* und der *selektiven Aufmerksamkeit* – als Modelle für das Auftreten der Angst beim *Menschen* hinreichend geeignet sind, um etwa Angst von anderen Emotionen zu trennen (Janke 1986).

Während beim gegenwärtigen Stand der Forschung die unter (1) beschriebenen, hypothetischen Mechanismen einer *primären selektiven Angstbeeinflussung* durch bestimmte Klassen von Psychopharmaka noch als spekulativ angesehen werden müssen, gilt als gesichert, daß eine große Zahl von Psychopharmaka eine unter (2) beschriebene, über corticale bzw. reticuläre *"Dämpfung"* mediierte *sekundäre Angstbeeinflussung* bewirken können. Die im folgenden vorgenommene Beschreibung dieser Substanzklassen und ihrer anxiolytischen Wirkungen orientiert sich in ihren wesentlichen Teilen an Janke und Netter (1986). Psychopharmaka, die *anxiolytische* Effekte zeigen, können dabei ganz *verschiedenen Substanzklassen* angehören:

(1) *Seditiva/Hypnotika*, das sind allgemein dämpfende bzw. in höheren Dosen schlaferzeugende Pharmaka wie *Barbiturate* (Amobarbital) und *Alkohol*,

(2) *Tranquilizer*, das sind allgemein entspannend wirkende Präparate, die zumindest bei niedriger Dosierung keinen oder nur einen geringen sedierenden Effekt zeigen sollen, wie z. B. *Benzodiazepine* (Chlordiazepoxyd, Diazepam) und *Propandiole* (Meprobamat),

(3) *Neuroleptika*, das sind Präparate, deren primärer Anwendungsbereich in der Therapie psychotischer, insbesondere agitierter und sog. produktiver schizophrener Störungen liegt, die aber in niedriger Dosierung ebenfalls anxiolytische Wirkungen zeigen, und daher auch als *"major Tranquilizer"* bezeichnet werden, wie z. B. *Phenothiazine* (Chlorpromazin, Fluphenazin) und *Butyrophenone* (Haloperidol, Pimozide),

(4) ZNS-wirksame Substanzen mit anderer Hauptwirkungsrichtung, jedoch *anxiolytischer Nebenwirkung* wie *Monoaminooxydasehemmer* (MAO-Hemmer), sedierend wirkende *Antidepressiva* (z. B. Amitriptylin, Imipramin) oder *Analgetica* wie Opiate (z. B. Morphin).

Daneben zeigen auch Präparate, deren Hauptwirkungsansatz im vegetativen Nervensystem liegt, vor allem die *Beta-Receptorenblocker* (z. B. Propanolol), kurz "Beta-Blocker" genannt, und auch die *Muskelrelaxantien* (z. B. Carisoprodol) anxiolytische Eigenschaften.

Die unter (1) erwähnten *Barbiturate* vermögen zwar das Auftreten von Angstsymptomatik bei neurotischen Patienten deutlich zu reduzieren (zusammenfassend: Rickels 1978), sie werden jedoch wegen ihres *Abhängigkeits*potentials und der Gefahr einer Verwendung bei *Suizidversuchen* im Vergleich zu den unter (2) und (3) genannten "minor" bzw. "major" Tranquilizern selten zur Behandlung von Angststörungen verwendet. Eine mögliche anxiolytisch-therapeutische Wirkung des *Alkohols* wird zwar immer wieder behauptet, ist jedoch *nicht empirisch belegt*; zudem ist der Alkohol wegen seiner *suchterzeugenden* Wirkung als Psychopharmakon nicht geeignet. Letzteres gilt auch für die unter (4) erwähnten Opiate. Die insbesondere bei *Panikattacken* und *phobischen* Ängsten (vgl. Abschnitt 3.4.1.1) beobachtete angstreduzierende Wirkung von MAO-*Hemmern* und bestimmten *trizyklischen Antidepressiva* ist zwar belegt (zusammenfassend: Klein und Rabkin 1981); diese Präparate werden jedoch nicht zu den für die Therapie *generalisierter Angstzustände* verwendbaren Psychopharmaka gerechnet.

Als *klassische Anxiolytika* sind die unter (2) genannten (*"minor"*) *Tranquilizer* anzusehen, mit deren Einführung Mitte der 50er Jahre ein wesentlicher Fortschritt in der Behandlung *klinischer Angst* erreicht werden konnte (zusammenfassend: Rickels 1978, Solomon und Hart 1978, Lader und Petursson 1983). Allerdings ist der erzielte therapeutische Effekt von zahlreichen *wirkungsmodifizierenden* Faktoren wie *Patientenmerkmalen* sowie *Spezifität* und/oder *Somatisierung* der Angstsymptome abhängig. Auch zeigen Untersuchungen mit einer *besseren Kontrolle* möglicher *Fehlervariablen*, vor allem solcher mit *Placebo-* und *Doppelblind*kontrolle der Applikation, meist *geringere Effekte* als weniger gut kontrollierte Studien (Janke und Netter 1986). Eine deutliche Abhängigkeit der Tranquilizerwirkung bei der Beeinflussung solcher *Angstzustände*, die bei gesunden Pbn etwa durch Applikation geeigneter *Stressoren* (vgl. Abschnitt 3.2.1.4) *induziert* werden können, von *nicht-pharmakonspezifischen* Faktoren ist ebenfalls gut belegt. Allerdings ist der Nachweis anxiolytischer Wirkungen von sog. Tranquilizern bei *gesunden* Pbn oft relativ *schwierig* und in hohem Maße von *situativen Bedingungen* der Untersuchung selbst abhängig (Janke und Debus 1968, Janke et al. 1979).

Die unter (3) aufgeführten *Neuroleptika* (oder *"major" Tranquilizer*) sind in einer entsprechenden Dosierung zwar den Benzodiazepinen nicht unterlegen (zusammenfassend: Greenblatt und Shader 1978), allerdings konnten in weniger als der Hälfte der vorgelegten Placebo-kontrollierten Patientenstudien mit

Neuroleptika statistisch bedeutsame Effekte nachgewiesen werden (Janke und Netter 1986). Auch zeigen die Neuroleptika häufiger *vegetative* oder *motorische Nebenwirkungen* als die klassischen Tranquilizer, wodurch u. U. die anxiolytischen Wirkungen überlagert werden können, worauf am Ende dieses Abschnitts noch näher eingegangen wird.

Die folgende Darstellung von Ergebnissen bezüglich der EDA als Indikator von Angstbeeinflussung durch Psychopharmaka konzentriert sich zunächst auf die durch *klassische Tranquilizer*, insbesondere durch *Benzodiazepine* hervorgerufene anxiolytischen Effekte. Anschließend werden Ergebnisse zur angstreduzierenden Wirkung von Beta–Receptorenblockern zu denen von Tranquilizern in Beziehung gesetzt, wobei die *beiden* noch umstrittenen *Hypothesen, Beta-Blocker* wirkten nur oder überwiegend nur bei sog. *somatisierten* Ängsten und würden lediglich die *autonomen Korrelate* der Angst, nicht jedoch das subjektive Angsterleben beeinflussen (Janke und Netter 1986), interessante Forschungsperspektiven – auch im Hinblick auf die Anwendung der EDA – eröffnen. Dabei sollten die Fragen nach der *differentiellen Validität* der EDA als *Angstindikator* und ihrer *differentiellen Beeinflußbarkeit* durch sog. *Anxiolytika* im Vordergrund stehen, d. h. die EDA müßte bei Angstpatienten bzw. unter angstinduzierenden Bedingungen stärker erhöht sein als andere vegetative Indikatoren, z. B. die Herzfrequenz (vgl. Fowles 1980), und diese Erhöhung müßte durch Anxiolytika stärker beeinflußt werden als durch andere Psychopharmaka. Da der Nachweis einer solchen *Emotionsspezifität* der Wirkung sog. Anxiolytika für den Bereich der *subjektiven Befindlichkeit* bislang noch nicht erbracht werden konnte (zusammenfassend: Janke 1986), kommt der EDA wegen ihrer möglichen differentiellen Indikatorfunktion in Aktivierungs- und Emotionszusammenhängen (vgl. Abschnitte 3.2.1.1 und 3.2.1.3) bei der Quantifizierung der Angstbeeinflussung durch Psychopharmaka u. U. eine *Schlüsselstellung* zu.

Der human–psychophysiologischen Untersuchung anxiolytischer Eigenschaften von Psychopharmaka stehen 2 *verschiedene Zugangsweisen* zur Verfügung:

(1) Ein *klinisch orientierter Ansatz*, bei dem die Pharmakonwirkungen in einer Patientengruppe, meist Neurotiker oder Patienten mit generalisierten Ängsten (vgl. Abschnitt 3.4.1.1), mit denjenigen in einer bezüglich möglichst vieler Merkmale *parallelisierten Kontrollgruppe* von im Hinblick auf die Angstsymptomatik *unauffälligen Pbn* verglichen werden. Problematisch kann in solchen klinischen Untersuchungen das *Fehlen* einer *Placebobedingung* sein, wenn deren Aufnahme aus ethischen Gründen abgelehnt wird.

(2) Ein *experimenteller Ansatz*, bei dem Pbn ohne Angstsymptomatik nach Zufall auf eine Gruppe mit Angstinduktion und eine Kontrollgruppe aufgeteilt werden, wobei die Wirkung des Pharmakons (Verum) *placebokontrolliert* auf die *experimentell erzeugte Angst* untersucht wird. Zusätz-

lich können relevante Persönlichkeitseigenschaften der Pbn wie Neurotizismus bzw. Ängstlichkeit (vgl. Abschnitt 3.3.1.2) berücksichtigt werden, wobei die im Abschnitt 3.3.1.1 genannten korrelativen oder varianzanalytischen Zugänge möglich sind.

Die im Zusammenhang mit der Planung, Durchführung und Interpretation der Ergebnisse entsprechender Untersuchungen entstehenden Probleme werden ausführlich bei Janke et al. (1979), Janke und Netter (1986), sowie Debus und Janke (1986) diskutiert. So bedürfen physiologische Variablen des vegetativen Systems als Indikatoren einer spezifischen Angstbeeinflussung der *Ergänzung* zumindest auf der *subjektiven Meßebene* (vgl. Abschnitt 3.2.1.3.1), da Pharmaka mit anxiolytischen Wirkungen i. d. R. auch eine *allgemeine* und emotionsunspezifische *Desaktivierung* hervorrufen. Aber auch auf der subjektiven Ebene werden selbst bei den als typische "antianxiety"-Drugs geltenden Tranquilizern häufig eine allgemeine Desaktivierung und Verlangsamung sowie eine Zunahme der Müdigkeit berichtet, und *spezifische angstreduzierende* Effekte treten nur als *differentielle Wirkungen* auf (Janke und Netter 1986).

Untersuchungen, die nach dem unter (1) genannten *Patientenmodell* durchgeführt wurden, verwendeten zur Beurteilung der anxiolytischen Wirkung von Psychopharmaka überwiegend *allgemeine* Kriterien der *Besserung*, etwa *globale Arzturteile* oder *Selbstbeurteilungsskalen* des subjektiven Befindens und nur in wenigen Fällen *physiologische* Variablen (zusammenfassend: Giedke und Coenen 1986). Aus den klinisch orientierten Studien, in denen physiologische Parameter registriert wurden, lassen sich jedoch bereits einige Hinweise auf eine *spezifische* Indikatorfunktion der *tonischen* EDA für die Angstbeeinflussung gewinnen.

So konnte Lapierre (1975) bei 30 *neurotischen Patienten* beiderlei Geschlechts mit Angst als primärer Symptomatik sowohl *akute* als auch subakute und *chronische* Diazepam-Wirkungen in der EDA, nicht jedoch in kardiovaskulären und respiratorischen Variablen nachweisen. Nach einer einwöchigen wash-out-Periode erhielten jeweils 10 Patienten in einer Doppelblindanordnung 3 mal täglich entweder 5 mg Diazepam (Valium^R), 7.5 mg Chlorazepat (einer Prüfsubstanz aus der Reihe der Benzodiazepine) oder Placebo. Die Messungen der akuten Wirkungen erfolgten 3 Stunden nach der 1. Applikation, die der subakuten 14 Tage und die der chronischen Wirkungen 28 Tage später. Unter *Diazepam* zeigte sich gegenüber Placebo zu allen 3 Zeitpunkten eine signifikante *Abnahme* der während einer Ruhemessung beobachteten *NS.EDR freq.*[123] sowie eine *längere EDR lat.* auf einen nicht näher definierten Reiz. Chlorazepat zeigte im Akutversuch ebenfalls eine Verringerung der NS.EDR freq., jedoch eine Erhöhung der Anzahl der durch den o. g. Reiz hervorgerufenen EDRs und

---

[123]Keine Angaben zur Meßtechnik.

keine chronischen Wirkungen auf die EDA. In der Herz- und Atemfrequenz sowie in den Blutdruckparametern erreichen die Verum–Placebo–Differenzen nicht das Signifikanzniveau.

Unterschiedliche Wirkungen des *Tranquilizers* Diazepam und des *Antidepressivums* Amitriptylin (Laroxyl^R) bei *neurotischen Patienten* auf verschiedene Parameter der EDA fanden Johnstone et al. (1981). Insgesamt 181 Patienten beiderlei Geschlechts mit entweder starker depressiver oder Angstsymptomatik und ohne vorherige Medikation mit einem der untersuchten Präparate wurden zufällig und im Blindverfahren auf eine von 4 Präparatbedingungen verteilt: zunächst 2-, dann 3 mal täglich 5 mg Diazepam und weitere 5 mg in der Nacht; zunächst 2-, dann 3mal täglich 25 mg Amitriptylin und weitere 50 mg, später 75 mg in der Nacht; eine hier nicht weiter zu berücksichtigende Kombination beider Präparate als dritte sowie Placebo als 4. Bedingung. Vor der 1. Applikation und in der 3. Woche wurde ein Habituationsversuch (vgl. Abschnitt 3.1.1.2) mit 14 Tönen von 85 dB durchgeführt, bei dem verschiedene SC–Parameter erhoben wurden[124]: der anfängliche SCL, die Zahl der Reaktionen und der spontanen Fluktuationen sowie der SCR rec.t/2. Gegenüber der Messung vor der 1. Applikation nahmen die SCLs und die Zahl der SCRs unter allen Bedingungen – auch unter Placebo – ab wobei die Anzahl der *provozierten* und der *spontanen* EDRs unter *Diazepam* deutlich *stärker reduziert* wurde als unter allen anderen Bedingungen. Die *SCR rec.t/2* nahm unter Placebo zu, unter *Diazepam ab* und war unter Amitriptylin unverändert. Die im Plasma mittels einer Benzodiazepin–Receptor–Bindungstechnik gemessene Plasmakonzentration des Diazepam korrelierte hochsignifikant mit der SCR rec.t/2, während alle anderen Korrelationen zwischen Plasmakonzentrationen von Präparaten und der EDA insignifikant waren. Die von den Autoren nahegelegte *spezifische* Indikatorfunktion einer *beschleunigten EDA–Recovery* für eine pharmakologisch induzierte *Anxiolyse* erscheint etwas spekulativ; sie müßte zudem auch auf dem Hintergrund der im Abschnitt 3.2.2.1 diskutierten Zusammenhänge zwischen Recovery und kognitiven Prozessen theoretisch abgesichert werden.

Daß *Diazepam die EDA* über relativ *zentral* zu *lokalisierende Mechanismen* beeinflußt, während entsprechende Wirkungen von *Amitriptylin* vermutlich stärker auf Interaktionen mit der *peripheren* EDA–Auslösung zurückgeführt werden können, halten Frith et al. (1984) aufgrund der Ergebnisse einer Studie an insgesamt 162 ambulanten neurotischen Patienten für wahrscheinlich. Die 4 Präparatbedingungen waren die gleichen wie bei Johnstone et al. (1981); 91 Pbn erhielten Habituationsserien von 17 Tönen (1000 Hz, 85 dB, 1 sec)

---

[124] Ableitung von den ersten beiden Fingern der linken Hand, ohne Angaben zur Methodik, auch die Bildung der Parameter "Zahl der Reaktionen" und "spontane Fluktuation" wird nicht erläutert. Bei bei Tönen handelte es sich vermutlich – wie bei Frith et al. (1984) – um 1000 Hz– Töne mit 1 sec Dauer.

mit einem nach dem 15. Ton eingestreuten 2000 Hz-Reiz von 100 dB, die sie nicht beachten sollten, während 71 Pbn 21 einfache Reaktionszeitaufgaben unter Verwendung der gleichen Töne mit einem Vorwarnsignal (ISIs zwischen 2 und 8 sec) durchführten. Während *Amitriptylin* zwar insgesamt geringer, aber von der jeweiligen experimentellen Bedingung unabhängige *Reduktionen* der mit Standardmethodik unter Verwendung von K-Y-Gel gemessenen *tonischen* und *phasischen* Hautleitfähigkeit bewirkte, trat unter *Diazepam* eine Reduktion der SCRs auf die "irrelevanten" Töne in der Habituationsserie auf, dagegen *differentielle Wirkungen* während des kognitive Aktivität erfordernden Reaktionszeitparadigmas: bei Pbn, die zunächst "überaktiviert" waren, d. h. oberhalb eines optimalen Aktivierungsniveaus lagen (vgl. Abschnitt 3.2.1.1.1), traten unter Placebo sowohl deutlichere SCRs als auch mehr Fehler auf, während die Pbn, bei denen vermehrt Fehler aufgetreten waren, unter Diazepam die geringsten SCRs zeigten. Die Autoren interpretieren dieses Ergebnis i. S. einer Wirkung von Diazepam über die Beeinflussung des zentralen *Arousalniveaus* bzw. von *Aufmerksamkeitsprozessen*, als deren Indikator die EDA anzusehen sei.

In ihrer bereits im Abschnitt 3.2.1.4 geschilderten an 90 unausgelesenen männlichen Pbn durchgeführten Untersuchung, die dem unter (2) beschriebenen *experimentellen Ansatz* folgte, applizierten Boucsein und Wendt-Suhl (1976) jeweils der Hälfte der 30 Pbn in jeder Streß- und Kontrollgruppe 20 mg Chlordiazepoxyd (Librium^R) bzw. Placebo. Während sich i. S. eines Streß–Haupteffektes lediglich in den beiden letzten Minuten der 50 min nach der Applikation beginnenden 20minütigen Antizipationszeit eine signifikant erhöhte NS.SRR freq. in den beiden Bedingungen mit Ankündigung elektrischer Reize gegenüber der Kontrollgruppe zeigte, traten unter den einzelnen Streßbedingungen unterschiedliche Wirkungen von *Chlordiazepoxyd* auf: das Präparat *erniedrigte* die NS.SRR freq. gegenüber Placebo nur bei der Ankündigung der *starken* elektrischen Reize, bei einer Androhung *schwacher* elektrischer Reize traten *keine Unterschiede* zwischen Verum und Placebo auf, und in der Kontrollgruppe ohne Streßinduktion zeigten sich im mittleren Teil des Antizipationsintervalls sog. *paradoxe* Pharmakonwirkungen, d. h. eine höhere nichtspezifische EDA unter Chlordiazepoxyd gegenüber Placebo. Vergleichbare Ergebnisse zeigten sich auch bei der mit einer kontinuierlichen Skalierung erhobenen *subjektiven* emotionalen *Erregung*, nicht jedoch in den Herzfrequenzdaten. Aus den Ergebnissen dieser Studie ließen sich demnach Hinweise auf eine Eignung der *tonischen* EDA als *differentieller* und *selektiver Indikator* der *Angstbeeinflussung* durch Tranquilizer mit einer eindeutigen Korrelation zu subjektiven Erregungs- bzw. Angstindikatoren ableiten.

Insbesondere bei der *Prüfung neuer* pharmakologischer Substanzen, deren Zeitwirkungsverläufe noch nicht hinreichend bekannt sind, kann es notwendig werden, *experimentell induzierte* Angstzustände über einen *längeren Zeitraum* hinweg aufrecht zu erhalten. Dies ist mit Hilfe einer *einzigen* Induktionsbedingung wie der Antizipation aversiver elektrischer Reize allein kaum erreichbar, da einerseits bei einer Verlängerung des Zeitintervalls über einige Minuten hinaus lediglich am Ende und ggf. noch zu Beginn der Antizipationsphase signifikante Unterschiede gegenüber einer Kontrollbedingung erwartet werden können (vgl. Abschnitt 3.2.1.4); andererseits wird bei einer *wiederholten* Ankündigung und Applikation von elektrischen Reizen eine rasche Habituation auftreten und antizipatorische Angst- sowie durch den Reiz hervorgerufene Schmerzreaktionen können sich vermischen.

Einen Ausweg stellt die Verwendung *mehrerer* unterschiedlicher *angstinduzierender* Bedingungen dar, wie sie von Boucsein und Wendt-Suhl (1982)in einer Untersuchung mit insgesamt 144 männlichen Pbn realisiert wurde, die nach Zufall den 6 Gruppen eines 3 x 2-faktoriellen Versuchsplans zugeordnet wurden: auf dem Präparatfaktor waren die Stufen Placebo, 5 mg Diazepam (Valium^R) und 3 mg Cloxazolam, eines letztlich nicht zur Zulassung gekommenen Benzodiazepins, realisiert, während in der Streß- bzw. Kontrollbedingung auf dem 2. Faktor jeweils 3 Stressoren, deren Reihenfolge permutiert war, mit entsprechenden Kontrollen, in einer 170 min nach Applikation beginnenden und 30 min dauernden Phase mit kontinuierlichen psychophysiologischen Messungen realisiert wurden: die 2malige 3minütige *Antizipation* eines gegenüber einem bekannten Reiz angeblich doppelt so starken *elektrischen Reizes* vs. Erwartung des Endes eines Zeitintervalls, die 10minütige *Antizipation* einer *freien* Rede vor einem sachkundigen Publikum ("Sprechangst") vs. Vorbereitung auf das Vorlesen eines Textes (vgl. Boucsein und Wendt-Suhl 1980), und die 10minütige Darbietung von 12 zu lösenden *Anagrammen*, von denen in der Streßgruppe 10 und in der Kontrollgruppe keines *unlösbar* waren (vgl. Boucsein und Frye 1974). Während Cloxazolam insgesamt uneinheitlich und eher Tranquilizer-untypische Wirkungen zeigte, traten unter *Diazepam* im Vergleich zu Placebo *differentielle Effekte* auf, die sich sowohl in Richtung Spezifität der *angstbeeinflussenden* Wirkung dieses Präparats als auch i. S. einer *spezifischen Indikator*-Eigenschaft der EDA für das Auftreten von Angst interpretieren lassen: *nur* unter den *angstinduzierenden* Bedingungen der Antizipation elektrischer Reize und einer freien Rede, *nicht* jedoch bei der *unspezifisch* emotional *erregenden* Darbietung unlösbarer Anagramme, zeigte Diazepam eine signifikante *Reduktion* der mit Standardmethodik gemessenen *mittleren* Range-korrigierten *NS.SRR amp.* (vgl. Abschnitte 2.3.2.2 und 2.3.3.4.2), während in der Herzfrequenz keine statistisch bedeutsamen Unterschiede zwischen Diazepam und Placebo auftraten.

In den letzten Jahren wurden auch vermehrt sog. *Beta-Receptorenblocker* wie Propanol oder Oxprenolol zur Angstreduktion eingesetzt (Netter 1986). Diese Substanzen blockieren *überwiegend* in der *Peripherie* und am *Herzen* die *adrenergen* Beta-Receptoren und wirken daher *sympathicolytisch*, d. h. sie verhindern z. B. ein Ansteigen der Schlagfrequenz und der Kontraktilität des Herzens, hemmen die Bronchodilatation sowie die Glycogenolyse in der Leber (Forth et al. 1980) und führen somit zu einer *Verringerung* einiger typischer *vegetativer* und humoraler *Begleitreaktionen* von *Angst-* und *Streßzuständen*. Beta-Blocker eignen sich daher in besonderer Weise als Forschungsinstrumente zur Untersuchung der Beeinflußbarkeit bestimmter emotionaler Zustände durch pharmakologische Manipulation ihrer vegetativen Begleitreaktionen (Erdmann 1983). Da sie meist gut die *Blut-Hirnschranke* passieren können, erzielen sie ihre anxiolytische Wirkung möglicherweise überwiegend durch Einflußnahme auf im ZNS befindliche *Beta-adrenerge Synapsen*, worauf vermutlich auch ihre *antihypertensive* (blutdrucksenkende) Wirkung zurückzuführen ist (Forth et al. (1980). So können Beta-Blocker nach Gruzelier und Connolly (1979) einen unmittelbaren Einfluß auf das *Limbische System* ausüben und dort Wirkungen hervorrufen, wie sie als charakteristisch für ein Überwiegen der *Amygdala*-Aktivität angesehen werden. Tatsächlich ließ sich zeigen, daß *Propanolol* bei "langsamen Habituierern" unter den *Schizophrenen* (vgl. Abschnitt 3.4.2.2), bei denen ein Überwiegen der hippocampalen Einflüsse und eine *Unterfunktion* der *Amygdala* als mögliche Ursachen verzögerten Habituation diskutiert werden (vgl. auch Tabelle 6, Abschnitt 3.2.2.1), zu einer *elektrodermalen Habituation* führte, die der von Normalprobanden vergleichbar war (zusammenfassend: Gruzelier und Connolly 1979).

Wenn sich die EDA auch prinzipiell als Indikator für eine solche möglicherweise über das *Limbische System* vermittelte Anxiolyse durch Beta-Blocker eignen würde, muß jedoch andererseits die Möglichkeit eines überwiegend *peripherphysiologisch* mediierten Einflusses dieser Substanzen auf die EDA in Betracht gezogen werden. Zwar ist die *Innervation* der *Schweißdrüsen* selbst *cholinerg* (vgl. Abschnitt 1.3.2); an der *Expulsion* des Schweißes sind jedoch mit großer Wahrscheinlichkeit *adrenerg* innervierte *Myoepithelien* beteiligt (vgl. Abschnitt 1.3.3.1), weshalb seit längerem auch *unmittelbare* Wirkungen *sympathomimetischer* und *sympathicolytischer* Substanzen *auf die EDA* diskutiert werden (Edelberg 1972a), wenn auch der überwiegende Teil der Arbeiten zur unmittelbaren pharmakologischen Beeinflussung der Schweißdrüsenaktivität mit Parasympathomimetica bzw. -lytica durchgeführt wurde (Muthny 1984). Zusätzlich sind noch Einflüsse der Beta-Blocker auf die EDA über *vasomotorische Effekte* möglich: durch die *Hemmung* der vasodilatatorisch wirkenden *Beta-Receptoren* an den Haut-Blutgefäßen kommt es zu einem *Überwiegen* der Alpha-adrenergen *Vasokonstriktion* und damit zu einer *Abnahme* der *Hautdurchblutung* (Forth et al. 1980), deren *Einfluß* auf die EDA jedoch als weitgehend *ungeklärt* anzusehen ist (vgl. Abschnitt 2.4.2.1). Allerdings scheint der *Einfluß* von *Beta-Blockern* auf die EDA *auch in hohen Dosen geringer* zu sein als der von *Tranquilizern*, wie Farhoumand et al. (1979) in einem balancierten Meßwiederholungsdesign an

6 männlichen Pbn bei einer Applikation von 480 mg Oxprenolol und 2 mg des Benzodiazepins Lorazepam gegenüber Placebo zeigen konnten, was wiederum *gegen* eine überwiegend *peripher-physiologisch* vermittelte *Wirkung* von Beta-Blockern auf die EDA spricht.

Daß es für *Beta-Blocker* in gleicher Weise wie für Tranquilizer nur unter ganz *bestimmten situativen Bedingungen* möglich ist, anxiolytische Effekte bei Normalprobanden experimentell nachzuweisen, konnten Erdmann et al. (1984) in einer Untersuchung an insgesamt 108 männlichen Pbn zeigen. Nach einem 3 x 3–Plan erhielten je 1/3 der Pbn 40 mg Oxprenolol, 5 mg Diazepam oder Placebo im Doppelblindverfahren oral appliziert. Die Pbn unter jeder Präparatbedingung wurden 70 min nach der Applikation zu je einem Drittel einer von 2 *angstinduzierenden* und einer neutralen *Bedingung* ausgesetzt: die Pbn in der Gruppe mit starker Angstinduktion sollten eine *freie Rede* vorbereiten, die unmittelbar vor einem über einen Monitor sichtbaren Expertenpublikum zu halten war, während die von der Gruppe mit geringer Angstinduktion vorbereitet Rede aufgezeichnet und später analysiert werden sollte. Die Kontrollgruppe erhielt einen Fragebogen zu den gleichen Themenbereichen, den sie nach Ablauf der Antizipationsphase ausfüllen sollte, die aus einer von 2 jeweils 10minütigen Meßphasen umgebenen Vorbereitungszeit von 5 min bestand. Neben dem mit Standardmethodik gemessenen Hautwiderstand wurden Herzfrequenz und Blutdruck registriert sowie das subjektive Befinden erfaßt und kovarianzanalytisch unter Berücksichtigung der Ausgangslage statistisch ausgewertet. In der NS.SRR freq. (Amplitudenkriterium: 800 Ohm) zeigten sich, wie auch in den anderen physiologischen Variablen, signifikante *Situationseffekte* in der erwarteten Richtung, d. h. unter der Bedingung mit starker Angstinduktion war das induzierte Arousal am größten und unter der Kontrollbedingung am geringsten. *Präparat-Haupteffekte* traten bezüglich der physiologischen Messungen jedoch nur in den *kardiovaskulären* Variablen auf. Die Analyse der für die NS.SRR freq. tendenziell signifikanten *Interaktionseffekte* ergab eine *erhöhte EDA* unter Oxprenolol in der *Neutralbedingung* und eine Tendenz zur *verringerten EDA* unter *Diazepam* in der Bedingung mit *starker Angstinduktion*. Interpretiert man die unter beiden Angstbedingungen aufgetretenen signifikanten *Herzfrequenzreduktionen* durch *Oxprenolol* als typische peripher–physiologische Wirkung dieses Beta-Blockers ohne unmittelbaren zentralen Bezug zur Anxiolyse, so ließen sich typische *anxiolytische Wirkungen*, wie sie in der EDA und auch in der subjektiven Einstufung der erlebten Angst auftraten, lediglich für *Diazepam* tendenziell statistisch belegen.

Die Existenz *zweier* vermutlich *anxiolytisch wirkenden Präparatklassen* mit *unterschiedlichem* zentral/peripher-physiologischen *Angriffsmuster*, wie sie mit den *Beta-Blockern* und deren eindeutig *peripheren* Wirkungen einerseits und den *Tranquilizern* und deren praktisch ausschließlich *zentralen* Wirkungen andererseits vorliegen, bildet zusammen mit der möglicherweise *differentiellen Validität* von *kardiovaskulären* und *elektrodermalen* Variablen (vgl. Abschnitte 3.2.1.1.1 und 3.5.1.1.2) die Grundlage für ein *Forschungsparadigma*, das wesentlich zur Aufklärung des Mechanismus der Angstbeeinflussung durch Psychopharmaka beitragen könnte. Bislang wurden jedoch kaum EDA-Maße, sondern *überwiegend* Herzfrequenz und Blutdruckparameter als peripher-physiologische Größen bei der Untersuchung von Beta-Blockern erhoben, wobei Korrelationen zwischen der durch diese Präparate erzielten Herzfrequenzerniedrigung und der Reduktion *vegetativer* Symptome deutlicher ausgeprägt erscheinen als deren Zusammenhänge zur Verminderung *subjektiver* Angsteinschätzung, weshalb Netter (1986, Seite 199) vermutet, "daß die subjektiv skalierte Angst dann gut durch Beta-Receptorenblocker beeinflußbar zu sein scheint, wenn sie vorwiegend durch die als störend empfundenen vegetativen Symptome des Herzklopfens bedingt ist."

Aus der Gruzelier-Gruppe liegen eine Reihe von Vergleichsuntersuchungen zur Wirkung des Beta-Blockers *Propanolol*, der die Blut-Hirnschranke stärker zu durchdringen vermag als Oxprenolol, und verschiedener *Phenothiazinderivate* (Neuroleptika) vor. Gruzelier et al. (1981b) berichten von 3 an Schizophrenen und gesunden Kontrollprobanden zur Wirksamkeit von Propanolol bei der Therapie schizophrener Störungen (vgl. Abschnitt 3.4.2) durchgeführten Habituationsstudien, in denen sie als Vergleichspräparate *Chlorpromazin* (Megaphen^R) oder *Phenothiazin* verabreicht und wegen möglicher Hemisphärenasymmetrien (vgl. Abschnitt 3.4.2.3) die mit Standardmethodik unter Verwendung von KCl-Paste gemessene Hautleitfähigkeit bilateral registriert hatten. Die Ergebnisse wurden allerdings wegen fehlender Seitendifferenzen praktisch ausschließlich für beide Ableitungen gemittelt dargestellt. Neben der bereits oben erwähnten von Gruzelier und Connolly (1979) anhand des gleichen Datenmaterials festgestellten Normalisierung des elektrodermalen Habituationsverhaltens der Patienten mit verzögerter Habituation zeigte sich in ebenfalls replizierter Weise ein Wiederauftreten der OR bei non-Respondern (vgl. Abschnitt 3.4.2.2) unter Einfluß von Propanolol. Da diese Effekte unabhängig von tonischen elektrodermalen Veränderungen im SCL bzw. in der NS.SCR freq. auftraten, schließen die Autoren auf einen *spezifischen Einfluß* des *Beta-Blockers* auf die *OR* und ihre *Habituation* (vgl. Abschnitt 3.1.1) ohne allgemeine Arousal-Änderungen.

Die *Phenothiazine* zeigten dagegen keinen Einfluß auf das bei den Patienten veränderte Habituationsgeschehen im Bereich mittlerer Stimulusintensität (70 dB); lediglich bei den in der 3. Studie verwendeten 90 dB-Reizen traten unter durchschnittlich 320 mg *Chlorpromazin* bei 12 Patienten entsprechende Veränderungen auf, allerdings i. S. einer *generellen Reduktion* der *SCR amp.* Die von den Autoren nahegelegte Interpretation, daß Phenothiazine die *Defensivreaktion*, *Beta-Blocker* dagegen die *OR* beeinflussen (vgl. Abschnitt 3.1.1.1), sollte als Forschungshypothese in pharmakopsychologischen Modellversuchen ebenfalls weiter verfolgt werden. Die *Phenothiazine verringerten* auch im Gegensatz zu Propanolol den *SCL* und die *Anzahl* der *NS.SRRs*.

Allerdings ist auch bei Neuroleptika fraglich, ob ihr Einfluß auf die EDA als Anzeichen für Angstbeeinflussung angesehen werden kann, da diese Präparate teilweise – wie z. B. Chlorpromazin – eindeutige *anticholinerge* Wirkungen zeigen. Denkbar wären sowohl peripher-physiologische Effekte als auch eine unmittelbare ohne psychische Mediation evozierte ZNS-Wirkung dieser Substanzen auf die Auslösung der EDA. Patterson und Venables (1981) untersuchten in diesem Zusammenhang die Wirkungen von 2 verschiedenen Neuroleptika, dem die dopaminergen Bahnen blockierenden *Haloperidol* (3 mg) und dem anticholinergisch und anti-katecholaminerg wirkenden *Chlorpromazin* (50 mg) im Vergleich zu dem die Blut-Hirnschranke passierenden Anticholinergicum *Scopolamin* (1 mg) und Placebo auf die elektrodermale OR an 12 gesunden männlichen Pbn in einer Meßwiederholungsanordnung. Nach einer Ruhepause von 15 min wurde die SCR auf einen 75 dB-Ton von 1000 Hz, 1 sec Dauer und 15 msec Anstiegszeit an beiden Händen mit Standardmethodik unter Verwendung von KCl-Paste gemessen. Nur 8 Pbn zeigten eine OR, die restlichen 4 wurden als non-Responder klassifiziert. Während die *EDR* unter *Scopolamin* völlig *verschwand, reduzierte Chlorpromazin* die SCR amp. und verkürzte die SCR ris.t. sowie die SCR rec.t/2 statistisch bedeutsam. *Haloperiodol erhöhte* die SCR amp. und *verkürzte* die SCR rec.t/2 signifikant. Dieses Ergebnis zeigt, daß *anticholinerg* wirkende *Neuroleptika* einen *unmittelbaren Einfluß* auf die EDA ausüben können, der wahrscheinlich *nicht über* eine allgemeine zentrale *Desaktivierung* vermittelt wird, da vergleichbare Wirkungen unter Haloperidol nicht auftreten, sondern vermutlich über eine zentrale und ggf. zusätzlich periphere *Leerung* der *Acetylcholin-Speicher*. Auf die sich hieraus ergebende Validitätsproblematik bei der Anwendung der EDA als Indikatorvariable in pharmakopsychologischen Untersuchungen mit Neuroleptika wurde bereits in den Abschnitten 3.4.2.1 bis 3.4.2.3 in bezug auf die Schizophrenieforschung eingegangen; entsprechende Vorbehalte gelten auch für die Verwendung von *EDA-Parametern* als Indikatoren des Therapieerfolges bei *Neuroleptika*-Behandlung von Angst- und Spannungszuständen.

3.4.3.2 Biofeedback elektrodermaler Aktivität im Rahmen therapeutischer Interventionen

Unter den sog. Biofeedback–Techniken versteht man die *Rückmeldung* (feedback) von Biosignalen mit Hilfe zumeist kontinuierlicher optischer oder akustischer Anzeige der im Signal *auftretenden Veränderungen*. Während bei physiologischen Größen wie der Herzfrequenz z.B. einzelne Interbeat–Intervalle (d. h. die jeweils zwischen 2 Herzschlägen liegenden Zeiträume) entweder in einer *zeitanalogen* Größe oder als *Frequenzwerte ohne* nennenswerte *Zeitverzögerung* nach Beendigung jeder Herzperiode sichtbar gemacht werden können, läßt sich bei der *elektrodermalen* Aktivität lediglich der jeweilige EDL bzw. der *mittlere* EDL eines entsprechend kurzen Intervalls unmittelbar rückmelden (vgl. Abschnitt 2.3.2.1). Elektrodermale *Reaktionswerte* wie EDR amp. oder Formparameter (vgl. Abschnitte 2.3.1.2 und 2.3.1.3) oder auch die aus der NS.SCR freq. gewonnene Information über die tonische EDA (vgl. Abschnitt 2.3.2.2) lassen sich *nur mit* einer *größeren Zeitverzögerung* rückmelden, da ihre Parametrisierung die Analyse einer längeren Datenaufnahme–Strecke erforderlich macht. Die möglichst unmittelbare Rückmeldung von aus EDRs gewonnenen Parametern würde zudem eine on–line–Parametrisierung phasischer elektrodermaler Veränderungen erforderlich machen, wozu es heute noch keine sicheren Algorithmen gibt (vgl. Abschnitt 2.2.6.3). Daher wird bei der EDA–Rückmeldung i.d.R. der *momentane EDL* verstärkt und in ein entsprechendes Biofeedback–Signal umgewandelt.

Die Rückmeldung des EDL im Rahmen *verhaltenstherapeutischer* Interventionen bei *Angstpatienten* findet trotz vieler widersprüchlicher Befunde zur Effektivität dieses Verfahrens eine breite Anwendung in der klinisch–psychologischen Praxis. Grundlage der Biofeedback–Therapie bilden die Ergebnisse der Untersuchungen von Miller (1969, 1972) sowie DiCara und Miller (1967, 1968a, b, c) zur operanten Konditionierung vegetativer Funktionen bei Ratten. Die Verstärkung mittels elektrischer Reizung des sog. Belohnungszentrums im ZNS führte zu einer *konditionierten* Veränderung *vegetativer* Größen wie der Herzfrequenz, der peripheren Gefäßdurchblutung oder der Häufigkeit von Magenkontraktionen. Bis zu diesem Zeitpunkt galt es als gesichert, daß Lernen durch Verstärkung nur im Bereich des somatischen Nervensystems, also nur unter Beteiligung motorischer Prozesse möglich sei. Vegetative Abläufe sollten entsprechend dieser Theorie ausschließlich durch die klassische Konditionierung beeinflußbar sein (vgl. Abschnitt 3.1.2.2).

Die Frage nach der *Anwendbarkeit* dieser Methode der Beeinflussung vegetativer Größen *beim Menschen* war lange Zeit ein wesentlicher Streitpunkt innerhalb der Diskussion möglicher Mediatoren des operanten Lernens. Es wurde vermutet, daß eine Beeinflussung der autonomen Reaktion *selbst* nicht gelernt wird, sondern nur *indirekt* über konditionierte Veränderungen *motorischer* und/oder *kognitiver* Prozesse erzielt werden kann. Angesichts der praktischen Bedeutung des Biofeedback-Verfahrens im Rahmen der Modifikation autonomer Funktionen sollte jedoch nach Black (1969) die Frage nach der *Mediation* gelernter ANS-Veränderungen *eher* im theoretischen Kontext des *instrumentellen Konditionierens* erörtert werden. Auch Kröner und Sachse (1981) lehnen eine Diskussion dieser Mediationsproblematik ab, indem sie auf die enge Verknüpfung willkürmotorischer, vegetativer und kognitiver Prozesse hinweisen. Ihrer Meinung nach kann das *Biofeedback* eher als *kognitive Strategie* zur *Verhaltensmodifikation* betrachtet werden, wobei wahrnehmbare psychophysiologische Veränderungen als Verstärkungsprozesse nicht auszuschließen sind.

Wie Lacroix und Roberts (1976) jedoch zeigen konnten, reicht die *Instruktion* des Pb *alleine nicht* immer aus, um eine Veränderung in einem bestimmten physiologischen System zu erzielen. Im Gegensatz zur willkürlichen Beeinflussung der Herzfrequenz, bei der sich in dieser Studie keine signifikanten Unterschiede zwischen den Bedingungen "Instruktion alleine" und "Instruktion plus Feedback" zeigten, waren die Pbn, zu deren Anzahl keine Angabe gemacht wurde, nicht in der Lage, *ohne exterozeptive Rückmeldung* ihre *Hautleitfähigkeit* in die gewünschte Richtung zu verändern. Nach Roberts (1977) kann dieser Effekt auf die unterschiedlichen sensorischen Erfahrungen im elektrodermalen und kardiovaskulären System zurückgeführt werden. Das Feedback-Training soll den Pbn bestimmte *interozeptive* Prozesse bewußt machen, die normalerweise kaum wahrgenommen werden und so die Entwicklung von Reaktionsstrategien ermöglichen, die dann auf Situationen ohne Feedback übertragen werden können. Da die Veränderungen der *Herzfrequenz* interozeptiv *leichter wahrnehmbar* sind als Veränderungen der sudorisekretorischen Efferenzen (Kuno 1956), wurde die willkürliche Beeinflussung der EDA durch das Feedback nur wenig verbessert. Auch wenn es Hinweise auf wahrnehmbare taktile oder thermische Veränderungen als Folge der Schweißdrüsenaktivität gibt (Edelberg 1961), bezweifelt Roberts (1977), daß die *sudorisekretorischen* Veränderungen (vgl. Abschnitt 1.3.1) in einer Biofeedback-Sitzung *genügend groß* sind, um diese Erfahrung auch auf Situationen ohne physiologische Rückmeldung zu übertragen.

Die Anwendbarkeit des EDA-Biofeedback war Gegenstand einer Untersuchung von Holmes et al. (1981). In dieser Studie sollte in zwei Experimenten an insgesamt 100 Pbn die Möglichkeit einer *differentiellen Beeinflussung* des Hautwiderstandes[125] i.S. einer *Zu-* und *Abnahme* des SRL mit Hilfe des Biofeedback unter einer *Streß-* und einer Nichtstreß-Bedingung geprüft werden. Die Ergebnisse des ersten Experiments dieser Studie weisen darauf hin, daß im Vergleich zur Gruppe der Pbn mit Instruktion *ohne* Feedback die Teilnehmer

---

[125]Die EDA wurde am ersten und zweiten Finger der nicht-dominanten Hand abgeleitet; keine weiteren Angaben zur EDA-Methodik.

der Gruppe "Instruktion *mit* Feedback" wohl in der Lage waren, den *SRL* zu *erniedrigen*, d.h., es kam zu einer Zunahme des Erregungsniveaus, mit Hilfe des Biofeedbacks konnte jedoch *keine Erhöhung* des SRL induziert werden. Ein Vergleich dieser Werte mit den Daten der Pbn einer Kontrollgruppe, die weder instruiert wurden noch das Biofeedback erhielten, zeigte sogar, daß in dieser Gruppe das Arousal-Niveau (vgl. Abschnitt 3.2.1.1.1) signifikant niedriger war als unter allen anderen Bedingungen – ein Befund, der nach Holmes et al. (1981) die *klinische Anwendbarkeit* dieses Verfahrens deutlich *in Frage stellt*.

Unter Berücksichtigung der Argumentation von Shapiro (1977), der einen *größeren Effekt* des Biofeedback-Trainings während einer *Streßsituation* vermutet hatte, versuchten Holmes et al. (1981) in einem zweiten Experiment noch einmal die differentielle Effektivität des Biofeedback-Verfahrens hinsichtlich einer Reduktion des Erregungsniveaus anhand eines unvollständigen varianzanalytischen Plans zu testen. Sie untersuchten dabei 5 Gruppen mit insgesamt 52 Pbn, die sich hinsichtlich der Bedingungen Streß vs. kein Streß, Instruktion zur Entspannung vs. keine Instruktion und Biofeedback vs. Placebo vs. keine Behandlung unterschieden. Als aversive Stimuli zur Erzeugung der Streßsituation dienten elektrische Reize (vgl. Abschnitt 3.2.1.4), deren Intensität individuell der Schmerzempfindlichkeit angepaßt wurde. Die Ergebnisse der Datenanalyse unterstützen die Befunde des ersten Experiments: die Verabreichung der elektrischen Reize führte zu einem *Anstieg* des *Arousal*-Niveaus, der zwar *durch* die *Instruktion* zur *Entspannung* alleine, nicht jedoch durch die Bedingung "Instruktion plus Feedback" reduziert werden konnte. Auch hier wirkte sich das *Feedback* eher *negativ* auf den Versuch der *Entspannung* aus. Möglicherweise wurde das Biofeedback-Signal von den Pbn als störend empfunden, so daß es entgegen der Instruktion zur Entspannung zu einer Zunahme der physiologischen Erregung kam.

Abgesehen von dem *fehlenden Nachweis* der Anwendbarkeit des EDL-Biofeedback zur unmittelbaren *Induktion* von *Entspannung* i.S. einer allgemeinen vegetativen und möglicherweise auch motorischen Aktivierungsreduktion bleibt es fraglich, inwieweit die Rückmeldung einer *einzigen* physiologischen Funktion überhaupt *sinnvoll* ist. Entgegen der Annahme der allgemeinen Aktivierungstheorie (vgl. Abschnitt 3.2.1.1.1), die von einem übergeordneten Erregungssystem ausgeht, das vegetative und z.T. motorische Variablen gleichermaßen beeinflußt, konnte immer wieder beobachtet werden, daß die *Korrelation* zwischen *subjektiven* und *physiologischen* Daten einerseits sowie auch *zwischen* den verschiedenen *physiologischen Variablen* andererseits eher *gering* ist. Die oft fehlende Generalisierung von Effekten einer rückgekoppelten physiologischen Funktion erschwert auch die Beurteilung positiver Befunde des EDA-Biofeedback im Rahmen von *Einzelfallstudien* zur systematischen *Desensibilisierung* (Javel und Denholtz 1975) bzw. als Verfahren zur Kontrolle des Entspannungszustandes bei der *progressiven Relaxation* (Moan 1979). Da Angst nicht mit einer einzelnen physiologischen Reaktion, die in den meisten Fällen sowohl modifiziert werden soll als auch als Kriterium zur Effizienz des Interventionsverfahrens herangezogen wird, identisch ist, ist es auf jeden Fall sinnvoll, die *motorischen* und insbesondere die *kognitiven Reaktionsanteile* sowie deren Interaktionen *mitzuerfassen* (Lang 1973, Legewie und Nusselt 1975, Sachse 1979). Darüberhinaus ist es *kaum möglich*, den *Beitrag* des *Biofeedback* zum Therapieerfolg *abzuschätzen*, wenn *gleichzeitig andere* therapeutische *Interventionsmethoden* wie systematische Desensibilisierung oder progressive Muskelrelaxation zur Angstbehandlung *eingesetzt* werden.

EDL–Biofeedback–Methoden können jedoch bei Anwendungen mit *großer Variablennähe* wie der Therapie von Anhidrosis bzw. Hyperhidrosis oder anderer *dermatologischen* Störungen (vgl. Abschnitt 3.5.2.1) sowie u.U. auch im *Rehabilitationsverfahren* bei *neurologisch* bedingten Störungen (vgl. Abschnitt 3.5.2.2) spezifische Beiträge zum Heilungserfolg leisten, wobei die ohnedies fragliche *Mediatorfunktion* einer operanten Beeinflussung dieser vegetativen Größe *unberücksichtigt* bleiben kann. Bezüglich der eingangs erwähnten Problematik bei der Rückmeldung von aus *elektrodermalen Reaktionen* abgeleiteten Parametern bleibt die zukünftige Entwicklung von entsprechenden on–line– Parametrisierungsverfahren abzuwarten.

3.5 Weitere Anwendungsgebiete der Messung elektrodermaler Aktivität

In diesem Kapitel sollen neben nicht-klinischen Anwendungsgebieten der Psychologie (Abschnitt 3.5.1) auch Anwendungen der EDA-Messung als Untersuchungsmethode in verschiedenen Bereichen der Medizin besprochen werden (Abschnitt 3.5.2). Dabei wurde die EDA – selbst in dem naheliegenden Anwendungsgebiet der Dermatologie (Abschnitt 3.5.2.1) – eher sporadisch verwendet und vor allem bezüglich ihrer psychophysiologischen Indikatorfunktion nur in wenigen Fällen adäquat interpretiert.

3.5.1 Die Verwendung der elektrodermalen Aktivität in verschiedenen Anwendungsdisziplinen der Psychologie

Die in den folgenden Abschnitten behandelten Anwendungsgebiete der EDA betreffen die Disziplinen der *Arbeits-* und *Berufspsychologie* (Abschnitt 3.5.1.1) sowie der *forensischen* Psychologie, d. h. der Verwendung psychologischer Methoden im Zusammenhang von gerichtlichen Begutachtungen (Abschnitt 3.5.1.2). Während die EDA in *arbeitsphysiologischen* Kontexten etwa im Vergleich zur Herzfrequenz bislang relativ wenig eingesetzt wurde, stellt sie im Bereich der polygraphischen sog. *Lügendetektion* eine zentrale Variable dar, wie bereits aus dem Umfang des entsprechenden Beitrags von Barland und Raskin (1973) im Reader von Prokasy und Raskin hervorgeht. Dennoch stellt diese in der Bundesrepublik Deutschland als *Beweismittel* vor Gericht *nicht zugelassene* Methode eine zumindest noch umstrittene Anwendung der Interpretation phasischer elektrodermaler Veränderungen dar.

Weitere Anwendungsmöglichkeiten von EDA-Messungen könnten sich auch in Bereichen der *Entwicklungspsychologie* ergeben (vgl. dazu die im Abschnitt 2.4.3.1 aufgenommenen Ausführungen zu Altersunterschieden in der EDA). Bezüglich möglicher *sozialpsychologischer* Anwendungen wie der Erforschung von Einstellungen und sozialen Interaktionen sowie kultureller Differenzen kann an dieser Stelle sowohl auf ein älteres Sammelreferat von Schwartz und Shapiro (1973) als auch auf die im Abschnitt 3.2.1.3.2 beschriebenen elektrodermalen Begleitreaktionen sozialer Interaktionen und ihre Zusammenhänge mit Ausdrucksphänomenen verwiesen werden.

3.5.1.1 Die elektrodermale Aktivität als Indikator in der Arbeitspsychologie

Die objektive Erfassung von psychophysiologischen Auswirkungen verschiedener Arbeitstätigkeiten und ihrer Randbedingungen wie Tageszeit, Hitze, Lärm etc. erfolgt in der *Arbeitsmedizin* meist über den Energieumsatz, kardiovaskuläre Variablen wie Herzfrequenz und Blutdruck oder über biochemische Größen wie Katecholamin- und Cortisolausscheidungen (Rohmert und Rutenfranz 1983). Die EDA hat dagegen in der Arbeitsmedizin und auch im Rahmen der Arbeitspsychologie bislang eher eine untergeordnete Rolle gespielt. Dies mag zum einen daran liegen, daß bei den überwiegend untersuchten industriellen Arbeitsplätzen physische Beanspruchungen als Zielgrößen im Vordergrund standen, die sich über Veränderungen *kardiovaskulärer* und *biochemischer* Größen adäqat erfassen lassen; andererseits hat vermutlich auch die Empfindlichkeit der EDA-Messung gegenüber *Artefakten*, mit denen in natürlichen Arbeitsbedingungen infolge unkontrollierbarer Bewegungen vermehrt zu rechnen ist (vgl. Abschnitt 2.2.7.2), zur sparsamen Verwendung der EDA in diesem Anwendungsgebiet beigetragen. Dennoch hat sich die kontinuierliche Erfassung der phasischen sowie der tonischen EDA in einigen Bereichen der *Arbeitspsychologie* wie der Verkehrspsychologie (vgl. Abschnitt 3.5.1.1.1 und bei Beanspruchungsuntersuchungen an Büroarbeitsplätzen (vgl. Abschnitt 3.5.1.1.2) bereits bewährt, so daß in Zukunft weitere Anwendungsgebiete in arbeitspsychologischen Kontexten erschlossen werden sollten.

3.5.1.1.1 Verkehrspsychologische Untersuchungen mit Hilfe der elektrodermalen Aktivität

Gerade auf dem Gebiet der Verkehrspsychologie, in dem die Umgebungsbedingungen kaum standardisierbar sind, wurde die EDA bereits seit Beginn der 60er Jahre als quantitativer psychophysiologischer Beanspruchungsindikator verwendet. Michaels (1960) konnte bei 10 Pbn anhand von EDA-Messungen[126] während der Fahrt zeigen, daß sich die ereignisbezogenen EDRs als sensibles Maß zur Unterscheidung zweier innerstädtischer Straßen mit ähnlichem Verlauf, jedoch unterschiedlichen *Anteilen an Durchgangsverkehr* eigneten. Für jede SRR wurde ein Zeitfenster zwischen 5 sec vor und 1 sec nach ihrem Beginn festgelegt und diese auf ein darin aufgetretenes Ereignis bezogen. Dabei zeigte es sich, daß 60 % der SRRs durch unvorhersehbare Ereignisse wie ausscherende oder querende Fahrzeuge hervorgerufen wurden. Auch wurden für die subjektiv

---

[126]Messung des Hautwiderstandes zwischen 2 Fingern der linken Hand, keine Angaben zur Meßtechnik.

präferierte Strecke im Mittel 40 % weniger SRRs gefunden als für die Alternativroute.

In einer weiteren Untersuchung (Michaels 1962) an 6 männlichen Pbn, die 4 verschiedene Routen mit unterschiedlichen Verläufen und Geschwindigkeitsbegrenzungen 4 bis 8 mal abfuhren, zeigte sich sowohl ein Effekt der unterschiedlichen *Straßentypen* als auch der *Verkehrsdichte* und des *Fahrtempos* auf die Zahl der nichtspezifischen SRRs. Dabei stieg die NS.SRR freq. bis zu einem Fahrzeugkommen von 2800 pro Stunde linear, danach bis zu 3400 Fahrzeugen pro Stunde exponentiell mit dem Fahrzeugaufkommen an. Zudem erhöhte sich die Anzahl der nichtspezifischen EDRs bei den Straßen mit höherem Tempolimit. Dieses tonische EDA-Maß erwies sich also auch hier – wie bereits in Zusammenhängen der Laborstreßforschung (vgl. Abschnitt 3.2.1.4) – als sensibler Indikator von Beanspruchungsverläufen, wenn auch wegen der unter verschiedenen Verkehrsdichte-Bedingungen aufgenommenen unterschiedlichen Informationsmengen eine experimentelle Kontrolle der Wirkung des sensorischen Inputs auf die EDA im verwendeten Untersuchungsdesign nicht gewährleistet war.

Cleveland (1961) überprüfte bei 4 männlichen Pbn die Auswirkung der *Beleuchtung* einer Highwaykreuzung auf die Beanspruchung der Autofahrer. Während die Fahrzeit selbst bei jeweils 6 Durchfahrten der Kreuzung aus unterschiedlichen Richtungen mit und ohne Beleuchtung nicht unterschiedlich war, zeigte sich eine signifikante Abnahme sowohl der NS.EDR freq. als auch der mittleren EDR amp.[127], wenn die Kreuzung beleuchtet war, gegenüber der unbeleuchteten Kreuzung.

Bei seinen innerhalb von Schweden durchgeführten Untersuchungen zur Wirkung von Umgebungsbedingungen auf das Fahrverhalten ging Helander (1974) von der generellen Hypothese einer *Beeinträchtigung* der Fahrleistung *durch erhöhte Aktivierung* aus und betrachtete die EDA als idealen Aktivierungsindikator (vgl. Abschnitt 3.2.1.1), der zudem wegen der ausschließlich sympathischen Innervation (vgl. Abschnitt 1.3.2) der Herzfrequenz vorzuziehen sei. Der fortlaufend registrierte Hautwiderstand[128] wurde während der Fahrt auf Magnetband (vgl. Abschnitt 2.2.6.2) und zur Artefakt-Kontrolle auf Papierstreifen aufgezeichnet. Daneben wurden die Herzfrequenz und zwei EMG-Ableitungen an 2 Muskeln des rechten Beins sowie Fahrvariablen wie Tempo, Abstand, Beschleunigung in 3 Richtungen, Steuerradeinschlag und Bremsdruck registriert und bis zu 25 verschiedene Verkehrsereignisse über eine Tastatur eingegeben (zur ausführlichen Darstellung der Methodik vgl. auch Helander und Hagvall 1976). 60 Fahrer im Alter von 19 bis 62 Jahren befuhren 4 verschiedene Strecken.

---

[127] Wechselspannungsmessung, AC-Auskopplung über Wheatstone-Brückenschaltung (vgl. Abschnitt 2.1.3), Elektrodenanordnung wie bei Michaels (1960), keine weiteren Angaben.

[128] Mit Beckman-Ag/AgCl-Elektroden und 0.1 N Chlorid-Paste vom Handrücken unter Verwendung von 12 $\mu A/cm^2$ Konstantstrom.

Bei der Auswertung wurden die physiologischen Variablen wegen ihrer Latenzzeiten gegenüber den Ereignissen um 1 sec zurückverschoben, danach wurden für alle Variablen Mittelwerte für je 10 m Fahrstrecke berechnet und rangkorreliert. Eine zwischen dem SRL und dem Steuerradeinschlag aufgetretene Korrelation von $r = 0.56$ ließ sich nicht interpretieren; die Korrelation zwischen der *Bremsaktivität* beim Fahren und der SRR amp. von $r = 0.58$, die durch den – methodisch allerdings eher fragwürdigen – Ausschluß bestimmter Situationen bis auf $r = 0.89$ erhöht werden konnte, zeigte jedoch, daß ein erheblicher Prozentsatz der EDRs unmittelbar auf den Bremsvorgang zurückzuführen war, zumal beim Betätigen der Bremse im Stand keine entsprechenden Zusammenhänge gefunden wurden.

Mit der gleichen Methodik verglich Helander (1976) die physiologischen Reaktionen von 16 erfahrenen (mehr als 175000 km in 5 Jahren) und 17 unerfahrenen (weniger als 30000 km in 5 Jahren) Autofahrern beim Befahren einer Strecke mit verschiedenen Anforderungen. Während die Fahrvariablen, auch das Bremsverhalten, nicht zwischen den Gruppen differenzierten, traten deutliche Unterschiede zwischen *erfahrenen* und relativ *unerfahrenen Fahrern* in der Verteilung der EDR amp. auf, wobei auch die NS.EDR freq. bei den Unerfahrenen insgesamt höher war. Da insbesondere bei Situationen, die eine differenzierte optische Analyse erforderten (z. B. das Passieren einer schmalen Brücke) eine erhöhte EDA bei den Unerfahrenen auftrat, schloß Helander auf eine starke Abhängigkeit der EDA von der Reizaufnahme und von kognitiver Verarbeitung, die ja – wie weiter oben angemerkt – möglicherweise auch zu den Ergebnissen von Michaels (1962) beigetragen hatte. Eine differenzierte Analyse der Zusammenhänge zwischen kognitiver Tätigkeit vor bzw. motorischer Aktivität bei dem Vorgang des *Bremsens* einerseits und der EDA andererseits nahm Helander (1978) in einer Reanalyse der Daten von Helander (1976) vor. Unter Ausschluß der Situationen des Überholens und des Überholtwerdens ergab sich eine Rangkorrelation zwischen SRR amp. und Bremsdruck von $r = 0.95$. Eine detaillierte zeitliche Analyse mit Hilfe von Kreuzkorrelationen unter Hinzuziehung der EMG-Daten zeigte zudem, daß die EDRs nicht als Begleit- oder Folgereaktionen des Bremsvorgangs selbst, sondern als vegetative Komponente der Einleitung präventiver Maßnahmen im Fahrverlauf anzusehen ist, da sich auch keine Zusammenhänge zwischen EDA und dem Steuerradeinschlag zeigten, der – verglichen mit dem Bremsen – als weniger häufig mit Präventivreaktionen verbunden angesehen wird. Ein Vergleich der elektrodermalen und kardiovaskulären Korrelate der Lenkbewegung beim Überholen ergab zudem, daß die EDA wesentlich dynamischer reagierte; sie wird daher von Helander (1976) als besonders geeigneter Indikator für Arbeitstätigkeiten angesehen, deren Anforderungen sich – wie beim Autofahren – ständig ändern. Die EDA eignet sich nach seiner Auffassung sowohl zur Untersuchung der Wirksamkeit von Veränderungen in der Umgebung als auch von Trainingsmethoden, die das Fahrverhalten des

Individuums und damit die Sicherheit im Straßenverkehr verbessern sollen.

Taylor (1964) korrelierte in 2 Studien mit 12 Pbn (davon 5 weiblich) bzw. 8 Pbn (davon 4 weiblich) die NS.EDR freq.[129] pro Meile mit den aus den Polizeistatistiken entnommenen *Unfallraten* pro Streckenabschnitt beim Abfahren von Standardstrecken zu verschiedenen Tages- und Nachtzeiten und damit unter verschiedenen Verkehrsdichte- und Beleuchtungsbedingungen in permutierter Reihenfolge. Die NS.EDR freq. korrelierte positiv mit der Unfallträchtigkeit (r = 0.61) sowie der Anzahl von Abbiegevorgängen pro Meile (r = 0.67) und negativ mit der gefahrenen Durchschnittsgeschwindigkeit (r = −0.75), jedoch weder mit der Verkehrsdichte noch mit den Beleuchtungsbedingungen. Taylor diskutiert aufgrund der generell hohen Interkorrelationen zwischen den 3 mit der EDA korrelierten Variablen mögliche ursächliche Zusammenhänge etwa derart, daß die Anzahl der Abbiegevorgänge sowohl für die hohe Unfallrate als auch die niedrige Durchschnittsgeschwindigkeit und letzlich u. U. auch für die erhöhte NS.EDR freq. verantwortlich ist, wobei sowohl interne als auch externe Faktoren vermittelnd wirken könnten. Als ein interessantes Nebenergebnis dieser Studie ist anzusehen, daß die mittlere NS.EDR-Anzahl pro Minute mit der Fahrerfahrung exponentiell abnahm; dabei ergab sich allerdings natürlicherweise eine Konfundierung mit dem Alter der Fahrer. Zur Untersuchung eines möglichen Zusammenhanges von *Unfallhäufigkeit* und EDA verwendete Preston (1969) anstelle von ungenauen Befragungsdaten der Pbn die Einstufung der Fahrer in Versicherungsprämien-Klassen. Sie ließ in 2 Studien 17 bzw. 21 Pbn beiderlei Geschlechts inner- und außerstädtische Routen in verschiedenen Richtungen mit ihren eigenen Wagen abfahren und registrierte die Summe der SRR amp. pro km[130]. Generelle Effekte von Alter, Geschlecht und Versicherungsklasse in bezug auf die EDA traten nicht auf; wurden jedoch die Strecken nach *Stadt* und *Land* aufgeteilt, so zeigten die Pbn mit den hohen Versicherungsprämien signifikant mehr bzw. stärkere EDRs als Pbn mit geringerer Unfallrate auf den − sehr kurvenreichen − außerstädtischen, nicht jedoch auf den innerstädtischen Straßen. Die Interpretation der Autorin, daß die EDA im Stadtverkehr eher durch äußere Gegebenheiten, wie das Verhalten anderer Verkehrsteilnehmer, auf der Landstraße jedoch durch das eigene Risikoverhalten bestimmt werde, erscheint aufgrund des vorliegenden Datenmaterials etwas spekulativ.

Eine geringere EDA bei *Automatik-* im Vergleich zu *Schaltwagen* fand Zeier (1979) in einer auf dem Münchener Altstadtring durchgeführten Untersuchung an 12 männlichen Pbn. Neben der Geschwindigkeit sowie der Kupplungs-, der

---

[129] Ableitung mit Wechselstrom von 65 Hz und 10 $\mu A/cm^2$ Effektiv-Stromdichte von den Fingern, transformiert in prozentuale Leitfähigkeitsänderungen, ohne weitere Angaben.

[130] Ableitung mit volarer vs. dorsaler Elektrode von 1 cm Durchmesser am linken Fuß und Elektrodenpaste auf Glycerin-Ringerlösung-Basis unter Verwendung von 5 $\mu A/cm^2$ Stromdichte, AC-Kopplung über Wheatstone-Brückenschaltung.

Brems- und Schaltaktivität wurden SCR[131], Frontalis-EMG und Herzfrequenz kontinuierlich registriert. Die Urin-Adrenalinausscheidungen waren bei den Schaltwagenfahrern signifikant erhöht, ebenso die NS.SCR freq. und die Herzfrequenz, während sich im SCL keine statistisch bedeutsamen Unterschiede zeigten. Die physiologischen Reaktionen waren bei einem zweiten Durchgang signifikant geringer als beim ersten Mal.

Im Gegensatz zu den Untersuchungen im Straßenverkehr wurde die EDA bei *Pilotenuntersuchungen* bislang kaum verwendet. Lindholm und Cheatham (1983) ließen 6 Reserveoffiziere der Luftwaffe ohne Erfahrungen am Simulator 10mal hintereinander mit dazwischenliegenden Pausen eine Landeaufgabe durchführen, wobei die SCR amp.[132] und die Herzfrequenz kontinuierlich registriert wurden. Beide Maße zeigten einen deutlichen Anstieg am Ende des Landeanflugs, wobei der EDA-Anstieg im Gegensatz zur Herzfrequenz im Laufe der Übungsdurchgänge nicht geringer wurde. Mit den Argumenten, daß die EDA lediglich kurzfristige, nicht jedoch auch langfristige Beanspruchungseffekt widerspiegeln könne und zudem noch schwieriger zu quantifizieren sei, entschieden sich die Autoren allerdings dafür, in ihren weiteren Untersuchungen nur noch die Herzfrequenz zu registrieren und verzichteten damit u. E. auf einen hochsensiblen Indikator für die psychophysiologische Beanspruchung im Moment vor der simulierten Landung.

3.5.1.1.2 Die Verwendung der elektrodermalen Aktivität in Beanspruchungsuntersuchungen an Industrie- und Büroarbeitsplätzen

Im Gegensatz zu dem im Rahmen der Verkehrspsychologie durchgeführten Feldstudien mit experimenteller Bedingungsvariation (vgl. Abschnitt 3.5.1.1.1) wurden bei der Anwendung von EDA-Messungen im Bereich von Arbeitsplatzuntersuchungen im Feld bisher noch überwiegend deskriptiv orientierte Ansätze verwendet. Allerdings wurde auch in einigen experimentell kontrollierten Belastungsuntersuchungen an simulierten Arbeitsplätzen die tonische EDA als Beanspruchungsindikator eingesetzt.

---

[131] Wechselstrommessung mit 5.25 Hz und 1 V konstanter Effektivspannung, Ableitung mit Ag/AgCl-Elektroden und Hellige-Elektrodenpaste von der Innenseite des linken Fußes über dem Abductor hallucis (vgl. Abschnitt 2.2.1.1, Abbildung 27), Aufzeichnung auf Magnetband mit PCM-Elektronik (vgl. Abschnitt 2.2.6.2). Die SCRs wurden nach ihrem Verhältnis zum SCL in 4 Klassen eingeteilt: mehr als 10 %, 8–10 %, 5–7 % und 2–4 % des SCL, und die Hautleitfähigkeit pro min bestimmt.

[132] Ableitung mit Beckman-Ag/AgCl-Elektroden und -Elektrodenpaste vom Mittelfinger palmar gegen den Handrücken mit 0.5 V Konstantspannung, Auswertung der höchsten SCR amp. innerhalb jedes 5 sec-Segments.

Die Abhängigkeit der Hautimpedanz[133] von der *Schwere körperlicher Arbeit* untersuchten Rutenfranz und Wenzel (1958). Sie hatten zunächst bei 3 weiblichen Pbn beobachtet, daß nach 15 min leichter Stanzarbeit gegenüber einer Ruhephase zu Beginn eine deutliche Abnahme des SYL und eine Zunahme der kapazitativen Komponente (vgl. Abschnitt 2.1.5) festgestellt. Die Schwere körperlicher Belastung wurde dann bei einem männlichen Pb in einer Meßwiederholungsanordnung im Labor am Fahrradergometer variiert (jeweils 10 Trials zu 7.5 min mit Leistungen von 0 bis 25 mkp/sec in 5er Stufen). Während die kapazitative Komponente ab 10 mkp/sec eine deutliche Zunahme von 2.5 min nach Beginn bis zum Arbeitsende zeigte, deren Steilheit mit der Schwere der körperlichen Belastung zunahm, zeigte die Impedanz eine weniger deutliche Beziehung zur Arbeitsdauer in Abhängigkeit vom Beanspruchungsgrad.

Faber (1983) registrierte bei 3 *Industrie*arbeiterinnen einer als Alternative zur Fließbandarbeit neu gebildeten, aber eingeübten Montagegruppe zur Herstellung von Autoradio-Platinen sowohl die Herzfrequenz als auch die EDA[134]. Während die Herzfrequenz vorwiegend auf körperliche Belastung reagierte, stieg die Hautadmittanz mit zunehmender sog. *informatorischer Belastung* (Pausieren-Verpacken-Löten-Montieren-Bestücken) an.

In einer in der Sowjetunion an 20 Pbn durchgeführten ebenfalls explorativen Studie registrierten Rakov und Fadeev (1986) die SPR[135] während definierter Arbeitseinheiten beim Zusammenbau von Kathodenstrahlröhren für Farbfernsehgeräte. Dabei zeigte sich bei den Fertigungsphasen selbst keine bzw. nur eine sehr geringe NS.SPR freq., jedoch trat vor, während und nach dem Überprüfen der montierten Baugruppen bei den meisten Arbeitern eine deutliche Erhöhung der EDA auf, am häufigsten zu Beginn einer Serie von Prüfungen, am Ende der Prüfphase, wenn das Ergebnis eine Nachbesserung erforderlich machte, und teilweise auch noch zu Beginn der Nachbesserung selbst. Die Autoren interpretieren diese – allerdings eher deskriptive ausgewerteten – Ergebnisse dahingehend, daß sich die EDA als spezifischer psychophysiologischer Indikator für *emotionale Beanspruchungen* bei Arbeitstätigkeiten eignet.

Hinweise auf eine differentielle Validität der EDA im Vergleich zu kardiovaskulären Beanspruchungsparametern ergaben sich auch bei Untersuchunge im *Büroarbeitsbereich*. Peters (1974) registrierte bei 11 Phonotypistinnen in

---

[133]Messungen mit 500 Hz sowie 1 und 10 kHz mit 2 V-Effektivspannung und 3 x 4 cm Netzen aus V2A-Stahl an der Rückseite der Unterschenkel beim Stanzen und an der Innenseite des Unterarms beim Fahrradergometer.

[134]Wechselspannungsmessung mit 10 Hz und 0.5 V konstanter Effektivspannung unter Verwendung trockener Elektroden aus versilbertem Nylongewebe und 3.2 cm² Fläche, von den proximalen Phalangen des Mittel- und Zeigefingers abgeleitet und telemetrisch übertragen, Berechnung mittlerer SYL-Werte für einzelne Tätigkeitsphasen.

[135]Mit nichtpolarisierbaren Elektroden palmar gegen dorsal an der linken Hand abgeleitet und mit einem EEG-Koppler verstärkt.

zentralen Schreibbüros Herzfrequenz, Atmung, Blutdruck, Stirnmuskel-EMG, Hauttemperatur und Hautwiderstand[136] und brachte die verschiedenen Tätigkeitsmerkmale für jeden der extrahierten physiologischen Parameter in eine Rangfolge entsprechend der Deutlichkeit seiner Indikatorfunktion. Während die Herzfrequenz bei dem überwiegend durch körperliche Beanspruchung gekennzeichneten Ereignis des Umspannens von Papier am höchsten und bei der am stärksten automatisierten Tätigkeit des Schreibens am geringsten war, traten Hautwiderstandsänderungen am häufigsten während des – allerdings in bezug auf die EDA besonders stark artefaktgenerierenden (vgl. Abschnitt 2.2.7.2) – Sprechens, des Überlegens oder Lesens auf, was nach der Auffassung von Peters (1974) für eine spezifische Indikatorfunktion der EDA beim Auftreten mentaler im Gegensatz zu körperlicher Belastung spricht.

Untersuchungen der Arbeitsgruppe des Verfassers zur psychophysiologischen Beanspruchung durch systembedingte Wartezeiten, sog. *Systemresponsezeiten*, bei *Bildschirmdialog*-Tätigkeiten haben ergeben, daß die EDA bei körperlich minimal beanspruchenden Arbeiten über mehrere Stunden am Bildschirm einen hochspezifischen Indikator für durch unfreiwillige Arbeitspausen verursachte *emotionale Beanspruchung* darstellt, während der Blutdruck die mentale Belastung durch die Aufgabendichte abbildet und die Herzfrequenz lediglich infolge zunehmender Gewöhnung an die Arbeitstätigkeit unabhängig von den experimentellen Bedingungen einen stetigen Abfall über den Versuch hinweg zeigt (zusammenfassend: Boucsein 1987). Während bislang im Rahmen von Untersuchungen zur Beanspruchung durch Bildschirmtätigkeiten neben spezifischen bildschirmbezogenen Parametern wie Flimmerverschmelzungsfrequenz oder EMG lediglich kardiovaskuläre Maße erhoben worden waren (vgl. Boucsein et al. 1984b), wurden von Schaefer et al. (1986) bei der Durchführung einfacher Fehlersuch- und -korrekturaufgaben und während der Pausen neben der Herzfrequenz auch der SCL sowie die NS.SCR freq. mit Standardmethodik kontinuierlich erhoben. Zu Beginn der Pausen wurden der Blutdruck gemessen sowie die subjektive Befindlichkeit und die Wahrnehmung körperlicher Symptome erfaßt. 20 unerfahrene, größtenteils weibliche Pbn hatten in 5 Durchgängen jeweils 50 Aufgaben zu lösen, bei denen zu entscheiden war, ob in einer Bildschirmzeile eine von zwei gleichen Buchstaben umgebene Lücke vorhanden war. Jeweils die Hälfte der Pbn erhielt zwischen den einzelnen Aufgaben Systemresponsezeiten von 2 sec bzw. 8 sec, wobei Bedingungen mit konstanten und variablen Systemresponsezeiten verwendet wurden. Die Kovarianzanalysen mit den Ausgangslagenwerten als Kovariablen zeigten bei den kurzen unfreiwilligen Arbeitspausen und damit bei höherer Arbeitsdichte einen signifikant erhöhten Blutdruck, bei den längeren dagegen deutet sich eine – allerdings insignifikante – größere EDA

---

[136]Telemetrische Übertragung und Registrierung auf Beckman-Polygraphen, sonst keine weiteren Angaben zur Methodik.

gegenüber den kürzeren Arbeitspausen an.

In einer weiteren Untersuchung an 68 Pbn (davon 22 weiblich) wurde von Kuhmann et al. (1987) die aufgrund dieser Ergebnisse vermutete *differentielle Validität elektrodermaler und kardiovaskulärer Maße* überprüft (vgl. Abschnitt 3.2.1.1.1) . Die Pbn erhielten wiederum Systemresponsezeiten von 2 sec oder 8 sec, allerdings mit leichteren Aufgaben, veränderten Variabilitätsbedingungen und gleichen Längen der Arbeitsblöcke (20 min), dafür unterschiedlichen Aufgabenanzahlen (etwa doppelt so viele pro Zeiteinheit bei den 2 sec-Bedingungen). Die physiologischen Parameter waren die gleichen wie bei Schaefer et al. (1986), auch wurden wie dort subjektive und Leistungsmaße erhoben, um Beanspruchungsmessungen auf allen 3 Ebenen vornehmen zu können (vgl. Abschnitt 3.2.1.4). Wieder zeigte sich, daß unter den 2 sec-Bedingungen der Blutdruck signifikant höher war als unter den 8 sec-Bedingungen mit geringerer Arbeitsdichte, zusätzlich wurde die bei Schaefer et al. (1986) nur angedeutete Erhöhung der NS.SCR freq. unter den 8 sec- gegenüber den 2 sec-Systemresponsezeiten signifikant. Dieses Ergebnis läßt sich nicht etwa auf Bewegungsartefakte zurückführen, da in den Bedingungen mit größerer NS.EDR freq. eine geringere Arbeitsdichte vorhanden war. Es könnte daher – auch in Übereinstimmung mit subjektiven Parametern – als Ausdruck einer durch die längeren unfreiwilligen Arbeitspausen induzierten erhöhten emotionalen Erregung interpretiert werden, da die Pbn gemäß der Instruktion erwarteten, eine bestimmte Menge von Aufgaben lösen zu müssen und die langen Systemresponsezeiten u. a. Befürchtungen bezüglich eines Hinausschiebens des Arbeitsendes hervorgerufen hätten.

Diese Untersuchungen zeigen, daß *tonische* EDA-Maße wie die NS.EDR freq. auch während des Ablaufens von Arbeitsprozessen als *sensible* und *valide Indikatoren* mentaler, möglicherweise sogar *spezifisch emotionaler Beanspruchungen* geeignet sind, und in Ergänzung zu den in der Arbeitsphysiologie und Arbeitspsychologie zumeist ausschließlich verwendeten kardiovaskulären Maßen i. S. einer mehrdimensionalen Beanspruchungsermittlung routinemäßig eingesetzt werden sollten, zumal heute realiable Meß- und Registriertechniken auch für den Einsatz im Feld vorhanden sind.

3.5.1.2 Die Verwendung phasischer elektrodermaler Parameter in der sogenannten Lügendetektion

Während in der Bundesrepublik seit einem Grundsatzurteil im Jahre 1954 die Verwendung von Untersuchungsergebnissen mit dem sog. *Lügendetektor* als Beweismittel im Strafprozeß unzulässig ist (Wegner 1981), werden in den USA jährlich mindestens eine Million Untersuchungen zur "detection of deception" durchgeführt, und die Industrie hat speziell für diesen Feldeinsatz Polygraphen entwickelt, die nicht nur von Psychologen, sondern auch von angelernten Kräften wie ehemaligen Polizisten eingesetzt werden (Lykken 1981). Die Anwendung beschränkt sich dabei keineswegs auf den *forensischen* Bereich, da viele *Konzerne* im Zuge ihrer Einstellungsuntersuchungen auch Lügendetektor–Tests durchführen, deren Wert jedoch äußerst zweifelhaft erscheinen muß (Gudjonsson 1986).

In der eigentlichen *forensischen Anwendung* der Lügendetektion lassen sich 2 Ansätze unterscheiden (Lykken 1981, Steller 1983):

(1) *Direkte* Techniken: beim sog. *Kontrollfragen–Test* (control question–test) werden i. d. R. drei Fragen gestellt, die sich auf das untersuchte Verbrechen beziehen, dazu 3 *Kontrollfragen* zu ähnlichen Sachverhalten, die aber keinen unmittelbaren Bezug zu dem in Frage stehenden Delikt aufweisen. Bei stärkeren Reaktionen auf die tatrelevanten Fragen im Vergleich zu denen auf die irrelevanten Reize wird auf das Vorliegen von *Unglaubwürdigkeit* beim Pb geschlossen. Da auch unschuldige Pbn z. B. aufgrund der Furcht, unter falschen Verdacht zu geraten, mit dieser Technik leicht als "Lügner" diagnostiziert werden können, ist hierbei die Gefahr von Fehlern i. S. *falscher "Positiver"* gegeben (Lykken 1981). Raskin (1981) konnte jedoch anhand einer Zusammenfassung wissenschaftlicher Ergebnisse zeigen, daß sich die Kontrollfragentechnik insbesondere zum *Schutz unschuldiger* Pbn *eignet*, da die *Verläßlichkeit* der Diagnose "*glaubwürdig*" mit 94 % höher liegt als die der Unglaubwürdigkeit (86 %).

(2) *Indirekte* Techniken: beim sog. *Tatwissens–Test* (guilty knowledge–, concealed information– oder guilty person–test) wird geprüft, ob der Pb *Informationen* über den *Tathergang* besitzt, die nur ein Tatbeteiligter haben kann. Dieser Test besteht i. d. R. aus einer Reihe von Fragen, die sich jeweils auf ein bestimmtes Detail der Tat beziehen, wobei für jede Frage 6 *Antwortalternativen* vorgegeben werden, deren Zutreffen für einen Unbeteiligten gleich wahrscheinlich sein sollte. Der Pb muß entweder auf jede Alternative mit Verneinung bzw. mit deren Wiederholung reagieren, oder es wird ganz auf eine *Verbalisierung verzichtet*, was i. S. einer möglichst *artefaktfreien* psychophysiologischen *Messung* am sinn-

vollsten erscheint. Die Wahrscheinlichkeit dafür, daß auf die kritischen Antwortalternativen durchweg am stärksten reagiert wird, ist bei mehreren Fragen zum Tatkomplex und mehreren Antwortalternativen sehr gering. *Falsche "Positive"* sind also *praktisch ausgeschlossen*. Geht man davon und von 15 % fälschlicherweise übersehenen Schuldigen aus, so beträgt die *Verläßlichkeit* der Diagnose "glaubwürdig" 87 %, die der *"Unglaubwürdigkeit"* nahezu 100 % (Steller 1983).

Die *Reliabilität* der Lügendetektions–Tests ist *generell hoch*: die Interrater–Reliabilität liegt allgemein über r = 0.90, und auch die Übereinstimmung der Beurteilung anhand zweier aufeinanderfolgender Testdurchgänge liegt zwischen r = 0.71 und 0.96, wobei die niedrigen Reliabilitäten vor allem bei Pbn mit Persönlichkeitsstörungen auftreten (Gudjonsson 1986). Angaben zur *Validität* werden meist in % der *Trefferquote* für korrekt identifizierte unglaubwürdige Pbn einerseits und glaubwürdige Pbn andererseits unter *Ausklammerung* der *nicht entscheidbaren* Fälle angegeben. Hierbei ergaben sich in Labor- und Feldstudien sowohl für den Kontrollfragen- als auch für den Tatwissens–Test – abgesehen von der o. g. unterschiedlichen Verläßlichkeit der beiden Techniken bezüglich der Diagnose "glaubwürdig" bzw. "unglaubwürdig" – insgesamt zwischen 90 und 98 % *richtige Klassifikationen* (Steller 1983). Allerdings wird die Validität der Lügendetektor–Tests in dem 1983 erstellten Bericht eines Technologie–Ausschusses des US–Kongresses *weniger günstig* beurteilt: danach wurden in Labor- und Feldstudien Trefferquoten von 68 bis 86 % für *unglaubwürdige* Pbn und von 49 bis 76 % für *glaubwürdige* Pbn erzielt (Gudjonsson 1986).

Die Durchführung von *Laborstudien* zur Lügendetektion erfolgt zumeist nach dem sog. *Mock–crime*-Paradigma, bei dem jeweils die Pbn der Experimentalgruppe die Instruktion erhalten, sich vorzustellen, ein Verbrechen begangen zu haben, wobei den Pbn i. d. R. ein zusätzlicher *finanzieller Anreiz* für den Fall in Aussicht gestellt wird, daß es ihnen gelingt, im Polygraphie–Test *unschuldig* zu *erscheinen* ("to beat the test"). Dadurch wird zwar ein eindeutiges Validitätskriterium geschaffen; die *Übertragbarkeit* der Ergebnisse auf *reale* Untersuchungssituationen ist jedoch damit noch nicht gewährleistet. Andererseits sind auch die Validitätskriterien in Felduntersuchungen oft nicht eindeutig, da aufgrund der US–Rechtspraxis *falsche Geständnisse* zur Vermeidung weitergehender Anklagen und zur Erreichung eines geringeren Strafmaßes dort nicht unwahrscheinlich sind (Steller 1983).

Neben der Untersuchung von Reliabilität und Validität dieser Techniken hat sich die wissenschaftliche Erforschung psychophysiologischer Aussagenbeurteilung ausführlich mit Problemen der *vorsätzlichen Testmanipulation* (beating the polygraph) in der Praxis mit Hilfe von *Selbstkontrolltechniken* oder durch *Pharmaka* sowie mit dem Einfluß von Persönlichkeitsfaktoren, insbesondere der *Psychopathie* (vgl. Abschnitt 3.4.1.2), auf die Lügendetektion befaßt. Die diesbezüglichen Ergebnisse sind jedoch *inkonsistent* (zusammenfassend: Steller 1983). Lykken (1981), der die Validität der polygraphischen Lügendetektion insgesamt kritisch beurteilt, hält es aufgrund einer eigenen älteren wissenschaftlichen Untersuchung für relativ *einfach*, die *Reaktionsamplituden* auf die *irrelevanten Reize* im *Kontrollfragen*-Test über physiologisch vermittelte *Artefakte* (vgl. Abschnitt 2.2.7.2), sog. "*counter-measures*", wie Muskelkontraktionen, auf die Zunge–Beißen, Atemmanipulationen etc. zu *erhöhen* und damit den Unterschied zu den relevanten Fragen zu nivellieren. Lykken schätzt die Gefahr einer solchen Verfälschung bei dem von ihm mitbegründeten Tatwissens–Test als geringer ein, er kann dies jedoch nicht ausreichend empirisch belegen (Steller 1983). Raskin (1981) gibt dagegen zu bedenken, daß die forensische Anwendung polygraphischer Methoden nicht allein zur Überführung leugnender, aber schuldiger Pbn dienen sollte, sondern vor allem zur Entlastung unschuldig Angeklagter. Hierbei bietet die von Raskin favorisierte Kontrollfragen–Technik, wie bereits oben ausgeführt wurde, eine größere Treffsicherheit.

Ungeachtet dieser noch schwelenden Kontroverse bezüglich der adäquaten Technik kommt der *EDA* in der Lügendetektions–Forschung und -Anwendung eine *herausragende Rolle* zu: das EDA-Signal eignet sich wegen der bereits in der Einleitung zum Kapitel 1 beschriebenen Möglichkeit, mit der EDR amp. einen *visuell auswertbaren* und *leicht quantifizierbaren* Indikator vermuteter psychischer Ursachen zu gewinnen, in besonderer Weise als physiologische Variable für diese Art von Polygraphie. Die entscheidenden Veränderungen sind nicht nur für den Versuchsleiter, sondern auch bei einer *Konfrontation* des *Delinquenten* mit den Ergebnissen mit dem Ziel einer *Überführung* von diesem selbst leicht zu erkennen, wie Reid und Inbau (1977) an einem Beispiel demonstrieren (vgl. Abbildung 49).

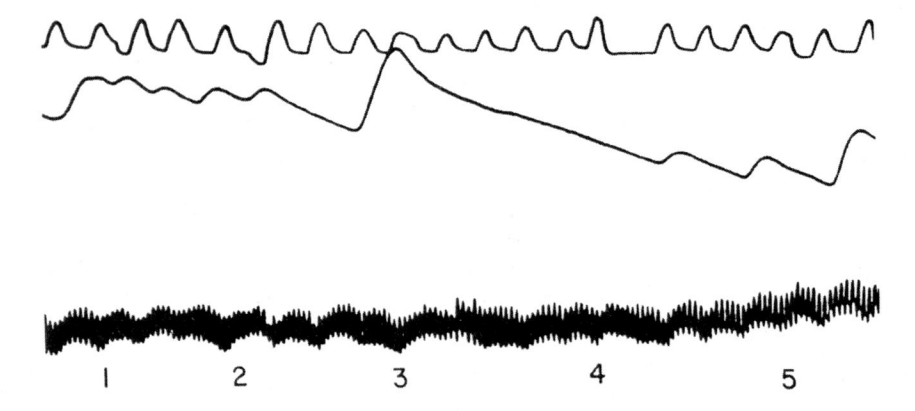

Abbildung 49. Polygraphische Aufzeichnung während eines Kontrollfragen–Tests. Die dritte der Fragen 1–5 war die kritische. Atmung (obere Kurve), EDR (mittlere Kurve) und Elektrokardiogramm (untere Kurve) (aus Reid und Inbau 1977, Figure 287).

Abbildung 49 zeigt die Ergebnisse eines an einer Probandin, die einen in einem blauen Umschlag befindlichen Geldbetrag entwendet hatte, durchgeführten *Kontrollfragen*-Tests mit 5 Fragen der Art: "War der verschwundene Umschlag rot?", wobei die 3. Frage die nach dem blauen Umschlag war. Im Vergleich zur oben dargestellten Atemfrequenz und zu dem unten aufgezeichneten EKG ergibt sich bei der in der Mitte gezeigten *EDR* aufgrund der Dynamik und des Zeitverlaufs des Signals der Vorteil einer *augenfälligen Quantifizierung*, die auch im betreffenden Fall zum Geständnis und zur Rückgabe des entwendeten Umschlags geführt hatte. Typisch ist auch die *Verringerung* der *tonischen* EDA nach der kritischen Frage.

Da in *Felduntersuchungen*, d. h. in den meisten Fällen praktischer Anwendung der Lügendetektion, i. d. R. *keine* exakte *quantitative* Auswertung der Aufzeichnungen vorgenommen wird, vielmehr die Ergebnisse global nach dem *Augenschein* oder mit Hilfe von relativ groben *Rating-Verfahren* bewertet werden (Waid und Orne 1981, Steller 1983), eignet sich die EDA besonders gut für diese Art von Auswertung. Dennoch werden in den USA bei Felduntersuchungen meist *zusätzlich* der *Fingerpuls*, der *Blutdruck* und die thorakalen *Atembewegungen* registriert, und in wissenschaftlichen Untersuchungen werden häufig noch zusätzlich abdominale Atembewegungen und EKG erfaßt (Steller 1983). Dabei wird in der Praxis der *intraindividuelle* Vergleich von Reaktionen auf *relevante* und *irrelevante* Reize z. B. beim Kontrollfragen-Test so vorgenommen, daß für *jede Variable* und *jedes Reizpaar* Rating-Scores zwischen −3 und +3 vergeben werden, wobei Differenzen in Richtung Glaubwürdigkeit positive Vorzeichen erhalten und die Werte 1 für eine doppelte, 2 für eine dreifache und 3 eine vierfache *Reaktionsstärke* vergeben werden. Bei Summenscores kleiner −6 wird auf "unglaubwürdig", ab +6 auf "glaubwürdig" plädiert. Da in der praktischen Anwendung nur intraindividuelle Vergleiche vorgenommen werden, erfolgen Angaben zur EDR amp. meist lediglich in mm und nicht in SR- oder SC-Einheiten (Raskin 1969)[137].

Erste Ansätze zu einem *multivariaten* computergestützten Vorgehen wurden von Kircher und Raskin (1981) vorgelegt. In einem *Mock-crime*-Paradigma erhielten jeweils 24 "schuldige" und "unschuldige" Pbn 9 Paare von relevanten und Kontrollfragen, wobei neben der Hautleitfähigkeit thorakale und abdominale Atmung, Herzfrequenz, Fingerpuls, peripheres Blutvolumen und Blutdruck erfaßt wurden. Aus den ursprünglich mit Hilfe der *automatischen Analyse* gebildeten 80 Kennwerten wurden 18 Indizes gemäß Realiabilitäts- und Validitätskriterien selegiert und einer Diskriminanzanalyse unterzogen. Die Diskriminanzgewichte waren für die SCR amp. am höchsten (−0.61), gefolgt von der SCR rec.t/2

---

[137]In Felduntersuchungen zur Lügendetektion überwiegen − im Gegensatz zum vorgeschlagenen Laborstandard − auch heute noch Konstantstrommessungen (vgl. Abschnitt 2.6.2) und Widerstandsangaben (vgl. Abschnitt 2.6.5).

(− 0.42), d. h. die EDA und dort insbesondere die *Amplitude* der *SCR* trug am meisten zur *Lügendetektion* bei. Allerdings konnte die Verläßlichkeit durch die Hinzunahme von Indizes aus anderen physiologischen Systemen noch wesentlich verbessert werden[138].

Auf welche *psychophysiologischen* bzw. neurophysiologischen *Mechanismen* die beobachtete Vergrößerung der EDR amp. bei tatrelevanten Stimuli zurückzuführen ist, kann trotz der großen Zahl auch wissenschaftlich kontrollierter Laboruntersuchungen zu diesem Themenkomplex noch *nicht* als *geklärt* gelten. Die Hypothesen reichen von einer *erhöhten Aktivierung* (vgl. Abschnitt 3.2.1.3) infolge emotionaler Involviertheit über eine *Konditionierung* der EDR auf die mit unkonditionierten Furchtreaktionen verbundenen Tatumstände (vgl. Abschnitt 3.1.2.1) bis zu einer starken Beteiligung einer *kognitiven* Komponente (Waid und Orne 1981, Steller 1983; vgl. auch Abschnitt 3.2.2.1). Raskin (1979) diskutiert die Unterschiede in den EDRs auf relevante und irrelevante Items in Termini der *Informationsverarbeitung* und der *OR* (vgl. Abschnitt 3.1.1.1): durch die Einführung *irrelevanter Reize* wird eine generelle EDR–*Habituation* an die verwendete Art von Stimuli *herbeigeführt*, und nur noch die *tatrelevanten* Reize erhalten besondere *Signalbedeutung* für die schuldigen Pbn und rufen ORs hervor. Dabei unterscheiden sich indirekte und direkte Techniken insofern, als *differentielle Reaktionen* bei der *Kontrollfragen*–Technik von *allen* Pbn, beim *Tatwissens*–Test jedoch *nur von* den *schuldigen* Personen erwartet werden (Steller 1983). Aus den kardiovaskulären Reaktionen von Tätern schließt Raskin (1979) ferner auf das Vorliegen von *ORs* beim *Tatwissens*–Test, während dagegen beim *Kontrollfragen*–Test *Defensivreaktions*muster beobachtet werden konnten.

Eine Diskussion der Ergebnisse im Konzept der OR und ihrer Habituation wird allerdings dadurch erschwert, daß die Pbn *normalerweise* die Instruktion erhalten, *unmittelbar verbal* auf den Reiz zu *reagieren*, womit vermutlich der Einsatz von Verarbeitungsmechanismen verhindert werden soll. Dies führt dazu, daß sich die *stimulusspezifischen* EDRs *nicht* aus der die verbale Reaktion *begleitenden* elektrodermalen Aktivität herauslösen lassen, und vermutlich auch häufig *NS.EDRs* mit in die Auswertung *einbezogen* werden[139]. Eine *Trennung*

---

[138]Ben-Shakhar et al. (1982) setzen sich im Rahmen einer Reanalyse von 7 mit dem am weitesten verbreiteten Kontrollfragen–Test durchgeführten Feldstudien unter Verwendung der Signal–Entdeckungs–Theorie kritisch mit den Entscheidungsstrategien der Anwender von Lügendetektions–Polygraphen in der Praxis auseinander. Sie diskutieren u. a. deren Voreingenommenheiten, mögliche Versuchsleiter–Effekte und Auswirkungen der Testdurchführung sowie des Ergebnisses selbst auf Validitätskriterien wie z. B. Geständnisse. Man gewinnt dabei den Eindruck, daß insbesondere die Ergebnisse von Feldstudien in den USA nicht frei vom Einfluß kommerzieller Interessen sind. Die Autoren empfehlen eine Beschränkung der Lügendetektions–Tests auf die Bestätigung der Unschuld von zu Unrecht Verdächtigten.

[139]Raskin (1979) gibt z. B. ein Zeitfenster zwischen 0.5 sec nach Begin der Frage und 5 sec nach

dieser beiden Anteile der EDA wurde von Dawson (1980) in einem mit 24 Schauspielern beiderlei Geschlechts durchgeführten Experiment zur Simulation von Lügendetektion vorgenommen. Jeweils die Hälfte der Pbn sollte versuchen, eines fingierten Verbrechens schuldig bzw. unschuldig zu erscheinen, wofür sie im Falle eines Erfolgs zusätzlich finanziell entlohnt wurden. Jeder Pb erhielt in permutierter Reihenfolge 4mal den gleichen 10–Item–Kontrollfragentest, davon jeweils 2mal mit der Instruktion, unmittelbar zu antworten und 2mal mit der Auflage, 8 sec bis zur Antwort zu warten, wobei unter anderem der Hautwiderstand gemessen wurde[140]. Während sich die mittleren SRR–Magnituden (vgl. Abschnitt 2.3.4.2) zwischen relevanten und irrelevanten Reizen bei der Gruppe der "Unschuldigen" nicht signifikant unterschieden, waren die *Reaktionen* der "*Schuldigen*" auf die *relevanten* Fragen statistisch bedeutsam *höher* als diejenigen auf die Kontrollfragen. Dieser Unterschied zeigte sich allerdings *nur* bei den *kombinierten Reaktionen* auf die Fragen und Antworten, wenn *unmittelbar* geantwortet wurde, sowie bei den SRRs auf die *Fragen* bei *verzögerter Antwort*, *nicht* jedoch bei den SRRs *nach* der Antwort. Anhand dieser Ergebnisse ist zu vermuten, daß die *SRR–Magnituden* bei der Kontrollfragen–Technik als Indikatoren einer *differentiellen OR* auf relevante und irrelevante Stimuli angesehen werden können und *nicht auf* unterschiedliche *verbale Aktivitäten* zurückzuführen sind.

Eine Interpretation i. S. von Orientierungs- oder Defensivreaktionen läßt jedoch noch offen, ob es sich bei der im Vergleich zu Kontrollreizen erhöhten EDR amp. auf kritische Stimuli um eine Wirkung des *Informationsgehaltes* oder um eine solche des *emotionalen Gehaltes* i. S. einer Furcht-Konditionierung oder emotionalen "Besetztheit" der Stimuli handelt. Auch weisen die zur Lügendetektion vorgelegten Untersuchungen nur *wenige Ansätze* zu einer diesbezüglichen *Theorienbildung* auf. Selbst die Übersichtsartikel sind in dieser Beziehung eher unergiebig (Raskin 1979, Waid und Orne 1982, Steller 1983, Undeutsch 1983). Ein Ansatz, der die besondere Eignung der EDA für die Lügendetektion berücksichtigt, könnte sich aus der Verbindung einer *Verhaltenshemmung* i. S. des *Vermeidens* verbaler Äußerungen bei *tatrelevanten* Stimuli und dem von Gray (1982) postulierten "Behavioral inhibition system" ergeben (Pennebaker und Chew 1985), als dessen Indikator die EDA hypostasiert wird (vgl. Abschnitte 3.2.1.1.2 und 3.3.1.1). Hierzu fehlen allerdings noch empirische Belege.

Abschluß der Antwort an (vgl. Abschnitt 2.3.1.1 und 2.3.2.2, Abbildung 41).

[140] Ableitung mit 6.25 cm^2 Elektroden aus rostfreiem Stahl von den palmaren Fingerspitzen der linken Hand ohne Elektrolyt mit 10 μA Konstantstrom. Die Zeitfenster, in denen die maximale SRR amp. als Reaktion auf die Frage oder die Antwort gewertet wurde, lag für die Bedingung mit *sofortiger Reaktion* zwischen 1 sec nach Beginn der Frage und 5 sec nach dem Ende der Antwort; für die Bedingung mit *verzögerter Reaktion* wurden die maximale Amplitude für die *Frage* (Zeitfenster: 1 sec vom Beginn bis 1 sec nach Ende der Frage) und die *Antwort* (Zeitfenster: zwischen 1 und 5 sec nach der Antwort) *getrennt* ausgewertet.

Für eine *differentielle Reaktion* auf relevante und irrelevante Stimuli scheint jedoch eine *Kopplung* der *relevanten* Reize an *emotionale* Vorgänge *nicht* Voraussetzung zu sein, was sich daraus ergibt, daß entsprechende Unterschiede auch bei der Verwendung von sog. *Karten-* oder *Zahlentests* auftreten. Es handelt sich um Laborexperimente, bei denen die Pbn sich Spielkarten oder Zahlen merken und auf entsprechende Fragen "lügen" müssen (Steller 1983). Eine stimulusbedingte emotionale Erregung bzw. Furcht-Konditionierung sind dabei nicht wahrscheinlich.

Waid und Orne (1980) führten 2 Untersuchungen dieser Art unter Verwendung zweier Versionen des *Tatwissens*-Test durch, an denen hier auch beispielhaft die Logik der Auswertung erläutert werden soll. Im ersten Experiment lernten 19 männliche Studenten 6 Code-Wörter auswendig und wurden aufgefordert, später den Polygraphen zu "täuschen", indem sie nicht reagierten, wenn nach diesen Wörtern gefragt würde. Während der Darbietung von 24 Wörtern zeigten diese Pbn eine signifikant höhere mit Standardmethodik, aber K-Y-Gel gemessene SRR amp. innerhalb eines Zeitfensters von 1.5 bis 4.5 sec auf diese 6 Wörter im Vergleich zu den 10 Pbn einer Kontrollgruppe; alle Pbn sollten nach jedem Reiz den Kopf zum Zeichen der Verneinung schütteln. Da zu jedem kritischen Wort 3 Kontrollwörter dargeboten wurden, betrug die Wahrscheinlichkeit einer zufällig erhöhten Reaktion für jedes Wort 0.25; da der Test insgesamt 5mal in permutierter Reihenfolge durchgeführt wurde, hätte höchstens bei $5 \cdot 6 \cdot 0.25 = 7.5$ Wörtern per Zufall ein "positives" Ergebnis erwartet werden können. Daher wurden Pbn, bei denen 8 und mehr Wörter "entdeckt" wurden, als solche klassifiziert, die etwas zu verbergen hatten; Pbn mit 7 und weniger wurden als "ehrlich" diagnostiziert. 12 von 18 Pbn der Experimentalgruppe und 9 von den 10 Kontrollprobanden wurden richtig klassifiziert. Diese Ergebnisse konnten im zweiten Experiment mit jeweils 15 Experimental- und Kontrollprobanden, dessen Ablauf stärker an entsprechende Techniken der Polygraphie im Feld angelehnt war (z. B. wurden ein Interview und ein Tatwissens-Test mit unzutreffenden, aber auf kriminelle Sachverhalte bezogenen Fragen vorgeschaltet), weitgehend repliziert werden. Zusätzlich werteten Waid und Orne (1980) die Anzahl der NS.SRRs in den ISIs aus[141]. Es zeigten sich allgemein positive, meist signifikante Korrelationen zwischen der NS.SRR freq. und der Zahl der "entdeckten" Reaktionen, wobei die *korrekt klassifizierten* Pbn stets eine deutlich *höhere Anzahl nichtspezifischer EDRs* aufwiesen als die restlichen Pbn.

Die Gruppe um Waid ging in einer weiteren Untersuchung (Waid et al. 1981a) der Frage nach, ob *elektrodermal Labile* (vgl. Abschnitt 3.3.2.2) den EDA-Lügendetektor *schlechter täuschen können* als elektrodermal Stabile. Die

---

[141] Amplitudenkriterium 23 Ohm, Zeitfenster von 4.5 sec nach dem Beginn der Darbietung eines Wortes bis zur Darbietung des nächsten Wortes. Aus Verteilungsgründen wurde eine Wurzeltransformation vorgenommen (vgl. Abschnitt 2.3.3.3).

in der forensischen Psychologie

46 Pbn wurden anhand ihrer in einer 3-minütigen Ausgangslagenmessung ermittelten NS.SCR freq.(Amplitudenkriterium: 0.05 μS) am Median geteilt und nach entsprechender Vorbereitung als "Unehrliche" oder "Ehrliche" den oben beschriebenen verschiedenen Versionen den Tatwissens-Tests mit 24 Wörtern unterzogen. Die Hautleitfähigkeit wurde mit Standardmethodik unter Verwendung von K-Y-Gel und 0.74 V Spannung abgeleitet. Es zeigte sich, daß die *relevanten Stimuli* bei *elektrodermal Labilen* signifikant *häufiger entdeckt* wurden als bei *Stabilen*, unabhängig davon, ob diese zur Gruppe der "Unehrlichen" oder "Ehrlichen" gehörten, allerdings nur bei der ersten Version des Tests und *nicht* bei der *ausführlichen* Prozedur, wie sie in *Felduntersuchungen* verwendet wird. Möglicherweise hatte bereits hier wegen der stets gleichen Abfolge der beiden Tests eine *Adaptation* der *elektrodermal Labilen* an die Situation stattgefunden.

Auch durch *pharmakologische* Manipulation der autonomen Reaktivität kann die Verläßlichkeit des Tatwissens-Tests reduziert werden: Waid et al. (1981b) teilten 44 Pbn in 4 gleiche Gruppen auf, von denen eine in einem Tatwissens-Test mit 24 Wörtern als "unehrlich" und 3 als "ehrlich" erscheinen sollten. Eine "Ehrlichen"-Gruppe diente als Nichtmedikations-Gruppe, die anderen beiden erhielten die Instruktion, ihnen würde ein *Beruhigungsmittel* verabreicht, das ihnen helfen würde, den Lügendetektor zu täuschen. Eine dieser Gruppen erhielt 400 mg des Tranquilizers Meprobamat, die andere dagegen Placebo (vgl. Abschnitt 3.4.3.1). Der Tatwissens-Test zeigte in der *Meprobamat*-Gruppe im Vergleich zu den anderen "Unehrlichkeits"-Bedingungen eine statistisch bedeutsam *verringerte Lügendetektion*: nur noch 3 der 11 Pbn konnten anhand der EDA[142] zutreffend als "unglaubwürdig" identifiziert werden. Bradley und Ainsworth (1984) zitieren allerdings entgegengesetzte Ergebnisse einer unveröffentlichten Dissertation von Boisvenu aus dem Jahre 1982, wonach in einem Mock-crime-Paradigma weder Gaben des Tranquilizers Diazepam (Valium^R) noch solche des Stimulans Methylphenidat (Ritalin^R) zu einer Verminderung der Treffsicherheit von Lügendetektions-Tests geführt hatten. Bradley und Aisnworth (1984) selbst untersuchten in einem an 40 Pbn durchgeführten Experiment die Wirkung von *Alkoholgenuß* während des *scheinbaren Begehens* eines "*Verbrechens*" und fanden sowohl beim Tatwissens- als auch beim Kontrollfragen-Test deutlich *verschlechterte Lügendetektions*-Ergebnisse.

Die von der Waid-Gruppe beobachtete unzutreffende *Klassifikation schuldiger* Pbn als "glaubwürdig" aufgrund von *Tranquilizer*-Einflüssen während des *Tatwissens*-Test kann vermutlich auf ein *Ausbleiben erhöhter EDR amp.* bei den *relevanten Stimuli* zurückgeführt werden. Die entsprechenden Reaktionsabschwächungen bei *elektrodermal Stabilen* könnten dagegen auf deren *vermin-*

---

[142]Gemessen als SR amp. mit Beckman Ag/AgCl-Elektroden thenar/ hypothenar an der rechten Hand, 3.8μA/cm^2, AC-Ableitung mit 0.3 sec Zeitkonstante.

derte kognitive Sensitivität bzw. *Aufmerksamkeitskapazität* zurückgehen (vgl. Abschnitt 3.3.2.2). Da bei Lügendetektions-Untersuchungen in der *Praxis* i. d. R. weder Informationen über die allgemeine *elektrodermale Reaktivität* der Pbn vorliegen dürften, noch standardmäßig *Urinproben* auf häufig verwendete Pharmaka wie Tranquilizer durchgeführt werden (Waid und Orne 1981), müssen die insbesondere von Lykken (1981) vertretene Überlegenheit indirekter Lügendetektions-Techniken sowie deren Befürwortung durch Undeutsch (1983) *kritisch* betrachtet werden. Für den Kontrollfragen-Test liegen keine vergleichbaren Untersuchungen vor; Steller (1983) vertritt allerdings die Auffassung, daß eine Verminderung allgemeiner elektrodermaler Reaktivität, etwa durch sedierende Pharmaka, lediglich zu einer Klassifikation des betreffenden Pb als "unentscheidbar" führen wird.

Für die von Wegner (1981) sowie von Steller (1983, 1987) im Prinzip befürwortete Öffnung der *deutschen Rechtspraxis* für die Lügendetektion mittels polygraphischer Methoden unter Einschluß der EDA ergibt sich beim derzeitigen Stand der Forschung die *Einschränkung*, daß dieses Verfahren *allenfalls* zur *Entlastung* zu Unrecht Beschuldigter, *nicht* jedoch als *Schuldindiz* verwendet werden sollte. Wegen ihrer größeren Validität bezüglich der Entdeckung Unschuldiger eignen sich dabei *direkte Techniken* besser als die zunächst methodisch überlegener erscheinenden indirekten Techniken. Der EDA wird dabei wegen ihrer Diskriminationseigenschaften eine besondere Rolle zukommen.

3.5.2 Die elektrodermale Aktivität in verschiedenen Disziplinen der Medizin

In diesem Abschnitt werden medizinische Anwendungen der EDA, soweit sie nicht dem Bereich *psychiatrischer Störungen* (vgl. Kapitel 3.4) zuzuordnen sind, besprochen. Allerdings ergeben sich dabei bezüglich der heute generell als *"psychophysiologische Störungen"* (DSM III, American Psychiatric Association 1980) bezeichneten sog. *psychosomatischen* Krankheiten insofern Überschneidungen, als für eine große Zahl von Störungen heute im Rahmen der neu entstandenen Disziplin *Verhaltensmedizin* auch psychophysiologische Ansätze verfolgt werden (Miltner et al. 1986). Die im folgenden beschriebenen und in *dermatologische* (Abschnitt 3.5.2.1), *neurologische* (Abschnitt 3.5.2.2) und sonstige medizinische Anwendungen (Abschnitt 3.5.2.3) klassifizierten Studien, die sich z. T. auf recht unterschiedlichem methodischen Niveau befinden, sollen i. S. von Beispielen die vielfältigen Anwendungsmöglichkeiten der EDA in der Medizin anreißen und entsprechende Anregungen für weitere Anwendungsfelder geben.

3.5.2.1 Gleich- und Wechselspannungsmessungen elektrodermaler Aktivität in der Dermatologie

Der Einsatz von EDA-Messungen zur *Diagnose*, der verhaltensmedizinischen *Behandlung* und zur *Therapiekontrolle* dermatologischer Veränderungen bietet sich als klassisches Anwendungsfeld an. So beschäftigen sich auch *Standardwerke* der Dermatologie wie das "Handbuch der Haut- und Geschlechtskrankheiten" eingehend mit den anatomischen und physiologischen *Grundlagen* der EDA (vgl. Keller 1963; Schliack und Schiffter 1979; Thiele 1981a, b). Dennoch finden sich in der *klinischen Dermatologie* allenfalls Messungen der *Schweiß*absonderungen (zusammenfassend: Muthny 1984), während die *EDA-Messung kaum* vertreten ist. Dies gilt auch für den umfangreichen Beitrag "Psyche und Haut" von Borelli (1967) im o. g. Handbuch, in dem sich – mit Ausnahme der Verwendung als Kontrollvariable bei einer hypnotischen Therapie (vgl. dort Seite 325 ff.) – keinerlei Hinweise auf die EDA finden. Auch in dem Buch zu *psychophysiologischen Aspekten* bei *Dermatosen* von Whitlock (1980) finden sich nur spärliche Hinweise auf einige wenige ältere Untersuchungen zur EDA wie die von Edelberg (1964). Am ehesten werden sowohl Schweißsekretions- als auch elektrodermale Messungen dort eingesetzt, wo sich *Überschneidungen* zwischen *Dermatologie* und *Neurologie* ergeben (vgl. Abschnitt 3.5.5.2).

Abgesehen von möglicherweise neurologisch verursachten Veränderungen der Schweißdrüsentätigkeit bzw. des gesamten thermoregulatorischen Systems (vgl. Abschnitte 1.3.2 und 1.3.3.2) spielt die *Haut* als "*Ausdrucksorgan*" von jeher eine Rolle in der *psychosomatischen* Auffassung der Entstehung von *Dermatosen*, insbesondere in den beim Tragen von Kleidung freibleibenden Bereichen des *Gesichts*, des *Halses* und der *Hände*. Selbst bei der Beschreibung dermatologischer Symptome, bei denen eine psychosomatische oder psychiatrische Störung als Ursache angenommen wird werden im allgemeinen keine Hinweise auf EDA-Phänomene und ihre mögliche psychische Bedeutung gegeben (Braun-Falco et al. 1984, Seite 1026 f.). Während z. B. die Histologie von sog. atopischen Störungen wie *Neurodermitis* als gut untersucht gelten kann, ist über die mit den dabei auftretenden epidermalen und dermalen Papeln- bzw. Lichenbildung verbundene Veränderung der EDA so gut wie nichts publiziert. Dabei könnten die *vermehrte Schweißsekretion* und die möglicherweise *allergische* Reaktion der Haut auf den *eigenen Schweiß* neben Durchblutungsanomalien als periphere Mechanismen angesehen werden, die zur Ausbildung von Neurodermatosen beitragen (Whitlock 1980). *EDA-Messungen* können hier *quantitativ* verwertbare *Diagnose*-Daten liefern und auch als objektive *Therapieerfolgs*-Indikatoren eingesetzt werden.

Pathologische Veränderungen der Haut bilden sich jedoch nicht nur in Leitfähigkeits- bzw. Widerstandsänderungen, sondern insbesondere auch in *tonischen* Verschiebungen *kapazitativer* Werte ab. Die in der *Kosmetikindustrie* bereits zum Standard gehörende Messung der *Wechselstrom–EDA* (Millington und Wilkinson 1983) wurde bereits von Gougerot (1947) zur Diagnose der bei *Dermatosen* auftretenden Hautveränderungen verwendet. Er fand mit großen Bleielektroden und einer Wechselspannung von 4 kHz bei Normalprobanden stets *Impedanzen*, die größer als 200 Ohm und *Phasenwinkel*, die größer als 45° waren. Bei 23 Patienten mit *aktiven Ekzemen* betrugen die Impedanzen im Mittel nur noch 90 Ohm und die Phasenwinkel 26°. Bei Patienten mit *Psoriasis* (Schuppenflechte) traten *niedrigere* Werte an *trockenen* befallenen Stellen, jedoch abnorm *erhöhte* Werte an der *nicht befallenen Haut* auf. Inwieweit hier Beziehungen zur bei Psoriasis um 10 bis 20 % erhöhten Mitose-Rate im Stratum germinativum bestehen (Wright 1983), ist noch nicht geklärt. Edelberg (1971) weist in diesem Zusammenhang auf den möglichen *differentialdiagnostischen* Wert der EDA–Messungen mit *Wechselstrom* insbesondere bei *psychophysiologischen* ("psychosomatischen") *Hautkrankheiten* hin: Dermatosen können einerseits als Begleiterscheinungen emotionaler Störungen auftreten, andererseits ist auch zu erwarten, daß die vom Dermatose–Patienten an sich selbst beobachteten *Entstellungen* der Haut zu *psychischen Reaktionen* führen, wobei in beiden Fällen eine Beteiligung sympathischer, also auch sudorisekretorischer neuronaler Bahnen wahrscheinlich ist. Die sich daraus ergebenden *Veränderungen* der *Schweißdrüseninnervation* könnten nach Edelberg (1971) mit endosomatischen bzw. exosomatischen *Gleichspannungsmethoden* erfaßt werden, während die *epidermalen Auswirkungen* der Dermatosen mit Hilfe hochfrequenter *Wechselspannungs*–EDA–Messungen quantifiziert werden sollten.

Auch Salter (1979) empfiehlt die *Wechselstrommessung* der EDA zur Quantifizierung pathologischer Veränderung sowie des Heilerfolges bei *dermatologischen* Störungen, da sich insbesondere die Beeinflussung *kapazitativer* Größen durch unterschiedliche Grade der *Hydration* des Stratum corneum als *kritischer Indikator* erweisen kann (vgl. Abschnitt 1.4.2.3). Die *nicht-invasive* EDA–Messung hat gegenüber *chemischen* Methoden nicht nur den Vorteil, *schmerzlos* und *schneller* durchführbar zu sein; elektrische Meßtechniken lassen sich darüber hinaus *besser* quantifizieren und zeigen *größere Veränderungen* in bezug auf die Ausgangslage *infolge* einer *Funktionsänderung* als chemische oder thermische Meßmethoden selbst beim Vorliegen deutlicher pathologischer Prozesse anzuzeigen vermögen.

Neben solchen tonischen Veränderungen könnten auch *phasische* elektrodermale Maße für dermatologische Fragestellungen herangezogen werden, da davon ausgegangen werden kann, daß auch *epidermale* Strukturen am Zustandekommen der EDR beteiligt sind (vgl. Abschnitt 1.4.2.3). Möglicherweise ist hier eine systematische Untersuchung der *kapazitativen* Komponenten, die im Falle *normaler* Haut *kaum* eine Bedeutung für die EDR zu haben scheint (vgl. Abschnitt 2.3.1.2.4), erfolgversprechend.

Dermatologie

Ein nahezu ideales Anwendungsgebiet der EDA innerhalb der Dermatologie ergibt sich bei der quantitativen Diagnose und Therapiekontrolle von *Hyperhidrosis* (vermehrte Schweißsekretion). Während die *asymmetrisch* auftretende Hyperhidrosis überwiegend als Folge spezifischer *neurologischer Ausfälle* auftritt (Steigleder 1983, vgl. auch Abschnitt 3.5.2.2), betrifft Hyperhidrosis als *psychophysiologische Störung* die ekkrinen Schweißdrüsen (vgl. Abschnitt 1.2.3), wobei Patienten, die unter emotionaler Belastung mit vermehrter Schweißsekretion reagieren, häufig in einen *Circulus vitiosus* geraten, da das Beobachten des eigenen Schwitzens über kognitive positive Rückmeldekreise die Schweißsekretion noch verstärkt (Miltner et al. 1986).

Da die medizinischen *Behandlungsmethoden* der insbesondere an den Handtellern äußerst unangenehmen und lästigen *Hyperhidrosis* weitgehend *unbefriedigend* geblieben sind (z. B. Gaben von Anticholinergica, Bäder mit Salz- und Metallzusätzen, aber auch elektrophysikalische Therapien), könnte hier eine Anwendung des EDA-*Biofeedback*-Trainings erfolgversprechend sein (vgl. Abschnitt 3.4.3.2). Erste Ansätze dazu wurden bereits vorlegt: so ließen Miller und Coger (1979) jeweils 22 Patienten mit dyshidrosiformem Ekzem, bei dem als Begleitsymptom Hyperhidrosis auftreten kann, eine SCL-Abnahme bzw. eine SCL-Zunahme (Kontrollgruppe) mittels optischem EDA-Biofeedback trainieren. Die Pbn erhielten dafür Biofeedbackgeräte, mit denen sie zu Hause 2 Wochen lang 2mal täglich 15 min trainieren sollten[143]. Während nur 4 Pbn der Kontrollgruppe Erfolg i. S. ihrer Instruktion hatten, gelang es 16 Pbn der eigentlichen Untersuchungsgruppe, eine *Abnahme* des SYL und damit eine Reduktion der *Schwitzaktivität* an den *Händen* herbeizuführen. Auch trat bei dieser Gruppe eine klinische Besserung, bei der Kontrollgruppe dagegen eher eine Verschlechterung auf.

Den Einsatz von akustisch-visuellem EDA-*Biofeedback* in Verbindung mit einem *Entspannungstraining* bei der erfolgreichen Behandlung einer 28-jährigen Patientin mit einer nicht-allergischen chronischen *Urtikaria* (Nesselsucht) berichtet Moan (1979): innerhalb von 8 Behandlungswochen reduzierte sich der mittlere SCL von 12 auf 7 μS, in der Entspannungssituation sogar bis auf 4 μS. Die Hautstörungen verschwanden und traten auch während der Nachbeobachtung von 8 Monaten nicht wieder auf.

Daß sich die EDA als *Indikator* für die *Schwere* von *Schädigungen* der *Epidermis* eignet, konnte vielfach durch Experimente mit der sog. *Stripping*-Technik (vgl. Abschnitt 1.4.2.1) oder dem Skin-drilling (vgl. Abschnitt 2.2.1.2) gezeigt werden. Edelberg (1971) berichtet, daß nach Durchstechen der Epidermis nur

---

[143]Während die Autoren bei diesen nicht näher beschriebenen Messungen Siebelektroden verwendeten, wurden die vorher und nachher im Labor unter kontrollierten Bedingungen durchgeführten Ruhe- und Orientierungsreaktions-Messungen mit einer 100 Hz-Wechselspannung unter Verwendung von 8 μA effektivem Konstantstrom und Goldelektroden mit 0.05 % NaCl in Unibase palmar von der linken Hand abgeleitet und in SY-Werte tranformiert.

noch 10 bis 20 % des ursprünglichen *Hautwiderstandes* verbleiben, und daß ein vergleichbarer Effekt durch Skin–drilling erreichbar ist, wobei sich diese Hautwiderstandsabnahme nach 3 Tagen zu 50 % und nach 5 Tagen vollständig zurückbilden kann. Lykken (1971) fand dagegen, daß das *Hautpotential* 3 Tage nach der Durchführung von 30 Klebestreifenabrissen (Stripping–Technik) noch keine Recovery zeigte und etwa 6–7 Tage bis zur vollen Remission benötigte. Seine Untersuchung der mit der Stripping–Technik behandelten Stellen mittels *gepulstem Gleichstrom* (nähere Angaben vgl. Abschnitt 2.5.3.2) zeigte, daß der Wert des angenommenen *Parallelwiderstandes* im Ersatzschaltbild (vgl. Abschnitt 1.4.3.3) auf ungefähr 10 % seines ursprünglichen Wertes fiel und auch erst nach 3 Tagen mit dem Wiedererscheinen des *negativen* SP wieder zunahm, allerdings etwas langsamer als dieses. Da Pinkus (1952) nach Anwendung der gleichen Stripping–Technik beobachtet hatte, daß sich 3 Tage später die ersten keratinisierten Zellen bilden (vgl. Abschnitt 1.2.1.1), ist es wahrscheinlich, daß durch die Abtragung des *Corneums* eine elektrische *Barriere* entfernt wird, wodurch das Schweißdrüsenpotential kurzgeschlossen wird (vgl. Abschnitt 1.4.2.3). Dafür spricht auch das von Takagi und Nakayama (1959) nach *Ablösung* des Corneums durch *Blasenbildung* beobachtete Verschwinden der *negativen* SPR-Komponente und deren Wiederauftreten nach 2 Tagen[144]. Durch die *Kombination* von *SP-* und *Wechselspannungsmessungen* der EDA ist es daher möglich, *Schädigungen* sowie *Regenerationen* der verhornten *Epidermis* zu *quantifizieren*. Wie bei der Psoriasis wird auch nach 30 Klebestreifenabrissen eine verstärkte mitotische Aktivität in der Epidermis beobachtet: Klaschka (1979) berichtet, daß der Mitoseindex nach 2 Tagen um das 20fache steigt und erst vom dritten Tag an wieder zurückgeht.

Woodrough et al. (1975) verwendete Hautpotentialmessungen[145] zur Differentialdiagnose von *Basalzellenkarzinomen* und gutartigen entzündlichen Dermatosen. Unter der allerdings fraglichen Annahme einer im Normalfall vorhandenen bilateralen Äquivalenz (vgl. Abschnitt 3.2.2.2) verglichen sie bei 19 Pbn das SP der *befallenen* Stellen mit dem des jeweils *kontralateralen* Hautareals. Während benigne Stellen normale SP-Werte zeigten, traten im Falle von Basalzellenkrebs deutlich *positivere* SPLs als an gesunder Haut auf, die im Mittel um 14 mV erhöht waren. Allerdings waren die *Streuungen* so *groß*, daß eine sichere Differentialdiagnose aufgrund der Hautpotentialmessung alleine nicht vorgenommen werden konnte. Kiss et al. (1975) stellten fest, daß die *Hautimpedanzen*[146] an Stellen mit *bösartigen Hautwucherungen* bei 92 Patienten

---

[144] Auch Foulds und Barker (1983) diskutieren die Möglichkeit einer Quantifizierung des Heilerfolges bei Hautverletzungen anhand von SP-Messungen.

[145] Da nur Läsionen im Gesicht untersucht wurden, plazierten die Autoren die inaktive Elektrode unter die Zunge.

[146] Mit 1600 Hz, spiralig geformten Stahlelektroden und in 0.9 %iger NaCl-Lösung getränkten

gegenüber nicht befallenen Stellen und den bei 254 Personen mit benignen Hauterkrankungen in 87 % der Fälle *niedriger* lagen, und beurteilten die Möglichkeit einer Diagnose von Hauttumoren mittels EDA-Messungen positiv.

Auch die Stärke von *Verätzungen* der Haut wirkt sich auf die EDA aus: so fanden Malten und Thiele (1973), daß Ätznatron (NaOH) mit einem pH-Wert von 12 eine deutliche *Hautimpedanz-Abnahme* verursachte, während die entsprechenden Veränderungen bei Lösungen mit pH 10 nicht nur geringer waren, sondern – im Gegensatz zu denen der pH 12-Lösung – bei sukzessiver Anwendung an 6 aufeinanderfolgenden Tagen immer schwächer wurden. Durch die Verwendung der EDA-Messungen konnte also gezeigt werden, daß sich die Haut an *leichtere,* nicht jedoch an *schwere chemische Noxen gewöhnen* kann.

Kiss (1979) ermittelte an 20 Pbn quantitative Beziehungen zwischen der *Konzentration* von *NaOH,* die auf Filtrierpapier 30 min auf die Haut des Unterarms gebracht wurde, und der anschließend gemessenen *Hautimpedanz*[147]. Er stellte bis 1/40 n NaOH eine nur leichte, danach jedoch eine stark progressiv verlaufende *Abnahme* des SZL fest, d. h., bei steigender Laugenkonzentration nimmt die Schädigung nicht linear zu, sondern erst ab einer bestimmten Grenze, wobei als Konzentrationen von 1/10 n NaOH keine weitere Impedanzabnahme mehr auftritt, da vermutlich die *Barriere* dann so stark *geschädigt* ist, daß die Ionen ungehindert passieren können (vgl. Abschnitt 1.3.4.2). An weiteren 10 Pbn ermittelte der Autor bei *fortlaufender SZL-Registrierung* während der Einwirkung von 1/40 n NaOH, daß die Impedanzabnahme unmittelbar nach der Applikation einsetzte und der SZL nach etwa 3 min sein *neues Niveau* erreicht hatte. *Verätzungen* lassen sich demnach gut mit Hilfe von *Wechselstrom-EDA-Messungen quantifizieren.*

Wie bereits weiter oben erwähnt wurde, gehören elektrodermale Messungen heute zu den Standardmethoden beim Testen der Wirkung von *Kosmetika* auf die Haut. Hier wurden insbesondere von der Yamamoto-Gruppe in Japan *standardisierte* Untersuchungs*paradigmen* unter Verwendung von Wechselstrommessungen der EDA vorgelegt (zur Methodik vgl. Abschnitt 2.5.3.1). Dabei wurden die Veränderungen im Rahmen des im Abschnitt 1.4.3.3 (vgl. Abbildung 17) beschriebenen *Hautmodells* quantitativ bestimmt, und zwar in den Parallelwiderständen R_2 und R entsprechenden Termini der Konduktanz G_2 und G (vgl. Abschnitt 1.4.1.3) sowie der Kapazität C unter Vernachlässigung des Serienwiderstandes R_1. Durch Matrizentransformationen (vgl. Yamamoto et al. 1978, Seite 625 f.) wurden daraus 3 Parameter gewonnen: ein der auf die *Polarisation* zurückführbaren *Dielektrizitätszahl* entsprechender Parameter $\overline{C}_N$, ein der *Konduktanz* des *polarisierten Materials* entsprechender Parameter $\overline{g}_N$ und ein der

---

Filterpapierscheiben von 4mm Durchmesser als Elektrolyten gemessen.

[147]Mit 1600 Hz und 1 mA Stromstärke, nicht näher bezeichneten Metallelektroden und in 0.9 %iger NaCl-Lösung getränkten Filterpapierscheiben als Elektrolyten gemessen.

auf die *Ionen-Leitfähigkeit* zurückzuführenden *Konduktanz* entsprechender Parameter $\bar{G}_N$. Eine Abnahme von $\bar{G}_N$ entspricht dabei einem Anstieg der Ionen-Leitfähigkeit im Stratum corneum und eine Zunahme von $\bar{C}_N$ einem Anwachsen der Dielektrizitätszahl im Corneum. *Die Veränderungen durch* die Applikation von *Kosmetika* wurden in einem von diesen 3 Parametern aufgespannten ebenen *Koordinatensystem*, in dem die Winkel zwischen den Achsen jeweils 120° betragen, mit Hilfe von *Dreiecken* visualisiert (vgl. Abbildung 50).

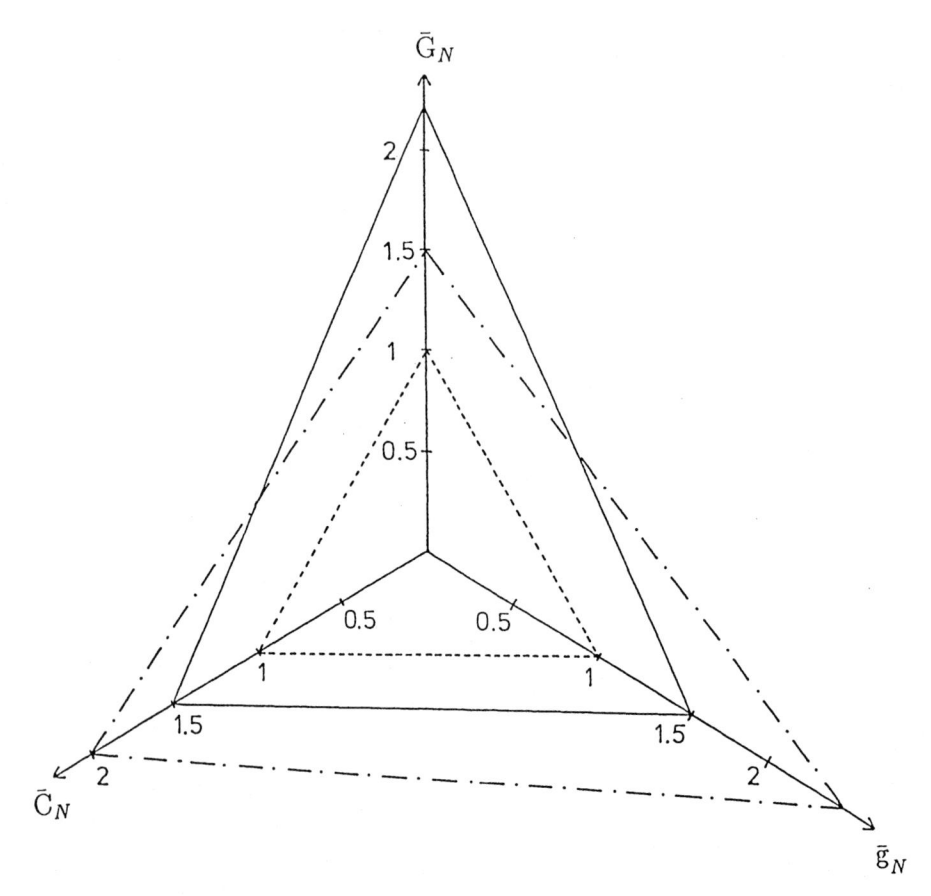

Abbildung 50. Veränderung der Parameter $\bar{C}_N$ (entspricht der Dielektrizitätszahl), $\bar{G}_N$ (entspricht der auf die Ionen-Leitfähigkeit zurückzuführenden Konduktanz) und $\bar{g}_N$ (entspricht der Konduktanz des polarisierten Materials), beginnend von der Ausgangslage – – – – – über 30 min. – · – · – · – bis 3 Stunden ——— nach Applikation von 50 %-iger Natrium-Pyrrolidincarbonat-Lösung (nach Yamamoto et al. 1978, Figure 7a und e).

Abbildung 50 zeigt die von Yamamoto et al. (1978) unter Kontrolle der Luftfeuchtigkeit in einer über die *Unterarme* gestülpten *Klimakammer* bei 3 Pbn gefundenen Veränderungen in den 3 untersuchten Parametern von der Ausgangslage (gestrichelte Linie) über 30 min (strichpunktierte Linie) nach Applikation von 50 %–iger wässeriger Lösung des Natrium–Pyrrolidincarbonat, das *Kosmetika* zur Anregung der *Hautbefeuchtung* beigegeben wird, bis 3 Stunden nach der Applikation (durchgezogene Linie). Die *Ionen–Leitfähigkeit* $\overline{G}_N$ war 30 min nach Applikation der Substanz, die auch unter natürlichen Bedingungen als feuchtigkeitserhöhender Faktor vorkommt, deutlich *vergrößert* und nahm auch innerhalb von 3 Stunden weiter zu. Die *Polarisations–Konduktanz* $\overline{g}_N$ und die *Dielektrizitätszahl* $\overline{C}_N$ waren nach 30 min zunächst ebenfalls *erhöht*, *nahmen* dann aber innerhalb von 3 Stunden *wieder ab*. In der gleichen Weise wurden die Wirkungen von *Emulsionen* vom Typ Öl in Wasser bzw. Wasser in Öl untersucht, wobei jedoch insgesamt *geringere Veränderungen* auftraten. Wenn auch die mathematischen und physikalischen Grundlagen der von der Yamamoto–Gruppe verwendeten Meßtechnik kompliziert erscheinen, lassen sich die durch Kosmetika hervorgerufenen Effekte damit doch klar darstellen, und die Differenziertheit der Auswertemethodik dieser Gruppe bei der Anwendung der EDA–Wechselstrommessung geht weit über die früher vorgelegter Ansätze hinaus.

Cambrai et al. (1979) verwendeten *Hautimpedanz*messungen[148] zur Kontrolle des *Therapieerfolges* bei *Psoriasis*. Jeweils 4 Patienten erhielten eine pharmakotherapeutische Behandlung mit Dioxyanthranol (Cignolin^R), mit einem difluorierten Dermatocorticoid oder eine Photochemotherapie. Sie verwendeten Wechselstromfrequenzen zwischen 5 Hz und 500 kHz und bestimmten sowohl *Impedanz* als auch *Phasenwinkel*. Es zeigte sich zunächst, daß die Werte für Z und φ an den befallenen Stellen bei Meßfrequenzen bis 10 kHz *deutlich unter* denen von *gesunden Hautflächen* lagen, sich *diesen* bei *höheren* Wechselstrom*frequenzen* jedoch *annäherten*. Die bei den einzelnen Patienten beobachteten elektrodermalen Veränderungen infolge der Therapien werden ausführlich in bezug auf mögliche zugrundeliegende epidermale Stoffwechselprozesse beschrieben; insgesamt ging die *Normalisierung* der EDA–Parameter bei der *Photochemotherapie langsamer* vonstatten als während der beiden *pharmakotherapeutischen* Behandlungen, und es zeigte sich eine gute Übereinstimmung mit den *klinisch* beobachteten Veränderungen. Die elektrodermale Impedanzmessung wird von den Autoren als eine erfolgversprechende nicht–invasive Technik zur *quantitativen Beschreibung* von pharmakokinetischen Vorgängen bei der Psoriasis–Behandlung beurteilt.

---

[148]Unter Verwendung von Elektroden mit flüssigem Elektrolyten (vgl. Abschnitt 2.2.8.3), wobei NaCl in Polyäthylenglycol an die jeweilige relative Feuchte angepaßt wurde.

3.5.2.2 Die elektrodermale Aktivität als Indikator neurologischer Störungen

Sowohl Schweißsekretions- als auch elektrodermale Messungen werden in der Neurologie überwiegend zu *diagnostischen* Zwecken eingesetzt, da die Haut wegen der Zuordnung spezifischer *Dermatome* zu Rückenmarkssegmenten (vgl. Tabelle 3 im Abschnitt 1.3.2.1) Rückschlüsse auf *Erkrankungen* oder *Läsionen* im ZNS zuläßt. Dabei liefern diese Meßmethoden einmal wegen der nicht völligen Deckung der sudorisekretorischen Innervationsgebiete mit den sensiblen Dermatomen *zusätzliche Informationen,* zum anderen stellen sie nahezu ideale *objektive Krankheitszeichen* für den Neurologen dar, da die Schweißsekretion willkürlich kaum beeinflußbar ist (Schliack und Schiffter 1979).

Die Diagnostik *anhidrotischer* bzw. *hyperhidrotischer* Hautareale für neurologische Fragestellungen erfolgt i. d. R. unter Verwendung einfacher, eher *qualitativer* Methoden zur Bestimmung der *Schwitzaktivität* (Muthny 1984) mit *pharmakologischer* oder *gustatorischer* Provokation (Schliack und Schiffter 1979). Anwendungsgebiet sind dabei z. B. die Diagnosen von *Spinalnervenwurzel-Läsionen, Hirntumoren* und typische durch *stereotaktische Operationen* verursachte *Ausfälle,* aber auch *Grenzstrang-* und *periphere Nervenläsionen.* Dabei könnten sich u. U. aus einer Veränderung der EDA Hinweise auf röntgenologisch nicht diagnostizierbare mögliche Schädigungen im *Rückenmark* oder in den *Spinalnervenwurzeln* ergeben, wie Riley und Richter (1975) aus einer guten Übereinstimmung der betroffenen Hautareale bei 20 Patienten mit *Nacken-* und *Armschmerzen* und einem an diesen Stellen besonders *niedrigen Hautwiderstand* schlossen.

Daß sich sowohl die *exosomatische* als auch die *endosomatische* EDA als *Indikatoren* der *Intaktheit* sympathischer *Nervenbahnen* verwenden lassen, kann als gut bestätigtes Ergebnis gelten. Lidberg und Wallin (1981) fanden bei gesunden Pbn einen linearen und signifikanten Zusammenhang zwischen der Stärke der Entladung der sympathischen Fasern des *Nervus medianus* und der etwa 1–2 sec später beobachteten palmaren SRR amp. auf unerwartet auftretende laute Geräusche, wobei die mittlere intraindividuelle Korrelation r = 0.68 betrug (Range von r = 0.47 bis 0.90). Auch konnten Knezevic und Bajada (1985) in ihrer im Abschnitt 2.5.1.1 erwähnten Studie zeigen, daß bei peripherer elektrischer Medianus–Reizung die biphasische SPR auf der kontralateralen Seite bei 5 Patienten mit *Sympathektomie* nicht oder nur mit sehr geringer Amplitude auftrat.

Cronin und Kirsner (1982) verglichen bei insgesamt 60 Patienten mit gut diagnostizierten *Störungen* im *sympathischen Nervensystem* die SPR auf verschiedene starke Reize von intakt innervierten Hautflächen mit der parallel von solchen Hautarealen erhobenen SPR, deren Innervation gestört war, und bildeten einen Quotienten aus den über 12 sec gemittelten Integralen der SPR–Kurvenverläufe beider Areale. Sie schlagen vor, diesen *Quotienten* als objektives *Maß* für die *Schwere* der neurologischen Störung zu verwenden und dadurch andere, weniger objektive Beurteilungskriterien für eine *sympathische Blockade* zu ersetzen.

Eine Art *Kartierung* der *Handinnenflächen* von 47 Patienten mit Verletzungen des *Nervus medianus*, 33 Patienten mit *Ulnaris*–Verletzungen und 19 Patienten mit Schädigung *beider* peripherer Nerven nahmen Egyed et al. (1980) vor. Sie fanden die deutlichsten Unterschiede im SRL[149] zwischen der jeweiligen kranken und der gesunden Hand bei den *Medianus*–Läsionspatienten am *Mittelfinger*, bei der *Ulnaris*–Läsion am *kleinen Finger* und bei den Patienten mit *kombinierter* Läsion auf der *gesamten palmaren* Fläche, ausgenommen am Daumenballen. Die *SRL-Differenzen* zeigten eine sehr gute *Übereinstimmung* mit den mittels Ninhydrin–Test, einem colorimetrischen Verfahren zur *Schweißmessung* (vgl. Abschnitt 2.4.2.2), und eines *sensorischen Tests* des Innervations–Ausfalls dieser gemischt sensomotorischen peripheren Nerven und wiesen zudem den Vorteil einer *besseren Quantifizierbarkeit* auf. Auch Wilson (1985) verwendete Hautwiderstandsmessungen neben Messungen der taktilen Sensitivität zur Kontrolle des *Heilungsprozesses* nach Verletzungen der zur Hand führenden peripheren Nerven.

Auch zur Verwendung der EDA als Indikatorvariable bei *zentralen neurologischen Störungen* liegen eine Reihe von Studien vor. Schuri und von Cramon (1981) verglichen die mit Standardmethodik gemessenen SCRs auf die Einspielung des *eigenen Vornamens* über Kopfhörer mit 90 dB Intensität sowie des *rückwärts gelesenen* Vornamens als Kontrollreiz in insgesamt 20 Trials bei 8 *komatösen* neurologischen Patienten, 8 Patienten mit *reduzierter Vigilanz* (Hirndurchblutungsstörungen, cerebrale Hypoxie, Hirntrauma bzw. Hydrocephalus) und 8 gesunden Pbn. Während die *komatösen* Patienten *keine Unterschiede* in der Reaktion auf den *vor-* und *rückwärts* gelesenen Vornamen zeigten, was die Ergebnisse einer früheren Studie an 12 solcher Pbn bestätigten (Schuri und von Cramon 1979), zeigten sich bei den Patienten mit aufgrund neurologischer Störungen *reduzierter Vigilanz* signifikant *größere SCR amp.* auf die *Vornamen* im Vergleich zu den Kontrollreizen, allerdings – im Gegensatz zu den Normalprobanden – *nur bei der 1. Darbietung*. Die ebenso rasche *Habituation* (vgl. Abschnitt 3.1.1.2) der OR auf den *eigenen Vornamen* wie auf einen Kontrollreiz gleicher Modalität und Intensität, die beim Gesunden nicht auftritt, wird von den Autoren als *objektiver Test* für den Verlust von *Vigilanz* in einem mittleren Schädigungsbereich empfohlen, der unabhängig von einer motivational beeinflußten Mitarbeit der Patienten anwendbar ist.

---

[149]Auf der mit Wasser und Seife sowie Alkohol vorbehandelten Hand durch manuelles Auflegen einer Testelektrode gegen eine neutrale Elektrode mit Hilfe eines "Demotest 3"-Gerätes gemessen, keine Angaben zum Anpreßdruck, zur Elektrodenart und zum Elektrolyten.

In einer weiteren Untersuchung, die Schuri und von Cramon (1982) mit dem gleichen Design durchführten, zeigte sich eine deutliche *Abhängigkeit* der Untersuchungsergebnisse vom verwendeten Amplitudenkriterium (vgl. Abschnitt 2.3.1.2.3): bei einem Kriterium von 0.025 µS traten bei 18 Patienten mit unterschiedlichen Vigilanzgraden aufgrund neurologischer Störungen insgesamt signifikant weniger SCRs auf als bei 18 gesunden Vergleichsprobanden, und 5 Patienten erwiesen sich als non–Responder (vgl. Abschnitt 3.4.2.2); wurde das Amplitudenkriterium auf 0.005 µS erniedrigt, verschwand die Signifikanz der Differenz zwischen den Gruppen, und nur noch ein Patient zeigte gar keine Reaktion. Von den Autoren werden zusätzlich noch mögliche Effekte der *Medikation* auf die EDR diskutiert (vgl. Abschnitt 3.4.3.1), die jedoch in dieser Untersuchung nicht kontrolliert werden konnten.

Auch Bjornaes et al. (1977) hatten bei 13 komatösen Patienten einen statistisch gesicherten Zusammenhang zwischen dem Auftreten *spontaner* und/oder *provozierter SRRs*[150] mit Amplituden größer 500 Ohm gefunden; zusätzlich eignete sich die so ermittelte EDA als verläßlicher *prognostischer Indikator* für das Überleben der nächsten 1 1/2 Jahre. Ihre ursprüngliche Absicht, die klassische Konditionierbarkeit der EDR auf einen 1000 Hz–Ton von 70 dB mit Hilfe eines elektrischen Reizes als UCS (vgl. Abschnitt 3.1.2.1) zur Prognose zu verwenden, scheiterte daran, daß praktisch *keine konditionierten EDRs* auftraten, obwohl sie ihre Pbn bereits aus einer ursprünglichen Stichprobe von 40 Patienten anhand der Verwertbarkeit ihrer Aufzeichnungen und ihrer elektrodermalen Spontanaktivität selegiert hatten.

Einige Studien verwendeten die EDA als *Korrelat* von bei bestimmten neurologischen Gruppen auftretenden *psychischen Veränderungen*. So beobachteten Zoccolotti et al. (1982), daß bei 16 Patienten mit *linksseitigen* Hirnläsionen die *Unterschiede* in der SCR amp.[151] auf *emotional bedeutsame* (z. B. sexuell stimulierende) und *neutrale* (z. B. Landschaften) Dias signifikant waren, daß entsprechende Unterschiede bei 16 Patienten mit *rechtsseitigen* Läsionen jedoch *nicht* auftraten. Dieses Ergebnis, das eine Replikation der Befunde von Morrow et al. (1981) darstellt, wird von den Autoren unter Einbeziehung von Ergebnissen aus der Lateralisationsforschung (vgl. Abschnitt 3.2.2.2) als *Objektivierung* der "*emotionalen Indifferenz*" bei Patienten mit *Schädigungen* der *rechten* Hemisphäre und als *Bestätigung* der Bedeutung dieser Hemisphäre für die Organisation emotionalen Verhaltens gewertet. Auch Heilman et al. (1978) hatten bei 7 Patienten mit *Läsionen* in der *rechten* Hemisphäre im Vergleich zu

---

[150] Mit Ag/AgCl–Elektroden von 9 mm Durchmesser und einer kommerziellen Paste palmar vom Zeigefinger gegen dorsal abgeleitet, sonst vermutlich Standardtechnik; bei bekannter Lateralität der Läsion von der ipsilateralen Hand.

[151] Mit 10 mm² Goldelektroden an 2 Fingern mit zusätzlicher Erdelektrode an einem weiteren Finger abgeleitet, SCR amp. als wurzeltransformierte Differenz zwischen dem Maximum innerhalb 5 sec nach Reizbeginn und dem vorhergehenden SCL

6 Aphasikern und 7 Kontrollprobanden signifikant *geringere SRR amp.*[152] auf 5 am rechten Arm applizierte *elektrische Reize* erhalten, wodurch die Hypothese einer emotionalen Beeinträchtigung bei rechtsseitiger Hirnschädigung gestützt wird.

Oscar-Berman und Gade (1979) untersuchten den Verlauf der *Habituation* der elektrodermalen OR auf 20 Summertöne von 100 dB Intensität und 1 sec Dauer mit zufälligen ISIs zwischen 30 und 80 sec bei 10 *Aphasikern*, 8 *Korsakoff–Patienten*, 15 *Parkinson–Patienten*, 7 Patienten mit *Chorea Huntington* und 18 Kontrollprobanden. Anhand der kontinuierlich gemessenen EDA[153] wurden die SCR amp. auf den 1. Reiz sowie die Habituationsrate als Steigung der Regressionsgraden der logarithmierten Habituationskurve (vgl. Abschnitt 3.1.1.2.1) bestimmt, zusätzlich noch der SCL und die NS.SCR freq. (Amplitudenkriterium: 0.003 log μS) während einer 10 minütigen Ruheperiode. Während die Ergebnisse bezüglich der elektrodermalen Niveauwerte bis auf eine *Tendenz* zu einem *niedrigeren SCL* bei den *Korsakoff*-Patienten und *höheren NS.SCR freq.* bei den *Normalprobanden* keine Gruppenunterschiede zeigten, trat bei den *Korsakoff*- und *Chorea Huntington*–Patienten eine statistisch bedeutsam *verringerte elektrodermale Reaktivität* auf: die OR auf den 1. Reiz war signifikant niedriger als bei den anderen Gruppen, und dementsprechend wurden auch geringere Habituationsgradienten beobachtet[154]. Diese Ergebnisse bestätigen erneut die Auffassung von Stern und Janes (1973), daß *keine generalisierte Veränderung* des autonomen Nervensystems infolge von *Hirnläsionen* angenommen werden kann. *Spezifische Ausfälle* haben vielmehr auch *differentielle vegetative Wirkungen* zur Folge, so daß den Indikatoren autonomer Aktivität und insbesondere der entsprechenden Reaktivität in diesem Zusammenhang ein *spezifischer diagnostischer Wert* zukommt.

Ein Beispiel hierfür stellen weitere EDA–Untersuchungen bei Patienten mit *Chorea Huntington* dar, einer chronische–progredient verlaufenden Atrophie von Ganglienzellen zunächst im Striatum und später in der Hirnrinde mit körperlichem Verfall und Ausbildung eines hirnorganischen Psychosyndroms. Bei dieser als autosomal–dominant *vererbbar* angesehenen, erst im mittleren Lebensalter manifest werdenden Störung ist eine *frühzeitige Prognose* wegen einer möglichen eugenischen Beratung von großer Bedeutung (Leonard et al. 1984). Die in der o. g. Studie von Oscar-Berman und Gade (1979) verringerte elektrodermale Reaktivität und rasche Habituation bei diesen Patienten regte

---

[152]Ohne Angaben zur Meßtechnik.

[153]Als Hautwiderstand mit 10 μA und Ag/AgCl–Elektroden von 15 mm Durchmesser vom der distalen Phalanx des Daumens gegen eine Elektrode am Oberarm abgeleitet; keine Angaben zur Art der Paste; transformiert in log SC.

[154]Eine deutliche elektrodermale *Hyporeaktivität* von *Parkinson*- im Vergleich zu *Kleinhirnpatienten* wurde auch in einer von A. Valentin in Zusammenarbeit mit W. Lutzenberger und A. Canavan in Tübingen durchgeführten, noch unveröffentlichten Untersuchung gefunden.

Lawson (1981) zu einem diesbezüglichen Vergleich von 52 bislang symptomfreien *Risikopersonen*, bei deren Eltern Chorea Huntington aufgetreten war, mit 26 Kontrollprobanden an. Die Pbn erhielten in einem abends bei ihnen zu Hause durchgeführten Versuch über Kopfhörer 24 gemischte akustische Reize unterschiedlicher Art (Rauschen, Töne und synthetische Sprachphoneme) und Intensität (75–90 dB), wobei die Hautleitfähigkeit [155] bilateral abgeleitet wurde. 17 Pbn der *Risiko*-Gruppe waren elektrodermale *non-Responder*, dagegen nur 2 Pbn der Kontrollgruppe; der Unterschied ließ sich statistisch absichern. *Lateralisationseffekte* (vgl. Abschnitte 3.2.2.2 und 3.4.2.3) traten dagegen *nicht* auf. Wegen der Heterogenität des Stimulusmaterials konnten bezüglich des Habituationsverlaufs allerdings keine Aussagen getroffen werden.

Dieser Frage gingen Leonard et al. (1984) in einer unter kontrollierten Bedingungen (Raumtemperatur, Feuchte, Schall) durchgeführten *Laboruntersuchung* an 27 unter verschiedener Medikation stehenden *Chorea Huntington*-Patienten, 32 *Risikopersonen* und 26 Normalprobanden jeweils beiderlei Geschlechts nach. Während eines Experiments zur klassischen Konditionierung (vgl. Abschnitt 3.1.2.1) wurde die *Habituation* der an beiden Händen mit Standardmethodik gemessenen SRR amp. *auf den UCS* (weißes Rauschen von 100 dB Intensität und 1 sec Dauer) ermittelt[156]. Während die Normalprobanden bis auf eine Ausnahme einen normalen Habituationsverlauf zeigten, trat bei 44 % der Chorea Huntington-*Patienten* und 16 % der *Risikopersonen* eine *beschleunigte Habituation* der EDR auf, d. h., das Habituationskriterium wurde bereits während der ersten 8 Trials erreicht. Leonard et al. (1984) geben eine vorsichtig optimistische Einschätzung des EDR-Habituationsparadigmas als geeigneteres *diagnostisches* und *prognostisches Verfahren* für Chorea Huntington-Patienten im Vergleich zu der Verwendung des elektrodermalen non-Responder-Phänomens, bei dem sich ja auch die Schwierigkeit einer differentialdiagnostischen Abgrenzung gegenüber den Schizophrenen ergeben würde (vgl. Abschnitt 3.4.2.2).

Die EDA kann demnach *nicht nur* bei neurologischen *Störungen* im Bereich der *sympathischen Innervation* selbst, sondern auch als *vegetatives Korrelat* bestimmter Ausfälle bei *verschiedenen* neurologischen *Zustandsbildern* verwendet werden. Beobachtungen des Verlaufs der elektrodermalen OR können nicht nur u. U. als prognostisches Mittel für das Chorea Huntington-Risiko dienen, sondern ggf. auch bedeutsame Beiträge zur Untersuchung von Hypothesen wie der einer beim Korsakoff-Syndrom neben der diffusen Hirnschädigung auftretenden spezifischen Läsion hippocampo-frontaler Bahnen als möglicher Ursache der anterograden Amnesie (Oscar-Berman und Gade 1979) leisten.

---

[155] Mit Beckman-Ag/AgCl-Elektroden von 9 mm Durchmesser, 0.5 %-iger KCl-Agar-Paste und 0.5 V Konstantspannung von jeweils 2 Fingern abgeleitet. Zeitfenster 3 sec nach Reizbeginn und Amplitudenkriterium 0.05 μS.

[156] Zeitfenster: 1–5 sec nach Reizbeginn, Habituationskriterium: 3 aufeinanderfolgende Reaktionen unterhalb des Amplitudenkriteriums von 500 Ohm (vgl. Abschnitt 3.1.1.2.2).

3.5.2.3 Die elektrodermale Aktivität in weiteren Disziplinen der Medizin

Weitere Anwendungsgebiete für die EDA-Messung ergeben sich zunächst prinzipiell überall dort, wo die *Haut* entweder *selbst* an der *Störung beteiligt* ist, wie etwa bei der des Flüssigkeitshaushalts im Falle von *Verbrennungen*, oder als *Indikatororgan* der Funktion des *sympathischen* Teils des *autonomen Nervensystems* dienen kann. Im letzten Fall wurden bislang i. d. R. Messungen der Schwitzaktivität vorgenommen (Muthny 1984); *EDA-Maße* können dort wegen ihrer *leichteren Quantifizierbarkeit* und Veränderungen mit *größerer Dynamik* jedoch Vorteile gegenüber derartigen Meßmethoden bieten (vgl. Abschnitt 3.2.5.1). Im folgenden sollen Beispiele für den Einsatz der EDA in verschiedener Bereichen, überwiegend in solchen der *inneren Medizin* und der *Psychosomatik*, gegeben werden.

Im Rahmen einer Reliabilitätsstudie ermittelten Stocksmeier und Langosch (1973) verschiedene EDA-Parameter während olfaktorischer, akustischer und optischer Stimulation, die sie zweimal im Abstand von 3 Wochen bei 57 männlichen *Rheumatikern* (Lendenwirbelsäule-Syndrom oder Morbus *Bechterew*) und 24 Kontrollprobanden durchführten, wobei letztere allerdings im Durchschnitt 10 Jahre jünger waren, was die Interpretierbarkeit der erhaltenen Unterschiede einschränkt (vgl. Abschnitt 2.4.3.1). Bei den Messungen mit den verwendeten trockenen Silberelektroden zeigten die Rheumatiker zum ersten Meßzeitpunkt höhere, nach 3 Wochen jedoch niedrigere SRL-Werte als die Kontrollgruppe. Zusätzlich trat eine deutliche *Levelabhängigkeit* der SRR amp. auf (vgl. Abschnitt 2.5.4.2): bei den Rheumatikern waren die SRRs zum ersten Zeitpunkt wesentlich geringer als die der Kontrollgruppe, während sie bei der Wiederholung nach 3 Wochen etwa in der gleichen Größenordnung lagen. Ein ähnlicher Verlauf zeigte sich beim *Flächenmaß* (vgl. Abschnitt 2.3.1.4). Die Autoren vermuten, daß die *Zunahme tonischer* und *phasischer EDA* bei den *Rheumatikern* auf einen generellen *aktivierenden Effekt* der *Heilbehandlung* zurückzuführen war, da in dieser kurzen Zeit noch keine spezifischen Wirkungen der Rheumabehandlung zu erwarten gewesen seien.

Knezevic und Bajada (1985) untersuchten die biphasische *Hautpotentialreaktion* auf elektrische Nervus medianus-Reizung bei 10 *Diabetes*-Patienten[157]. Die mittleren palmaren und plantaren SPR lat. unterschieden sich nicht von denen bei 30 Kontrollprobanden (vgl. Abschnitt 2.5.1.1), allerdings waren die *Amplituden* statistisch hochbedeutsam *erniedrigt*, und zwar im Mittel palmar um 300 µV und plantar um 84 µV.

---

[157]Sie verwendeten trockene Zinn-Elektroden (vgl. Abschnitt 2.5.1.1).

Der Einsatz von EDA-Messungen mit *Wechselspannungstechniken* zu diagnostischen Zwecken bei *Schilddrüsenstörungen* wurde bereits in den 30er Jahren vorgenommen (zusammenfassend: Lawler et al. 1960). Dabei zeigte sich bei *Hyperthyreose* (Schilddrüsenüberfunktion) eine Korrelation zwischen *Grundumsatz* und *Hautimpedanz*, die bei *Hypothyreose* (Schilddrüsenunterfunktion) nicht auftrat.

Doerr et al. (1980) verwendeten die EDA bei *Dialyse*-Patienten. Sie fanden einen Zusammenhang von r = 0.52 zwischen der *Kreatinclearance* (Abbau von Kreatin pro Zeiteinheit durch die Niere) und dem *SCL* bei 9 männlichen und 16 weiblichen Dialysepatienten. Daneben waren der mit Standardmethodik gemessene SCL und die SCR auf forciertes Ausatmen bei den Patienten signifikant niedriger im Vergleich zu einer Kontrollgruppe. Allerdings sollte in einem solchen Anwendungsfall die polyneuropathische Komponente, die häufig zu einer deutlichen Reduktion der Nervenleitungsgeschwindigkeit führt, mit diskutiert werden (Muthny 1984).

Chattopadhayay et al. (1982) fanden bei 10 Patienten mit *Spannungskopfschmerz* wie auch bei 10 als Vergleichsgruppe untersuchten *Angstneurotikern* (vgl. Abschnitt 3.4.1.1) sowohl einen mit Standardmethodik gemessenen erhöhten *SCL* als auch eine deutliche *Verlangsamung* der *Habituation* der EDR (vgl. Abschnitt 3.1.1.2) bei der Darbietung von 20 Lichtblitzen. Da sich die beiden *Patientengruppen nicht* signifikant *unterschieden*, interpretierten die Autoren die verstärkte EDA der Kopfschmerzpatienten als Ausdruck einer allgemeinen Arousal-Erhöhung (vgl. Abschnitt 3.2.1.1.1).

Thompson und Adams (1984) verglichen jeweils 8 Patienten mit *Spannungskopfschmerz*, klassischer *Migräne* und gesunde Kontrollprobanden in Ruhe und während der Vorstellung für sie typischer streßinduzierender Situationen. Der mit Standardmethodik gemessene maximale SCL war unter Streßinduktion signifikant höher als in der Ruhebedingung; es konnten keine statistisch bedeutsamen Gruppendifferenzen beobachtet werden.

Kopp (1984) registrierte bei 47 männlichen Patienten mit *Ulcus duodeni* (Zwölffingerdarmgeschwüren), 50 männlichen *Hypertonikern* (Bluthochdruck-Patienten) und 65 männlichen Kontrollprobanden mit Standardmethodik den Hautwiderstand während des Hörens klassischer Musik, eines Reaktionsversuchs auf neutrale und emotional bedeutsame Wörter, einer Habituationsserie mit 1000 Hz-Tönen von 3 sec Dauer und 93 dB Intensität sowie verschiedener anderer Reizdarbietungen. In den verschiedenen erhobenen Niveau- und Reaktionsparametern zeigten *Ulcus*-Patienten und Hypertoniker ein *gegensätzliches elektrodermales Verhalten*: bei den Ulcus-Patienten trat zwar ein höherer SRL auf, die NS.SRR freq. und die EDR amp. waren jedoch ebenfalls erhöht, während bei den Hypertonikern die NS.SRR freq. und die EDR amp. signifikant niedriger waren als bei den Kontrollprobanden. Die SRR rec.t/2 war bei den *Ulcus*-Patienten während der Darbietung *emotional* bedeutsamer *Wörter* signifikant verlängert, was die Autoren i. S. einer *Defensivreaktion* (vgl. Abschnitt 3.1.1.1) interpretieren, während sie die beobachtete verlängerte Recovery infolge der Darbietung unerwarteter Reize bei den Kontrollprobanden auf eine intensivere Informationsverarbeitung zurückzuführen (vgl. Abschnitt 3.2.2.1).

Zur Aufklärung der psychophysiologischen Zusammenhänge bei *Hypertonikern* verwendeten Frederikson et al. (1980, 1982) neben kardiovaskulären Maßen auch die *tonischen* EDA-Maße SCL und NS.SCR freq. Die aufgrund der Ergebnisse der ersten Untersuchung an jeweils 14 Hyper- und Normotonikern beiderlei Geschlechts aufgestellte Hypothese, bei einer "sensory rejection" i. S. von Lacey (1967) zeige sich eine erhöhte kardiovaskuläre Aktivität zusammen mit verminderter EDA bei den Hypertonikern, ließ sich in der zweiten Studie an jeweils 9 männlichen und 5 weiblichen Pbn beider Gruppen nicht bestätigen, da sich keine deutlichen Korrelationen zwischen dem Blutdruck und der mit Standardmethodik, jedoch unter Verwendung von KCl-Paste gemessenen tonischen EDA beim Erkennen von Buchstaben einerseits und dem Lösen von Rechenaufgaben andererseits zeigten. Als Nebenergebnis wird allerdings berichtet, daß die bei *Normotonikern korrelierten tonischen* EDA-Maße SCL und NS.SCR freq. (vgl. Abschnitt 2.3.2) bei den *Hypertonikern unkorreliert* waren. Patel (1977) verwendete in verschiedenen seiner Studien zur blutdrucksenkenden Wirkung von Relaxationstechniken bei Hypertonikern auditives EDA-*Biofeedback* (vgl. Abschnitt 3.4.3.2) zur Kontrolle der Entspannung insbesondere in den Anfangssitzungen. Es wurden jedoch lediglich Ergebnisse bezüglich der erreichten Blutdruckreduktionen berichtet und keine Angaben im Hinblick auf Methodik und Ergebnisse der EDA-Messungen gemacht.

Einen interessanten theoriengeleiteten Ansatz zur Verwendung der EDA als Forschungsinstrument bei Patienten mit *Störungen* im *kardiovaskulären* System legen Gruzelier et al. (1986) vor. Sie knüpfen an die spezifische Indikatorfunktion der *verzögerten* elektrodermalen *Habituation* beim Überwiegen *hippocampaler* Aktivität i. S. der in Aufmerksamkeitszusammenhängen diskutierten "*effort*"-Funktion an (vgl. Abschnitt 3.2.2.1) und bringen die in Experimenten an Primaten bei Hippocampusläsionen beobachtete Hyperaktivität und verlangsamte Habituation mit der als mögliche Ursache kardiovaskulärer Störungen vermuteten *Übererregbarkeit* i. S. einer *erhöhten Streßanfälligkeit* in Verbindung. Neben dieser möglicherweise spezifischen Indikatorfunktion besitzt die *EDA* gegenüber kardiovaskulären Maßen noch den *Vorteil* einer *rein sympathisch innervierten* physiologischen Auslösung und der *fehlenden* unmittelbaren *Interferenz* mit kardiovaskulären *Veränderungen*, die durch die *Krankheit* selbst und ihre *Therapie* bedingt sein könnten.

Sie untersuchten 40 Patienten *unterschiedlicher* Diagnosegruppen *kardiovaskulärer* Störungen (Bluthochdruck, Angina pectoris, Herz- und Brustschmerzen, Myokardininfarkt etc.) und 40 gesunde Kontrollprobanden (jeweils 30 männlich und 10 weiblich) mit einem *Habituationsparadigma*, indem sie 13 Töne (1 sec

Dauer, 1000 Hz, 70 dB Intensität, ISIs zwischen 20 und 40 sec) über Kopfhörer darboten und die *Hautleitfähigkeit* bilateral mit Standardmethodik unter Verwendung von KCl-Paste registrierten. Bei Zugrundelegung des Habituationskriteriums von 3 sukzessiven Tondarbietungen ohne eine das Amplitudenkriterium von 0.02 μS überschreitende SCR zeigte sich bei den *Patienten* eine gegenüber der Kontrollgruppe signifikant *verringerte Habituationsgeschwindigkeit*. Bezüglich der Anzahl der außerhalb des Zeitfensters von 0.8–5 sec nach Reizbeginn ermittelten NS.SCRs unterschieden sich die beiden Gruppen nicht, was die Autoren dahingehend interpretieren, daß *nicht etwa* ein *erhöhtes* Angst- oder *Streßniveau* der Patienten für die verzögerte Habituation *verantwortlich* war. Auch in den *Zeitparametern* der EDA (vgl. Abschnitt 2.3.1.1 und 2.3.1.3) traten *keine* statistisch bedeutsamen *Gruppenunterschiede* auf. Der bei den Patienten hochsignifikant erhöhte SCL ließ sich im wesentlichen auf entsprechende Unterschiede in der an der rechten Hand gemessenen EDA zurückführen: 75 % der *Patienten* hatten *rechts* einen *höheren SCL* gegenüber lediglich 33 % der Kontrollprobanden. Auch die SCR amp. auf den ersten Reiz als Maß für die *Stärke der OR* (vgl. Abschnitt 3.1.1.1) war bei den *Patienten* signifikant *höher* und zeigte – allerdings erst nach Bildung eines speziellen Asymmetrieindex – eine *Rechtsdominanz*. Neben einer deutlichen *elektrodermalen Hyperaktivität* sowie *Hyperreaktivität* zeigte sich bei den *Patienten* demnach noch ein *Lateralisationseffekt* (vgl. Abschnitt 3.2.2.2) sowohl bei *tonischen* als auch bei *phasischen* EDA-Maßen, die die Autoren als Folge des *Wegfalls* einer *kontralateralen Inhibition* aus der *linken* Hemisphäre, die durch eine stärkere *Vulnerabilität* bzw. Ermüdbarkeit der *Hypertoniker* verursacht sein könnte, interpretieren.

Wenn auch derartige neurophysiologisch gestützte Krankheitsmodelle für nicht-psychiatrische Störungen bislang noch wenig empirisch belegt sind, lassen sich doch für zukünftige Forschungen – etwa im *internistischen* Bereich – unter Zuhilfenahme hypostasierter *spezifischer Indikatorfunktionen* elektrodermaler Phänomene weiterführende theoretische und forschungsstrategische Ansätze erschließen.

3.6 Anwendungsgebiete der Messung elektrodermaler Aktivität: Zusammenfassung und Ausblick

Nach der im dritten Teil dieses Buches erfolgten Beschreibung der Anwendungsmöglichkeiten von EDA-Messungen in den verschiedensten Gebieten der Biowissenschaften erhebt sich die Frage, ob die bereits ganz zu Anfang erwähnte weite Verbreitung der Messung elektrodermaler Aktivität im Hinblick auf ihre Validität berechtigt ist, oder ob es sich dabei lediglich um eine Folge der nur scheinbar einfachen Registrierbarkeit und Interpretierbarkeit dieses Biosignals handelt.

Zweifellos stellt die Erfassung der EDA im Kontext anderer physiologischer Variablen i. S. eines multivariaten Ansatzes innerhalb der *psychophysiologischen Grundlagenforschung* bei praktisch allen Fragestellungen ein *unverzichtbares Desiderat* dar. Dies gilt insbesondere für Untersuchungen auf den Gebieten der *Aktivierungs-* und *Emotionsforschung* (vgl. Abschnitt 3.2.1), bei denen sich die EDA wegen ihrer ausgeprägten Dynamik als besonders *sensibler* und *valider Indikator* auch im *unteren* Aktivierungsbereich bewährt hat. So haben die mit Hilfe verschiedener EDA-Parameter gewonnen Ergebnisse wesentlich zu einer *differenzierteren* Betrachtungsweise von *Aktivierungsvorgängen* beigetragen, wenn auch insgesamt – trotz neuerer, auch neurophysiologisch begründbarer Ansätze – weder die Steuerung von Aktivierungsvorgängen noch die Funktion ihrer peripher-physiologischen Begleitreaktionen sowie die Bedeutung ihrer einzelnen Komponenten als verstanden gelten können. Vielversprechende Ansätze bewegen sich hier jedoch auf dem Hintergrund einer möglichen *differentiellen Validität kardiovaskulärer* und *elektrodermaler* Parameter (vgl. Abschnitt 3.2.1.1.1), deren hypostasierte neurophysiologische Grundlage allerdings noch weiterer Aufklärung bedarf (vgl. Abschnitt 3.2.1.1.). Wünschenswert wäre auch eine stärkere Einbeziehung der EDA in die Untersuchungen der während des *Schlafs* auftretenden spezifischen Aktiviertheitsänderungen (vgl. Abschnitt 3.2.1.2).

Bei der Erforschung *emotionaler* Zustände sowie in der *Streßforschung* zählt die EDA mit Recht seit langem zum Satz der Standardvariablen, da hier ihre *Validität* relativ *gut belegt* ist. Dies gilt sowohl für die *Differenzierung* verschiedener *emotionaler Zustände* anhand von *phasischen* und *tonischen* EDA-Parametern in der Emotionspsychologie (vgl. Abschnitt 3.2.1.3.1) als auch für *phasische* elektrodermale Korrelate des emotionalen *Ausdrucksgeschehens* im Rahmen einer an experimentellen Paradigmen orientierten Sozialpsychologie (vgl. Abschnitt 3.2.1.3.2), insbesondere jedoch für die Beobachtung des *Verlaufs antizipatorischer Streßreaktionen* und der Wirkung von Streßverarbeitungs-induzierenden Bedingungen, bei deren Abbildung sich die verschiedenen *tonischen* EDA-Parameter als höchst *sensitive Indikatoren* erwiesen haben (vgl. Abschnitt 3.2.1.4). Auch bei emotionspsychologischen Fragestellungen hatten sich Hinweise auf unterschiedliche Gültigkeitsbereiche kardiovaskulärer und elektrodermaler Parameter ergeben, wobei die ersteren eher mit der offen gezeigten, die *EDRs* dagegen mit der *innerlichen emotionalen Beteiligung* korrelierten.

Als eine Domäne der *phasischen* EDA innerhalb der psychophysiologischen Grundlagenforschung ist die Beobachtung vegetativer Begleitreaktionen der *Reizaufnahme* und *-verarbeitung* anzusehen. Dabei sind in erster Linie die Paradigmen der *Orientierungsreaktion* und ihrer *Habituation* (vgl. Abschnitt 3.1.1), aber auch die des *klassischen* sowie des *instrumentellen Konditionierens* zu nennen (vgl. Abschnitt 3.1.2). Hier stellt die EDA wegen ihrer besonderen Sensitivität bezüglich *kleiner Veränderungen* im psychischen Geschehen und wegen des großen *Informationsgehaltes* der *verschiedenen Parameter* der phasischen EDA im Kanon der physiologischen Größen wohl die mit Abstand beliebteste Indikatorvariable dar. So wurden eine Reihe von theoretischen Konzepten in diesem Bereich hauptsächlich unter Bezugnahme auf die Ergebnisse von EDA-Messungen entwickelt.

Allerdings muß in diesem Zusammenhang immer wieder die Frage nach der Validität eines so *fern* von den *zentralen Prozessen* ablaufenden peripherphysiologischen Geschehens gestellt werden; eine Problematik, die sich besonders deutlich bei der Verwendung der phasischen EDA als Indikator von in höheren Zentren des ZNS ablaufenden *kognitiven Reizverarbeitungsprozessen* ergeben wird (vgl. Abschnitt 3.2.2.1). Hier kann es leicht zu Fehlinterpretationen des beobachteten EDA-Signal-Verlaufs kommen, da *Eigenschaften* des *Systems* selbst – wie etwa die bei langsamer Recovery und schneller Reizfolge möglichen *Reaktionsinterferenzen* (vgl. Abschnitt 3.1.2.1) – oder *Abhängigkeiten* der *EDA-Parameter* untereinander (vgl. Abschnitte 2.5.2.5 und 2.5.4.2) – in vielen Untersuchungen nicht ausreichend berücksichtigt werden. Ungelöst sind hier auch noch Fragen nach einer *differentiellen Validität* bestimmter phasischer EDA-Parameter wie der *Recovery* in verschiedenen Zusammenhängen, etwa bei der *Differenzierung* von Orientierungs- und Defensivreaktionen (vgl. Abschnitt 3.1.1.1) oder für die möglicherweise damit im Zusammenhang stehende *Aufmerksamkeitsbreite* (vgl. Abschnitt 3.2.2.1). Auch bei der Untersuchung elektrodermaler *Lateralisationsprozesse* im Hinblick auf angenommene Hemisphärenspezialisierungen des Cortex (vgl. Abschnitt 3.2.2.2) sollte neben der sorgfältigen Planung der Reizbedingungen großer Wert auf eine sorgfältige *Kontrolle* der *Ableitbedingungen* der EDA im Hinblick auf die zentrale Steuerung und die Faktoren des elektrodermalen Systems gelegt werden (vgl. Abschnitte 1.3.4 und 1.4.2).

Diese in der psychophysiologischen Grundlagenforschung diskutierten Konzepte sind heute – wie auch die dort verwendeten Paradigmen – von grundlegender Bedeutung für die *klinische Psychophysiologie*. Auch hier spielt die

Erfassung der EDA eine zentrale Rolle: sowohl bei der *Diagnose* und differenzierten Beschreibung von *Angstzuständen* als auch bei der Durchführung bzw. Evaluation entsprechender *therapeutischer* Maßnahmen besitzt die EDA eine hohe Validität als *änderungssensitiver* Indikator im Hinblick auf die Abbildung selbst *geringer* emotionaler *Veränderungen*, wohingegen sich von starken Aktiviertheitsvariationen begleitete Ängste, wie sie bei der Darbietung phobischer Reize auftreten, valider in kardiovaskulären Parametern abbilden lassen (vgl. Abschnitt 3.4.1.1). Zur Evaluation *pharmako-therapeutischer* Interventionen bei Angstzuständen mit Hilfe von Tranquilizern und anderen Substanzen, die eher *schwache* Wirkungen auf die *Aktivierung* zeigen, ist die EDA daher ebenfalls als Indikatorvariable in hohem Maße geeignet, wenn auch hier mögliche *unmittelbare Einflüsse* der verwendeten *Pharmaka* auf die zentrale Auslösung elektrodermaler Phänomene selbst deren Validität beeinträchtigen können (vgl. Abschnitt 3.4.3.1). Die in den 70er Jahren noch überwiegend positiv beurteilte Verwendbarkeit des EDA-*Biofeedbacks* zur Therapie von Angst- und Spannungszuständen wird dagegen heute insgesamt eher skeptisch gesehen; allerdings könnten sich spezifische Anwendungsgebiete in Bereichen ergeben, in denen Störungen der Schweißdrüsenaktivität (z. B. Hyperhidrosis) vorliegen (vgl. Abschnitt 3.4.3.2).

Auch bei anderen klinischen Gruppen wurden EDA-Messungen in großem Umfang eingesetzt. Während sich ihre Verwendung bei *depressiven* Störungen im wesentlichen auf den Nachweis einer vermuteten elektrodermalen Hypoaktivität und -reaktivität dieser Patienten konzentrierte (vgl. Abschnitt 3.4.1.3), fanden bei *Psychopathen* (vgl. Abschnitt 3.4.1.2) und vor allem bei *Schizophrenen* (vgl. Abschnitt 3.4.2.1) neben *Amplituden*- auch *Zeitmaße* der EDR – teilweise unter ausdrückliche Bezugnahme auf neurophysiologische Überlegungen – als *differentielle Indikatoren* eine breite Anwendung; z. B. werden Schizophrene und Psychopathen anhand des Verlaufs der EDR-*Recovery* als "entgegengesetzte Störungstypen" apostrophiert (vgl. Tabelle 6 im Abschnitt 3.2.2.1). Daneben spielt die EDA als Indikator bei der Erforschung des sog. *non-Responder*-Phänomens (vgl. Abschnitt 3.4.2.2) sowie einer möglichen *Hemisphärenasymmetrie* bei *Schizophrenen* eine zentrale Rolle (vgl. Abschnitt 3.4.2.3).

Während so nicht nur die grundlegenden psychophysiologischen Paradigmen und Konzepte, sondern auch die Vielfalt der möglichen EDA-Parameter unter jeweils spezifischen Validitätsaspekten in die klinische Psychophysiologie Eingang gefunden haben, erfährt die *differentielle Psychophysiologie* und damit auch die Anwendung der EDA auf diesem Gebiet seit einiger Zeit eine Stagnation. Als ursächlich hierfür können die anhand der postulierten neurophysiologischen Zusammenhänge nur mühsam nachvollziehbaren Indikatorfunktionen peripher-physiologischer Größen wie der EDA für eine Ausprägung so *allgemeiner Persönlichkeitsmerkmale* wie Extraversion/Introversion und emotionaler Labilität angesehen werden (vgl. Abschnitt 3.3.1).

Zudem ist sowohl für generelle als auch spezifischere Persönlichkeitsmerkmale zu bezweifeln, daß sich *einzelne* peripher-physiologische *Variablen* wie die EDA als Indikatoren einer psychophysiologischen Konstruktvalidität von Fragebogendimensionen eignen; hier sind die bislang nur vereinzelt durchgeführten multivariaten Ansätze, bei denen außer der EDA auch die anderen Reaktionssysteme eingeschlossen werden, erfolgversprechender (vgl. Abschnitt 3.3.2.1). Ob die anhand der Frequenz nichtspezifischer EDRs ermittelte sog. *elektrodermale Labilität* ein von den klassischen Fragebogenvariablen unabhängiges Merkmal darstellt, oder ob ihre relative *Eigenständigkeit* lediglich eine Folge der insgesamt geringen psychophysiologischen Kovariationen darstellt, läßt sich beim gegenwärtigen Stand der Persönlichkeitsforschung nicht sicher beurteilen (vgl. Abschnitt 3.3.2.2).

Als Beispiele für weitere Verwendungen der EDA in Anwendungsgebieten der Psychologie wurden die *Arbeitspsychologie* sowie die *forensische Psychologie* ausgewählt. Sowohl in *verkehrspsychologischen* Studien als auch bei der Untersuchung von *Industrie-* und *Büroarbeitsplätzen* hat sich die EDA als *sensibler* und *valider Beanspruchungsindikator* erwiesen, wobei insbesondere die Hypothese einer möglichen *differentiellen Validität* elektrodermaler bzw. kardiovaskulärer Parameter für *emotionale* bzw. *informationale* Beanspruchung weiter verfolgt werden sollte (vgl. Abschnitt 3.5.1.1). Dagegen scheint die Validität der unter Einbeziehung der EDA vorgelegten Verfahren zur sog. *Lügendetektion* trotz der großen Zahl auf diesem Gebiet durchgeführter Untersuchungen nur in bezug auf eine mögliche Entlastung Unschuldiger gegeben; allerdings kommt der EDA im Kanon der dabei verwendeten Variablen wegen ihrer herausragenden Diskriminationseigenschaften eine besondere Rolle zu (vgl. Abschnitt 3.5.1.2).

Abschließend soll noch auf die Verwendbarkeit von EDA-Messungen außerhalb der Psychophysiologie im Grundlagen- und Anwendungsbereich, insbesondere in verschiedenen Disziplinen der *Medizin*, hingewiesen werden. Eine Domäne könnte hierbei sicher die *Dermatologie* bilden; allerdings wurden dort nur vergleichsweise *selten* elektrodermale Begleiterscheinungen von Erkrankungen und Heilungsprozessen methodisch *exakt quantifiziert*, während in Einzelfällen in der angewandten Dermatologie, z. B. der Kosmetikindustrie, hochentwickelte und standardisierte Meßtechniken unter Einbeziehung von Modellüberlegungen zur EDA (vgl. Abschnitt 1.4.3.3) Verwendung finden (vgl. Abschnitt 3.5.2.1). Auch bei der Diagnostik und der Rehabilitation *neurologischer Störungen* könnte und sollte die EDA-Messung die noch häufig verwendeten nur schlecht quantifizierbaren Schweißmessungen verdrängen (vgl. Abschnitt 3.5.2.2). Weitere im Abschnitt 3.5.2.3 beschriebene Anwendungen der EDA insbesondere der *inneren Medizin* und bei den sog. *psychophysiologischen* ("psychosomatischen") *Störungen* lassen die Vielfalt möglicher Ansätze zur Verwendung der EDA-Messung in *Diagnostik, Therapie* und *Rehabilitation* erkennen.

Zusammenfassung und Ausblick 451

Insgesamt sollte der Anwendungsteil dieses Buches kein euphorisches, sondern vielmehr ein differenziertes Bild der Anwendungsmöglichkeiten für EDA–Messung zeichnen. Vor allem kann nur immer wieder vor einer methodenunkritischen Anwendung dieses Verfahrens gewarnt werden: nicht umsonst wurden im Teil 2 dieses Buches der Meßtechnik und der Parametrisierung sowie der Methodendiskussion insgesamt ein solch breiter Raum zugemessen. Wenn auch heute zumindest für die EDA–Messung selbst ausgereifte und weitgehend standardisierte Verfahren zur Verfügung stehen, müssen sowohl bei der Messung als auch bei der Parametrisierung die besondere Dynamik sowie die Artefaktanfälligkeit dieses Biosignals berücksichtigt werden, damit Objektivität und Reliabilität der Messung als Voraussetzung für die Validität gewährleistet sind. Wünschenswert sind neben dem Ausbau der Anwendungen auf den Gebieten, in denen die EDA eine hohe Validität aufweist, eine methodisch gut fundierte Verbesserung der Standardisierung von Meß-, Ableit-, Registrier- und Auswertungstechniken sowie eine konsequente Weiterführung der Grundlagenforschung zur Entstehung der elektrodermalen Aktivität sowohl im Hinblick auf ihre peripheren Mechanismen als auch auf ihre zentrale Verursachung.

Literatur

Adams, T. (1966). Characteristics of eccrine sweat gland activity in the footpad of the cat. Journal of Applied Physiology, 21, 1004–1012.
Adams, T., & Hunter, W. S. (1969). Modification of skin mechanical properties by eccrine sweat gland activity. Journal of Applied Physiology, 26, 417–419.
Akiskal, H. S., McKinney, W. T. (1975). Overview of recent research in depression. Archives of General Psychiatry, 32, 285–305.
Alexander, F. (1950). Psychosomatic Medicine. New York: Norton.
Allen, J. A., Armstrong, J. E., & Roddie, I. C. (1973). The regional distribution of emotional sweating in man. Journal of Physiology, 235, 749–759.
Almasi, J. J., & Schmitt, O. H. (1974). Automated measurement of bioelectrical impedance at very low frequencies. Computers and Biomedical Research, 7, 449–456.
Amelang, M., & Bartussek, D. (1981). Differentielle Psychologie und Persönlichkeitsforschung. Stuttgart: Kohlhammer.
American Psychiatric Association (1980). Diagnostic and statistical manual of mental disorders. DSM III. Washington, D. C.: APA.
Andresen, B. (1987). Differentielle Psychophysiologie valenzkonträrer Aktivierungsdimensionen. Frankfurt: Peter Lang.
Annett, M. (1982). Handedness. In J. G. Beaumont (Ed.), Divided visual field studies of cerebral organization. New York: Academic Press
Arena, J. G., Blanchard, E. B., Andrasik, F., Cotch, P. A., & Myers, P. E. (1983). Reliability of psychophysiological assessment. Behavior Research and Therapy, 21, 447–460.
Arthur, R. P., & Shelley, W. B. (1959). The innervation of human epidermis. Journal of Investigative Dermatology, 32, 397–411.
Ax, A. F. (1953). The physiological differentiation between fear and anger in humans. Psychosomatic Medicine, 15, 433–442.

Bagshaw, M. H., Kimble, D. P., & Pribram, K. H. (1965). The GSR of monkeys during orienting and habituation and after ablation of the amygdala, hippocampus and inferotemporal cortex. Neuropsychologia, 3, 111–119.
Baltissen, R. (1983). Psychische und somatische Reaktionen auf affektive visuelle Reize bei jungen und alten Personen. Düsseldorf: Unveröffentlichte Dissertation.
Baltissen, R., & Boucsein, W. (1986). Effects of a warning signal to aversive white noise stimulation: Does warning short–circuit habituation? Psychophysiology, 23, 224–231.
Baltissen, R., & Weimann, C. (1986). Wiedereinsetzen der Orientierungsreaktion oder Informationskontrolle? Psychophysiologische Reaktionen auf vorhersagbare und nicht–vorhersagbare aversive und nicht–aversive Reize im klassischen Konditionierungsparadigma. Vortrag gehalten auf der 28. Tagung experimentell arbeitender Psychologen vom 23.–27. März 1986 in Saarbrücken.

Bankart, C. P., & Elliott, R. (1974). Heart rate and skin conductance in anticipation of shocks with varying probability of occurrence. Psychophysiology, 11, 160–174.

Barland, G. H., & Raskin, D. C. (1973). Detection of deception. In W. F. Prokasy, & D. C. Raskin (Eds.), Electrodermal activity in psychological research. New York: Academic Press.

Barry, R. J. (1975). Low–intensity auditory stimulation and the GSR orienting response. Physiological Psychology, 3, 98–100.

Barry, R. J. (1976). Failure to find the local EEG OR to low–level auditory stimulation. Physiological Psychology, 4, 171–174.

Barry, R. J. (1981). Comparability of EDA effects obtained with constant–current skin resistance and constant–voltage skin conductance methods. Physiological Psychology, 9, 325–328.

Barry, R. J. (1982). Novelty and significance effects in the fractionation of phasic OR measures: A synthesis with traditional OR theory. Psychophysiology, 19, 28–35.

Bartfai, A., Edman, G., Levander, S. E., Schalling, D., & Sedvall, G. (1984). Bilateral skin conductance activity, clinical symptoms and CSF monoamine metabolite levels in unmedicated schizophrenics, differing in rate of habituation. Biological Psychology, 18, 201–218.

Baugher, D. M. (1975). An examination of the nonspecific skin resistance response. Bulletin of the Psychonomic Society, 6, 254–256.

Beatty, J., & Legewie, J. (Eds.) (1977). Biofeedback and behavior. New York: Plenum Press.

Beaumont, J. G (Ed.) (1982). Divided visual field studies of cerebral organisation. New York: Academic press.

Beck, A. T., Ward, C. H., Mendelson, M., Mock, J., & Erbaugh, J. (1961). An inventory for measuring depression. Archives of General Psychiatry, 4, 561–571.

Becker-Carus, C., & Schwarz, E. (1981). Differentielle Unterschiede psychophysiologischer Aktivierungsverläufe und Kurzzeitgedächtnisleistungen in Abhängigkeit von Persönlichkeitskriterien. In W. Janke (Hrsg.), Beiträge zur Methodik in der differentiellen, diagnostischen und klinischen Psychologie. Königstein: Anton Hain.

Benjamin, L. S. (1967). Facts and artifacts in using analysis of covariance to undo the law of initial values. Psychophysiology, 4, 187–206.

Ben-Shakhar, G. (1980). Habituation of the orienting response to complex sequences of stimuli. Psychophysiology, 17, 524–534.

Ben-Shakhar, G. (1985). Standardization within individuals: A simple method to neutralize individual differences in skin conductance. Psychophysiology, 22, 292–299.

Ben-Shakhar, G., Lieblich, I., & Kugelmass, S. (1975). Detection of information and GSR habituation: An attempt to derive detection efficiency from two habituation curves. Psychophysiology, 12, 283–288.

Ben-Shakhar, G., Lieblich, I., & Bar-Hillel, M. (1982). An evaluation of polygraphers' judgments: A review from a decision theoretic perspective. Journal of Applied Psychology, 67, 701–713.

Berlyne, D. E. (1961). Conflict and the orientation reaction. Journal of Experimental Psychology, 62, 476–483.

Berlyne, D. E. (1973). The vicissitudes of aplopathematic and thelematoscopic pneumatology (or the hydrography of hedonism). In D. E. Berlyne, & K. B. Madsen (Eds.), Pleasure, reward, preference. New York: Academic Press.

Bernstein, A. S. (1979). The orienting response as novelty and significance detector: Reply to O'Gorman. Psychophysiology, 16, 263–273.

Bernstein, A.S., Frith, C. D., Gruzelier, J. H., Patterson, T., Straube, E., Venables, P. H., & Zahn, T. P. (1982). An analysis of the skin conductance orienting response in samples of american, british, and german schizophrenics. Biological Psychology, 14, 155–211.

Bernstein, A. S., Schneider, S. J., Juni, S., Pope, A. T., & Starkey, P. (1980). The effect of stimulus significance on the electrodermal response in chronic schizophrenia. Journal of Abnormal Psychology, 89, 93–97.

Bernstein, A. S., Taylor, K.W., Starkey, P., Juni, S., Lubowski, J., & Paley, H. (1981). Bilateral skin conductance, finger pulse volume, and EEG orienting response to tones of differing intensities in chronic schizophrenics and controls. Journal of Nervous and Mental Disease, 169, 513–528.

Bing, H. I., & Skouby, A. P. (1950). Sensitization of cold receptors by substances with acetylcholine effect. Acta Physiologica Scandinavica, 21, 286–302.

Birbaumer, N., & Kimmel, H. D. (Eds.) (1979). Biofeedback and self-regulation. Hillsdale: Erlbaum.

Birk, L., Crider, A., Shapiro, D., & Tursky, B. (1966). Operant electrodermal conditioning under partial curarization. Journal of Comparative and Physiological Psychology, 62, 165–166.

Biswas, P. K., & Chattopadhyay, P. K. (1981). Habituation of skin conductance responses in patients with anxiety states. Indian Journal of Psychiatry, 23, 75–78.

Bitterman, M. E., & Holtzman, W. H. (1952). Conditioning and extinction of the galvanic skin response as a function of anxiety. Journal of Abnormal and Social Psychology, 47, 615–623.

Bjornaes, H., Smith-Meyer, H., Valen, H., Kristiansen, K., & Ursin, H. (1977). Plasticity and reactivity in unconscious patients. Neuropsychologia, 15, 451–455.

Black, A. H. (1969). Mediating mechanisms of conditioning. Paper presented at the meeting of the Pavlovian Society of North America, Princeton.

Blackburn, R. (1983). Psychopathy, delinquency and crime. In A. Gale, & J. A. Edwards (Eds.), Physiological correlates of human behaviour, Vol. 3. Individual differences and psychopathology. London: Academic Press.

Blank, I. H., & Finesinger, J. E. (1946). Electrical resistance of the skin. Archives of Neurology and Psychiatry, 56, 544–557.

Bloch, V. (1952). Nouveaux aspects de la méthode psychogalvanique ou électrodermographique (E.D.G.) comme critère des tensions affectives. L' Année Psychologique, 52, 329–362.

Bloch, V. (1965). Le contrôle central de l'activité électrodermale. Journal de Physiologie, 57, 1–132.

Block, J. D., & Bridger, W. H. (1962). The law of initial value in psychophysiology: A reformulation in terms of experimental and theoretical considerations. Annals of the New York Academy of Sciences, 98, 1229–1241.

Böhm, W., Gose, G., & Kahmann, J. (1977). Einführung in die Methoden der numerischen Mathematik. Braunschweig: Vieweg.

Bond, A. J., James, D. C., & Lader, M. H. (1974). Physiological and psychological measures in anxious patients. Psychological Medicine, 4, 364–373.

Borelli, S. (1967). Psyche und Haut. In H. A. Gottron (Hrsg.), Handbuch der Haut- und Geschlechtskrankheiten, Bd. 8: Grundlagen und Grenzgebiete der Dermatologie. Berlin: Springer.

Borkovec, T. D. (1970). Autonomic reactivity to sensory stimulation in psychopathic, neurotic, and normal juvenile delinquents. Journal of Consulting and Clinical Psychology, 35, 217–222.

Botwinick, J., & Kornetzky, C. (1960). Age differences in the acquisition and extinction of the GSR. Journal of Gerontology, 15, 83–84.

Boucsein, W. (1973). Analyse einiger psychologischer Testverfahren zur Erfassung von Persönlichkeitsmerkmalen. Düsseldorf: Bericht des Psychologischen Instituts.

Boucsein, W. (1987). Psychophysiological investigation of stress induced by temporal factors in human–computer interaction. In M. Frese, E. Ulich, & W. Dzida (Eds.), Psychological issues of human–computer interaction in the work place. Amsterdam: North Holland.

Boucsein, W., & Andresen, B. (1987). Biologische Grundlagen der Persönlichkeit: Genetische Determinanten und neuro–endokrine Systeme. In H. Häcker, H.-D. Schmalt, & P. Schwenkmezger (Hrsg.), Lehrbuch der Persönlichkeitspsychologie. Weinheim, Beltz (in Vorbereitung).

Boucsein, W., Baltissen, R., & Euler, W. (1984a). Dependence of skin conductance reactions and skin resistance reactions on previous level. Psychophysiology, 21, 212–218.

Boucsein, W., & Frye, M. (1974). Physiologische und psychische Wirkungen von Mißerfolgsstress unter Berücksichtigung des Merkmals Repression–Sensitization. Zeitschrift für Experimentelle und Angewandte Psychologie, 21, 339–366.

Boucsein, W., Greif, S., & Wittekamp, J. (1984b). Systemresponsezeiten als Belastungsfaktor bei Bildschirm–Dialogtätigkeiten. Zeitschrift für Arbeitswissenschaft, 38 (10 NF), 113–122.

Boucsein, W., & Hoffmann, G. (1979). A direct comparison of the skin conductance and skin resistance methods. Psychophysiology, 16, 66–70.

Boucsein, W., Schaefer, F., & Neijenhuisen, H. (1987). Continuous recording of impedance and phase angle during electrodermal reactions. Psychophysiology (in Vorbereitung).

Boucsein, W., & Wendt-Suhl, G. (1976). The effect of chlordiazepoxide on the anticipation of electric shocks. Psychopharmacology, 48, 303–306.

Boucsein, W., & Wendt-Suhl, G. (1980). An experimental investigation of elements involved in the anticipation of public speaking. Archiv für Psychologie, 133, 149–156.

Boucsein, W., & Wendt-Suhl, G. (1982). Experimentalpsychologische Untersuchung psychischer und psychophysiologischer Wirkungen von Cloxazolam und Diazepam unter angstinduzierenden und Normalbedingungen bei gesunden Probanden. Pharmacopsychiatria, 15, 48–56.

Boyd, G. M., & Maltzman, I. (1983). Bilateral asymmetry of skin conductance responses during auditory and visual tasks. Psychophysiology, 20, 196–203.

Bradley, M. T., & Ainsworth, D. (1984). Alcohol and the psychophysiological detection of deception. Psychophysiology, 21, 63–71.

Bradshaw, J. L., & Nettleton, N. C. (1981). The nature of hemispheric specialization in man. The Behavioral and Brain Sciences, 4, 51–91.

Braun-Falco, O., Plewig, G., & Wolff, H. H. (1984). Dermatologie und Venerologie. Berlin: Springer.

Braus, H., & Elze, C. (1960). Anatomie des Menschen, Bd. 3. Berlin: Springer.

Broughton, R. J., Poire, R., & Tassinari, C. A. (1965). The electrodermogram (Tarchanoff effect) during sleep. Electroencephalography and Clinical Neurophysiology, 18, 691–708.

Brown, C. C. (1967). A proposed standard nomenclature for psychophysiological measures. Psychophysiology, 4, 260–264.

Brown, C. C. (1972). Instruments in psychophysiology. In N. S. Greenfield, & R. A. Sternbach (Eds.), Handbook of psychophysiology. New York: Holt.

Brück, K. (1980). Wärmehaushalt und Temperaturregelung. In R. F. Schmidt, & G. Thews (Hrsg.), Physiologie des Menschen. Berlin: Springer.

Bryden, M. P. (1965). Tachistoscopic recognition, handedness and cerebral dominance. Neuropsychologia, 3, 1–8.

Bryden, M. P. (1979). Evidence for sex related differences in cerebral organization. In M. A. Wittig, & A. C. Peterson (Eds.), Sex–related differences in cognitive functioning. New York: Academic Press.

Buck, R. (1977). Nonverbal communication of affect in preschool children: Relationships with personality and skin conductance. Journal of Personality and Social Psychology, 35, 225–236.

Buck, R. (1980). Nonverbal behavior and the theory of emotion: The facial feedback hypothesis. Journal of Personality and Social Psychology, 38, 811–824.

Buck, R., & Miller, R. E. (1974). Sex, personality, and physiological variables in the communication of affect via facial expression. Journal of Personality and Social Psychology, 30, 587–596.

Buck, R., Savin, V. J., Miller, R. E., & Caul, W. F. (1972). Communication of affect through facial expressions in humans. Journal of Personality and Social Psychology, 23, 362–371.

Bull, R. H. C., & Gale, A. (1971). The relationships between some measures of the galvanic skin response. Psychonomic Science, 25, 293–294.

Bull, R. H. C., & Gale, A. (1973). The reliability of and interrelationships between various measures of electrodermal activity. Journal of Experimental Research in Personality, 6, 300–306.

Bull, R., & Gale, A. (1974). Does the law of initial value apply to the galvanic skin response? Biological Psychology, 1, 213–227.

Bundy, R. S., & Fitzgerald, H. E. (1975). Stimulus specifity of electrodermal recovery time: An examination and reinterpretation of the evidence. Psychophysiology, 12, 406–411.

Burbank, D. P., & Webster, J. G. (1978). Reducing skin potential motion artefact by skin abrasion. Medical and Biological Engineering and Computing, 16, 31–38.

Burch, N. R., & Greiner, T. H. (1960). A bioelectric scale of human alertness: Concurrent recordings of the EEG and GSR. Psychiatric Research Reports of the American Psychological Association, 12, 183–193.

Burstein, K. R., Fenz, W. D., Bergeron, J., & Epstein, S. (1965). A comparison of skin potential and skin resistance responses as measures of emotional responsivity. Psychophysiology, 2, 14–24.

Burton, C. E., David, R. M., Portnoy, W. M., & Akers, L. A. (1974). The application of bode analysis to skin impedance. Psychophysiology, 11, 517–525.

Byrne, D. (1961). The repression–sensitization scale: Rationale, reliability, and validity. Journal of Personality, 29, 334–349.

Cambrai, M., Clar, E. J., Grosshans, E., & Altermatt, C. (1979). Skin impedance and phoreographic index in psoriasis: Relationship with action kinetics of three treatments. Archives of Dermatological Research, 264, 197–211.

Campbell, S. D., Kraning, K. K., Schibli, E. G., & Momii, S. T. (1977). Hydration characteristics and electrical resistivity of stratum corneum using a noninvasive four–point microelectrode method. Journal of Investigative Dermatology, 69, 290–295.

Carney, R. M., Hong, B. A., Kulkarni, S., & Kapila, A. (1981). A Comparison of EMG and SCL in normal and depressed subjects. Pavlovian Journal of Biological Science, 16, 212–216.

Catania, J. J., Thompson, L. W., Michalewski, H. A., & Bowman, T. E. (1980). Comparisons of sweat gland counts, electrodermal activity, and habituation behavior in young and old groups of subjects. Psychophysiology, 17, 146–152.

Chattopadhyay, P. K. (1981). Bilateral skin resistance responses in anxiety. Indian Journal of Clinical Psychology, 8, 29–34.

Chattopadhyay, P. K., & Biswas, P. K. (1983). Characteristics of galvanic skin response in anxious patients and normal subjects. Indian Journal of Clinical Psychology, 10, 159–164.

Chattopadhyay, P. K., Bond, A.J., & Lader, M. H. (1975). Characteristics of galvanic skin response in anxiety states. Journal of Psychiatric Research, 12, 265–270.

Chattopadhyay, P. K., Cooke, E., Toone, B., & Lader, M. (1980). Habituation of physiological responses in anxiety. Biological Psychiatry, 15, 711–721.

Chattopadhyay, P. K., Mazumdar, P., & Basu, A. K. (1982). Habituation of electrodermal responses in tension–headache sufferers and non–tension headache controls. Indian Journal of Psychiatry, 24, 61–65.

Christie, M. J., & Venables, P. H. (1971). Basal palmar skin potential and the electrocardiogram T–wave. Psychophysiology, 8, 779–786.

Claridge, G. S. (1967). Personality and arousal. Oxford: Pergamon

Cleveland, D. E. (1961). Driver tension and rural intersection illumination. Traffic Engineering, 32, 11–16.

Cohen, R., & Plaum, E. (1981). Schizophrenie. In U. Baumann, H. Berbalk, & G. Seidenstücker (Hrsg.), Klinische Psychologie. Trends in Forschung und Praxis. Bern: Huber.

Colby, C. Z., Lanzetta, J. T., & Kleck, R. E. (1977). Effects of the expression of pain on autonomic and pain tolerance responses to subject-controlled pain. Psychophysiology, 14, 537-540.

Coles, M. G. H., Gale, A., & Kline, P. (1971). Personality and habituation of the orienting reaction: Tonic and response measures of electrodermal activity. Psychophysiology, 8, 54-63.

Conklin, J. E. (1951). Three factors affecting the general level of electrical skin-resistance. American Journal of Psychology, 64, 78-86.

Corah, N. L., & Stern, J. A. (1963). Stability and adaptation of some measures of electrodermal activity in children. Journal of Experimental Psychology, 65, 80-85.

Cort, J., Hayworth, J., Little, B., Lobstein, T., McBrearty, E., Reszetniak, S., & Rowland, L. (1978). The relationship between the amplitude and the recovery half-time of the skin conductance response. Biological Psychology, 6, 309-311.

Corteen, R. S. (1969). Skin conductance changes and word recall. British Journal of Psychology, 60, 81-84.

Corteen, R. S., & Dunn, D. (1974). Shock-associated words in a nonattended message: A test for momentary awareness. Journal of Experimental Psychology, 102, 1143-1144.

Corteen, R. S., & Wood, B. (1972). Autonomic responses to shock-associated words in an unattended channel. Journal of Experimental Psychology, 94, 308-313.

Crider, A., & Augenbraun, C. B. (1975). Auditory vigilance correlates of electrodermal response habituation speed. Psychophysiology, 12, 36-40.

Crider, A., & Lunn, R. (1971). Electrodermal lability as a personality dimension. Journal of Experimental Research in Personality, 5, 145-150.

Cronin, K. D., & Kirsner, R. L. G. (1982). Diagnosis of reflex sympathetic dysfunction. Use of the skin potential response. Anaesthesia, 37, 848-852.

Culp, W. C., & Edelberg, R. (1966). Regional response specifity in the electrodermal reflex. Perceptual and Motor Skills, 23, 623-627.

Curzi-Dascalova, L., Pajot, N., & Dreyfus-Brisac, C. (1973). Spontaneous skin potential responses in sleeping infants between 24 and 41 weeks of conceptional age. Psychophysiology, 10, 478-487.

Darrow, C. W. (1933). The functional significance of the galvanic skin reflex and perspiration on the backs and palms of the hands. Psychological Bulletin, 30, 712.

Darrow, C. W. (1937a). Neural mechanisms controlling the palmar galvanic skin reflex and palmar sweating. Archives of Neurology and Psychiatry, 37, 641-663.

Darrow, C. W. (1937b). The equation of the galvanic skin reflex curve: I. The dynamics of reaction in relation to excitation-background. Journal of General Psychology, 16, 285-309.

Darrow, C. W. (1964). The rationale for treating the change in galvanic skin response as a change in conductance. Psychophysiology, 1, 31-38.

Darrow, C. W., & Gullickson, G. R. (1970). The peripheral mechanism of the galvanic skin response. Psychophysiology, 6, 597-600.

Davies, D. R. (1983). Attention, arousal and effort. In A. Gale, & J. A. Edwards (Eds.), Physiological correlates of human behaviour, Vol. 2. Attention and performance. London: Academic Press.

Davis, J. F., Malmo, R. B., & Shagass, C. (1954). Electromyographic reaction to strong auditory stimulation in psychiatric patients. Canadian Journal of Psychology, 8, 177–186.

Dawson, M. E. (1980). Physiological detection of deception: Measurement of responses to questions and answers during countermeasure maneuveres. Psychophysiology, 17, 8–17.

Dawson, M. E., Catania, J. J., Schell, A. M., & Grings, W. W. (1979). Autonomic classical conditioning as a function of awareness of stimulus contingencies. Biological Psychology, 9, 23–40.

Dawson, M. E., Schell, A. M., & Catania, J. J. (1977). Autonomic correlates of depression and clinical improvement following electroconvulsive shock therapy. Psychophysiology, 14, 569–578.

Dawson, M. E., & Schell, A. M. (1982). Electrodermal responses to attended and nonattended significant stimuli during dichotic listening. Journal of Experimental Psychology: Human Perception and Performance, 8, 315–324.

deJongh, G. J. (1981). Porosity of human skin in vivo assessed via water loss, carbon dioxide loss and electrical impedance for healthy volunteers, atopic and psoriatic patients. Current Problems in Dermatology, 9, 83–101.

Debus, G., & Janke, W. (1986). Allgemeine und differentielle Wirkungen von Tranquillantien bei gesunden Personen im Hinblick auf Angstreduktion. In W. Janke, & P. Netter (Hrsg.), Angst und Psychopharmaka. Stuttgart: Kohlhammer.

Deffner, G., & Ahrens, B. (1977). Methodische Probleme bei der Messung von Hautleitfähigkeitsreaktionen. Hamburg: Unveröffentlichte Diplomarbeit.

Dembroski, T. M., MacDougall, J. M., & Shields, J. L. (1977). Physiologic reactions to social challenge in persons evidencing the Type A coronary–prone behavior pattern. Journal of Human Stress, 3, 2–10.

Dembroski, T. M., MacDougall, J. M., Shields, J. L., Petitto, J., & Lushene, R. (1978). Components of the Type A coronary–prone behavior pattern and cardiovascular responses to psychomotor performance challenge. Journal of Behavioral Medicine, 1, 159–176.

Dembroski, T. M., Weiss, S. M., Shields, J. L., Haynes, S. G., & Feinleib, M. (Eds.) (1978). Coronary prone behavior. Springer: New York.

Dengerink, H. A., & Taylor, S. P. (1971). Multiple responses with differential properties in delayed galvanic skin response conditioning: A review. Psychophysiology, 8, 348–360.

Depue, R. A., & Fowles, D. C. (1973). Electrodermal activity as an index of arousal in schizophrenics. Psychological Bulletin, 79, 233–238.

Derogatis, L. R., Klerman, G. L., & Lipman, R. S. (1972). Anxiety states and depressive neuroses. Journal of Nervous and Mental Disease, 155, 392–403.

DiCara, L. V., & Miller, N. E. (1967). Instrumental learning of urine formation in curarized rats. Psychological Bulletin, 1, 23–24.

DiCara, L. V. & Miller, N. E. (1968a). Instrumental learning of vasomotor responses by rats: Learning to respond differentially in the two ears. Science, 159, 1485–1486.

DiCara, L. V., & Miller, N. E. (1968b). Changes in heart–rate instrumentally learned by curarized rats as avoided responses. Journal of Comparative and Physiological Psychology, 65, 8–12.

DiCara, L. V. & Miller, N. E. (1968c). Instrumental learning of systolic blood pressure responses by curarized rats: Dissociation of cardiac and vascular changes. Psychosomatic Medicine, 30, 489–494.

Dimitriev, L., Belyakova, L., Bondarenko, T., & Nikolaev, G. (1968). Investigation of the orienting reaction and the defense reaction of schizophrenia in different stages of their illness. Zhurnal Nevropatologie Psikhiatrii, 68, 713–719.

Dimond, S. J., & Beaumont, J. G. (1974). Experimental studies of hemisphere function in the human brain. In S. J. Dimond, & J. G. Beaumont (Eds.), Hemisphere function in the human brain. New York: Wiley.

Dimond, S. J., Farrington, L., & Johnson, P. (1976). Differing emotional response from right and left hemispheres. Nature, 261, 690–692.

Docter, R, F., & Friedman, L. F. (1966). Thirty–day stability of spontaneous galvanic skin responses in man. Psychophysiology, 2, 311–315.

Doerr, H. O., Follette, W., Scribner, B. H., & Eisdorfer, C. (1980). Electrodermal response dysfunction in patients on maintenance renal dialysis. Psychophysiology, 17, 83–86.

Donat, D. C., & McCullough, J. P. (1983). Psychophysiological discriminants of depression at rest and in response to stress. Journal of Clinical Psychology, 39, 315–320.

Douglas, R. J., & Pribram, K. H. (1966). Learning and limbic lesions. Neuropsychologia, 4, 197–220.

Duffy, E. (1972). Activation. In N. S. Greenfield, & R. A. Sternbach (Eds.), Handbook of psychophysiology. New York: Holt.

Dykman, R. A., Reese, W. G., Galbrecht, C. R., & Thomasson, P. J. (1959). Psychophysiological reactions to novel stimuli: Measurement, adaptation, and relationship of psychological and physiological variables in the normal human. Annals of the New York Academy of Sciences, 79, 45–107.

Ebbecke, U. (1951). Arbeitsweise der Schweißdrüsen und sudomotorische Reflexe bei unmittelbarer Beobachtung mit Lupenvergrößerung. Pflügers Archiv für die gesamte Physiologie, 253, 333–339.

Edelberg, R. (1961). The relationship between the galvanic skin response, vasoconstriction, and tactile sensitivity. Journal of Experimental Psychology, 62, 187–195.

Edelberg, R. (1964). Independence of galvanic skin response amplitude and sweat production. Journal of Investigative Dermatology, 42, 443–448.

Edelberg, R. (1967). Electrical properties of the skin. In C. C. Brown (Ed.), Methods in psychophysiology. Baltimore: Williams & Wilkins.

Edelberg, R. (1968). Biopotentials from the skin surface: The hydration effect. Annals of the New York Academy of Sciences, 148, 252–262.

Edelberg, R. (1970). The information content of the recovery limb of the electrodermal response. Psychophysiology, 6, 527–539.

Edelberg, R. (1971). Electrical properties of skin. In H. R. Elden (Ed.), A treatise of the skin, Vol. 1. Biophysical properties of the skin. New York: Wiley.

Edelberg, R. (1972a). Electrical activity of the skin. In N. S. Greenfield, & R. A. Sternbach (Eds.), Handbook of psychophysiology. New York: Holt.

Edelberg, R. (1972b). Electrodermal recovery rate, goal–orientation, and aversion. Psychophysiology, 9, 512–520.

Edelberg, R. (1973). Mechanisms of electrodermal adaptations for locomotion, manipulation, or defense. In E. Stellar, & J. M. Sprague (Eds.), Progress in physiological psychology, Vol. 5. New York: Academic Press.

Edelberg, R., Greiner, T., & Burch, N. R. (1960). Some membrane properties of the effector in the galvanic skin response. Journal of Applied Physiology, 15, 691–696.

Edelberg, R., & Muller, M. (1981). Prior activity as a determinant of electrodermal recovery rate. Psychophysiology, 18, 17–25.

Edelberg, R., & Wright, D. J. (1964). Two GSR effector organs and their stimulus specifity. Psychophysiology, 1, 39–47.

Edwards, J. A., & Siddle, D. A. T. (1976). Dishabituation of the electrodermal orienting response following decay of sensitization. Biological Psychology, 4, 19–28.

Egyed, B., Eory, A., Veres, T., & Manninger, J. (1980). Measurement of electrical resistance after nerve injuries of the hand. Hand, 12, 275–281.

Ehrhardt, K. J. (1975). Neuropsychologie motivierten Verhaltens. Antriebe und kognitive Funktionen der Verhaltenssteuerung. Stuttgart: Enke.

Eisdorfer, C. (1978). Psychophysiological and cognitive studies in the aged. In G. Usdin, & D. J. Hofling (Eds.), Aging: The process and the people. New York: Brunner & Mazel.

Eisdorfer, C., Doerr, H. O., & Follette, W. (1980). Electrodermal reactivity: An analysis by age and sex. Journal of Human Stress, 6, 39–42.

Ekman, P., Friesen, W. V., & Ellsworth, P. (1974). Gesichtssprache: Wege zur Objektivierung menschlicher Emotionen. Wien: Böhlau.

Ellingson, R. J. (1954). The incidence of EEG abnormality among patients with mental disorders of apparently nonorganic origin: A critical review. American Journal of Psychology, 8, 263–275.

Ellis, R. A. (1968). Eccrine sweat glands: Electron microscopy; cytochemistry and anatomy. In O. Gans, & G. K. Steigleder (Hrsg.), Handbuch der Haut- und Geschlechtskrankheiten, Bd. 1/1: Normale und pathologische Anatomie der Haut I. Berlin: Springer.

Epstein, S. (1972). The nature of anxiety with emphasis upon its relationship to expectancy. In C. Spielberger (Ed.), Anxiety: Current trends in theory and research. New York: Academic Press.

Epstein, S., Boudreau, L., & Kling, S. (1975). Magnitude of the heart rate and electrodermal response as a function of stimulus input, motor output, and their interaction. Psychophysiology, 12, 15–24.

Epstein, S., & Coleman, M. (1970). Drive theories of schizophrenia. Psychosomatic Medicine, 32, 113–140.

Erdmann, G. (1983). Zur Beeinflußbarkeit emotionaler Prozesse durch vegetative Variationen. Weinheim: Beltz.

Erdmann, G., Janke, W., & Bisping, R. (1984). Wirkungen und Vergleich der Wirkungen von vier experimentellen Belastungssituationen. Zeitschrift für Experimentelle und Angewandte Psychologie, 31, 521–543.

Erdmann, G., Janke, W., Köchers, S., & Terschlüsen, B. (1984). Comparison of the emotional effects of a beta-adrenergic blocking agent and a tranquilizer under different situational conditions. I. Anxiety-arousing situations. Neuropsychobiology, 12, 143–151.

Erlenmeyer-Kimling, L. (1975). A prospective study of children at risk for schizophrenia: Methodological considerations and some preliminary findings. In R. D. Wirt, G. Winokur, & M. Roff (Eds.), Life history research in psychopathology, Vol. 4. Minneapolis: University of Minnesota Press.

Erlenmeyer-Kimling, L., Cornblatt, B., & Fleiss, J. (1979). High–risk research in schizophrenia. Psychiatric Annals, 9, 79–99.

Eysenck, H. J. (1957). Drugs and personality: I. Theory and methodology. Journal of Mental Science, 103, 119–131.

Eysenck, H. J. (1967). The biological basis of personality. Springfield: Thomas.

Eysenck, H. J., & Eysenck, M. W. (1985). Personality and individual differences. New York: Plenum Press.

Eysenck, H. J., & Eysenck, S. B. G. (1975). Manual of the Eysenck Personality Questionnaire. Sevenoaks: Hodder & Stroughton.

Eysenck, M. W. H. (1982). Attention and arousal. Berlin: Springer.

Eysenck, S., & Zuckerman, M. (1978). The relationship between sensation–seeking and Eysenck's dimensions of personality. British Journal of Psychology, 69, 483–487.

Faber, S. (1977). Methodische Probleme bei Hautwiderstandsmessungen. Biomedizinische Technik, 22, 393–394.

Faber, S. (1980). Hautleitfähigkeitsuntersuchungen als Methode in der Arbeitswissenschaft. Düsseldorf: Fortschritt–Berichte der VDI–Zeitschriften, Reihe 17, Nr. 9.

Faber, S. (1983). Zur Auswertemethodik und Interpretation von Hautleitfähigkeitsmessungen bei arbeitswissenschaftlicher Beanspruchungsermittlung. Zeitschrift für Arbeitswissenschaft, 37, 85–91.

Fahrenberg, J. (1967). Psychophysiologische Persönlichkeitsforschung. Göttingen: Hogrefe.

Fahrenberg, J. (1979). Psychophysiologie. In P. Kisker, J. E. Meyer, C. Müller, & E. Strömgren (Hrsg.), Psychiatrie der Gegenwart, Teil 1: Grundlagen und Methoden der Psychiatrie. Berlin: Springer.

Fahrenberg, J. (1987a). Psychophysiological processes. In J. R. Nesselroade, & R. B. Cattell (Eds.), Handbook of multivariate experimental psychology, 2nd ed. New York: Plenum Press (im Druck).

Fahrenberg, J. (1987b). Concepts of activation and arousal in the theory of emotionality (neuroticism). A multivariate conceptualization. In J. Strelau, & H. J. Eysenck (Eds.), Personality dimensions and arousal. New York: Plenum Press (im Druck).

Fahrenberg, J., & Foerster, F. (1982). Covariation and consistency of activation parameters. Biological Psychology, 15, 151–169.

Fahrenberg, J., Foerster, F., Schneider, H. J., Müller, W., & Myrtek, M. (1984). Aktivierungsforschung im Labor–Feld–Vergleich. München: Minerva.

Fahrenberg, J., & Myrtek, M. (1967). Zur Methodik der Verlaufsanalyse: Ausgangswerte, Reaktionsgrößen (Reaktivität) und Verlaufswerte. Psychologische Beiträge, 10, 58–77.

Fahrenberg, J., & Selg, H. (1970). Das Freiburger Persönlichkeitsinventar FPI. Göttingen: Hogrefe.

Fahrenberg, J., Walschburger, P., Foerster, F., Myrtek, M., & Müller, W. (1979). Psychophysiologische Aktivierungsforschung: Ein Beitrag zu den Grundlagen der multivariaten Emotions- und Stress-Theorie. München: Minerva.

Fahrenberg, J., Walschburger, P., Foerster, F., Myrtek, M., & Müller, W. (1983). An evaluation of trait, state, and reaction aspects of activation processes. Psychophysiology, 20, 188–195.

Farhoumand, N., Harrison, J., Pare, C. M. B., Turner, P., & Wynn, S. (1979). The effect of high dose oxprenolol on stress-induced physical and psychophysiological variables. Psychopharmacology, 64, 365–369.

Feighner, J. P., Robins, E., Guze, S. B., Woodruff, R. A., Winokur, G., & Munoz, R. (1972). Diagnostic criteria for use in psychiatric research. Archives of General Psychiatry, 26, 57–63.

Feij, J. A. (1984). The psychophysiological and neurochemical bases of sensation seeking. In H. Bonarius, G. van Heck, & N. Smid (Eds.), Personality psychology in europe. Lisse: Swets & Zeitlinger.

Fenz, W., & Steffy, R. (1968). Electrodermal arousal of chronically ill psychiatric patients undergoing intensive behavior treatment. Psychosomatic Medicine, 30, 423–436.

Féré, C. (1888). Note sur les modifications de la résistance électrique sous l'influence des excitations sensorielles et des émotions. Comptes Rendus des Séances de la Société de Biologie, 5, 217–219.

Fiedler, H. P. (1971). Lexikon der Hilfsstoffe. Für Pharmazie, Kosmetik und angrenzende Gebiete. Aulendorf: Cantor.

Firth, H. (1973). Habituation during sleep. Psychophysiology, 10, 43–51.

Fisher, L. E., & Winkel, M. H. (1979). Time of quarter effect: An uncontrolled variable in electrodermal research. Psychophysiology, 16, 158–163.

Fisher, S. (1958). Body image and asymmetry of body reactivity. Journal of Abnormal and Social Psychology, 57, 292–298.

Fitzgerald, M. J. T. (1961). Developmental changes in epidermal innervation. Journal of Anatomy, 95, 495–514.

Fletcher, R. P., Venables, P. H., & Mitchell, D. A. (1982). Estimation of half from quarter recovery time of SCR. Psychophysiology, 19, 115–116.

Foerster, F. (1984). Computerprogramme zur Biosignalanalyse. Berlin: Springer.

Folkins, C. H. (1970). Temporal factors and the cognitive mediators of stress reaction. Journal of Personality and Social Psychology, 14, 173–184.

Forbes, T. W. (1964). Problems in measurement of electrodermal phenomena – choice of method and phenomena – potential, impedance, resistance. Psychophysiology, 1, 26–30.

Forbes, T. W., & Landis, C. (1935). The limiting A. C. frequency for the exhibition of the galvanic skin (psychogalvanic) response. Journal of General Psychology, 13, 188–193.

Forth, W., Henschler, D., & Rummel, W. (Hrsg.) (1980). Allgemeine und spezielle Pharmakologie und Toxikologie. Zürich: Bibliographisches Institut.

Foulds, G. A., & Bedford, A. (1976). The relationship between anxiety–depression and the neuroses. British Journal of Psychiatry, 128, 166–168.

Foulds, I. S., & Barker, A. T. (1983). Human skin battery potentials and their possible role in wound healing. British Journal of Dermatology, 109, 515-522.
Fowles, D. C. (1974). Mechanisms of electrodermal activity. In R. F. Thompson, & M. M. Patterson (Eds.), Methods in physiological psychology, Vol. 1. Bioelectric recording techniques, Part C. Receptor and effector processes. New York: Academic Press.
Fowles, D. C. (1980). The three arousal model: Implications of Gray's two-factor learning theory for heart rate, electrodermal activity, and psychopathy. Psychophysiology, 17, 87-104.
Fowles, D. C. (1986). The eccrine system and electrodermal activity. In M. G. H. Coles, E. Donchin, & S. W. Porges (Eds.), Psychophysiology. Systems, processes, and applications. Amsterdam: Elsevier.
Fowles, D. C., Christie, M. J., Edelberg, R., Grings, W. W., Lykken, D. T., & Venables, P. H. (1981). Publication recommendations for electrodermal measurements. Psychophysiology, 18, 232-239.
Fowles, D. C., Fisher, A. E., & Tranel, D. T. (1982). The heart beats to reward: The effect of monetary incentive on heart rate. Psychophysiology, 19, 506-513.
Fowles, D. C., & Johnson, G. (1973). The influence of variations in electrolyte concentration on skin potential level and response amplitude. Biological Psychology, 1, 151-160.
Fowles, D. C., Roberts, R., & Nagel, K. E. (1977). The influence of introversion/extraversion on the skin conductance response to stress and stimulus intensity. Journal of Research in Personality, 11, 129-146.
Fowles, D. C. & Rosenberry, R. (1973). Effects of epidermal hydration on skin potential responses and levels. Psychophysiology, 10, 601-611.
Fowles, D. C., & Schneider, R. E. (1974). Effects of epidermal hydration on skin conductance responses and levels. Biological Psychology, 2, 67-77.
Fowles, D. C., & Schneider, R. E. (1978). Electrolyte medium effects on measurements of palmar skin potential. Psychophysiology, 15, 474-482.
Fredrikson. M. (1981). Orienting and defensive reactions to phobic and conditioned fear stimuli in phobics and normals. Psychophysiology, 18, 456-465.
Fredrikson, M., Dimberg, U., & Frisk-Holmberg, M. (1980). Arterial blood pressure and electrodermal activity in hypertensive and normotensive subjects during inner- and outer-directed attention. Acta Medica Scandinavica, 646, 73-76.
Fredrikson, M., Dimberg, U., Frisk-Holmberg, M., & Ström, G. (1982). Haemodynamic and electrodermal correlates of psychogenic stimuli in hypertensive and normotensive subjects. Biological Psychology, 15, 63-73.
Freixa i Baqué, E. (1979). Revue de la littérature concernant la constance temporelle de l'activité électrodermale. Revue de Psychologie Appliquée, 29, 9-23.
Freixa i Baqué, E. (1982). Reliability of electrodermal measures: A compilation. Biological Psychology, 14, 219-229.
Freixa i Baqué, E., Catteau, M.-C., Miossec, Y., & Roy, J.-C. (1984). Asymmetry of electrodermal activity: A review. Biological Psychology, 18, 219-239.
Freixa i Baqué, E., Chevalier, B., Grubar, J. C., Lambert, C., Lancry, A., Leconte, P., Meriaux, H., & Spreux, F. (1983). Spontaneous electrodermal activity during sleep in man: An intranight study. Sleep, 6, 77-81.

Frey, S. (1984). Die nonverbale Kommunikation. Stuttgart: SEL–Stiftung.
Fried, R. (1982). On–line analysis of the GSR. Pavlovian Journal of Biological Science, 17, 89–94.
Frith, C. D., & Allen, H. A. (1983). The skin conductance orienting response as an index of attention. Biological Psychology, 17, 27–39.
Frith, C. D., Stevens, M., Johnstone, E. C., & Crow, T. J. (1979). Skin conductance responsivity during acute episodes of schizophrenia as a predictor of symptomatic improvement. Psychological Medicine, 9, 101–106.
Frith, C. D., Stevens, M., Johnstone, E. C., & Crow, T. J. (1982). Skin conductance habituation during acute episodes of schizophrenia: qualitative differences from anxious and depressed patients. Psychological Medicine, 12, 575–583.
Frith, C. D., Stevens, M., Johnstone, E. C., & Owens, D. G. C. (1984). The effects of chronic treatment with amitriptyline and diazepam on electrodermal activity in neurotic outpatients. Physiological Psychology, 12, 247–252.
Furchtgott, E., & Busemeyer, J. K. (1979). Heart rate and skin conductance during cognitive processes as a function of age. Journal of Gerontology, 34, 183–190.
Furedy, J. J. (1970). Test of the preparatory adaptive response interpretation of aversive classical autonomic conditioning. Journal of Experimental Psychology, 84, 301–307.
Furedy, J. J. (1972). Electrodermal recovery time as a supra sensitive autonomic index of anticipated intensity of threatened shock. Psychophysiology, 9, 281–282.
Furedy, J. J. (1975). An integrative progress report on informational control in humans: Some laboratory findings and methodological claims. Australian Journal of Psychology, 27, 61–83.
Furedy, J. J., & Klajner, F. (1974). On evaluating autonomic and verbal indices of negative preception. Psychophysiology, 11, 121–124.
Furedy, J. J., & Poulos, C. X. (1977). Short–interval classical SCR conditioning and the stimulus–sequence–change–elicited OR: The case of the empirical red herring. Psychophysiology, 14, 351–359.

Gaebelein, J., Taylor, S. P., & Borden, R. (1974). Effects of an external cue on psychophysiological reactions to a noxious event. Psychophysiology, 11, 315–320.
Gainotti, G. (1979). The relationship between emotions and cerebral dominance: A review of clinical and experimental evidence. In J. H. Gruzelier, & P. Flor-Henry (Eds.), Hemisphere asymmetries of function in psychopathology. Amsterdam: Elsevier.
Galbrecht, C. R., Dykman, R. A., Reese, W. G., & Suzuki, T. (1965). Intrasession adaptation and intersession extinction of the components of the orienting response. Journal of Experimental Psychology, 70, 585–597.
Gale, A., & Edwards, J. A. (Eds.) (1983). Physiological correlates of human behaviour. (3 Volumes). London: Academic Press.
Garwood, M., Engel, B. T., & Quilter, R. E. (1979). Age differences in the effect of epidermal hydration on electrodermal activity. Psychophysiology, 16, 311–317.
Garwood, M., Engel, B. T., & Kusterer, J. P. (1981). Skin potential level: Age and epidermal hydration effects. Journal of Gerontology, 36, 7–13.
Gatchel, R. J., McKinney, M. E., & Koebernick, L. F. (1977). Learned helplessness, depression, and physiological responding. Psychophysiology, 14, 25–31.

Gaviria, B., Coyne, L., & Thetford, P. E. (1969). Correlation of skin potential and skin resistance measures. Psychophysiology, 5, 465–477.

Geer, J. H., & Davison, G. C. (1970). Reduction of stress in humans through nonveridical perceived control of aversive stimulation. Journal of Personality and Social Psychology, 16, 731–738.

Geer, J. H., & Maisel, E. (1972). Evaluating the effects of the prediction–control confound. Journal of Personality and Social Psychology, 23, 314–319.

Gellhorn, E. (1964). Motion and emotion: The role of proprioception in the physiology and pathology of the emotions. Psychological Review, 71, 457–472.

Germana, J. (1968). Rate of habituation and the law of initial values. Psychophysiology, 5, 31–36.

Giedke, H., Bolz, J., & Heimann, H. (1980). Pre- and postimperative negative variation (CNV and PINV) under different conditions of controllability in depressed patients and healthy controls. In H. H. Kornhuber & L. Deecke (Eds.), Motivation, motor and sensory processes of the brain. Electrical potentials, behavior and clinical use. Amsterdam: Elsevier.

Giedke, H., & Coenen, T. (1986). Die medikamentöse Behandlung von Angstzuständen. In W. Janke, & P. Netter (Hrsg.), Angst und Psychopharmaka. Stuttgart: Kohlhammer.

Gougerot, M. L. (1947). Recherches sur l'impédance cutanée en courant alternatif de basse fréquence au cours différentes dermatoses. Annales et Bulletin de Dermatologie, 8, 101–111.

Gough, H. (1969). Manual for the California Psychological Inventory. Palo Alto: Consulting Psychologists Press.

Graham, F. K. (1973). Habituation and dishabituation of responses innervated by the autonomic nervous system. In H. V. S. Peeke, & M. J. Herz (Eds.), Habituation, Vol. 1. Behavioral studies. New York: Academic Press.

Graham, F. K. (1979). Distinguishing among orienting, defense, and startle reflexes. In H. D. Kimmel, E. H. van Olst, & J. F. Orlebeke (Eds.), The orienting reflex in humans. Hillsdale: Erlbaum.

Graham, F. K., & Clifton, R. K. (1966). Heart rate change as a component of the orienting response. Psychological Bulletin, 65, 305–320.

Gray, J. A. (1970). The psychophysiological basis of Introversion–Extraversion. Behaviour Research and Therapy, 8, 249–266.

Gray, J. A. (1973). Causal theories of personality and how to test them. In J. R. Royce (Ed.), Multivariate analysis and psychological theory. New York: Academic Press.

Gray, J. A. (1975). Elements of a two-process theory of learning. New York: Academic Press.

Gray, J. A. (1981). A critique of Eysenck's theory of personality. In H. J. Eysenck (Ed.), A model for personality. New York: Springer.

Gray, J. A. (1982). The neuropsychology of anxiety: An inquiry into the functions of the septo-hippocampal system. Oxford: Clarendon Press.

Gray, J. A., & Smith, P. T. (1969). An arousal–decision model for partial reinforcement and discrimination learning. In R. Gilbert, & N. S. Sutherland (Eds.), Animal discrimination learning. New York: Academic Press.

Greenblatt, D. J., & Shader, R. I. (1978). Pharmacotherapy of anxiety with benzodiazepines and beta-adrenergic blockers. In M. A. Lipton, A. DiMascio, & K. F. Killam (Eds.), Psychopharmacology: A generation of progress. New York: Raven Press.

Greif, S. (1983). Streß und Gesundheit. Ein Bericht über Forschungen zur Belastung am Arbeitsplatz. Zeitschrift für Sozialisationsforschung und Erziehungssoziologie, 3, 41–58.

Grey, S. J., & Smith, B. L. (1984). Methodology: A comparison between commercially available electrode gels and purpose–made gel, in the measurement of electrodermal activity. Psychophysiology, 21, 551–557.

Grimnes, S. (1982). Psychogalvanic reflex and changes in electrical parameters of dry skin. Medical and Biological Engineering and Computing, 20, 734–740.

Grings, W. W. (1960). Preparatory set variables related to classical conditioning of autonomic responses. Psychological Review, 67, 243–252.

Grings, W. W. (1969). Anticipatory and preparatory electrodermal behavior in paired stimulation situations. Psychopysiology, 5, 597–611.

Grings, W. W. (1974). Recording of electrodermal phenomena. In R. F. Thompson, & M. M. Patterson (Eds.), Methods in physiological psychology, Vol. 1. Bioelectric recording techniques, Part C. Receptor and effector processes. New York: Academic Press.

Grings, W. W., & Dawson, M. E. (1973). Complex variables in conditioning. In W. Prokasy, & D. C. Raskin (Eds.), Electrodermal activity in psychological research. New York: Academic Press.

Grings, W. W., Givens, M. C., & Carey, C. A. (1979). Contingency contrast effects in discrimination conditioning. Journal of Experimental Psychology: General, 108, 281–295.

Grings, W. W., & Schell, A. M. (1969). Magnitude of electrodermal response to a standard stimulus as a function of intensity and proximity of a prior stimulus. Journal of Comparative & Physiological Psychology, 67, 77–82.

Grings, W. W., Vucelic, I., & Peeke, S. C. (1980). The effects of expectancy upon electrodermal responses to signaled stimuli. Psychophysiology, 17, 390–395.

Gross, J. S., & Stern, J. A. (1980). An investigation of bilateral asymmetries in electrodermal activity. Pavlovian Journal of Biological Science, 15, 74–81.

Groves, P. M., & Thompson, R. F. (1970). Habituation: A dual–process theory. Psychological Review, 77, 419–450.

Gruzelier, J. H. (1973). Bilateral asymmetry of skin conductance orienting activity and levels in schizophrenics. Biological Psychology, 1, 21–41.

Gruzelier, J. H. (1976). Clinical attributes of schizophrenic skin conductance responders and nonresponders. Psychological Medicine, 6, 245–249.

Gruzelier, J. H. (1979). Lateral asymmetries in electrodermal activity and psychosis. In J. H. Gruzelier, & P. Flor-Henry (Eds.), Hemispheric asymmetries of function in psychopathology. Amsterdam: Elsevier.

Gruzelier, J. H., & Connolly, J. F. (1979). Differential drug action on electrodermal orienting responses as distinct from nonspecific responses and electrodermal levels. In H. D. Kimmel, E. H. van Olst, & J. F. Orlebeke (Eds.), The orienting reflex in humans. Hillsdale: Erlbaum.

Gruzelier, J. H., Eves, F., & Connolly, J. (1981a). Reciprocal hemispheric influences on response habituation in the electrodermal system. Physiological Psychology, 9, 313–317.

Gruzelier, J. H., Eves, F., Conolly, J. F., & Hirsch, S. R. (1981b). Orienting, habituation, sensitization, and dishabituation in the electrodermal system of consecutive, drug-free admissions for schizophrenia. Biological Psychology, 12, 187–209.

Gruzelier, J. H., & Hammond, N. V. (1976). Schizophrenia: A dominant hemisphere temporal–limbic disorder? Research Communications in Psychology, Psychiatry and Behavior, 1, 32–72.

Gruzelier, J. H., & Hammond, N. V. (1977). The effect of chlorpromazine upon bilateral asymmetries in bioelectrical skin reactivity of schizophrenics. Studia Psychologica, 19, 40–51.

Gruzelier, J. H., & Hammond, N. V. (1978). The effect of chlorpromazine upon psychophysiological, endocrine and information processing measures in schizophrenia. Journal of Psychiatric Research, 14, 167–182.

Gruzelier, J. H., Nixon, P. G. F., Liddiard, D., Pugh, S., & Baxter, R. (1986). Retarded habituation and lateral asymmetries in electrodermal activity in cardiovascular disorders. International Journal of Psychophysiology, 3, 219–226.

Gruzelier, J. H., & Venables, P. H. (1972). Skin conductance orienting activity in a heterogeneous sample of schizophrenics: Possible evidence of limbic dysfunction. Journal of Nervous and Mental Disease, 155, 277–287.

Gruzelier, J. H., & Venables, P. H. (1973). Skin conductance responses to tones with and without attentional significance in schizophrenic and nonschizophrenic psychiatric patients. Neuropsychologia, 11, 221–230.

Gruzelier, J. H., & Venables, P. (1974). Bimodality and lateral asymmetry of skin conductance orienting activity in schizophrenics: Replication and evidence of lateral asymmetry in patients with depression and disorders of personality. Biological Psychiatry, 8, 55–73.

Gudjonsson, G. H. (1986). The validity of polygraph techniques in lie detection. In D. Papakostopoulos, S. Butler, & I. Martin (Eds.), Clinical and experimental neuropsychophysiology. Dover: Croom Helm.

Guttmann, G. (1982). Lehrbuch der Neuropsychologie. Bern: Huber.

Hagen, E. (1968). Zur Innervation der Haut. In O. Gans, & G. K. Steigleder (Hrsg.), Handbuch der Haut- und Geschlechtskrankheiten, Bd. 1/1: Normale und pathologische Anatomie der Haut I. Berlin: Springer.

Hagfors, C. (1964). Beiträge zur Meßtheorie der hautgalvanischen Reaktion. Psychologische Beiträge, 7, 517–538.

Haider, M. (1969). Elektrophysiolgische Indikatoren der Aktiviertheit. In W. Schönpflug (Hrsg.), Methoden der Aktivierungsforschung. Bern: Huber.

Hamilton, M. (1960). A rating scale for depression. Journal of Neurology, Neurosurgery and Psychiatry, 23, 56–62.

Hamilton, M. (1967). HAMA, Hamilton Anxiety Scale. In W. Guy (Ed.), ECDEV Assessment Manual for Psychopharmacology. Maryland: Rockville.

Hare, R. D. (1975). Psychopathy. In P. H. Venables, & M. J. Christie (Eds.), Research in Psychophysiology. London: Wiley.

Hare, R. D. (1978a). Psychopathy and electrodermal responses to nonsignal stimulation. Biological Psychology, 6, 237–246.
Hare, R. D. (1978b). Electrodermal and cardiovascular correlates of psychopathy. In R. D. Hare, & D. Schalling (Eds.), Psychopathic behaviour: Approaches to research. New York: Wiley.
Hare, R. D., Wood, K., Britain, S., & Frazelle, J. (1971). Autonomic responses to affective visual stimulation: Sex differences. Journal of Experimental Research in Personality, 5, 14–22.
Harris, M. D. (1943). Habituatory response decrement in the intact organism. Psychological Bulletin, 40, 385–422.
Hart, J. D. (1974). Physiological responses of anxious and normal subjects to simple signal and non-signal auditory stimuli. Psychophysiology, 11, 443–451.
Harten, H. U. (1980). Physik für Mediziner. Berlin: Springer.
Hashimoto, K. (1978). The eccrine gland. In A. Jarrett (Ed.), The physiology and pathophysiology of the skin, Vol. 5. London: Academic Press.
Hastrup, J. L. (1979). Effects of electrodermal lability and introversion on vigilance decrement. Psychophysiology, 16, 302–310.
Hastrup, J. L., & Katkin, E. S. (1976). Electrodermal lability: An attempt to measure its psychological correlates. Psychophysiology, 13, 296–301.
Hathaway, S. R., & McKinley, J. C. (1940). A multiphasic personality schedule (Minnesota). I. Construction of the schedule. Journal of Psychology, 10, 249–254.
Hecaen, H., & Sauget, J. (1971). Cerebral dominance in left handed subjects. Cortex, 7, 19–48.
Heilman, K. M., Schwartz, H. D., & Watson, R. T. (1978). Hypoarousal in patients with the neglect syndrome and emotional indifference. Neurology, 28, 229–232.
Heimann, H. (1969). Typologische und statistische Erfassung depressiver Syndrome. In H. Hippius, & H. Selbach (Hrsg.), Das depressive Syndrom: Internationales Symposium, Berlin 1968. München: Urban & Schwarzenberg.
Heimann, H. (1973). Psychobiologie der Depression. In P. Kielholz (Hrsg.), Larvierte Depression. Bern: Huber.
Heimann, H. (1979a). Psychopathologie. In K. P. Kisker, J. E. Meyer, C. Müller, & E. Strömgren (Hrsg.), Psychiatrie der Gegenwart, Teil 1: Grundlagen und Methoden der Psychiatrie. Berlin: Springer.
Heimann, H. (1979b). Auf dem Wege zu einer einheitlichen psychophysiologischen Theorie depressiver Syndrome. Praxis der Psychotherapie und Psychosomatik, 24, 281–297.
Heimann, H. (1980). Psychophysiologische Aspekte in der Depressionsforschung. In H. Heimann, & H. Giedke (Hrsg.), Neue Perspektiven in der Depressionsforschung. Bern: Huber.
Helander, M. (1974). Drivers' physiological reactions and control operations as influenced by traffic events. Zeitschrift für Verkehrssicherheit, 20, 174–187.
Helander, M. (1976). Vehicle control and driving experience. A psychophysiological approach. Proceedings of the 6th Congress of the International Ergonomics Association, 335–339.
Helander, M. (1978). Applicability of drivers' electrodermal response to the design of the traffic environment. Journal of Applied Psychology, 63, 481–488.

Helander, M., & Hagvall, B. (1976). An instrumented vehicle for studies of driver behaviour. Accident Analysis and Prevention, 8, 271–277.

Hermann, L., & Luchsinger, B. (1878). Über die Secretionsströme der Haut bei der Katze. Pflügers Archiv für die gesamte Physiologie, 19, 300–319.

Herrmann, F., Ippen, H., Schaefer, H., & Stüttgen, G. (1973). Biochemie der Haut. Stuttgart: Thieme.

Hinton, J., O'Neill, M., Dishman, J., & Webster, S. (1979). Electrodermal indices of public offending and recidivism. Biological Psychology, 9, 297–309.

Hinton, J., O'Neill, M., Hamilton, S., & Burke, M. (1980). Psychophysiological differentiation between psychopathic and schizophrenic abnormal offenders. British Journal of Social and Clinical Psychology, 19, 257–269.

Hiroshige, Y., & Iwahara, S. (1978). Digital and cephalic vasomotor orienting responses to indifferent, signal, and verbal stimuli. Psychophysiology, 15, 226–232.

Hodges, W. E. (1976). The psychophysiology of anxiety. In M. Zuckerman, & C. D. Spielberger (Eds.), Emotions and anxiety: New concepts, methods, and applications. New York: Hillsdale.

Hölzl, R., Wilhelm, H., Lutzenberger, W., & Schandry, R. (1975). Galvanic skin response: Some methodological considerations on measurement, habituation, and classical conditioning. Archiv für Psychologie, 127, 1–22.

Holloway, F. A., & Parsons, O. A. (1969). Unilateral brain damage and bilateral skin conductance levels in humans. Psychophysiology, 6, 138–148.

Holmes, D. S., Frost, D. O., Bennett, D. H., Nielsen, D. H., & Lutz, D. J. (1981). Effectiveness of skin resistance biofeedback for controlling arousal in non-stressful and stressful situations: Two experiments. Journal of Psychosomatic Research, 25, 205–211.

Holmes, D. S., McGilley, B. M., & Houston, B. K. (1984). Task-related arousal of Type A and Type B persons: Level of challenge and response specifity. Journal of Personality and Social Psychology, 46, 1322–1327.

Hord, D. J., Johnson, L. C., & Lubin, A. (1964). Differential effect of the law of initial value (LIV) on autonomic variables. Psychophysiology, 1, 79–87.

Hori, T. (1982). Electrodermal and electro-oculographic activity in a hypnagogic state. Psychophysiology, 19, 668–672.

Horvath, T., & Meares, R. (1979). The sensory filter in schizophrenia: A study of habituation, arousal and the dopamine hypothesis. British Journal of Psychiatry, 134, 39–45.

Hoyt, C. J. (1941). Note on a simplified method of computing test reliability. Educational and Psychological Measurement, 1, 93–95.

Huck, S. W., & McLean, R. A. (1975). Using repeated measures ANOVA to analyse the data from pretest-posttest design: A potentially confusing task. Psychological Bulletin, 82, 511–518.

Hugdahl, K. (1984). Hemispheric asymmetry and bilateral electrodermal recordings: A review of the evidence. Psychophysiology, 21, 371–393.

Hugdahl, K., Broman, J.-E., & Franzon, M. (1983). Effects of stimulus content and brain lateralization on the habituation of the electrodermal orienting reaction (OR). Biological Psychology, 17, 153–168.

Humphrey, G. (1933). The nature of learning. New York: Harcourt Brace.
Hustmyer, F. E., & Burdick, J. A. (1965). Consistency and test–retest reliability of spontaneous autonomic nervous system activity and eye movements. Perceptual and Motor Skills, 20, 1225–1228.
Hygge, S., & Hugdahl, K. (1985). Skin conductance recordings and the NaCl concentration of the electrolyte. Psychophysiology, 22, 365–367.

Iacono, W. G. (1982). Bilateral electrodermal habituation–dishabituation and resting EEG in remitted schizophrenics. Journal of Nervous and Mental Disease, 170, 91–101.
Iacono, W. G., Lykken, D. T., Peloquin, L. J., Lumry, A. E., Valentine, R. H., & Tuason, V. B. (1983). Electrodermal activity in euthymic unipolar and bipolar affectiv disorders: A possible marker for depression. Archives of General Psychiatry, 40, 557–565.
Iacono, W. G., Lykken, D. T., Haroian, K. P., Peloquin, L. J., Valentine, R. H., & Tuason, V. B. (1984). Electrodermal activity in euthymic patients with affective disorders: One–year retest stability and the effects of stimulus intensity and significance. Journal of Abnormal Psychology, 93, 304–311.
Irnich, W. (1975). Einführung in die Bioelektronik. Stuttgart: Thieme.
Izard, C. E. (1971). Face of emotion. New York: Appleton.

Jackson, J. C. (1974). Amplitude and habituation of the orienting reflex as a function of stimulus intensity. Psychophysiology, 11, 647–658.
Jänig, W. (1979). Reciprocal reaction patterns of sympathetic subsystems with respect to various afferent inputs. In C. M. Brooks, K. Koizumi, & A. Sato (Eds.), Integrative functions of the autonomic nervous system. Amsterdam: Elsevier.
Jänig, W. (1980). Das vegetative Nervensystem. In R. F. Schmidt, & G. Thews (Hrsg.), Physiologie des Menschen. Berlin: Springer.
Jänig, W., Sundlöf, G., & Wallin, B. G. (1983). Discharge patterns of sympathetic neurons supplying skeletal muscle and skin in man and cat. Journal of the Autonomic Nervous System, 7, 239–256.
Janes, C. L., Strock, B. D., Weeks, D. G., & Worland, J. (1985). The effect of stimulus significance on skin conductance recovery. Psychophysiology, 22, 138–146.
Janke, W. (1969). Methoden der Induktion von Aktiviertheit. In W. Schönpflug (Hrsg.), Methoden der Aktivierungsforschung. Bern: Huber.
Janke, W. (1976). Psychophysiologische Grundlagen des Verhaltens. In M. v. Kerekjarto (Hrsg.), Medizinische Psychologie. Berlin: Springer.
Janke, W. (1986). Probandenmodelle zur Vorhersage therapeutischer Wirkungen von angstbeeinflussenden Stoffen. In W. Janke, & P. Netter (Hrsg.), Angst und Psychopharmaka. Stuttgart: Kohlhammer.
Janke, W., & Debus, G. (1968). Experimental studies on antianxiety agents with normal subjects: Methodological considerations and review of the main effects. In D. H. Efron, J. O. Cole, J. Levine, & J. R. Wittenborn (Eds.), Psychopharmacology: A review of progress 1957–67. Washington: US Government Printing Office.
Janke, W., Debus, G., & Longo, N. (1979). Differential psychopharmacology of tranquillizing and sedating drugs. Modern Problems of Pharmacopsychiatry, 14, 13–98.

Janke, W., & Netter, P. (1986). Angstbeeinflussung durch Psychopharmaka: Methodische Ansätze und Grundprobleme. In W. Janke, & P. Netter (Hrsg.), Angst und Psychopharmaka. Stuttgart: Kohlhammer.

Javel, A. F., & Denholtz, M. S. (1975). Audible GSR feedback and systematic desensitization: A case report. Behavior Therapy, 6, 251–253.

Johns, M. W., Cornell, B. A., & Masterton, J. P. (1969). Monitoring sleep of hospital patients by measurement of electrical resistance of skin. Journal of Applied Psychology, 27, 898–901.

Johnson, L. C. (1963). Some attributes of spontaneous autonomic activity. Journal of Comparative and Physiological Psychology, 56, 415–422.

Johnson, L. C, & Lubin, A. (1966). Spontaneous electrodermal activity during waking and sleeping. Psychophysiology, 3, 8–17.

Johnson, L. C., & Lubin, A. (1967). The orienting reflex during waking and sleeping. Electroencephalography and Clinical Neurophysiology, 22, 11–21.

Johnson, L. C., & Lubin, A. (1972). On planning psychophysiological experiments: Design, measurement, and analysis. In N. S. Greenfield, & R. A. Sternbach (Eds.), Handbook of psychophysiology. New York: Holt.

Johnson, L. C., Townsend, R. E., & Wilson, M. R. (1975). Habituation during sleeping and waking. Psychophysiology, 12, 574–584.

Johnstone, E. C., Bourne, R. C., Crow, T. J., Frith, C. D., Gamble, S., Lofthouse, R., Owen, F., Owens, D. G. C., Robinson, J., & Stevens, M. (1981). The relationships between clinical response, psychophysiological variables and plasma levels of amitriptyline and diazepam in neurotic outpatients. Psychopharmacology, 72, 233–240.

Jones, B. E., & Ayres, J. J. B. (1966). Significance and reliability of shock–induced changes in basal skin conductance. Psychophysiology, 2, 322–326.

Jovanović, U. J. (1971). Normal sleep in man. Stuttgart: Hippokrates.

Jutai, J. W., & Hare, R. D. (1983). Psychopathy and selective attention during performance of a complex perceptual–motor task. Psychophysiology, 20, 146–151.

Kaelbling, R., King, F. A., Achenbach, K., Branson, R., & Pasamanick, B. (1960). Reliability of autonomic responses. Psychological Reports, 6, 143–163.

Kahneman, D. (1973). Attention and effort. Englewood Cliffs: Prentice-Hall.

Katkin, E. S. (1965). Relationship between manifest anxiety and two indices of autonomic response to stress. Journal of Personality and Social Psychology, 2, 324–333.

Katkin, E. S. (1975). Electrodermal lability: A psychophysiological analysis of individual differences in response to stress. In C. D. Spielberger, & I. G. Sarason (Eds.), Stress and anxiety, Vol. 2. New York: Wiley.

Katkin, E. S., & Deitz, S. R. (1973). Systematic Desensitization. In W. F. Prokasy, & D. C. Raskin (Eds.), Electrodermal activity in psychological research. New York: Academic Press.

Katkin, E. S., & McCubbin, R. J. (1969). Habituation of the orienting response as a function of individual differences in anxiety and autonomic lability. Journal of Abnormal Psychology, 74, 54–60.

Katkin, E. S., & Murray, E. N. (1968). Instrumental conditioning of autonomically mediated behavior: Theoretical and methodological issues. Psychological Bulletin, 70, 52–68.

Katkin, E. S., & Shapiro, D. (1979). Voluntary heart rate control as a function of individual differences in electrodermal lability. Psychophysiology, 16, 402–404.

Katz, R. (1984). Unconfounded electrodermal measures in assessing the aversiveness of predictable and unpredictable shocks. Psychophysiology, 21, 452–458.

Katz, R., & Wykes, T. (1985). The psychological difference between temporally predictable and unpredictable stressful events: Evidence for information control theories. Journal of Personality and Social Psychology, 48, 781–790.

Kaye, H. (1964). Skin conductance in the human neonate. Child Development, 35, 1297–1305.

Keidel, W. D. (Hrsg.) (1979). Kurzgefaßtes Lehrbuch der Physiologie. Stuttgart: Thieme.

Keller, P. (1963). Elektrophysiologie der Haut. In A. Marchionini, & H. W. Spier (Hrsg.), Handbuch der Haut- und Geschlechtskrankheiten, Bd. 1/3: Normale und pathologische Physiologie der Haut I. Berlin: Springer.

Kelly, D., Walter, C. J. S. (1969). A clinical and physiological relationship between anxiety and depression. British Journal of Psychiatry, 115, 401–406.

Ketterer, M. W., & Smith, B. D. (1977). Bilateral electrodermal activity, lateralized cerebral processing and sex. Psychophysiology, 14, 513–516.

Ketterer, M. W., & Smith, B. D. (1982). Lateralized cortical/cognitive processing and electrodermal activity: Effects of subject and stimulus characteristics. Psychophysiology, 19, 328–329.

Kilpatrick, D. G. (1972). Differential responsiveness of two electrodermal indices to psychological stress and performance of a complex cognitive task. Psychophysiology, 9, 218–226.

Kimble, D. P., Bagshaw, M. H., & Pribram, K. H. (1965). The GSR of monkeys during orienting and habituation after selective partial ablations of the cingulate and frontal cortex. Neuropsychologia, 3, 121–128.

Kimmel, H. D. (1960). The relationship between direction and amount of stimulus change and amount of perceptual disparity response. Journal of Experimental Psychology, 59, 68–72.

Kimmel, H. D. (1966). Inhibition of the unconditioned response in classical conditioning. Psychological Review, 73, 232–240.

Kimmel, H. D. (1967). Instrumental conditioning of autonomically mediated behavior. Psychological Bulletin, 67, 337–345.

Kimmel, H. D., & Hill, F. A. (1961). A comparison of two electrodermal measures of response to stress. Journal of Comparative and Physiological Psychology, 54, 395–397.

Kimmel, H. D., & Kimmel, E. (1965). Sex differences in adaptation of the GSR under repeated applications of a visual stimulus. Journal of Experimental Psychology, 70, 536–537.

Kimmel, H. D., van Olst, E. H., & Orlebeke, J. F. (Eds.) (1979). The orienting reflex in humans. Hillsdale: Erlbaum.

Kimura, D. (1969). Spatial localization in left and right visual field. Canadian Journal of Psychology, 23, 445–458.

Kimura, D. (1973). The asymmetry of the human brain. Scientific American, 228, 70–78.

Kircher, J. C., & Raskin, D. C. (1981). Computerized decision–making in physiological detection of deception. Psychophysiology, 18, 204–205.

Kiss, G. (1979). Messung der elektrischen Impedanz zur Bestimmung von durch Laugen bedingten Hautschädigungen. Dermatologische Monatsschrift, 165, 526–530.

Kiss, G., Horvath, I., & Hajdu, B. (1975). Elektrische Meßmethode und Gerät zum Nachweis bösartiger Wucherungen der Haut. Dermatologische Monatsschrift, 161, 374–378.

Klaschka, F. (1979). Arbeitsphysiologie der Hornschicht in Grundzügen. In E. Schwarz, H. W. Spier, & G. Stüttgen (Hrsg.), Handbuch der Haut- und Geschlechtskrankheiten, Bd. 1/4A: Normale und pathologische Physiologie der Haut II. Berlin: Springer.

Kleck, R. E., Vaughan, R. C., Cartwright-Smith, J., Vaughan, K. B., Colby, C. Z., & Lanzetta, J. T. (1976). Effects of being observed on expressive, subjective, and physiological responses to painful stimuli. Journal of Personality and Social Psychology, 34, 1211–1218.

Klein, D. F., & Rabkin, J. (1981) (Eds.). Anxiety: New research and changing concepts. New York: Raven Press.

Kleitman, N. (1963). Sleep and wakefulness. Chicago: University of Chicago Press.

Knezevic, W., & Bajada, S. (1985). Peripheral autonomic surface potential: A quantitative technique for recording sympathetic conduction in man. Journal of the Neurological Sciences, 67, 239–251.

Koella, W. P. (1986). Psycho- und neuropharmakologische Wirkungen und Wirkungsmechanismen von Anxiolytika vom Benzodiazepin- und Beta-Rezeptorenblocker-Typ. In W. Janke, & P. Netter (Hrsg.), Angst und Psychopharmaka. Stuttgart: Kohlhammer.

Koriat, A., Averill, J. R., & Malmstrom, E. J. (1973). Individual differences in habituation: Some methodological and conceptual issues. Journal of Research in Personality, 7, 88–101.

Koepke, J. E., & Pribram, K. H. (1966). Habituation of GSR as a function of stimulus duration and spontaneous activity. Journal of Comparative and Physiological Psychology, 61, 442–448.

Konorski, J. (1948). Conditioned reflexes and neuron organization. New York: Cambridge University Press.

Kopacz, G. M., & Smith, B. D. (1971). Sex differences in skin conductance measures as a function of shock threat. Psychophysiology, 8, 293–303.

Kopp, M. S. (1984). Electrodermal characteristics in psychosomatic patients groups. International Journal of Psychophysiology, 2, 73–85.

Koumans, A. J. R., Tursky, B., & Solomon, P. (1968). Electrodermal levels and fluctuations during normal sleep. Psychophysiology, 5, 300–306.

Krantz, D. S., Glass, D. C., & Snyder, M. L. (1974). Helplessness, stress level, and the coronary-prone behavior pattern. Journal of Experimental Social Psychology, 10, 284–300.

Kröner, B., & Sachse, R. (1981). Biofeedbacktherapie. Klinische Studien, Anwendung in der Praxis. Stuttgart: Kohlhammer.

Krupski, A., Raskin, D. C., & Bakan, P. (1971). Physiological and personality correlates of commission errors in an auditory vigilance task. Psychophysiology, 8, 304–311.

Kryspin, J. (1965). The phoreographical determination of the electrical properties of human skin. Journal of Investigative Dermatology, 44, 227–229.

Kugler, B. T., & Gruzelier, J. H. (1980). The influence of chlorpromazine and amylobarbitone on the recovery limb of the electrodermal response. Psychiatry Research, 2, 75–84.

Kuhl, J. (1983). Motivation, Konflikt und Handlungskontrolle. Berlin: Springer.

Kuhmann, W. (1979). Realisation eines Verfahrens zur experimentellen Anforderungssteuerung bei einer einfachen Konzentrationsaufgabe. In D. Vaitl (Hrsg.), Bericht über das IV. Kolloquium "Psychophysiologische Methodik", 13.–16. Dezember 1979, Spitzingsee/Obb. Gießen: Universitätsbericht.

Kuhmann, W., Boucsein, W., Schaefer, F., & Alexander, J. (1987). Experimental investigation of psychophysiological stress–reactions induced by different system response times in human–computer interaction. Ergonomics, 30, 933–943.

Kuno, Y. (1934). The physiology of human perspiration. London: Churchill.

Kuno, Y. (1956). Human perspiration. Springfield: Thomas.

Lacey, B. C., & Lacey, J. I. (1974). Studies of heart rate and other bodily processes in sensorimotor behavior. In P. A. Obrist, A. H. Black, J. Brener, & L. V. DiCara (Eds.), Cardiovascular psychophysiology. Chicago: Aldine.

Lacey, J. I. (1956). The evaluation of autonomic responses: Toward a general solution. Annals of the New York Academy of Sciences, 67, 125–163.

Lacey, J. I. (1967). Somatic response patterning and stress: Some revisions of activation theory. In M. H. Appley, & R. Trumbull (Eds.), Psychological stress: Issues in research. New York: Appleton.

Lacey, J. I., Kagan, J., Lacey, B. C., & Moss, H. A. (1963). The visceral level: Situational determinants and behavioral correlates of autonomic response patterns. In P. H. Knapp (Ed.), Expression of the emotions in man. New York: International Universities Press.

Lacey, J. I., & Lacey, B. C. (1958). The relationship of resting autonomic activity to motor impulsivity. Research Publications of the Association for Nervous and Mental Diseases, 36, 144–209.

Lacey, J. I., & Lacey, B. C. (1970). Some autonomic–central nervous system interrelationships. In P. Black (Ed.), Physiological correlates of emotion. New York: Academic Press.

Lacroix, J. M., & Comper, P. (1979). Lateralization in the electrodermal system as a function of cognitive/hemispheric manipulations. Psychophysiology, 16, 116–129.

Lacroix, J. M., & Roberts, L. E. (1976). Determinants of learned electrodermal and cardiac control: A comparative study. Psychophysiology, 13, 175.

Lader, M. H. (1964). The effect of cyclobarbitone on the habituation of the psychogalvanic reflex. Brain, 87, 321–340.

Lader, M. H. (1967). Palmar skin conductance measures in anxiety and phobic states. Journal of Psychosomatic Research, 11, 271–281.

Lader, M. H. (1970). The unit of quantification of the G.S.R. Journal of Psychosomatic Research, 14, 109–110.

Lader, M. H. (1975). The psychophysiology of mental illness. London: Routledge.

Lader, M. H. (1983). Anxiety and depression. In A. Gale, & J. A. Edwards (Eds.), Physiological correlates of human behaviour, Vol. 3. Individual differences and psychopathology. London: Academic Press.

Lader, M. H., & Petursson, H. (1983). Rational use of anxiolytic/sedative drugs. Drugs, 25, 514–528.

Lader, M. H., & Wing, L. (1964). Habituation of the psycho–galvanic reflex in patients with anxiety states and in normal subjects. Journal of Neurology, Neurosurgery and Psychiatry, 27, 210–218.

Lader, M. H., & Wing, L. (1966). Physiological measures, sedative drugs, and morbid anxiety. London: Oxford University Press.

Lader, M. H., & Wing, L. (1969). Physiological measures in agitated and retarded depressed patients. Journal of Psychiatric Research, 7, 89–100.

Ladpli, R., & Wang, G. H. (1960). Spontaneous variations of skin potentials in footpads of normal striatal and spinal cats. Journal of Neurophysiology, 23, 448–452.

Lang, P. J. (1970). Stimulus control, response control and the desensitization of fear. In D. J. Lewis (Ed.), Learning approaches to therapeutic behavior change. Chigago: Aldine.

Lang, P. J. (1971). The application of psychophysiological methods to the study of psychotherapy and behavior modification. In A. E. Bergin, & S. L. Garfield (Eds.), Handbook of psychotherapy and behavior change. New York: Wiley.

Lang, P. J. (1973). Die Anwendung psychophysiologischer Methoden in Psychotherapie und Verhaltensmodifikation. In N. Birbaumer (Hrsg.), Neuropsychologie der Angst. München: Urban & Schwarzenberg.

Lang, P. J. (1979). A bio–informational theory of emotional imagery. Psychophysiology, 16, 495–512.

Langosch, W., Brodner, G., & Foerster, F. (1983). Psychophysiological testing of postinfarction patients: A study determining the cardiological importance of psychophysiological variables. In T. M. Dembroski, T. H. Schmidt, & G. Blümchen (Eds.), Biobehavioral bases of coronary heart disease. Basel: Karger.

Langworthy, O. R., & Richter, C. P. (1930). The influence of efferent cerebral pathways upon the sympathetic nervous system. Brain, 53, 178–193.

Lanzetta, J. T., Cartwright-Smith, J., & Kleck, R. E. (1976). Effects of nonverbal dissimulation on emotional experience and autonomic arousal. Journal of Personality and Social Psychology, 33, 354–370.

Lapierre, Y. D. (1975). Clinical and physiological assessment of chlorazepate, diazepam and placebo in anxious neurotics. International Journal of Clinical Pharmacology, 11, 315–322.

Lathrop, R. G. (1964). Measurement of analog sequential dependencies. Human Factors, 6, 233–239.

Laux, L. (1981). Psychologische Streßkonzeptionen. In H. Thomae (Hrsg.), Handbuch der Psychologie, Bd. 2: Allgemeine Psychologie: Motivation. Göttingen: Hogrefe.

Lawler, J. C., Davis, M. J., & Griffith, E. C. (1960). Electrical characteristics of the skin: The impedance of the surface sheath and deep tissues. Journal of Investigative Dermatology, 34, 301–308.

Lawler, K. A., Allen, M. T., Critcher, E. C., & Standard, B. A. (1981). The relationship of physiological responses to the coronary–prone behavior pattern in children. Journal of Behavioral Medicine, 4, 203–216.

Lawson, E. A. (1981). Skin conductance responses in Huntington's chorea progeny. Psychophysiology, 18, 32–35.

Lazarus, R. S. (1966). Psychological stress and the coping process. New York: McGraw Hill.

Lazarus, R. S., & Launier, R. (1978). Stress related transactions between person and environment. In L. A. Pervin, & M. Levis (Eds.), Perspectives in interactional psychology. New York: Plenum Press.

Lazarus, R. S., & Opton, E. M. (1966). The study of psychological stress: A summary of theoretical formulations and empirical findings. In C. D. Spielberger (Ed.), Anxiety and behavior. New York: Academic Press.

Legewie, H. (1968). Persönlichkeitstheorie und Psychopharmaka. Meisenheim: Hain.

Legewie, H., & Nusselt, L. (Hrsg.) (1975). Biofeedback–Therapie. München: Urban & Schwarzenberg.

Lenhart, R. E. (1985). Lowered skin conductance in a subsyndromal high–risk depressive sample: Response amplitudes versus tonic levels. Journal of Abnormal Psychology, 94, 649–652.

Leonard, J. P., Podoll, K., Weiler, H.-T., & Lange, H. W. (1984). Habituation der elektrodermalen Orientierungsreaktion in der Diagnostik und Früherkennung der Chorea Huntington. Zeitschrift für Experimentelle und Angewandte Psychologie, 31, 447–463.

Lester, B. K., Burch, N. R., & Dossett, R. C. (1967). Nocturnal EEG–GSR profiles: The influence of presleep states. Psychophysiology, 3, 238–248.

Levander, S. E., Schalling, D. S., Lidberg, L., Bartfai, A., & Lidberg, Y. (1980). Skin conductance recovery time and personality in a group of criminals. Psychophysiology, 17, 105–111.

Leveque, J. L., Corcuff, P., de Rigal, J., & Agache, P. (1984). In vivo studies of the evolution of physical properties of the human skin with age. International Journal of Dermatology, 23, 322–329.

Levey, A. B. (1980). Measurement units in psychophysiology. In I. Martin, & P. H. Venables (Eds.), Techniques in psychophysiology. New York: Wiley.

Levinson, D. F., Edelberg, R., & Bridger, W. H. (1984). The orienting response in schizophrenia: Proposed resolution of a controversy. Biological Psychiatry, 19, 489–507.

Levinson, D. F., & Edelberg, R. (1985). Scoring criteria for response latency and habituation in electrodermal research: A critique. Psychophysiology, 22, 417–426.

Lidberg, L., & Wallin, B. G. (1981). Sympathetic skin nerve discharges in relation to amplitude of skin resistance responses. Psychophysiology, 18, 268–270.

Lindholm, E., & Cheatham, C. M. (1983). Autonomic activity and workload during learning of a simulated aircraft carrier landing task. Aviation, Space, and Environmental Medicine, 54, 435–439.

Lindsley, D. B., Schreiner, L. H., Knowles, W. B., & Magoun, H. W. (1950). Behavioral and EEG changes following chronic brainstem lesions in the cat. Electroencephalography and Clinical Neurophysiology, 2, 483–498.

Lloyd, D. C. (1961). Action potential and secretory potential of sweat glands. Proceedings of the National Academy of Sciences (U.S.A.), 47, 351–358.

Lobstein, T., & Cort, J. (1978). The relationship between skin temperature and skin conductance activity: Indications of genetic and fitness determinants. Biological Psychology, 7, 139–143.

Lockhart, R. A. (1972). Interrelations between amplitude, latency, rise time, and the Edelberg recovery measure of the galvanic skin response. Psychophysiology, 9, 437–442.

Loeb, J., & Mednick, S. A. (1977). A prospective study of predictors of criminality: Electrodermal response patterns. In S. A. Mednick, & K. O. Christiansen (Eds.), Biosocial bases of criminal behavior. New York: Gardener Press.

Löwenstein, W. R. (1956). Modulation of cutaneous receptors by sympathetic stimulation. Journal of Physiology, 132, 40–60.

Lorr, M., O'Connor, J., & Stafford, J. (1960). The psychotic reaction profile. Journal of Clinical Psychology, 16, 241–250.

Lovallo, W. R., & Pishkin, V. (1980). A psychophysiological comparison of Type A and B men exposed to failure and uncontrollable noise. Psychophysiology, 17, 29–36.

Lowry, R. (1977). Active circuits for direct linear measurement of skin resistance and conductance. Psychophysiology, 14, 329–331.

Lüer, G., & Neufeldt, B. (1967). Über Zeit- und Höhenmaße der galvanischen Hautreaktion. Psychologische Forschung, 30, 400–402.

Lüer, G., & Neufeldt, B. (1968). Über den Zusammenhang zwischen Maßen der galvanischen Hautreaktion und Beurteilungen von Reizen durch Versuchspersonen. Zeitschrift für Experimentelle und Angewandte Psychologie, 15, 619–648.

Lüke, H. D. (1979). Signalübertragung. Berlin: Springer.

Lutzenberger, W., Elbert, Th., Rockstroh, B., Birbaumer, N. (1985). Das EEG: Psychophysiologie und Methodik von Spontan-EEG und ereigniskorrelierten Potentialen. Berlin: Springer.

Lykken, D. T. (1959). Properties of electrodes used in electrodermal measurement. Journal of Comparative and Physiological Psychology, 52, 629–634.

Lykken, D. T. (1968). Neuropsychology and psychophysiology in personality research. In E. F. Borgatta, & W. W. Lambert (Eds.), Handbook of personality theory and research, Part 2: Psychophysiological techniques and personality research. Chicago: Rand McNally.

Lykken, D. T. (1971). Square-wave analysis of skin impedance. Psychophysiology, 7, 262–275.

Lykken, D. T. (1981). A tremor in the blood: Uses and abuses of the lie detector. New York: McGraw-Hill.

Lykken, D. T., Macindoe, I., & Tellegen, A. (1972). Preception: Autonomic response to shock as a function of predictability in time and locus. Psychophysiology, 9, 318–333.

Lykken, D. T., Miller, R. D., & Strahan, R. F. (1968). Some properties of skin conductance and potential. Psychophysiology, 5, 253–268.

Lykken, D. T., & Tellegen, A. (1974). On the validity of the preception hypothesis. Psychophysiology, 11, 125–132.

Lykken, D. T., Rose, R., Luther, B., & Maley, M. (1966). Correcting psychophysiological measures for individual differences in range. Psychological Bulletin, 66, 481–484.

Lykken, D. T., & Venables, P. H. (1971). Direct measurement of skin conductance: A proposal for standardization. Psychophysiology, 8, 656–672.

Lynn, R. (1966). Attention, arousal and the orientation reaction. Oxford: Pergamon Press.

Magaro, P. A. (1973). Skin conductance basal level and reactivity in schizophrenia as a function of chronicity, premorbid adjustment, diagnosis, and medication. Journal of Abnormal Psychology, 81, 270–281.

Magliero, A., Gatchel, R. J., & Lojewski, D. (1981). Skin conductance responses to stimulus "energy" decreases following habituation. Psychophysiology, 18, 549–558.

Mahon, M. L., & Iacono, W. G. (1987). Another look at the relationship of electrodermal activity to electrode contact area. Psychophysiology, 24, 216–222.

Malmo, R. B. (1957). Anxiety and behavioral arousal. Psychological Review, 64, 309–319.

Malmo, R. B. (1959). Activation: A neuropsychological dimension. Psychological Review, 66, 367–386.

Malmo, R. B. (1965). Finger-sweat prints in the differentiation of low and high incentive. Psychophysiology, 1, 231–240.

Malmo, R. B., & Smith, A. A. (1951). Responsiveness in chronic schizophrenia. Journal of Personality, 18, 359–375.

Malmstrom, E. J. (1968). The effect of prestimulus variability upon physiological reactivity scores. Psychophysiology, 5, 149–165.

Malten, K. E., & Thiele, F. A. J. (1973). Evaluation of skin damage. British Journal of Dermatology, 89, 565–569.

Maltzman, I. (1979). Orienting reflexes and significance: A reply to O'Gorman. Psychophysiology, 16, 274–282.

Maltzman, I., Gould, J., Barnett, O. J., Raskin, D. C., & Wolff, C. (1979a). Habituation of the GSR and digital vasomotor components of the orienting reflex as a consequence of task instructions and sex differences. Physiological Psychology, 7, 213–220.

Maltzman, I., & Langdon, B. (1982). Novelty and significance as determiners of the GSR index of the orienting reflex. Physiological Psychology, 10, 229–234.

Maltzman, I., Raskin, D. C., & Wolff, C. (1979b). Latent inhibition of the GSR conditioned to words. Physiological Psychology, 7, 193–203.

Mangan, G. L., & O'Gorman, J. G. (1969). Initial amplitude and rate of habituation of orienting reaction in relation to extraversion and neuroticism. Journal of Experimental Research in Personality, 3, 275–282.

Maricq, H. R., & Edelberg, R. (1975). Electrodermal recovery rate in a schizophrenic population. Psychophysiology, 12, 630–633.

Martin, I., & Rust, J. (1976). Habituation and the structure of the electrodermal system. Psychophysiology, 13, 554–562.

Martin, R. B., & Dean, S. J. (1970). Instrumental modification of the GSR. Psychophysiology, 7, 178–185.

Massaro, D. W. (1975). Experimental psychology and information processing. Chicago: Rand McNally.

Maulsby, R. L., & Edelberg, R. (1960). The interrelationship between the galvanic skin response, basal resistance, and temperature. Journal of Comparative and Physiological Psychology, 53, 475–479.

McClendon, J. F., & Hemingway, A. (1930). The psychogalvanic reflex as related to the polarization-capacity of the skin. American Journal of Psychology, 84, 77–83.

McCubbin, R. J., & Katkin, E. S. (1971). Magnitude of the orienting response as a function of extent and quality of stimulus change. Journal of Experimental Psychology, 88, 182–188.

McDonald, D. G., & Carpenter, F. A. (1975). Habituation of the orienting response in sleep. Psychophysiology, 12, 618–623.

McDonald, D. G., Shallenberger, H. D., Koresko, R. L., & Kinzy, B. G. (1976). Studies of spontaneous electrodermal responses in sleep. Psychophysiology, 13, 128–134.

McFarland, R. A. (1981). Physiological psychology: The biology of human behavior. Palo Alto: Mayfield.

McGrath, J. E. (1982). Methodological problems in research on stress. In H. W. Krohne, & L. Laux. (Eds.), Achievement, stress, and anxiety. Washington: Hemisphere.

McGuinness, D. (1973). Cardiovascular responses during habituation and mental activity in anxious men and women. Biological Psychology, 1, 115–124.

McKeever, W. F., & Gill, K. M. (1972). Interhemispheric transfer time for visual stimulus information varies as a function of the retinal locus of stimulation. Psychonomic Science, 26, 308–310.

Mednick, S. A. (1967). The children of schizophrenics: Serious difficulties in current research methodologies which suggest the use of the "high-risk group" method. In J. Romano (Ed.), Origins of schizophrenia. Amsterdam: Excerpta Medica.

Mednick, S. A. (1970). Breakdown in individuals at high risk for schizophrenia: Possible predispositional perinatal factors. Mental Hygiene, 54, 50–63.

Mednick, S. A. (1974). Electrodermal recovery and psychopathology. In S. A. Mednick, F. Schulsinger, J. Higgins, & B. Bell (Eds.), Genetics, environment and psychopathology. Amsterdam: North Holland.

Mednick, S. A., & McNeil, T. F. (1968). Current methodology in research on the etiology of schizophrenia: Serious difficulties which suggest the use of the high-risk-group method. Psychological Bulletin, 70, 681–693.

Mednick, S. A., & Schulsinger, F. (1968). Some premorbid characteristics related to breakdown in children with schizophrenic mothers. In S. Kety, & D. Rosenthal (Eds.), The transmission of schizophrenia. Oxford: Pergamon Press.

Mednick, S. A., & Schulsinger, F. (1973). A learning theory of schizophrenia: Thirteen years later. In M. Hammer, K. Salzinger, & S. Sutton (Eds.), Psychopathology. New York: Wiley.

Mednick, S. A., & Schulsinger, F. (1974). Studies of children at high risk for schizophrenia. In S. A. Mednick, F. Schulsinger, J. Higgins, & B. Bell (Eds.), Genetics, environment, and psychopathology. Amsterdam: North Holland.

Michaels, R. M. (1960). Tension responses of drivers generated on urban streets. Highway Research Board Bulletin, 271, 29–43.

Michaels, R. M. (1962). Effect of expressway design on driver tension responses. Highway Research Board Bulletin, 330, 16–26.

Miezejeski, C. M. (1978). Relationships between behavioral arousal and some components of autonomic arousal. Psychophysiology, 15, 417–421.

Miller, L. H., & Shmavonian, B. H. (1965). Replicability of two GSR indices as a function of stress and cognitive activity. Journal of Personality and Social Psychology, 2, 753–756.

Miller, N. E. (1948). Studies of fear as an aquirable drive: Fear as motivation and fear reduction as reinforcement in learning of new responses. Journal of Experimental Psychology, 38, 89–101.

Miller, N. E. (1969). Learning of visceral and glandular responses. Science, 163, 434–445.

Miller, N. E. (1972). Learning of glandular and visceral responses: Postscript. In D. Singh, & C. T. Morgan (Eds.), Current status of physiological psychology: Readings. Monterey: Brooks/Cole.

Miller, R. M., & Coger, R. W. (1979). Skin conductance conditioning with dyshidrotic eczema patients. British Journal of Dermatology, 101, 435–440.

Miller, S., & Konorski, J. (1928). Sur une farme particulière des reflexes conditionels. Comptes Rendues Société Biologique Paris, 99, 1155–1177.

Millington, P. F., & Wilkinson, R. (1983). Skin. Cambridge: University Press.

Miltner, W., Birbaumer, N., & Gerber, W. D. (1986). Verhaltensmedizin. Berlin: Springer.

Miossec, Y., Catteau, M. C., Freixa i Baqué, E., & Roy, J.-C. (1985). Methodological problems in bilateral electrodermal research. International Journal of Psychophysiology, 2, 247–256.

Mitchell, D. A., & Venables, P. H. (1980). The relationship of EDA to electrode size. Psychophysiology, 17, 408–412.

Moan, E. R. (1979). GSR biofeedback assisted relaxation training and psychosomatic hives. Journal of Behavior Therapy and Experimental Psychiatry, 10, 157–158.

Monat, A., Averill, J. R., & Lazarus, R. S. (1972). Anticipatory stress and coping reactions under various conditions of uncertainty. Journal of Personality and Social Psychology, 24, 237–253.

Montagu, J. D. (1958). The psycho-galvanic reflex: A comparison of AC skin resistance and skin potential changes. Journal of Neurology, Neurosurgery and Psychiatry, 21, 119–128.

Montagu, J. D. (1963). Habituation of the psycho-galvanic reflex during serial tests. Journal of Psychosomatic Research, 7, 199–214.

Montagu, J. D., & Coles, E. M. (1966). Mechanism and measurement of the galvanic skin response. Psychological Bulletin, 65, 261–279.

Montagu, J. D., & Coles, E. M. (1968). Mechanism and measurement of the galvanic skin response: An addendum. Psychological Bulletin, 69, 74–76.

Morrow, L., Vrtunski, P. B., Kim, Y., & Boller, F. (1981). Arousal responses to emotional stimuli and laterality of lesion. Neuropsychologia, 19, 65–71.

Mowrer, O. H. (1947). On the dual nature of learning – a reinterpretation of "conditioning" and "problem solving". Harvard Educational Review, 17, 102–148.

Mowrer, O. H. (1960). Learning theory and behavior. New York: Wiley.

Muthny, F. A. (1984). Elektrodermale Aktivität und palmare Schwitzaktivität als Biosignale der Haut in der psychophysiologischen Grundlagenforschung. Freiburg: Dreisam.

Myrtek, M. (1983). Typ-A-Verhalten: Untersuchungen und Literaturanalysen unter besonderer Berücksichtigung der psychophysiologischen Grundlagen. München: Minerva.

Myrtek, M. (1985). Streß und Typ-A-Verhalten, Risikofaktor der koronaren Herzkrankheit? Eine kritische Bestandsaufnahme. Psychotherapie, Psychosomatik, Medizinische Psychologie, 35, 41–70.

Myrtek, M., Foerster, F., & Wittmann, W. (1977). Das Ausgangswertproblem: Theoretische Überlegungen und empirische Untersuchungen. Zeitschrift für Experimentelle und Angewandte Psychologie, 24, 463–491.

Myrtek, M., & Foerster, F. (1986). The law of initial value: A rare exception. Biological Psychology, 22, 227–237.

Myslobodsky, M. S., & Rattok, J. (1977). Bilateral electrodermal activity in waking man. Acta Psychologica, 41, 273–282.

Neary, R. S., & Zuckerman, M. (1976). Sensation seeking, trait and state anxiety, and the electrodermal orienting response. Psychophysiology, 13, 205–211.

Nebylitsyn, V. D. (1973). Current problems in differential psychophysiology, Soviet Psychology, 11, 47–70.

Neher, E. (1974). Elektronische Meßtechnik in der Physiologie. Berlin: Springer.

Neisser, U. (1967). Cognitive psychology. New York: Appleton.

Netter, P. (1986). Einflußfaktoren auf die zentral-nervöse Wirkung von Beta-Rezeptorenblockern. In W. Janke & P. Netter (Hrsg.), Angst und Psychopharmaka. Stuttgart: Kohlhammer.

Neufeld, R. W. J., & Davidson, P. O. (1974). Sex differences in stress response: A multivariate analysis. Journal of Abnormal Psychology, 83, 178–185.

Neumann, E. (1968). Thermal changes in palmar skin resistance patterns. Psychophysiology, 5, 103–111.

Neumann, E., & Blanton, R. (1970). The early history of electrodermal research. Psychophysiology, 6, 453–475.

Nicolaidis, S., & Sivadjian, J. (1972). High-frequency pulsatile discharge of human sweat glands: Myoepithelial mechanism. Journal of Applied Physiology, 32, 86–90.

Niebauer, G. (1957). Der Aufbau des peripheren neurovegetativen Systems im Epidermal-Dermalbereich. Acta Neurovegetativa, 15, 109–123.

Nielsen, T. C., & Petersen, K. E. (1976). Electrodermal correlates of extraversion, trait anxiety and schizophrenism. Scandinavian Journal of Psychology, 17, 73–80.

Nomikos, M. S., Opton, E., Averill, J. R., & Lazarus, R. S. (1968). Surprise versus suspense in the production of stress reaction. Journal of Personality and Social Psychology, 8, 204–208.

Oberdorfer, G. (1977). Das System internationaler Einheiten SI. Wien: Springer/Leipzig: VEB Fachbuchverlag.

Obrist, P. A. (1963). Skin resistance levels and galvanic skin response: Unilateral differences. Science, 139, 227–228.

Obrist, P. A. (1976). Presidential Address, 1975: The cardiovascular–behavioral interaction – As it appears today. Psychophysiology, 13, 95–107.

Obrist, P. A., Black, F. W., Brener, J., & DiCara, L. W. (Eds.) (1974). Cardiovascular psychophysiology. Chicago: Aldine.

Odland, G. F. (1983). Structure of the skin. In L. A. Goldsmith (Ed.), Biochemistry and physiology of the skin, Vol. 1. New York: Oxford University Press.

Ödman, S. (1981). Potential and impedance variations following skin deformation. Medical and Biological Engineering and Computing, 19, 271–278.

Öhman, A. (1971). Differentiation of conditioned and orienting response components in electrodermal conditioning. Psychophysiology, 8, 7–22.

Öhman, A. (1979). The orienting response, attention, and learning: An information-processing perspective. In H. D. Kimmel, E. H. van Olst, & J. F. Orlebeke (Eds.), The orienting reflex in humans. Hillsdale: Erlbaum.

Öhman, A. (1981). Electrodermal activity and vulnerability to schizophrenia: A review. Biological Psychology, 12, 87–145.

Öhman, A. (1983). The orienting response during Pavlovian conditioning. In D. Siddle (Ed.), Orienting and habituation: Perspectives in human research. Chichester: Wiley.

Öhman, A., & Bohlin, G. (1973). The relationship between spontaneous and stimulus-correlated electrodermal responses in simple and discriminative conditioning paradigms. Psychophysiology, 10, 589–600.

Öhman, A., Erixon, G., & Löfberg, G. (1975). Phobias and preparedness: Phobic versus neutral pictures as conditioned stimuli for human autonomic responses. Journal of Abnormal Psychology, 84, 41–45.

Ogawa, T. (1984). Regional differences in sweating activity. In J. R. S. Hales (Ed.), Thermal Physiology. New York: Raven Press.

O'Gorman, J. G. (1974). A comment on Koriat, Averill, and Malmstrom's "Individual differences in habituation". Journal of Research in Personality, 8, 198–202.

O'Gorman, J. G. (1977). Individual differences in habituation of human physiological responses. A review of theory, method, and findings in the study of personality correlates in non-clinical populations. Biological Psychology, 5, 257–319.

O'Gorman, J. G. (1978). Method of recording: A neglected factor in the controversy over the bimodality of electrodermal responsiveness in schizophrenic samples. Schizophrenia Bulletin, 4, 150–152.

O'Gorman, J. G. (1979). The orienting reflex: Novelty or significance detector? Psychophysiology, 16, 253–262.

O'Gorman, J. G., & Horneman, C. (1979). Consistency of individual differences in non-specific electrodermal activity. Biological Psychology, 9, 13–21.

O'Gorman, J. G., & Siddle, D. A. T. (1981). Effects of question type and experimenter position on bilateral differences in electrodermal activity and conjugate lateral eye movements. Acta Psychologica, 49, 43–51.

Olds, J., & Olds, M. E. (1965). Drives, rewards, and the brain. In M. Newcombs (Ed.), New directions in psychology. New York: Holt.

Orfanos, C. E. (1972). Feinstrukturelle Morphologie und Histopathologie der verhornenden Epidermis. Stuttgart: Thieme.

Orlebeke, J. F., & van Olst, E. H. (1968). Learning and performance as a function of CS–intensity in a delayed GSR conditioning situation. Journal of Experimental Psychology, 77, 483–487.

Oscar-Berman, M., & Gade, A. (1979). Electrodermal measures of arousal in humans with cortical or subcortical brain damage. In H. D. Kimmel, E. H. van Olst, & J. F. Orlebeke (Eds.), The orienting reflex in humans. Hillsdale: Erlbaum.

Ottmann, W., Rutenfranz, J., Neidhard, B., & Boucsein W. (1987). On catecholamine excretion and electrodermal activity. Paper presented at the 8th International Symposium on Night- and Shiftwork, June 1987 in Kraków (Poland).

Overall, J., & Gorham, D. (1962). The brief psychiatric rating scale. Psychological Reports, 10, 799–812.

Overall, J. E., & Woodward, J. A. (1977). Nonrandom assignment and the analysis of covariance. Psychological Bulletin, 84, 588–594.

Overmier, J. B. (1985). Toward a reanalysis of the causal structure of the learned helplessness syndrome. In F. R. Brush, & J. B. Overmier (Eds.), Affect, conditioning, and cognition: Essays on the determinants of behavior. Hillsdale: Erlbaum.

Paintal, A. S. (1951). A comparison of the galvanic skin responses of normals and psychotics. Journal of Experimental Psychology, 41, 425–428.

Papez, J. W. (1937). A proposed mechanism of emotion. Archives of Neurology and Psychiatry, 38, 725–743.

Pasquali, E., & Roveri, R. (1971). Measurement of the electrical skin resistance during skin drilling. Psychophysiology, 8, 236–238.

Patel, C. H. (1977). Biofeedback–aided relaxation and meditation in the management of hypertension. Biofeedback and Self Regulation, 2, 1–41.

Patterson, T., & Venables, P. H. (1981). Bilateral skin conductance and the pupillary light–dark reflex: Manipulation by chlorpromazine, haloperidol, scopolamine, and placebo. Psychopharmacology, 73, 63–69.

Pavlov, I. P. (1927). Conditioned reflexes. An investigation of the physiological activity of the cerebral cortex. New York: Oxford University Press.

Pawlik, K. (1968). Dimensionen des Verhaltens. Bern: Huber.

Peeke, S. C., & Grings, W. W. (1968). Magnitude of UCR as a function of variability in the CS–UCS relationship. Journal of Experimental Psychology, 77, 64–69.

Pennebaker, J. W., & Chew, C. H. (1985). Behavioral inhibition and electrodermal activity during deception. Journal of Personality and Social Psychology, 49, 1427–1433.

Peters, T. (1974). Mentale Beanspruchung von Büroangestellten im Schreibdienst und bei Vorzimmertätigkeit. Zentralblatt für Arbeitsmedizin und Arbeitsschutz, 24, 197–207.

Petrinovich, L. (1973). A species–meaningful analysis of habituation. In H. V. S. Peeke, & M. J. Herz (Eds.), Habituation, Vol. 1: Behavioral studies. New York: Academic Press.

Phillips, K. C., Evans, P. D., & Fearn, J. M. (1986). Heart rate and skin conductance correlates of monitoring or distraction as strategies for "coping". In D. Papakostopoulos, S. Butler, & I. Martin (Eds.), Clinical and experimental neuropsychophysiology. Dover: Croom Helm.

Pinkus, H. (1952). Examination of the epidermis by the strip method: II. Biometric data on regeneration of the human epidermis. Journal of Investigative Dermatology, 19, 431–447.

Plutchik, R. (1980). Emotion – a psychoevolutionary synthesis. New York: Harper & Row.

Plutchik, R., & Hirsch, H. R. (1963). Skin impedance and phase angle as a function of frequency and current. Science, 141, 927–928.

Pollack, S. V. (1985). The aging skin. Journal of the Jacksonville, Florida Medical Association, 72, 245–248.

Posner, M. I. (1975). Psychobiology of attention. In M. S. Gazzaniga, & C. Blakemore (Eds.), Handbook of psychobiology. New York: Academic Press.

Preston, B. (1969). Insurance classifications and drivers' galvanic skin response. Ergonomics, 12, 437–446.

Pribram, K. H. (1980). The biology of emotions and other feelings. In R. Plutchik, & H. Kellerman (Eds.), Emotion: Theory, research, and experience, Vol. 1. Theories of emotion. New York: Academic Press.

Pribram, K. H., & McGuinness, D. (1975). Arousal, activation, and effort in the control of attention. Psychological Review, 82, 116–149.

Pribram, K. H., & McGuinness, D. (1976). Arousal, Aktivierung und Anstrengung: Gesonderte neurale Systeme. Zeitschrift für Psychologie, 184, 382–403.

Price, K. P., & Clarke, L. K. (1978). Behavioral and psychophysiological correlates of the coronary-prone personality: New data and unanswered questions. Journal of Psychosomatic Research, 22, 409–417.

Prior, M. G., Cumming, G., & Hendy, J. (1984). Recognition of abstract and concrete words in a dichotic listening paradigm. Cortex, 20, 149–157.

Prokasy, W. F., & Ebel, H. C. (1967). Three components of the classically conditioned GSR in human subjects. Journal of Experimental Psychology, 73, 247–256.

Prokasy, W. F., & Kumpfer, K. L. (1973). Classical conditioning. In W. F. Prokasy, & D. C. Raskin (Eds.), Electrodermal activity in psychological research. New York: Academic Press.

Prokasy, W. F., & Raskin, D. C. (Eds.) (1973). Electrodermal activity in psychological research. New York: Academic Press.

Pugh, L. A., Oldroyd, C. A., Ray, T. S., & Clark, M. L. (1966). Muscular effort and electrodermal responses. Journal of Experimental Psychology, 71, 241–248.

Purohit, A. P. (1966). Personality variables, sex differences, GSR responsiveness and GSR conditioning. Journal of Experimental Research in Personality, 1, 165–179.

Rachman, S. (1960). Reliability of galvanic skin response measures. Psychological Reports, 6, 326.

Raine, A., & Venables, P. H. (1981). Classical conditioning and socialization – a biosocial interaction. Personality and Individual Differences, 2, 273–283.

Raine, A., & Venables, P. H. (1984). Electrodermal nonresponding, antisocial behavior, and schizoid tendencies in adolescents. Psychophysiology, 21, 424–433.

Rajamanickam, M., & Gnanaguru, K. (1981). Physiological correlates of personality. Psychological Studies, 26, 41–43.

Rakov, G. V., & Fadeev, Y. A. (1986). Assessment of emotional stress during work activity by system analysis of the galvanic skin reflex. Human Physiology, 11, 215–220.

Ramm, B., & Hahn, N. (1974). Physikalische Grundlagen der Physiologie. Stuttgart: Thieme.

Rappaport, H., & Katkin, E. S. (1972). Relationships among manifest anxiety, response to stress, and the perception of autonomic activity. Journal of Consulting and Clinical Psychology, 38, 219–224.

Raskin, D. C. (1969). Semantic conditioning and generalization of autonomic responses. Journal of Experimental Psychology, 79, 69–76.

Raskin, D. C. (1973). Attention and arousal. In W. F. Prokasy, & D. C. Raskin (Eds.), Electrodermal activity in psychological research. New York: Academic Press.

Raskin, D. C. (1979). Orienting and defensive reflexes in the detection of deception. In H. D. Kimmel, E. H. van Olst, & J. F. Orlebeke (Eds.), The orienting reflex in humans. Hillsdale: Erlbaum.

Raskin, D. C. (1981). Science, competence and polygraph techniques. Criminal Defense, 8, 11–18.

Raskin, D. C., Kotses, H., & Bever, J. (1969). Autonomic indicators of orienting and defensive reflexes. Journal of Experimental Psychology, 3, 423–433.

Raskin, M. (1975). Decreased skin conductance response habituation in chronically anxious patients. Biological Psychology, 2, 309–319.

Reid, J. E., & Inbau, F. E. (1977). Truth and deception: The polygraph ("lie detection") technique. Baltimore: Williams & Wilkins.

Rescorla, R. A. (1967). Pavlovian conditioning and its proper control procedures. Psychological Review, 74, 71–80.

Rickels, K. (1978). Use of antianxiety agents in anxious outpatients. Psychopharmacology, 58, 1–17.

Rickles, W. H., & Day, J. L. (1968). Electrodermal activity in non-palmar skin sites. Psychophysiology, 4, 421–435.

Ridgeway, D., & Hare, R. D. (1981). Sensation seeking and psychophysiological responses to auditory stimulation. Psychophysiology, 18, 613–618.

Riley, L. H., & Richter, C. P. (1975). Uses of the electrical skin resistance method in the study of patients with neck and upper extremity pain. The Johns Hopkins Medical Journal, 137, 69–74.

Rizzolatti, G., & Buchtel, H. A. (1977). Hemispheric superiority in reaction time to faces: A sex difference. Cortex, 13, 300–305.

Roberts, L. E. (1974). Comparative psychophysiology of the electrodermal and cardiac control systems. In P. A. Obrist, A. H. Black, J. Brener, & L. V. DiCara (Eds.), Cardiovascular Psychophysiology. Chicago: Aldine.

Roberts, L. E. (1977). The role of exteroceptive feedback in learned electrodermal and cardiac control: Some attractions of and problems with discrimination theory. In J. Beatty, & H. Legewie (Eds.), Biofeedback and behavior. New York: Plenum Press.

Rockstroh, S., Foerster, F., & Müller, W. (1985). Herzfrequenz-Verläufe im Schlaf. Auswertung, Verlaufstypen und Korrelationen. Freiburg, Forschungsbericht des Psychologischen Instituts, Nr. 20.

Rodnick, E. H. (1937). Characteristics of delayed and trace conditioned responses. Journal of Experimental Psychology, 20, 409–424.
Rösler, F. (1982). Hirnelektrische Korrelate kognitiver Prozesse. Berlin: Springer.
Rösler, F. (1983). Psychophysiologisch orientierte Forschungsstrategien in der Differentiellen und Diagnostischen Psychologie: I. Zur Konzeption des psychophysiologischen Untersuchungsansatzes. Zeitschrift für Differentielle und Diagnostische Psychologie, 4, 283–299.
Rohmert, W., & Rutenfranz, J. (Hrsg.) (1983). Praktische Arbeitsphysiologie. Stuttgart: Thieme.
Rommelspacher, H. (1981). The beta–carbolines (harmanes): A new class of endogenous compounds: Their relevance for the pathogenesis and treatment of psychiatric and neurological diseases. Pharmacopsychiatry, 14, 117–125.
Rosenman, R. H., Friedman, M., Straus, R., Wurm, M., Jenkins, C. D., & Messinger, H. B. (1966). Coronary heart disease in the Western Collaborative Group Study. A follow–up experience of two years. Journal of the American Medical Association, 195, 130–136.
Routtenberg, A. (1968). The two–arousal hypothesis: Reticular formation and limbic system. Psychological Review, 75, 51–80.
Routtenberg, A. (1971). Stimulus processing and response execution: A neurobehavioral theory. Physiology and Behavior, 6, 589–596.
Roy, J.-C., Sequeira-Martinho, A. H., & Brochard, J. (1984). Pyramidal control of skin potential responses in the cat. Experimental Brain Research, 54, 283–288.
Rubens, R., & Lapidus, L. B. (1978). Schizophrenic patterns of arousal and stimulus barrier functioning. Journal of Abnormal Psychology, 87, 199–211.
Rutenfranz, J. (1955). Zur Frage einer Tagesrhythmik des elektrischen Hautwiderstandes beim Menschen. Internationale Zeitschrift für angewandte Physiologie einschließlich Arbeitsphysiologie, 16, 152–172.
Rutenfranz, J. (1958). Der Widerstand der Haut gegenüber schwachen elektrischen Strömen. Der Hautarzt, 9, 289–299.
Rutenfranz, J., Rieve, G., & Broili, S. (1962). Über die Bedeutung der lokalen Hautdurchfeuchtung für Wechselstromwiderstand und Kapazität der Haut. Internationale Zeitschrift für angewandte Physiologie einschließlich Arbeitsphysiologie, 19, 364–386.
Rutenfranz, J., & Wenzel, H. G. (1958). Über quantitative Zusammenhänge zwischen Wasserabgabe, Wechselstromwiderstand und Kapazität der Haut bei körperlicher Arbeit und unter verschiedenen Raumtemperaturen. Internationale Zeitschrift für angewandte Physiologie einschließlich Arbeitsphysiologie, 17, 155–176.

Sachse, R. (1979). Praxis der Verhaltensanalyse. Stuttgart: Kohlhammer.
Sagberg, F. (1980). Dependence of EDR recovery times and other electrodermal measures on scale of measurement: A methodological clarification. Psychophysiology, 17, 506–509.
Salter, D. C. (1979). Quantifying skin disease and healing in vivo using electrical impedance measurements. In P. Rolfe (Ed.), Non–invasive physiological measurements, Vol. 1. London: Academic Press.

Salter, D. C. (1981). Alternating current electrical properties of human skin measured in vivo. In R. Marks, & P. A. Payne (Eds.), Bioengineering and the skin. Lancaster: MTP Press.

Salzman, L. F., & Klein, R. H. (1978). Habituation and conditioning of electrodermal responses in high–risk children. Schizophrenia Bulletin, 4, 210–222.

Sartory, G. (1983). The orienting response and psychopathology: Anxiety and phobias. In D. Siddle (Ed.), Orienting and habituation: Perspectives in human research. Chichester: Wiley.

Sato, K. (1983). The physiology and pharmacology of the eccrine sweat gland. In L. A. Goldsmith (Ed.), Biochemistry and physiology of the skin, Vol. 1. New York: Oxford University Press.

Schachter, S., & Singer, J.E. (1962). Cognitive, social and physiological determinants of emotional state. Psychological Review, 69, 379–399.

Schaefer, F., Kuhmann, W., Boucsein, W., & Alexander, J. (1986). Beanspruchung durch Bildschirmtätigkeit bei experimentell variierten Systemresponsezeiten. Zeitschrift für Arbeitswissenschaft, 40 (12 NF), 31–38.

Schandry, R. (1978). Habituation psychophysiologischer Größen in Abhängigkeit von der Reizintensität. München: Minerva.

Schandry, R. (1981). Psychophysiologie: Körperliche Indikatoren menschlichen Verhaltens. München: Urban & Schwarzenberg.

Scherer, K. R. (1981). Wider die Vernachlässigung der Emotion in der Psychologie. In W. Michaelis (Hrsg.), Bericht über den 32. Kongreß der Deutschen Gesellschaft für Psychologie in Zürich, 1980. Göttingen: Hogrefe.

Scherer, K. R., Wallbott, H. G., Tolkmitt, F. J., & Bergmann, G. (1985). Die Streßreaktion: Physiologie und Verhalten. Göttingen: Hogrefe.

Schiebler, T. H. (Hrsg.) (1977). Lehrbuch der gesamten Anatomie des Menschen. Berlin: Springer.

Schiffter, R., & Pohl, P. (1972). Zum Verlauf der absteigenden zentralen Sympathikusbahn. Archiv für Psychiatrie und Nervenkrankheiten, 216, 379–392.

Schiffter, R., & Schliack, H. (1968). Das sog. Geschmacksschwitzen. Fortschritte in Neurologie und Psychiatrie, 36, 262–274.

Schliack, H., & Schiffter, R. (1979). Neurophysiologie und Pathophysiologie der Schweißsekretion. In E. Schwarz, H. W. Spier, & G. Stüttgen (Hrsg.), Handbuch der Haut- und Geschlechtskrankheiten, Bd.1/4 A: Normale und pathologische Physiologie der Haut II. Berlin: Springer.

Schmidt, R. F. (1980). Motorische Systeme. In R. F. Schmidt, & G. Thews (Hrsg.), Physiologie des Menschen. Berlin: Springer.

Schneider, R. (1987). Ein mathematisches Modell der Hautleitfähigkeit. Vortrag, gehalten auf der 4. Gießener Sommerakademie in Schloß Rauischholzhausen.

Schneider, R. E., & Fowles, D. C. (1978). A convenient, non–hydrating electrolyte medium for the measurement of electrodermal activity. Psychophysiology, 15, 483–486.

Schneider, S. J. (1982). Electrodermal activity and therapeutic response to neuroleptic treatment in chronic schizophrenic in patients. Psychological Medicine, 12, 607–613.

Schönpflug, W. (1979). Regulation und Fehlregulation im Verhalten: I. Verhaltensstruktur, Effizienz und Belastung – theoretische Grundlage eines Untersuchungsprogramms. Psychologische Beiträge, 21, 174–202.
Schönpflug, W., Deusinger, I. M., & Nitsch, F. (1966). Höhen- und Zeitmaße der psychogalvanischen Reaktion. Psychologische Forschung, 29, 1–21.
Schulz, H. (1984). Methoden der Schlafforschung. Internist, 25, 523–530.
Schulz, I., Ullrich, K. J., Frömter, E., Holzgreve, H., Frick, A., & Hegel, U. (1965). Mikropunktion und elektrische Potentialmessung an Schweißdrüsen des Menschen. Pflügers Archiv für die gesamte Physiologie, 284, 360–372.
Schuri, U., & von Cramon, D. (1979). Autonomic responses to meaningful and non-meaningful auditory stimuli in coma. Archiv für Psychiatrie und Nervenkrankheiten, 227, 143–149.
Schuri, U., & von Cramon, D. (1980). Autonomic and behavioral responses in coma due to drug overdose. Psychophysiology, 17, 253–258.
Schuri, U., & von Cramon, D. (1981). Electrodermal responses to auditory stimuli with different significance in neurological patients. Psychophysiology, 18, 248–251.
Schuri, U., & von Cramon, D. (1982). Electrodermal response patterns in neurological patients with disturbed vigilance. Behavioural Brain Research, 4, 95–102.
Schwan, H. P. (1963). Determination of biological impedances. In W. L. Nastuk (Ed.), Physical techniques in biological research, Vol. 6. New York: Academic Press.
Schwartz, G. E., & Shapiro, D. (1973). Social Psychophysiology. In W. F. Prokasy, & D. C. Raskin (Eds.), Electrodermal activity in psychological research. New York: Academic Press.
Seligman, L. (1975). Skin potential as an indicator of emotion. Journal of Counseling Psychology, 22, 489–493.
Seligman, M. E. P. (1969). Control group and conditioning: A comment on operationism. Psychological Review, 76, 484–491.
Seligman, M. E. P. (1971). Phobias and preparedness. Behavior Therapy, 2, 307–320.
Selye, H. (1976). The stress of life. New York: McGraw-Hill.
Shackel, B. (1959). Skin-drilling: A method of diminishing galvanic skin potentials. American Journal of Psychology, 72, 114–121.
Shapiro, D. (1977). Presidential address, 1976: A monologue on biofeedback and psychophysiology. Psychophysiology, 14, 213–227.
Shapiro, D., & Leiderman, P. H. (1964). Studies on the galvanic skin potential level: Some statistical properties. Journal of Psychosomatic Research, 7, 269–275.
Sharpless, D., & Jasper, H. (1956). Habituation of the arousal reaction. Brain, 79, 655–681.
Shields, S. A., MacDowell, K. A., Fairchild, S. B., & Campbell, M. L. (1987). Is mediation of sweating cholinergic, adrenergic, or both? A comment of the literature. Psychophysiology, 24, 312–319.
Shmavonian, B. M., & Busse, E. W. (1963). Psychophysiologic techniques in the study of the aged. In R. Williams, C. Tibbits, & W. Donahue (Eds.), Processes of aging. New York: Atherton Press.

Shmavonian, B. M., Miller, L. H., & Cohen, S. I. (1968). Differences among age and sex groups in electrodermal conditioning. Psychophysiology, 5, 119–131.

Shmavonian, B. M., Yarmat, A. J., & Cohen, S. I. (1965). Relationship between the autonomic nervous system and central nervous system in age differences in behavior. In A. T. Welford, & J. E. Birren (Eds.), Aging and the nervous system. Springfield: Thomas.

Siddle, D. A. T. (1972). Vigilance decrement and speed of habituation of the GSR component of the orienting response. British Journal of Psychology, 63, 191–194.

Siddle, D. A. T. (1977). Electrodermal activity and psychopathy. In S. A. Mednick, & K. O. Christiansen (Eds.), Biosocial bases of criminal behavior. New York: Gardener Press.

Siddle, D. (Ed.) (1983). Orienting and habituation: Perspectives in human research. Chichester: Wiley.

Siddle, D. A. T. (1985). Effects of stimulus omission and stimulus change on dishabituation of the skin conductance response. Journal of Experimental Psychology: Learning, Memory and Cognition, 11, 206–216.

Siddle, D. A. T., & Heron, P. A. (1976). Reliability of electrodermal habituation measures under two conditions of stimulus intensity. Journal of Research in Personality, 10, 195–200.

Siddle, D. A. T. & Hirschhorn, T. (1986). Effects of stimulus omission and stimulus novelty on dishabituation of the skin conductance response. Psychophysiology, 23, 309–314.

Siddle, D. A. T., Kuiack, M., & Kroese, B. S. (1983a). The orienting reflex. In A. Gale, & J. A. Edwards (Eds.), Physiological correlates of human behaviour, Vol. 2. Attention and performance. London: Academic Press.

Siddle, D. A. T., O'Gorman, J. G., & Wood, L. (1979). Effects of electrodermal lability and stimulus significance on electrodermal response amplitude to stimulus change. Psychophysiology, 16, 520–527.

Siddle, D. A. T., Remington, B., Kuiack, M., & Haines, E. (1983c). Stimulus omission and dishabituation of the skin conductance response. Psychophysiology, 20, 136–145.

Siddle, D. A. T. & Remington, B. (1987). Latent inhibition and human Pavlovian conditioning: Research and relevance. In G. Davey (Ed.), Conditioning in humans. Chichester: Wiley.

Siddle, D., Stephenson, D., & Spinks, J. A. (1983b). Elicitation and habituation of the orienting response. In D. Siddle (Ed.), Orienting and habituation: Perspectives in human research. Chichester: Wiley.

Siddle, D. A. T., Turpin, G., Spinks, J. A., & Stephenson, D. (1980). Peripheral measures. In H. M. van Praag, M. H. Lader, O. J. Rafaelsen, & E. J. Sachar (Eds.), Handbook of biological psychiatry, Part 2. Brain mechanisms and abnormal behavior – psychophysiology. New York: Dekker.

Silverman, A. J., Cohen, S. I., & Shmavonian, B. M. (1958). Psychophysiologic response specivity in the elderly. Journal of Gerontology, 5, 443.

Silverman, A. J., Cohen, S. I., & Shmavonian, B. M. (1959). Investigation of psychophysiological relationships with skin resistance measures. Journal of Psychosomatic Research, 4, 65–87.

Simon, W. R., & Homoth, R. W. G. (1978). An automatic voltage suppressor for the measurement of electrodermal activity. Psychophysiology, 15, 502–505.

Smith, B. D., Gatchel, R. J., Korman, M., & Satter, S. (1979). EEG and autonomic responding to verbal, spatial and emotionally arousing tasks: Differences among adults, adolescents and inhalant abusers. Biological Psychology, 9, 189–200.

Smith, B. D., Ketterer, M. W., & Concannon, M. (1981). Bilateral electrodermal activity as a function of hemispheric stimulation, hand preference, sex, and familial handedness. Biological Psychology, 12, 1–11.

Smith, B. D., Wilson, R. J., & Jones, B. E. (1983). Extraversion and multiple levels of caffeine–induced arousal: Effects on overhabituation and dishabituation. Psychophysiology, 20, 29–34.

Smith, B. D., Wilson, R. J., & Davidson, R. (1984). Electrodermal activity and extraversion: Caffeine, preparatory signal and stimulus intensity effects. Personality and Individual Differences, 5, 59–65.

Sokolov, E. N. (1960). Neuronal models in the orienting reflex. In M. A. Brazier (Ed.), The central nervous system and behavior. New York: Macy Foundation.

Sokolov, E. N. (1963). Perception and the conditioned reflex. Oxford: Pergamon Press.

Sokolov, E. N. (1966). Orienting reflex as information regulator. In A. N. Leontiev, A. R. Luria, E. N. Sokolov, & O. S. Vinogradova (Eds.), Psychological research in the USSR, Vol. 1. Moscow: Progress Publishers.

Solanto, M. V., & Katkin, E. S. (1979). Classical EDR conditioning using a truly random control and subjects differing in electrodermal lability level. Bulletin of the Psychonomic Society, 14, 49–52.

Solomon, K., & Hart, R. (1978). Pitfalls and prospects in clinical research on antianxiety drugs: Benzodiazepines and placebo: A research review. Journal of Clinical Psychiatry, 39, 823–831.

Sorgatz, H. (1978). Components of skin impedance level. Biological Psychology, 6, 121–125.

Sorgatz, H., & Pufe, P. (1978). Die differentielle Reagibilität der elektrodermalen Aktivität für aversive Reize. Zeitschrift für Experimentelle und Angewandte Psychologie, 3, 465–473.

Sostek, A. J. (1978). Effects of electrodermal lability and payoff instructions on vigilance performance. Psychophysiology, 15, 561–568.

Speisman, J. C., Osborn, J., & Lazarus, R. S. (1961). Cluster analysis of skin resistance and heart rate at rest and under stress. Psychosomatic Medicine, 23, 323–343.

Spiegel, E. A., & Hunsicker, W. C. (1936). The conduction of cortical impulses to the autonomic system. Journal of Nervous and Mental Disease, 83, 252–274.

Spielberger, C. D., Gorsuch, R. L., & Lushene, R. E. (1970). STAI, Manual for the State–Trait–Anxiety–Inventory. Palo Alto: Consulting Psychology Press.

Spinks, J. A., & Siddle, D. (1983). The functional significance of the orienting response. In D. Siddle (Ed.), Orienting and habituation: Perspectives in human research. Chichester: Wiley.

Spitzer, R. L., Endicott, J., & Robins, E. (1977). Research diagnostic criteria (RDC) for a selected group of functional disorders. New York: Biometrics Research.

Spohn, H. E., & Patterson, T. (1979). Recent studies of psychophysiology in schizophrenia. Schizophrenia Bulletin, 5, 581–611.

Spohn, H. E., Thetford, P. E., & Cancro, R. (1971). The effects of phenothiazine medication on skin conductance and heart rate in schizophrenic patients. Journal of Nervous and Mental Disease, 152, 129–139.

Springer, S. P. (1977). Tachistoscopic and dichotic listening investigations of laterality in normal human subjects. In S. Harnad, R. W. Doty, L. Goldstein, J. Jaynes, & G. Krauthamer (Eds.), Lateralization in the nervous system. New York: Academic Press.

Springer, S. P., & Deutsch, G. (1981). Left brain, right brain. San Francisco: Freeman.

Steigleder, G. K. (1983). Dermatologie und Venerologie. Stuttgart: Thieme.

Stellar, J. R., & Stellar, E. (1985). The neurobiology of motivation and reward. New York: Springer.

Steller, M. (1983). Psychophysiologische Aussagebeurteilung – Zum Stand der wissenschaftlichen "Lügendetektion". Psychologische Beiträge, 25, 459–493.

Steller, M. (1987). Psychophysiologische Aussagebeurteilung. Wissenschaftliche Grundlagen und Anwendungsmöglichkeiten der "Lügendetektion". Göttingen: Hogrefe.

Stelmack, R. M. (1981). The psychophysiology of extraversion and neuroticism. In H. J. Eysenck (Ed.), A model for personality. New York: Springer.

Stelmack, R. M., Plouffe, L., & Falkenberg, W. (1983b). Extraversion, sensation seeking and electrodermal response: Probing a paradox. Personality and Individual Differences, 4, 607–614.

Stelmack, R. M., Plouffe, L. M., & Winogron, H. W. (1983a). Recognition memory and the orienting response: An analysis of the encoding of pictures and words. Biological Psychology, 16, 49–63.

Stemmler, G. (1984). Psychophysiologische Emotionsmuster. Frankfurt: Peter Lang.

Stemmler, G. (1987). Standardization within subjects: A critique of Ben-Shakhar's conclusions. Psychophysiology, 24, 243–246.

Stephens, W. G. S. (1963). The current–voltage relationship in human skin. Medical, Electronics and Biological Engineering, 1, 389–399.

Stephenson, D., & Siddle, D. A. T. (1976). Effects of "below–zero" habituation on the electrodermal orienting response to a test stimulus. Psychophysiology, 13, 10–15.

Stephenson, D., & Siddle, D. A. T. (1983). Theories of habituation. In D. Siddle (Ed.), Orienting and habituation: Perspectives in human research. Chichester: Wiley.

Steptoe, A., Melville, D., & Ross, A. (1984). Behavioral response demands, cardiovascular reactivity, and essential hypertension. Pyschosomatic Medicine, 46, 33–48.

Steptoe, A., & Ross, A. (1981). Psychophysiological reactivity and the prediction of cardiovascular disorders. Journal of Psychosomatic Research, 25, 23–31.

Stern, J. A., & Janes, C. L. (1973). Personality and psychopathology. In W. F. Prokasy, & D. C. Raskin (Eds.), Electrodermal activity in psychological research. New York: Academic Press.

Stern, J. A., & Walrath, L. C. (1977). Orienting responses and conditioning of electrodermal responses. Psychophysiology, 14, 334–342.

Stern, R. M., & Anschel, C. (1968). Deep inspirations as stimuli for responses of the autonomic nervous system. Psychophysiology, 5, 132–141.

Stocksmeier, U., & Langosch, W. (1973). Die Galvanische Hautreaktion bei inneren Erkrankungen. Göttingen: Hogrefe.

Storrie, M. C., Doerr, H. O., & Johnson, M. H. (1981). Skin conductance characteristics of depressed subjects before and after therapeutic intervention. Journal of Nervous and Mental Disease, 169, 176–179.

Straube, E. R. (1979). On the meaning of electrodermal nonresponding in schizophrenia. Journal of Nervous and Mental Disease, 167, 601–611.

Strian, F. (Hrsg.) (1983). Angst. Grundlagen und Klinik. Ein Handbuch zur Psychiatrie und medizinischen Psychologie. Berlin: Springer.

Stüttgen, G., & Forssmann, W. G. (1981). Pharmacology of the microvasculature of the skin. In G. Stüttgen, H. W. Spier, & E. Schwarz (Hrsg.), Handbuch der Haut- und Geschlechtskrankheiten, Bd. 1/4B: Normale und pathologische Physiologie der Haut III. Berlin: Springer.

Surwillo, W. W. (1967). The influence of some psychological factors on latency of the galvanic skin reflex. Psychophysiology, 4, 223–228.

Surwit, R. S., & Poser, E. G. (1974). Latent inhibition in the conditioned electrodermal response. Journal of Comparative and Physiological Psychology, 86, 543–548.

Takagi, K., & Nakayama, T. (1959). Peripheral effector mechanism of galvanic skin reflex. Japanese Journal of Physiology, 9, 1–7.

Tarchanoff, J. (1889). Décharges électriques dans la peau de l'homme sous l'influence de l'excitation des organes des sens et de différentes formes d'activité psychique. Comptes Rendus des Seances de la Société de Biologie, 41, 447–451.

Taylor, D. H. (1964). Drivers' galvanic skin response and the risk of accident. Ergonomics, 7, 439–451.

Taylor, J. A. (1953). A personality scale of manifest anxiety. Journal of Abnormal and Social Psychology, 48, 285–290.

Teplow, B. M., & Nebylitsyn, V. D. (1971). Eigenschaften und Typen des Nervensystems. In T. Kussmann, & H. Kölling (Hrsg.), Biologie und Verhalten. Bern: Huber.

Terzian, H., Cecotto, C. (1959). Su un nuovo metodo per la determinazione e lo studio della dominanza emisferica. Giornale Psichiatria e Neuropathologia, 87, 889–924.

Tharp, M. D. (1983). Adrenergic receptors in the skin. In L. A. Goldsmith (Ed.), Biochemistry and physiology of the skin, Vol. 2. New York: Oxford University Press.

Thetford, P. E., Klemme, M. E., & Spohn, H. E. (1968). Skin potential, heart rate, and the span of immediate memory. Psychophysiology, 5, 166–177.

Thiele, F. A. J. (1981a). The functions of the atrichial (human) sweat gland. In G. Stüttgen, H. W. Spier, & E. Schwarz (Hrsg.), Handbuch der Haut- und Geschlechtskrankheiten, Bd. 1/4B: Normale und pathologische Physiologie der Haut III. Berlin: Springer.

Thiele, F. A. J. (1981b). The sweat gland and the stratum corneum. In G. Stüttgen, H. W. Spier, & E. Schwarz (Hrsg.), Handbuch der Haut- und Geschlechtskrankheiten, Bd. 1/4B: Normale und pathologische Physiologie der Haut III. Berlin: Springer.

Thom, E. (1977). Zwei Anmerkungen zur Hautleitfähigkeitsmessung. Heidelberg: Unveröffentlichter Beitrag zur 6. Arbeitstagung Psychophysiologische Methodik.

Thomas, P. E., & Korr, I. M. (1957). Relationship between sweat gland activity and electrical resistance of the skin. Journal of Applied Physiology, 10, 505–510.

Thompson, J. K., & Adams, H. E. (1984). Psychophysiological characteristics of headache patients. Pain, 18, 41–52.

Thompson, R. F., Groves, P. M., Teyler, T. J., & Roemer, R. A. (1973). A dual-process theory of habituation: Theory and behavior. In H. V. S. Peeke, & M. J. Herz (Eds.), Habituation, Vol. 1: Behavioral studies. New York: Academic Press.

Thompson, R. F., & Spencer, W. A. (1966). Habituation: A model phenomenon for the study of neuronal substrates of behavior. Psychological Review, 73, 16–43.

Thorpe, W. M. (1969). Learning and instinct in animals. London: Methuen.

Tranel, D. T. (1983). The effects of monetary incentive and frustrative nonreward on heart rate and electrodermal activity. Psychophysiology, 20, 652–657.

Tranel, D. T., Fisher, A. E., & Fowles, D. C. (1982). Magnitude of incentive effects on heart rate. Psychophysiology, 19, 514–519.

Trasler, G. (1973). Criminal behaviour. In H. J. Eysenck (Ed.), Handbook of abnormal psychology. London: Pitman.

Traxel, W. (1957). Über das Zeitmaß der psychogalvanischen Reaktion. Zeitschrift für Psychologie, 161, 282–291.

Traxel, W. (1960). Die Möglichkeit einer objektiven Messung der Stärke von Gefühlen. Psychologische Forschung, 26, 75–90.

Tregear, R. T. (1966). Physical functions of skin. London: Academic Press.

Tucker, D. M. (1981). Lateral brain function, emotion and conceptualization. Psychological Bulletin, 89, 19–46.

Turpin, G. (1979). A psychobiological approach to the differentiation of orienting and defense responses. In H. D. Kimmel, E. H. van Olst, & J. F. Orlebeke (Eds.), The orienting reflex in humans. Hillsdale: Erlbaum.

Turpin, G. (1983). Unconditioned reflexes and the autonomic nervous system. In D. Siddle (Ed.), Orienting and habituation: Perspectives in human research. Chichester: Wiley.

Turpin, G. (1986). Effects of stimulus intensity on autonomic responding. The problem of differentiating orienting and defense reflexes. Psychophysiology, 23, 1–14.

Turpin, G., Shine, P., & Lader, M. (1983). Ambulatory electrodermal monitoring: Effects of ambient temperature, general activity, electrolyte media, and length of recording. Psychophysiology, 20, 219–224.

Turpin, G., & Siddle, D. A. T. (1979). Effects of stimulus intensity on electrodermal activity. Psychophysiology, 16, 582–591.

Turpin, G., & Siddle, D. A. T. (1978). Measurement of the evoked cardiac response: The problem of prestimulus variability. Biological Psychology, 6, 127–138.

Turpin, G., & Siddle, D. A. T. (1983). Effects of stimulus intensity on cardiovascular activity. Psychophysiology, 20, 611–624.

Undeutsch, U. (1983). Die psychophysiologische Täterschaftsermittlung. In F. Lösel (Hrsg.), Kriminalpsychologie. Weinheim: Beltz.

Uno, T., & Grings, W. W. (1965). Autonomic components of orienting behavior. Psychophysiology, 1, 311–321.

van Boxtel, A. (1977). Skin resistance during square–wave electrical pulses of 1 to 10 mA. Medical and Biological Engineering and Computing, 15, 679–687.

van Dyke, J. L., Rosenthal, D., & Rasmussen, P. V. (1974). Electrodermal functioning in adopted–away offspring of schizophrenics. Journal of Psychiatric Research, 10, 199–215.

van Twyver, H. B., & Kimmel, H. D. (1966). Operant conditioning of the GSR with concomitant measurement of two somatic variables. Journal of Experimental Psychology, 72, 841–846.

Vaughan, K. B., & Lanzetta, J. T. (1981). The effect of modification of expressive displays on vicarious emotional arousal. Journal of Experimental Social Psychology, 17, 16–30.

Venables, P. H. (1955). The relationships between P.G.R. scores and temperature and humidity. Quarterly Journal of Experimental Psychology, 7, 12–18.

Venables, P. H. (1975). Psychophysiological studies of schizophrenic pathology. In P. H. Venables, & M. J. Christie (Eds.), Research in psychophysiology. London: Wiley.

Venables, P. H. (1983). Some problems and controversies in the psychophysiological investigation of schizophrenia. In A. Gale, & J. A. Edwards (Eds.), Physiological correlates of human behaviour, Vol 3. Individual differences and psychopathology. London: Academic Press.

Venables, P. H., & Christie, M. J. (1973). Mechanisms, instrumentation, recording techniques, and quantification of responses. In W. F. Prokasy, & D. C. Raskin (Eds.), Electrodermal activity in psychological research. New York: Academic Press.

Venables, P. H., & Christie, M. J. (1980). Electrodermal activity. In I. Martin, & P. H. Venables (Eds.), Techniques in psychophysiology. New York: Wiley.

Venables, P. H., & Fletcher, R. P. (1981). The status of skin conductance recovery time: An examination of the Bundy effect. Psychophysiology, 18, 10–16.

Venables, P. H., Gartshore, S. A., & O'Riordan, P. W. (1980). The function of skin conductance response recovery and rise time. Biological Psychology, 10, 1–6.

Venables, P. H., & Martin, I. (1967a). Skin resistance and skin potential. In P. H. Venables, & I. Martin (Eds.), A manual of psychophysiological methods. Amsterdam: North Holland.

Venables, P. H., & Martin, I. (1967b). The relation of palmar sweat gland activity to level of skin potential and conductance. Psychophysiology, 3, 302–311.

Venables, P. H., & Sayer, E. (1963). On the measurement of the level of skin potential. British Journal of Psychology, 54, 251–260.

Vigouroux, R. (1879). Sur le rôle de la résistance electriqué des tissus dans l'électrodiagnostic. Comptes Rendus des Séances de la Société de Biologie, 31, 336–339.

Vossel, G., & Roßmann, R. (1982). Interindividuelle Unterschiede in der Habituationsgeschwindigkeit der EDA: Eine systematische Analyse der Zusammenhänge verschiedener Habituationskennwerte. Zeitschrift für Differentielle und Diagnostische Psychologie, 3, 281–292.

Wagner, A. R. (1976). Priming in STM: An information–processing mechanism for self–generated or retrieval–generated depression in performance. In T. J. Tighe, & R. N. Leaton (Eds.), Habituation: Perspectives from child development, animal behavior, and neurophysiology. Hillsdale: Erlbaum.

Waid, W. M. (1974). Degree of goal–orientation, level of cognitive activity and electrodermal recovery rate. Perceptual and Motor Skills, 38, 103–109.

Waid, W. M., Orne, E. C., Cook, M. R., & Orne, M. T. (1981b). Meprobamate reduces accuracy of physiological detection of deception. Science, 212, 71–73.

Waid, W. M., & Orne, M. T. (1980). Individual differences in electrodermal lability and the detection of information and deception. Journal of Applied Psychology, 65, 1–8.

Waid, W. M., & Orne, M. T. (1981). Cognitive, social, and personality processes in the physiological detection of deception. In L. Berkowitz (Ed.), Advances in experimental social psychology. New York: Academic Press.

Waid, W. M., & Orne, M. T. (1982). Reduced electrodermal response to conflict, failure to inhibit dominant behaviors, and delinquency proneness. Journal of Personality and Social Psychology, 43, 769–774.

Waid, W. M., Wilson, S. K., & Orne, M. T. (1981a). Cross–modal physiological effects of electrodermal lability in the detection of deception. Journal of Personality and Social Psychology, 40, 1118–1125.

Wallin, B. G. (1981). Sympathetic nerve activity underlying electrodermal and cardiovascular reactions in man. Psychophysiology, 18, 470–476.

Walrath, L. C., & Stern, J. A. (1980). General considerations. In H. M. van Praag, M. H. Lader, O. J. Rafaelsen, & E. J. Sachor (Eds.), Handbook of biological psychiatry, Part 2. Brain mechanisms and abnormal behavior – psychophysiology. New York: Dekker.

Walschburger, P. (1975). Zur Standardisierung und Interpretation elektrodermaler Meßwerte in psychologischen Experimenten. Zeitschrift für Experimentelle und Angewandte Psychologie, 22, 514–533.

Walschburger, P. (1976). Zur Beschreibung von Aktivierungsprozessen: Eine Methodenstudie zur psychophysiologischen Diagnostik. Freiburg: Unveröffentlichte Dissertation.

Walschburger, P. (1986). Psychophysiological activation research. In J. Valsiner (Ed.), The individual subject and scientific psychology. London: Plenum Press.

Walschburger, P., & Jarchow, C. (1987). Anforderung und Überforderung. Psychologische und physiologische Indikatoren erfolgreicher und mißlingender Bewältigungsprozesse in unterschiedlich belastenden Leistungssituationen. Berlin: Arbeitsbericht Nr. 3/87 des Instituts für Psychologie der FU.

Wang, G. H. (1964). The neural control of sweating. Madison: University of Wisconsin Press.

Wang, G. H., & Brown, V. W. (1956). Suprasegmental inhibition of an autonomic reflex. Journal of Neurophysiology, 19, 564–572.

Wang, G. H., & Lu, T. W. (1930). Galvanic skin reflex induced in the cat by stimulation of the motor area of the cerebral cortex. Chinese Journal of Physiology, 4, 303–326.

Ward, N. G., Doerr, H. O., & Storrie, M. C. (1983). Skin conductance: A potentially sensitive test for depression. Psychiatry Research, 10, 295–302.

Ward, N. G., & Doerr, H. O. (1986). Skin conductance: A potentially sensitive and specific marker for depression. Journal of Nervous and Mental Disease, 174, 553–559.

Waters, W. F., Koresko, R. L., Rossie, G. V., & Hackley, S. A. (1979). Short-, medium-, and long-term relationships among meteorological and electrodermal variables. Psychophysiology, 16, 445–451.

Wegner, W. (1981). Täterschaftsermittlung durch Polygraphie. Köln: Carl Heymanns.

Weinberger, D. A., Schwartz, G. E., & Davidson, R. J. (1979). Low-anxious, high-anxious, and repressive coping styles: Psychometric patterns and behavioral and physiological responses to stress. Journal of Abnormal Psychology, 88, 369–380.

Weinstein, J., Averill, J. R., Opton, E. M., & Lazarus, R. S. (1968). Defensive style and discrepancy between self-report and physiological indexes of stress. Journal of Personality and Social Psychology, 10, 406–413.

Wenger, M. A. (1957). Pattern analyses of autonomic variables during rest. Psychosomatic Medicine, 19, 240–244.

Wenger, M. A., & Cullen, T. D. (1962). Some problems in psychophysiological research: III. The effects of uncontrolled variables. In R. Roessler, & N. S. Greenfield (Eds.), Psychophysiological correlates of psychological disorder. Madison: University of Wisconsin Press.

Whitlock, F. A. (1980). Psychophysiologische Aspekte bei Hautkrankheiten. Zum psychosomatischen Konzept in der Dermatologie. Erlangen: Perimed.

Wieland, B. A., & Mefferd, R. B., (1970). Systematic changes in levels of physiological activity during a four-month period. Psychophysiology, 6, 669–689.

Wilcott, R. C. (1958). Correlation of skin resistance and potential. Journal of Comparative and Physiological Psychology, 51, 691–696.

Wilcott, R. C. (1962). Palmar skin sweating vs. palmar skin resistance and skin potential. Journal of Comparative and Physiological Psychology, 55, 327–331.

Wilcott, R. C. (1963). Effects of high environmental temperature on sweating and skin resistance. Journal of Comparative and Physiological Psychology, 56, 778–782.

Wilcott, R. C. (1964). The partial independence of skin potential and skin resistance from sweating. Psychophysiology, 1, 55–66.

Wilcott, R. C. (1965). A comparative study of the skin potential, skin resistance and sweating of the cat's foot pad. Psychophysiology, 2, 62–71.

Wilcott, R. C. (1966). Adaptive value of arousal sweating and the epidermal mechanism related to skin potential and skin resistance. Psychophysiology, 2, 249–262.

Wilcott, R. C. (1969). Electrical stimulation of the anterior cortex and skin potential responses in the cat. Journal of Comparative and Physiological Psychology, 69, 465–472.

Wilcott, R. C., & Bradley, H. H. (1970). Low–frequency electrical stimulation of the cat's anterior cortex and inhibition of skin potential changes. Journal of Comparative and Physiological Psychology, 72, 351–355.

Wilcott, R. C., & Hammond, L. J. (1965). On the constancy–current error in skin resistance measurement. Psychophysiology, 2, 39–41.

Wilder, J. (1931). Das "Ausgangswert–Gesetz" – ein unbeachtetes biologisches Gesetz; seine Bedeutung für Forschung und Praxis. Klinische Wochenschrift, 41, 1889–1893.

Williams, K. M., Iacono, W. G., & Remick, R. A. (1985). Electrodermal activity among subtypes of depression. Biological Psychiatry, 20, 158–162.

Williams, W. C., Parsons, R. L., Strayer, D. L. (1981). Classical discrimination conditioning using the solutions to verbal and spatial problems as CSs: Bilateral measures of electrodermal excitation and inhibition. Psychophysiology, 18, 148–149.

Wilson, G. R. (1985). A simple device for the objective evaluation of peripheral nerve injuries. The Journal of Hand Surgery, 10, 324–330.

Wilson, J. W. D., & Dykman, R. A. (1960). Background autonomic activity in medical students. Journal of Comparative and Physiological Psychology, 53, 405–411.

Winton, W. M., Putnam, L. E., & Krauss, R. M. (1984). Facial and autonomic manifestations of the dimensional structure of emotion. Journal of Experimental Social Psychology, 20, 195–216.

Witzleb, E. (1980). Funktionen des Gefäßsystems. In R. F. Schmidt, & G. Thews (Hrsg.), Physiologie des Menschen. Berlin: Springer.

Woodrough, R. E., Canti, G., & Watson, B. W. (1975). Electrical potential difference between basal cell carcinoma, benign inflammatory lesions and normal tissue. British Journal of Dermatology, 92, 1–7.

Wright, J. M. von, Anderson, K., & Stenman, U. (1975). Generalization of conditioned GSRs in dichotic listening. In P. M. A. Rabbit, & S. Dornic (Eds.), Attention and Performance, Vol. 5. London: Academic Press.

Wright, N. A. (1983). The cell proliferation kinetics of the epidermis. In L. A. Goldsmith (Ed.), Biochemistry and physiology of the skin, Vol. 1. New York: Oxford University Press.

Wundt, W. (1896). Grundriß der Psychologie. Leipzig: Engelmann.

Wyatt, R. J., Stern, M., Fram, D. H., Tursky, B., & Grinspoon, L. (1970). Abnormalities in skin potential fluctuations during the sleep of acute schizophrenic patients. Psychosomatic Medicine, 32, 301–308.

Yamamoto, T., & Yamamoto, Y. (1976). Dielectric constant and resistivity of epidermal stratum corneum. Medical and Biological Engineering and Computing, 14, 494–500.

Yamamoto, T., & Yamamoto, Y. (1977). Analysis for the change of skin impedance. Medical and Biological Engineering and Computing, 15, 219–227.

Yamamoto, T., & Yamamoto, Y. (1981). Non-linear electrical properties of skin in the low frequency range. Medical and Biological Engineering and Computing, 19, 302–310.

Yamamoto, Y., & Yamamoto, T. (1978). Technical note: Dispersion and correlation of the parameters for skin impedance. Medical and Biological Engineering and Computing, 16, 592–594.

Yamamoto, Y., Yamamoto, T., Ohta, S., Uehara, T., Tahara, S., & Ishizuka, Y. (1978). The measurement principle for evaluating the performance of drugs and cosmetics by skin impedance. Medical and Biological Engineering and Computing, 16, 623–632.

Yamamoto, Y., & Yamamoto, T. (1979). Technical note: Dynamic system for the measurement of electrical skin impedance. Medical and Biological Engineering and Computing, 17, 135–137.

Yaremko, R. M., & Butler, M. C. (1975). Imaginal experience and attenuation of the galvanic skin response to shock. Bulletin of the Psychonomic Society, 5, 317–318.

Yaremko, R. M., Glanville, B. B., & Leckart, B. T. (1972). Imagery–mediated habituation of the orienting reflex. Psychonomic Science, 27, 204–206.

Yokota, T., & Fujimori, B. (1962). Impedance change of the skin during the galvanic skin reflex. Japanese Journal of Physiology, 12, 200–209.

Yokota, T., & Fuijimori, B. (1964). Effects of brain–stem stimulation upon hippocampal electrical activity, somatomotor reflexes and autonomic functions. Electroencephalography and Clinical Neurophysiology, 16, 375–382.

Yokota, T., Sato, A., & Fujimori, B. (1963). Inhibition of sympathetic activity by stimulation of limbic systems. Japanese Journal of Physiology, 13, 138–154.

Zahn, T. P. (1976). On the bimodality of the distribution of electrodermal orienting responses in schizophrenic patients. Journal of Nervous and Mental Disease, 162, 195–199.

Zahn, T. P. (1978). Sensitivity of measurement and electrodermal "nonresponding" in schizophrenic and normal subjects. Schizophrenia Bulletin, 4, 153.

Zahn, T. P., Carpenter, W. T., & McGlashan, T. H. (1981a). Autonomic nervous system activity in acute schizophrenia: I. Method and comparison with normal controls. Archives of General Psychiatry, 38, 251–258.

Zahn, T. P., Carpenter, W. T., & McGlashan, T. H. (1981b). Autonomic nervous system activity in acute schizophrenia: II. Relationships to short–term prognosis and clinical state. Archives of General Psychiatry, 38, 260–266.

Zahn, T. P., Rosenthal, D., & Lawlor, W. G. (1968). Electrodermal and heart rate orienting reactions in chronic schizophrenia. Journal of Psychiatric Research, 6, 117–134.

Zeier, H. (1979). Concurrent physiological activity of driver and passenger when driving with and without automatic transmission in heavy city traffic. Ergonomics, 22, 799–810.

Zeiner, A. R. (1970). Orienting response and discrimination conditioning. Physiology and Behaviour, 5, 641–646.

Zelinski, E. M., Walsh, D. A., & Thompson, L. W. (1978). Orienting task effects on EDR and free recall in three age groups. Journal of Gerontology, 33, 239–245.

Zimmermann, M. (1980). Somato–viscerale Sensibilität: Die Verarbeitung im Zentralnervensystem. In R. F. Schmidt, & G. Thews (Hrsg.), Physiologie des Menschen. Berlin: Springer.

Zipp, P. (1983). Impedance controlled skin drilling. Medical and Biological Engineering and Computing, 21, 382–384.

Zipp, P., & Faber, S. (1979). Rückwirkungsarme Ableitung bioelektrischer Signale bei arbeitswissenschaftlichen Langzeituntersuchungen am Arbeitsplatz. European Journal of Applied Physiology and Occupational Physiology, 42, 105–116.

Zipp, P., Hennemann, K., Grunwald, R., & Rohmert, W. (1980). Bewertung von Kontaktvermittlern für Bioelektroden bei Langzeituntersuchungen. European Journal of Applied Physiology and Occupational Physiology, 45, 131–145.

Zoccolotti, P., Scabini, D., & Violani, C. (1982). Electrodermal responses in patients with unilateral brain damage. Journal of Clinical Neuropsychology, 4, 143–150.

Zubin, J., & Spring, B. (1977). Vulnerability – A new view of schizophrenia. Journal of Abnormal Psychology, 86, 103–126.

Zuckerman, M. (1983). A biological theory of sensation seeking. In M. Zuckerman (Ed.), Biological bases of sensation seeking, impulsivity, and anxiety. Hillsdale: Erlbaum.

Zuckerman, M., Kolin, E. A., Price, L., & Zoob, I. (1964). Development of a sensation-seeking-scale. Journal of Consulting Psychology, 28, 477–482.

Zuckerman, M., & Lubin, B. (Eds.) (1965). Manual for the multiple affect adjective check list. San Diego: Edits.

Anhang:
Die Hamburger EDA-Auswertung
Eckart Thom

Gefördert von der DFG im Rahmen des Sonderforschungsbereiches 115 wurde seit 1976 in der Psychiatrischen- und Nervenklinik des Universitätskrankenhauses Hamburg–Eppendorf ein Labor für multivariate psychophysiologische Untersuchungen konzipiert und eingerichtet. Zur Durchführung und Auswertung der Experimente steht ein Prozeßrechner (ECLIPSE S/230 von Data General) zur Verfügung, auf dem ein System von Programmen entwickelt wurde, das von der Datenaufnahme und Versuchssteuerung über die Biosignalanalyse bis hin zu primärer und sekundärer Statistik reicht. Über Teile dieser Software-Entwicklung wurde bereits an mehreren Stellen kurz berichtet (Thom 1979, 1980a, 1980b, 1981, 1984). Ergebnisse von Studien aus unserem Labor finden sich z. B. bei Huber (1984), Stemmler (1984), Andresen (1987) und Dittmann (1987).

Eine wichtige Rolle im Rahmen unseres multivariaten Arbeitsansatzes spielt die elektrodermale Aktivität, deren Meßkonzept deshalb besonders sorgfältig angelegt wurde. Wir entwickelten einen eigenen EDA–Koppler und arbeiteten Programme zur interaktiven Artefaktkontrolle sowie zur automatischen SCR–Vermessung aus.

Der EDA–Koppler wurde als Eigenentwicklung konzipiert, da seinerzeit die industriell gefertigten Koppler nur mit größerem Aufwand in unser Polygraphie–System hätten eingepaßt werden können. Um ein qualitativ hochwertiges Gerät zu erhalten, wurden alle Bauteile sorgfältig ausgesucht. Zudem ließen wir etliche Teile im Auftrag industriell anfertigen. Der Koppler arbeitet nach der Konstant–Spannungsmethode mit 0.5 V Gleichspannung an den Elektroden. Diese sind vom übrigen Polygraphie–System galvanisch abgetrennt, so daß sich auch bei mehrfachen EDA–Ableitungen an einer Person keine Probleme mit einer gegenseitigen Beeinflussung der Signale ergeben können (vgl. Abschnitt 2.1.4). Der Koppler liefert SCR und SCL als getrennt Signale, wobei das SCR–Signal AC–gekoppelt mit einer Zeitkonstante von $\tau = 10$ sec ausgegeben wird (vgl. Abschnitt 2.1.3). Eine Auto–Reset–Schaltung sorgt bei eventuellen Übersteuerungen für ein selbsttätiges Rücksetzen des SCR–Signalpegels auf die Nullinie (vgl. Abschnitt 2.2.6.3).

Das Programm STUDIE dient zur Versuchssteuerung und Datenaufnahme (Thom 1980a). Es kann bis zu 32 Analog– und 15 Digitalsignale erfassen und on–line in komprimierter Form auf Magnetband speichern (Thom 1979, 1980a, 1984). Als mögliche Abtastraten stehen 16 Hz (z. B. für SCR und SCL), 64 Hz (z. B. für EOG und Plethysmogramm) und 256 Hz (z. B. für EEG und

EKG) zur Verfügung. Für jeden der 32 Analogkanäle kann eine dieser drei Abtastraten frei gewählt werden, während die digitalen Signale immer mit 16 Hz abgetastet werden. Tatsächlich wurden in den Studien bei Huber (1984) nur 24 Kanäle, bei Stemmler (1984) 28 Kanäle und bei Andresen (1987) 24 Kanäle benutzt. Bei dieser Vielzahl von Variablen ist eine sorgfältige und kontrollierte Biosignalanalyse nur noch off–line realisierbar (vgl. Abschnitt 2.2.6.2).

Das SCL–Signal wird im ersten Schritt der Auswertung zunächst zu 0.5 sec–Mittelwerten zusammengefaßt, aus denen in weiteren Schritten die gewünschten Kennwerte gebildet werden können.

Die SCR–Auswertung erfolgt in mehreren Schritten, die in zwei Auswertungsabschnitte gegliedert sind:

(1) Einrechnen der Verstärkungsfaktoren, Kompensation der Zeitkonstanten, interaktive Artefaktkontrolle und –korrektur.
(2) Tiefpaßfilterung, automatisches Vermessen der SCR, Ausgabe der SCR–Parameter.

Im Auswertungsabschnitt (1) ist die Intervention durch einen Bearbeiter gefordert, während Auswertungsabschnitt (2) vollautomatisch ohne Eingriff ablaufen kann. Im Auswertungsabschnitt (1) werden zunächst die SCR–Rohwerte eingelesen und für die weitere Bearbeitung in $\mu S/cm^2$ skaliert (vgl. Abschnitt 2.3.3.1). Anschließend wird der Einfluß der 10 sec–Zeitkonstanten aus dem Koppler kompensiert. Um die im Programm benutzte rekursive Formel zu verstehen, mache man sich zunächst die Wirkung des RC–Gliedes klar (vgl. Abschnitt 1.4.1.2):

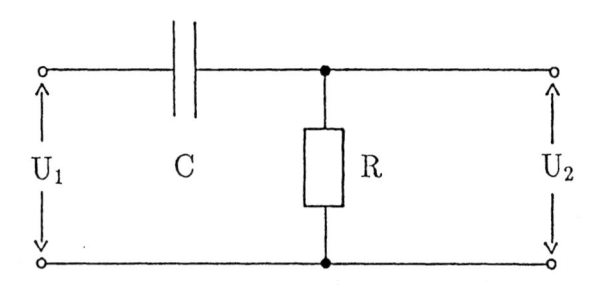

Abbildung 51. RC–Glied mit Eingangsspannung U_1 und Ausgangsspannung U_2. Zeitkonstante: $\tau = R \cdot C = 10$ sec.

Wird in Abbildung 51 an U_1 eine Spannung angelegt, die zunächst Null ist und zu irgendeinem Zeitpunkt auf einen positiven Wert U_0 springt (Sprungfunktion), dann ist die Spannung U_2 zunächst auch Null, springt dann synchron zu U_1 auf den Wert U_0, um danach exponentiell mit der Zeitkonstante $\tau = 10$ sec gegen Null abzufallen (vgl. Abbildung 52):

EDA-Auswertung

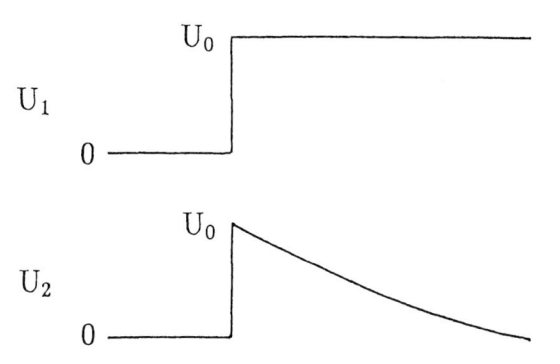

Abbildung 52. Verlauf von U_1 und U_2 in Abbildung 51 beim Anlegen einer Sprungfunktion.

Liegen die Spannungswerte als Folge (Zeitreihe) von abgetasteten Werten im Rechner vor, so lautet die Beziehung zwischen U_1 und U_2:

$$U_2(t) = e^{-\frac{\Delta t}{10 sec}} \cdot U_2(t - \Delta t) + U_1(t) - U_1(t - \Delta t)$$

wobei Δt die Zeitdifferenz zwischen 2 Abtastwerten ist. In Begriffen der Zeitreihenanalyse ausgedrückt, handelt es sich hier um einen ARMA(1,1)-Prozeß. Die obige Gleichung läßt sich formal umkehren, d. h. nach U_1 auflösen:

$$U_1(t) = U_1(t - \Delta t) + U_2(t) - e^{-\frac{\Delta t}{10 sec}} \cdot U_2(t - \Delta t)$$

Nach dieser Gleichung müßte man U_1 aus einem vergangenen U_1- Wert und zwei U_2-Werten rückrechnen können. Tatsächlich ergeben sich bei solcher Rückrechnung Stabilitätsprobleme, die u. a. aus überlagerten Störsignalen (DC-Offset!) und aus den Ungenauigkeiten bei der Abtastung durch den A/D-Wandler herrühren können. In unserem Programm wird von der Zeitkonstanten $\tau = 10$ sec auf eine Zeitkonstante $\tau = 100$ sec transformiert, was durch folgende Gleichung geschieht:

$$U_1(t) = e^{-\frac{\Delta t}{100 sec}} \cdot U_1(t - \Delta t) + U_2(t) - e^{-\frac{\Delta t}{10 sec}} \cdot U_2(t - \Delta t)$$

Der Einfluß einer Zeitkonstanten dieser Größe auf die Form der SCR ist vernachlässigbar (vgl. Abschnitt 2.2.6.2). Eine andere Möglichkeit, Instabilitäten zu vermeiden, besteht im Abgleich des rückgerechneten SCR-Signals mit dem parallel registrierten SCL- Signal.

Im Programmablauf schließt sich nun der interaktive Teil an, in dem ausnahmslos alle SCR-Signalstrecken überlappend auf einem graphischen Bildschirm dargeboten werden. Der Bearbeiter erhält so einen sehr guten Überblick über die Güte der Aufzeichnungen und ist in der Lage, eine optische Artefaktbeurteilung vorzunehmen (vgl. Abschnitt 2.3.4.1). Auf dem Bildschirm wird jeweils ein 16 sec langer Abschnitt des SCR-Signals dargeboten (vgl. Abbildung 53). Beim Übergang zum nächsten Ausschnitt wandert der Signalabschnitt aus der rechten in die linke Bildhälfte, und in der rechten Bildhälfte erscheint der nächste 8 sec-Signalabschnitt. Das Programm untersucht bei jeder Bilddarbietung, ob vorgegebene Minimalbedingungen erreicht werden, bei denen eine SCR-Erkennung gestartet wird. Ist dies nicht der Fall, geht es automatisch zum nächsten Datenabschnitt über. Im anderen Fall muß der Bearbeiter entscheiden, ob die Datenstrecke als hinreichend artefaktfrei zur SCR-Vermessung freigegeben wird, oder ob vorher noch Artefaktkorrekturen angebracht werden sollen. Dazu wird vom Bearbeiter Beginn und Ende der gestörten Datenstrecke gekennzeichnet. Zwischen den beiden Endpunkten wird das gestörte Intervall durch Interpolation überbrückt. Zur Zeit sind zwei Arten der Korrektur implementiert:

(1) Korrektur **P** (**P**eak entfernen), vgl. Programmtext SCROP,
(2) Korrektur **R** (**R**eset ausgleichen), vgl. Programmtext SCROR.

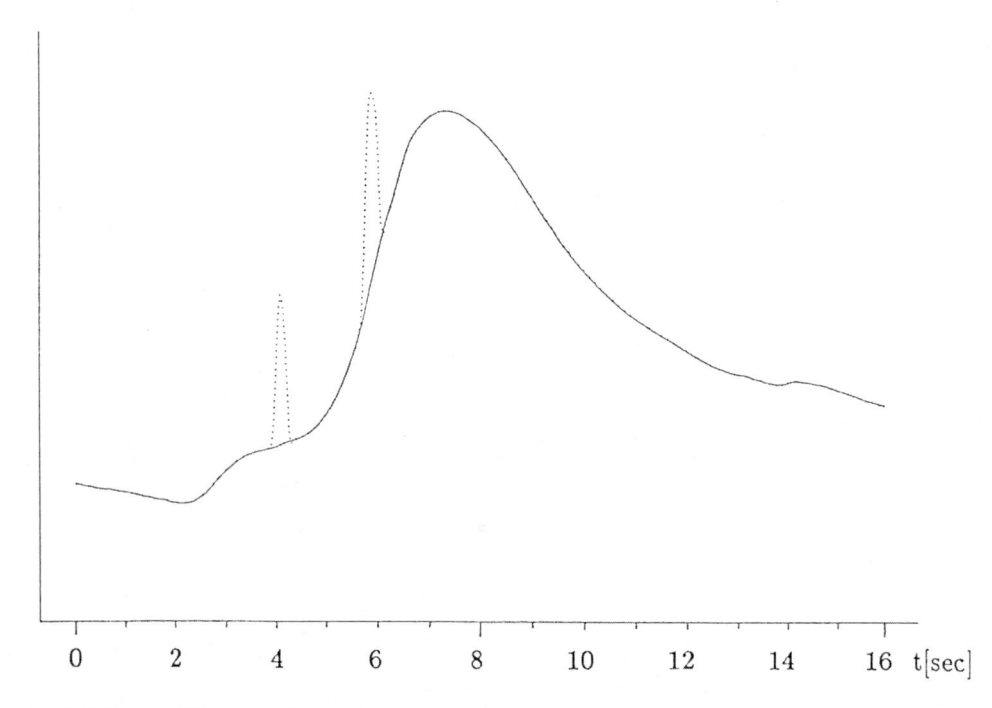

Abbildung 53. Korrektur von Artefakten mit der Routine SCROP: ····· vor der Korrektur, ⸺ nach der Korrektur.

EDA-Auswertung 505

Mit Korrektur **P** wird das gestörte Intervall zwischen den Randwerten linear interpoliert, was in der graphischen Darstellung einer geraden Verbindungslinie entspricht. Damit werden z. B. Ausreißerwerte beseitigt (vgl. Abbildung 53).

Die Korrektur **R** ermöglicht den Ausgleich von Sprüngen im SCR-Signal. Diese können z. B. beim automatischen Übersteuerungs- Reset des EDA-Kopplers entstanden sein. Ein Sprung ist charakterisisiert durch einen Level-Versatz, an den sich beiderseits Kurvenstücke fast gleicher Steigung anschließen. Daher wird nicht bei den Originaldaten, sondern bei deren 1. Ableitung linear interpoliert. Dies entspricht einer Interpolation mit einer Parabel in der Originalkurve. Abbildung 54 zeigt, daß mit diesem Algorithmus Sprünge hervorragend restauriert werden.

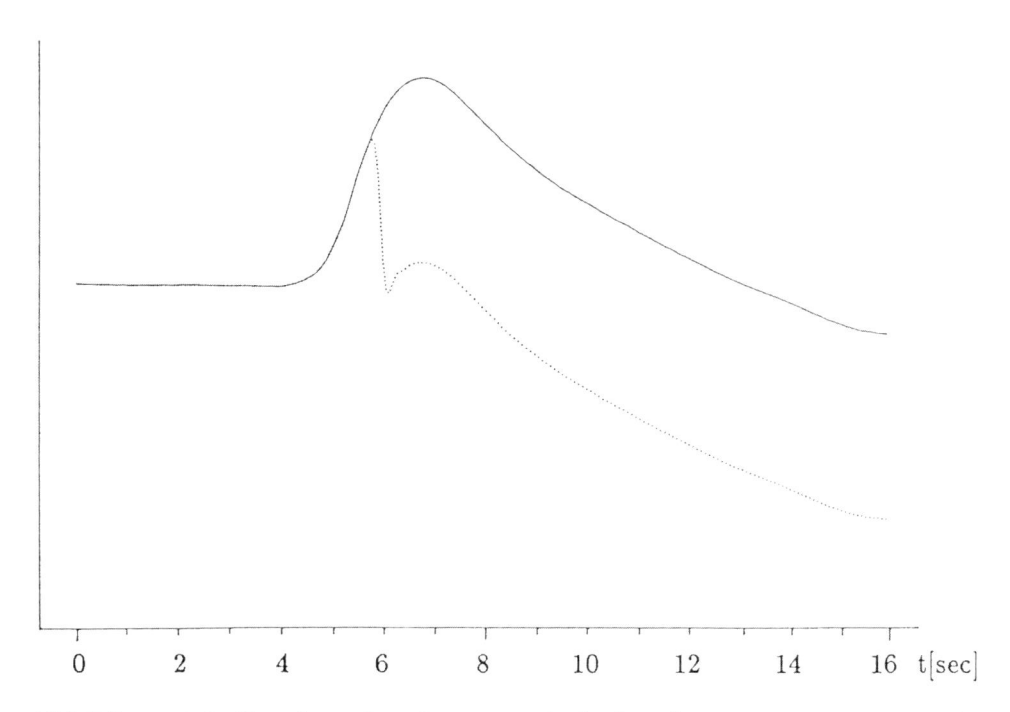

Abbildung 54. Korrektur eines Sprunges mit der Routine SCROR: ····· vor der Korrektur, ——— nach der Korrektur.

Nach unseren Erfahrungen reichen diese beiden einfachen und durchschaubaren Korrekturmöglichkeiten zur Artefaktbehandlung des SCR-Signals vollkommen aus, zumal sie unter visueller Kontrolle erfolgen.

Alle Korrekturen werden zunächst nur an einer Kopie der Originaldaten ausgeführt. Eine unzureichende Veränderung kann sofort rückgängig gemacht werden. Erst ein weiterverarbeitender Schritt führt zur Übernahme der Korrektur. Nach Abschluß des interaktiven Teils wird das SCR-Signal zur Unterdrückung höherfrequenter Störanteile (z. B. Rauschen) softwaremäßig durch einen Tiefpaß mit einer Grenzfrequenz von 2 Hz gefiltert (vgl. Abschnitt 2.1.4). Nach Edelberg (1967) ist dadurch keine Verfälschung der gemessenen SCR-Parameter zu erwarten, man vermeidet aber Fehlidentifikationen bei der Suche nach Maxima und Wendepunkten während der Vermessung des SCR. Die Filterung geschieht rekursiv nach einem Algorithmus aus Oppenheim und Schafer (1975) mit Filterparametern aus Tietze und Schenk (1974). Ausgewählt wurde ein Besseltiefpaß 6. Ordnung, da dieser Filtertyp minimale Signalverzerrungen hervorruft.

Nach der Filterung schließt sich die Routine SCRO2 zur Bestimmung der SCR-Parameter an (vgl. Programmtext SCRO2). Die Routine SCRO2 ist für eine Abtastfrequenz von 16 Hz ausgelegt. Sie läßt sich jedoch für jede beliebige andere Abtastfrequenz verwenden, wenn die Variable ABTFREQ auf den entsprechenden Wert gesetzt wird (vgl. Programmtext SCRO2, Seite 2). Ausgemessen werden SCR amp., maximale Steigung, Anstiegszeit und Abstiegszeit bis zur halben Amplitude (vgl. Abschnitte 2.3.1.2 und 2.3.1.3). Dieser Teil ist funktional mit dem entsprechenden Teil der Routine EDA 30 aus Foerster (1984) weitgehend identisch. Unser Programm wurde aus einem Vorläufer dieser Routine entwickelt, dabei allerdings vollständig neu formuliert und in drei Punkten wesentlich geändert:

(1) Jede SCR wird einem von 3 Typen zugeordnet (vgl. Abschnitt 2.3.1.2.2):
Typ 0 = überlagerte SCR ohne eigenes Maximum (folglich auch ohne Abstiegszeit, entspricht Typ 3 aus Abbildung 34),
Typ 1 = SCR mit Maximum und reguärem Abstieg auf die halbe Amplitude (vgl. Abbildung 33),
Typ 2 = SCR erreicht im Abstieg nicht die halbe Amplitude. Die Abstiegszeit ist daher extrapoliert (entspricht Typ 2 aus Abbildung 34),
(2) Die Parameter jeder einzelnen SCR werden ausgegeben und erst in einem Folgeprogramm statistisch weiterverarbeitet.
(3) Statt der Hesse-Form für überlagerte SCR verwenden wir eine normale additive Überlagerung.

Die Auswertung folgt dem klassischen Schema von Edelberg (1967; vgl. Abschnitt 2.3.1.2.2). Ein Auswertebeispiel in Tabellenform ist den Programmtexten beigefügt.

Bei uns werden Datenstrecken zunächst vollständig analysiert und von jeder SCR alle Parameter ermittelt. Da zu jeder erkannten SCR der Zeitpunkt, an dem sie auftritt, registriert wird, lassen sich Zeitfenster ganz einfach durch Aussortieren der in Frage kommenden SCRs realisieren. Das hat zudem den Vorteil, daß für unterschiedliche Zeitfenster nur die Sortiervorgänge, nicht aber die Analysen wiederholt werden müssen. Entsprechend kann man verfahren, wenn nicht alle SCR-Parameter benötigt werden, oder wenn unterschiedliche Amplitudenkriterien erforderlich sind (vgl. Abschnitt 2.3.1.2.3).

EDA-Auswertung

Mein Dank geht an Dipl.-Ing. Günter Sternkopf für die Mitarbeit an der Entwicklung des EDA-Kopplers sowie an Dr. Burghard Andresen, Dr. Gerhard Stemmler und Dipl.-Ing. Eckhard Irrgang für Vorschläge und Anregungen bei der Programmentwicklung.

Hamburg, im August 1987   Eckart Thom

```
C                  ***** S C R O P *****
C
C        E.THOM,  5. 9.81, 21. 5.84

         SUBROUTINE SCROP

         COMMON /CSCRO/ IX(256), X(0:256), Y(0:256), B(0:256),
        #ITXT1(20), ITXT2(20), JUG, JOG, JKORR, KORR

         COMMON /CSCRC/ BMN, SKAL, ICTRL, NLOOP, IER100
C------------------------------------------------------------------
C - ERFRAGE UNTERE UND OBERE GRENZE DES ARTEFAKTINTERVALLS
C - JUG = UNTERE GRENZE; JOG = OBERE GRENZE
         CALL SCROF
C------------------------------------------------------------------
C - LINEARE INTERPOLATION
C - ZWISCHEN DEN GRENZEN DES ARTEFAKTINTERVALLS
         BU = B(JUG-1)
         BO = B(JOG+1)
         DB = (BO - BU)/(JOG - JUG + 2.)

         DO 20 K = JUG,JOG
   20    B(K) = B(K-1) + DB

         RETURN
         END
```

```
C                 ***** S C R O R *****
C
C         E.THOM, 21. 9.81, 21. 5.84

      SUBROUTINE SCROR
      COMMON /CSCRO/ IX(256), X(0:256), Y(0:256), B(0:256),
     #ITXT1(20), ITXT2(20), JUG, JOG, JKORR, KORR
      COMMON /CSCRC/ BMN, SKAL, ICTRL, NLOOP, IER100
      DIMENSION DB(256)

      CALL RSETZ(DB, 256, 0.)
C-----------------------------------------------------------------
C - ERFRAGE UNTERE UND OBERE GRENZE DES ARTEFAKTINTERVALLS
C - JUG = UNTERE GRENZE; JOG = OBERE GRENZE
      CALL SCROF
C-----------------------------------------------------------------
C - MERKE ALTEN WERT AN DER OBEREN GRENZE
      BJOGALT = B(JOG)
C-----------------------------------------------------------------
C - DBU = STEIGUNG IM PUNKT VOR DEM ARTEFAKT
C - DBO = STEIGUNG IM PUNKT NACH DEM ARTEFAKT
      DBU = B(JUG-1) - B(JUG-2)
      DBO = B(JOG+1) - B(JOG)
C-----------------------------------------------------------------
C - LINEARE INTERPOLATION DER STEIGUNGSWERTE
      DDB = ( DBO - DBU )/( JOG - JUG + 2.)

      DB(JUG-1) = DBU
      DO 20 K = JUG,JOG+1
 20   DB(K) = DB(K-1) + DDB
C-----------------------------------------------------------------
C - AUFINTEGRATION DER STEIGUNGSWERTE
      DO 40 K = JUG,JOG
 40   B(K) = B(K-1) + DB(K)
C-----------------------------------------------------------------
C - BKORR IST DIE SICH ERGEBENDE NIVEAUVERSCHIEBUNG.
      BKORR = B(JOG) - BJOGALT
      DO 100 K=K1,256
 100  B(K) = B(K) + BKORR

      RETURN
      END
```

```
C              ***    SCR02    SEITE    - 1 -
C
C **************************************************************
C *
C *  PROGRAMM ZUR ERKENNUNG UND VERMESSUNG VON SCR.
C *  DIE ZEITKONSTANTE DES AUFNEHMERS WIRD
C *  VORHER ELIMINIERT (EIGENE ENTWICKLUNG).
C *  ERKENNUNGS- UND VERMESSUNGSPROGRAMM
C *  IM WESENTLICHEN NACH FOERSTER BZW EDELBERG
C *  MIT AUSNAHME DES HESSE-FORM-KRITERIUMS BEI FOERSTER.
C *  E.THOM, 25. 7.78;   30. 6.81;
C *
C **************************************************************
C
       SUBROUTINE SCR02

C------------------------------------------------------------------
C - Y ENTHAELT DIE ABTASTWERTE, D1Y DIE 1. ABLEITUNG, D2Y DIE ZWEITE
C------------------------------------------------------------------
       COMMON /CSCRD/ Y(-255:256), D1Y(-256:255), D2Y(-256:255)

       COMMON /CSCRE/ N, N1, ABTFREQ, TINT, TABT, TSTIM,
      #I, IMINSTG, IMAXSTG, IFUSSP, IMAX, IHAMP, IA

       COMMON /CSCRK/ AMIN, HUMIN, STMIN

       COMMON /CSCRP/ NR, KTYP, TPGR, AMP, STGG, TANST, TABST

       COMMON /CSCRX/ MBOX5, MBOX6, MBOX7, MBOX8

       DATA IMINSTG,IMAXSTG,IFUSSP,IMAX,IHAMP,IA,I/7*256/

C------------------------------------------------------------------
C      BEDEUTUNG DER INTEGER:
C      IMINSTG:          PUNKT, IN DEM DIE MINIMALE STEIGUNG
C                        UEBERSCHRITTEN WIRD
C      IMAXSTG:          PUNKT MAXIMALER STEIGUNG IM ANSTIEG
C
C      IFUSSP:           FUSSPUNKT
C
C      IMAX:             MAXIMUM DES SCR
C
C      IHAMP:            PUNKT DER HALBEN AMPLITUDE IM ABSTIEG
C------------------------------------------------------------------
```

```
C         ***     SCR02    SEITE    - 2 -

          NR = 1
          N  = 256
          N1 = N - 1
          ABTFREQ = 16.
          TABT = 1./ABTFREQ
          TINT = N*TABT
C----------------------------------------------------------------------
C - DAS VORGESCHALTETE TIEFPASS-FILTER BEWIRKT EINE IMPULSVERSCHIEBUNG
C - VON 3.391*ABTASTINTERVALL.
C----------------------------------------------------------------------
          TSTIM = TINT + 3.391*TABT

          CALL RSETZ(   Y(-255), 512, 0.)
          CALL RSETZ(D1Y(-256), 512, 0.)
          CALL RSETZ(D2Y(-256), 512, 0.)

C----------------------------------------------------------------------
C - SCRND LIEST EINE NEUE DATENSTRECKE EIN
C -       UND BERECHNET DIE 1. UND 2. ABLEITUNG
C----------------------------------------------------------------------
          CALL SCRND(ICTRL)
          IF (ICTRL .EQ. 5) RETURN
C----------------------------------------------------------------------
C *** LINEARE EXTRAPOLATION
C----------------------------------------------------------------------
          D1Y(1) = 2.*D1Y(2) - D1Y(3)
          D2Y(1) = 2.*D2Y(2) - D2Y(3)
          D1Y(0) = 2.*D1Y(1) - D1Y(2)
          D2Y(0) = 2.*D2Y(1) - D2Y(2)
C----------------------------------------------------------------------
C         SUCHE 1. MINIMUM
C----------------------------------------------------------------------
27        DO 30 I = 0,N1
          IF (D1Y(I) .LT. STMIN) GOTO 37
30        CONTINUE

          CALL SCRND(ICTRL)
          IF (ICTRL .EQ. 5) RETURN

          GOTO 27
```

```
C         ***     SCR02   SEITE   - 3 -
C------------------------------------------------------------------
C - SUCHE ANSTIEG
36        I = I + 1
37        IF (I .GE. N) CALL SCRND(ICTRL)
          IF (ICTRL .EQ. 5) RETURN
          IF (D1Y(I) .LE. STMIN) GOTO 36
          IMINSTG = I
C------------------------------------------------------------------
C - SUCHE BIS ZUM 1. MAXIMUM
C - ODER 1. STEIGUNGSMINIMUM (WENDEPUNKT MINIMALER STEIGUNG)
          STMAX = 0.
          KTYP = 1
          I = IMINSTG
C------------------------------------------------------------------
C - ZUNAECHST NIMMT DIE STEIGUNG ZU BIS ZUM STEIGUNGSMAXIMUM,
C - DANN NIMMT SIE AB  BIS UNTER NULL ( LIEGT EIN MAXIMUM VOR )
C - ODER NUR BIS ZU EINEM MINIMUM ( LIEGT EIN WENDEPUNKT VOR ).
C
C - DER INDIKATOR KWPMST ( WENDE-PUNKT-MINIMALER-STEIGUNG )
C - WIRD ZUNAECHST NULL GESETZT BIS DIE 2. ABLEITUNG NEGATIV WIRD
C - ( DAS STEIGUNGSMAXIMUM IST UEBERSCHRITTEN ).
C - KWPMST WIRD NUN 1 GESETZT, UND FALLS IN DER FOLGE DIE 2. ABLEITUNG
C - WIEDER POSITIV WIRD, MACHT DIE ROUTINE EINE HUBBEL-UNTERSUCHUNG.
          KWPMST = 0
39        IMAX = I
          IF (D1Y(I) .LT. STMAX) GOTO 40
          IMAXSTG = I
          STMAX = D1Y(IMAXSTG)
40        IF (D1Y(I) .LT. 0.) GOTO 58
          IF (D2Y(I) .LT. 0.) KWPMST = 1
          IF (D2Y(I) .GE. 0. .AND. KWPMST .EQ. 1) GOTO 50
C------------------------------------------------------------------
C - WEDER MAXIMUM NOCH WENDEPUNKT
44        I = I+1
          IF (I .GT. N1) CALL SCRND(ICTRL)
          IF (ICTRL .EQ. 5) RETURN
          GOTO 39
C------------------------------------------------------------------
C - WENDEPUNKT, NACHFOLGEND HUBBEL-UNTERSUCHUNG
50        ST = (Y(IMAX)-Y(IMAXSTG))/(IMAX-IMAXSTG)
          YM = 0.
          Y1 = ST*IMAXSTG-Y(IMAXSTG)
          DO 54 IL = IMAXSTG,IMAX
54        YM = AMAX1(YM,Y(IL)-ST*IL+Y1)
          IF (YM .GE. HUMIN) GOTO 56
          KWPMST = 0
          GOTO 44
56        TABST = 0.
          KTYP = 0
C------------------------------------------------------------------
C - MAXIMUM ODER HUBBEL, BESTIMME DEN FUSSPUNKT
58        STFP = 0.1*STMAX
          IFUSSP = IMINSTG
          DO 60 J = IMINSTG,IMAXSTG
          IF (D1Y(J).GE.STFP) GOTO 65
60        IFUSSP = J
```

```
C           ***     SCR02    SEITE   - 4 -
C------------------------------------------------------------------
C - FALLS KEIN ECHTES MAXIMUM VORLIEGT, SONDERN EIN PLATEAU
C - ( GEKAPPTE SCR), WIRD GEMITTELT.
          DO 63 I = IMAX,IMAXSTG,-1
             J = I
             IF (D1Y(I) .GT. 0.) GOTO 64
63        CONTINUE

64        IMAX = (IMAX+J)/2
65        AMP = Y(IMAX)-Y(IFUSSP)
          IA = IMAX
          IF (AMP .LT. AMIN) GOTO 36
          TPGR = IMAX*TABT-TSTIM
          TANST = (IMAX-IFUSSP)*TABT
          STGG = STMAX
          IHAMP = IMAX
          IF (KTYP .EQ. 0) GOTO 1000
C------------------------------------------------------------------
C - SUCHE ABSTIEGSZEIT
          YHAZ = (Y(IFUSSP)+Y(IMAX))*0.5
          I = IMAX
75        IHAMP = I + 1
          IF (D2Y(I) .GT. 0.) GOTO 90
          IF (Y(I) .LE. YHAZ) GOTO 85
          I = I+1
          IF (I .GT. N1) CALL SCRND(ICTRL)
          IF (ICTRL .EQ. 5) RETURN

          GOTO 75

C------------------------------------------------------------------
C - ABSTIEGZEIT REGULAER
85        TABST = (IHAMP-IMAX)*TABT
          GOTO 1000

C------------------------------------------------------------------
C      ABSTIEGSZEIT EXTRAPOLIERT
C------------------------------------------------------------------
90        IHAMP = IHAMP-1
          QABST = ( YHAZ-Y(IHAMP) )/( Y(IHAMP)-Y(IHAMP-1) ) + IHAMP-IMA
          TABST = QABST*TABT
          KTYP = 2

C------------------------------------------------------------------
C - AUSGABE, UEBERGABE DER ERGEBNISSE IN COMMON /CSCRP/
C - IN WRSCR WERDEN DIE GEWUENSCHTEN PARAMETER AUSGEWAEHLT
C - UND DEREN AUSGABEFORMAT FESTGELEGT.
C------------------------------------------------------------------
1000      I = IHAMP
          CALL WRSCR
          NR = NR + 1
          GOTO 37

          END
```

BEISPIEL EINER SCR-AUSWERTUNG

ANGABEN IN SEKUNDEN, MIKROMHO BZW. MIKROMHO PRO SEKUNDE

7. 10. 81

GRENZWERTE:
MINIMALE SCR-AMPLITUDE: .010
MINIMALE HUBBEL-AMPLITUDE IM ANSTIEG: .010
MINIMALE STEIGUNG: .010

NR	TYP	ZEITPUNKT	AMPLITUDE	MAXIMALE STEIGUNG	ANSTIEGS-ZEIT	ABSTIEGS-ZEIT
1	0	34.94	.448	.372	1.06	.00
2	2	37.00	.411	.289	1.75	1.59
3	2	90.94	.220	.171	1.38	2.18
4	0	218.81	.287	.159	2.13	.00
5	2	250.19	.013	.012	1.25	6.16
6	2	259.31	.096	.068	1.56	3.65
7	0	272.31	1.233	1.547	.31	.00
8	2	273.56	.838	1.382	1.19	2.26
9	2	280.63	.093	.828	.13	.06
10	1	284.63	.087	.100	.56	.50
11	0	287.44	1.009	1.737	.25	.00
12	0	288.25	1.012	1.537	.69	.00
13	1	289.75	1.063	.924	.63	.69
14	2	299.63	.747	.810	.88	.94
15	1	303.50	.268	.365	.88	.56
16	1	311.00	.020	.032	.69	.43
17	2	330.06	1.351	1.358	1.19	1.46

Literatur für den Anhang

Andresen, B. (1987). Differentielle Psychophysiologie valenzkonträrer Aktivierungsdimensionen. Frankfurt: Peter Lang.
Dittmann, R. W. (1987) Zur Psychophysiologie beim Autogenen Training von Kindern und Jugendlichen. Frankfurt: Peter Lang (in Vorbereitung).
Edelberg, R. (1967). Electrical properties of the skin. In: C. C. Brown (Ed.), Methods in psychophysiology. Baltimore: Academic Press.
Foerster, F. (1984). Computerprogramme zur Biosignalanalyse. Berlin: Springer.
Huber, D. (1984). Psychophysiologie des Migräne-Kopfschmerzes. München: Minerva.
Oppenheim, A. V., & Schafer, R. W. (1975). Digital signal processing. Englewood Cliffs: Prentice Hall.
Stemmler, G. (1984). Psychophysiologische Emotionsmuster. Ein empirischer und methodologischer Beitrag zur inter- und intraindividuellen Begründbarkeit spezifischer Profile bei Angst, Ärger und Freude. Frankfurt: Peter Lang.
Thom, E. (1979). Eine Methode zur Datenreduktion bei physiologischen Variablen. In: B. Andresen, W. Spehr, G. Stemmler, & E. Thom (Hrsg.), Methodische Arbeiten I. Hamburg: Unveröffentlichter Forschungsbericht aus dem SFB 115.
Thom, E. (1980a). Praktische Erfahrungen mit einer Methode zur Datenreduktion bei physiologischen Meßgrößen. Referat, gehalten auf der 9. APM, München.
Thom, E. (1980b). Ein benutzerfreundliches Programm zur Versuchssteuerung und Datenerfassung. Referat, gehalten auf der 9. APM, München.
Thom, E. (1981). Ein Programm zur Parametrisierung von Biosignalen multivariater Studien: Ansatz zur Standardisierung, und damit Vereinfachung des Software-Austausches. Referat, gehalten auf der 10. APM, Tübingen.
Thom, E. (1984). Reducing the quantity of digitized data without loss of information. Posterbeitrag zum 12th Annual Scientific Meeting of the Psychophysiology Society, London.
Tietze, U., & Schenk, C. (1974). Halbleiter-Schaltungstechnik. Heidelberg: Springer.

Namenverzeichnis

Adams, H. E. 444
Adams, T. 40, 44 f., 74
Ahrens, B. 124
Ainsworth, D. 429
Akiskal, H. S. 380
Alexander, F. 312
Allen, H. A. 335
Allen, J. A. 34
Almasi, J. J. 136, 143
Amelang, M. 350
Andresen, B. 118, 140, 186 f., 302, 313, 345, 348, 350, 356, 501 f.
Annett, M. 342
Anschel, C. 145
Arena, J. G. 218
Arthur, R. P. 43
Augenbraun, C. B. 359
Ax, A. F. 312–314
Ayres, J. J. B. 215

Bagshaw, M. H. 330, 384
Bajada, S. 208, 438, 443
Baltissen, R. 203 f., 268, 284–286
Bankart, C. P. 322
Barker, A. T. 210, 434
Barland, G. H. 413
Barry, R. J. 119, 123, 250, 253, 262 f., 333
Bartfai, A. 394
Bartussek, D. 350
Beatty, J. 289
Beaumont, J. G. 338, 341
Beck, A. T. 377
Becker-Carus, C. 224
Bedford, A. 362

Benjamin, L. S. 235
Ben-Shakhar, G. 183 f. 270, 426
Berlyne, D. E. 262
Bernstein, A. S. 262, 332, 386, 388, 390–393
Bing, H. I. 43
Birbaumer, N. 289
Birk, L. 288
Biswas, P. K. 363
Bitterman, M. E. 256, 280
Bjornaes, H. 440
Black, A. H. 410
Blackburn, R. 370, 373, 375 f.
Blank, I. H. 254
Blanton, R. 5 f.
Bloch, V. 7, 37
Block, J. D. 238
Böhm, W. 169
Bohlin, G. 359
Boisvenu, G. A. 429
Bond, A. J. 364
Borelli, S. 431
Borkovec, T. D. 369 f.
Botwinick, J. 203
Boucsein, W. 77, 88, 108, 123, 135, 151, 179, 213, 215, 217 f., 230, 238 f., 246, 249–251, 255 f., 263, 266, 268, 284–286, 313, 323, 327, 345, 348, 352 f., 403 f., 420
Boyd, G. M. 339, 342
Bradley, H.H. 37, 339
Bradley, M. T. 429
Bradshaw, J. L. 338

Braun-Falco, O. 23, 31, 34, 202, 431
Braus, H. 28
Bridger, W. H. 238
Broughton, R. J. 303
Brown, C. C. 2, 8, 133
Brown, V. W. 37
Brück, K. 30, 32 f., 41, 192
Bryden, M. P. 342
Buck, R. 316 f.
Buchtel, H. A. 342
Bull, R. H. C. 217, 219, 221, 223, 242, 277
Bundy, R. S. 71, 225 f., 374
Burbank, D. P. 72, 115, 145
Burch, N. R. 294 f.
Burdick, J. A. 219
Burstein, K. R. 211, 245
Burton, C. E. 229
Busemeyer, J. K. 203
Busse, E. W. 204
Butler, M. C. 333
Byrne, D. 353

Cambrai, M. 437
Campbell, S. D. 41, 125, 153
Canavan, A. 441
Carney, R. M. 377
Carpenter, F. A. 309
Catania, J. J. 203 f.
Cattell, R. B. 344
Cecotto, C. 342
Chattopadhyay, P. K. 363, 444

Cheatham, C. M. 418
Chew, C. H. 427
Christie, M. J. 1, 4 f., 8, 32, 48, 76, 99, 110–112, 114 f., 117–124, 127, 131, 138 f., 141, 148, 156 f., 162, 168, 171, 174, 176–180, 182 f., 189, 192 f., 196–199, 202, 205, 208 f., 212–214, 217 f., 220 f., 223–225, 227, 236, 238, 249, 253, 295
Claridge, G. S. 379
Clarke, L. K. 354
Cleveland, D. E. 415
Clifton, R. K. 364
Coenen, T. 401
Coger, R. W. 433
Cohen, R. 381 f., 392
Colby, C. Z. 315
Coleman, M. 381
Coles, E. M. 76–78, 83, 133, 153
Coles, M. G. H. 8, 275 f., 359
Comper, P. 338, 340
Conklin, J. E. 30, 194
Connolly, J. F. 385, 405, 407
Cook, M. R. 275
Corah, N. L. 204, 219
Cort, J. 198, 202, 227
Corteen, R. S. 334–336
Cramon, D. von 439 f.
Crider, A. 210, 275, 277, 358 f.
Cronin, K. D. 438
Cullen, T. D. 194, 196
Culp, W. C. 45
Curzi-Dascalova, L. 204

Darrow, C. W. 7, 37, 42, 70, 166, 264, 339

Darwin, C. 315
Davidson, P. O. 205
Davies, D. R. 334 f.
Davis, J. F. 364
Davison, G. L. 324
Dawson, M. E. 279, 284, 334 f., 377, 427
Day, J. L. 112 f.
Dean, S. J. 287 f.
Debus, G. 399, 401
Deffner, G. 124
Deitz, S. R. 396
deJongh, G. J. 230
Dembroski, T. M. 354
Dengerink, H. A. 282
Denholtz, M. S. 411
Depue, R. A. 384
Derogatis, L. R. 362
Deutsch, G. 342
DiCara, L. V. 409
Dimitriev, L. 387
Dimond, S. J. 338, 342
Dittmann, R. W. 501
Docter, R. F. 219
Doerr, H. O. 377 f., 444
Donat, D. C. 377
Donchin, E. 8
Douglas, R. J. 385
Duffy, E. 293
Dunn, D. 334
Dykman, R. A. 260, 266, 358

Ebbecke, U. 6, 35
Ebel, H. C. 280
Edelberg, R. 2, 6–8, 19, 25, 27, 32 f., 42–45, 66 f., 69, 71 f., 74–76, 78 f., 81–83, 97, 99, 104, 106, 108, 112–114, 118–120, 123 f., 126, 131–133, 145, 147–150, 152 f., 156 f., 159 f., 162, 165, 169 f., 176 f., 179–182, 195, 198, 200 f., 203–206, 209, 218, 220 f., 225 f., 228, 230, 237, 239, 244–249, 252, 254, 257, 264 f., 277, 303, 317, 330, 344, 367 f., 373 f., 385, 388, 405, 410, 431–433, 506
Edwards, J. A. 258, 261, 290 f., 361
Egyed, B. 439
Ehrhardt, K. J. 291
Eisdorfer, C. 203, 206
Ekman, P. 311
Ellingson, R. J. 364
Elliott, R. 322
Ellis, R. A. 17, 25, 31
Elze, C. 28
Epstein, S. 296, 327, 381
Erdmann, G. 326 f., 405 f.
Erlenmeyer-Kimling, L. 383
Eysenck, H. J. 344–352 356, 359, 366, 369, 376
Eysenck, M. W. 345
Eysenck, S. B. G. 356

Faber, S. 107, 133, 136, 151, 229, 251, 419
Fadeev, Y. A. 419
Fahrenberg, J. 155, 213, 214–216, 222, 236, 258, 262, 290 f., 295, 302, 312, 318, 327, 350, 352, 357, 360
Farhoumand, N. 405
Feighner, J. P. 377
Feij, J. A. 355 f.
Fenz, W. 392
Féré, C. 5 f.
Fiedler, H. P. 125

Namenverzeichnis

Finesinger, J. E. 254
Firth, H. 308
Fisher, L. E. 195 f.
Fisher, S. 45, 338
Fitzgerald, H. E. 71, 374
Fitzgerald, M. J. T. 43, 225 f.
Fletcher, R. P. 171, 225 f.
Foerster, F. 139 f., 160, 165, 168, 171, 178, 186, 214–216, 234, 506
Folkins, C. H. 321
Forbes, T. W. 187, 230
Forssmann, W. G. 15
Forth, W. 385, 405
Foulds, G. A. 362
Foulds, I. S. 210, 434
Fowles, D. C. 8, 31 f., 66, 68, 72, 74, 76, 78–82, 89, 99, 110, 119–121, 123–125, 131, 149, 151, 174, 191, 209 f., 244 f. 249, 297, 300–302, 310, 329, 346, 349 f., 352, 368, 376, 384, 396, 400
Fredrikson, M. 367, 445
Freixa i Baqué, E. 207, 303, 338, 343
Frey, S. 312
Fried, R. 143
Friedman, L. F. 219
Frith, C. D. 335, 389, 393, 402
Frye, M. 313, 353, 404
Fujimori, B. 36, 107, 231
Furchtgott, E. 203
Furedy, J. J. 282, 284, 286, 330

Gade, A. 441 f.
Gaebelein, J. 322
Gainotti, G. 342
Galbrecht, C. R. 219
Gale, A. 217, 219, 221, 223, 242, 258, 277, 290 f., 361
Garwood, M. 203 f.
Gatchel, R. J. 324
Gaviria, B. 206, 208, 211, 235, 245
Geer, J. H. 324 f.
Gellhorn, E. 315
Germana, J. 185
Giedke, H. 380, 401
Gildemeister, M. 6
Gill, K. M. 342
Gnanaguru, K. 346
Gorham, D. 391
Gougerot, M. L. 432
Gough, H. 370
Graham, F. K. 263, 266, 281, 364
Gray, J. A. 297, 299 f., 310, 329, 348–350, 352, 375 f., 396–398, 427
Greenblatt, D. J. 399
Greenfield, N. S. 8
Greif, S. 318
Greiner, T. H. 294 f.
Grey, S. J. 123 f.
Grimnes, S. 230
Grings, W. W. 153, 180, 183 f., 190, 195 f., 221, 238 f., 244, 253, 256, 262, 264, 279 f., 282, 284 f., 333
Gross, J. S. 338
Groves, P. M. 259, 268
Gruzelier, J. H. 162, 274, 339, 385–388, 390–395, 405, 407, 445
Gudjonsson, G. H. 422 f.

Guilford, J. P. 344
Gullickson, G. R. 70
Guttmann, G. 261, 291

Hagen, E. 20, 25
Hagfors, C. 159, 179
Hagvall, B. 415
Hahn, N. 53
Haider, M. 293, 295
Hamilton, M. 363, 377
Hammond, L. J. 249
Hammond, N. V. 385, 387, 392, 394 f.
Hare, R. D. 205, 266, 355 f., 369 f., 372 f., 375 f.
Harris, M. D. 267
Hart, J. D. 364 f.
Hart, R. 399
Harten, H. U. 81
Hashimoto, K. 17
Hastrup, J. L. 359
Hathaway, S. R. 306
Hecaen, H. 342
Heilman, K. M. 440
Heimann, H. 379 f.
Helander, M. 415 f.
Hemingway, A. 230
Hermann, L. 5
Heron, P. A. 272 f., 275–277
Herrmann, F. 17, 30 f., 33, 205
Hill, F. A. 214
Hinton, J. 223, 374 f.
Hiroshige, Y. 270
Hirsch, H. R. 229
Hirschhorn, T. 262, 268
Hodges, W. E. 363
Hölzl, R. 255, 268
Hoffmann, G. 123, 151, 213, 215, 217 f., 246, 249, 263, 266, 268, 352
Holloway, F. A. 339

Holmes, D. S. 354, 410 f.
Holtzman, W. H. 256, 280
Homoth, R. W. G. 99
Hord, D. J. 233, 235
Hori, T. 305
Horneman, C. 176, 218
Horvath, T. 391
Hoyt, C. J. 214, 216–218
Huber, D. 501 f.
Huck, S. W. 274
Hugdahl, K. 123, 144, 338, 341
Humphrey, G. 267
Hunter, W. S. 44 f.
Hunsicker, W. C. 37
Hustmyer, F. E. 219
Hygge, S. 123, 144

Iacono, W. G. 121, 178, 377, 394
Inbau, F. E. 424
Irnich, W. 90
Iwahara, S. 270
Izard, C. E. 315

Jackson, J. C. 216, 262
Jänig, W. 7, 20, 22 f. 29 f.
James, W. 315, 317
Janes, C. L. 226, 350 f., 361, 377, 381, 441
Janke, W. 318, 396–401
Jarchow, C. 302
Jasper, H. 293
Javel, A. F. 411
Johns, M. W. 304
Johnson, G. 72
Johnson, L. C. 2, 185, 239, 303, 308, 358
Johnstone, E. C. 402
Jones, B. E. 215
Jovanović, U. J. 307
Jutai, J. W. 372

Kaelbling, R. 217
Kahneman, D. 331 f., 336
Katkin, E. S. 214, 261, 288, 323, 350 f., 357–360, 396
Katz, R. 285, 325
Kaye, H. 204
Keidel, W. D. 65, 87
Keller, P. 6, 431
Kelly, D. 379
Ketterer, M. W. 205, 339, 342
Kilpatrick, D. G. 323, 325
Kimble, D. P. 7
Kimmel, E. 205, 342
Kimmel, H. D. 205, 214, 258 f., 282, 284, 287–289, 342
Kimura, D. 341 f.
Kircher, J. C. 425
Kirsner, R. L. G. 438
Kiss, G. 434 f.
Klajner, F. 284
Klaschka, F. 11, 24, 41, 66, 434
Kleck, R. E. 315
Klein, D. F. 399
Klein, R. H. 383
Kleitman, N. 303
Knezevic, W. 208, 438, 443
Koella, W. P. 398
Koepke, J. E. 358
Konorski, J. 260, 287
Kopacz, G. M. 205
Kopp, M. S. 444
Koriat, A. 271, 274, 276
Kornetzky, C. 203
Korr, I. M. 74, 152, 200, 254

Koumans, A. J. R. 304
Krantz, D. S. 354
Kröner, B. 410
Krupski, A. 348, 359
Kryspin, J. 231
Kugler, B. T. 385
Kuhl, J. 302
Kuhmann, W. 302, 421
Kuno, Y. 28, 42, 410
Kumpfer, K. L. 189, 279, 281

Lacey, B. C. 313, 357, 373
Lacey, J. I. 184, 236, 263, 313, 357, 373, 445
Lacroix, J. M. 338–340, 410
Lader, M. H. 255, 270 f., 274, 276 f., 361, 363–365, 378 f., 399
Ladpli, R. 7
Landis, C. 230
Lang, P. J. 333, 363, 412
Langdon, B. 332
Lange, C. G. 315, 317
Langosch, W. 354, 443
Langworthy, O. R. 37
Lanzetta, J. T. 315 f.
Lapidus, L. B. 391
Lapierre, Y. D. 401
Lathrop, R. G. 143
Launier, R. 320
Laux, L. 320
Lawler, J. C. 228
Lawler, K. A. 354, 444
Lawson, E. A. 442
Lazarus, R. S. 313, 320, 323
Legewie, H. 289, 347, 412
Lenhart, R. E. 377
Leiderman, P. H. 210, 235

Leonard, J. P. 441 f.
Lester, B. K. 305–307
Leveque, J. L. 202
Levander, S. E. 223 f., 374
Levey, A. B. 100, 177, 180, 182, 185, 233, 239
Levinson, D. F. 156, 221, 277, 388, 390, 393
Lidberg, L. 438
Lindholm, E. 418
Lindsley, D. B. 292
Lloyd, D. C. 70
Lobstein, T. 198, 202
Lockhart R. A. 220 f., 224
Loeb, J. 371, 373
Löwenstein, W. R. 43
Lorr, M. 392
Lovallo, W. R. 354
Lowry, R. 94
Lu, T. W. 37
Lubin, A. 2, 185, 239, 303, 308, 365
Luchsinger, B. 5
Lüer, G. 172, 224
Lüke, H. D. 61, 64
Lunn, R. 210, 275, 277, 358
Lutzenberger, W. 328, 441
Lykken, D. T. 7, 66, 74, 83, 87, 89, 131, 136, 153, 174, 178, 182 f., 191, 211, 231 f., 236 f., 241–246, 249, 278, 284 f., 422, 424, 430, 434
Lynn, R. 260

Magaro, P. A. 388
Magliero, A. 261
Mahon, M. L. 121, 178

Maisel, E. 324 f.
Malmo, R. B. 200 f. 293, 363 f.
Malmstrom, E. J. 233
Malten, K. E. 435
Maltzman, I. 206, 262, 281, 332, 334, 339, 342
Mangan, G. L. 358
Maricq, H. R. 385
Martin, I. 1, 8, 127, 132, 153, 196, 214, 237, 245, 261, 275, 277
Martin, R. B. 287 f.
Massaro, D. W. 334
Maulsby, R. L. 198, 220
McClendon, J. F. 230
McCubbin, R. J. 261, 357 f.
McCullough, J. P. 377
McDonald, D. G. 305 f., 309
McDowall, R. J. S. 5
McFarland, R. A. 291
McGrath, J. E. 319
McGuinness, D. 329–332, 364, 385
McKeever, W. F. 342
McKinley, J. C. 306
McKinney, W. T. 380
McLean, R. A. 274
McNeil, T. F. 382
Meares, R. 391
Mednick, S. A. 371, 373, 375, 382–384
Mefford, R. B. 218
Michaels, R. M. 414–416
Miezejeski, C. M. 296
Miller, L. H. 214
Miller, N. E. 366, 409
Miller, R. E. 316
Miller, R. M. 433
Miller, S. 287

Millington, P. F. 15–17, 23, 29, 34, 76, 82, 87, 152, 202, 251, 432
Miltner, W. 430, 433
Miossec, Y. 338, 343
Mitchell, D. A. 121, 132, 178
Moan, E. R. 411, 433
Monat, A. 321
Montagu, J. D. 76–78, 83, 133, 153, 245, 271
Morrow, L. 440
Mowrer, O. H. 366, 369, 373
Müller, E. K. 6
Muller, M. 226
Murray, E. N. 288
Muthny, F. A. 72 f., 75, 151 f., 199–202, 205, 405, 431, 438, 443 f.
Myrtek, M. 234–236, 354 f.
Myslobodsky, M. S. 340, 342

Nakayama, T. 434
Neary, R. S. 355, 365
Nebylitsyn, V. D. 276, 355
Neher, E. 47, 54, 90, 97, 107, 165
Neidhardt, B. 125
Neijenhuisen, H. 133
Neisser, U. 331
Netter, P. 396–401, 404, 407
Nettleton, N. C. 338
Neufeld, R. W. J. 205
Neufeldt, B. 172, 224
Neumann, E. 5 f., 194
Nicolaidis, S. 32
Niebauer, G. 43
Nielsen, T. C. 358

Nomikos, M. S. 320
Nusselt, L. 412

Oberdorfer, G. 48
Obrist, P. A. 45, 289, 338, 368
Odland, G. F. 17
Ödman, S. 146
Öhman, A. 259, 281–283, 331, 336 f., 359, 366 f., 381, 383 f., 386 f., 392–395
Ogawa, T. 343
O'Gorman, J. G. 176, 218, 262, 270 f., 273–276, 332, 338, 358, 389
Olds, J. 297, 299
Olds, M. E. 297, 299
Oppenheim, A. V. 506
Opton, E. M. 320
Orfanos, C. E. 11 f.
Orlebeke, J. F. 282
Orne, M. T. 360, 425–428, 430
Oscar-Berman, M. 441 f.
Ottmann, W. 307
Overall, J. E. 272, 391
Overmier, J. B. 325

Paintal, A. S. 182
Papez, J. W. 310
Parsons, O. A. 339
Pasquali, E. 115
Patel, C. H. 445
Patterson, T. 381, 392, 408
Pavlov, I. P. 259, 278
Pawlik, K. 344
Peeke, S. 285
Pennebaker, J. W. 427
Peters, T. 419 f.
Petersen, K. E. 358
Petrinovich, L. 267
Petursson, H. 399

Phillips, K. C. 326
Pinkus, H. 434
Pishkin, V. 354
Plaum, E. 381 f., 392
Plutchik, R. 310, 229
Pohl, P. 28
Pollack, S. V. 202
Porges, S. W. 8
Poser, E. G. 282
Posner, M. I. 329
Poulos, C. X. 282
Preston, B. 417
Pribram, K. H. 292, 314, 329–332, 358, 384
Price, K. P. 354
Prior, M. G. 342
Prokasy, W. F. 8, 189, 257–259, 279–281, 290, 381, 413
Pufe, P. 265
Pugh, L. A. 44
Purohit, A. P. 205

Rabkin, J. 399
Rachman, S. 220
Raine, A. 202, 370 f.
Rajamanickam, M. 346
Rakov, G. V. 419
Ramm, B. 53
Rappaport, H. 351
Raskin, D. C. 8, 257–259, 264, 279, 290, 328, 336, 363, 381, 413, 422, 424–427
Rattok, J. 340, 342
Reid, J. E. 424
Rein, H. 6
Remington, B. 279
Rescorla, R. A. 280
Richter, C. P. 6, 37, 438
Rickels, K. 112 f.
Rickels, W. H. 399
Ridgeway, D. 355 f.

Riley, L. H. 438
Rizzolatti, G. 342
Roberts, L. E. 288, 296, 410
Rockstroh, S. 309
Rodnick, E. H. 280
Rösler, F. 328, 356
Rohmert, W. 318, 414
Rommelspacher, H. 398
Rosenberry, R. 72, 209 f.
Rosenman, R. H. 354
Ross, A. 354
Roßmann, R. 272–275, 277
Routtenberg, A. 296 f.
Roveri, R. 115
Roy, J. C. 37
Rubens, R. 391
Rust, J. 214, 237, 261, 275, 277
Rutenfranz, J. 152, 194, 197, 199, 201, 251, 309, 318, 414, 419

Sachse, R. 410, 412
Sagberg, F. 170, 179, 183, 246
Salter, D. C. 87 f., 104, 136, 153, 251, 432
Salzman, L. F. 383
Sartory, G. 366, 368
Sato, K. 29, 41
Sauget, J. 342
Sayer, E. 126 f., 199, 211
Schachter, S. 313
Schaefer, F. 420 f.
Schafer, R. W. 506
Schandry, R. 114, 170, 259, 269 f.
Schell, A. M. 285, 334 f.
Schenk, C. 506

Scherer, K. R. 313, 326
Schiebler, T. H. 17
Schiffter, R. 22 f.,
  26–30, 33–35, 42, 431,
  438
Schliack, H. 22 f.,
  26–30, 33–35, 42, 431,
  438
Schmidt, R. F. 37
Schmitt, O. H. 136,
  143
Schneider, R. 82
Schneider, R. E.
  123–125, 149
Schneider, S. J. 392
Schönpflug, W. 172,
  327
Schulsinger, F. 375,
  382–384
Schulz, H. 305
Schulz, I. 31, 71
Schuri, U. 439 f.
Schwan, H. P. 108, 153
Schwartz, G. E. 413
Schwarz, E. 224
Selg, H. 352
Seligman, L. 317
Seligman, M. E. P.
  280, 366 f.
Selye, H. 319
Shackel, B. 115
Shader, R. I. 399
Shapiro, D. 210, 235,
  360, 411, 413
Sharpless, D. 293
Shelley, W. B. 43
Shields, S. A. 23, 34
Shmavonian, B. M.
  203 f., 214
Siddle, D. A. T.
  258–263, 265–270,
  272 f., 275–279, 328,
  331–333, 335, 338,
  359 f. 369, 373, 376
Silverman, A. J. 204,
  214, 294–296

Simon, W. R. 99
Singer, J. E. 313
Sivadjian, J. 32
Skinner, B. F. 278
Skouby, A. P. 43
Smith, A. A. 364
Smith, B. D. 205, 339,
  342 f., 347
Smith, B. L. 123 f.
Smith, P. T. 297, 300
Sokolov, E. N. 259–
  261, 263, 267, 300,
  330, 332, 384, 388
Solanto, M. V. 359
Solomon, K. 399
Sommer, R. 5
Sorgatz, H. 265
Sostek, A. J. 359
Spencer, W. A. 261,
  267, 271
Spiegel, E. A. 37
Spielberger, C. D. 350,
  362 f.
Spinks, J. A. 139, 276,
  328, 331–333, 335
Spitzer, R. L. 377 f.
Spohn, H. E. 388
Spring, B. 382
Springer, S. P. 341 f.
Steffy, R. 392
Steigleder, G. K. 12,
  14 f. 17, 19, 23, 31,
  203, 433
Stellar, E. 291
Stellar, J. R. 291
Steller, M. 422–428,
  430
Stelmack, R. M. 336 f.,
  345, 350, 356
Stemmler, G. 100, 184,
  188, 190, 310, 312 f.,
  318, 501 f.
Stephens, W. G. S.
  168, 232
Stephenson, D. 259,
  267

Steptoe, A. 354
Stern, J. A. 156, 204,
  219, 269, 338, 350 f.,
  361, 377, 381, 441
Stern, R. M. 145
Sternbach, R. A. 8
Stocksmeier, U. 443
Storrie, M. C. 377
Straube, E. R. 391 f.
Strian, F. 362
Stüttgen, G. 15
Surwillo, W. W. 221
Surwit, R. S. 287

Takagi, K. 434
Tarchanoff, J. 5
Taylor, D. H. 417
Taylor, J. A. 348, 351,
  355, 362, 365 f.
Taylor, S. P. 282
Tellegen, A. 285
Teplov, B. M. 355
Terzian, H. 342
Tharp, M. D. 23
Thetford, P. E. 208
Thiele, F. A. J. 33,
  39 f., 87 f., 133, 153,
  251, 431, 435
Thom, E. 76, 100, 130,
  139 f., 142, 153, 155,
  160, 165, 169, 186 f.,
  252, 313, 501
Thomas, P. E. 74, 152,
  200, 254
Thompson, J. K. 444
Thompson, R. F. 259,
  261, 267 f., 271, 275
Thorpe, W. M. 267
Tietze, U. 506
Tranel, D. T. 301
Trasler, G. 369
Traxel, W. 166 f.,
  171 f., 181, 311
Tregear, R. T. 13, 33,
  39, 41, 66 f., 83, 87,
  104, 228, 251

Tucker, D. M. 342
Turpin, G. 118, 149, 195, 260, 263, 265 f., 269

Undeutsch, U. 427, 430
Uno, T. L. 262, 264

Valentin, A. 441
van Boxtel, A. 232
van Dyke, J. L. 384
van Olst, E. H. 282
van Twyer, H. B. 288 f.
Vaughan, K. B. 315 f.
Venables, P. H. 1, 4 f., 7 f., 32, 48, 76, 89, 99, 110–112, 114 f., 117–124, 126 f., 131 f., 138 f., 141, 148, 153, 156 f., 162, 168, 171, 174, 176–180, 182 f., 189, 191–194, 196–199, 202, 205, 208 f., 211–214, 217 f., 220–227, 236–238, 241–246, 249, 253, 274, 278, 295, 330, 370 f., 373, 381–383, 386–389, 391–395, 408
Vigouroux, R. 5
Veraguth, O. 6
Vossel, G. 272–275, 277

Wagner, A. R. 259
Waid, W. M. 171, 360, 425–430
Wallin, B. G. 25, 438
Walrath, L. C. 156, 269
Walschburger, P. 114, 117 f., 131, 140, 155, 215 f., 293, 296, 301
Walter, C. J. S. 379
Wang, G. H. 7, 17, 28, 36 f.
Ward, N. G. 206, 377 f.
Waters, W. F. 195–197
Webster, J. G. 72, 115, 145
Wegner, W. 422, 430
Weimann, C. 286
Weinberger, D. A. 353
Weinstein, J. 353
Wendt-Suhl, G. 323, 327, 352, 403 f.
Wenger, M. A. 194, 196, 312
Wenzel, H. G. 152, 194, 419
Whitlock, F. A. 431
Wieland, B. A. 218
Wilcott, R. C. 37, 39, 42 f., 45, 195, 201, 211, 245, 249, 339
Wilder, J. 233 f.
Wilkinson, R. 15–17, 23, 29, 34, 76, 82, 87, 152, 202, 251, 432
Williams, K. M. 378

Williams, W. C. 342
Wilson, G. R. 439
Wilson, J. W. D. 358
Wing, L. 270 f., 276 f., 363–365, 378 f.
Winkel, M. H. 195 f.
Winton, W. M. 316
Witzleb, E. 33
Wood, B. 334
Woodrough, R. E. 434
Woodward, J. A. 272
Wright, D. J. 44
Wright, N. A. 432
Wundt, W. 311
Wyatt, R. J. 307
Wykes, T. 325
Yamamoto, T. 82, 85, 87, 106, 229, 251, 435
Yamamoto, Y. 82 f., 85, 87, 106, 152 f., 229, 251, 435–437
Yaremko, R. M. 333
Yokota, T. 36, 107, 231

Zahn, T. P. 162, 275, 386, 389, 391, 393
Zeier, H. 417
Zeiner, A. R. 281
Zelinski, E. M. 203
Zimmermann, M. 25
Zipp, P. 115, 123, 148, 151, 230
Zoccolotti, P. 440
Zubin, J. 382
Zuckerman, M. 345, 355 f., 365

Sachverzeichnis

Die *kursiven* Seitenzahlen beziehen sich auf die Seiten, auf denen das entsprechende Stichwort im Detail abgehandelt wird.

Ableitstellen (s. a. Fußsohlen bzw. Handflächen) *110–115*, 127, 147, 150, 158, 303
– aktiv 110 f., 114
– bilateral 44, 249, 338–341, 407, 442
– bipolar 110, 131
– dorsal 44, 231, 264 f., 305, 367
– – am Fuß 231
– Entfernung zwischen 114, 146
– Fingerkuppe 72
– Fußgelenke 113 f.
– Gesicht 29
– Handgelenk 30, 194
– hypothenar 44, 111 f.
– Hydrierung 209 f.
– Nagelbett 72
– Ohrläppchen 113, 211
– palmar 9, 13, 16, 23, 30, 33 f., 41–45, 67, 75, 111 f., 114, 154, 194, 204, 209 f., 231, 264 f., 305, 367
– passiv 110
– Phalangen 111–113, 117
– plantar (s. a. Fußsohlen) 9, 13, 16, 23, 30, 35, 41 f., 44 f., 67, 112, 204, 209 f.
– Rücken 230
– Schienbein 114
– Stirn 30, 194, 314
– thenar 44, 111 f.
– unipolar 231 f.
– Unterarm 111, 114 f., 127, 145, 154, 210, 228–231, 251
– volar (s. a. Fußsohlen) 9
– Vorbehandlung *114 f.*, 126, 154
– Wadenbein 232
a · (a–b)–Effekt 234 f.
A/B-Typus 354
Aceton 118

Acetylcholin 23, 25, 29, 41, 43, 156, 198, 408
Acquisition 205, 289, 366–368
Adaptation 42–45, 242, 297, 318, 320, 327, 369, 393
Adaptivreflex 260
Admittanz 3, 60, 84–86, 104, 109, 132, 150, 152, 163, 230, 250
Adrenalin (s. a. biochemische Parameter) 29, 35
Ängstlichkeit 237, *348–350*, 351–358, 362 f., 365 f., 401
Aktivierung 34, 37, 39, 43, 174, 213 f., 216, 237, 262, 290, *291–302*, 328, 335, 347 f., 350, 360, 366, 379, 398, 400, 411, 415, 426, 447, 449
– corticale (s. zentrale)
– eindimensionale 292, 295 f.
– Hub 319
– Indikatoren 176, 293
– Kontinuum *293–295*, 308
– und Leistung 293–295
– Mikrotheorien 295
– neurophysiologische Modelle 292, *296–300*, 447
– oberer Bereich 159, 173, 296, 372, 449
– optimale 293, 355, 372, 403
– phasische 293
– retikuläre (s. a. Formatio reticularis) 293, 297, 300, 338, 345
– tonische 293, 379
– unterer Bereich 173, 295, 372, 375, 447
– zentrale (s.a. Arousal) 43, 301, 347
Alkohol 114, 299, 397–399, 429
allergische Reaktion 431
alpha-Blockade (s. a. Elektroencephalogramm, Desynchronisation) 260

Alterseffekte 16, 115, 156, 194, *202–204*, 206, 213–215, 220, 223, 378, 383, 386, 413, 417, 443
Amitriptylin 402 f.
Amplitudenkriterium (s. Parametrisierung)
Amygdala 26 f., 36, 329, 331, 373, 381, 385, 405
analog/digital-Wandlung 101, 131, 139, 141, 503
Angst 311 f., 376, 446
– Anfälle 362
– Diagnostik 312–314, 363
– generalisierte 299, 362, 369
– Indikatorfunktion der EDA 264, 310
– Induktion 312 f., 400, 403 f., 406
– Neurophysiologie 310
– Panik 399
– Patienten *362–366*, 377, 396, 409, 411 f.
– phobische (s. Phobie)
– somatisierte 400
– state 358, 366, 449
– Therapie 396–408
– trait (s. Ängstlichkeit)
Anhidrosis 30, 33, 412, 438
Anpassungsprozeß 263
Anticholinergica 7, 75, 392, 408, 433
Antidepressiva 362, 398 f., 402
Antipsychotika 389
Antizipation (s. a. Streß) 310, 347
– antizipatorische Reaktion (s. Reaktion)
– einer freien Rede 327, 404, 406
– elektrischer Reize 205, 315, 323, 327, 403 f.
– Intervall 320 f., 324 f.
Anxiolytika 352, 362, 397–400, 405 f.
Arbeitspsychologie 307, 318, 327, 413, *414–421*, 450
– Bildschirmarbeitsplatz 420
– Büroarbeitsplatz 192, 419–421
– Industriearbeitsplatz 419
– Nacht- und Schichtarbeit 147
Area 6 (s. a. Cortex, praemotorischer) 27, 37–39
Arousal (s. a. Aktivierung) 42 f., 138, 284, 292, 300, 344, 346, 354, 395, 403, 406 f., 411, 444

– 2-Arousal-Hypothese 296–298
– 3-Arousal-Hypothese 297, 300
Artefakte 75, 118, *143–146*, 149, 154, 173, *186–189*, 191, 288 f., 388, 414, 451
– Atmung 35, 39, 144 f., 154, 176, 187 f., 296, 359, 424
– Eliminierung 154, 176, 186, 191
– EKG-Einstreuungen 146
– Erkennung 142, 154, 186–188, 191
– Körperbewegungen 111–113, 144 f., 154, 176, 186, 244, 296, 421
– Kontrolle 141, 501 f., 504
– Korrektur 186 f., 504 f.
– meßtechnische 100, 102 f., 130, 143 f., 186, 190, 244
– muskuläre 113, 144 f., 288 f., 296, 351, 415, 424
– Sprache 144 f., 188, 420, 422, 426 f.
Asymmetrie (s. Lateralisation bzw. Hemisphären)
Atmung 39, 43, 183, 187 f., 206, 230, 289, 305, 401, 425, 444
Atropin 7, 33, 43, 45, 75, 201, 255
Aufgabenart (s. Reizcharakteristika)
Aufmerksamkeit 290, 293, 296, 300, *328–331*, 335 f., 339, 348, 358 f., 362, 382, 385 f., 403, 430, 445, 448
– praeattentive Mechanismen 331
– selektive 334, 398
aufsteigendes reticuläres Aktivationssystem (s. a. Aktivierung, reticuläre) 293, 300
Ausdruck (s. Emotionen)
Ausgangslage 181, 356, 406, 420, 429, 432, 437
Ausgangswert
– Abhängigkeit 181, 184 f., 227, *233–242*, 245, 253, 255 f., 339, 343
– Gesetz 185, *233–237*, 242, 364
Auswertungsmethode (s. Parametrisierung)
Axonreflex 22, 35

Back electromotive force 65
backing-off-Schaltung (s. Meßsystem)
Bandbreite (s. Registrierung, Bereich)
Barbiturate 299, 398 f.

Barriere 13, 67, 202
- Diffusion 39, 41, 66
- elektrische 41, 69, 434 f.
- Energiebarriere 119
Basalganglien 27, 37–39, 144, 310, 329
Basal skin potential level 149, *174*, 182, 197, 209, 246, 295
Beanspruchung (s. a. Streß) 34, 318 f., 414, 418–421, 450
Behavioral activation system *298–301*, 348–350, 368, 373, 376
Behavioral inhibition system *297–302*, 310, 329, 348–350, 352, 372 f., 375 f., 396 f., 427
Belastung (s. a. Streß) 201, 235, 307, 309, 318 f., 327, 418 f.
Belohnungssystem 297–299, 348, 380, 409
Benzodiazepine 397–401, 404, 406
Beobachtungsebenen 311, 319, 363, 421
- Ausdruck 311 f.
- endokrine 311
- Leistung 293–295
- Mehrebenenanalysen 311, 317
- neuro–endokrine 311, 319 f.
- physiologische 311 f.
- subjektive 311 f., 324, 351, 400–403, 406 f.
- Verhalten 311, 320
Bestrafungssystem 299 f., 348, 380
Beta-Rezeptorenblocker 399 f., *404–407*
bias-Potentiale (s. Elektroden, Fehlerpotentiale)
biochemische Parameter (s. a. Hormone) 319, 325, 405, 414, 430
- Adrenalinmenge 311 f., 418
- Katecholaminmenge 41, 293, 414
- Noradrenalinmenge 311 f.
Biofeedback *409–412*, 433, 445, 449
- EDR 142, 289, 409, 412
- Herzfrequenz 360, 409
- und Instruktion 410 f.
Blutdruck 312, 327, 405–407, 414, 420, 425, 444 f.
Blutgefäße 14 f., 18, 20, 28
- cutaner Venenplexus 15
- Durchblutungsstörungen 118, 199, 431

- Hautdurchblutung (s. Haut)
- Kapillaren 14 f., 33, 69
- Plexus 18, 22f.
Blut-Hirnschranke 405, 407 f.
Bodeneffekt 237
Butyrophenone 392, 398
Bradykinin 33, 41, 43
Brückenschaltung (s. Meßsystem)

CA 1, CA 3 (s. Hippocampus)
C-Dimensionen 344 f., 348 f., 352 f., 356
Cerebellum 37
Chlordiazepoxyd 398, 403
Chlorierung 122
Chlorionen 79, 120, 123
Chlorpromazin 385, 392, 395, 398, 407 f.
closed gate-Zustand 330 f., 373
Cold-pressor-Test 200, 330, 385
Cortex 292
- entorhinaler 298 f.
- frontaler 37, 348
- limbischer 37
- praefrontaler 298
- praemotorischer 27, 37
- sensorimotorischer 37
- visueller 341
corticale Erregung 345 f., 352
Curare 288

Deckeneffekt 237, 293, 364
Defensivreaktion 145, 188, *263–266*, 268 f., 330, 355, 358, 364, 367 f., 373 f., 387, 407, 426 f., 445, 448
Defensivreflex (s. a. Defensivreaktion) 260
Depression 206, 343, 362, *377–380*, 389, 391, 396, 449
- agitierte 378 f.
- Differentialdiagnose 380
- retardierte 378 f.
- unipolare 377–379, 395
dermatologische Störungen (s. a. Anhidrosis bzw. Hyperhidrosis) 412, *431–437*, 450
- Basalzellenkarzinom 434
- bösartige Wucherungen 434
- Ekzem 433

dermatologische Störungen (Forts.)
- Neurodermitis 431
- Psoriasis 432, 434, 437
- Tumore 435
- Urtikaria 433
- Verätzungen 435
Dermatome 24, 111 f., 210, 438
Dermis 10, *14*, 15, 39, 41, 68, 73, 75, 210
- Grenze zur Epidermis 69, 202
- Schichten 14
- Widerstandseigenschaften 65, 67, 76, 83, 239, 247
Desaktivierung 237, 296, 373, 397, 401, 408
Desmosomen 13
Dexamethason-Suppression 377
Diabetes 443
Dialysepatienten 444
Diazepam 352, 398, *401-404*, 406, 429
Dielektrikum 51
Dielektrizitätszahl 87, 435-437
Diencephalon 397
digital/analog-Wandlung 136, 139
Dirac-Impuls 64, 107
Dishabituation (s. a. Sensibilisierung) 261 f., 268, 309
Dissoziation zwischen EDA und anderen Variablen 307, 309
dorsal (s. Ableitstellen)
Drift 98, 119, 125, 127, 138, 144, 150 f., 153, *190 f.*, 244
Ductus *16-18*, 23, 28, 32, 35, 41, 66, 68, 203, 247
- dermaler 10, 17, 32, 40, 79-81
- elektrisches Potential 70-72, 78 f., 81
- epidermaler 17, 31, 40, 69 f., 72, 73, 80 f.
- Füllung 41, 70-72, 74, 77, 81, 247, 254
- Lumen 17, 32, 70 f., 78 f.
- subepidermaler 31
- umgebendes Muskelgewebe (s. a. Myoepithelien) 71
- Wand 69 f., 79 f.
- - Innervation 29, 41
- Widerstandseigenschaften 65-67, 70, 76 f., 246 f., 253

Dynamik des EDA-Signals 91, 97, 99, 101, 108 f., 128, 130, 137, 154, 425, 443, 447, 451

Ebbecke-Wellen 6, *75*, 113, 118, 145
Efferenzen (s. a. Nervenbahnen) 19 f.
- autonome 43
- Gamma-Efferenzen 37
- motorische 22
- vegetative 20, 22
- sympathische 23, 33
- sudorisekretorische 22, 24
- zur Veränderung peripherer Sensibilität 19, 74
elektrische Modelle
- der Epidermis 434
- der Haut 7 f., 46, 60, *76-88*, 90, 105, 177, 241, 246 f., 251, 253 f., 435 f., 450
- Montagu-Coles *76-78*, 82 f., 229, 239, 253
- der Potentialentstehung 78-82
- und Wechselstrommessungen *82-88*, 90, 229-232
elektrische Potentiale (s. a. Membran, Potential bzw. Elektroden, Fehlerpotentiale) 5 f., 47, 65, 79, 98, 113, 115, 119 f. 122, 126, 131, 151
Elektroden
- Ablösung 118, 144, 186
- Befestigung 111, *116-118*
- - Andruck 118, 151
- - Histoacryl 118, 152
- - Kleberinge 114, 116-118, 124
- - Klebeband 118, 147, 199
- - Kollodium 118
- - Zugentlastung 118
- Einschwingverhalten 151
- Erwärmung (s. Temperatur)
- Fehlerpotentiale *119 f.*, 122, 127, 144, 153, 244, 250
- inaktive 6, 111, 115, 126, 144, 154, 244
- Kontaktfläche 111, 116-118, *121*, 127, 132, 154, 162, 177 f., 180, 207, 212, 214, 217, 227, 247-249
- konzentrische 153, 223
- Masse (s. Erdung)

Sachverzeichnis

- Mehrfachelektroden 153
- Mikroelektroden 7, 69, 71 f., 74 f., 78, 125, 153
- Polarisation *119 f.*, 122, 127, 132 f., 144, 149, 151, 153, 190, 245, 248, 250
- Reinigung 122, 154
- reversible 120
- rückwirkungsarme 151
- Schwammelektroden 153
- Stromfluß durch 248
- trockene 74, *151 f.*, 196, 211, 229 f., 243, 254
- unpolarisierbare 120
- verschiedene Metallgrundlagen
- – Blei 133
- – Edelstahl 152, 228
- – Nickel/Silber 232
- – Platin 230
- – Platin/Platin-Mohr 151
- – Silber/Silberchlorid 116, *120-122*, 151-154, 207
- – Zink 153, 249
- – Zink/Zinkchlorid 120
- – Zink/Zinksulfat 120
- Zwei-Element-Elektrode 153
Elektrodenpaste (s.a. Elektrolyt) 116 f., *122-125*, 127, 247, 254
- Austreten von 117
- Austrocknen 147 f.
- Einflüsse auf
- – Corneum 74
- – Hautwiderstand 123
- – Membranpotential 80
- – NaCl-Konzentration der Haut 114
- Herstellung 123-125
- Hohlräume 116 f.
- hypertonische 123, 147, 250
- isotonische 123, 154, 207
- Leitfähigkeit 117, 122
- nichthydrierende 149
- überflüssige 116
- Zusammensetzung 123, 127, 203
- – Elektrolytkonzentration 80, 123, 145, 148, 212, 214
elektrodermale Aktivität
- aktive Komponente (s. Hautpotential)

- biologische Bedeutung 30, *42-45*
- Hyperaktivität 366, 386, 446
- Hyperreaktivität 358, 386, 391, 446
- Hypoaktivität 372, 375, 377, 386, 392, 449
- Hyporeaktivität 365, 369 f., 372, 375-377, 386, 391, 441 f., 449
- Inaktivität 112, 114
- Inhibition 28, 37, 339-341
- bei der Katze 7, 17, 36 f., 40, 70
- Kausalmechanismus (s. a. elektrische Modelle) 70-75, 88, 201
- und motorische Aktivität 44
- periphere Mechanismen 6 f., 43, *70-75*, 392, 402, 405, 408, 451
- phasische (s. elektrodermale Reaktion)
- bei Primaten 7, 17, 330, 384
- bei der Ratte 296
- Spontanaktivität 97, 174, 227, 262, 275, 277, 302, 304, 307, 334, 339, 358 f., 375, 379, 440
- Temperaturabhängigkeit 146, 156, 190, *192-196, 198 f.*, 220
- Terminologie 2-5
- thermoregulatorische Funktion 42
- tonische 2-4, 30, 72, 130, 166, *173-176*, 179, 181-183, 189, 191, 198 f., 203, 206, *214-216*, *218 f.*, 228, 239, 248 f., 261, 275, 290-294, 301 f., 305, 312, 314, 320 f., 323, 326, 328, 339, 351, 363, 366, 369, 377-379, 384, 386, 388, 393 f., 401, 403, 407, 409, 421, 425, 432, 439, 441, 444 f., 447, 502
- – aus phasischer abgeleitete *174-176*, 293, 308, 409
- tonisch/phasische Beziehungen (s. elektrodermale Reaktion, Niveauabhängigkeit)
- zentralnervöse Mechanismen (s.a. Lateralisation) 7, *36-41*, 203, 293, 298 f., 328 f., 381, 385, 392 f., 402, 408, 449, 451
elektrodermale Labilität 159, 276 f., *357-360*, 428 f., 450
elektrodermales Niveau (s. elektrodermale Aktivität, tonische)

elektrodermale Reaktion 2-6, 42, 55, 62, 72, 108 f., 138, *155*, 174 f., 181, 191, 200 f., 203 f., *208 f.*, *212-214*, *217*, 225-227, 230, 232, 248, 251, 258, 290, 293 f., 325, 328, 332, 339, 388, 393 f., 424 f., 432, 444, 447 f., 502
- Abstiegszeit (s.a. Recovery) 4, 7, 71 f., 74, 81, 99, 103, 137 f., 158 f., *166-171*, 172, 179 f., 191, 198, *223-227*, 230, 252, 254, 264-266, 330 f., 367, 382, 408, 444, 506
- - und vorhergehende EDA 71 f., 172, 224, *225-227*, 374
- Amplitude 3 f., 25, 71, 99, 103, 144, 148, *157-160*, 163 f., 166, 176, 190 f., 198 f., 208 f., 221, 237, 252, 267, 331, 336, 367, 407, 424-426, 438 f., 449, 506
- - maximale 183, 391
- - minimale (s. Parametrisierung, Amplitudenkriterium)
- - mittlere 189, 219, 270, 273, 277, 352, 370, 374, 389, 404
- Anstiegssteilheit 165 f., 222, 506
- Anstiegszeit 3 f., 7, 74, 99, 103, 137, 158 f., *165 f.*, 172, 180, 191, 198, *221 f.*, 224, 230, 252, 265, 408, 506
- biphasische (s. a. Hautpotential, Reaktion) 252
- corticale Kontrolle (s. a. Lateralisation) 39, 339
- und Ductusfüllung 74
- und Durchfeuchtung des Corneums 74
- evozierte (s. a. reizabhängige) 204, 393
- Flächenmaße 171 f.
- Komponenten 70-75, 264 f.
- - epidermale 203, 432
- - Membrankomponente 72, 247 f., 265
- - Schweißdrüsenkomponente 200, 203, 254, 264
- Latenzzeit 3 f., 25, 137, *156*, 158 f., 176, 180, 188, 191, 198-200, 209, *220-222*, 224, 230, 266, 276, 279, 281, 303, 382 f., 390
- - und Acetylcholin-Transport 25, 156, 198

- - und Körpertemperatur 25, 156, 198, 220
- Magnitude 157, 176, 188, *189 f.*, 191, 270, 272-273, 286, 359, 370, 427
- nichtspezifische 3 f., 144, 156, *174-176*, 189, 191, 205, 210, *214-216*, *218 f.*, 226, 245, 261, 293, 295, 301, 303, 312, 314, 323, 339, 350, 358, 360, 363, 384, 386, 388, 390, 415, 426, 428, 444
- Niveauabhängigkeit 162, 227, 233 f., *237-242*, 248, 253 f., 256, 295, 394, 443
- reizabhängige 155 f., 175, 191, 261, 267, 277, 279, 295, 301, 308, 339, 364, 388, 424, 426
- reticuläre Kontrolle 39
- spontane (s. a. elektrodermale Aktivität, Spontanaktivität) 43, 204, 277, 340
- überlagerte 74, 156, *159 f.*, 171, 174, 216, 279 f., 506
- Verformung 99 f., 103, 131, 137, 252, 503, 506
- Verlaufsgestalt 99, 140, 142 f., 155, 158, 166, 171, 174
- Zerlegung in Einzelkomponenten 160, 280, 383

elektrodermale Reaktivität (s. Reaktivität)

Elektroencephalogramm 101 f., 114, 122, 126, 303-305, 307-309, 328, 364, 501
- als Aktivierungsindikator 293
- alpha-Anteile 260, 263
- Desynchronisation 260, 297 f.
- evozierte Potentiale 328, 356, 380
- kontingente negative Variation 380
- schnelle Anteile 294

Elektrokardiogramm (s.a. Herzfrequenz) 101, 114, 122, 126, 141, 146, 197, 222, 502

Elektrolyt (s.a. Elektrodenpaste) 80, 114 f., 117, 119, 121, *122-125*, 127, 147 f., 152, 203, 227
- flüssiger 151 f., 210, 229 f., 232

elektromagnetisches Feld 145

elektromotorische Kraft 65

Sachverzeichnis

Elektromyogramm 122, 288, 307, 363 f., 416, 418, 420
Elektrooculogramm 304 f., 307 f., 501
emotionale
– Bedeutung 42, 204, 245, 342, 440, 444
– Beteiligung 448, 316
– Indifferenz 440
– Störungen 375, 432, 441
– Veränderung 145
– Zustände 23, 34, 36, 227
emotionale Labilität (s. a. Ängstlichkeit bzw. Neurotizismus) 345–349, *350–352*, 359, 362, 449
Emotionalität (s. a. Ängstlichkeit) 353
Emotionen 34, 204, 360, 376, 398, 400
– Affektstärke 171
– antriebsbezogene 291
– und Aktivierung 291, 311, 313
– Ausdruck 311 f., *314–318*, 447
– und EDA 45, 292, *310–318*, 427 f., 447
– Intensität 313 f., 449
– positive vs. negative 311, 313 f., 342
– spezifische Reaktionsmuster 312–314
– Taxonomie 311 f.
– vegetative Begleitreaktionen 298, 311 f., 314–316, 405, 447
Emulsion 437
endokrines System 205, 277, 293
Entzündung 148
Epidermis 6, 8 f., *11–14*, 19, 21, 31, 39–41, 66, 68, 73, 202 f., 246
– Aufweichung 147 f.
– Elektrolytzusammensetzung 193
– erregbare Strukturen 75
– freie Nervenendigungen 43
– Hydrierung 44, 125, 147
– Permeabilität 39 f., 69, 71
– Polarisationseigenschaften 73, 78, 132, 230
– Potentialeigenschaften 65, 72
– Schädigung 433 f.
– Schichten (s. Stratum)
– Stoffwechsel 437
– Widerstandseigenschaften 65–67, 83, 229, 239, 241, 247 f., 434
– Zellen 12–14, 75

Erblichkeit (s. genetische Disposition)
Erdung 101, 114, 126, 128, 144
Erregbarkeit (s. Reaktivität)
Ersatzschaltbilder (s. elektrische Modelle)
Erythem 66, 115
Expectancy loop 282 f.
Extinktion 205 f., 256, 267, 289, 367 f.
Extraversion/Introversion *345–350*, 356, 358 f., 368, 376, 449

Facial feedback 315
Faktorenanalyse 311, 344 f., 353, 371, 393
Fingerpuls (s. Plethysmogramm)
First-interval anticipatory reaction (s. Reaktion, antizipatorische)
forensische Psychologie (s. a. Lügendetektion) 413, 450
Formatio reticularis (s. a. Aktivierung, retikuläre) 27, 37–39, 292 f., 296–298, 397 f.
– caudale Anteile 293
– exzitatorische Funktion 37
– inhibitorische Funktion 37
– rostrale Anteile 293
– ventrolateraler Teil 27
Fornix 26, 36, 38
Fourieranalyse 62, 64, 108
Frequenzspektrum (s. Wechselspannung)
Fußsohlen (s. a. Ableitstellen, plantar) 7, 9, 12, 14, 16 f., 28, 30, 42, 44, 112 f., 210

Galvanic skin reaction 4
galvanische
– Hautreaktion 4
– Trennung 101, 128, 135, 501
γ-Aminobuttersäure 299, 397 f.
Geburtstrauma 375
Gedächtnis 336 f.
– Abruf 310, 337
– Abspeicherung, 284, 306, 336
– – und Schlaf 306
– Amnesie 442
– Kurzzeitgedächtnis 224, 283, 307, 336
genetische Disposition 16, 202, 375, 382–384, 441

Geschlechtsspezifität 194–196, *205 f.*,
  245, 342, 378, 383, 390, 417
Gesichtsausdruck (s. Emotionen, Ausdruck)
Gewebsschädigung 149
Gewißheit (s. Vorhersagbarkeit)
Glycol 124 f., 148 f., 152
Gravitation 294
Grenzstrang 24, 34
– Ganglion 24, 33
– Läsionen 24, 438
– sudorisekretorische Fasern 34
Gyrus
– cinguli 26, 38, 298 f., 310
– dentatus 298 f.

Haare 16, 18–20
–Haarfollikel 33, 67, 112
Habituation 180, 183, 189, 206, 221, 223,
  227, 234, 237, 242, 250, 255, 259,
  265 f., *267-278*, 281, 284–286, 300,
  308 f., 323, 328, 331 f., 360, 364, 384,
  402–405, 407, 426, 439, 442, 448
– Amplitudenmaße 270, *272 f.*
– b'-Wert 271 f.
– below–zero 261, 267
– beschleunigte 340, 379 f., 390 f., 441
– des CS 279, 281
– Differenzmaße 270 f., *273 f.*
– fehlende 263, 268 f., 308, 358, 364 f.,
  378, 389 f, 394
– Geschwindigkeit 260, 272, 275, 277,
  324, 331, 335 f., 339 f.
– H-Wert *270 f.*, 273, 277
– Häufigkeitsindex 275
– kognitive Prozesse 278, 285, 333
– Kriterien 273, *274-277*, 358 f., 386 f.,
  389–391
– Kurzschluß 285
– Priming-Theorie 259
– Quantifizierung 269
– Rate 270 f., 273, 365, 441
– Regressionsmaße *270-272*, 274, 277
– Verlauf 189, 204, 259, 268 f., *270-274*,
  309, 332 f., 355, 357, 359, 363, 370,
  393

– verzögerte 268 f., 330, 340 f., 358, 364,
  379, 386, 389–391, 393, 405, 407, 444–
  446
Händigkeit (s. Lateralisation)
Halbwertszeit 166–168, 171 f.
Haloperidol 408
Handflächen (s. a. Ableitstellen, palmar)
  9, 12, 14, 16, 28, 42, 210
– Durchfeuchtung 44
– und Greifkontakt 44
– Innervation 25, 30, 33
– Kartierung 439
Handrücken (s. Ableitstellen, dorsal)
Haut
– Anatomie *9–16*, 202
– Austrocknung 152
– Dicke 202, 343
– Durchblutung (s. a. Vasodilatation
  bzw. Vasokonstriktion) 5, 20, *32 f.*, 42,
  65, 118, 145, *198 f.*, 202, 405
– – thermoregulatorische Funktion 32
– – und Schreckreize 42
– effektorische Organe 19
– elektrischer Widerstand 14
– elektrophysikalische Eigenschaften *65-
  75*, 88
– Ersatzschaltbilder (s. elektrische Modelle)
– Felderhaut *16*, 19, 41, 67, 251, 264
– Feuchte 201, 254, 437
– Froschhaut 43
– Gefäßsystem 15
– horizontale Struktur 16
– Hydrierung (s. a. Stratum corneum)
  40, 44 f., 209 f., 244
– Innervation
– – afferente 20, 25
– – efferente 20, 33
– Irritationen 148
– Kontaktfunktion 9
– Lederhaut 11, 14
– Leistenhaut *16*, 202, 264
– Membraneigenschaften *39 f.*, 69
– Permeabilität 39
– Polarisationseigenschaften 6, 40 f., 133
– Reizung 115, 148

- Schichten (s. a. Stratum) 9 f., 12
- Schutzfunktion 9, 45,
- sensible Organe 19
- Talgdrüsen 19
- Temperatur 25, 127, 156, *198 f.*, 254, 314
- Thermoregulation 20, *32 f.*
- Unterhaut 11, 15
- Verletzungen 6, 45, 111, 433
- Wasserabgabe *9, 32 f.*, 152, 200
- Widerstandseigenschaften 14 f., *65-68*, 70, 90

hautgalvanischer Reflex 4
Hautpotential 2-4, 78, 123, 126 f., 138, 149 f., 174, 199, 208, 211, 235, 244 f., 305
- Entstehung 43, *70-73*
- Niveau 203, 206, *209 f.*, 434
- Quellen *78-81*, 87
- Reaktion (s. a. elektrodermale Reaktion) *157 f.*, 204, 206, *208-210*, 244
- - biphasische 72, 81, 157 f., 176, 208, 211, 264, 438
- - monophasische, 157 f., 211
- - negative 43 f., *70-72*, 81, 157, 195, 208 f. 211, 264, 317, 434
- - positive 43 f., 70, 72, 81, 118, 157, 195, 208 f., 211, 264, 317
- - sekretorische 70
- - triphasische 72, 157 f., 176, 211
- - vorsekretorische 70
- Temperatureinflüsse 127, 195, 201

Hemisphären
- Asymmetrie (s. a. Lateralisation) *338-343*, 407, 449
- Dysfunktion 375, 393
- Spezialisierung 338, 340-343, 393, 448

Hemmung 335, 350, 381
- corticale 307, 339, 345 f., 352
- der EDR (s.Lateralisation bzw.elektrodermale Reaktion, corticale Kontrolle)
- konditionierte 284
- latente 279
- phasische 284
- Schutzhemmung 346-348
- System 298

Herzfrequenz (s. a. Elektrokardiogramm) 260, 262 f., 292 f., 296, 300-302, 305-307, 309, 312 f., 316 f., 320-322, 324, 326 f., 349, 355 f., 360, 364, 368, 373, 376, 400, 403 f., 406, 409 f., 415, 418-420, 425
high-risk-Studien (s. Schizophrenie, Erkrankungsrisiko)
Hintergrundaktivität 261, 291
Hippocampus 26 f., 36, 38, 297-300, 310, 329, 331, 381, 385, 397, 405
- CA1-,CA3-Felder 298 f.
- inhibitorische Funktion 36
- Läsion 375, 385, 445
- Subiculum 298 f., 310
- theta-Wellen 297 f., 372
Hirnläsionen 338
Hirnstamm 27, 37
Homöostase 224, 233, 237, 260, 296, 318
Hormone 23, 35, 41, 193
Hornschicht (s. Stratum corneum)
Hyperhidrosis 412, 433, 438, 449
Hyperthyreose 444
Hypertonie 444 f.
Hypnotika 299, 397 f.
Hypothalamus 26-28, 33-36, 38, 292, 299
- lateraler 297 f.
- medialer 33, 297 f.
- paraventrikulärer Kern 27
- posteriorer Kern 27
- posterolateraler 298
- thermoregulatorische Funktion 27 f., 36, 39
- ventroposteriorer Teil 27
Hypothyreose 444

Ich-Beteiligung 351
Impedanz 3, 58 f., 82 f., 104 f., 107, 109, *132-135*, 146, 163, *228-232*, 245, 247, 250 f., 265, 419, 432, 434 f., 437
- Eingangsimpedanz *93*, 128, 135, 248
- Frequenzabhängigkeit *56-59*, 82, 87, 99, 103, 228 f., 230, 437
- Restimpedanz 83
- Vektor 59
- veränderliche 83

Impulsivität 348 f., 351, 358
Indikatorfunktion 357
- differentielle 294, 310, 316–318, 322 f., 403 f., 441, 449
- spezifische 301 f., 314, 336, 350, 401 f., 420, 445 f.
Informationsaufnahme und -verarbeitung 222, 259, 266, *282-284*, 297, 299, 302, 310, 313, *328-331*, 373, 376, 380, 382, 416, 426, 445, 448
Initialreaktion 156, 183, 271, 273, 276, 357, 364, 370, 391, 441
interkulturelle Vergleiche 193, 390, 413
Interstimulusintervall 234, 261, 280, 282, 308
- Dauer 280, 283, 383
- Variabilität 283, 285 f., 308, 332 f.
Interstitialflüssigkeit 5, 15, 31, 39, 65, 80 f.
- Widerstandseigenschaften 15, 65
Intertrial-Intervall 286
Interzellularraum 13, 41, 69
Ionen
- monovalente 120, 123
- multivalente 123
Iontophorese 35, 75, 200 f., 255

Kalium
- chlorid 123, 125, 127, 148, 152, 213 f.
- Ionen 80 f., 123, 125, 197
Kapazität (s. a. Kondensator) 51
- Elemente 72, 76–79, 232
- der Haut 69 f., 72, 74, 83, 86–88, 108, 201, 230–232, 251, 431, 435
- ideale 88
- Polarisationskapazität (s. Polarisation)
- Werte 432
- Streukapazität 54
kardiovaskuläre
- Aktivität (s. a. Herzfrequenz) 33, 42, 145, 266, 295 f., 298, 300, 312, 363 f., 372 f., 401, 406 f., 410, 414, 416, 420 f., 426, 445, 447–450
- Störungen 343, 445
Kennlinien 293
keratinisiert (s. a. Zellen) 13, 229

Keratinozyten 11–13
Klima (s. a. Temperatur) *192-197*, 202
Körperbewegungen (s. a. Artefakte) 260, 296, 312
körperliche Beschwerden (s. vegetatives Nervensystem, Symptome)
Kognition 262, 278, 282, 284, 288–290, 295, 301, 310 f., 313, 323–325, *328-337*, 338, 342, 351, 359, 367, 372, 375, 381 f., 391 f., 402 f., 410, 412, 426, 430, 448
Kollodium 118
Kondensator 46, 49, *51*, 83, 99, 106
- Drehkondensator 104 f., 108, 228
- Gleichspannungsverhalten 51–54
- Parallelschaltung 54, 59, 254
- Serienschaltung 53 f.
- Wechselspannungsverhalten 55–58
- Wechselstromwiderstand 56, 59, 85
Konditionierbarkeit 287, 345, 348, 359, 367, 369, 371 f., 376, 379, 440
Konditionierung 159, 205, 226, 301, 328, 330 f., 334, 360, 368, 448
- autonomer Reaktionen 287, 366, 409
- aversive 282
- differentielle 372
- Furcht-Konditionierung 426–428
- instrumentelle 278, *287-289*, 410
- klassische 203, 206, 261, *278-286*, 288, 300, 336, 366, 370, 383, 409, 442
- kognitive Prozesse 282 f.
- Löschungsresistenz 367
- operante 278, 366, 409
- Vermeidens-Konditionierung 289, 305, 366, 369, 373
Konduktanz 60, 84–87, 107, 136, 163 f., 230, 251, 435–437
Konflikt 262, 369
Kontrollierbarkeit 321, 324–326
Kosmetika 152, 251, 431, *435-437*, 450
Kovariationsproblematik 295, 302, 357, 360, 363, 411, 450

Labor/Feld-Übertragbarkeit 319, 327, 374, 421, 423, 425

Sachverzeichnis 533

Ladung, elektrische *51-54*, 69, 152
Lage- vs. Handlungsorientierung 302
Lateralisation (s. a. Hemisphären, Asymmetrie) 37, 45, 206, 209, 266, 274, 334, *338-343*, 375, 378, 448
- Asymmetrie-Index 340, 446
- von Hirnläsionen 440, 442
- bei Hyperhidrosis 433
- corticale Kontrolle der EDA *339-342*, 375, 393-395
- - ipsilateral 37, 340, 375, 394
- - kontralateral 37, 339-341, 375, 393 f., 446
- bei Schizophrenen 393-395
Learned helplessness 324
Leitfähigkeit, elektrische 48 f., 65, 77, 84, 235, 241, 253
- Einheiten *48*, 191
- Hautleitfähigkeit 3 f., 15, 93, 97, 109, 130, 181, 199, *212-216*, 245, 254, 425
- Ionen-Leitfähigkeit 436
- Leitpfade 67, 79, 177, 246, 249
- Leitwertsänderungen 48 f., 240 f., 254
- Scheinleitfähigkeit 60, 85
- spezifische *177 f.*, 378, 502
- Wechselstromleitfähigkeit (s. Admittanz)
Lernen (s. a. Konditionierung) 267, 336
- Assoziationslernen 278, 282
- nicht zu reagieren 270
- operantes 278
Levelabhängigkeit (s. elektrodermale Reaktion, Niveauabhängigkeit)
Limbisches System 26-28, 34, 36-38, 297, 329, 375, 381, 385, 397, 405
Lipide 41
Lissajous-Figuren *61*, 107, 136
Locus coeruleus 298 f., 397
Lokomotion (s. muskuläre Aktivität)
Lügendetektion 249, 256, 360, *422-430*, 450
- und deutsches Recht 413, 422, 430
- Kontrollfragen 422-427, 429 f.
- Mock-crime 423, 425, 429
- Tatwissen 422-424, 426, 428-430
- vorsätzliche Manipulation 423 f., 428 f.

Luftfeuchtigkeit 40, 192 f., 196 f., 437
Lumen (s. Ductus)

Malpighi-Schicht (s. Stratum Malpighii)
Mammillarkörper 26, 36, 298, 310
Maskierung 334 f.
Maßeinheit 3 f., 246
- adäquate 7, 235, 241 f. *253-256*, 268
- Leitfähigkeit 93, 97, 109, 207, 212, 217, 241 f., 248, 250, 254
- Skalenniveau 100
- Widerstand 92, 96, 109, 207, 212, 235, 241, 250, 254
Mecholyl 43
mediales Vorderhirnbündel 297 f., 348
Medikationseffekte (s. a. Pharmaka) 307, 378, 382, 385 f., 388-390, 392, 440
Membran (s. a. Schweißdrüsen) 41, 69
- aktive 74 f.
- - epidermale 69-71, 73-75
- - sekretorische 74
- Barrieremembran 69
- Basalmembranzone 14
- Depolarisation 41, 69, 74
- Kapazitative Eigenschaften 65
- Kontaktstellen 13
- parallel geschaltete 254
- polarisierte 46
- Polarisation 3 f., 6, 41, 69, 74 f.
- Potential 69, 72 f., 80 f., 174
- Prozesse 40 f.
- semipermeable 40
- Verschmelzung 13, 40
Meprobamat 398, 429
Meßmethoden 3, 7, *109, 154*, 190, 207, 228, 243, 246, 255, 257, 388-390
- endosomatische 4-6, 46, 90, 97, 99, 109 f., 113 f., 119, 121, 123, *126 f.*, 144, 146, 149 f., 153 f., 157, 206, 235, 243, *244-246*, 303, 432, 434
- exosomatische 4 f., 46, 90, 97, 110, 119, 123, 126, *127-136*, 143, 149, 154, 206, 211, 235, 243, *244-246*, 250, 256, 303
- Gleichspannung 3, 70, *91-97*, 149 f., 154, 432

Meßmethoden (Forts.)
- Gleichstrom 46, 76, 78, 82, 109, *127-132*, 147, 158, 212, *250 f.*,
- - gepulster 55, 62, 83, 87, *128, 132*, 136, *231 f.*, 434
- in vitro 41, 120, 125, 397
- Konstantspannung 4, *91-93*, 94, *97,* 107, 109 f., *128-131*, 132, 144, 148, 151, 153, 178, 212, 218, 232, 243, *246-250*, 251, 253, 255, 388 f., 501
- Konstantstrom 4, 91, *92*, 94, *96*, 104, 109 f., 116, 121, 128, 131 f., 135, 144, 148 f., 151, 177 f., 212, 218, 229, 232, 242-244, *246-250*, 251, 253, 255 f., 388 f., 425
- Langzeitmessung 125, 141, 144, *147-150*, 245, 252, 309
- Mikroneurografie 25
- Pulsspektrum-Analyse *62-64*
- Wechselspannung 3, 6, 62, 132, 149 f., 163, 250, 432, 434, 444
- Wechselstrom 7, 46, 70, 82-88, 103, *104-108*, 109, *132-136*, 153, 163 f., *228-232*, 243, *250 f.*, 435-437
- - Verstärkung (s. Meßsystem, AC-Verstärker)

Meßsystem 154
- AC-Kopplung bzw. -Verstärkung 99 f., 102, 109, 126, 130, 137, 140, 142, 150, 173, 243, *252 f.*, 501
- aktiver Schaltkreis 94, 99
- Auflösung 97, 99, 101, 252
- backing-off *99 f.*, 104, 108 f., 127, 135, 142, 252
- Brückenschaltung 98, 102, 109, 126, 228
- Differenzverstärker 97, 109
- Eigenrauschen 102
- Empfindlichkeit 98, 267
- Entkopplung, 101, 109, 114, 126, 128, 150, 501
- Erfassung von Niveau- und Reaktionswerten
- - gleichzeitige 100, 128, 131
- - gesonderte *97-100*, 101 f., 133, 140, 162, 245, 503

- Erprobung 150
- Filterung *101-103*, 108 f., 127, 250, 506
- - Bandsperrfilter 130, 143
- - Grenzfrequenz 103, 143, 506
- - Tiefpaß 102, *103*, 106 f., 130, 135, 143 f., 502, 505 f.
- Hochohmigkeit 93, 126, 245
- lock-in-Verstärker 107 f., 133, 230
- Meßfehler 94, 97, 103, 109, 247
- Niederohmigkeit 97
- Operationsverstärker *94-97*, 98 f., 106 f., 109, 127 f.,
- Spannungsteiler (s. Spannung)
- Verstärkung 100-102, 250, 252, 388
- - Faktor 93 f., 98, 103, 137 f., 144, 161, 191, 212, 216, 218, 244, 248, 252, 502
- - Wechsel 97, 130, 142, 186
- Wheatstone-Brücke 98, 102, 108, 252
- Zeitkonstante 99 f., 103, 127, 130, 132, 140, 143, 150, 252, 501-503

Methylphenidat 429
Mikropunktion 115
Mimik (s. Emotionen, Ausdruck)
Mißerfolg 302, 353 f.
Missing Data (s. Parametrisierung)
Mittelhirn
- dorsales 298
- Tegmentum 26 f., 37
Modelle (s. elektrische Modelle)
Monoaminooxidase-Hemmer 398 f.
Morbus Bechterew 443
Motivation 227, 262, 291 f., 296, 372
Motivationsspezifität 262
Motorik (s. a. muskuläre Aktivität) 324 f., 333, 339, 376-380, 391, 397, 409-411
Muskelrelaxantien 288
muskuläre Aktivität (s. a. Elektromyogramm bzw. Körperbewegungen) 5, 33, 39, 69, 288 f., 296, 301, 312, 343
- feinmotorische 39
- Gesichtsmuskeln 316
- Greifkontakt 44
- Innervation 15, 69
- - adrenerge 15, 41
- Lokomotion 39, 329

Sachverzeichnis

- Muskelspannung (s. a. Elektromyogramm) 39, 314, 322
- Muskeltonus 37
- Skelettmuskeln 21, 38, 288
- - corticale Kontrolle 44, 310
Myoepithelien 31
- adrenerg innervierte 15, 17, 23, 29, 32, 35, 41, 73, 385, 405
- cholinerg innervierte 17, 29, 73

Nadelimpulse (s. a. Dirac-Impulse) 62
Natrium
- chlorid 31 f., 40, 120, 124, 127, 148, 154, 207, 213
- Ionen 79, 81, 123
- Pumpe 73
- Pyrrolidincarbonat 436 f.
- Rückresorption (s. Schweiß, Rückresorption)
Natronlauge 435
Nebenschluß 69, 128
Nervenbahnen (s. a. vegetatives Nervensystem bzw. Myoepithelien)
- adrenerge 15, 17, 23, 35, 73, 312
- Chiasma opticum 341
- cholinerge 17, 23, 73, 75, 81, 381, 408
- cortico-pontine 37
- cortico-spinale 37
- dopaminerge 381, 408
- extralemniscale 25
- Nervus facialis 30
- gemischter Spinalnerv 20, 439
- hippocampo-frontale 442
- inhibitorische 37
- katecholaminerge 408
- Leitungsgeschwindigkeit 23
- monoaminerge 385
- Nervus medianus 25, 209, 438 f., 443
- noradrenerge 297–299, 397
- plantare 40
- praemotorische Fasern 37
- Pyramidenbahn (s. a. Rückenmark) 37
- serotoninerge 297–299, 397
- sudorisekretorische 23–25, 37, 432
- Trigeminus 29 f.

Nervensystem
- autonomes (s. a. vegetatives Nervensystem) 287, 353
- somatisches 409
- Stärke des 355
- zentrales 25–28
Netzbrumm 103, 108, 126, 130, 143 f., 154
Neuroleptika 385, 388, 392, 395, *398–400*, 407 f.
neurologische Störungen 412, 431, 433, *438–442*, 450
- Aphasie 441
- Chorea Huntington 441 f.
- Handnerven 438 f.
- Hirndurchblutung 439
- Kleinhirn 441
- Koma 439 f.
- Korsakoff 441 f.
- Parkinson 441
- Polyneuropathie 444
- Sympathektomie 438
- im ZNS 438 f., 441
neuronales Modell 259, 267, 330 f., 384, 387
Neurotizismus (s. a. Ängstlichkeit bzw. emotionale Labilität) 335, 346, 349–352, 362, 366, 369, 376, 379, 399, 401 f., 444
Nikotin 35
Ninhydrin-Test 439
Noradrenalin (s. a. biochenmische Parameter) 22 f., 29
Nuclei
- amygdalae (s. Amygdala)
- paraventriculares 26
- postriores 26
- supramammillares 26
Nullreaktion 176, 180, 183, 186, 189, 191, 261, 267, 272 f., *274–277*

Ohm'sches Gesetz *47*, 49 f., 52, 92, 96, 247
open gate-Zustand 330 f., 384

Orientierungsreaktion 25, 145, 183, 187 f., 202, 204, 206, 227, 239, 250, *259-263*, 279, 281 f., 284 f., 293, 300 f., 308, 331-337, 340 f., 355 f., 368, 372, 379 f., 382, 386, 391-393, 439, 448
- und Defensivreaktion 259 f., *263-266*, 269, 313, 358, 364 f., 368, 426, 441 f., 446
- freiwillige 334
- generalisierte 260
- kognitive Modellierung 278
- lokalisierte 260
- phasische vs. tonische 261
- und Reizbedeutung 262, 332 f., 360, 426 f.
- und Reizintensität 261-265
- und Reizneuheit 261, 332 f., 340
- Wiederauftreten 261, 267, 282, 285 f., 407
Orientierungsreflex (s. a. Orientierungsreaktion) 260
Ortskurve *58-60*, 84-87, 133, 135 f., 164
Oxprenolol 404-407

Paintal-Index 182
palmar (s. Ableitstellen)
palmar/dorsal-Effekt, 30, *264 f.*, 368
Pallidum 27, 36, 38
Papez-Kreis *26 f.*, 36, 298 f., 310
Parametrisierung (s. a. elektrodermale Aktivität bzw. elektrodermale Reaktion) *191*, 388-390, 425, 506
- Abtastrate 108, 139, 141, 178, 501-503, 506
- Amplitudenkriterium 101, 131, 138, 140, 160, *161 f.*, 176, 183, 189, 191, 212, 216, 218, 267, 269, 323, 358, 365, 387, 389 f., 440, 506
- automatisierte 100 f., 137, 139, 155, 161, 165, 173, 178, 186
- Bildung von Indizes 393
- Curve matching 169
- interaktive 141 f., 154 f., 173, 187, 501, 504 f.
- manuelle 101, *138*, 156, 161, 165, 170, 173

- Minimalsteigung 140
- Missing Data-Behandlung 157, 176, 186, *188 f.*, 191
- off-line 135, *139-141*, 142, 502
- on-line 135 f., *142 f.*, 409, 412
- Trendbereinigung 190
- Zeitfenster 138, *156, 173-176*, 187 f., 191, 220, 277, 281, 317, 335, 339, 388, 390, 414, 426-428, 506
- Zeitreihe 143, 503
Perceptual disparity 282
Periodik (s. a. Schlaf)
- circadiane 147, 149, 197, 199, 309, 414
- jahreszeitliche 196
- Menstruation 205
Permeabilität 74, 254,
- für Ionen 67, 69, 71
Perspiratio
- insensibilis 32 f., 39 f., 66, 202
- sensibilis 32
Pharmaka (s. a. Medikationseffekte) 7, 35, 44, 152, 245, 294, 346, 351 f., 377, 385, 394, *396-408*, 423, 429 f., 437, 449
Phasen
- Verschiebung *55-57*, 61, 84, 105, 132, 251
- Winkel 56, *58-60*, 104 f., 107, 130, *132-135*, 163, 228 f., 250 f., 432, 437
- Voltmeter 88, 107, 133-135, 144, 163
Phenothiazine 388, 392, 395, 398, 407 f.
Phobie *366-369*, 396, 399, 449
Phylogenese 366
Picrotoxin 299, 397
Piloarrektion 27, 69,
Pilocarpin 35
Placebo 215, 399-404, 406, 408, 429
plantar (s. Ableitstellen)
Plethysmogramm 5, 42 f., 305 f., 309, 363, 425, 501
Polarisation (s. a. Elektroden, Polarisation bzw. Membran) 70, 119, 151, 208, 435-437
Polarisationskapazität 7, 40, 55, 60, 65, 69, 74, 78, 82, 87 f., 133, 230
Pons 37

Potentiale, elektrische 5, 47, 65, 79, 98, 113, 115, 119 f., 122, 126, 131, 151
Potentiometer (s. Widerstand, variabler)
Preception *284-286*, 325
Preparedness 366 f.
Propanolol 399, 404, 407 f.
Prostigmin 43
psychogalvanischer Reflex 4
Psychopathie 330 f., 343, 349 f., 362, *369-376*, 395, 423, 449
psychophysische Einheit 312
psychosomatische
- Spezifitätslehren 312
- Störungen 319, 430, 431-433, 443, 450
Pupillenweite 25, 260
Pyramidenbahnen (s. Nervenbahnen)

Range-Korrektur (s. Transformation)
Raphé-Kerne 298 f., 397
Rapid eye movements 204, 303-305, 307-309
Rassenunterschiede 193, 202
Rauschen *62*, 102, 107, 130, 162, 505
RC-Systeme 49, 69, 72, 87, 167, 169, 502
- Gleichspannungsverhalten *49-54*, 59
- Übertragungsverhalten 58 f., *61-64*, 169
- Wechselspannungsverhalten *55-60*, 62, 105
Reaktanz *58-60*, 84, 104-107, 135, 163 f., 230, 251
Reaktion
- antizipatorische 280, 315, 320, 330, 373
- - first interval 226, *281-283*, 286, 330, 370 f.
- - second interval 226, *281-283*, 286, 359, 370 f.
- auf den ersten Reiz (s. Initialraktion)
- Interferenz *284-286*, 370, 374, 448
- konditionierte 239, 280
- unkonditionierte 279 f., 283, 300
- - Abschwächung 284-286
- - third interval *281-283*, 286, 370
- Vermeidungsreaktion 366
Reaktionsmuster, psychophysiologische 312, 317, 352, 380

Reaktivität 364 f.
- Abnahme 267, 270, 284
- autonome 346, 353, 369, 372, 380, 382, 429, 441
- biasfreie 236
- elektrodermale *162*, 192, 203-206, 234, 237 f., 264, 287, 296, 349, 351, 356, 360, 379, 386, 388-390, 392 f., 430, 441
- generelle 277, 355, 381
- physiologischer Systeme 262, 267, 352
Receptoren (s.a. Sinneswahrnehmung) 9, 14, 43, 19
- Benzodiazepinreceptoren 397 f., 402
- cutane 43
- Druckreceptoren 43
- Mechanoreceptoren 9
- Nociceptoren 9
- periphere 42
- taktile 19
- Thermoreceptoren 9, 33, 43
Recovery des elektrodermalen Systems (s.a. elektrodermale Reaktion, Abstiegszeit) 201, 286, 330 f., 367, 373-375, 382-385, 387, 402, 445, 448 f.
Recovery-rate 180, 198, 265
Registrierung (s. a. Meßsystem) 137-139, *154*
- Abgleich 98, 102, 105, 252
- automatisierte 100, 187, 501
- Bereich 99, 101, 161, 187
- Eichmarken 138, 186 f., 190
- interaktive 100, 128, 130, 142
- manuelle 99 f., 102, 106, 137 f., 156
- Schreibbreite 137, 161, 252
Rehabilitation 412, 439, 450
Reiz
- Abwehr 313
- Aufnahme (s. a. Informationsaufnahme) 313, 330, 448
- corticale Bewertung 262
- Diskrepanz 282
- diskriminativer 287
- Generalisierung 371
- konditionierter *279-286*, 330, 366, 368
- - Dauer 285

Reiz, konditionierter (Forts.)
- - Intensität 285
- Kontingenz 281, 283 f., 372
- Überflutung 380
- unkonditionierter 224, *279-286*, 330, 366-368, 442
- - Antizipation 284
- - Aversivität 284, 286
- - Erwartung 282
- - subjektive Beeinträchtigung 284, 286
- - Wegfall 281 f.
- Verarbeitungskapazität 331

Reizcharakteristika
- Anstiegssteilheit 265 f., 373, 387, 390, 393
- aversiv 263-265, 268, 278, 284, 285-287, 320, 366, 369, 373, 376
- Bedeutung 184, 204, 261 f., 330, 332-335, 342, 370, 372 f., 375, 379, 387 f., 393, 404, 411
- bedrohlich 205, 263, 320, 366, 372
- Beendigung 260, 263
- Dauer 261, 342
- elektrisch 75, 183, 205, 215, 265, 281, 284, 287 f., 293, 315-317, 321-323, 325, 330, 333 f., 346, 351, 366-368, 370, 403 f., 409, 438, 440, 443
- emotional (s. emotionale Bedeutung)
- Frequenz 261, 386
- furchtauslösend 366-368, 374, 427
- Informationsgehalt 261, 427
- Intensität 187, 208, 221, 238 f., 250, 255, 260-265, 269, 315, 326, 330, 333, 345-347, 365, 370, 373, 386 f., 390, 393, 403, 407
- irrelevant 384, 387, 403, 424-428
- Komplexität 225, 261, 341
- lokal 75
- Modalität 261
- Neuheit 260 f., 263, 285, 300, 332, 340, 348, 356, 384
- neutral 279, 281, 366-368
- noxisch 43, 263
- phobisch 265
- räumlich 338 f., 341, 342
- reaktionsabhängig 288, 336
- Sequenz (s. a. Interstimulusintervall) 261, 281, 365
- signalisiert 198, 364 f., 379, 387
- Stimuluswechsel 360
- Strafreiz 348
- taktil 260
- thermisch 42, 75
- Über- bzw. Unterstimulation 369
- unerwartet 285, 336
- unspezifisch 293, 372
- verbal 205, 336, 338-342, 439
- visuell 340
- Warnreiz (s. Warnsignal)
- Wechsel 282, 332
- Wiederholung 260, 263, 268, 272

Reizsuche (s. Sensation seeking)
Reliabilität (s. a. Stabilität) 137 f., 154, 171, 173 f., 183, 185, 191, 200 f., *207*, 209 f., 214, 216-219, 222, 224, 257, 276, 358, 381, 423, 425, 451
Represser/Sensitizer *353 f.*
Rheumatiker 443
Rotation (s. Gravitation)
Rückenmark (s. a. Nervenbahnen) 21-25, 27, 35, 38, 397, 438
- laterales Horn 22 f., 25
- Pyramidenbahn 21 f., 25
- Segmente 24, 112, 438
- Vorderseitenstrang 21 f., 25, 38
Rückmeldung (s. a. Biofeedback) 321 f., 410, 433
Ruhebedingungen 81, 138, 174, 183, 190, 213-216, 218 f., 222, 225, 231, 233 f., 236, 312, 345, 351, 357, 369, 441

Schizophrenie 211, 221, 274 f., 307, 330 f., 362, 375, *380-395*, 396, 398, 405, 408, 449
- akute 389-391, 393 f.
- Aufmerksamkeit 330 f., 385
- Erkrankungsrisiko 225, *382-385*
- Hemisphären-Dysfunktion 343, 393
- Lateralisation der EDA 338, 343, *393-395*, 449
- non-Responder 380 f., *386-393*, 394, 407, 442, 449

Sachverzeichnis

- Prognose 392-394
- Remission 394
Schlaf 149, 204, 303-309, 447
- Beginn 304 f.
- Ende 305
- und Gedächtnisspeicherung 306
- und Habituation 308 f.
- paradoxer 307
- Polygraphie 305
- REM (s. Rapid eye movements)
- - Deprivation 304
- bei Schizophrenen 307, 382
- Schläfrigkeit 372
- Slow wave 304, 306 f.
- Störungen 304
- und Streß 305, 307, 309
- Tiefschlaf 303, 306 f.
- und vorherige EDA 306, 308
Schmerz 9, 22, 25, 43, 69, 107, 115, 244, 300, 315 f., 404, 444
- Migräne 444
Schreckreaktion 42 f. (s. a. startle-Reflex)
Schweiß 32, 132, 246
- Angstschweiß 313
- als Elektrolyt 152
- Expulsion 32, 385, 405
- kalter 35
- Leitfähigkeit (s. Widerstandseigenschaften)
- Menge 34, 202
- NaCl-Gehalt 32, 132, 213
- organische Substanzen 45
- Rückresorption 28, 31 f., 67, 69-71, 73, 81, 225, 265
- Salzgehalt 31, 81, 202
- Sekretion 31 f. 35, 42, 81, 192, 205, 438
- - vermehrte 431, 433
- - und taktile Sensitivität 43, 410
- Widerstandseigenschaften 65, 70
- Zentren 27, 37
Schweißdrüsen (s. a. Ductus) 9, 15 f., 27, 33 f., 68, 245
- Aktivität 6, 28, 33, 40 f., 44, 199, 202-204, 239, 253, 343, 410, 433, 449
- - adaptive Bedeutung 42
- - biologische Bedeutung 30, *42-45*

- - Funktion *31-35*, 45
- - palmare 30, 264
- - pharmakologische Beeinflussung 405
- - plantare 30, 264
- - reticuläre Modulation 37
- - spontane 29
- - tonische 71
- Anatomie 16-18
- apokrine 17, 23, 30, 41
- Dichte 16, 33, 44, 67, 202, 205, 249, 264
- ekkrine 8, 16 f., 23, 30, 41, 193, 433
- elektrische Aktivität 40 f.
- elektrophysikalische Eigenschaften *65-75*, 88
- Innervation 20, 23, 25, 36, 39, 74, 112, 233, 254, 405, 415, 438
- - adrenerge 23
- - cholinerge 17, 33
- - Doppelinnervation 28
- - Gesicht 29 f.
- - inhibitorische 28, 37
- - periphere Anteile 23, 25
- - sympathische 17, 20, 22, 28
- - Veränderungen 432
- - zentrale Anteile *25-28*
- kapazitative Eigenschaften 70, 72 f.
- Membranaktivität 74, 254
- Physiologie 20-45
- Potential 65, 69-72, 78 f.
- Ruheaktivität 28 f.
- Schädigung 132, 247 f.
- sekretorischer Teil 15, 17, 20, 25, 31 f., 35, 40, 69, 72-74
- Widerstandseigenschaften 65-68
Schwitzaktivität *200 f.*, 205, 225, 343, 438 f., 443
Schwitzen 32 f., 123
- Arten *34 f.*, 42
- emotionales 28, 30, 34, 39, 42, 45, 112
- gustatorisches 34, 438
- Inhibitionszentrum 36
- pathologisches 34
- pharmakologisch provoziertes 35, 438
- Reflexschwitzen 35
- Sekretbildung 31
- spontanes 29, 35

Schwitzen (Forts.)
- starkes (s. a. Hyperhidrosis) 66, 71, 118
- thermoregulatorisches (s. a. Thermoregulation) 28, 30, *32 f.*, 39, 42, 192
- Tonus 35
- ubiquitäres 35

Scopolamin 392, 408
Second-interval anticipatory reaction (s. Reaktion, antizipatorische)
Sedativa 294, 397 f.
Sensation
- refusing 350
- seeking 345, *355 f.*, 359, 371

Sensibilisierung (s. a. Dishabituation) 255, *268 f.*, 286, 309
Sensory rejection 373, 445
septo-hippocampales Stop-System (s.a. Behavioral inhibition system) 297, 299, 310, 348, 397
Septum 297-299, 310, 397
Serotonin 308
Shadowing (s. Maskierung)
Siemens *48*
Signal/Rauschverhältnis 64, *102*, 108 f., 131, 135, 162, 267, 299
Sinneswahrnehmung (s.a. Receptoren) 9
- affektive Tönung 25
- afferente Leitungsbahnen 22, 25, 33
- Bewußtseinslage 25, 291
- extralemniscales System 25
- Hautsinnesorgane 19
- Hörschwellen 383, 387, 395
- neocorticale Areale 298
- nociceptive Afferenzen 22, 25
- sensible Nervenendigungen 19
- sensorische Information 298
- somatosensorisches System 25
- taktile Wahrnehmung 19, 42 f., 74, 439
- Wahrnehmungsschwellen 42 f., 260, 355

Skalenniveau 100, 252
Skelettmuskulatur (s. muskuläre Aktivität)
Skin-drilling *115*, 126, 211, 231 f., 433 f.
Skin-stripping (s. Stripping-Technik)
Spannung, elektrische (s. a. Meßmethoden) 3, 47, 51, 249, 502
- konstante 91, 96, 109, 128, 178

- Spannungsteiler 54, *91-94*, 106, 109, 126, 131, 150, 247

Spezifitätsproblematik 295, 302
Stabilität (s. a. Reliabilität) 273, 503
Standardisierung
- individuelle 156, 171, 181, 185
- der Methodik 89, 110, 114 f., 121, 131 f., 138, 157, 159, *207*, 243, 249, 256, 258, 451
- der Terminologie *2-4*, 48

startle-Reflex 260, 266, 373, 387
Stimulans 294 f., 347, 429
Stimulus significance (s. Orientierungsreaktion und Reizbedeutung)
Störspannungsabstand (s. Signal/Rauschverhältnis)
Stoßimpuls (s. a. Dirac-Impuls) 100, 131, 137, 140, 168
Strain (s. a. Streß) 318
Stratum
- basale 11 f.
- compactum 13
- conjunctum 13
- corneum (s. a. Epidermis) *12-14*, 40, 44, 66 f., 68, 73, 115, 123, 126, 203, 228
- - Ablösung 434
- - Dicke 343
- - Hydrierung 40 f., 45, 66 f., 70-72, 74, 80, 148, 151 f., 203, 247 f., 254, 296, 301, 432
- - kapazitative Eigenschaften 83, 87, 436
- - und Luftfeuchtigkeit 40
- - Teilzonen 12 f., 39, 66, 72, 80, 254
- - Widerstandseigenschaften 41, 66, 76-78, 83, 87, 115, 434
- disjunctum 13
- fibrosum 14
- granulosum 12, 69, 83, 229
- germinativum 11-13, 19, 66, 70, 72, 79
- - Mitoserate 13, 203, 432, 434
- intermedium 12 f., 40, 65 f., 228
- lucidum 12, 66, 115
- Malpighii 11 f., 65, 71
- papillare 12, 14-16

- reticulare 10, 12, 14
- spinosum 11–13, 69

Streß 34, 39, 205, 211, 214, 218, 225, 237, 301, 307, *318-327*, 330, 350–353, 360, 403 f., 410 f., 444, 446 f.
- und Aktivierung 291, 319, 326 f.
- Antizipation 301, 320, 325 f., 330, 447
- Distress 318
- und Emotion 291 f., 319, 323, 326 f.
- Eustress 318, 327
- kognitive Auffassungen 313, 320, 323
- Lärm 222, 235, 307, 385, 414
- Reagibilität 358
- Reaktion 318
- – kumulative Wirkungen 319
- – subjektive 320, 353
- und Schlaf-EDA 305
- sensorische Restriktion 147
- Stressoren 318, 399, 404
- transaktionaler Ansatz 320
- Verarbeitung 320, 323, 327, 353, 447
- Vulnerabilität 382, 445 f.

Striatum 27, 36, 441
Striopallidum 37
Stripping-Technik 13, 66, 87, 115, 228 f., 433 f.
Strom, elektrischer (s. a. Meßmethoden) 47, 51, 58
- Dichte 104, 131 f., 149, 162, 177, 229, 247–249
- konstanter 96, 109, 128
- Kreuzströme 101, 150
- Stärke 132, 232, 247 f.

Subcutis 11, *15*, 19, 39, 65, 67
Subiculum (s. Hippocampus)
Suszeptanz 60, 84–86, 107, 135, 163 f., 230, 251
Sweat gland counts 200
Sympathektomie 25
Sympathicolytica 32, 385, 404 f.
Sympathomimetic1 32, 405

Talgdrüse 16, 18 f.
Tegmentum (s. Mittelhirn)

Temperatur (s. a. Thermoregulation bzw. elektrodermale Aktivität)
- der Elektroden 127
- Körpertemperatur 190, 220
- Raumtemperatur 190, *192-196*

Thalamus 27, 38, 292
- anterior 26, 310
- anterioventraler 298

Thermoregulation 20, 25–27, *32* f., 39, 192, 197, 199, 431

Third–interval omission response *281-283*, 371 f.
Third–interval unconditioned response (s. Reaktion, unkonditionierte)
Tiefpaß (s. Meßsystem, Filterung)
Träume 306
Tranquilizer 299, 351, *398-404*, 405 f., 429 f., 449

Transformation 100, 104, 123, 135, 138, 141, *177-185*, 191, 211, 223 f., 235, 239, 241 f., 246, 248–250, 252, 255
- Autonomic lability scores *184 f.*, 236, 238, 353
- logarithmische *179 f.*, 185, 214, 216 f., 219–221, 230, 271, 375
- Range-Korrektur 174, *182 f.*, 191, 277 f., 340, 370, 404
- reziproke 180, 223
- Standard 180, 183 f.
- Wurzel 180

Transienten 62, 64, 82, 88, 90
Transmittersubstanzen (s. a. Nervenbahnen) 22 f., 32, 398
Tremor 5
Trial 280
- Auswahl 272, 274
- Block 271, 301
- erstes (s. a. Initialreaktion) 280 f.

Ulcus 444
Unibase 124, 149, 154, 207
Ungewißheit
- Ereignisungewißheit 320–323
- zeitliche 320–322, 326

Validität 142, 171 f., 177, 183, 185, 191, 207, 251, 255 f., 293, 317, 320, 326, 358, 360, 368, 376, 389, 408, 423–426, 430, *447–451*
– differentielle (s. a. Indikatorfunktion, differentielle) 174, 292, 295 f., 361, 400, 407, 419, 421, 447–448, 450
– Konstruktvalidität 356 f., 450
– prädiktive 225, 327, 359, 384, 392
– spezifische 311, 314
Valenz 302, 311, 350
– und Hautpotential 317
Valsalva-Versuch 206
Vasodilatation (s. a. Plethysmogramm) 20, 22, 260
– cephale 41, 260, 263, 314
– periphere 28, 33, 41, 260, 314
Vasokonstriktion 5, 20, 23, 27, 33, 35
– cephale 263
– periphere 35, 42, 263, 314, 405
– und Stimulusqualität 42
– und Thermoregulation 35, 192
vegetatives Nervensystem 20, 25, 33, 44, 203, 293, 310, 362, 399, 409, 411
– Begleitreaktionen (s. Emotionen)
– Parasympathicus 20, 22–24, 28, 41, 233, 312, 405
– – vasodilatatorische Efferenzen 20
– Reaktionsmuster 312
– Störungen 377, 442
– Sympathicus *17 f.*, 20, 22–29, 28, 33 f., 42 f., 70, 233, 312, 354, 432, 438, 442 f., 445
– – Bereitstellungsreaktion 312
– – cerebrale Repräsentation 26
– – Grenzstrangganglien 20, 22, 24
– – hypothalamo-reticulo-spinale-Bahn 26 f.
– – postganglionäre Fasern 17, 20, 22 f., 34, 438, 439
– – praeganglionäre Fasern 22–24
– – spinale Bahn 22
– – vasokonstriktorische Efferenzen 20, 22 f.
– Symptome 357, 407
Verbrennungen 443

Verhaltensaktivierung 292, 298
Verhaltenshemmung 292, 298 f., 301 f., 329, 398, 427
Verhaltenstherapie 409 f., 431
Verkehr *414–418*, 450
– Dichte 415, 417
– Erfahrung 416
– Flugverkehr 418
– Geschwindigkeit 415, 417
– Unfallrate 417
Verlaufs- bzw. Verteilungscharakteristika 179 f., 255, 291
– bimodal 391
– exponentiell 52 f., 167–169, 179, 186, 225, 232, 255, 268, 270 f., 274, 281
– Gleichverteilung 189
– glockenförmig 295
– Normalverteilung 179 f., 184 f., 214, 216 f., 219, 222 f., 228–230, 236, 253, 255
– Poisson-Verteilung 180
– S-förmig 165, 294
– U-förmig 317
– umgekehrt U-förmig 44, 293–295
– Verlaufsgestalt der EDR (s. elektrodermale Reaktion)
– Verlaufswert 234
Vermeidungsverhalten (s. a. Reaktion) 297, 324, 350, 369
Verstärkung (s. a. Konditionierung) 410
– elektrische (s. Meßsystem)
– negative 300, 349, 369
– positive 349
Versuchsplan 345 f., 382, 400
– between subject 280
– Doppelblindtechnik 399
– Extremgruppenbildung 345–347, 355
– Jochkontrollen 287 f., 324
– korrelatives Design 345, 352, 401
– Kovarianzanalyse 184, 236, 271 f., 406, 420
– multivariates Vorgehen 295, 302, 312–314, 317, 352, 357, 425, 447, 450, 501
– prospektive Studie 371, 382
– Varianzanalyse 270, 272, 345, 351 f., 401

– – Interaktionsterme 271, 274, 345, 352
– within subject 280
Verteilung (s. Verlaufs- bzw. Verteilungscharakteristik)
Vigilanz 328, 335, 348, 359, 363, 439 f.
Visual half field technique 341
volar (s. Ableitstellen, plantar)
Vorhersagbarkeit 285 f., 321, 324–326, 369
– fehlende (s. a. Ungewißheit) 285, 301
– zeitliche 284, 322, 325

Wärmestau 118
Wahrnehmung (s. Sinneswahrnehmung)
Warnsignal 268 f., 284–286, 325 f., 347, 403
Wechselspannung 55
– Frequenzänderungen *58*, 59
– Frequenzspektrum *62-64*, 87 f., 107
Widerstand, elektrischer 47, 49, 66, 76, 241
– Blindwiderstand 58 f., 104
– Eingangswiderstand 93 f.
– Einheiten *48*, 235
– Ersatzwiderstand 50 f., 98, 103
– fester 46, 83, 93
– Gleichspannungsverhalten *49-51*
– Hautwiderstand 3 f., 92 f., 96 f., 109, 147, 149, 181, 191, 201, 204, *217-219*, 246–248, 251, 425, 435
– idealer 88
– Innenwiderstand 49, 79 f., 93–95, 97, 109, 126
– nichtlinearer 232
– Ohm'scher 47, 49, 55, 58 f., 70, 72, 83 f., 104–106, 135, 164, 247, 251
– Parallelschaltung 49–51, 59, 76 f., 82–86, 88, 93, 232, 253 f.
– Querwiderstand 68

– Referenzwiderstand 91–93, 97 f., 248
– Scheinwiderstand 6
– Serienschaltung 49, 76, 82 f., 86, 88, 232, 435
– spezifischer
– – von Elektrolyten 120
– – der Haut 132, 162, *177*, 218, 229
– Übergangswiderstand 101, 144, 154
– variabler 46, 65, 77, 79 f., 83, 92 f., 104–106
– Wechselstromwiderstand (s. a. Impedanz) 58, 99, 103
– Widerstandsänderungen 48 f., 229 f., 240 f., 254
– Wirkwiderstand (s. Ohm'scher)
Wundpotential 115

Yerkes–Dodson–Beziehung 293 f.

Zeigerdiagramm 56–58
Zeitfenster (s. Parametrisierung)
Zeitkonstante (s. a. Meßsystem) *53*, 100, 103, 167–169, 170, 173, 225
Zeitschätzung 286
Zellen (s. a. Epidermis)
– Basalzellen 11, 13 f.
– Drüsenzellen 69
– Hornzellen 13 f., 39, 203
– keratinisierte 13, 40, 66, 434
– Keratinozyten 11–13
– Melanozyten 11, 13 f.
– mucöse 31
– Muskelzellen (s. a. Myoepithelien) 69
– Nervenzellen 69
– seröse 31
– sezernierende 31, 74
Zielorientierung 330
2-Prozeß-Theorie der Habituation 259, 268

Verzeichnis der Abbildungen und Quellennachweise

Abbildung		Seite
1	Schichtenaufbau der Haut	10
2	Querschnitt durch die behaarte Haut	18
3	Verlauf von Afferenzen und Efferenzen der Haut auf Rückenmarksebene	21
4	Ursprung der hypothalamo–reticulo–spinalen sympathischen Bahn (Abdruck mit Genehmigung des Springer–Verlags)	26
5	Zentrale Auslösung der EDA	38
6	Serien- und Parallelschaltung von Widerständen	50
7	Laden und Entladen eines Kondensators	52
8	Phasenverschiebung von Spannung und Strom	57
9	Ortskurven der Impedanz	59
10	Lissajous–Figuren	61
11	Überlagerung von Sinuskurven	63
12	Widerstandspfade in der Haut	68
13	Enstehung aktiver Komponenten der EDA (Abdruck mit Genehmigung des Dreisam–Verlags)	73
14	Montagu–Coles–Modell (©1966, American Psychological Association, Abdruck mit Genehmigung der Autoren)	77
15	Edelberg–Modell für den inneren Potentialausgleichsstrom (©1971, John Wiley & Sons Ltd., Abdruck mit Genehmigung des Verlags)	79
16	Fowles–Modell (©1974, Academic Press Inc., Abdruck mit Genehmigung des Verlags)	80
17	Verallgemeinertes Ersatzschaltbild für die Haut (©1978, Peter Peregrinus Ltd., Abdruck mit Genehmigung der International Federation for Medical and Biological Engineering)	83
18	Frequenzabhängigkeit der Admittanz–Ortskurve	84
19	Veränderung der Admittanz–Ortskurve bei Zunahme des Parallelwiderstandes	85
20	Veränderung der Admittanz–Ortskurve bei Zunahme des Serienwiderstandes	86
21	Konstantstrom- und Konstantspannungsmethode	91
22	EDA–Messung mittels Operationsverstärker	95

Abbildungsverzeichnis 545

23	Wheatstone–Brückenschaltung	98
24	Wechselstrommessung der EDA	105
25	Analogrechner–Schaltung zur Wechselstrommessung der EDA	106
26	Palmare Ableitorte der EDA (©1980, John Wiley & Sons Ltd., Abdruck mit Genehmigung des Verlags)	111
27	Ableitorte der EDA am Fuß	113
28	Silber/Silberchlorid–Elektrode	116
29	Wirkung der Verschiebung des Elektrodennapfes	117
30	Meßverstärker für die exosomatische EDA (Abdruck mit Genehmigung des Herstellers)	129
31	Phasen–Voltmeter zur Wechselstrommessung der EDA (Abdruck mit Genehmigung des Herstellers)	134
32	Verlaufstypen von endosomatischen EDRs	158
33	Idealfall einer exosomatischen EDR	159
34	Typen überlagernder EDRs	160
35	Verläufe von Z und φ während einer EDR	163
36	Verläufe von R, X, G und B während einer EDR	164
37	Verschiedene EDR–Anstiegsformen	166
38	Durch mehrere e–Funktionen simulierte SCR	168
39	Durch Interpolation simulierte SCR	170
40	Fläche unter der EDR–Kurve	172
41	Trennung spezifischer und nichtspezifischer EDRs	175
42	Artefakte in der EDA–Kurve	187
43	EDA–Artefakterkennung mittels der Atemkurve	188
44	Auswirkung der Bildung verschiedener Habituationskennwerte (Abdruck mit Genehmigung des Autors)	269
45	SCR–Verlauf bei erstmaliger und mehrmaliger CS–UCS–Paarung (©1969, Society for Psychophysiological Research, Abdruck mit Genehmigung des Verlags)	280
46	Entstehung der EDR–Komponenten im CS–UCS–Pardigma (©1979, Lawrence Erlbaum Associates, Inc., Abdruck mit Genehmigung des Verlags und des Autors)	283
47	Integration der Systeme von Gray und Routtenberg	298
48	Modifikation des dimensionalen Systems von Eysenck durch Gray	349
49	Polygraphische Aufzeichnungen während eines Kontrollfragen–Tests (©1977, Williams & Wilkins, Abdruck mit Genehmigung des Verlags)	424
50	Veränderungen der Dielektrizitätszahl, der Konduktanz und der Ionen–Leitfähigkeit unter Einfluß chemischer Agenzien (©1978, Peter Peregrinus Ltd., Abdruck mit Genehmigung der International Federation for Medical and Biological Engineering)	436

51	RC-Glied	502
52	Sprungfunktions-Antwort	503
53	Interaktive Artefaktkorrektur	504
54	Interaktive Sprungkorrektur	505